그림으로 해설한

시퀀스 제어 활용 자유자재

「릴레이 시퀀스부터 무접점 시퀀스까지」

오하마 쇼지 지음 | 김영록 번역

이 책을 읽는 분들에게

　많은 분들로부터 릴레이 시이퀸스, 무접점 시이퀸스 및 로직 시이퀸스에 대하여 기초는 물론 실제로 이용되고 있는 전기설비에 이르기까지 알아보기 쉬운 그림으로 해설해 달라는 요청을 많이 받아 왔읍니다.
　이런 독자들의 요망에 부응하고자 「그림 시이퀸스제어 독본 3 부작」을 바탕으로 더욱 내용을 충실화한 것이 이 책입니다. 시이퀸스제어를 처음으로 배우는 사람 뿐만 아니라 모든 전기기술자를 위하여 이 책을 간행합니다.

이 책의 특징

　이 책은 릴레이 시이퀸스, 무접점 시이퀸스 및 로직 시이퀸스를 하나의 시이퀸스제어 기술로서 체계화하되 그 학습 순서에는 특별한 배려를 하였읍니다. 또 반도체 논리 소자 및 제어기기의 동작 순서를 그림으로 설명한 것이 큰 특징입니다.
(1) 자동화 설비를 시공할 때의 순서를 「3 층까지의 자동 하물 리프트 설비」를 예로 들어 설명했으므로 전기배선공사의 실무에도 도움이 됩니다.
(2) 기기의 배치와 제어 배선을 입체적으로 도해한 실제 배선도를 제시함으로써 제어계 전체의 구성을 실감 나게 볼 수 있읍니다.
(2) 1장의 시이퀸스도에는 IEC 규격의 그림기호(계열 1)로 나타내고 나머지 장은 아직도 많이 사용되고 있는 종래의 그림기호(계열 2)로 나타냈읍니다.
(4) 시이퀸스제어는 많은 기본회로로 구성되어 있읍니다. 이들 기본 회로를 릴레이 시이퀸스도, 무접점 시이퀸스도 및 로직 시이퀸스도로 표시하였으므로 서로 비교하여 이해할 수 있읍니다.
(5) 실제의 시이퀸스제어 설비의 동작 순서를 하나하나 시이퀸스도로 표시하되 "슬라이드방식"으로 했으므로 그 동작을 연속적으로 이해할 수 있읍니다.
(6) 각 분야에서 실용되고 있는 시이퀸스제어 회로를 많이 수록하고 있으므로 현장에서 곧바로 도움이 되는 "시이퀸스제어 회로도집"으로서도 이용할 수 있읍니다.

CONTENTS

1 電動力設備의 自動化 工事의 實際   1

1. 3층까지의 자동하물 리프트 설비를 위한 시이퀀스도의 실제 2
2. 3층까지의 자동하물 리프트 설비를 위한 실제 배선도 10
3. 3층까지의 자동하물 리프트 설비를 위한 시공 배선도의 실제 23
4. 3층까지의 자동하물 리프트 설비를 위한 구동 전동기 주회로 공사의 실제 31
5. 3층까지의 자동하물 리프트 설비를 위한 제어회로 배선공사의 실제 38
6. 3층까지의 자동하물 리프트 설비의 시이퀀스 동작 44

2 시이퀀스 制御에 사용되는 機器   65

1. 제어기기의 구조 66
2. 반도체류의 구조 78

3 시이퀀스 制御의 基礎   81

1. 시이퀀스제어란 어떤 것인가 82
2. 전기용 도기호의 표시법 85
3. 시이퀀스제어 기호의 표시방법 103
4. 시이퀀스도를 그리는 요령 115

4 無接點 시이퀀스 制御의 基礎   129

1. 다이오드 스위칭 동작 130
2. 트랜지스터의 스위칭 동작 135
3. AND(논리적)회로의 판독법 146
4. OR(논리합)회로의 판독법 154
5. NOT(논리부정)회로의 판독법 160
6. NAND(논리적 부정)회로의 판독법 ·· 164
7. NOR(논리합 부정)회로의 판독법 170
8. MIL 논리회로의 기입법 176
9. 무접점 시이퀀스의 입력회로 판독법 ·· 179
10. 무접점 시이퀀스 출력회로 판독법 ·· 186

5 시이퀀스制御의 基本回路   193

1. 금지회로의 판독법 194
2. 변환회로의 판독법 198
3. 일치회로 판독법 202
4. 배타적 OR 회로의 판독법 208
5. 자기유지 회로의 판독법 214
6. 인터룩 회로의 판독법 220

6 時間差를 두는 無接點 시이퀀스의 基本回路   225

1. 동작지연 타임딜레이 회로의 판독법 ... 226
2. 복귀시 지연 타임딜레이 회로의 판독법 ·· 232
3. 전자 타이머 회로의 판독법 238
4. 단안정 멀티바이브레터 회로의 판독법 ·· 242
5. 쌍안정 멀티바이브레터 회로의 판독법 ·· 250

7 電動機制御의 實用基本回路   257

1. 전동기 기동제어 회로의 판독법 258
2. 기동·정지제어 회로의 판독법 262
3. 정역전 제어회로의 판독법 268
4. 촌동운전 제어회로의 판독법 274
5. 역상제동 제어회로의 판독법 279
6. 지연동작 운전회로의 판독법 285

8 無接點 시이퀀스의 實用基本回路   289

1. 기동 제어회로의 판독법 ………… 290
2. 한시 제어회로의 판독법 ………… 298

9 溫度・壓力制御의 實用基本回路   305

1. 경보회로의 판독법 ……………… 305
2. 온도 제어회로의 판독법 ………… 309
3. 압력 제어회로 판독법 …………… 315

10 給排水設備의 시이퀀스 制御   321

1. 액면 릴레이를 사용한 급수 제어회로의 판독법 ……… 332
2. 이상 갈수 경보부착 급수제어회로의 판독법 ……… 326
3. 액면 릴레이를 사용한 배수 제어회로의 판독법 ……… 330
4. 이상 증수 경보부착 배수 제어회로의 판독법 ……… 333

11 펌프設備・運搬設備의 시이퀀스 設備   337

1. 펌프의 반복운전 제어회로의 판독법 ‥ 338
2. 컨베이어 일시정지 제어회로의 판독법 ‥ 343
3. 하물 리프트의 자동 반전 제어회로의 판독법 ……… 348

12 自家用 受變轉設備의 시이퀀스 制御   353

1. 차단기의 제어회로 판독법(직류식) …… 354
2. 차단기의 제어회로 판독법(교류식) ‥ 359
3. 자가용 수변전 설비의 시험회로 …… 364

13 보일러設備의 시이퀀스 制御   369

1. 자동운전 제어회로 판독법 ………… 370
2. 공조설비의 제어방식 ……………… 384

14 릴레이 시이퀀스 演習敎室   385

1. 시이퀀스를 이해하기 위한 문제 …… 386
2. 개폐 접점의 구조와 동작의 문제 … 391
3. 전자 릴레이 구조와 동작의 문제 … 396
4. 전기용 그림 기호의 표기법 문제 …… 401
5. 시이퀀스도의 그리는 법 문제 …… 406
6. 타임차트의 그리는 법 문제 ……… 412

15 無接點 시이퀀스 演習敎室   417

1. AND회로・OR회로의 문제 ……… 418
2. NAND 회로・NOR 회로의 문제 …… 423
3. 플립・플롭회로의 문제 …………… 428
4. 시간 지연이 있는 회로의 문제 …… 433
5. 논리 대수의 문제 ………………… 438
6. 로직 시이퀀스의 조립법 문제 …… 444

부록 시이퀀스도 대비집(계열1 VS 계열2)

부록 2 전기용 도기호/자동제어 기구 ~

1 電動力 設備의 自動化 工事의 實際
3층까지의 자동 하물 리프트 설비의 시공 실제예

이 장의 포인트

이 장은 시이퀀스제어에 의한 자동화 공사를 시공하는 데 있어서의 순서를 "3층까지의 자동 하물 리프트 설비"를 예로 들어 설명한 것으로서 내용이 그야말로 실무적이다.

　지금부터 시이퀀스제어를 배우고자 하는 사람은 이 책을 다 읽은 다음에도 다시 한번 이 장을 되풀이 읽어주기 바란다.

(1) 시이퀀스도에는 모두 IEC규격에 따른 정합(整合)의 그림기호를 썼다. 나머지 장과 그림기호가 다르다는 점에 유념하기 바란다.
(2) 실제로 리프트 설비의 배선공사를 하는 데 있어서는 시이퀀스도 외에 블록별의 실제(實體) 배선도를 사용하면 편리하다.
(3) 이 리프트 설비의 시이퀀스 동작은, 약간 복잡하나 동작 순서의 설명순으로 읽어가면 충분히 이해될 것으로 생각한다.
(주의) 이 장에 기재되어 있는 도면은 일반적인 자동화 공사를 시공하는 데 필요한 도면의 보기로서 제시한 것에 지나지 않으므로 실제로 이 도면을 사용하여 "3층까지의 자동 하물 리프트 설비"를 제작하는 것은 삼가야 한다.

1. 3층까지의 자동 하물 리프트 설비를 위한 시이퀀스도의 실제

① 3층까지의 자동 하물 리프트 설비

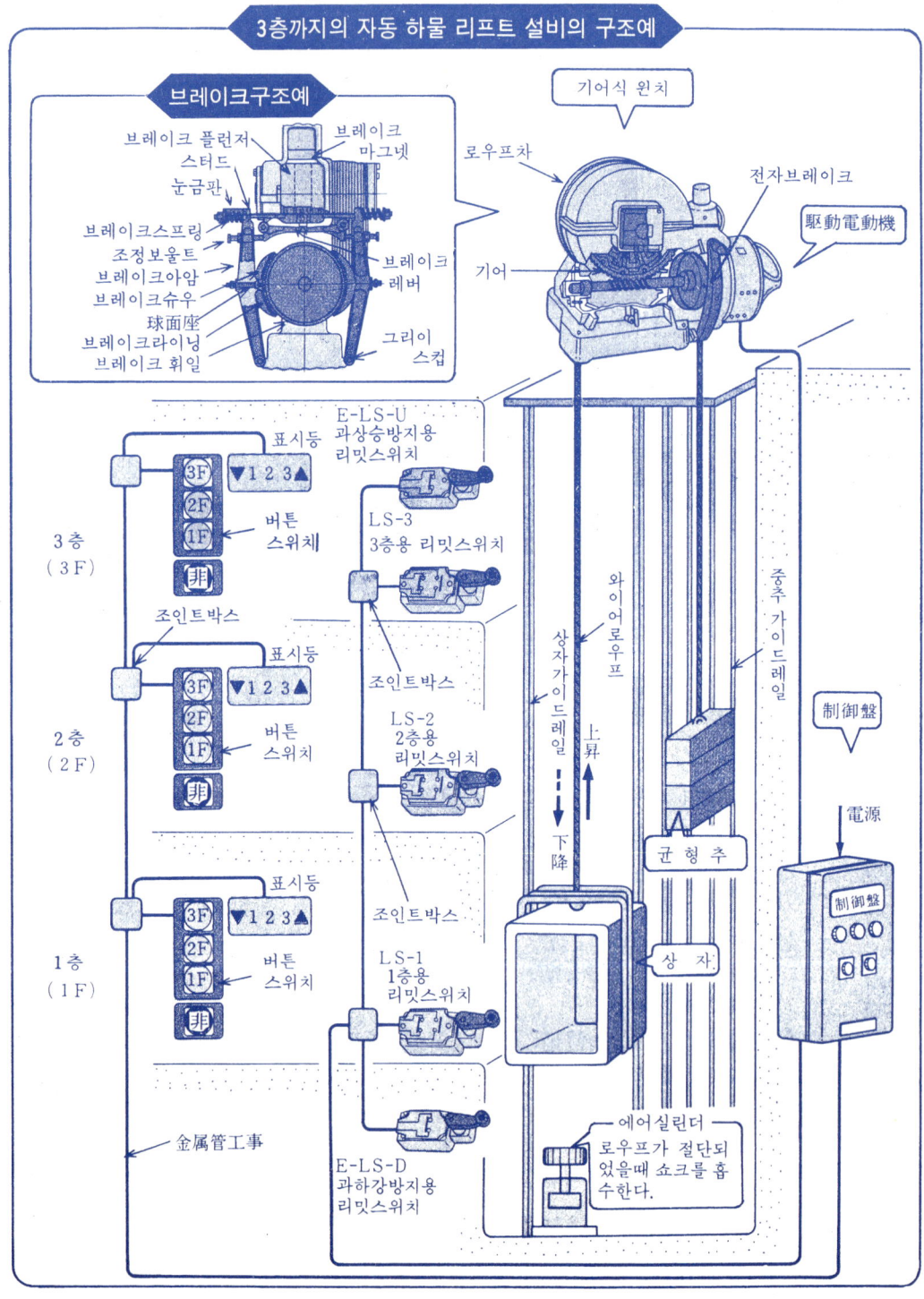

1. 3층까지의 자동하물 리프트 설비를 위한 시이퀀스의 실제

② 3층까지의 자동 하물 리프트 설비를 위한 시이퀀스도

3층까지의 자동 하물 리프트 설비

❖ 1층에서 3층까지의 자동 하물 리프트 설비를 위한 기기 배치도의 한 예를 든 것이 P. 2의 그림이다.
❖ 이 자동 하물 리프트 설비는 상자와 그 구동기구 및 제어반과 상자를 승강시키기 위한 승강로로 구성된다.
❖ 상자는 균형추와 와이어로우프로 연결되고 승강로의 상부에 설치된 구동기구의 로우프차에 의해서 마치 두레박식으로 레일에 안내되면서 구동 전동기가 정전하면 상승하고 역전하면 하강한다.
❖ 상자의 구동에는 기어식 윈치가 사용되는 바 브레이크 기구 등에 대해서는 상세한 설명을 생략하고 주로 제어 회로와 그 전기공사 시공에 대하여 설명한다.

☞ P. 2 참조

3층까지의 자동 하물 리프트 설비를 위한 시이퀀스도〔예〕

❖ 시이퀀스도는 전개접속도라고도 하며 설비, 장치 및 기기의 동작을 각 구성 요소의 물리적 치수, 형상 및 배치에 관계없이 기능을 중심으로 전기적 접속을 전개하고 그림기호에 의하여 표현한 그림을 말한다.
❖ 시이퀀스도의 목적은 다음과 같다.
  (1) 설비, 장치 및 기기의 제어계 기능을 표현한다.
  (2) 설비, 장치 및 기기의 내부접속도 및 상호접속도의 작성을 위한 정보를 제공한다.
  (3) 설비, 장치 및 기기의 시험 및 보수를 위한 편의를 제공한다.
❖ 3층까지의 자동 하물 리프트 설비의 시이퀀스도는 P..4～5와 같다. 이 그림은 개정된 (1982년) JIS C 0301 (3장 참조)의 IEC 규격 정합기호(계열 1)를 사용한 가로쓰기 지번방식에 의한 시이퀀스도이다. 이 그림 밑에는 보조릴레이, 전자접촉기 등의 접점 위치가 표시된다.

☞ P. 4～5 참조

지번방식에 의한 시이퀀스도란

❖ 3층까지의 자동 하물 리프트 설비의 시이퀀스도에 있어서 지번방식의 번호 부여 요령은 P. 6～7에 설명되어 있다.
❖ 이 방식은 시이퀀스도를 바둑판 눈금 안에 정확히 쓰되 세로축의 각 접속선마다 01, 02, 03…의 번호를 부여하고 가로축의 각 접점 즉, 코일마다 1, 2, 3…의 번호를 부여한 다음 이들 교차점의 번호를 조합한 것을 배선번호(예 : P점 041)로서 표시하는 것이다.
❖ 이 번호를 리이드(선번호)로서 배선 작업시에 선의 양단에 표시하면 보수, 점검시에 간단히 시이퀀스도 중의 접속선과 실제의 배선을 대비할 수 있어 편리하다.

☞ p6～7 참조

전동력 설비의 자동화 공사의 실제

② 3층까지의 자동 하물 리프트 설비를 위한 시이퀀스도(횡서) [예]

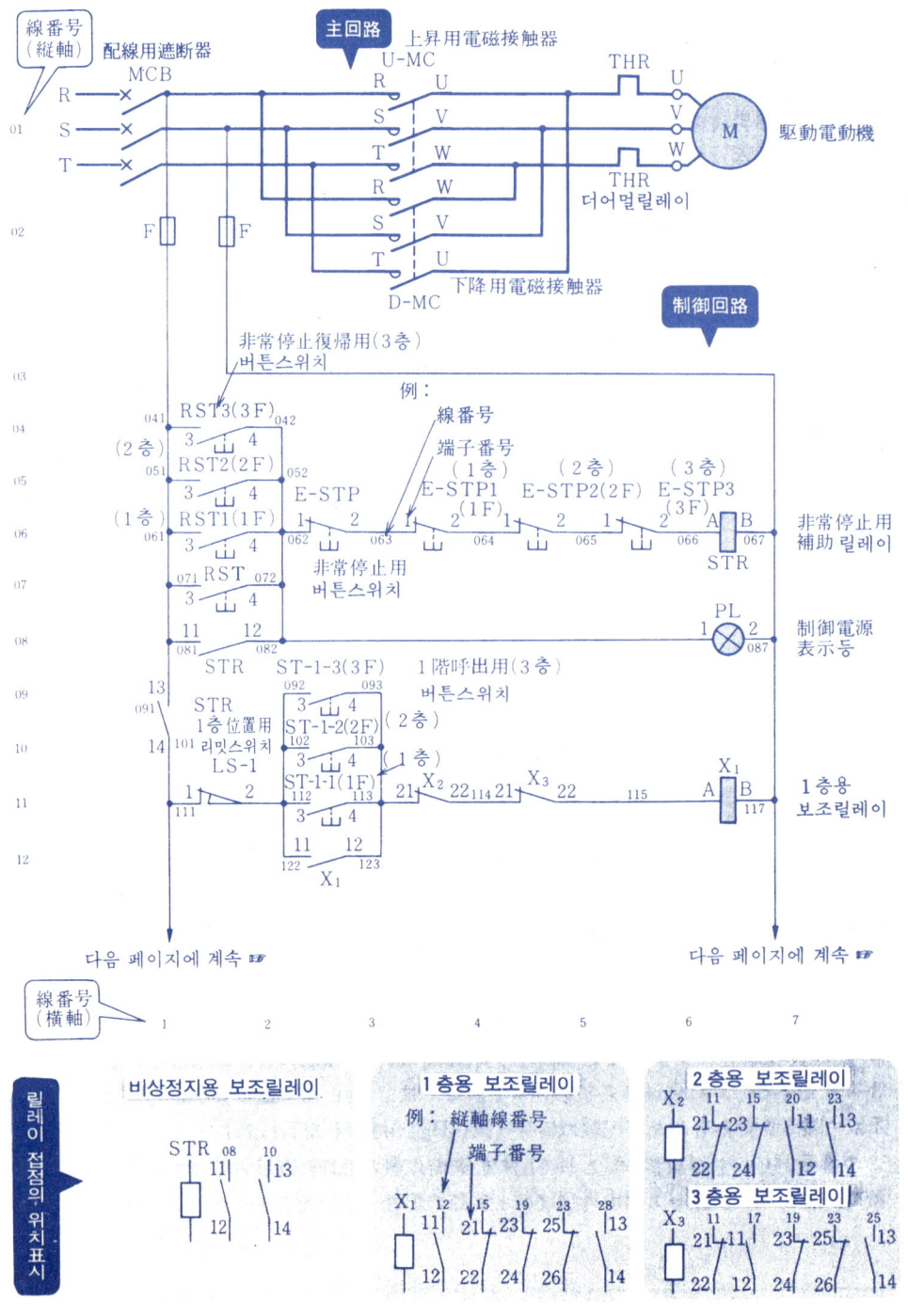

1. 3층까지의 자동하물 리프트 설비를 위한 시이퀀스의 실제

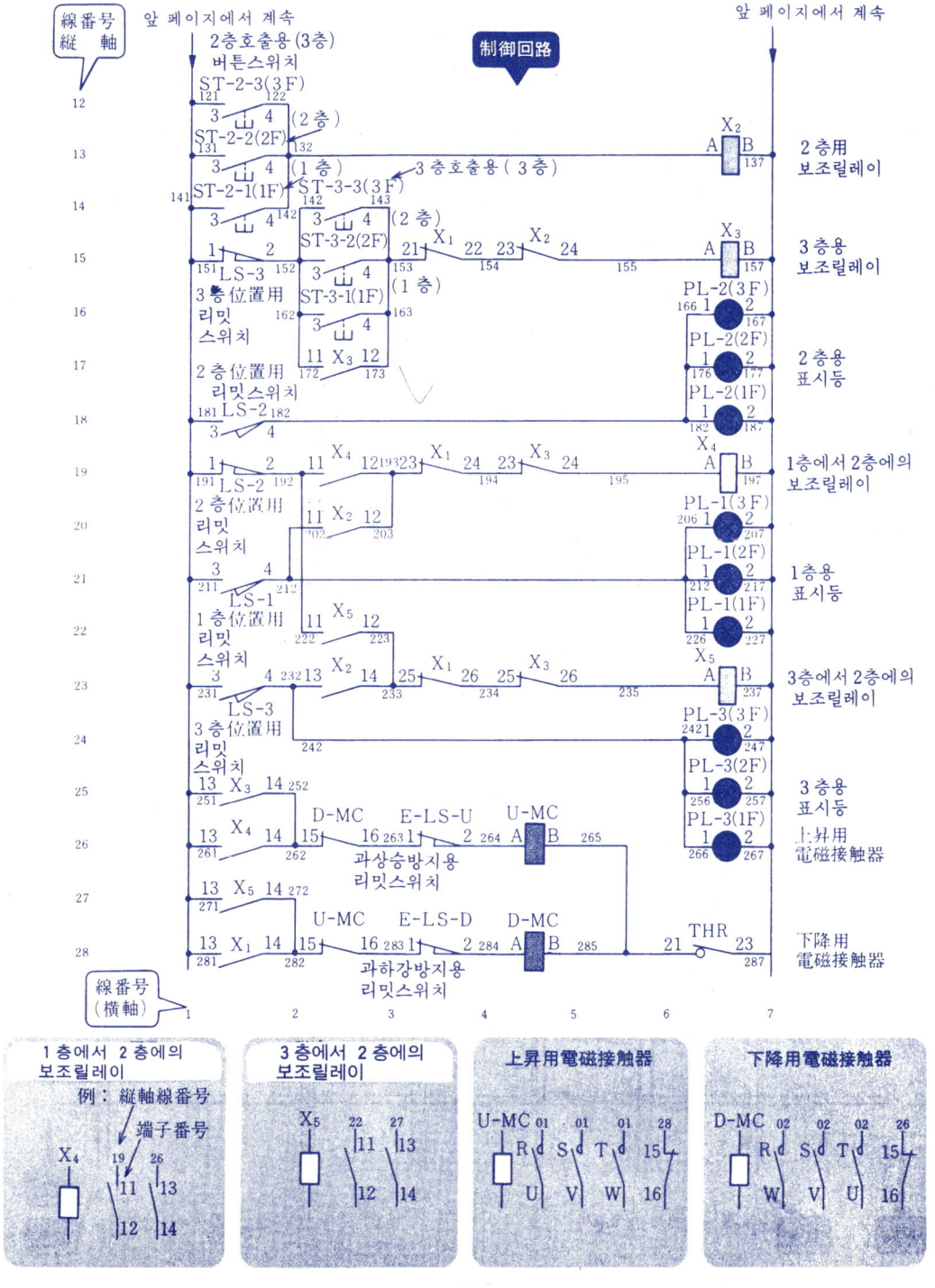

전동력 설비의 자동화 공사의 실제

③ 시이퀀스도의 지번방식에 의한 선번호 정하는 요령 (횡서)

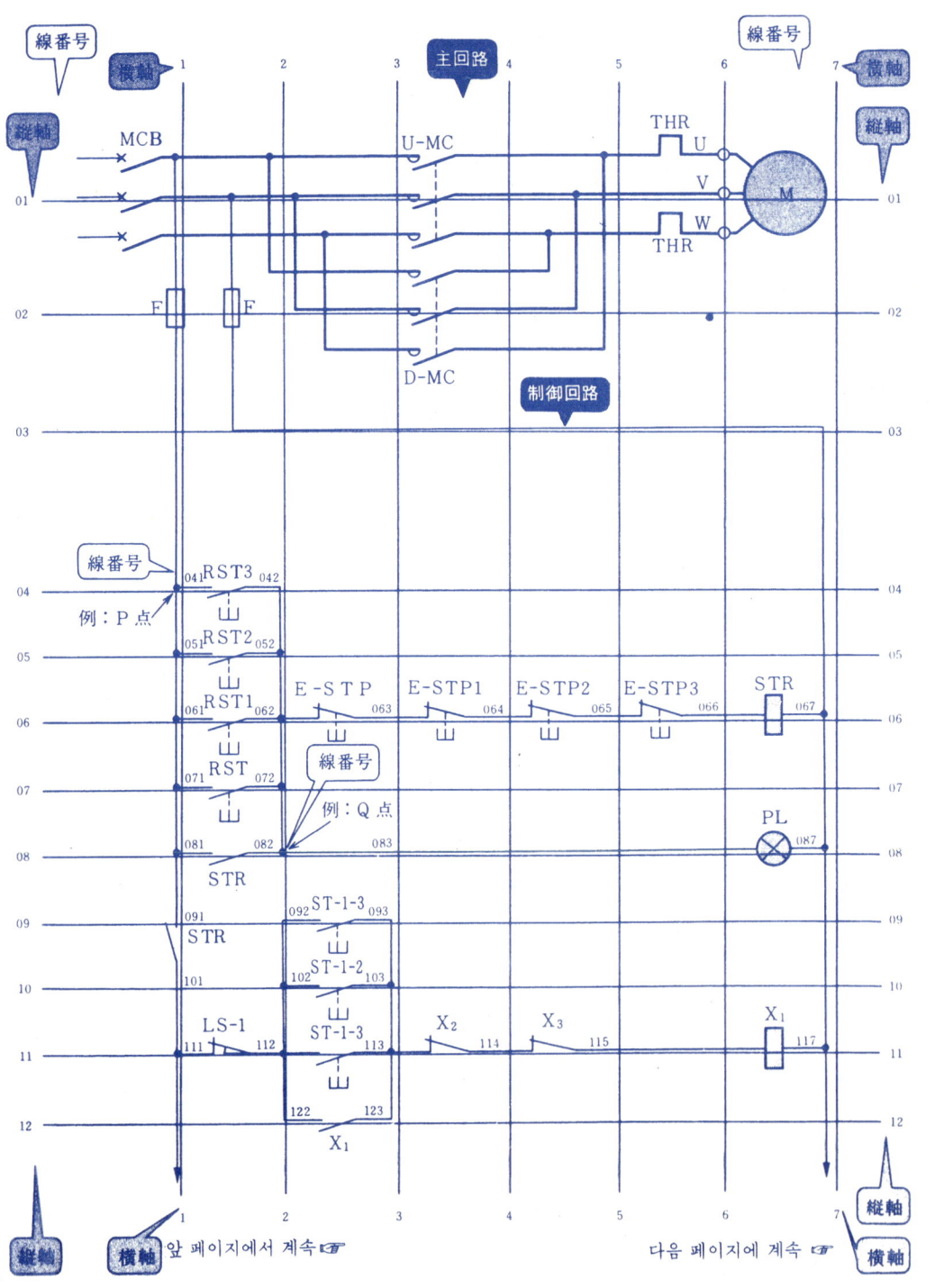

1. 3층까지의 자동하물 리프

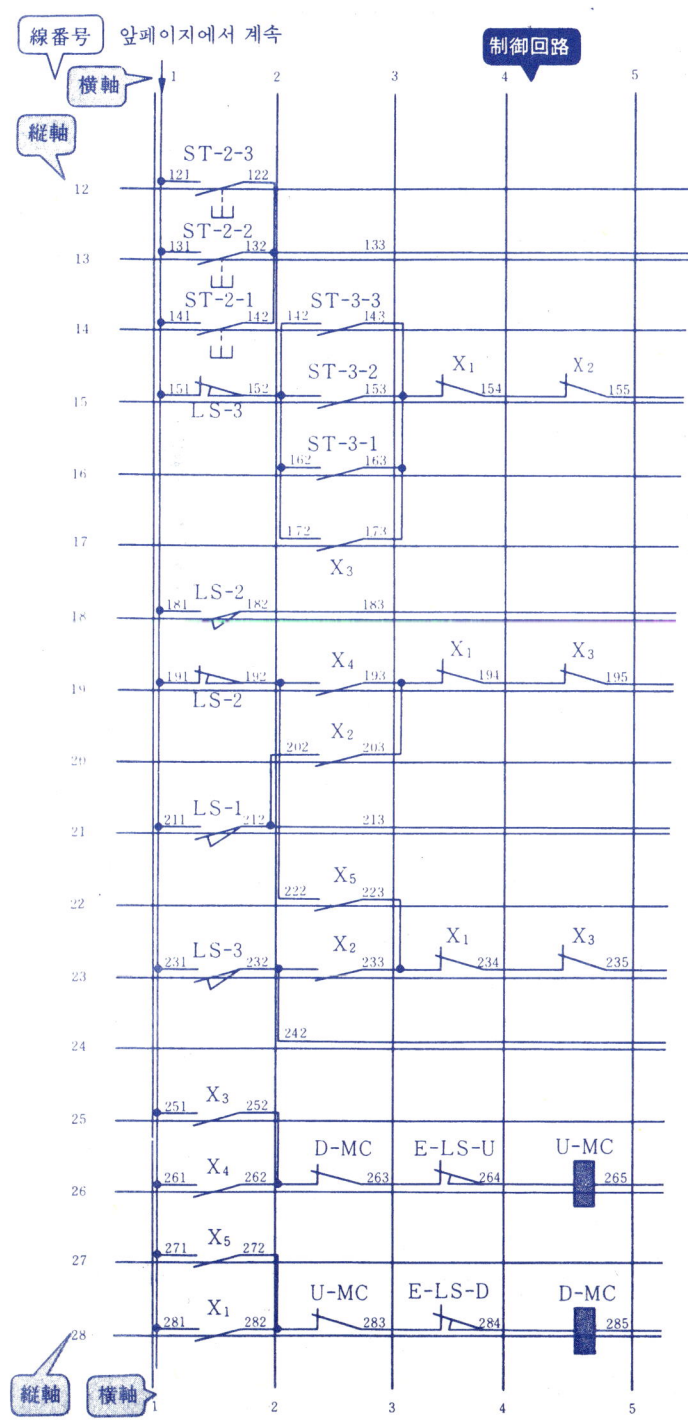

전동력 설비의 자동화 공사의 실제

④ 시이퀀스도에 동작신호를 정하는 요령

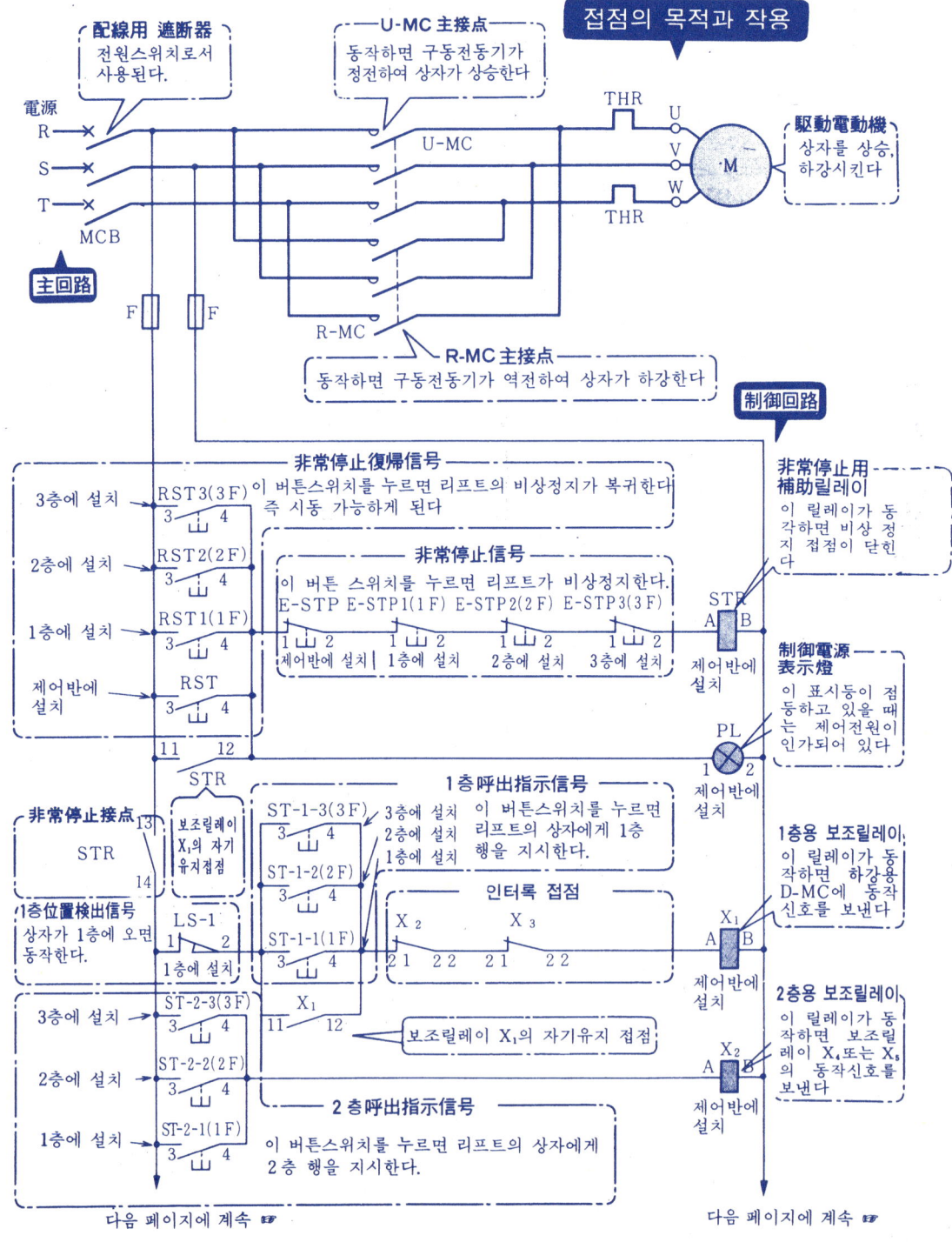

다음 페이지에 계속 ☞   다음 페이지에 계속 ☞

1. 3층까지의 자동하물 리프트 설비를 위한 시이퀀스의 실제

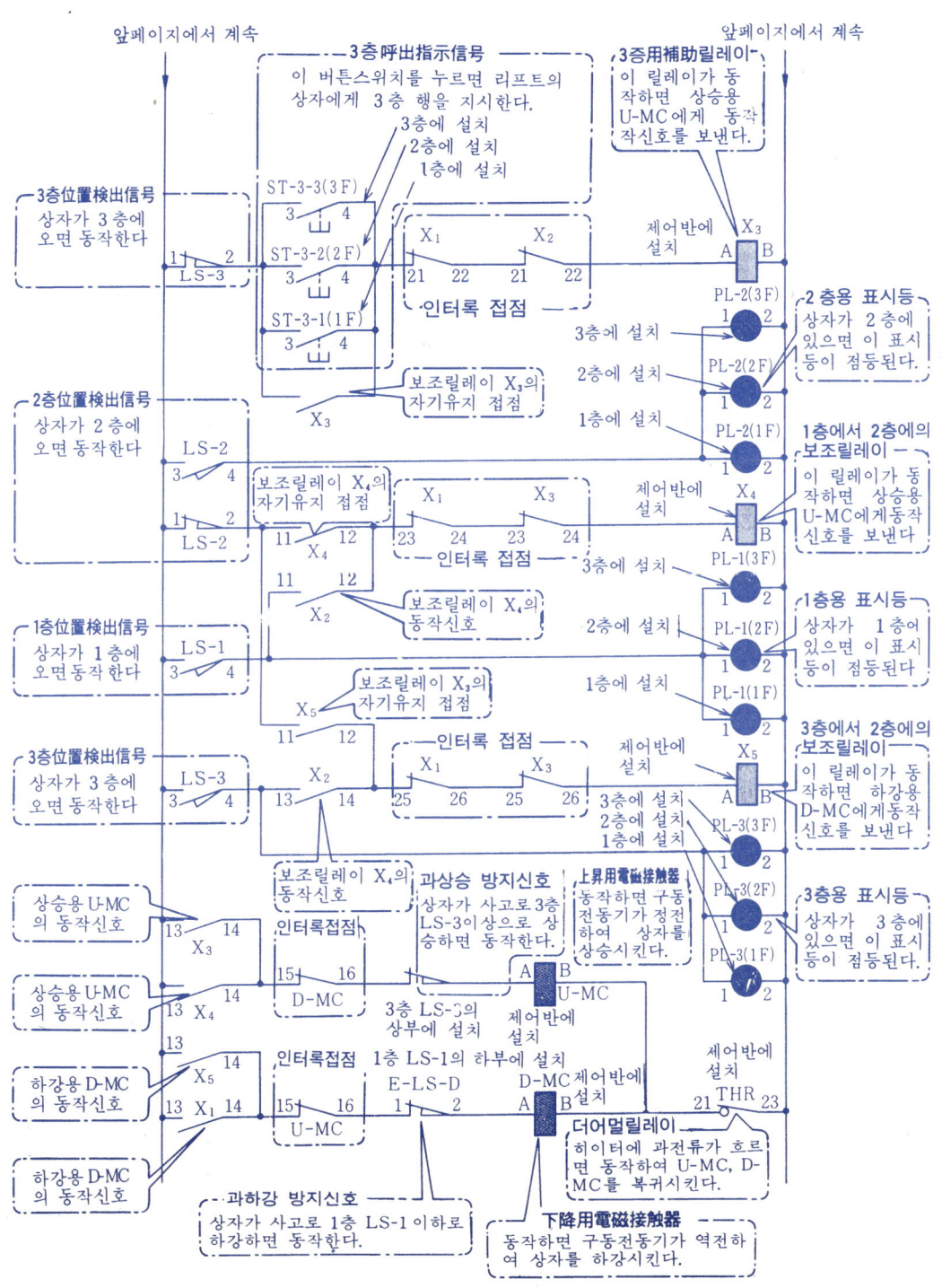

2. 3층까지의 자동 하물 리프트 설비를 위한 실제배선도

① 3층까지의 자동 하물 리프트 설비의 블록도

※ 1층에서 3층까지의 자동 하물 리프트 설비를 위한 시이퀸스도(P. 4~5 참조)를 실제로 제어 기기가 설치되어 있는 장소의 제어 회로로 구분하면 제어반, 1층, 2층, 3층의 4블록으로 나누어진다. 따라서 당연히 각 블록 간의 배선이 필요하게 된다.

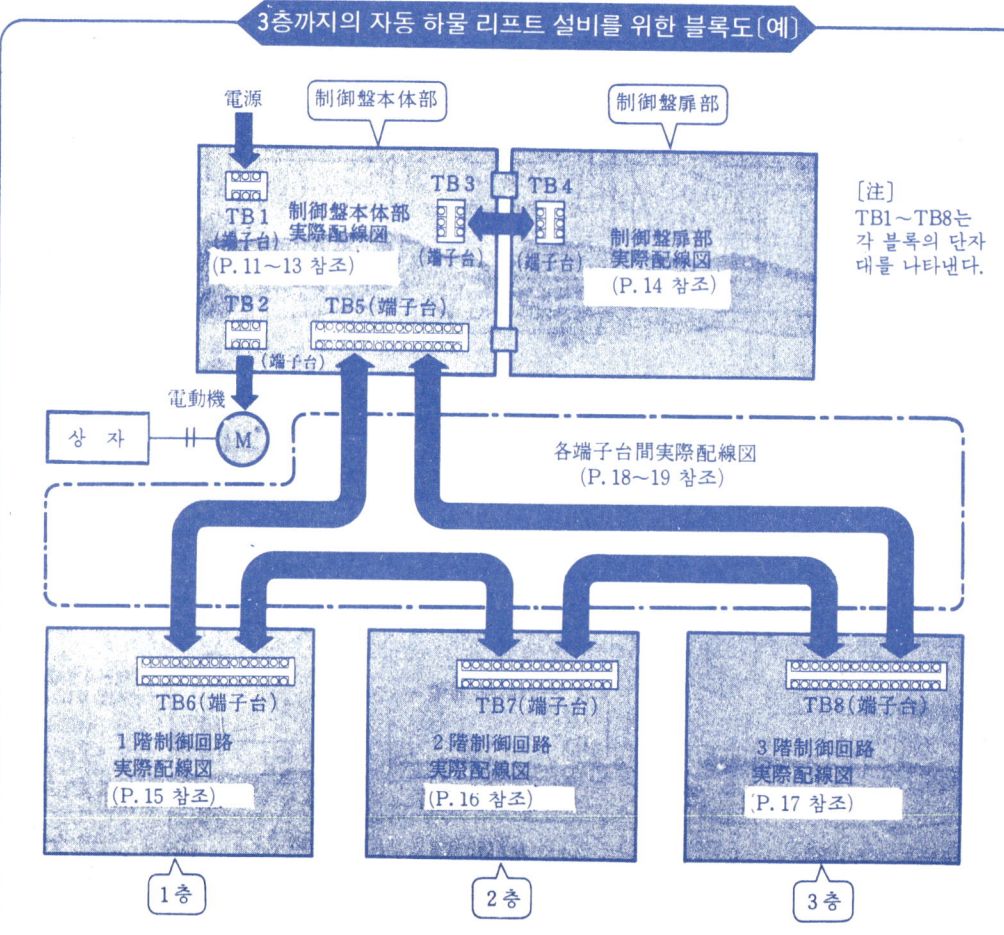

※ 제어반 및 1층, 2층, 3층의 각 블록 제어회로의 실제배선도와 이들 각 블록의 단자대 간에 시공되는 실제배선도의 예를 들면 P. 11~19와 같다. 이 그림을 회로 내용, 사용하는 기기 및 그 배치등에 따라서 달라지므로 하나의 예로 생각해 주기 바란다.
　이들 실제배선도는 실제의 자동 하물 리프트 설비로서의 배선이 시이퀸스도와의 관련에 있어서 어떻게 이루어지고 있는가를 알기 위해서 구체적으로 제시한 것이다.

※ 시이퀸스도와 실제 설비로서의 배선과의 상호 관련성을 살피는 데는 실제배선도 중의 각 선 끝에 표시되어 있는 선번호를 대비하면 된다.

2. 3층까지의 자동하물 리프트 설비를 위한 실제 배선도

② 제어반 내의 제어회로를 위한 실제배선도

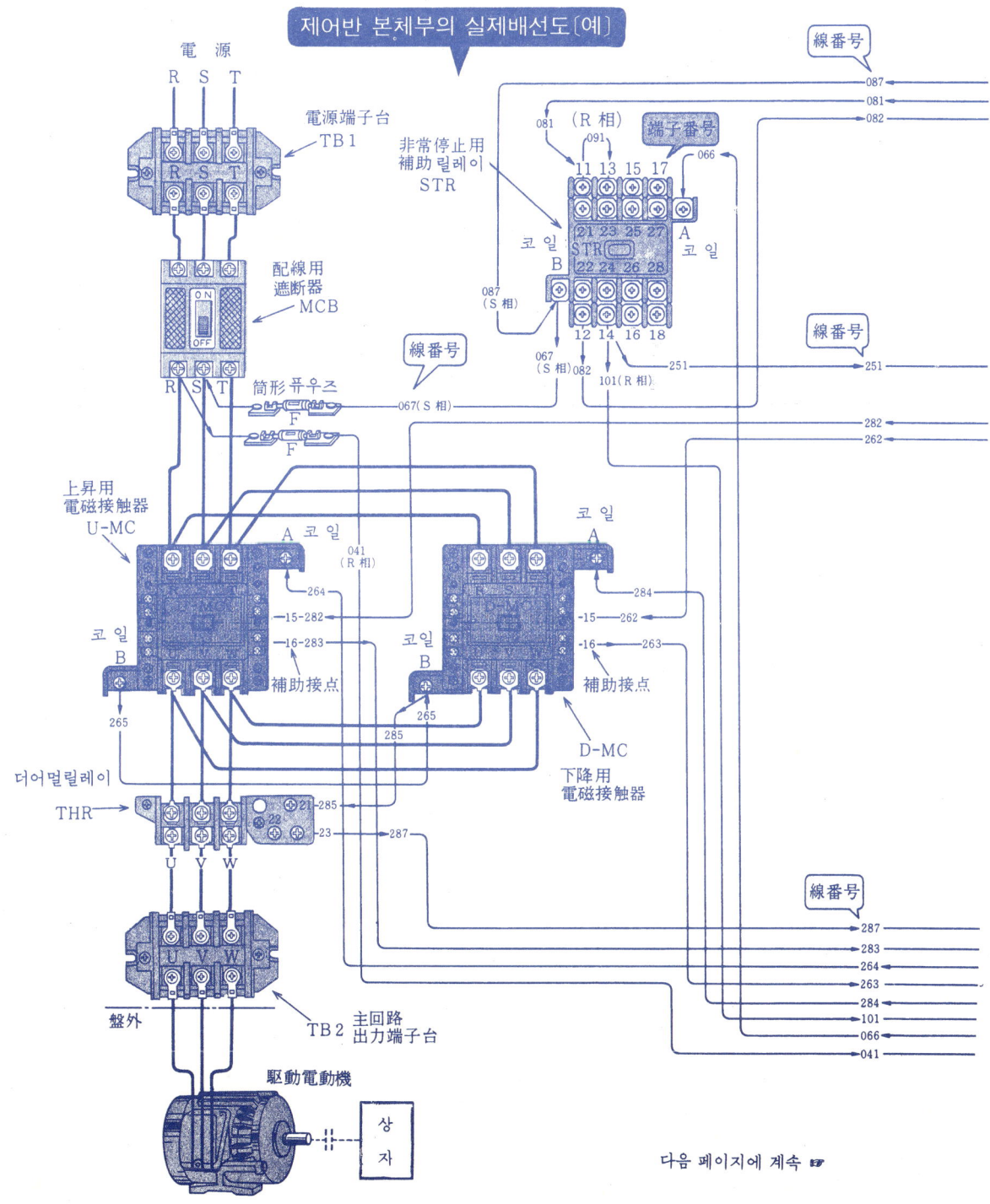

다음 페이지에 계속

전동력 설비의 자동화 공사의 실제

② 제어반내의 제어회로를 위한 실제배선도

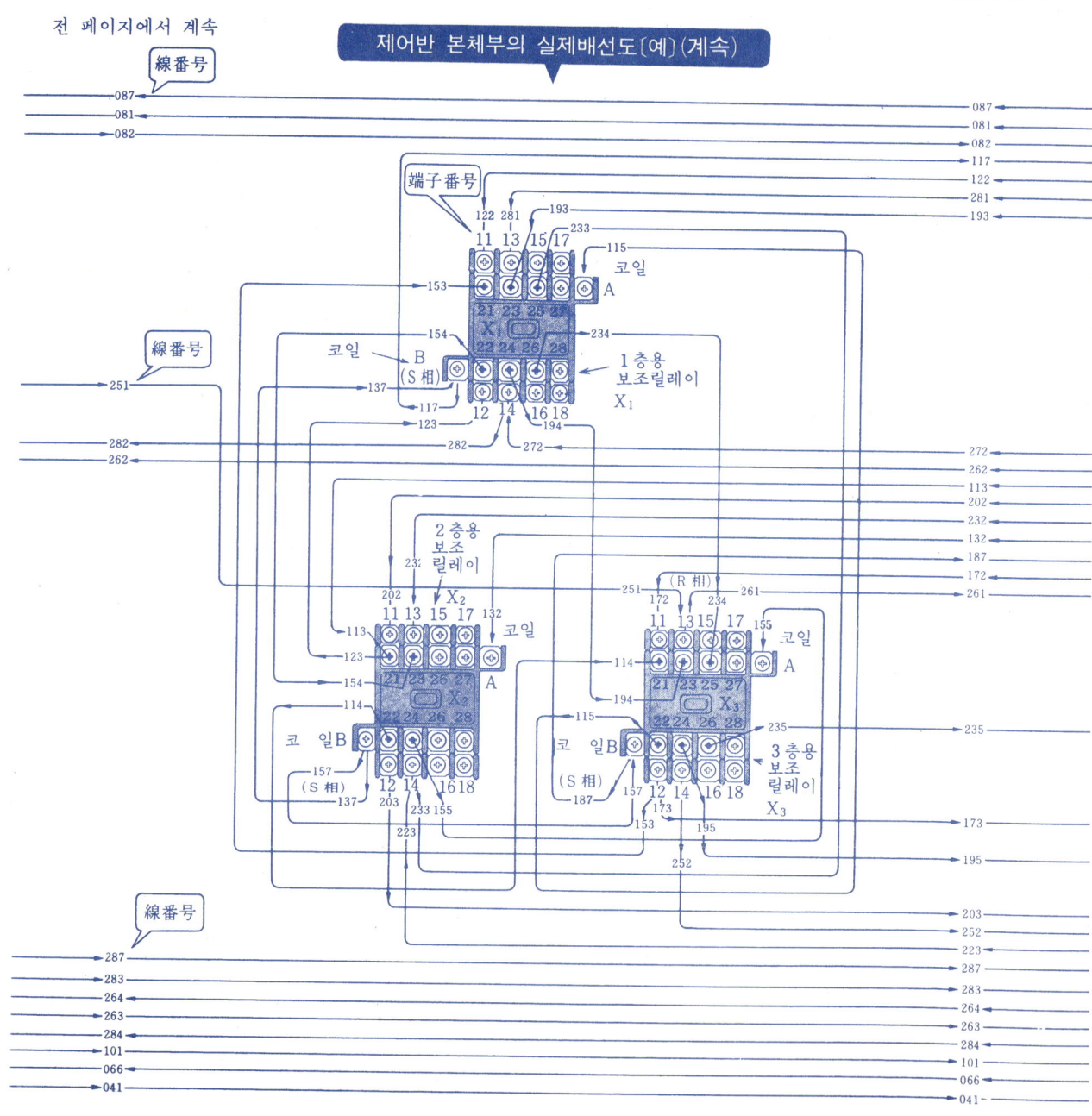

다음 페이지에 계속 ☞

2. 3층까지의 자동하물 리프트 설비를 위한 실제 배선도

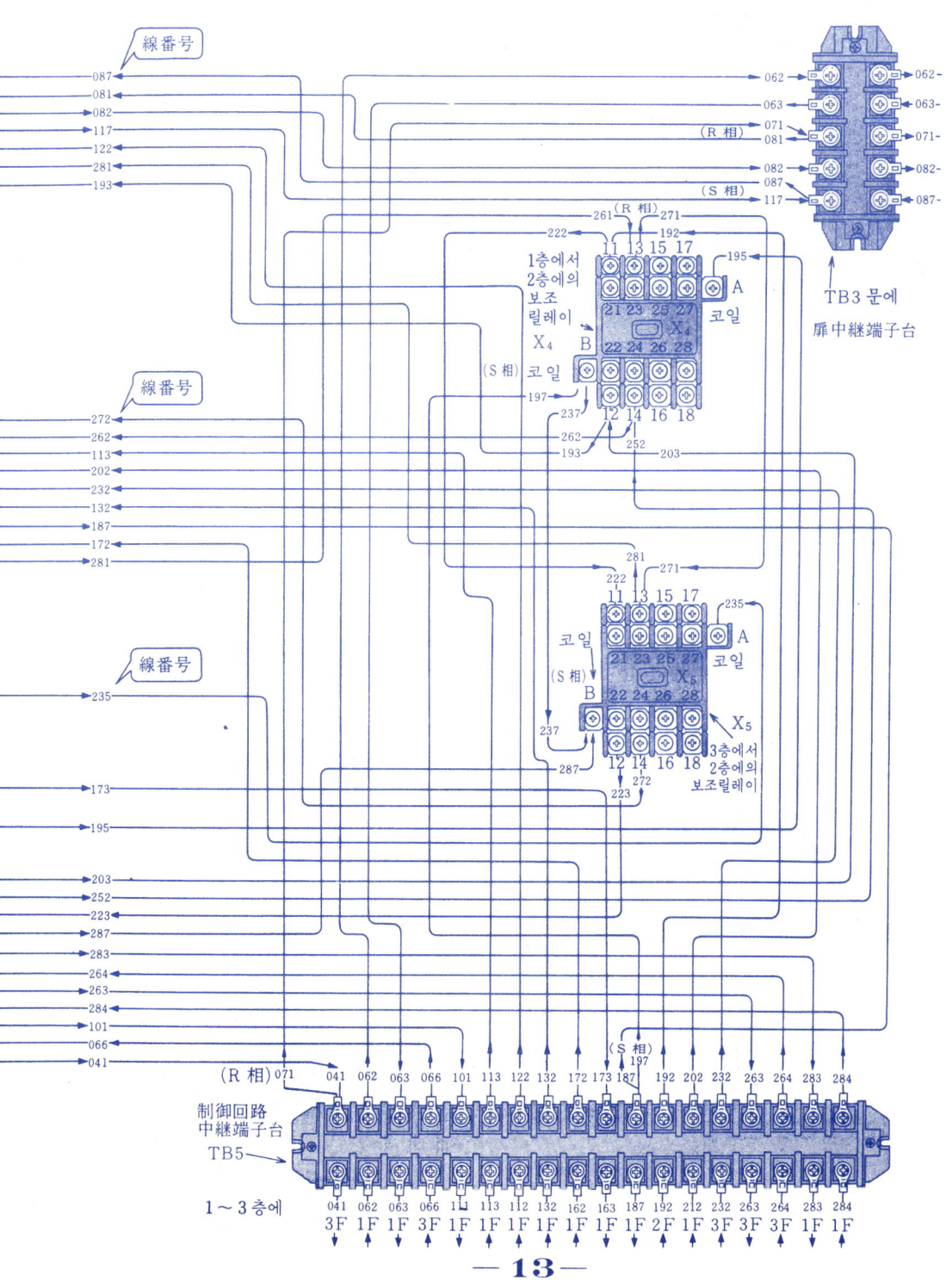

전동력 설비의 자동화 공사의 실제

② 제어반 내의 제어회로를 위한 실제배선도

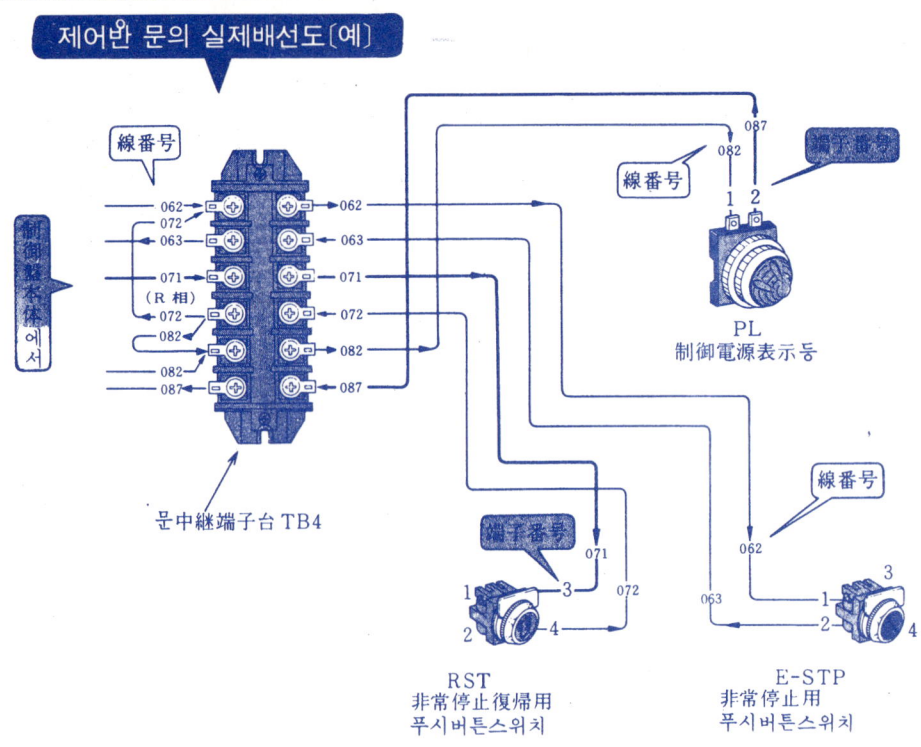

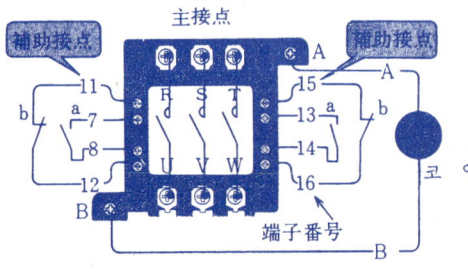

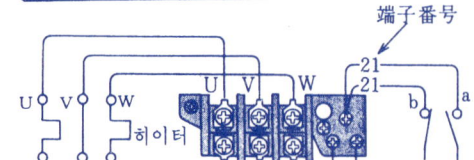

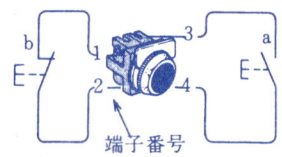

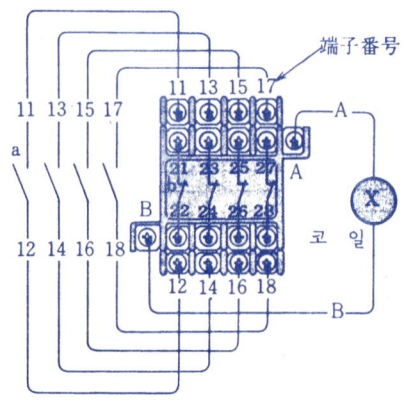

2. 3층까지의 자동하물 리프트 설비를 위한 실제 배선도

③ 1~3층 제어회로의 실제배선도

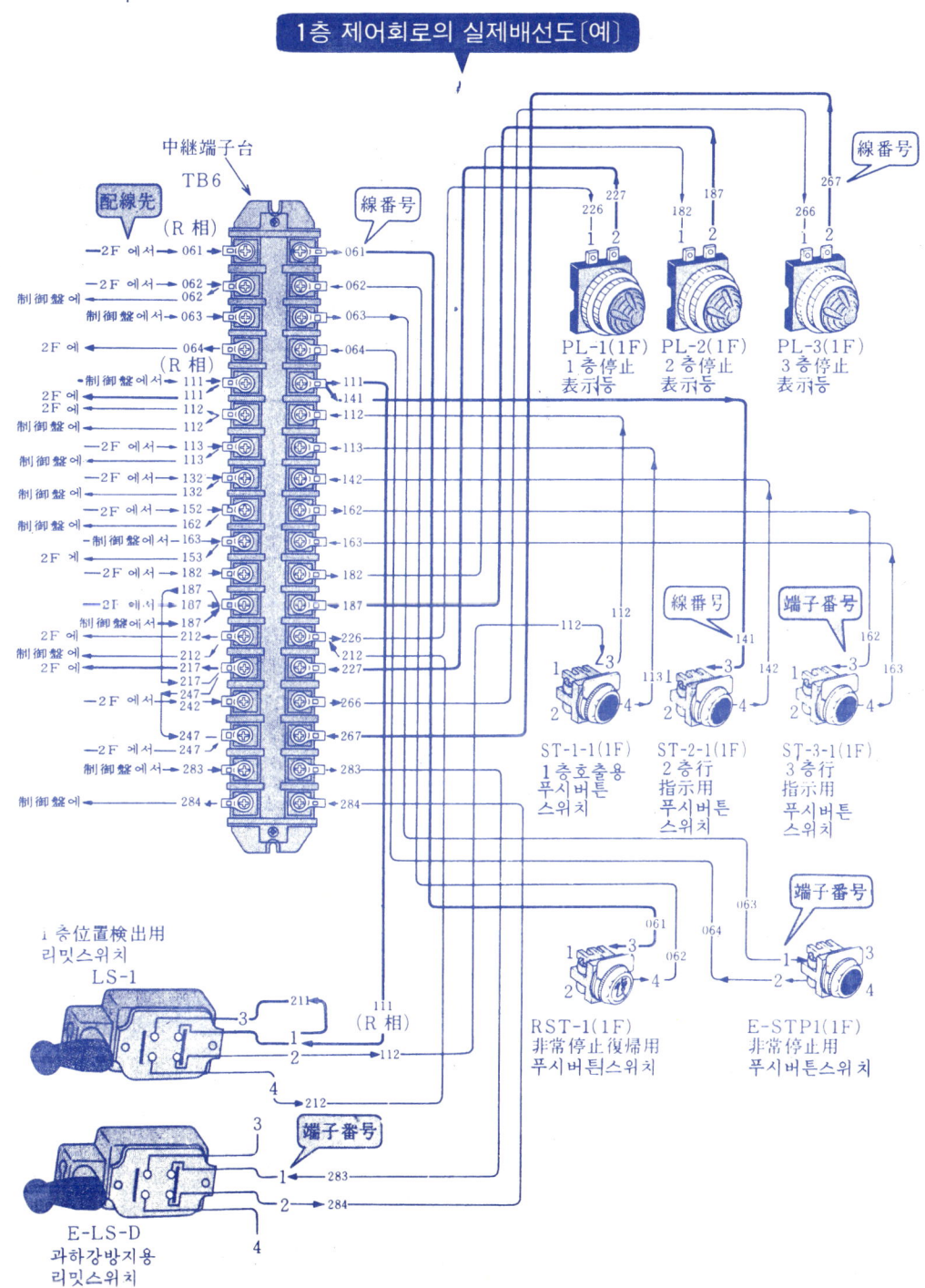

1층 제어회로의 실제배선도〔예〕

전동력 설비의 자동화 공사의 실제

③ 1~3층 제어회로의 실제배선도

2층 제어회로의 실제배선도〔예〕

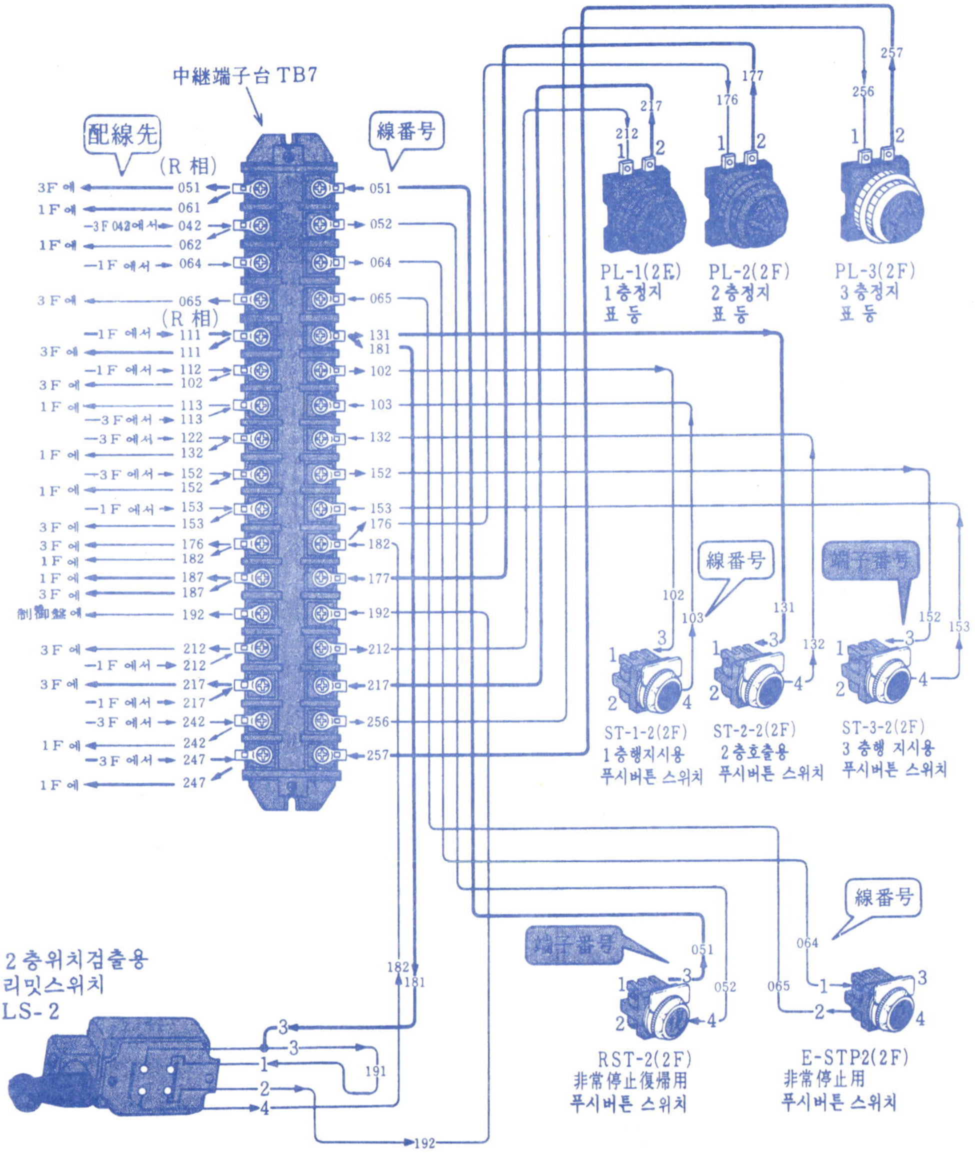

2. 3층까지의 자동하물 리프트 설비를 위한 실제 배선도

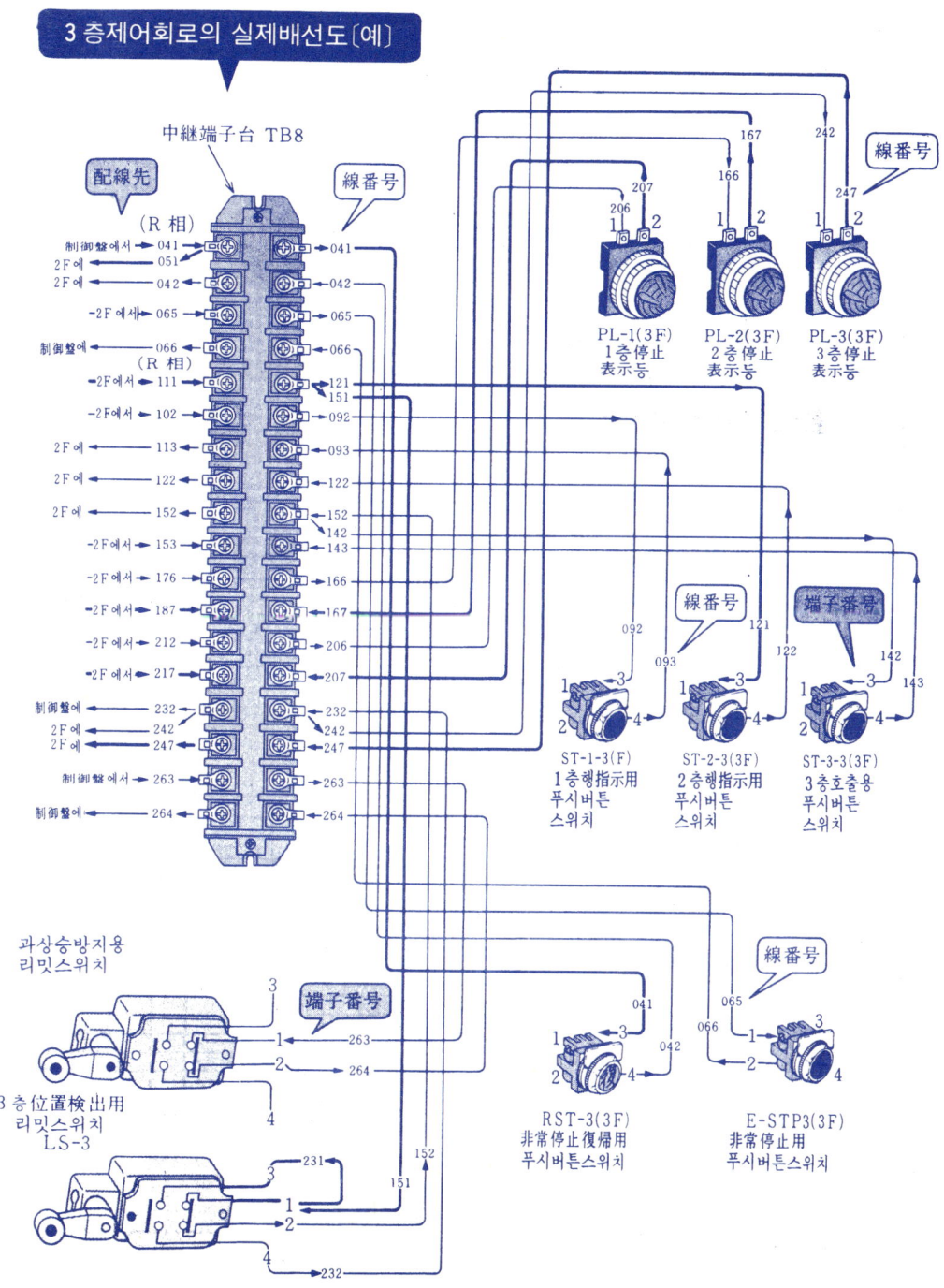

전동력 설비의 자동화 공사의 실제

④ 제어반과 1~3층 제어회로 각 단자대간의 실체배선도

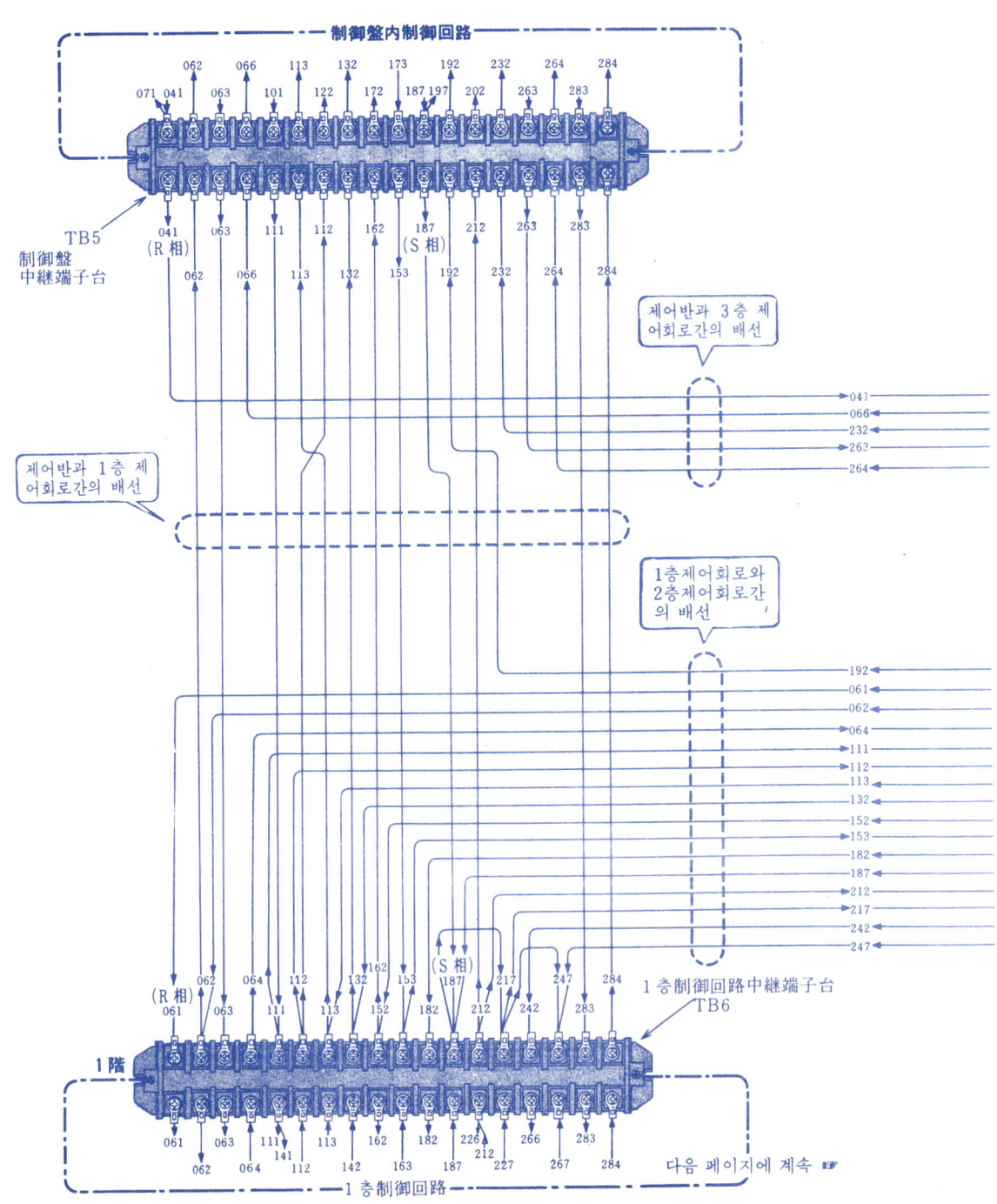

2. 3층까지의 자동하물 리프트 설비를 위한 실제 배선도

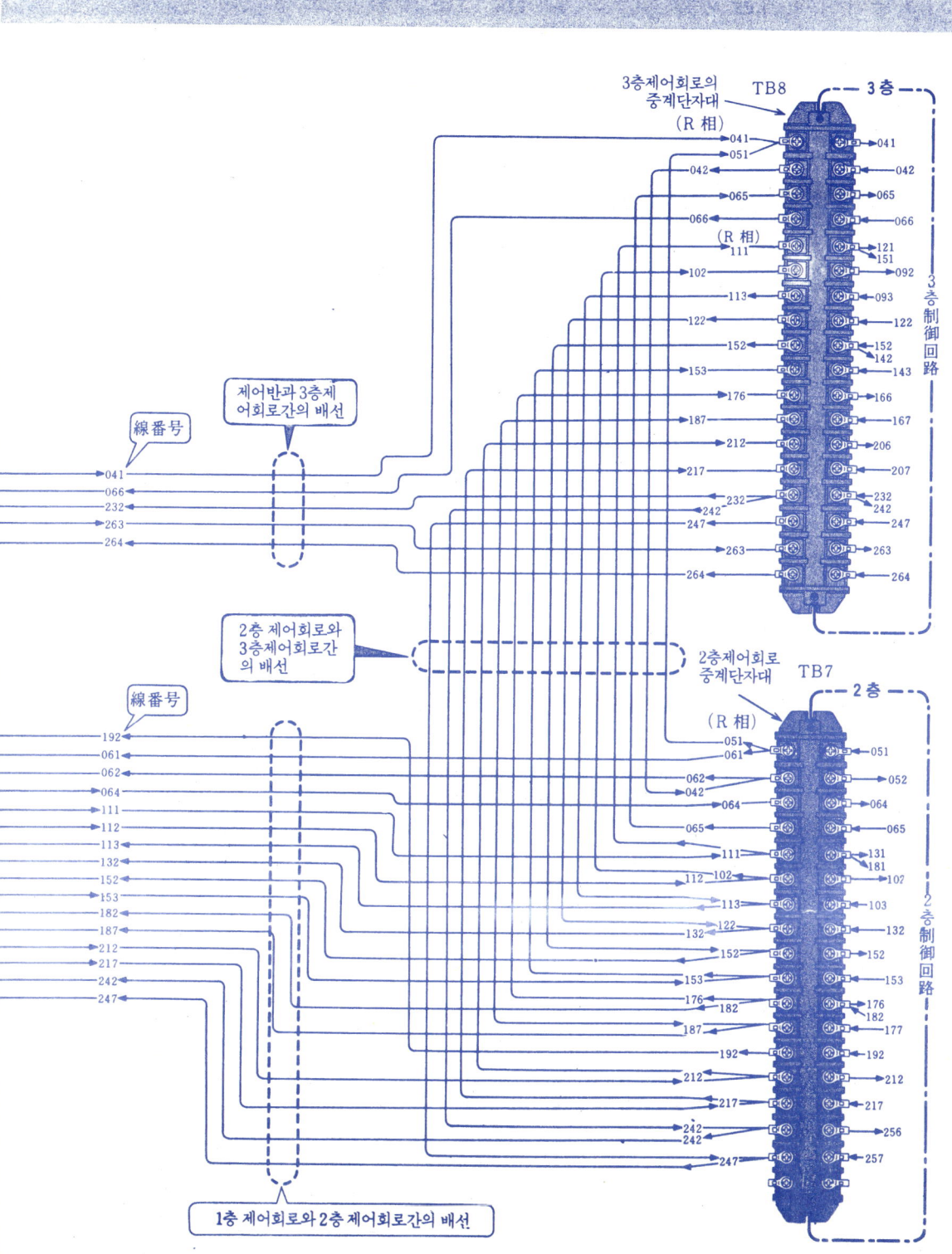

전동력 설비의 자동화 공사의 실제

⑤ 3층까지의 자동 하물 리프트 설비를 위한 부품 재료의 선정

※ 3층까지의 자동 하물 리프트 설비를 위한 구동 전동기(200 V 3상 유도전동기)의 용량에 대한 주회로용 부품 및 재료의 선정 예를 들면 아래 표와 같다.

※ 구동전동기는 1대마다 전용의 분기회로를 설치하여 시설한다.

구동전동기(3상) 주회로에 사용하는부품·재료표〔예〕 ● 내선규정 305-10 ●

3상 유도전동기	사용전선 (금속관공사 의경우)	금속 관 외경 〔mm〕	개폐기용량 〔A〕	과전류차단기 〔A〕	접지선의굵기	전부하전류 〔A〕
0.4 kW	1.6 mm	15	15(3P)	15	1.6 mm	3.2
0.75	1.6 mm	15	15(3P)	15	1.6 mm	4.8
1.5	1.6 mm	15	15(3P)	15	1.6 mm	8
2.2	1.6 mm	15	30(3P)	20	1.6 mm	11.1
3.7	2.0mm 또는 3.5mm²	19	30(3P)	30	2.0mm 또는 3.5mm²	17.4
5.5	2.6mm 또는 5.5mm²	25	60(3P)	50	2.6mm 또는 5.5mm²	26
7.5	3.2mm 또는 8 mm²	25	100(3P)	75	2.6mm 또는 5.5mm²	34
11	14 mm²	31	100(3P)	100	14 mm²	48
15	22	31	100(3P)	100	14 mm²	65
18.5	30	39	200(3P)	150	14 mm²	79
22	38	39	200(3P)	150	14 mm²	93

* 금속관의 굵기는 사용전선을 3줄로 할 때를 기준으로 했다.

※ 구동 전동기의 용량에 대한 전자개폐기(전자접촉기와 더멀릴레이를 조합한 것)의 선정은 아래 표에 기재된 각 메이커의 형식명을 참고하기 바란다.

구동전동기용량에 대한 전자개폐기의 선정표〔예〕

三相誘導電動機	松下電工		三菱電機		東芝		日立製作所	
	非可逆形	可逆形	非可逆形	可逆形	非可逆形	可逆形	非可逆形	可逆形
0.4 kW	K-10	KRS-15	MS(O)-10	MS(O)-2×11	M4-10V	—	—	—
0.75	K-10	KRS-15	MS(O)-10	MS(O)-2×11	M4-10V	M4R-10V	K_4-EP_2	—
1.5	K-10	KRS-15	MS(O)-10	MS(O)-2×11	M4-10V	M4R-10V	K_6-EP_2	—
2.2	K-15	KRS-15	MS(O)-10	MS(O)-2×11	M4-10V	M4R-10V	K_{10}-EP_3	K_{12}-ER_3
3.7	K-18	KRS-18N	MS(O)-18	MS(O)-2×18	M4-18	M4R-18	K_{15}-EP_3	K_{15}-ER_3
5.5	K-25	KRS-25N	MS(O)-25	MS(O)-2×25	M4-25	M4R-25	K_{20}-EP_3	K_{20}-ER_3
7.5	K-35	KRS-25N	MS(O)-35	MS(O)-2×35	M4-25	M4R-25	K_{25}-EP_3	K_{25}-ER_3
11	K-50	KRS-35N	MS(O)-50	MS(O)-2×50	M4-35	M4R-35	K_{30}-EP_3	K_{30}-ER_3
15	K-65	—	MS(O)-65	MS(O)-2×65	M3-65	M3R-65	K_{50}-EP_3	K_{50}-ER_3
18.5	K-80	—	MS(O)-80	MS(O)-2×80	M3-80	M3R-80	K_{60}-EP_3	K_{60}-ER_3
22	K-100	—	MS(O)-100	MS(O)-2×100	M3-80	M3R-80	K_{100}-EP_3	K_{100}-ER_3

2. 3층까지의 자동하물 리프트 설비를 위한 실제 배선도

※ 3층까지의 자동 하물 리프트 설비를 위한 제어 회로에 사용되는 부품 가운데 제어반내 및 1~3층의 각 제어 회로를 분류하면 아래와 다음 페이지의 표와 같다.
※ 부품의 선정에 있어서는 보수시의 부품 교환의 편의성을 위하여 부품의 종류를 통일, 같은 것을 사용하도록 하고 있다.
※ 따라서 1~3층의 제어 회로에 신용되는 부품은 공통적인 것이 많다.
※ 푸시버튼 스위치는 표준 접점 구성인 2a2b를 사용하고 있다. 또 제어반내에 사용되는 보조 릴레이(전자릴레이), 리밋스위치, 배선용 차단기 등의 개폐 접점이 있는 부품에 대한 정격전압 및 접점 구성을 아래 표의 비고란에 표시되어 있으나 전류 용량 등에 대해서는 구동 전동기의 용량에 따라 달라지므로 적절히 선정할 필요가 있다.

　버튼 스위치, 보조릴레이(전자릴레이), 리밋스위치, 배선용 차단기 등의 개폐 접점이 있는 부품은 정격전압 및 접점구성을 아래표의 비고란에 표기하였지만 전류 용량등에 대해서는 구동전동기의 용량에 따라 다르기 때문에 적의 선정하여야 한다.

제어반내의 제어회로에 사용하는 부품표 〔예〕

部品記号				
MCB	配線用遮斷器	1	電源스위치用	550 V 3 P (極)
U-MC	電磁接触器	1	駆動電動機正転(上昇)用	主回路用 앞페이지 아래표 참조
D-MC	電磁接触器	1	駆動電動機逆転(下降)用	主回路用 앞페이지 아래표 참조
THR	더어멀릴레이	1	過電流保護用 릴레이	電磁接触器容量에 맞춘다.
RST	푸시버튼스위치	1	非常停止復帰用 버튼스위치	600 V 1 a 1 b
E-STP	푸시버튼스위치	1	非常停止用 버튼스위치	600 V 1 a 1 b
STR	電磁릴레이	1	非常停止用補助릴레이	550 V 4 a 4 b
X_1	電磁릴레이	1	1階用補助 릴레이	550 V 4 a 4 b
X_2	電磁릴레이	1	2階用補助 릴레이	550 V 4 a 4 b
X_3	電磁릴레이	1	3階用補助 릴레이	550 V 4 a 4 b
X_4	電磁릴레이	1	1층에서 2층에의 보조릴레이	550 V 4 a 4 b
X_5	電磁릴레이	1	3층에서 2층에의 보조릴레이	550 V 4 a 4 b
PL	表示燈	1	制御電源用表示燈	200 V 트랜스식
TB1	端子台	1	盤内電源端子台	600 V 3 P (極)
TB2	端子台	1	盤内主回路出力端子台	600 V 3 P (極)
TB3,4	端子台	2	盤内扉中継端子台	600 V 6 P (極)
TB5	端子台	1	盤内制御回路中継端子台	600 V 18P (極)

주의: 부품 선정의 기본적인 것을 표시했으므로 그 응용에 있어서는 코스트도 함께 검토해야 한다.

전동력 설비의 자동화 공사의 실제

⑤ 3층까지의 자동 하물 리프트 설비를 위한 부품 재료의 선정

1층 제어회로에 사용하는 부품표〔예〕

部品記号	機器名称	個数	用 途	備 考
LS-1	리밋스위치	1	1층位置檢出用 스위치	250 V 1a 1b
E-LS-D	리밋스위치	1	過下降防止用스위치	250 V 1a 1b
RST1(1F)	푸시버튼스위치	1	1층操作非常停止復歸用스위치	600 V 1a 1b
ST-1(1F)	푸시버튼스위치	1	1층呼出用스위치	600 V 1a 1b
ST-2(1F)	푸시버튼스위치	1	2층行 指示用스위치	600 V 1a 1b
ST-3(1F)	푸시버튼스위치	1	3층行 指示用스위치	600 V 1a 1b
E-STP1	푸시버튼스위치	1	1층操作非常停止用 스위치	600 V 1a 1b
PL-1(1F)	表示燈	1	1층停止表示用表示燈	200 V 트랜스式
PL-2(1F)	表示燈	1	2층停止表示用表示燈	200 V 트랜스式
PL-3(1F)	表示燈	1	3층停止表示用表示燈	200 V 트랜스式
TB6	端子台	1	1층中繼端子台	600 V 18 P (極)

2층 제어회로에 사용하는 부품표〔예〕

部品記号	機器名称	個数	用 途	備 考
LS-2	리밋스위치	1	2층位置檢出用 스위치	250 V 1a 1b
RST2(2F)	푸시버튼스위치	1	2층操作非常停止復歸用스위치	600 V 1a 1b
ST-1(2F)	푸시버튼스위치	1	1층行 指示用스위치	600 V 1a 1b
ST-2(2F)	푸시버튼스위치	1	2층呼出用스위치	600 V 1a 1b
ST-3(2F)	푸시버튼스위치	1	3층行 指示用스위치	600 V 1a 1b
E-STP2	푸시버튼스위치	1	2층操作非常停止用스위치	600 V 1a 1b
PL-1(2F)	表示燈	1	1층停止表示用表示燈	200 V 트랜스式
PL-2(2F)	表示燈	1	2층停止表示用表示燈	200 V 트랜스式
PL-3(2F)	表示燈	1	3층停止表示用表示燈	200 V 트랜스式
TB7	端子台	1	2층中繼端子台	600 V 17 P (極)

3층 제어회로에 사용하는 부품표〔예〕

部品記号	機器名称	個数	用 途	備 考
LS-3	리밋스위치	1	3층位置檢出用 스위치	250 V 1a 1b
E-LS-U	리밋스위치	1	과상승방지용스위치	250 V 1a 1b
RST3(3F)	푸시버튼스위치	1	3층操作非常停止復歸用스위치	600 V 1a 1b
ST-1(3F)	푸시버튼스위치	1	1층行 指示用스위치	600 V 1a 1b
ST-2(3F)	푸시버튼스위치	1	2층行 指示用스위치	600 V 1a 1b
ST-3(3F)	푸시버튼스위치	1	3층呼出用스위치	600 V 1a 1b
E-STP3	푸시버튼스위치	1	3층操作非常停止用스위치	600 V 1a 1b
PL-1(3F)	表示燈	1	1층停止表示用表示燈	200 V 트랜스式
PL-2(3F)	表示燈	1	2층停止表示用表示燈	200 V 트랜스式
PL-3(3F)	表示燈	1	3층停止表示用表示燈	200 V 트랜스式
TB8	端子台	1	3층中繼端子台	600 V 18 P (極)

3. 3층까지의 자동 하물 리프트 설비를 위한 시공 배선도의 실제

① 실체배선도란, 어떤 것인가?

실체배선도란?

❋ 시이퀀스도는 설비, 장치의 기능을 중심으로 전기적 접속을 전개하되 그림기호에 의하여 표현하고 있으므로 설비, 장치의 동작 기능을 이해하는데 매우 편리한 그림이라 하겠다. 그러나 이 시이퀀스도에 의하여 실제의 배선 작업을 하는데는 상당한 경험을 필요로 한다.

❋ 그래서 제어반을 포함한 배선 공사용의 도면으로서는 상대적인 제어 기기의 배치를 그림기호에 의하여 표시함과 동시에 배선의 접속 관계를 각 기기의 단자간 배선으로서 구체적으로 명시한 실체배선도(이면 배선도라고도 한다.)가 사용된다.

❋ 앞에서 제시한 실체배선도는 제어 기기가 실제의 구조에 가까운 상태로 쓰여 있어 이해하기는 쉬우나 이렇게 작도하자면 많은 시간이 걸린다. 제어 기기류의 구조를 그림기호로 바꾸어 제시한 것이 이 실체배선도이다.

❋ 이 그림은 설비, 장치의 보수, 점검에도 사용되므로 시이퀀스도와의 대조를 쉽게 할수있도록 그려져 있다.

제어반내 실체배선도[예] ● **3층까지의 자동하물리프트 설비** ●

❋ 3층까지의 자동 하물 리프트 설비를 위한 제어반내 기기 배치에 있어서는, 문의 표면에는 조작자가 볼 수 있는 표시등 및 운전조작에 필요한 버튼스위치류를 설치하고 반본체의 안쪽에는 점검 때 이외는 손댈 필요가 없는 전자접촉기, 보조릴레이, 단자대등을 수용한다.

❋ 시이퀀스도(P. 4～5 참조)에서 제어반내의 제어회로를 끌어내어 실체배선도로 제시하면 P. 24～27의 그림과 같이 된다.

❋ 이 그림은 문을 열고 반내를 바라본 상태로 그린 것이다. 또 제어 기기의 배치는 상대적으로는 실제와 같게 제시하고 있으나 기기의 치수 및 상호 거리는 실제의 것과 비례하지 않아도 된다.

☞ p24～27참조

1층～3층의 제어회로실체배선도[예]

❋ 이 자동 하물 리프트 설비는 1층에서 3층까지 상자가 이동하는 것이므로 각 층에는 각각의 층을 검출하는 리밋스위치, 상자의 정지층을 표시하는 표시등 및 상자를 희망하는 층으로 조작하는 버튼스위치가 있다.

❋ 시이퀀스도(P. 4～5 참조)에서 각 층의 제어회로를 끌어내어 각 제어 기기와 단자대와의 배선을 실체배선도로 나타내면 P. 28～30의 그림과 같이 된다.

❋ 이 그림에서는 제어 기기 단자에 단자번호를 부기함과 함께 각각의 단자간 배선이 어느단자에 연결되는가를 명시하기 위하여 시이퀀스의 지번방식에 의한 선번호가 사용되고 있다.

❋ 제어반, 1층, 2층, 3층의 각 블록간의 배선(P. 18～19 참조)을 각각 거리가 있으므로 배선을 금속관에 수용하는 금속관 공사 등에 의하여 시설하는 편이 좋을 것이다.

☞ p28～30참조

전동력 설비의 자동화 공사의 실제

② 제어반의 실체배선도

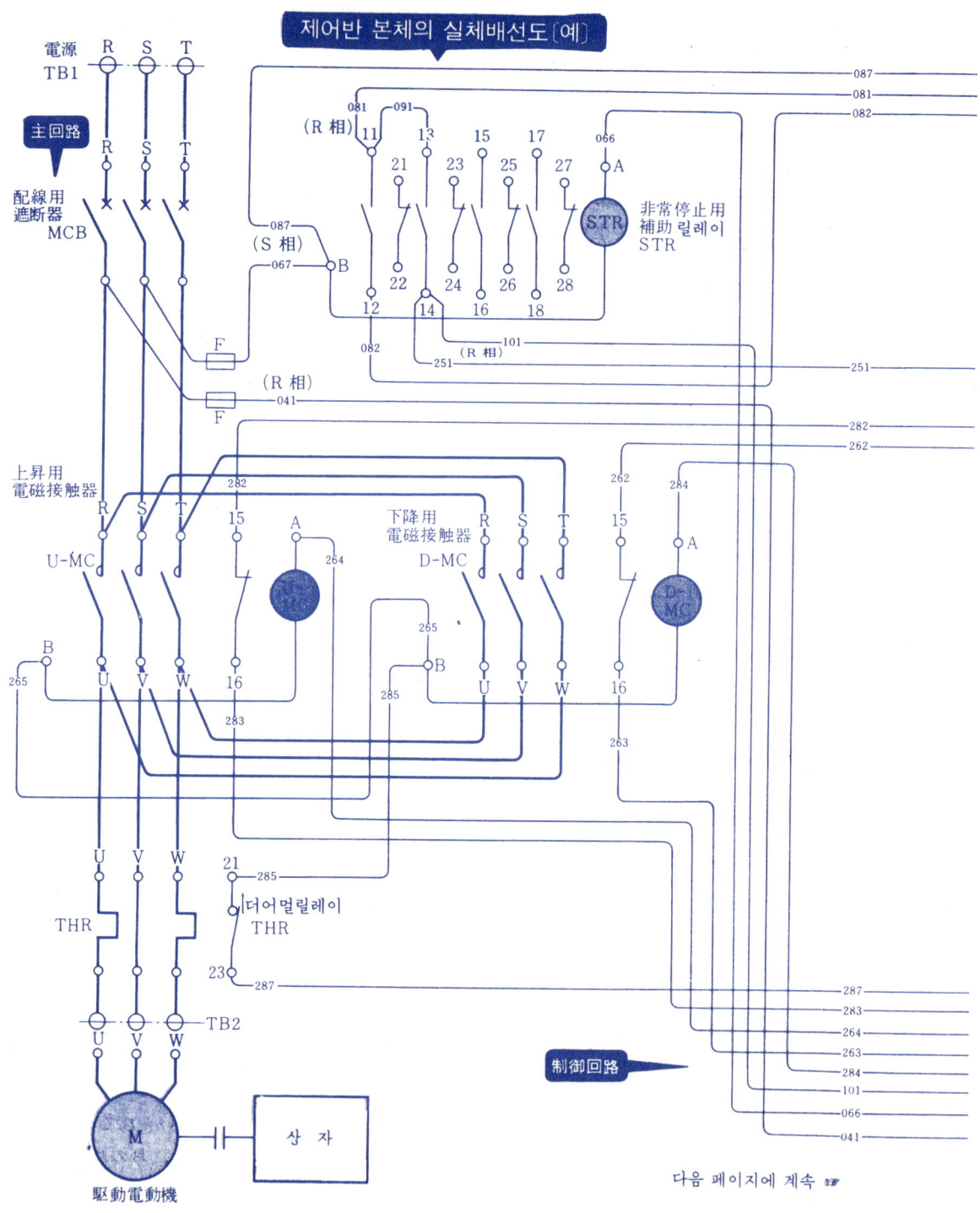

제어반 본체의 실체배선도〔예〕

다음 페이지에 계속 ☞

3. 3층까지의 자동하물 리프트 설비를 위한 시공 배선도의 실제

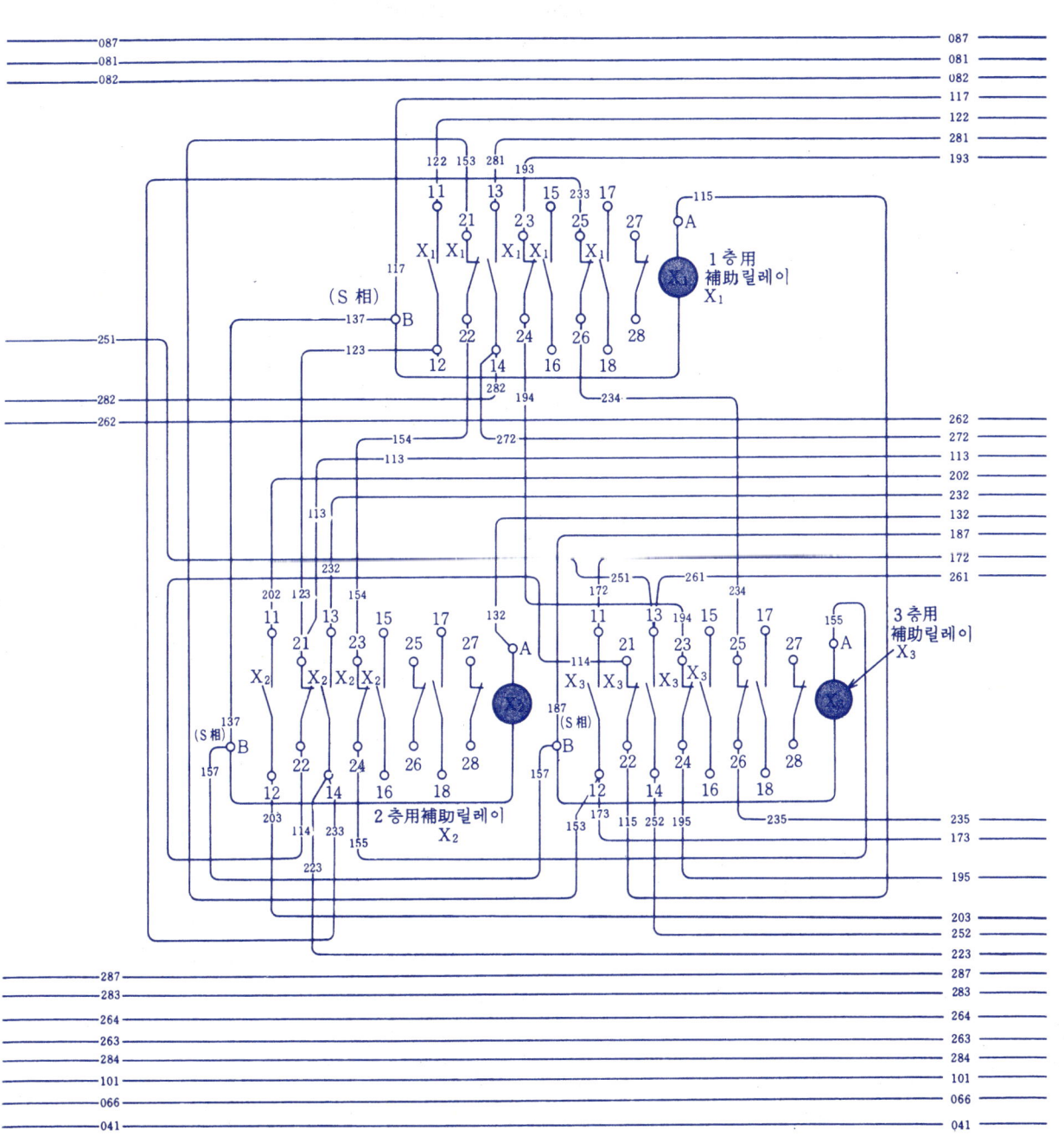

다음 페이지에 계속

전동력 설비의 자동화 공사의 실제

2 제어반의 실체배선그림

제어반본체의 실체배선그림〔예〕(계속)

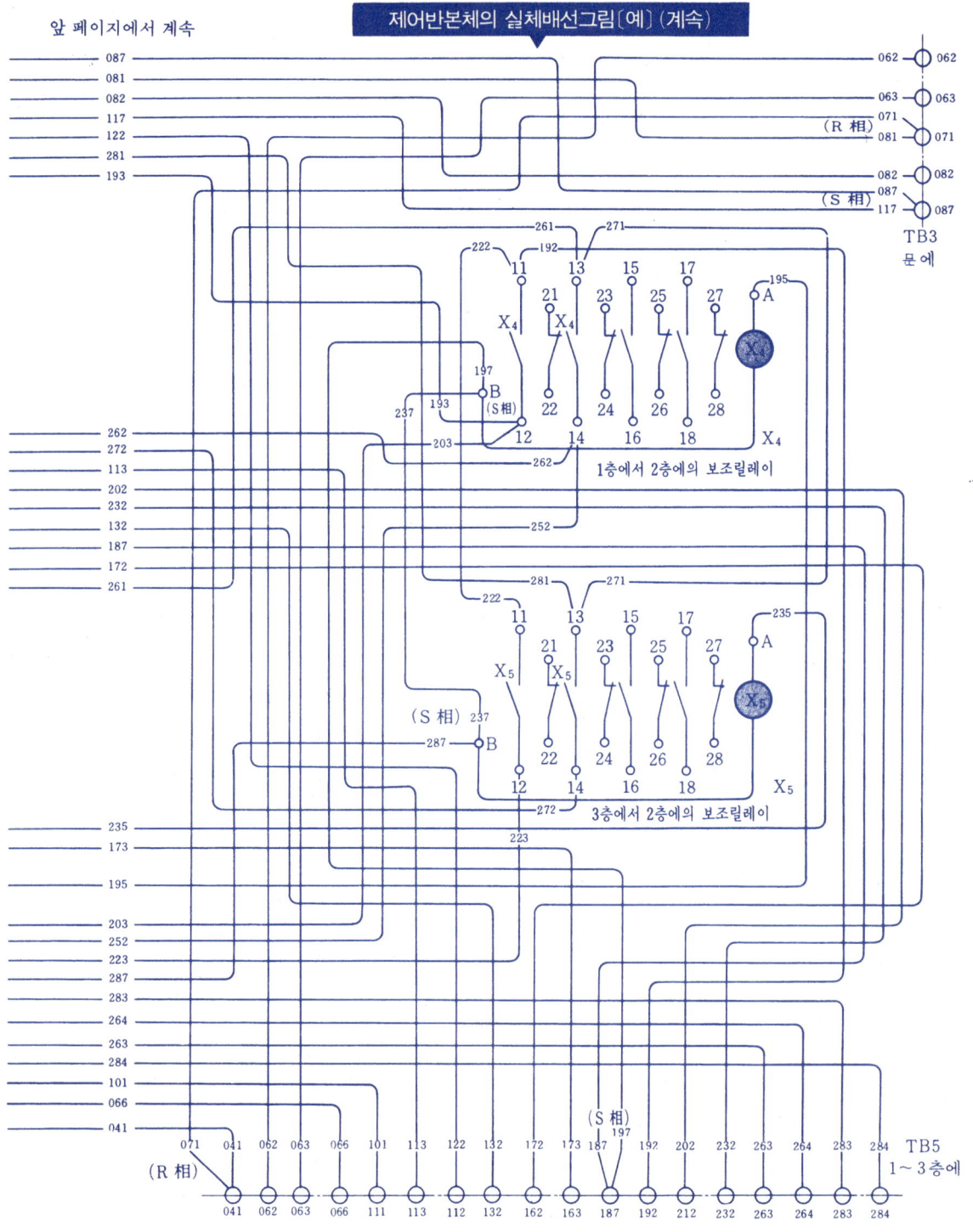

3. 3층까지의 자동하물 리프트 설비를 위한 시공 배선도의 실제

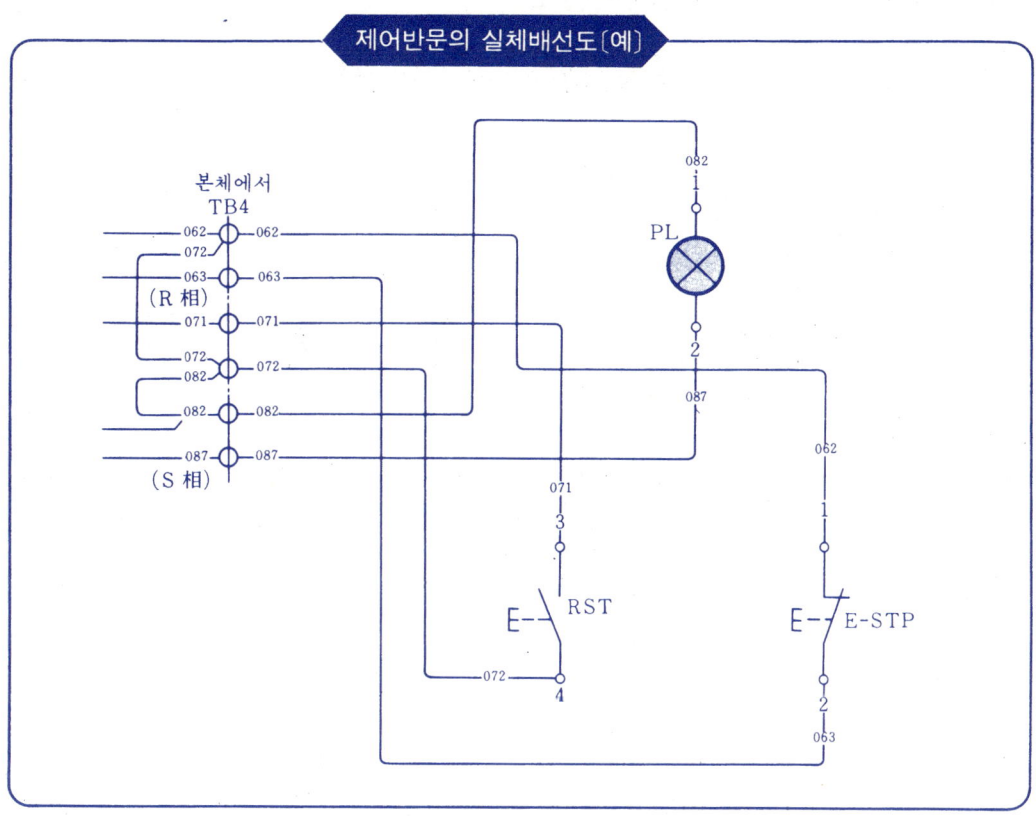

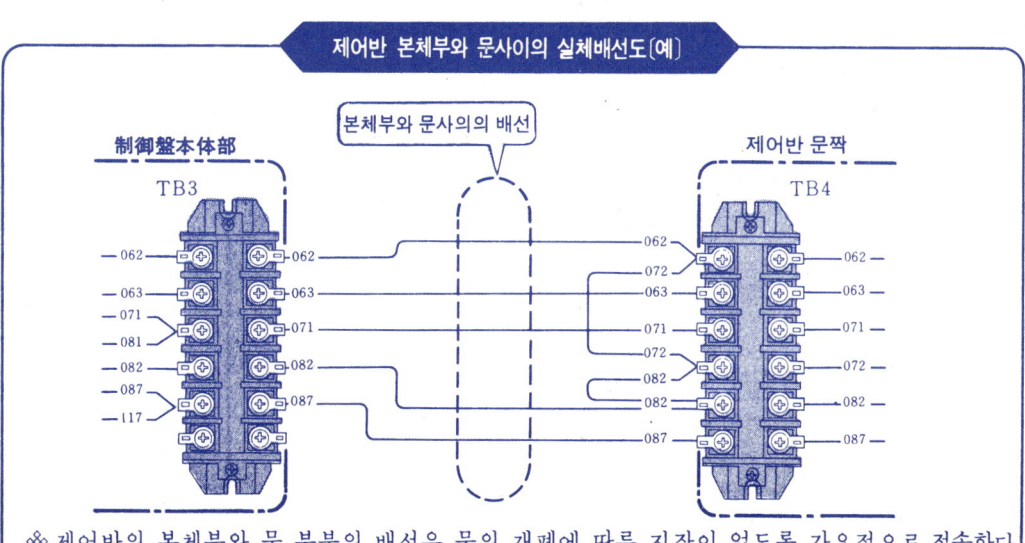

※ 제어반의 본체부와 문 부분의 배선은 문의 개폐에 따른 지장이 없도록 가요적으로 접속한다
※ 단자대 TB 3, TB 4 를 사용하지 않고 직접 접속해도 되지만 단선 되었을 때의 교환에 시간이 걸리므로 일반적으로는 단자대를 사용하고 있다.

전동력 설비의 자동화 공사의 실제

③ 1~3층 제어회로의 실체배선도

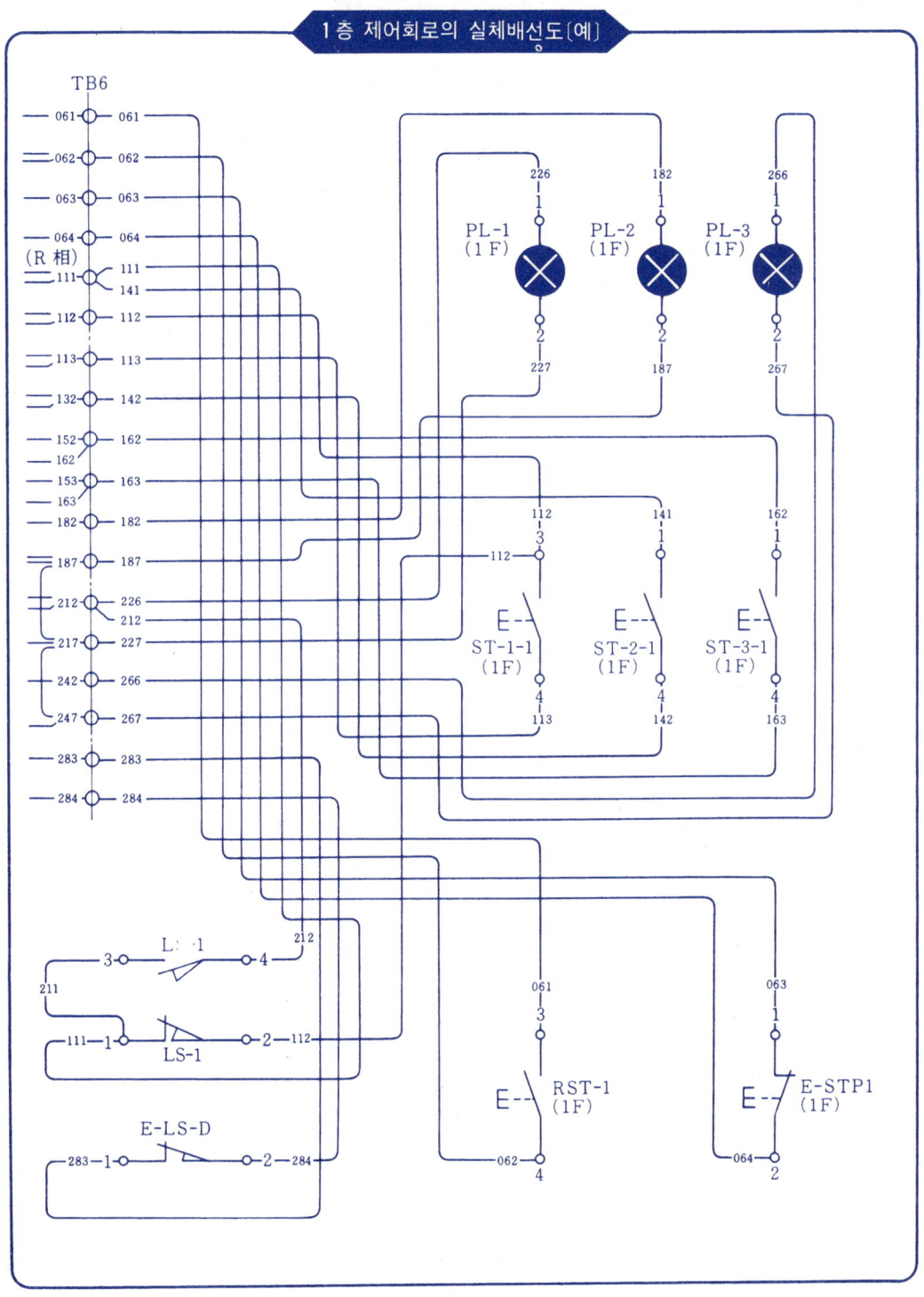

3. 3층까지의 자동하물 리프트 설비를 위한 시공 배선도의 실제

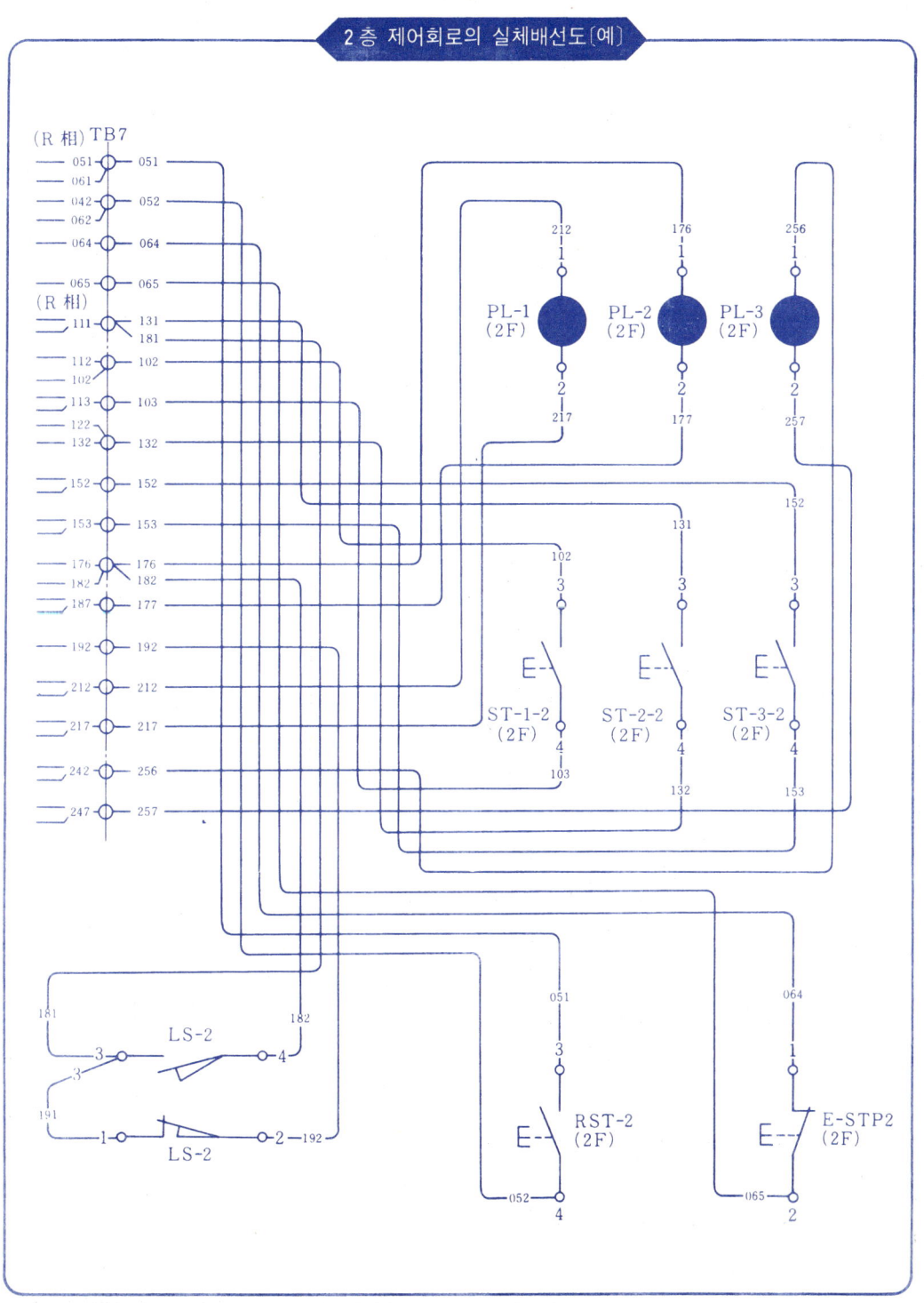

2층 제어회로의 실체배선도〔예〕

전동력 설비의 자동화 공사의 실제

③ 1~3층 제어회로의 실체배선도

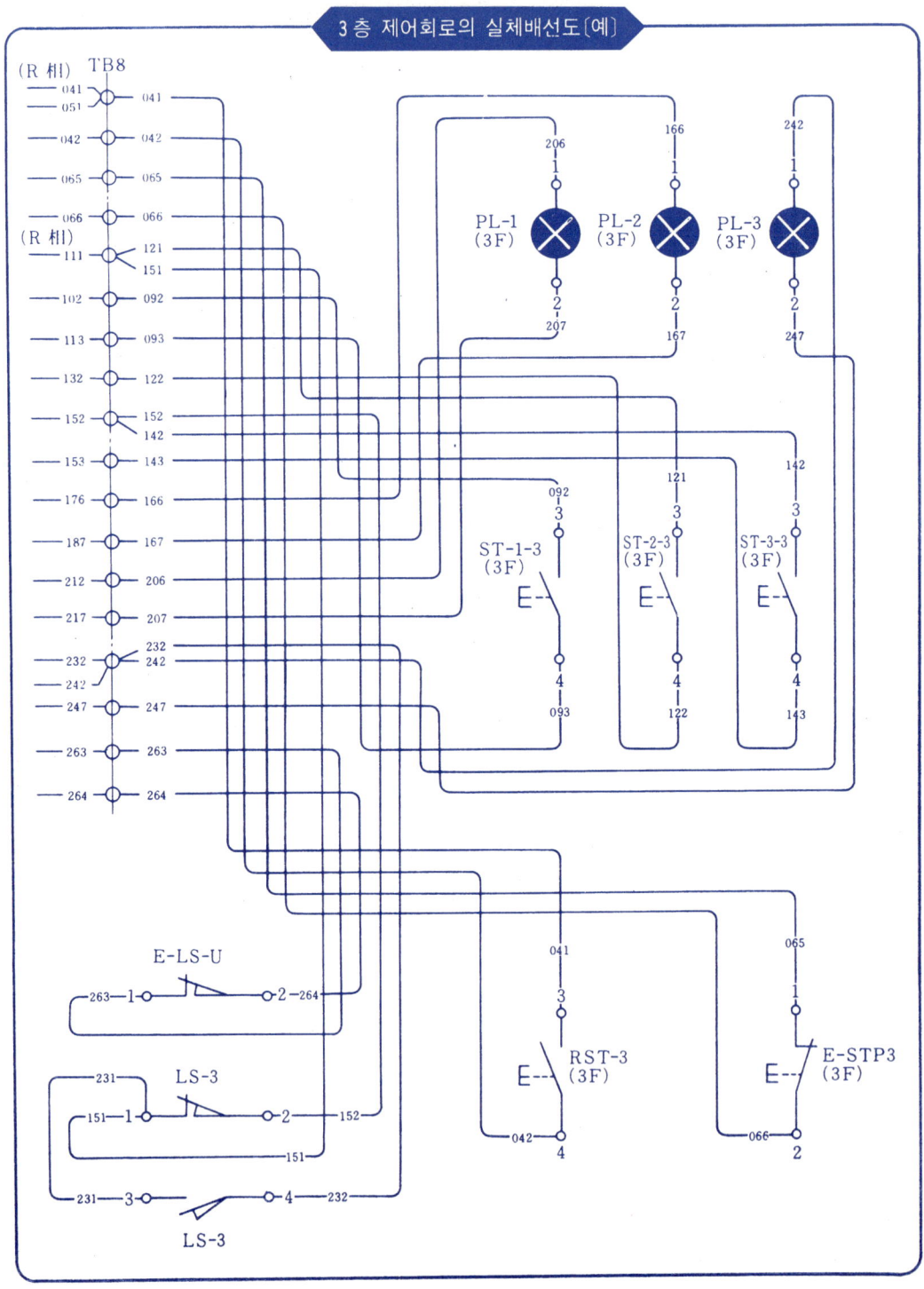

3층 제어회로의 실체배선도〔예〕

4. 3층까지의 자동 하물 리프트 설비를 위한 구동 전동기 주회로 공사의 실제

① 구동 전동기 주회로 공사의 실제배선도

❊ 아래 그림은 3층까지의 자동 하물 리프트 설비를 위한 구동 전동기 주회로 공사 실제배선도의 한 예를 제시한 것이다.

❊ 이 그림은 분기 개폐기로서의 배선용 차단기, 가역현 전자개폐기(정전, 역전용 전자접촉기), 더멀릴레이 등을 제어반내에 수용하되 금속관 공사에 의하여 구동 전동기에 배선한 것이다. 구동 전동기의 설치방법에 대해서는 일반 설비 구동의 경우를 제시했으며 상자에의 전동기구 등에 대해서는 모두 생략했다.

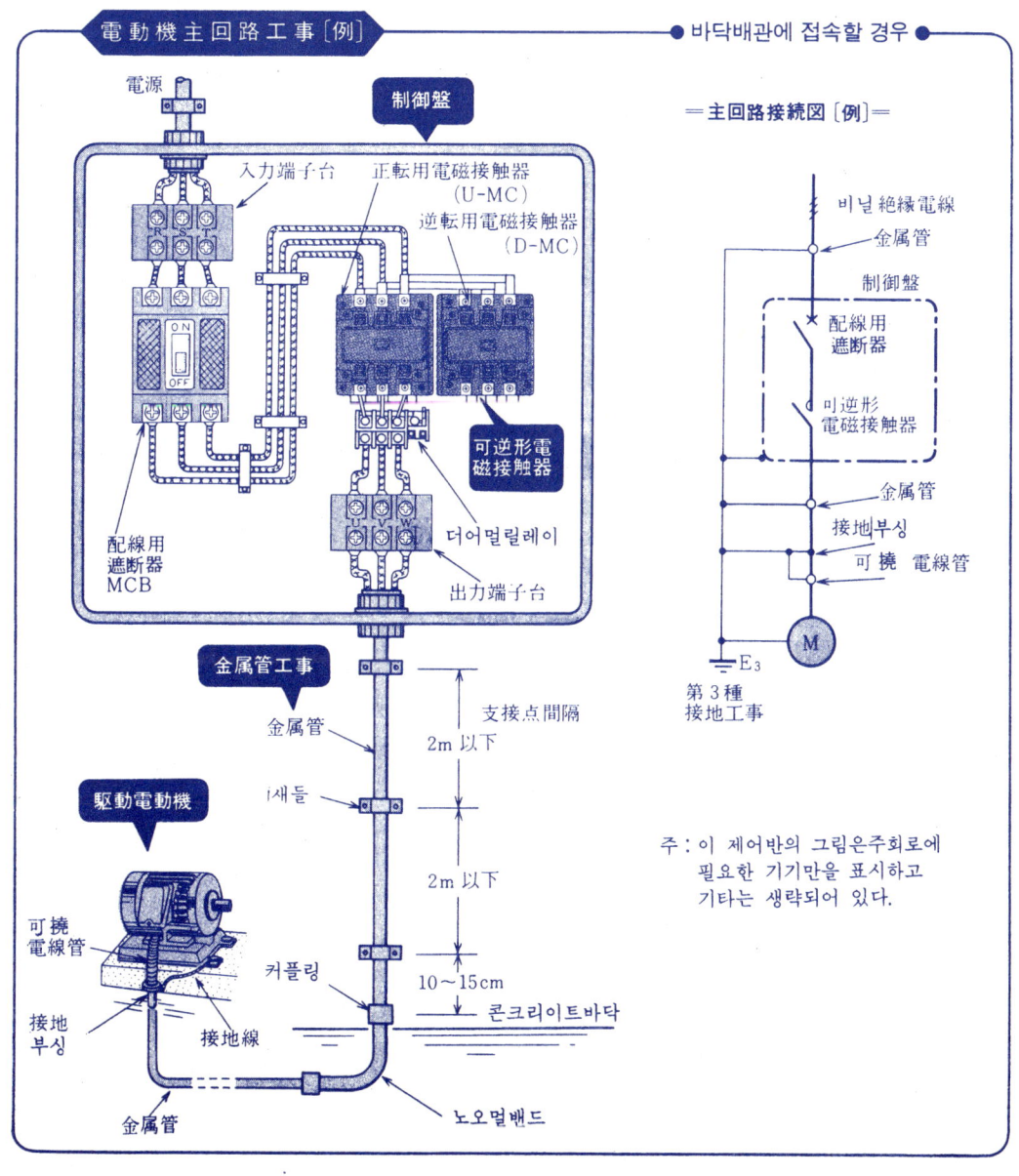

전동력 설비의 자동화 공사의 실제

② 전동기 정역전 제어의 주회로배선

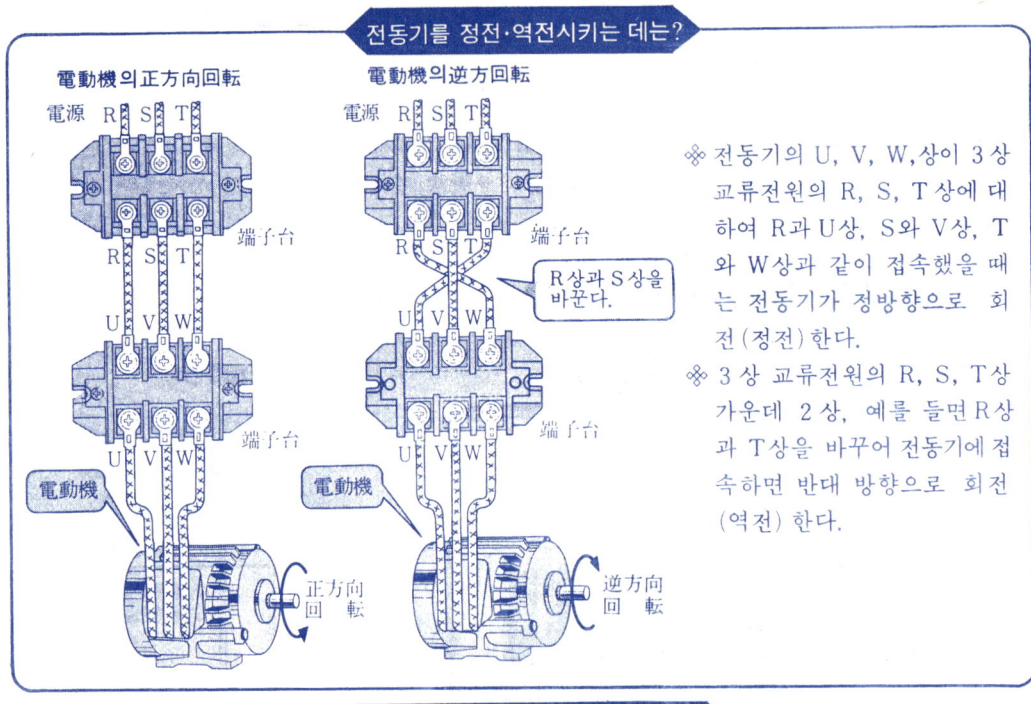

※ 전동기의 U, V, W,상이 3상 교류전원의 R, S, T상에 대하여 R과 U상, S와 V상, T와 W상과 같이 접속했을 때는 전동기가 정방향으로 회전(정전)한다.

※ 3상 교류전원의 R, S, T상 가운데 2상, 예를 들면 R상과 T상을 바꾸어 전동기에 접속하면 반대 방향으로 회전(역전)한다.

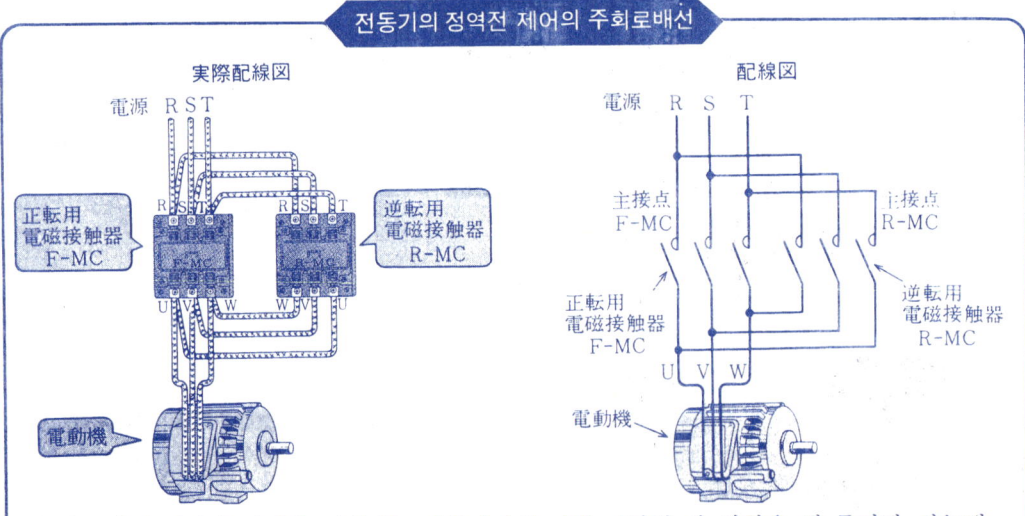

※ 전동기의 정역전 제어를 위해서는 전동기에의 전원 전압의 상 변환을 해 주어야 하는데, 이에는 정전용 및 역전용의 두 전자접촉기를 사용한다.

※ 정전용 전자접촉기가 동작하면 전원과 전동기는 주접점 F-MC를 통하여 R과 U상, S와 V상, T와 W상이 접속되어 전동기가 정방향으로 회전한다.

※ 역전용 전자접촉기가 동작하면 전원과 전동기는 주접점 R-MC를 통하여 R과 W상, S와 V상, T와 U상이 접속되어, 즉 R상과 T상이 바뀌어 전동기는 역방향으로 회전한다.

4. 3층까지의 자동하물 리프트 설비를 위한 구동 전동기 주회로 공사의 실제

③ 전동기 주회로 배선의 접속 요령

※ 설비 구동용의 전동기 주회로 배선 공사 방법에는 여러가지가 있으나 여기에서는 주로 전동기 의 단자상과 배선의 접속 요령을 설명한다. (일반 설비 구동용 전동기의 경우).

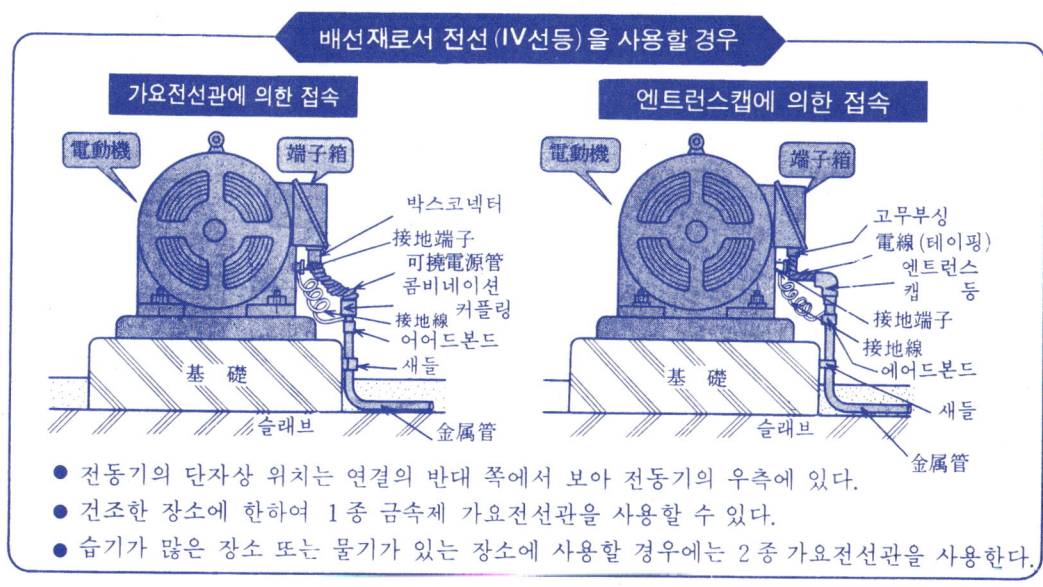

- 전동기의 단자상 위치는 연결의 반대 쪽에서 보아 전동기의 우측에 있다.
- 건조한 장소에 한하여 1종 금속제 가요전선관을 사용할 수 있다.
- 습기가 많은 장소 또는 물기가 있는 장소에 사용할 경우에는 2종 가요전선관을 사용한다.

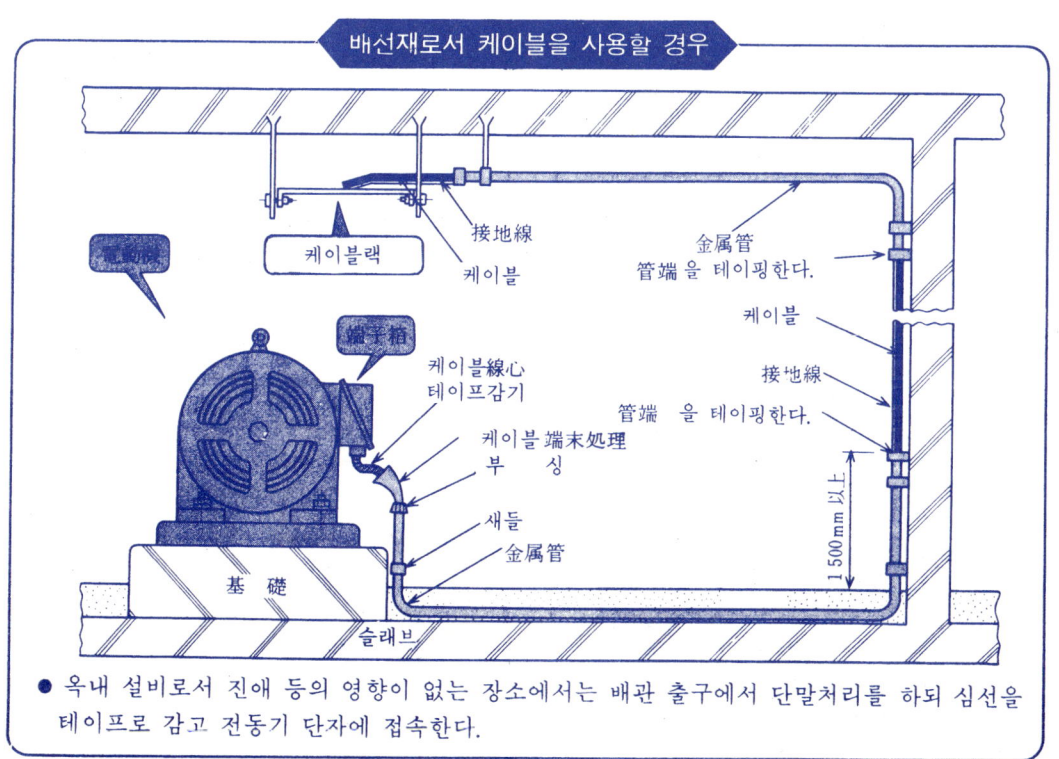

- 옥내 설비로서 진애 등의 영향이 없는 장소에서는 배관 출구에서 단말처리를 하되 심선을 테이프로 감고 전동기 단자에 접속한다.

④ 배선 도체의 배선 요령

❖ 주회로 배선 도체는 교류의 상에 따라 다음과 같이 배치한다.

배선도체를 상하로 배치할 경우

● 3상 교류회로의 배선 도체는 위로부터 제1상, 제2상, 제3상, 중성상을 배치한다.

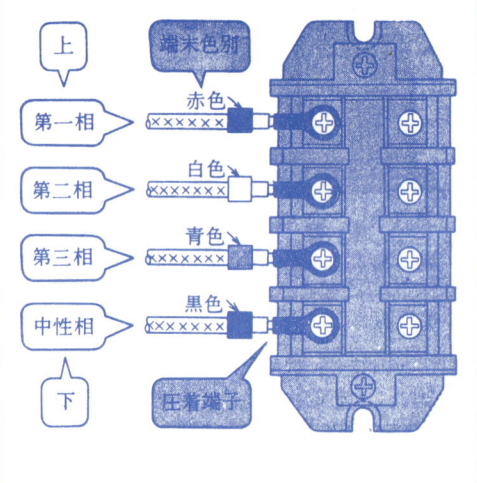

배선도체를 원근배치할 경우

● 3상 교류회로의 배선 도체는 가까운쪽에서부터 제1상, 제2상, 제3상, 중성상을 배치한다.

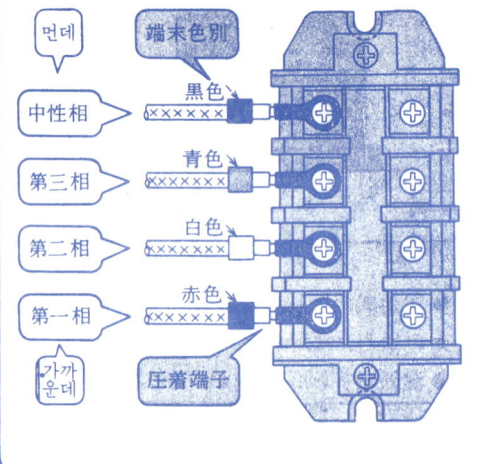

배선도체를 좌우로 배치할 경우

● 3상 교류회로의 배선 도체는 왼쪽에서부터 제1상, 제2상, 제3상중성상을 배치한다.

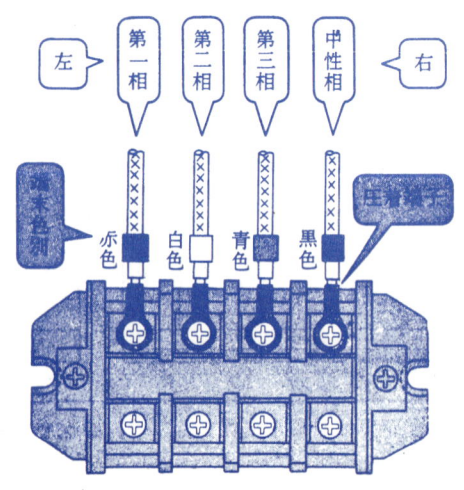

배선도체의 단말 색별하는 요령

三相交流回路	端末色別
第 一 相	赤 色
第 二 相	白 色
第 三 相	青 色
中 性 相	黒 色

● 배선 도체의 색별을 단말의 압착 단자에 색별된 비닐캡을 씌우든가, 간편한 방법으로는 색별된 비닐테이프로 감는다.

● 배선 도체의 단말 색별은 주로 교류 및 직류의 주회로에 실시된다.

4. 3층까지의 자동하물 리프트 설비를 위한 구동 전동기 주회로 공사의 실제

⑤ 배선 단말의 압착 접속 요령

※ 압착 접속이란 전동기 주회로는 물론 일반적인 전기 기기 배선에 사용되는 전선의 단말에 압착 단자를 부착시키되 특수 공구(압착 공구라 한다.)를 사용하여 단자와 전선을 접속하는 것을 말한다.

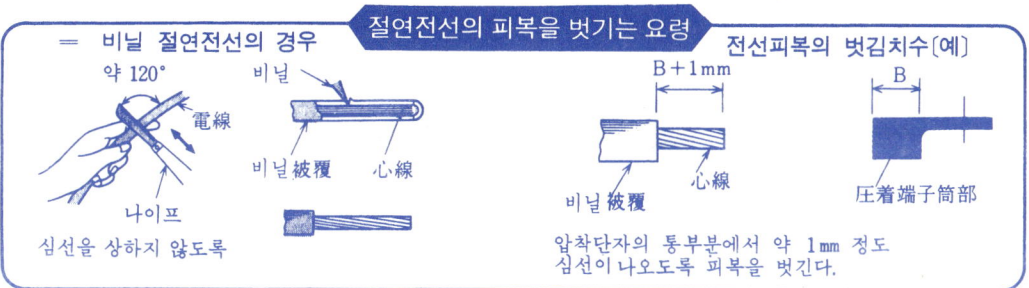

절연전선의 피복을 벗기는 요령
- 비닐 절연전선의 경우: 약 120°, 비닐, 電線, 비닐被覆, 心線, 나이프, 심선을 상하지 않도록
- 전선피복의 벗김치수〔예〕: B+1mm, 心線, 비닐被覆, 압착단자의 통부분에서 약 1mm 정도 심선이 나오도록 피복을 벗긴다. 圧着端子筒部, B

압착접속의 작업순서

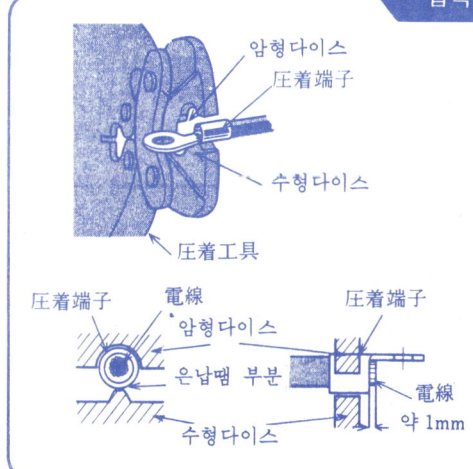

(1) 배선 전선의 굵기에 따라 그것에 적합한 호칭 단면적의 압착 단자를 고른다.
(2) 규정된 길이로 피복을 벗긴 전선을 압착 단자의 통 속에 삽입한다.
(3) 단자통의 은납된 부분을 압착 공구의 형 다이스의 산형에 닿도록 놓는다.
(4) 양손으로 압착 공구의 핸들을 쥐고 핸들이 열릴 때까지 압착한다.

압착 공구의 종류〔예〕

● 수동 공구
 이것은 압착이 끝날 때까지 핸들이 열리지 않도록 압착 규제를 하는 방식의 대칫이 달려 있다.

● 유압식 수동 공구
 이것은 핸들의 조작에 의한 펌프 작동으로 유압이 작용하므로 강한 압력을 얻을수 있다.

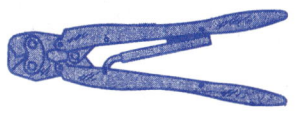
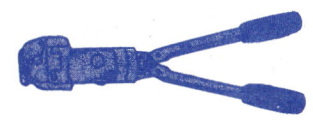

전동력 설비의 자동화 공사의 실제

⑥ 금속관 공사 요령

❊ 금속관 공사란 금속관을 조영재(造営材)에 부설하든가 콘크리이트에 묻고 그 관내에 절연 전선을 시설하는 공사방법을 말한다.
❊ 금속관 공사는 노출 장소 또는 은폐 장소의 건조, 습기, 물기가 있는 장소 등을 가리지 않고 모든 장소에 시설할 수 있다.
❊ 금속관 공사에 있어서 전선을 보호하기 위하여 사용하는 강제 전선관에는 두께에 따라 박강전선관과 후강전선관의 2종류가 있다.

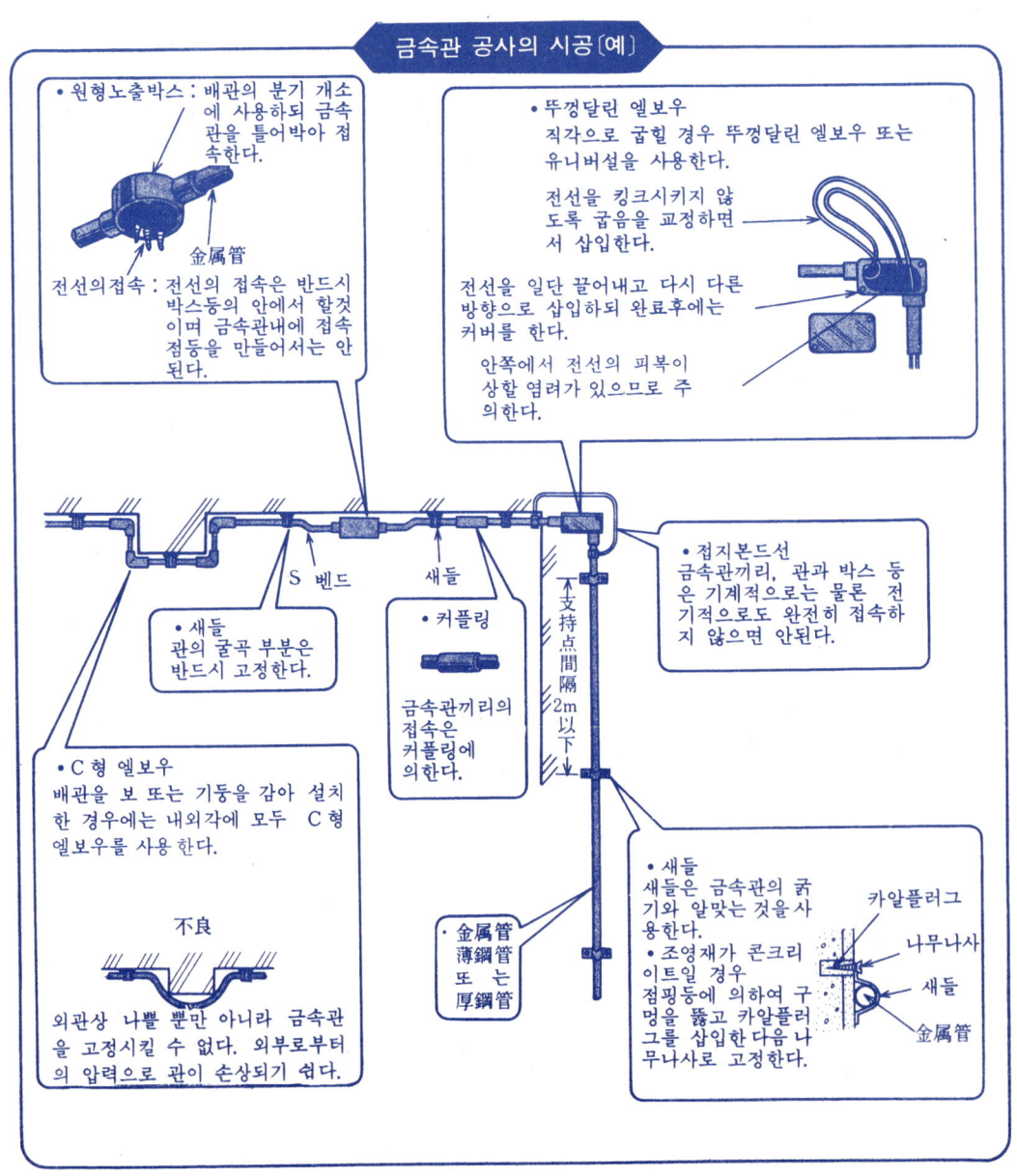

금속관 공사의 시공〔예〕

- 원형노출박스 : 배관의 분기 개소에 사용하되 금속관을 틀어박아 접속한다.
- 金属管
- 전선의접속 : 전선의 접속은 반드시 박스등의 안에서 할것이며 금속관내에 접속점등을 만들어서는 안된다.

- 뚜껑달린 엘보우
  직각으로 굽힐 경우 뚜껑달린 엘보우 또는 유니버설을 사용한다.
  전선을 킹크시키지 않도록 굽음을 교정하면서 삽입한다.
  전선을 일단 끌어내고 다시 다른 방향으로 삽입하되 완료후에는 커버를 한다.
  안쪽에서 전선의 피복이 상할 염려가 있으므로 주의한다.

- S 벤드
- 새들
- 커플링
  금속관끼리의 접속은 커플링에 의한다.

- 새들
  관의 굴곡 부분은 반드시 고정한다.

- 접지본드선
  금속관끼리, 관과 박스 등은 기계적으로는 물론 전기적으로도 완전히 접속하지 않으면 안된다.

支持点間隔 2m 以下

- C형 엘보우
  배관을 보 또는 기둥을 감아 설치한 경우에는 내외각에 모두 C형 엘보우를 사용한다.

不良

외관상 나쁠 뿐만 아니라 금속관을 고정시킬 수 없다. 외부로부터의 압력으로 관이 손상되기 쉽다.

- 金属管 薄鋼管 또는 厚鋼管

- 새들
  새들은 금속관의 굵기와 알맞는 것을 사용한다.
- 조영재가 콘크리이트일 경우 점핑등에 의하여 구멍을 뚫고 카알플러그를 삽입한 다음 나무나사로 고정한다.

카알플러그
나무나사
새들
金属管

— 36 —

4. 3층까지의 자동하물 리프트 설비를 위한 구동 전동기 주회로 공사의 실제

금속관의 나사내기 — ● 리이드 래칫형 나사내기 공구에 의한 보기 ●

- 작업 순서
1. 바이스로 부터 관단을 10~15cm 정도 내밀고 관이 상처나지 않을만큼 확실하게 고정한다.
2. 관단에 나사절삭기를 끼우고 가이드를 조정하여 나사절삭기를 안정시킨다.
3. 왼손으로는 다이스 부분을 관쪽으로 밀어대면서 오른손으로 핸들을 조금씩 돌려 날이 2~3산 정도 파들어 가도록 한다.
4. 나사를 내는 부분에 기름을 치면서 그림과 같이 핸들을 왕복시켜 필요한 길이만큼 나사를 낸다.
5. 나사가 완전히 내졌으면 산을 망가뜨리지 않도록 주의하면서 나사절삭기를 반대로 돌려 들어낸다.
6. 절단구의 버어(burr)를 줄로 제거한다.

(그림 라벨: 나사절삭기, 바이스, 되돌린다, 金属管, 나사가 만들어진다.)

금속관을 굽히는 요령 — ● 벤더의 사용법 (가는 것의 경우) ●

- 작업순서
1. 금속관의 굽힘 시점(始点)과 종점(終点)을 결정한다(이때 굽힘 반경, 굽힘길이를 산출한다).
2. 관 지름에 알맞는 벤더를 세우고 여기에 굽힘 시점을 맞춘다.
3. 왼손으로 벤더 끝을 쥐되 엄지손가락으로는 관을 누르고 오른손으로는 관을 쥐고 앞쪽으로 밀면서 굽힌다.
4. 관을 앞쪽으로 조금씩 당기면서 굽힘 종점까지 반복한다.

(그림 라벨: 金属管, 벤더)

금속관의 접속요령 — ● 커플링으로 접속할 경우 ●

나사부에 광명단등의 유성페인트를 발라 방청처리를 한다.

양쪽 관단을 맞대어 틈이 벌어지지 않도록 한다. 관의 안쪽은 리이머로 다듬는다.

각 관단의 나사부는 커플링길의 1/2에서 2/3산 정도 길게 낸다.

- 작업 순서
1. 접속시킬 양쪽 금속관에 나사를 낸다.
2. 커플링을 한쪽 관에 틀어 박는다. 이때 커플링의 중앙 부분까지 틀어박아야 한다.
3. 또 한쪽 관을 커플링의 다른 쪽에서 틀어박고 파이프렌치나 플라이어 등으로 꽉 쥔다.

— 37 —

5. 3층까지의 자동 하물 리프트 설비를 위한 제어회로 배선공사의 실제

① 제어반의 기기배치

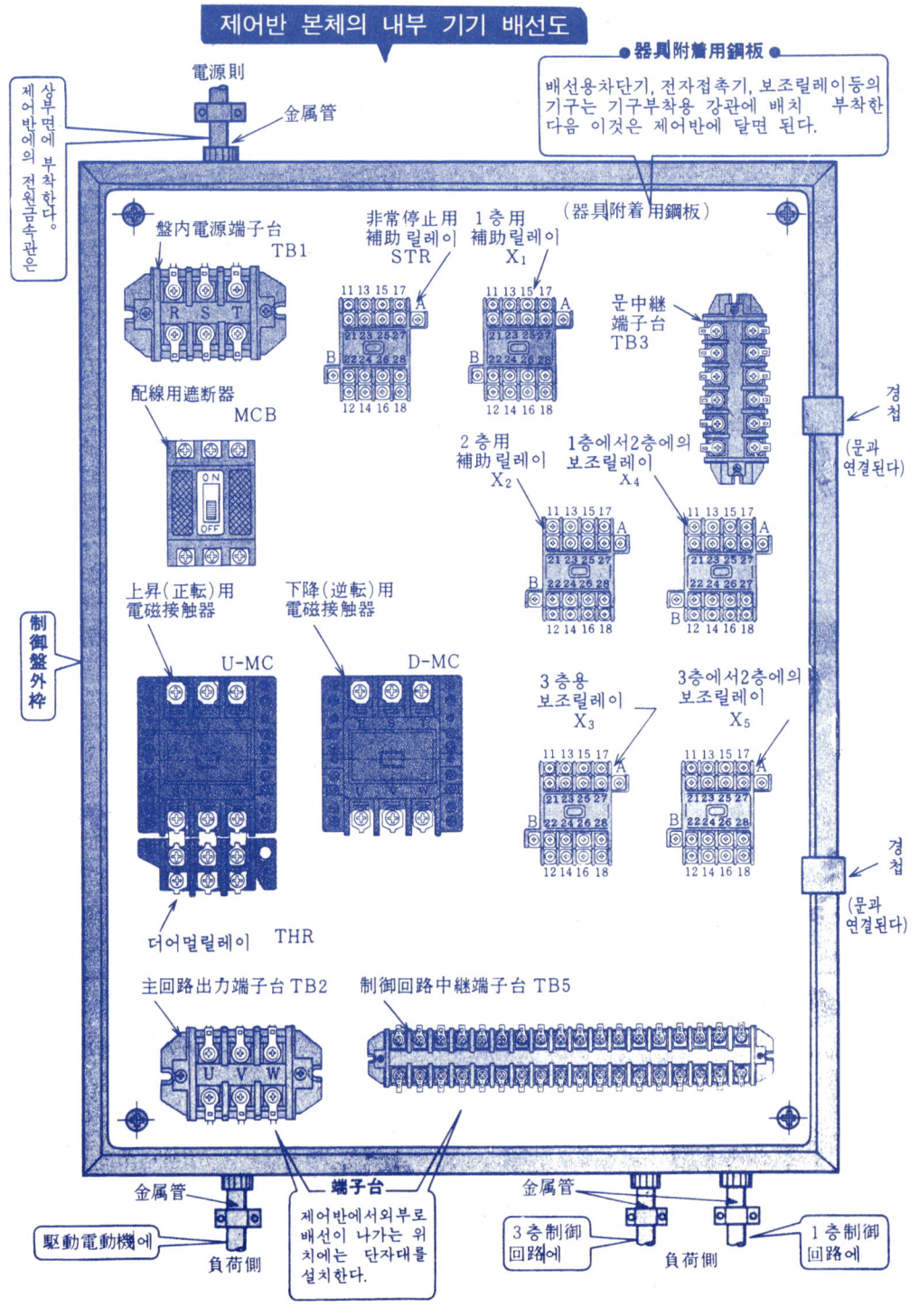

5. 3층까지의 자동하물 리프트 설비를 위한 제어회로 배선 공사의 실제

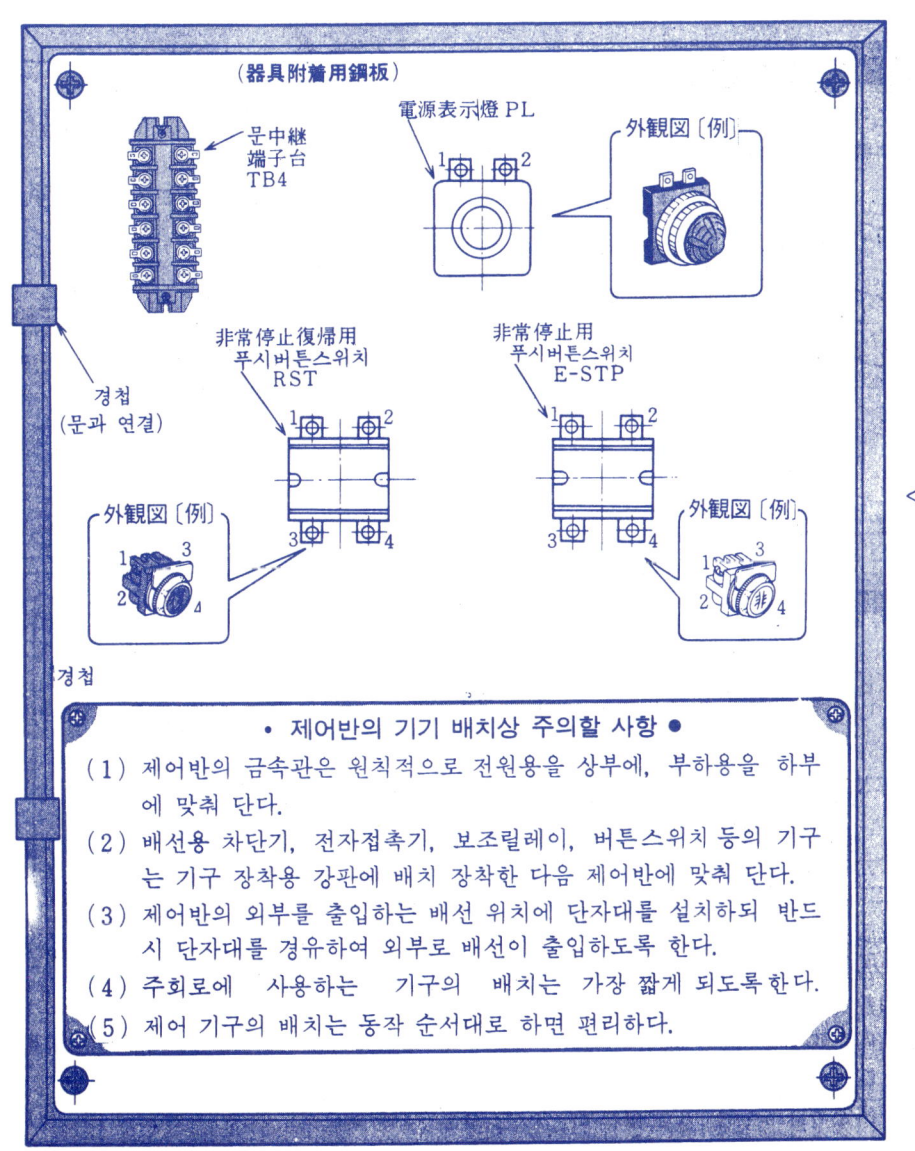

제어반 문의 내부기기 배치도 [예]

• 제어반의 기기 배치상 주의할 사항 •

(1) 제어반의 금속관은 원칙적으로 전원용을 상부에, 부하용을 하부에 맞춰 단다.
(2) 배선용 차단기, 전자접촉기, 보조릴레이, 버튼스위치 등의 기구는 기구 장착용 강판에 배치 장착한 다음 제어반에 맞춰 단다.
(3) 제어반의 외부를 출입하는 배선 위치에 단자대를 설치하되 반드시 단자대를 경유하여 외부로 배선이 출입하도록 한다.
(4) 주회로에 사용하는 기구의 배치는 가장 짧게 되도록 한다.
(5) 제어 기구의 배치는 동작 순서대로 하면 편리하다.

전동력 설비의 자동화 공사의 실제

② 제어회로의 배선 요령

※ 제어회로를 실제로 배선하는데는 시이퀸스도에 기재된 선번호(리이드 마아크라고도 한다)를 표시한 전선을 기기의 단자 번호에 맞추어 접속하는 방법이 가장 일반적이다.

※ 시이퀸스도에 있어서의 비상정지용 보조릴레이 회로(선번호:06)를 예로 들어 선번호 방식에 의한 제어회로의 배선작업을 설명한다.

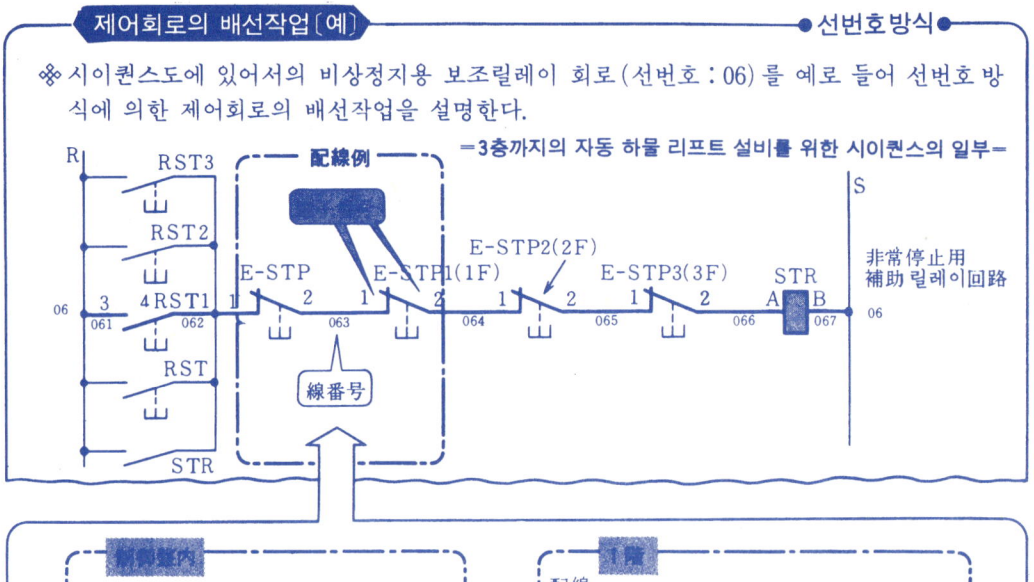

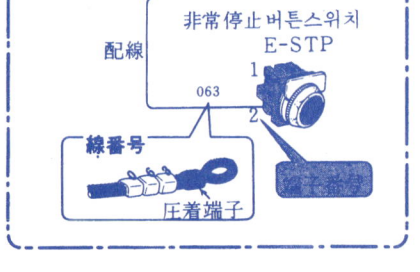

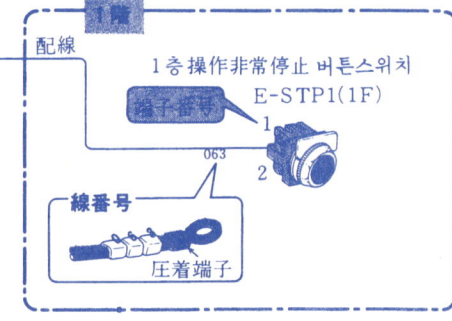

= 선번호의 배선 요령 =
- 전선(600V 비닐 절연전선 : IV 선)을 규정된 길이(여유를 두어)로 절단한다.
- 전선의 한쪽 끝에 **선번호 063**을 표시하고 압착단자를 부착한다.
- 제어반내에 장착되어 있는 비상정지 버튼스위치 E-STP 의 b접점 단자 가운데 단자번호 2 에 **선번호 063**을 표시한 전선을 접속한다.
- 전선을 소정의 경로를 통하여 배선한 다음 1층 조작 비상정지 버튼스위치 E-STP 1 (1F) 의 접속에 필요한 길이로 절단한다.
- 전선의 다른쪽에 **선번호 063**을 표시하고 압착단자를 부착한다.
- 1층 조작 비상정지 버튼스위치 E-STP 1 (1F) 의 b접점 단자 가운데 단자번호 1 에 **선번호 063**을 표시한 전선을 접속한다.

—40—

5. 3층까지의 자동하물 리프트 설비를 위한 제어회로 배선 공사의 실제

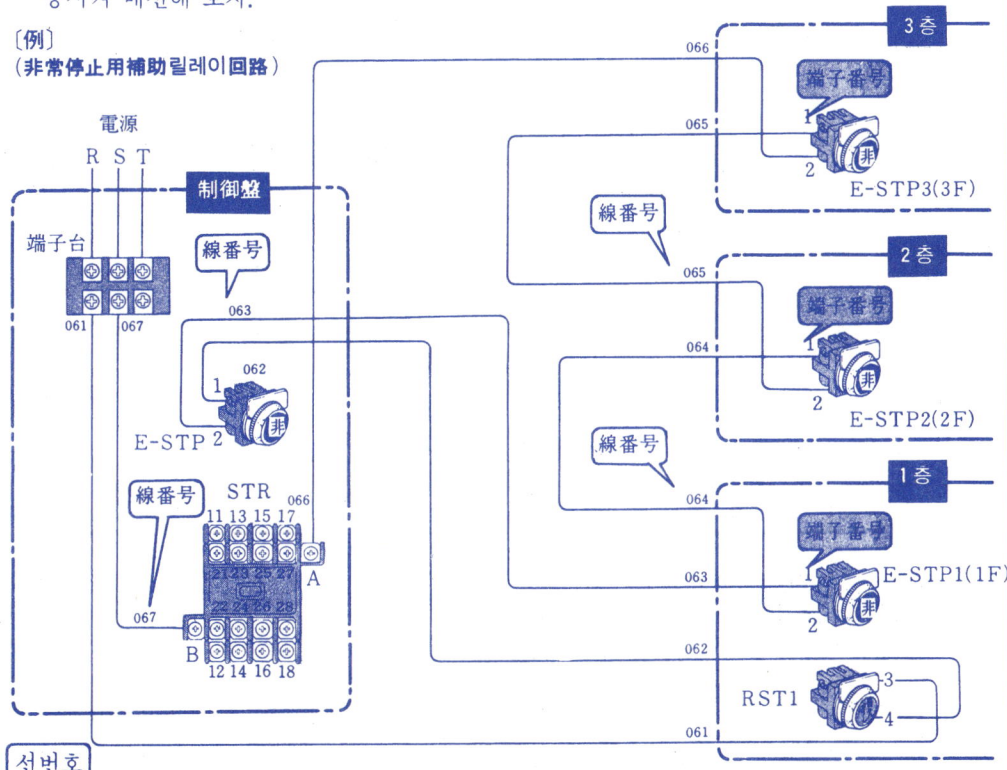

제어회로의 배선작업〔예〕

※ 3층까지의 자동 하물 리프트 설비를 위한 비상정지용 보조릴레이 회로를 기기 배치와 대응시켜 배선해 보자.

〔例〕
（非常停止用補助릴레이回路）

선번호
061 : 제어 전원 단자대의 R 상에서 1층의 비상정지 복귀용 버튼스위치 RST 1의 a 접점 단자번호 3에 접속한다.
062 : 1층의 RST 1의 a접점 단자번호 4에서 제어반내의 비상정지 버튼스위치 E-STP 의 b접점 단자번호 1에 접속한다.
063 : 제어반내의 E-STP 의 b접점 단자번호 2에서 1층의 비상정지 버튼스위치 E-STP 1(1F)의 b접점 단자번호 1에 접속한다.
064 : 1층의 E-STP 1(1F)의 b접점 단자번호 2에서 2층의 비상정지 버튼스위치 E-STP 2(2F)의 b접점 단자번호 1에 접속한다.
065 : 2층의 E-STP 2(2F)의 b접점 단자번호 2에서 3층의 비상정지 버튼스위치 E-STP 3(3F)의 b접점 단자번호 1에 접속한다.
066 : 3층의 E-STP 3(3F)의 b접점 단자번호 2에서 제어반내의 비상정지용 보조릴레이 STR 의 코일 단자 A에 접속한다.
067 : 제어반내의 보조릴레이 STR 의 코일 단자 B에서 제어 전원 단자대의 S 상에 접속한다.

전동력 설비의 자동화 공사의 실제

③ 제어반의 부착 요령

※ 제어반을 벽면에 부착하는 방법에는 노출방법, 반노출방법, 매입방법 등이 있다.

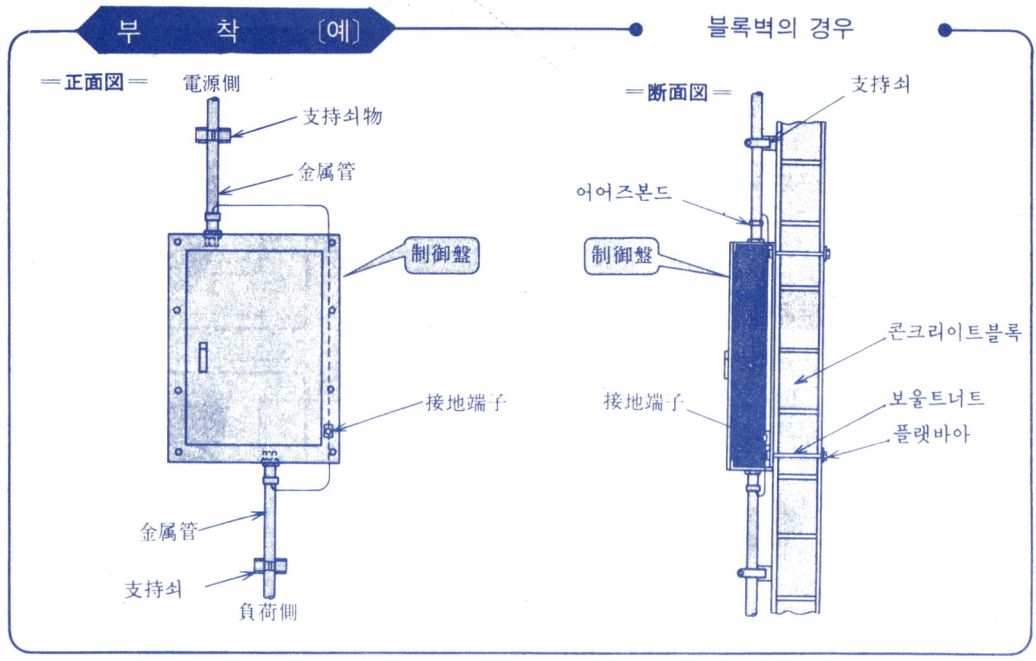

부 착 〔예〕 — 블록벽의 경우

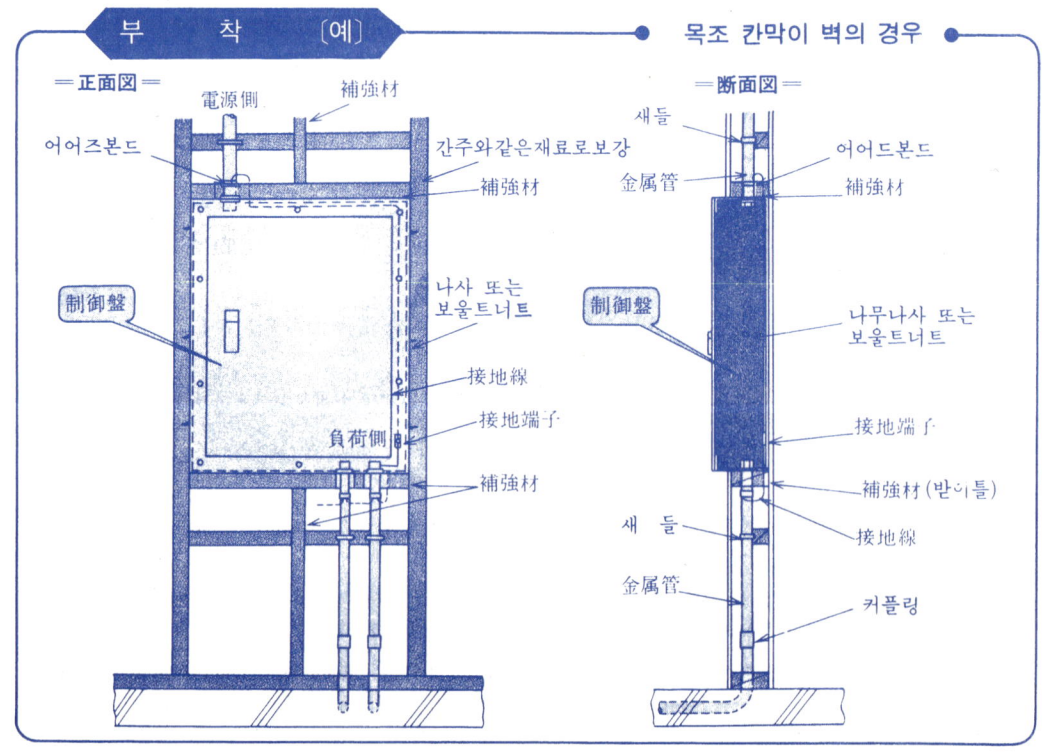

부 착 〔예〕 — 목조 칸막이 벽의 경우

5. 3층까지의 자동하물 리프트 설비를 위한 제어회로 배선 공사의

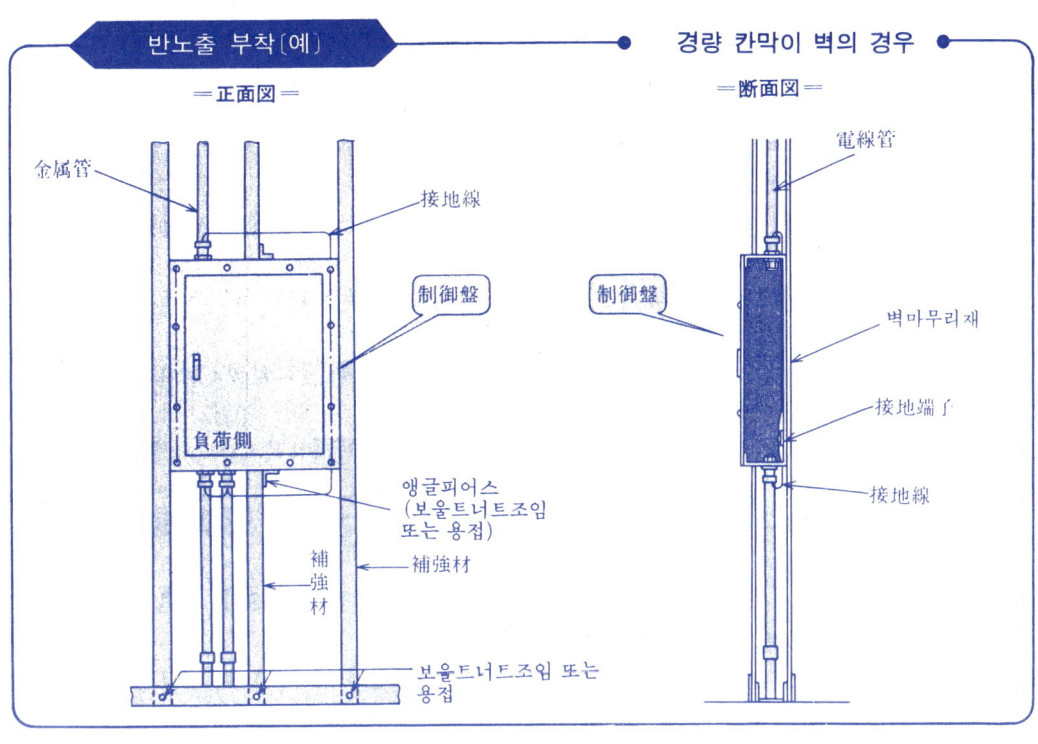

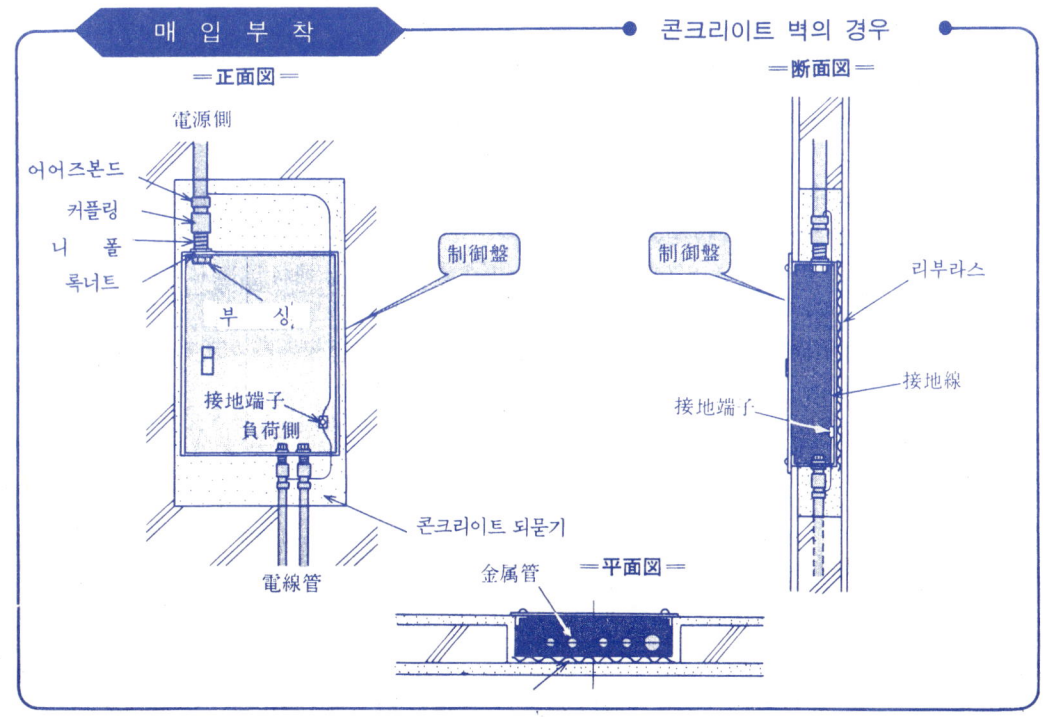

6. 3층까지의 자동 하물 리프트 설비의 시이퀀스 동작

① 전원 투입 동작 순서·상자를 1층에 부르는 동작 순서와 동작도

전원 투입 동작 순서
● P. 46의 동작도 참조 ●

※ 배선용 차단기 MCB 를 닫고 비상정지 복귀용 버튼스위치 RST 를 누르면 제어 회로에 전원 전압이 인가된다.

순서〔1〕 주회로의 배선용 차단기 MCB 를 닫는다.

〔2〕 회로 07-1 (P. 46 참조)의 비상정지 복귀용 버튼스위치 RST (제어반에 설치된)를 누르면 그 a접점이 닫힌다.
  ● 각 층에 설치되어 있는 비상정지 복귀용 버튼 스위치 RST 1~RST 3 을 눌러도 된다.

〔3〕 버튼스위치 RST 의 a접점이 닫히면 회로 07-1 에 전류가 흘러 제어 전원 표시 릴레이 STR 이 작동한다.

〔4〕 버튼스위치 RST 의 a접점이 닫히면 회로 07-2 에 전류가 흘러 제어 전원 표시등 PL 이 점등된다.

〔5〕 보조릴레이 STR 이 동작하면 회로 08-1 의 자기유지 접점 STR 이 닫혀 자기유지된다.

〔6〕 보조릴레이 STR 이 동작하면 회로 10 의 비상정지 접점 STR 이 닫혀 제어 전원 모선에 전원 전압이 인가된다.

〔7〕 비상정지 복귀용 버튼스위치 RST(회로 07-1)를 누른 손을 뗀다.

상자를 1층에 부르는 동작순서
● P. 46~47의 동작도 참조 ●

※ 1층 호출용 버튼스위치 ST-1 (1F : 1층에 설치)을 누르면 상자가 2층 또는 3층에 있더라도 1층에 되돌아와서 자동적으로 정지한다.

순서〔8〕 회로 11 (P. 46 참조)의 호출용 버튼스위치 ST-1-1 (1F : 1층에 설치)을 누르면 a접점이 닫힌다.

〔9〕 버튼스위치 ST-1-1 (1F)의 a접점이 닫히면 회로 11 에 전류가 흘러 1층용 보조릴레이 X_1 이 동작한다.

〔10〕 보조릴레이 X_1 이 동작하면 회로 12 의 자기유지 접점 X_1 이 닫혀 자기유지된다.

〔11〕 보조릴레이 X_1 이 동작하면 회로 28 (P. 47 참조)의 a접점 X_1 이 닫힌다.

〔12〕 회로 11 의 1층 호출용 버튼스위치 ST-1-1 (1F)을 누른 손을 떼면 그 a접점이 열린다.

〔13〕 보조릴레이 X_1 이 동작하면 회로 15 의 b접점 X_1 이 열려 보조릴레이 X_3 을 인터록한다.

〔14〕 보조릴레이 X_1 이 동작하면 회로 19 의 b접점 X_1 이 열려 보조릴레이 X_4 를 인터록 한다.

―――― 다음 페이지 계속 ――――

6. 3층까지의 자동하물 리프트 설비의 자동화 시이퀀스 동작

상자를 1층에 부르는 동작 순서 (앞 페이지에서 계속) ● P. 46~47의 동작도 참조 ●

순서 [15] 보조릴레이 X_1이 동작하면 회로 23 (P. 47 참조)의 b접점 X_1이 열려 보조릴레이 X_5를 인터록 한다.

[16] 회로 28의 보조릴레이 X_2의 a접점 X_2이 닫히면 (순서 [11]) 전류가 흘러 하강용 전자접촉기 D-MC 가 동작한다.

[17] 전자접촉기 D-MC 가 동작하면 주회로의 주접점 D-MC (P. 46 참조)가 닫힌다.

[18] 전자접촉기 D-MC 가 동작하면 회로 26의 b접점 D-MC 가 열려 상승용 전자접촉기 U-MC 를 인터록 한다.

[19] 주회로의 주접점 D-MC 가 닫히면 구동 전동기 M에 역전전압이 인가되므로 역전하여 상자를 하강시킨다.

[20] 구동 전동기 M이 역전하여 상자를 하강시키고 1층에 달하면 회로 11의 1층 위치용 리밋스위치 LS-1 이 동작하여 그 b접점 LS-1이 닫힌다.

[21] 리미트 스위치 LS-1이 동작하면 회로 21이 접점 LS-1이 닫힌다. 1F)

[22] 회로 21의 a접점 LS-1이 닫히면 전류가 흘러 1층용 표시등 PL-1 (1F) ~PL-1 (3F)이 점등된다.

[23] 회로 11의 b접점 LS-1 이 열리면 전류가 흐르지 않으므로 1층용 보조릴레이 X_1이 복귀한다.

[24] 보조릴레이 X_1이 복귀하면 회로 12의 자기유지접점 X_1이 열려 자기유지를 푼다.

[25] 보조릴레이 X_1이 복귀하면 회로 28의 a접점 X_1이 열린다.

[26] 보조릴레이 X_1이 복귀하면 회로 15의 b접점 X_1이 열려 보조릴레이 X_3의 인터록을 푼다.

[27] 보조릴레이 X_1이 복귀하면 회로 19의 b접점 X_1이 열려 보조릴레이 X_4의 인터록을 푼다.

[28] 보조릴레이 X_1이 복귀하면 회로 23의 b접점 X_1이 열려 보조릴레이 X_5의 인터록을 푼다

[29] 회로 28의 보조릴레이 X_2의 a접점 X_1이 열리면 (순서 [25]) 전류가 흐르지 않으므로 하강용 전자접촉기 D-MC 가 복귀된다.

[30] 전자접촉기 D-MC 가 복귀하면 주회로의 주접점 D-MC 가 열린다.

[31] 전자접촉기 D-MC 가 복귀하면 회로 26의 b접점 D-MC 가 닫혀 상승용 전자접촉기 U-MC 의 인터록을 푼다.

[32] 주회로의 주접점 D-MC 가 열리면 구동 전동기 M은 정지된다.

전동력 설비의 자동화 공사의 실제

① 전원투입 동작순서·상자를 1층에 호출하는 동작순서와 동작도

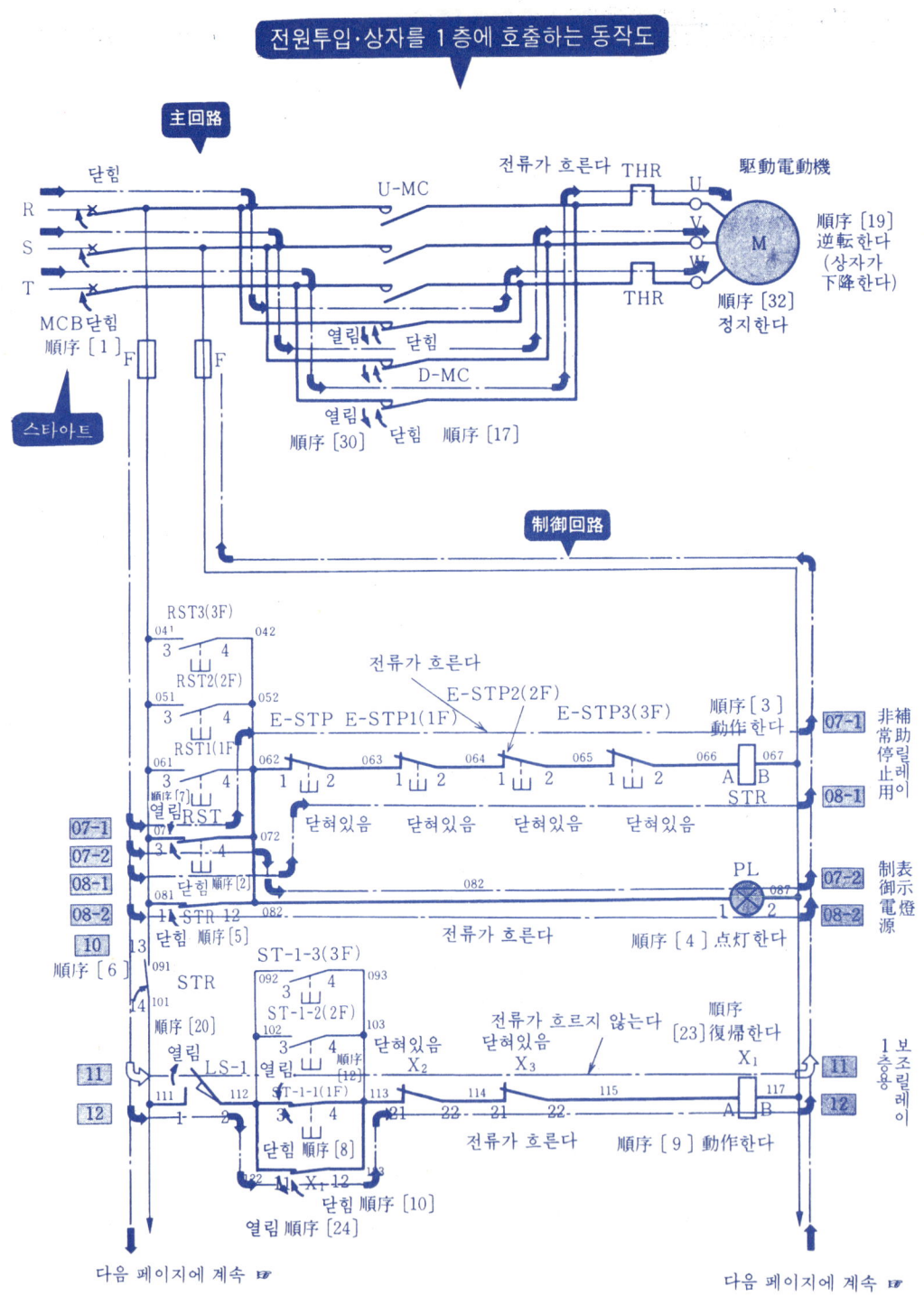

6. 3층까지의 자동하물 리프트 설비의 시이퀸스 동작

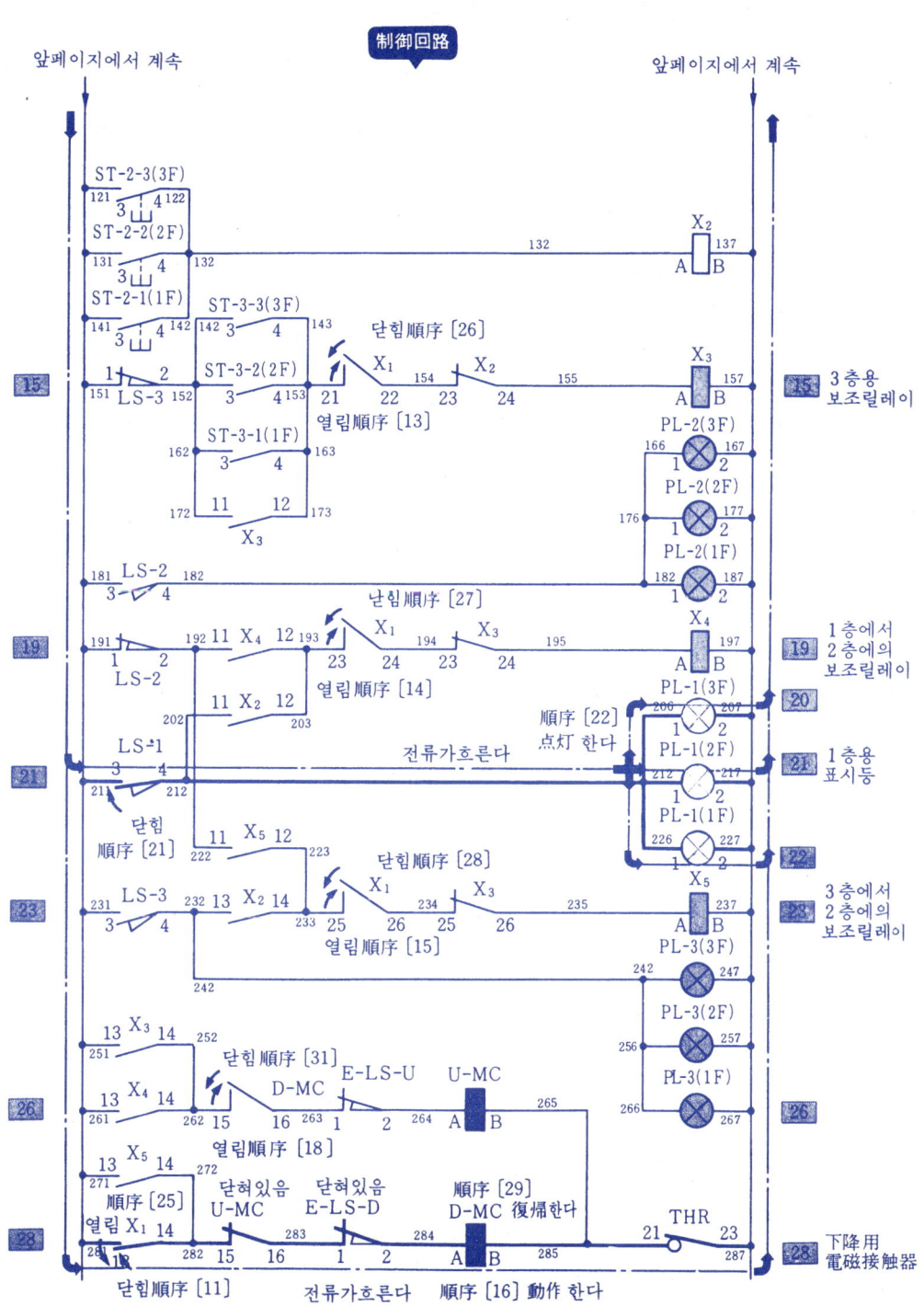

전동력 설비의 자동화 공사의 실제

② 상자의 이동을 지시하는 동작 순서와 동작도

1층에서 2층행을 지시하는 동작도　　P. 50~51의 동작도 참조

❋ 상자가 1층에 있을 때, 2층 호출용 버튼스위치 ST-2-1(1F : 1층에 설치)을 누르면 상자는 2층에 상승하고 자동적으로 정지한다.

순서〔1〕 회로 14 (P.51참조)의 2층 호출용 버튼스위치 ST-2-1(1F : 1층에 설치)을 누르면 그 a접점이 닫힌다.

〔2〕 버튼스위치 ST-2-1 (1F)의 a접점이 닫히면 회로 14 에 전류가 흘러 2층용 보조릴레이 X_2가 동작한다.

〔3〕 보조릴레이 X_2가 동작하면 회로 21-1 의 a접점 X_2가 닫힌다.

〔4〕 보조릴레이 X_2가 동작하면 회로 11 (P.50참조)의 b접점 X_2가 열려 1층용 보조릴레이 X_1을 인터록한다.

〔5〕 보조릴레이 X_2가 동작하면 회로 15 의 b접점 X_2가 열려 3층용 보조 릴레이 X_3을 인터록한다.

〔6〕 보조릴레이 X_2가 동작하면 회로 23 의 a접점 X_2가 닫힌다.

〔7〕 회로 21-1 의 a접점 X_2가 닫히면(순서〔3〕) 전류가 흘러 1층에서 2층에의 보조릴레이 X_4가 동작한다.

〔8〕 보조릴레이 X_4가 동작하면 회로 19 의 자기유지 접점 X_4가 닫혀 자기유지된다.

〔9〕 보조릴레이 X_4가 동작하면 회로 26 의 a접점 X_4가 닫힌다.

〔10〕 회로 14 의 2층 호출용 버튼스위치 ST-2-1 (1F)을 누른 손을 떼면 그 a접점이 열린다.

〔11〕 버튼스위치 ST-2-1 (1F)의 a접점이 열리면 회로 14 에 전류가 흐르지 않으므로 2층용 보조릴레이 X_2가 복귀한다.

〔12〕 보조릴레이 X_2가 복귀하면 회로 11 의 b접점 X_2가 닫혀 1층용 보조릴레이 X_1의 인터록을 푼다.

〔13〕 보조릴레이 X_2가 복귀하면 회로 15 의 접점 X_2가 닫혀 3층용 보조릴레이 X_3의 인터록을 푼다.

〔14〕 보조릴레이 X_2가 복귀하면 회로 21-1 의 a접점 X_2가 열린다.

〔15〕 보조릴레이 X_2가 복귀하면 회로 23 의 a접점 X_2가 열린다.

〔16〕 회로 26 의 a접점 X_4가 닫히면(순서〔9〕) 전류가 흘러 상승용 전자접촉기 U-MC가 동작한다.

〔17〕 전자접촉기 U-MC가 동작하면 회로 28 의 b접점 U-MC가 열려 하강용 전자접촉기 D-MC를 인터록한다.

〔18〕 전자접촉기 U-MC가 동작하면 주회로(P.50참조)의 주접점 U-MC가 닫힌다.

〔19〕 주회로의 주접점 U-MC가 닫히면 구동 전동기 M에 정전 전압이 인가 되므로 전동기는 정방향으로 회전하여 상자를 상승시킨다.

〔20〕 상자가 상승하는 도중 회로 11 의 1층 위치 검출용 리밋스위치 LS-1이복귀하므로 그 b접점이 닫힌다.

━ 다음 페이지에 계속 ☞

6. 3층까지의 자동하물 리프트 설비의 시이퀀스 동작

▎상자를 1층에서 2층행을 지시하는 동작 순서(앞페이지에서 계속)

순서 [21] 1층 위치용 리밋스위치 LS-1이 복귀하면 회로 21-2 (P. 51)의 a접점 LS-1이 열린다.
　　 [22] 회로 21-2 의 a접점 LS-1이 열리면 전류가 흐르지 않으므로 1층용 표시등 PL-1(1F)~PL-1(3F)이 소등된다.
　　 [23] 상자가 2층에 달하면 회로 19 의 2층 위치 검출용 리밋스위치 LS-2가 동작하여 그 b접점 LS-2가 열린다.
　　 [24] 리밋스위치 LS-2가 동작하면 회로 18 의 a접점 LS-2가 닫힌다.
　　 [25] 회로 18 의 a접점 LS-2가 닫히면 전류가 흘러 2층용 표시등 PL-2(1F)~PL-2(3F)가 점등된다.
　　 [26] 회로 19 의 b접점 LS-2가 열리면 전류가 흐르지 않으므로 1층에서 2층에의 보조릴레이 X_4가 복귀한다.
　　 [27] 보조릴레이 X_4가 복귀하면 회로 19 의 자기유지 접점 X_4가 열려 자기유지를 푼다. 푼다.
　　 [28] 보조릴레이 X_4가 복귀하면 회로 26 의 a접점 X_4가 열린다.
　　 [29] 회로 26 의 a접점 X_4가 열리면 상승용 전자접촉기 U-MC가 복귀한다.
　　 [30] 전자접촉기 U-MC가 복귀하면 회로 28 의 b접점 U-MC가 닫혀 하강용 전자접촉기 D-MC가 인터록을 푼다.
　　 [31] 전자접촉기 U-MC가 복귀하면 주회로의 주접점 U-MC가 열린다.
　　 [32] 주회로의 주접점 U-MC가 열리면 구동 전동기 M이 정지된다.

● P. 50~51의 동작도 참조 ●

▎상자를 2층에서 3층행으로 지시하는 동작 순서 　● P. 54~55의 동작도 참조 ●

❊ 상자가 2층에 있을 때, 3층 호출용 버튼스위치 ST-3-2(2F 2층에 설치)를 누르면 상자는 3층에 상승하고 자동적으로 정지한다.

순서 [1] 회로 15-1 이(P. 55)의 3층 호출용 버튼스위치 ST-3-2(2F : 2층에 설치)를 누르면 그 a접점이 닫힌다.
　　 [2] 버튼스위치 ST-3-2(2F)의 a접점이 닫히면 회로 15-1 에 전류가 흘러 3층용 보조릴레이 X_3가 동작한다.
　　 [3] 보조릴레이 X_3가 동작하면 회로 17 의 자기유지접점 X_3가 닫혀 자기유지된다.
　　 [4] 보조릴레이 X_3가 동작하면 회로 11 (P. 54)의 b접점 X_3가 열려 1층용 보조릴레이 X_1을 인터록한다.
　　 [5] 보조릴레이 X_3이 동작하면 회로 19 의 b접점 X_3가 열려 1층에서 2층의 보조릴레이 X_4를 인터록한다.
　　 [6] 보조릴레이 X_3가 동작하면 회로 23 의 b접점 X_3가 열려 3층에서 2층에의 보조릴레이 X_6를 인터록한다.

P. 52에 계속 ☞

— 49 —

전동력 설비의 자동화 공사의 실제

② 상자의 이동을 지시하는 동작순서와 동작도

1층에서 2층행을 지시하는 동작도

主回路

MCB　　　順序 [31] 열림　U-MC　전류가흐른다　THR　　駆動電動機

R ──────────────────── 닫힘 順序 [18] ──── THR ──── M　順序 [19] 正転한다 (상자가 상승한다)
S
T 　닫혀있음　　順序[30] 열림　닫힘 順序 [18]　　THR　順序 [32] 停止한다

F   F
　　　　　　　열려있음　　D-MC

制御回路

RST3(3F)
041 042
3 4

RST2(2F)
051 052   닫혀있음   닫혀있음   닫혀있음   닫혀있음
3 4   E-STP   E-STP1(1F) E-STP2(2F) E-STP3(3F)   STR
                                                                   067   非常停止用補助릴레이
RST1(1F)
061 062   063   064   065   066   A B
3 4   1 ⊔ 2   1 ⊔ 2   1 ⊔ 2   1 ⊔ 2   08-1

                        전류가 흐르고 있다   動作하고 있다

071 RST 072
3 4   PL
                                                                087   制御電源 表示電燈
08-1 11 12   082   1 ⊗ 2   08-2
08-2 081 082
       STR 닫혀있음   전류가 흐르고 있다   점등하고 있다

13
        091   ST-1-3(3F)
닫혀있음 STR 092 3 4 093
        101   ST-1-2(2F)
14   順序[20] 102 3 4 103   順序 [4] 열림
                 ST-1-1(1F)   X₁
        닫힘   X₂   X₃   1층 보조 릴레이
 11   111 2 112 3 4 113   21 22   21   22 115   A B 117   11
            LS-1   닫힘 順序 [12]
            열려있음 11 12
                    122 123
                    X₁

다음 페이지에 계속 ☞   다음 페이지에 계속 ☞

— 50 —

6. 3층까지의 자동하물 리프트 설비의 시이퀀스 동작

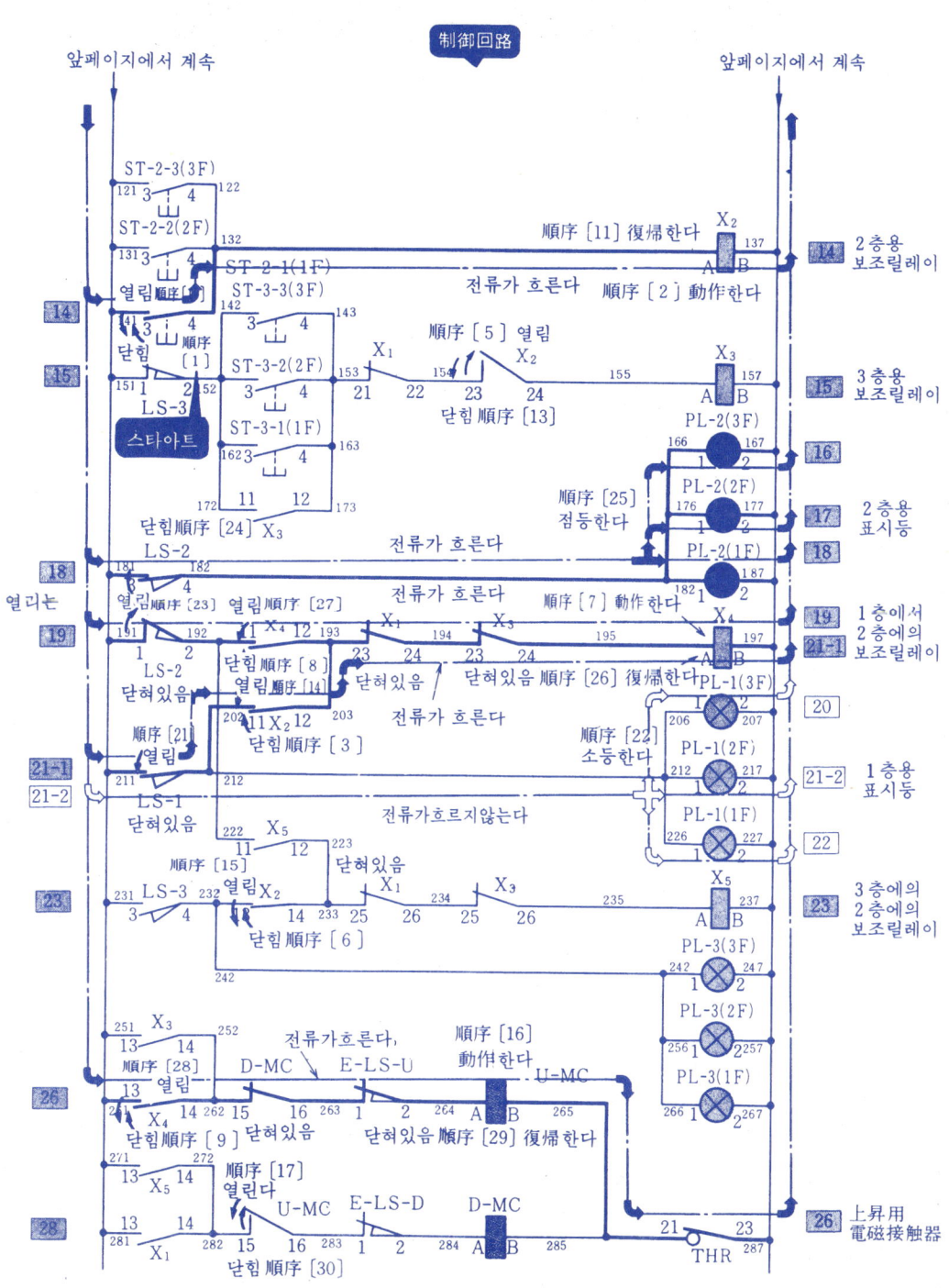

전동력 설비의 자동화 공사의 실제

② 상자의 이동을 지시하는 동작 순서와 동작도

상자를 2층에서 3층행으로 지시하는 동작 순서(P. 49에서 계속)

順序 〔7〕 보조릴레이 X_3 가 동작하면 회로 25 (P. 55)의 a접점 X_3 가 닫힌다.

〔8〕 회로 25의 a접점 X_3 가 닫히면 상승용 전자접촉기 U-MC 가 동작한다.

〔9〕 전자접촉기 U-MC 가 동작하면 회로 28의 b접점 U-MC 가 열려 하강용 전자접촉기 D-MC 를 인터록한다.

〔10〕 전자접촉기 U-MC 가 동작하면 주회로(P. 54)의 주접점 U-MC 가 닫힌다.

〔11〕 주회로의 주접점 U-MC 가 닫히면 구동전동기 M 에 정전 전압이 인가되므로 전동기는 정방향으로 회전하여 상자를 상승시킨다.

〔12〕 회로 15-1의 3층 호출용 버튼스위치 ST-3-2 (2F)를 누른 손을 떼면 그 a접점이 열린다.

〔13〕 상자가 상승하는 도중, 회로 19의 2층 위치 검출용 리밋스위치 LS-2가 복귀하므로 그 b접점 LS-2 가 닫힌다.

〔14〕 2층 위치 검출용 리밋스위치 LS-2 가 복귀하면 회로 18의 a접점 LS-2가 열린다.

〔15〕 회로 18의 a접점 LS-2 가 열리면 전류가 흐르지 않으므로 2층용 표시등 PL-2 (1F)~PL-2 (3F) 가 소등된다.

〔16〕 상자가 3층에 달하면 회로 15-1의 3층 위치 검출용 리밋스위치 LS-3가 동작하여 그 b접점 LS-3 가 열린다.

〔17〕 3층 위치 검출용 리밋스위치 LS-3 가 동작하면 회로 23의 a접점 LS-3가 닫힌다.

〔18〕 회로 15-1의 b접점 LS-3 가 열리면 3층용 보조릴레이 X_3 가 복귀한다.

〔19〕 보조릴레이 X_3 가 복귀하면 회로 15-2의 자기유지접점 X_3 가 열려 자기유지를 푼다.

〔20〕 보조릴레이 X_3 가 복귀하면 회로 11의 b접점 X_3 가 닫혀 1층용 보조릴레이 X_1의 인터록을 푼다.

〔21〕 보조릴레이 X_3 가 복귀하면 회로 19의 b접점 X_3 가 닫혀 1층에서 2층에의 보조릴레이 X_4의 인터록을 푼다.

〔22〕 보조릴레이 X_3 가 복귀하면 회로 23의 b접점 X_3 가 닫혀 3층에서 2층에의 보조릴레이 X_5의 인터록을 푼다.

〔23〕 보조릴레이 X_3 가 복귀하면 회로 25의 a접점 X_3 가 열린다.

〔24〕 회로 23의 a접점 LS-3 가 닫히면(순서〔17〕) 회로 24, 25, 26에 전류가 흘러 3층용 표시등 PL-3 (1F)~PL-3 (3F) 가 점등된다.

〔25〕 회로 25의 a접점 X_3 가 열리면(순서〔23〕) 상승용 전자접촉기 U-MC가 복귀한다.

〔26〕 전자접촉기 U-MC 가 복귀하면 회로 28의 b접점 U-MC 가 열려 하강용 전자접촉기 D-MC 의 인터록을 푼다.

다음페이지에 계속

6. 3층까지의 자동하물 리프트 설비의 시이퀀스 동작

상자를 2층에서 3층 행을 지시하는 동작 순서(앞 페이지에서 계속)

順序〔27〕 전자접촉기 U-MC 가 복귀하면 주회로의 주접점 U-MC 가 열린다.
〔28〕 주회로의 주접점 U-MC 가 열리면 구동전동기 M은 정지한다.

상자를 3층에서 2층 행을 지시하는 동작 순서 ● P. 58~59의 동작도 참조 ●

❈ 상자가 3층에 있을 때, 2층 호출용 버튼스위치 ST-2-3(3F:3층에 설치)를 누르면 상자는 2층에 하강하고 자동적으로 정지한다.

순서〔1〕 회로 12 (P. 59 참조)의 2층 호출용 버튼스위치 ST-2-3(3F:3층에 설치)를 누르면 그 a접점이 닫힌다.
〔2〕 버튼스위치 ST-2-3(3F)의 a접점이 닫히면 회로 12 에 전류가 흘러 2층용 보조릴레이 X_2 가 동작한다.
〔3〕 보조릴레이 X_2 가 동작하면 회로 11 (P. 58 참조)의 b접점 X_2 가 열려 1층용 보조릴레이 X_1 을 인터록 한다.
〔4〕 보조릴레이 X_2 가 동작하면 회로 15 의 b접점 X_2 가 열려 3층용 보조릴레이 X_3 를 인터록한다.
〔5〕 보조릴레이 X_2 가 동작하면 회로 20 의 a접점 X_2 가 닫힌다.
〔6〕 보조릴레이 X_2 가 동작하면 회로 23 의 a접점 X_2 가 닫힌다.
〔7〕 회로 23 의 a접점 X_2 가 닫히면 전류가 흘러 3층에서 2층에의 보조릴레이 X_5 가 동작한다.
〔8〕 보조릴레이 X_5 가 동작하면 회로 22 의 자기유지 접점 X_5 가 닫혀 자기유지 된다.
〔9〕 보조릴레이 X_5 가 동작하면 회로 27 의 a접점 X_5 가 닫힌다.
〔10〕 회로 27 의 a접점 X_5 가 닫히면 하강용 전자접촉기 D-MC 가 동작한다.
〔11〕 전자접촉기 D-MC 가 동작하면 회로 26 의 b접점 D-MC 가 열려 상승용 전자접촉기 U-MC 를 인터록한다.
〔12〕 전자접촉기 D-MC 가 동작하면 주회로의 주접점 D-MC 가 닫힌다.
〔13〕 주회로의 주접점 D-MC 가 닫히면 구동전동기 M에 역전 전압이 인가되므로 전동기는 반대 방향으로 회전하여 상자는 하강한다.
〔14〕 회로 12 의 2층 호출용 버튼스위치 ST-2-3(3F)를 누른 손을 떼면 그 a접점이 열린다.
〔15〕 버튼스위치 ST-2-3(3F)를 누른 손을 떼면 a접점이 열려 회로 12에 전류가 흐르지 않으므로 2층용 보조릴레이 X_2 가 복귀한다.
〔16〕 보조릴레이 X_2 가 복귀하면 회로 11 의 b접점 X_2 가 닫혀 1층용 보조릴레이 X_1 의 인터록을 푼다.
〔17〕 보조릴레이 X_2 가 복귀하면 회로 15 의 b접점 X_2 가 닫혀 3층용 보조릴레이 X_3 의 인터록을 푼다.

P.56에 계속 ☞

전동력 설비의 자동화 공사의 실제

② 상자의 이동을 지시하는 동작순서와 동작도

2층에서 3층행을 지시하는 동작도

主回路

順序 [27] 열림 U-MC 전류가 흐른다 THR 駆動電動機

MCB
R
S
T 닫혀있음

닫힘 順序 [10]

열림 順序 [27] 닫힘 順序 [10]

順序 [11] 正轉한다 (상자가 上昇한다)

順序 [28] 停止한다

열려있음 D-MC

F F

制御回路

RST3(3F) 041 — 042
3 4

RST2(2F) 051 — 052
3 4

닫혀있음 E-STP 닫혀있음 E-STP1(1F) 닫혀있음 E-STP2(2F) 닫혀있음 E-STP3(3F) STR

RST1(1F) 061 — 062 063 064 065 066 067
3 4 1 2 1 2 1 2 1 2 A B

非常補助停止릴레이用

RST 071 — 072
3 4 전류가 흐르고있다 動作하고있다

08-1
08-2 11 12
081 082 PL 087

制御電源表示電燈

STR 닫혀있음 082 전류가 흐르고 있다 점등되고 있다
13
닫혀있음 STR ST-1-3(3F) 092 — 093
3 4

14 101 ST-1-2(2F) 102 — 103
3 4

順序 [4]

ST-1-1(1F) 열림 X₃
1 2 113 X₂ 114 21 22 115 117
111 LS-1 112 3 4 21 22 A X₁ B
닫힘
122 X₁ 123 順序 [20]
11 12

1층 보조릴레이용

다음 페이지에 계속 ☞   다음 페이지에 계속 ☞

— 54 —

6. 3층까지의 자동하물 리프트 설비의 시이퀀스 동작

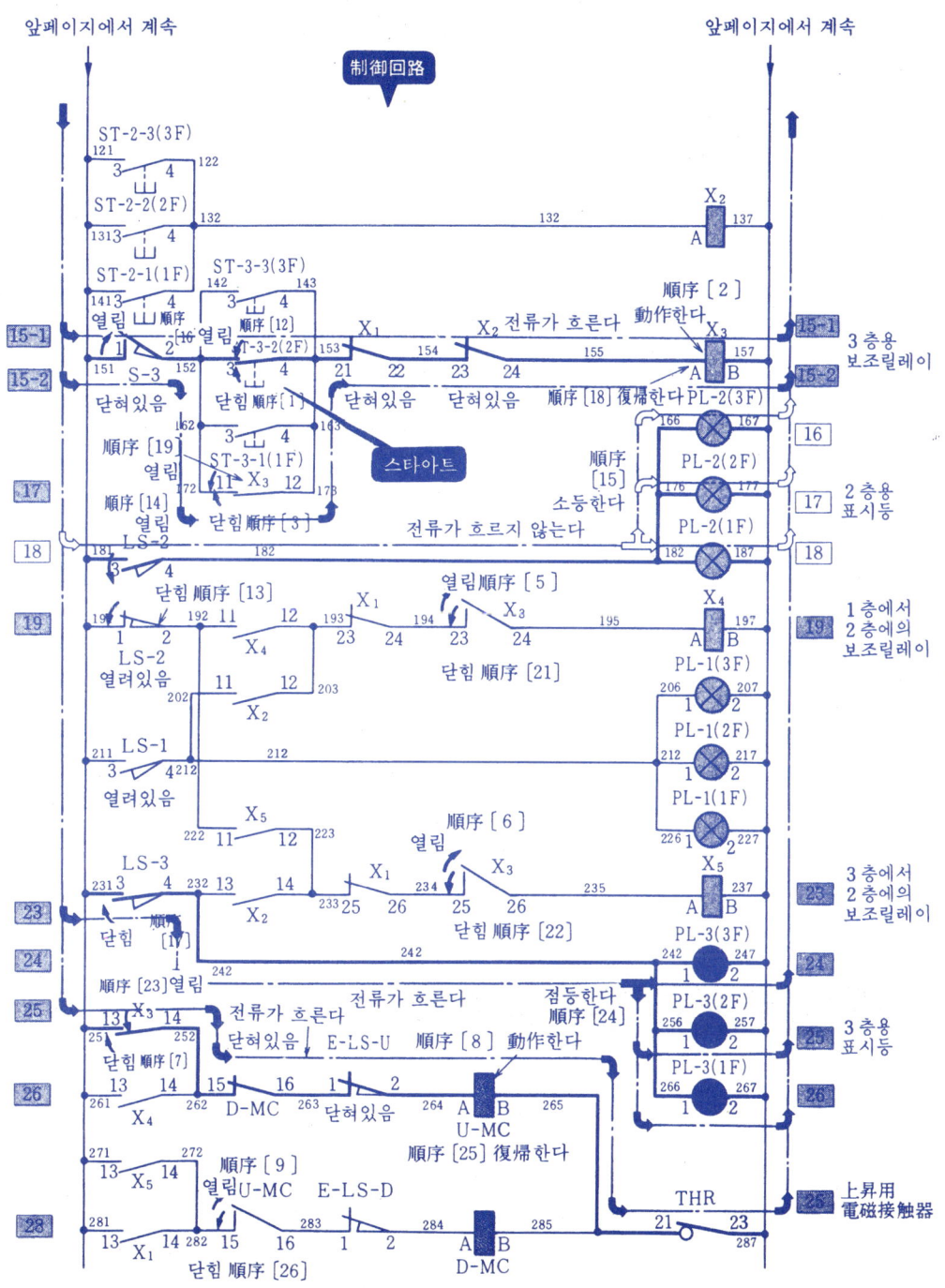

전동력 설비의 자동화 공사의 실제

② 상자의 이동을 지시하는 동작 순서와 동작도

상자를 3층에서 2층 행으로 지시하는 동작 순서 (P. 53에서 계속)

順序 〔18〕 보조릴레이 X_2가 복귀하면 회로 20의 a접점·X_2가 열린다.
〔19〕 보조릴레이 X_2가 복귀하면 회로 23의 a접점 X_2가 열린다.
〔20〕 상자가 하강하는 도중, 회로 15의 3층 위치 검출용 리밋스위치 LS-3가 복귀하고 그 b접점 LS-3가 닫힌다.
〔21〕 3층 위치 검출용 리밋스위치 LS-3가 복귀하면 회로 23의 a접점 LS-3가 열린다.
〔22〕 회로 23의 a접점 LS-3가 열리면 회로 24, 25, 26에 전류가 흐르지 않으므로 3층용 표시등 PL-3(3F)~PL-3(1F)가 소등된다.
〔23〕 상자가 2층에 달하면 회로 19의 2층 위치 검출용 리밋스위치 LS-2가 동작하여 그 b접점 LS-2가 닫힌다.
〔24〕 2층 위치 검출용 리밋스위치 LS-2가 동작하면 회로 18의 a접점 LS-2가 닫힌다.
〔25〕 회로 18의 a접점 LS-2가 닫히면 회로 16, 17, 18에 전류가 흐르므로 2층용 표시등 PL-2(3F)~PL-2(1F)가 점등된다.
〔26〕 회로 19의 b접점 LS-2가 열리면(순서〔23〕) 전류가 흐르지 않으므로 3층에서 2층에의 보조릴레이 X_5가 복귀한다.
〔27〕 보조릴레이 X_5가 복귀하면 회로 22의 a접점 X_5가 열린다.
〔28〕 보조릴레이 X_5가 복귀하면 회로 27의 a접점 X_5가 열린다.
〔29〕 회로 27의 a접점 X_5가 열리면 전류가 흐르지 않으므로 하강용 전자접촉기 D-MC가 복귀한다.
〔30〕 전자접촉기 D-MC가 복귀하면 회로 26의 b접점 D-MC가 열려 상승용 전자접촉기 U-MC의 인터록을 푼다.
〔31〕 전자접촉기 D-MC가 복귀하면 주회로의 주접점 D-MC가 열린다.
〔32〕 주회로의 주접점 D-MC가 열리면 구동전동기 M은 정지한다.

☞ P.58~59 참조

상자를 2층에서 1층 행으로 지시하는 동작 순서 — ● P. 62~63의 동작도 참조 ●

※ 상자가 2층에 있을 때, 1층 호출용 버튼스위치 ST-1-2(2F:2층에 설치)를 누르면 상자는 1층에 하강하고 자동적으로 정지한다.

순서〔1〕 회로 11-1(P. 62)의 1층 호출용 버튼스위치 ST-1-2(2F:2층에 설치)를 누르면 a접점이 닫힌다.
〔2〕 버튼스위치 ST-1-2(2F)의 a접점이 닫히면 회로 11-1에 전류가 흐르므로 1층용 보조릴레이 X_1이 동작한다.
〔3〕 보조릴레이 X_1이 동작하면 회로 12의 자기유지접점 X_1이 닫혀 자기유지된다.

다음 페이지에 계속 ☞

—56—

6. 3층까지의 자동하물 리프트 설비의 시이퀀스 동작

상자를 2층에서 1층 행으로 지시하는 동작순서 (앞 페이지에서 계속)

順序 〔4〕 보조릴레이 X_1이 동작하면 회로 15 (P. 63)의 b접점 X_1이 열려 3층용 보조 릴레이 X_3을 인터록한다.

〔5〕 보조릴레이 X_1이 동작하면 회로 19 의 b접점 X_1이 열려 1층에서 2층에의 보조릴레이 X_4를 인터록한다.

〔6〕 보조릴레이 X_1이 동작하면 회로 23 의 b접점 X_1이 열려 3층에서 2층에의 보조릴레이 X_5를 인터록한다.

〔7〕 보조릴레이 X_1이 동작하면 회로 28 의 a접점 X_1이 닫힌다.

〔8〕 회로 28 의 a접점 X_1이 닫히면 전류가 흐르므로 하강용 전자접촉기 D-MC가 동작한다.

〔9〕 전자접촉기 D-MC가 동작하면 회로 26 의 b접점 D-MC가 열려 상승용 전자 접촉기 U-MC를 인터록한다.

〔10〕 전자접촉기 D-MC가 동작하면 주회로(P. 62 참조)의 주접점 D-MC가 닫힌다.

〔11〕 주회로의 주접점 D-MC가 닫히면 구동전동기 M에 역전 전압이 인가되므로 전동기는 반대 방향으로 회전하여 상자를 하강시킨다.

〔12〕 회로 11-1 의 1층 호출용 버튼스위치 ST-1-2 (2F)를 누른 손을 떼면 그 a접점이 열린다.

〔13〕 상자가 하강하는 도중, 회로 19 의 2층 위치 검출용 리밋스위치 LS-2가 복귀하여 그 b접점 LS-2가 닫힌다.

〔14〕 2층 위치 검출용 리밋스위치 LS-2가 복귀하면 회로 18 의 a접점 LS-2가 열린다.

〔15〕 회로 18 의 a접점이 열리면 회로 16, 17, 18 에 전류가 흐르지 않으므로 2층용 표시등 PL-2 (3F)~PL-2 (1F)가 소등된다.

〔16〕 상자가 1층에 달하면 회로 11-2 의 1층 위치 검출용 리밋스위치 LS-1이 동작하여 그 b접점이 열린다.

〔17〕 1층 위치 검출용 리밋스위치 LS-1이 동작하면 회로 21 의 a접점 LS-1이 닫힌다.

〔18〕 회로 21 의 a접점 LS-1이 닫히면 회로 20, 21, 22 에 전류가 흐르므로 1층용 표시등 PL-1 (3F)~PL-1 (1F)이 점등된다.

〔19〕 회로 11-2 의 b접점 LS-1이 열리면 (순서 〔16〕) 전류가 흐르지 않으므로 1층용 보조릴레이 X_1이 복귀한다.

〔20〕 보조릴레이 X_1이 복귀하면 회로 11-2 의 자기유지접점 X_1이 열려 자기유지를 푼다.

〔21〕 보조릴레이 X_1이 복귀하면 회로 15 의 b접점 X_1이 닫혀 3층용 보조릴레이 X_3의 인터록을 푼다.

● P.62~63의 동작도 참조 ●　　　　　　　　　　　P.60에 계속 ☞

전동력 설비의 자동화 공사의 실제

② 상자의 이동을 지시하는 동작 순서와 동작도

3층에서 2층행을 지시하는 동작도

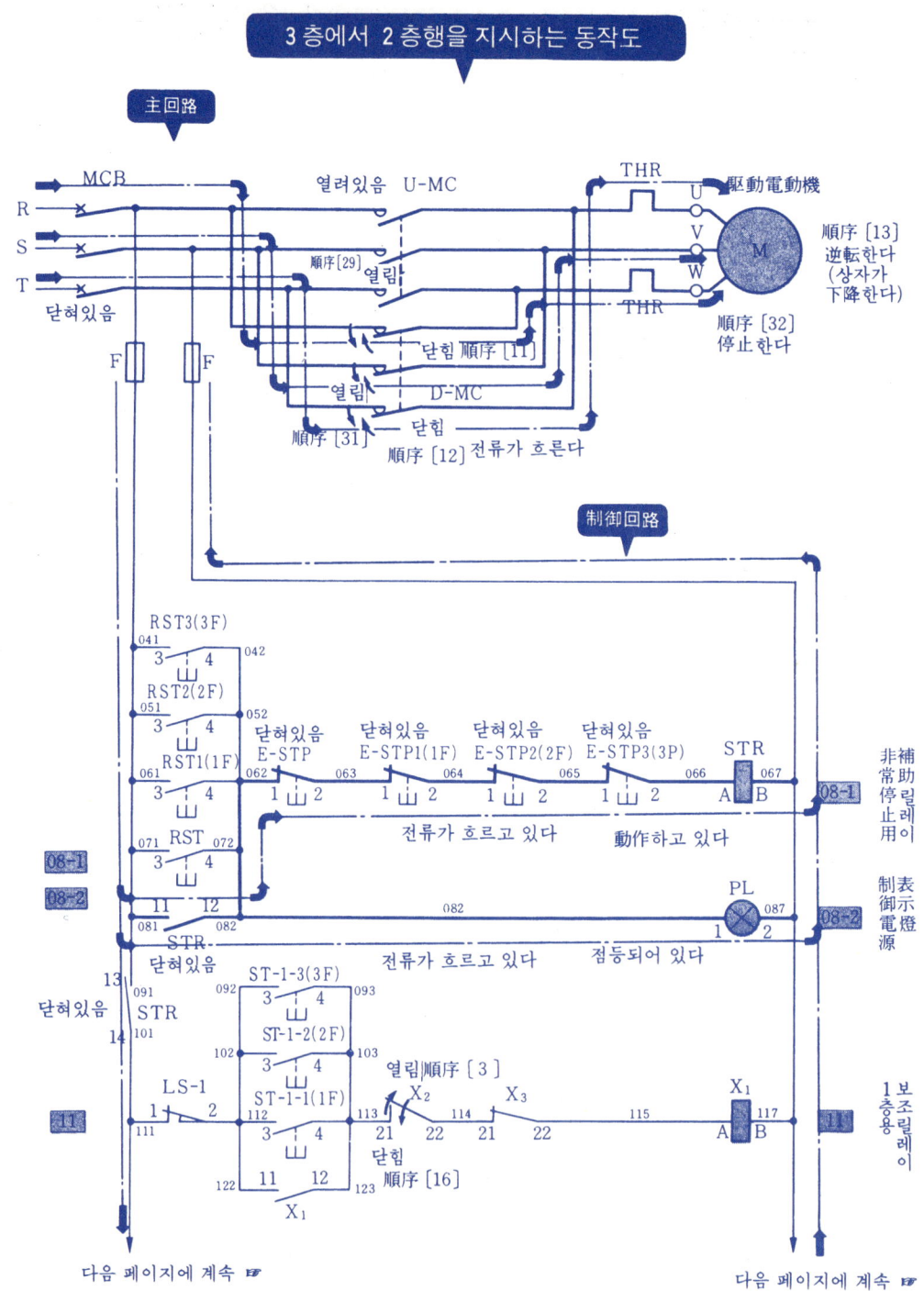

6. 3층까지의 자동하물 리프트 설비의 시이퀀스 동작

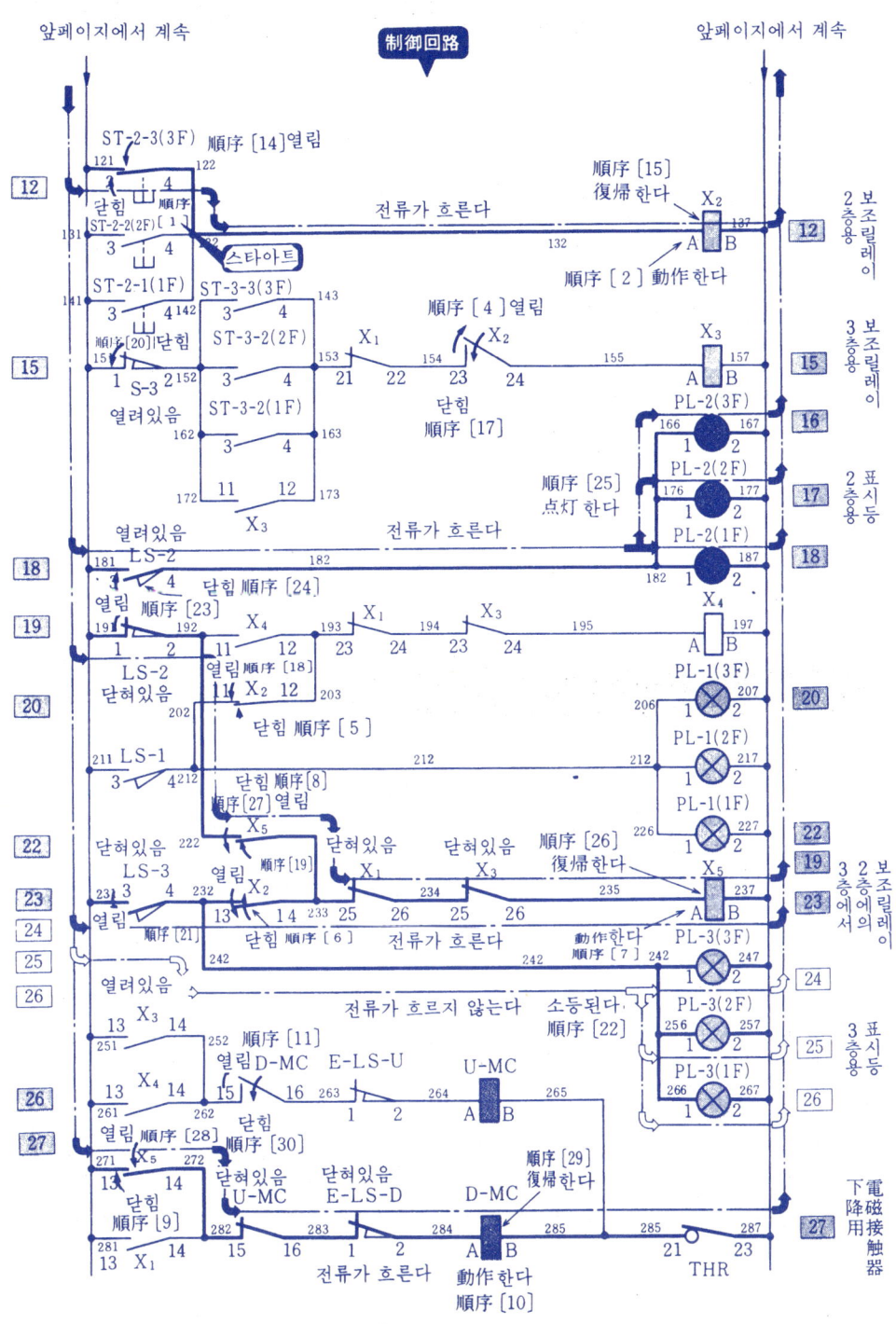

전동력 설비의 자동화 공사의 실제

② 상자의 이동을 지시하는 동작 순서와 동작도

상자를 2층에서 1층 행으로 지시하는 동작 순서 (P. 57에서 계속)

順序〔22〕 보조릴레이 X_1이 복귀하면 회로 19 의 b접점 X_1이 닫혀 1층에서 2층에의 보조릴레이 X_4의 인터록을 푼다.
〔23〕 보조릴레이 X_1이 복귀하면 회로 23 의 b접점 X_1이 닫혀 3층에서 2층에의 보조릴레이의 인터록을 푼다.
〔24〕 보조릴레이 X_1이 복귀하면 회로 28 의 a접점 X_1이 열린다.
〔25〕 회로 28 의 a접점 X_1이 열리면 전류가 흐르지 않으므로 하강용 전자접촉기 D-MC가 복귀한다.
〔26〕 전자접촉기 D-MC가 복귀하면 회로 26 의 b접점 D-MC가 열려 상승용 전자접촉기 U-MC의 인터록을 푼다.
〔27〕 전자접촉기 D-MC가 복귀하면 주회로의 주접점 D-MC가 열린다.
〔28〕 주회로의 주접점 D-MC가 열리면 구동전동기 M은 정지한다.

● P. 62~63의 동작도 참조 ●

※ 지금까지의 동작은 상자가 있는 층에서 조작하여 다른 층에의 이동을 지시하는 경우에 대한 설명이다. 다음에는 조작자가 있는 층이 아닌 층에 상자가 있고 거기에서 상자를 조작자가 있는 층에 호출하는 동작에 대하여 그 개요를 설명한다. 상세한 동작 순서에 대해서는 스스로 생각해 보기 바란다.

1층에 있는 상자를 3층으로 호출하는 동작 순서 ● P. 62~63의 동작도 참조 ●

※ 1층에 상자가 있을 때, 3층 호출용 푸시버튼스위치 ST-3-3 (3F:3층에 설치)를 누르면 상자는 1층에서 3층으로 상승하고 자동적으로 정지한다.
〔1〕 회로 14 의 3층 호출용 푸시버튼스위치 ST-3-3(3F:3층에 설치)를 누르면 회로 15 의 3층용 보조릴레이 X_3가 동작한다.
〔2〕 보조릴레이 X_3가 동작하면 회로 25 의 a접점 X_3가 닫혀 상승용 전자접촉기 U-MC가 동작한다.
〔3〕 전자접촉기 U-MC가 동작하면 주접점 U-MC가 닫혀 구동전동기 M은 정방향으로 회전하여 상자를 상승시킨다.
〔4〕 상자가 3층에 달하면 회로 23 의 3층 위치 검출용 리밋스위치 LS-3가 동작하여 그 a접점 LS-3가 닫히고 3층용 표시등 PL-3(3F)~PL-3(1F)가 점등된다.
〔5〕 3층 위치 검출용 리밋스위치 LS-3가 동작하면 회로 15 의 b접점 LS-3가 열려 3층용 보조릴레이 X_3를 복귀시킨다.
〔6〕 3층용 보조릴레이 X_3가 복귀하면 회로 25 의 a접점 X_3가 열려 상승용 전자접촉기 U-MC가 복귀한다.
〔7〕 상승용 전자접촉기 U-MC가 복귀하면 주접점 U-MC가 열려 구동전동기 M은 정지한다.

6. 3층까지의 자동하물 리프트 설비의 시이퀀스 동작

3층에 있는 상자를 2층에 호출하는 동작 순서
P. 62~63의 동작도 참조

❋ 3층에 상자가 있고 2층에 조작자가 있을 때, 2층 호출용 푸시버튼스위치 ST-2-2 (2F : 2층에 설치)를 누르면 상자는 3층에서 2층으로 하강하고 자동적으로 정지한다.

[1] 회로 13의 2층 호출용 푸시버튼스위치 ST-2-2(2F : 2층에 설치)를 누르면 2층용 보조릴레이 X_2가 동작한다.

[2] 보조릴레이 X_2가 동작하면 회로 23의 a접점 X_2가 닫혀 3층에서 2층에의 보조릴레이 X_5가 동작한다.

[3] 보조릴레이 X_5가 동작하면 회로 27의 a접점 X_5가 닫혀 하강용 전자접촉기 D-MC가 동작한다.

[4] 전자접촉기 D-MC가 동작하면 주회로의 주접점 D-MC가 닫혀 구동전동기 M이 반대방향으로 회전하므로 상자는 하강한다.

[5] 상자가 2층에 달하면 회로 18의 2층 위치 검출용 리밋스위치 LS-2가 동작하여 그 a접점 LS-2가 닫히므로 2층용 표시등 PL-2(3F)~PL-2(1F)가 점등 된다.

[6] 2층 위치 검출용 리밋스위치 LS-2가 동작하면 회로 19의 b접점 LS-2가 열려 3층에서 2층에의 보조릴레이 X_2를 복귀시킨다.

[7] 보조릴레이 X_5가 복귀하면 회로 27의 a접점이 열려 하강용 전자접촉기 D-MC가 복귀된다.

[8] 하강용 전자접촉기 D-MC가 복귀하면 주접점 U-MC가 열려 구동전동기 M 은 정지한다.

❋ 다음에는 특수한 동작에 대하여 설명한다.

상자의 과상승 방지 동작 순서

❋ 상자가 어떤 차질로 인하여, 3층 위치 검출용 리밋스위치 LS-3의 설정 위치 보다도 더 상승하면 과상승 방지용 리밋스위치 E-LS-U 가 동작하여 그 b접점이 열림으로써 상승용 전자접촉기 U-MC 를 복귀시키므로 주회로의 주접점 U-MC 가 열려 구동전동기 M을 정지시켜 과상승을 방지한다.

[주의] : 과상승 방지용 리밋스위치 E-LS-U는 3층 위치 검출용 리밋스위치 LS-3의 상부에 설치된다.

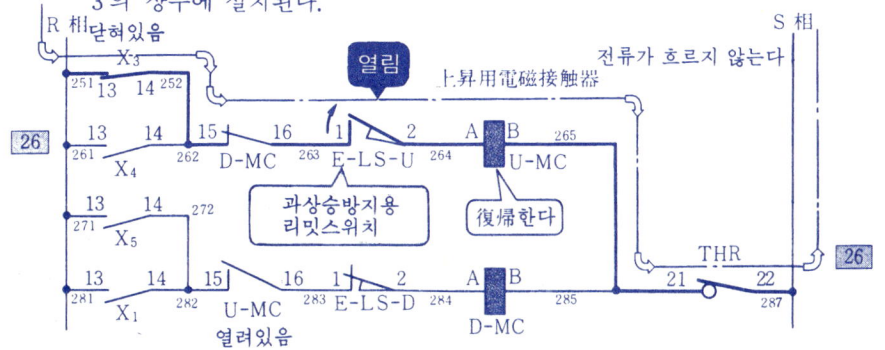

전동력 설비의 자동화 공사의 실제

② 상자의 이동을 지시하는 동작 순서와 동작도

2층에서 1층행을 지시하는 동작도

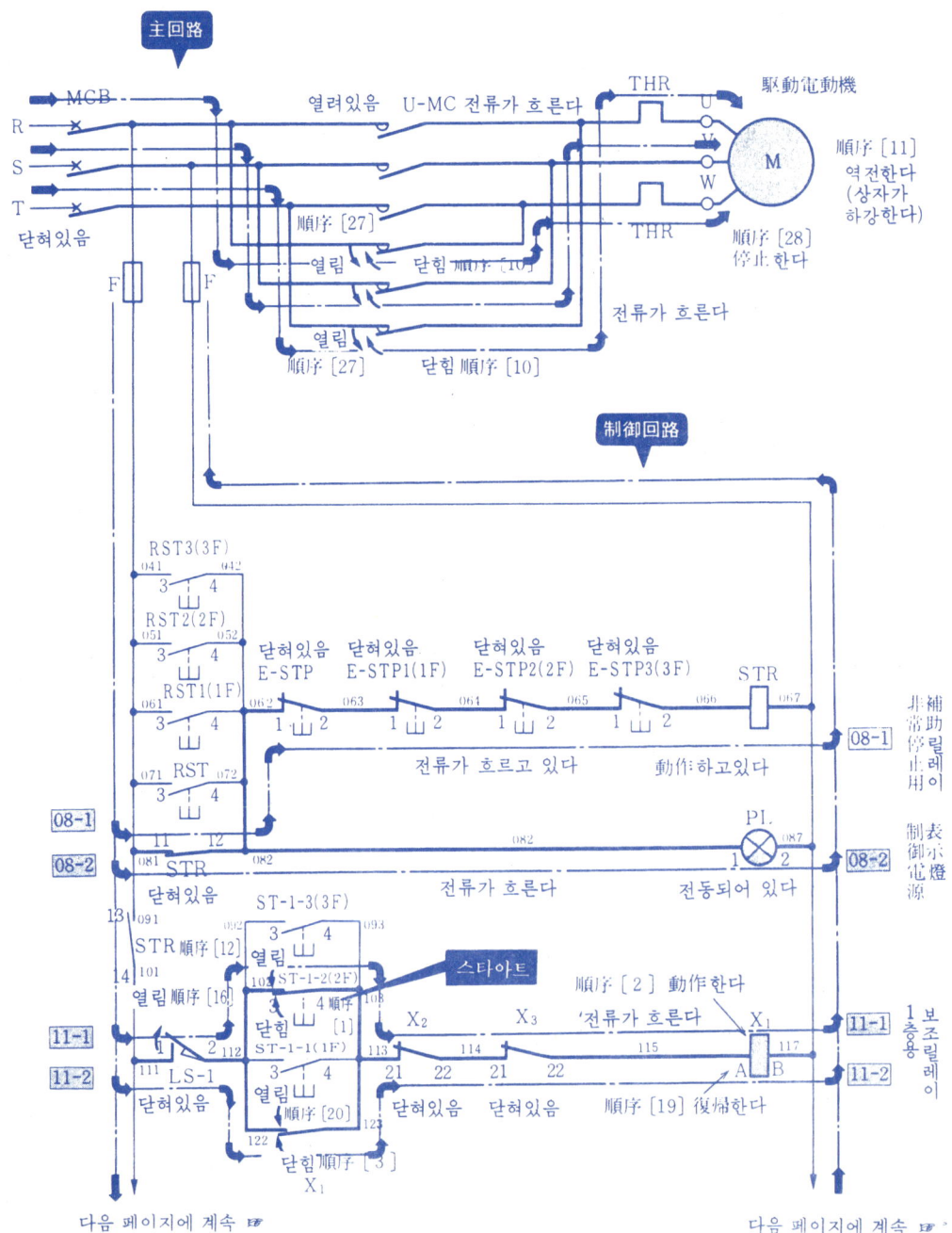

다음 페이지에 계속 ☞　　　　　　　　　　　　　　다음 페이지에 계속 ☞

6. 3층까지의 자동하물 리프트 설비의 시이퀀스 동작

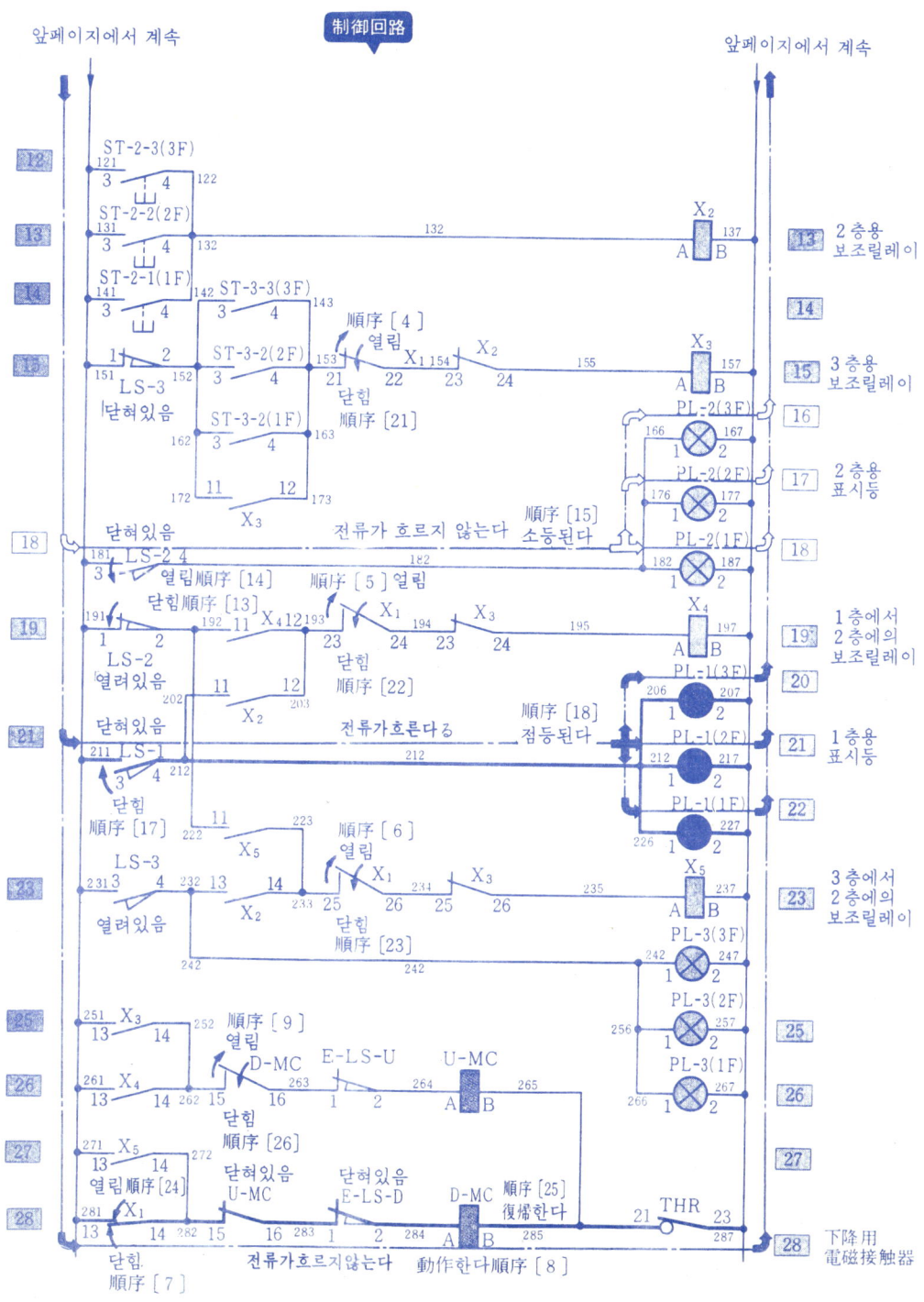

전동력 설비의 자동화 공사의 실제

② 상자의 동작을 지시하는 동작 순서와 동작도

상자의 과하강 방지 동작의 순서

❊ 상자가 어떤 차질로 인하여, 1층 위치 검출용 리밋스위치 LS-1의 설정 위치보다 더하강하면 과하강 방지용 리밋스위치 E-LS-D가 동작하여 그 b접점이 열리고 하강용 전자접촉기 D-MC를 복귀시키므로 주회로의 주접점 D-MC가 열려 구동전동기 M을 정지시킴으로써 과하강을 방지한다.

[주의] : 과하강 방지용 리밋스위치 E-LS-D는 1층 위치 검출용 리밋스위치 LS-1의 하부에 설치된다.

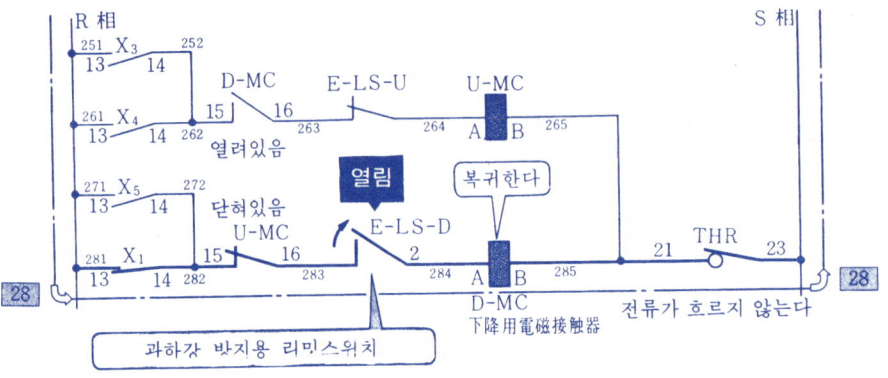

상자의 비상정지 동작 순서

❊ 상자가 상승 또는 하강하고 있을 때, 비상정지용 버튼스위치 E-STP를 누르면 비상정지용 보조릴레이 STR이 복귀한다.
❊ 보조릴레이 STR이 복귀하면 R상 제어전원 회로의 비상정지 a접점 STR이 열리므로 제어전원이 인가되지 않게 되고 상승용 전자접촉기 U-MC 또는 하강용 전자접촉기 D-MC가 복귀하여 구동전동기 M은 운전을 멈추어 상자가 정지한다.

[주의] : 비상정지용 버튼스위치 E-STP E-STP1(1F), E-STP 2(2F), E-STP 3(3F) 가운데 어느것을 누르거나 같은 동작을 한다.

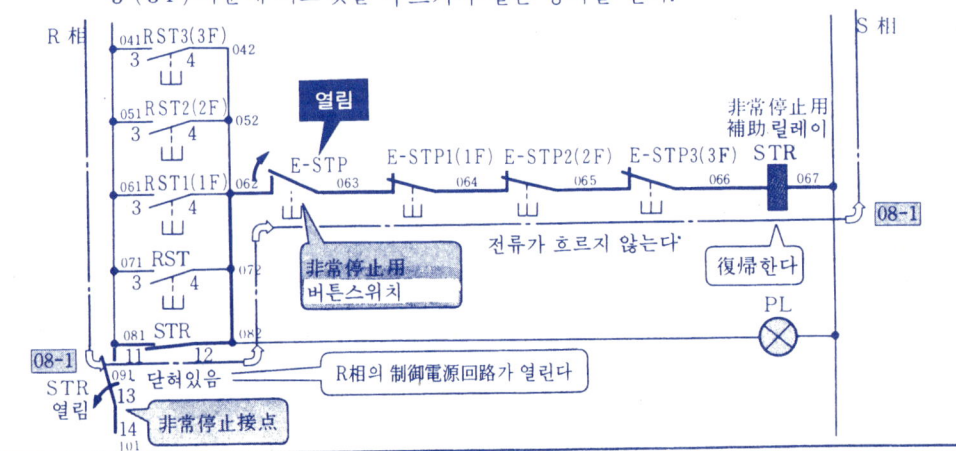

— 64 —

2 시이퀀스 制御에 사용되는 機器

이 장의 포인트

이 장에서는 시이퀀스 제어에 사용되고 있는 여러가지 제어 기기에 대하여 설명하고 있다. 무엇보다도 이들 기기의 구조와 동작을 확실하게 이해하는 것이 시이퀀스 제어를 자기 것으로 하는 지름길이라 하겠다.
(1) 스위치에는 조작 스위치와 검출 스위치가 있는데 이들 스위치의 내부 구조와 동작을 그림으로 설명하였다. 용도도 함께 외워두자.
(2) 릴레이 시이퀀스의 주역이라 할 수 있는 전자릴레이의 구조를 구체적으로 도해하였다.
(3) 무접점 시이퀀스에는, 아무래도 필요한 다이오드, 트랜지스터 등의 반도체에 대해서도 확실히 배워두자.

1. 제어기기의 구조

① 저항기와 콘덴서의 구조

저항기란? ── 기호 : R(Resistor)

※ 저항기란 전류의 흐름을 방해하는 작용, 즉 전기 저항을 얻을 목으로 만들어진 기기를 말한다.
※ 저항기이 용도로서는, 전기회로에 흐르는 전류를 제한하거나 전류의 흐름을 조정하는 외에 저항에 의하여 분압함으로써 높은 전압을 낮은 전압으로 바꾸기도 한다.

탄소 피막 저항기

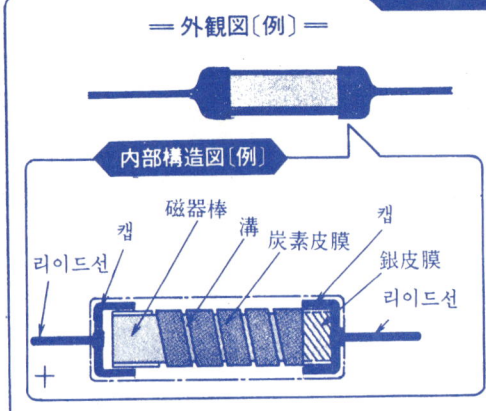

- 탄소 피막 저항기란 자기봉(磁器棒)의 표면에 고온도, 고진공 속에서 열분해에 의하여 밀착 고정시킨 순수한 탄소 피막을 저항체로 하되 그 자기봉의 양단에는 캡과의 접촉을 좋게 하기 위하여 은피막을 구어 붙인 것을 말한다. 그리고 탄소 피막에는 나선 상태로 홈을 파, 소요의 저항치로 한 다음 양단에 리드선이 달린 캡을 고정시키고 표면을 보호 도장한다.
- 단순히 카아본 저항이라고도 하며 저항치가 풍부하여 널리 사용하고 있다.

권선형 가변 저항기

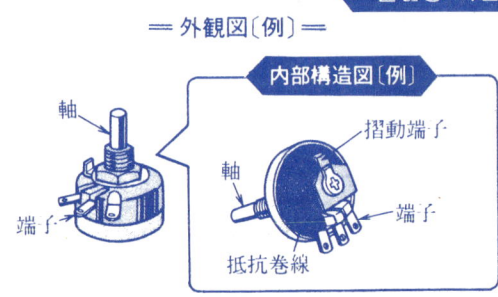

- 권선형 가변 저항기란 코어(권심)에 감겨진 금속의 저항 세선을 저항체로 하되 축을 회전시킴으로써 저항 권선 위에서 미끄럼판이 습동(摺動)케 하여 저항치를 연속적으로 가변시킬 수 있는 구조의 저항기를 말한다.
- 장치의 동작 상태의 특성에 맞추어 변화시키거나 전압 분포를 연속적으로 가변시킬 때에 사용된다.

저항기의 그림기호

(가) 抵抗器(一般) (나) (다) 可変抵抗器

- (다)는 습동 또는 접촉변화의 가변저항기에 사용된다.

그림기호의 기입요령

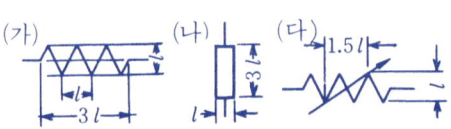

- (가) 가로 l 에 대하여 높이 l 의 비율로 기입한다.
- (나) 가로 l 에 대하여높이 $3l$ 의 비율로 기입한다.
- (다) 가변그림기호는 산의 정점과 정점을 2점으로 하는 직선방향으로 기입한다.

— 66 —

1. 제어기기의 구조

콘덴서란?   기호 : C (Capacitor)

※ 콘덴서란 유전체(절연물을 말한다)를 금속 도체로 끼워서 전하를 저장할 수 있는 성질을 갖게 한 기기를 말한다.

※ 콘덴서의 용도에는 (i) 직류를 흘려 콘덴서의 전극간에 전하를 저장한다. (ii) 직류 신호로 겹쳐진 교류 신호에서 교류 신호만을 전달한다. (iii) 회로간의 교류 전류분만을 전달한다. (iv) 전극 릴레이 접점에서 발생하는 불꽃을 소거시키기 위한 스파이크 킬러 등에 사용된다.

종이 콘덴서

外觀図〔例〕 / 内部構造図〔例〕

리이드선, 애자, 絶緣用 캡, 容器, 콘덴서 素子, 金属箔, 종이, 탭, 리이드선을 용접한다., 리이드선

- 종이 콘덴서란 콘덴서 페이퍼라는 얇은 종이와 알루미늄박을 겹쳐 감아 건조한 다음 절연물을 함침시켜 케이스에 수용한 것을 말한다.
- 콘덴서 페이퍼와 금속박을 겹쳐 감으면, 콘덴서 페이퍼는 연속된 유전체로서, 또 금속박은 연속된 전극판으로서의 작용을 한다.

마이카 콘덴서

外觀図〔例〕

리이드선 — 樹脂 — 3 000 pF

内部構造図〔例〕

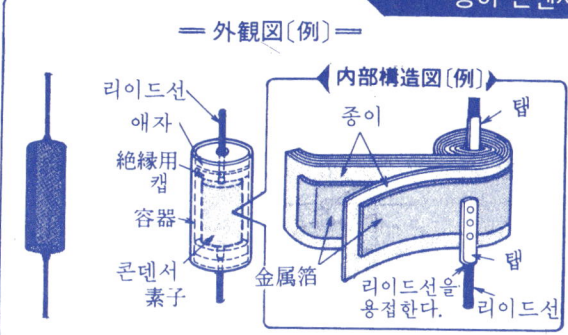

밴드, 마이카편(誘電体), 납땜, 리이드선, 鉛箔(電極板)

- 마이카편과 납박을 교대로 겹쳐 쌓는다.

- 마이카 콘덴서란 천연 마이카편의 유전체와 납박의 전극을 교대로 겹쳐쌓고 양단을 금속밴드로 조인 다음 리이드선을 붙이고 수지(樹脂)를 끓여부어 성형한 것을 말한다.

전해 콘덴서

外觀図〔例〕

- 전해 콘덴서란 알루미늄을 전해질 중에서 양극 처리하되 이때 생기는 산화알루미늄 피막을 유전체로 하고 전해질을 음극으로 한 것을 말한다.

콘덴서의 그림 기호

(가) 콘덴서(일반)   (나) 전해콘덴서

그림기호 표시방법

(가) |⊣⊢| ←4ℓ→

(나) |⊣⫽| ←4ℓ→

- 횡선길이는 간격의 4배로 한다.
- 전해 콘덴서를 표시하는 사선은 5줄로 한다.
- 극성을 명시할 때는 왼쪽 그림과 같이 +표를 기입한다.

— 67 —

시이퀀스제어에 사용되는 기기

② 조작·검출 스위치의 구조

스위치란?

❋ 스위치란 전기회로의 개폐 또는 접속을 변경시키는 기구(器具)를 뜻하며 일반적으로 말하는 스위치는 명령용 및 검출용 접점 기구(機構)를 가리키는 바 명령용 스위치와 검출용 스위치로 대별된다.

❋ 명령용 스위치란 인간이 손으로 조작함으로써 작업명령을 내리거나 명령 처리의 방법을 변경하거나 또는 수동·자동의 변환용 스위치를 말한다.

❋ 검출용 스위치란 제어 대상의 상태를 검출하기 위한 스위치로서 예정된 동작 조건에 이르렀을 때 동작하는 제어용 스위치를 말한다.

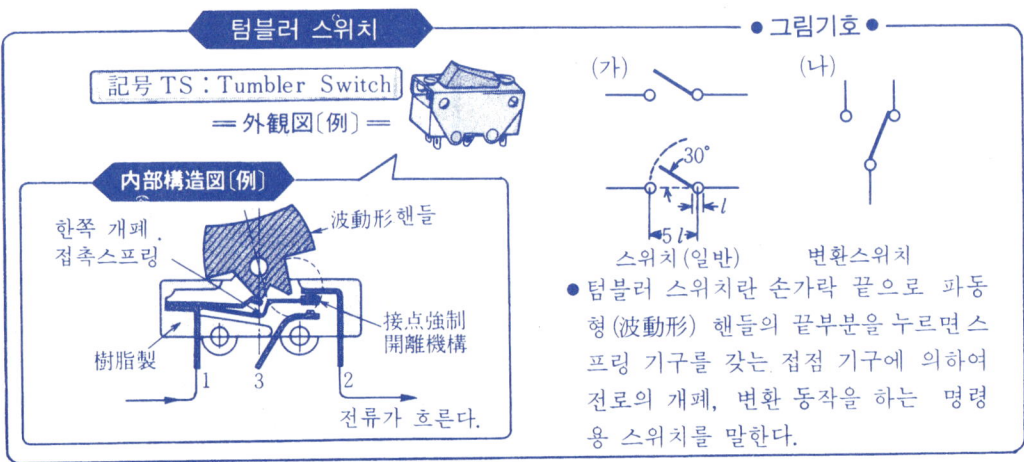

- 텀블러 스위치란 손가락 끝으로 파동형(波動形) 핸들의 끝부분을 누르면 스프링 기구를 갖는 접점 기구에 의하여 전로의 개폐, 변환 동작을 하는 명령용 스위치를 말한다.

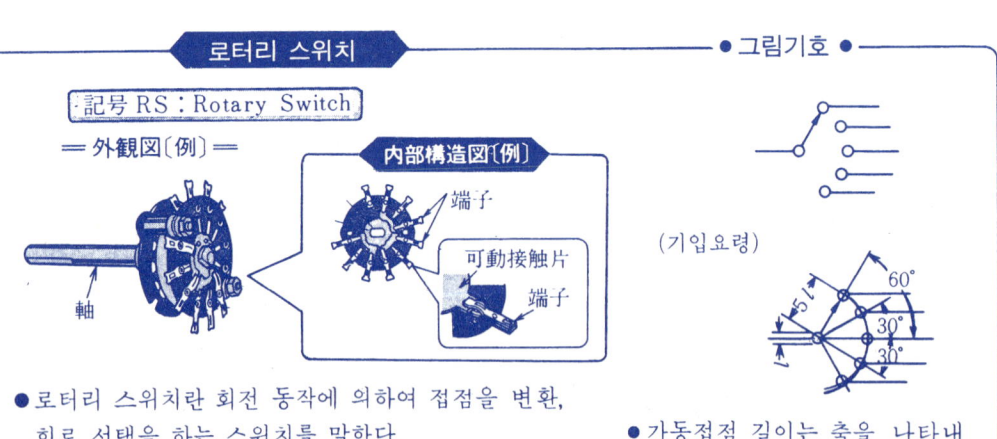

- 로터리 스위치란 회전 동작에 의하여 접점을 변환, 회로 선택을 하는 스위치를 말한다.
- 일반적으로 원주상에 접촉단자를 다수 배치하고 대향(對向) 접촉단자를 중심축에 연동시켜 수동으로 회전시킴으로써 접속회로나 그 조합을 잇달아 변환할 수 있다.

- 가동접점 길이는 축을 나타내는 작은원의 5배로 하고 접점 간격은 30°로 한다.
- 이 그림기호는 다이얼형 스위치에 사용된다.

— 68 —

1. 제어기기의 구조

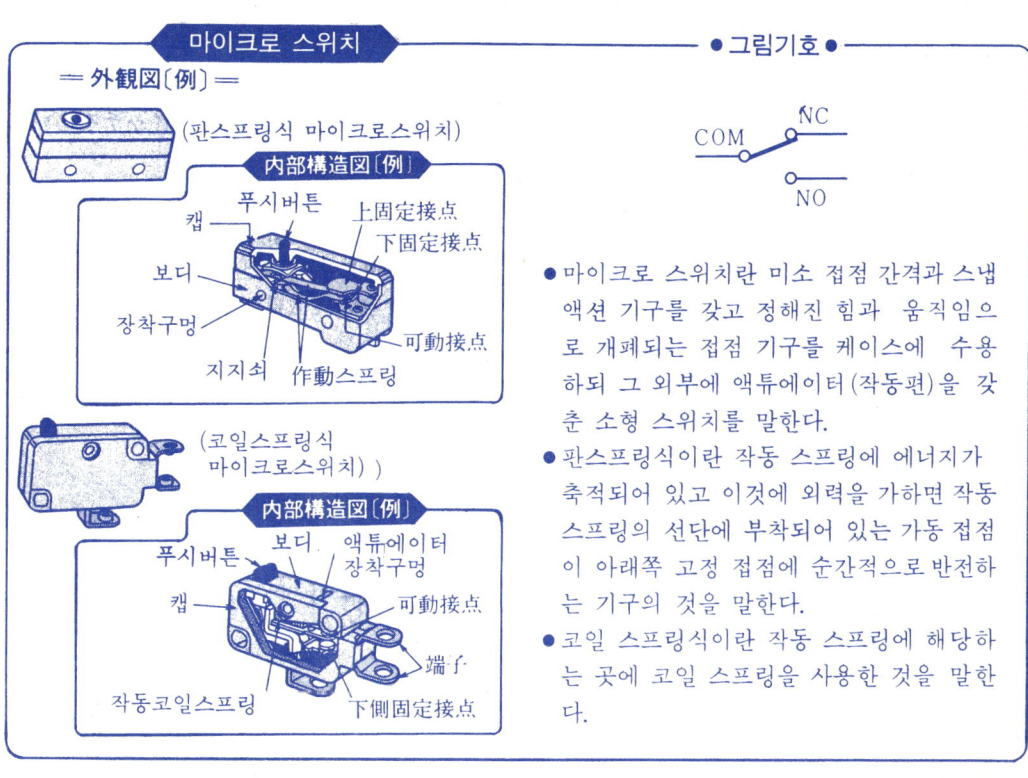

- 마이크로 스위치란 미소 접점 간격과 스냅 액션 기구를 갖고 정해진 힘과 움직임으로 개폐되는 접점 기구를 케이스에 수용하되 그 외부에 액튜에이터(작동편)을 갖춘 소형 스위치를 말한다.
- 판스프링식이란 작동 스프링에 에너지가 축적되어 있고 이것에 외력을 가하면 작동 스프링의 선단에 부착되어 있는 가동 접점이 아래쪽 고정 접점에 순간적으로 반전하는 기구의 것을 말한다.
- 코일 스프링식이란 작동 스프링에 해당하는 곳에 코일 스프링을 사용한 것을 말한다.

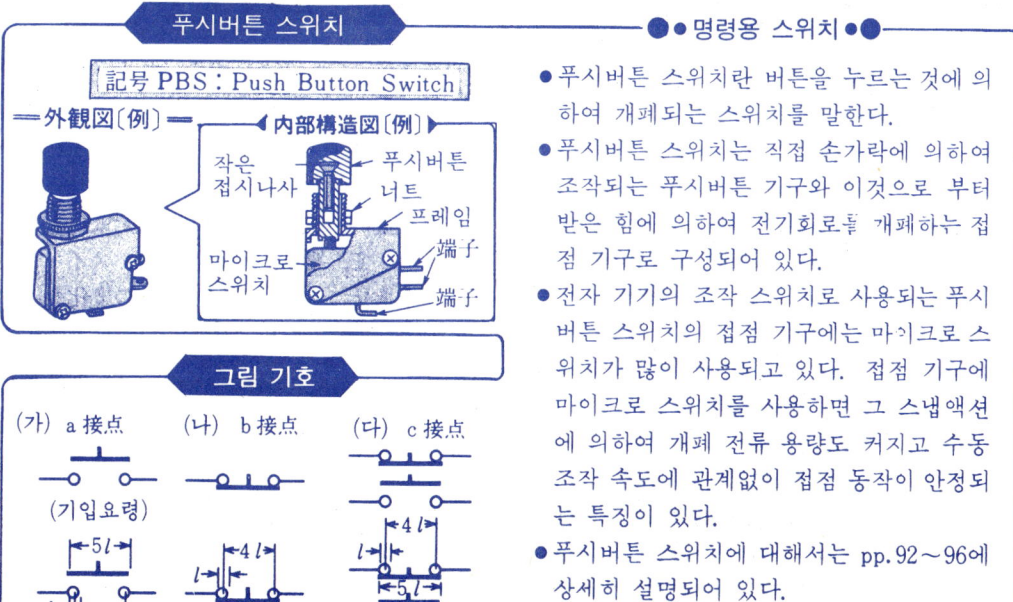

●● 명령용 스위치 ●●

- 푸시버튼 스위치란 버튼을 누르는 것에 의하여 개폐되는 스위치를 말한다.
- 푸시버튼 스위치는 직접 손가락에 의하여 조작되는 푸시버튼 기구와 이것으로 부터 받은 힘에 의하여 전기회로를 개폐하는 접점 기구로 구성되어 있다.
- 전자 기기의 조작 스위치로 사용되는 푸시버튼 스위치의 접점 기구에는 마이크로 스위치가 많이 사용되고 있다. 접점 기구에 마이크로 스위치를 사용하면 그 스냅액션에 의하여 개폐 전류 용량도 커지고 수동 조작 속도에 관계없이 접점 동작이 안정되는 특징이 있다.
- 푸시버튼 스위치에 대해서는 pp. 92~96에 상세히 설명되어 있다.

— 69 —

시퀸스제어에 사용되는 기기

② 조작·검출 스위치의 구조

리밋스위치

記号 LS : Limit Switch

外観図 [例] (수평형)

内部構造図 [例]
- 마이크로 스위치
- 액튜에이터
- 플런저
- 조작레버
- 케이스

그림 기호

(가) (나)

- (가)는, 동작하면 닫히는 a접점을 나타낸다.
- (나)는, 동작하면 열리는 b접점을 나타낸다.

● 검출 스위치 ●

- 리밋스위치란 기기의 운동 해정 중 정행진 위치에서 동작하는 제어용 검출 스위치를 말한다.
- 리밋스위치는 기기의 가동 부분의 움직임에 의하여 기계적 운동을 전기적 신호로 변환하는 것으로서 물체가 소정의 위치에 있는가, 힘이 가해져 있는가 등의 기계량의 검출에 널리 사용된다.
- 리밋스위치는 마이크로 스위치를 견고한 케이스 내에 수용한 것으로서 기계적 입력을 검출하는 부분을 액튜에이터라 한다.

(기입요령) (가) $\leftarrow 5l \rightarrow$ (나) $\leftarrow 4l \rightarrow$

- 고정 접점을 나타내는 작은원의 지름을 l 이라 하면 그 작은원의 열림(개도)은 $4l$, 가동 접점의 길이는 $5l$ 로 한다.

광전 스위치

記号 PHOS : Photo electric Switch

外観図 [例] (透過形)

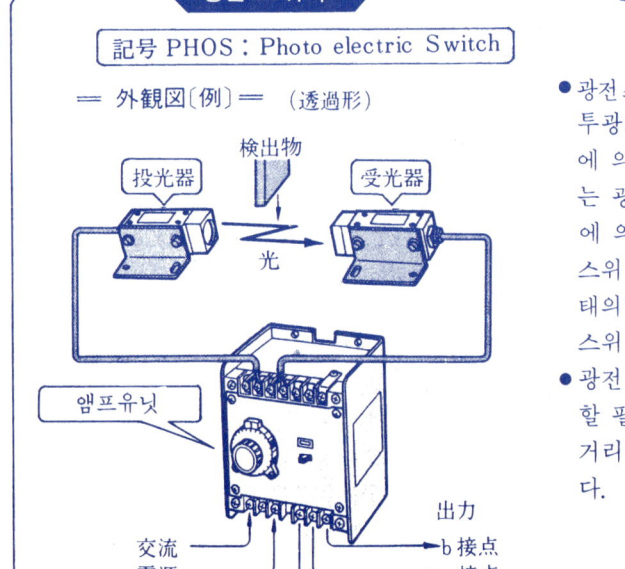

投光器 — 検出物 — 受光器 — 光
앰프유닛
交流電源
出力 — b接点, a接点, c接点

● 검출 스위치 ●

- 광전 스위치란 광을 매체로 하는 검출기로서 투광기내의 광원에서 방사된 광이 물체에 의하여 차단 또는 반사되어 변화하는 광량을 수광기내의 광전 변환 소자에 의하여 전기량으로 변환시킴으로써 스위치를 동작시키고 물체의 유무나 상태의 변화 등을 무접촉으로 검출하는 스위치를 말한다.
- 광전 스위치는 검출물이 꼭 금속이어야 할 필요가 없을 뿐만 아니라 비교적 원거리에서의 검출도 가능한 것이 특징이다.

1. 제어기기의 구조

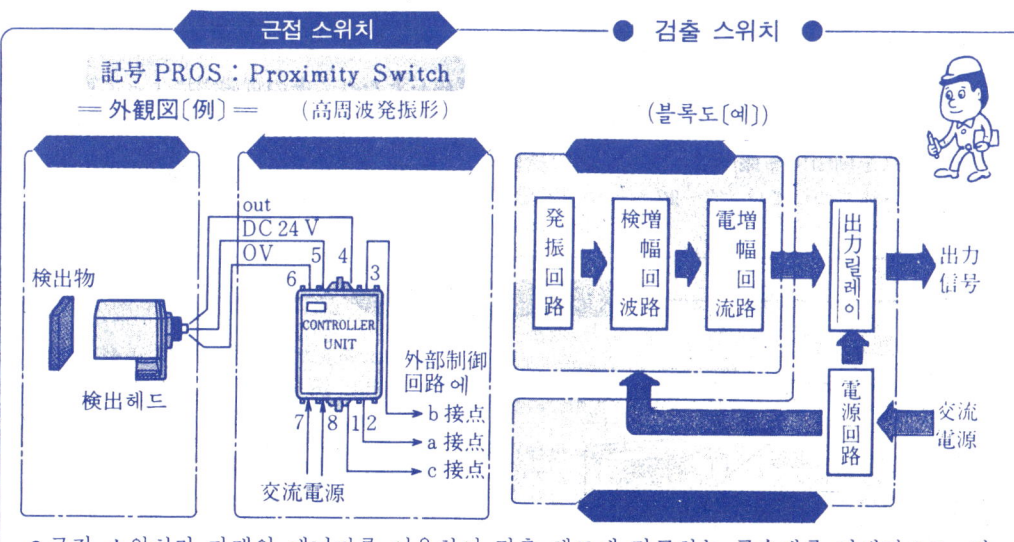

- 근접 스위치란 자계의 에너지를 이용하여 검출 헤드에 접근하는 금속체를 기계적으로 접촉시키지 않고 검출하되 그것에 연결되는 전기회로를 개폐하여 제어하는 검출 스위치를 말하며 고주파 자계를 이용한 고주파 발진형이 많이 사용되고 있다.
- 고주파 발진형이란 검출단에서 고주파를 발진하고 검출 물체가 접근하면 검출 물체내에 와전류손을 발생시켜 이 와전류손에 의한 발진전력의 변화를 검출, 동작시키는 형식을 말한다.

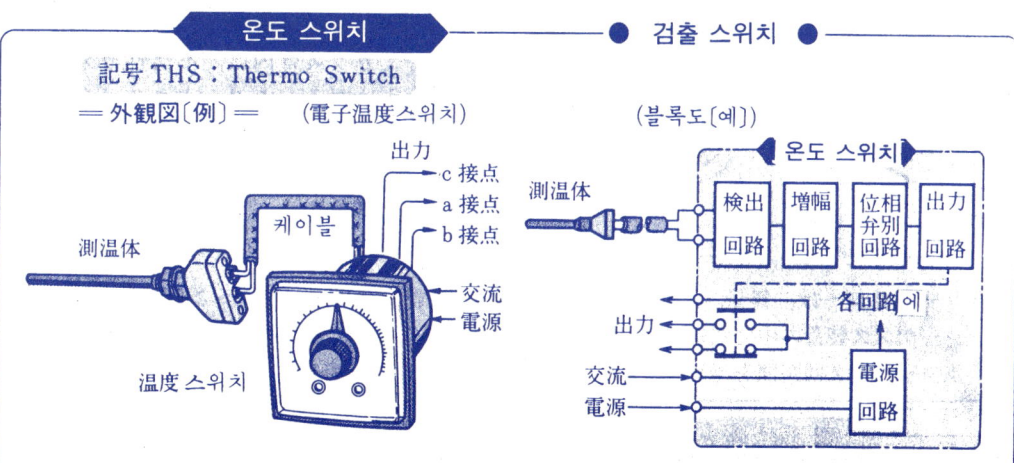

- 온도 스위치란 온도가 예정치에 달했을 때 동작하는 검출 스위치를 말하며 온도의 변화에 대하여 전기적 특성이 변화하는 소자, 예를 들면 더어미스터, 백금 등과 같이 저항이 변하는 것 또는 열기전력이 생기는 열전대 등을 측온체에 이용하여 그 변화에서 미리 설정된 온도로 된 것을 검출하여 동작하는 스위치를 말한다.

—71—

시퀀스제어에 사용되는 기기

3 전자 릴레이와 타이머의 구조

전자릴레이란?   ● 기호 R : (Relay) ●

※ 전자릴레이란 전자 코일에 전류가 흐르면 전자석이 되고 그 전자력에 의하여 가동 철편을 유인하는 것을 이용하여 이것과 연동시킨 기구에 의한 접점의 개폐를 시키는 것으로서 전자력에 의하여 접점을 개폐하는 기능을 갖는 장치의 총칭이다.

※ 전자릴레이에 대해서는 pp. 97~99의 "전자릴레이 접점의 그림기호"에서 상세히 설명한다.

미니튜어릴레이

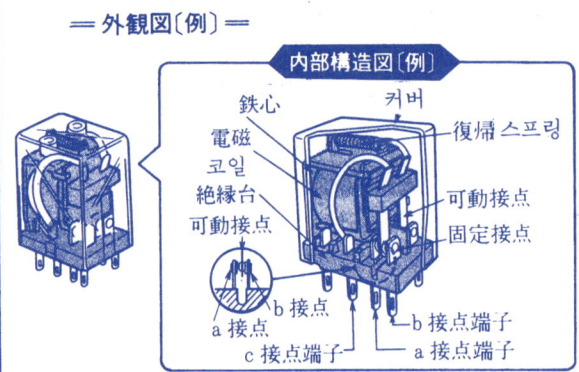

- 미니튜어릴레이란 소형의 전자릴레이를 말한다. 이 릴레이의 접점에서는 전자개폐기나 차단기 등을 직접 제어할만큼의 용량이 없으므로 무접점 시퀀스와 릴레이 시퀀스 회로 등의 결합에 사용된다.

리이드릴레이

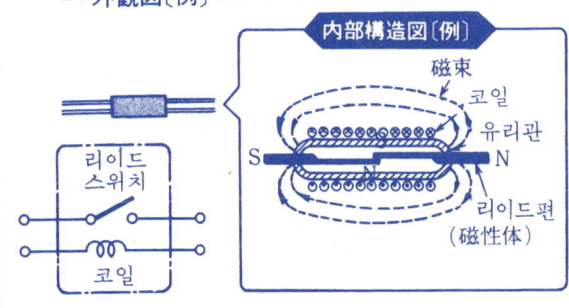

- 리이드릴레이란 접점과 접점 스프링 및 아마추어를 겸하는 리이드편을 일정한 간극과 겹침으로 유리관 내에 불활성 가스와 함께 봉입한 리이드스위치를 코일 속에 수용한 릴레이를 말한다.
- 리이드릴레이는 코일에 흐르는 전류에 의한 자계의 작용으로 동작한다.

● 리이드릴레이는 경량, 초소형일 뿐만 아니라 프린트 기판 탑재 구조로 되어 있는 점에서 무접점 시퀀스 장치 속에 조립하여 유접점 출력으로 하는 경우나 입력회로의 입력단자와 내부 무접점 시퀀스회로 간을 절연하는 경우 등에 사용된다.

그림기호   (기입요령)

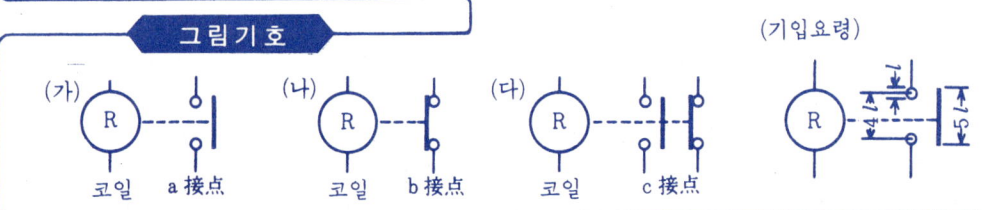

— 72 —

1. 제어기기의 구조

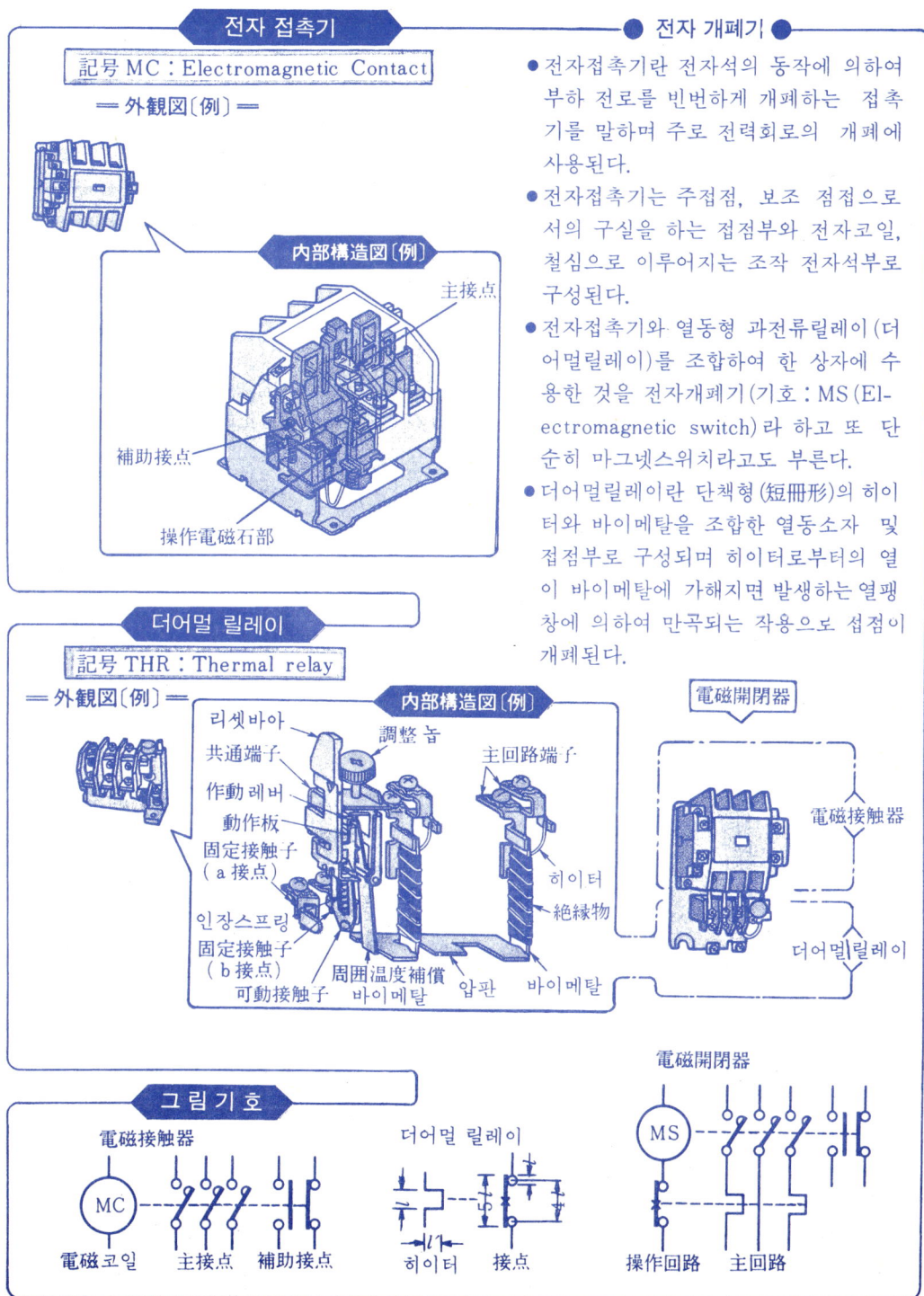

전자 개폐기

- 전자접촉기란 전자석의 동작에 의하여 부하 전로를 빈번하게 개폐하는 접촉기를 말하며 주로 전력회로의 개폐에 사용된다.
- 전자접촉기는 주접점, 보조 점접으로서의 구실을 하는 접점부와 전자코일, 철심으로 이루어지는 조작 전자석부로 구성된다.
- 전자접촉기와 열동형 과전류릴레이(더어멀릴레이)를 조합하여 한 상자에 수용한 것을 전자개폐기(기호 : MS(Electromagnetic switch)라 하고 또 단순히 마그넷스위치라고도 부른다.
- 더어멀릴레이란 단책형(短冊形)의 히이터와 바이메탈을 조합한 열동소자 및 접점부로 구성되며 히이터로부터의 열이 바이메탈에 가해지면 발생하는 열팽창에 의하여 만곡되는 작용으로 섭점이 개폐된다.

— 73 —

시이퀀스제어에 사용되는 기기

③ 전자 릴레이와 타이머의 구조

타이머란 — **기호 TR : (Time-lage relay)**

※ 타이머란 입력신호를 받고 나서 소정의 시간 경과 후에 회로를 개폐하는 릴레이나 개폐기를 말한다.

모우터식 타이머

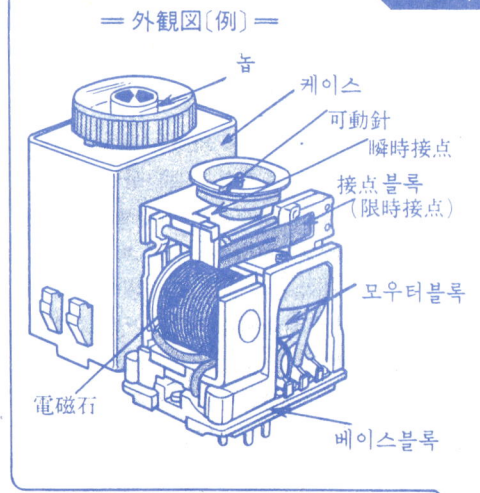

外觀図〔例〕
놉, 케이스, 可動針, 瞬時接点, 接点블록(限時接点), 모우터블록, 電磁石, 베이스블록

- 모우터식 타이머란 입력신호에 의하여 동기 모우터(상용 전원의 주파수에 동기 회전하는 모우터를 말한다)를 회전시키고 그 기계적인 움직임에 의하여 소정 시간 경과 후에 출력접점의 개폐를 하는 것을 가리킨다.
- 모우터식 타이머는 전원 주파수에 비례하여 회전하므로 장시간이라도 정확히 시간 제어를 할 수 있을 뿐만 아니라 온도, 습도의 변화가 따를 시간 정밀도의 차질이 적다는 장점을 지니고 있다.

에어식 타이머

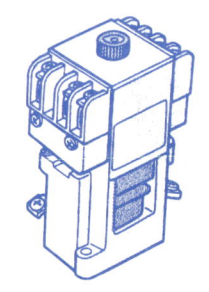

外觀図〔例〕

- 에어식 타이머란 조작용 전자석의 동작을 스프링에 축적하였다가 이 스프링의 반발력과 공기의 유동성을 이용하여 한시작용을 하는 것을 말한다.

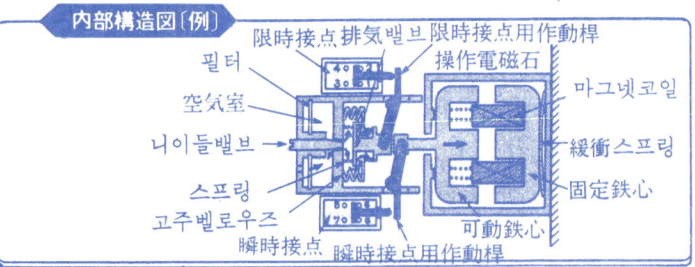

内部構造図〔例〕
限時接点, 排気밸브, 限時接点用作動桿, 필터, 操作電磁石, 마그넷코일, 空氣室, 니이들밸브, 緩衝스프링, 스프링, 固定鐵心, 고무벨로우즈, 可動鐵心, 瞬時接点, 瞬時接点用作動桿

- 전자석을 부세(附勢)하면 가동철심이 화살표 방향으로 흡인되어 눌려 있던 고무 벨로우즈의 힘이 제거되므로 벨로우즈내에 있는 스프링의 힘으로 팽창하는데 따라 공기(에어)과 필터를 통하여 니이들밸브의 틈으로 벨로우즈내에 유입한다. 그러면 벨로우즈가 점차로 신장하여 한시접점용 작동간을 밀어올려 한시접점의 개폐 동작을 하게 된다.

그림기호

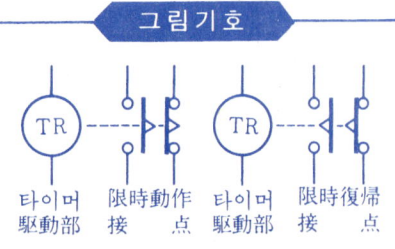

TR 타이머 駆動部 — 限時動作接点
TR 타이머 駆動部 — 限時復歸接点

④ 배선용 차단기, 트랜스 등의 구조

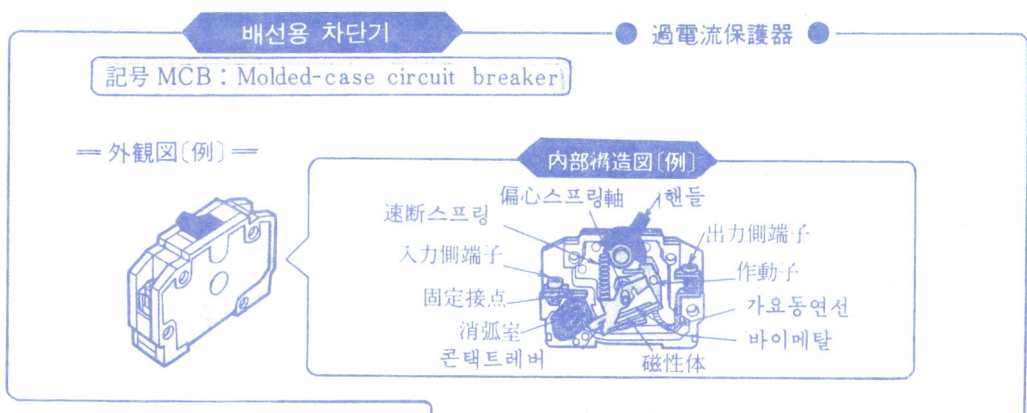

그림 기호

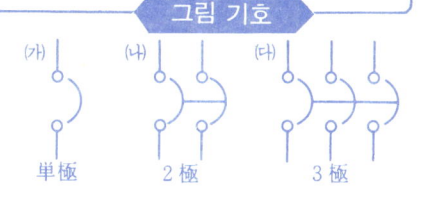

(가) 単極　(나) 2極　(다) 3極

(기입요령)
- 이 그림기호는 기중 차단기(일반)에 사용된다.
- 고정접점을 나타내는 작은 원의 지름을 ℓ 이라하면 그작은 원의 개도를 5ℓ로 하고 원호는 떼어서 쓴다.

● 過電流保護器 ●

- 배선용 차단기란 개폐기구, 분리장치 등을 절연물의 용기내에 일체로 조립한 기중차단기를 말한다.
- 배선용 차단기는 부하 개폐를 하는 전원스위치로서 사용되는 외에도 과전류 및 단락시에는 열동 분리기구(또는 전자 분리기구)가 동작하여 자동적으로 회로를 차단한다.
- 정상적인 부하상태에 있어서의 개폐 조작은 조작 핸들의 ON, OFF에 의한다.

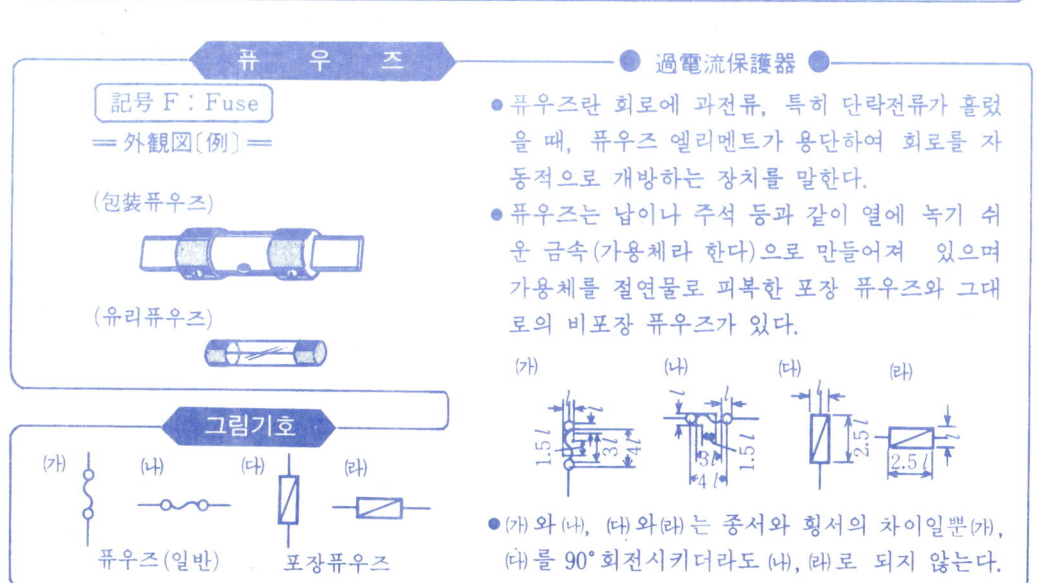

● 過電流保護器 ●

- 퓨우즈란 회로에 과전류, 특히 단락전류가 흘렀을 때, 퓨우즈 엘리멘트가 용단하여 회로를 자동적으로 개방하는 장치를 말한다.
- 퓨우즈는 납이나 주석 등과 같이 열에 녹기 쉬운 금속(가용체라 한다)으로 만들어져 있으며 가용체를 절연물로 피복한 포장 퓨우즈와 그대로의 비포장 퓨우즈가 있다.
- (가)와 (나), (다)와 (라)는 종서와 횡서의 차이일뿐 (가), (다)를 90° 회전시키더라도 (나), (라)로 되지 않는다.

— 75 —

시퀀스제어에 사용되는 기기

④ 배선용 차단기, 트랜스 등의 구조

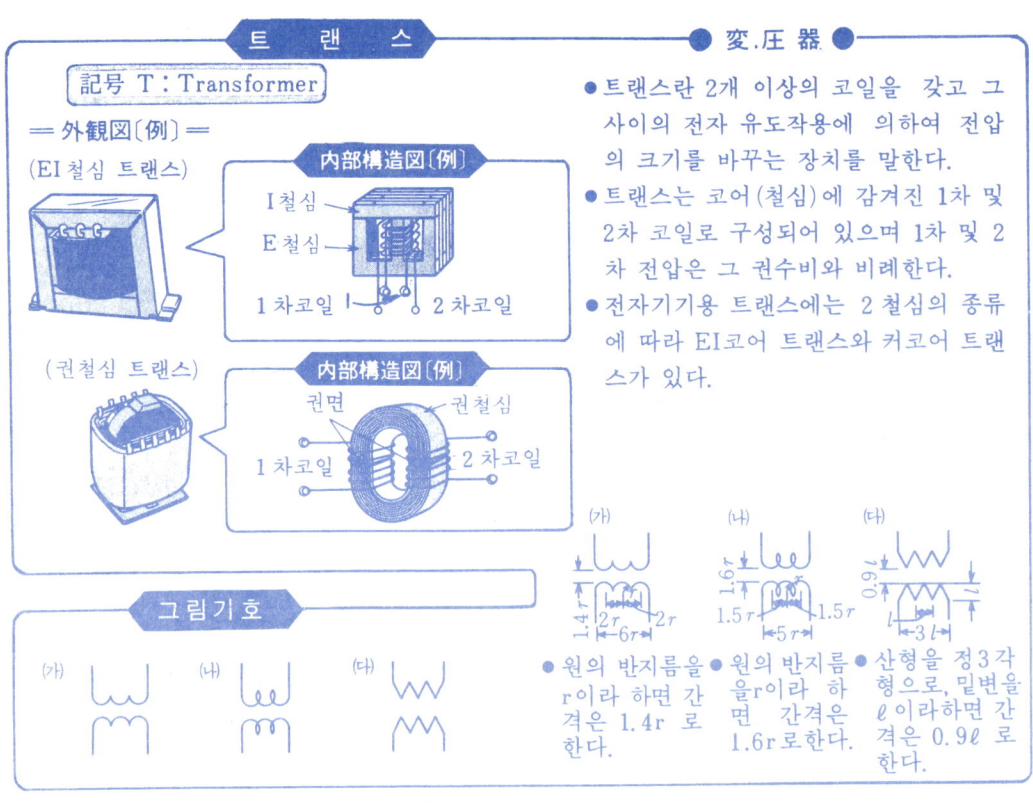

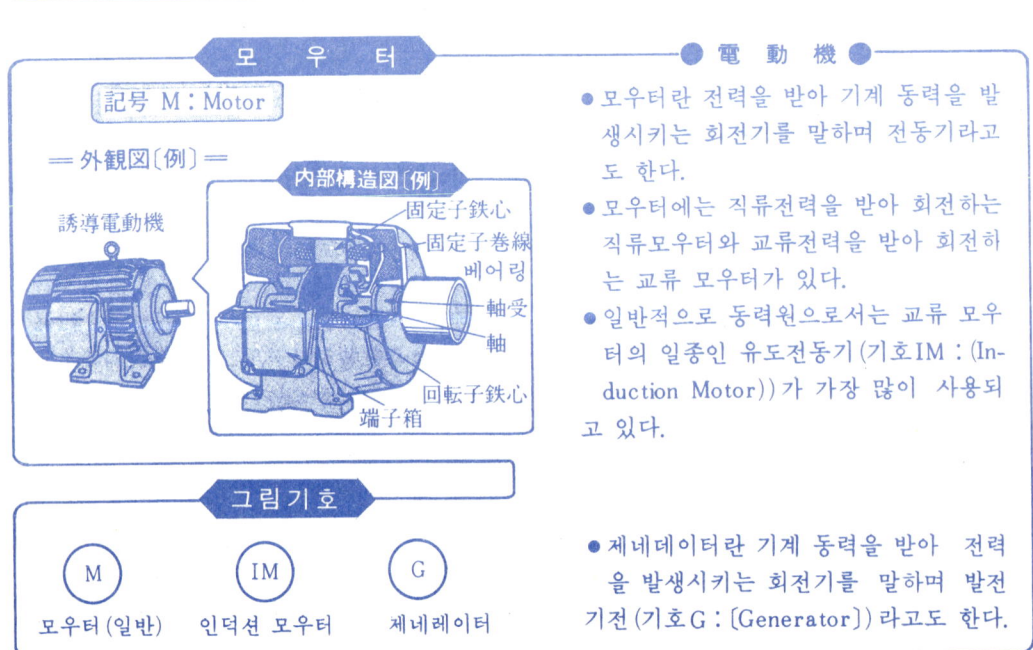

1. 제어기기의 구조

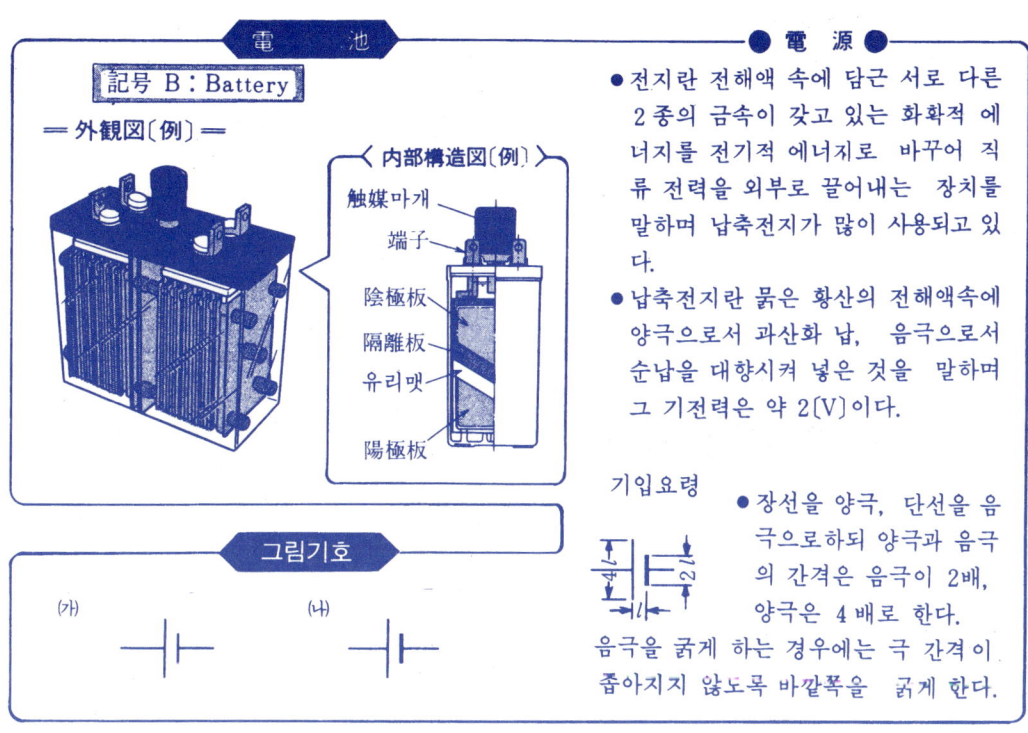

● 電源 ●

- 전지란 전해액 속에 담근 서로 다른 2종의 금속이 갖고 있는 화학적 에너지를 전기적 에너지로 바꾸어 직류 전력을 외부로 끌어내는 장치를 말하며 납축전지가 많이 사용되고 있다.
- 납축전지란 묽은 황산의 전해액속에 양극으로서 과산화 납, 음극으로서 순납을 대향시켜 넣은 것을 말하며 그 기전력은 약 2[V]이다.

기입요령
● 장선을 양극, 단선을 음극으로하되 양극과 음극의 간격은 음극이 2배, 양극은 4배로 한다.
음극을 굵게 하는 경우에는 극 간격이 좁아지지 않도록 바깥쪽을 굵게 한다.

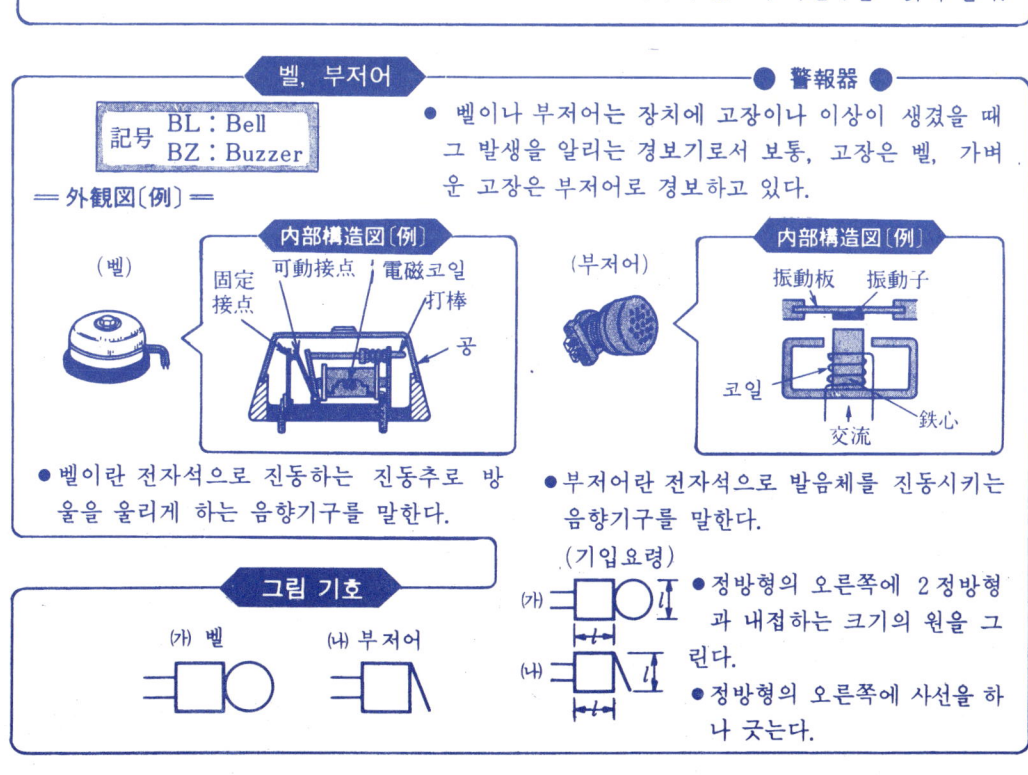

● 警報器 ●

- 벨이나 부저어는 장치에 고장이나 이상이 생겼을 때 그 발생을 알리는 경보기로서 보통, 고장은 벨, 가벼운 고장은 부저어로 경보하고 있다.
- 벨이란 전자석으로 진동하는 진동추로 방울을 울리게 하는 음향기구를 말한다.
- 부저어란 전자석으로 발음체를 진동시키는 음향기구를 말한다.

(기입요령)
- 정방형의 오른쪽에 2 정방형과 내접하는 크기의 원을 그린다.
- 정방형의 오른쪽에 사선을 하나 긋는다.

2. 반도체류의 구조

① 다이오드의 구조

다이오드

記号 D : Diode

※ 다이오드의 그림기호는 애노드를 표시하는 화살표를 정3각형으로 나타내고 캐소드를 정3각형의 정점에 접하는 선분으로 나타낸다.
※ 화살표 방향은 전류가 흐르는 방향을 나타낸다.
※ 혼란의 염려가 없을 때에는 원을 모두 생략해도 된다(이하 같다).

● 그림기호 ●

(가) 애노드(A) ▶|◀ 캐소드(K) (기입요령)
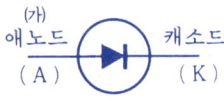
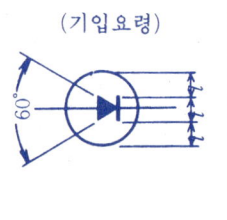

(나) 애노드(A) ▶|◀ 캐소드(K)

(원을 생략해도 좋다.)

정전압 다이오드

記号 ZD : Zener Diode

※ 정전압 다이오드는 제너 다이오드라고도 하며 반대방향으로 전압을 인가하면 규정 전압 이하에서는 전류가 거의 흐르지 않으나 어떤 전압(제너 전압이라 한다) 이상이 되면 급속히 전류가 흘러 전압이 일정하게 되는 소자를 말한다.
※ 이와같이 전압이 일정하게 되는 것을 이용하여 전압레벨의 검출, 정전압회로 등에 사용된다.

● 그림기호 ●

(가)

(나)

포토 다이오드

記号 SPD : Silicon Photo Diode

※ 포토 다이오드란 광전감광면에 입사하는 광의 양에 따라서 전도율이 달라지는 소자를 말한다.
※ 이 광의 양에 따라서 전도율이 달라지는 성질을 이용하여 광의 변화를 전기적인 변화로 변환하는 회로에 사용된다.

● 그림기호 ●

(가)

(나)

주 : ↯표는 "감광"을 표시한다.

발광 다이오드

記号 LED : Light-Emission Diode

※ 발광 다이오드란 전류를 흘리면 광을 발생하는 소자로서 정방향의 전류에 대해서만 작동한다.
※ 백열전구에 비하여 저전압, 저전류로 발광하는데 발광량은 적으나 응답이 빠른 특징이 있다.

● 그림기호 ●

(가)
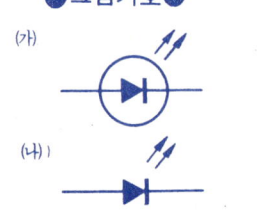

(나)

주 : ↯표는 "발광"을 표시한다.

2. 반도체류의 구조

② 트랜지스터의 구조

트랜지스터

記号 Tr : Transistor

※ 트랜지스터의 그림기호 기입요령은
(1) 원에 접하는 정방형을 그린다.
② 정방형의 2정점을 지나는 60°의 선을 긋는다.
③ 작은 정방형의 대각선에서 베이스를 나타내는 선의 길이와 위치를 정한다.
④ 에미터의 화살표는 PNP형 트랜지터에서는 베이스에 접하도록, 또 NPN형 트랜지스터에서는 원에 접하도록 그린다.
⑤ NPN형 트랜지스터의 "●" 표는 콜렉터가 외주기에 접촉되어 있다는 것을 표시한다.
⑥ 혼란의 염려가 없을 때는 원을 생략해도 된다.

● PNP형 트랜지스터의 그림기호 ●

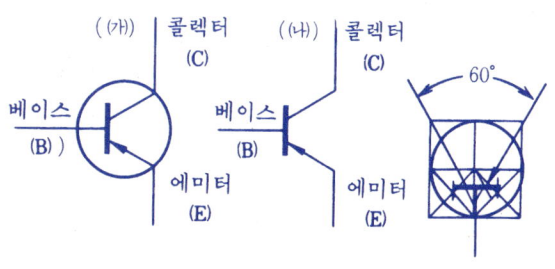

(그리는요령)

● NPN형 트랜지스터의 그림기호 ●

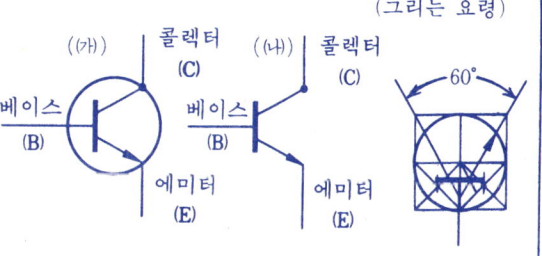

(그리는 요령)

유니정크션 트랜지스터

記号 UJT : Uni-Junction Transistor

※ 유니정크션 트랜지스터란 2개의 베이스 B_1, B_2와 에미터 E로 구성되며 에미터 전압이 어떤 일정레벨 이상으로 되면 에미터 전류가 증가하고 급격히 전압이 낮아지는 마이너스저항성을 나타내는 소자를 말하며 타이머회로나 발진회로에 사용된다.

● 그림기호

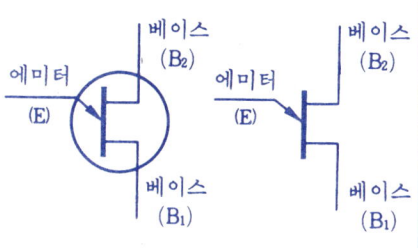

포토 트랜지스터

※ 포토 트랜지스터란 베이스 B에 입사하는 광량에 따라서 콜렉터 C와 에미터 E간을 제어하는 소자를 말하며 광증배작용이 있으므로 다이오드 보다도 광전감도가 좋은 특징을 지니고 있다.

● 그림기호 ●

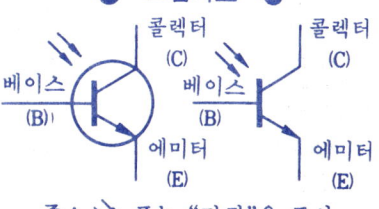

주 : ↯ 표는 "감광"을 표시

시이퀀스제어에 사용되는 기기

(3) 다이리스터의 구조

다이리스터

記号 THY : Thyristor

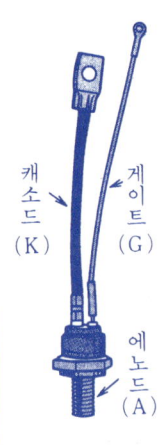

캐소드(K)
게이트(G)
에노드(A)

※ 다이리스터는 일반적으로 실리콘 제어 정류소자(SCR : Silicon Controlled Rictifier)를 말하며 3개소 이상의 접합을 포장하되 양극, 음극 및 P영역에 접속된 게이트의 3종류 단자를 갖추고 마이너스의 양극전압에 있어서는 저지 특성을 표시하고 플러스의 양극전압에 있어서는 OFF상태 및 ON 상태의 두가지 안정 상태가 가능할 뿐만 아니라 OFF상태에서 ON 상태로의 이행이 게이트 전류에 의하여 제어할 수 있는 반도체소자를 말한다.

※ 다이리스터는 PNPN구조이고 3개의 접합면을 갖고 있으며 좌단의 P형 반도체를 애노드(A)전극으로 하고 우단의 N형 반도체를 캐소드(K)전극으로 하고 있다.

※ N형 반도체와 N형 반도체 사이에 끼여 있는 P형 반도체로부터 게이트(G) 전극을 끌어낸 것을 P게이트 다이리스터라 하고 P형 반도체와 P형 반도체 사이에 끼인 N형 반도체로부터 게이트(G) 전극을 끌어낸 것을 N게이트 다이리스터라 한다.

P게이트 다이리스터의 그림기호

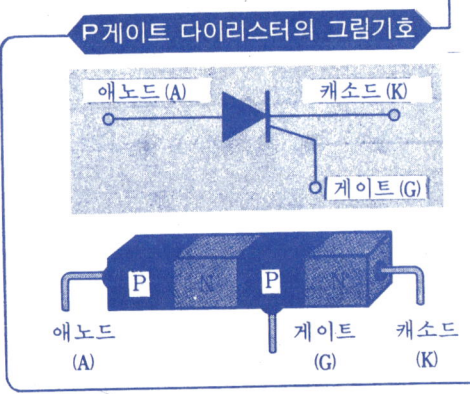

N게이트 다이리스터의 그림기호

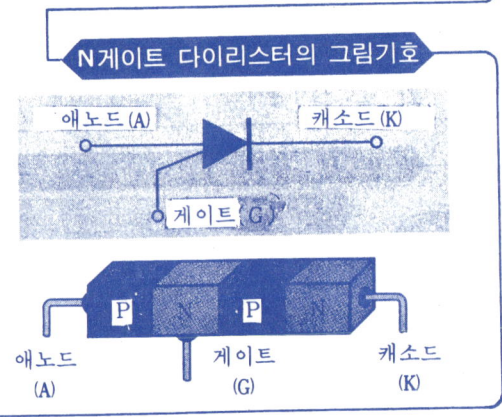

트라이액

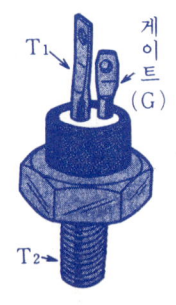

T₁, 게이트(G), T₂

※ 트라이액(Triac)은 양쪽 방향(교류)에 전류가 흐르되 게이트 전압은 플러스 마이너스의 어느 방향이라도 동작하여 다이리스터를 병렬로 조합한 것과 같은 작용을 하는 쌍극 쌍방향성 다이리스터이다. 이 소자에 의하여 간단히 교류 전력의 개폐, 제어가 가능해진다.

● 그림기호 ●

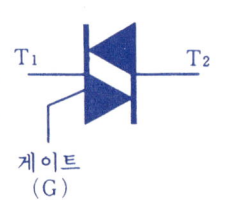

T₁ T₂
게이트(G)

— 80 —

③ 시이퀀스 制御의 基礎

開閉接点의 図記号
自動制御器具番号
電気用 図記号
시이퀀스의 그리는

이 장의 포인트

　이 장에서는 주로 릴레이 시이퀀스에 대하여 꼭 알고 있지 않으면 안될 기초적인 사항을 설명하고 있다. 먼저 이 기본을 확실히 익혀둘 필요가 있다.

(1) 전기용 그림기호는 IEC(국제 전기 표준회의)에 준거한 계열 1 과 종래부터 사용되어 오던 계열 2 를 대비하여 표시하고 있다. 시이퀀스도를 읽는 데에는 이들 그림기호를 외워두어야 한다.
(2) 자동제어기구 번호는 수자만의 기호이므로 오로지 기억하는 수밖에 없다.
(3) 시이퀀스도를 그리는 요령을 알기 쉽게 도해함과 함께 IEC규격 정합 그림기호에 의한 실제 장치의 시이퀀스도를 2, 3 가지씩 예로 들었다.

1. 시이퀸스 제어란 어떤 것인가?

① 릴레이 시이퀸스란 어떤 것인가?

시이퀸스 제어란?

❈ 시이퀸스제어란 미리 정해진 순서 또는 일정한 논리에 의하여 정해진 순서에 따라서 제어의 각 단계를 차차 진행시켜가는 제어를 말한다.
❈ 시이퀸스 제어란 다음 단계에서 실행할 제어 동작이 미리 정해져 있고 앞단계의 제어 동작을 완료한 다음 또는 동작 후 일정 시간이 경과한 다음, 다음의 동작에 이행하는 경우나 제어 결과에 따라서 다음에 실행할 동작을 선정하여 다음 단계의 동작으로 이행하는 제어를 말한다.
❈ 시이퀸스 제어에는 종래부터의 릴레이 시이퀸스와 로직시이퀸스및 비교적 최근에 개발된 무접점 시이퀸스가 있다.

릴레이 시이퀸스

❈ 릴레이 시이퀸스란 제어계에 사용되는 논리소자로서 접점을 갖는 유접점 릴레이, 즉 전자릴레이에 의하여 구성되는 시이퀸스 제어회로를 말한다.
❈ 전자릴레이란 전자코일을 여자시키면 접점이 열리거나 닫히고 무여자시키면 그 반대의 동작을 하는 릴레이를 말한다.

-●장   점●-
(1) 개폐 부하의 용량이 크다.
(2) 과부하 내량이 크다.
(3) 전기적 노이즈에 대하여 안정적이다.
(4) 온도 특성이 양호하다.
(5) 입력과 출력을 분리시킬 수 있다.
(6) 독립된 다수의 출력회로를 동시에 얻을 수 있다.
(7) 동작상태의 확인이 쉽다.

-●단   점●-
(1) 소비전력이 비교적 크다.
(2) 접점의 소모가 따르기 때문에 수명의 한계가 있다.
(3) 동작 속도가 느리다.
(4) 기계적 진동, 충격등에 비교적 약하다.
(5) 외형의 소형화에 한계가 있다.

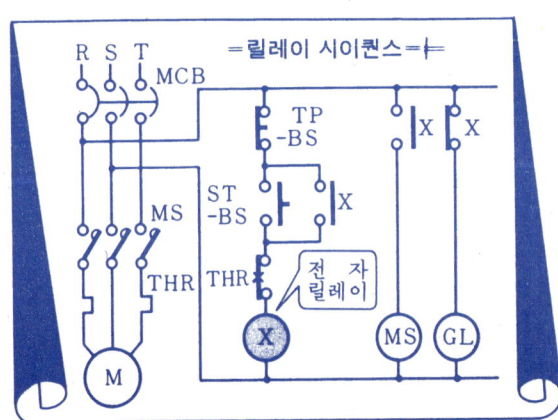
=릴레이 시이퀸스=

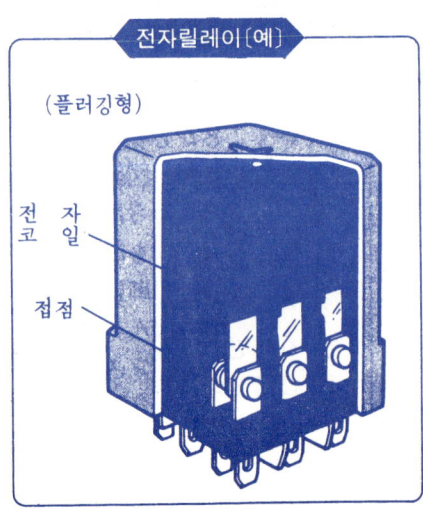
전자릴레이〔예〕
(플러깅형)

1. 시이퀀스 제어란 어떤 것인가?

② 무접점 시이퀀스란 어떤 것인가?

무접점 시이퀀스

※ 무접점 시이퀀스란 제어계에 사용되는 논리소자로서 반도체를 사용한 무접점릴레이에 의하여 구성된 시이퀀스제어를 말한다.

※ 무접점 릴레이란 가동접점 부분이 없는 릴레이라는 것으로서 동작적으로는 유접점릴레이와 다른 점은 없으나 다이오드, 트랜지스터, IC(집적회로)등 반도체 스위치소자를 사용한 릴레이를 말한다.

―● 장   점 ●―
(1) 동작속도가 빠르다.
(2) 고빈도 사용에도 견디고 수명이 길다.
(3) 고정밀도이고 응동시간, 감도에 산발도가 적다.
(4) 진동, 충격에 대한 불량응동의 염려가 없다.
(5) 장치의 축소화가 가능하다.

―● 단   점 ●―
(1) 전기적 노이즈, 서어지에 약하다.
(2) 온도변화에 약하다.
(3) 신뢰성이 떨어진다.
(4) 별도의 전원을 필요로 한다.

로직 시이퀀스

※ 로직(Logic)이란 "논리", 즉 "이치에 맞는 생각"이라는 의미로서 "논리회로"에 의하여 구성된 시이퀀스 제이회로를 로직 시이퀀스라 말한다.

※ 논리회로란 구성되어 있는 회로를 논리적으로 분해한 최소의 단위인 기본회로를 말한다. 4장의「무접점 시이퀀스 제어의 기초」항을 참조바란다.

※ 로직 시이퀀스에서는 상반하는 상태를 "0"와 "1"로 대응시켜 나타내고 시이퀀스에서는 접점의 개폐, 무접점 시이퀀스에서는 전압레벨의 고저신호, 주 "유", "무"가 이에 해당한다.

※ 무접점 시이퀀스는 논리기호를 사용한 로직 시이퀀스로 표시하는 경우가 많고 릴레이 시이퀀스는 일반적으로 코일과 접점으로 표시된다.

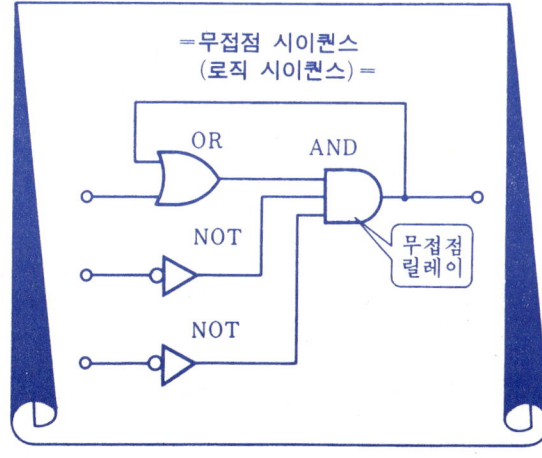

=무접점 시이퀀스
(로직 시이퀀스)=

무접점 릴레이〔예〕
(AND 회로) (프립플롭 회로)

3 시이퀀스 제어의 동작 기구

시이퀸제어의 동작 기구도

❖ 일반적으로 시이퀀스제어계는 명령처리부, 조작부, 제어대상, 표시경보부, 검출부 등으로 구성되어 있다. 아래 그림은 시이퀀스제어의 동작기구도인 바, 직사각형의 틀이 시이퀀스 제어계의 각 구성요소를 나타내고 화살표가 붙은 부분은 신호를 나타낸다.

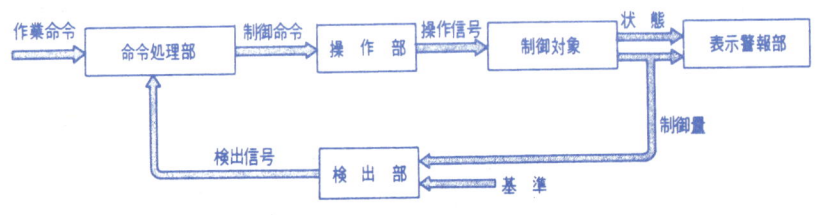

구성요소와 신호

〈신 호〉 〈구성요소〉 〈내 용〉

작업명령 ─ 시이퀀스 제어계에 외부로부터 주어지는 시동, 정지 등의 개괄적인 명령 신호를 말한다.

명령처리부 ─ 외부로부터 주어지는 신호, 검출부에 의해서 검출되는 신호 등으로 제어 되는 대상을 어떻게 제어하는가를 나타내는 신호를 발령하는 부분을 말함.

제어명령 ─ 명령처리부의 출력신호로 제어 대상을 어떻게 제어하는가를 나타내는 신호를 말하며 조작부에 보내진다.

조 작 부 ─ 명령처리로 부터의 제어명령을 증폭하는 한편 안전대책을 강구하여 제어대상을 직접 제어하는 부분을 말한다.

조작신호 ─ 제어대상을 직접 조작하는 신호를 말한다.

제어대상 ─ 제어하고자 하는 장치 또는 기계를 가리킨다.

표시경보부 ─ 제어대상의 상태를 표시하거나 경보를 발신하는 부분을 말한다.

制御부 ─ 제어하고자 하는 목적의 상태를 말한다.

기준량 ─ 검출의 기준을 나타내는 신호(치)를 가리킨다.

검 출 부 ─ 제어대상에 대한 제어량의 값이 소정의 상태로 있는가, 어떤가에 따라 신호를 발신하는 부분을 말한다.

검출신호 ─ 제어량이 소정의 조건을 만족시키고 있는가의 여부를 지시하는 신호를 말한다.

2. 전기용 그림기호의 표시법

① 전기용 그림기호란 어떤 것인가?

전기용 그림기호란?

※ 전기용 그림기호는 통칭 「심벌」이라고도 하며 기기의 기구관계를 생략하고 전기회로의 일부요소를 간략화 하되 그 동작 상태를 곧 이해할 수 있도록 한 것이다. 우리나라에서는 KSC 0301 (전기용 그림기호)가 정해져 있으며 일반적으로 시이퀀스도에는 이것이 적용되고 있다. 또한 이 규격은 전기회로의 접속 관계를 나타내는 도면에 사용할 그림기호를 정한 것으로서 기본기호를 널리 전기회로도로 적용되고 전력용 그림기호는 주로 전기기계구기를 사용하는 장소에 있어서의 전기기계기구의 전기 접속 관계를 나타내는 도면에 사용된다.

전기용 그림기호의 KS개정의 포인트 ● KSC 030 ●

※ 한국공업규격 KSC 0301 (전기용 그림기호는 최근의 기술진보에 대응하기 위해서, 또 국제규격인 IEC규격과의 정합을 도모하기 위하여 개정된 바 그 주요한 개정점은 다음과 같다.
  (1) 전기용 그림기호의 대부분을 IEC규격에 정합시킴과 동시에 IEC규격과 정합되어 있는 그림기호에 IEC마이크를 붙이고 있다.
  (2) 접점, 개폐기, 제어장치, 보호릴레이 관계의 그림기호에 대해서는 IEC규격과 KS 규격간에 차이가 있으므로 IEC규격에 준거한 것을 계열 1로, 구 KS규격에 정해진 것을 계열 2로 병기하고 있다.
  (3) 앞으로는 되도록 계열 1의 사용을 추장하고 있다.
  (4) 신기술 개발 기기에 대응하는 그림기호, 기본 그림기호에 덧붙여 보조적으로 사용하는 그림기호 및 기능을 나타내는 기능 그림기호 등 신규 그림기호가 추가되어 있다.
※ 본서에서는 1장 「전동력 설비의 자동화공사의 실제」에 있어서의 시이퀀스도를 IEC규격으로 정합한 계열 1의 새로운 그림기호로 표시하고 기타의 장의 시이퀀스도에서는 우리와 친근한 계열 2의 그림기호를 나타내고 있다.

EC규격이란? ● 국제전기표준회의 ●

※ IEC란 Interantional Electrotechnical Comission(국제전기표준회의)라 불리우는 기관의 약칭으로서 이 기관은 전기에 관한 세계 각국간의 규격을 조정, 통일하는 것을 목적으로 1906년에 창립되었으며 (우리나라도 가맹) 가맹국은 국정이 허용하는 범위에서 규격을 제정하거나 개정할 경우, 되도록 IEC규격을 존중하고 조화시키는 데 노력하도록 할 것을 원칙으로 하고 있다.
※ 또 최근에는 무역불균형 시정을 위한 시장 개방의 요청이 모든 부문에서 일어나고 있어 이들 문제를 개선하기 위하여 KS등의 국내 규격이 그 장애가 되지 않도록 노력을 기울인다는 입장에서도 IEC규격과 KS규격의 정합은 불가피했다.

시퀀스제어의 기초

② 주요 「전기기기」의 그림기호

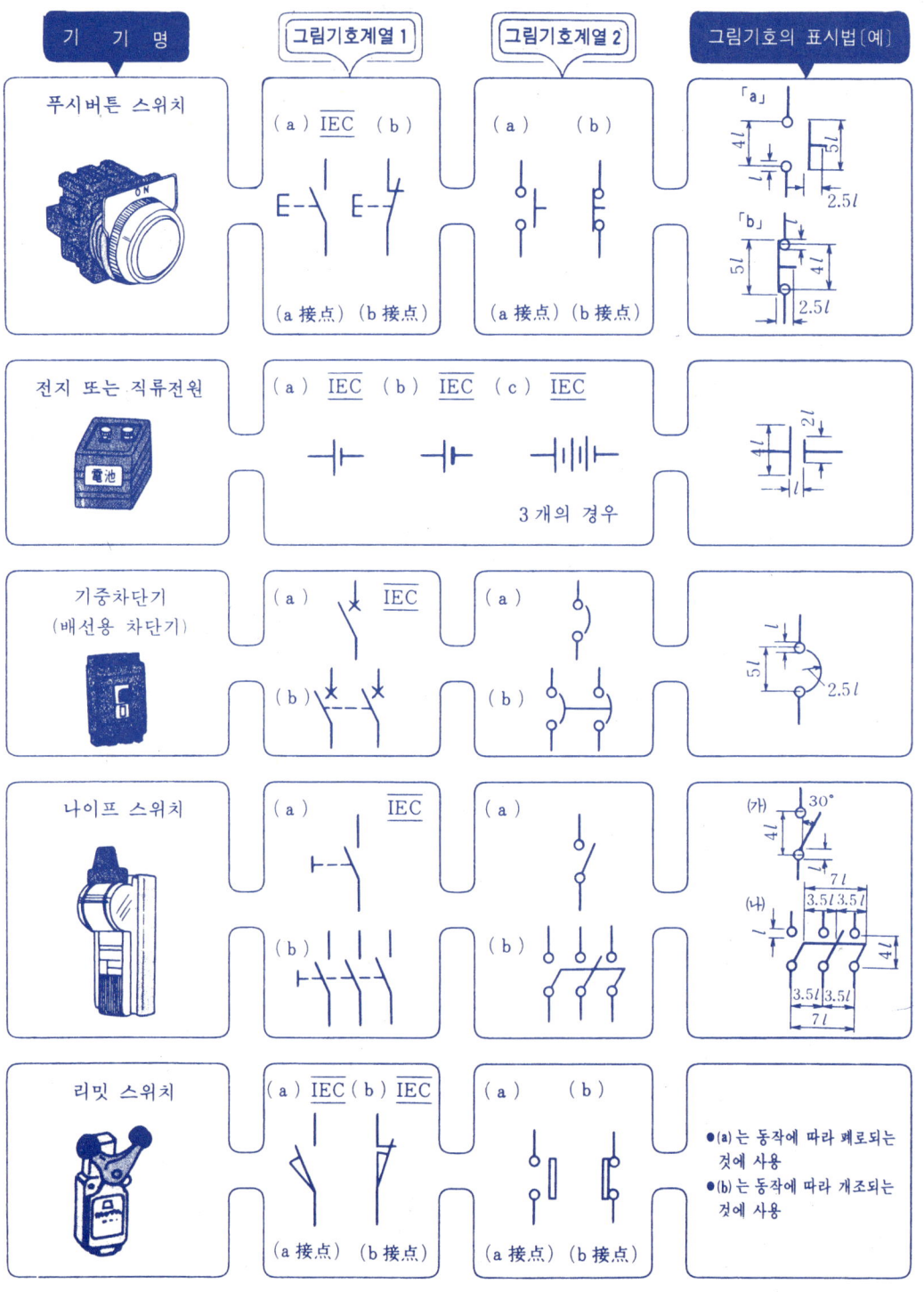

2. 전기용 그림 기호의 표시법

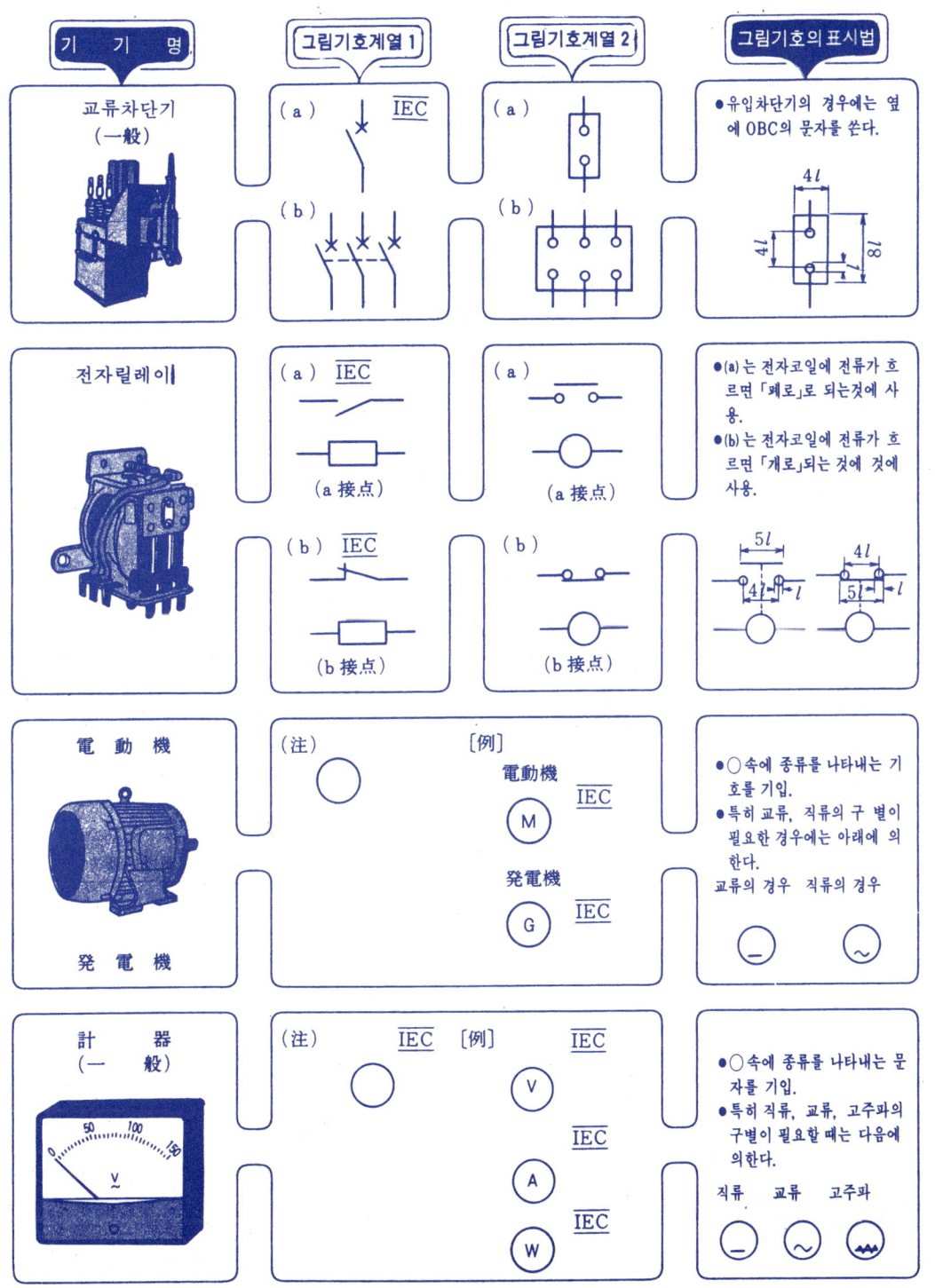

② 주요 「전기기기」의 그림기호

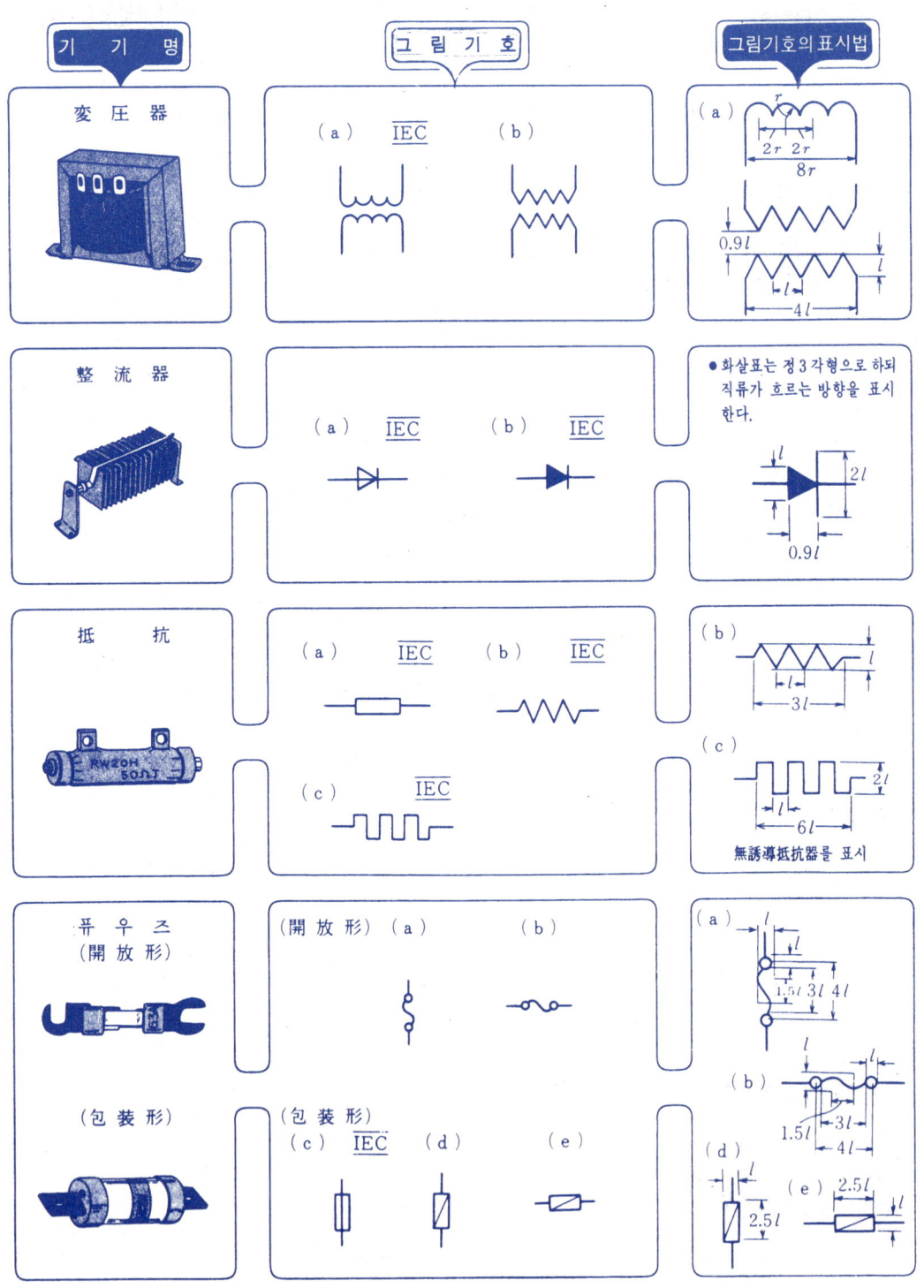

성안당 e러닝 인기 동영상 강의 교재

" 국가기술자격 수험서는 50년 전통의 '성안당' 책이 좋습니다 "

서영민 지음
40,000원

현성호 지음
50,000원

공하성 지음
46,000원

문영철, 오우진 지음
39,800원

심진규, 이석훈 지음
23,000원

전수기 지음
19,000원

이시현 외 지음
42,000원

김민지 지음
27,000원

허원회 지음
37,000원

여승훈, 박수경 지음
39,000원

진강훈 외 지음
40,000원

김태영 지음
39,000원

*상황에 따라 표지 및 가격 등 변동될 수 있음.

2. 전기용 그림 기호의 표시법

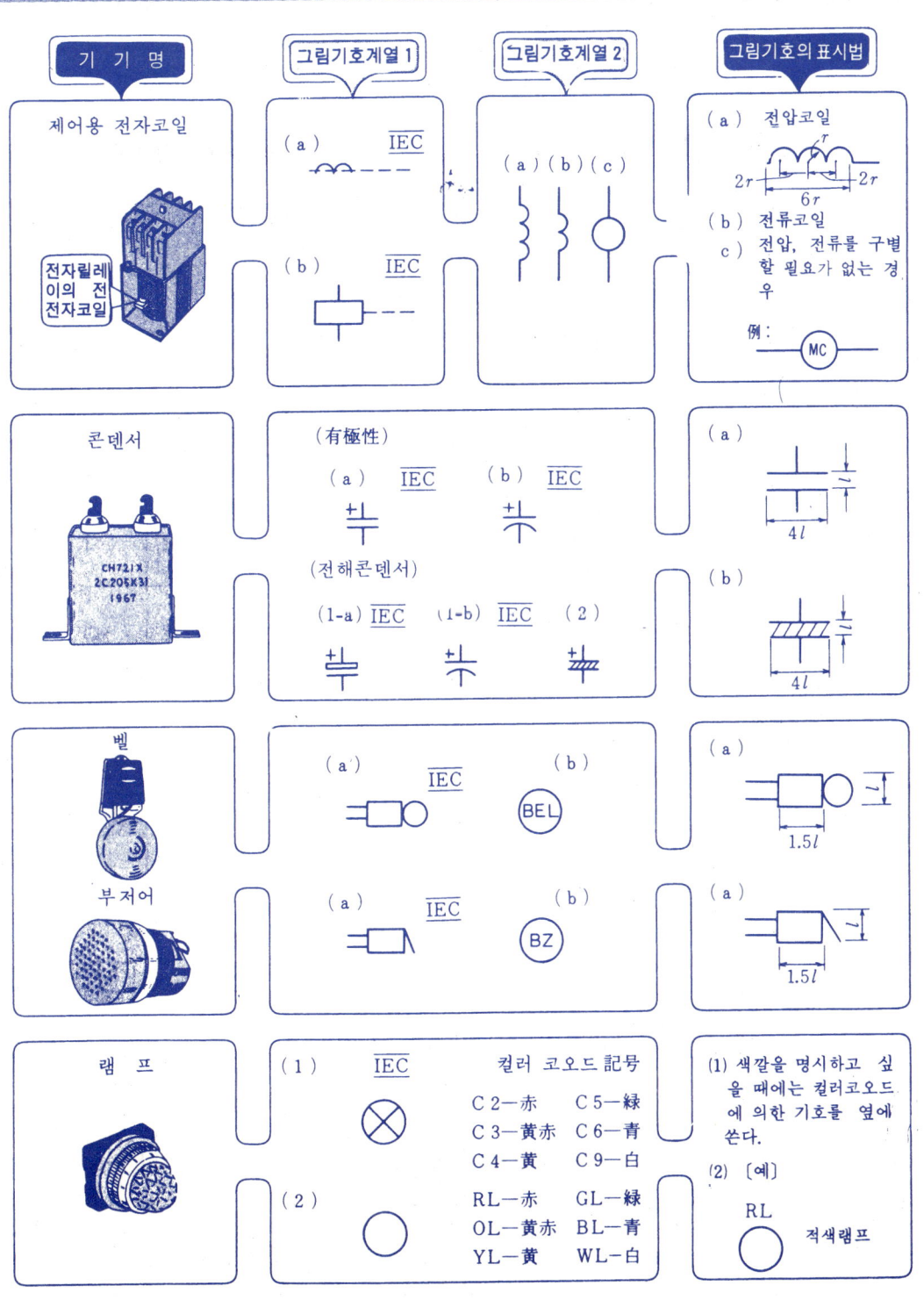

시퀀스제어의 기초

③ 주요 「접점기능 기호」, 「조작방식 기호」

※ 접점기능기호 및 조작방식기호란 단독으로 사용하는 것이 아니라 계열 1 에 있어서는 접점기호와 조합하여 사용하는 보조기호를 말한다.

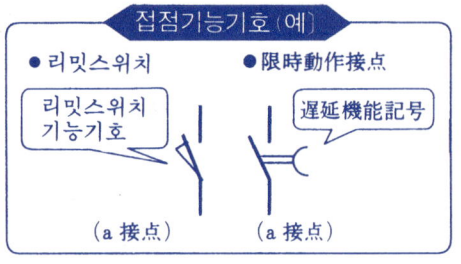

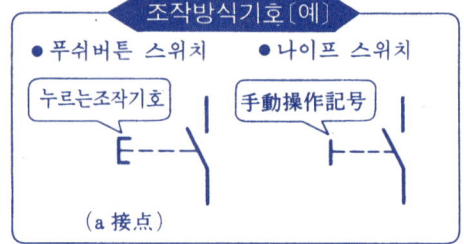

=接点機能記号=

接 点 機 能	⊲	IEC	負荷開閉機能	○	IEC	遅 延 機 能	⌒	IEC
차 단 기 능	×	IEC	自動分離機能	□	IEC	스프링復歸機能	◁	IEC
斷 路 機 能	—	IEC	리밋스위치機能	▽	IEC	殘 留 機 能	○	IEC

=操作方式記号=

手 動 操 作 (一般)	⊢---	IEC	둥근핸들 操 作	⊛---	IEC	캠 조 작	⌓---	IEC
분 리 조 작	⊐---	IEC	페달조작	✓---	IEC	電動機操作	Ⓜ---	IEC
비틈조작	⌐---	IEC	레버조작	⌐---	IEC	空氣操作 또는 油圧操作	⊡---	IEC
누르는조작	E---	IEC	손잡이분리 操 作	◇---	IEC	電磁操作	⊶---	IEC
制 約 附	⌐---	IEC	키이조작	♤---	IEC		▯---	IEC
非 常 用	⌓---	IEC	크랭크조작	⌐---	IEC	기타의 방식에 의한 조작	□---	IEC

—90—

2. 전기용 그림 기호의 표시법

④ 주요 「개폐접점」의 그림기호

開閉接点名称		図 記 号				説 明
		系列 1 (IEC)		系列 2		
		a 接点	b 接点	a 接点	b 接点	
手動操作開閉器接点	電力用接点					접점조작에 있어서 개로, 폐로를 모두 수동으로 하는 접점. 예 : 나이프스위치, 코우드스위치, 텀블러 스위치는 ⊕으로 표시
	手動操作自動復帰接点 (푸시형)					수동으로 조작하면 폐로 또는 개로하나 손을 떼면 스프링 등의 힘으로 자동복귀하는 상태가 되는 접점. 계열 1에 있어서 푸시버튼 스위치의 접점은 일반적으로 자동 복귀하므로 따로 자동복귀 표시를 하지 않아도 된다.
전자릴레이접점	継電器接点					전자릴레이가 부세(전자코일에 전류를 흘리는것)되면 a접점은 닫히고 b접점은 열리며 소세(전자코일의 전류를 끊는것)하면 원래의 상태로 복귀하는 접점을 말한다. 일반적으로 전자릴레이 접점이 이에 해당한다.
	手動復帰接点					전자릴레이가 부세되면 폐(a접점) 또는 개(b접점)로 되나 소세하더라도 기계적 또는 자기적으로 유지되다시 수동으로 복귀조작을 하던가, 전자코일을 부세하지 않으면 원래의 상태로 복귀하지 않는 접점을 말하며 수동복귀의 열동릴레이 접점이 이에 해당한다.
한시릴레이접점	限時動作接点					전자릴레이 가운데 소정의 입력이 주어진 다음 접점이 폐로 또는 개로되는데 특히 시간(간격)을 일정하게 설정한 것을 시한릴레이(타이머)라 한다. 한시동작접점 : 시한릴레이가 동작할 때 시간 지연(시한)을 맡는 접점. 한시복귀접점 : 시한릴레이가 복귀할 때 시간지연(시한)을 맡는 접점.
	限時復帰接点					

시이퀀스제어의 기초

⑤ 수동조작 자동복귀 접점의 그림기호

※ 수동조작 자동복귀 접점이란 수동으로 조작하면 접점이 「개로」로 되나 손을 떼면 스프링 등의 힘에 의하여 자동적으로 원래의 상태로 되돌아가는 접점을 말한다. 이 접점으로서는 푸시버튼 스위치가 대표적이고 이해하기 쉬우므로 이것을 예로 들어 설명해 보자.

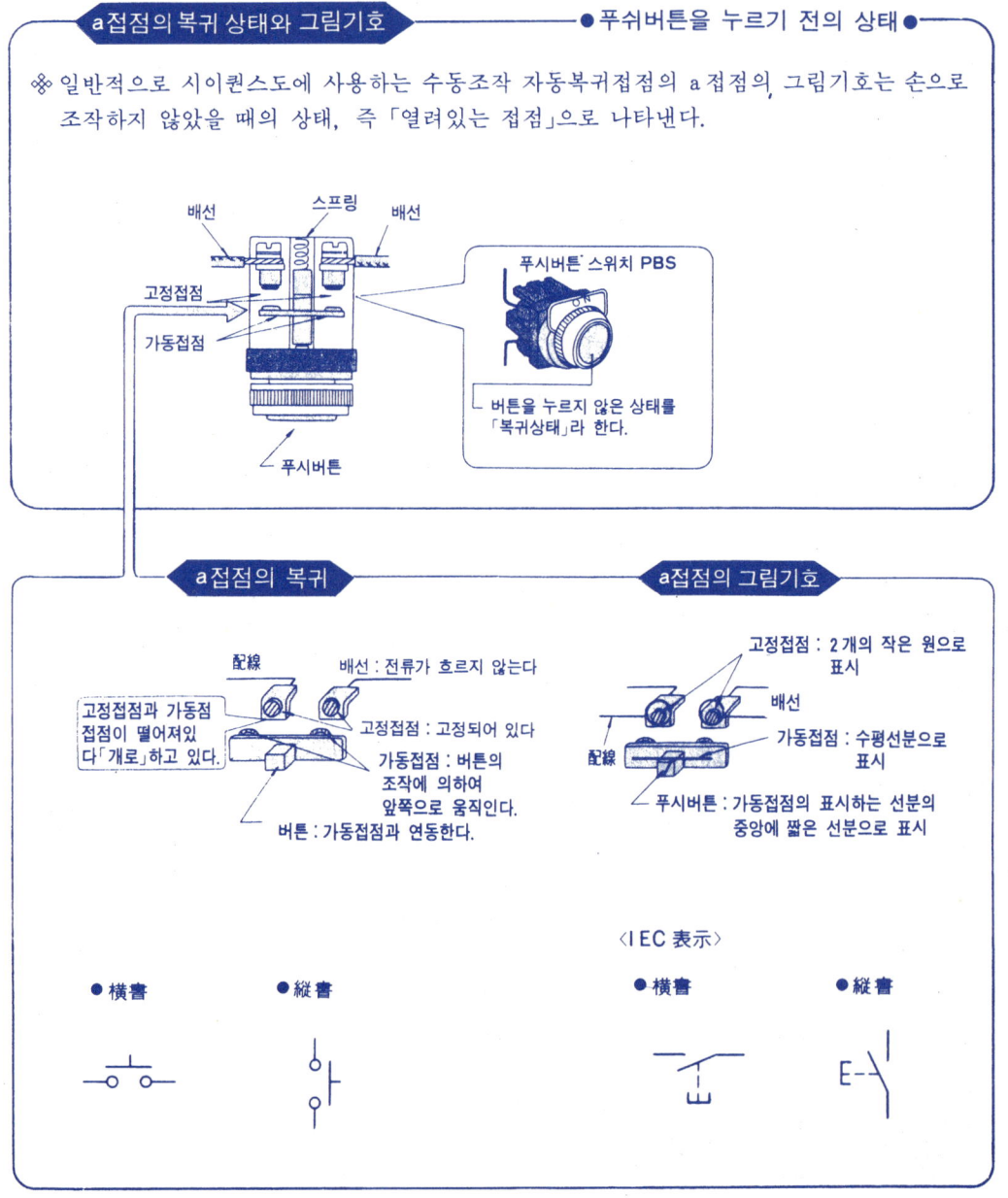

─ 92 ─

2. 전기용 그림 기호의 표시법

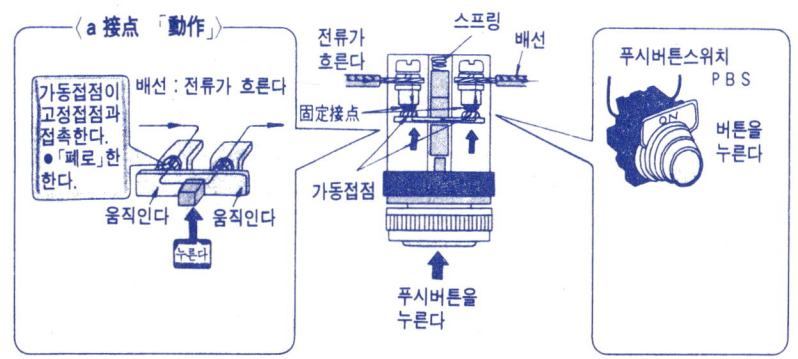

= 개폐접점의 가동부는 「어떤 상태」를 나타내는가? =

　개폐접점의 접점부가 수동에 의하여 조작되는 것은 그 조작부에 손을 대지 않는 상태, 접점부가 전기적 및 기계적 에너지에 의하여 구동되는 것은 그 구동부의 전원 기타의 에너지원이 모두 분리한 상태로 나타낸다.

　　a 접점이란 …… 「열려있는 접점」을 말한다.
　　b 접점이란 …… 「닫혀있는 접점」을 말한다.
　　c 접점이란 …… 「변환접점」을 말한다.
(c접점이란 a접점과 b접점 사이에서 한쪽의 가동접점부를 공유한 형식의 것을 말한다.)

= **a** 접점, **b** 접점, **c** 접점의 호칭법 =

a 접점 ── 아르바이트 콘택트
　　　　　　arbeit contact　(또는 메이크 접점 : make contact)
「일하는 접점」이라는 뜻으로서 그 머리문자를 딴 "a"로 나타낸다.

b 접점 ── 브레이크 콘택트
　　　　　　break contact　(또는 브레이크접점 : break contack)
「끊어지는(열리는)접점」이라는 뜻으로서 그 머리문자를 딴 "b"로 나타낸다.

C 접점 ── 체인지 오우버 콘택트
　　　　　　change-over contact
「변환접점」이라는 뜻으로 그 머리문자를 딴 "c"로 나타낸다.

시이퀸스제어의 기초

⑤ 수동조작 자동복귀 접점의 그림기호

b접점의 복귀상태와 그림기호 ● 푸시버튼을 누르기 전의 상태 ●

※ 일반적으로 시이퀸스도에 사용하는 수동조작 자동복귀접점 "b접점"의 그림기호는 손으로 조작하지 않은 상태, 즉 「닫혀있는 상태」로 나타낸다. 역시 푸시버튼 스위치를 예로들어 설명해 보자.

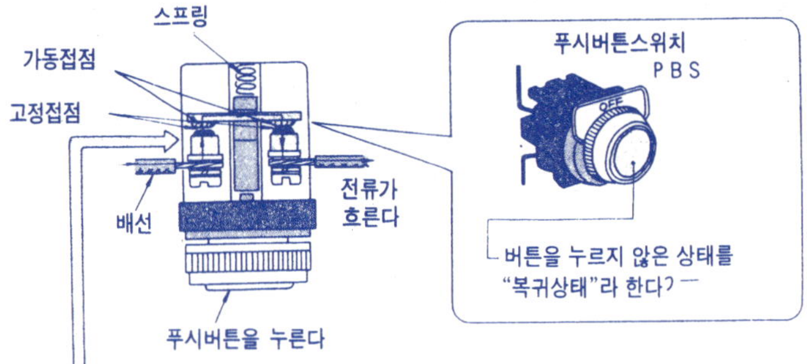

- 스프링
- 가동접점
- 고정접점
- 배선
- 전류가 흐른다
- 푸시버튼을 누른다
- 푸시버튼스위치 PBS
- 버튼을 누르지 않은 상태를 "복귀상태"라 한다?

b 접점의 복귀
- 고정접점과 가동접점이 접촉되어 있다. ● 「폐로」되어 있다.
- 가동접점 : 버튼의 조작에 의하여 뒷쪽으로 움직인다.
- 고정접점 : 고정되어 있다.
- 배선 : 전류가 흐른다
- 버튼 : 가동접점과 연동한다.

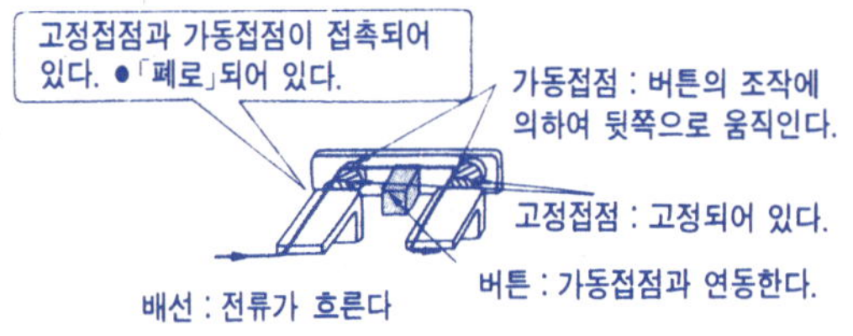

b 접점의그림기호
- 가동접점 : 수평 선분으로 표시
- 배선
- 고정접점 : 2 개의 작은 원으로 표시
- 푸시버튼 : 가동접점을 표시하는 선분의 중앙에 짧은 선분으로 표시

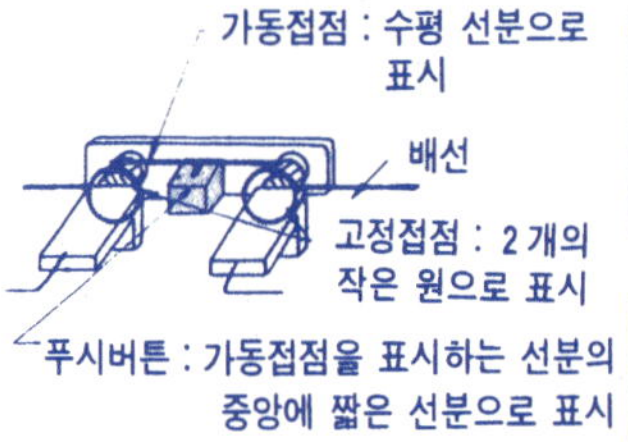

● 橫書　　● 縱書　　〈IEC 表示〉　● 橫書　　● 縱書

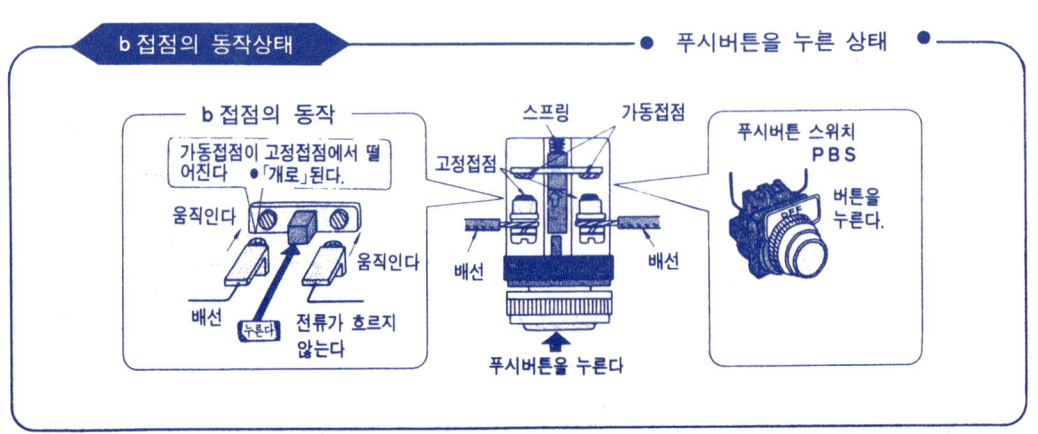

b접점의 동작상태 ● 푸시버튼을 누른 상태 ●

b접점의 동작
- 가동접점이 고정접점에서 떨어진다 ● 「개로」된다.
- 움직인다
- 움직인다
- 배선　누른다　전류가 흐르지 않는다
- 스프링
- 가동접점
- 고정접점
- 배선
- 배선
- 푸시버튼을 누른다
- 푸시버튼 스위치 PBS
- 버튼을 누른다.

2. 전기용 그림 기호의 표시법

c 접점의 복귀상태 ● 푸시버튼을 누르기전의 상태 ●

※ 일반적으로 시이퀜스도에 사용하는 수동조작 자동복귀접점의 「c접점」의 그림기호는 손으로 조작하지 않는 상태로 나타낸다. 푸시버튼 스위치를 예로 들어 설명해 보자.

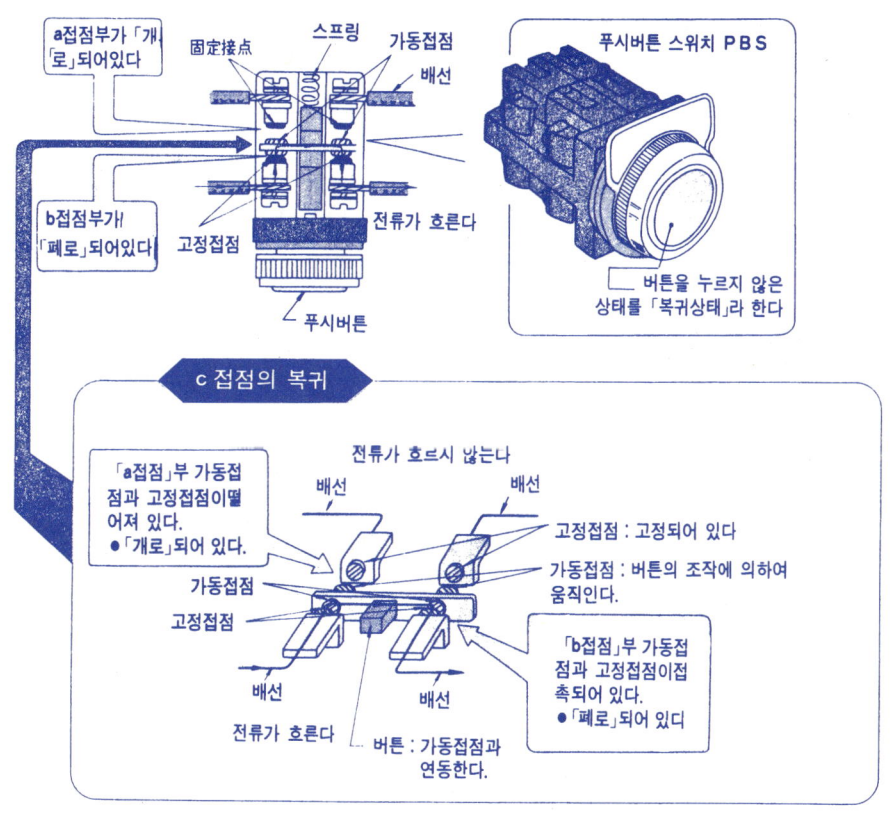

= c 접점과 그림기호 =

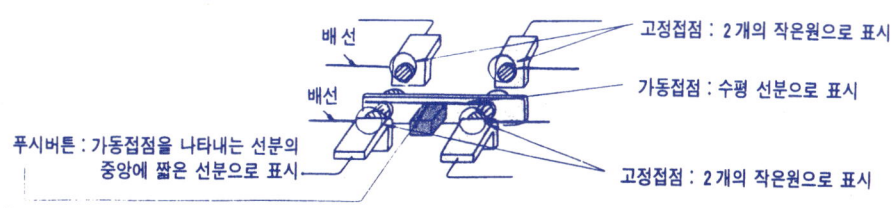

5 수동조작 자동복귀 접점의 그림기호

c 접점의그림기호

※ 수동조작 자동복귀접점의 c접점 그림기호는, 구체적인 접속도에서는 충실히 (가), (다) 와 같이 표시하나 동작순서를 나타내는 시이퀀스도에서는 표현을 간단하고 알기쉽게 하기위하여 (나), (라)와 같이 따로따로의 「a접점, b접점」으로 표시한다.

(가)
(나)
橫書
(다)
(라)
縱書
시이퀀스도에서의 표시법

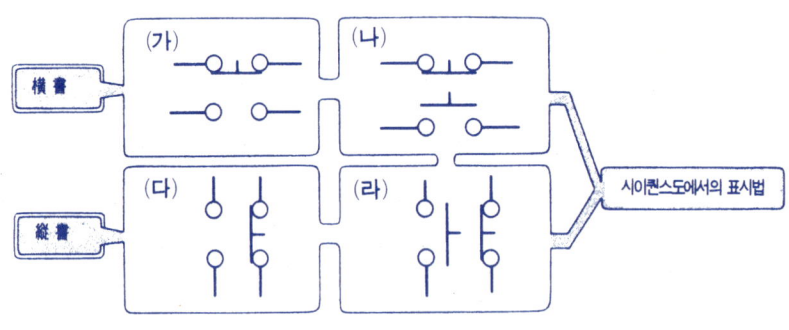

c 접점의 동작상태

●주시버튼을 누른 상태●

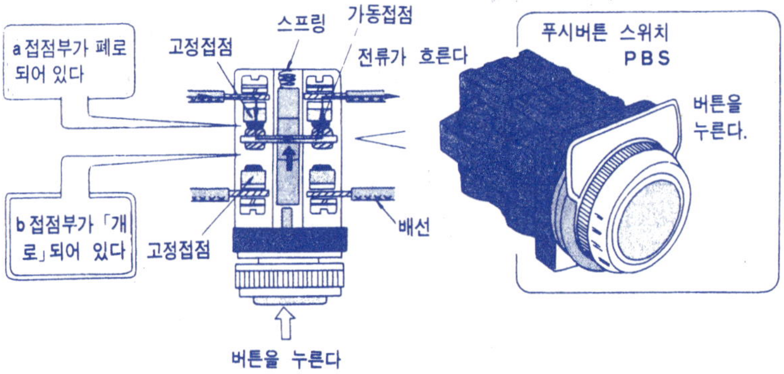

a접점부가 폐로 되어 있다
고정접점
스프링
가동접점
전류가 흐른다
b접점부가 「개로」되어 있다
고정접점
배선
버튼을 누른다
푸시버튼 스위치 PBS
버튼을 누른다.

=c 접점의 「동작」=

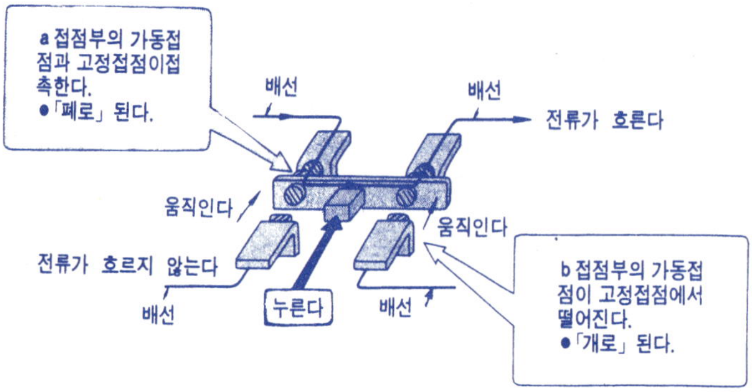

a접점부의 가동접점과 고정접점이접촉한다.
●「폐로」 된다.
배선
배선
전류가 흐른다
움직인다
움직인다
전류가 흐르지 않는다
배선
누른다
배선
b접점부의 가동접점이 고정접점에서 떨어진다.
●「개로」 된다.

2. 전기용 그림 기호의 표시법

6 전자릴레이 접점의 그림기호

전자릴레이의 a접점의 그림기호

※ 일반적으로 시이퀀스도에 사용하는 전자릴레이의「a접점」의 그림기호는 전자코일에 전류를 흘리지 않는 상태, 즉「열려있는 접점」으로 표시한다.

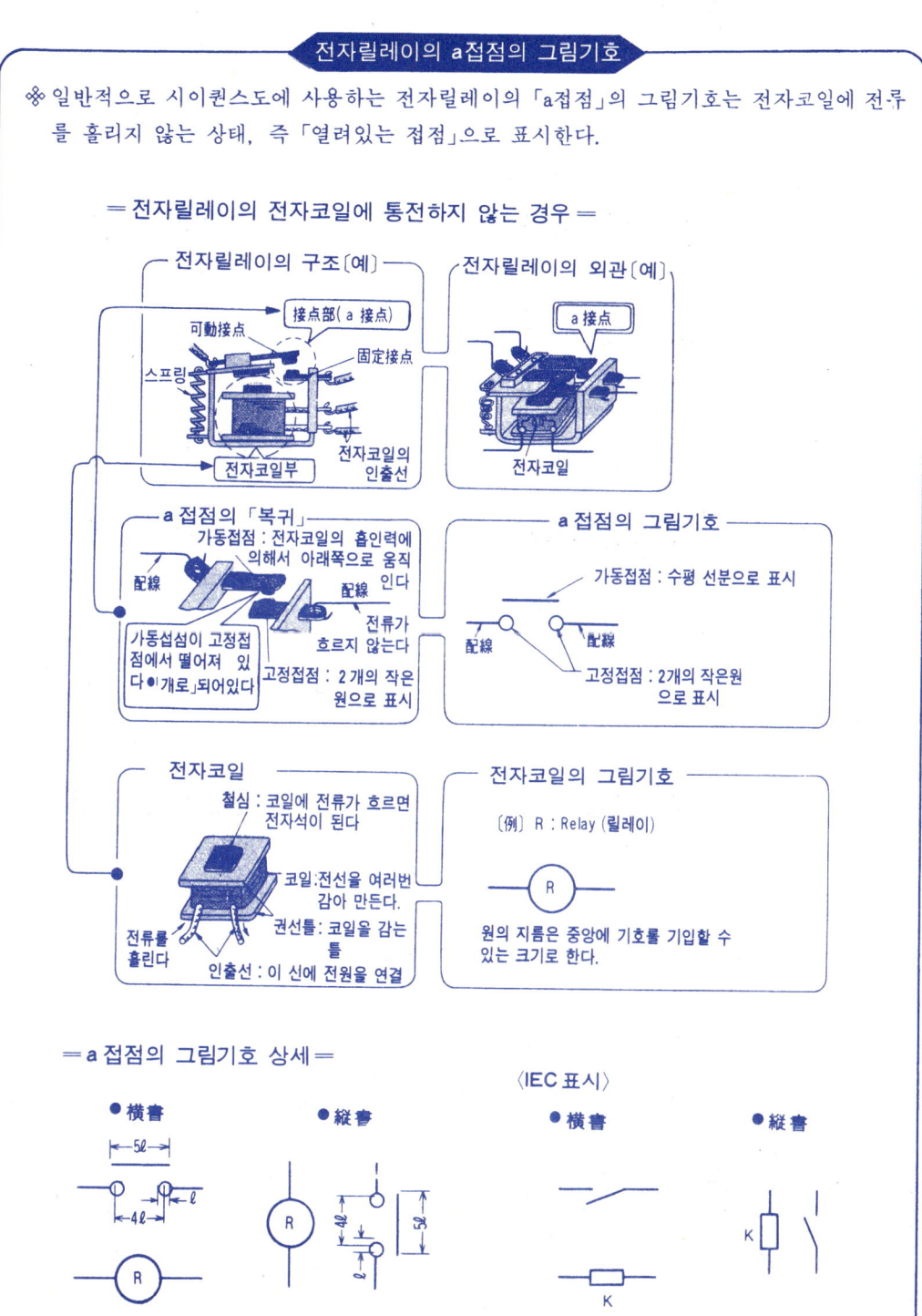

시이퀀스제어의 기초

⑥ 전자릴레이 접점의 그림기호

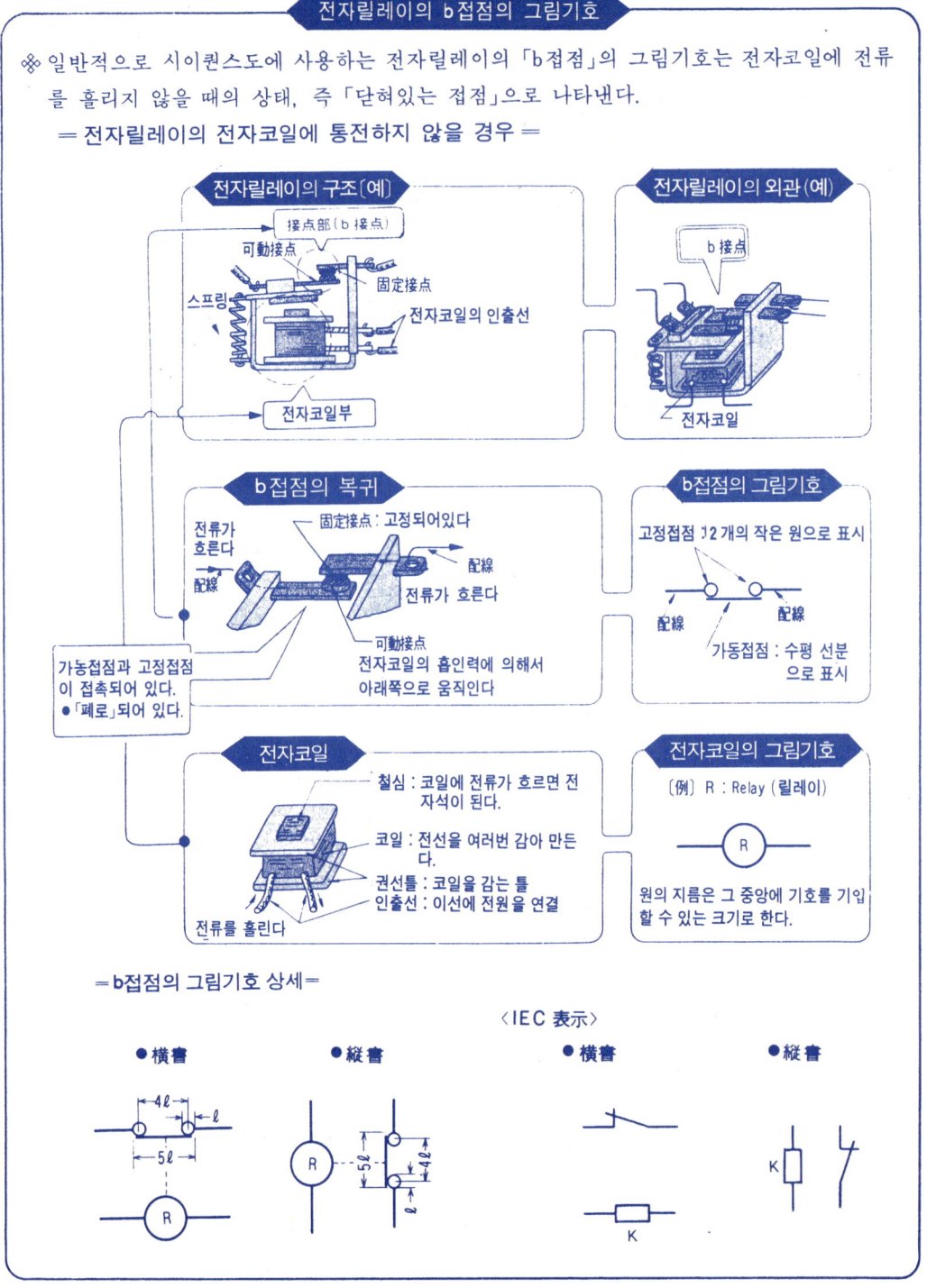

2. 전기용 그림 기호의 표시법

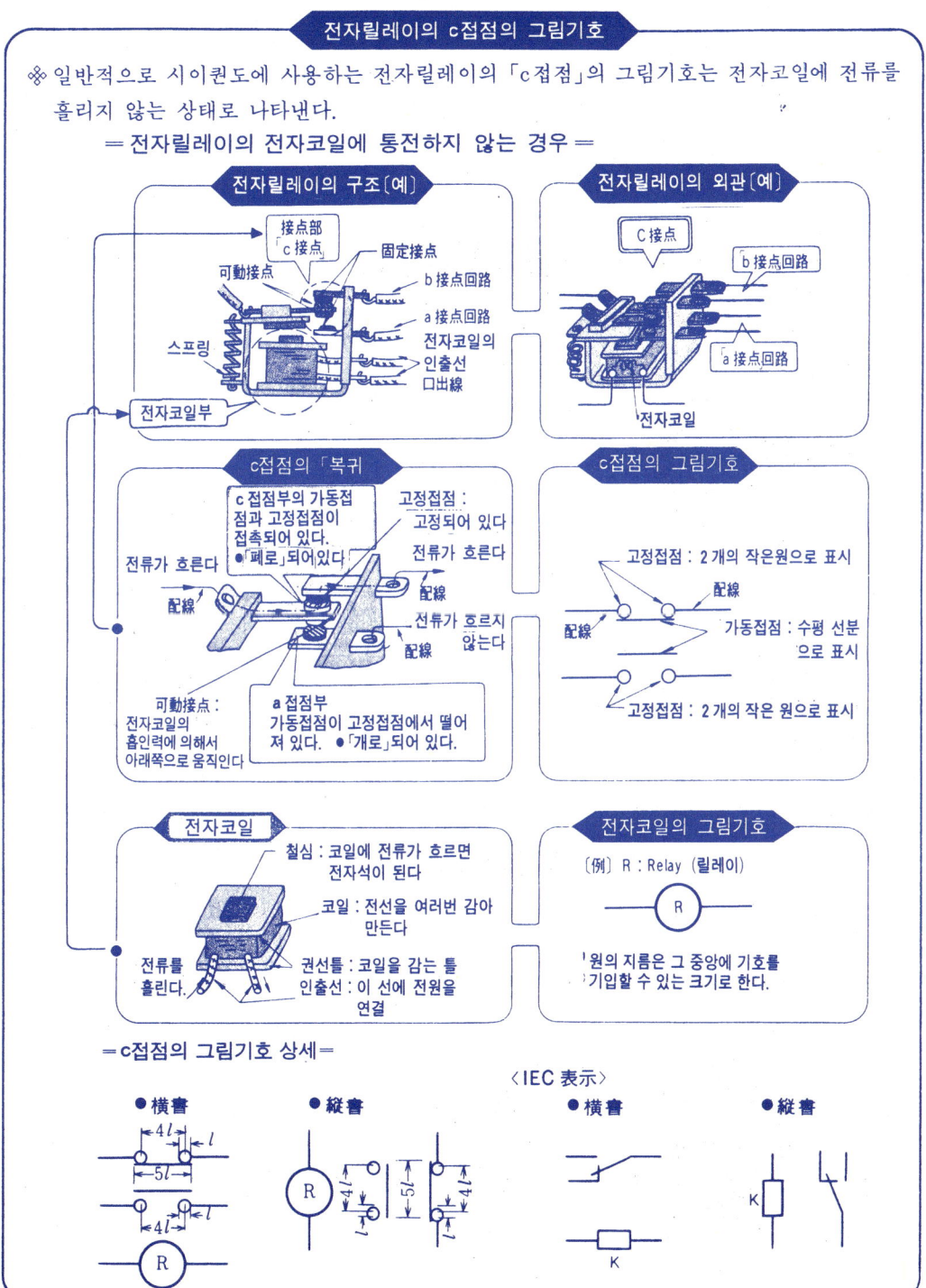

시이퀸스제어의 기초

7 전자접촉기의 구조와 그림기호

※ 전자접촉기란 마치 전자릴레이를 대형화한 것과 같으며 그 동작원리 역시 전자릴레이와 똑 같다. 다만 소형의 전자릴레이와 그 구조상 다른 점은 주접점 외에 보조접점을 갖추고 있다는 것이다. 주접점이란 전동회로와 같이 큰 전류를 흘리더라도 안전한 대전류 용량의 접점을 말하고 보조접점이란 소형 전자릴레이의 접점과 같이 작은 전류 용량의 접점을 말한다. 그리고 전자코일에 흐르는 전류를 조작하면 주접점과 보조접점을 동시에 동작하는 구조로 되어 있다.

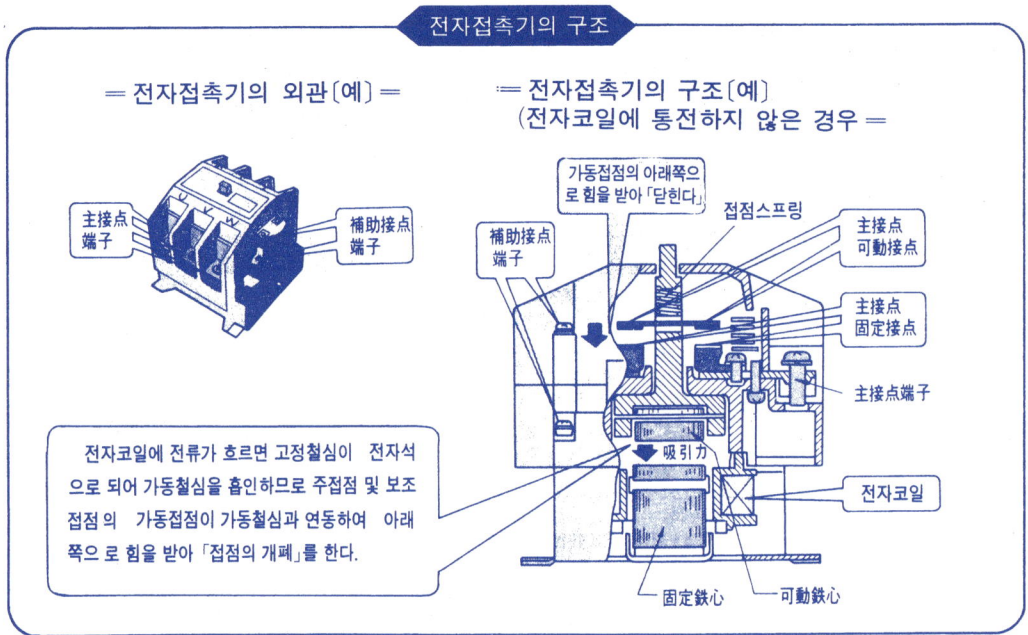

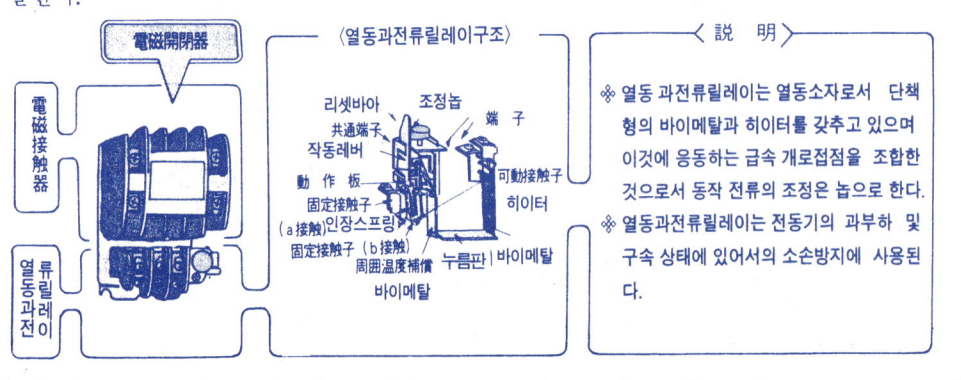

※ 전자개폐기란 전자접촉기에 열동 과전류릴레이(더어멀릴레이라고도 한다)를 조합한 것을 말한다.

※ 열동 과전류릴레이는 열동소자로서 단책형의 바이메탈과 히이터를 갖추고 있으며 이것에 응동하는 급속 개로접점을 조합한 것으로서 동작 전류의 조정은 놉으로 한다.
※ 열동과전류릴레이는 전동기의 과부하 및 구속 상태에 있어서의 소손방지에 사용된다.

2. 전기용 그림 기호의 표시법

※ 전자접촉기의 그림기호는 그 기구 부분이나 지지, 부호 부분 등의 기계적 관련을 생략하고 **주접점, 보조접점, 전자코일** 등의 그림기호를 조합하여 나타내되 주접점 및 보조접점, 전자코일에 전류를 흘리지 않을 때의 상태로 표시한다.

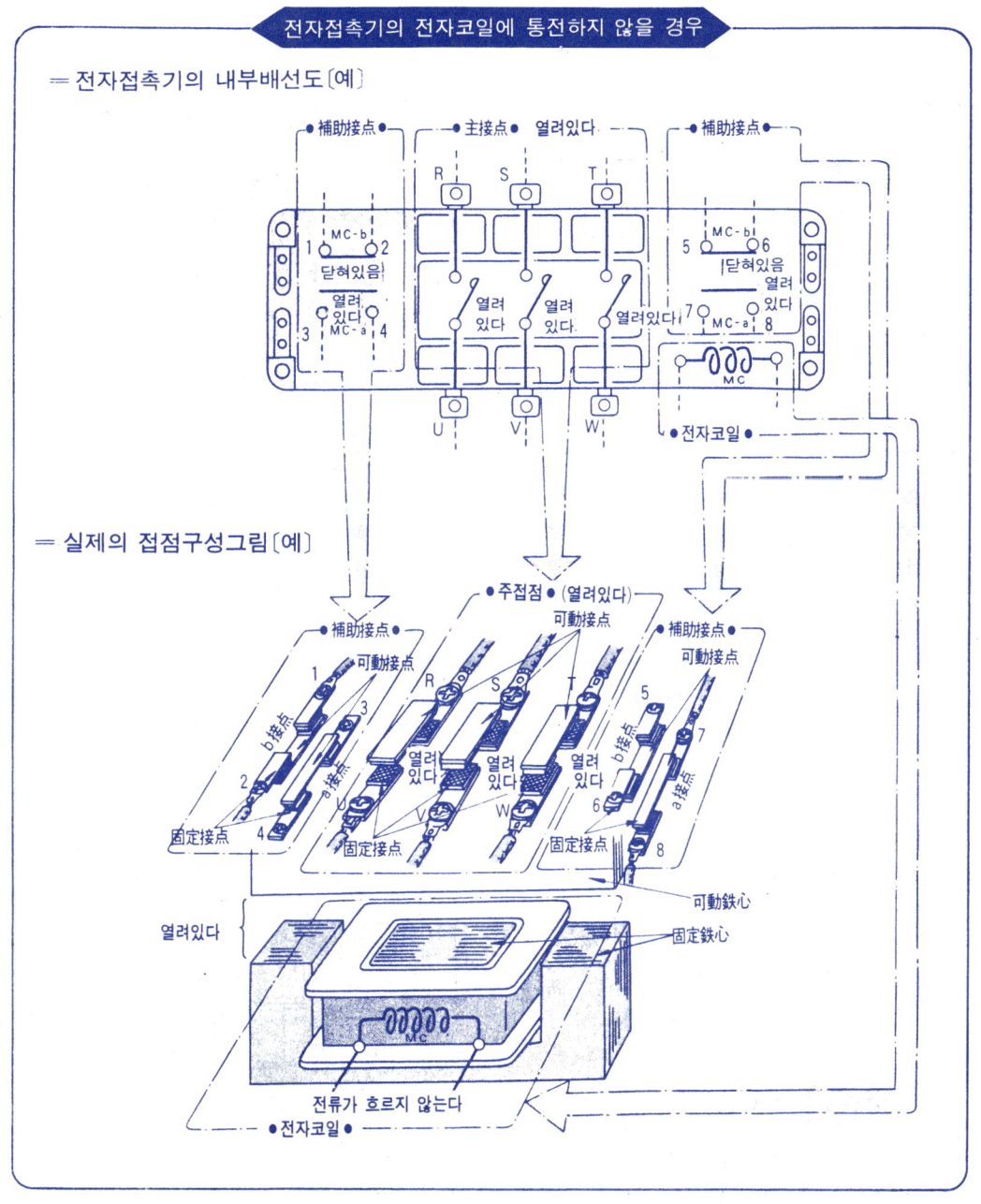

7 전자접촉기의 구조와 그림기호

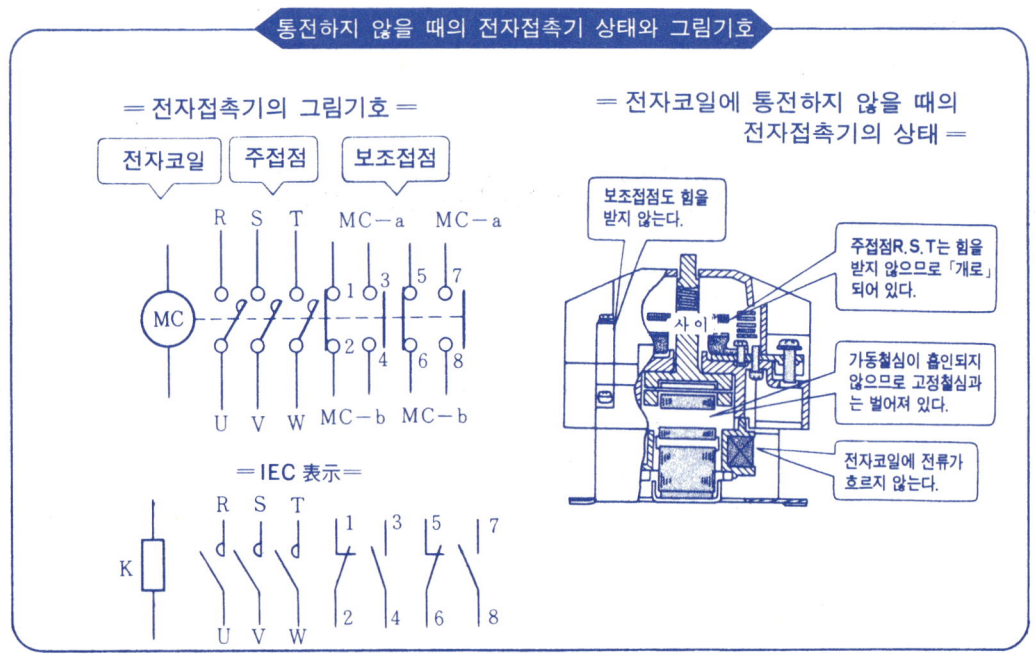

※ 전자접촉기의 전자코일에 전류가 흐르면 고정철심이 전자석으로 되어 가동철심을 흡인한다. 이 흡인력에 의하여 가동철심과 연동, 주접점 및 보조접점은 아래쪽으로 힘을 받아 주접점이 닫힘과 함께 보조접점도 동시에 개폐동작(a접점은 「폐」, b접점은 「개」로 된다)을 한다.

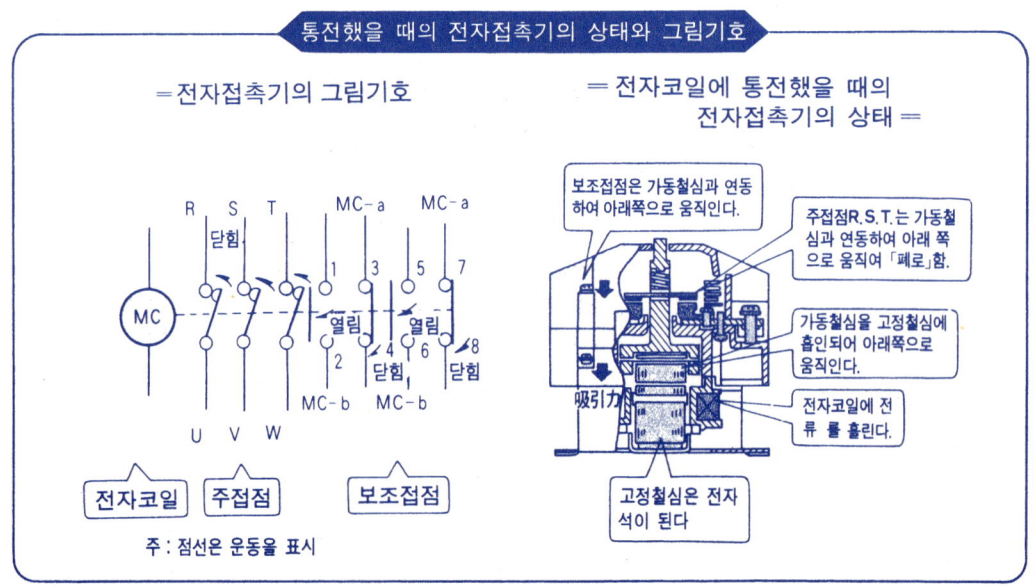

3. 시이퀀스 제어기호, 자동제어 기구번호의 표시법

① 시이퀀스 제어기호란?

시이퀀스 제어기호란? ● 품목기호 ●

※ 시이퀀스도 제어기기류를 표시함에 있어서 그 명칭을 일일이 한글 또는 영어로 쓰다가는 번잡할 뿐이다. 그래서 이들 기기의 명칭을 약호화하여 문자기호로서 그림기호에 부기하는 방법을 취하고 있다.

※ 시이퀀스제어기호로서의 문자기호는 (KSC 0103)(시이퀀스제어 전개접속도)에 품목기호로서 정해져 있다.

품목기호의 배열 ● KSC 0103 ●

※ 시이퀀스도 중에 사용되는 장치나 기기 및 이들에 관련되는 기기의 품목은 품목기호에 의하여 지정된다.
 ● 품목이란 시이퀀스도 중에 사용되는 전기기기, 기구, 부품, 유닛 등 제어계를 구성하는 요소를 말한다.
 ● 품목기호란 품목의 구별, 동일 품목의 식별등을 할 수 있도록 품목에 붙이는 기호를 말한다.

= 품목기호의 배열법 =

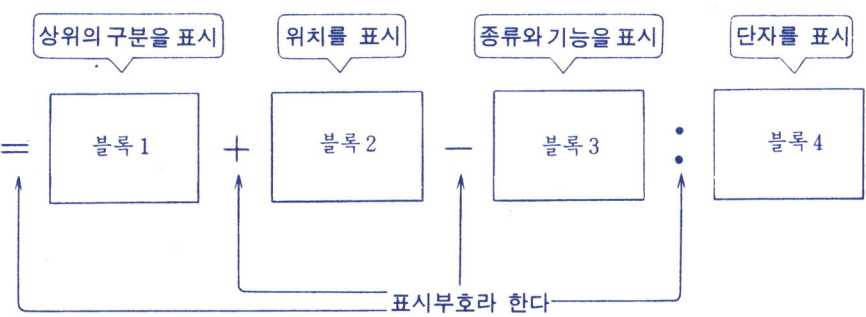

※ 도면상 여백이 적을 때 또는 품목기호의 일부 블록에서 그 품목의 식별이 가능할 때에는 상기표현 방법 가운데 불필요한 블록은 생략해도 된다.
※ 블록1 (상위의 구분), 블록2 (위치)는 종래에 일부의 대 플랜트에 있어서 기기번호 또는 반(盤)기호를 정하던 것을 일반화시켜 정한 것이다.
※ 표시부호란 품목기호를 구성하는 기호의 지정에 사용하는 부호로서 주로 블록간의 구분에 사용된다. 다만 표시부호는 도면상의 주에 의하여 생략 또는 대치해도 된다.

시이퀸스제어의 기초

② 품목기호의 표시법

상위 구분의 지정

❈ 상위의 구분이란 어떤 품목이 설비, 장치, 기기, 시스템, 장소 등의 일부에 포함될 때 이들의 설비, 장치, 기기, 시스템, 장소 등을 그 품목의 상위 구분이라 한다.

❈ 상위 구분의 지정은, 일반적으로 숫자와 문자를 조합하여 사용한다.

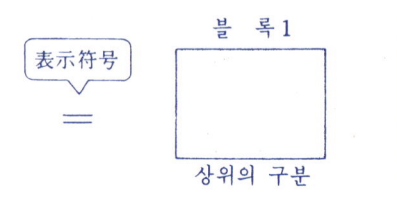

위치의 지정

❈ 위치란 그 품목이 설치 또는 배치되어 있는 물리적인 위치를 말한다.

위치의 지정은 품목의 물리적인 위치를 재빨리 발견할 수 있게 하는 것이 목적이며 물리적인 위치를 나타내는 연속적인 숫자 또는 좌표를 나타내는 문자를 사용하여 지정한다.

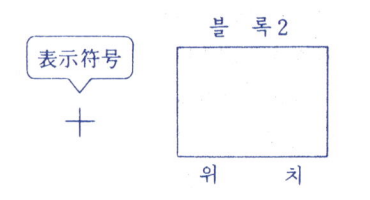

종류와 기능의 지정

❈ 종류와 기능이란 품목의 종류와 품목이 지니고 있는 특유의 작용, 성질, 용도 등을 말한다. 종류와 기능의 지정은 원칙적으로 3가지 부분(3A, 3B 및 3C)으로 이루어진다. 부분 3B는 반드시 표시하나 부분 3A 또는 3C 또는 이 2가지는 부분 3B를 보충하는 것이므로 생략할 수 있다.

❈ 부분3A는 품목의 종류에 대한 정보를 주는 것으로서 하나 또는 그 이상의 문자로 표시한다. p.100의 표에 사용되고 있는 문자를 제시한다.

❈ 부분3B는 이 부분만으로도 그 품목을 식별할 수 있는 숫자 또는 부분3A, 3C가 같은 문자로 표시되어 있는 복수의 품목을 구별하는 숫자이다.

❈ 부분3C는 품목의 기능에 대한 정보를 주는 것으로서 p.105의 표에 사용되고 있는 문자를 제시한다.

❈ 종류와 기능을 표시하는 블록3은 p.107~108의 문자기호를 사용해도 된다.

● 단자기호의 지정은 블록4에 지정된 표시부호와 함께 품목의 단자를 도면상에 표시한다.

3. 시이퀀스 제어기호, 자동제어 기구 번호의 표시법

품목지정의 예

❈ 전 플랜트 중에서 그 품목의 위치를 지시하기 위하여 상위의 지정이 사용되고 있는 완전한 품목 명칭의 예를 들면 다음과 같다.

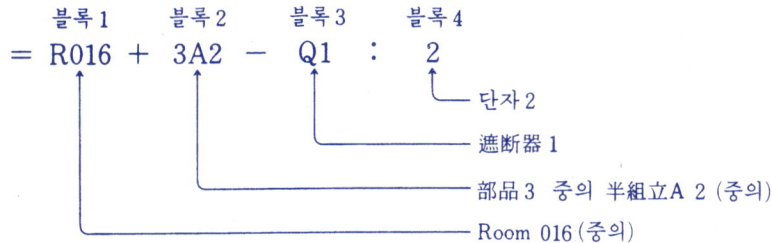

블록1　블록2　블록3　블록4
= R016 ＋ 3A2 － Q1 ： 2
　　　　　　　　　　　└─ 단자 2
　　　　　　　　　└─ 遮斷器 1
　　　　　└─ 部品 3 중의 半組立 A 2 (중의)
　└─ Room 016 (중의)

❈ 전 플랜트 중에서 그 품목의 용도를 표시하기 위하여 상중위의 지정이 사용되고 있는 품목 명칭의 예를 들면 다음과 같다.

블록1　블록3
= 1T5 － M3
　　　　└─ 電動機 3
　└─ 터어빈 5용의 냉각시스템의 펌프 1

일반기능의 지정용 문자부호(블록 3 C에 대응)

文字符号	一般機能	文字符号	一般機能	文字符号	一般機能
A	補 助	J	積 分	S	記憶, 記錄
B	運動의 方向	K	寸 動	T	時限, 遲延
C	計 算	L		U	
D	微 分	M	主	V	速 度 (加速, 制動)
E		N	測 定	W	加 算
F	保 護	P	比 例	X	乘 算
G	試 驗	Q	狀 態 (發進, 停止, 制限)	Y	아날로그
H	信 號	R	復歸, 消去	Z	디지탈

시이퀀스제어의 기초

2 품목 기호의 표시법

품목 종별의 지정용 문자기호(블록 3 A에 대응)

文字	품목의 종류	예
A	組立品, 半組立品	真空管 또는 트랜지스터 부착 増幅器, 磁気増幅器
B	트랜스듀우서 (변환자) (비전기량에서 전기량에) (전기량에서 비전기량에)	熱電 센서, 熱電池, 光電池, 다이나모 미터, 싱크로, 레졸바
C	콘덴서	
D	二進素子, 遅延装置, 記憶装置	結合素子, 遅延線, 2値素子, 코어 記憶装置, 磁気테이프記録器, 디스크 記録器
E	雑	照明装置, 加熱装置, 기타 이 표에 해당하는 품목이 없는 품목
F	保護装置	퓨우즈, 過電圧放電装置, 避雷器, 保護継電器
G	発電機, 電源	回転発電機, 回転変流機, 電池, 電源装置, 発振器, 水晶発振器
H	信号装置	光学的 및 音響的 指示器
J		
K	継電器, 接触器	
L	리액터	誘導코일, 限流리액터
M	電動機	
N		
P	測定器, 試験装置	指示, 記録 및 積算測定装置, 信号発生器, 時計
Q	電力回路用機械的開閉装置	차단기, 단로기
R	抵 抗	可変抵抗器, 포텐션 미터, 션트, 더어미스터
S	스위치, 選択器	콘트롤 스위치, 푸시버튼 스위치, 리밋스위치, 選択스위치, 다이얼 접촉기
T	変圧器	変圧器, 変流器
U	変調器, 変換器	弁別器 (디스크리미네이터), 復調器, 周波数変換器, 인버어터, 콤버어터
V	管, 半導体	전자관, 가스방전관, 다이오드, 트랜지스터, 다이리스터
W	伝送線路	점퍼선, 케이블, 부스바아
X	단자, 플러그, 소켓	断路用플러그 및 소켓, 시험용 잭, 단자판, 납땜용端子片
Y	전기적으로 조작되는 기기장치	브레이크, 클러치, 전자밸브, 전동밸브
Z	終端装置, 필터	케이블 평형용 회로, 결정필터

—106—

3. 시이퀀스 제어기호 자동제어 기구 번호의 표시법

③ 주요 문자기호

※ 시이퀀스도에 있어서 품목기호의 종류와 기능을 나타내는 블록3에 문자기호를 사용할 경우, 기기 또는 장치를 표시하는 기기기호와 기기 또는 장치가 맡고 있는 기능 등을 표시하는 기능기호의 2종류로 하고 양자를 조합하여 사용할 때에는 기능기호, 기기기호순으로 쓰되 원칙적으로 그 사이에 −를 넣는다.

문자기호의 여러가지 ①

= 기능을 나타내는 문자기호 =

名 稱	文字記号	英 語 名	名 稱	文字記号	英 語 名
自 動	AUT	Automatic	高	H	High
手 動	M A	Manual	低	L	Low
開路(切)	OFF	Off	前	F W	Forward
閉路(入)	O N	On	後	B W	Backward
始 動	S T	Start	増	INC	Increase
運 転	R N	Run	減	DEC	Decrease
停 止	STP	Stop	開	O P	Open
復 帰	RST	Reset	閉	C L	Close
正	F	Forward	右	R	Right
逆	R	Reverse	左	l	Left

= 전원의 문자기호 =

名 稱	文字記号	英 語 名	名 稱	文字記号	英 語 名
交 流	A C	Alternating Current	高 圧	H V	High-Voltage
直 流	D C	Direct Current	放 電	D	Discharge
単 相	1 φ	Single-Phase	接 地	E	Earth
三 相	3 φ	Three-Phase	地 絡	,	Ground Fault
低 圧	L V	Low-Voltage	短 絡	−	Short-Circuit

= 계기의 문자기호 =

名 稱	文字記号	英 語 名	名 稱	文字記号	英 語 名
電流計	A	Ammeter	周波数計	F	Frequency Meter
電圧計	V	Voltmeter	温度計	T H	Thermometer
電力計	W	Wattmeter	圧力計	P G	Pressure Gauge
電力量計	W H	Watt-Hour meter	時間計	HRM	Hour Meter

시이퀀스제어의 기초

③ 주요 문자기호

문자기호의 여러가지 2

= 스위치 및 차단기의 문자기호 =

名 稱	文字記號	英 語 名	名 稱	文字記號	英 語 名
스위치	S	Switch	레벨스위치	LVS	Level Switch
제어스위치	CS	Control Switch	전자개폐기	MS	Electromagnetic Switch
텀블러스위치	TS	Tumbler Switch	斷路器	DS	Disconnecting Switch
로터리스위치	RS	Rotary Switch	전력퓨즈	PF	Power Fuse
변환스위치	COS	Selector Switch	遮斷器	CB	Circuit-Breaker
비상스위치	EMS	Emergency Switch	油遮斷器	OCB	Oil Circuit-Breaker
플로우트스위치	FLTS	Float Switch	気中遮斷器	ACB	Air Circuit-Breaker

= 릴레이의 문자기호 =

名 稱	文字記號	英 語 名	名 稱	文字記號	英 語 名
릴레이	R	Relay	주파수릴레이	FR	Frequency Relay
전압릴레이	VR	Voltage Relay	과전류릴레이	OCR	Over Current Relay
전류릴레이	CR	Current Relay	부족전압릴레이	UVR	Under Voltage Relay
지락릴레이	GR	Ground Relay	열동릴레이	THR	Thermal Relay

= 회전기의 문자기호 =

名 稱	文字記號	英 語 名	名 稱	文字記號	英 語 名
発電機	G	Generator	直流発電機	DG	DC Generator
電動機	M	Motor	直流電動機	DM	DC Motor
電動発電機	MG	Motor-Generator Set	同期電動機	SM	Synchronous Motor

= 기타의 문자기호 =

名 稱	文字記號	英 語 名	名 稱	文字記號	英 語 名
抵抗	R	Resistor	電池	B	Battery
콘덴서	C	Capacitor	히터	H	Heater
인덕터	L	Inductor	표시등	SL	Signal Lamp

3. 시이퀀스 제어기호, 자동제어 기구 번호의 표시법

④ 자동제어 기구번호란 어떤 것인가?

자동제어 기구번호란?
KSC 0103

※ 자동제어 기구번호란 제어기기에 정해진 고유의 번호로서 1부터 99까지의 기본번호와 기기의 종류, 성질, 용도 등을 표시하기 위한 알파벳을 기초로 한 보조부호로 구성되어 있다.

※ 이 기구번호는 한국전기공업회표준규격 (KSC 0103)(자동제어기구번호)이 기본으로 되어 있으며 종래부터 변전소, 발전소 등 주로 전력용 설비의 시이퀀스제어에 사용되어 일종의 전문용어로서 통용되고 있다.

기본번호란?

※ 기본번호란 1부터 99까지의 숫자에 기기 및 기구의 종류, 용도, 성질 등의 의미를 부여하여 기호화한 것이다. 따라서 기본번호는 기기의 용도, 기능 자체를 표시하는 사고적인 연관이 없으므로 오로지 기억하는 수밖에 없다. p.112~113에 기본번호에 대한 기구 명칭의 일람표를 실어두었다.

=〔예〕: 차단기의 기본번호=

차단기에는 그 주회로의 차이, 주기, 보기, 또는 운전용 등에 따라 기본번호가 구별된다.

基本番号	器具名称	基本番号	器具名称
6	始動 遮断器	54	直流高速度 遮断器
41	界磁 遮断器	72	直流 遮断器
42	運転 遮断器	73	短絡用 遮断器
52	交流 遮断器		

보조부호란?

※ 보조부호는, 기본번호만으로는 상세히 기기 및 기구의 종류, 용도, 성질 등을 표시하는데 불충분할 때 사용하는 것으로서 원칙적으로 전기용어의 영문 머리문자를 딴 알파벳으로 나타낸다. 보조부호는 하나의 문자라도 여러가지 의미를 지니므로 그 가운데 어떤 의미로 사용되는가는 경우에 따라 다르다(p.114 참조).

=〔예〕: 보조부호 「A」의 내용=

交流	Alternating Current	自動	Automatic
陽極	Anode	空気	Air
액튜에이터	Actuator	増幅	Amplifier
電流	Ampere	補助	Auxiliary

시이퀀스제어의 기초

⑤ 자동제어 기구번호의 구성요령

❋ 시이퀀스도에 있어서 전기용 그림기호에 부기하는 자동제어 기구번호에는 기본번호, 보조 부호 및 보조번호로 구성되며 다음과 같이 조합, 사용된다.

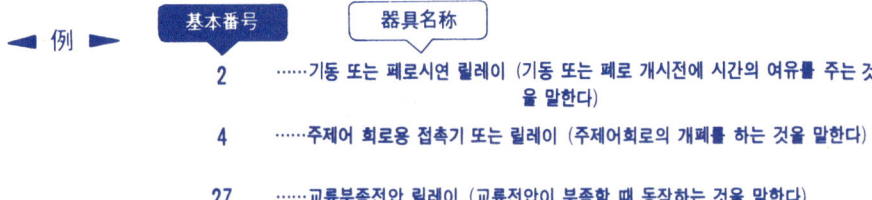

기본번호 뿐인 경우

❋ 기본번호만으로 기기의 용도를 표현할 수 있는 경우에는 기본 번호를 그대로 사용한다.

◀ 例 ▶　基本番号　　器具名称

2 ‥‥‥기동 또는 폐로시연 릴레이 (기동 또는 폐로 개시전에 시간의 여유를 주는 것을 말한다)

4 ‥‥‥주제어 회로용 접촉기 또는 릴레이 (주제어회로의 개폐를 하는 것을 말한다)

27 ‥‥‥교류부족전압 릴레이 (교류전압이 부족할 때 동작하는 것을 말한다)

기본번호 ── **기본번호** 의 경우

❋ 기본번호만으로는 기기의 용도를 표현할 수 없을 때에는 이것과 조합할 수 있는 기본번호를 붙이되 기본번호를 나타내는 숫자와 숫자 사이에 하이폰을 붙인다.

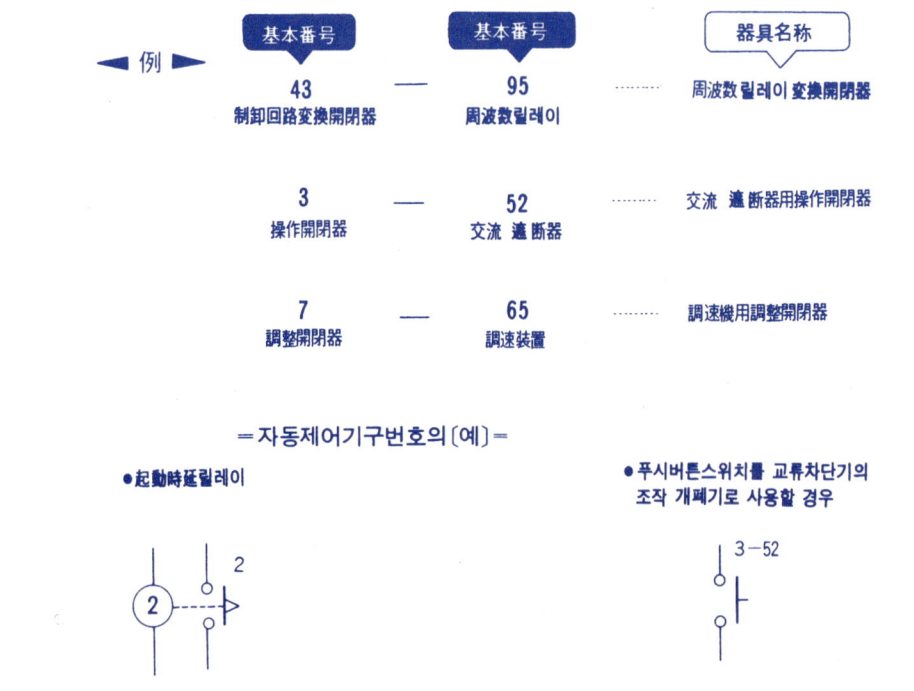

3. 시이퀀스 제어기호, 자동제어 기구 번호의 표시법

기본번호와 보조부호에 의한 표시법

기본번호 ─── 보조부호 의 경우

※ 기본번호만으로는 기기의 용도를 표현할 수 없을 때는 그것과 조합할 수 있는 기본번호를 붙이나 이에 해당하는 기본번호가 없을 때에는 다시 보조부호를 붙인다. 이 경우에는 기본번호와 보조부호 사이에 하이폰을 쓰지 않는다.

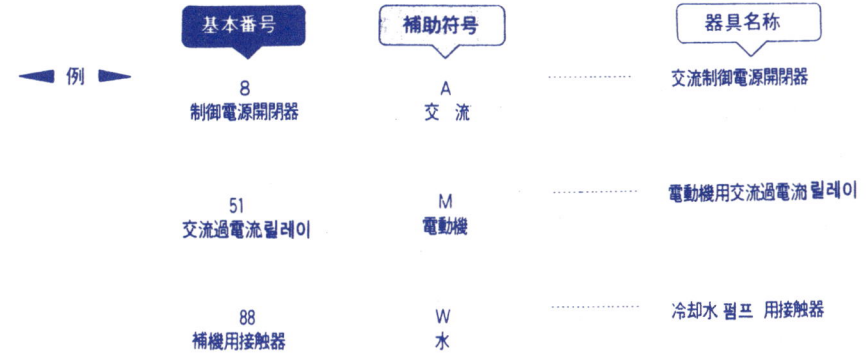

基本番号 ─── 補助符号 ─── 補助符号 의 경우

※ 기본번호 외에 보조부를 2종류 이상까지 필요로 할 때에는 원칙적으로 다음 서순에 의한다.

● 일반적인 기구번호

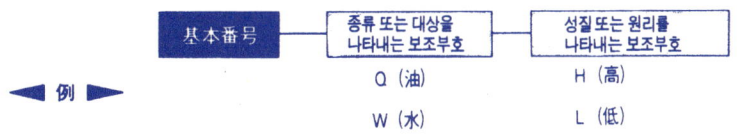

● 보호 단전기 관계의 기구번호

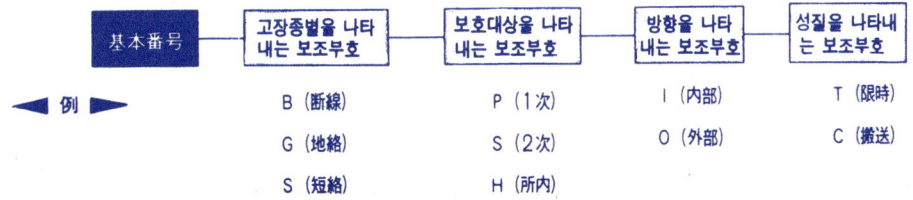

시이퀀스제어의 기초

⑥ 자동제어 기구번호의 기본번호와 보조부호

주요기본번호와 기기명칭 ①

JEM1090

基本番号	器具名称	基本番号	器具名称
1	主制御開閉器 또는 継電器	26	静止器温度継電器
2	始動 또는 閉路時延継電器	27	交流不足電圧継電器
3	操作開閉器	28	警報装置
4	主制御回路用接触器 또는 継電器	29	消火装置
5	停止開閉器 또는 継電器	30	機器의狀態 또는 故障表示装置
6	始動 遮断器、接触器、開閉器 또는 継電器	31	界磁変更 遮断器、接触器 또는 継電器
7	調整開閉器	32	直流逆流継電器
8	制御電源開閉器	33	位置開閉器 또는 位置検出装置
9	界磁転極開閉器、接触器 또는 継電器	34	電動順序制御器
10	順序開閉器 또는 프로그램 調整器	35	브러시 操作装置 또는 슬립링 短絡装置
11	試験開閉器 또는 継電器	36	極性継電器
12	過速度開閉器 또는 継電器	37	不足電流継電器
13	同期速度開閉器 또는 継電器	38	軸受温度継電器
14	低速度開閉器 또는 継電器	39	(予備番号)
15	速度調整装置	40	界磁電流継電器 또는 界磁喪失継電器
16	表示線監視継電器	41	界磁 遮断器、接触器 또는 開閉器
17	表示線継電器	42	運転 遮断器、接触器 또는 開閉器
18	加速 또는 減速接触器 또는 継電器	43	制御回路切換接触器、開閉器 또는 継電器
19	始動、運転切換接触器 또는 継電器	44	距離継電器
20	補機 밸브	45	直流過電圧継電器
21	主機 밸브	46	逆相 또는 相不平衡電流継電器
22	(予備番号)	47	欠相 또는 逆相電圧継電器
23	温度調整継電器	48	渋滞検出継電器
24	탭 変切換機構	49	回転機温度継電器
25	同期検出装置	50	短絡選択継電器 또는 地絡選択継電器

3. 시이퀀스 제어기호, 자동제어 기구 번호의 표시법

주요 기본번호와 기기명칭 ②

JEM 1090

基本番号	器具名称	基本番号	器具名称
51	交流過電流継電器 또는 地絡過電流継電器	76	直流過電流継電器
52	交流 遮断器 또는 接触器	77	負荷調整装置
53	励磁継電器 또는 励弧継電器	78	搬送保護位相比較継電器
54	直流高速度 遮断器	79	交流再閉路継電器
55	自動力率調整器 또는 力率継電器	80	直流不足電圧継電器
56	미끄럼 継電器 또는 同期 일탈 検出継電器	81	調速機駆動装置
57	自動電流調整器 또는 電流継電器	82	直流再閉路継電器
58	(予備番号)	83	選択触接器 開閉器 또는 継電器
59	交流過電圧継電器	84	電圧継電器
60	自動電圧平衡調整器 또는 電圧平衡継電器	85	信号継電器
61	自動電流平衡調整器 또는 電流平衡継電器	86	閉塞 継電器
62	停止 또는 開路時延継電器	87	電流差動継電器
63	圧力継電器	88	補機用接触器 또는 開閉器
64	地絡過電圧継電器	89	断路器
65	調速装置	90	自動電圧調整器 또는 自動電圧調整継電器
66	断続継電器	91	自動電力調整器 또는 電力継電器
67	交流電力方向継電器 또는 地絡方向継電器	92	문
68	混入検出器	93	(予備番号)
69	流 継電器	94	自由 分離 接触器 또는 継電器
70	加減抵抗器	95	自動周波数調整器 또는 周波数継電器
71	整流素子故障検出装置	96	静止誘導器内部故障検出装置
72	直流 遮断器 또는 接触器	97	러너
73	短絡用 遮断器 또는 接触器	98	連結装置
74	調整 밸브	99	自動記録装置
75	制動装置	—	—

시퀀스제어의 기초

6 자동제어 기구번호의 기본번호와 보조부호

주요 보조부호와 내용

기호	주요내용		英 國 名	기호	주요내용		英 國 名
A	交 流	Alternating Current		M	計 器	Meter
	自 動	Automatic			主	Main
	陽 極	Anode			動 力	Motive Force
	空 氣	Air			電動機	Motor
	電 流	Ampere		N	中 性	Neutral
B	斷 線	Broken Wire			負 極	Negative
	벨	Bell		O	外 部	Outer
	電 池	Battery		P	펌 프	Pump
	母 線	Bus			一 次	Primary
	制 動	Brake			正 極	Positive
C	共 通	Common			電 力	Power
	투입코일	Closing Coil		Q	油	慣習
	冷 却	Cooling			無効電力	慣習
	制 御	Control		R	復 帰	Reset
D	直 流	Direct Current			遠 方	Remote
	差 動	Differential			受 電	Receiving
E	非 常	Emergency			抵 抗	Resistor
	励 磁	Excitation		R(RY)	継電器	Relay
F	후로트	Float		S	動 作	Sequence
	故 障	Fault			短 絡	Short
	퓨우즈	Fuse			二 次	Secondary
	周波数	Frequency		T	変圧器	Transformer
G	地 絡	Ground Fault			限 時	Time
	発電機	Generator			트 립	Trip
H	高	High		U	使 用	Use
	所 內	House		V	電 圧	Voltage
	保 持	Hold			발 브	Valve
	電 熱	Heater		W	水	Water
	高周波	High Frequency			井 戸	Well
I	內 部	Internal		X	補 助	----
J	結 合	Joint		Y	補 助	----
K	三次側	慣習		Z	부 저	Buzzer
L	램 프	Lamp			補 助	
	低	Low		Φ	相	Phase

—114—

4. 시이퀀스도를 그리는 요령

① 시이퀀스도를 그리는 「기준」

시이퀀스도란?

❋ 시이퀀스도는 복잡한 제어회로의 동작을 순서에 따라 정확히 또 쉽게 이해할 수 있도록 고안된 접속도로서 기기의 기구적 관련을 생략하고 그 기기에 속하는 제어회로를 각각 단독으로 끌어내어 동작 순서대로 배열하되 따로따로 있는 부분이 어느 기기에 속하는가를 기호에 의하여 나타낸 것이다.

❋ 이와같이 시이퀀스도는 그 표현 방법이 통상적인 접속도와는 크게 다르므로 시이퀀스도를 그리는 데 있어서의 원칙을 충분히 이해함과 함께 기본적인 제도법을 몸에 익혀 두지 않으면 안된다. 여기에서는 시이퀀스도를 그리는 데 있어서의 원칙, 즉 「기준」을 설명한다.

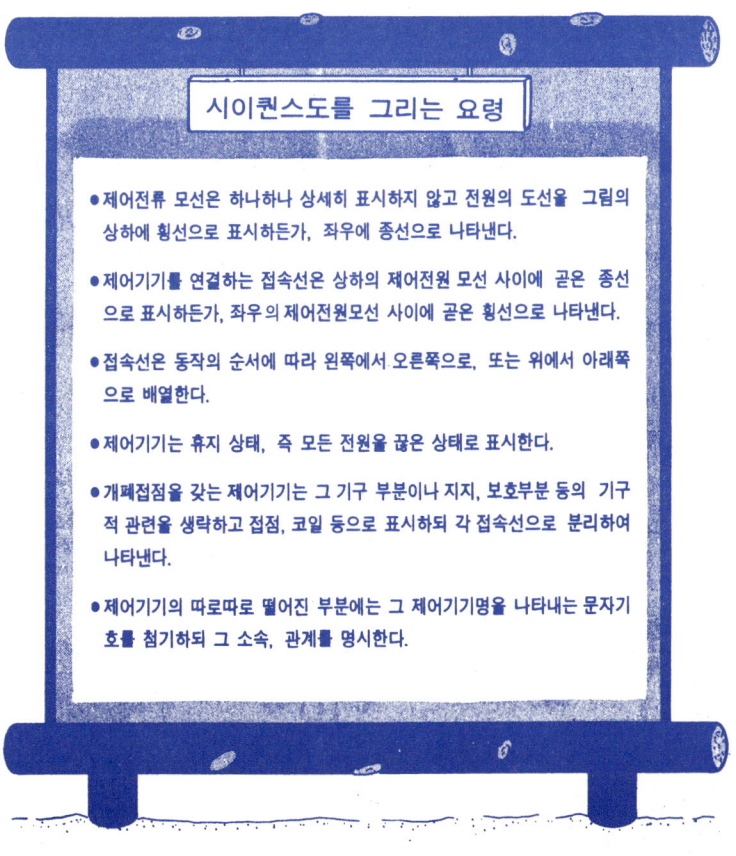

시이퀀스도를 그리는 요령

- 제어전류 모선은 하나하나 상세히 표시하지 않고 전원의 도선을 그림의 상하에 횡선으로 표시하든가, 좌우에 종선으로 나타낸다.

- 제어기기를 연결하는 접속선은 상하의 제어전원 모선 사이에 곧은 종선으로 표시하든가, 좌우의 제어전원모선 사이에 곧은 횡선으로 나타낸다.

- 접속선은 동작의 순서에 따라 왼쪽에서 오른쪽으로, 또는 위에서 아래쪽으로 배열한다.

- 제어기기는 휴지 상태, 즉 모든 전원을 끊은 상태로 표시한다.

- 개폐접점을 갖는 제어기기는 그 기구 부분이나 지지, 보호부분 등의 기구적 관련을 생략하고 접점, 코일 등으로 표시하되 각 접속선으로 분리하여 나타낸다.

- 제어기기의 따로따로 떨어진 부분에는 그 제어기기명을 나타내는 문자기호를 첨기하되 그 소속, 관계를 명시한다.

시이퀸스제어의 기초

2 시이퀸스도에 있어서 개폐접점을 갖는 그림기호

※ 전기용 그림기호, 특히 푸시버튼 스위치와 같이 수동조작으로 개폐하는 것. 전자릴레이, 전자접촉기와 같이 전자력으로 개폐하는 것 등은 조작 또는 전원과의 접속 유무에 따라서 접점의 개폐 상태가 달라진다. 따라 개폐접점을 갖는 시이퀸스도에 표시할 경우, 그 접점 가동부의 위치와 기기의 어떤 상태를 표시하면 좋은가에 대하여 설명한다.

개폐접점을 갖는 기기의 상태와 그림기호의 표시법

※ 개폐접점을 갖는 기기를 시이퀸스도에 표시할 경우의 그림기호는 기기 및 전기회로가 휴지 상태이고 또 모든 전원을 끊은 상태로 나타낸다.
 (1) 수동조작인 것은 손을 뗀 상태를 나타낸다.
 (2) 전원은 모두 끊은 상태로 나타낸다.
 (3) 복귀가 필요한 것은 복귀한 상태로 나타낸다.
 (4) 제어할 기기 또는 전기회로가 휴지 상태일 때의 상태로 표시한다.

수동조작접점을 갖는 기기의 상태와 그림기호의 표시법

※ 푸시버튼 스위치 등과 같이 그 접점부가 수동에 의하여 조작되는 것을 시이퀸스도에 표시할 때에는 그 접점부에 손을 대지 않은 상태로 나타낸다.

= 수동조작접점(푸시버튼 스위치)의 상태〔예〕 =   = 시이퀸스도에 있어서의 그림기호 표시법 =

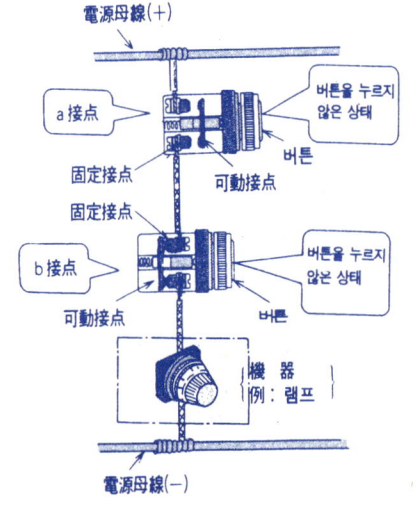 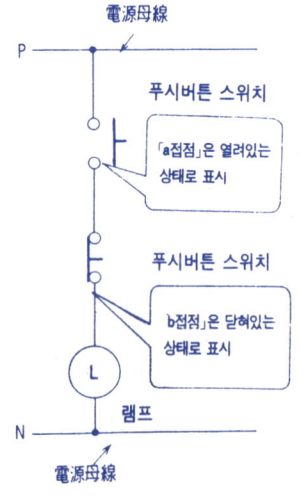

― 116 ―

4. 시이퀀스도를 그리는 요령

전자릴레이 접점의 상태와 그 그림기호의 표시법

※ 전자릴레이, 전자접촉기, 타이머 등과 같이 그 접점부가 전기 등의 에너지에 의하여 구동되는 것을 시이퀀스도에 표시할 때의 그림기호는 그 구동부의 전원 기타의 에너지원을 모두 끊은 상태로 나타낸다.

※ 일반적으로 시이퀀스도에 있어서 특히 그 표시상태를 지정하지 않을 때, 예를들면 그 도면에 있어서 전지, 발전기 등 전원이 접속되도록 그려져 있는 경우라도 전자릴레이 등의 개폐접점의 그림기호는 그 구동부의 전원 또는 기타 에너지원을 모두 끊은 상태로 나타낸다.

※ 동작 과정을 설명하는 시이퀀스도에 있어서 개폐접점을 갖는 전자릴레이 등의 그림기호를, 구동부에 전기를 공급하고 있는 상태로 표시할 경우에는 그 도면이 어떤 상태를 나타내고 있는가에 대해서 명시해야 한다.

전원이 끊긴 상태로 그려져 있을 때의 그림기호

= 전자릴레이의 실제 배선도〔예〕 =

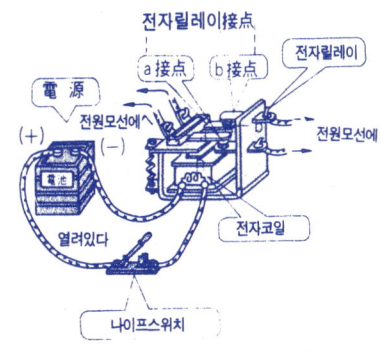

= 시이퀀스도에 있어서의 전자릴레이 접점의 상태 =

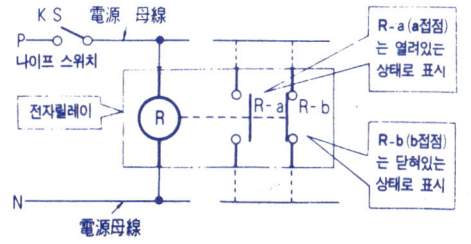

= 원리적 접속그림 =

- 전자릴레이의 전자코일을 전원에 접속할 경우, 전원과 전자코일의 중간에 개폐기(예 : 나이프 스위치)를 삽입하되 그 개폐기는 「열림」으로 표시한다.

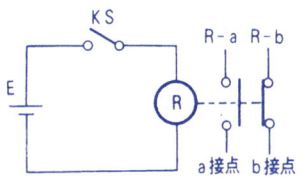

= 설 명 =

- 전자릴레이의 전자코일 Ⓡ과 전원의 중간에 삽입되어 있는 개폐기 「열림」이므로 전원은 끊겨 있다.

- 시이퀀스도에 있어서의 전자릴레이 접점의 그림기호는, 「a접점」은 「열림」, b접점은 「닫힘」으로 표시한다.

시퀀스제어의 기초

② 시퀀스도에 있어서 개폐접점을 갖는 그림기호

동작과정을 설명하는 시퀀스도에 있어서의 그림기호

= 동작과정을 설명하는 시퀀스도〔예〕=

- 동작과정을 설명하는 시퀀스도로서 앞페이지의 전원과 전자릴레이의 전자코일 중간에 삽입한, 개폐기를 「닫힘」으로 한 경우에는 다음과 같이 된다.

= 전원개폐기 KS를 닫은 상태 =

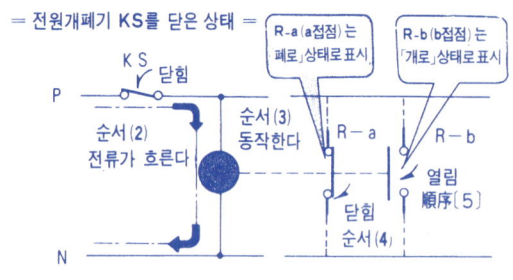

= 동작순서의 설명 =

순서 (1) 나이프 스위치 KS를 닫는다.
 (2) 전자릴레이의 전자코일 ®에 전류가 흐른다.
 (3) 전자코일 ®에 전류가 흐르면 전자릴레이가 동작한다.
 (4) 전자릴레이가 동작하면 그 a접점 R-a 가 닫힌다.
  ● a접점 R-b는 「폐로」상태로 표시한다.
 (5) 전자릴레이가 동작하면 그 b접점 R-b 는 열린다.
  ● b접점 R-b는 「개로」상태로 표시한다.
 (주) (3), (4), (5)는 동시에 동작된다.

전원이 접속되어 있는 상태로 그려져 있는 경우의 그림기호

※ 이때는 특히 「동작의 과정을 설명하는 시퀀스도의 그림기호 표시법」과 혼동하지 않도록 주의한다.

= 전자릴레이의 실제배선도〔예〕=

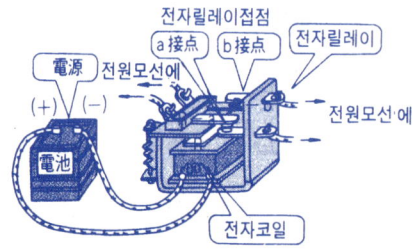

= 원리적 접속그림 =

- 전자릴레이의 전자코일과 전원을 직접 접속한다.

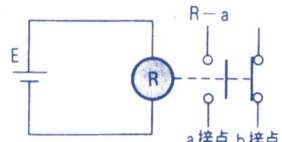

= 시퀀스도에 있어서 전자릴레이 접점의 그림기호의 상태 =

- 시퀀스도에 있어서 전자릴레이 접점의 그림기호 상태는 전자코일과 전원의 중간에 삽입한 개폐기를 「열림」으로 한 경우와 똑 같다.

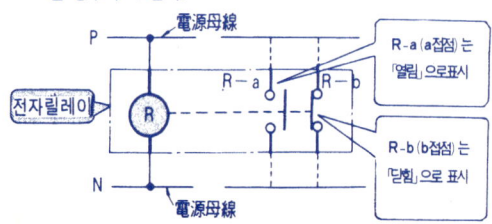

= 설 명 =

- 전자릴레이의 전자코일 ®에 직접 전원이 접속되어 있으면, 실제로는 전지릴레이가 동작하겠지만 시퀀스도에 있어서의 전자릴레이 접점의 그림기호는 전원을 모두 끊은 상태, 즉 a접점은 「열림」, b접점은 「닫힘」으로 표시한다.
- 전원의 모선과 전원측의 접속상태 여하에 관계없이 전자릴레이 접점의 표시법은 똑같다.

4. 시이퀸스도를 그리는 요령

③ 시이퀸스도에 있어서 전자릴레이, 전자접촉기의 표시법

※ 시이퀸스도에 있어서「개폐접점을 갖는 기기」를 표시하는 데는 기기의 기구 부분이나 지지, 보호 부분 등의 기구적 관련을 생략하고 **단독접점, 전자코일** 등으로 표현하되 시이퀸스도의 각각의 접속선으로 분리하여 나타낸다.

※ 시이퀸스도의 각각의 접속선으로 분리하여 따로따로된 기기의 접점이나 전자코일에는 그 기기명을 나타내는 문자기호, 즉 시이퀸스제어기호나 자동제어 기구번호를 첨가하여 그 관계를 나타낸다.

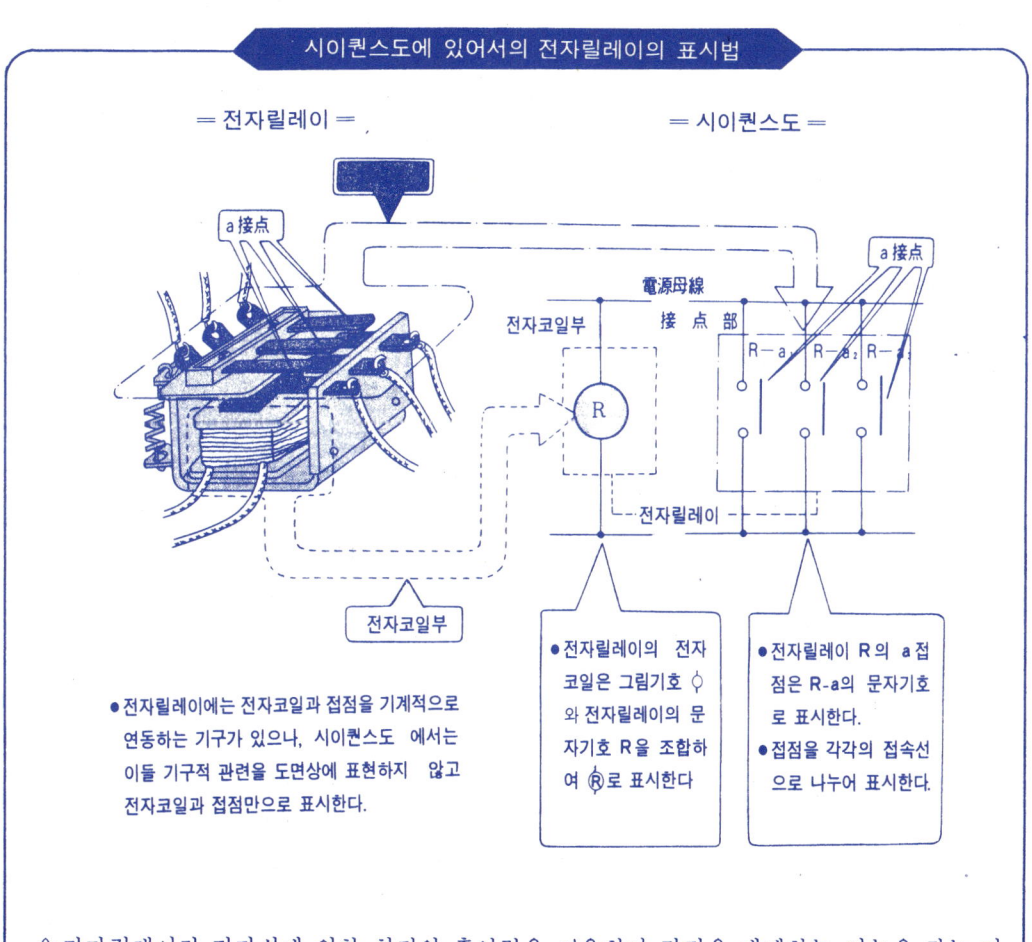

※ 전자릴레이란 전자석에 의한 철편의 흡인력을 이용하여 접점을 개폐하는 기능을 갖는 기기로서 일명 전자계전기라고도 한다.

※ 전자릴레이는 릴레이 시이퀸스제어에 있어서의 제어기기 가운데 뭐니뭐니 해도 주역을 이루고 있는 것으로서 소형이고 접점이 많은 제어용 전자릴레이나 어느정도 큰 전류의 개폐도 가능한 전력형 전자릴레이 등 여러가지 형식의 것이 있다.

시이퀀스제어의 기초

③ 시이퀀스도에 있어서 전자릴레이, 전자접촉기의 표시법

시이퀀스도에 있어서 전자접촉기의 표시법

※ 시이퀀스도에 있어서 전자접촉기를 표시하는 데는 고정철심, 가동철심, 스프링, 모울드 케이스 등의 기구 부분이나 지지, 보호부분 등의 기계적 관련은 모두 생략하고 단독 전자 코일, 주접점 및 보조접점으로서 시이퀀스도의 접속선에 문자기호를 첨기하여 따로따로 표시한다.

= 시이퀀스도를 그리는 요령 =

- 전동기의 주회로에 전자접촉기의 주접점(MC)을 표시한다.
- 전동기 주회로의 2상(예를 들면 R상과 T상)에서 제어전원 모선을 상하에 횡선으로 표시한다.
- 푸시버튼 스위치 PBS와과 전자접촉기의 전자코일 (MC) 의 접속선을 전원 모선의 상하 사이에 종선으로 표시한다.
- 전자접촉기의 보조 b접점과 MC-b와 녹색램프 (GL) 의 접속선을 전원 모선의 상하 사이에 종선으로 표시한다.
- 전자접촉기의 보조 a접점 MC-a와 적색램프 (RL) 의 접속선을 전원 모선의 상하 사이에 종선으로 표시한다.

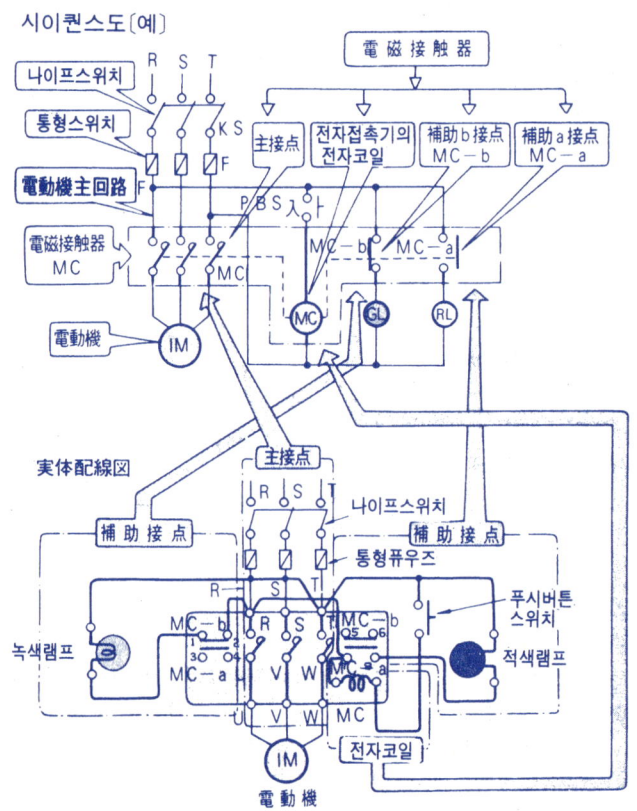

4. 시이퀀스도를 그리는 요령

④ 시이퀀스도의 「종서」와 「횡서」

❈ 시이퀀스도를 그리는 방법에는, 접속도의 방향, 제어전원 모선의 방향 또는 제어동작의 진행 방향 등에 따라 여러가지를 생각할 수 있으나 한국공업규격 KSC 0102 (시이퀀스 제어용 전개접속도)에서는 접속선의 방향을 기준으로 하여 「종서」와 「횡서」로 구분하고 있다. 따라서 모선 기준의 호칭법에 의하면 이 규격에 있어서의 종서가 횡서로, 또 종서가 횡서로, 횡서가 종서로 되므로 주의할 필요가 있다.

종서 시이퀀스도를 그리는 요령

❈ 종서 시이퀀스도란 아래 그림과 같이 접속선의 방향이 대부분 상하 방향으로 도시 되는 것을 말한다.

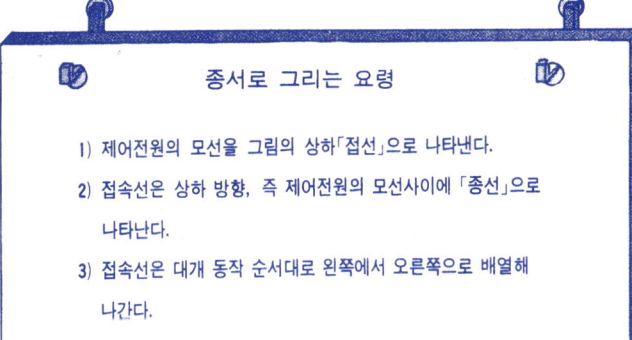

종서로 그리는 요령

1) 제어전원의 모선을 그림의 상하「접선」으로 나타낸다.
2) 접속선은 상하 방향, 즉 제어전원의 모선사이에 「종선」으로 나타난다.
3) 접속선은 대개 동작 순서대로 왼쪽에서 오른쪽으로 배열해 나간다.

=전동기의 시동, 정지제어에 대한 종서 시이퀀스도 [예]

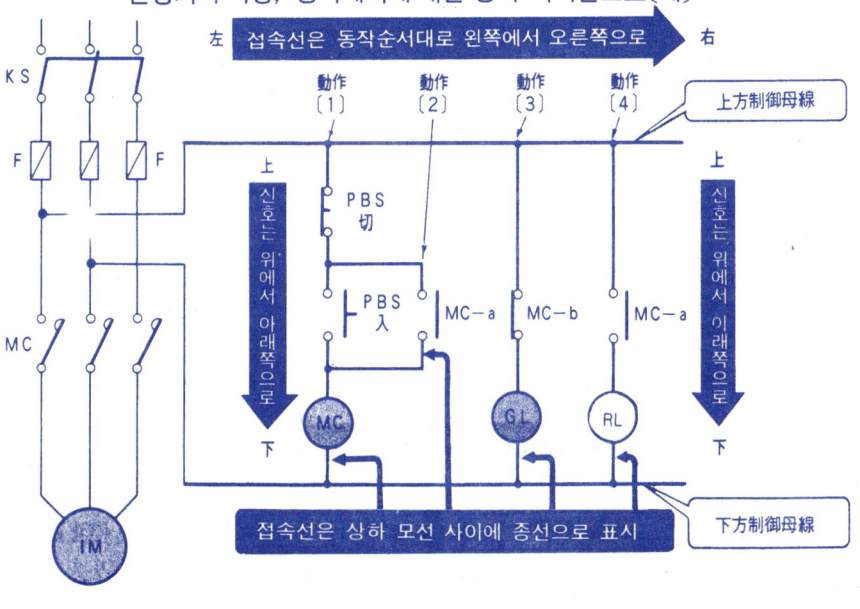

시퀸스제어의 기초

④ 시퀸스도의 「종서」와 「횡서」

> 횡서 시퀸스도를 그리는 요령

※ 횡서 시퀸스도란 아래 그림과 같이 접속선의 방향이 대개 좌우 방향으로 되시되는 것을 말한다.

「횡서」로 그리는 요령

(1) 제어전원 모선을 좌우 방향으로 횡서한다.

(1) 접속선은 좌우방향, 즉 제어전원의 모선 사이에 「횡선」으로 표시한다.

(3) 접속선은 대개 동작의 순서대로 「위에서 아래쪽」으로 배열해 나간다.

═ 전동기의 기동, 정지제어에 대한 종서 시퀸스도 [예] ═

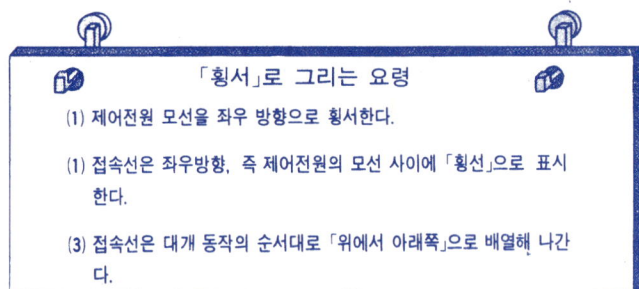

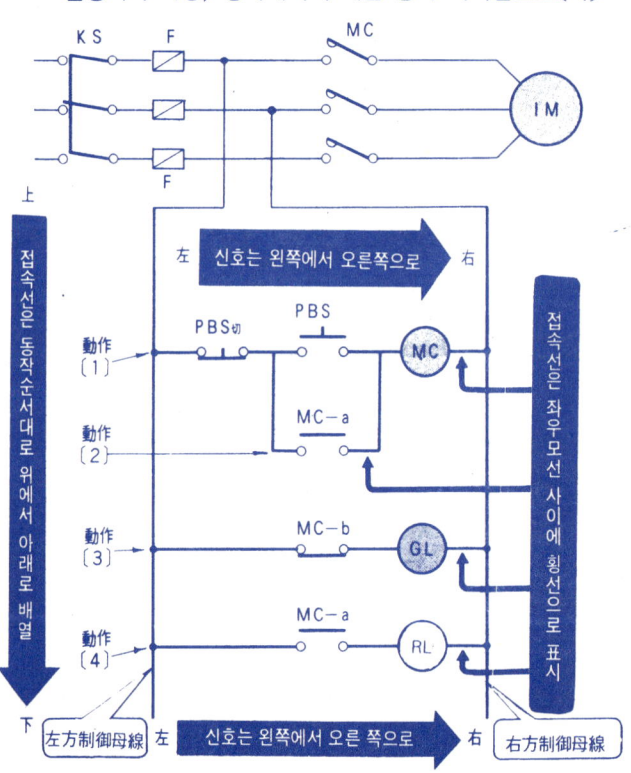

※ 종서 및 횡서 시퀸스도의 예로서 제시한 「전동기의 기동, 정지제어」에 대해서는 8장 1절에서 그 실제의 배선도 및 동작순서를 상세히 설명한다.

―122―

4. 시이퀸스도를 그리는 요령

⑤ 시이퀸스도에 있어서의 제어전원 모선 표시법

직류제어 전원의 모선 표시법

※ 시이퀸스도에서는 제어전원 모선을 일일이 전원 그림기호로 표시하지 않고 전원도선으로서 표시한다.

※ 종서 시이퀸스도에 있어서의 직류제어전원 모선은 정극 P(+) 모선을 「위쪽」에, 부극 N(−) 모선을 「아래쪽」에 횡선으로 표시한다.

※ 횡서 시이퀸스도에 있어서의 직류제어전원 모선은 정극 P(+) 모선을 「왼쪽」에, 부극 N(−) 모선을 「오른쪽」에 종선으로 표시한다.

= 종서 시이퀸스도 =

● 제어전원 모선은 상하의 「횡선」으로 표시 ●

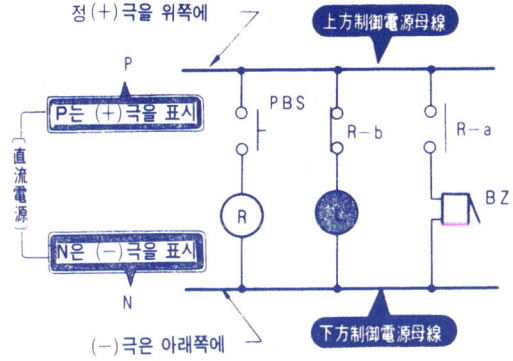

〔문자기호〕
- PBS : 푸시버튼 스위치
- Ⓡ : 전자릴레이 전자코일
- Ⓛ : 램프
- BZ : 부저어
- R−a : 전자릴레이의 a접점
- R−b : 전자릴레이의 b접점

직류전원은 P, N으로 표시
- (+)극 : 위쪽에 기입(기호 : P)
- (−)극 : 아래쪽에 기입(기호 : N)

= 횡서 시이퀸스도 =

● 제어전원 모선의 좌우의 「종선」으로 표시 ●

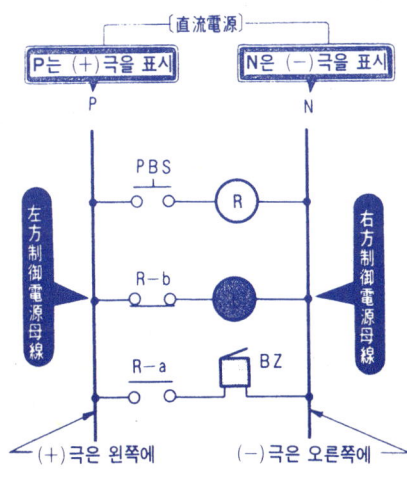

= 동작 순서의 설명 =

● 푸시버튼 스위치 PBS를 누르면 전자릴레이 R의 전자코일 Ⓡ에 전류가 흘러 동작한다.
● 전자릴레이 R이 동작하면 그 b접점 R-b는 개로하고 램프 Ⓛ은 꺼진다.
● 전자릴레이 R이 동작하면 그 a접점 R-a는 폐로하고 부저어 BZ는 울린다.

직류전원은 P, N으로 표시
- (+)극 : 왼쪽에 기입(기호 : P)
- (−)극 : 오른쪽에 기입(기호 : N)

시퀀스제어의 기초

⑤ 시퀀스도에 있어서의 제어전원 모선 표시법

교류제어전원의 모선 표시법

❋ 종서 시퀀스도에 있어서의 교류제어전원 모선은 R, S 또는 T상을 표시하는 2선을 위쪽 모선 및 아래쪽 모선으로서 「횡선」으로 표시한다.

❋ 횡서 시퀀스도에 있어서의 교류제어전원 모선은 R, S 또는 T상을 표시하는 2선을 왼쪽 모선 및 오른쪽 모선으로 「종선」으로 표시한다.

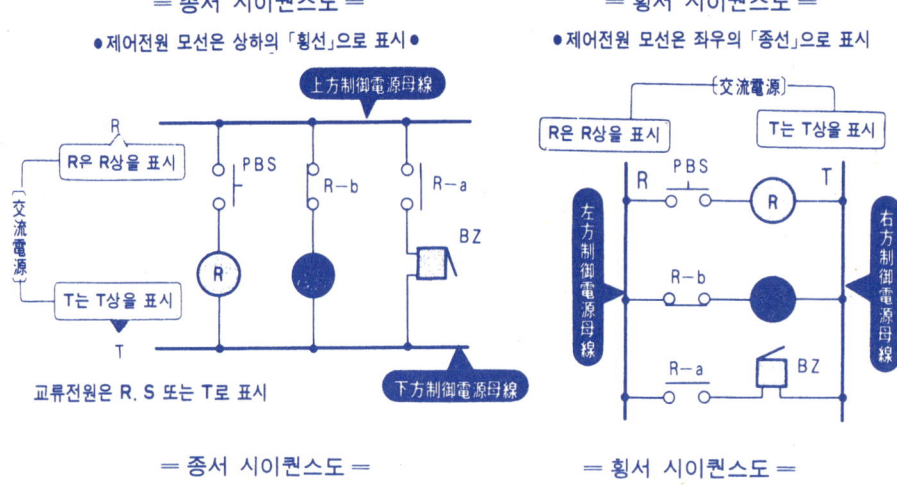

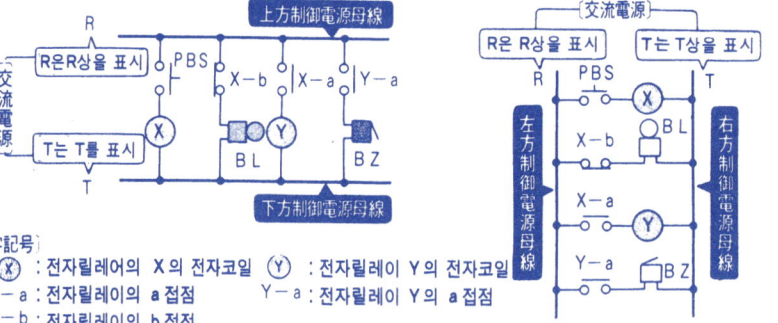

〔文字記号〕
Ⓧ : 전자릴레어의 X의 전자코일   Ⓨ : 전자릴레이 Y의 전자코일
X-a : 전자릴레이의 a접점   Y-a : 전자릴레이 Y의 a접점
X-b : 전자릴레이의 b접점

= 동작순서의 설명 =

● 푸시버튼 스위치 PBS를 누르면 전자릴레이 X의 전자코일 Ⓧ에 전류가 흘러 동작한다.
● 전자릴레이 X가 동작하면 그 b접점 X-b가 개로하여 벨 BL이 울림을 멈춘다.
● 전자릴레이 X가 동작하면 그 a접점 X-a가 폐로하여 전자릴레이 Y의 전자코일 Ⓨ에 전류가 흘러 동작한다.
● 전자릴레이 Y가 동작하면 그 a접점 Y-a가 폐로하여 부저어 BZ가 울린다.

4. 시이퀸스도를 그리는 요령

⑥ 시이퀸스도의 자동제어 기구번호에 의한 표시법

전동기의 시한제어를 위한 시이퀸스도

※ 유도전동기의 시한제어를 위한 시이퀸스도를 (KSC 0103)에 의하여 종래부터 사용되고 있는 그림기호(계열 2)로 제시함과 함께 시이퀸스제어 기호 및 자동제어 기구번호로 표시해 보자. 이 경우 시이퀸스제어 기호의 전자접촉기 MC를 자동제어 기구번호에서는 교류 전자접촉기 52로 하고 타이머 TR을 2, 또 푸시버튼 스위치 PBS를 3-IM으로 표한다.

시이퀸스제어 기호에 의한 시이퀸스도〔예〕

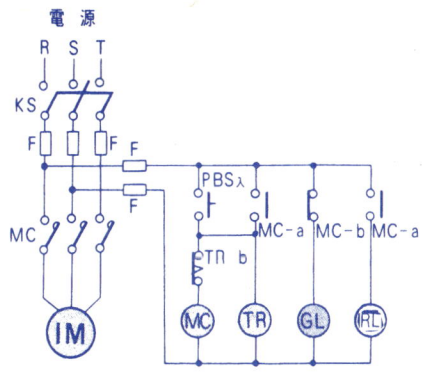

시이퀸스도 ● 전동기의 시한제어 ●

시이퀸스 제어기기
- KS : 나이프 스위치
- ⓜⓒ : 전자접촉기의 전자코일
- MC : 전자접촉기의 주접점
- MC-a : 전자접촉기의 보조 a 및 b접점
- MC-b
- ⓣⓡ : 타이머
- TR-b : 타이머의 한시자동 b접점
- PBSλ : 기동용 푸시버튼 스위치
- F : 퓨우즈
- ⓘⓜ : 유도전동기
- ⓖⓛ : 녹색램프
- ⓡⓛ : 적색램프

자동제어 기구번호에 의한 시이퀸스도〔예〕

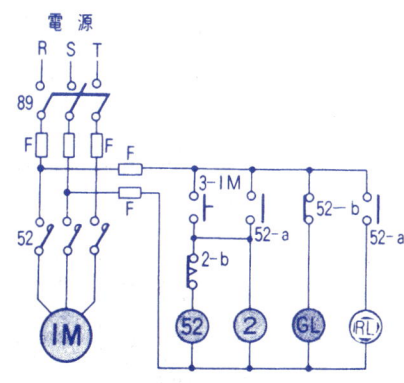

시이퀸스도 ● 전동기의 시한제어 ●

자동제어기구 번호
- 89 : 단로기 (전원스위치)
- ㊷ : 교류전자접촉기의 전자코일
- 52 : 교류전자접촉기의 주접점
- 52-a : 교류전자접촉기의 a 및 b접점
- 52-b
- ② : 起動時延繼電器 (타이머)
- 2-b : 기동시연계전기의 시한동작 b접점
- 3-IM : 誘導電動機用操作開閉器
- F : 퓨우즈
- ⓘⓜ : 誘導電動機
- ⓖⓛ : 녹색램프
- ⓡⓛ : 적색램프

시이퀸스제어의 기초

⑥ 시이퀸스도의 자동제어 기구번호에 의한 표시법

전동기의 스타아델타 동제어를 위한 시이퀸스도

※ 유도전동기의 스타아델타 기동제어의 시이퀸스도를 KSC0103에 따라 종래부터 사용되던 그림기호(계열 2)로 표시함과 함께 시이퀸스제어기호 및 자동제어 기구번호로 표시해 보자.

시이퀸스 제어기호에 의한 시이퀸스도〔예〕

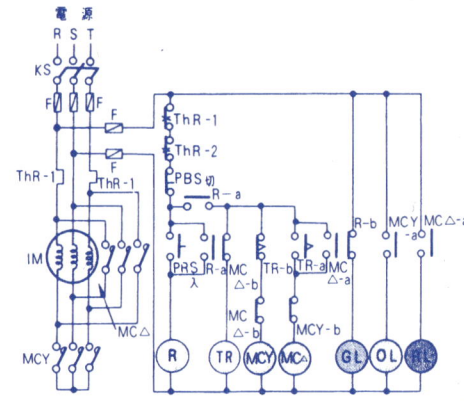

시이퀸스도 ●전동기의 스타아델타 기동제어●

시이퀸스제어기호

- KS : 나이프 스위치
- ThR-1 / ThR-2 : 熱動過電流継電器
- (MCY) : 스타아접속용전자접촉기의 電磁코일
- MCY : 스타아접속용전자접촉기의 主접점
- MCY-a : 스타아접속용전자접촉기의 補
- MCY-b : 助 a 및 b접점
- (MC△) : 델타 접속용전자접촉기의 電磁코일
- MC△ : 델타 접속용전자접촉기의 主접점
- MC△-a : 델타 접속용전자접촉기의 補
- MC△-b : 助 a 및 b접점
- PBS切 : 정지용 푸시버튼 스위치
- PBS入 : 기동용 푸시버튼 스위치
- (R) : 전자릴레이의 전자코일
- R-a / R-b : 전자릴레이의 a 및 b접점
- (TR) : 타이머
- TR-a / TR-b : 타이머의 시한동작 a 및 b접점
- IM : 誘導電動機

자동제어 기구번호에 의한 시이퀸스도〔예〕

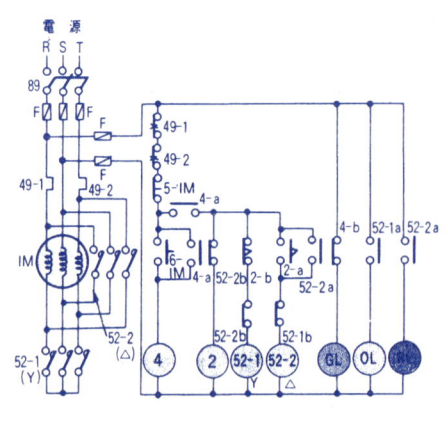

시이퀸스도 ●전동기의 스타아델타 기동제어●

자동제어 기구번호

- 89 : 斷路器 (전원 스위치)
- 49-1 / 49-2 : 回転機温度継電器
- (52-1) : 스타아접속용교류전자접촉기의 電磁코일
- 52-1 : 스타아접속용교류전자접촉기의 主접점
- 52-1 a / 52-1 b : 스타아접속용교류전자접촉기의 補助 a 및 b접점
- (52-2) : 델타 접속용교류전자접촉기의 電磁코일
- 52-2 : 델타 접속용교류전자접촉기의 主접점
- 52-2 a / 52-2 b : 델타 접속용교류전자접촉기의 補助 a 및 b접점
- 5-IM : 誘導電動機用停止開閉器
- 6-IM : 誘導電動機用起動開閉器
- (4) : 主制御回路用継電器의 電磁코일
- 4-a / 4-b : 主制御回路用継電器의 a 및 b접점
- (2) : 始動時延継電器 (타이머)
- 2-a / 2-b : 始動時延継電器의 限時動作 a 및 b접점
- IM : 誘導電動機

—126—

4. 시이퀀스도를 그리는 요령

⑦ JEC규격 정합 그림기호에 의한 시이퀀스도

※ 권선형 3 상 유도전동기의 플러깅제동부 정역운전장치 시이퀀스도(횡서)를 JIS C 0 3 0 1 (KS) C 0 3 0 1 JEC규격정합 그림기호(계열 1)를 사용하여 표시한다.

※ 이 그림은 각 부품의 요소 관계가 품목 지정만으로도 쉽게 알수 있는 장치의 예이다. 또 품목기호는 블록3 의 3 A, 3 B만이 사용되고 다른 것은 모두 생략되고 있다.

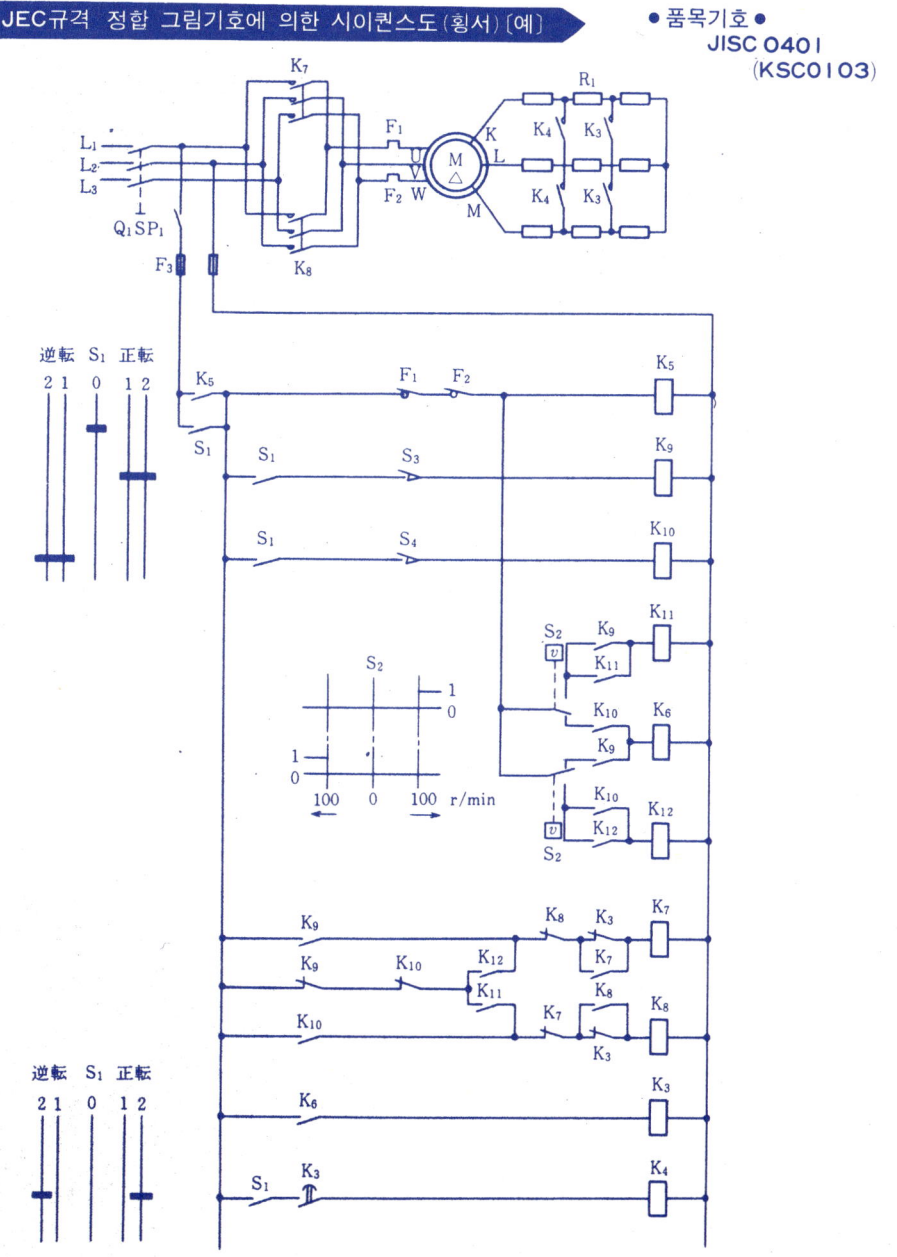

JEC규격 정합 그림기호에 의한 시이퀀스도(횡서) [예]

● 품목기호 ●
JISC 0401
(KSC 0103)

⑦ JEC규격 정합 그림기호에 의한 시이퀀스도

※ 3대의 3상 유도전동기에 대한 주회로와 제어회로의 시이퀀스도(종서)를 JISC0301(KSC 0103)의 JEC규격 정합 그림기호(계열 1)를 사용하여 한 장의 도면으로 표시해 본다.

● 품목기호 : JIS C0401 (KSC 0103)

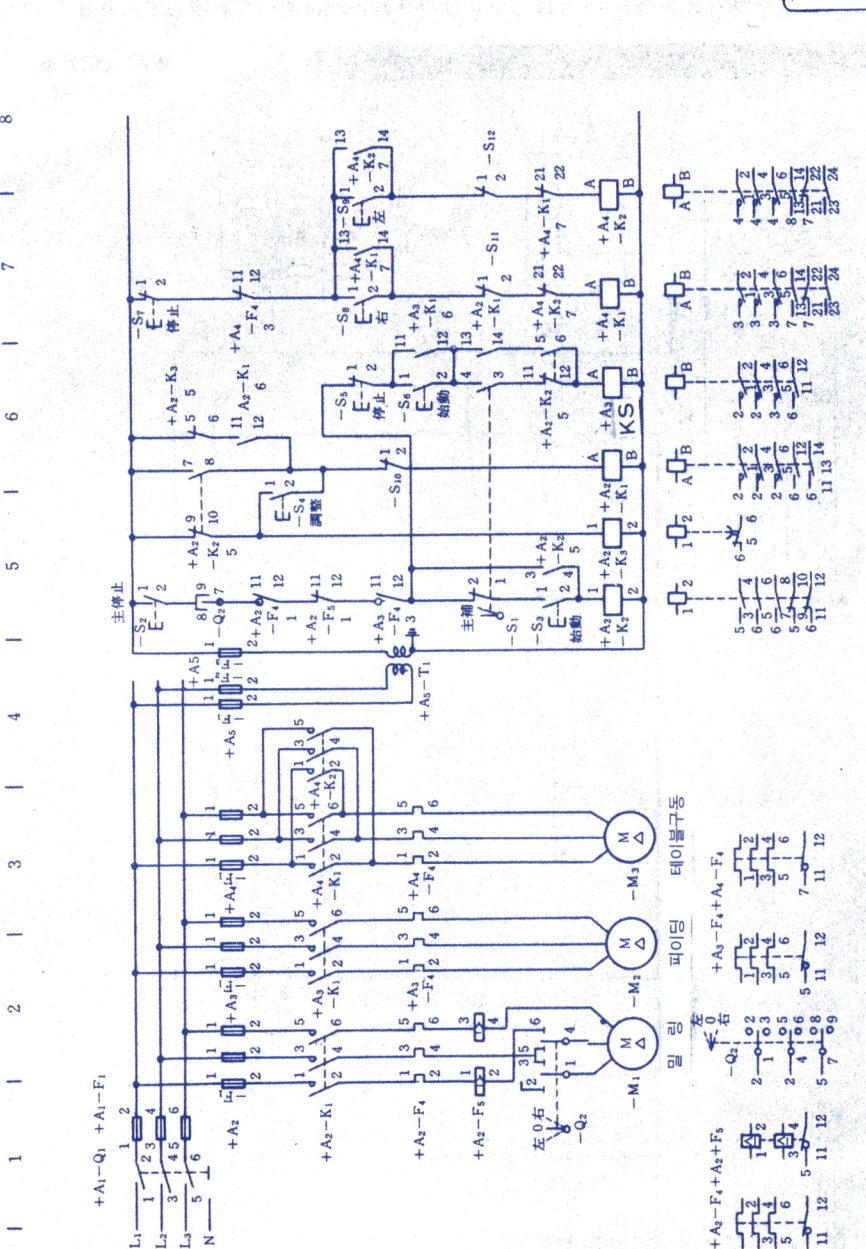

-128-

4 無接点 시이퀀스 制御의 基礎

이 장의 포인트

 이 장에서는 무접점 시이퀀스에 대하여 꼭 알고 있지 않으면 안될 기초적인 사항이 설명되고 있다. 이 지식은 기본이 되므로 확실하게 익혀두기 바란다.
(1) 다이오드, 트랜지스터 등 반도체의 스위치동작은 전자, 정공(正孔)의 흐름으로서 도해되어 있다.
(2) AND, OR, NOT, NAND, NOR 등의 기본 논리회로를 릴레이시이퀀스와 무접점 시이퀀스도 조합한 경우와 대비하여 표시했으므로 동작물에 의하여 동작 조건을 확인할 수 있다.
(3) 무접점 시이퀀스회로의 구성은 릴레이시이퀀스회로와 다른바, 논리연산회로 외에도 입력회로, 출력회로가 필요하다. 그 사용목적과 동작 구조를 익혀두자.

1. 다이오드의 스위칭 동작

① 다이오드 어떤 것인가?

다이오드란?

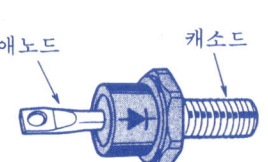

※ 다이오드란 P형 반도체와 N형 반도체를 접합한 것을 말하며 순방향 전압에 대해서는 저항치가 거의 0〔Ω〕을 나타내고 역방향 전압에 대해서는 매우큰 저항치를 나타내는 반도체로서 정류특성을 지니고 있다.

PN접합

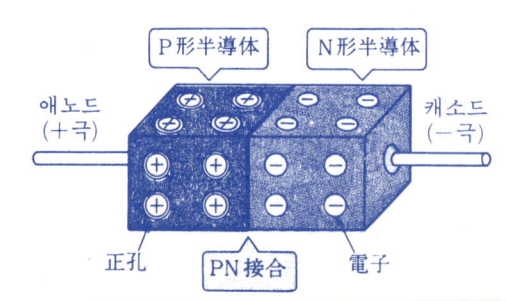

※ P형 반도체와 N형 반도체를 접합한 것을 PN접합이라 하며 P형 반도체쪽을 애노드(+극 : Anode), N형 반도체쪽을 캐소드(-극 : Cathode)라 한다.

※ 접합한 것이라고는 하지만 동선을 납땜한 것과 같은 상태가 아니고 한쪽이 다른쪽에 녹아붙어 연결된 것이다.

다이오드의 내부구조〔예〕

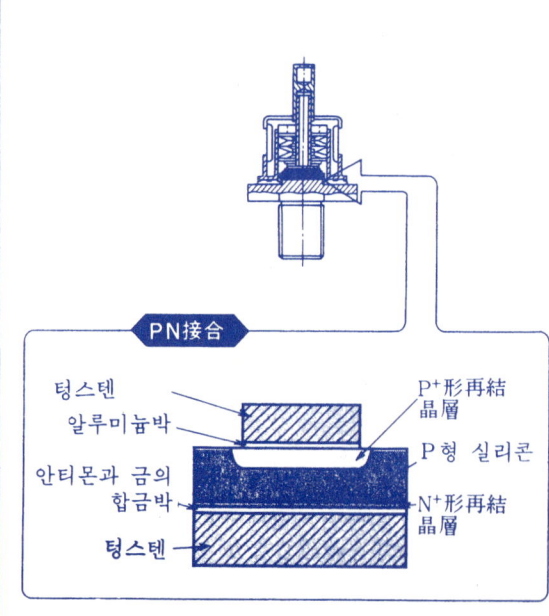

다이오드의 제조법

※ 다이오드란 일반적으로 실리콘 PN접합을 기본으로 구성된다.

※ 합금형 다이오드는 P형 실리콘(또는 N형 실리콘) 단결정을 필요한 크기의 펠릿으로 절단하고 P형 불순물 알루미늄(또는 N형 불순물 안티몬)을 함유하는 금속과 접촉시켜 700~800℃ 정도의 고온에서 합금을 만든다. 이 냉각과정에 있어서 P형(또는 N형) 불순물을 함유하는 실리콘 재결정층이 성장하여 PN접합을 얻을 수 있다.

※ 정류 기본체인 합금형 다이오드에 접시스프링을 사용, 압접 조립한 것이 압접형 다이오드이다.

1. 다이오드의 스위칭 동작

② 다이오드에 순방향 전압을 인가한 경우의 실제배선도와 동작

다이오드에 순방향의 전압을 인가하면 어떻게 전류가 흐르는가 살펴보자.

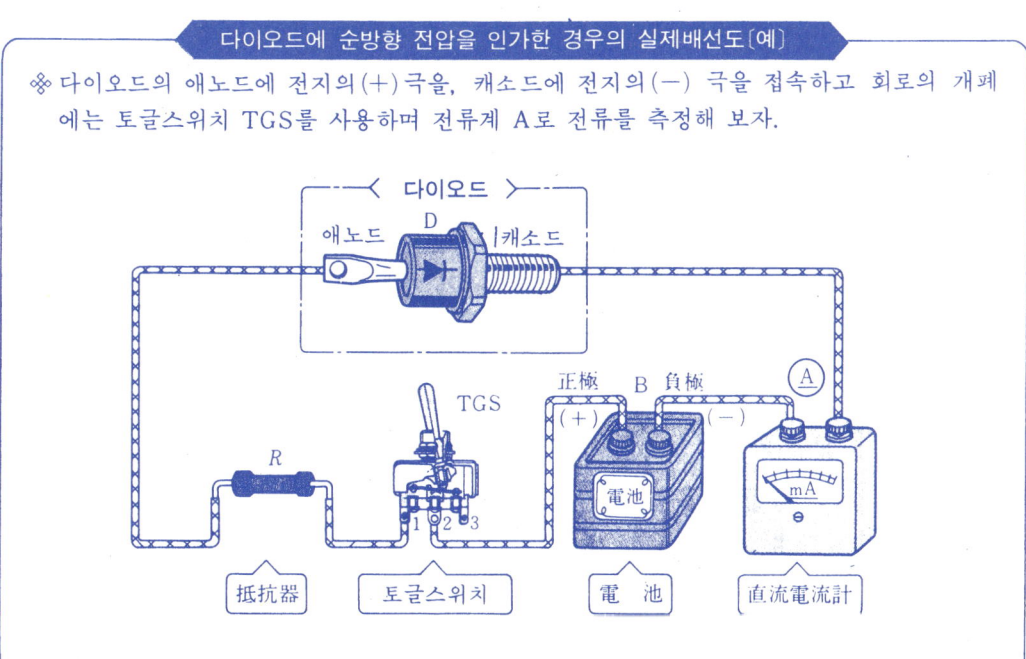

다이오드에 순방향 전압을 인가한 경우의 실제배선도〔예〕

※ 다이오드의 애노드에 전지의 (+)극을, 캐소드에 전지의 (−)극을 접속하고 회로의 개폐에는 토글스위치 TGS를 사용하며 전류계 A로 전류를 측정해 보자.

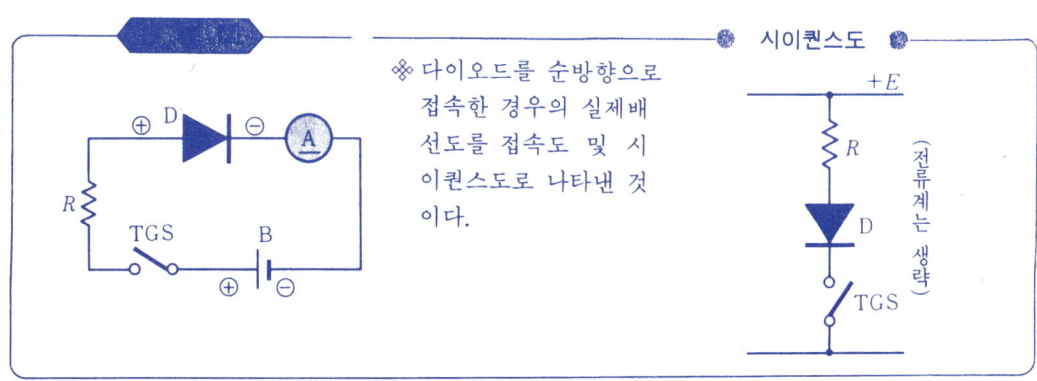

※ 다이오드를 순방향으로 접속한 경우의 실제배선도를 접속도 및 시이퀸스도로 나타낸 것이다.

시이퀸스도

(전류계는 생략)

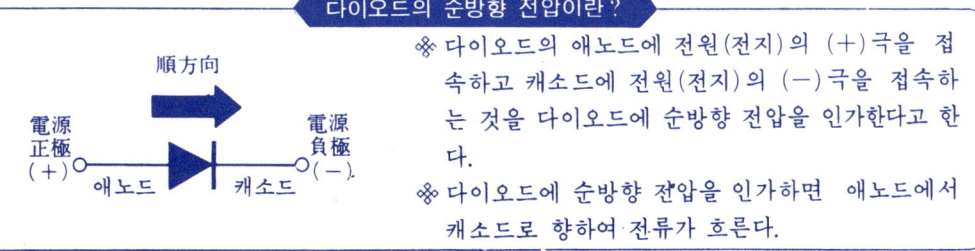

다이오드의 순방향 전압이란?

※ 다이오드의 애노드에 전원(전지)의 (+)극을 접속하고 캐소드에 전원(전지)의 (−)극을 접속하는 것을 다이오드에 순방향 전압을 인가한다고 한다.

※ 다이오드에 순방향 전압을 인가하면 애노드에서 캐소드로 향하여 전류가 흐른다.

— 131 —

무접점 시이퀀스제어의 기초

② 다이오드에 순방향 전압을 인가할 경우의 실제배선도와 동작

순방향 전압을 인가하면 왜 전류가 흐르는가?

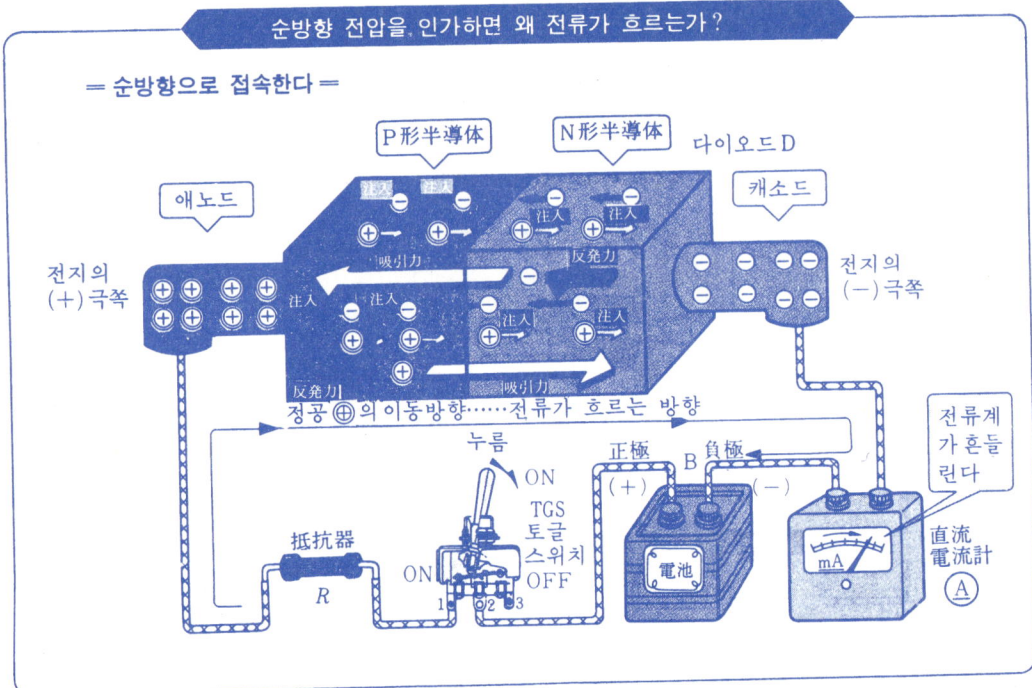

동작의 설명

토글스위치 TGS를 닫힘(ON)으로 하면 다이오드의 애노드에 전지의 (+)극이, 또 캐소드에 전지의 (-)극이 접속된다.

※ 정공 ⊕의 이동과정…P형 반도체내의 정공은 전지의 (+)극과 동종의 전하이므로 반발하고 전자의 (-)극과는 이종의 전하이므로 흡인되어 접합면을 넘어서 P형 반도체에서 N형 반도체를 향하여 이동한다.

※ 전자 ⊖의 이동과정…N형 반도체내의 전자는 전지의 (-)극과 동종의 전하이므로 반발하고, 전지의 (+)극과는 이종의 전하이므로 흡인되어 접합면을 넘어서 N형 반도체에서 P형 반도체를 향하여 이동한다.

※ 전류가 흐르는 방향…전류의 방향은 (+)의 전하가 이동하는 방향이므로 정공이 P형 반도체에서 N형 반도체에 이동하는 방향(전자가 이동하는 방향과는 반대)으로 전류가 흐른다. 이때 정공 및 전자는 각각 재결합하여 소멸되나 그것과 같은수의 전자와 정공이 전지의 +, -의 전극에서 보급되므로 연속하여 전류가 흐르게 되는 것이다.

● 접속그림 ●

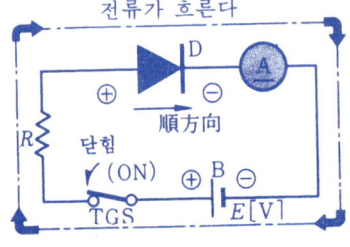

1. 다이오드의 스위칭 동작

③ 다이오드에 역방향 전압을 인가할 경우의 동작

다이오드의 역방향 전압이란?

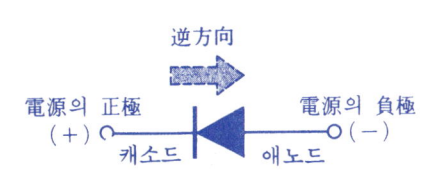

※ 다이오드의 애노드에 전원(전지)의 (-)극을 접속하고 캐소드에 전원(전지)의 (+)극을 접속하는 것을 다이오드에 역방향 전압을 인가하면 전류는 거의인가한다고 한다.
※ 다이오드에 역방향 전압을 인가하면 전류는 거의 흐르지 않는다.

역방향 전압을 인가하면 왜 전류가 흐르지 않는가?

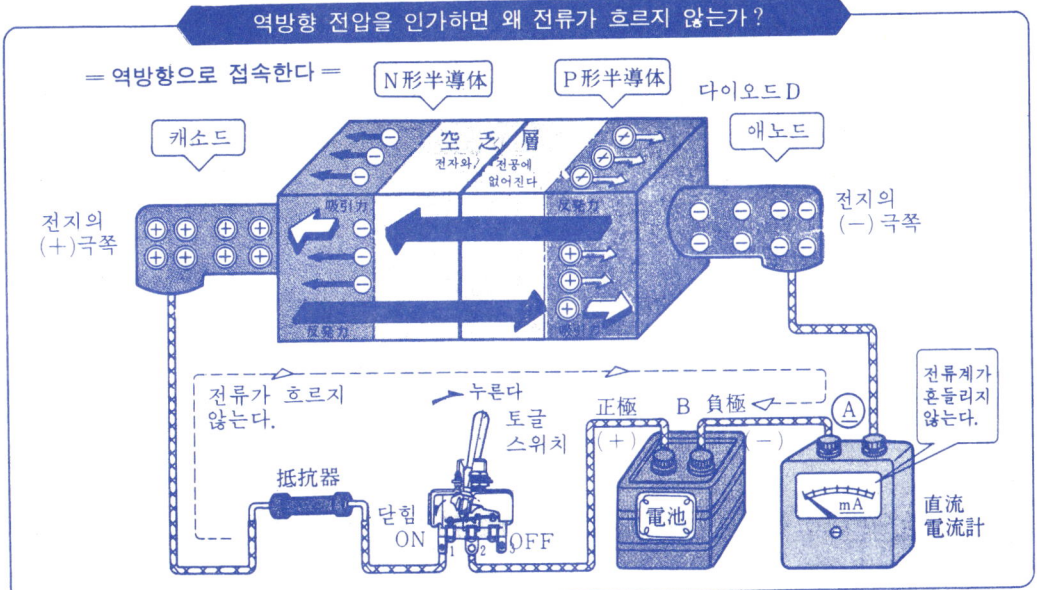

동작의 설명

토글스위치 TGS를 닫힘(ON)으로 하면 다이오드의 애노드에 전지의 (-)극이, 캐소드에는 전지의 (+)극이 인가된다.
※ 정공 ⊕의 이동…P형 반도체내의 정공은 전지의 (-)극에 흡인되는 동시에 (+)극의 반발을 받아 P형 반도체내에서 우측으로 이동한다.
※ 전자 ⊖의 이동…N형 반도체내의 전자는 전지의 (+)극에 흡인되는 동시에 (-)극의 반발을 받아 N형 반도체내에서 좌측으로 이동한다.
※ 전류가 흐르지 않는다…전자와 정공은 P형 반도체와 N형 반도내에서 오직 좌우로 합면을 통과하지 않으므로 다이오드에는 전류가 흐르지 않는 것이다.

●접속그림●

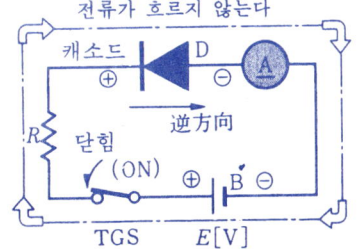

무접점 시이퀀스제어의 기초

④ 다이오드의 스위칭 동작이란?

다이오드의 스위칭 동작이란?

※ 다이오드에는 인가하는 전압의 극성에 따라서 전류가 흐르는 순방향과 전류가 흐르지 않는 역방향의 두 성질이 있다. 이 순방향과 역방향의 성질을 이용하여 회로의 개폐를 하도록 한것이 "다이오드 스위칭 동작"인 것이다.

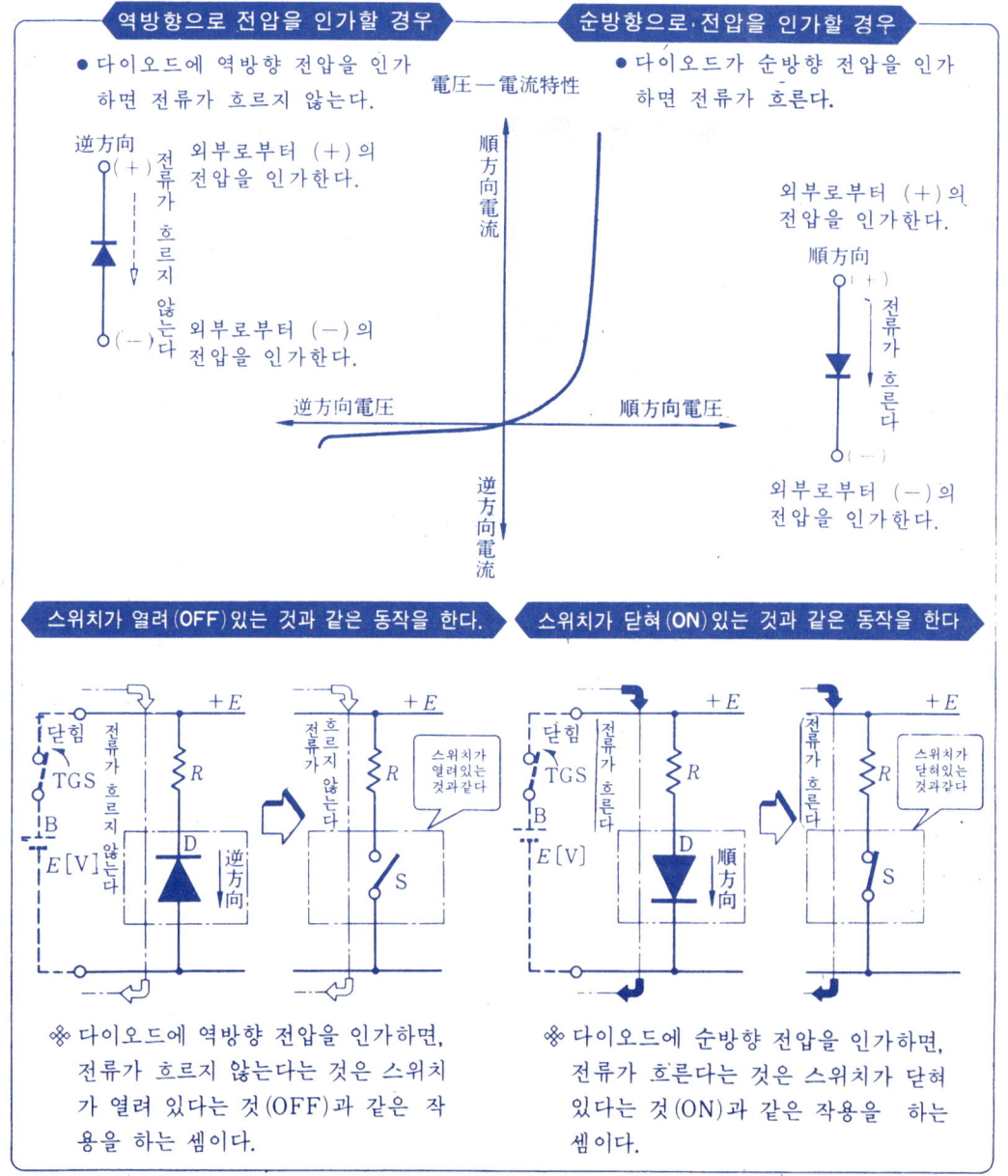

※ 다이오드에 역방향 전압을 인가하면, 전류가 흐르지 않는다는 것은 스위치가 열려 있다는 것(OFF)과 같은 작용을 하는 셈이다.

※ 다이오드에 순방향 전압을 인가하면, 전류가 흐른다는 것은 스위치가 닫혀 있다는 것(ON)과 같은 작용을 하는 셈이다.

2. 트랜지스터의 스위칭 동작

① 트랜지스터란 어떤 것인가?

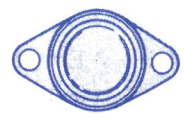

트랜지스터란?

※ 트랜지스터란 P형 반도체와 N형 반도체를 교대로 접합한 3층의 반도체 소자로서 그 조합에 따라 PNP형과 NPN형 트랜지스터가 있다.

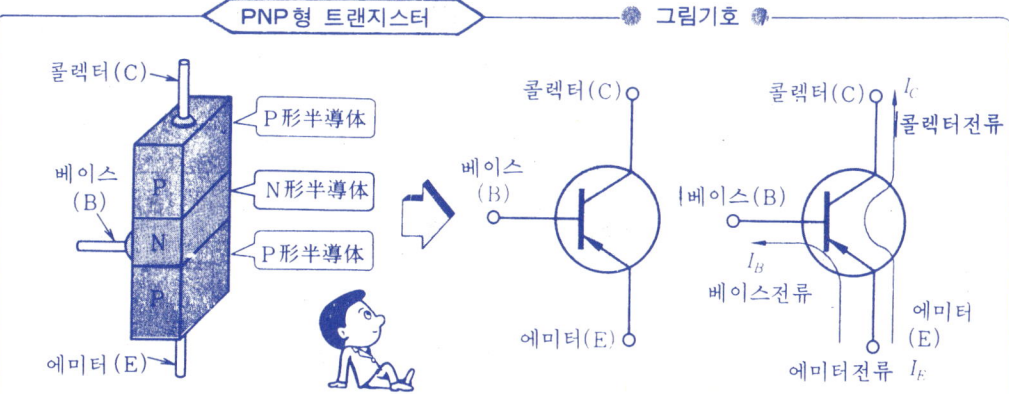

※ P형 반도체 및 N형 반도체를 P형, N형, P형 순으로 접합한 것을 PNP형 트랜지스터라 한다.

※ PNP형 트랜지스터에서는 위쪽의 P형 반도체를 콜렉터 C(Collector)전극, 중앙의 N형 반도체를 베이스 B(Base)전극, 아래쪽의 P형 반도체를 에미터 E(Emitter)전극이라 한다.

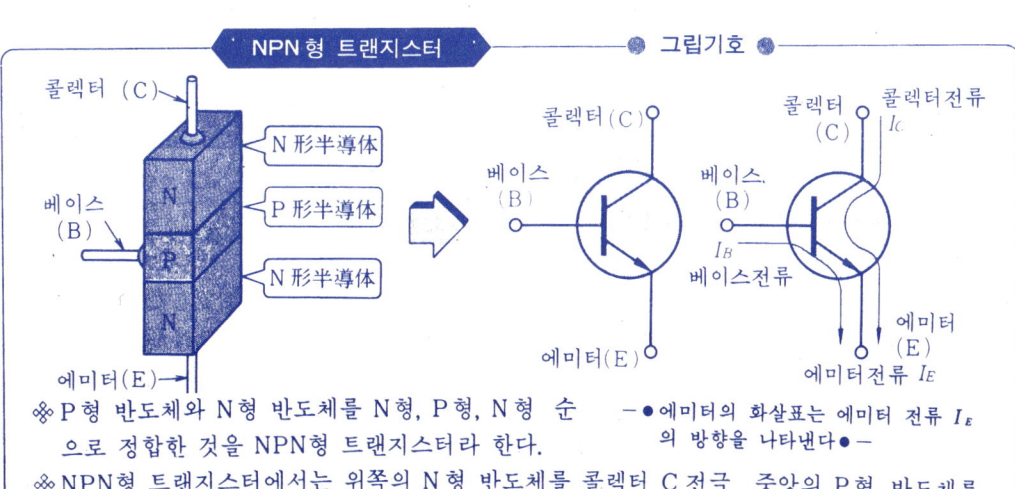

※ P형 반도체와 N형 반도체를 N형, P형, N형 순으로 접합한 것을 NPN형 트랜지스터라 한다.

※ NPN형 트랜지스터에서는 위쪽의 N형 반도체를 콜렉터 C 전극, 중앙의 P형 반도체를 베이스 B전극, 아래쪽 N형 반도체를 에미터 전극이라 한다.

② NPN형 트랜지스터의 동작

❖ NPN형 트랜지스터가 어떻게 동작하는가를 실제로 살펴보자.

❖ NPN형 트랜지스터의 베이스회로에는 베이스B가 (+), 에미터 E가 (−)로 되도록 전지 E_B를 접속한다. 또 콜렉터회로에는 콜렉터C가 (+), 에미터E가 (−)로 되도록 전지 E_C를 접속한다.

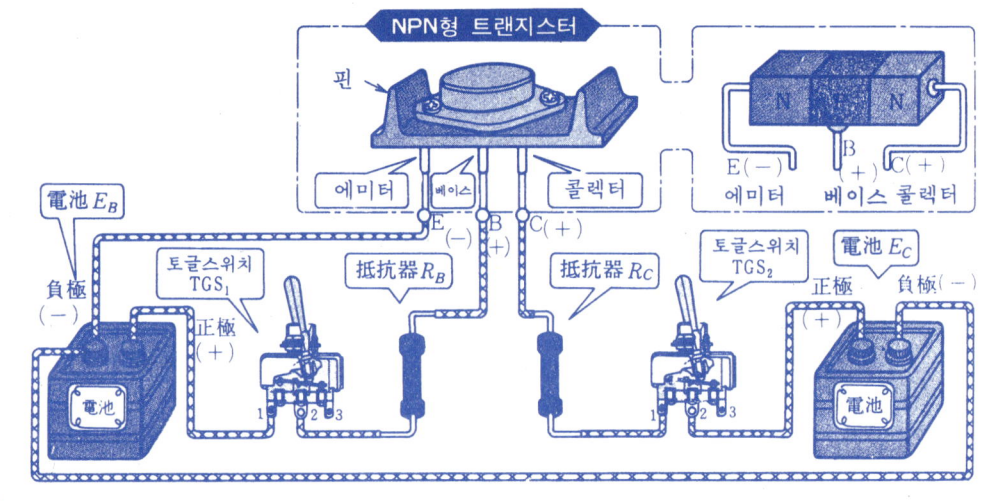

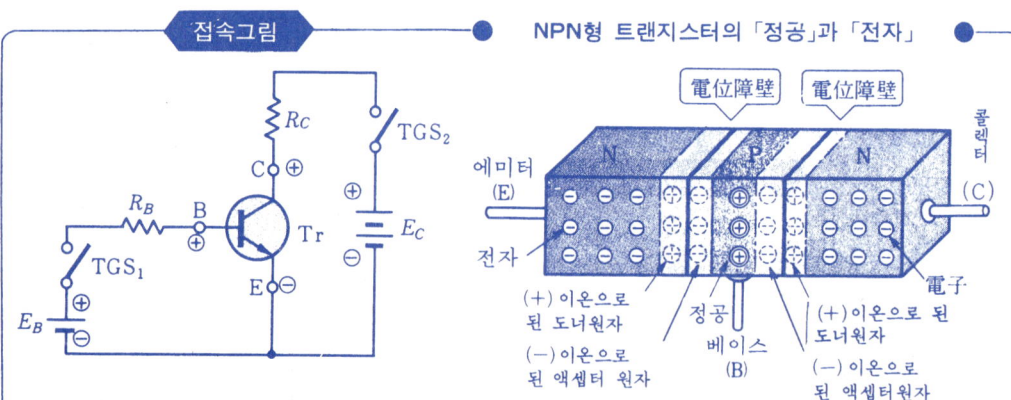

❖ NPN형 트랜지스터에 외부로부터 전압을 인가하지 않을 경우에는 PN접합의 항에서 설명한 것처럼 어느 PN접합부에도 공간 전하에 의한 전위 장벽이 이루어지므로 양단의 N형 반도체내의 전자 및 중앙의 P형 반도체내의 정공은 각각의 접합부를 넘어 이동하는 일이 없다.

❖ NPN형 트랜지스터의 N형 반도체내에는 다수의 전자가, P형 반도체내에는 정공이 다수 있는 것을 하고 앞으로의 이야기를 진행시킨다.

2. 트랜지스터의 스위칭 동작

베이스와 에미터간에 전압을 인가할 경우의 동작

※ NPN형 트랜지스터의 베이스와 에미터간에 전압을 인가할 경우의 동작을 살펴보자.

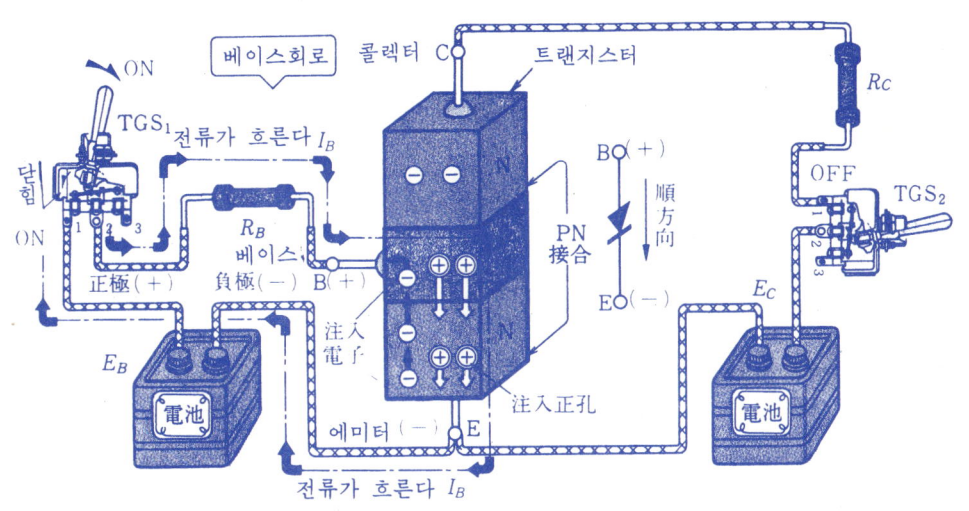

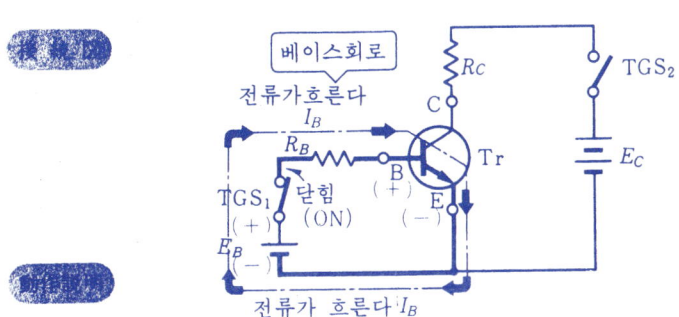

※ NPN형 트랜지스터의 베이스(P형 반도체)와 에미터(N형 반도체)는 PN접합·형식으로 되어 있다.

(1) 베이스회로에 있어서 토글스위치 TGS_1을 닫힘(ON)으로 하면 베이스 B에 전지 E_B의 (＋)극이, 에미터 E에는 (－)극이 접속되므로 마치 순방향의 전압이 인가된 것과 같다.

(2) 베이스 B(P형 반도체) 내에 존재하는 정공 ⊕은 전지 E_B의 (－)극에 흡인되므로 에미터 E를 향하여 이동한다.

(3) 에미터 E(N형 반도체) 내에 존재하는 전자 ◎는 전자 E_B의 (＋)극에 흡인되므로 베이스 B를 향하여 이동한다.

(4) 따라서 베이스회로에는 베이스 B에서 에미터 E로 향하여 전류(베이스전류 I_B)가 흐른다.

② NPN형 트랜지스터의 동작

베이스와 에미터, 콜렉터와 에미터간에 전압을 인가한 경우의 동작

※ NPN형 트랜지스터의 베이스와 에미터 및 콜렉터와 에미터간에 동시에 전압을 인가한 경우에 대하여 살펴보자.

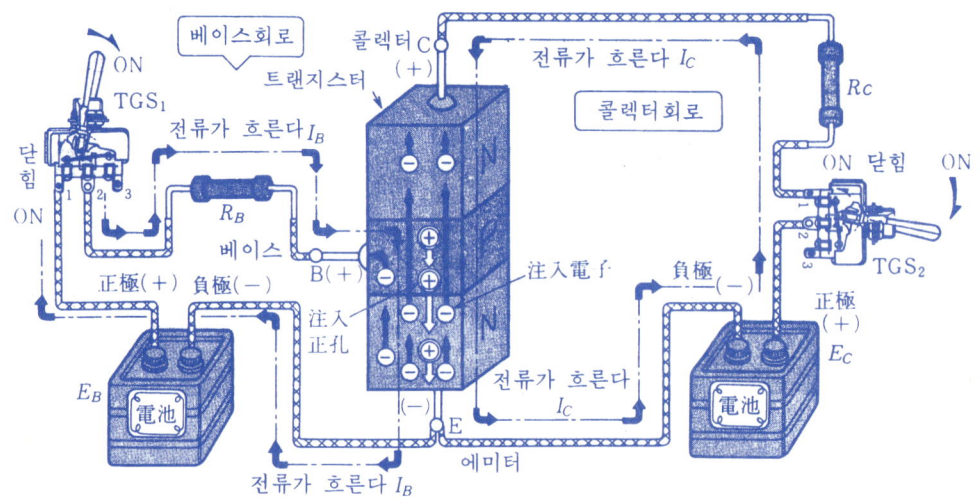

동작설명   NPN형 트랜지스터는, 베이스전류 I_B 가 흐르면 콜렉터전류 I_C 가 콜렉터 C에서 에미터 E를 향하여 흐른다.

(1) 베이스회로의 토글스위치 TCS₁을 닫으면 (ON) 베이스 B와 에미터 E간에는 순방향전 압 E_B 가 인가되고 에미터내의 전자 ⊖는 베이스를 향하여 이동하며 베이스 B 내의 정 공 ⊕는 에미터 E를 향하여 이동하므로 베이스전류 I_B 가 흐른다.

(2) 콜렉터회로의 토글스위치 TGS₂를 콜렉터C와 에미터 E사이에는 E_B 보다도 훨씬 높은 플러스전압 E_C 가 인가되므로 베이스 B를 향하던 에미터 내의 전자 ⊖는 이것에 흡인 되어 베이스B(몇 10미크론 밖에 안되는)를 통과하여 콜렉터C에 흘러들어 콜렉터전류 I_C 로 된다.

※ 콜렉터와 에미터 사이에 전압을 인가하는 것만으로는 전류가 흐르지 않으나 동시에 베이스와 에미터 사이에 순방향의 전압을 걸면 베이스 전류 I_B 가 흐름과 함께 콜렉터에서 에미터를 향하여 콜렉터전류 I_C 가 흐른다.

※ NPN형 트랜지스터에서는 에미터내의 전자가 "전기를 나르는" 것이 특징이라 할 수 있다.

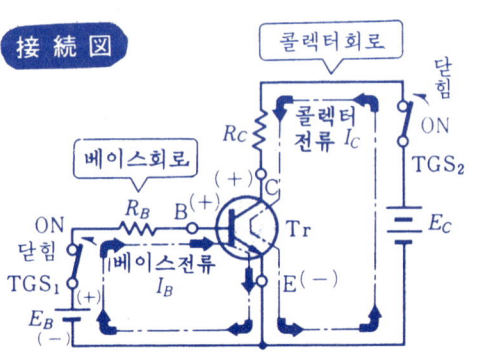

— 138 —

2. 트랜지스터의 스위칭 동작

③ PNP형 트랜지스터의 동작

※ PNP형 트랜지스터의 베이스회로에는, 베이스 B가 부(－), 에미터 E가 정(＋)로 되도록 전지 E_B를 접속한다. 또 콜렉터회로에는 콜렉터 C가 부(－), 에미터 E가 정(＋)로 되도록 전지 E_C를 접속한다. 이것은 마치 NPN형 트랜지스터의 경우에 대하여 전지의 정, 부가 정반대로 되어 있다.

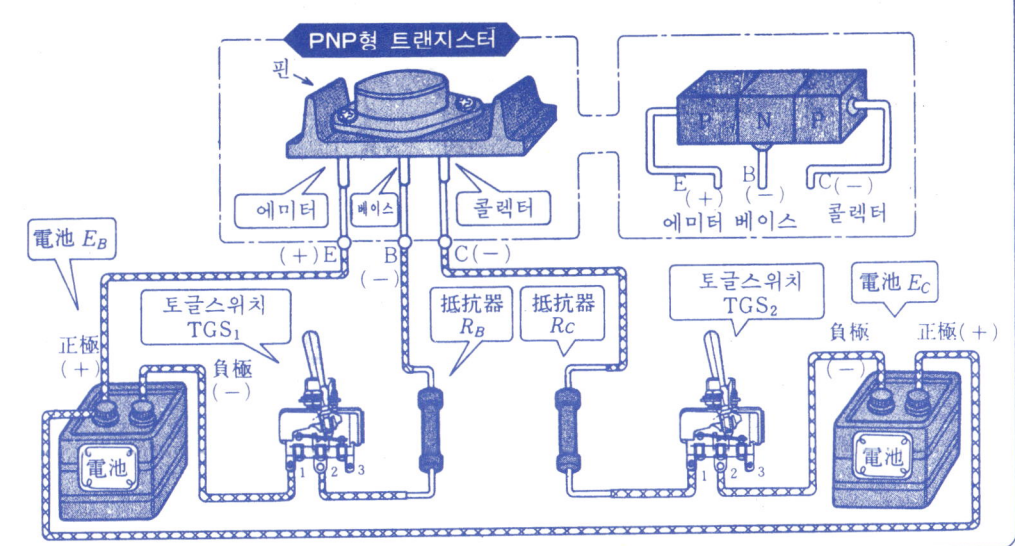

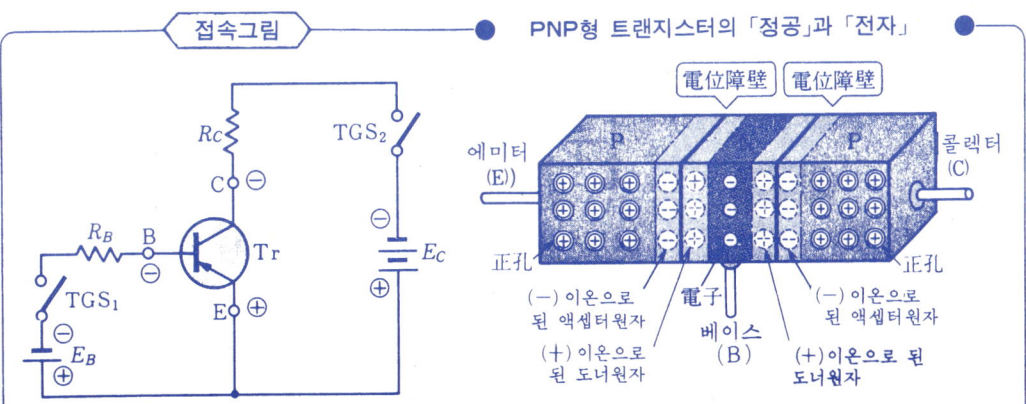

※ PNP형 트랜지스터에 외부로부터 전압을 가하지 않을 때에는 PN접합에서 이미 설명한 것처럼 PN접합부에는 모두 공간 전하에 의한 전위 장벽이 생기므로 양단의 P형 반도체내의 정공 및 중앙의 N형 반도체내의 전자가 각각의 접합부를 넘어 이동하지 못한다.

※ PNP형 트랜지스터의 P형 반도체내에는 다수의 정공이, N형 반도체내에는 많은 전자가 있는 것으로 치고 앞으로의 이야기를 진행시킨다.

③ PNP형 트랜지스터의 동작

베이스와 에미터간에 전압을 인가한 경우의 동작

※ PNP형 트랜지스터의 베이스와 에미터간에 전압을 인가할 경우의 동작에 대하여 살펴보기로 한다.

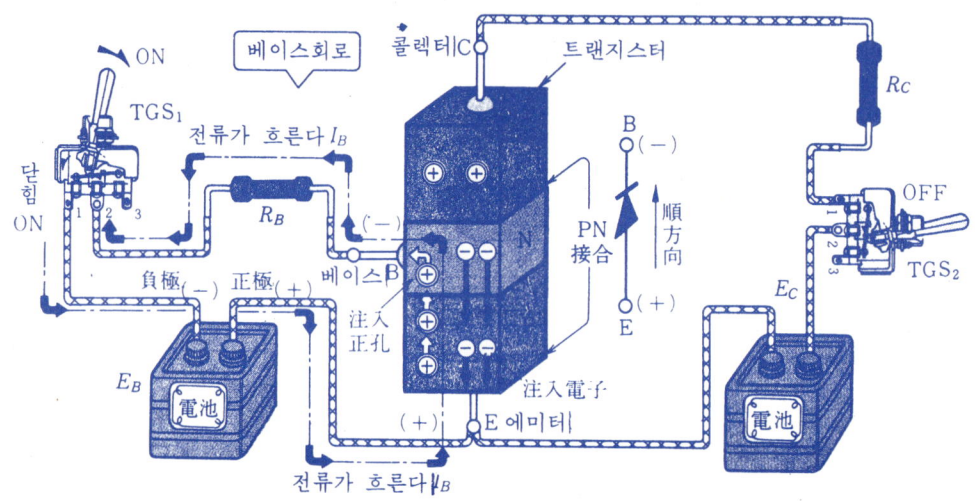

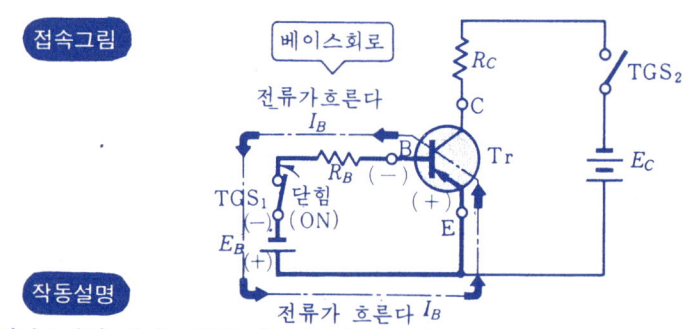

※ PNP형 트랜지스터의 베이스(N형 반도체)와 에미터(P형 반도체)는 PN접합 형식으로 되어 있다.

(1) 베이스 회로에 있어서 토글스위치 TGS_1을 닫으면(ON) 베이스 B에 전지 E_B의 (−)극이, 또 에미터 E에 (+)극이 접속되어 있으므로 마치 순방향의 전압이 인가된 것과 똑같다.

(2) 베이스 B(N형 반도체)내에 존재하는 전자 ⊖는 전지 E_B의 (+)극에 흡인되어 에미터 E를 향하여 이동한다.

(3) 에미터 E(P형 반도체)내에 존재하는 정공 ⊕는 전지 E_B의 (−)극에 흡인되어 베이스 B를 향하여 이동한다.

(4) 따라서 베이스회로에는 에미터 E에서 베이스 B를 향하여 전류(베이스전류 I_B라 한다)가 흐른다.

2. 트랜지스터의 스위칭 동작

베이스와 에미터, 콜렉터와 에미터간에 전압을 인가할 경우의 동작

※ PNP형 트랜지스터의 베이스와 에미터 및 콜렉터와 에미터간에, 동시에 전압을 인가할 경우의 동작에 대하여 살펴보기로 하자.

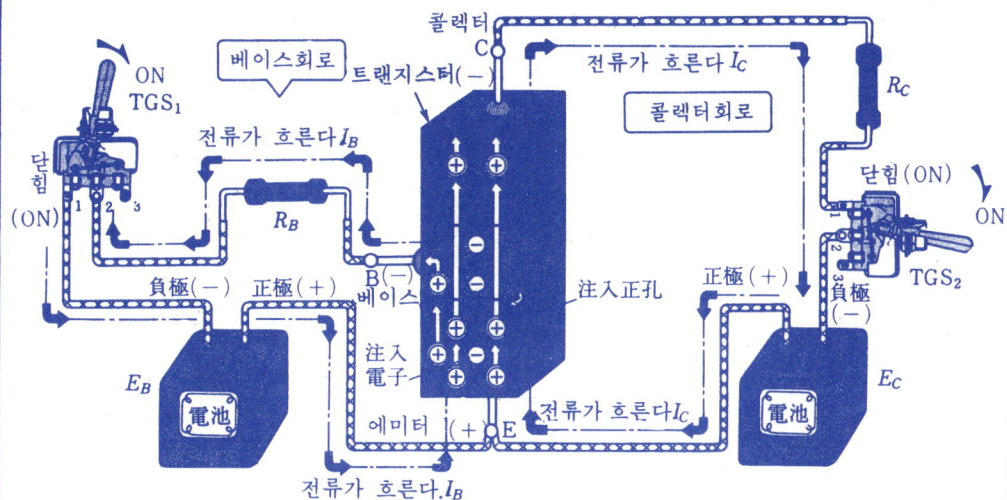

작동설명

※ PNP형 트랜지스터는 베이스전류 I_B가 흐르면 콜렉터전류 I_C가 에미터 E에서 콜렉터 C로 향하여 흐른다.

(1) 베이스회로의 토글스위치 TGS₁을 닫으면(ON) 베이스 B와 에미터간에는 순방향전압 E_B가 인가되므로 에미터내의 정공 ⊕는 베이스를 향하여 이동하고 베이스 B내의 전자 ⊖는 에미터 E를 향하여 이동하므로 베이스전류 I_B가 흐른다.

(2) 콜렉터회로의 토글스위치 TGS₂를 닫으면(ON) 콜렉터 C와 에미터 E간에는 E_B 보다 훨씬 높은 플러스의 전압 E_C가 인가되므로 B를 향하여 흐르던 에미터내의 정공 ⊕은 이것에 흡인되어 베이스 B(몇 10미크론 밖에 안되는)를 지나 콜렉터 C에 흘러들어 콜렉터내의 정공이 흘러나가는 상태가 되는데 이것을 콜렉터전류 I_C라 한다.

※ 콜렉터와 에미터간에만 전압을 인가했을 때에는 전류가 흐르지 않으나 이와 동시에 베이스와 에미터간에 순방향의 전압을 걸면 베이스전류 I_B가 흐르는 동시에 에미터에서 콜렉터를 향하여 콜렉터전류 I_C가 흐르는 것이다.

※ PNP형 트랜지스터에서는 에미터 내의 정공이 "전기를 나르는"것이 특징이라 할 수 있다.

접속그림

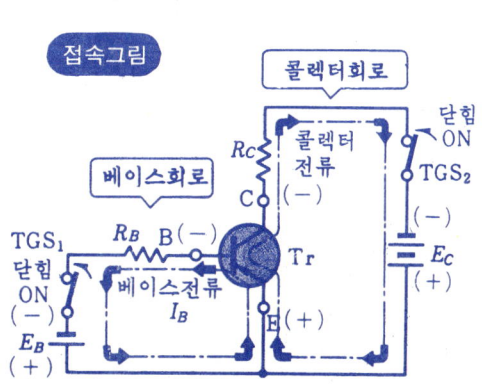

④ 트랜지스터의 스위칭 동작

트랜지스터의 스위칭 동작이란?

※ 트랜지스터의 특성은 베이스전류의 크기에 따라서 OFF영역(차단영역)과 ON영역 (포화영역) 및 그 중간의 활성영역으로 나눌 수 있다.
※ 트랜지스터의 베이스전류의 크기를 변화시킴으로써 이 ON영역과 OFF영역만을 동작하도록 하여 회로의 개폐를 하는 스위칭 소자로서 트랜지스터를 사용할 것이 트랜지스터의 스위칭 동작이다.

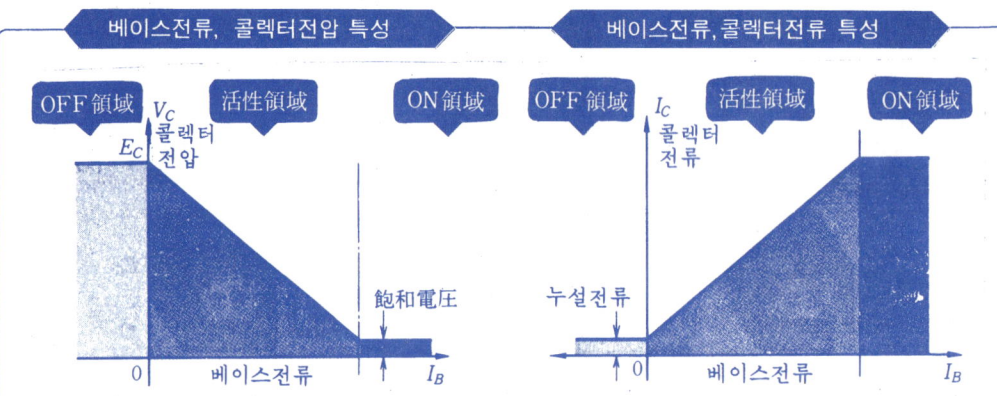

베이스전류, 콜렉터전압 특성 / 베이스전류, 콜렉터전류 특성

※ NPN형 트랜지스터와 PNP형 트랜지스터는 인가하는 전원전압의 극성과 각 전류의 흐르는 방향이 반대로 될 뿐 스위칭 동작의 양상은 똑같다.
- OFF 영역 ···· 베이스전류 I_B가 흐르지 않는 영역에서는 콜렉터 전압 V_C가 대략 전원전 (차단영역) 압 E_C로 되고 콜렉터에는 누설전류만이 흐른다.
- 활성영역 ···· 베이스저항 R_B를 감소하고 베이스전류 I_B를 증가시키면 콜렉터전류 I_C가 증가하는 한편, 콜렉터전압 V_C는 부하저항 R_C의 전압강하 ($V_C = E_C - R_C I_C$) 로 인하여 감소된다.
- ON 영역 ···· 베이스전류 I_B를 더욱 증가시키면 콜렉터전류 I_C는 어느 일정치 이상으로 (포화영역) 더 커지지 않는다. 이때의 콜렉터, 에미터간의 전압을 포화전압이라 한다.

주 : 실용적인 시이퀸스제어회로에서는 OFF영역에서의 누설전류 및 ON영역에서의 포화전압은 대개의 경우 무시할 수 있다.

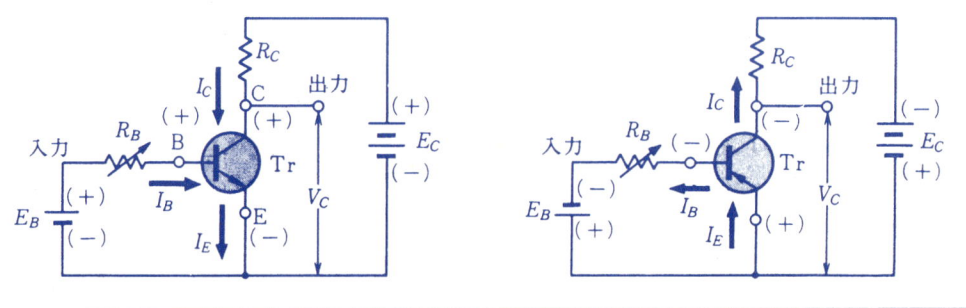

2. 트랜지스터의 스위칭 동작

트랜지스터의「OFF 동작」 ● 스위치의「OFF 동작」●

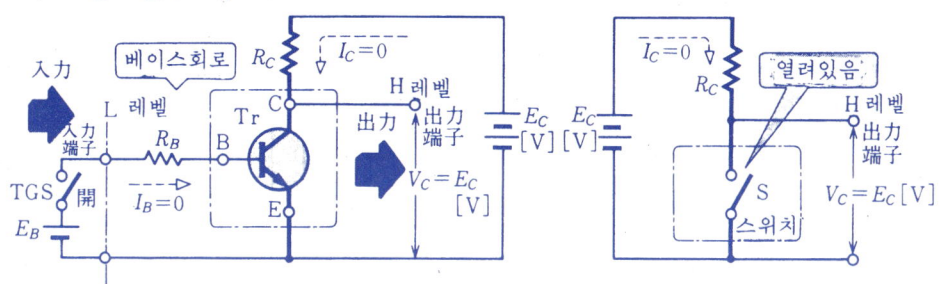

※ 트랜지스터에 있어서 베이스회로의 베이스 B와 에미터 E를 입력단자, 콜렉터 회로의 콜렉터 C와 에미터 E를 출력단자라 한다.
※ 베이스회로의 스위치 TGS를 연 상태(OFF)에서는 베이스B에 전압이 인가되지 않으므로 베이스전류가 흐르지 않는다. 따라서 콜렉터C에서 에미터 E로 향하는 콜렉터전류 I_c도 흐르지 않는다.
※ 콜렉터전류 I_c가 흐르지 않는다는 것은 콜렉터C와 에미터E 사이가 개방되었다는 것과 마찬가지이므로 트랜지스터 스위치 S라 생각하면 스위치 S가 열려있는 셈이다. 이것을 트랜지스터의「OFF동작」이라 한다.
※ 콜렉터회로에 있어서 콜렉터C와 에미터E 사이에 열려있는 (OFF)상태에서는 출력 단자 (C-E간)의 전압은 $+E_c$ [V]로 된다.

출력단자 전압이 E_c [V]로 되는 이유 ● 스위치「열림」의 단자전압 ●

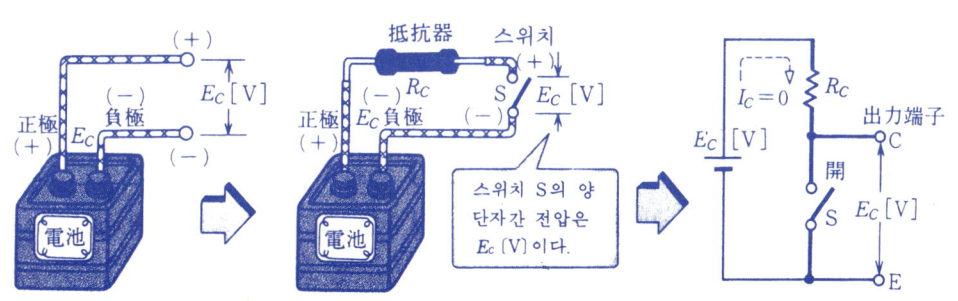

※ 전지의 기전력을 E_c [V]이라 하면 전류의 (+)극과 (-)극간의 전압은 전류가 흐르지 않고 있는 상태에서는 E_c [V]이다.
※ 전지의 (+)극쪽에 저항기 R_c를 접속하고 스위치 S를 열면 전지에 전류가 흐르지 않으므로 스위치 S의 양단의 전압은 역시 E_c [V]이다.
※ 스위치 S의 양단에 있는 출력단자 C,E를 떼고 스위치 S를 열었을 때의 단자 CE 간의 전압은 전지의 기전력과 같은 E_c [V]이다.

4 트랜지스터의 스위칭 동작

트랜지스터의「ON동작」 — **스위치의「ON동작」**

〈NPN형 트랜지스터〉

※ 베이스회로의 스위치 TGS를 닫으면 전지 E_B에서 저항기 R_B를 통한다음 베이스 B에서 에미터 E를 향하여 베이스전류 I_B가 흐른다. 따라서 콜렉터 C에서는 에미터 E를 향하여 콜렉터 전류 I_C가 흐른다.

※ 콜렉터 전류 I_C가 흐른다는 것은 콜렉터C와 에미터 E사이가 닫혀 있다는 것이므로 트랜지스터를 스위치라고 생각할 경우, 스위치 S가 닫혀 있는 것 (ON)과 같다. 이것을 트랜지스터의「ON동작」이라 한다.

※ 콜렉터회로에 있어서 콜렉터 E의 사이가 닫혀있는 상태(ON)에서는 출력단자(C-E)간의 전압이 거의 0〔V〕로 된다.

출력단자 전압이 0〔V〕로 되는 이유 — **스위치「닫힘」의 단자전압**

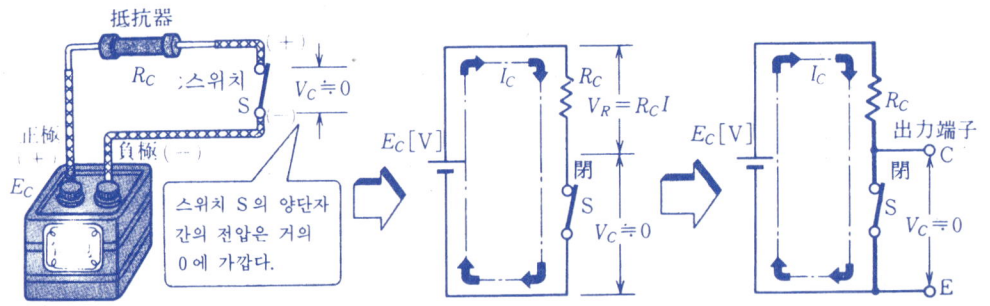

※ 전지의 (+) 극쪽에 저항기 R_C를 접속하고 스위치 S를 닫으면 이 회로에는 오옴의 법칙에 따른 전류 I_C가 흐른다.

$$I_C = \frac{E_C}{R_C} \qquad E_C = R_C I \qquad V_R = E_C$$

※ 스위치 S의 도체저항 및 접촉저항은 저항 R_C에 비하여 무시할 수 있는 값이므로 스위치 S의 단자전압은 거의 0〔V〕이고 전지전압 E_C는 저항 R_C에 인가된다.

※ 스위치 S의 양단에서 출력단자 C, E를 떼면 스위치 S를 닫았을 때의 단자 CE간의 전압은 거의 0〔V〕로 된다.

2. 트랜지스터의 스위칭 동작

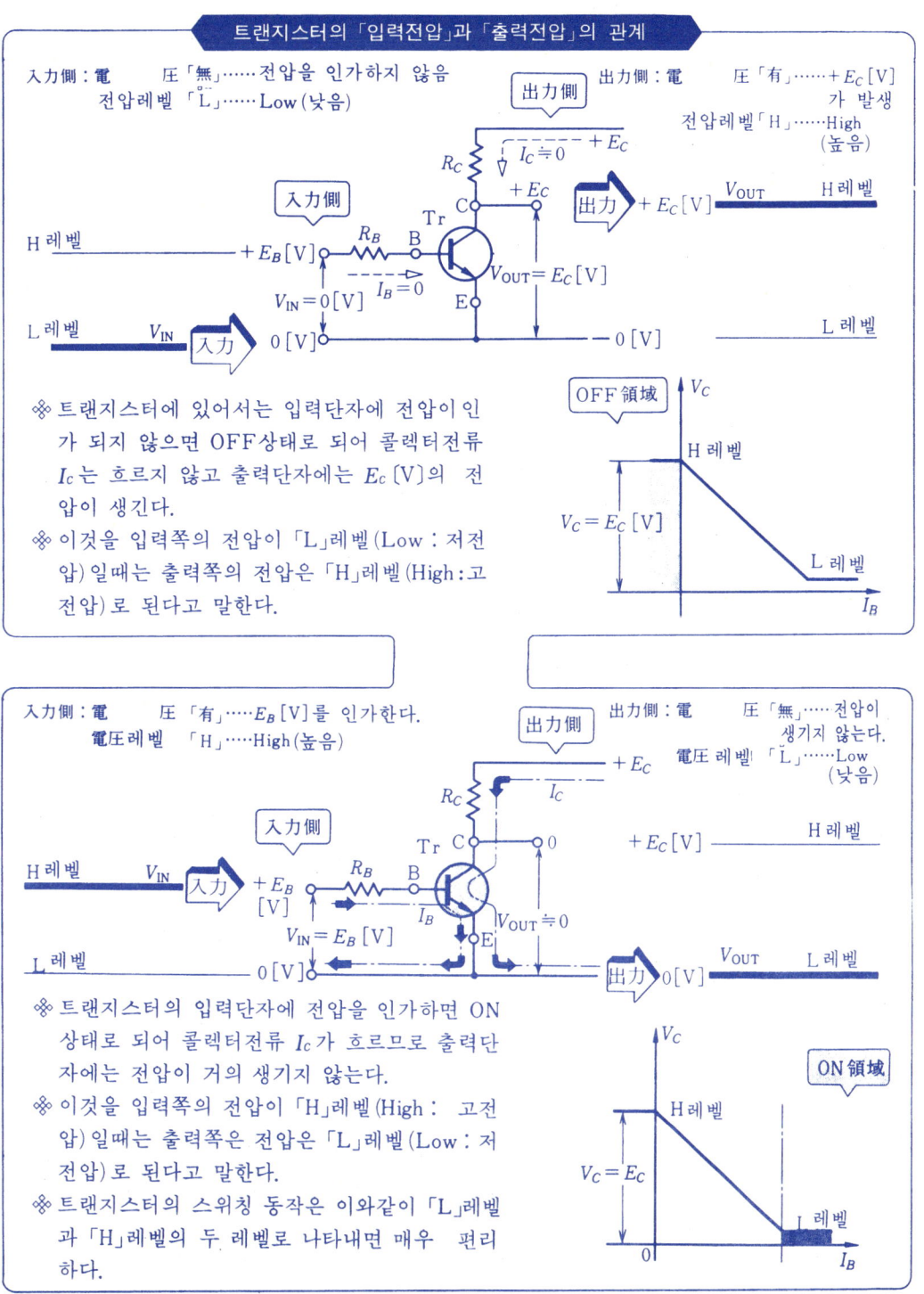

※ 트랜지스터에 있어서는 입력단자에 전압이 인가 되지 않으면 OFF상태로 되어 콜렉터전류 I_C는 흐르지 않고 출력단자에는 E_C[V]의 전압이 생긴다.

※ 이것을 입력쪽의 전압이 「L」레벨(Low : 저전압)일때는 출력쪽의 전압은 「H」레벨(High : 고전압)로 된다고 말한다.

※ 트랜지스터의 입력단자에 전압을 인가하면 ON 상태로 되어 콜렉터전류 I_C가 흐르므로 출력단자에는 전압이 거의 생기지 않는다.

※ 이것을 입력쪽의 전압이 「H」레벨(High : 고전압)일때는 출력쪽은 전압은 「L」레벨(Low : 저전압)로 된다고 말한다.

※ 트랜지스터의 스위칭 동작은 이와같이 「L」레벨과 「H」레벨의 두 레벨로 나타내면 매우 편리하다.

3. AND (논리적) 회로의 판독법

① 논리회로에 있어서의 "0"신호・"1"신호

논리회로의 "0"신호, "1"신호란?

※ 릴레이 시이퀀스, 무접점 시이퀀스를 불문하고 시이퀀스제어에서는 접점이 「열려」있는가, 「닫혀」있는가, 반도체가 「불도통」인가, 「도통」하고 있는가 또는 전압이 「인가되어 있지 않은가」「인가되어 있는가」등 전기적으로 구별되는 두 신호치(2값신호)의 제어를 기본으로 하고 있다.

※ 이 2값신호의 한쪽을 "0"신호, 나머지를 "1"신호로 표시한다. 일반적으로 긍정의 것에는 "1", 부정의 것에는 "0"을 사용하고 있다.

※ 2값신호를 나타내는 "0"과 "1"은 서로 다른 상태를 의미하는 기호일 뿐 대수에서 말하는 숫자의 "0"이다, "1"과는 다르다.

※ 이 "0"신호, "1"신호의 표시는 제어소자의 입력, 출력의 기능관계의 표시 또는 제어회로의 동작설명 등에 사용되고 있다.

개폐접점의 "1"신호

※ 접점이 「열려」있는 것을 "0"신호로 표시한다.

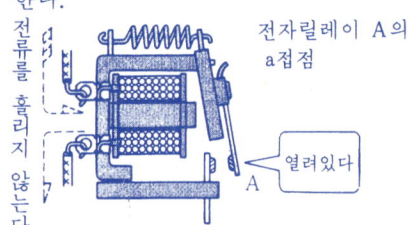

전자릴레이 A의 a접점
열려있다

● 전자 릴레이의 접점 A가 열려 있다는 것을
$$A = 0$$
로 나타낸다.

개폐접점의 "0"신호

※ 접점이 「닫혀」있는 것을 "1"신호로 표시한다.

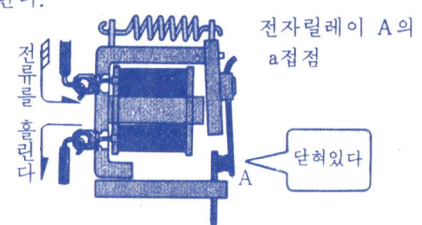

전자릴레이 A의 a접점
닫혀있다

● 전자 릴레이의 접점 A가 닫혀 있다는 것을
$$A = 1$$
로 나타낸다.

논리적 표시법

※ 입력접점 X의 개폐와 전자릴레이의 출력접점 A의 동작관계는,
● 입력접점 X가 열려 있을 때 출력접점 A는 열려있다.
$$X = 0 \cdots\cdots A = 0$$
● 입력접점 X가 닫혀 있을 때 출력접점 A는 닫혀있다.
$$X = 1 \cdots\cdots A = 1$$
이것을 논리식으로 나타내면
$$X = A$$
로 된다.

= 시이퀀스도 =

● 실제배선그림〔예〕●

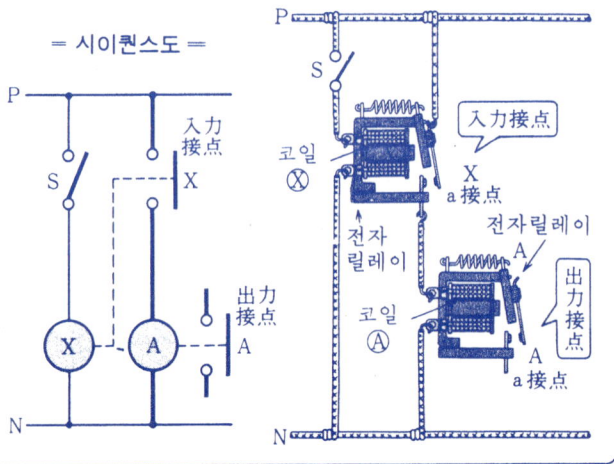

3. AND(논리적) 회로의 판독법

❈❈ 무접점 시이퀀스에서는 전자릴레이 접점의 「개」 「폐」에 해당하는 것으로서 입출력 단자전 압의 「유」 「무」 또는 고전압 레벨 「H」, 저전압레벨 「L」등을 2값 신호로서 취급하고 있 다.

다이오드의 "0"신호

❈ 다이오드의 입출력 단자전압이 「무」 또는 저전압 레벨 「L」일 때는 "0" 신호로 나타낸다.

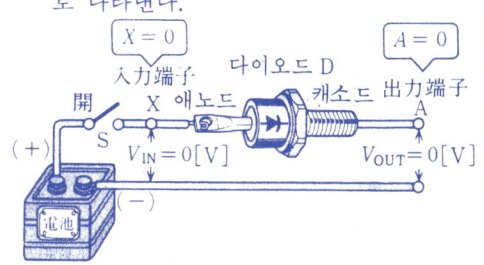

❈ 스위치 S가 열려 있을 때는
- 다이오드의 입력단자 X에 전압이 인가되지 않으므로 …… $X=0$
- 다이오드의 출력단자 A에 전압이 인가되지 않으므로 …… $A=0$

다이오드의 "1"신호

❈ 다이오드의 입출력 단자전압이 「유」 또는 고전압 레벨 「H」일 때는 "1" 신호로 나타낸다.

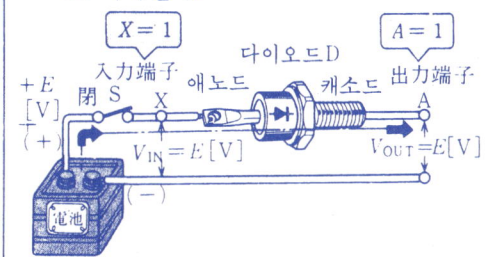

❈ 스위치 S가 닫혀 있을 때는
- 다이오드의 입력단자 X에 전압이 인가되어 있으므로 …… $X=1$
- 다이오드의 출력단자 A에 전압이 인가되어 있으므로 …… $A=1$

트랜지스터의 "0"신호, "1"신호

❈ 트랜지스터의 베이스를 입력단자, 콜렉터를 출력단자로 했을 때 입력단자 X에 "전압을 인가하지 않으면"($X=0$) 트랜지스터는 베이스전류 I_B가 흐르지 않아 OFF상태로 되기 때문에 콜렉터에 전류 I_C가 흐르지 않고 출력단자 A에는 $+E_C$[V]의 "전압이 생긴다" ($A=1$).

〔예〕

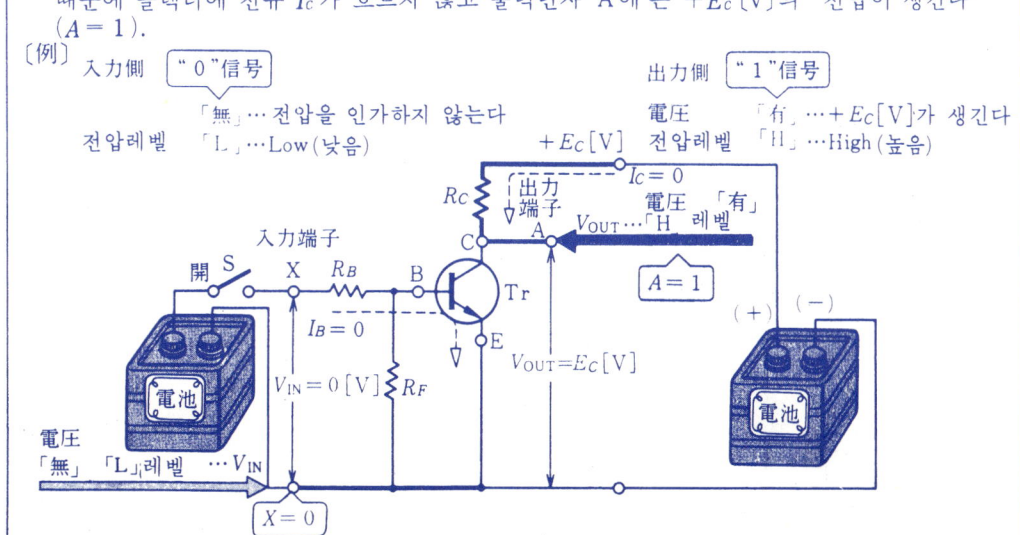

무접점 시이퀀스제어의 기초

② AND 회로란 어떤 것인가?

AND 회로란?

※ AND회로란 입력신호 X_1, X_2가 있을 때 X_1 및 X_2의 양쪽이 모두 "1"신호로 되었을 때만 출력 A가 "1"신호로 되는 회로를 말하며 논리적회로라고도 한다. 이 X_1 및 X_2의 "및"을 영어로 "AND"라 하는데서 이 회로를 AND회로라고 이름진 것이다.

릴레이 시이퀀스 — AND 회로의 실제배선도〔예〕

※ 전자릴레이 접점에 의한 AND회로
입력접점으로서 전자릴레이 X_1 및 X_2의 a접점을 직렬로 접속하고 전자릴레이 A를 여자하되 그 a접점을 출력으로 한 회로를 가리킨다.

시이퀀스도

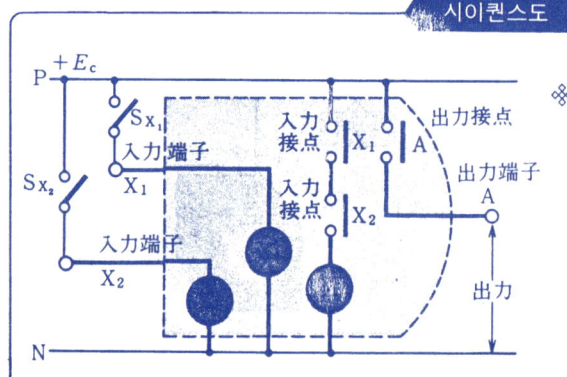

※ 전자릴레이 접점에 의한 AND회로는 2개의 입력 a접점 X_1 및 X_2가 모두「닫힘("1"신호)」로 되었을 때만 전자릴레이A가 동작하여 출력a접점 A가「닫힘("1"신호」로 되므로 출력단자 A에 전압이 생긴다.

— 148 —

3. AND(논리적) 회로의 판독법

무접점 시이퀀스

※ 다이오드에 의한 AND회로
 다이오드 D_{x_1}, D_{x_2}의 각각의 캐소드를 입력단자 X_1 및 X_2로 병렬로 접속하고 애노드를 출력단자 A에 접속한 회로를 가리킨다.

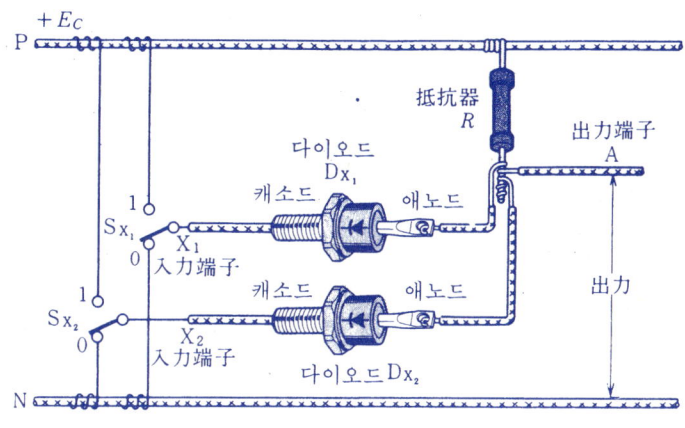

AND 회로의 실제배선도〔예〕

시이퀀스도

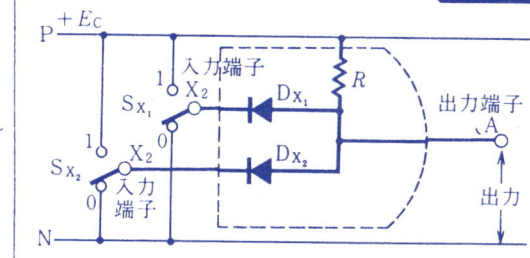

※ 다이오드에 의한 AND회로는 입력단자 X_1 및 X_2가 모두 $+E_c$〔V〕("1"신호)의 레벨일 때만 다이오드 D_{x_1}, D_{x_2}의 양쪽이 역방향으로 되며 전류는 입력측에 흐르지않고 출력단자 A에 $+E_c$〔V〕("1"신호)의 전압이 생긴다.

AND 회로의 논리기호

입력 X_1, X_2 → 출력 A

논리식
$$A = X_1 \cdot X_2$$

※ 출력 A가 입력 X_1과 X_2의 적(곱)으로 표시되므로 "논리적 회로"라 한다.

타임차아트

입력 X_1, 입력 X_2, 출력 A

● 동작표 ●

入力		出力
X_1	X_2	A
0	0	0
1	0	0
0	1	0
1	1	1

※ 동작표란 입력신호의 조합에 대하여 출력신호가 어떻게 되는가를 나타낸 표를 말한다.

무접점 시이퀀스제어의 기초

③ 전자릴레이 접점에 의한 AND 회로의 동작

입력접점이 $X_1=0$, $X_2=0$일 때

※ 입력 a접점 X_1과 X_2의 양쪽 모두가 「열림(0)」으로 되어 있으면 코일 Ⓐ에 전류가 흐르지 않고 전자릴레이 A는 복귀한 채로 있으므로 출력 a접점 A도 「열림(0)」으로 되며 출력단자 A에는 전압이 생기지 않는다.

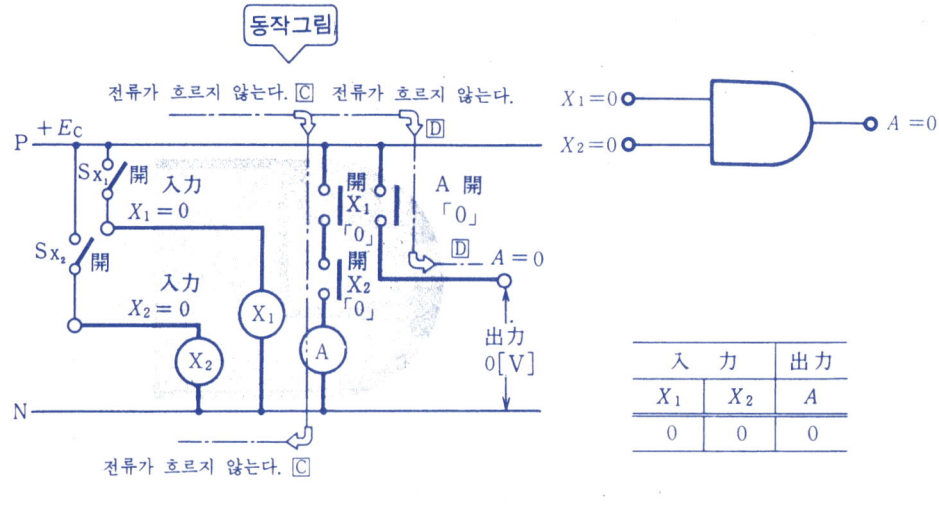

입력접점이 $X_1=1$, $X_2=0$일 때

※ 입력 a접점 X_1이 「닫힘(1)」, X_2가 「열림(0)」으로 되어 있으면 코일 Ⓐ에 전류가 흐르지 않아 전자릴레이 A는 복귀한 채로 있고 출력 a접점 A는 「열림(0)」으로 되므로 출력단자 A에는 전압이 생기지 않는다.

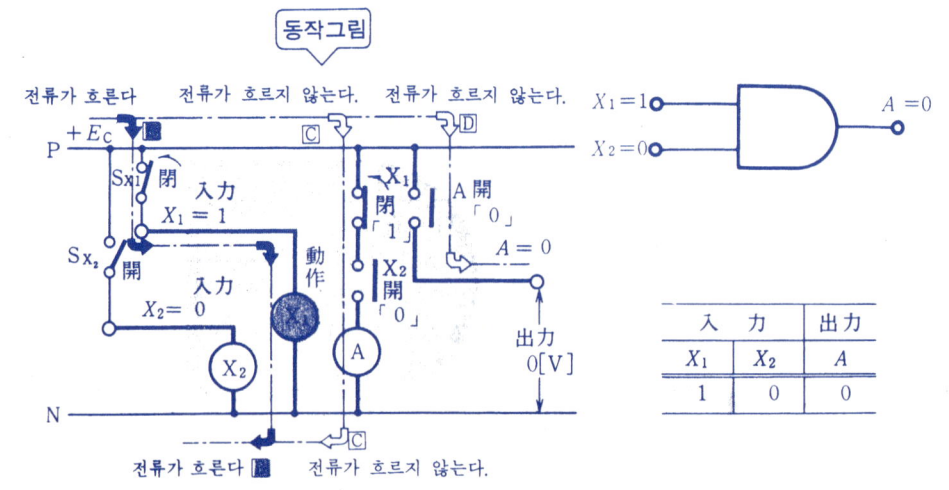

3. AND(논리적) 회로의 판독법

입력접점 $X_1=0$, $X_2=1$일때

※ 입력 a접점 X_1이 「열림(0)」으로 되어 있으면 X_2가 「닫힘(1)」으로 되어 있더라도 코일 Ⓐ에 전류가 흐르지 않고 전자릴레이 A도 복귀한 채로 있으므로 출력 a 접점 A는 「열림 (0)」으로 있고 출력단자 A에 전압이 생기지 않는다.

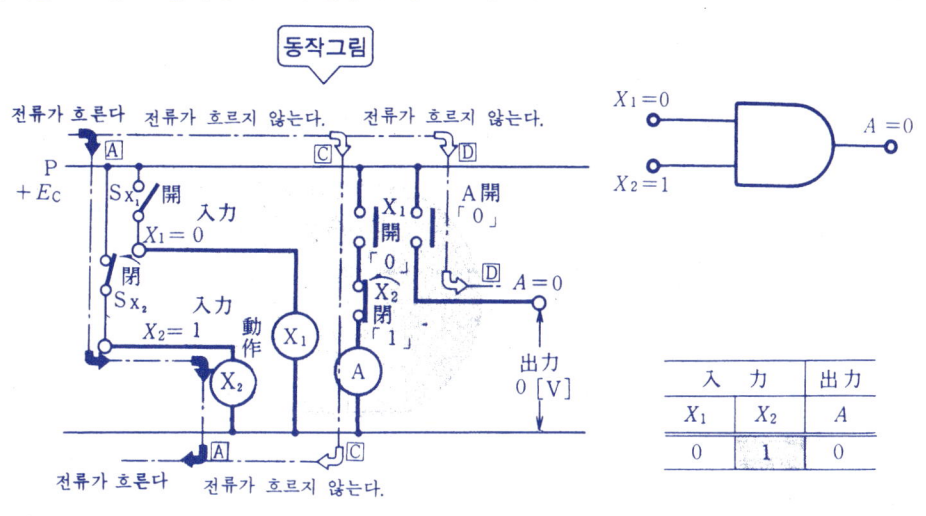

입력접점이 $X_1=1$, $X_2=1$일때

※ 입력 a접점 X_1과 X_2의 양쪽 모두가 「닫힘(1)」이면 코일 Ⓐ에 전류가 흐르고 전자릴레이 A가 동작하여 출력 a접점 A를 「닫힘(1)」으로 하므로 출력단자 A에는 $+E_c$〔V〕의 전압이 생긴다.

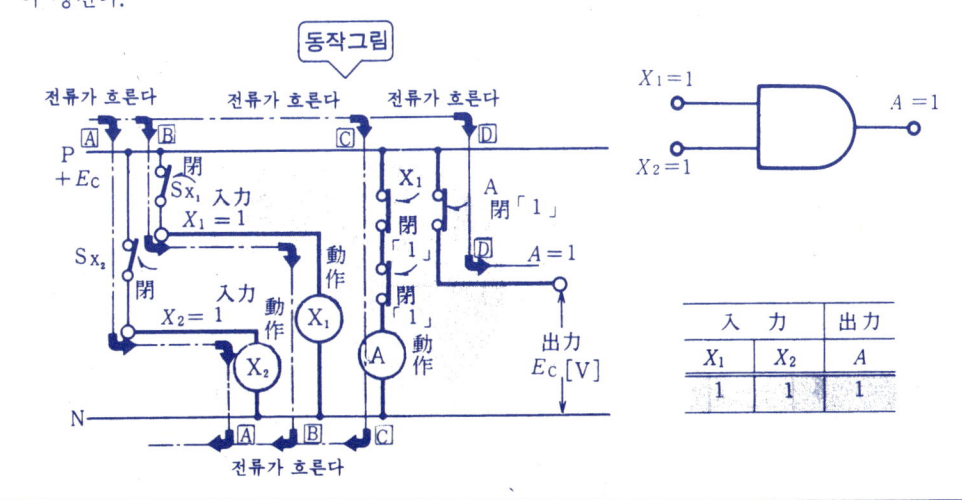

③ 다이오드에 의한 AND회로의 동작

입력신호가 $X_1=0$, $X_2=0$일 때

※ 스위치 S_{X_1}, S_{X_2}를 0쪽에 넣으면 입력단자 X_1, X_2의 전위는 0 [V]「0」으로 되므로 다이오드 D_{X_1}, D_{X_2}에는 순방향의 전압 $+E_c$가 인가되어 전류가 흐르기 때문에 출력단자 A는 입력과 거의 같은 전위(약 0 [V])「0」까지 끌어 내려진다.

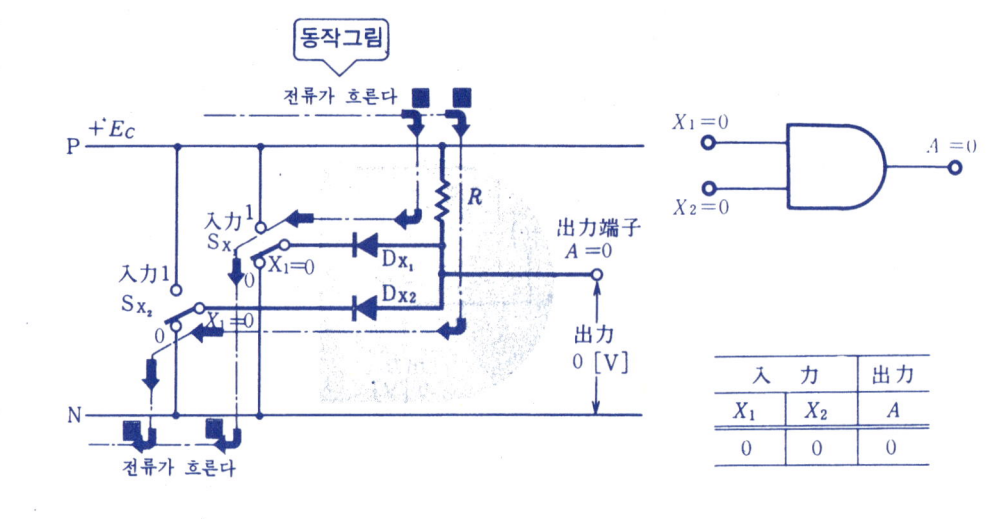

입력신호가 $X_1=1$, $X_2=0$일 때

※ 스위치 S_{X_1}을 1쪽에 넣으면 입력단자 X_1의 전위는 $+E_c$ [V]「1」로 되어 다이오드 D_{X_1}에 역방향 전압을 인가하게 되므로 전류는 흐르지 않는다.
※ 스위치 S_{X_2}을 0쪽에 넣으면 입력단자 X_2의 전위는 0 [V]「0」으로 되어 다이오드 D_{X_1}에 전류가 흐르므로 출력단자 A의 전위는 거의 0 [V]「0」으로 된다.

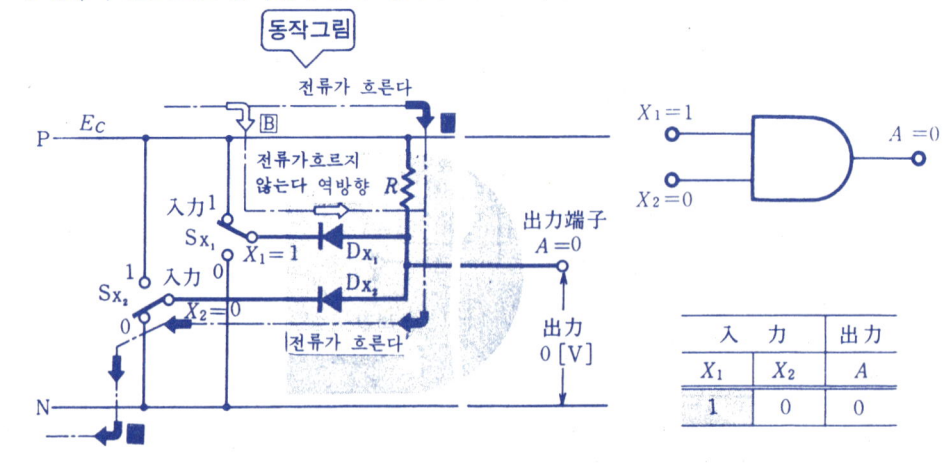

3. AND(논리적) 회로의 판독법

입력신호가 $X_1=0$, $X_2=1$일 때

※ 스위치 S_{X_1}을 0쪽에 넣으면 입력단자 X_1의 전위는 0[V]「0」으로 되어 다이오드 D_{X_1}에 전류가 흐르므로 출력단자 A의 전위는 거의 0[V]「0」으로 된다.

※ 스위치 S_{X_2}를 1쪽에 넣으면 입력단자 X_2의 전위는 $+E_c$[V]「1」로 되어 다이오드 D_{X_2}에 역방향 전압을 인가하게 되므로 전류는 흐르지 않는다.

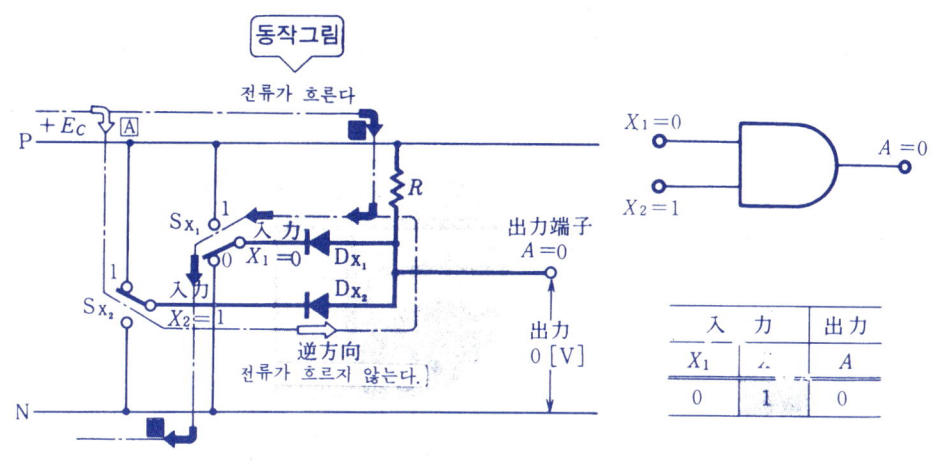

입력신호가 $X_1=1$, $X_2=1$일 때

※ 스위치 S_{X_1}, S_{X_2}를 1쪽에 넣으면 입력단자 X_1, X_2의 전위는 $+E_c$[V]「1」로 되어 다이오드 D_{X_1}, D_{X_2}에 역방향 전압으로서 인가되므로 전류는 흐르지 않는다.

※ 입력측에 전류가 흐르지 않으므로 출력단자 A에는 $+E_c$[V]「1」의 전압이 생긴다.

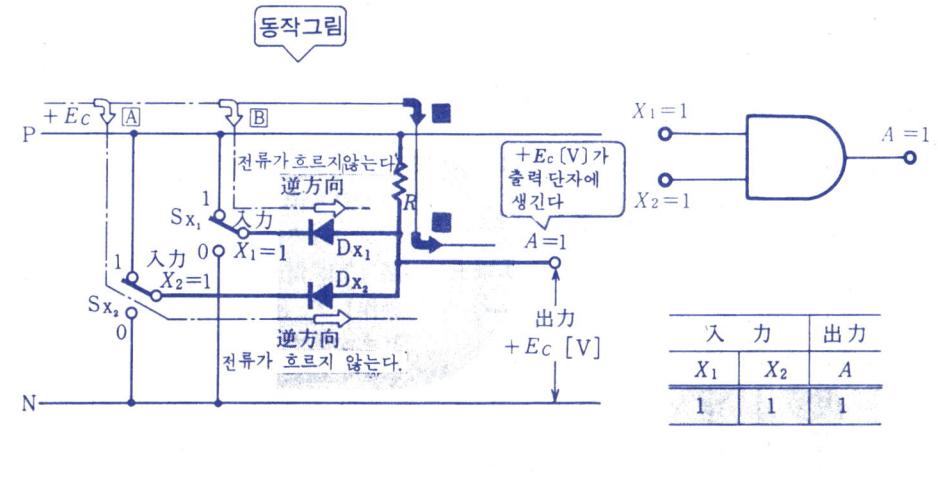

4. OR (논리합) 회로의 판독법

① OR회로란 어떤 것인가?

OR회로란

❈ OR회로란 입력신호 X_1, X_2가 있을 때 X_1 또는 X_2중의 어느 한쪽 또는 양쪽이 모두 "1" 신호일 때 출력 A가 "1"신호로 되는 회로를 말하며 논리합 회로라고도 한다. 이 X_1 또는 X_2의 "또는"을 영어로 "OR"로 하는데서 이 회로를 OR회로라고 이름진 것이다.

릴레이 시이퀀스 ● OR회로의 실제 배선도〔예〕●

❈ 전자릴레이 접점에 의한 OR회로
입력접점으로서 전자릴레이 X_1 및 X_2의 접점을 병렬로 접속하고 전자릴레이 A를 여자하되 그 a접점 A를 출력으로 한 회로를 말한다.

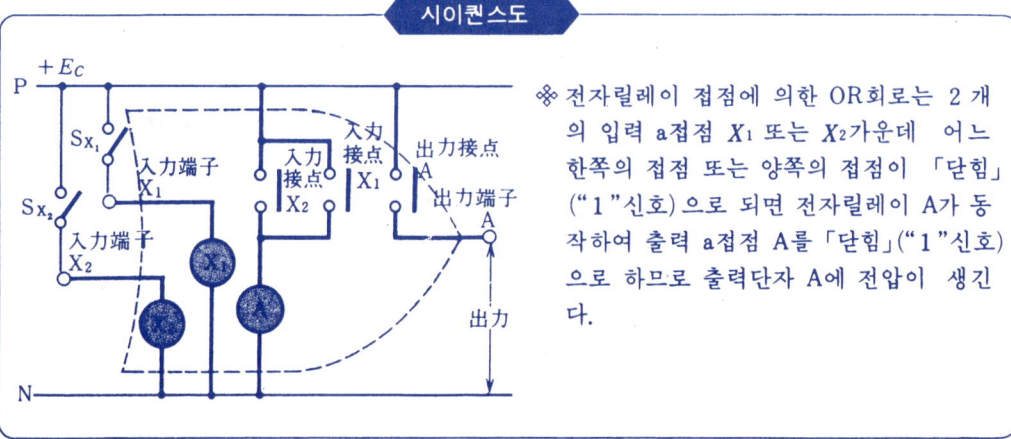

시이퀀스도

❈ 전자릴레이 접점에 의한 OR회로는 2개의 입력 a접점 X_1 또는 X_2가운데 어느 한쪽의 접점 또는 양쪽의 접점이 「닫힘」("1"신호)으로 되면 전자릴레이 A가 동작하여 출력 a접점 A를 「닫힘」("1"신호)으로 하므로 출력단자 A에 전압이 생긴다.

4. OR(논리합) 회로의 판독법

무접점 시이퀀스

※ 다이오드에 의한 OR회로
다이오드 D_{x_1}, D_{x_2}의 각각의 애노드를 입력단자 X_1 및 X_2에 병렬로 접속하고 캐소드를 출력단자 A에 접속한 회로를 말한다.

●OR회로의 실제배선도〔예〕●

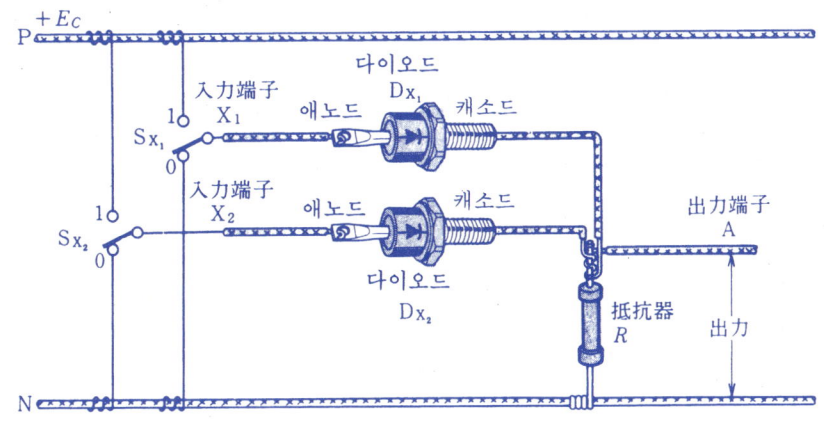

시이퀀스도

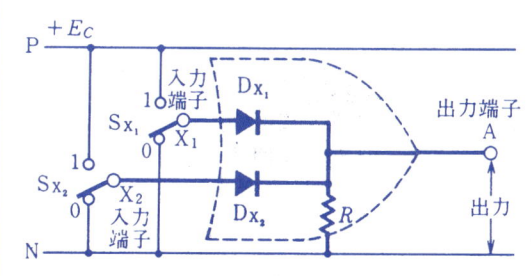

※ 다이오드에 의한 OR회로는 입력단자 X_1 또는 X_2가운데 어느 한쪽 또는 양쪽이 $+E_c$〔V〕("1"신호)의 레벨일 때 그 다이오드에는 순방향 전압이 인가하게 되므로 저항 R을 통하여 전류가 흐르며 출력단자 A에는 $+E_c$〔V〕("1"신호)의 전압이 생긴다.

OR회로의 논리기호

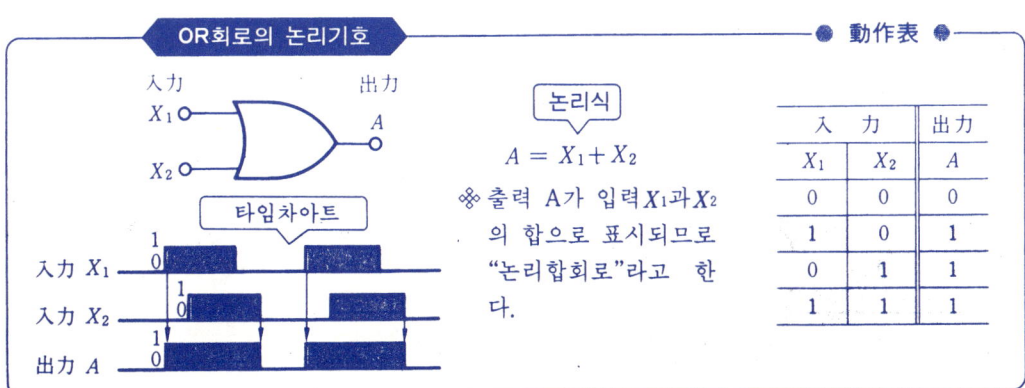

논리식

$$A = X_1 + X_2$$

※ 출력 A가 입력 X_1과 X_2의 합으로 표시되므로 "논리합회로"라고 한다.

● 動作表 ●

入　　力		出力
X_1	X_2	A
0	0	0
1	0	1
0	1	1
1	1	1

— 155 —

무접점 시이퀀스제어의 기초

② 전자릴레이 접점에 의한 OR회로의 동작

입력접점이 $X_1=0$, $X_2=0$일 때

※ 입력 a접점 X_1과 X_2가 양쪽 모두 열림「0」으로 있으면 코일 Ⓐ에 전류가 흐르지 않고 전자릴레이 A는 복귀상태이므로 출력 a접점 A도 열림「0」으로되며 따라서 전압이 생기지 않는다.

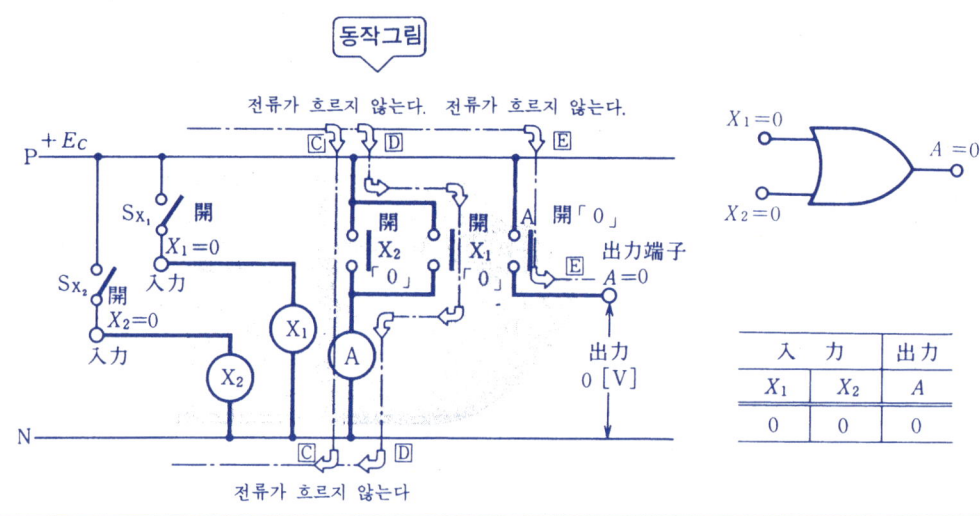

입력접점이 $X_1=1$, $X_2=0$일 때

※ 입력 a접점 X_1이 닫힘「1」으로 있으면 X_2가 열림「0」으로 있더라도 접점 X_1을 통하여 코일 Ⓐ에 전류가 흐르기 때문에 전자릴레이 A가 동작하여 출력 a접점 A를 닫힘「1」로 되는 한편 출력단자 A에는 $+E_c[V]$의 전압이 생긴다.

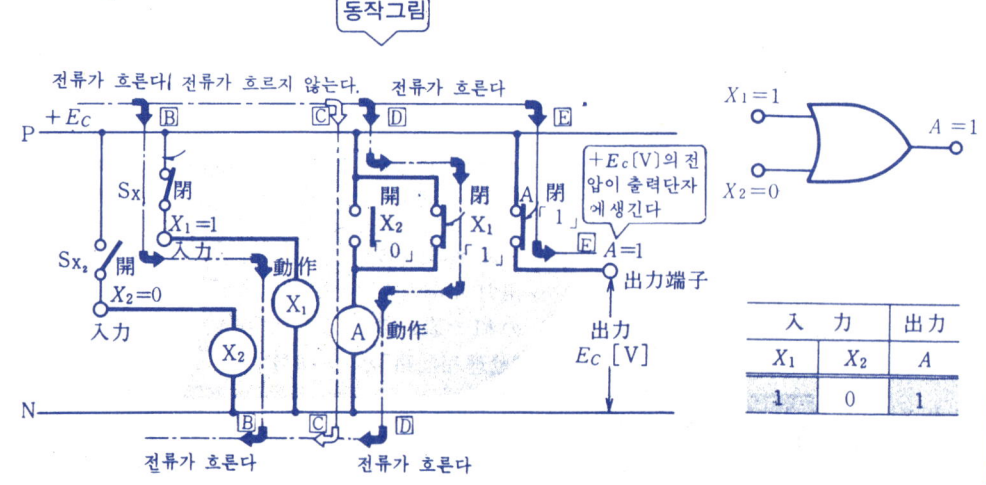

4. OR(논리합) 회로의 판독법

입력신호가 $X_1=0$, $X_2=1$일 때

※ 입력 a접점 X_1이 열림 「0」으로 있더라도 X_2가 닫힘 「1」로 있으면 접점 X_2를 통하여 코일 Ⓐ에 전류가 흐르기 때문에 전자릴레이 A가 동작하여 출력 a접점 A를 닫힘 「1」으로 하므로 출력단자 A에는 $+E_c$[V]의 전압이 생긴다.

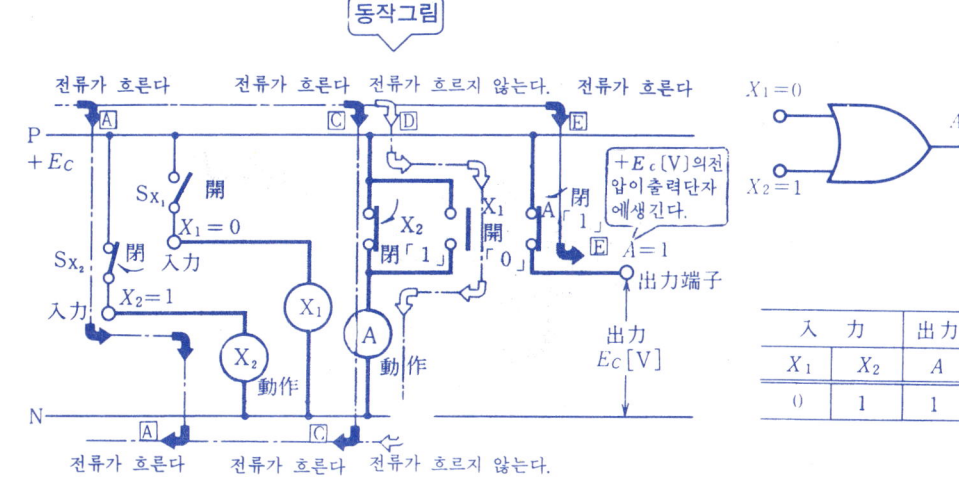

입력접점이 $X_1=1$, $X_2=1$일 때

※ 입력 a접점 X_1과 X_2가 모두 닫힘 「1」으로 있으면 접점 X_1 및 X_2를 통하여 코일 Ⓐ에 전류가 흐르므로 전자릴레이 A는 동작하고 출력 a접점 A를 닫힘 「1」으로 하는 동시에 출력단자 A에는 $+E_c$[V]의 전압이 생긴다.

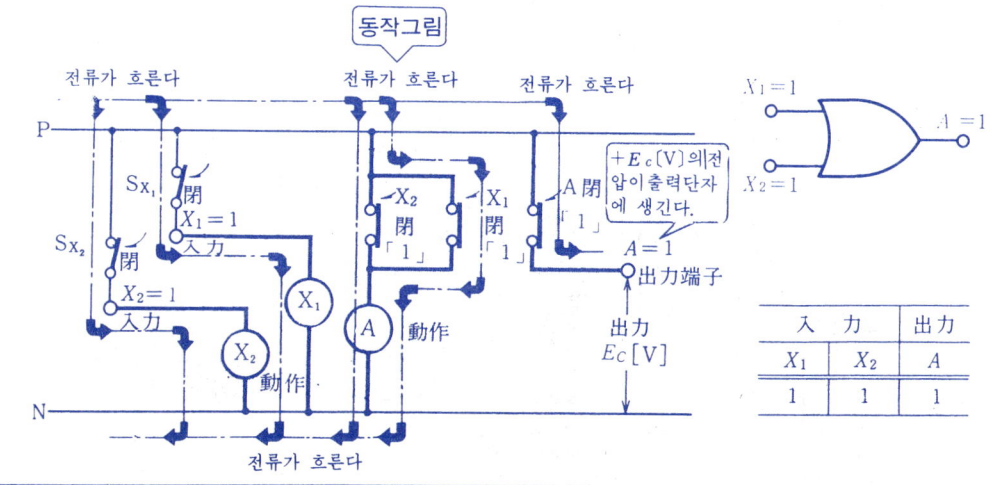

③ 다이오드에 의한 OR회로의 동작

입력신호가 $X_1=0$, $X_2=0$ 일 때

❀ 스위치 S_{X_1}, S_{X_2}를 0쪽에 넣으면 입력단자 X_1, X_2의 전위는 0[V]「0」으로 되므로 다이오드 D_{X_1}, D_{X_2}에는 전압이 인가되지 않아 전류가 흐르지 않고 따라 출력단자의 전위도 0[V]「0」으로 된다.

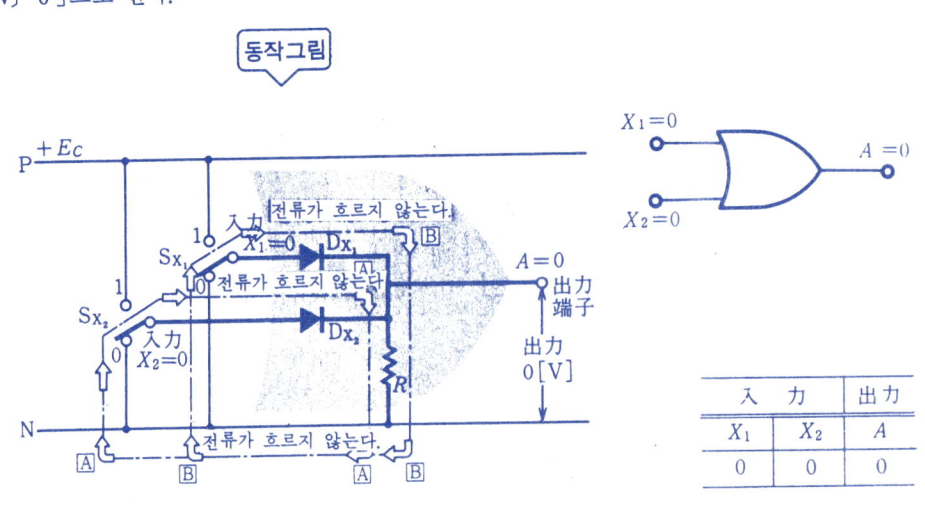

입력신호가 $X_1=1$, $X_2=0$ 일 때

❀ 스위치 S_{X_1}을 1쪽에 넣으면 입력단자 X_1의 전위는 $+E_c$[V]「1」로 되어 다이오드 D_{X_1}에 순방향 전압을 인가하므로 전류가 흐르고 따라서 출력단자 A에도 $+E_c$[V]「1」의 전압이 생긴다.

❀ 스위치 S_{X_2}를 0쪽에 넣으면 입력단자 X_2의 전위는 0[V]「0」으로 되므로 다이오드 D_{X_2}에는 전류가 흐르지 않는다.

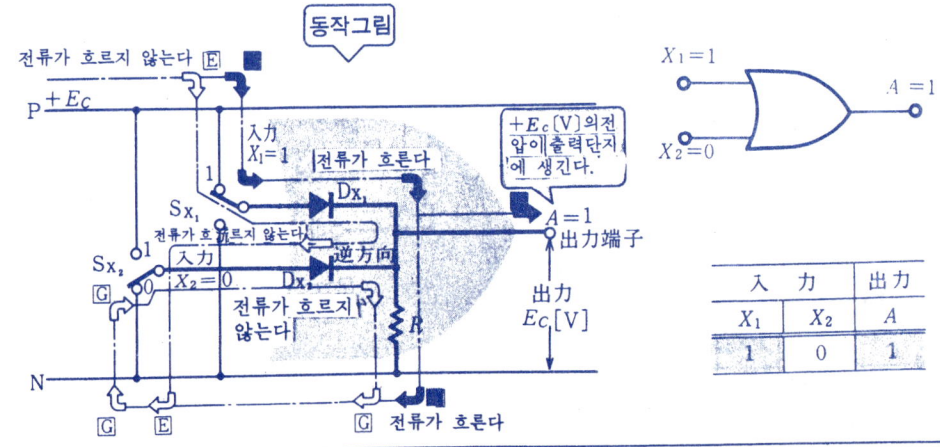

4. OR(논리합) 회로의 판독법

입력신호가 $X_1=0$, $X_2=1$일 때

❖ 스위치 S_{X_1}을 0쪽에 넣으면 입력단자 X_1의 전위는 0〔V〕「0」이므로 다이오드 D_{X_1}에는 전류가 흐르지 않는다.

❖ 스위치 S_{X_2}를 1쪽에 넣으면 입력단자 X_2의 전위는 $+E_c$〔V〕「1」로 되므로 다이오드 D_{X_2}에 순방향의 전압이 인가되는 동시에 전류가 흐르고 출력단자 A에도 $+E_c$〔V〕「1」의 전압이 생긴다.

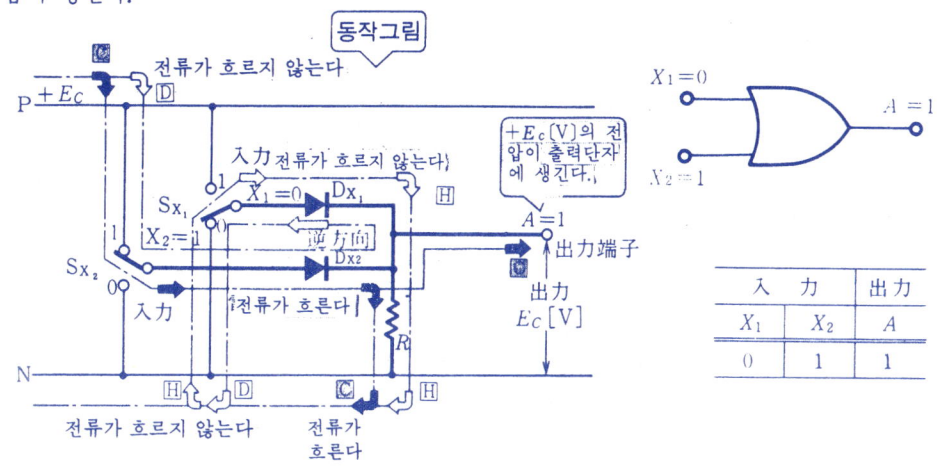

入 力		出 力
X_1	X_2	A
0	1	1

입력신호가 $X_1=1$ $X_2=1$일 때

❖ 스위치 S_{X_1}, S_{X_2}를 1쪽에 넣으면 입력단자 X_1, X_2의 전위는 $+E_c$〔V〕「1」로 되어 다이오드 D_{X_1}, D_{X_2}에 순방향 전압이 인가되는 동시에 전류가 흐르고 출력단자 A에도 $+E_c$〔V〕「1」이 생긴다.

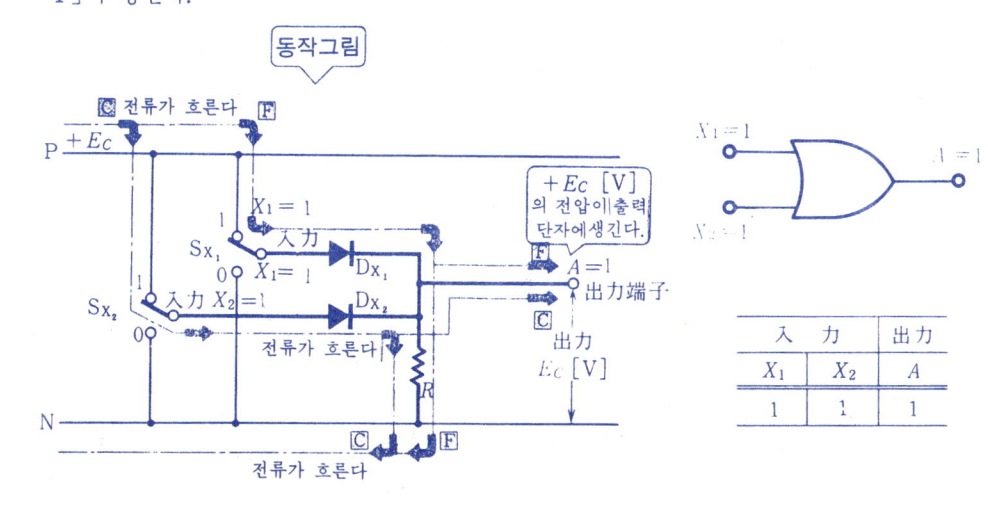

入 力		出 力
X_1	X_2	A
1	1	1

5. NOT(논리부정)회로의 판독법

① NOT 회로란 어떤 것인가?

NOT 회로란?

❈ NOT 회로란 입력 X가 "0"신호일 때 출력 A가 "1"신호로 되고 반대로 입력 X가 "1" 신호일 때 출력 A는 "0"신호로 되는 회로를 말하며 논리부정 회로라고도 한다. 즉, 이 회로는 입력에 대하여 반전된 상태의 출력이 나온다는 데서 "부정"을 뜻하는 영어의 "NOT"를 붙여 NOT 회로라고 이름진 것이다.

릴레이 시이퀀스 ● **NOT 회로의 실제배선도〔예〕** ●

❈ 전자릴레이 접점에 의한 NOT 회로
 전자릴레이 X의 a접점을 입력 접점으로 하고, 전자릴레이 A를 작용시키되 그 b접점 A를 출력으로 한 회로를 가리킨다.

시이퀀스도

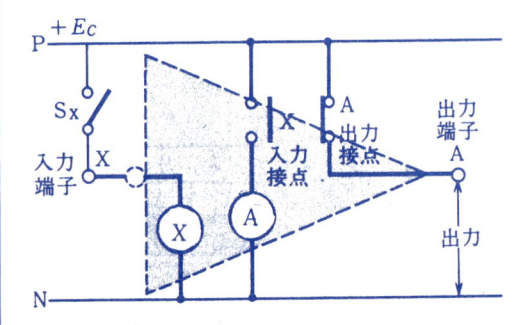

❈ 전자릴레이 접점에 의한 NOT 회로란 전자 릴레이 X의 입력 a접점 X가「열림」("0")으로 있을 때 전자릴레이 A의 출력 b접점 A는「닫힘」("1")로 되고 입력 a접점이「닫힘」("0")으로 있을 때 전자릴레이 A의 출력 b접점 A는「열림」("0")으로 되는것, 즉 출력 A는 항상 입력 X와 반대의 상태로 되는 회로를 말한다.

5. NOT(논리부정)회로의 판독법

무접점 시이퀀스 / NOT 회로의 실제배선도〔예〕

❖ 트랜지스터에 의한 NOT 회로
　트랜지스터의 각 전극단자에 베이스저항 R_B, 콜렉터저항 R_C, 베이스 바이어스저항 R_F 를 접속시킨 기본회로를 말한다.

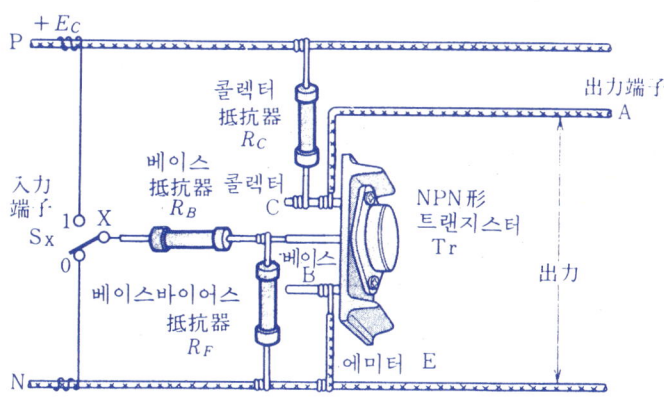

시이퀀스도

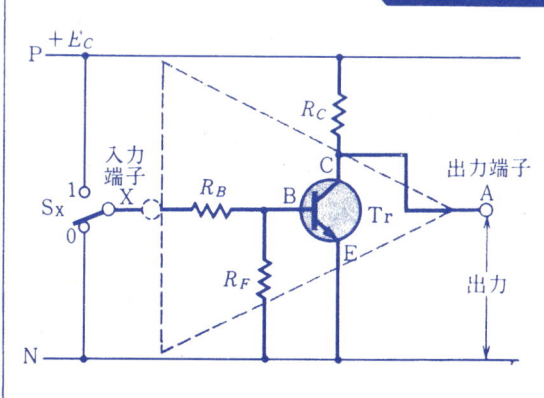

❖ 트랜지스터에 의한 NOT 회로란 입력단자 X에 전압이 인가되지 않을때("0"신호)는 트랜지스터에 베이스전류가 흐르지 않기 때문에 OFF 상태(p.136 참조)로 되어 출력단자 A에는 저항 R_C를 통하여 전원전압 E_c("1"신호)가 생긴다.

❖ 입력신호 X에 전압이 인가되면("1" 신호) 베이스전류가 흘러 ON 상태(p.137 참조)가 되어 출력단자 A의 전압이 거의 0〔V〕("0"신호)로 된다.

NOT 회로의 논리기호 / 動作表

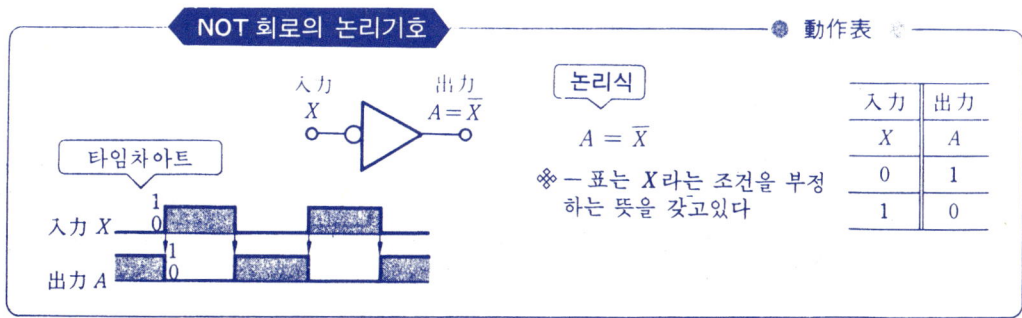

논리식
$$A = \overline{X}$$

❖ ―표는 X라는 조건을 부정하는 뜻을 갖고있다

入力	出力
X	A
0	1
1	0

무접점 시이퀀스제어의 기초

② 전자릴레이 접점에 의한 NOT 회로의 동작

입력접점이 $X=0$ 일 때

※ 스위치 S_x가 열려 있으면 전자릴레이 X는 복귀 상태이므로 입력 a접점 X는 열려「0」이고 코일 Ⓐ에 전류가 흐르지 않으며 출력 b접점 A는 닫힌다「1」. 따라서 출력단자 A에는 $+E_c$[V]의 전압이 생긴다.

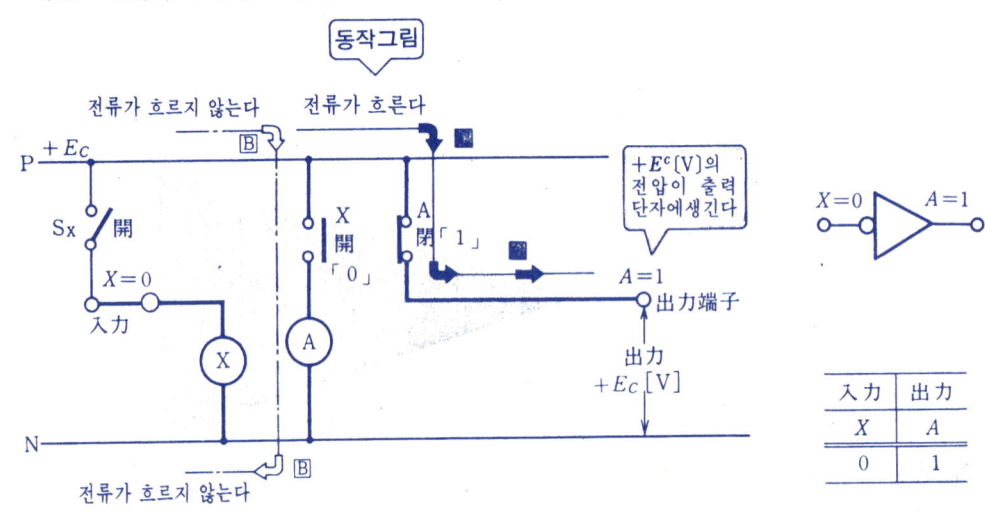

입력접점이 $X=1$ 일 때

※ 스위치 S_x를 닫으면 전자릴레이 X가 동작하여 입력 a접점 X를 닫으므로「1」코일 Ⓐ에 전류가 흐르는 동시, 전자릴레이 A가 동작하여 출력 b접점 A를 연다「0」. 따라서 출력단자 A에는 전압이 생기지 않는다.

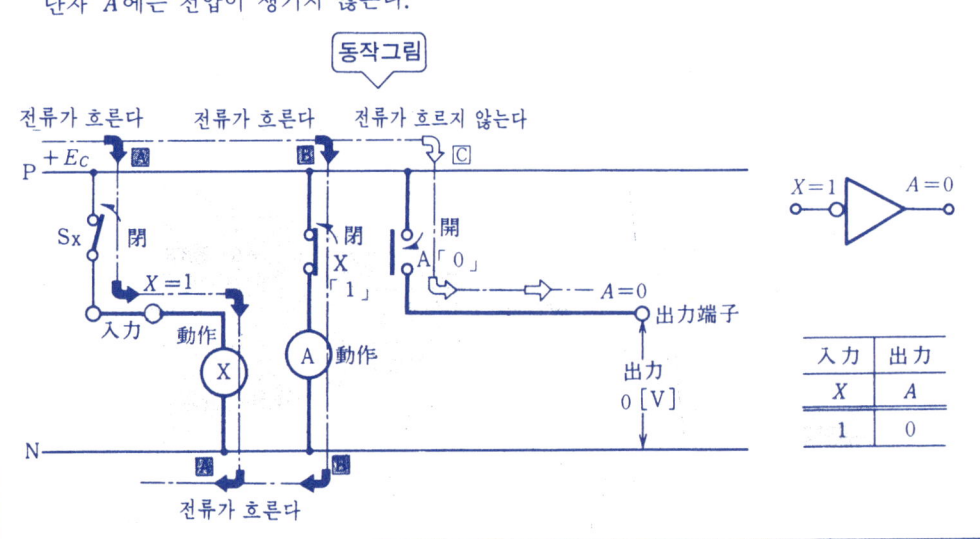

5. NOT(논리부정)회로의 판독법

③ 트랜지스터에 의한 NOT회로의 동작

입력신호가 $X=0$일 때

❈ 스위치 S_X를 0쪽에 넣으면 입력단자 X의 전위가 0[V]「0」으로 되기 때문에 트랜지스터 T_r의 베이스전류 I_B가 흐르지 않아 콜렉터와 에미터간에 불도통(OFF상태)이 되고 출력단자 A에는 $+E_c$[V]「1」의 전압이 생긴다.

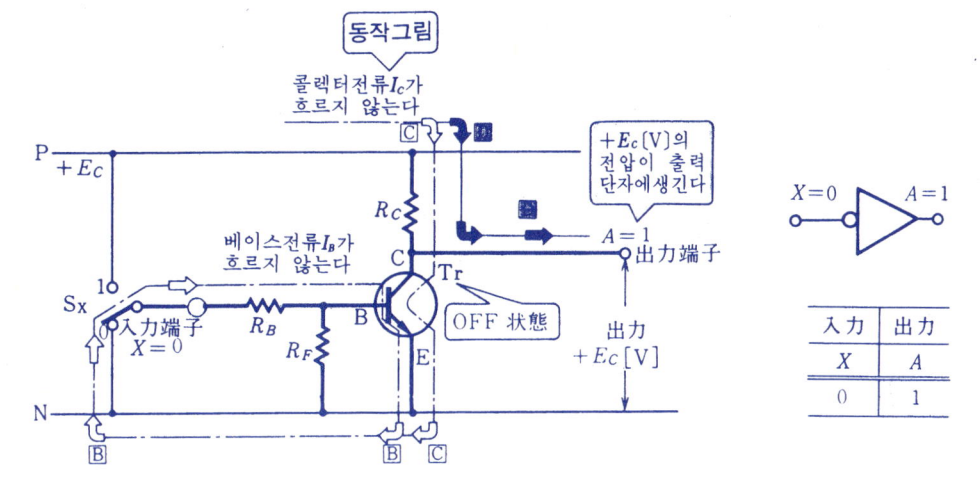

입력신호가 $X=1$일 때

❈ 스위치 S_X를 1쪽에 넣으면 입력단자 X의 전위가 $+E_c$[V]「1」로 되어 트랜지스터 T_r의 베이스전류 I_B가 흐르므로 콜렉터와 에미터간이 도통(ON상태)로 된다. 따라서 출력단자 A와 어어드(N)간의 임피이던스가 거의 0으로 되므로 그간의 전압은 0[V]「0」으로 된다.

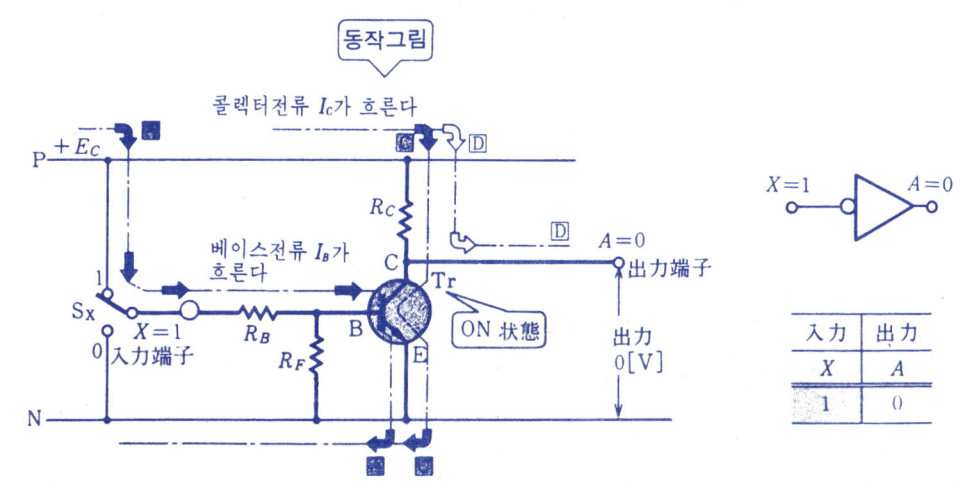

6. NAND(논리적 부정)회로의 판독법

① NAND회로란 어떤 것인가?

NAND회로란

❋ NAND회로란 AND회로의 출력을 반전시킨 논리로서 입력신호 X_1 및 X_2가 있을때 X_1 및 X_2 모두가 "1"신호일 경우만 출력 A가 "0"신호로 되는 회로를 말하며 논리적 부정회로 라고도 한다.

❋ NAND회로는 AND회로와 NOT회로를 조합한 회로로서 AND를 부정하는 기능을 갖고 있다는 점에서 AND 앞에 N을 붙여 NAND회로라고 부른다.

릴레이 시이퀀스 — NAND회로의 실제배선도〔예〕

❋ 전자릴레이 접점에 의한 NAND회로
입력접점으로서 전자릴레이 X_1 및 X_2의 a접점을 직렬로 접속하고 전자릴레이 A를 여자하되 그 b접점 A를 출력으로 한 회로를 말한다.

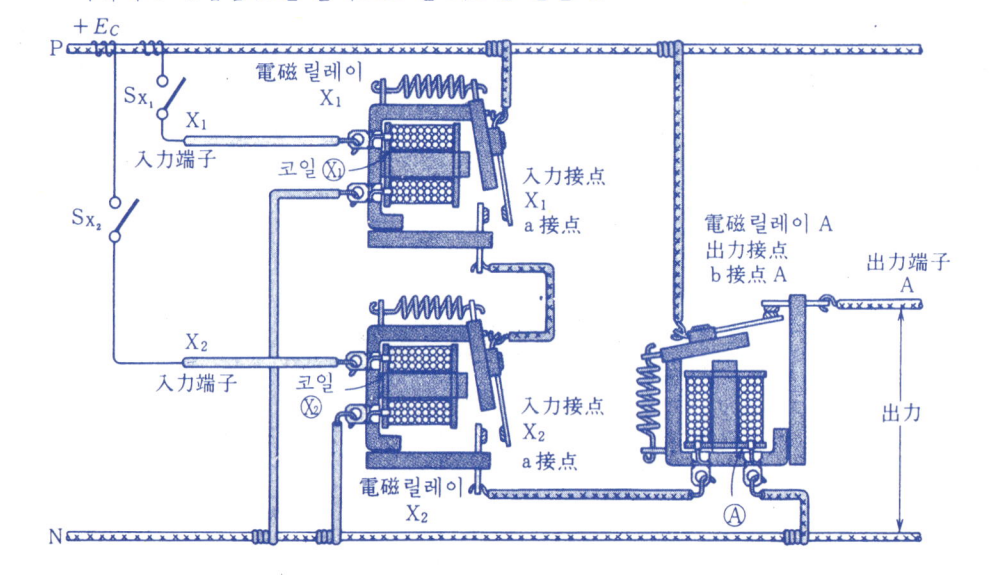

시이퀀스도

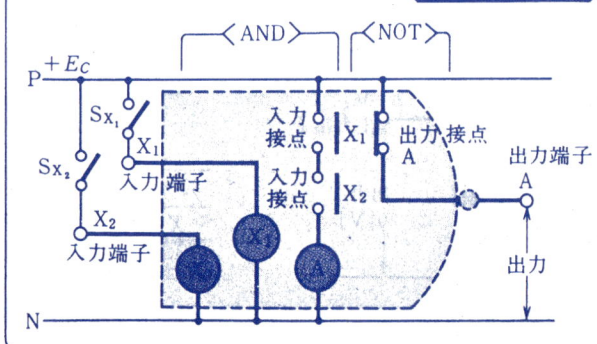

❋ 전자릴레이 접점에 의한 NAND회로는 2개의 입력접점 X_1 및 X_2가 모두 닫혀 있을 때("1"신호)만 전자릴레이 A가 동작하여 출력 b접점 A를 열므로("0"신호) 출력단자 A에도 전압이 생기지 않는다.

6. NAND(논리적 부정)회로의 판독법

무접점 시이퀀스
NNAND 회로의 실제배선도 [예]

※ 다이오드, 트랜지스터에 의한 NAND 회로
다이오드 D_{x_1}, D_{x_2}의 각각의 캐소드를 입력단자 X_1 및 X_2에 병렬로 접속한 다이오드에 의한 AND 회로에 트랜지스터 Tr에 의한 NOT 회로를 접속한 회로를 말한다.

시이퀀스도

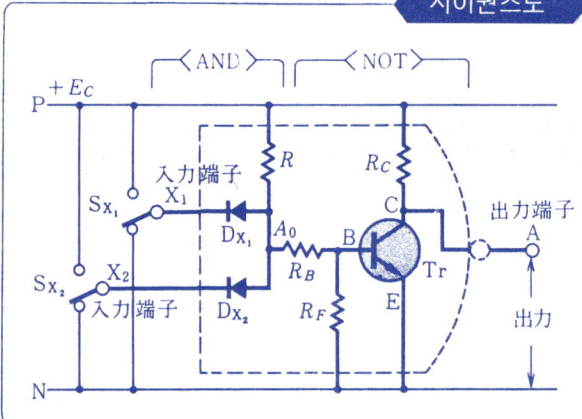

※ 다이오드, 트랜지스터에 의한 NAND 회로는 입력단자 X_1 및 X_2가 모두 $+E_c$[V]("1"신호)의 레벨에 있을 때만 다이오드에 의한 AND 회로의 출력에 전압이 생기므로 트랜지스터의 베이스에 전류 I_B가 흐르고 ON 상태로 되기 때문에 출력단자 A의 전압은 거의 0[V]("0"신호)로 된다. 이것은 AND의 출력을 트랜지스터에 의하여 반전시킨 셈이다.

NAND 회로의 논리기호 ● 動作表 ●

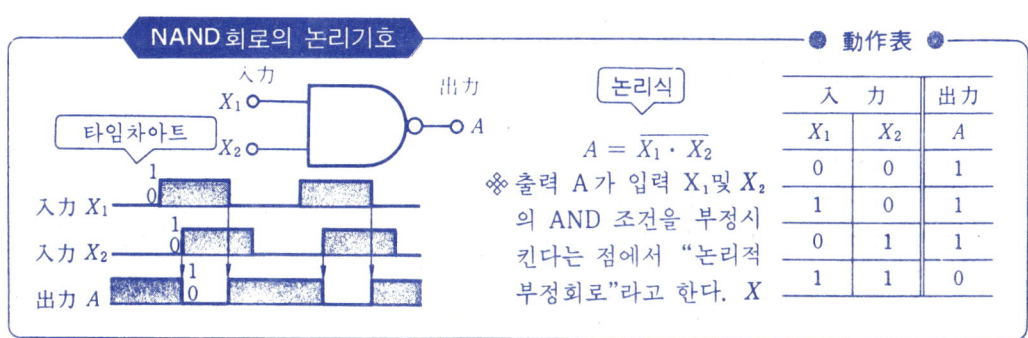

논리식
$$A = \overline{X_1 \cdot X_2}$$

※ 출력 A가 입력 X_1 및 X_2의 AND 조건을 부정시킨다는 점에서 "논리적 부정회로"라고 한다. X

入　力		出力
X_1	X_2	A
0	0	1
1	0	1
0	1	1
1	1	0

무접점 시이퀀스제어의 기초

② 전자릴레이 접점에 의한 NAND회로의 동작

입력접점이 $X_1=0$, $X_2=0$ 일때

❋ 입력 a접점 X_1와 X_2의 양쪽이 열려「0」있으면 코일 Ⓐ에 전류가 흐르지 않으므로 전자 릴레이 A는 복귀한 채로 있고, 출력 b접점 A는 닫혀「1」있게 되어 출력단자 A에는 $+E_c$[V]의 전압이 생긴다.

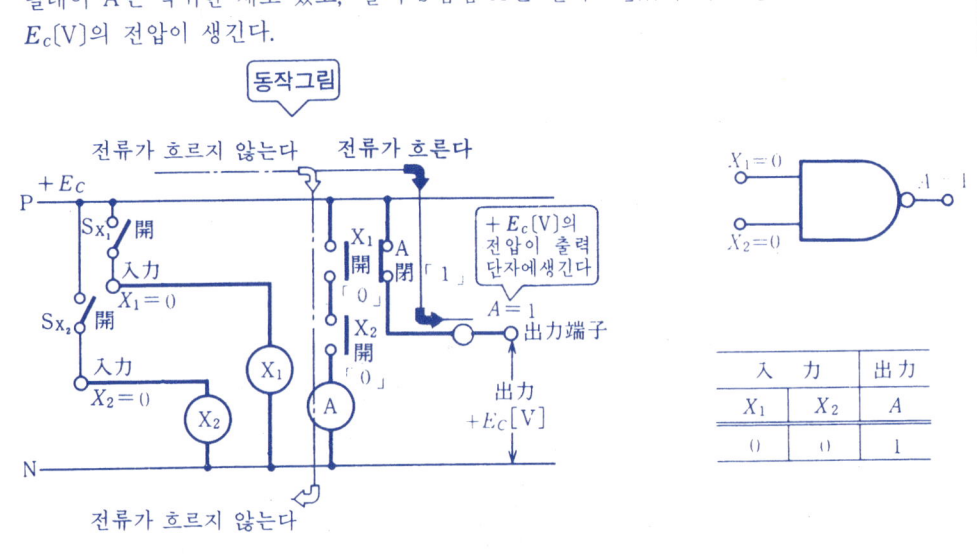

입력접점이 $X_1=1$, $X_2=0$ 일때

❋ 입력 a접점이 닫히고「1」X_2가 열려「0」있으면 코일 Ⓐ에 전류가 흐르지 않고 전자릴 레이 A는 복귀한 채이므로 출력 b접점 A도 닫혀「1」출력단자 A에는 $+E_c$[V]의 전압이 생긴다.

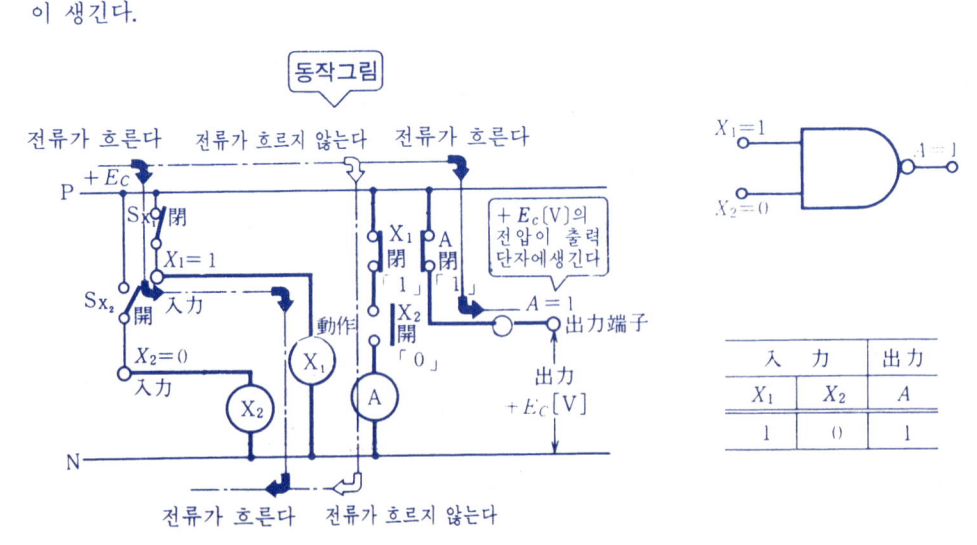

6. NAND(논리적 부정)회로의 판독법

입력접점이 $X_1=0$, $X_2=0$일때

❖ 입력 a접점 X_1이 열려「0」있으면, X_2가 닫혀「1」있더라도 코일 Ⓐ에 전류가 흐르지 않아 전자릴레이 A는 복귀한 채로 있고, 출력 b접점 A도 닫혀「1」있으므로 출력단자 A에는 $+E_c$[V]의 전압이 생긴다.

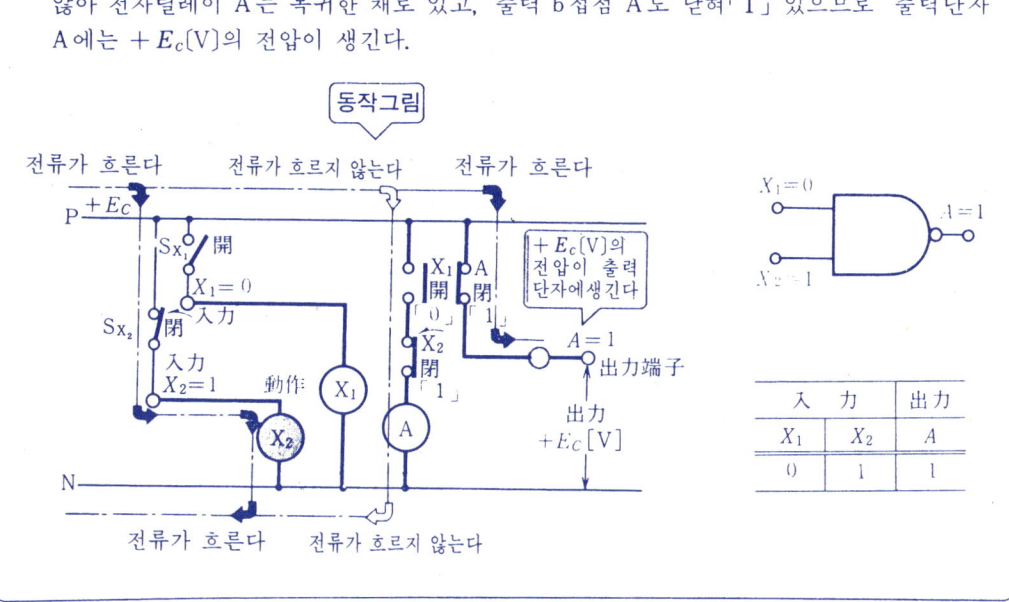

입력접점이 $X_1=1$, $X_2=1$일 때

❖ 입력 a접점 X_1과 X_2의 양쪽이 닫히면「1」, 코일 Ⓐ에 전류가 흐르므로 전자릴레이 A가 동작하고 출력 b접점 A는 열리기「0」때문에 출력단자 A에는 전압이 생기지 않는다.

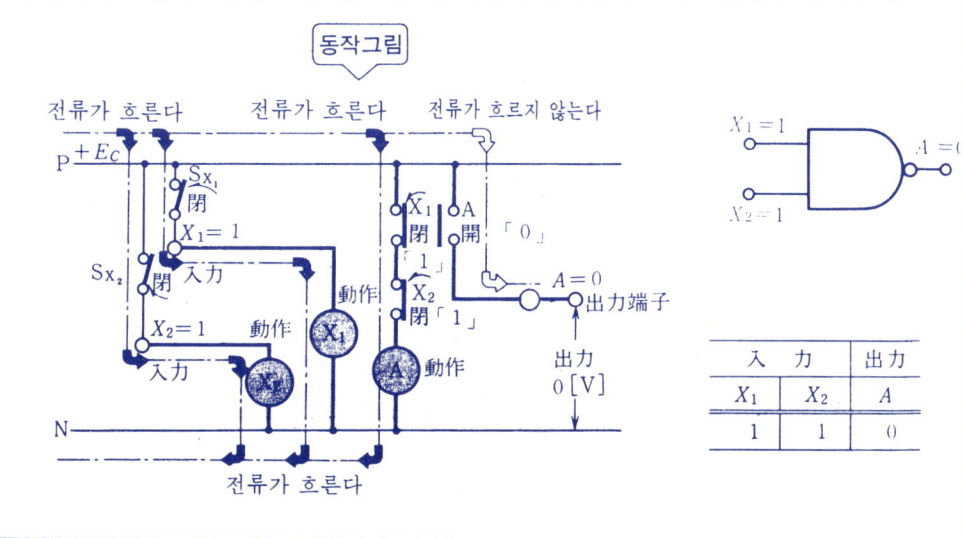

무접점 시이퀀스제어의 기초

③ 다이오드, 트랜지스터에 의한 NAND회로의 동작

입력신호가 $X_1=0$, $X_2=0$ 일 때

- ○ⓒ회로…스위치 S_{x1}을 0쪽에 넣으면 입력단자 X_1의 전위가 0〔V〕「0」으로 되므로 다이오드 D_{x2}에는 순방향의 전압 $+E_c$가 인가되어 전류가 흐른다.
- ○ⓓ회로…스위치 S_{x2}를 0쪽에 넣으면 입력단자 X_2의 전위가 0〔V〕「0」으로 되므로 다이오드 D_{x2}에는 순방향 전압 $+E_c$가 인가되어 전류가 흐른다.
- ○ⓔ회로…AND 회로의 출력단자 A_0의 전위가 입력과 거의 같은 0〔V〕까지 끌어내려지므로 트랜지스터 T_r의 베이스전류 I_B는 흐르지 않는다.
- ○ⓗ회로…베이스전류 I_B가 흐르지 않으므로 콜렉터전류 I_c도 흐르지 않는다.
- ○ⓘ회로…트랜지스터 T_r이 "OFF 상태"이므로 출력단자 A에는 $+E_c$〔V〕「1」의 전압이 생긴다.

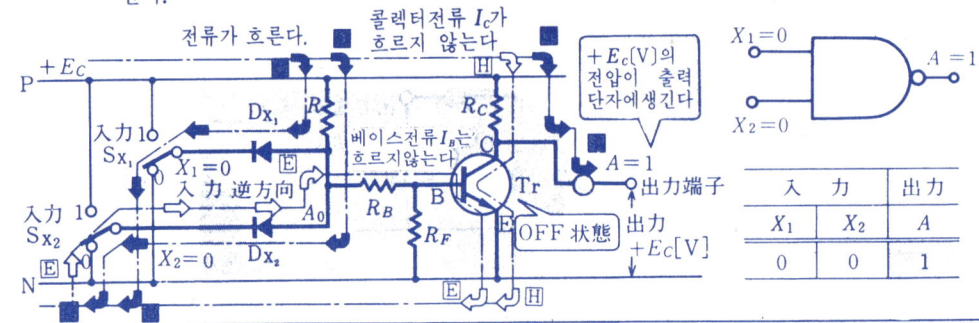

입력신호가 $X_1=1$, $X_2=0$ 일 때

- ○ⓑ回路… 스위치 S_{x1}을 1쪽에 넣으면 입력단자 X_1의 전위가 $+E_c$〔V〕「1」로 되어 다이오드 D_{x1}에 역방향 전압으로서 인가되므로 전류는 흐르지 않는다.
- ○■回路… 스위치 S_{x2}를 0쪽에 넣으면 입력단자 X_2의 전위가 0〔V〕「0」으로 되어 다이오드 D_{x2}에 순방향 전압 $+E_c$가 인가되므로 전류가 흐른다.
- ○ⓔ回路… AND 회로의 출력단자 A_0의 전위는 ⓓ 회로에 전류가 흐르기 때문에 입력과 거의 같은 0〔V〕까지 내려져 트랜지스터 T_r의 베이스전류 I_B는 흐르지 않는다.
- ○ⓗ回路… 베이스전류 I_B가 흐르지 않으므로 콜렉터전류 I_c도 흐르지 않는다.
- ○■回路… 트랜지스터 T_r가 "OFF 상태"이기 때문에 출력단자 A에는 $+E_c$「1」의 전압이 생긴다.

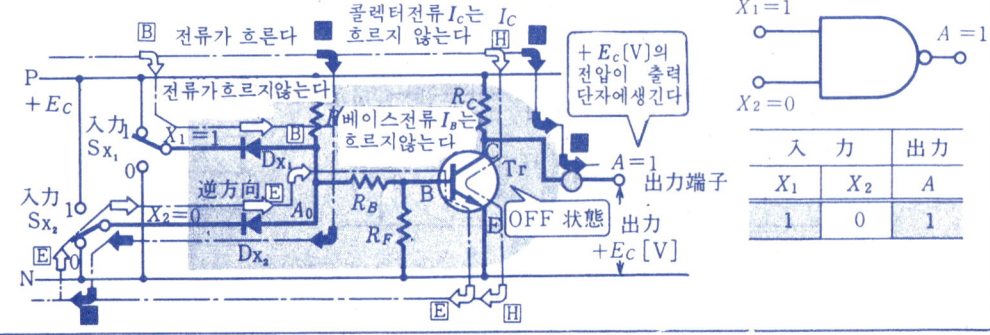

6. NAND(논리적 부정)회로의 판독법

입력신호가 $X_1=0$, $X_2=1$ 일 때

- **C 回路**… 스위치 S_{X_1}을 0쪽에 넣으면 입력단자 X_1의 전위가 0〔V〕「0」으로 되므로 다이오드 D_{X_1}에는 순방향의 전압 $+E_c$가 인가되어 전류가 흐른다.
- **A 回路**… 스위치 S_{X_2}를 1쪽에 넣으면 입력단자 X_2의 전위는 $+E_c$〔V〕「1」로 되어 다이오드 X_2에 역방향의 전압이 인가되어 전류는 흐르지 않는다.
- **F 回路**… AND 회로의 출력단자 A_0의 전위는 C 회로에 전류가 흐르기 때문에 입력과 거의 같은 0〔V〕까지 떨어져 트랜지스터 T_r의 베이스전류 I_B도 흐르지 않는다.
- **H 回路**… 베이스전류 I_B가 흐르지 않으므로 콜렉터전류 I_C도 흐르지 않는다.
- **I 回路**… 트랜지스터 T_r이 "OFF 상태"이므로 출력단자 A에는 $+E_c$〔V〕「1」의 전압이 생긴다.

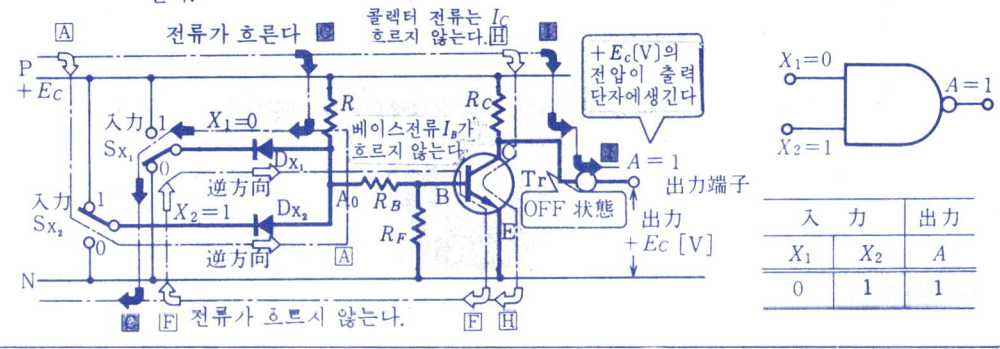

입력신호가 $X_1=1$, $X_2=1$ 일 때

- **B 回路**… 스위치 S_{X_1}을 1쪽에 넣으면 입력단자 X_1의 전위는 $+E_c$〔V〕「1」로 되어 다이오드 D_{X_1}에 역방향의 전압을 인가하므로 전류는 흐르지 않는다.
- **A 回路**… 스위치 S_{X_2}를 1쪽에 넣으면 입력단자 X_2의 전위는 $+E_c$〔V〕「1」로 되어, 다이오드 D_{X_2}에 역방향의 전압을 인가하므로 전류는 흐르지 않는다.
- **G 回路**… AND 회로의 출력단자 A_0의 전위는 B 및 A 회로에 전류가 흐르지 않으므로 $+E_c$〔V〕로 되어 트랜지스터 T_r에 베이스전류 I_B가 흐른다.
- **H 回路**… 베이스전류 I_B가 흐르면 콜렉터전류 I_C도 흐른다.
- **I 回路**… 트랜지스터 T_r이 "ON 상태"이기 때문에 출력단자 A에는 전압이 생기지 않는다.

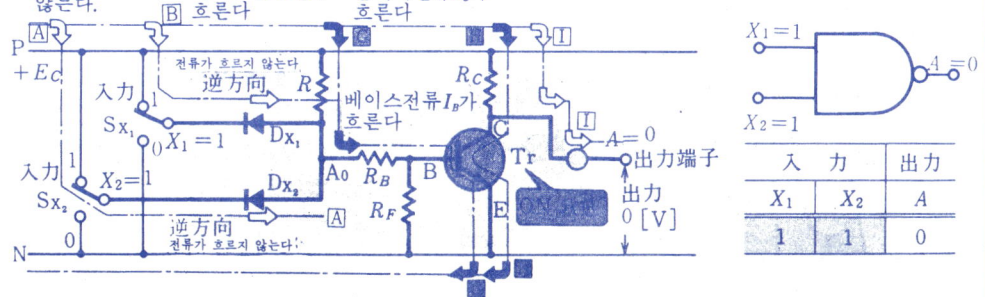

7. NOR(논리합 부정)회로의 판독법

① NOR회로란 어떤 것인가?

NOR회로란?

❖ NOR회로란 OR회로의 출력을 반전시킨 논리로 입력신호 X_1, X_2가 있을 때 X_1 또는 X_2 가운데 어느 한쪽 또는 양쪽이 "1"신호일 때 출력 A가 "0"신호로 되는 회로를 말하며 논리합 부정회로라고도 한다.

❖ NOR회로는 OR회로를 조합한 회로로서 OR를 부정하는 기능을 갖고 있다는 점에서 OR 앞에 N을 붙여 NOR회로라고 부르는 것이다.

릴레이 시이퀀스 ● NOR회로의 실제배선도〔예〕

❖ 전자릴레이 접점에 의한 NOR회로
 입력접점으로서 전자릴레이 X_1 및 X_2의 a접점을 병렬로 접속하고 전자릴레이 A를 여자하되 그 b접점 A를 출력으로 한 회로를 가리킨다.

시이퀀스도

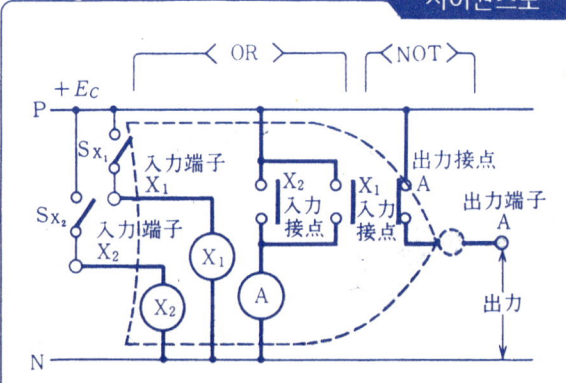

❖ 전자릴레이 접점에 의한 NOR회로는 2개의 입력 a접점 X_1 및 X_2 가운데 어느 한쪽 또 양쪽의 접점이 닫혀 ("1" 신호) 있으면 전자릴레이 A가 동작하여 출력 b접점 A를 열 ("0"신호) 게하므로 출력단자 A에는 전압이 생기지 않는다.

7. NOR(논리합 부정)회로의 판독법

무접점 시이퀀스

※ 다이오드, 트랜지스터에 의한 NOR 회로
　다이오드 D_{x1}, D_{x2}의 각각의 애노드를 입력단자 X_1 및 X_2에 병렬로 접속한 다이오드에 의한 OR 회로에 트랜지스터 T_r에 의한 NOT 회로를 접속시킨 회로를 말한다. 를

NOR 회로의 실제배선도 [예]

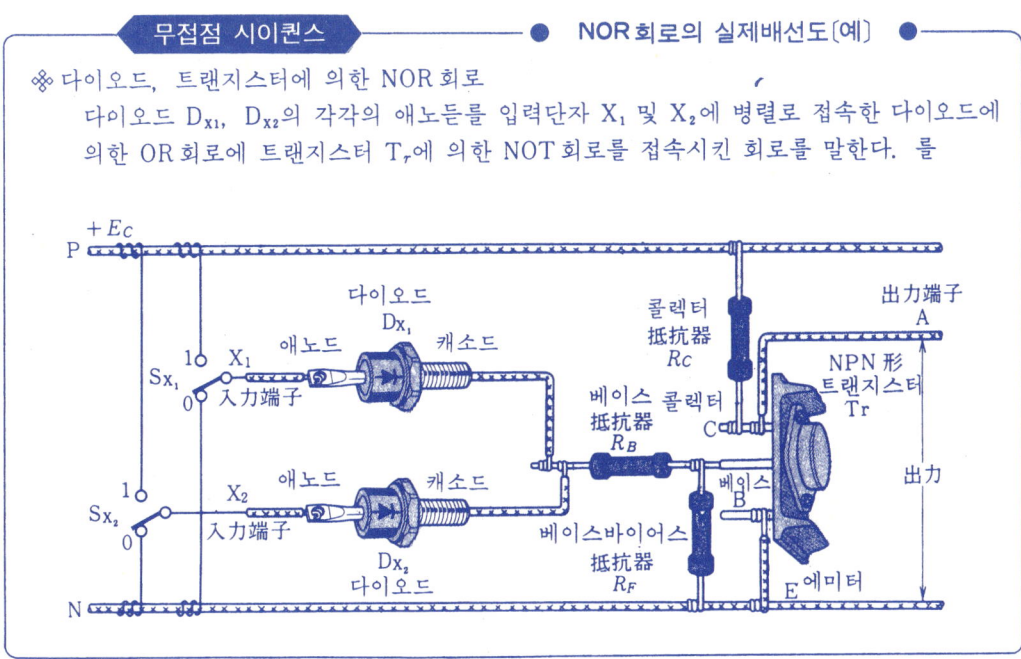

시이퀀스도

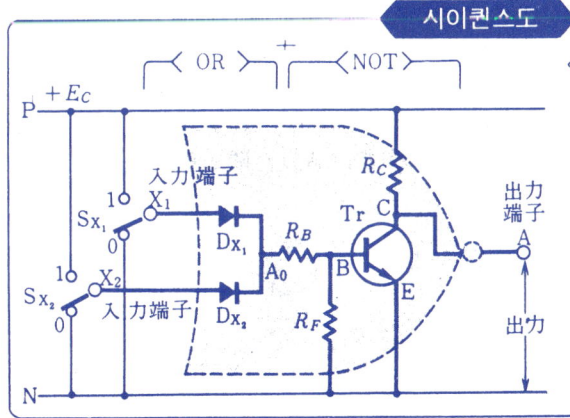

※ 다이오드, 트랜지스터에 의한 NOR 회로는 입력단자 X_1 또는 X_2 가운데 어느 한쪽 또는 양쪽이 $+E_c$ [V] ("1"신호)의 레벨이 되면 다이오드에 의한 OR 회로의 출력에 전압이 생기므로 트랜지스터의 베이스가 전류가 흘러 ON상태로 되므로 출력단자 A의 전압은 거의 0 [V] ("0"신호)로 된다. 이것은 OR의 출력을 트랜지스터에 의하여 반전시킨 셈이다.

NOR 회로의 논리기호

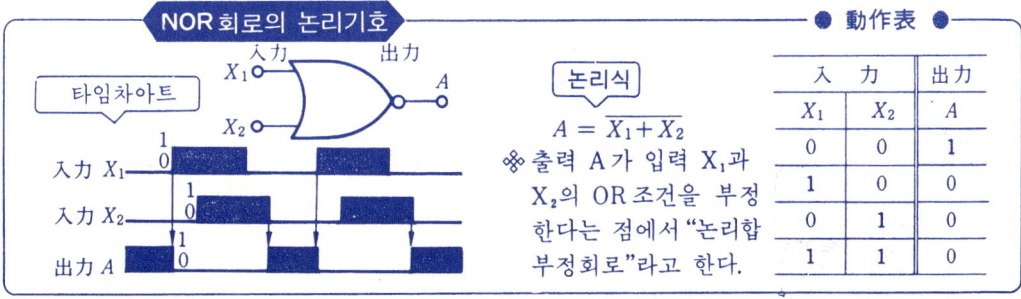

논리식

$$A = \overline{X_1 + X_2}$$

※ 출력 A가 입력 X_1과 X_2의 OR조건을 부정한다는 점에서 "논리합 부정회로"라고 한다.

● 動作表 ●

入　　力		出力
X_1	X_2	A
0	0	1
1	0	0
0	1	0
1	1	0

무접점 시이퀀스제어의 기초

② 전자릴레이 접점에 의한 NOR회로의 동작

입력접점이 $X_1=0$, $X_2=0$ 일 때

❈ 입력 a접점 X_1과 X_2와 양쪽이 열려「0」있으면 코일 Ⓐ에 전류가 흐르지 않고 전자릴레이 A를 복귀한 것이므로 출력 b접점 A는 닫혀「1」있다. 따라서 출력단자 A에는 $+E_c$ [V]의 전압이 생긴다.

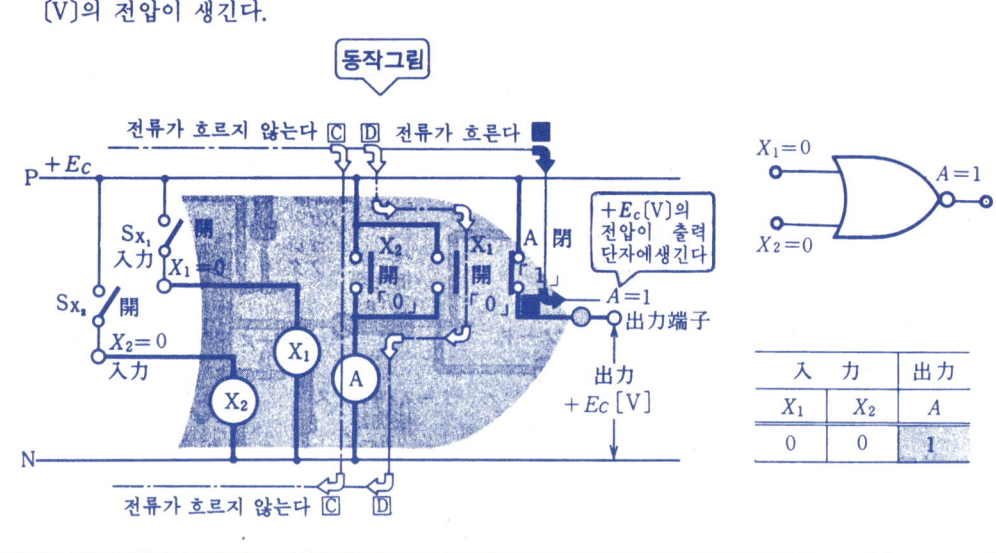

입력접점이 $X_1=1$, $X_2=0$ 일 때

❈ 입력 a접점 X_1이 닫혀「1」있으면 X_2가 열려「0」있더라도 접점 X_1을 통하여 코일 Ⓐ에 전류가 흐르기 때문에 전자릴레이 A가 동작하여 출력 b접점 A가 열려「0」므로 출력 단자 A에는 전압이 생기지 않는다.

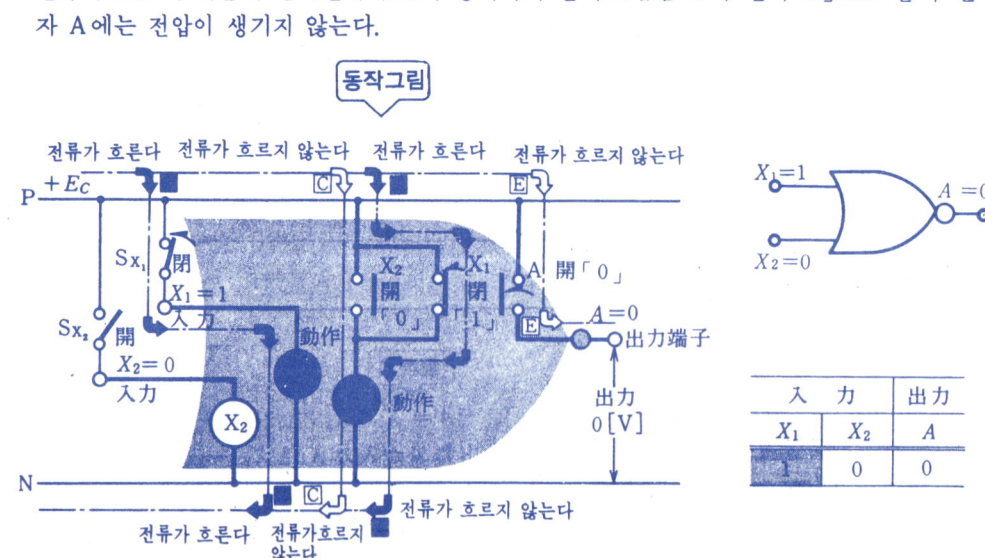

7. NOR(논리합 부정) 회로의 판독법

입력접점이 $X_1=0$, $X_2=1$ 일 때

※ 입력 a접점 X_1열려 「0」 있더라도 X_2가 닫혀 「1」 있으면 접점 X_2를 통하여 코일 Ⓐ에 전류가 흐르기 때문에 전자릴레이 A가 동작하여 출력 b접점 A가 열 「0」린다. 따라서, 출력단자 A에는 전압이 생기지 않는다.

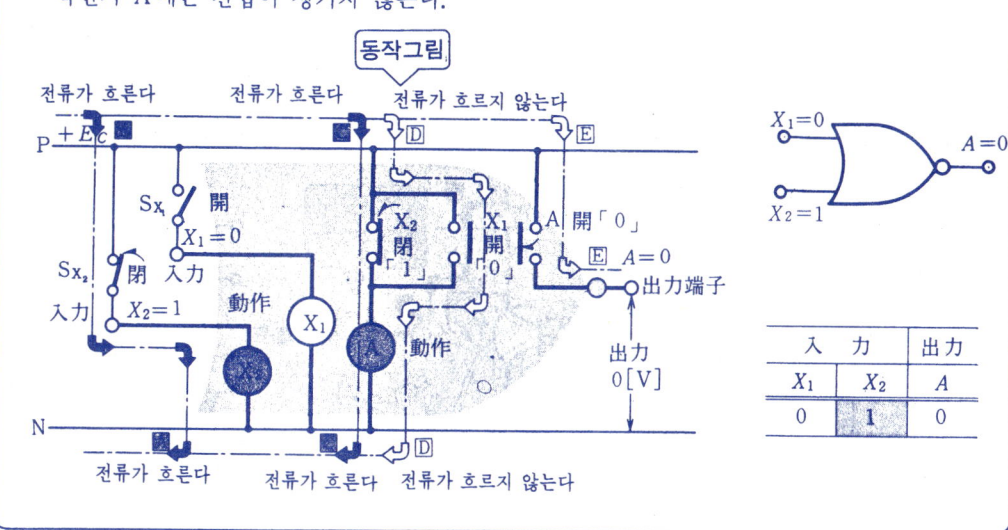

入	力	出力
X_1	X_2	A
0	1	0

입력접점이 $X_1=1$, $X_2=1$ 일때

※ 입력 a접점 X_1과 X_2의 양쪽이 닫「1」이면 접점 X_1 및 X_2를 통하여 코일 A에 전류가 흐르기 때문에 전자릴레이 A가 동작하여 출력 b접점 A가 열「0」리므로 출력단자 A에는 전압이 생기지 않는다.

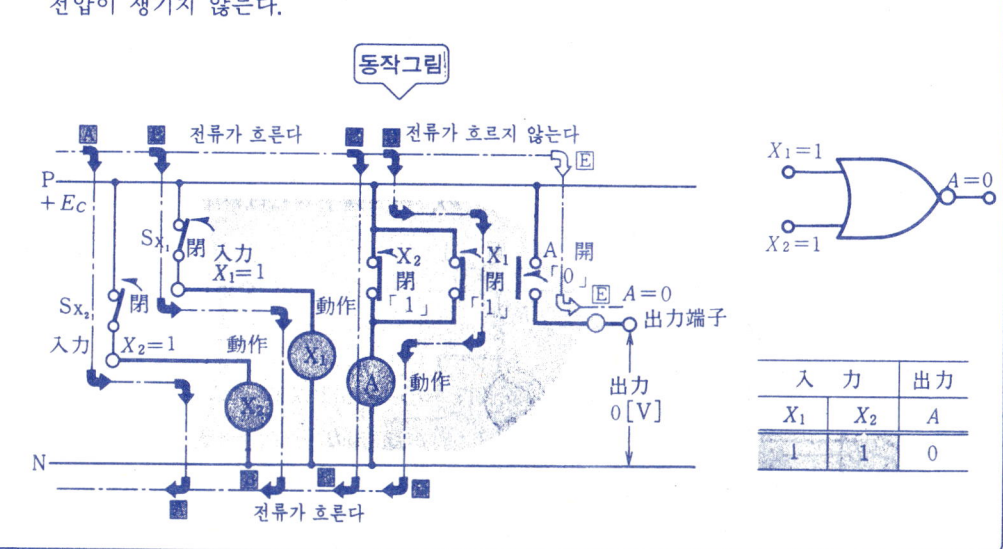

入	力	出力
X_1	X_2	A
1	1	0

7. NOR(논리합 부정)회로의 판독법

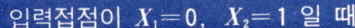
입력접점이 $X_1=0$, $X_2=1$ 일 때

※ 입력 a접점 X_1 열려 「0」 있더라도 X_2가 닫혀 「1」 있으면 접점 X_2를 통하여 코일 Ⓐ에 전류가 흐르기 때문에 전자릴레이 A가 동작하여 출력 b접점 A가 열「0」린다. 따라서, 출력단자 A에는 전압이 생기지 않는다.

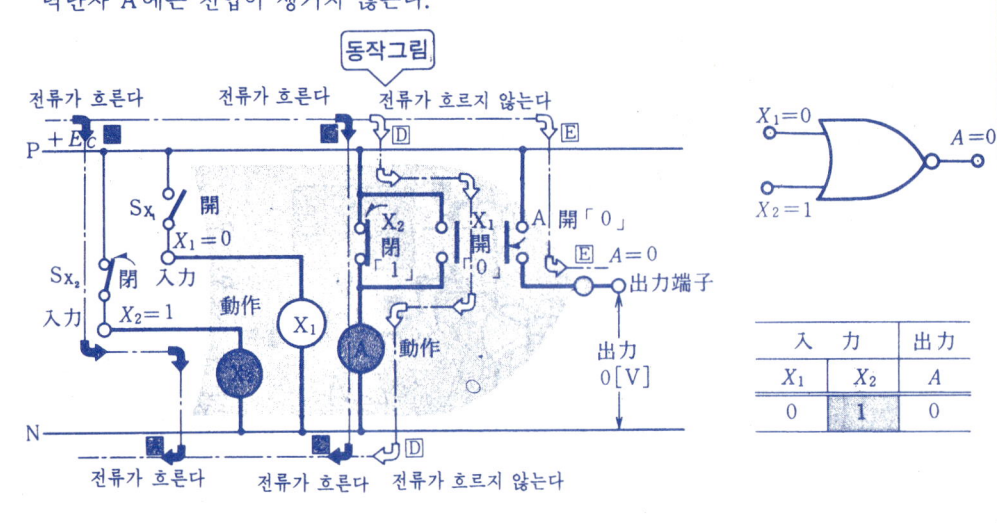

입력접점이 $X_1=1$, $X_2=1$ 일때

※ 입력 a접점 X_1과 X_2의 양쪽이 닫「1」이면 접점 X_1 및 X_2를 통하여 코일 A에 전류가 흐르기 때문에 전자릴레이 A가 동작하여 출력 b접점 A가 열「0」리므로 출력단자 A에는 전압이 생기지 않는다.

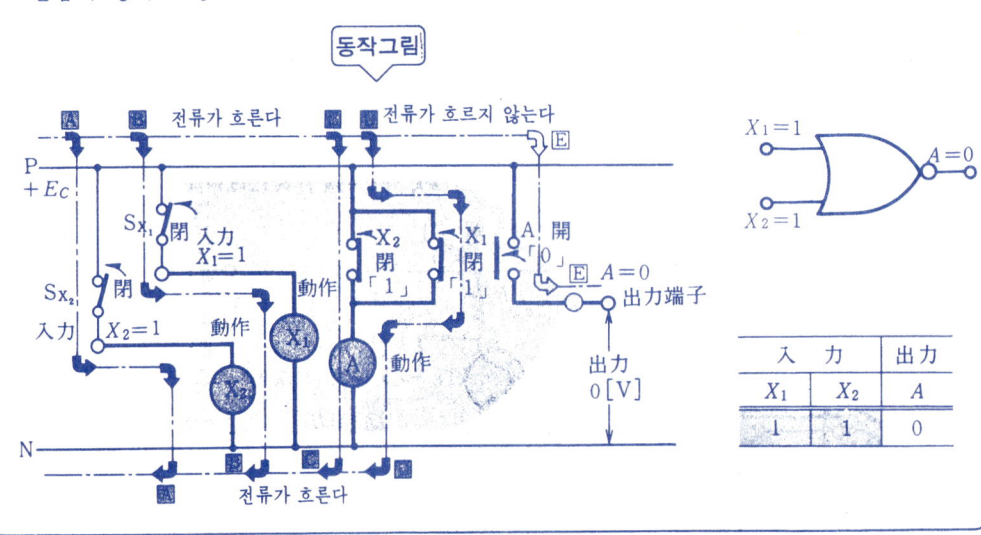

7. NOR(논리합 부정)회로의 판독법

입력신호가 $X_1=0$, $X_2=1$ 일 때

- ●A回路… 스위치 S_{X1}을 0쪽에 넣으면 입력단자 X_1의 전위는 0[V] 「0」으로 되므로 트랜지스터 T_r의 베이스에는 전류 I_B가 흐르지 않는다.
- ●■回路… 스위치 S_{X2}를 1쪽에 넣으면 입력단자 X_2의 전위는 $+E_C$[V] 「0」로 되므로 다이오드 D_{X2}, 베이스저항 R_B를 통하여 트랜지스터 T_r의 베이스에 전류 I_B가 흐른다.
- ●D回路… D회로는 다이오드 D_{X1}이 역방향이므로 전류가 흐르지 않는다.
- ●■回路… 트랜지스터 T_r에는 C 회로를 통하여 베이스전류 I_B가 흐르므로 콜렉터 전류 I_C가 흐른다.
- ●I回路… 트랜지스터 T_r이 "ON 상태"이므로 출력단자 A에는 전압이 생기지 않는다. 「0」.

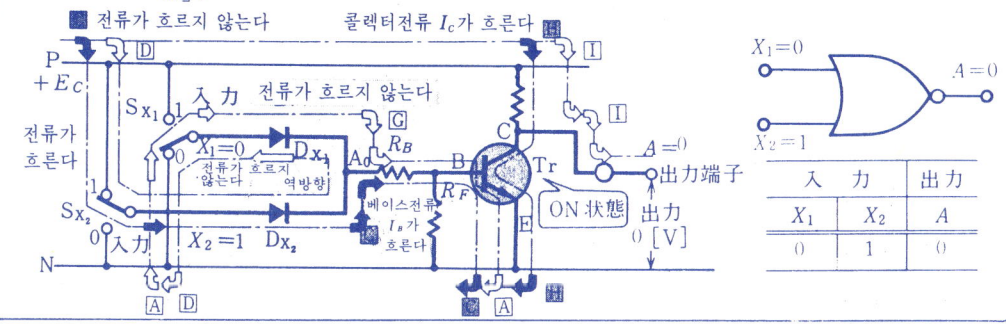

입력신호가 $X_1=1$, $X_2=1$ 일 때

- ●■回路… 스위치 S_{X1}을 1쪽에 넣으면 입력단자 X_1의 전위는 $+E_C$[V] 「1」로 되므로 다이오드 D_{X1}, 베이스저항 R_B를 통하여 트랜지스터 T_r의 베이스에 전류 I_B가 흐른다.
- ●■回路… 스위치 S_{X2}를 1쪽에 넣으면 입력단자 X_2의 전위는 $+E_C$[V] 「1」로 되므로 다이오드 D_{X2}, 베이스저항 R_B를 통하여 트랜지스터 T_r의 베이스에 전류 I_B가 흐른다.
- ●■回路… 트랜지스터 T_r에는 F, F회로를 통하여 베이스전류 I_B가 흐르므로 콜렉터 전류 I_C가 흐른다.
- ●■回路… 트랜지스터 T_r이 "ON 상태"이므로 출력단자 A에는 전압이 생기지 않는다. 「0」

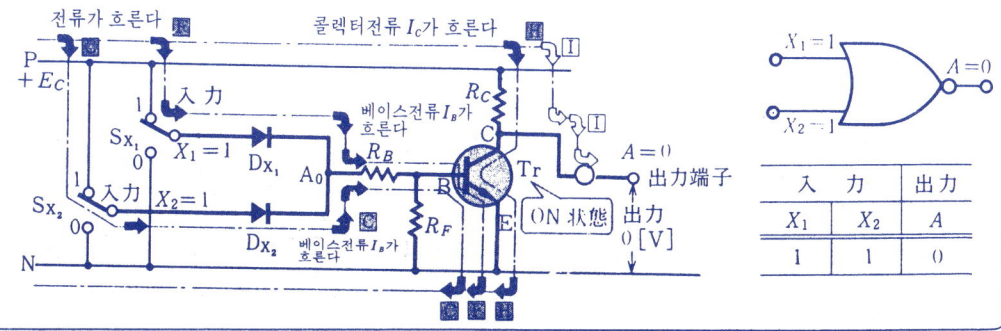

8. MIL 논리기호의 기입법

① MIL 논리기호의 특징과 기입법

MIL논리기호란?

❋ MIL 논리기호란 MIL 규격의 "MIL STD-806B" (Graphic Symbols for Logic Digrams)에 규정되어 있는 논리기호를 말한다.

❋ MIL 규격에 의한 논리기호는 미합중국의 육, 해, 공군에서 사용하는 논리회로도를 만들때는 이 논리기호를 사용하도록 의무지워진 것으로서 우리나라에서도 직접회로(IC : Integrated Circuit)의 보급과 함께 널리 사용되고 있다.

MIL논리기호의 특징 ── ● 논리기호의 기입법 ●

❋ MIL 논리기호에는 다음과 같은 특징이 있다.
  (1) MIL 논리기호 값의 논리값은 신호, 전압값의 상대적인 고·저로 정해지며 높은 전압레벨을「H」(High), 낮은전압 레벨을「L」(Low)로 나타낸다.
  (2) 상태표시 기호에 의하여 같은 논리회로도 중에서「정논리」및「부논리」를 구별할수 있으므로 단순히 논리 관계를 추구할 뿐만아니라 실제의 신호의 흐름까지 도면상으로 알 수 있게 되어있다.

機能	MIL 論理記號의 기입법	機能	MIL 論理記號의 기입법
AND	(기호: 1.0, 0.8, 0.4R, 0.6)	NAND	(기호: 1.0, 0.8, 0.4R, 0.6, 0.15)
OR	(기호: 1.0, 0.8R, 0.8, 0.3)	NOR	(기호: 1.0, 0.8R, 0.8, 0.3, 0.15)
NOT	(기호: 0.7, 0.7, 0.15φ)	타임딜레이	(기호: 1.0, 0.17R)
狀態表示 記號	(기호: 0.15φ)	비고: ● 논리기호의 크기는 임의로 표시할수 있으나 각 변의 비율은 AND 기호의 가로방향의 최대길이를 1.0으로 한 상대적 치수로 표시한다.	

8. MIL 논리 기호의 기입법

(2) MIL논리기호의 전압레벨과 논리레벨

❈ 이제까지 설명한 「AND」, 「OR」, 「NAND」, 「NOR」 기능을 모두 「AND」와 「OR」로 표시하면 다음 표와 같다.

	「AND」表示	「OR」表示	論理機能			「AND」表示			「OR」表示		
			X_1	X_2	A	X_1	X_2	A	X_1	X_2	A
AND	X_1 X_2 ─A	X_1 X_2 ─A	L	L	L	(正) 0	(正) 0	(正) 0	(負) 1	(負) 1	(負) 1
			H	L	L	1	0	0	0	1	1
			L	H	L	0	1	0	1	0	1
			H	H	H	1	1	1	0	0	0
OR	X_1 X_2 ─A	X_1 X_2 ─A	L	L	L	(負) 1	(負) 1	(負) 1	(正) 0	(正) 0	(正) 0
			H	L	H	0	1	0	1	0	1
			L	H	H	1	0	0	0	1	1
			H	H	H	0	0	0	1	1	1
NAND	X_1 X_2 ─A	X_1 X_2 ─A	L	L	H	(正) 0	(正) 0	(負) 0	(負) 1	(負) 1	(正) 1
			H	L	H	1	0	0	0	1	1
			L	H	H	0	1	0	1	0	1
			H	H	L	1	1	1	0	0	0
入力負論理의 NAND	X_1 X_2 ─A	X_1 X_2 ─A	L	L	H	(負) 1	(正) 0	(負) 0	(正) 0	(負) 1	(正) 1
			H	L	H	0	0	0	1	1	1
			L	H	L	1	1	1	0	0	0
			H	H	H	0	0	0	1	1	1
	X_1 X_2 ─A	X_1 X_2 ─A	L	L	H	(正) 0	(負) 1	(負) 0	(負) 1	(正) 0	(正) 1
			H	L	L	1	1	1	0	0	0
			L	H	H	0	0	0	1	1	1
			H	H	H	0	0	0	1	1	1
NOR	X_1 X_2 ─A	X_1 X_2 ─A	L	L	H	(負) 1	(負) 1	(正) 1	(正) 0	(正) 0	(負) 0
			H	L	L	0	1	0	1	0	1
			L	H	L	1	0	0	0	1	1
			H	H	L	0	0	0	1	1	1
入力負論理의 NOR	X_1 X_2 ─A	X_1 X_2 ─A	L	L	L	(正) 0	(負) 1	(正) 0	(負) 1	(正) 0	(負) 1
			H	L	H	1	1	1	0	0	0
			L	H	L	0	0	0	1	1	1
			H	H	L	1	0	0	0	1	1
	X_1 X_2 ─A	X_1 X_2 ─A	L	L	L	(負) 1	(正) 0	(正) 0	(正) 0	(負) 1	(負) 1
			H	L	L	0	0	0	1	1	1
			L	H	H	1	1	1	0	0	0
			H	H	L	0	1	0	1	0	1

注 : (正)은 정논리 (負)는 부논리를 나타낸다.

❈ 이 표로 「AND」에서 「OR」, 또는 「OR」에서 「AND」로의 변형을 하는 데는 각 입출력의 논리레벨을 모두 반대로 하고 논리기호를 바꾸어 넣으면 된다는 것을 알 수 있을 것이다.

무접점 시이퀀스제어의 기초

③ NAND에 의한 AND, OR 기능의 표시법

NAND 회로 시이퀀스

❋ 실제의 무접점 시이퀀스에서는 부품 가격의 저감, 보수의 용이성을 고려하여 하나의 기본 논리회로 시이퀀스회로를 짜는 경우가 많다.
❋ 하나의 기본 논리회로가 모든 논리회로를 만족시키기 위해서는 그 기본논리회로를 몇 개 조합함으로써 다른 기본 논리회로와 같은 기능을 갖는 회로가 구성되어야 할 필요가 있다. 이것이 가능한 기본논리회로에는 「NAND」와 「NOR」가 있다.
❋ 일반적으로는 시판되고 있는 소자의 성질 기타에 의하여 「NAND」가 널리 사용되고 있으며 「NAND」회로 시이퀀스라 부르고 있다.

「NAND」회로에 의한 「AND」·「OR」기능의 표시법

❋ 「NAND」의 출력에 「NOT」를 조합하면 「NAND」의 출력 A_0(「부정」)이 「NOT」에 의하여 다시 「부정」되므로 출력 A는 「AND」기능으로 된다.

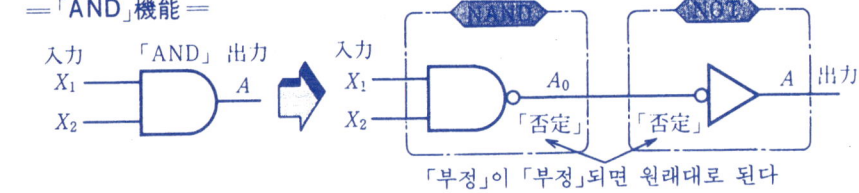

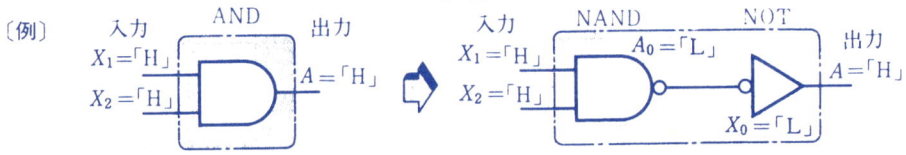

❋ 「NAND」의 각 입력에 「NOT」를 조합하면 입력 X_1, X_2는 「NOT」를 출력 A_{01}, A_{02}로 「부정」되고 이것을 「NAND」의 입력으로 「부정」되므로 출력 A는 「OR」기능으로 된다.

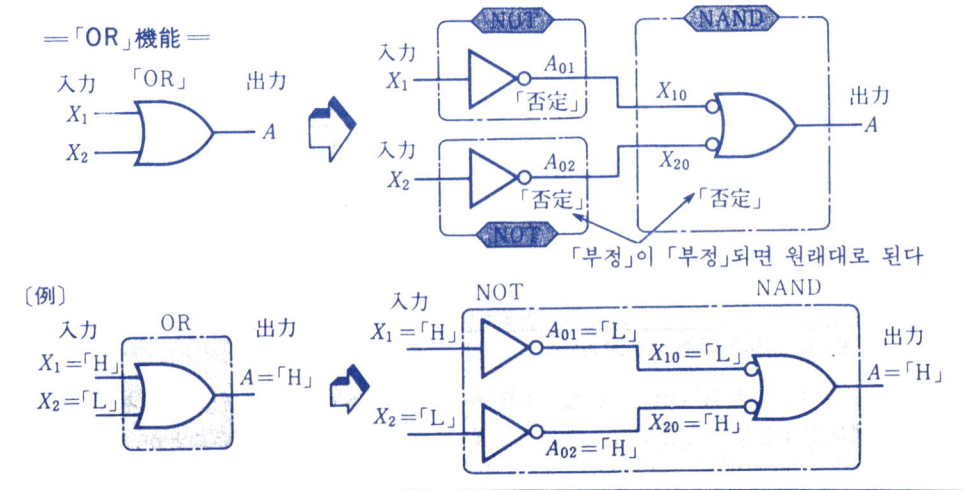

9. 무접점 시이퀸스의 입력회로 판독법

① 무접점 시이퀸스도의 구성법

논리연산부

※ 일반적으로 무접점 시이퀸스도는 입력회로부, 논리연산부, 출력회로부로 구성되어 있다.
※ 논리연산부는 AND 회로, OR 회로, NOT 회로 등의 논리소자에 의하여 자기유지회로, 인터록회로, 타이머회로 등을 구성하고 이들을 조합하여 제어대상의 부하를 제어하는 기능을 갖고 있다.
※ 논리연산부는 횡서로 표시하되 도면의 왼쪽에서 오른쪽으로 신호가 흐르도록 쓰는 (그리는)것을 원칙으로 한다.
※ 상세히는 5장 "시이퀸스제어 기본회로", 6장 "시간차가 있는 무접점 시이퀸스기본회로"에 있다.

전동기의 기동제어회로〔예〕

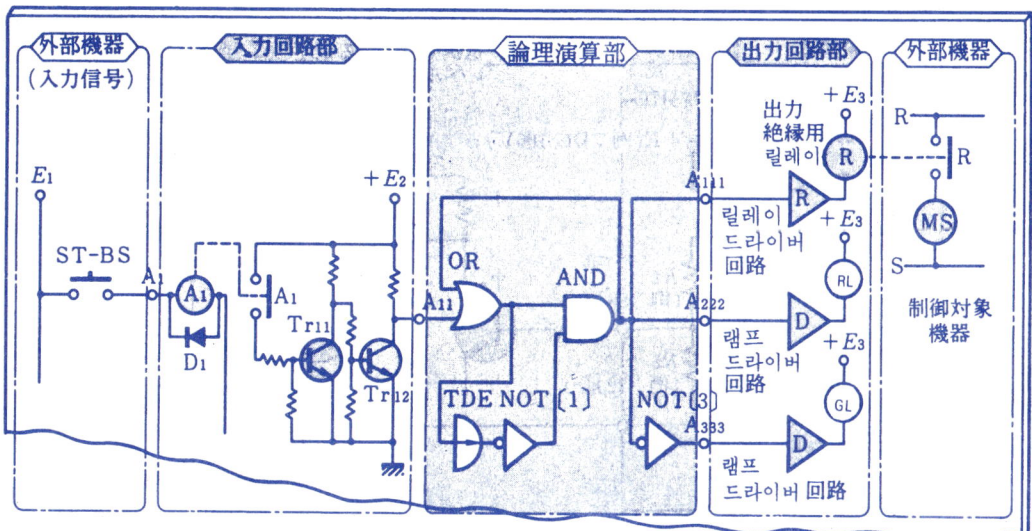

입력회로부

※ 입력회로부는 외부로부터의 신호를 받아 논리연산부가 동작하기 쉬운 신호로 변환하는 작용을 한다.
※ 입력회로부에는 전압레벨을 변환하는 회로, 입력접점의 채터링 또는 입력배선에서 진입해오는 노이즈를 흡수하는 필터회로, 노이즈를 차단하는 절연회로 등이 있다.
※ 입력회로에 대해서는 다음 페이지 이하에서 상세히 설명한다.

출력회로부

※ 출력회로는, 논리연산부의 출력신호를 외부의 거리가 동작하는데 적당한 신호로 변환하여 출력하는 작용을 갖고있다.
※ 출력회로에는, 제어대상의 부하에 적응하는 파워증폭 기능을 갖는 파워 앰프회로, 논리연산부에의 노이즈를 차단하는 절연회로 등이 있다.
※ 출력회로에 대해서는 p.186—, "무접점 시이퀸스 출력회로의 판독법"에서 상세히 설명한다.

무접점 시이퀸스제어의 기초

② 전압레벨 변환 입력회로의 동작

전압레벨 변환 입력회로란?

❈ 무접점 시이퀀회로에서는, DC 12V, 6V 등, 매우 낮은 전압을 사용하고 있으므로 100V, 200V 등 높은 전압레벨로 사용되는 유접점 외부기기에 직접 연결하는 것은 곤란하다. 그래서 무접점 시이퀸스 제어회로 내부의 전압에 맞는 레벨로 변환하기 위한 회로가 필요하다. 이를 위한 입력회로를 전압레벨 변환회로라고 한다.

저항분압에 의한 전압레벨 변환 입력회로 ● 회 로 도 ●

❈ 저항분압에 의한 전압레벨변환 입력회로란 유접점 외부기기의 높은 전압레벨을 직렬로 접속한 저항기의 전압강하에 의하여 전압을 분압함으로써 무접점 시이퀀스에서 사용하는 낮은 전압레벨로 변환하는 회로를 말한다.

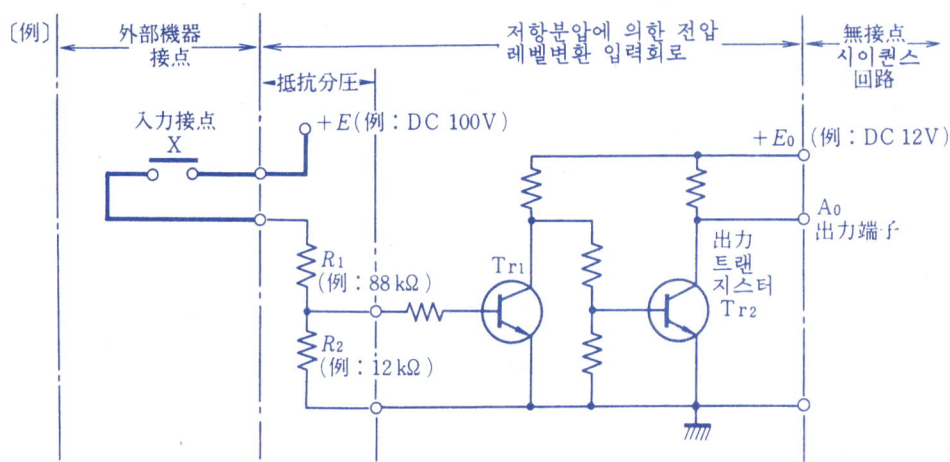

저항분압 방법

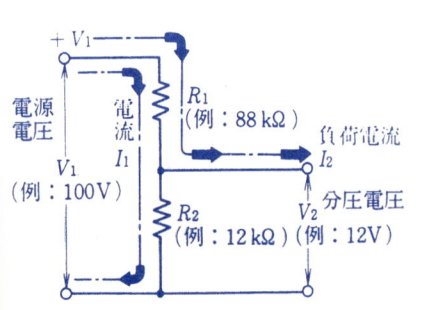

= 부하전압 I_2가 0〔A〕일 경우 =

分圧電圧 V_2 는

$$V_2 = \frac{R_2}{R_1 + R_2} \times V_1 \text{ [V]}$$

〔例〕 $V_2 = \dfrac{12 \times 10^3}{88 \times 10^3 + 12 \times 10^3} \times 100$

$= 12$ 〔V〕

= 부하전류가 I_2〔A〕일 경우 =

$$V_2 = \frac{R_2}{R_1 + R_2} \times V - I_2 R_1 \text{ [V]}$$

❈ 각 저항기에 의한 소비전력을 줄이기 위하여
R_1, R_2는 높은 저항치의 것을 고른다.

9. 무접점 시이퀀스의 입력회로 판독법

저항분압에 의한 전압레벨 변환 입력회로 — 동작의 방법

※ 외부기기의 입력접점 X를 닫으면 (「1」), 전압 +E를 저항 R_1과 R_2의 거의 같은 비로 분압한 전압 V가, 트랜지스터 T_r의 베이스에 인가되므로 출력 트랜지스터의 출력 단자 전에는 $+E_0$(「1」)의 전압이 생긴다. 즉, 입력접점 X가 "1"로 되면 출력접점 A_0도 "1" 로 된다.

- [A] 회로…외부기기의 입력접점 X가 닫히면(「1」), 저항 R_1과 R_2에 전류가 흐르고 전압 $+E$(예 : DC 100 V)를 저항 R_1과 R_2의 비로 분압한 전압 V(예 : 약 DC 12 V) 가 단자 A_1, A_2에 생긴다.
- [B] 회로…단자 A_1, A_2에 레벨이 변환된 전압 V가 생기면 트랜지스터 T_r의 베이스에 전류 I_B가 흘러 T_{r1}은 "ON 상태"로 된다.
- [C] 회로…T_{r1}이 "ON 상태"로 되면 콜렉터전류 I_C가 흐르므로 출력단자 a의 전압은 0 [V] (「0」)으로 된다.
- [D] 회로…T_{r1}의 출력단자 a의 전압이 0 [V]이므로 출력 트랜지스터 T_{r2}의 베이스전류 I_{B2} 는 흐르지 않아 T_{r2}는 "OFF 상태"로 된다.
- [E] 회로…T_{r2}가 "OFF 상태"이므로 콜렉터전류 I_C도 흐르지 않고 따라서 출력단자 b의 전 압은 $+E_0$[V] (「1」)로 된다.
- [F] 회로…T_{r2}의 출력단자 b의 전압이 $+E_0$[V]이므로 출력 A_0는 「1」로 된다.

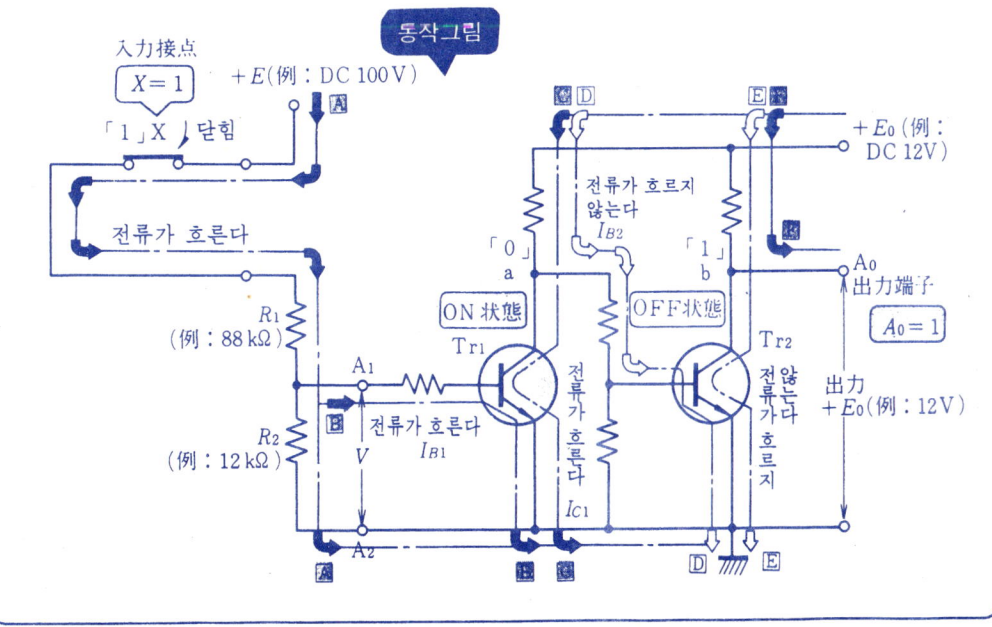

※ 저항분압에 의한 외에도 릴레이에 의한 절연형의 입력회로, 포토커플러에 의한 접연형 입 력회로도 이 전압레벨변환 입력회로의 일종이다. 그 동작의 기본은 다음 페이지의 「절연 형 입력회로의 동작」과 같다.

무접점 시이퀀스제어의 기초

③ 절연형 입력회로의 동작

절연형 입력회로란?

❖ 외부회로가 노이즈가 나기 쉬운 회로이거나 외부로부터 무접점 시이퀀스회로 까지의 배선이 유도 받기 쉬운 곳을 통과할 경우 무접점 시이퀀스 회로를 외부회로와 직결하면 노이즈에 의하여 그 동작을 일으킬 염려가 있으므로 입력회로에서 이들을 절연함으로써 노이즈의 침입을 가능한 한 방지할 필요가 있다.

❖ 외부 회로로부터의 노이즈를 차단하는 데는 입력회로를 전기적으로 분리시키면 되지만 이렇게 하면 입력신호를 무접점 시이퀀스회로에 전달시킬 수 있으므로 전기적으로는 직접 접속되지 않으나 신호를 전달할 수 있는 릴레이, 포토커플 등이 절연형 입력회로로 사용되고 있다.

릴레이에 의한 절연형입력회로 ─●회 로 도●─

❖ 릴레이에 의한 절연형 입력회로란 외부기기의 유접점 신호를 릴레이로 수신하고 조직 레벨의 신호로 변환하는 방식을 말하는데 외부회로란 릴레이의 코일과 접점에 의하여 전기적으로 절연되어 있는 회로를 말한다.

포토커플러에 의한 절연형 입력회로 ─●회 로 도●─

❖ 포토커플러에 의한 절연형 입력회로란 외부기기의 유접점 신호로 포토커플러의 발광다이오드를 발광시켜 그 광신호를 포토트랜지스터로 수광한 다음 전기신호로 변환하여 무접점 시이퀀스 회로에 전달하는 방식의 회로를 말한다.

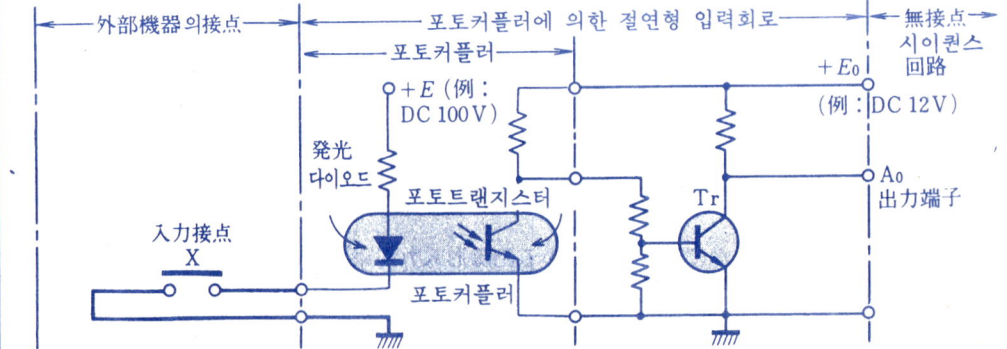

9. 무접점 시퀀스의 입력회로 판독법

릴레이에 의한 절연형 입력회로 ── ●동작의 방법●

❖ 외부기기의 입력접점 X를 닫으면(「1」) 릴레이 A가 동작하여 접점 A를 닫고(「1」) 트랜지스터 T_{r1}을 "ON 상태"로 하므로 출력 트랜지스터 T_{r2}가 "OFF 상태로 보며 출력단자 A_0 에 $+E_0$(「1」)의 전압이 생긴다. 즉, 입력접점 X가 「1」로 되면 출력 A_0도 「1」로 된다.

- ●A 회로…외부기기의 입력접점 X가 닫히면(「1」) 릴레이의 코일 Ⓐ에 전류가 흐르므로 릴레이 A가 동작한다.
- ●B 회로…릴레이 A가 동작하면 접점 A가 닫혀(「1」) 트랜지스터 T_{r1}의 베이스 전류 I_{B1}이 흐르고 T_{r1}은 "ON 상태"로 된다.
- ●C 회로…T_{r1}이 "ON 상태"이므로 콜렉터전류 I_{C1}이 흐르고 출력단자 a의 전압은 0〔V〕(「0」)으로 된다.
- ●D 회로…T_{r1}의 출력단자 a의 전압이 0〔V〕이므로 출력트랜지스터 T_{r2}의 베이스전류 I_{B2}는 흐르지 않고 T_{r2}는 "OFF 상태"로 된다.
- ●E 회로…T_{r2}가 "OFF 상태"이므로 콜렉터전류 I_{C2}는 흐르지 않고 출력단자 b의 전압은 $+E_0$〔V〕(「1」)로 된다.
- ●F 회로…T_{r2}의 출력단자 b의 전압이 $+E_0$〔V〕이므로 출력 A_0는 「1」로 된다.

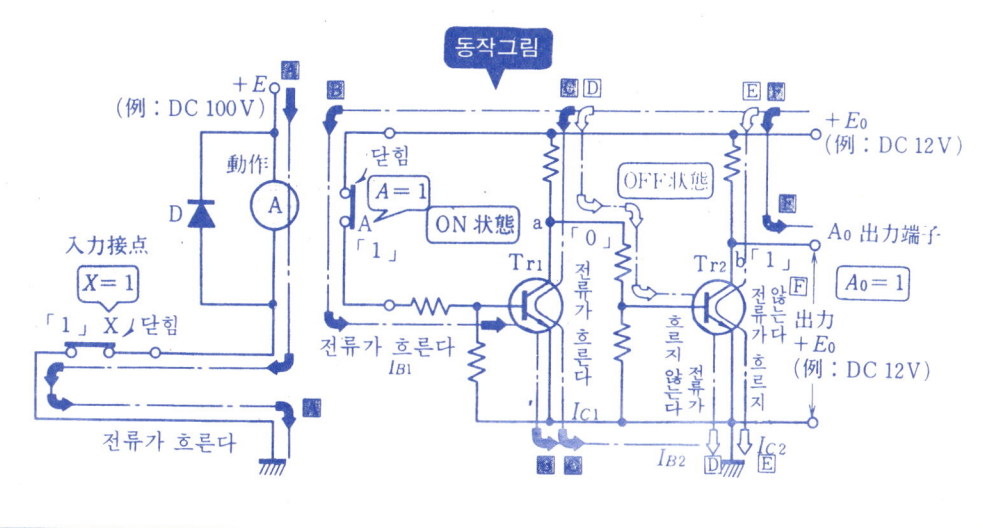

❖ 이 회로에 사용되는 릴레이로서는 일반적으로 리드릴레이 또는 동등한 크기의 미니추어 릴레이 등이 흔히 사용되고 있다.
❖ 릴레이의 코일에는 흐르던 전류가 차단되었을 때 발생하는 역기전력에 의한 서어지를 방지하기 위하여 다이오드 D를 병렬로 접속하고 있다.
❖ 이 회로에서는 릴레이의 채터링이 발생하므로 그 제거를 위하여 채터링 방지 회로를 별도로 설치할 필요가 있다.

③ 절연형 입력회로의 동작

포토 커플러에 의한 절연형 입력회로 ● 동작의 방법 ●

❖ 외부기기의 입력접점 X를 닫으면 (「1」) 포토커플러의 발광 다이오드에 전류가 흘러 발광하고 그 광에 의하여 포토 트랜지스터가 "ON 상태"로 되므로 출력 트랜지스터 T_{r1}이 "OFF 상태"로 되고 출력단자 A_0에 $+E_0$(「1」)의 전압이 생긴다. 즉, 입력 접점 X가 「1」로 되면 출력 A_0도 「1」이 된다. 광하고

- ●A 회로…외부기기의 입력접점 X가 닫히면(「1」) 포토커플러의 발광 다이오드에 전류가 흐르므로 발광 다이오드가 발광한다.
- ●B 회로…포토커플러의 발광다이오드의 광을 포토트랜지스터가 수광하면 포토트랜지스터에 베이스 전류가 흐르고 "ON 상태"로 되므로 그 출력단자 a의 전압은 0[V] (「0」)로 된다.
- ●C 회로…포토트랜지스터의 출력단자 a의 전압이 0[V]이므로 출력트랜지스터 T_{r1}의 베이스 전류 I_{B1}이 흐르지 않고 T_{r1}은 "OFF 상태"가 된다.
- ●D 회로…T_{r1}이 "OFF 상태"이므로 콜렉터전류 I_{C1}은 흐르지 않고 따라서 출력단자 b의 전압은 $+E_0$[V] (「1」)로 된다.
- ●E 회로…T_{r1}의 출력단자 b의 전압이 $+E_0$[V] 이므로 출력 A_0는 「1」로 된다.

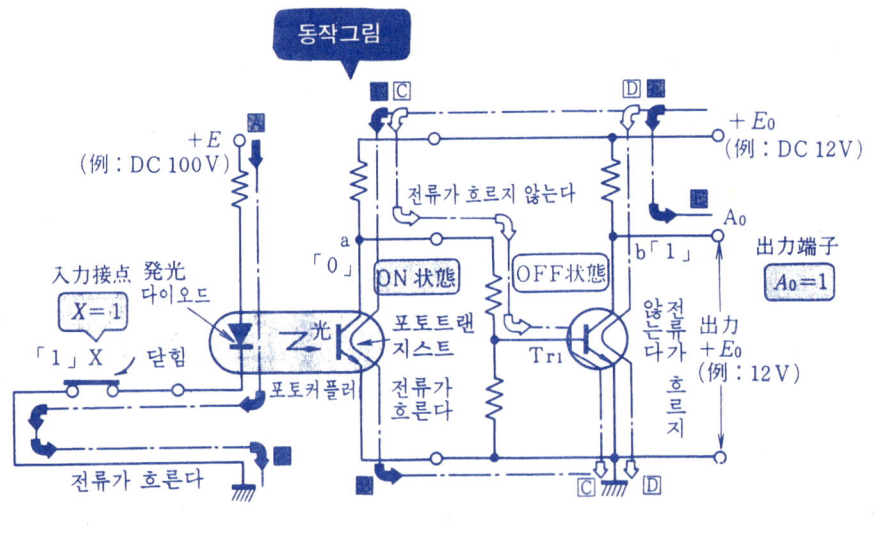

동작그림

= 포토 커플러란? =

❖ 포토커플러(Photo Coupler)란, 전기신호를 일단 발광소자(예: 발광다이오드)에 넣어 광신호로 바꾸고 그 광신호를 포토트랜지스터 등의 광전변환 소자에 의하여 다시 전기신호로 변환하는 것을 말한다.

❖ 포토커플러는 절연된 공간을 광으로 신호의 전달을 하므로 절연성과 전달 속도가 빠른것이 특징이다.

9. 무접점 시이퀀스의 입력회로 판독법

④ 채터링 방지 입력회로의 동작

채터링 방지 입력회로란?

❋ 외부기기의 접점으로서는 스위치나 릴레이 접점이 사용되고 있으나, 이들 접점에는 닫힐 때 반드시 채터링(접점 투입시에 접점이 충돌하여 단시간 동안이나마 ON OFF 하는 현상)이 발생한다. 접점의 채터링 현상이 있는 채로 무접점 시이퀀스 회로에 입력하면 반도체 회로에서는 ns(10^{-9}초)의 오더로 응답하므로 입력한「1」또는「0」므로 오동작될 염려가 있다.

❋ 입력접점에 채터링이 있더라도 무접점 시이퀀스 회로에 신호로서 전달하지 않도록 하는 회로를 채터링 방지 입력회로라 한다.

풀립풀롭에 의한 채터링방지 입력회로

❋ 외부기기의 입력접점이 변환접점(c접점)의 경우, R-S 풀립풀롭 회로를 사용하면 접점의 변환에 의하여 채터링이 발생하더라도 출력에는 깨끗한 파형으로 나타난다.

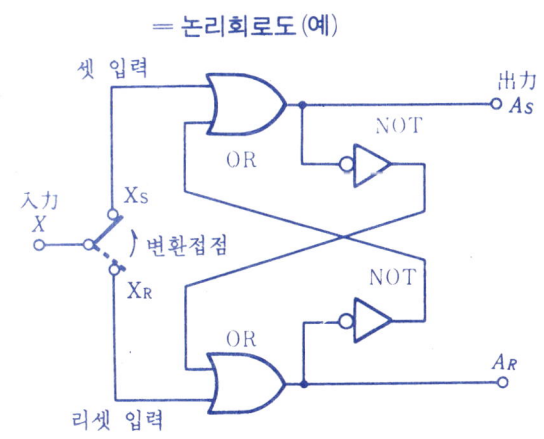

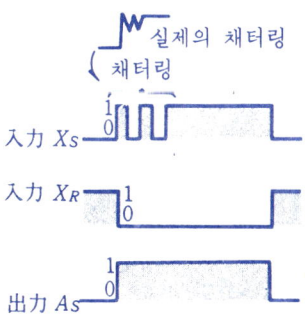

❋ 입력접점 X를 리셋입력 X_R쪽에서 셋 입력 X_S쪽(「1」)으로 변환했을 때, X_S쪽에서 채터링이 발생하면 풀립풀롭은 채터링 파형의 첫번째 펄스에 응압하여 셋상태(출력 A_S의)로 된다. 다음에 채터링에 의한 펄스가 들어오더라 셋 입력이 복수회 가해지는 것이 되므로 출력 A_S「1」로 바뀌지 않으므로 채터링을 방지할 수 있는 것이다.

❋ 풀립풀롭의 동작에 대해서는 P.250~256에 자세히 설명되어 있다.

10. 무접점 시이퀀스 출력회로의 판독법

① 파워앰프 출력회로의 동작

파워앰프 출력회로란?

❊ 일반적으로 무접점 시이퀀스 회로의 구성소자는 직류의 5~24V정도의 제어전원으로서 수 mA의 전류이면 동작된다. 이에 대하여 제어대상 부하는 24~200V이고 전류도 100mA ~수 A정도이어서 무접점 시이퀀스회로의 입장에서 보면 고전압, 대전류인 셈이다.

❊ 따라서 무접점 시이퀀스를 구성하는 소자 그대로는 충분한 파워를 끌어낼 수 없다. 이를 해결하기 위해서는 최종 출력단계의 출력회로에 제어대상 부하에 대응하는 증폭 기능을 갖는 회로가 필요하다.

❊ 트랜지스터에 의한 파워앰프출력회로로서는 에미터폴로어방식과 다아링톤 접속방식이 주로 사용되고 있다.

에미터 폴로어에 의한 파워앰프회로 — ● 회 로 도 ●

❊ 에미터 폴로어에 의한 파워앰프회로란 2개의 트랜지스터 Tr_1, Tr_2로 구성되는바, Tr_2은 에미터 폴로어로서 사용되고 Tr_1는 베이스 전류를 공급함으로써 전류증폭을 하는 회로를 말한다.

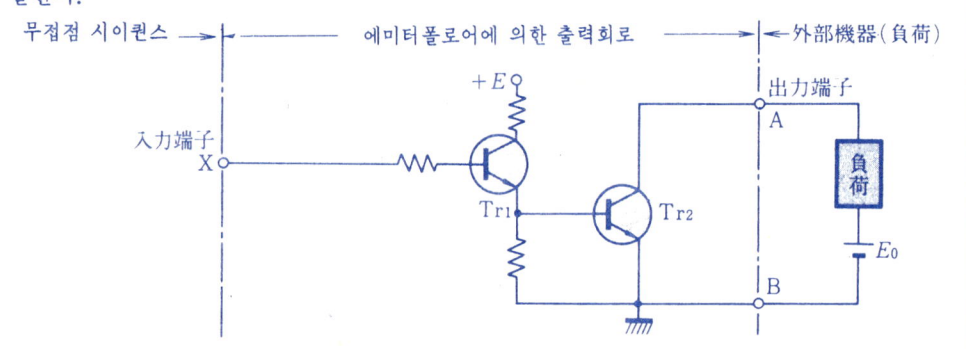

다아링톤 접속에 의한 파워앰프회로 — ● 회 로 도 ●

❊ 다아링톤 접속에 의한 파워앰프회로란 2개의 트랜지스터 Tr_1, Tr_2로 구성되는 바, Tr_1의 에미터를 Tr_2의 베이스에 접속함과 함께 Tr_1과 Tr_2의 콜렉터를 공통으로 부하에 접속함으로써 전류 증폭을 하는 회로를 말한다.

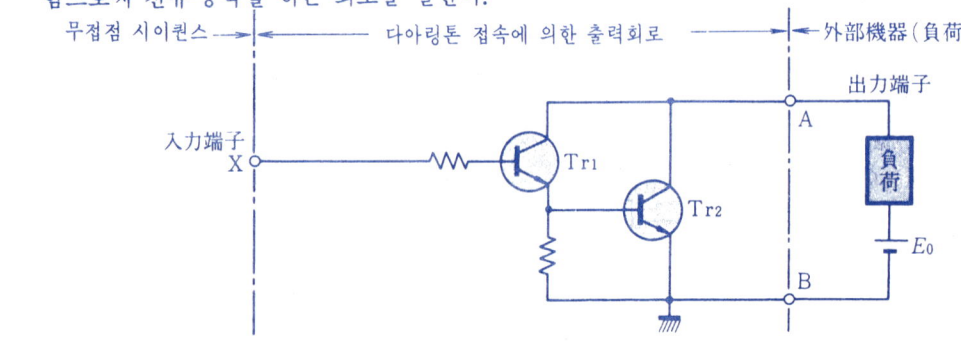

10. 무접점 시이퀀스 출력회로의 판독법

에미터폴로어에 의한 파워앰프 출력회로 ● 동 작 법 ●

※ 입력신호 X가 「1」로 되면 트랜지스터 Tr_1의 베이스전류 I_{B1}과 콜렉터전류 I_{C1}이 트랜지스터 Tr_2의 베이스전류 I_{B2}로서 흐르므로 부하전류 I_0가 증폭되어 $h_{FE2} \cdot I_{B2}$ (h_{FE2} : Tr_2의 전류증폭률) 까지 흐르게 할 수 있다.

- Ⓐ 회로…입력신호 X가 「1」로 되면 트랜지스터 Tr_1에 베이스전류 I_{B1}이 흐르므로 Tr_1은 "ON상태"로 됨과 함께 I_{B1}은 트랜지스터 Tr_2의 베이스전류 I_{B2}로서 흐른다.
- Ⓑ 회로…Tr_1이 "ON상태"이므로 콜렉터전류 I_{C1}의 흐르고 Tr_2의 베이스전류 I_{B2}로서 공급되므로 Tr_2는 "ON상태"로 된다.
- Ⓒ 회로…Tr_2가 "ON상태"이므로 콜렉터전류 I_{C2}가 흐른다.
- Ⓓ 회로…Tr_2가 "ON상태"로 되면 부하회로가 도통하고 증폭된 부하전류 I_0 ($I_0 = I_{C2}$)가 흐른다.

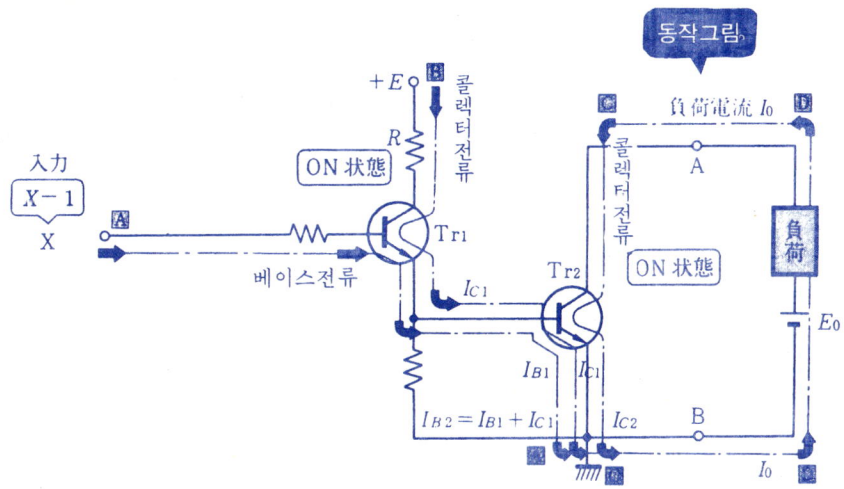

〔参考〕

$I_{C1} = h_{FE1} \cdot I_{B1}$ ……… h_{FE1} : Tr_1의 전류증폭률

$I_{E1} = I_{B1} + I_{C1}$ ………… I_{E1} : Tr_1의 에미터전류

$\quad = I_{B1} + h_{FE1} \cdot I_{B1}$

$\quad = (1 + h_{FE1}) \cdot I_{B1}$

Tr_1의 에미터전류 I_{E1}은 $(1 + h_{FE1}) \cdot I_{B1}$로 되나, h_{FE1}은 50~200정도의 큰 값이므로 회로상에서는 저항 R로 제한된다.

$I_{B2} = I_{E1}$

$I_{C2} = h_{FE2} \cdot I_{B2}$

$I_0 = I_{C2}$

● 부하전류 I_0는 $h_{FE2} \cdot I_{B2}$ 까지 흐르게 할 수 있으나 이 회로방식에서는 트랜지스터의 선택에 따라서 수 100mA까지의 제한이 가능하다.

무접점 시이퀀스제어의 기초

1 파워앰프 출력회로의 동작

다이링톤 접속에 의한 파워앰프 출력회로 ●●동 작 법●●

※ 입력신호 X가「1」로 되면 트랜지스터 Tr_1의 베이스전류 I_{B1}과 콜렉터전류 I_{C1}이 트랜지스터 Tr_2의 베이스전류 I_{B2}로서 흐르는 또 Tr_1과 Tr_2의 콜렉터 전류 합이 부하전류 I_0로 되므로 이 회로의 전류증폭률은 거의 양 트랜지스터의 전류증폭률을 곱한 값으로서 매우 크다.

- Ⓐ 회로…입력신호 X가「1」이 되면 트랜지스터 Tr_1의 베이스전류 I_{B1}이 흐르므로 Tr_1은 "ON상태"로 되는 동시에 I_{B1}은 트랜지스터 Tr_2의 베이스전류 I_{B1} 으로서 흐른다.
- Ⓑ 회로…Tr_1이 "ON상태"로 되면 콜렉터전류 I_{C1}이 흐르고 Tr_2의 베이스전류로서 공급되므로 Tr_2도 "ON상태"가 된다.
- Ⓒ 회로…Tr_2가 "ON상태"로 되면 콜렉터전류 I_{C2}가 흐른다.
- Ⓓ 회로…부하회로에는 Tr_1의 콜렉터전류 I_{C1}과 Tr_2의 콜렉터전류 I_{C2}를 합한 전류가 부하전류 I_0로서 흐르게 된다.

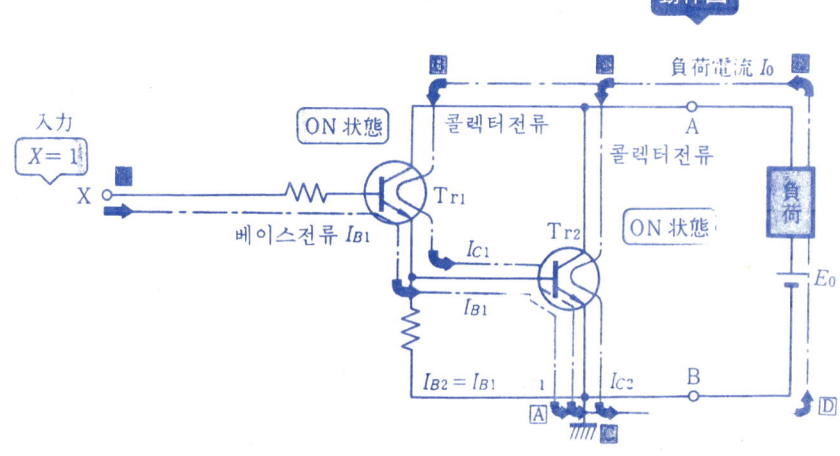

動作図

(参考)

$I_{C1} = h_{FE1} \cdot I_{B1}$ ……… h_{FE1} : Tr_1의 전류증폭률

$I_{E1} = I_{B1} + I_{C1}$ ………… I_{E1} : Tr_1의 에미터전류

$\quad = I_{B1} + h_{FE1} \cdot I_{B1}$

$\quad = (1 + h_{FE1}) I_{B1}$

$I_{B2} = I_{E1}$ ……………… Tr_1의 콜렉터회로 I_{E1}을 제한하는 저항이 접속되어 있지 않으므로 $(1 + h_{FE1}) \cdot I_{B1}$ 그대로의 전류가 Tr_2의 베이스전류 I_{B2}로 된다.

$I_{C2} = h_{FE2} \cdot I_{B2}$ ……… Tr_2의 콜렉터전류 I_{C2}가 부하전류 I_0로 된다.

$\quad = h_{FE2} (1 + h_{FE1}) I_{B1}$

$\quad = h_{FE2} \cdot I_{B1} + h_{FE1} \cdot h_{FE2} \cdot I_{B1}$ $\qquad I_0 = I_{C2}$

$\quad \fallingdotseq h_{FE1} \cdot h_{FE2} \cdot I_{B1}$ $\qquad\qquad = h_{FE1} \cdot h_{FE2} \cdot I_{B1}$

② 절연형 출력회로의 동작

절연형 출력회로란?

※ 무접점 시이퀀스회로와 제어대상 부하회로는 노이즈에 의한 오동작을 방지하기 위하여 전기적으로 분리시킬 필요가 있다.
※ 절연형 출력회로란 로직레벨의 신호를 파워레벨의 신호로 변환하는 동시에 부하회로와 전기적으로 절연하는 회로를 말하며 릴레이 또는 포토커플러 등이 사용된다.

논리기호

예 : 릴레이 드라이버회로

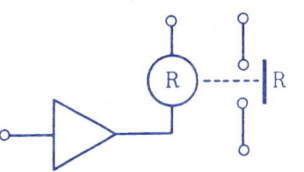

릴레이에 의한 절연형 출력회로 — 릴레이 드라이버회로

※ 릴레이에 의한 절연형 출력회로는 릴레이드라이버회로라고도 하며 트랜지스터의 콜렉터 회로에 직류의 릴레이코일을 접속하되 그 접점으로 부하회로(직류나 교류의 구별없이)를 구동하는 회로를 말하고 파워앰프회로의 후단계에서 신호의 절연을 하도록 되어 있다.

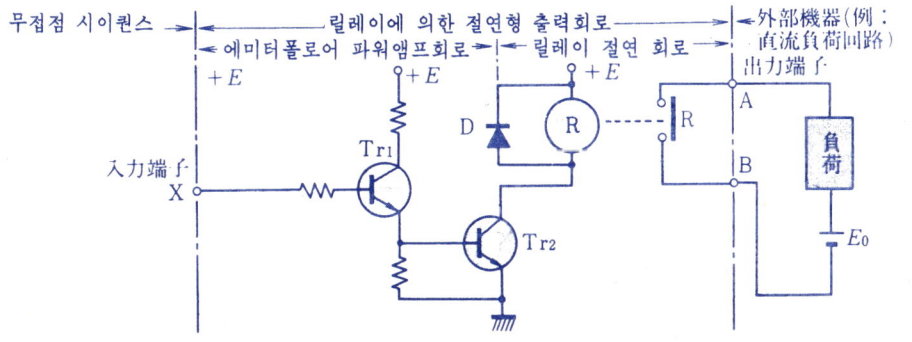

포토커플러에 의한 절연형 출력회로 — 회로도

※ 포토커플러에 의한 절연형 출력회로란 무접점 시이퀀스 회로로부터의 입력신호를 발광다이오드와 포토트랜지스터를 조합한 포토커플러에 의한 광결합으로 전달하는 방법으로서 파워앰프의 전단계에서 신호의 절연을 하도록 되어 있다.

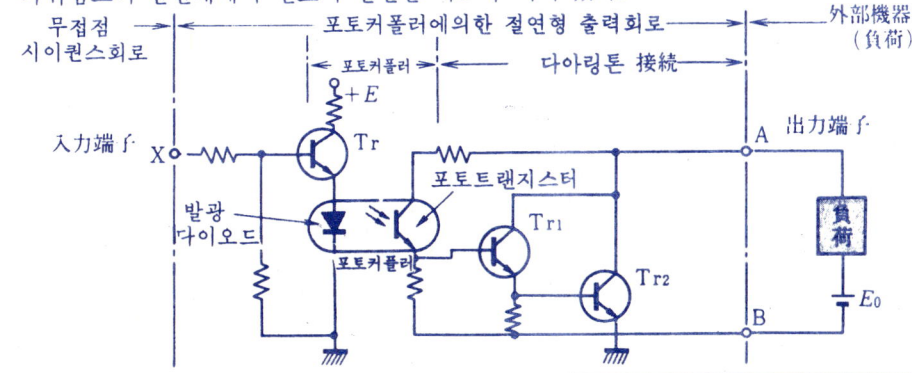

② 절연형 출력회로의 동작

릴레이에의한 절연형 출력회로 — ● 동 작 법 ●

※ 입력신호 X가 「1」로 되면 릴레이 R이 동작하여 그 접점R이 닫힘(「1」)고 부하에 통전된다.

- Ⓐ 회로…입력신호 X가 「1」로 되면 트랜지스터 Tr_1에 베이스전류 I_{B1}이 흐르므로 Tr_1은 "ON상태"로 됨과 함께 I_{B1}는 트랜지스터 Tr_2의 베이스전류로서 흐른다.
- Ⓑ 회로…Tr_1이 "ON상태"로 되면 콜렉터전류 I_{C1}이 흐르고 Tr_2의 베이스전류로서 공급되므로 Tr_2역시 "ON상태"로 된다.
- Ⓒ 회로…Tr_2가 "ON상태"로 되면 증폭된 콜렉터전류 I_{C2}가 코일 Ⓡ에 흐르므로 릴레이 R이 동작한다.
  (에미터폴러어에 의한 파워앰프회로의 동작에 대해서는 p.186~187참조).
- Ⓓ 회로…릴레이 R이 동작하면 그 a접점 A가 닫히(「1」)므로 별도의 전원 E_0에 의하여 부하전류 I_0가 흐른다.

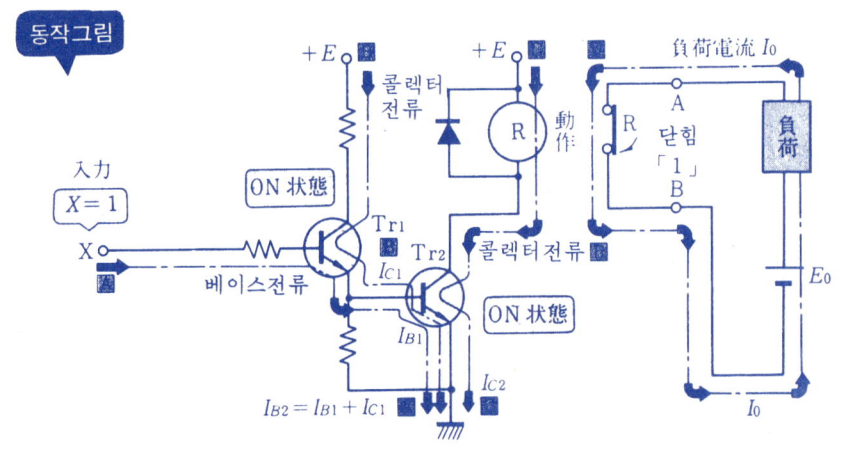

동작그림

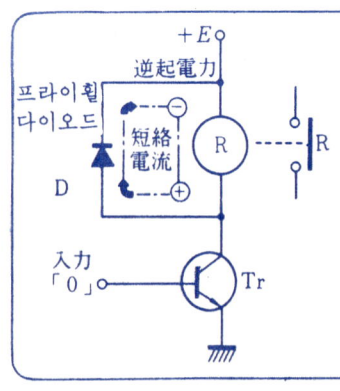

= 프라이휠 다이오드 D의 작용 =

※ 릴레이코일 Ⓡ에 병렬접속하는 다이오드를 프라이휠다이오드 D라고 하여 코일 Ⓡ에 흐르는 전류가 차단했을 때 발생하는 역기전력을 단락하여 흡수하고 트랜지스터 T_r을 보호하는 작용이 있다.

※ 트랜지스터 T_r이 "OFF"상태가 되어도 프라이휠 다이오드 D에 흐르고 있는 단락전류가 끝날때까지 릴레이 R의 복귀가 늦어진다.

10. 무접점 시이퀀스 출력회로의 판독법

포토커플러에 의한 절연형 출력회로 ●●동 작 법●●

※ 입력신호 X가「1」로 되면 포토커플러의 발광다이오드에 전류가 흘러 발광하고 그 발광에 의하여 포토트랜지스터가 "ON상태"로 되므로 다아링톤 접속에 의한 파워앰프가 동작하여 부하회로에 증폭된 부하전류 I_0가 공급된다.

- ⒶA 회로…입력신호 X가「1」로 되면 트랜지스터 Tr의 베이스전류 I_B가 흐르므로 Tr은 "ON상태"로 된다.
- ⒷB 회로…Tr이 "ON상태"로 되면 콜렉터전류 I_C가 포토커플러의 발광다이에 흐르므로 발광 다이오드가 발광한다.
- ⒸC 회로…포토커플러의 발광 다이오드의 광을 포토트랜지스터가 수광하면 포토다이오드는 "ON상태"로 되고 코렉터전류 I_{CP}가 흐른다.
  포토커폴러의 콜렉터전류 I_{CP}는 트랜지스터 Tr$_1$의 베이스전류 I_{B1}으로서 흐르므로 Tr$_1$은 "ON상태"가 된다.
  한편, Tr$_1$의 베이스전류 I_{B1}은 트랜지스터 Tr$_2$의 베이스전류 I_{B2}로서 흐른다.
- ⒹD 회로…Tr$_1$이 "ON상태"로 되면 증폭된 콜렉터전류 I_{C1}이 흐르고 Tr$_2$의 베이스전류 I_{B2}로서 공급되므로 Tr$_2$ 역시 "ON상태"로 된다.
- ⒺE 회로··Tr$_2$가 "ON상태"로 되면 증폭된 콜렉터전류 I_{C2}가 흐른다.
  (다아링톤 접속에 의한 파워앰프회로의 동작에 대해서는 p. 186~188 참조).
- ⒻF 회로…Tr$_1$과 Tr$_2$가 "ON상태"로 되면 부하회로에는 증폭된 부하전류 I_0가 흐른다.

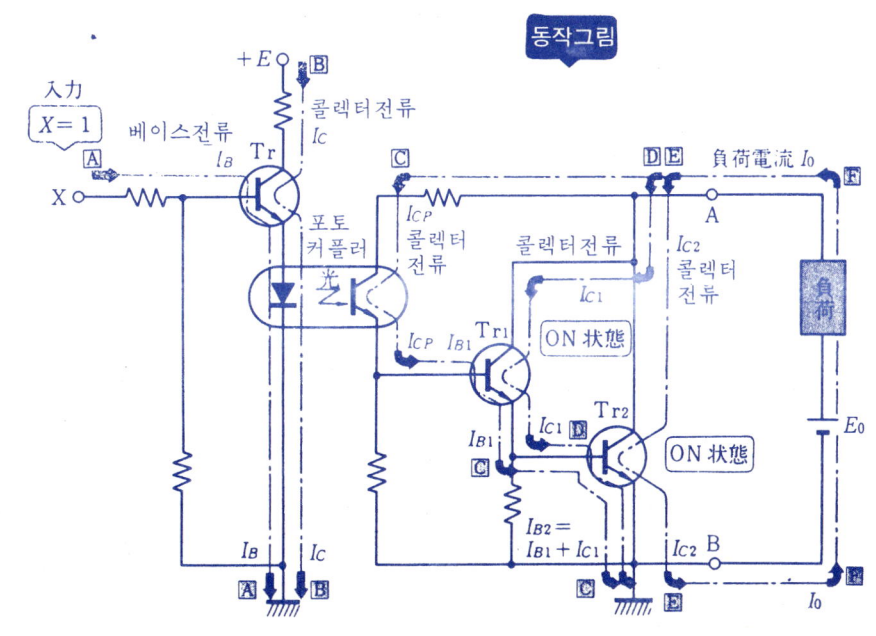
동작그림

③ 램프 드라이브 회로의 동작

램프 드라이브 회로란?

❖ 램프 드라이브 회로란 표시용 램프 등을 구동하는 증폭회로 로서 램프 인디케이터라고도 한다.

❖ 무접점 시이퀀스회로의 동작을 나타내는 데는 필라멘트형 표시등이 많이 사용되고 있으나 필라멘트형 표시등은 소등시의 저항치가 점등시에 비하여 약 1/10로 낮기 때문에 점등시에는 큰 돌입전류가 흐른다.

● 논리기호 ●

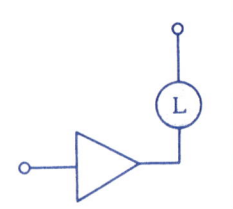

직렬 저항방식 표시등

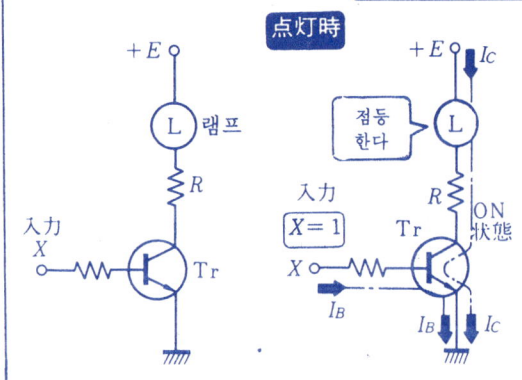

❖ 직렬저항 방식이란 필라멘트형 표시등과 직렬로 저항 넣음으로써 점등시의 돌입전류를 제한하는 방식을 말한다.

❖ 입력 X가 「1」로 되면 트랜지스터 Tr의 베이스전류 I_B가 흘러 Tr이 "ON상태"로 되는 한편, 램프 L에 저항 R로 제한되는 콜렉터전류 I_C가 흐르므로 램프 L이 점등된다.

암점등방식 표시등

❖ 암점등 방식이란 트랜지스터 Tr이 "OFF상태"라도 Tr에 병렬로 접속한 저항 R에 의하여 램프가 적열하지 않을 정도의 아이드로 전류를 흘림으로써 항상 예열해 두었다가 Tr의 "ON상태"에서의 점등시에 흐르는 돌입전류를 제한하는 방식을 말한다.

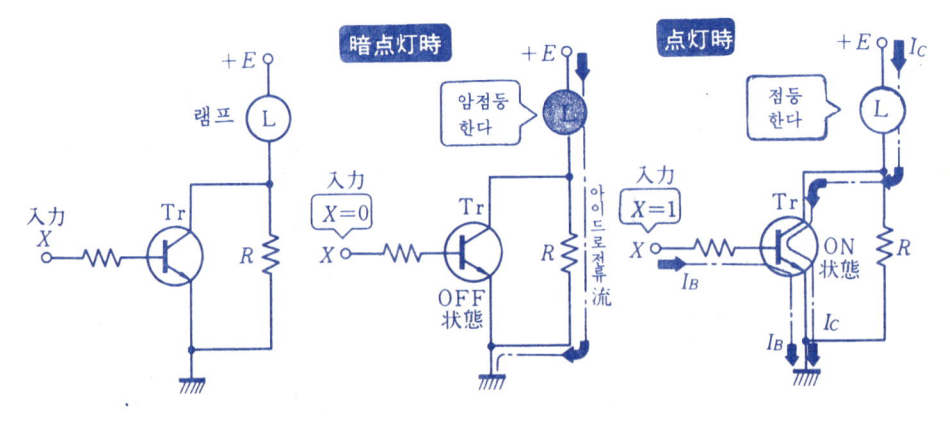

5 시이퀀스制御의 基本回路

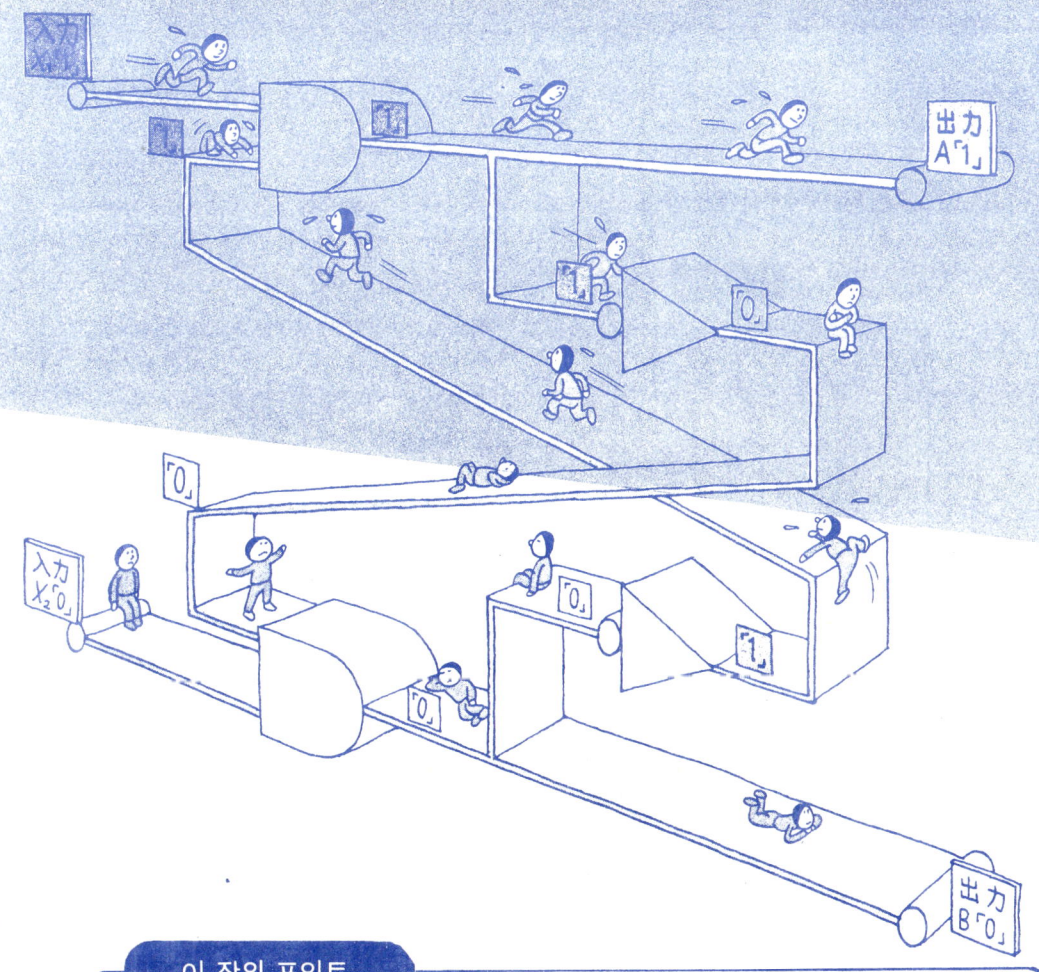

이 장의 포인트

　이 장에서는 릴레이 시이퀀스제어에 있어서 자주 사용되는 기본회로에 대하여 설명하고 있다. 이들 회로가 서로 조합됨으로써 기본회로가 구성되는것이므로 제대로 이해하기 바란다.
(1) 각 기본회로를 릴레이 시이퀀스와 조직 시이퀀스로 조합한 경우를 비교할 수 있도록 설명되어 있다. 릴레이 시이퀀스 회로에서 조직 시이퀀스 회로로 변환하는 법에 대해서도 살펴보기 바란다.
(2) 각 기본회로에는 동작순서를 표시하는 번호와 함께 신호의 흐름을 화살표로 나타내고 있다. 스스로 회로를 따르면서 읽어주기 바란다.
(3) 조직 시이퀀스 회로도에는 신호선만을 표시하고 릴레이 시이퀀스도와 같이 제어전원의 모선은 표시되어 있지 않으므로 이 점을 주의하기 바란다.

1. 금지회로의 판독법

① 금지회로란 어떤 것인가?

❈ 금지회로란 AND회로 가운데 하나의 입력에 금지입력으로서 NOT회로를 조합하고 이 금지입력회로가 입력 「1」 되어 있는 동안은 절대로 AND회로의 출력이 「1」로 되지 않도록 하게 한 회로를 말하며 인히비트(inhibit) 회로라고도 한다.

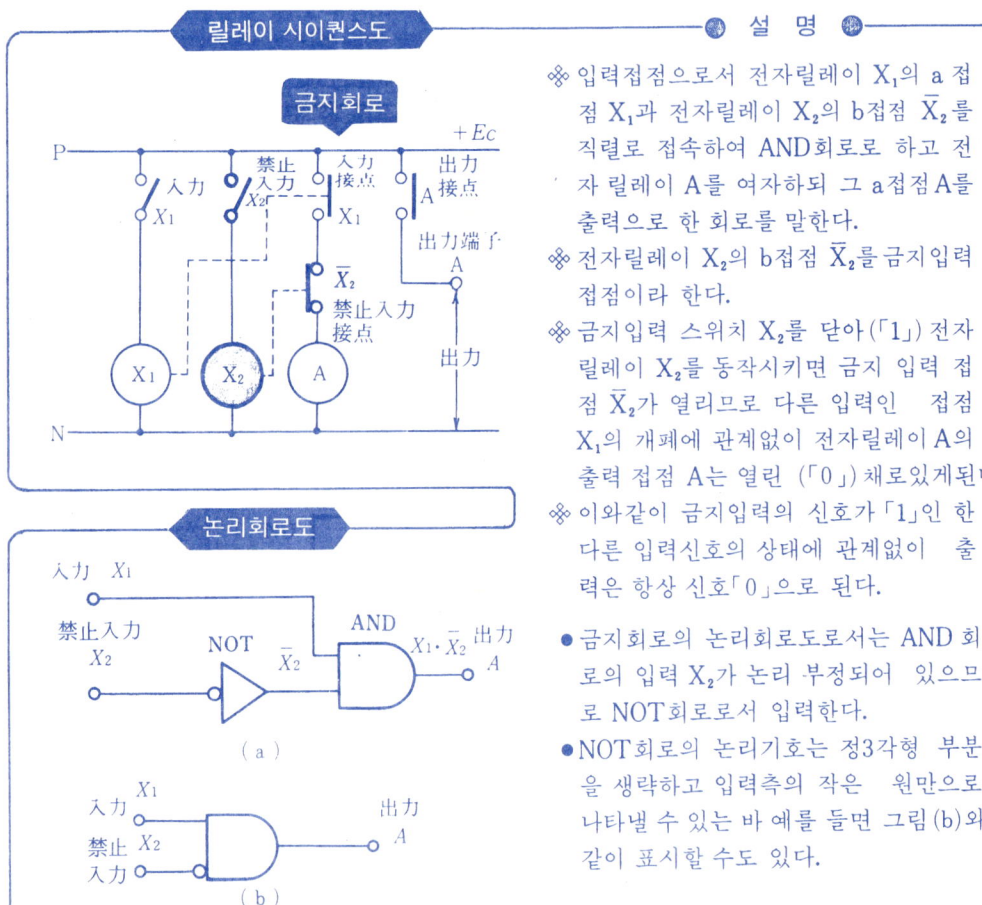

● 설 명 ●

❈ 입력접점으로서 전자릴레이 X_1의 a접점 X_1과 전자릴레이 X_2의 b접점 $\overline{X}_2$를 직렬로 접속하여 AND회로로 하고 전자 릴레이 A를 여자하되 그 a접점 A를 출력으로 한 회로를 말한다.

❈ 전자릴레이 X_2의 b접점 $\overline{X}_2$를 금지입력 접점이라 한다.

❈ 금지입력 스위치 X_2를 닫아(「1」) 전자 릴레이 X_2를 동작시키면 금지 입력 접점 $\overline{X}_2$가 열리므로 다른 입력인 접점 X_1의 개폐에 관계없이 전자릴레이 A의 출력 접점 A는 열린 (「0」) 채로있게된다.

❈ 이와같이 금지입력의 신호가 「1」인 한 다른 입력신호의 상태에 관계없이 출력은 항상 신호「0」으로 된다.

● 금지회로의 논리회로도로서는 AND 회로의 입력 X_2가 논리 부정되어 있으므로 NOT회로로서 입력한다.

● NOT회로의 논리기호는 정3각형 부분을 생략하고 입력측의 작은 원만으로 나타낼 수 있는 바 예를 들면 그림(b)와 같이 표시할 수도 있다.

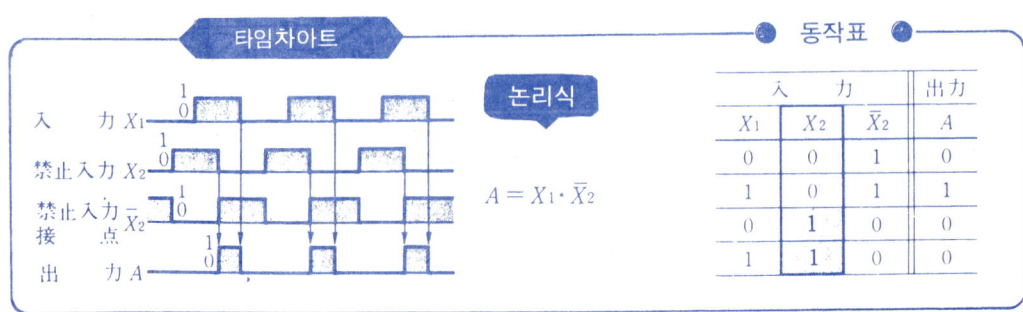

논리식

$$A = X_1 \cdot \overline{X}_2$$

● 동작표 ●

入	力		出力
X_1	X_2	$\overline{X}_2$	A
0	0	1	0
1	0	1	1
0	1	0	0
1	1	0	0

1. 금지 회로의 판독법

② 릴레이 시이퀀스도에 의한 금지회로의 동작

※ 금지회로의 동작을 이해하는데는 P.146「AND회로의 판독법」및 P.160「NOT회로의 판독법」의 동작법을 확실하게 익혀두지 않으면 안된다.

입력신호가 $X_1=0$, $X_2=1$일때

※ 금지입력 X_2가 닫혀(「1」)있을때 입력 X_1이 열려(「0」) 있으면 출력접점 A는 열려(「0」)있으므로 출력단자 A에는 전압이 생기지 않는다.
- B 회로……입력스위치 X_2가 닫히(「1」)면 전자릴레 X가 동작한다.
- C 회로……전자릴레이 X가 동작하면 입력접점 X_2가 열리(「0」)고 전자릴레이 A는 복귀된 채로 있다.
- D 회로……전자릴레이 A가 복귀상태이므로 출력접점 A는 열려(「0」)있고 출력단자 A에는 전압이 생기지 않는다.

入	力	出力
X_1	X_2	A
0	1	0

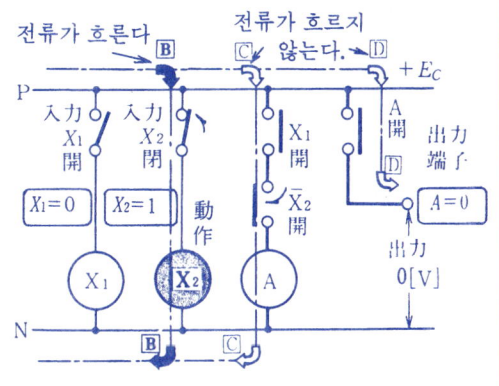

입력신호가 $X_1=1$, $X_2=1$일때

※ 금지입력 X_2가 닫혀(「1」)있으면 입력 X_1이 닫혀(「1」)있더라도 출력접점 A는 열려(「0」)있는 것이므로 출력단자 A에는 전압이 생기지 않는다. 즉 금지입력 X_2가 닫혀 있으면 입력 X_1의 열림「0」, 닫힘「1」에 관계없이 출력접점 A는 항상 열려「0」있다.
- A 회로……입력스위치 X_1을 닫으면(「1」) 전자릴레이 X_1이 동작한다.
- B 회로……금지 입력스위치 X_2를 닫으면 (「1」) 전자릴레이 X_2가 동작한다.
- C 회로……전자릴레이 X_1이 동작하여 입력 접점 X_1을 닫더라도(「1」) 전자 릴레이 X_2의 동작에 의하며 금지입력접점 $\overline{X}_2$가 열리므로(「0」) 전자릴레이 A는 복귀된채로 있다.
- D 회로……전자릴레이 A가 복귀된 상태이므로 출력접점 A는 열려「0」있고 출력단자 A에는 전압이 생기지 않는다.

入	力	出力
X_1	X_2	A
1	1	0

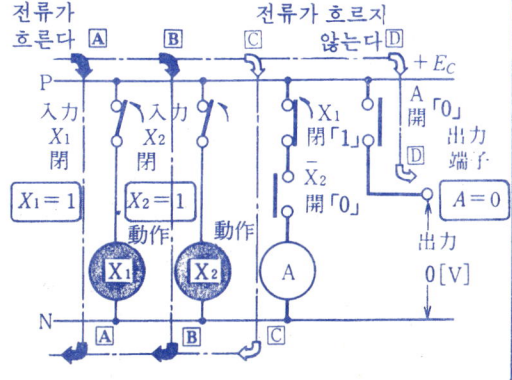

시이퀀스제어의 기본 회로

③ 논리회로에 의한 금지회로의 동작

※ 논리회로도에 있어서는 ② 릴레이 시이퀀스도의 제어전원 전압 $+Ec$ [V] 를 「1」신호로, 0 [V] 를 「0」신호로 대응시켜 그 동작을 설명하고 있다. 또한 후술하는 항에서도 $+Ec$ [V] 가 「1」, 0 [V] 가 「0」으로 대응하는 것으로 알아주기 바란다.

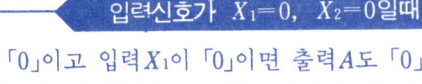
입력신호가 $X_1=0$, $X_2=0$ 일때

※ 금지입력 X_2 가 「0」이고 입력 X_1 이 「0」이면 출력 A 도 「0」으로 된다.
- NOT 回路……이 회로의 입력은 X_2 의 「0」(Ⓑ)이므로 출력 $\bar{X}_2$ 는 「1」(Ⓒ)로 된다.
- AND 回路……이 회로의 입력은 X_1 의 「0」(Ⓐ)와 $\bar{X}_2$ 의 「1」(Ⓒ)이므로 출력 $X_1 \cdot \bar{X}_2$ 는 「0」(Ⓓ)로 된다.

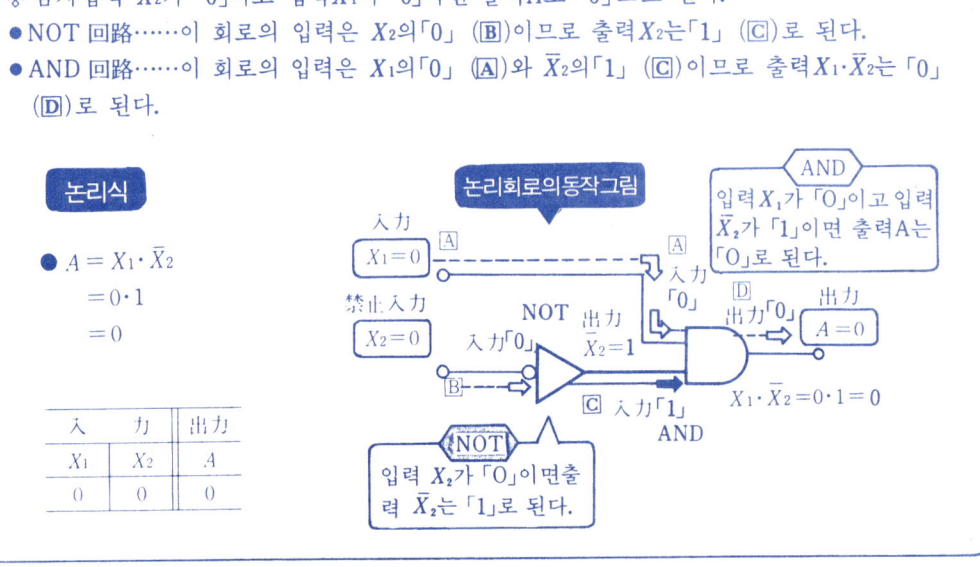

입력신호가 $X_1=1$, $X_2=0$ 일때

※ 금지입력 X_2 가 「0」이고 입력 X_1 이 「1」이면 출력 A 는 「1」로 된다. 즉 금지입력 X_2 가 「0」일때는 입력 X_1 이 그대로 A에 출력「1」된다는 것을 나타내고 있다.
- NOT 回路……이 회로의 입력을 X_2 의 「0」(Ⓑ)이므로 출력 $\bar{X}_2$ 는 「1」(Ⓒ)로 된다.
- AND 回路……이 회로의 입력은 X_1 의 「1」(Ⓐ)와 $\bar{X}_2$ 의 「1」(Ⓒ)이므로 출력 $X_1 \cdot \bar{X}_2$ 는 「1」(Ⓓ)로 된다.

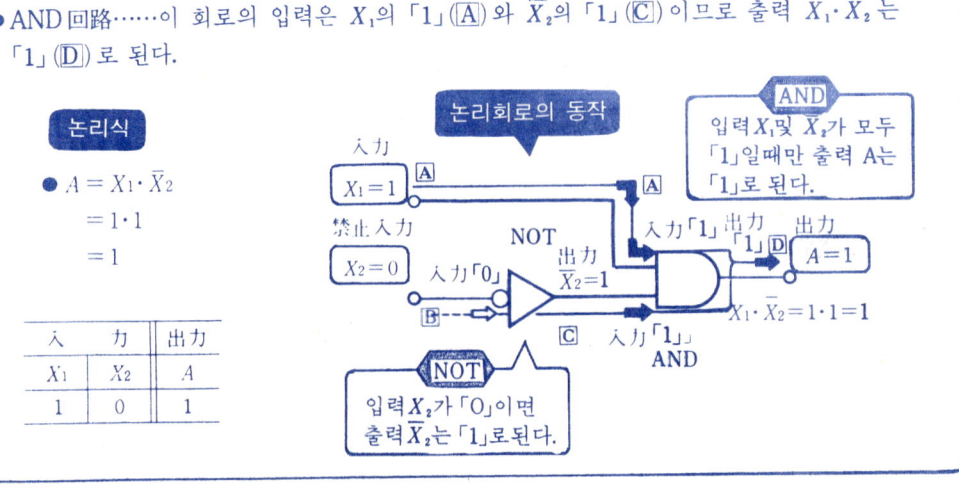

1. 금지 회로의 판독법

입력신호가 $X_1=0$, $X_2=1$ 일때

❋ 금지입력 X_2가 「1」이고 입력 X_1이 「0」이면 출력 A는 「0」로 된다.
- NOT 回路……이 회로의 입력은 X_2의 「1」(Ⓑ)이므로 출력 $\overline{X_2}$는 「0」(Ⓒ)로 된다.
- AND 回路……이 회로의 입력은 X_1의 「0」(Ⓐ)와 $\overline{X_2}$의 「0」(Ⓒ)이므로 출력 $X_1 \cdot \overline{X_2}$는 「0」(Ⓓ)로 된다.

논리식

- $A = X_1 \cdot \overline{X_2}$
  $= 0 \cdot 0$
  $= 0$

入	力	出力
X_1	X_2	A
0	1	0

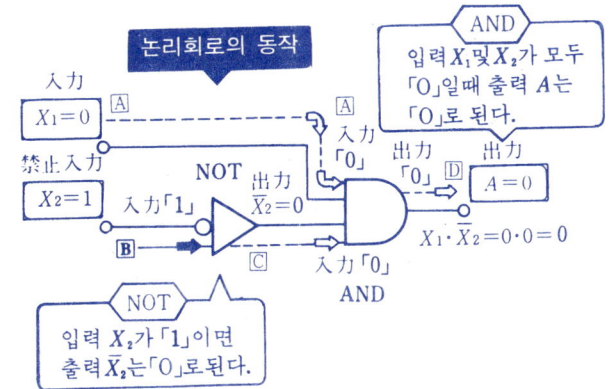

입력신호가 $X_1=1$, $X_2=1$ 일때

❋ 금지입력 X_2가 「1」일때 입력 X_1이 「1」이라도 출력 A는 「0」로 되고 입력 X_1은 금지된다. 즉 금지입력 X_2가 「1」일 때는 입력 X_1이 「1」이거나 「0」이거나 항상출력 A는 「0」로 된다.
- NOT 回路……이 회로의 입력은 X_2의 「1」(Ⓑ)이므로, 출력 $\overline{X_2}$는 「0」(Ⓒ)로 된다.
- AND 回路……이 회로의 입력은 X_1의 「1」(Ⓐ)와 $\overline{X_2}$의 「0」이므로 출력 $X_1 \cdot \overline{X_2}$는 「0」(Ⓓ)로 된다.

논리식

- $A = X_1 \cdot \overline{X_2}$
  $= 1 \cdot 0$
  $= 0$

入	力	出力
X_1	X_2	A
1	1	0

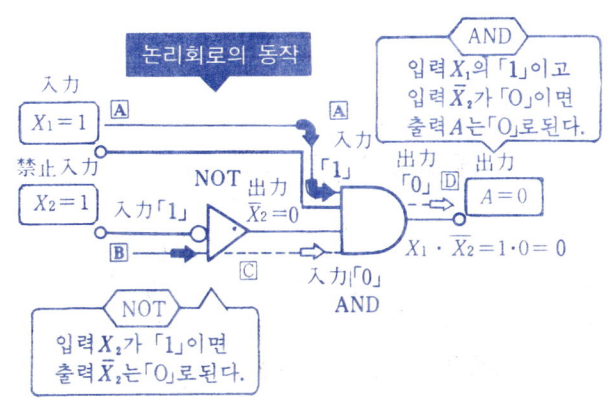

2. 변환회로의 판독법

① 변환회로란 어떤 것인가?

❋ 변환회로란 하나의 입력신호를 두 변환신호로 두 출력중 어느 한쪽에 출력시키는 회로를 말한다.

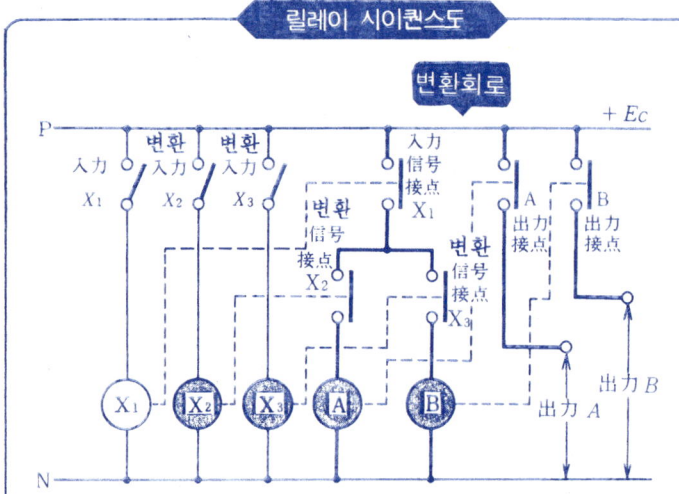

● 전자릴레이 X_1의 a접점 X_1을 입력신호 접점으로 하고 변환신호접점 X_2및 X_3를 각각 직렬로 접속하되 전자릴레이 A및 B를 여자하여 각각의 a접점 A, B를 출력으로 한 회로를 말한다.

❋ 입력신호접점 X_1과 변환신호접점 X_2가 동작하여 닫히면(「1」), 출력 A는「1」로 된다.
❋ 입력신호접점 X_1과 변환신호접점 X_3가 동작하여 닫히면(「1」), 출력 B는「1」로 된다.

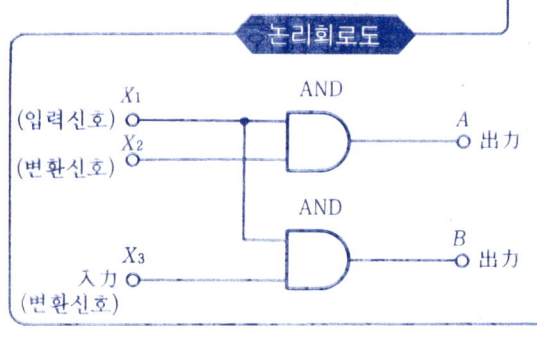

● 변환회로의 논리회로에서는 입력신호 X_1과 변환신호 X_2를 AND 회로의 출력 A로, 입력신호 X_1과 변환신호 X_3를 AND회로의 출력 B로 한다.

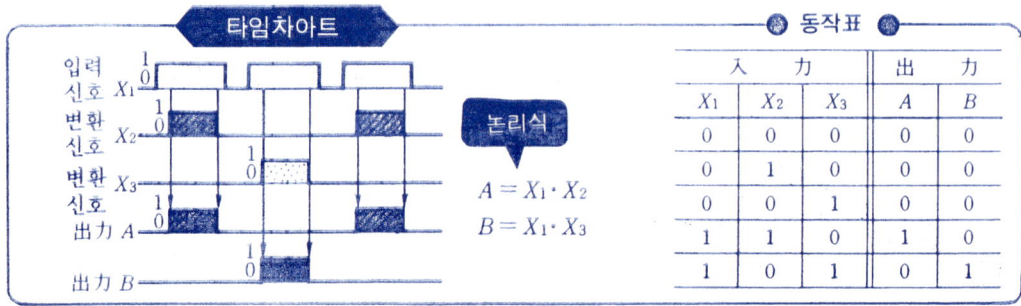

논리식
$A = X_1 \cdot X_2$
$B = X_1 \cdot X_3$

入	力		出	力
X_1	X_2	X_3	A	B
0	0	0	0	0
0	1	0	0	0
0	0	1	0	0
1	1	0	1	0
1	0	1	0	1

2. 변환 회로의 판독법

② 릴레이 시이퀀스도에 의한 변환회로의 동작

❖ 변환회로의 동작을 이해하는데는 P.146의 「AND회로의 판독법」의 동작법을 확실하게 익혀둘 필요가 있다.

> 입력신호 X_1을 출력 A로 변환한다.

❖ 입력신호 X_1을 두 출력 A, B가운데 A로 변환하는데는 변환접점 X_2를 닫으면(「1」), 출력접점 A가 닫혀(「1」) 출력단가 A에 $+Ec[V]$의 전압이 생긴다.
- A 회로······입력신호 스위치 X_1을 닫으면(「1」), 전자릴레이 X_1이 동작한다.
- B 회로······변환입력스위치 X_2를 닫으면(「1」), 전자릴레이 X_2가 동작한다.
- D 회로······전자릴레이 X_1의 동작에 의하여 입력접점 X_1 닫히고(「1」), 전자릴레이 X_2의 동작에 의하여 변환접점 X_2가 닫히므로(「1」) 전자릴레이 A가 동작한다.
- F 회로······전자릴레이 A가 동작하면 출력접점 A가 닫혀(「1」) 출력단자에 $+Ec[V]$의 전압이 생긴다.

入	力		出	力
X_1	X_2	X_3	A	B
1	1	0	1	0

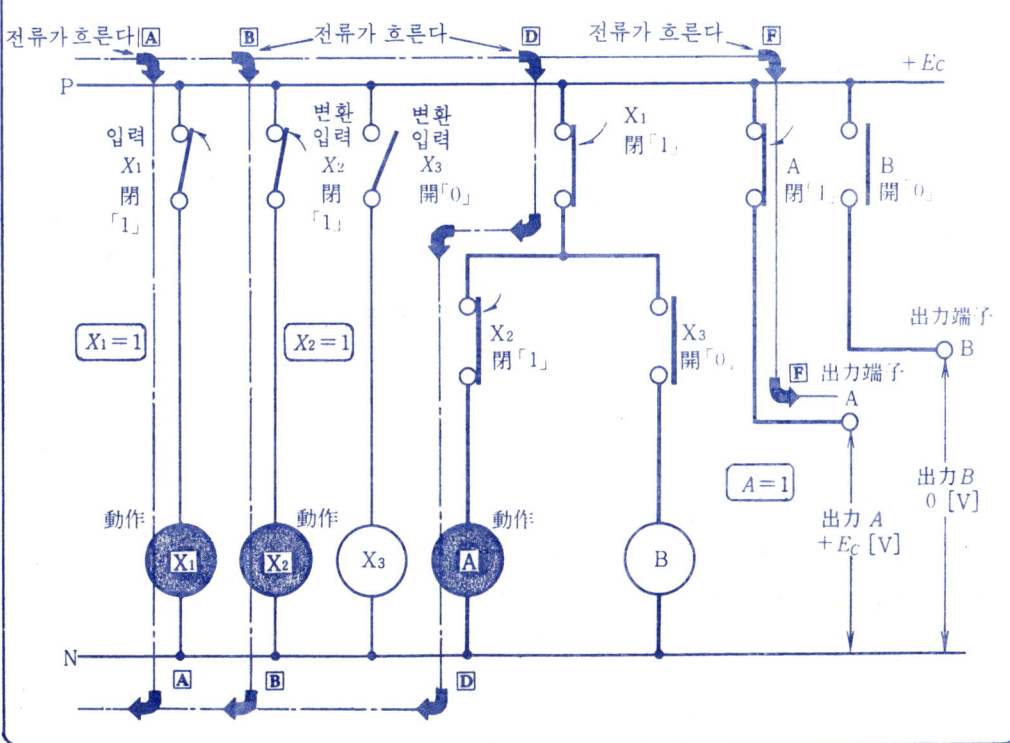

시이퀀스제어의 기본 회로

② 릴레이 시이퀀스도에 의한 변환회로의 동작

입력신호 X_1을 출력 B로 변환 한다.

※ 입력신호 X_1을 두 출력 A, B 가운데 B로 변환하는 데는 변환신호 X_3를 닫으면(「1」), 출력접점 B가 닫혀(「1」) 출력단자 B에 $+Ec[V]$의 전압이 생긴다.
- A 회로······입력신호 스위치 X_1을 닫으면(「1」), 전자릴레이 X_1이 동작한다.
- C 회로······변환입력 스위치 X_3을 닫으면(「1」), 전자릴레이 X_3이 동작한다.
- E 회로······전자릴레이 X_1의 동작에 따라 입력접점 X_1이 닫히고 전자릴레이 X_3의 동작에 따라 변환접점 X_3도 닫히므로 전자릴레이 B가 동작한다.
- G 회로······전자릴레이 B가 동작하면 출력접점 B가 닫히고 출력단자 B에 $+Ec[V]$의 전압이 생긴다.

入　力			出　力	
X_1	X_2	X_3	A	B
1	0	1	0	1

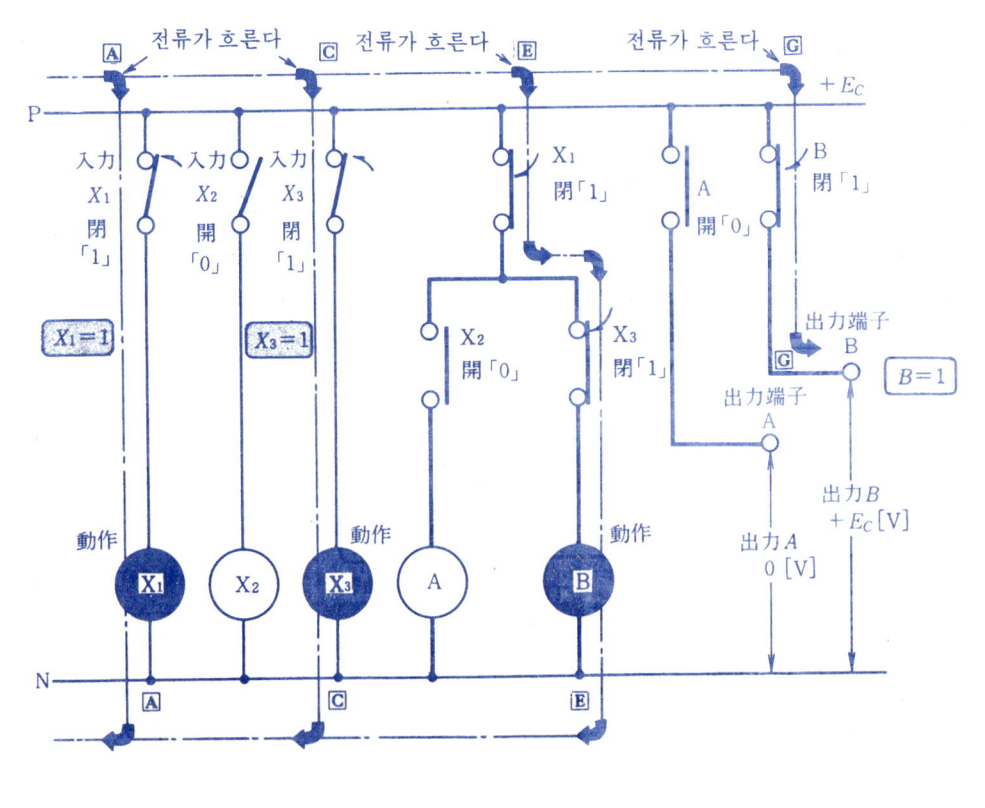

— 200 —

2. 변환 회로의 판독법

③ 논리회로도에 의한 변환회로의 동작

입력신호 X_1을 출력 A로 변환 한다.

※ 입력신호 X_1을 두 출력 A, B 가운데 A로 변환하는데는 변환신호 X_2를 「1」로하면 된다.
- AND 〔1〕 회로……이 회로의 입력은 X_1의 「1」(Ⓐ)와 입력 X_2의 「1」(Ⓒ)이므로 출력 $X_1 \cdot X_2$는 「1」(Ⓔ)로 된다.
- AND 〔2〕 회로……이 회로의 입력은 X_1의 「1」(Ⓑ)와 입력 X_3의 「0」(Ⓓ)이므로 출력 $X_1 \cdot X_3$는 「0」(Ⓕ)로 된다.

논리식

- $A = X_1 \cdot X_2$
  $= 1 \cdot 1$
  $= 1$

- $B = X_1 \cdot X_3$
  $= 1 \cdot 0$
  $= 0$

入	力		出	力
X_1	X_2	X_3	A	B
1	1	0	1	0

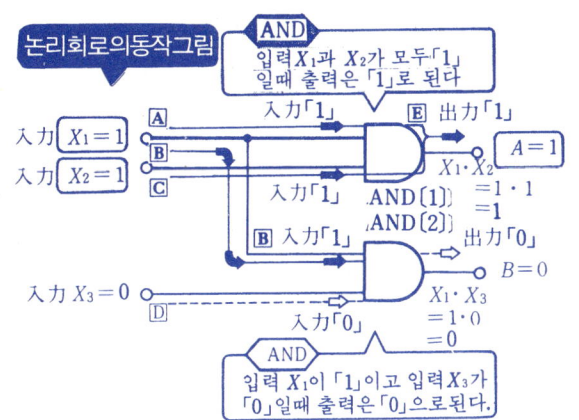

입력신호 X_1을 출력 B로 변환한다

※ 입력신호 X_1을 두 출력 A, B 가운데 B로 변환하는데는 변환신호 X_3를 「1」로하면 출력 B가 「1」로 된다.
- AND 〔1〕 회로……이 회로의 입력은 X_1의 「1」(Ⓐ)와 X_2의 「0」이므로 출력 $X_1 \cdot X_2$는 「0」(Ⓔ)로 된다.
- AND 〔2〕 회로……이 회로의 입력은 X_1의 「1」(Ⓑ)와 X_3의 「1」(Ⓓ)이므로 출력 $X_1 \cdot X_3$는 「1」(Ⓕ)로 된다.

논리식

- $A = X_1 \cdot X_2$
  $= 1 \cdot 0$
  $= 0$

- $B = X_1 \cdot X_3$
  $= 1 \cdot 1$
  $= 1$

入	力		出	力
X_1	X_2	X_3	A	B
1	0	1	0	1

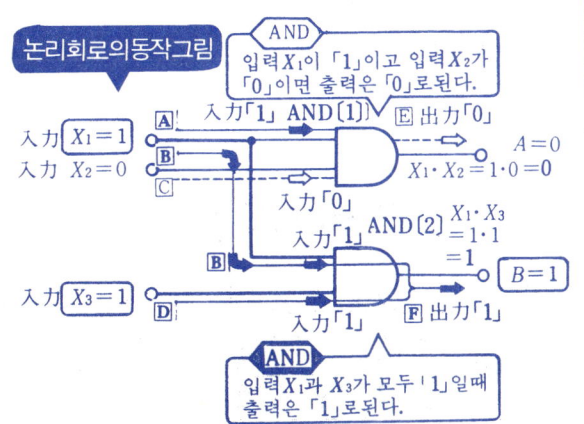

3. 일치회로의 판독법

① 일치회로란 어떤 것인가?

❖ 일치회로란 두 입력신호가 같이 들어 있을 때 또는 같이 들어 있지 않는 경우와 같이 양쪽이 일치하고 있을 때만 출력이 「1」로 되는 회로를 말하며 피제어체로부터의 신호와 설정치의 신호가 일치되었을 때만 다음 단계의 조작이나 지령제어를 할 때에 사용된다.

릴레이 시이퀀스도 — 일치회로

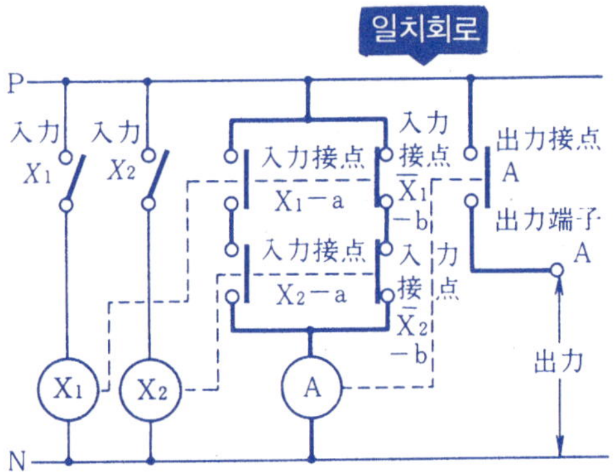

● 설 명 ●

❖ 입력접점으로는 전자릴레이 X_1의 접점 X_1-a의 전자릴레이 X_2의 a접점 X_2-a를 직렬로 접점하며 AND 회로를 구성하고 b접점 X_1-b와 X_2-b를 직렬로 접속하여 역시 AND 회로로 한다. 이 2조의 ADN회로를 병렬로 접속하여 OR 회로를 구성하고 전자릴레이 A를 여자하되 그 a접점 A를 출력으로 한 회로를 말한다.

❖ 입력 X_1, X_2가 같이 열려「0」있을 때는 b접점의 AND회로가 전자릴레이 A를 여자하여 출력접점 A를 닫(「1」)는다.

❖ 입력 X_1, X_2가 같이 닫혀「1」있을때는 a접점의 AND회로가 전자릴레이 A를 여자하여 출력접점 A를 닫(「1」)는다.

논리회로그림

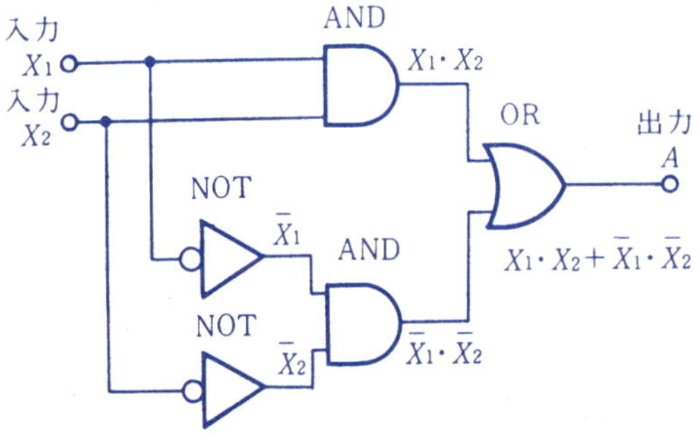

● 일치회로의 논리회로도에 있어서는, 입력접점 X_1-a, X_2-a가 직렬로 접속되어 있으므로 AND이고 입력접점 X_1-b, X_2-b는 b접점으로서 각각 X_1, X_2의 NOT를 가지고 직렬로 접속되어 있으므로 AND이며 이 2조의 AND가 병렬로 접속되어 있으므로 OR가 된다.

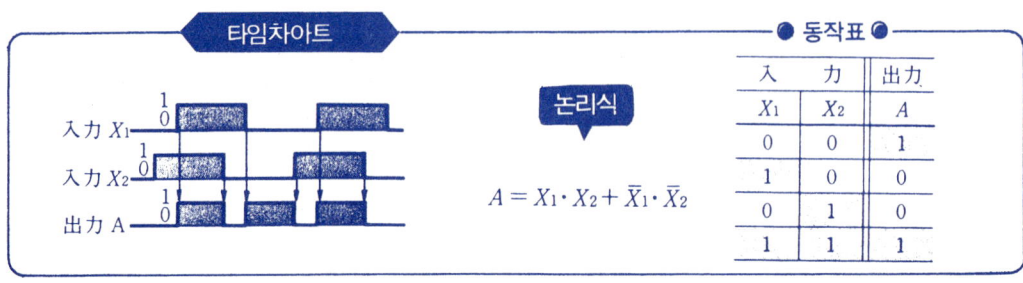

타임차아트

논리식

$$A = X_1 \cdot X_2 + \bar{X}_1 \cdot \bar{X}_2$$

● 동작표 ●

入 力		出力
X_1	X_2	A
0	0	1
1	0	0
0	1	0
1	1	1

3. 일치 회로의 판독법

② 릴레이 시이퀀스도에 의한 일치회로의 동작

※ 일치회로의 동작을 이해하는데는 P. 146「AND회로의 판독법」및 P.154「OR회로의 판독법」의 동작법을 확실하게 이해할 필요가 있다.

입력신호가 $X_1=0$, $X_2=0$일때

※ 두 입력스위치 X_1과 X_2가 모두 열려 「0」일치하고 있으면 출력접점 A가 닫「1」히고 출력단자 A에는 $+Ec$〔V〕의 전압이 생긴다.

- C 회로……입력스위치 X_1과 X_2가 모두 열려「0」있으면 전자릴레이 X_1, X_2가 복귀된 채이므로, 입력접점 X_1-a, X_2-a는 모두 열린다「1」.
- D 회로……전자릴레이 X_1, X_2가 복귀된 채이므로 입력접점 $\overline{X}_1$-b, $\overline{X}_2$-b는 모두 닫혀「1」있고 코일 ⓐ에 전류가 흘러 전자릴레이 A가 동작한다.
- E 회로……전자릴레이 A가 동작하면 출력접점 A가 닫「1」히고 출력단자 A에 $+Ec$〔V〕의 전압이 생긴다.

入	力	出力
X_1	X_2	A
0	0	1

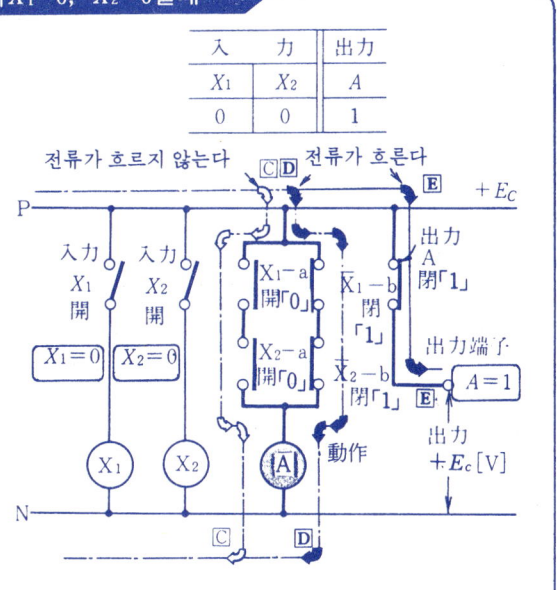

입력신호가 $X_1=1$, $X_2=1$일때

※ 두 입력스위치 X_1과 X_2가 모두 닫혀 「1」일치하고 있으면 출력접점 A가 닫히고 출력단가 A에는 $+Ec$〔V〕의 전압이 생긴다.

- A 회로……입력스위치 X_1을 닫(「1」)으면 전자릴레이 X_1이 동작한다.
- B 회로……입력스위치 X_2를 닫(「1」)으면 전자릴레이 X_2가 동작한다.
- C 회로……전자릴레이 X_1과 X_2가 동작하면 입력접점 X_1-a, X_2-a가 닫(「1」)히므로 코일 ⓐ에 전류가 흐르고 전자릴레이 A가 동작한다.
- D 회로……전자릴레이 X_1과 X_2가 동작하면 입력접점 $\overline{X}_1$-b, $\overline{X}_2$-b가 맏힌다「0」.
- E 회로……전자릴레이 A가 동작하면 출력접점 A는 닫「1」히고 출력단자 A에는, $+Ec$〔V〕의 전압이 생긴다.

入	力	出力
X_1	X_2	A
1	1	1

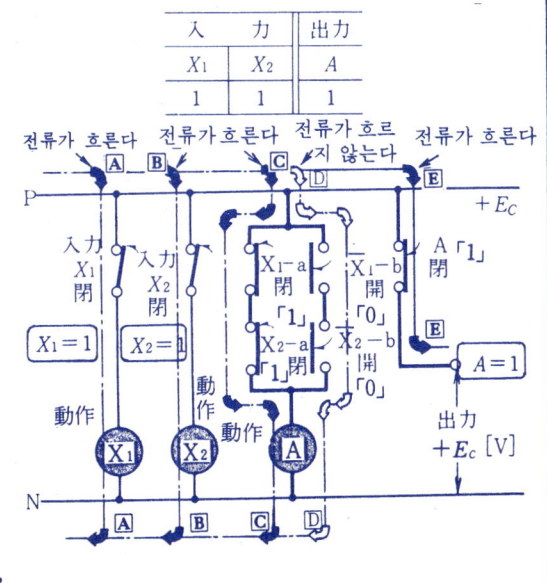

시이퀸스제어의 기본 회로

③ 논리회로에 의한 일치회로의 동작

입력신호가 $X_1=0$, $X_2=0$일때

※ 두 입력신호 X_1과 X_2가 모두 「0」으로 일치하고 있을 때는 출력신호 A가 「1」로 된다.
- AND [1] 회로……이 회로의 입력은 X_1의「0」(Ⓐ)와, X_2의「0」(Ⓒ)이므로, 출력 $X_1 \cdot X_2$는「0」(Ⓔ)로 된다.
- NOT [1] 회로……이 회로의 입력은 X_1의「0」(Ⓑ)이므로 출력 $\overline{X}_1$은「1」(Ⓕ)로 된다.
- NOT [2] 회로……이 회로의 입력은 X_2의「0」(Ⓓ)이므로 출력 $\overline{X}_2$는「1」(Ⓖ)로 된다.
- AND [2] 회로……이 회로의 입력은 X_1의「1」(Ⓕ)와 X_2의「1」(Ⓖ)이므로, 출력 $\overline{X}_1 \cdot \overline{X}_2$는「1」(Ⓗ)로 된다.
- OR 회로……이 회로의 입력은 $X_1 \cdot X_2$의「0」(Ⓔ)와, $\overline{X}_1 \cdot \overline{X}_2$의「1」(Ⓗ)이므로 출력 A는「1」(Ⓘ)로 된다.

논리식

$$A = X_1 \cdot X_2 + \overline{X}_1 \cdot \overline{X}_2$$
$$= 0 \cdot 0 + 1 \cdot 1$$
$$= 1$$

入力		出力
X_1	X_2	A
0	0	1

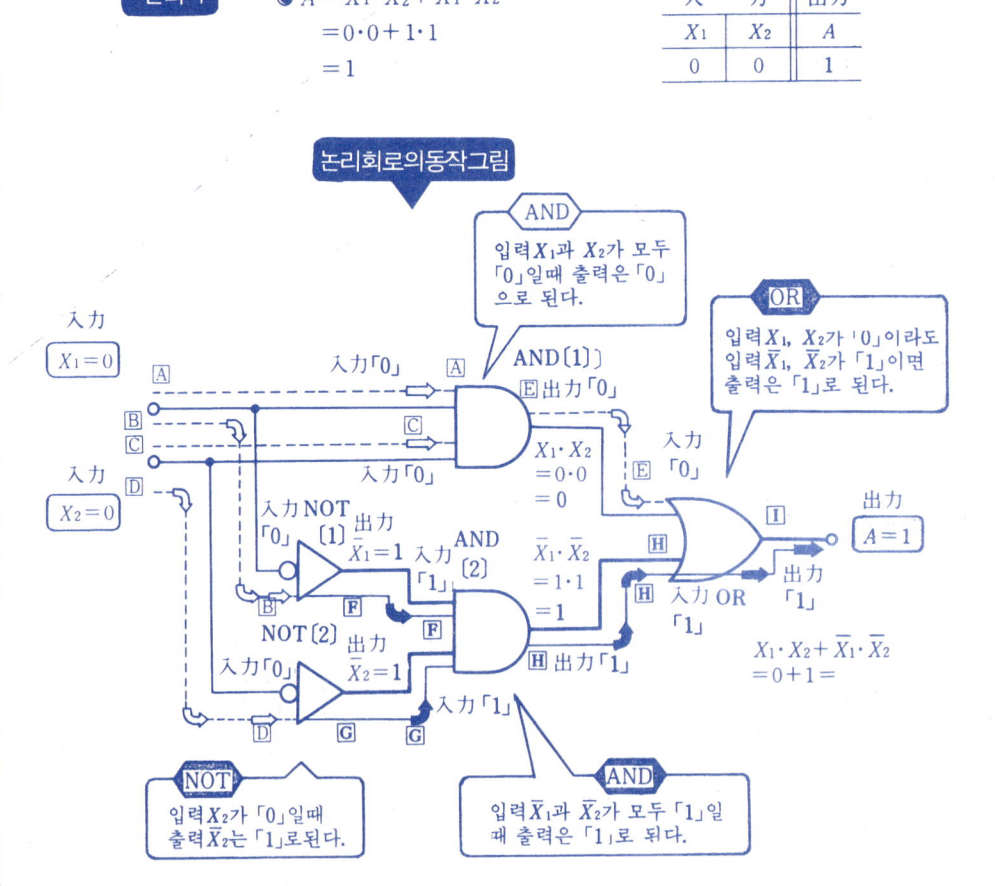

논리회로의동작그림

3. 일치 회로의 판독법

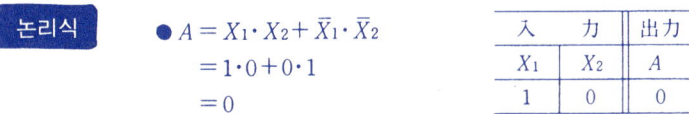

※ 두 입력신호 가운데 X_1이 「1」이고 X_2가 「0」이어서 일치하지 않을 때, 출력신호 A는 「0」로 된다.
- AND [1] 回路……이 회로의 입력은 X_1의 「1」 (Ⓐ)와 X_2의 「0」 (Ⓒ)이므로 출력 $X_1 \cdot X_2$는 「0」 (Ⓔ)로 된다.
- NOT [1] 回路……이 회로의 입력은 X_1의 「1」 (Ⓑ)이므로 출력 $\overline{X}_1$은 「0」 (Ⓕ)로 된다.
- NOT [2] 回路……이 회로의 입력은 X_2의 「0」 (Ⓓ)이므로 출력 $\overline{X}_2$는 「1」 (Ⓖ)로 된다.
- AND [2] 回路……이 회로의 입력은 $\overline{X}_1$의 「0」 (Ⓕ)와 $\overline{X}_2$의 「1」 (Ⓖ)이므로 출력 $\overline{X}_1 \cdot \overline{X}_2$는 「0」 (Ⓗ)로 된다.
- OR 回路……이 회로의 입력은 $X_1 \cdot X_2$의 「0」 (Ⓔ)와 $\overline{X}_1 \cdot \overline{X}_2$의 「0」 (Ⓗ)이므로 출력 A는 「0」 (Ⓘ)로 된다.

논리식

$A = X_1 \cdot X_2 + \overline{X}_1 \cdot \overline{X}_2$
$\quad = 1 \cdot 0 + 0 \cdot 1$
$\quad = 0$

入 力		出力
X_1	X_2	A
1	0	0

논리회로의 동작도

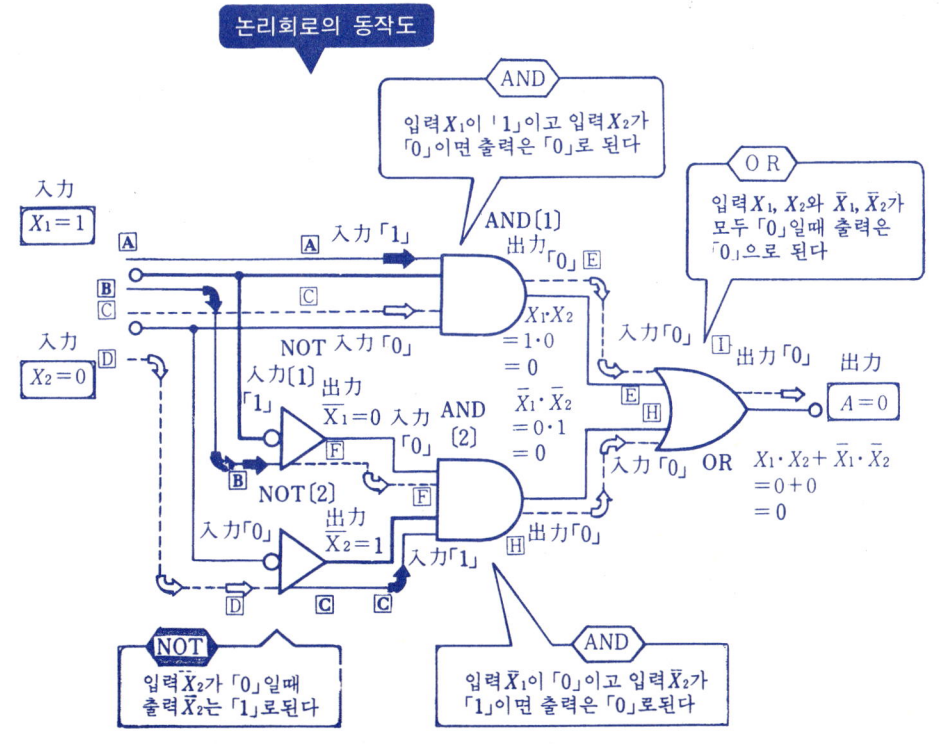

③ 논리회로에 의한 일치회로의 동작

> 입력신호가 $X_1=0$, $X_2=1$ 일때

❈ 두 입력신호 가운데 X_1이 「0」이고 X_2가 「1」이어서 서로 일치하지 않을 때 출력신호 A는 「0」로 된다.

- AND [1] 回路……이 회로의 입력은 X_1의「0」(Ⓐ)와 X_2의「1」(Ⓒ)이므로 출력 $X_1 \cdot X_2$는 「0」(Ⓔ)로 된다.
- NOT [1] 回路……이 회로의 입력은 X_1의「0」(Ⓑ)이므로 출력 $\overline{X}_1$은「1」(Ⓕ)로 된다.
- NOT [2] 回路……이 회로의 입력은 X_2의「1」(Ⓓ)이므로 출력 $\overline{X}_2$는「0」(Ⓖ)로 된다.
- AND [2] 回路……이 회로의 입력은 $\overline{X}_1$의「1」(Ⓕ)와 $\overline{X}_2$의「0」(Ⓖ)이므로 출력 $\overline{X}_1 \cdot \overline{X}_2$는 「0」(Ⓗ)로 된다.
- OR 回路……이 회로의 입력은 $X_1 \cdot X_2$의「0」(Ⓔ)와 $\overline{X}_1 \cdot \overline{X}_2$의「0」(Ⓗ)이므로 출력 A는「0」(Ⓘ)로 된다.

논리식
● $A = X_1 \cdot X_2 + \overline{X}_1 \cdot \overline{X}_2$
$= 0 \cdot 1 + 1 \cdot 0 = 0$

入　力		出力
X_1	X_2	A
0	1	0

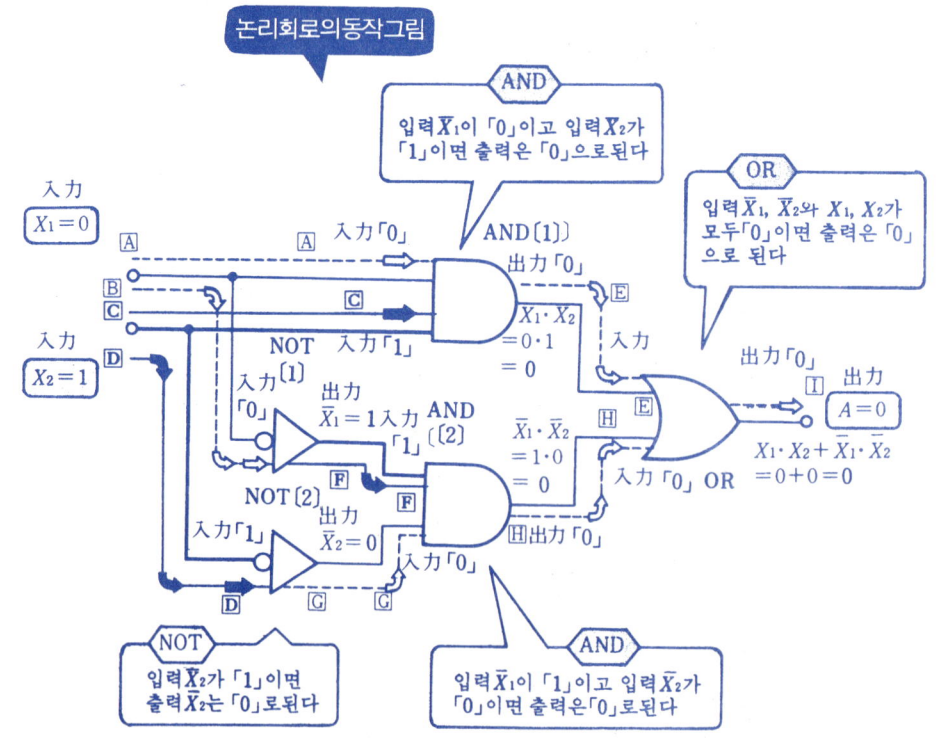

논리회로의 동작그림

3. 일치 회로의 판독법

입력신호가 $X_1=1$, $X_2=1$ 일때

※ 두 입력신호 X_1와 X_2가 모두 「1」로 일치되고 있을 때 출력신호 A는 「1」로 된다.
- AND〔1〕回路……이 회로의 입력은 X_1의「1」(Ⓐ)와 X_2의「1」(Ⓒ)이므로 출력 $X_1 \cdot X_2$는 「1」(Ⓔ)로 된다.
- NOT〔1〕回路……이 회로의 입력은 X_1의「1」(Ⓑ)이므로 출력 $\overline{X}_1$은「0」(Ⓕ)로 된다.
- NOT〔2〕回路……이 회로의 입력은 X_2의「1」(Ⓓ)이므로 출력 $\overline{X}_2$는「0」(Ⓖ)로 된다.
- AND〔2〕回路……이 회로의 입력은 X_1의「0」(Ⓕ)와 $\overline{X}_2$의「0」(Ⓖ)이므로 출력 $\overline{X}_1 \cdot \overline{X}_2$는 「0」(Ⓗ)로 된다.
- OR 回路……이 회로의 입력은 $X_1 \cdot X_2$의「1」(Ⓔ)와 $\overline{X}_1 \cdot \overline{X}_2$의「0」(Ⓗ)이므로 출력 A는「1」(Ⓘ)로 된다

논리식
- $A = X_1 \cdot X_2 + \overline{X}_1 \cdot \overline{X}_2$
  $= 1 \cdot 1 + 0 \cdot 0$
  $= 1$

入	力	出力
X_1	X_2	A
1	1	1

논리회로의동작그림

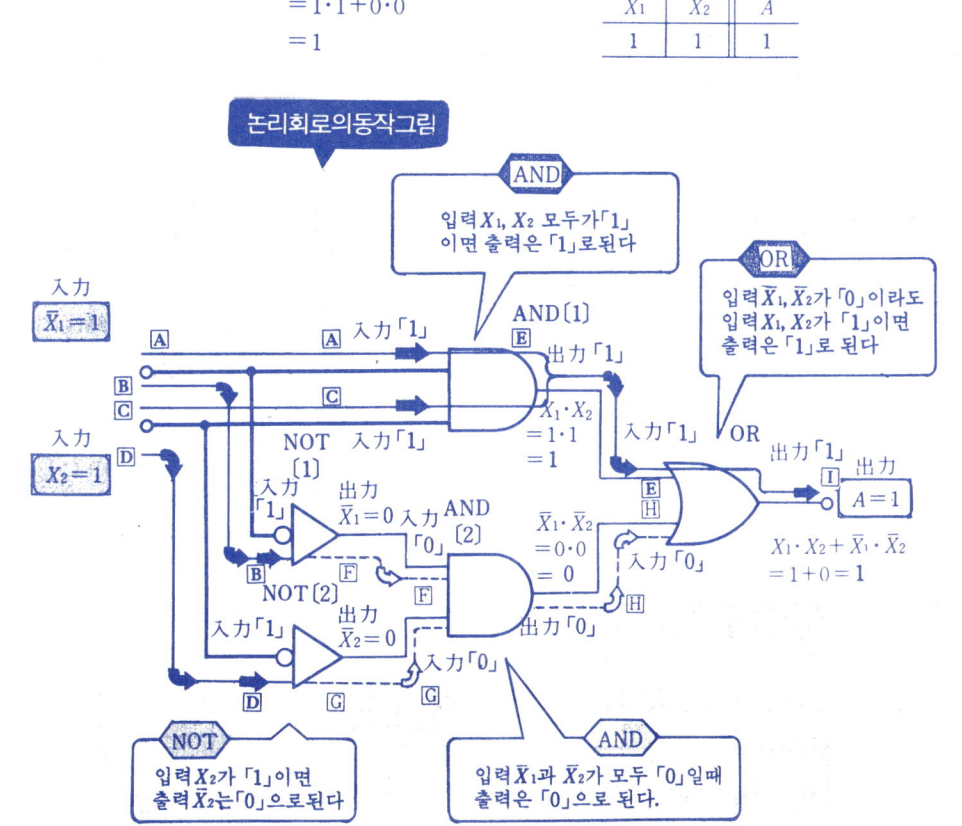

4. 배타적 OR 회로의 판독법

1) 배타적 OR회로란 어떤 것인가?

❈ 배타적 OR 회로 (exclusive OR)란 두 입력신호가 서로 「1」이나 「0」의 다른 상태일 때만 출력이 「1」로 되는 회로를 말하며 반일치회로라고도 한다.

릴레이 시이퀀스도

배타적OR회로

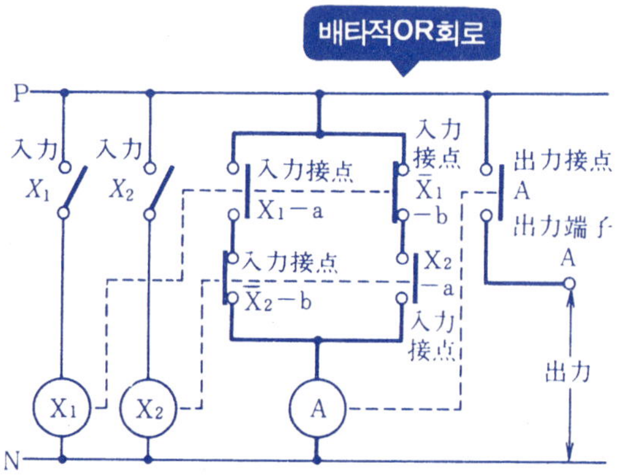

설 명

❈ 입력 접점으로 전자릴레이 X_1의 a접점 X_1-a와 전자릴레이 X_2의 b접점 $\overline{X}_2-b$를 직렬로, 전자릴레이 X_1의 b접점 $\overline{X}_1-b$와 전자릴레이 X_2의 a접점 X_2-a를 직렬로 접속한다. 이 2조의 AND 회로를 병렬로 접속하여 OR회로로 하고 전자릴레이 A를 여자하되 그 a접점 A를 출력으로 한 회로를 말한다.

❈ 입력 X_1과 X_2가 닫힘「1」, 열림「0」일때는 시이퀀스도의 왼쪽 AND 회로가 도통 상태로 되고 전자릴레이 A를 여자하여 출력접점 A를 닫는다「1」.

❈ 입력 X_1과 X_2가 열림「0」, 닫힘「1」일때는 시이퀀스도의 오른쪽 AND 회로가 도통 상태로 되고 전자릴레이 A를 여자하여 출력접점 A를 닫는다「1」.

● 배타적 OR회로의 논리회로도에 있어서는 입력 X_1, X_2끼리 서로의 부정신호로 AND조건이 성립하고 그 부정조건의 조합에 의한 2조의 AND를 OR로 한 형태가된다.

논리회로그림

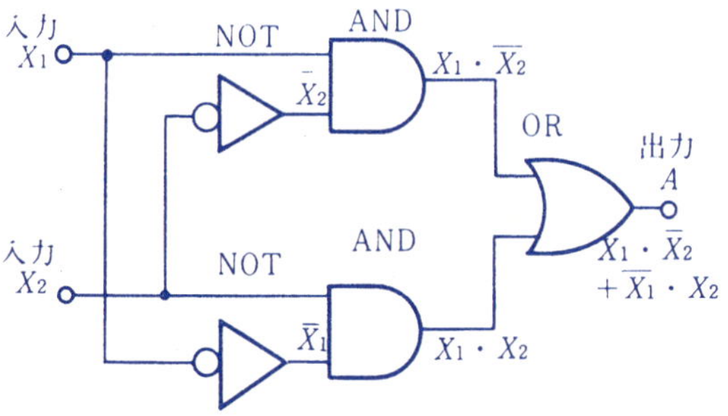

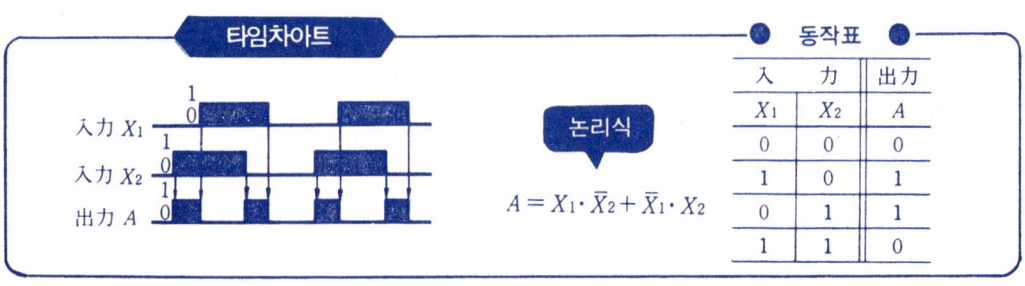

타임차아트

논리식

$$A = X_1 \cdot \overline{X}_2 + \overline{X}_1 \cdot X_2$$

동작표

入 力		出力
X_1	X_2	A
0	0	0
1	0	1
0	1	1
1	1	0

4. 배타적 OR회로의 판독법

② 릴레이 시이퀀스도에 의한 배타적 OR회로의 동작

❈ 배타적 OR 회로를 이해하는데는 P.146 「AND회로의 판독법」 및 P.154 「OR 회로의 판독법」의 동작법을 확실하게 이해할 필요가 있다.

입력신호가 $X_1=1$, $X_2=0$일때

❈ 두 입력스위치 X_1이 닫히고「1」 X_2가 열려있어「0」 각각의 개폐상태가 서로 다르면 출력접점 A가 닫히고「1」 출력단자 A에 $+Ec$[V]의 전압이 생긴다.

- **A** 回路……입력스위치 X_1을 닫으면「1」 전자릴레이 X_1이 동작한다.
- **C** 回路……전자릴레이 X_1이 동작하면 입력접점 X_1-a가 닫히고「1」코일 Ⓐ에 전류가 흐르므로 전자릴레이 A가 동작한다.
- **D** 回路……전자릴레이 X_1이 동작하면 입력접점 $\overline{X}_1-b$가 열린다「0」.
- **E** 回路……전자릴레이 A가 동작하면 출력접점 A가 닫혀「1」, 출력단자 A에 $+Ec$[V]의 전압이 생긴다.

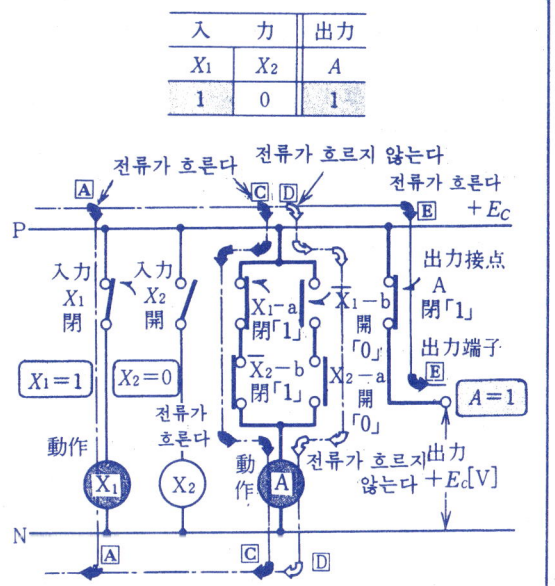

入	力	出力
X_1	X_2	A
1	0	1

입력신호가 $X_1=0$, $X_2=1$일때

❈ 두 입력스위치 X_1이 열리고「0」, X_2가 닫혀「1」 각각의 개폐상태가 서로 다르면 출력접점 A가 닫히고「1」출력단자 A에 $+Ec$[V]의 전압이 생긴다.

- **B** 回路……입력스위치 X_2가 닫히면「1」 전자릴레이 X_2가 동작한다.
- **C** 回路……전자릴레이 X_2가 동작하면 입력접점 $\overline{X}_2-b$가 열린다「0」.
- **D** 回路……전자릴레이 X_2가 동작하면 입력접점 X_2-a가 닫혀「1」 코일 Ⓐ에 전류가 흐르므로 전자릴레이 A가 동작한다.
- **E** 回路……전자릴레이 A가 동작하면 출력접점 A는 닫히고「1」 출력단자 A에 $+Ec$[V]의 전압이 생긴다.

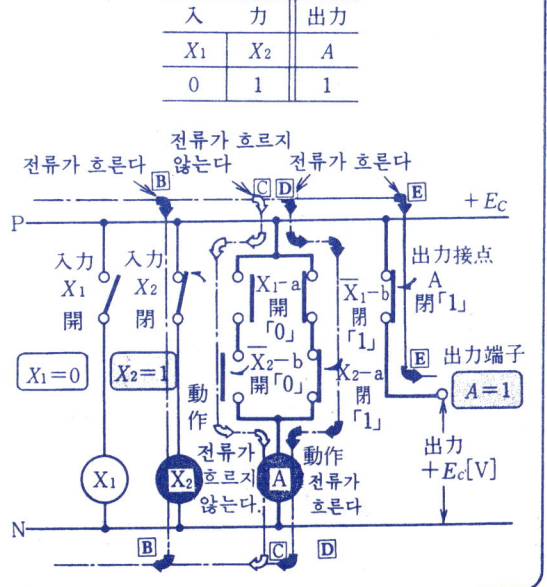

入	力	出力
X_1	X_2	A
0	1	1

시퀀스제어의 기본 회로

3. 논리회로도에 의한 배타적 OR 회로의 동작

> 입력신호가 $X_1=0$, $X_2=0$일때

❋ 두 입력신호 X_1과 X_2가 모두 「0」으로서 일치하면 출력신호 A가 「0」로 된다.

❋ NOT〔1〕回路……이 회로의 입력은 X_2의「0」(Ⓒ)이므로 출력 $\overline{X_2}$는「1」(Ⓕ)로 된다.

● NOT〔2〕回路……이 회로의 입력은 X_1의「0」(Ⓑ)이므로 출력 $\overline{X_1}$는「1」(Ⓖ)로 된다.

● AND〔1〕回路……이 회로의 입력은 X_1의「0」(Ⓐ)와 $\overline{X_2}$의「1」(Ⓕ)이므로 출력 $X_1 \cdot \overline{X_2}$는「0」(Ⓔ)로 된다.

● AND〔2〕回路……이 회로의 입력은 X_2의「0」(Ⓓ)와 $\overline{X_1}$의「1」(Ⓖ)이므로 출력 $\overline{X_1} \cdot X_2$는「0」(Ⓗ)로 된다.

● OR 回路……이 회로의 입력은 $X_1 \cdot \overline{X_2}$의「0」(Ⓔ)와 $\overline{X_1} \cdot X_2$의「0」(Ⓔ)이므로 출력 A는「0」(Ⓘ)로 된다.

논리식
- $A = X_1 \cdot \overline{X_2} + \overline{X_1} \cdot X_2$
  $= 0 \cdot 1 + 1 \cdot 0$
  $= 0$

入　　力		出力
X_1	X_2	A
0	0	0

논리회로의동작그림

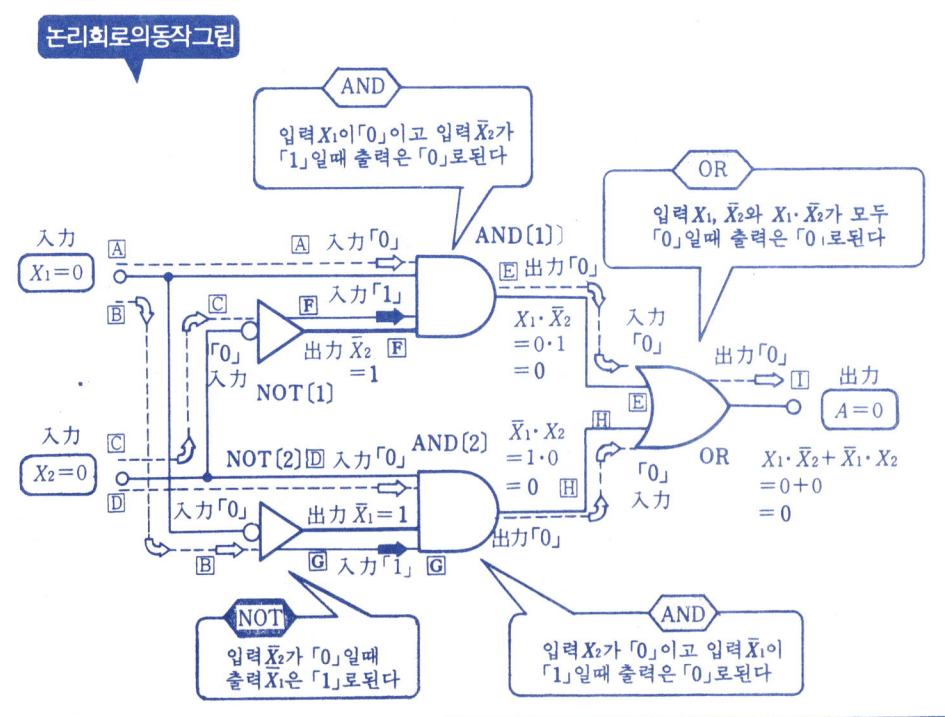

4. 배타적 OR회로의 판독법

입력신호가 $X_1=1$, $X_2=0$일때

※ 두 입력신호 X_1이 「1」이고 X_2가 「0」으로 각각 다를때 A가 출력신호 「1」로 된다.

- NOT〔1〕回路……이 회로의 입력을 X_2의「0」(C)이므로 출력 $\bar{X}_2$는「1」(F)로 된다.
- NOT〔2〕回路……이 회로의 입력은 X_1의「1」(B)이므로 출력 $\bar{X}_1$는「0」(G)로 된다.
- AND〔1〕回路……이 회로의 입력은 X_1의「1」(A)와 $\bar{X}_2$의「1」(F)이므로 출력 $X_1 \cdot \bar{X}_2$는「1」(F)로 된다.
- AND〔2〕回路……이 회로의 입력은 X_2의「0」(D)와 $\bar{X}_1$의「0」(G)이므로 출력 $\bar{X}_1 \cdot X_2$는「0」(H)로 된다.
- OR 回路……이 회로의 입력은 $X_1 \cdot \bar{X}_2$의「1」(E)와 $\bar{X}_1 \cdot X_2$의「0」(H)이므로 출력 A는「1」(I)로 된다.

논리식

$A = X_1 \cdot \bar{X}_2 + \bar{X}_1 \cdot X_2$
$= 1 \cdot 1 + 0 \cdot 0$
$= 1$

入	力	出力
X_1	X_2	A
1	0	1

논리회로의동작그림

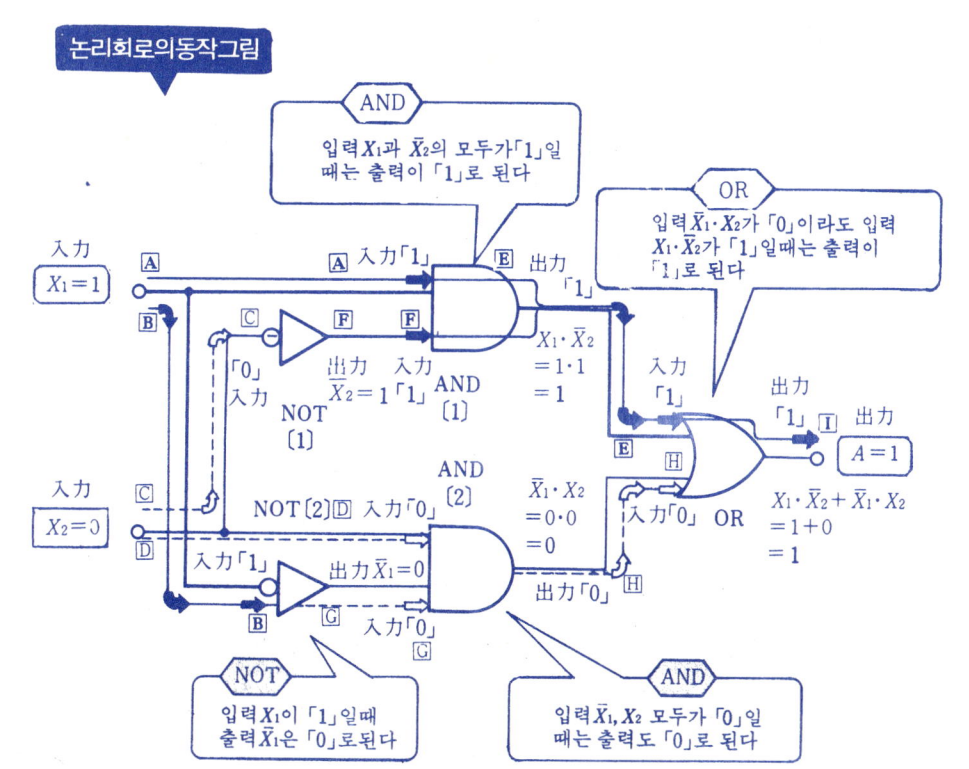

시퀀스제어의 기본 회로

③ 논리회로도에 의한 배타적 OR회로의 동작

입력신호가 $X_1=0$, $X_2=1$일때

※ 두입력신호 X_1이 「0」이고 X_2가 「1」로서 각각 다를 때는 출력신호 A는 「1」로 된다.

- NOT [1] 回路……이 회로의 입력은 X_2의 「1」 (ⓒ)이므로 출력 $\overline{X}_2$는 「0」 (Ⓕ)로 된다.
- NOT [2] 回路……이 회로의 입력은 X_1의 「0」 (Ⓑ)이므로 출력 $\overline{X}_1$는 「1」 (Ⓖ)로 된다.
- AND [1] 回路……이 회로의 입력은 X_1의 「0」 (Ⓐ)와 $\overline{X}_2$의 「0」 (Ⓕ)이므로 출력 $X_1 \cdot \overline{X}_2$는 「0」 (Ⓔ)로 된다.
- AND [2] 回路……이 회로의 입력은 X_2의 「1」 (Ⓓ)로 $\overline{X}_1$의 「1」 (Ⓖ)이므로 출력 $\overline{X}_1 \cdot X_2$는 「1」 (Ⓖ)이므로 출력 $\overline{X}_1 \cdot X_2$는 「1」 (Ⓗ)로 된다.
- OR 回路……이 회로의 입력은 $X_1 \cdot \overline{X}_2$의 「0」 (Ⓔ)와 $\overline{X}_1 \cdot X_2$의 「1」이므로 출력 A는 「1」 (Ⓘ)로 된다.

논리식
- $A = X_1 \cdot \overline{X}_2 + \overline{X}_1 \cdot X_2$
  $= 0 \cdot 0 + 1 \cdot 1$
  $= 1$

入	力	出力
X_1	X_2	A
0	1	1

논리회로의동작그림

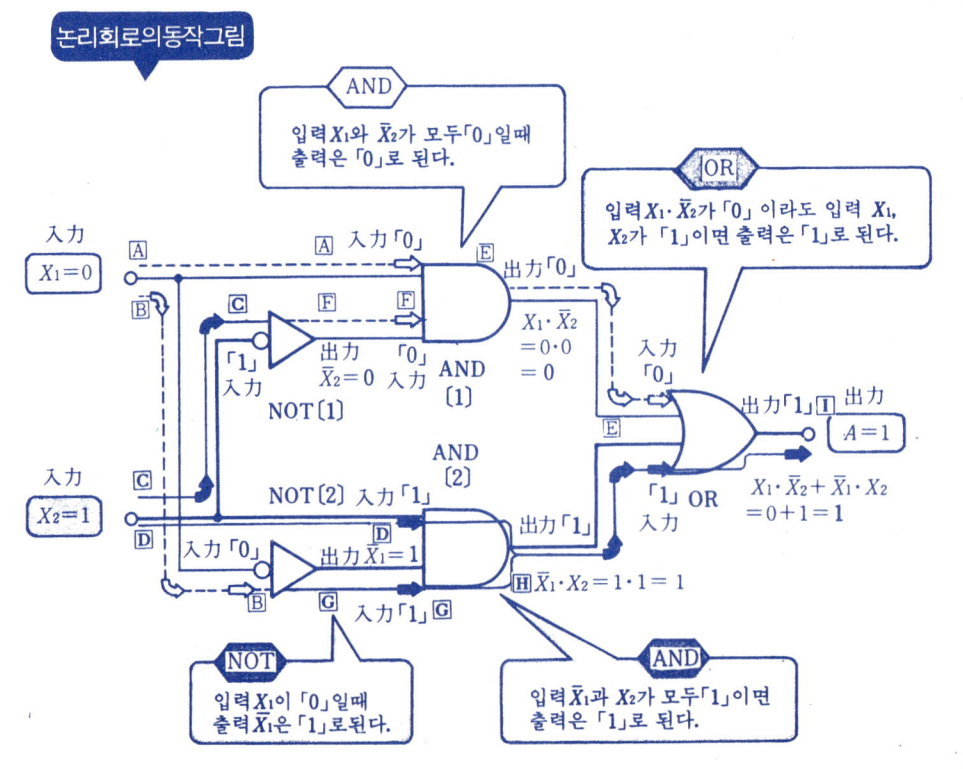

4. 배타적 OR 회로의 판독법

입력신호가 $X_1=1$, $X_2=1$일때

※ 두 입력신호 X_1과 X_2가 모두「1」로서 일치되고 있을 때는 출력신호 A가「0」로 된다.

- NOT〔1〕回路······이 회로의 입력은 X_2의「1」(Ⓒ)이므로 출력 $\bar{X}_2$는「0」(Ⓕ)로 된다.
- NOT〔2〕回路······이 회로의 입력은 X_1의「1」(Ⓑ)이므로 출력 $\bar{X}_1$은「0」(Ⓖ)로 된다.
- AND〔1〕回路······이 회로의 입력은 X_1의「1」(Ⓐ)도 $\bar{X}_2$의「0」(Ⓕ)이므로 출력 $X_1 \cdot \bar{X}_2$는「0」(Ⓔ)로 된다.
- AND〔2〕回路······이 회로의 입력은 X_2의「1」(Ⓓ)와 $\bar{X}_1$의「0」(Ⓖ)이므로 출력 $\bar{X}_1 \cdot X_2$는「0」(Ⓗ)로 된다.
- OR 回路······이 회로의 입력은 $X_1 \cdot \bar{X}_2$의「0」(Ⓔ)와 $\bar{X}_1 \cdot X_2$의「0」(Ⓗ)이므로 출력 A와「0」(Ⓘ)로 된다.

논리식

$A = X_1 \cdot \bar{X}_2 + \bar{X}_1 \cdot X_2$
$= 1 \cdot 0 + 0 \cdot 1$
$= 0$

入力		出力
X_1	X_2	A
1	1	0

논리회로의동작그림

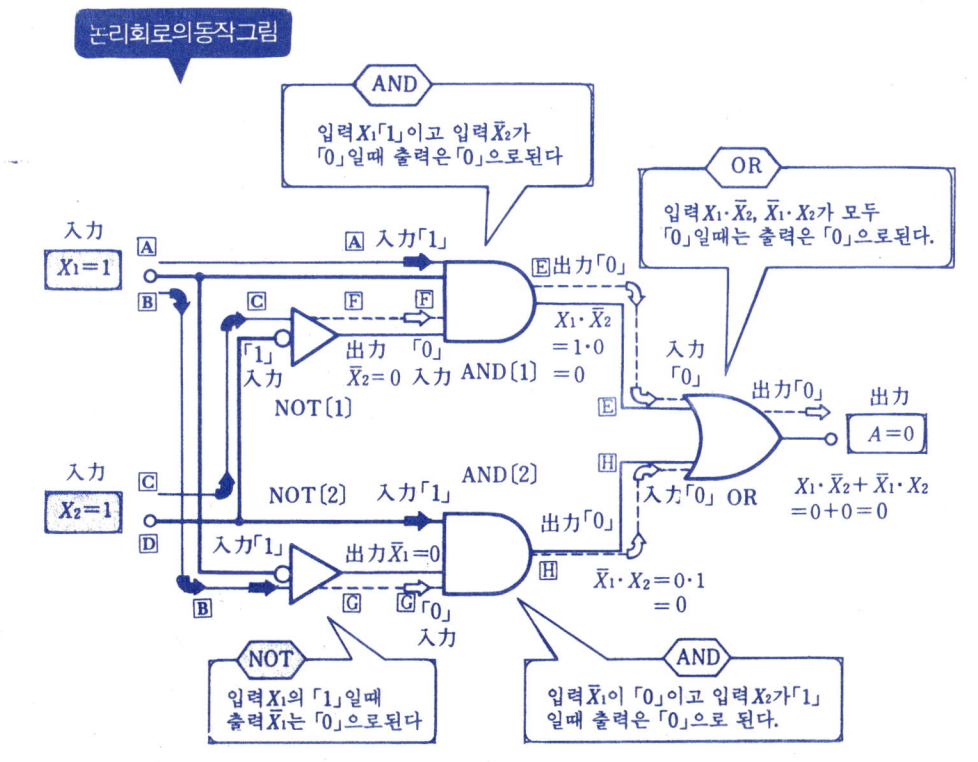

5. 자기 유지 회로의 판독법

① 자기 유지 회로란 어떤 것인가?

❋ 자기유지회로란 셋 신호에 의하여 얻어진 출력 자체로 동작회로를 만든 다음 셋신호를 제거하더라도 동작을 계속함은 물론 리셋신호를 주면 복귀되는 회로를 말한다.

❋ 자기유지회로에 있어서 셋신호와 리셋신호를 동시에 입력할 경우, 셋신호가 우선하여 출력신호를 내는 회로를 셋우선 자기유지 회로라 하고 리셋신호가 우선하여 출력을 내지 않은 회로를 리셋우선 자기유지 회로라 한다.

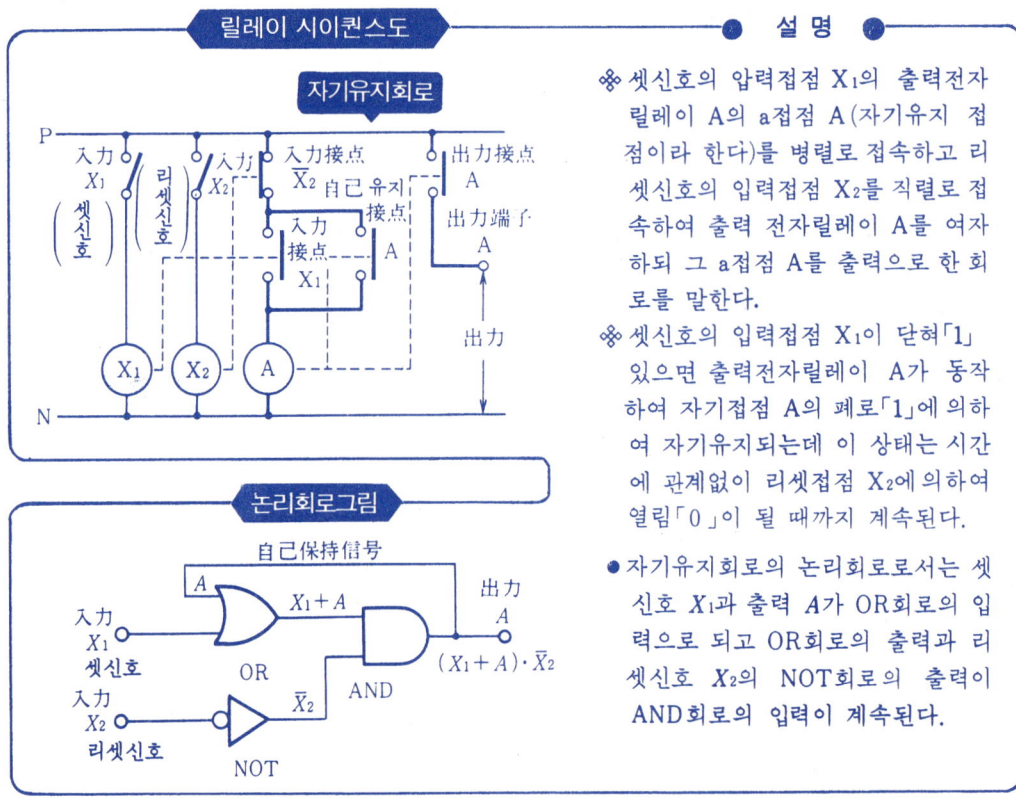

❋ 셋신호의 압력접점 X_1의 출력전자릴레이 A의 a접점 A(자기유지 접점이라 한다)를 병렬로 접속하고 리셋신호의 입력접점 X_2를 직렬로 접속하여 출력 전자릴레이 A를 여자하되 그 a접점 A를 출력으로 한 회로를 말한다.

❋ 셋신호의 입력접점 X_1이 닫혀 「1」 있으면 출력전자릴레이 A가 동작하여 자기접점 A의 폐로 「1」에 의하여 자기유지되는데 이 상태는 시간에 관계없이 리셋접점 X_2에 의하여 열림 「0」이 될 때까지 계속된다.

● 자기유지회로의 논리회로로서는 셋신호 X_1과 출력 A가 OR회로의 입력으로 되고 OR회로의 출력과 리셋신호 X_2의 NOT회로의 출력이 AND회로의 입력이 계속된다.

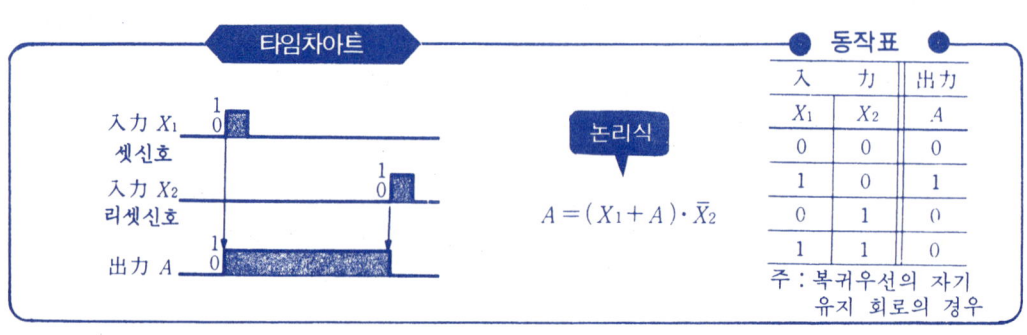

논리식

$$A = (X_1 + A) \cdot \overline{X}_2$$

入	力	出力
X_1	X_2	A
0	0	0
1	0	1
0	1	0
1	1	0

주 : 복귀우선의 자기 유지 회로의 경우

5. 자기 유지 회로의 판독법

② 릴레이 시이퀀스도에 의한 자기유지 회로의 동작

※ 자기유지회로의 동작을 이해하는데는 P.146 「AND회로의 판독법」, P.154 「OR회로의 판독법」 및 P.160 「NOT회로의 판독법」을 확실하게 이해할 필요가 있다.

입력신호가 $X_1=1$, $X_2=0$일때 ●●셋동작●●

※ 셋신호 X_1을 닫「1」으면 출력 릴레이 A가 동작하고 자기유지접점 A가 닫혀「1」 자기유지됨과 동시에 출력접점 A가 닫「1」히므로 출력단자 A에 $+E_c$[V]의 전압이 생긴다.

- **A** 回路……셋신호 X_1을 닫히면 「1」 전자릴레이 X_1이 동작한다.
- **C** 回路……전자릴레이 X_1의 동작에 의하여 입력접점 X_1이 닫히고 (「1」) 출력 전자릴레이 A가 동작한다.
- **D** 回路……출력 전자릴레이 A의 동작에 의하여 자기유지접점 A가 닫히고 「1」자기유지된다. 입력접점 X_1이 열려 「0」 있더라도 자기유직접점 A에 의하여 전자릴레이 A는 동작을 지속한다.
- **E** 回路……출력 전자릴레이 A의 동작에 의하여 출력접점 A가 닫히고 「1」 출력단자 A에는 $+E_c$[V]의 전압이 생긴다.

入力		出力
X_1	X_2	A
1	0	1

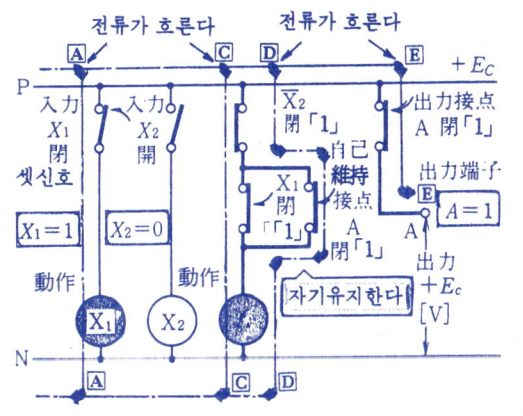

입력신호가 $X_1=0$, $X_2=1$일때 ● 리셋동작 ●

※ 셋신호 X_1의 먼저 입력되고 있는 상태에서 리셋신호 X_2가 닫히면 「1」, 출력 전자 릴레이 A의 자기유지가 풀려 복귀하고 출력접점 A가 열리므로 「0」, 출력단자 A에는 전압이 걸리지 않는다.

- **A** 回路……셋신호 X_1을 닫아 「1」 전자릴레이 X_1을 동작시킨 다음 셋신호 X_1을 연다 「0」.
- **B** 回路……리셋호 X_2를 닫으면 「1」, 전자릴레이 X_2가 동작한다.
- **C** 回路……전자릴레이 X_1이 복귀상태이므로 입력접점 X_1은 열려 「0」 있다.
- **D** 回路……전자릴레이 X_2가 동작하면 입력접점 X_2가 열려 「0」므로 출력 전자 릴레이 A가 복귀하는 한편 자기유지 접점 A가 열려 「0」 자기유지를 푼다.
- **E** 回路……출력전자릴레이 A의 복귀에 의하여 출력접점 A가 열리 「0」므로 출력단자 A에는 전압이 걸리지 않는다.

入力		出力
X_1	X_2	A
0	1	0

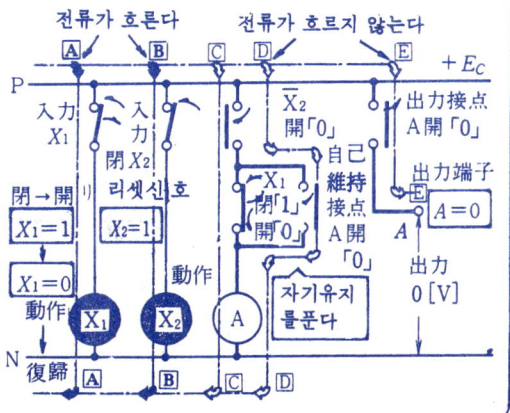

시이퀀스제어의 기본 회로

3 논리회로도에 의한 자기유지회로의 동작

입력신호가 $X_1=1$, $X_2=0$일때 — ● 입력신호가 없을 경우 ●

❈ 셋신호 X_1 및 리셋신호 X_2가 모두 입력되지 않은 「0」일 때는 출력 A도 「0」으로 된다.
- OR 回路······ 이 회로의 입력은 셋신호 X_1의 「0」(Ⓐ)분이므로 출력은 「0」(Ⓒ)로 된다.
  (자기유지신호 A는 AND회로가 출력된 다음 보내진다. 이 때는 「0」이다.
- NOT 回路······ 이 회로의 입력은 리셋신호 X_2의 「0」(Ⓑ)이므로 출력 $\bar{X}_2$는 「1」(Ⓓ)로 된다.
- AND 回路······ 이 회로의 입력은 OR 회로의 출력(X_1+A)의 「0」(Ⓒ)와 NOT회로의 출력 $\bar{X}_2$의 「1」(Ⓓ)이므로 그 출력 A는 「0」(Ⓔ)로 된다.

논리식
- $A = (X_1+A) \cdot \bar{X}_2$
  $= (0+0) \cdot 1$
  $= 0$

入力		出力
X_1	X_2	A
0	0	0

논리회로의동작그림

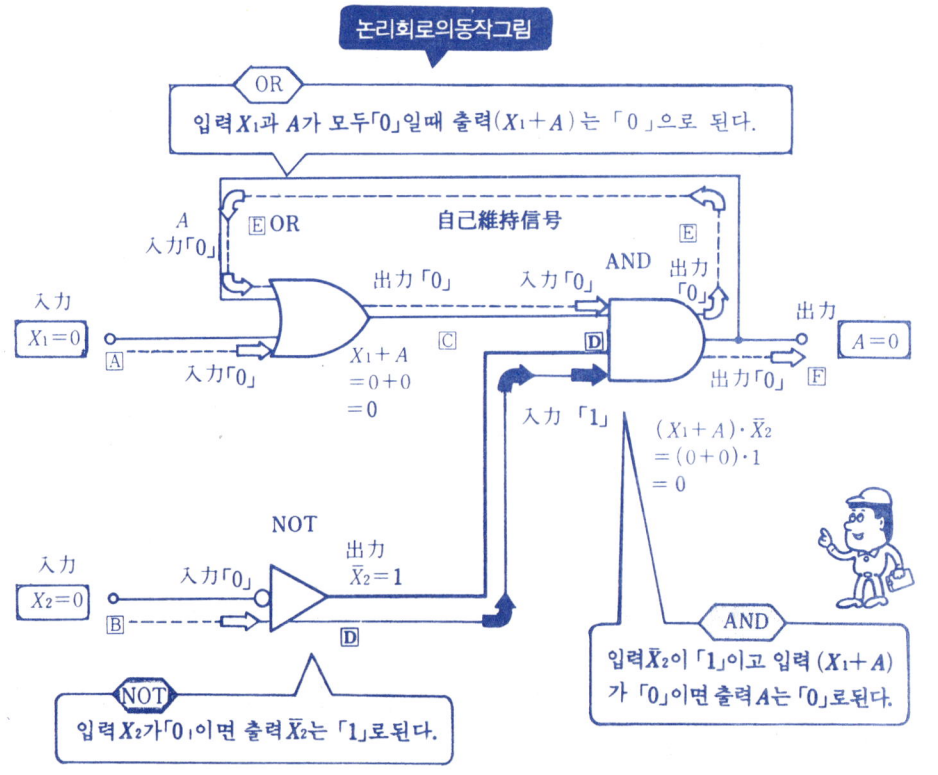

OR: 입력 X_1과 A가 모두 「0」일때 출력 (X_1+A)는 「0」으로 된다.

NOT: 입력 X_2가 「0」이면 출력 $\bar{X}_2$는 「1」로된다.

AND: 입력 $\bar{X}_2$이 「1」이고 입력 (X_1+A)가 「0」이면 출력 A는 「0」로된다.

— 216 —

5. 자기 유지 회로의 판독법

입력신호가 $X_1=1$, $X_2=0$ 일때 ● **셋신호를 입력한 경우** ●

※ 셋신호 X_1이 「1」이면 출력 A는 「1」로 되고 셋신호 X_1이 복귀하더라도 출력 A는 「1」을 유지하고 있다.

- OR 회로……이 회로는 셋신호 X_1의 「1」(Ⓐ) 신호만으로 출력은 「1」로 된다.
  (또 하나의 입력인 출력 A는 AND회로가 출력된 다음 자가유지신호로서 보내진다).
- NOT 회로……이 회로의 입력은 리셋신호 X_2의 「0」(Ⓑ) 이므로 출력 $\bar{X}_2$는 「1」(Ⓓ)로 된다.
- AND 회로……이 회로의 입력은 OR회로의 출력 (X_1+A)의 「1」(Ⓒ)와 $\bar{X}_2$의 「1」(Ⓓ) 이므로 출력 A는 「1」(Ⓕ)로 된다. 또 자기유지신호 (Ⓔ)로 되어 OR회로의 입력 「1」로서 보내진다.
- OR 회로……셋신호 X_1이 「0」(Ⓖ)로 피더라도 자기유지신호(Ⓔ)에 의하여 출력을 「1」을 유지한다.

논리식　● $A = (X_1+A) \cdot \bar{X}_2$
　　　　　　$= (1+1) \cdot 1$
　　　　　　$= 1$

入　力		出力
X_1	X_2	A
1	0	1

논리회로의동작그림

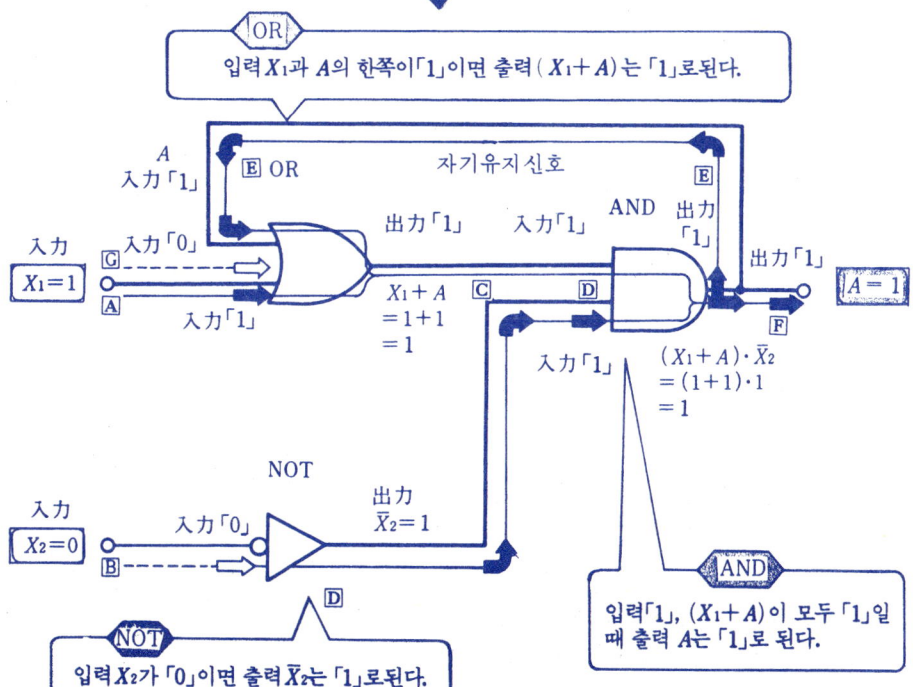

시이퀀스제어의 기본 회로

3. 논리회로도에 의한 자기유지 회로의 동작

입력신호가 $X_1=0$, $X_2=1$일때 ● 리셋신호를 입력한 경우 ●

❖ 셋신호 X_1을 「1」로하여 출력 A가 「1」로 되었을 때, 셋신호 X_1을 「0」로 함으로써 자기유지신호에 의하여 자기유지하고 있는 상태에서 리셋신호 X_2를 「1」로 하면 출력 A는 「0」로 된다.

- NOT 回路……이 회로의 입력은 리셋신호 X_2의 「1」(Ⓑ)이므로 출력 $\overline{X}_2$는 「0」(Ⓓ)로 된다.
- OR 回路……이 회로의 입력가운데 셋신호 X_1은 「0」(Ⓐ)이나 자기유지신호 A가 「1」(Ⓔ)이므로 출력(X_1+A)는 「1」(Ⓒ)로 된다.
- AND 回路……이 회로의 입력가운데 OR회로의 출력(X_1+A)는 「1」(Ⓒ)이나 NOT회로의 출력 $\overline{X}_2$가 「0」(Ⓓ)으로 되므로 출력 A는 「0」(Ⓕ)로 되고 리셋된다. 출력 A가 「0」로되면 자기유지신호 A도 「0」(Ⓔ)로 되므로 자기유지가 풀린다.

논리식

$$A = (X_1+A) \cdot \overline{X}_2$$
$$= (0+0) \cdot 0$$
$$= 0$$

入　力		出力
X_1	X_2	A
0	1	0

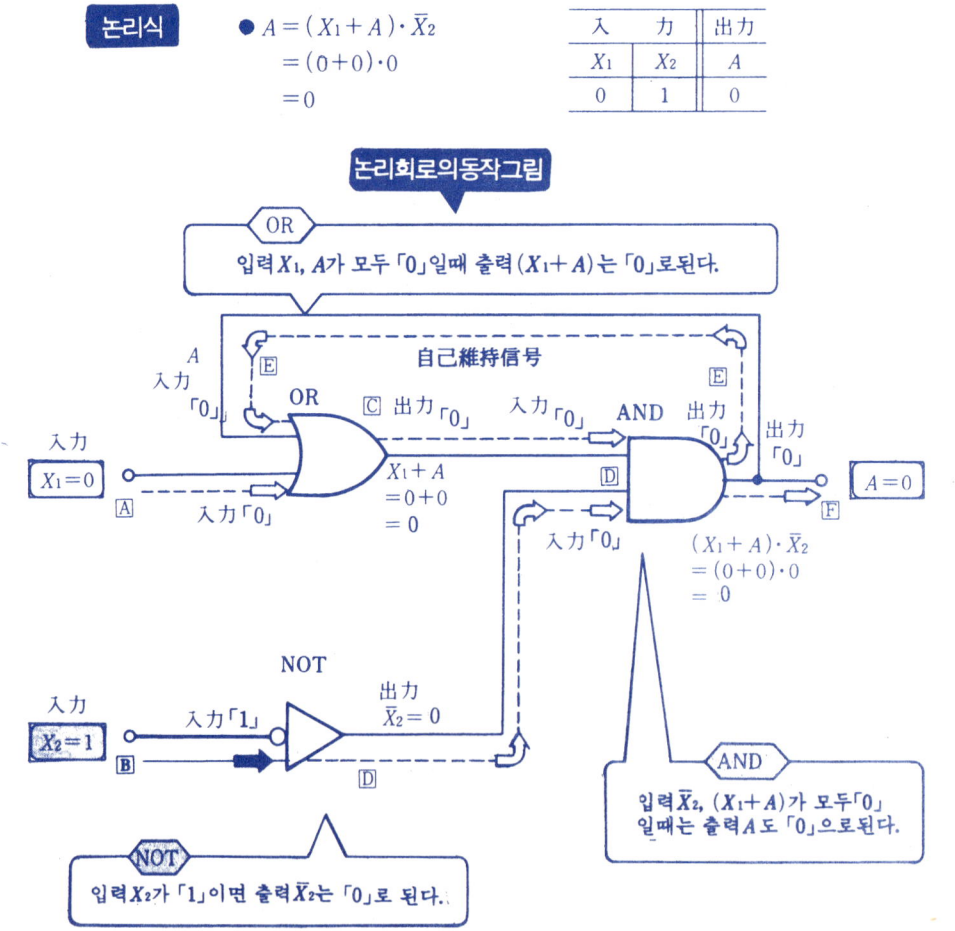

논리회로의동작그림

5. 자기 유지 회로의 판독법

인력신호가 $X_1=1$, $X_2=1$일때 ● 두 신호를 동시에 입력할 경우 ●

※ 셋신호 X_1와 리셋신호 X_2가 동시에 입력되면 출력 A는 「0」로 된다. 이와 같이 리셋신호 보다 우선 한다는 점에서 이 회로를 리셋 우선의 자기유지회로라 한다.

- OR 回路……이 회로의 입력은 셋신호 X_1의 「1」(Ⓐ)와 자기유지신호 A의 「0」(Ⓔ) 자기 유지신호는 AND회로의 출력 A가 「1」로 된다음 OR회로에 입력된다. 이 때는 출력 A가 「0」이므로 자기유지신호 A도 「0」로 된다. 따라서 출력 (X_1+A)도 「1」(Ⓒ)로 된다.
- NOT 回路……이 회로의 입력은 리셋신호 X_2의 「1」(Ⓑ)이므로 출력 $\overline{X}_2$는 「0」(Ⓓ)로 된 다.
- AND 回路……이 회로의 입력은 OR회로의 출력 (X_1+A)의 「1」(Ⓒ)와 NOT회로의 출력 $\overline{X}_2$의 「0」(Ⓓ)이므로 AND조건이 갖추어지지 않아 출력 A는 「0」(Ⓕ)로 된다. 즉, 리셋 신호 X_2가 우선하는 셈이다.

논리식
- $A = (X_1 + A) \cdot \overline{X}_2$
  $= (1+0) \cdot 0$
  $= 0$

入 力		出力
X_1	X_2	A
1	1	0

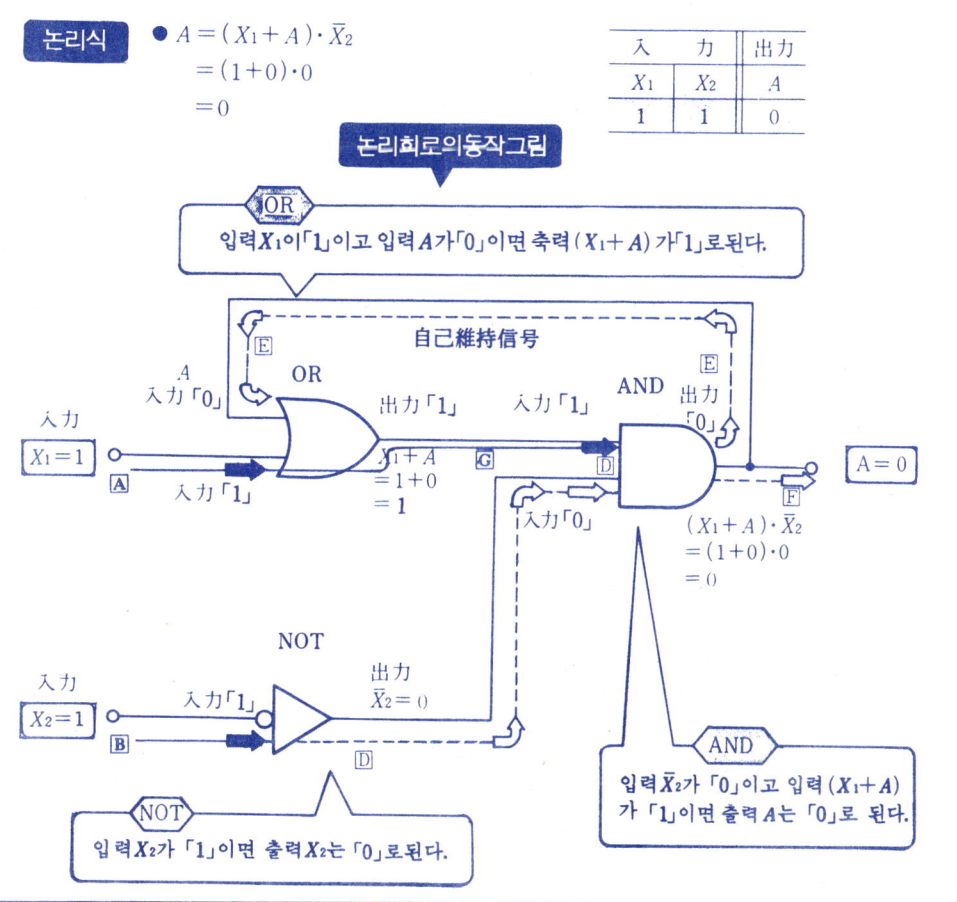

— 219 —

6. 인터록 회로의 판독법

① 인터록 회로란 어떤 것인가?

❈ 인터록(interlock)회로란 두 입력 가운데 먼저 동작한 쪽이 우선하고 다른쪽 동작을 금지하는 회로를 말하며 선행동작 우선회로, 상대동작 금지회로라고도 한다.

릴레이 시이퀀스도

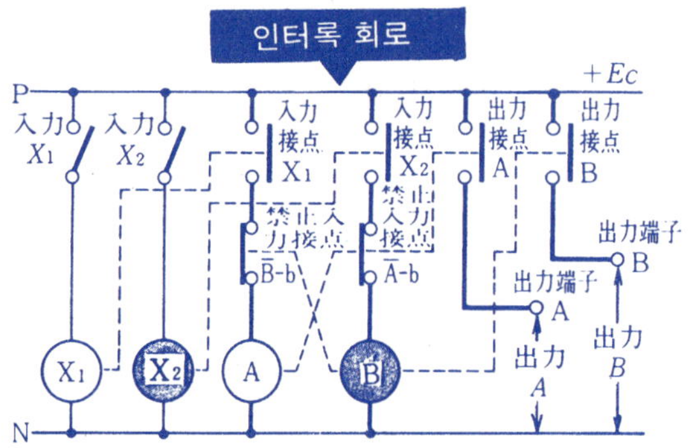

인터록 회로

● 설 명 ●

❈ 전자릴레이 X_1의 a접점 X_1의 입력접점과 출력 전자릴레이 B의 b접점 $\bar{B}-b$의 금지입력 접점을 직렬로 접속하고 출력 전자릴레이 A를 여자하되 그 a접점 A를 출력으로 한다.

❈ 전자릴레이 X_2의 a접점 X_2의 입력접점과 출력 전자릴레이 A의 b접점 $\bar{A}-b$의 금지입력 접점을 직렬로 접속하고 출력전자릴레이 B를 여자하되 그 a접점 B를 출력으로 한다.

● 인터록회로의 논리회로도는, 입력 X_1, 출력 A에 대해서는 입력 $\bar{B}$가 금지입력으로서 작용하고 입력 X_2, 출력 B에 대해서는 입력 $\bar{A}$가 금지입력으로서 작용한다.

● 입력 X_1, X_2 가운데 어느 한쪽이 먼저 「1」로 되면 다른 한쪽의 AND회로는 먼저 「1」로 된 입력에 대응한 출력 A또는 B에의하여 기록되는 것으로서 뒤에 입력된 것에 대응하는 출력은 나오지 않는다.

논리회로그림

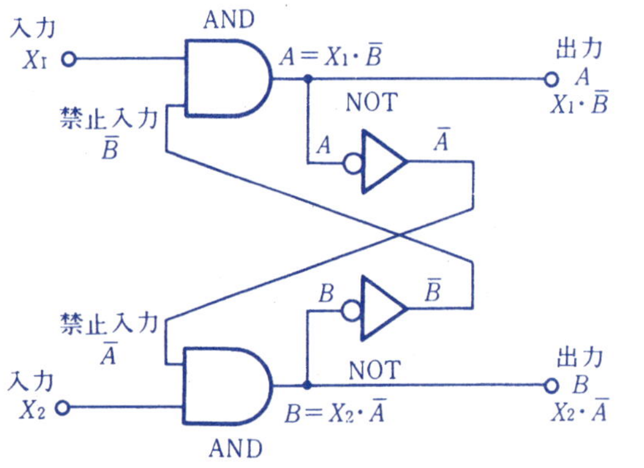

$A = X_1 \cdot \bar{B}$

$B = X_2 \cdot \bar{A}$

타임차아트

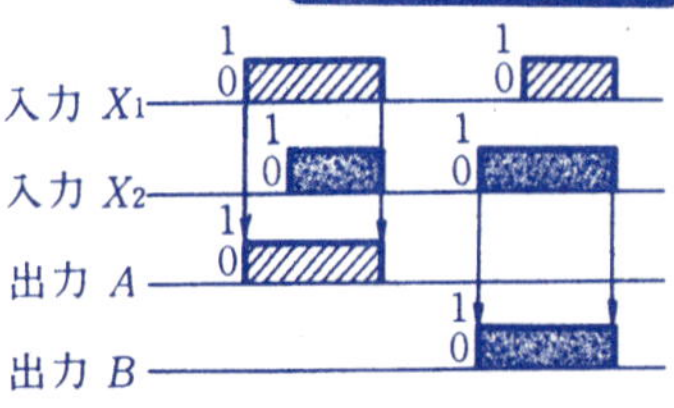

논리식

$A = X_1 \cdot \bar{B}$
$B = X_2 \cdot \bar{A}$

● 動作表

入	力	出	力
X_1	X_2	A	B
0	0	0	0
1	0	1	0
0	1	0	1

6. 인터록 회로의 판독법

② 릴레이 시이퀀스도에 의한 인터록회로의 동작

※ 인터록회로의 동작을 이해하는 데는 P.146「AND회로의 판독법」및 P.160「NOT회로의 판독」의 동작법을 확실하게 익혀둘 필요가 있다.

입력신호 X_1이 선행할 때

※ 입력접점 X_1이 먼저 닫히면「1」, 입력접점 X_2를 닫「1」더라도 출력전자릴레이의 B는 록되어 동작하지 않으므로 출력단자 B에는 전압이 걸리지 않는다.

- A 回路 …… 입력스위치 X_1을 닫으면「1」 전자릴레이 X_1이 동작한다.
- C 回路 …… 전자릴레이 X_1의 동작에 따라 입력접점 X_1이 닫히고「1」 출력전자 릴레이 A가 동작한다.
- D 回路 …… 전자릴레이 X_1의 동작에 따라 금지 입력접점 $\overline{A}-b$가 열리고「0」 출력전자릴레이 B를 록하므로 입력접점 X_2를 닫더라도「1」 동작하지 않는다.
- E 回路 …… 출력전자릴레이 A의 동작에 의하여 출력접점 A가 닫히므로「1」 출력단자 A에는 $+E_c$ [V]의 전압이 생긴다.
- F 回路 …… 출력전자릴레이 B가 동작하지 않으므로 출력접점 B는 열려「0」있고 출력단자 B에는 전압이 걸리지 않는다.

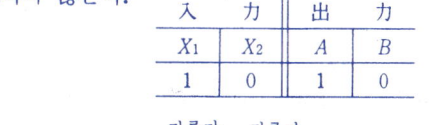

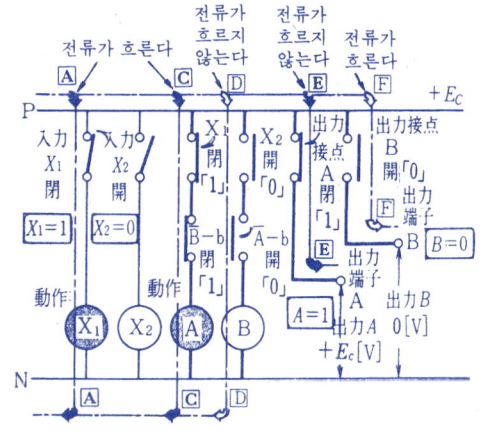

입력신호 X_2가 선행할 경우

※ 입력접점 X_2가 먼저 닫히면「1」입력접점 X_1를 닫더라도「1」출력전자릴레이 A는 록되어 동작하지 않으므로 출력단자 A에는 전압이 걸리지 않는다.

- B 回路 …… 입력스위치 X_2를 닫으면「1」전자릴레이 X_2가 동작한다.
- D 回路 …… 전자릴레이 X_2의 동작에 의하여 입력접점 X_2가 닫히고「1」 출력전자릴레이 B를 동작시킨다.
- C 回路 …… 전자릴레이 X_2의 동작에 의하여 금지입력접점 $\overline{B}-b$가 열리고「0」 출력전자릴레이 A를 록하므로 입력접점 X_1을 닫더라도「1」 동작하지 않는다.
- F 回路 …… 출력전자릴레이 B의 동작에 의하여 출력접점 B가 닫히므로「1」 출력단자 B에 $+E_c$ [V]의 전압이 생긴다.
- E 回路 …… 출력전자릴레이 A가 동작하지 않으므로 출력접점 A는 열려「0」있고 출력단자 A에는 전압이 생기지 않는다.

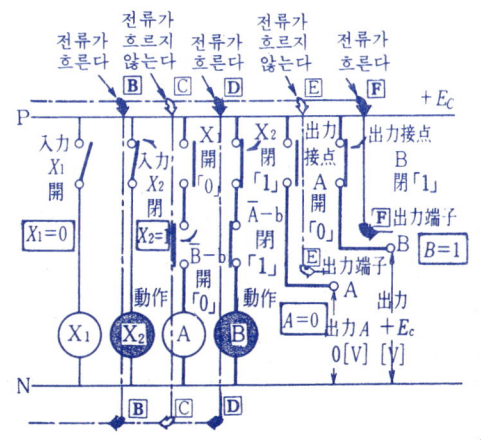

시퀀스제어의 기본 회로

3 논리회로도에 의한 인터록회로의 동작

입력신호가 $X_1=0$, $X_2=0$일때 ●입력신호가 모두 없을때●

※ 두 입력신호 X_1과 X_2가 모두 없는 「0」일 때에는 출력 A 및 B도 출력되지 않는다「0」.
- AND [1] 回路……이 회로의 입력은 입력신호 X_1의 「0」(**A**)와 출력 $\bar{B}$의 금지입력 $\bar{B}$ 의 「1」 (**H**)이므로 출력 $\bar{A}(X_1 \cdot B)$는 「0」(**C**)로 된다.
- NOT [1] 回路……이 회로의 입력은 AND [1]회로의 출력 A의 「0」(**D**)이므로 출력 $\bar{A}$는 「1」 (**G**)로 되고, AND [2]회로의 입력으로 된다.
- AND [2] 回路……이 회로의 입력은 입력신호 X_2의 「0」(**B**)의 출력 A의 금지입력 $\bar{A}$의 「1」 (**G**)이므로 출력 $B(X_2 \cdot \bar{A})$는 「0」(**E**)로 된다.
- NOT [2] 回路……이 회로의 입력은 AND [2]회로의 출력 B의 「0」(**F**)이므로 출력 $\bar{B}$는 「1」 (**H**)로 되어 AND [1]회로의 입력으로 된다.

논리식　　● $A = X_1 \cdot \bar{B}$　　● $B = X_2 \cdot \bar{A}$
　　　　　　　$= 0 \cdot 1$　　　　　$= 0 \cdot 1$
　　　　　　　$= 0$　　　　　　　$= 0$

入　力		出　力	
X_1	X_2	A	B
0	0	0	0

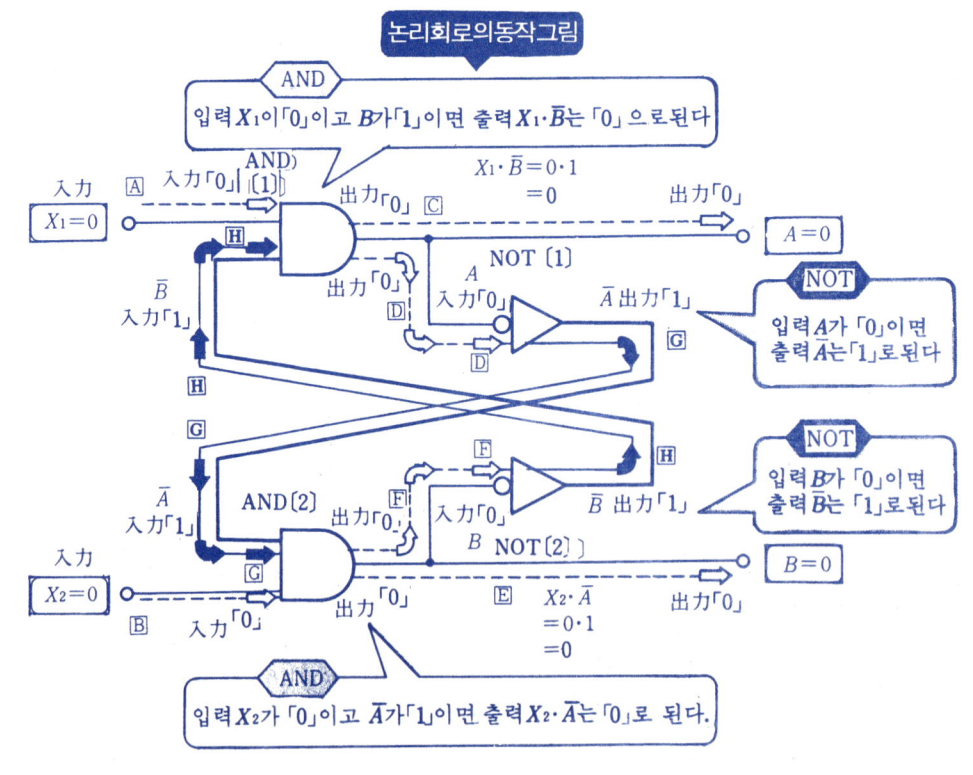

논리회로의동작그림

6. 인터록 회로의 판독법

●●입력신호 X_1이 선행할 경우●●

입력신호가 $X_1=1$, $X_2=0$일때

※ 두 입력 신호가운데 X_1이 먼저「1」로되면 출력 A가「1」로 되는 동시에 금지입력 $\bar{A}$가「0」로 되어 출력 B를 록하므로 X_2가「1」로 되더라도 출력 B는「0」으로 된다.

● AND〔1〕回路……이 회로의 입력은 입력신호 X_1의「1」(Ⓐ)의 출력 $\bar{B}$의 금지입력 $\bar{B}$의「1」(Ⓗ)이므로 출력 A ($X_1 \cdot \bar{B}$)는「1」(Ⓒ)로 된다.

● NOT〔1〕回路……이 회로의 입력은 AND〔1〕회로의 출력 A의「1」(Ⓓ)이므로 출력 $\bar{A}$로「0」(Ⓖ)로되어 AND〔2〕회로의 입력으로 된다.

● AND〔2〕回路……이 회로의 입력은 입력신호 X_2의「0」(Ⓑ)와 출력 A의 금지입력 $\bar{A}$의「0」(Ⓖ)이므로 출력 B ($X_2 \cdot \bar{A}$)는「0」(Ⓔ)로 된다. 금지입력 $\bar{A}$가「0」이면 입력신호 X_2가「1」로 되더라도 AND조건이 성립되지 않으므로 출력 B는「1」로 되지 않고 록된다.

● NOT〔2〕回路……이 회로의 입력은 AND〔2〕회로의 출력 B의「0」(Ⓕ)이므로 출력 $\bar{B}$는「1」(Ⓗ)으로 되고 AND〔1〕회로의 입력으로 된다.

논리식
● $A = X_1 \cdot \bar{B}$ 　 ● $B = X_2 \cdot \bar{A}$
　　$= 1 \cdot 1$ 　　　　$= 0 \cdot 0$
　　$= 1$ 　　　　　　$= 0$

入　　力		出　　力	
X_1	X_2	A	B
1	0	1	0

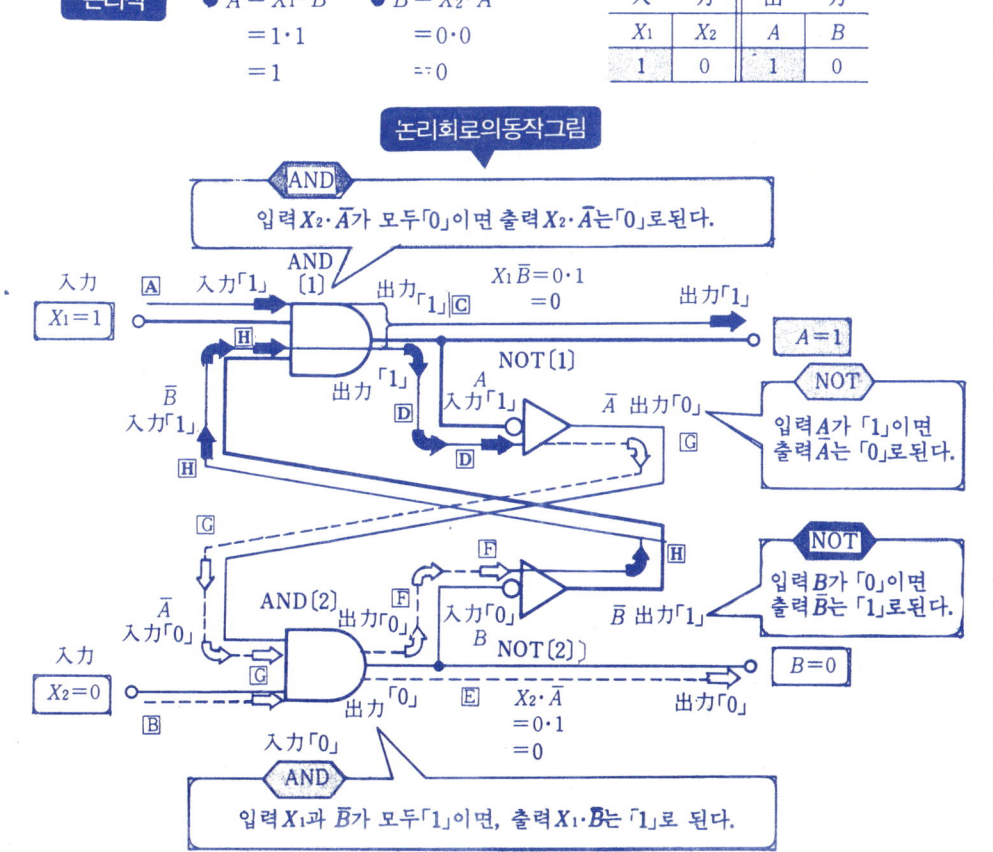

논리회로의동작그림

시이퀀스제어의 기본 회로

3 논리회로도에 의한 인터록회로의 동작

■ 입력신호가 $X_1=0$, $X_2=1$일때 ●●입력신호 X_2가 선행할 경우●●

※ 두 입력신호 가운데 X_2가 먼저 「1」로 되면 출력 B가 「1」로 되면서 금지입력 $\overline{B}$는 「0」로 되어 출력 A를 록하므로 X_1이 「1」이더라도 출력 A는 「0」이 된다.

- AND [1] 回路……이 회로의 입력은 입력신호 X_1의 「0」 (Ⓐ)와 출력 $\overline{B}$의 금지입력 $\overline{B}$의 「0」 (Ⓗ)이므로 출력 $A(X_1 \cdot \overline{B}$는 「0」 (Ⓒ)로 한다. 금지입력 $\overline{B}$가 「0」이면 입력신호 X_1이 「1」이더라도 AND조건이 성립되지 않으므로 출력 A는 「1」이 되지 않고 록된다.
- NOT [1] 回路……이 회로의 입력은 AND [1]회로의 출력 A의 「0」 (Ⓓ)이므로 출력 $\overline{A}$는 「1」 (Ⓖ)로 되어 AND [2]회로의 입력으로 된다.
- AND [2] 回路……이 회로의 입력은 입력신호 X_2의 「1」 (Ⓑ)와 출력 A의 금지입력 $\overline{A}$의 「1」 (Ⓖ)이므로 출력 $B(X_2 \cdot \overline{A})$는 「1」 (Ⓔ)로 된다.
- NOT [2] 回路……이 회로의 입력은 AND [2]회로의 출력 B의 「1」 (Ⓕ)이므로 출력 $\overline{B}$는 「0」 (Ⓗ)로 되고 AND [1]회로의 입력으로 된다.

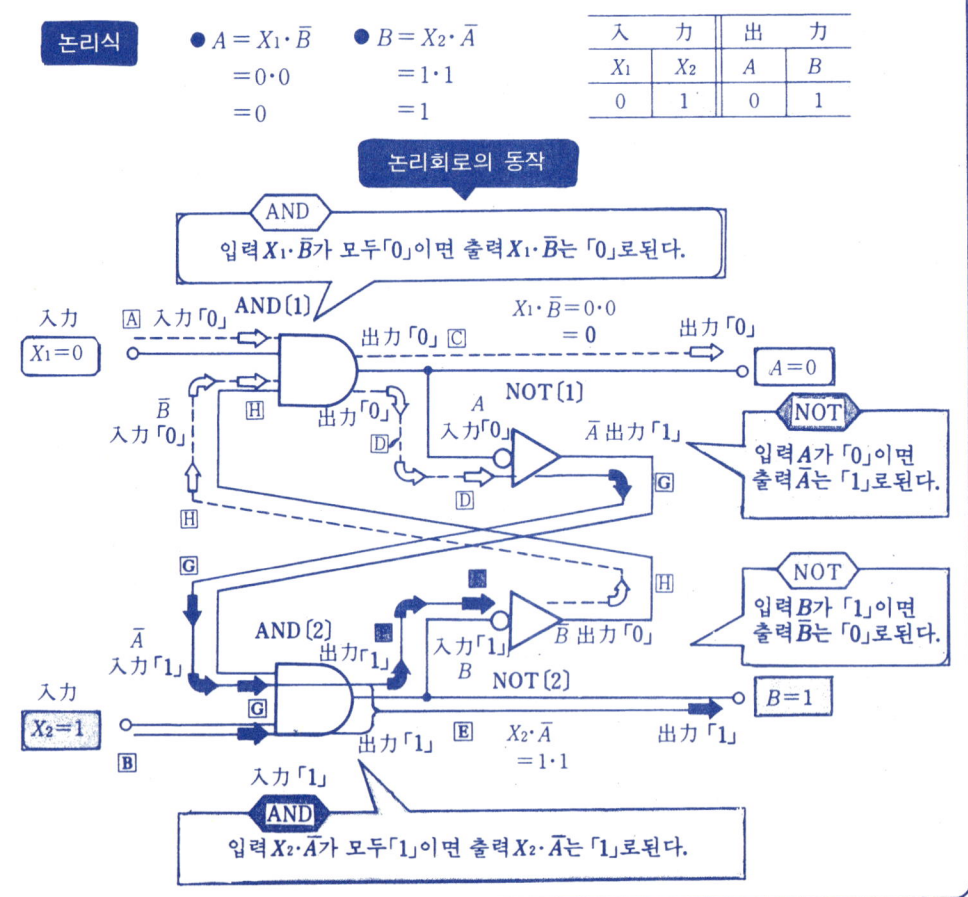

6 時間差를 두는 無接点 시이퀀스의 基本回路

이 장의 포인트

 이 장에는 주로 무접점 시이퀀스에 있어서 타이머 등에 의하여 신호에 시간적인 지연을 주기 위한 기본회로를 설명하고 있다.
(1) 시간차를 주는 각종 기본 회로를 무접점 시이퀀스와 릴레이시이퀀스로 조립한 경우의 두 가지를 제시하고 있다. 시간차를 주기 위해서는 어떻게 하면 되는가를 확실하게 익혀 두기 바란다.
(2) 전자타이머는 시간차를 주기 위한 기기로서 흔히 사용되고 있다. 무접점시이퀀스에 의한 타이머회로를 상세히 설명하고 있다.
(3) 단안정 멀티바이브레터회로, 쌍안정 멀티바이브레이터 회로는 무접점시이퀀스에서는 응용범위가 넓은 기본 회로이다. 로직소자로서도 시판되고 있으므로 그 동작법을 꼭 익혀 두기바란다.

1. 동작시 지연 타임 딜레이 회로의 판독법

① 타임딜레이 회로와 타이머의 종류

타임딜레이 회로란?

❈ 무접점 시이퀸스에 있어서 입력신호치가 변화하고 나서 소정의 시간만큼 지연되어 출력신호치가 변화하는 것처럼 시간차를 회로로 타임딜레이(time delay)회로라 한다.

❈ 이와 같이 시간차가 든 회로에는 입력신호가 들어가더라도 막바로 출력신호를 내지않고 일정시간만큼 지연되어 동작하는 기구가 사용되는바 릴레이 시이퀀스에서는 타이머라 하고 무접점 시이퀀스에서는 타이머회로라 한다.

❈ 릴레이 시이퀀스에 있어서의 타이머에는 동작시 지연타이머, 복귀시지연 타이머가 있고 이에 해당하는 기능으로서 무접점 시이퀀스에서는 동작시 지연의 타임딜레이 회로 (TDE : Time Delay Energizing)와 복귀시 지연의 타임딜레이회로 (TDD : Time Delay De-energizing)가 있다.

❈ 동작시지연 타임딜레이 회로를 온딜레이타이머(on delay timer)라 하고 복귀시지연타임릴레이 회로를 오오프딜레이 타이머(off delay timer)라고도 한다.

타이머의 종류에는 어떤 것이 있는가?

❈ 타이머의 종류에는 모우터를 이용한 모우터식 타이머, 공기와 전자석을 이용한 공기식 타이머와 같이 기계적인 운동량을 시간으로 바꾸는 방식의 것과 콘덴서를 이용한 전자식 타이머 등 전기적으로 처리하는 방식의 것이 있다.

❈ 전자타이머는 콘덴서 C와 저항 R의 회로에 있어서 충전 또는 방전에 요하는 시간을 이용한 것으로서 CR타이머라고도 한다. 또 일반적으로 무접점으로 구성된 검출회로나 스위칭회로로 구성되고 있으므로 트랜지스터 타이머, 솔리드스테트 타이머 등이라고도 불려지고 있다.

전자 타이머의 구조도[예]

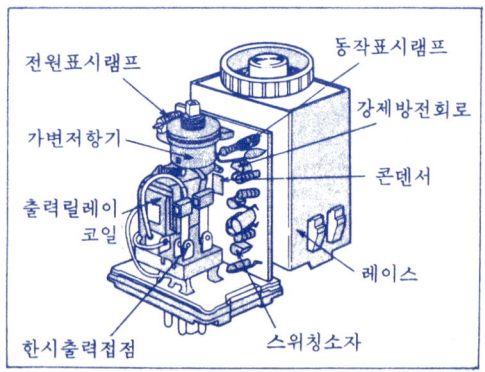

[예 : 동작 시지연 타이머]
● 동작시지연 전자타이머는 가변저항과 직렬로 접속된 콘덴서의 충전되는 전압을 트랜지스터로 검출하고 증폭하여 출력릴레이를 동작시킨다.
● 전자타이머의 동작시간 변경은 가변저항기의 저항치를 변경시킴으로써 콘덴서의 충전시간을 변경시키는 것이다. 동작원리의 상세한 설명은 P.238 「전자타이머 회로의 판독법」에 있다

1. 동작시 지연 타임 딜레이 회로의 판독법

② 동작시 지연 타이머와 그림기호

동작시 지연타이머 — 릴레이 시이퀀스

※ 릴레이 시이퀀스에 있어서의 동작시 지연타이머의 출력접점을 한시동작·순시복귀 동작이라 한다. 동작할 때는 시간지연으로, 복귀할 때는 순시에 이루어지는 접점을 말한다.
- 한시동작·순시복귀의 a접점……타이머가 부세되면 설정시간 경과후에 동작하여「닫히」고 소세되면 순간적으로 복귀하여「열리」는 접점을 말한다.
- 한시동작·순시복귀의 b접점……타이머가 부세되면 설정시간 경과후에 동작하여「열리」고 소세되면 순간적으로 복귀하여「닫히」는 접점을 말한다.

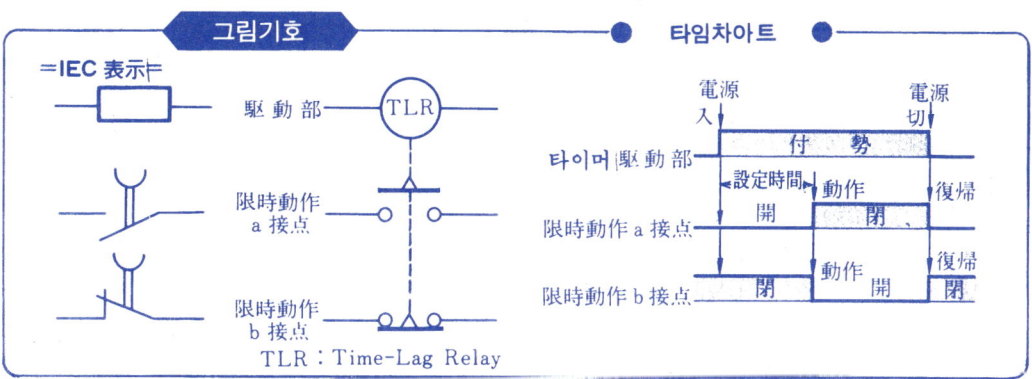

TLR : Time-Lag Relay

지연동작회로 — 릴레이 시이퀀스

※ 동작시 지연타이머를 사용, 입력접점 X가 닫힌후 일정기간 T(타이머의 설정시간) 경과 후에 동작하여 출력접점 A가「닫히」는 회로를 말한다.
※ 입력신호로서 버튼스위치의 개폐와 같이 펄스신호(펄스상태의 파형을 갖는 신호)에 의하여 주어지는 지연동작회로에 대하여 타이머 TLR과 보조릴레이 STR을 사용한 경우의 동작법을 설명하면 다음과 같다.

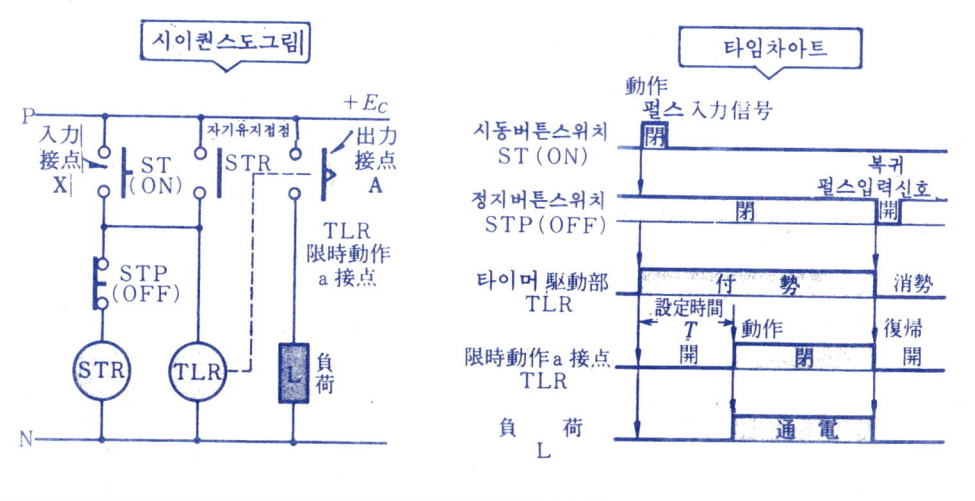

시간차를 두는 무접점 시이퀀스의 기본회로

③ 릴레이 시이퀀스에 의한 지연 동작회로의 동작법

한시 동작의 동작 순서 ● 지연 동작 회로 ●

※ 입력신호인 버튼스위치 ST (ON)의 닫힘에 의하여 펄스입력신호를 타이머 TLR에 주면 타이머의 설정시간 T후에 동작하여 한시동작 a접점 TLR을 닫아 부하L에 전류를 흐르게 한다.

- Ⓐ 回路……입력신호인 시동버튼스위치 ST (ON)을 누르면 코일 ⓈTR에 전류가 흘러보조릴레이 STR이 동작한다.
- Ⓑ 回路……시동버튼스위치 ST를 누르면 타이머의 구동부 TLR에 전류가 흘러 타이머가 부세된다(타이머가 부세되더라도 곧 한시동작 a접점 TLR이 닫히지 않고 설정시간 경과 후에 동작한다).
- Ⓒ 回路……보조릴레이 STR이 동작하면 자기유지접점 STR이 닫혀 보조릴레이 STR이 자기유지 된다.
- Ⓓ 回路……보조릴레이 STR이 동작하여 자기유지접점 STR이 닫히면 타이머의 구동부 TLR에 전류가 흐른다.
  시동버튼 스위치 ST를 누른 손을 떼면 그 a접점은 열리나 Ⓒ 및 Ⓓ 회로를 통하여 보조릴레이 STR 및 타이머 TLR은 부세된채로 있다.
- Ⓔ 回路……타이머의 설정시간 T가 경과하면 한시동작 a접점 TLR이 닫혀 부하L에 전류가 흐른다(이 동작을 한시동작이라 한다).

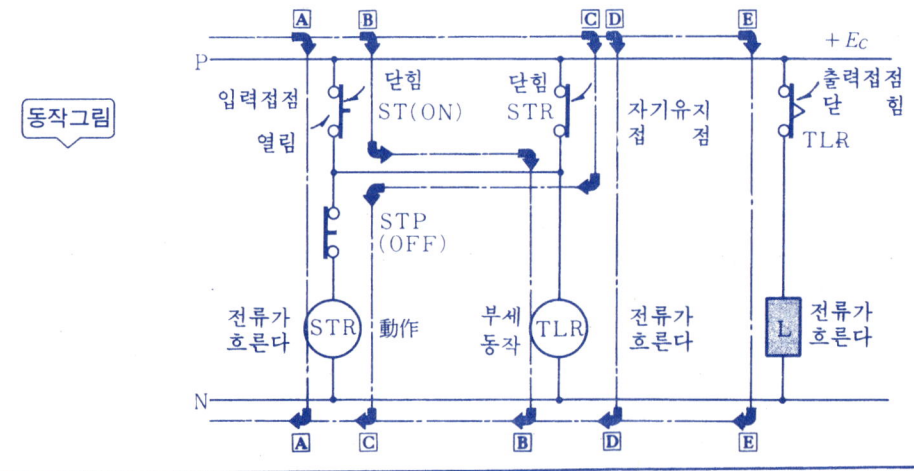

순시 동작의 동작 순서 ● 지연동작회로 ●

※ 정지버튼 스위치 STP (OFF)를 누르면 그 b접점이 열려 Ⓒ회로의 코일 ⓈTR에는 전류가 흐르지 않으므로 보조릴레이 STR이 복귀하고 자기유지접점 STR이 열린다.

※ Ⓓ회로의 자기유지접점 STR이 열리면 타이머의 구동부 TLR에 전류가 흐르지 않게 된다. 따라서 타이머는 소세되고 순간적으로 Ⓔ회로의 한시동작·순시복귀 a접점 TLR 을 열어 부하 L에의 전류를 끊는다(이 동작을 순시복귀라 한다).

1. 동작시 지연 타임 딜레이 회로의 판독법

④ 온딜레이 타이머와 그림기호

온딜레이 타이머회로 — **무접점 시이퀀스**

※ 온딜레이 타이머(TDE : Time Delay Energizing) 회로란 입력시 「1」로 된 다음 소정의 시간 T 경과후 출력이 「1」로 되고 입력이 「0」이면 순간적으로 출력도 「0」으로 되는 회로로서 입력신호가 「0」에서 「1」로 변화했을 때, 그 시점에서 일정시간이 경과한 다음 출력신호가 동작하는 회로를 말한다.

그림기호 — **타임차아트**

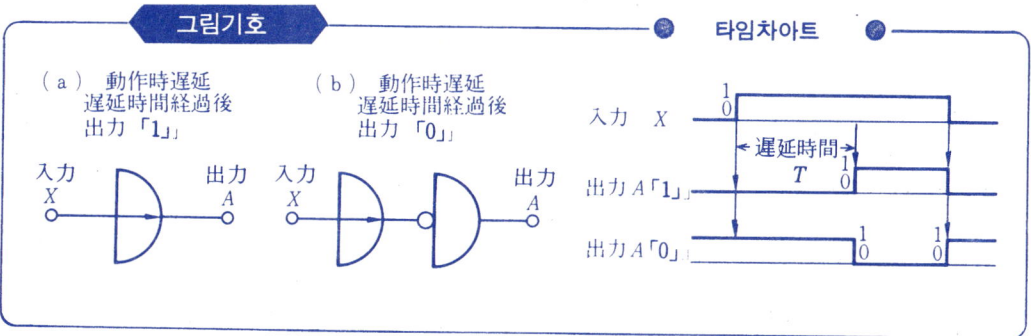

온딜레이 타이머회로 — **무접점 시이퀀스**

※ 온딜레이 타이머회로에서는 콘덴서 C와 저항 R로 구성되는 CR회로에 있어서 콘덴서 C를 충전하는데 요하는 시간을 이용하여 입력신호를 인가한 시점에서 일정시간 T 경과후에 출력신호가 나오도록 되어 있다.

※ 저항 R과 콘덴서 C를 직렬로 접속하고 스위치 S를 닫으면 회로에는 전지 E에서 R과 C를 통하여 전류가 흐른다. 스위치 S를 닫은 순간은 C의 전하가 0이므로 그 임피이던스 $1/\omega C$도 0으로되고 R에 전전압 E가 걸려 회로에는 E/R의 전류가 흐른다. 이 전류에 의하여 C에 충전되고 충전된 전위만큼 R에 걸리는 전압이 강하하고 회로에 흐르는 전류도 감소된다. 최종적으로 C에 완전히 전하가 충전($Q=CE$)되면 회로에는 전류가 흐르지 않게 된다. 이렇게 되기 까지는 일정시간이 걸린다. 온릴레이 타이머회로에서는 이 시간을 이용하여 출력신호가 나오도록 하고 있다.

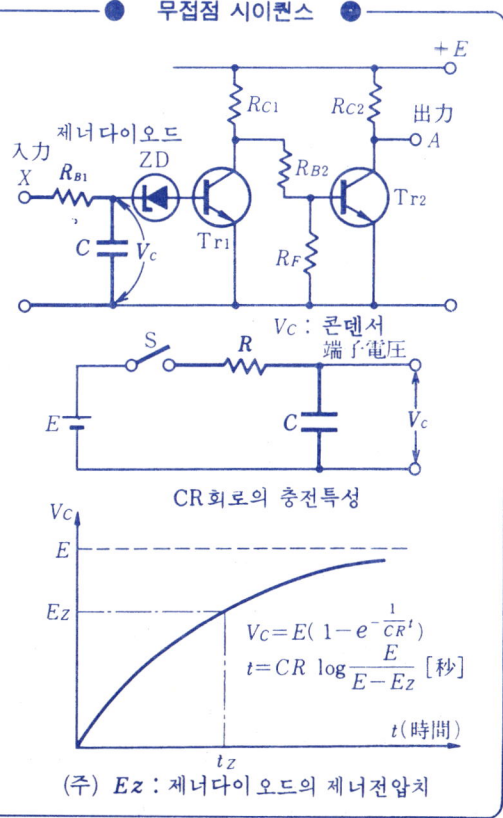

CR회로의 충전특성

$$V_C = E\left(1 - e^{-\frac{1}{CR}t}\right)$$
$$t = CR \log \frac{E}{E - E_Z} \text{[秒]}$$

(주) E_Z : 제너다이오드의 제너전압치

시간차를 두는 무접점 시이퀸스의 기본회로

5 온딜레이 타이머회로의 동작법

타이머의 지연시간 경과전의 동작순서 — ● 입력 $X=1$, 출력 $A=0$ ●

❋ 온딜레이 타이머회로의 입력단자 X에 $+E[V]$ ($X=1$)이 주어지더라도 지연시간 T가 경과하기 전까지는 출력단자 A에 전압($A=0$)가 생기지 않는다.

- A 回路…스위치 S를 닫으면 입력단자 X에 $+E[V]$ 「1」이 인가되므로 전류는 저항 R_{B1}을 통하여 콘덴서 C와 제너다이오드 ZD쪽에 흐르려고 하지만 ZD의 특성은 어느 전압치(제너전압 E_Z)에 달할 때까지는 전류를 흘리지 않으므로 콘덴서 C의 충전전류로서 흐를 뿐이다.
- D 回路…트랜지스터 T_{r1}의 베이스에 전류가 흐르지 않으므로 T_{r1}은 "OFF상태"로 되고 출력단자 b에는 $+E[V]$ 「1」의 전압이 생긴다. 따라서 트랜지스터 T_{r2}에는 베이스 전류가 흐른다.
- E 回路…T_{r2}에 베이스 전류가 흐르면 T_{r2}는 "ON상태"로 되고 콜렉터 전류가 흐르므로 출력단자 C 즉 A의 전압은 $0[V]$ 「0」로 된다.

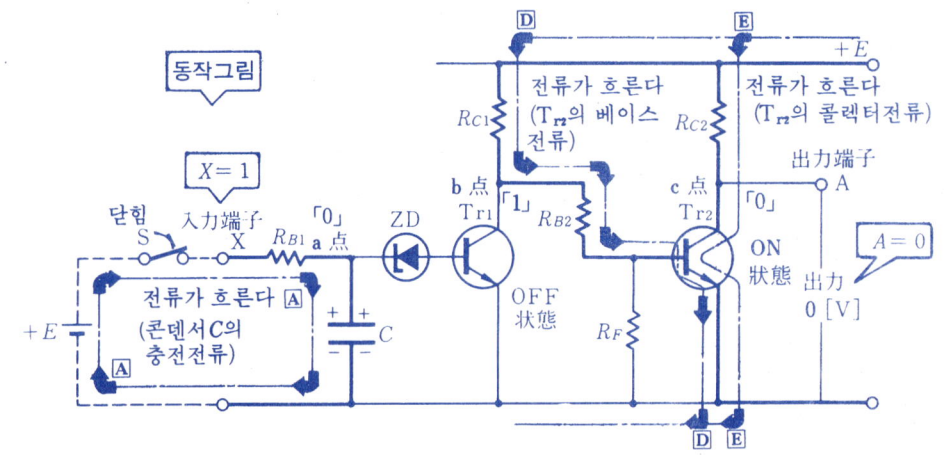

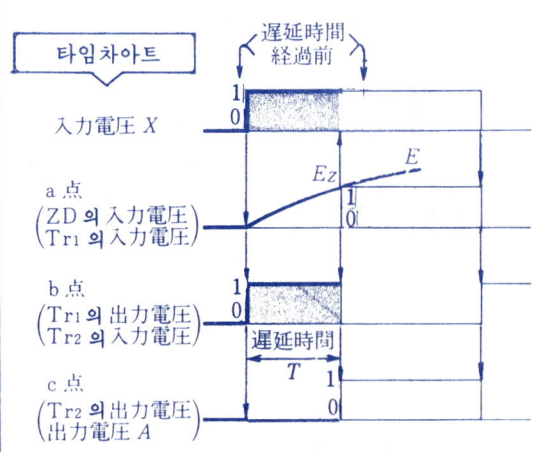

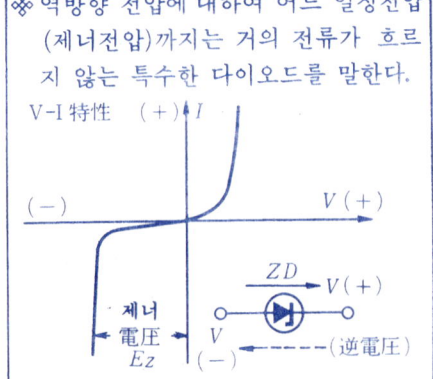

〈제너 다이오드란〉

❋ 역방향 전압에 대하여 어느 일정전압 (제너전압)까지는 거의 전류가 흐르지 않는 특수한 다이오드를 말한다.

1. 동작시 지연 타임 딜레이 회로의 판독법

타이머의 지연시간 경과후의 동작순서 — 입력 $X=1$, 출력 $A=1$

❋ 온딜레이 타이머회로의 입력단자 X에 $+E[V]$ ($X=1$)을 준 다음 지연시간 T가 경과하면 출력단자 A에 $+E[V]$ ($A=1$)의 전압이 걸린다.

- **B 回路**…입력단자 X에 $+E[V]$의 전압을 인가하고 지연시간 T가 경과하면 콘덴서 C의 충전전압이 제너다이오드 ZD의 제너전압 E_z를 넘고 이 시점에서 ZD의 역방향 전압에 의하여 트랜지스터 T_{r1}의 베이스에 전류가 흘러 T_{r1}은 "ON상태"로 된다.
- **C 回路**…T_{r1}이 "ON상태"로 되면 콜렉터 전류가 흐르므로 T_{r1}의 출력단자 b의 전압은 0[V] 즉 출력이 b「0」로 된다.
- **F 回路**…T_{r1}의 출력 b가「0」이므로 트랜지스터 T_{r2}의 베이스에는 전전류가 흐르지 않아 T_{r2}는 "OFF상태"로 되고 T_{r2}의 출력단자 C에 $+E[V]$의 전압이 생긴다. 즉 출력단자 A는「1」이 된다.

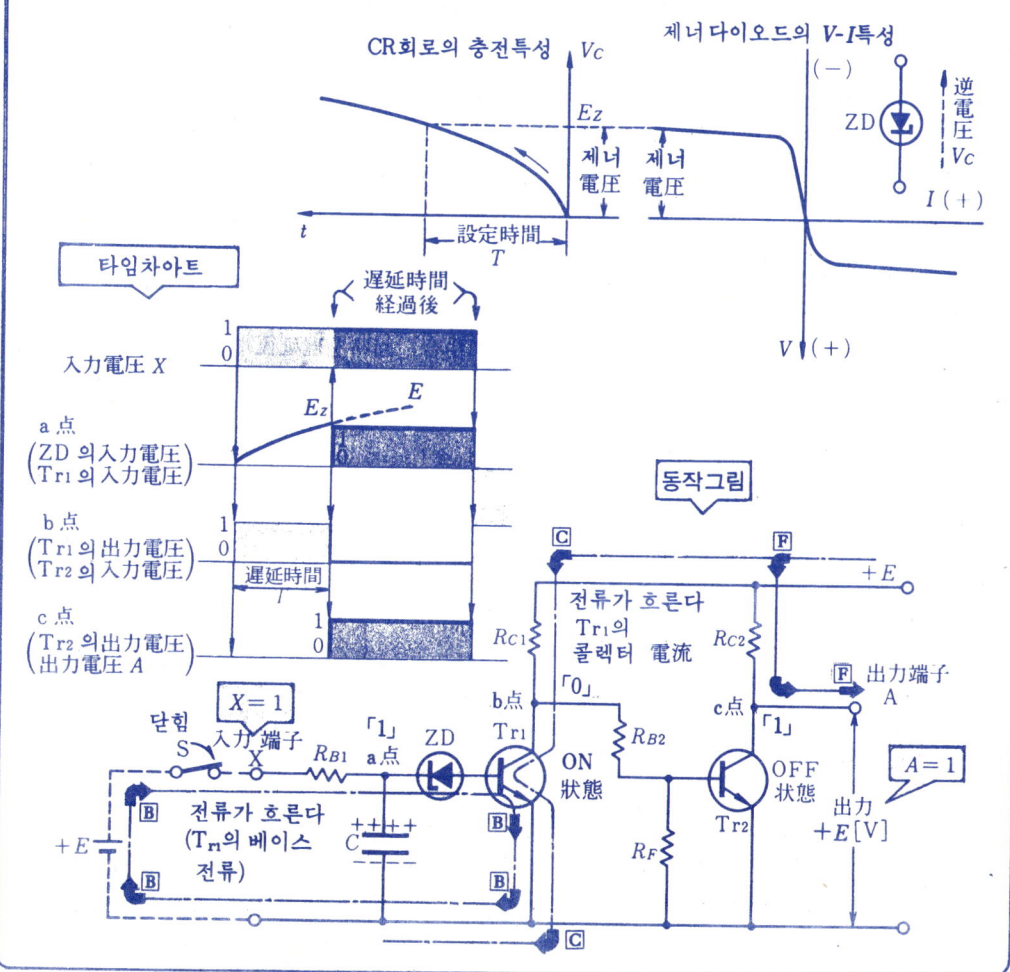

— 231 —

2. 복귀시 지연 타임딜레이 회로의 판독법

① 복귀시 지연 타이머와 그림기호

｜ 복귀시 지연타이머 ｜ ● 릴레이 시이퀀스 ●

※ 릴레이 시이퀀스에 있어서의 복귀시 지연타이머의 출력접점을 순시동작, 한시복귀 접점이라 하는바 동작은 순시에 이루어지나 복귀할 때는 시간지연이 있는 접점을 가리킨다.
- 순시동작, 한시복귀시의 a접점…타이머가 부세되면 순간적으로 동작하여 「닫」히고 소세되면 설정기간 경과후에 복귀하여 「열」리는 접점을 말한다.
- 순시동작, 한시복귀의 b접점…타이머가 부세되면, 순시에 동작하여 「열」리고 소세되면 설정시간 경과후에 복귀하여 「닫」히는 접점을 가리킨다.

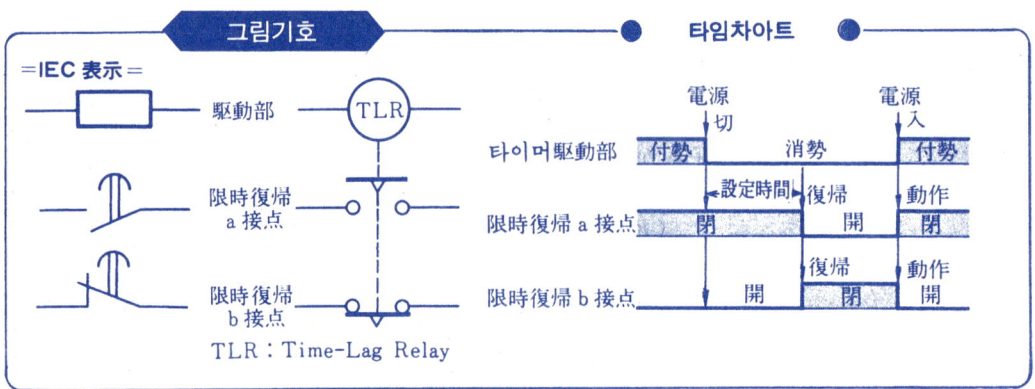

｜ 지연복귀회로 ｜ ● 릴레이 시이퀀스 ●

※ 복귀시 지연타이머를 사용, 입력접점 X가 열리고 일정시간 T(타이머의 설정시간) 경과 후에 복귀하면 출력접점 A가 열리는 (a접점의 경우) 회로를 지연복귀 회로라 한다.
※ 입력신호로서 버튼스위치의 개폐와 같이 펄스신호(펄스모양의 파형을 갖는 신호)에 의하여 주어지는 지연동작회로에 있어서 타이머 TLR과 보조릴레이 STR을 사용한 경우의 동작법을 설명한다.

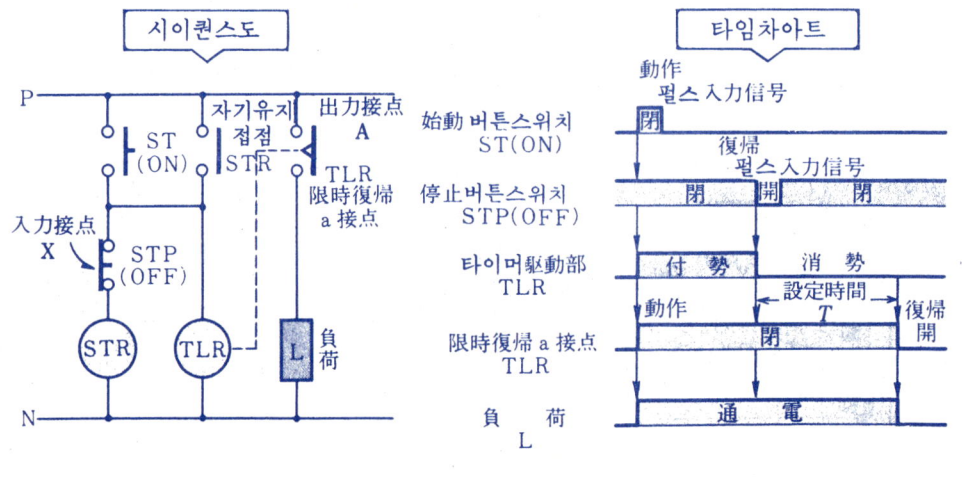

— 232 —

2. 복귀시 지연 타임 딜레이 회로의 판독법

② 지연복귀 회로의 동작법

순시 동작의 동작 순서 — 지연복귀 회로

※ 시동버튼 스위치 ST (ON)을 누르면 그 a접점에 닫히고 코일 STR에 전류가 흘러 보조릴레이 STR이 동작하는 동시에 타이머 TLR이 부세되어 순간적으로 순시동작, 한시복귀 a접점 TLR을 닫아 부하L에 전류를 흐르게 한다. (이것을 순시 동작이라 한다.)

※ 보조릴레이 STR이 동작하면 자기유지접점 STR이 닫히므로 시동버튼 스위치 ST(ON)를 떼더라도 이 자기유지접점 STR을 통하여 보조릴레이 STR 및 타이머 TLR은 부세된 채로 있다.

한시 복귀의 동작 순서 — 지연복귀 회로

※ 입력신호인 정지버튼 스위치 STR (OFF)의 열림에 의하여 펄스 입력신호를 주면 타이머의 설정시간 T경과후에 복귀하여 순시동작·한시복귀 a접점 TLR은 열므로 부하 L에 전류가 흐르지 않는다.

- C 回路…정지버튼스위치 STP (OFF)를 누르면 코일 STR에 전류가 흐르지 않으므로 보조릴레이 STR이 복귀한다.
- D 回路…보조릴레이 STR이 복귀하면 자기유지접점 STR이 열리므로 타이머 TLR이 소세된다.
- E 回路…타이머의 설정시간 T가 경과하면 순시동작 한시복귀 a접점 TLR이 열리므로 부하L에 전류가 흐르지 않는다(이 동작을 한시 복귀라 한다).

동작그림

시간차를 두는 무접점 시이퀀스의 기본회로

③ 오오프 딜레이 타이머와 그림기호

오오프 딜레이 타이머회로 ● 무접점 시이퀀스 ●

❈ 오오프딜레이 타이머(TDD : Time Delay De-energizing) 회로란 입력이 「1」로되면 출력도 동시에 「1」로 되나 입력이 「0」으록 복귀했을 때는 소정시간 T가 경과해야 출력이 「0」으로 되는 회로로서 입력신호가 「1」에서 「0」으로 변화했을 때의 출력신호가 그 시점에서 일정시간 지연하여 복귀하는 회로를 가리킨다.

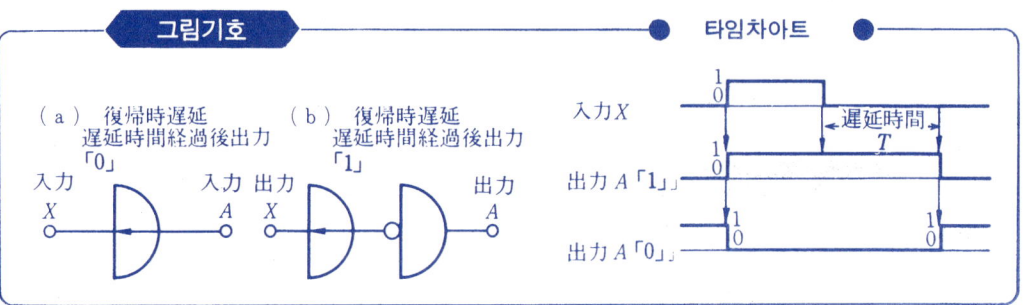

오오프딜레이 타이머회로 ● 무접점 시이퀀스 ●

❈ 오오프딜레이 타이머 회로에서는, 콘덴서 C와 저항 R을 병렬로 접속한 CR회로에 있어서 콘덴서 C의 방전에 요하는 시간을 이용, 복귀의 입력신호를 인가한 시점에서 일정시간 T경과후에 복귀의 출력신호를 내도록 하고 있다.

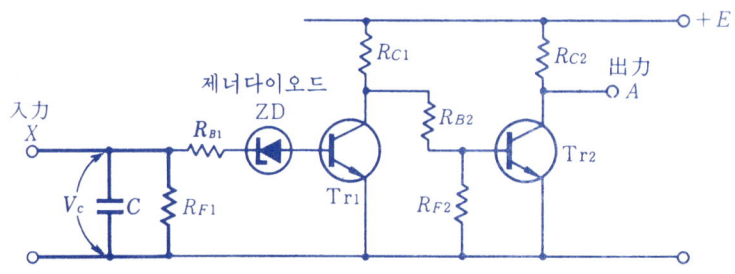

❈ CR의 방전회로에 있어서는 시간 경과와함께 지수함수적으로 콘덴서 C의 전위가 저하한다.
❈ 제너다이오드 ZD의 제너전압 Ez까지 콘덴서 C의 전위 Vc가 저하하는데 요하는 시간을 이용하고 있다.

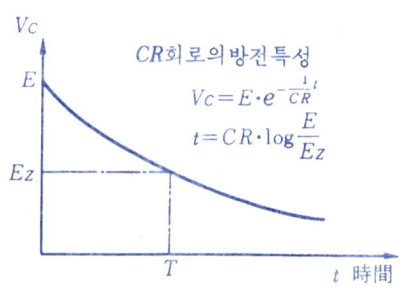

CR회로의방전특성
$$V_C = E \cdot e^{-\frac{1}{CR}t}$$
$$t = CR \cdot \log \frac{E}{Ez}$$

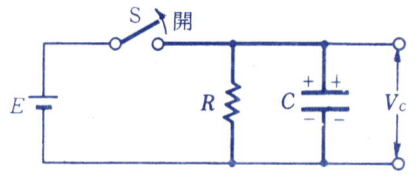

(주) Ez : 제너다이오드의 제너전압치

2. 복귀시 지연 타임 딜레이 회로의 판독법

(4) 오오프딜레이 타이머회로의 동작법

타이머의 순시동작 순서 ● 입력 $X=1$, 출력 $A=0$ ●

※ 오오프딜레이 타이머 회로의 입력단지 X에 $+E$[V] ($X=1$)이 주어지면 순간적으로 출력 단자 A에, $+E$[V] ($A=1$)의 전압이 걸린다.

- **A 회로**…스위치 S를 닫은 순간은 콘덴서 C의 전하가 0이므로 그 임피이던스 $1/\omega C$도 0 으로 되어 이 회로에 저항이 없기 때문에 콘덴서 C는 순간적으로 충전된다.
- **B 회로**…스위치 S를 닫으면 트랜지스터 T_{r1}에 베이스 전류가 흘러 T_{r1}은 "ON상태"로된다. (전지의 전압 E는 제너다이오드 ZD의 제너전압 E_Z보다 높은 것으로 한다).
- **D 회로**…T_{r1}이 "ON상태"로 되면 콜렉터전류가 흐르므로 T_{r1}의 출력단자 b의 전압은 0 [V], 즉 출력 b도 「0」으로 된다.
- **G 회로**…T_{r1}의 출력 b가 「0」이므로 트랜지스터 T_{r2}의 베이스에는 전류가 흐르지 않아 T_{r2} 는 "OFF상태"로 되고, T_{r2}의 출력단자 C에 $+E$[V]의 전압이 걸린다. 즉 출력 단자 A가 「1」로 된다.

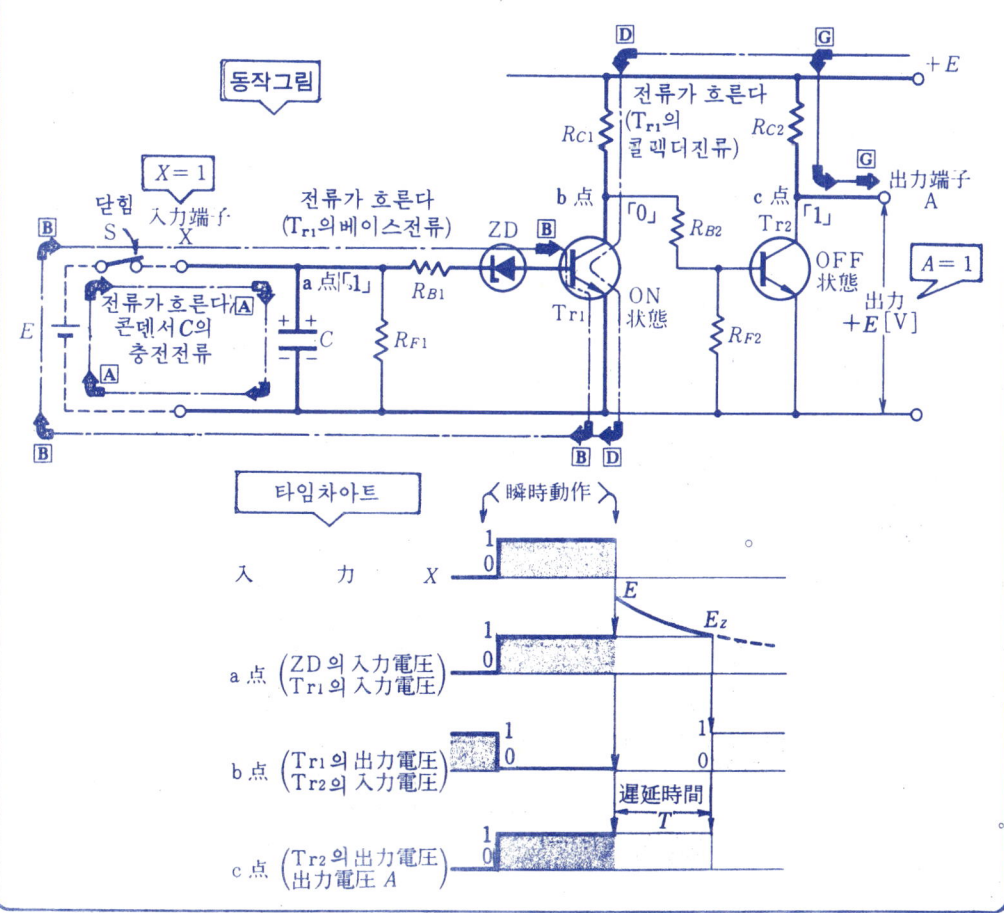

④ 오오프딜레이 타이머 회로의 동작법

타이머의 복귀지연시간 경과전의 동작순서　　●　**입력 $X=0$, 출력 $A=1$**　●

❈ 오오프딜레이 타이머회로의 입력단자 X에 인가되어 있는 $+E[V]$ ($X=0$)를 끊더라도지 연시간 T가 경과하기까지는 출력단자 A에 계속 $+E[V]$ ($A=1$)의 전압이 걸린다.

● C 回路…스위치 S를 열면 전원으로부터의 전류는 흐르지 않으나 콘덴서 C가 방전을 개시하여 콘덴서 C의 전위 V_C가 제너다이오드 ZD의 제너 전압 E_Z로 저하할 때까지 트랜지스터 T_{r1}의 베이스에 전류를 공급하므로 T_{r1}은 "ON상태"로 있다.

● D 回路…T_{r1}이 "ON상태"이므로 T_{r1}에는 콜렉터 전류가 흐르고 출력단자 b의 전압은 $0[V]$, 즉 출력의 b는 「0」로 된다.

● G 回路…T_{r1}의 출력 b가 「0」이므로 트랜지스터 T_{r2}의 베이스에는 전류가 흐르지 않고 T_{r2}는 "OFF상태"로 되고 T_{r2}의 출력단자 C에 $+E[V]$의 전압이 생긴다. 즉 출력단자 A는 「1」로 된다.

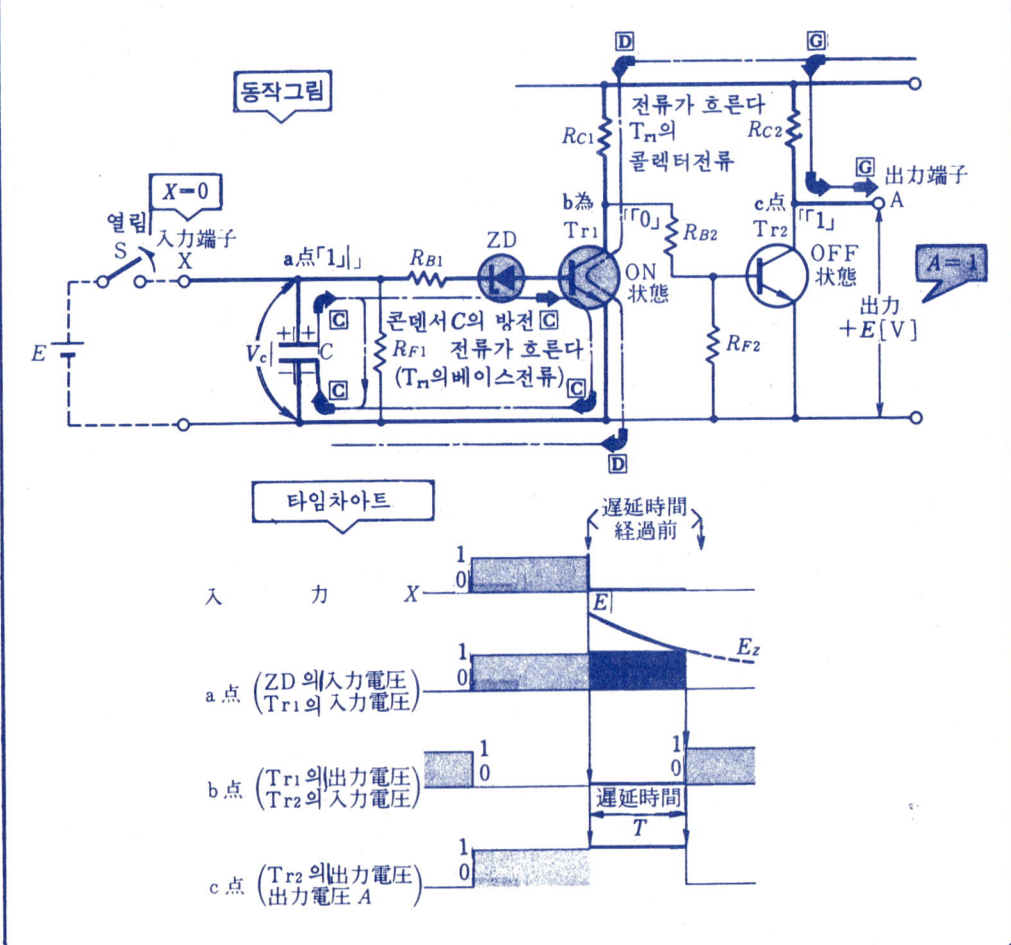

2. 복귀시 지연 타임 딜레이 회로의 판독법

타이머의 복귀지연시간 경과후의 동작순서 — 입력 X=0, 출력 A=0

❋ 오오프딜레이 타이머회로의 입력단자 X에 인가되는 $+E[V]$ ($X=0$)을 끊고 경과시간 T 가 경과하면 출력단자 A에 전압($A=0$)이 생기지 않는다.

- **C 回路**…입력단자 X에 인가되는 $+E[V]$의 전압은 끊고 지연시간 T가 경과하면 콘덴서 C의 방전전압이 제너 다이오드 ZD의 제너 전압 Ez까지 저하하므로 ZD는「불도통」으로 되고 트랜지스터 T_{r1}에 베이스 전류「0」가 흐르지 않으므로 T_{r1}은 "OFF상태"로 된다.
- **E 回路**…T_{r1}이 "OFF상태"이므로, T_{r1}의 출력단자 b에 $+E[V]$「1」의 전압이 생겨 트랜지스터 T_{r2}의 베이스에 전류가 흐르고 T_{r2}는 "ON상태"로 된다.
- **F 回路**…T_{r2}가 "ON상태"이므로 콜렉터 전류가 흐르고 출력단자 C의 전압은 $0[V]$로 된다. 즉 출력단자 A는「0」로 된다.

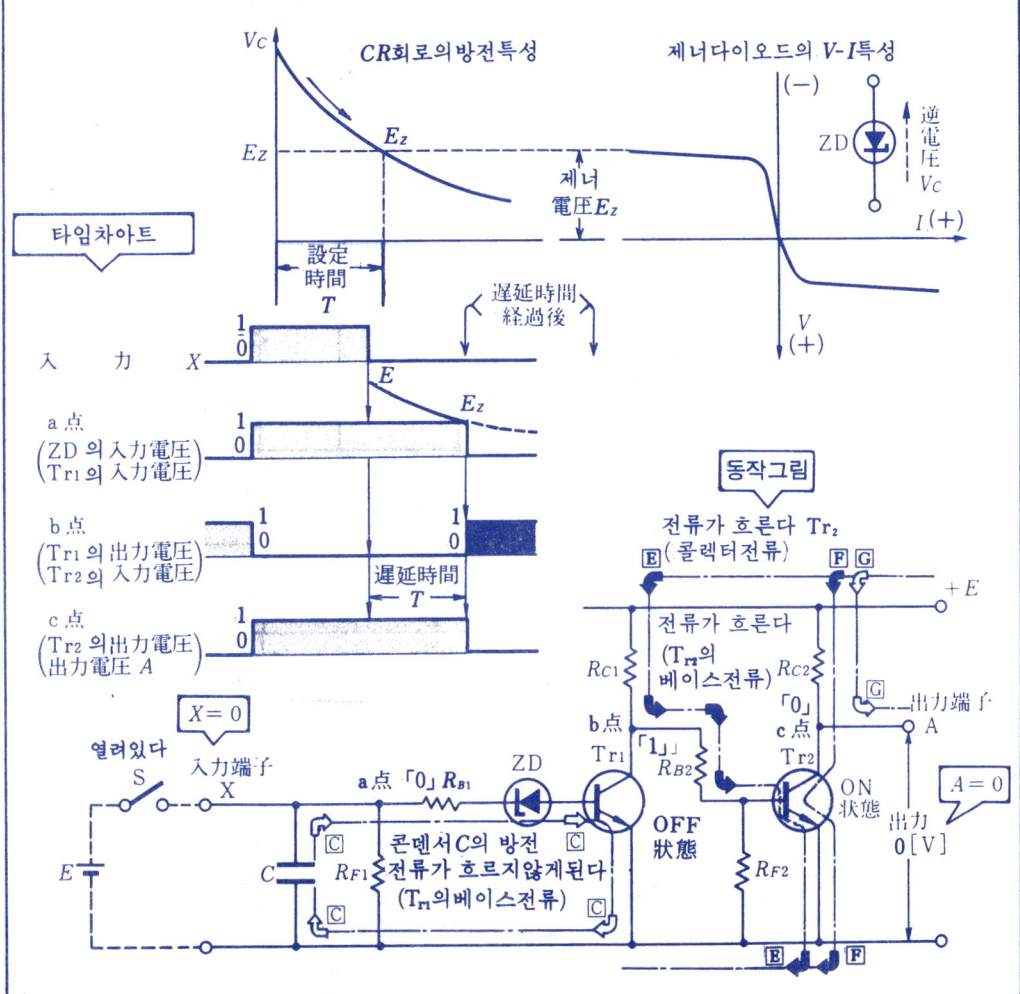

3. 전자 타이머 회로의 판독법

① 전자 타이머 회로와 타임차아트

전자 타이머란

※ 전자타이머에는 콘덴서의 충전특성을 이용한 지연시 동작타이머와 발전특성을 이용한 지연시 복귀타이머가 있다. 이들은 동작 또는 복귀의 입력신호를 인가한 시점에서 일정시간 경과후에 출력신호를 낸다.

논리기호

전자 타이머의 회로 — 지연시 동작 타이머

※ 전압의 검출에 제너 다이오드를 이용한 지연시 동작 타이머에 대하여 설명한다.
※ 타이머의 지연시간은 입력신호를 준 다음 콘덴서 C의 충전에 의한 전위의 상승이 제너다이오드 ZD의 제너 전압 E_z에 도달하는데 요하는 시간에 따라 정해지며 이 지연 시간은 가변저항기 VR을 사용함으로써 가변으로 할 수 있다.

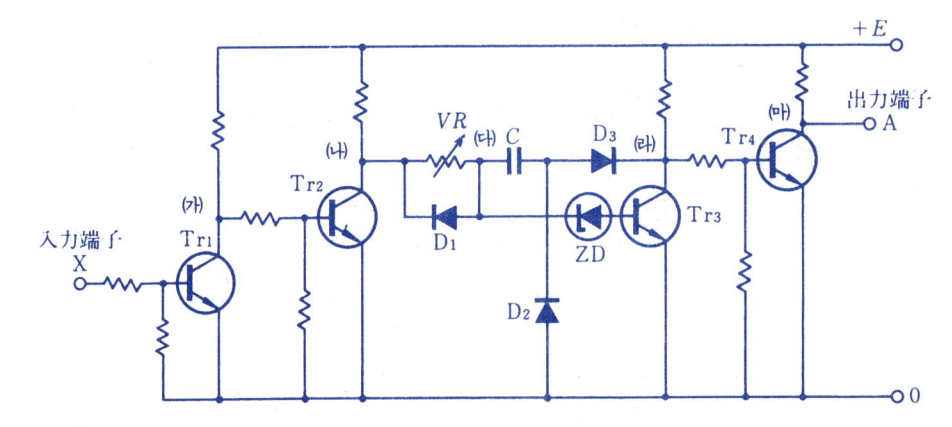

타임차아트

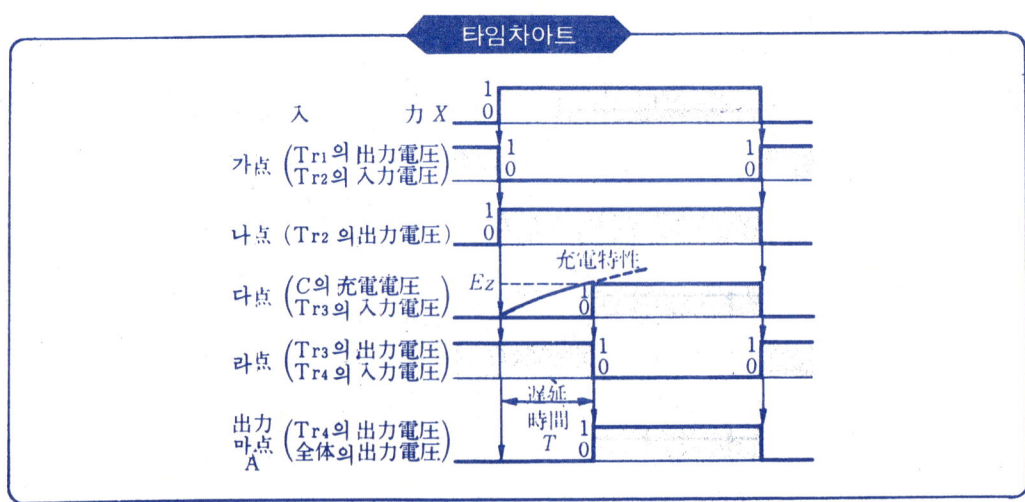

— 238 —

3. 전자 타이머 회로의 판독법

② 전자 타이머 회로의 동작법

전자타이머의 설정시간 경과전의 동작순서 — 입력 $X=1$, 출력 $A=0$

※ 전자타이머에 있어서 입력단자 X에 입력신호「1」을 넣드라도 타이머의 설정시간 T가 경과하기 전이면 출력단자 A의 출력신호는「0」으로 된다.

- A 回路…입력단자 X에 입력신호「1」을 넣으면 트랜지스터 Tr_1에 베이스전류 I_{B1}이 흐르므로 Tr_1은 "ON상태"로 된다.
- B 回路…Tr_1이 "ON상태"로 되면 Tr_1의 콜렉터전류 I_{C1}이 흐르므로 Tr_1의 출력단자 (개)의 전압은 0〔V〕, 즉 출력 (개)가「0」으로 된다.
- C 回路…Tr_1의 출력 (개)가「0」이므로 트랜지스터 Tr_2에 베이스전류 I_{B2}가 흐르지 않고, Tr_2는 "OFF상태"로 된다.
- D 回路…Tr_2가 "OFF상태"이면, Tr_2의 출력단자 (내)의 전압은 $+E$〔V〕, 즉, 출력 (내)는「1」로 된다.
- E 回路…Tr_2의 출력 (내)가「1」로 되면 가변저항기 VR을 통하여 콘덴서 C에는 충전전류 I_C가 흐른다.
- F 回路…Tr_2의 출력(내)가「1」이라도 콘덴서 C의 충전에 의한 (대)점의 전위 제너다이오드 ZD의 제너전압 E_Z보다 낮으면 클립되어 트랜지스터 Tr_3의 베이스전류 I_{B3}가 흐르지 않으므로 Tr_3는 "OFF상태"가 된다.
- H 回路…Tr_3의 "OFF상태"이므로, Tr_3의 출력단자 (래)의 전압은 $+E$〔V〕,「1」로 되고 트랜지스터 Tr_4에 베이스전류 I_{B3}가 흘러 Tr_4는 "ON상태"가 된다.
- I 回路…Tr_4가 "ON상태"이므로, Tr_4의 콜렉터전류 I_{C4}가 흘러 Tr_4의 출력단자 (매)의 전압은 0〔V〕, 즉 출력단자 A에는 출력신호「0」이 나오지 않는다(J 회로)

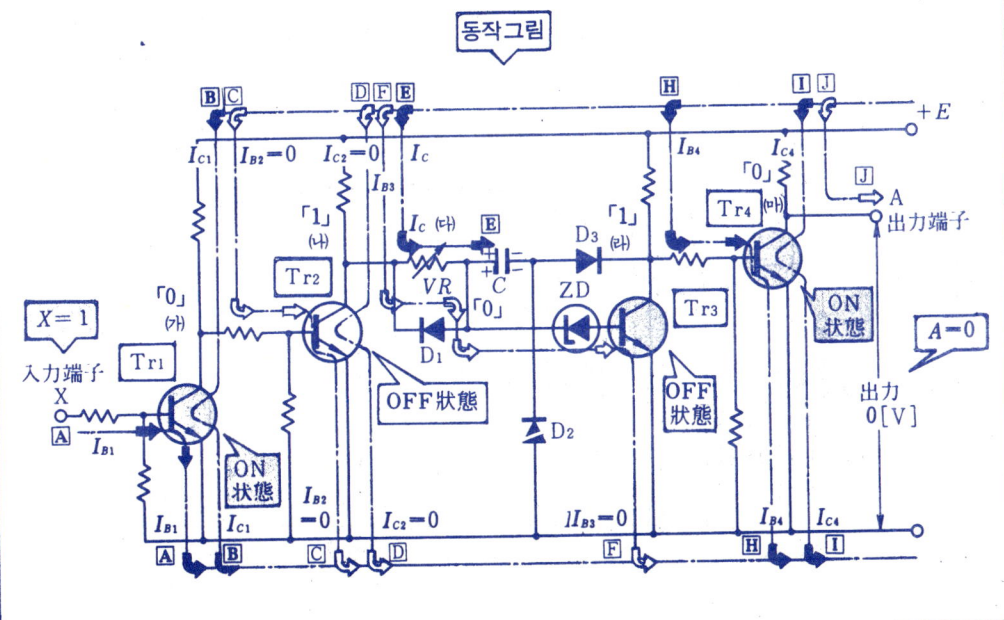

동작그림

시간차를 두는 무접점 시이퀀스의 기본회로

② 전자 타이머 회로의 동작법

전자타이머의 설정시간 경과후의 동작순서 ● 입력 $X=1$, 출력 $A=1$ ●

※ 전자타이머는 입력단자 X에 입력신호「1」을 넣고 설정시간 T가 경과하면 출력단자 A의 출력신호는 「1」로 된다.

- E 回路…입력단자 X에 입력신호「1」을 넣고 설정시간 T가 경과하면 콘덴서 C의 충전이 진행하여 (대)의 전위가 제너 다이오드 ZD의 제너 전압E_z를 넘어 상승한다(이렇게 되도록 각 부품의 정수를 정해둔다).
- F 回路…콘덴서 C의 전위〔(대)점〕가 ZD의 제너전압 E_z를 넘으면 ZD는 도통상태로 되고 그 역방향 전압에 의하여 트랜지스터 Tr_3의 베이스전류 I_{B3}가 흐르므로, Tr_3은 "ON상태"로 된다.
- G 回路…Tr_3가 "ON상태"이므로 콜렉터전류 I_{C3}가 흐르고 출력단자 (라)의 전압이 0[V], 즉 출력 (라)가「0」로 된다.
- H 回路…Tr_3의 출력 (라)가「0」이므로 트랜지스터 Tr_4의 베이스전류 I_{B4}는 흐르지 않고 따라서 Tr_4는 "OFF상태"가 된다.
- I 回路…Tr_4가 "OFF상태"이면 콜렉터전류 I_{C4}가 흐르지 않으므로 출력단자 (매)의 전압은 $+E$[V]로 된다. 즉 출력단자 A에는 출력신호「1」이 나온다(J 회로).

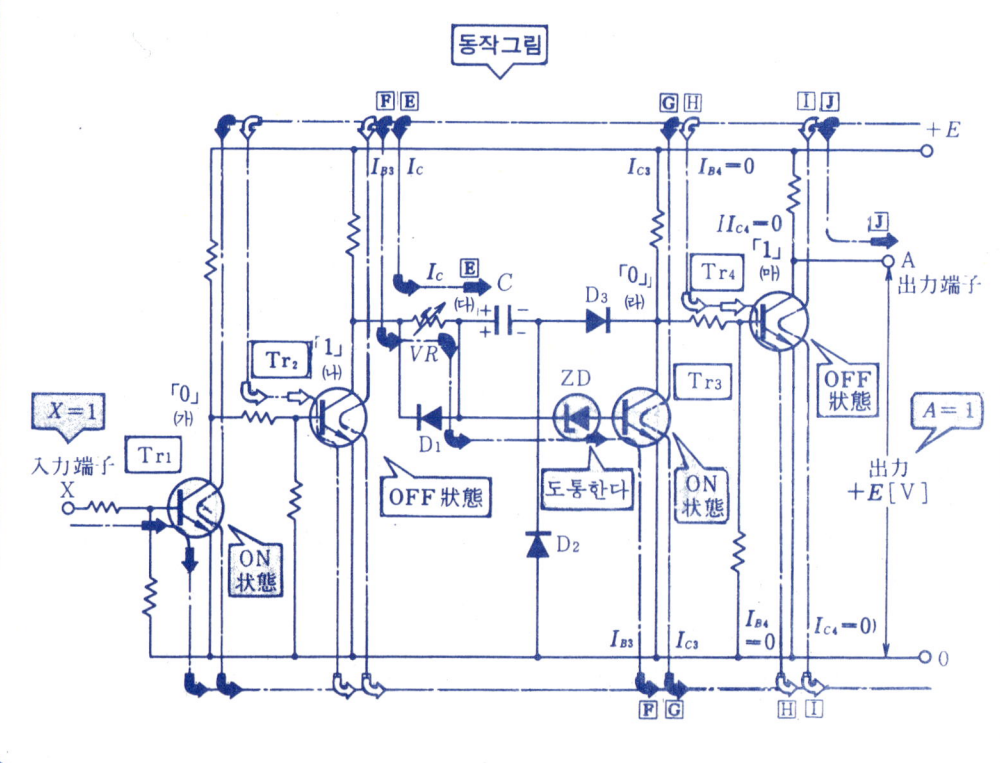

동작그림

— 240 —

3. 전자 타이머 회로의 판독법

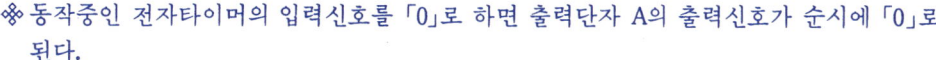
전자 타이머의 순시 복귀 동작순서   입력 $X=0$, 출력 $A=0$

※ 동작중인 전자타이머의 입력신호를 「0」로 하면 출력단자 A의 출력신호가 순시에 「0」로 된다.

- A 回路…동작중에 입력신호를 「0」로하면 트랜지스터 Tr_1의 베이스전류 I_{B1}이 흐르지 않게 되므로 Tr_1은 "OFF상태"가 된다.
- B 回路…Tr_1이 "OFF상태"로 되면 콜렉터전류 I_{C1}이 흐르지 않으므로 출력단자 (가)의 전위는 $+E[V]$. 즉 출력 (가)가 「1」로 된다.
- C 回路…Tr_1의 출력 (가)가 「1」로 되면 트랜지스터 Tr_2의 베이스전류 I_{B2}가 흐르므로 Tr_2는 "ON상태"로 된다.
- D 回路…Tr_2가 "ON상태"로 되면 콜렉터전류 I_{C2}가 흐르므로 출력단자 (나)의 전압은 $0[V]$, 즉 출력 (나)가 「0」로 된다.
- K 回路…Tr_2가 "ON상태"로 되면 Tr_2의 콜렉터와 에미터간이 도통하므로 콘덴서 C에 충전되어 있는 전하가 다이오드 D_1, Tr_2의 콜렉터회로 및 다이오드 D_2를 통하여 방전된다. 따라서 (다)점의 전위는 제너 다이오드 ZD의 제너전압 E_Z이하로 된다.
- F 回路…(다)점의 전위가 ZD의 제너전압 이하로 되면 ZD가 불도통으로 되어 Tr_3의 베이스 전류 I_{B3}가 흐르지 않으므로, Tr_3는 "OFF상태"가 된다.
- G 回路…Tr_3가 "OFF상태"로 되면 콜렉터전류 I_{C3}가 흐르지 않으므로 출력단자 (라)의 전압은 $+E[V]$, 즉 출력 (라)가 「1」로 된다.
- H 回路…Tr_3의 출력 (라)가 「1」로 되면 Tr_4의 베이스전류 I_{B4}가 흐르므로 Tr_4는 "ON 상태"로 된다.
- I 回路…Tr_4가 "ON상태"로 되면 콜렉터전류 I_{C4}가 흐르므로 출력단자 (마)의 전압이 $0[V]$로 된다. 즉 출력단자 A에는 출력신호 「0」가 나오지 않는다.

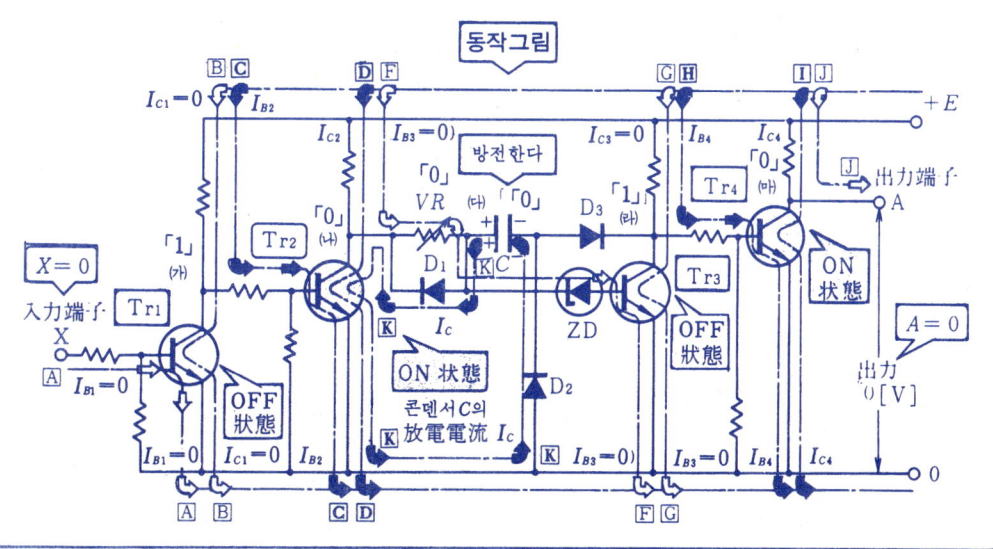

4. 단안정 멀티 바이브레이터 회로의 판독법

① 단안정 멀티바이브레이터 회로란?

단안정 멀티바이브레이터 회로란?

※ 단안정 멀티바이브레이터 회로란 입력신호 X의 장단에 관계없이 입력신호 X하나가 들어가면 곧 동작을 시작하고 일정시간 T를 경과하는 동안 출력신호 A를 낸 다음 원래의 안정상태로 자동복귀하는 회로를 말한다.

※ 단안정 멀티바이브레이터 회로는 싱글 숏 멀티바이브레이터(single shot multivibrator) 회로 또는 모노멀티 바이브레이터(mono multivibrator) 회로 라고도 하며 시간차가든 회로(지연회로)로서 흔히 사용되고 있다.

논리기호

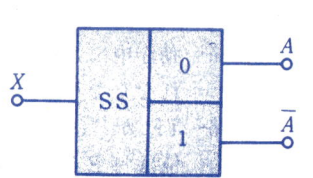

SS : Single Shot Multivibrator

릴레이 시이퀀스

※ 릴레이 시이퀀스에서는 버튼스위치의 펄스입력에 의한 일정시간 동작회로가 이에 해당한다.

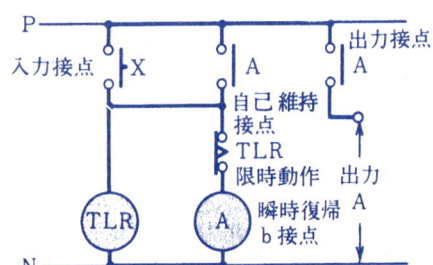

논리회로그림

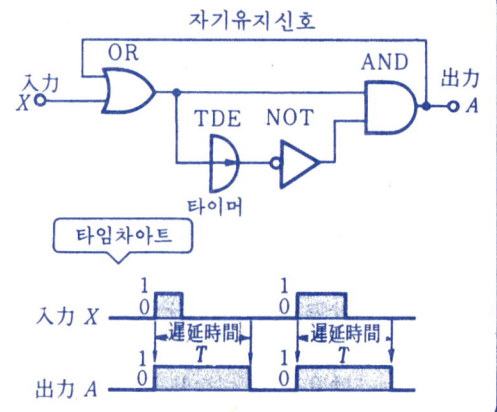

무접점 시이퀀스도

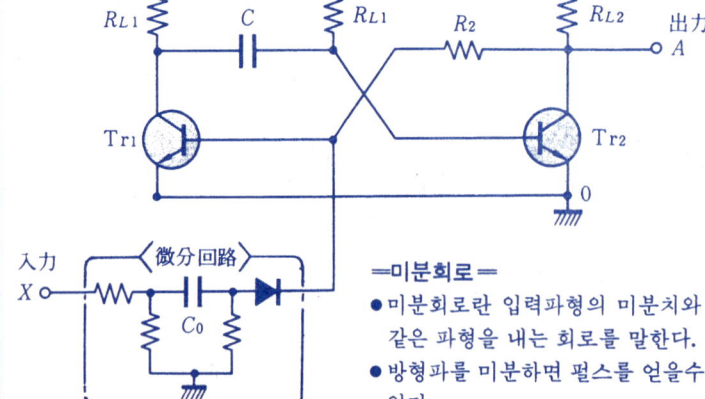

● 미분회로
- 미분회로란 입력파형의 미분치와 같은 파형을 내는 회로를 말한다.
- 방형파를 미분하면 펄스를 얻을 수 있다.

※ 트랜지스터 Tr_1의 베이스는 Tr_2의 콜렉터와 저항 R_2를 통하여 결합하고 Tr_2의 베이스는 Tr_1의 콜렉터와 콘덴서 C를 통하여 결합한다.

※ 이 회로는 미분 회로에 의하여 트리거 입력펄스를 주면 어떤 일정시간 폭 T의 출력펄스를 1개만 발생시킨다.

— 242 —

2 릴레이 시이퀸스도에 의한 단안정 멀티바이브레이터 회로

기동시의 동작 순서　　　입력접점 $X=1$, 출력접점 $A=1$

❋ 입력접점 X를 닫「1」으면 타이머 TLR을 부세함과 함께 출력릴레이 A가 동작하여 출력 접점 A를 닫「1」으므로 출력 A는 「1」이 된다.
　그리고 입력접점 X가 「0」로 되더라도 자기유지접점 A가 닫혀「1」있으므로 타이머 TLR 및 출력 릴레이 A를 계속 부세하여 출력 A의 「1」을 유지한다.

- A 回路…입력접점 X를 닫(「1」)으면 타이머의 구동부 TLR 에 전류가 흐르므로 타이머가 부세되어 시간의 계수를 개시한다.
- B 回路…입력접점 X가 닫「1」히면 코일 Ⓐ에 전류가 흐르므로 출력릴레이 A가 동작한다.
- E 回路…출력릴레이 A가 동작하면, 출력접점 A가 닫히「1」므로 출력단자 A에 $+E$[V]의 전압이 생기고 출력 A가 「1」로 된다.
- C 回路…출력릴레이 A가 동작하면 자기유지접점 A가 닫「1」히고 자기유지접점 A를 통하여 타이머의 구동부 TLR 에 전류가 흐른다.
- D 回路…출력릴레이 A는 자기유지접점 A를 통하여 코일 Ⓐ에 전류가 흐르므로 자기유지된다.
- A, B 回路…입력접점 X를 열「0」더라도 타이머 TLR 및 출력릴레이 A에는 C 및 D 회로를 통하여 부세되므로 출력접점 A는 닫혀「1」있는 채로있고 출력 A의 「1」은 유지된다.

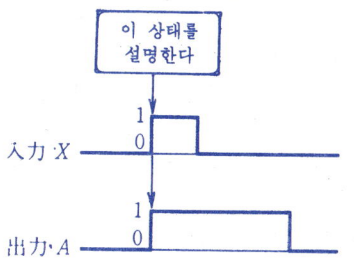

동작그림

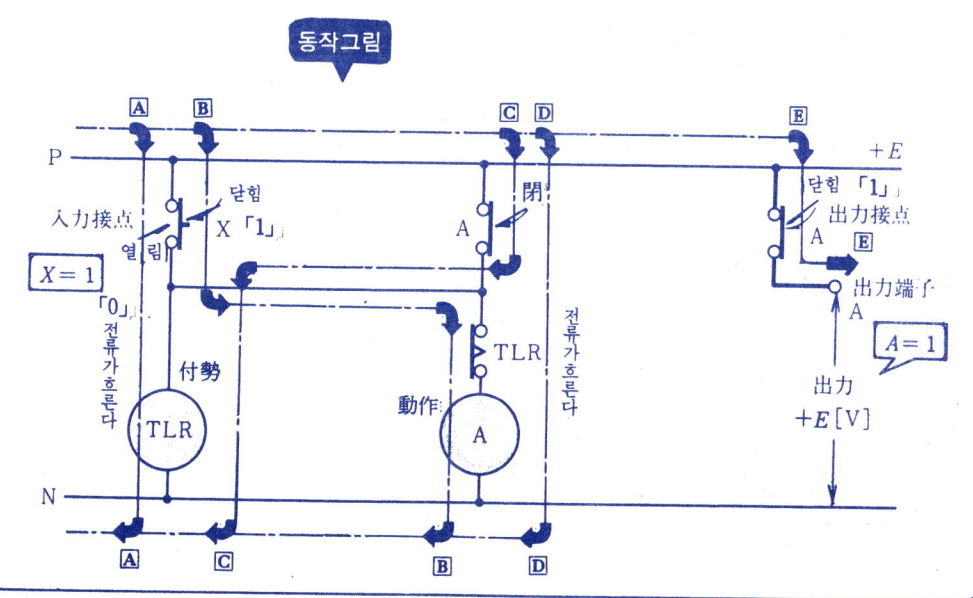

시간차를 두는 무접점 시이퀸스의 기본회로

2 릴레이 시이퀸스도에 의한 단안정 멀티바이브레이터 회로

지연시간 경과시의 동작순서　●　입력접점 $X=0$, 출력접점 $A=0$　●

❋ 입력접점 X를 열고「0」, 자기유지접점 A를 닫아「1」출력접점 A의 닫힘「1」이 유지되고 있는 상태에서 타이머 TLR의 설정시간 T가 경과하면 그 한시동작, 순시복귀 b접점 TLR이 동작하여 열리고「0」 출력릴레이 A를 복귀시키므로 출력접점 A가 열려「0」 출력 A를 「0」로 한다.

❋ 출력 A「1」의 지연시간 폭 T는 타이머 TLR의 설정시간으로 정해지고 입력접점 X의 닫혀「1」시간 폭에는 관계가 없다.

● D 회로…타이머 TLR의 설정시간 T가 경과하면 한시동작, 순시복귀 b접점 TLR이 동작하여 닫(「0」)히므로 코일 Ⓐ에 전류가 흐르지 않게 되어 출력릴레이 A는 복귀한다.

● E 회로…출력릴레이 A가 복귀하면 출력접점 A가 열「0」리고 출력단자 A에 전압이 생기지 않으므로 출력A는「0」가 된다.

● C 회로…출력릴레이 A가 복귀하면 자기유지접점 A가 열「0」리므로 타이머 구동부 TLR에 전류가 흐르지 않게 되고 타이머 TLR은 복귀한다.

● D 회로…타이머 TLR이 복귀하면 한시동작 순시복귀 보접점 TLR이 순시에 복귀하여 닫(「1」)히나 자기유지접점 A가 열「0」려 있으므로 출력릴레이 A는 복귀한 채로 있다. 따라서 출력A의「0」는 유지된다. 즉 입력접점 X가 닫히지 않은 최초의 상태로 되돌아 간다.

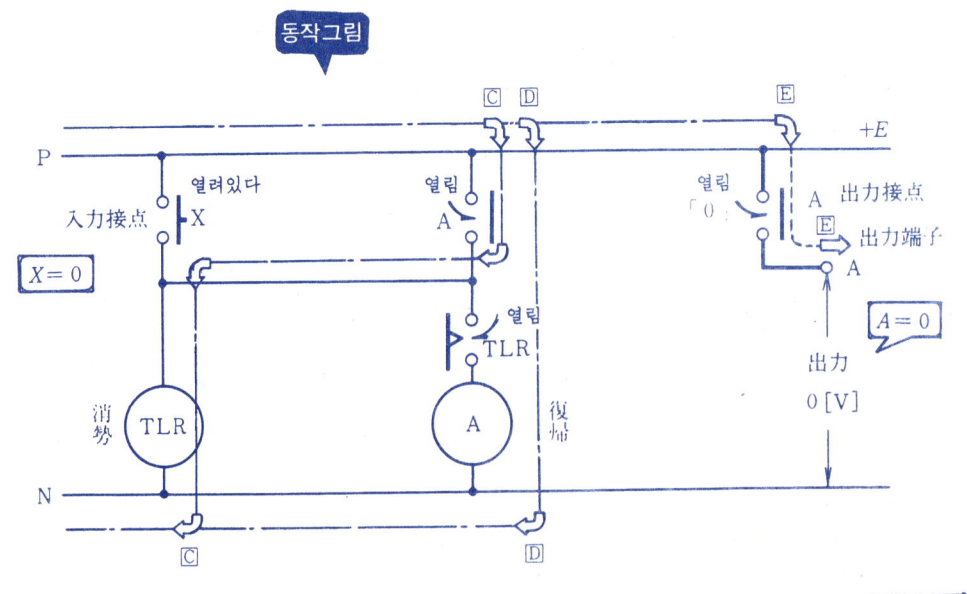

동작그림

4. 단안정 멀티 바이브레이터 회로의 판독법

③ 무접점 시이퀀스도에 의한 단안정 멀티바이브레이터 회로

■ 입력신호 X를 주지않을 때의 동작순서 ─● 입력신호 $X=0$, 출력신호 $A=0$ ●

※ 입력단자 X에 입력신호로서 전압을 걸지않은 ($X=0$)일 때는 트랜지스터 Tr_1이 "OFF상태," 트랜지스터 Tr_2가 "ON상태"의 안정상태로 되고 출력단자 A에는 전압이 생기지 않으므로 출력신호 A는 「0」로 된다.

- B 회로…입력신호 X가 주어지지 않을 때는 저항 R을 통하여 트랜지스터 Tr_2의 베이스전류 I_{B2}가 흐르므로 Tr_2는 "ON상태" 이면 된다. 로
- C 회로…Tr_2가 "ON상태"이면 콜렉터 전류 I_{C2} 가 흐르므로 출력단자 (다)의 전압은 0 [V]로 된다.
- D 회로…Tr_2의 출력단자 (다)의 전압이 0 [V] 이면 출력 A도 「0」로 된다.
- E 회로…출력단자 A의 전압이 0 [V]이므로, Tr_1의 베이스전류 I_{B1}이 흐르지 않고 Tr_1은 "OFF상태"로 된다.
- F 회로…Tr_1이 "OFF상태"이므로 콜렉터전류 I_{C1}은 흐르지 않고 출력단자 (가)의 전압은 $+E$ [V] 「1」로 된다.
- G 회로…Tr_1의 출력단자 (가)의 전압이 $+E$ [V]이므로 콘덴서 C는 (가)쪽이 (+)전위, (나)쪽은 (−)전위로 거의 $+E$[V]로 충전된다.

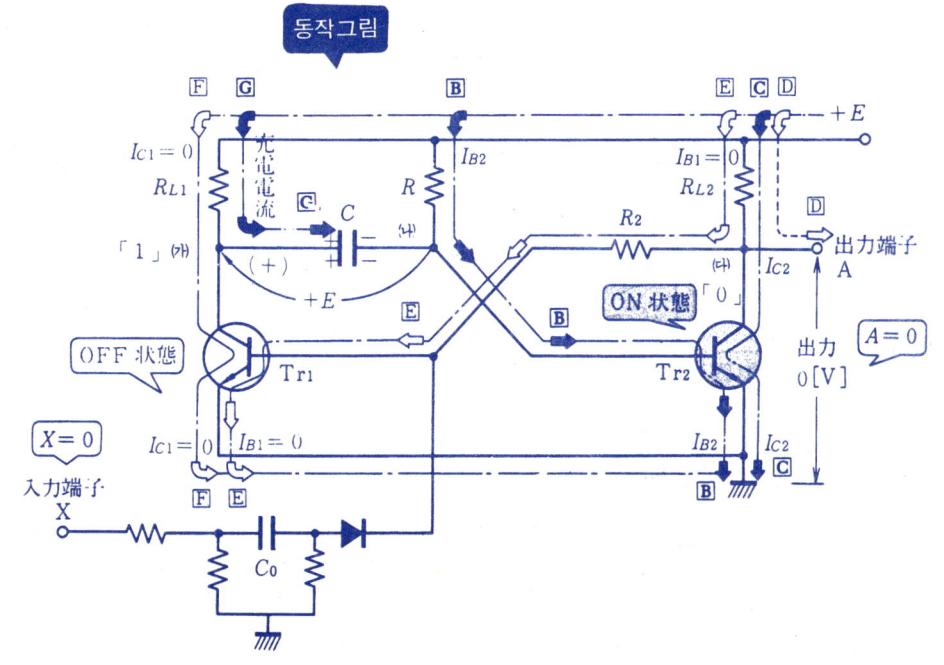

동작그림

— 245 —

시간차를 두는 무접점 시아퀀스의 기본회로

③ 무접점 시이퀀스도에 의한 단안정 멀티바이브레이터 회로

입력신호 X를 준 때의 동작순서 — **입력신호 $X=1$, 출력신호 $A=1$**

❋ 회로가 안정상태에 있을때 입력단자 X에 전압을 걸면($X=1$) 미분펄스에 의하여 순간적으로 트랜지스터 Tr_1을 "ON상태", 트랜지스터 Tr_2를 "OFF상태"로 하므로 출력단자 A의 전압은 $+E$ [V], 즉 출력 A는 「0」에서 「1」로 반전된다. 이와 같이 안정상태에서 반전상태로 옮기는 것을 트리거(Trigger)한다고 한다.

- ●$\boxed{A}$ 回路…입력단자 X에 전압 「1」을 걸면 미분회로를 통하여 미분펄스가 트랜지스터 Tr_1의 베이스에 인가되어 베이스전류 I_{B1}이 흐르므로 Tr_1은 순시에 "ON상태"로 된다.
- ●$\boxed{F}$ 回路…Tr_1이 "ON상태"이므로 콜렉터 전류 I_{C1}이 흐르고 출력단자 ㈎의 전압은 「0」[V]로 된다.
- ●$\boxed{G}$ 回路…콘덴서 C의 단자전압은 $+E$ [V] [㈏에 대한 ㈎의 전위 0] 이나 Tr_1의 "ON상태"로 되는 순간에 ㈎의 전위가 $+E$ [V]에서 0 [V]로 변화하므로 ㈎의 (0 [V])에 대한 ㈏의 전위는 $-E$ [V]로 된다.
- ●$\boxed{B}$ 回路…㈏의 전위가 $-E$ [V]로 되면 Tr_2의 베이스가 역바이어스로 되므로 베이스전류 I_{B2}가 흐르지 않게 되고 Tr_2는 순시에 "ON상태"에서 "OFF상태"로 전위한다.
- ●$\boxed{C}$ 回路…Tr_2가 "OFF상태"로 되면 콜렉터전류 I_{C2}가 흐르지 않게 되고 출력단자 ㈐에는 $+E$[V]의 전압이 걸리므로 출력 A는 「0」에서 「1」로 반전한다.
- ●$\boxed{E}$ 回路…출력단자 A의 전위가 $+E$[V]로 되면 Tr_1의 베이스전류 I_{B1}이 흐르므로 $\boxed{A}$ 회로의 미분펄스가 없어지더라도 Tr_1의 "ON상태"는 유지된다.

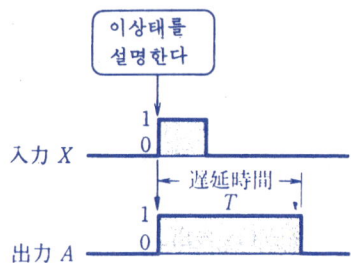
이상태를 설명한다

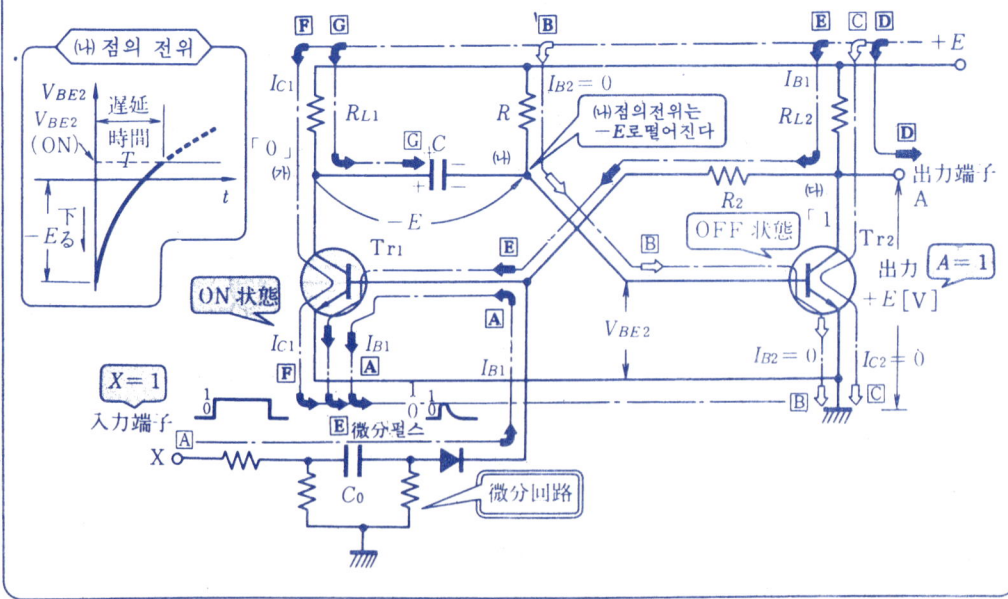

— 246 —

4. 단안정 멀티 바이브레이터 회로의 판독법

지연시간 경과시의 동작순서 — 입력신호 $X=0$, 출력신호 $A=0$

※ 입력(트리거)신호 X를 준 다음 지연시간 T가 경과하면 순시에 트랜지스터 Tr_1은 "OFF 상태"로, 또 트랜지스터 Tr_2는 "ON상태"로 되어 최초의 안정상태로 되돌아가고 출력신호 A는 「1」에서 「0」로 바뀐다.

- **Ⅰ 回路**…콘덴서 C의 전하는 Tr_1의 콜렉터→어어드→전원→저항 R을 통하여 방전 되므로 (나)의전위는 시간이 지남에따라 상승한다.
- **B 回路**…(나)의 전위가 시간과 함께 상승하여 Tr_2의 베이스전압 V_{BE2}(ON)까지 이르면, 베이스 전류 I_{B2}가 흐르므로 Tr_2는 "ON상태"로 된다.
- **C 回路**…Tr_2가 "ON상태"로 되면 콜렉터전류 I_{C1}이 흐르므로 출력단자 (다)의 전압은 0〔V〕로 된다.
- **D 回路**…Tr_2의 출력단자 (다)의 전압이 0〔V〕이므로 출력신호 A는 「1」에서 「0」으로 반전된다.
- **E 回路**…출력단자 A의 전압이 0〔V〕이므로, Tr_1의 베이스전류 I_{B1}이 흐르지 않고 Tr_1은 "OFF상태"가 된다.
- **F 回路**…Tr_1이 "OFF상태"이므로 콜렉터전류 I_{C1}은 흐르지않게 되고 출력단자 (가)의 전압은 $+E$〔V〕로 된다.
- **G 回路**…Tr_1의 출력단자 (가)의 전압이 $+E$〔V〕이므로 콘덴서 C는 충전되어 다음의 트리거에 대비한다.

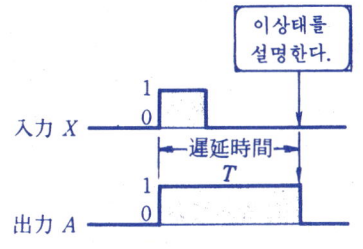
이상태를 설명한다.

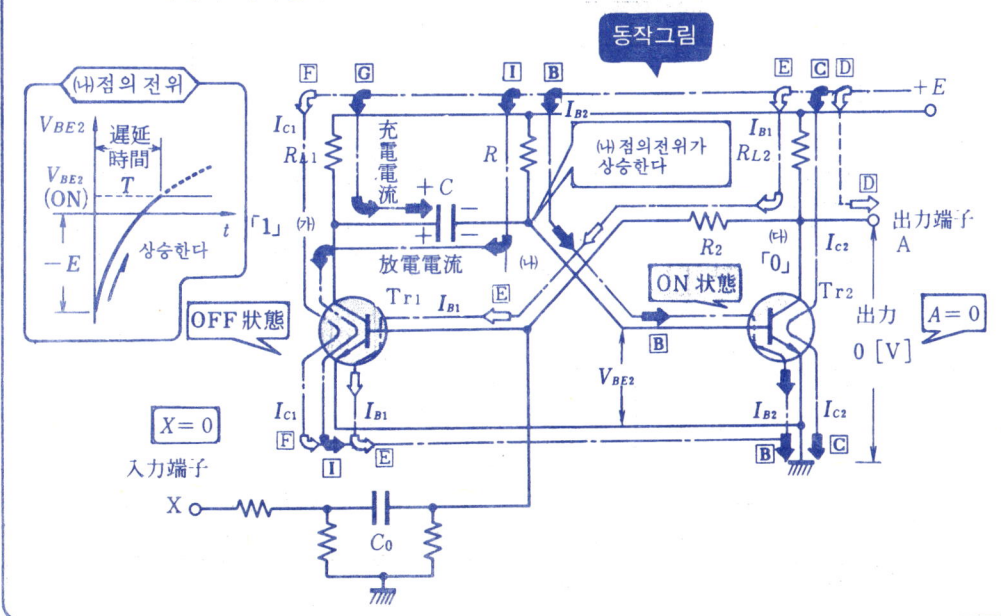

동작그림

— 247 —

시간차를 두는 무접점 시이퀸스의 기본회로

④ 논리회로도에 의한 단안정 멀티바이브레이터 회로

기동시의 동작순서 — 입력신호 $X=1$, 출력신호 $A=1$

❖ 입력신호 X를 「1」로 하면 지연시동작의 타임딜레이 회로가 부세됨과 동시에 출력신호 A가 「1」로 된다. 그리고 입력신호 X가 「0」로 되더라도 자기유지신호 A가 「1」로 되므로 출력신호 A도 「1」을 유지한다.

- OR 回路…이 회로의 입력은 입력신호 X의「1」(F)이므로 그 출력은「1」(B 및 C)로 된다(또 한쪽의 자기유지신호 A「1」(G)의 입력은 출력 A가 「1」(F)로 된 다음, 피이드백되는 것으로서 최초의 시동시에는「0」로 되어 있다.

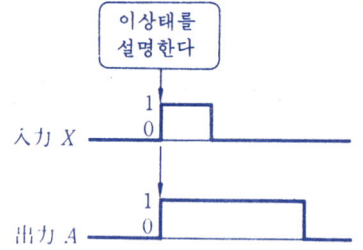
이상태를 설명한다

- TDE 回路…이 회로의 입력은 OR회로의 출력「1」(C)이므로 지연시 동작의 타임딜레이회로 TDE가 부세되고 시간의 계수를 시작하나 지연시간 T가 경과하지 않으므로 그 출력은「0」(D)로 된다.
- NOT 回路…이 회로의 입력은 타임딜레이회로 TDE의 출력「0」(D)이므로 그 출력은 「1」(E)로 된다.
- AND 回路…이 회로의 입력은 NOT회로의 출력「1」(E)와 OR회로의 출력「1」(B)이므로 그 출력 A는「1」(F)로 된다.
- OR 回路…이 회로의 입력은 출력 A의「1」(F)에 의한 자기유지신호 A가 「1」(G)로 되므로 입력신호 X가 「0」(A)로 되더라도 그 출력은「1」(B 및 C)으로 되고 출력 A의 「1」(F)은 유지된다.

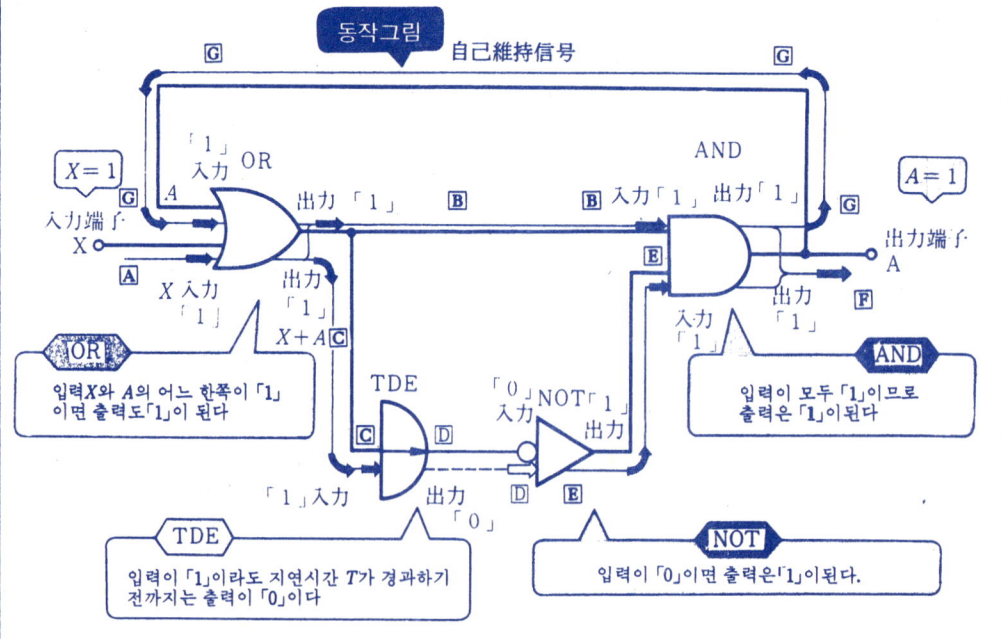
동작그림

4. 단안정 멀티 바이브레이터 회로의 판독법

┌───┐
│ 지연시간 경과시의 동작순서   입력신호 $X=0$, 출력신호 $A=0$
│
│ ※ 입력신호 X를 「0」로 하고 자기유지신호 A의 「1」에 의하여 출력 A가 「1」로 유지되고 있
│   을 때 타임딜레이 회로 TDE의 지연시간 T가 경과하면 출력 A가 「0」로 된다.
│
│ ● OR 回路… 이 회로의 입력은 지연시간 T가 경과하
│   기 직전까지는 자기유지신호 A가 「1」(G) 이므로
│   그 출력은 「1」(B 및 C)로 되어 있다.
│ ● TDE 回路… 이 회로의 입력은 OR회로의 출력 「1」
│   (C)이므로 지연시간 T의 경과 순간에 그 출력이
│   「0」에서 「1」(D)로 바뀐다.
│ ● NOT 回路… 이 회로의 입력은 지연시간 T경과 순간에 「0」에서 「1」(D)로 바뀌므로 그
│   출력도 「1」에서 「0」(E)로 바뀐다.
│ ● AND 回路… 이 회로의 입력은 NOT회로 출력 「0」(E)와 OR회로의 출력 「1」(B)이므로
│   그 출력 A는 「1」에서 「0」(F)로 반전된다. 이에 의해서 입력신호 X를 넣지않은 최초의
│   상태로 되돌아간다.
└───┘

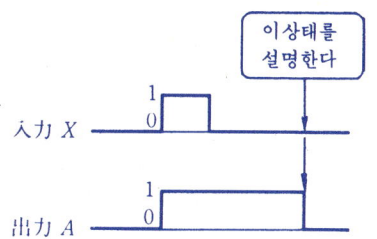

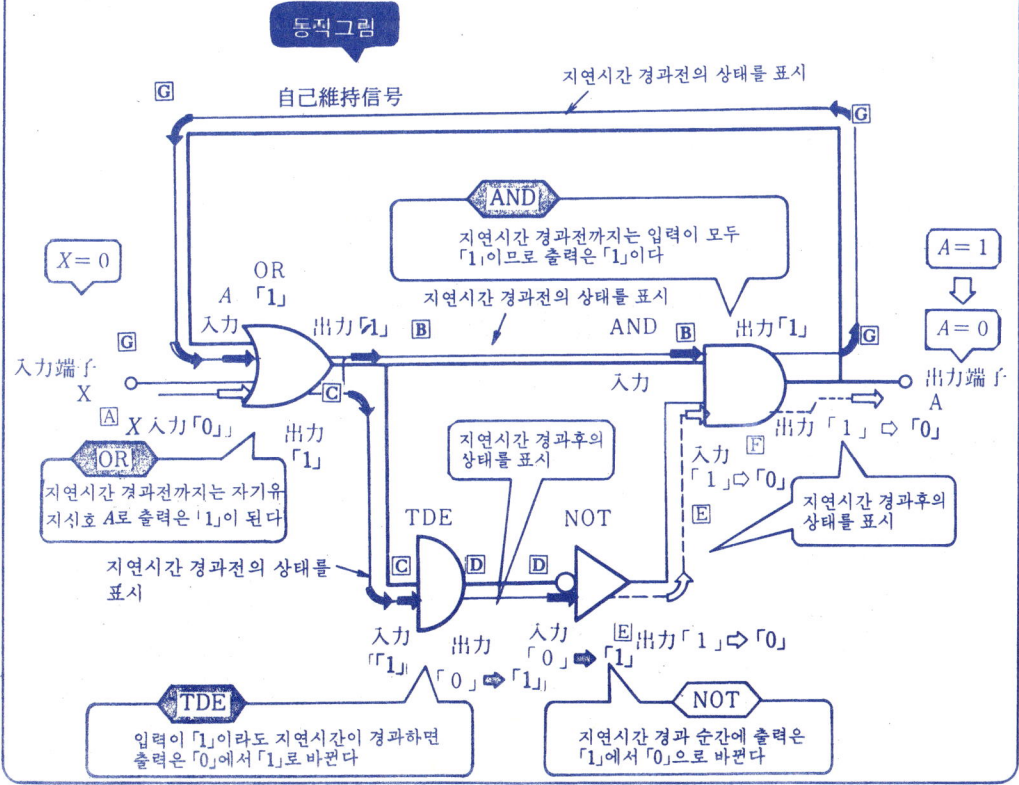

5. 쌍안정 멀티바이브레이터 회로의 판독법

1) 쌍안정 멀티바이브레이터 회로란?

쌍안정 멀티바이브레이터 회로란?

❈ 쌍안정 멀티바이브레이터회로란 플립플롭회로라고도 하며 두 안정상태, 즉 논리레벨의 「0」와 「1」을 갖되 일단 들어간 입력신호는 안정상태로서 유지되므로 입력신호가 소멸되더라도 기억된다.

❈ R-S플리플롭이란 셋신호 X_S와 리셋신호 X_R을 갖되 X_S가 「1」이 되면 출력 A_S가 「1」 (A_R이면 「0」)가 되고 X_S가 「0」되 되더라도 유지되며 또 X_R이 「1」로 되면 A_R이 「1」 (A_S는 「0」가 되고, X_R이 「0」로 되더라도 유지되는 회로를말한다.

논리기호

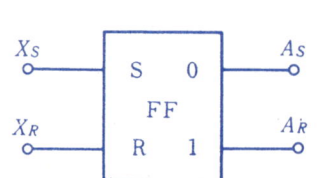

FF : Flip-Flop
S : Set (셋)
R : Reset (리셋)

릴레이 시이퀀스 / 논리회로그림

❈ 릴레이 시이퀀스에서는 자기유지회로가 이에 해당한다.

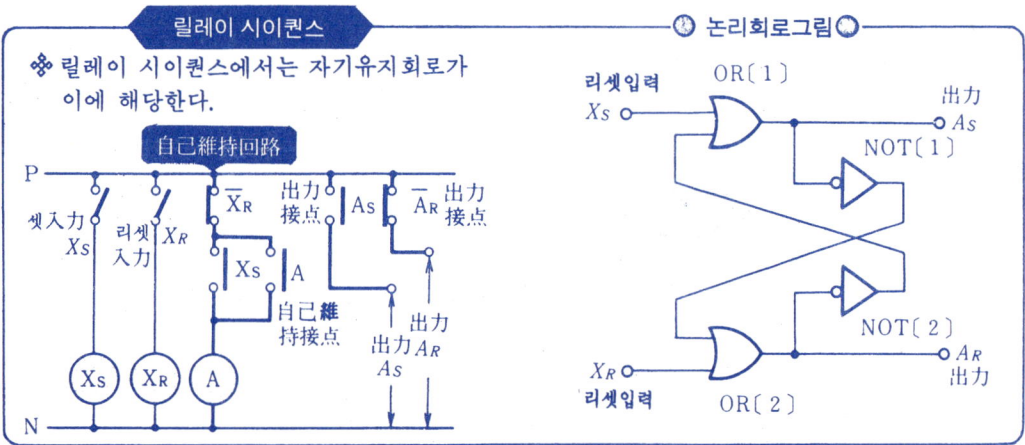

무접점 시이퀀스도

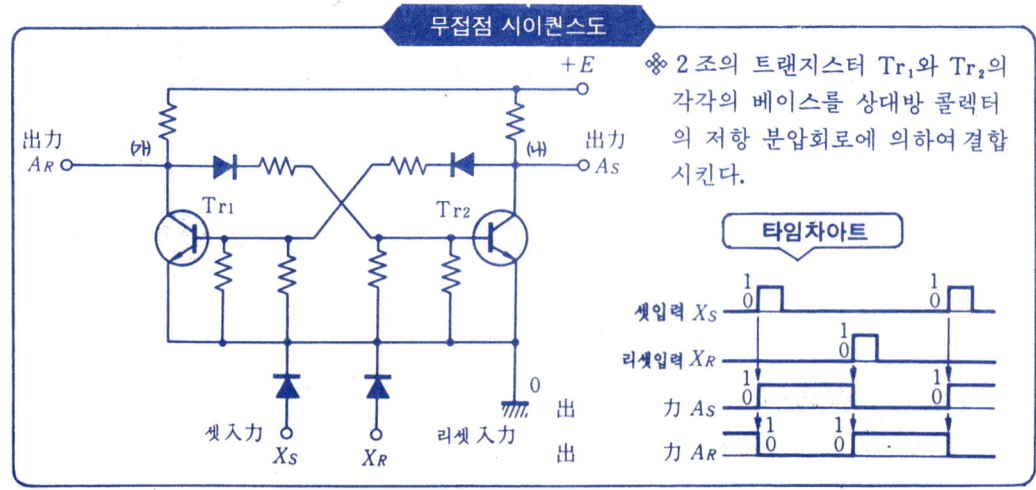

❈ 2조의 트랜지스터 Tr_1와 Tr_2의 각각의 베이스를 상대방 콜렉터의 저항 분압회로에 의하여 결합시킨다.

타임차아트

5. 쌍안정 멀티 바이브레이터 회로의 판독법

② 릴레이 시이퀀스도에 의한 쌍안정 멀티바이브레이터 회로

입력접점 $X_S=1$, $X_R=0$일때 ● **출력접점 $A_S=1$, $A_R=0$**

※ 셋 입력접점 X_S(Ⓐ)을 닫「1」으면, 셋입력릴레이 X_S가 동작하여 a접점 X_S(Ⓒ)를 닫「1」고 출력릴레이 A를 동작시킨다.

※ 출력릴레이 A(Ⓒ)가 동작하면 출력접점 A_S(Ⓔ)를 닫「1」는 동시에 출력접점 A_R(Ⓕ)를 열「0」므로 출력 A_S가 「1」출력 A_R이 「0」으로 된다.

※ 출력릴레이 A(Ⓒ)가 동작하면 자기유지접점 A(Ⓓ)가 닫「1」혀 자기유지된다.

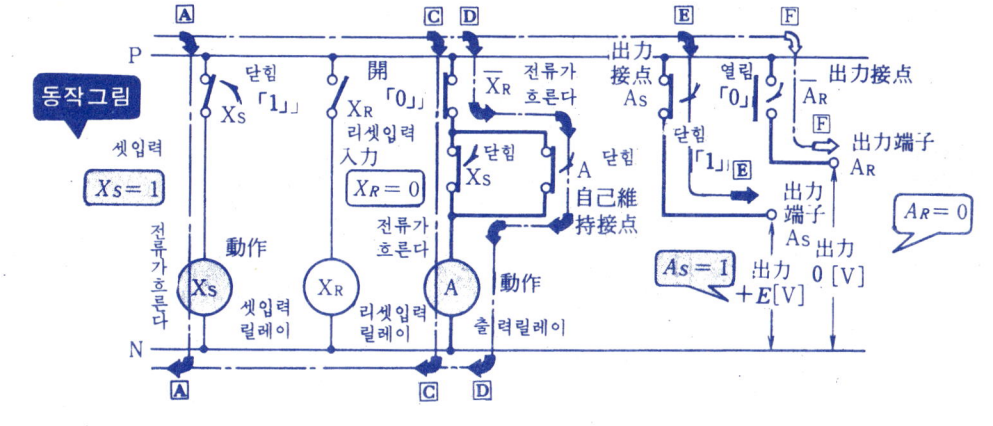

입력접점 $X_S=0$, $X_R=0$일때 ● **출력접점 $A_S=1$, $A_R=0$**

※ 출력릴레이 A(Ⓒ)가 자기유지접점 A(Ⓓ)의 닫힘「1」에 의하여 자기유지되고 출력 A_S를 「1」, A_R을 「0」으로 한다.

※ 이 상태에서 셋입력접점 X_S를 열면「0」 셋입력릴레이 X_S가 복귀하여 a접점 X_S(Ⓒ)를 연다「0」.

※ a접점 X_S(Ⓒ)이 열리더라도「0」 자기유지접점 A(Ⓓ)를 통하여 출력릴레이 A(Ⓓ)가 계속 부세되므로 출력 A_S의 「1」, A_R의 「0」는 유지된다.

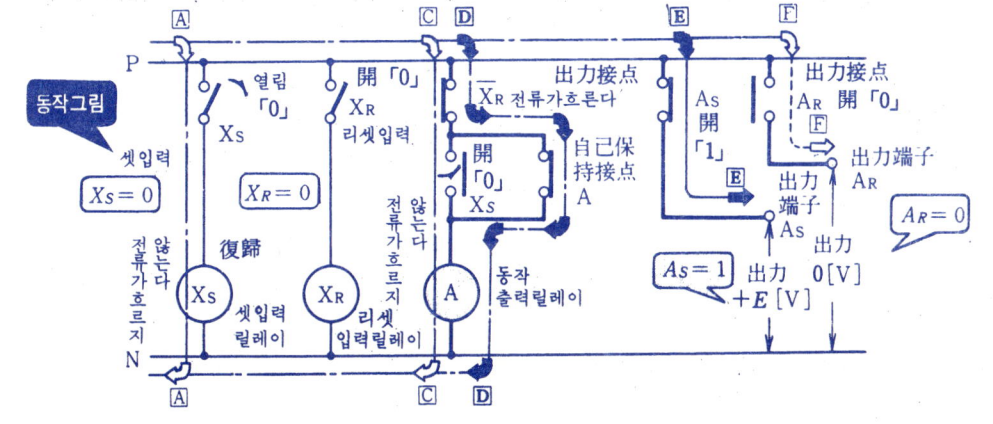

시간차를 두는 무접점 시이퀀스의 기본회로

(2) 릴레이 시이퀀스도에 의한 쌍안정 멀티바이브레이터 회로

입력접점 $X_S=0$, $X_R=1$일때 ● 출력접점 $A_S=0$, $A_R=1$

※ 셋 입력접점 X_S (A)를 열면(「0」) 출력릴레이 A (D)가 자기유지접점 A의 닫힘「1」에 의하여 자기유지되고 출력 A_S를 「1」로, A_R을 「0」으로 한다(P.25참조)
※ 이 상태에서 리셋입력접점 X_R (B)을 닫으면(「1」) 리셋릴레이 X_R이 동작하여 b접점 $\overline{X_R}$ (D)을 열고「0」출력릴레이 A를 복귀시킨다.
※ 출력릴레이A (D)가 복귀하면 출력접점 A_S가 열리는「0」동시에 출력접점 $\overline{A_R}$(F)를 닫으므로「1」출력 A_S는「0」으로, 출력 A_R은「1」로 반전된다.
※ 출력릴레이A (D)가 복귀하면 자기유지접점 A가 열리고「0」자기유지를 푼다.

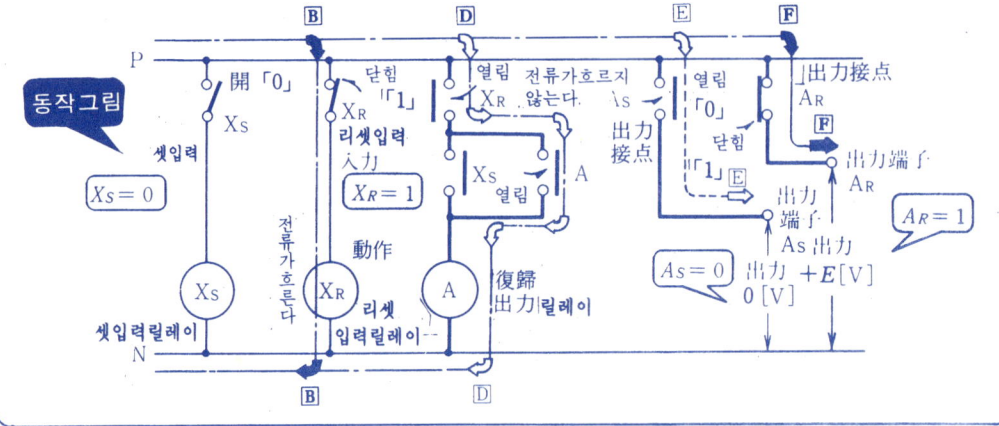

입력접점 $X_S=0$, $X_R=0$일때 ● 출력접점 $A_S=0$, $A_R=1$

※ 출력릴레이A (D)의 자기유지접점 A가 열리고「0」출력 A_S가「0」으로, A_R이「1」로 된다.
※ 이상태에서 리셋입력접점 X_R (B)를 열면「0」리셋릴레이 X_R이 복귀하더라도 b접점 $\overline{X_R}$ (D)를 닫는다.「1」
※ b접점 $\overline{X_R}$ (D)가 닫히더라도「1」a접점 X_S및 접점 A가 열려「1」있으므로 출력릴레이 A는 복귀된 채로되어 출력 A_S의「0」, A_R의「1」은 유지된다.

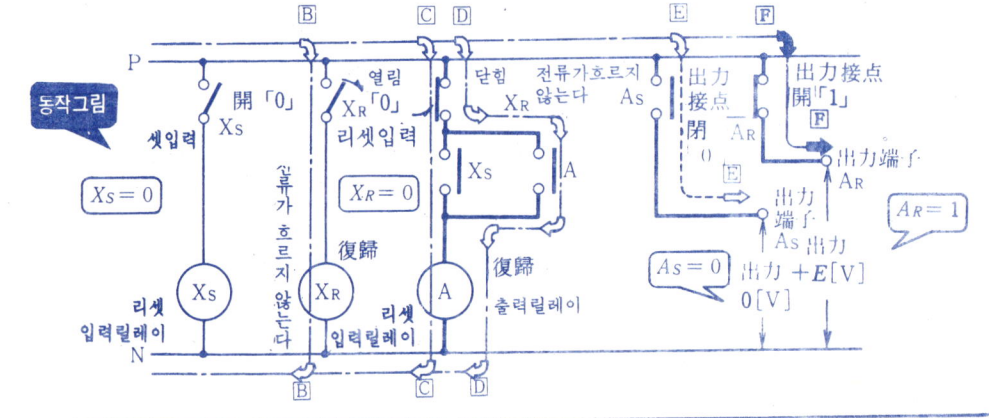

③ 무접점 시이퀀스도에 의한 쌍안정 멀티바이브레이터 회로

입력신호가 $X_S=0$, $X_R=0$일때 ── 출력신호 $A_S=1$, $A_R=0$

※ 셋입력 X_S에 전압「1」을 걸고, 리셋입력 X_R에 전압「0」을 걸지않을 때는 출력단자 A_S에 $+E$ [V]「1」이 생기고 출력단자 A_R에는 전압「0」가 생기지 않는다. 그리고 X_S를 「0」로 하더라도 A_S의 전압이 Tr_1에 인가되므로 출력 A_S는 「1」을 유지한다.

- A 회로…셋입력 X_S에 전압「1」을 걸면 트랜지스터 Tr_1의 베이스전류 I_{B1}이 흘러 Tr_1은 "ON 상태"로 된다.
- C 회로…Tr_1이 "ON상태"이므로 콜렉터전류 I_{C1}이 흘러 ㈎점의 전압은 0[V]로 된다. 즉 출력 A_R은「0」(D 회로)로 된다.
- E 회로…Tr_1의 출력단자 ㈎의 전위가 0[V]「0」으로 되면 트랜지스터 Tr_2에는 베이스 전류 I_{B2}가 흐르지 않으므로 Tr_2는 "OFF상태"로 된다.
- G 회로…Tr_2가 "OFF상태"로 되면 콜렉터전류 I_{C2}가 흐르지 않고 ㈏점에 $+E$ [V]의 전압이 생긴다. 즉 출력 A_S는 「1」(H 회로)로 된다.
- F 회로…Tr_2의 출력, A_S가 「1」이므로 Tr_1에 베이스전류 I_{B1}이 흐른다. 따라서 셋입력 X_S를 「0」으로 하더라도 이 F 회로를 통하여 Tr_1이 "ON상태"를 계속하므로 출력 A_S는 「1」을 유지할 수 있다.

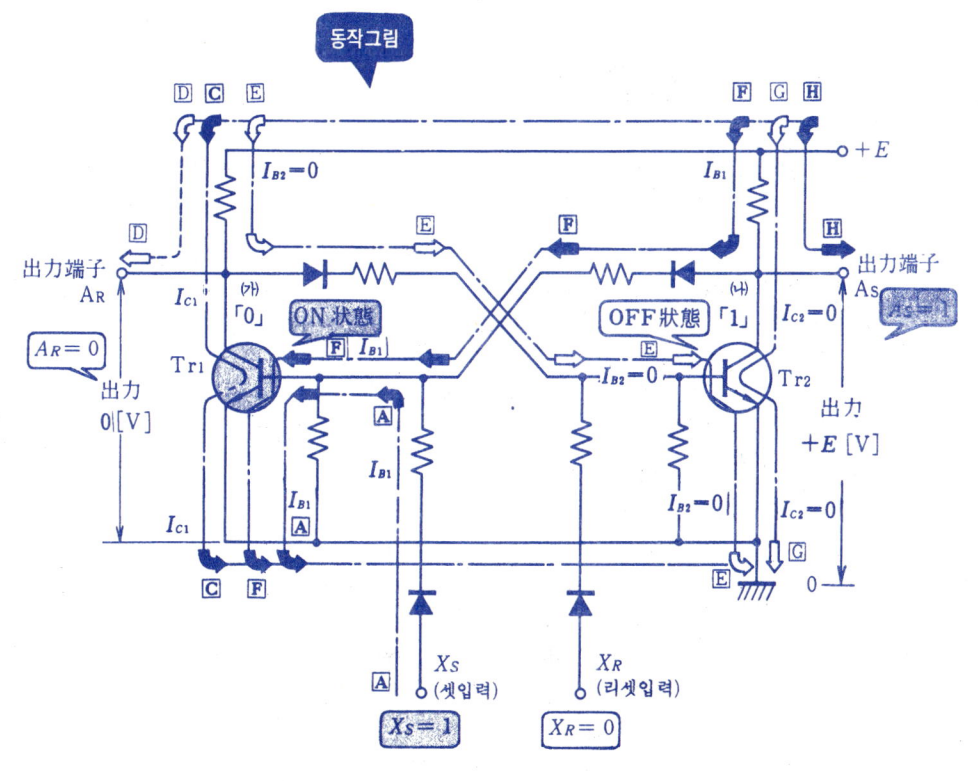

동작그림

시간차를 두는 무접점 시이퀸스의 기본회로

③ 무접점 시이퀸스도에 의한 쌍안정 멀티바이브레이터 회로

입력신호가 $X_S=0$, $X_R=1$일때 ● 출력신호 $A_S=0$, $A_R=1$

❖ 셋 입력신호 X_S를 「0」으로 하고 출력 A_S로부터의 전압을 Tr_1에 피이드백(F 회로) 함으로써 출력 A_S가 「1」로 되어 있는 상태에서 (P.253참조) 리셋입력 X_R에 전압을 가하여 「1」로 하면 출력신호 A_S가 「0」, A_R이 「1」로 반전된다. 그리고 출력 A_R의 전압이 Tr_2에 피이드백 (E 회로)되므로 출력 A_R은 「1」을 유지한다.

- B 回路…리셋 입력 X_R에 전압「1」을 가하면 트랜지스터 Tr_2의 베이스전류 I_{B2}가 흐르고 Tr_2는 "ON상태"로 된다.
- G 回路…Tr_2가 "ON상태"이므로 콜렉터전류 I_{C2}가 흘러 ㈏점의 전압은 0〔V〕로 된다. 즉 출력 A_S는 「0」 (H 회로)로 반전된다.
- F 回路…Tr_2의 출력단자 ㈏의 전위가 0〔V〕 「0」로 되므로 트랜지스터 Tr_1의 베이스전류 I_{B1}이 흐르지 않게 되고 Tr_1은 "OFF 상태"로 된다.
- C 回路…Tr_1이 "OFF상태"이므로 콜렉터전류 I_{C1}이 끊겨 ㈎점에 $+E$〔V〕의 전압이 생긴다. 즉 출력 A_R이 「1」 (D 회로)로 반전된다.
- E 回路…Tr_1의 출력, 즉 A_R이 「1」이므로 T_{R2}에 베이스전류 I_{B2}가 흐른다. 따라서 리셋입력 X_R을 「0」로 하더라도 이 E 회로를 통하여 Tr_2가 "ON상태"를 계속하므로 출력 A_R은 「1」을 유지할 수 있다.

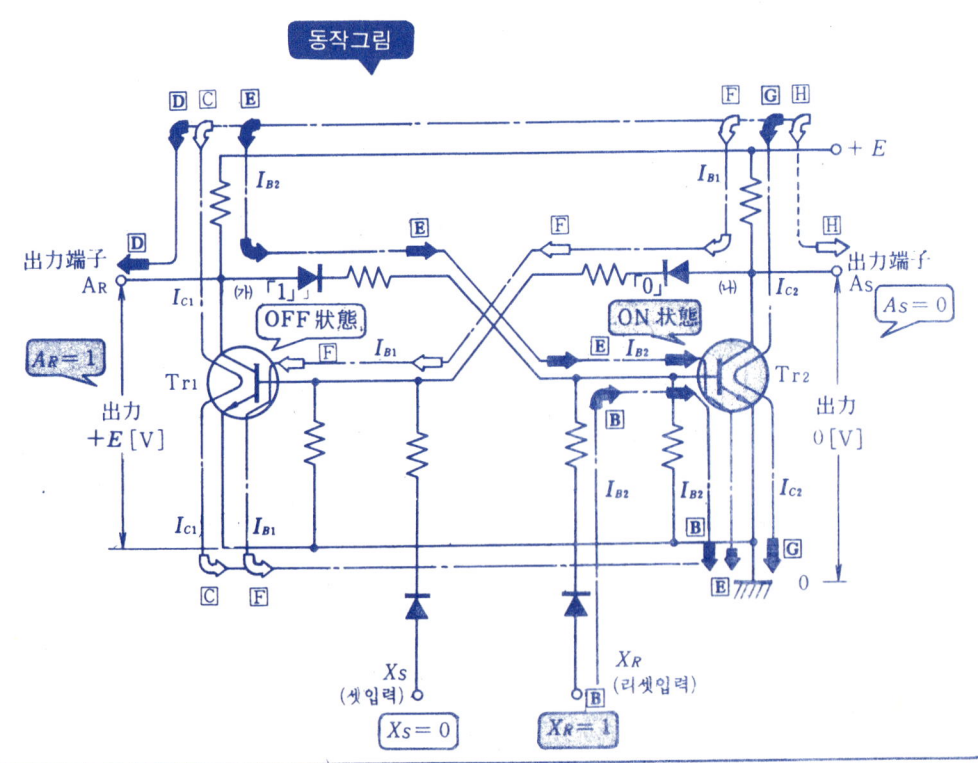

동작그림

— 254 —

④ 논리회로도에 의한 쌍안정 멀티바이브레이터 회로

입력신호가 $X_S=1$, $X_R=0$일때 ● **출력신호 $A_S=1$, $A_R=0$**

※ 셋입력신호 X_S가 「1」이고 리셋입력신호 X_R이 「0」일 때는 출력신호 A_S는 「1」, A_R은 「0」로 됨과 동시에 $\overline{A_R}$이 「1」로 되므로 X_S가 「0」로 되더라도 A_S는 「1」을 유지한다.

● OR〔1〕回路…이 회로의 입력은 셋신호 X_S의 「1」(Ⓐ)이므로 출력 $\overline{A_S}$는 「1」(Ⓒ)로 된다. ($\overline{A_R}$의 「1」(Ⓖ)신호는, NOT〔2〕회로가 출력된 다음 보내진다.)

● NOT〔1〕回路…이 회로의 입력은 OR〔1〕회로의 출력 A_S의 「1」(Ⓓ)이므로 출력 $\overline{A_S}$는 「0」(Ⓔ)로 된다.)

● OR〔2〕回路…이 회로의 입력은 리셋신호 X_R의 「0」(Ⓑ)와 NOT〔1〕회로의 출력 $\overline{A_S}$의 「0」(Ⓔ)이므로 그 출력($X_R+\overline{A_S}$)는 「0」, 즉 출력 A_R은 「0」(Ⓘ)로 된다.

● NOT〔2〕回路…이 회로의 입력은 OR〔2〕회로의 출력 A_R의 「0」(Ⓕ)이므로 출력 $\overline{A_R}$은 「1」(Ⓖ)로 된다.

● OR〔1〕回路…이 회로의 입력으로서 NOT〔2〕회로의 출력 $\overline{A_R}$의 「1」(Ⓖ)가 들어가면 셋입력 X_S가 「0」(Ⓐ)로 되더라도 출력 A_S는 「1」(Ⓒ)을 유지한다.

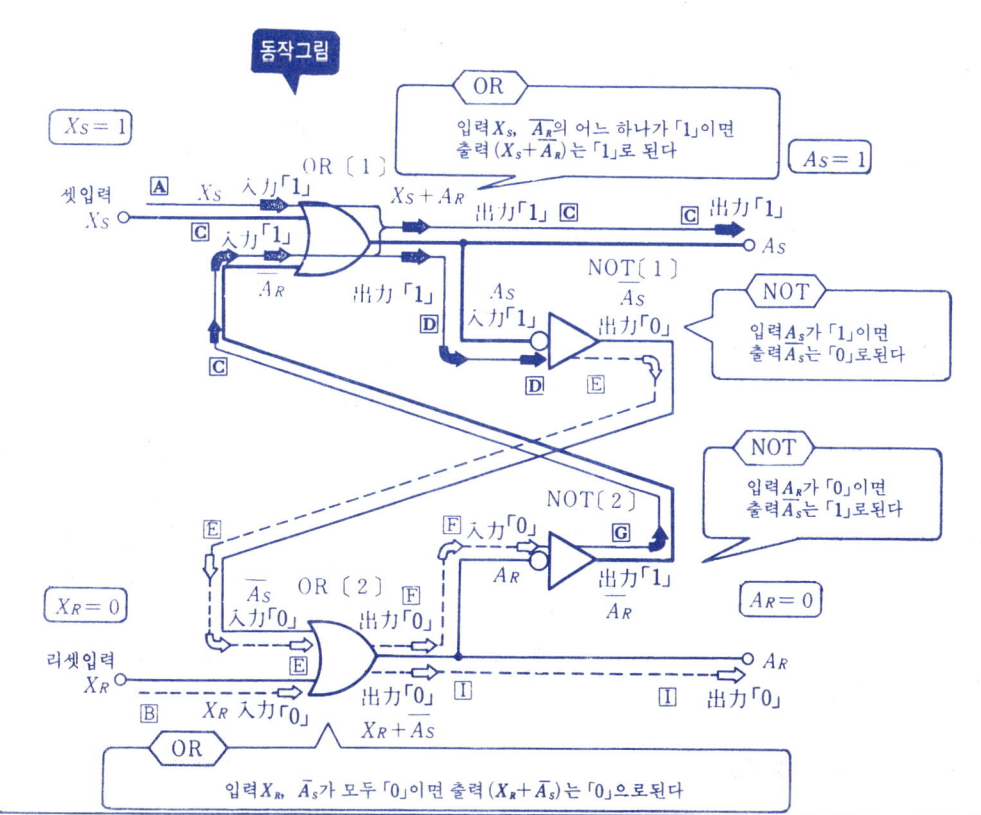

시간차를 두는 무접점 시퀀스의 기본회로

④ 논리회로도에 의한 쌍안정 멀티바이브레이터 회로

입력신호가 $X_S=0$, $X_R=1$일때 ● **출력신호 $A_S=0$, $A_R=0$** ●

※ 셋 입력신호 X_S를 「0」으로 하고 출력 A_S가 A_R의 「1」신호에 의해서 「1」로 유지되고 있는 상태에서(P.255참조) 리셋 입력신호 X_R을 「1」로 하면 출력신호 A_R은 「1」로, A_S는 「0」로 반전된다. 그리고 $\overline{A}_S$가 「1」로 되므로 X_R이 「0」로 되더라도 A_R은 「1」을 유지한다.

- OR〔2〕 回路… 이 회로의 입력이 리셋신호 X_R의 「1」(B)로 바뀌면, 출력 A_R는 「1」(I)로 된다
- NOT〔2〕 回路… 이 회로의 입력은 OR〔2〕회로의 출력 A_R의 「1」(F)이므로 출력 $\overline{A}_R$은 「0」(G)로 된다. F
- OR〔1〕 回路… 이 회로의 입력은 셋입력 X_S의 「0」(A)와 NOT〔2〕회로의 「0」(G)로 바뀌므로 그 출력($X_S+\overline{A}_R$)는 「0」, 즉 출력 A_S는 「0」(C)로 된다
- NOT〔1〕 回路… 이 회로의 입력은 OR〔1〕회로의 출력 A_S의 「0」(D)로 바뀌었으므로 출력 $\overline{A}_S$는 「1」(E)로 된다.
- OR〔2〕 回路… 이 회로의 입력으로서 NOT〔1〕회로의 출력 $\overline{A}_S$의 「1」(E)로 바뀌었으므로 리셋입력 X_R이 「0」(B)로 되더라도 출력 A_R은 「1」(I)을 유지한다.

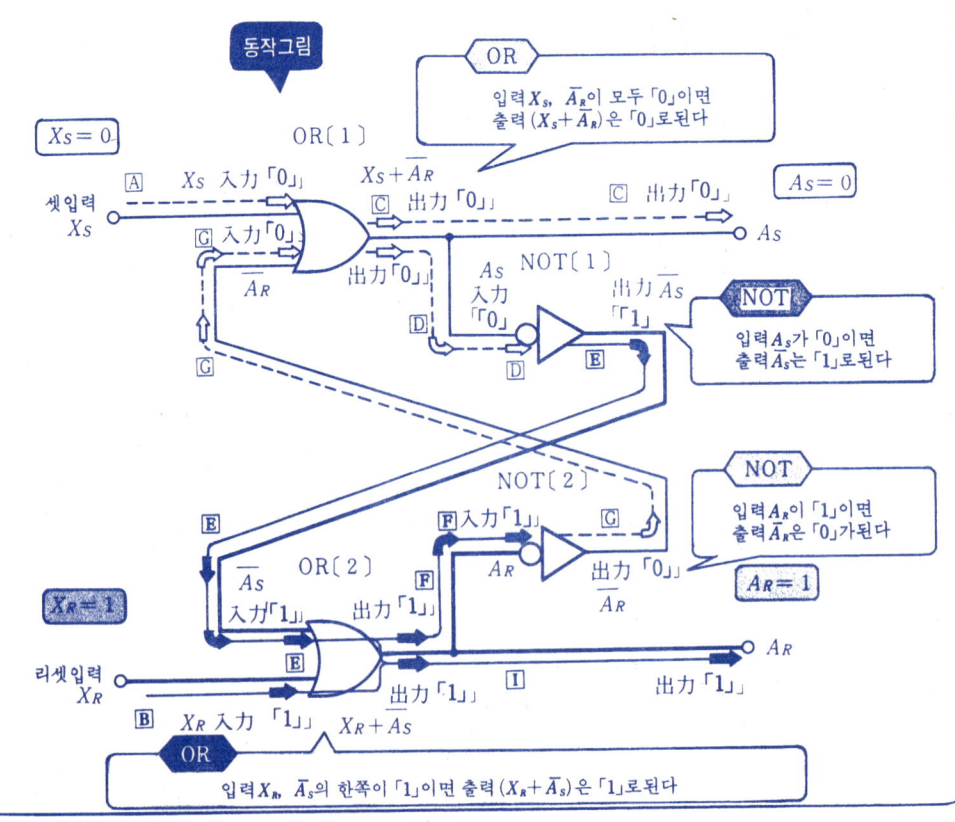

7 電動機制御의 実用基本回路

이 장의 포인트

　이 장에서는 릴레이 시이퀀스에 의한 전동기의 제어회로를 간추려 설명하고 있다. 이들 회로는 전동기를 동력원으로 할 경우, 실제의 장치에 있어서 그대로 사용해도 될 실용적인 기본회로이므로 안보고서도 그릴수 있도록 익혀 두기 바란다.

(1) 실제의 기기, 배선을 입체적으로 나타낸 실제배선도에 의하여 각 전동기의 제어회로를 장치로서 한눈으로 알 수 있도록 설명하고 있다. 장치를 움직인다는 마음가짐으로 회로도를 봐주기 바란다.

(2) 용량이 큰 전동기를 시동하는데는 감전압 시동법이 쓰이고 있다. 전동기의 시동법에 대하여 그 하나 하나의 특징을 확실하게 익혀두기 바란다.

(3) 전동기의 정역전 제어에는 인터록회로가 쓰이고 있다. 그 이유를 스스로 살펴봐주기 바라며 이 정역전 제어를 응용한 것이 전동기의 역상제동 제어회로이다.

1. 전동기의 기동 제어회로 판독법

① 전동기의 기동 리액터에 의한 기동 제어회로

※ 전동기의 기동리액터에 의한 기동제어란 전동기의 1차측회로에 직렬로 기동리액터 (철심리액터) X를 삽입하고 기동시에는 이에 의해서 전동기에 걸리는 전압을 낮추되 속도가 상승하면 기동리액터를 단락시킴으로써 전전압이 전동기에 인가되도록 하는 감전압 기동법을 말한다.

※ 전동기의 기동용 전자접촉기 ST-MC는 기동리액터 X와 직렬로 접속하고 운전용전 자접촉기 RN-MC는 이들을 단락할 수 있도록 병렬로 접속한다. 그리고 운전용 RN -MC의 가속시 투입시 한은 타이머 TLR에 의하여 설정하고 있다.

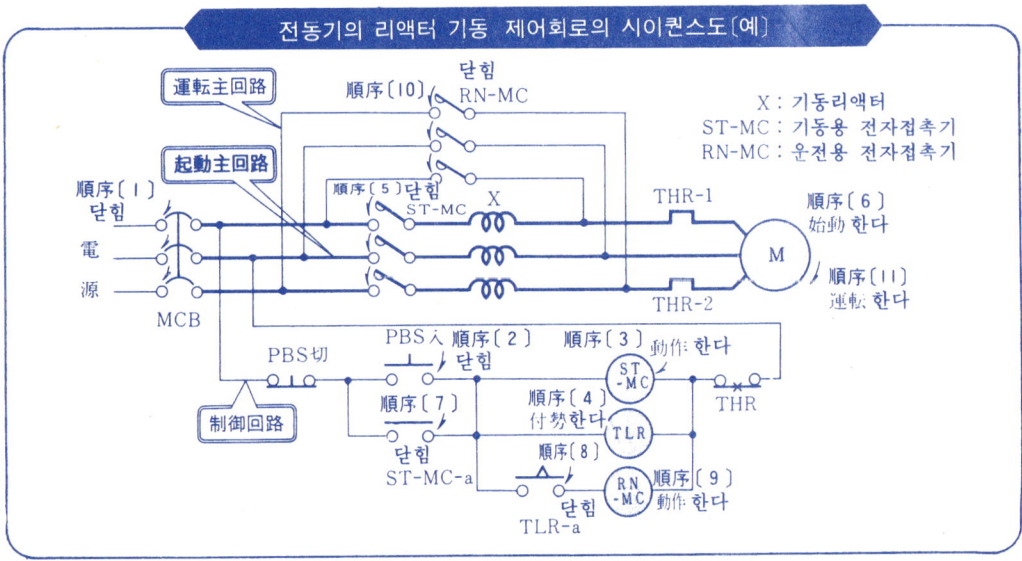

전동기의 리액터 기동 제어회로의 시이퀀스도〔예〕

리액터 기동 제어회로의 시이퀀스동작

(1) 전원스위치인 배선용 차단기 MCB를 넣고 기동버튼스위치 PBS ON을 누르면 기동용 전자접촉기 ST-MC가 동작하여 기동주회로의 주접점 ST-MC가 닫힌다.

(2) 주접점 ST-MC가 닫히면 기동전류에 의한 기동리액터의 리액턴스 강하분 만큼 전원전압이 감압되어 전동기에 인가됨에 따라 전동기가 기동되는 동시에 타이머 TLR이 부세된다.

(3) 타이머 TLR의 설정시한(전동기가 가속되는데 요하는 시간)이 경과되면 타이머 가 동작하여 시한동작 a접점 TLR-a가 닫혀 운전용 전자접촉기 PN-MC를 동 작시킨다.

(4) 운전용 RN-MC가 동작하면 운전 주회로의 주접점 RN-MC가 닫혀 기동리액터 X 의 회로를 단락시키므로 전동기에는 전원의 전전압이 인가되어 운전상태로 된다.

(5) 정지버튼 스위치 PBS OFF를 누르면 모든 제어회로에 전류가 흐르지 않으므로 전동기는 정지한다.

1. 전동기의 기동 제어회로 판독법

② 전동기의 기동보상기에 의한 기동제어회로

※ 전동기의 기동보상기 기동제어란 기동때에 단권변압기(기동보상기)에 의하여 강압된 전압을 전동기에 인가하되 전동기가 가속되면 단권변압기를 단락시킴으로써 전원전압을 직접 인가시키는 감전압 기동법을 말한다.

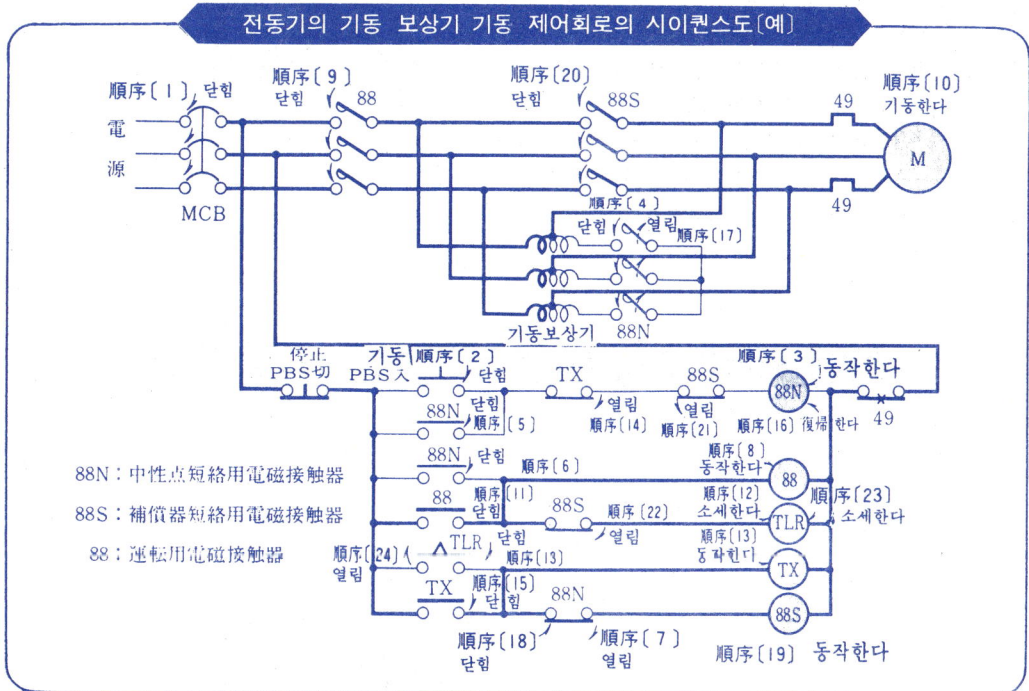

기동 보상기 기동 제어회로의 시이퀀스 동작

(1) 전원스위치인 배선용 차단기 MCB를 넣고 기동버튼 스위치 PBS ON을 누르면 중성점 단락용 전자접촉기 88N이 동작하여 그 주접점 88N이 닫힘과 함께 자기유지된다.
(2) 88N이 동작하면 운전용 전자접촉기 88이 동작하여 그 주접점 88을 닫으므로 전동기에는 전원전압을 감압한 단권변압기(기동보상기)의 오차선간 전압이 인가되므로 전동기는 기동한다. 동시에 타이머 TLR이 부세된다.
(3) 타이머 TLR의 설정시한(전동기의 가속에 요하는 시간)이 경과하면 타이머가 동작하여 그 한시동작접점 TLR을 닫으므로 보조릴레이 TX가 동작하여 88N을 복귀시킨다.
(4) 88N이 복귀하면 단권변압기의 중성점이 열리므로 단권변압기의 권선일부가 리액터로서 작용하여 전류를 제한한다.
(5) 88N이 복귀하면 보상기 단락용 전자접촉기 88S가 동작하여 그 리액터 부분을 단락하므로 전동기에는 전전압이 인가되어 운전상태로 된다.

전동기 제어의 실용기본회로

③ 권선형 유도전동기의 저항 기동 제어회로

저항 기동 제어란?

❖ 권선형 유도전동기는 농형과는 달리 회전자의 축상에 단 슬립링을 거쳐 2차외부저항기(기동저항)을 삽입함으로써 비례추이의 이론을 이용 기동시키고 있다.

❖ 이 2차저항을 조정함으로써 저속시에는 전류를 작게, 토오크를 크게할 수 있다. 따라서 기동시에는 2차 저항을 최대로하되 가속에 따라 그 기동저항을 순차적으로 단락시키고 있다.

●접 속 도●

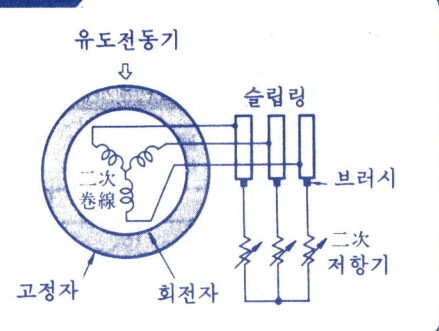

권선형 유도전동기의 저항 기동 제어회로의 시이퀀스도〔예〕

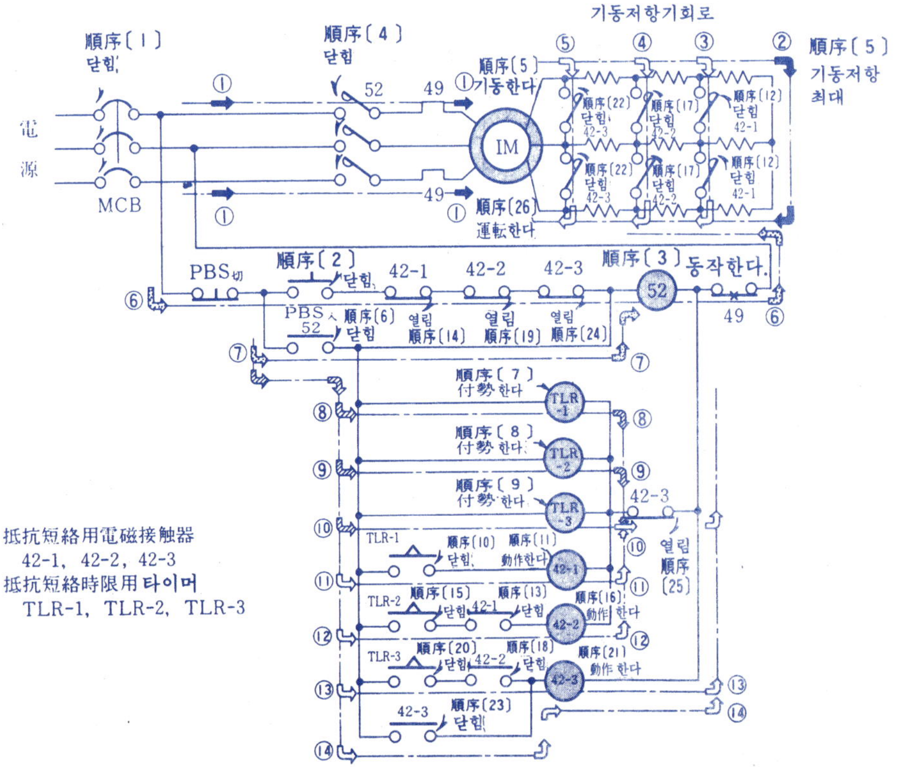

- 抵抗短絡用電磁接触器
  42-1, 42-2, 42-3
- 抵抗短絡時限用 타이머
  TLR-1, TLR-2, TLR-3

— 260 —

1. 전동기의 기동 제어회로 판독법

※ 기동버튼을 누르면 기동저항이 최대의 상태로 시동함과 함께 타이머 TLR-1, TLR-2, TLR-3, 이 부세되고 각각의 설정기간에 따라서 동작한다. 그리고 저항단락용 전자접촉기 42-1, 42-2, 42-3을 순차적으로 맏되 최후에는 기동저항기가 완전히 단락된 상태에서 기동이 완료된다.

기동의 동작순서

순서 〔1〕 전원의 배선용 차단기 MCB를 넣는다.
  〔2〕 ⑥회로의 기동버튼 스위치 PBS ON을 누른다.
  〔3〕 PBS ON을 누르면 ⑥회로의 코일 ㊵에 전류가 흘러 전자접촉기 52가 동작한다.
  〔4〕 52가 동작하면 ①회로의 주접점 52가 닫힌다.
  〔5〕 주접점 52가 닫히면 전동기 IM은 기동저항이 최대의 상태로 기동된다.
  〔6〕 52가 동작하면 ⑦회로의 접점 ㊵가 닫히고 자기유지된다.

기동저항 단락의 동작순서

순서 〔7〕~〔9〕 ⑦회로의 a접점 52가 닫히면 ⑧, ⑨, ⑩회로의 타이머 TLR-1, TLR-2, TLR-3는 동시에 부세된다.
  〔10〕 타이머 TLR-1의 설정시간이 경과하면 ⑪회로의 한시동작 a접점 TLR-1이 닫힌다.
  〔11〕 접점 TLR-1이 닫히면 ⑪회로의 저항단락용 전자접촉기 42-1이 동작한다.
  〔12〕 42-1이 동작하면 기동저항기 회로인 ③회로의 주접점 42-1가 닫혀 단락된다.
  〔13〕 42-1이 동작하면 ⑫회로의 a접점 42-1이 닫힌다.
  〔14〕 42-1이 동작하면 ⑥회로의 b접점 42-1이 열린다.
  〔15〕 타이머 TLR-2의 설정시간이 경과하면 ⑫회로의 한시동작 a접점 TLR-2가 닫힌다.
  〔16〕 접점 TLR-2가 닫히면 ⑫회로의 저항단락용 전자접촉기 42-2가 동작한다.
  〔17〕 42-2가 동작하면 기동저항기 회로의 ④회로의 주접점 42-2가 닫혀 단락된다.
  〔18〕 42-2가 동작하면 ⑬회로의 a접점 42-2가 닫힌다.
  〔19〕 42-2가 동작하면 ⑥회로의 b접점 42-2가 열린다.
  〔20〕 타이머 TLR-3의 설정시간이 경과하면 ⑬회로의 한시동작 a접점 TLR-3이 닫힌다.
  〔21〕 접점 TLR-3이 닫히면 ⑬회로의 저항단락용 전자접촉기 42-3이 동작한다.
  〔22〕 42-3이 동작하면 기동정항기 회로의 ⑤회로의 주접점 42-3이 닫혀 단락된다.
  〔23〕 42-3이 동작하면 ⑭회로의 a접점 42-3이 닫혀 자기유지된다.
  〔24〕 42-3이 동작하면 ⑥회로의 b접점 42-3이 열린다.
  〔25〕 42-3이 동작하면 ⑩회로의 b접점 42-3이 열린다.
  〔26〕 전동기 IM은 기동저항기가 완전히 단락된 상태에서 운전된다.

2. 전동기의 현장·원격 조작에 의한 기동·정지 제어회로의 판독법

① 전동기의 현장·원격 조작에 의한 기동·정지 제어회로의 실제배선도

※ 아래 그림은 1대의 전동기를 기동·정지제어함에 있어서 전동기 가까이에 설치된 현장 제어반에 의한 제어와 전동기에서 먼 데 떨어져 있는 원격제어반에 의한 제어와 같이 2개소에서 조작할 수 있도록 한 전동기의 현장·원격조작에 의한 기동·정지제어회로의 실제배선도를 예로 든 것이다.

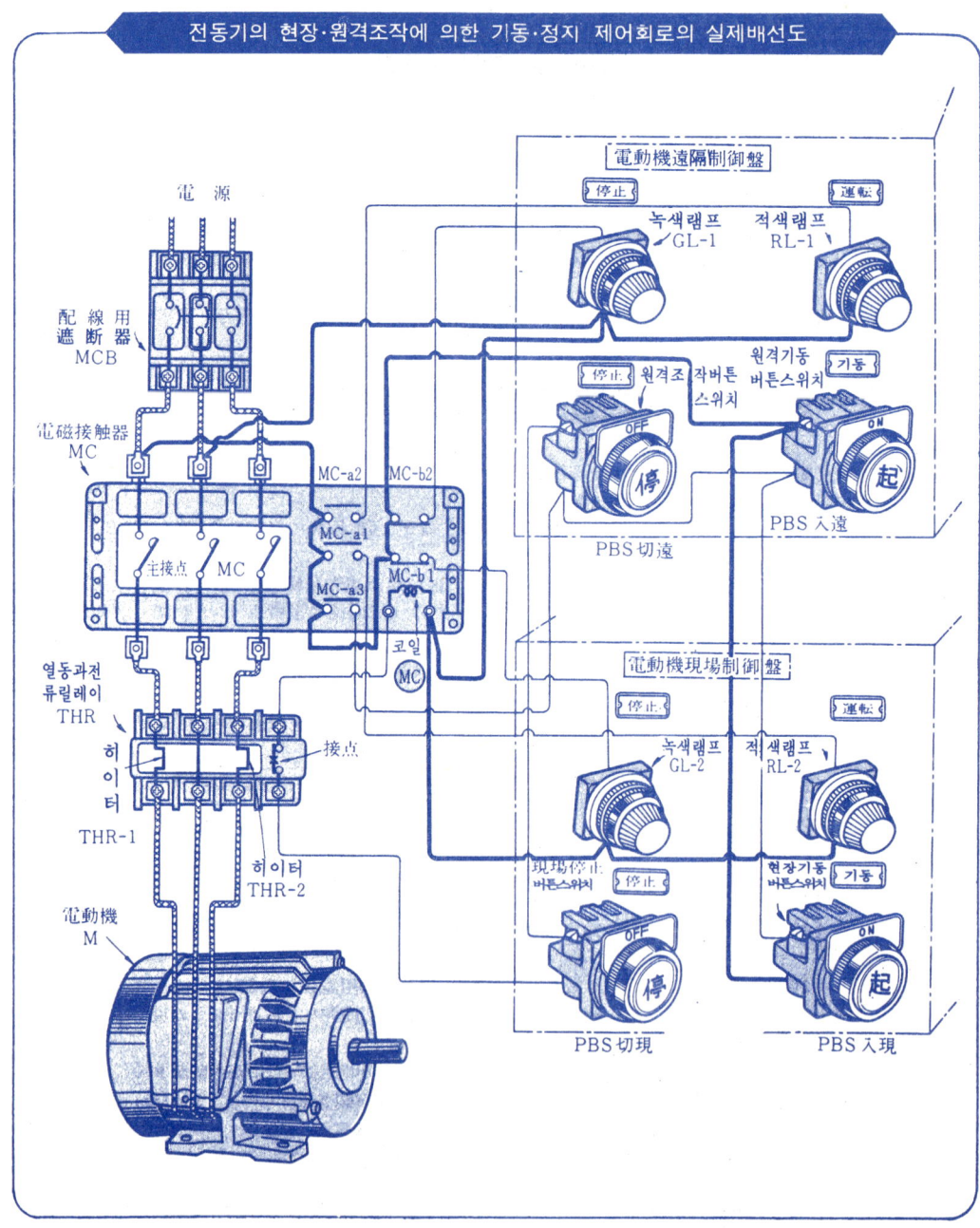

전동기의 현장·원격조작에 의한 기동·정지 제어회로의 실제배선도

② 전동기의 현장·원격 조작에 의한 기동·정지 제어회로 시이퀀스도

※ 전동기의 현장·원격조작에 의한 기동·정지제어회로의 실제배선도(p.262)를 시이퀀스도 도로 바꾸어 그린 것이 아래 그림이다.
※ 전동기를 운전하고 있을 때는 적색램프가, 정지하고 있을 때는 녹색램프가 현장 및 원격의 양쪽제어반에 점등된다.
※ 현장·원격의 어느 쪽에서 운전하더라도 전동기에 과부하가 걸려 열동과전류 릴레이가 동작하면 전자접촉기가 복귀하여 전동기를 정지시킨다.

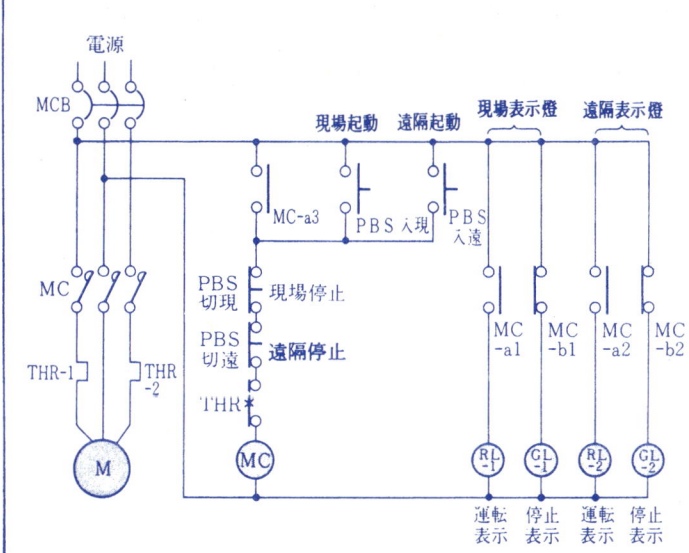

전동기의 현장·원격조작에 의한 기동·정지 제어회로 시이퀀스도

전동기를 현장·원격 조작 하려면

※ 전동기를 현장·원격조작하려면 어느 조작용 버튼스위치로도 기동·정지할 수 있도록 장치하지 않으면 안된다. 이에는 시동버튼을 항상 「개로」, 정지버튼은 항상 「폐로」이어야 하므로 시동버튼은 병렬로, 정지버튼은 직렬로 접속한다.
※ 이렇게 하면 현장 또는 원격의 어느 기동버튼을 누르든 전동기는 기동하고 정지시키는 데는 어느 정지버튼을 눌러도 된다. 따라서 현장·원격이 대등한 조건으로 제어할 수 있다.
※ 전동기의 현장·원격조작회로는, 예를들어 컨베이어를 양단에서 기동·정지시킬 경우나 사이렌을 공장이나 사무실의 양쪽에서 울려야 할 때 응용할 수 있다.

전동기를 3개소 이상에서 운전 하려면

※ 전동기를 3개소 이상에서 조작하고 싶을 경우에는 기동버튼을 모두 자기유지접점에 병렬로 접속하고 정지버튼은 모두 자기유지접점에 직렬로 접속하면 된다.

전동기 제어의 실용기본회로

③ 전동기의 현장·원격 조작에 의한 기동·정지 제어회로의 시이퀸스 동작

전동기의 현장 제어반에 의한 기동 동작〔1〕 ● 전동기의 기동 ●

순서 〔1〕 전원의 배선용 차단기 MCB(전원스위치)의 레버를「ON」으로 하여 전원을 투입한다.
〔2〕 현장표시등회로 ⑥에 전류가 흘러 현장제어반의 녹색램프 GL-1이 점등된다.
〔2〕 원격표시등회로 ⑧에 전류가 흘러 원격제어반의 녹색램프 GL-2가 점등된다.
  ※ 녹색램프 GL-1 및 GL-2의 점등은 전동기가 정지하고 있더라도 전원스위치가 투입되어 있다는 것을 표시한다.
〔4〕 현장기동회로 ③의 현장기동버튼 스위치 PBS 현장에서 누른다.
〔5〕 기동 PBS현장에서 누르면 현장 기동회로 ③의 코일에 MC가 흘러 전자접촉기 MC가 동작한다.
  ※ 전자접촉기가 동작하면 다음 〔6〕,〔8〕,〔9〕,〔11〕,〔13〕,〔15〕,의동작이 동시에 이루어진다.
〔6〕 전자접촉기가 동작하면 주회로 ①의 주접점 MC가 닫힌다.
〔7〕 주접점 MC가 닫히면 주회로 ①의 전동기 M에 전류가 흘러 전동기가 기동, 운전된다.
〔8〕 전자접촉기가 동작하면 자기유지회로 ②의 자기유지접점 MC-3이 닫혀 자기유지된다.

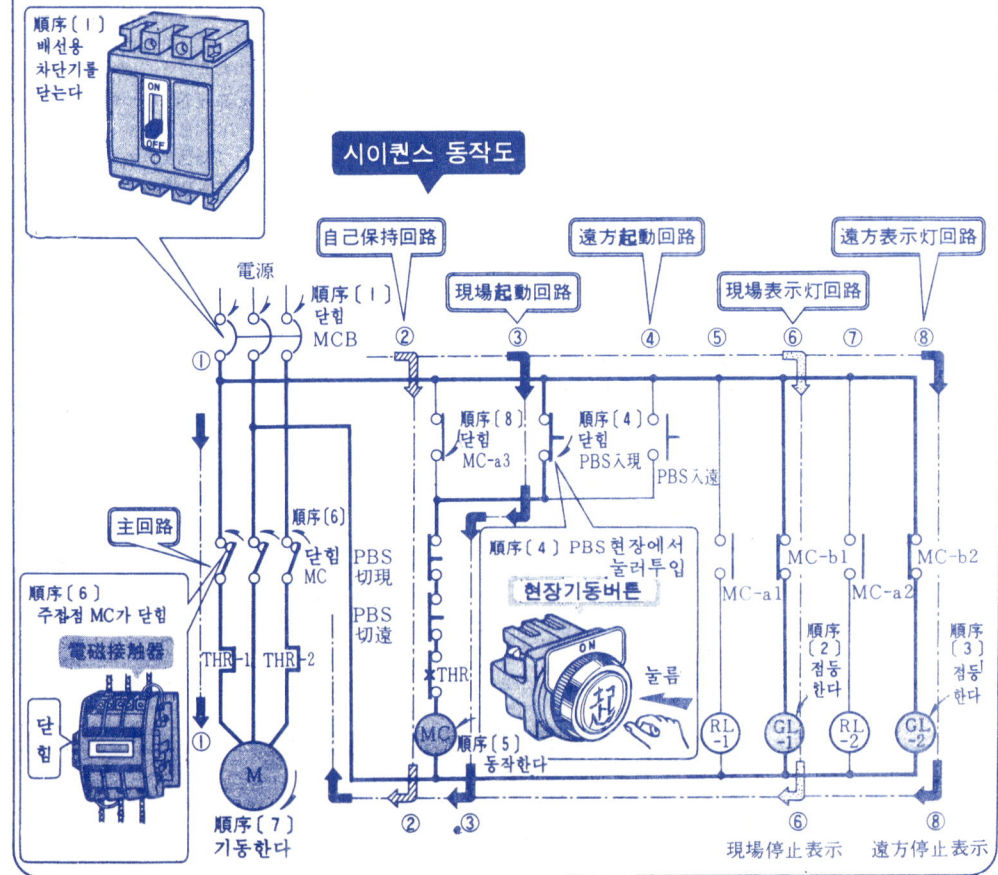

— 264 —

2. 전동기의 현장 원격 조작에 의한 기동 정지 제어회로의 판독법

전동기의 현장 제어반에 의한 기동 동작〔2〕 — 표시등 회로

순서 〔9〕 전자접촉기가 동작하면 현장 표시등 회로 ⑥의 b접점 MC-b1이 열린다.
〔10〕 접점 MC-b1이 열리면 회로 ⑥의 녹색램프 GL-1의 전류가 끊겨 소등된다.
〔11〕 전자접촉기가 동작하면 원격 표시등 회로 ⑧의 b접점 MC-b2가 열린다.
〔12〕 접점 MC-b2가 열리면 회로 ⑧의 녹색램프 GL-2의 전류가 끊겨 소등된다.
〔13〕 전자접촉기가 동작하면 현장 표시등 회로 ⑤의 a접점 MC-a1가 닫힌다.
〔14〕 접점 MC-a1이 닫히면 회로 ⑤의 적색램프 RL-1의 전류가 흘러 점등된다.
〔15〕 전자접촉기가 동작하면 원격 표시등 회로 ⑦의 a접점 MC-a2가 닫힌다.
〔16〕 접점 MC-a2가 닫히면 회로 ⑦의 적색램프 RL-2에 전류가 흘러 점등된다.

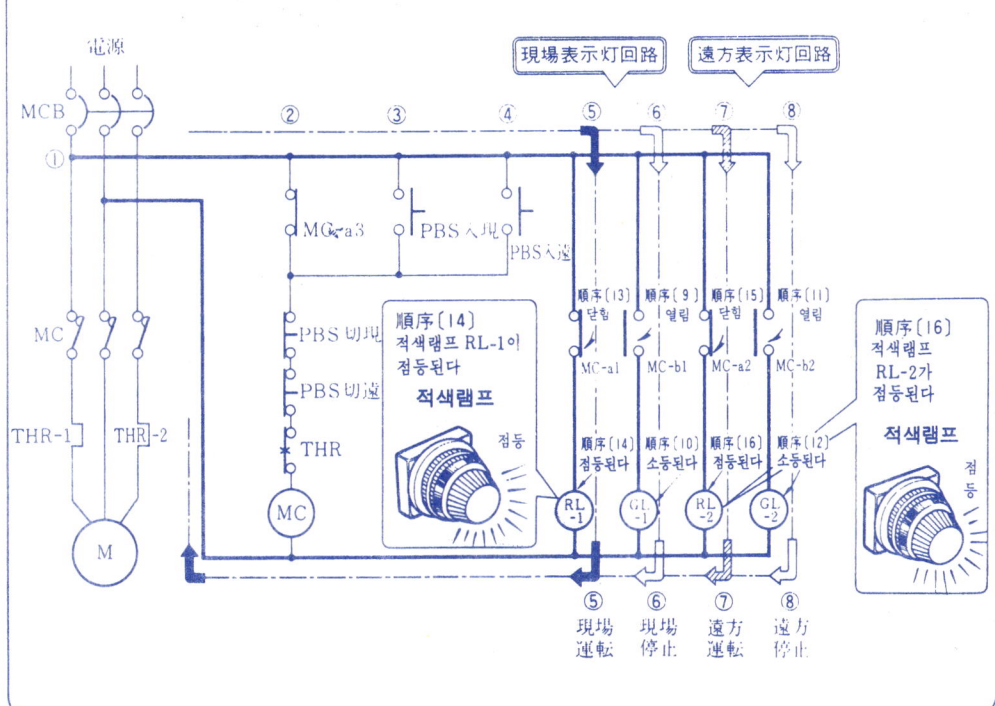

전동기의 원격제어에 의한 기동 동작

※ 원격제어반에 의한 기동 동작은 현장제어반에 의한 기동 동작의 순서〔4〕로서 현장기 버튼 PBS을 누르고 대신에 원격 기동회로④의 원격 기동버튼 PBS을 누르면 똑같은 동작을 하여 전동기 M이 기동 회전한다.

전동기 제어의 실용기본회로

③ 전동기의 현장·전격 조작에 의한 기동·정지 제어회로 시이퀀스도

전동기의 현장 제어반에 의한 정지 동작〔1〕 ● **전동기의 정지** ●

순서 〔1〕 자기유지회로②의 현장정지버튼 스위치 PBS을 누른다.
〔2〕 현장정지버튼 PBS을 누르면 자기유지회로②의 코일 ㉺의 전류가 끊겨 전자접촉기 MC가 복귀한다.
※ 전자접촉기 MC가 복귀하면 다음의〔3〕,〔5〕,〔6〕,〔8〕,〔10〕,〔12〕의 동작이 동시에 이루어진다.
〔3〕 전자접촉기가 복귀하면 주회로 ①의 주접점 MC가 열린다.
〔4〕 주접점 MC가 열리면 주회로 ①의 전동기 M의 전류가 끊겨 전동기는 정지한다.
〔5〕 전자접촉기가 복귀하면 자기유지회로 ②의 자기유지접점 MC-a3이 열려 자기유지를 푼다.

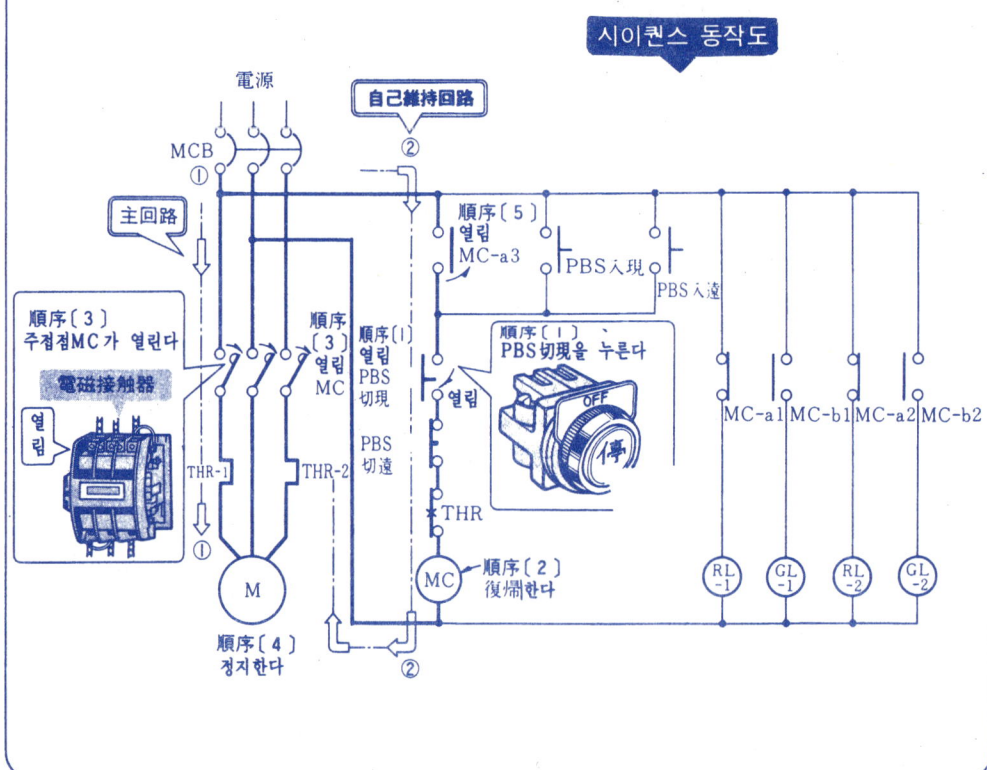

시이퀀스 동작도

전동기의 과부하 전류에 의한 정지 동작

※ 전동기에 과부하 전류가 흐르면 열동 과전류릴레이 THR이 동작하여 자기유지회로②의 접점 THR를 연다. 이것은 정지버튼 스위치를 누른 것과 같아 전동기 M은 정지한다.

2. 전동기의 현장 원격 조작에 의한 기동, 정지 제어회로의 판독법

전동기의 현장 제어반에 의한 정지동작 [2] — 표시등 회로

순서 [6] 전자접촉기가 복귀하면 현장 표시등 회로 ⑤의 a접점 MC-a1이 열린다.
[7] 접점 MC-a1이 열리면 회로⑤의 적색램프 RL-1의 전류가 끊겨 소등된다.
[8] 전자접촉기가 복귀하면 원격 표시등 회로 ⑦의 a접점 MC-a2가 열린다.
[9] 접점 MC-a2가 열리면 회로⑦의 적색램프 RL-2의 전류가 끊겨 소등된다.
[10] 전자접촉기가 복귀하면 현장 표시등 회로 ⑥의 b접점 MC-b1이 닫힌다.
[10] 접점 MC-b1이 닫히면 회로⑥의 녹색램프 GL-1에 전류가 흘러 점등된다.
[12] 전자접촉기가 복귀하면 원격 표시등 회로 ⑧의 b접점 MC-b2가 닫힌다.
[13] 접점 MC-b2가 닫히면 회로⑧의 녹색램프 GL-2에 전류가 흘러 점등된다.

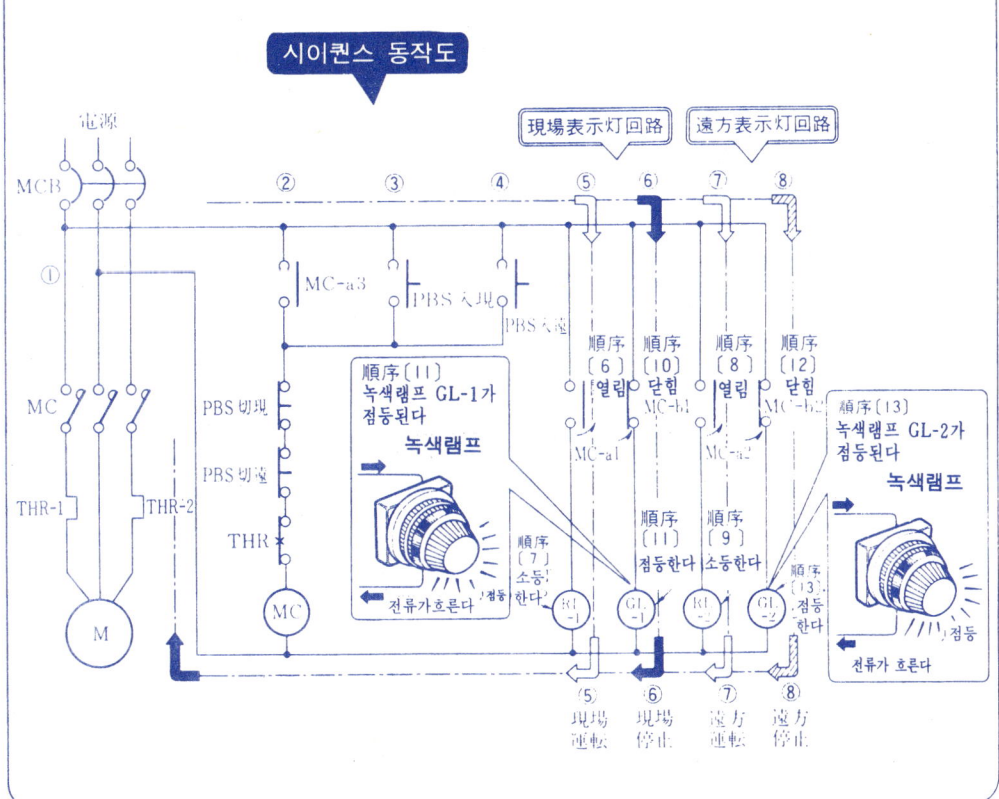

전동기의 원격 제어반에 의한 정지 동작

※ 원격제어반에 의한 정지동작은 현장제어반에 의한 정지동작 순서 [1] 에 있어서 현장 정지버튼 PBS을 누르는 대신 원격정지버튼 PBS을 누르면 똑같은 동작을 하여 전동기 M이 정지한다.

3. 콘덴서 모우터의 정역전 제어회로의 판독법

① 콘덴서 모우터의 정역전제어회로의 실제배선도

※ 콘덴서 모우터의 정역전 제어회로에 대한 실제배선도의 한 예를 들면 아래 그림과 같다. 이것은 콘덴서 모우터의 정전·연전회로의 변환기 정전용 F-MC 및 역전용 R-MC와 2개의 전자접촉기를 사용, 각각의 푸시버튼 스위치로 정전, 역전 및 정지 조작을 할 수 있게 만든 것이다.

콘덴서 모우터의 정역전 제어회로의 실제배선도

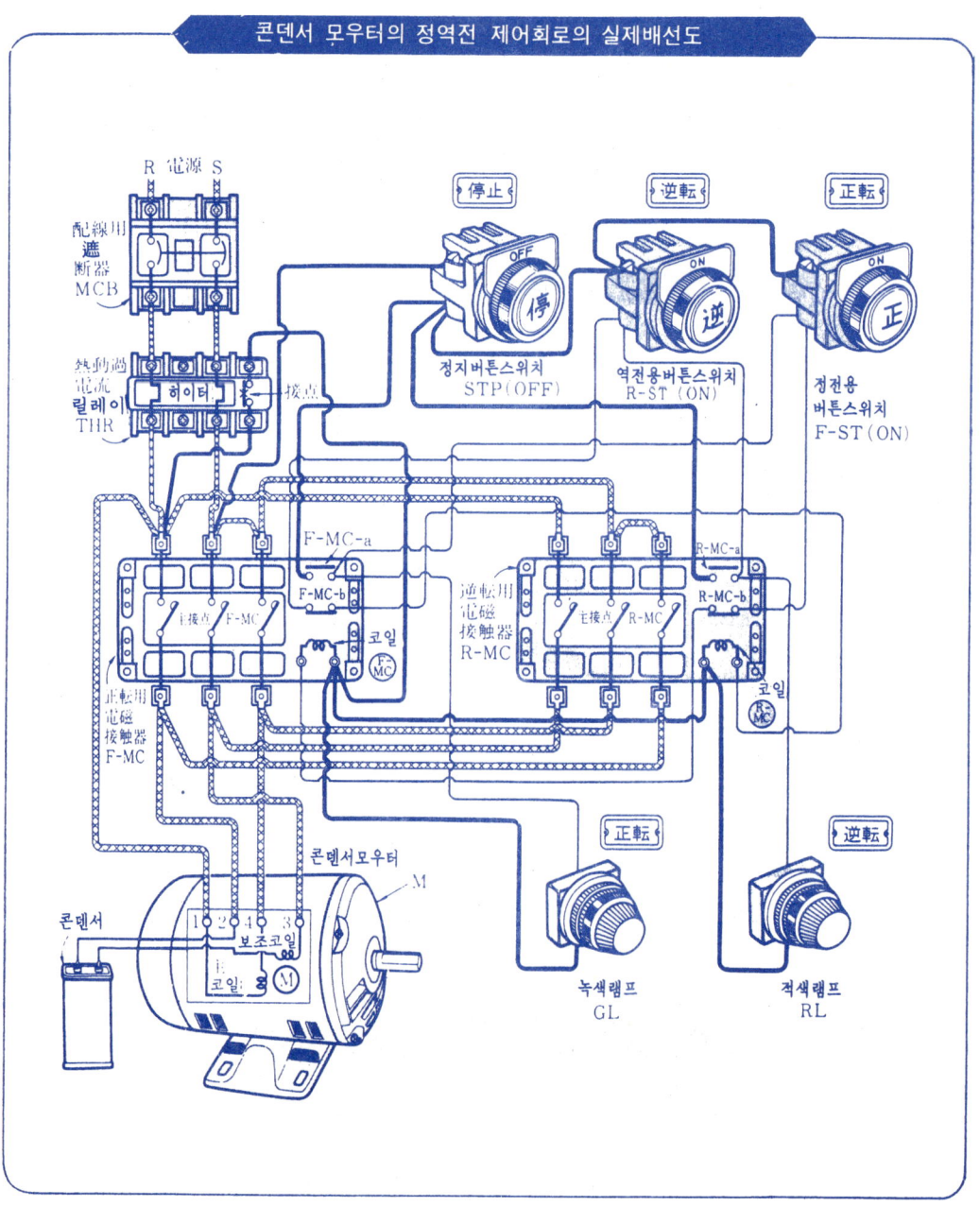

3. 콘덴서 모우터의 정역전 제어회로의 판독법

② 콘덴서 모우터의 정역전 제어회로 시이퀀스도

❈ 콘덴서 모우터의 정전·역전 제어회로의 실제배선도(p.268)를 시이퀀스도로 바꾸어 그리면 아래와 같이 된다.

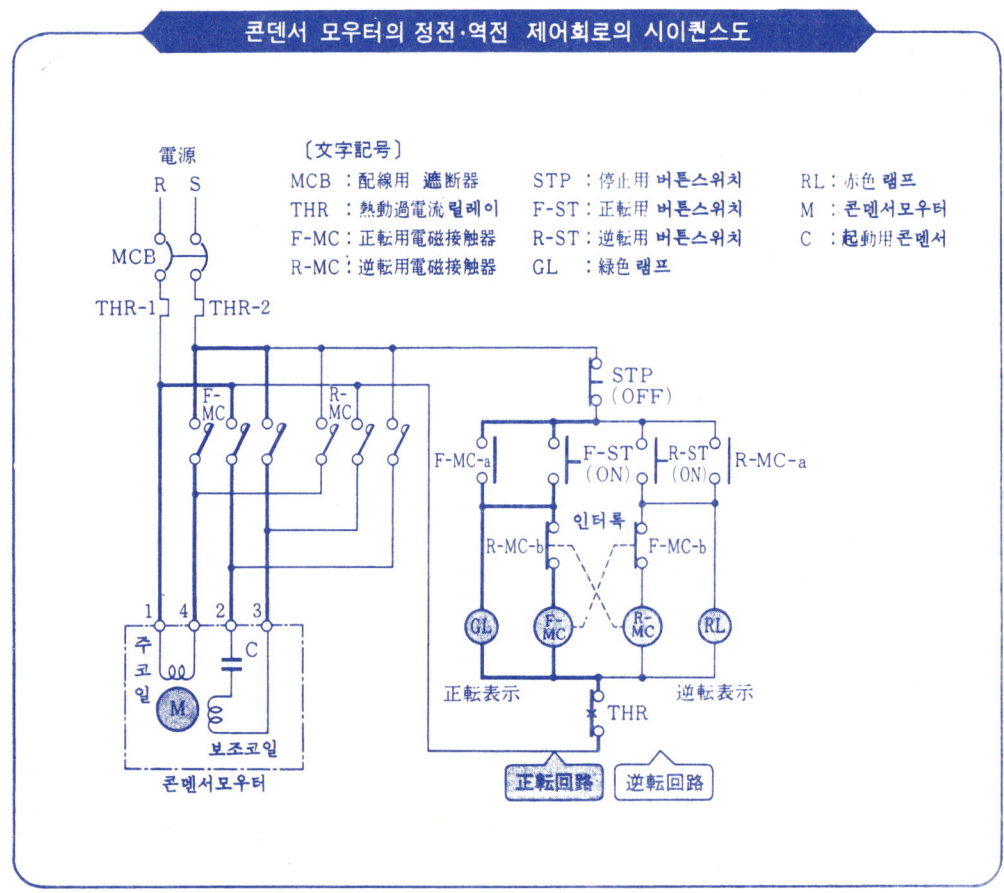

콘덴서 모우터의 정전·역전 제어회로의 시이퀀스도

콘덴서 모우터란?

❈ 콘덴서 모우터란 주코일 외에 보조코일을 설치하고 이것에 콘덴서를 접속시켜 기동토오크를 발생시킬 수 있게 만든 단상유도전동기를 말하며 단상전원으로 구동할 수 있으므로 가정용은 물론 공업용으로도 널리 쓰이고 있다.

콘덴서 모우터의 정전·역전법

❈ 콘덴서 모우터를 정방향, 역방향으로 운전하는 데는 콘덴서가 접속된 보조코일의 상을 전원에 대하여 변환하면 된다.

전동기 제어의 실용기본회로

③ 콘덴서 모우터 「정전운전」의 시이퀀스 동작

● 順序〔1〕 ● ─ 전원회로·정전 기동정지회로의 동작

▶ (1) 배선용 차단기 MCB(전원스위치)를 넣는다.
▶ (2) 정전기동회로⑤의 정전용 버튼스위치 F-ST(ON)을 누른다.
▶ (3) 회로⑤의 코일 F-MC에 전류가 흐르면 정전용 전자접촉기 F-MC가 동작한다.

※ 정전용 전자접촉기 F-MC가 동작하면 다음 순서〔2〕,〔3〕,〔4〕의 동작이 동시에 이루어진다.

● 順序〔2〕 ● ─ 모우터 주회로의 동작

▶ (1) 정전용 F-MC가 동작하면 주회로①의 주접점 F-MC가 닫힌다.
▶ (2) 주접점 F-MC가 닫히면 콘덴서 모우터에 전류가 흘러 모우터는 정방향으로 회전한다.
 (설 명) ● 주접점 F-MC가 닫히면 콘덴서 모우터의 주코일 단자 1과 R상 단자 4와 S상, 또 보조코일의 단자 2와 R상, 단자 3과 S상이 접속되므로 모우터는 정방향으로 회전한다.

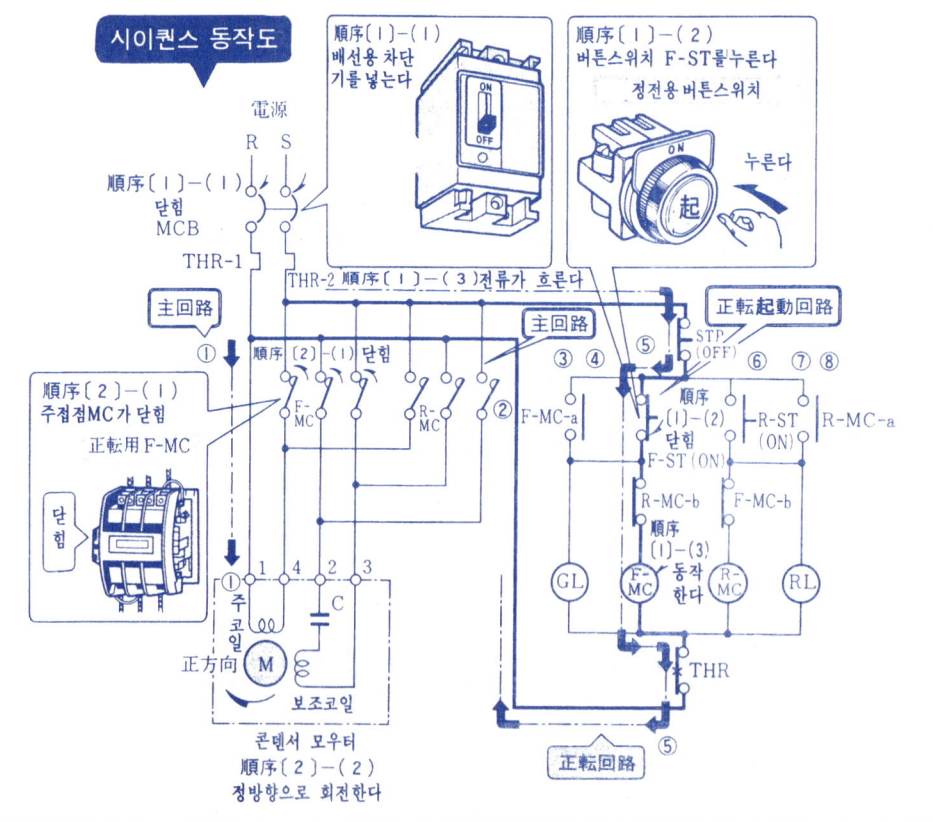

-270-

3. 콘덴서 모우터의 정역전 제어회로의 판독법

● 順序 〔3〕 ● ─ 자기유지회로·정전 표시등 회로의 동작

▶ (1) 정전용 F-MC가 동작하면 자기유지회로④의 자기유지 a접점 F-MC-a가 닫혀 자기 유지된다.
▶ (2) 회로⑤의 정전용 버튼스위치 F-ST(ON)을 누른 손을 떼더라도 회로④를 통하여 코일 F-MC에는 전류가 계속 흐른다.
▶ (3) 자기유지 a접점 F-MC-a가 닫히면 정전 표시등 회로③에 전류가 흘러 녹색램프 GL 이 점등된다.

·정전용 전자접촉기 F-MC가 동작하면 다음 순서 〔2〕, 〔3〕, 〔4〕의 동작이 동시에 이루어진다.

● 順序 〔4〕 ● ─ 인터록 회로의 동작

▶ (1) 정전용 F-MC가 동작하면 역전 기동회로⑥의 접점 F-MC-b가 열려 인터록된다.
  (설 명) ● 역전용 버튼스위치 R-ST(ON)을 눌러도 역전용 전자접촉기 R-MC는 동작하지 않는다.

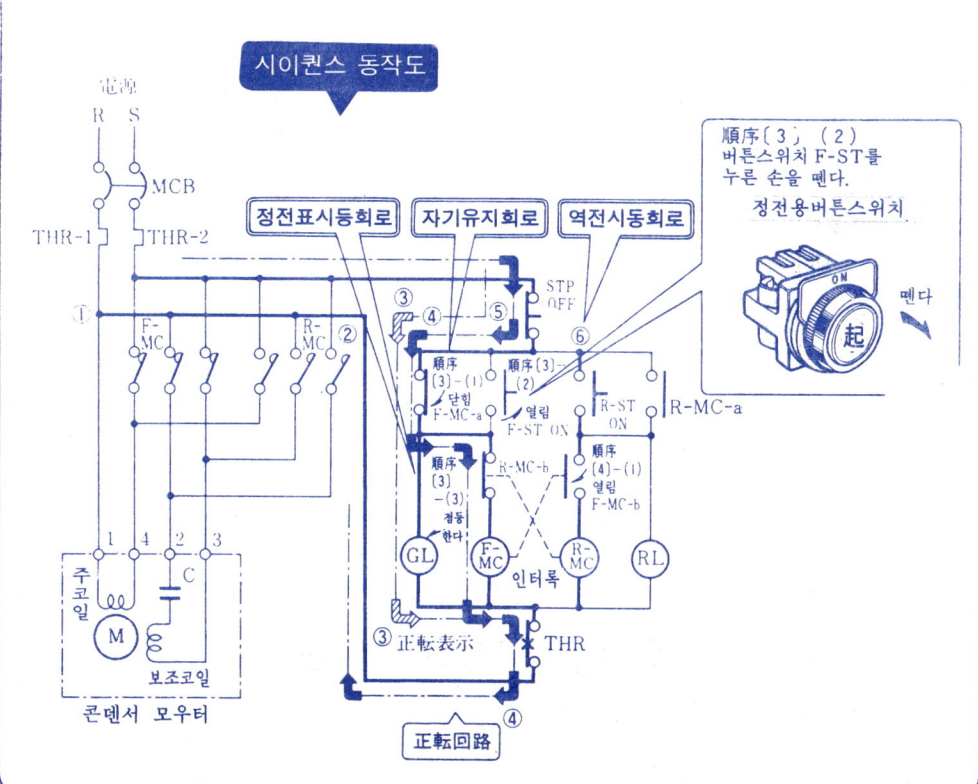

전동기 제어의 실용기본회로

③ 콘덴서 모우터 「정전운전」의 시이퀀스 동작

● 順序〔5〕 ● 정지 회로의 동작〔1〕

▶ (1) 자기유지회로④의 정지용 버튼스위치 STP(OFF)를 누른다.
▶ (2) 회로④의 코일 F-MC의 전류가 끊겨 정전용 전자접촉기 F-MC가 복귀한다.
　　※ 정전용 전자접촉기 F-MC가 복귀하며 다음 (3), (5), (7)의 동작이 동시에 이루어진다.
▶ (3) 정전용 F-MC가 복귀하면 주회로①의 주접점 F-MC가 열린다.
▶ (4) 주접점 F-MC가 열리면 콘덴서 모우터에의 전류가 끊겨 모우터는 정지한다.
▶ (5) 정전용 F-MC가 복귀하면 자기유지회로④의 자기유지 a접점 F-MC-a가 열려 자기 유지를 푼다.

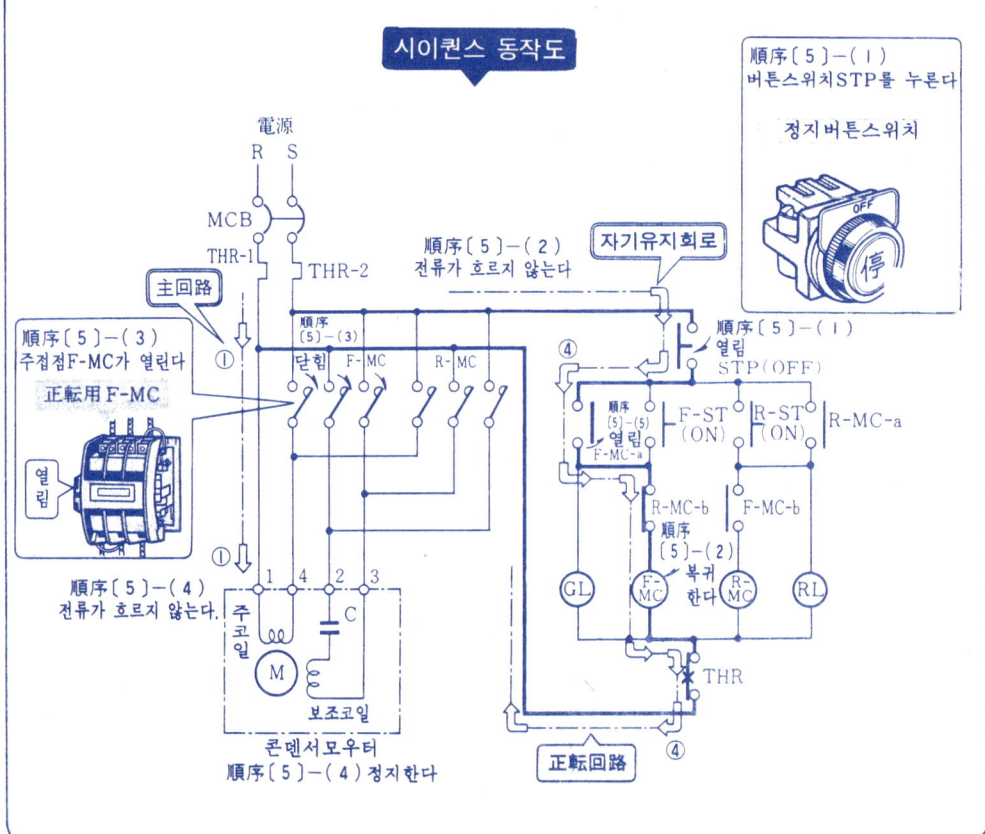

시이퀀스 동작도

과전류 사고에 의한 정지동작

※ 콘덴서 모우터의 과부하 등에 의하여 과전류가 흐르면 열동과전류 릴레이의 히이터가 가열되어 동작하고 자기유지회로의 정지 버튼스위치 STP(OFF)를 누른 것과 같은 작용을 하므로 모우터는 정지한다.

3. 콘덴서 모우터의 정역전 제어회로의 판독법

● 順序〔5〕 ● ■ 정지 회로의 동작〔2〕 ■

▶ (6) 자기유지 a접점 F-MC-a가 열리면 정전 표시등 회로③에의 전류가 끊겨 녹색램프 GL이 소등된다.
▶ (7) 정전용 F-MC가 복귀하면 역전 시동회로⑥의 b접점 F-MC-b가 인터록을 푼다.
▶ (8) 회로④의 정지용 버튼스위치 STP(OFF)를 누른 손을 떼더라도 회로⑤ 및 회로④가 F-ST (ON) 및 접점 F-MC-a에서 열려 있으므로 F-MC에는 전류가 흐르지 않는다.

이것으로 모든 회로가 원 순서「1」의 상태로 되돌아간다.

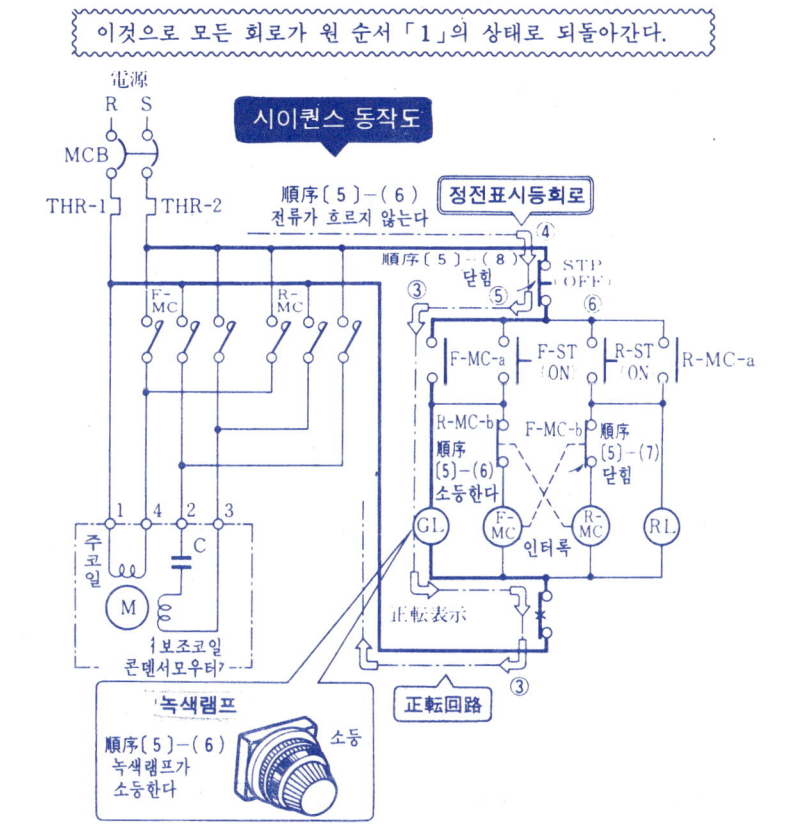

■ 정전·역전의 변환 동작 ■

❖ 콘덴서 모우터를 정전에서 역전으로, 또 역전에서 정전으로 변환하는데는 서로 인터록되어 있으므로 반드시 정지 동작을 한 다음 변환시키지 않으면 안된다.

● 역전운전의 시이퀀스 동작은 정전운전과 동작순서가 똑같으므로 생략했다. 스스로 생각해 보기 바란다.

—273—

4. 전동기의 촌동운전제어회로의 판독법

① 전동기의 촌동운전 제어회로의 실제배선도

※ 전동기의 촌동운전 제어회로의 실제배선도에 대하여 한 예를 든 것이 아래 그림이다. 전동기회로의 직접적인 개폐는 전자접촉기 MC로 한다. 이 전자접촉기는 연속운전용의 기동버튼 PBS누름 및 정지푸시버튼 PBS끊음외에 촌동버튼 PBS 촌동을 하나로 묶은 3점 푸시버튼 스위치로 조작한다.

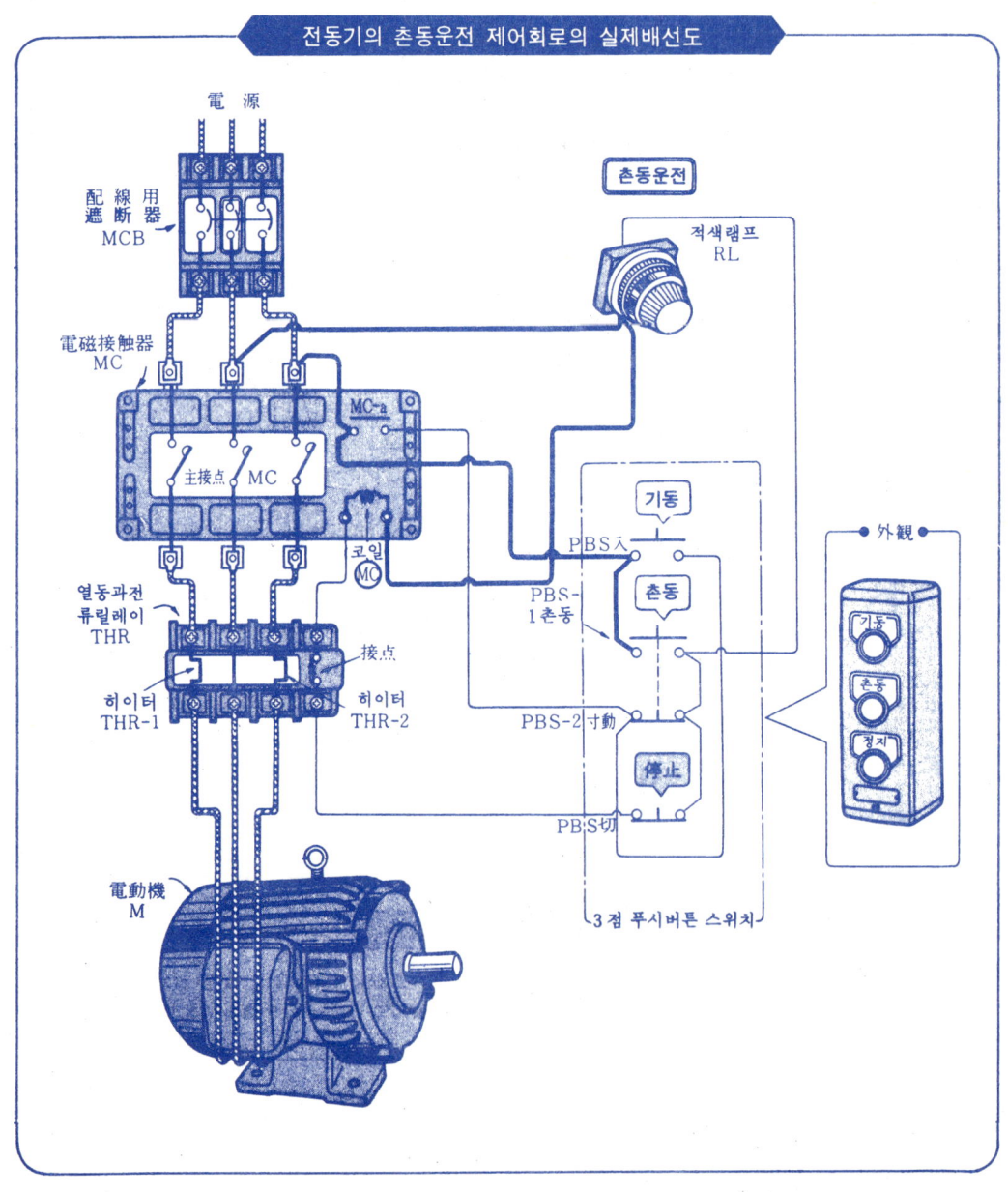

전동기의 촌동운전 제어회로의 실제배선도

—274—

4. 전동기의 촌동 운전 제어회로의 판독법

② 전동기의 촌동운전 제어회로의 시이퀀스 동작

● 順序 [I] ● ─── 촌동 버튼을 누르고 있을 때의 동작 ───

● 촌동버튼 스위치를 누르면 전동기는 시동하고 버튼을 누르고 있는 동안만 회전한다.
▶ (1) 전원의 배선용 차단기 MCB(전원 스위치)의 레버를 「ON」으로 하고 전원을 투입한다.
▶ (2) 촌동버튼 스위치를 누르면 촌동운전회로 ④의 a접점 PBS-1촌동이 닫힌다.
▶ (3) 촌동버튼 스위치를 누르면 촌동운전회로 ④의 b접점 PBS-2촌동이 열린다.
　※ 촌동버튼 스위치를 누르는 a접점 PBS-1촌동과 b접점 PBS-2촌동이 연동기구로 되어 있으므로 (2), (3)의 동작이 동시에 이루어진다.
▶ (4) 접점 PBS-1촌동이 닫히면 촌동표시등회로 ⑤에 전류가 흘러 적색램프 RL이 점등된다.
▶ (5) 접점 PBS-1촌동이 닫히면 촌동운전회로 ④의 코일 MC에 전류가 흘러 전자접촉기 MC가 동작한다.
▶ (6) 전자접촉기가 동작하면 주회로 ①의 주접점 MC가 닫힌다.
▶ (7) 주접점 MC가 닫히면 주회로 ①의 전동기 M에 전류가 흘러 전동기는 기동한다.
▶ (8) 전자접촉기가 동작하면 자기유지회로 ②의 a접점 MC-a가 닫힌다.
　※ 접점 MC-a가 닫히더라도 자기유지회로 ②는 접점 PBS-2 촌동이 「열림」으로 자기유지된다.

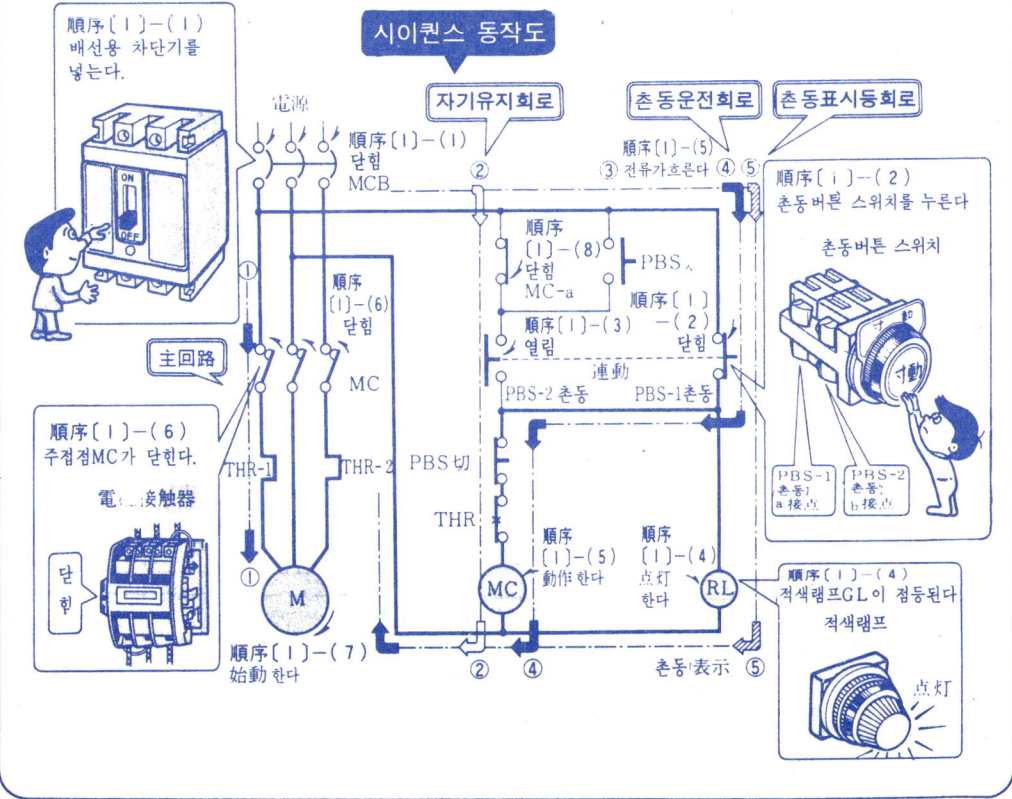

전동기 제어의 실용기본회로

② 전동기의 촌동운전 제어회로의 시이퀀스 동작

順序〔2〕 — 촌동 버튼을 누른 손을 뗐을 때의 동작

- 촌동버튼을 누른 손을 떼면 전동기는 정지한다.
- ▶ (1) 촌동버튼을 누른 손을 떼면 촌동운전회로④의 a접점 PBS-1촌동이 열린다.
- ▶ (2) 촌동버튼을 누른 손을 떼면 연동된 자기유지회로②의 b접점 PBS-2 촌동이 닫힌다.
- ▶ (3) 접점 PBS-1촌동이 열리면 촌동표시등회로⑤에의 전류가 끊겨 적색램프 RL 가 소등된다.
- ▶ (4) 접점 PBS-1촌동이 열리면 촌동운전회로④의 코일 MC에의 전류가 끊겨 전자접촉기 MC가 복귀한다.
- ▶ (5) 전자접촉기가 복귀하면 주회로①의 주접점 MC가 열린다.
- ▶ (6) 주접점 MC가 열리면 주회로①의 전동기 M에의 전류가 끊겨 전동기는 정지한다.
- ▶ (7) 전자접촉기가 복귀하면 자기유지회로②의 a접점 MC-a가 열린다.

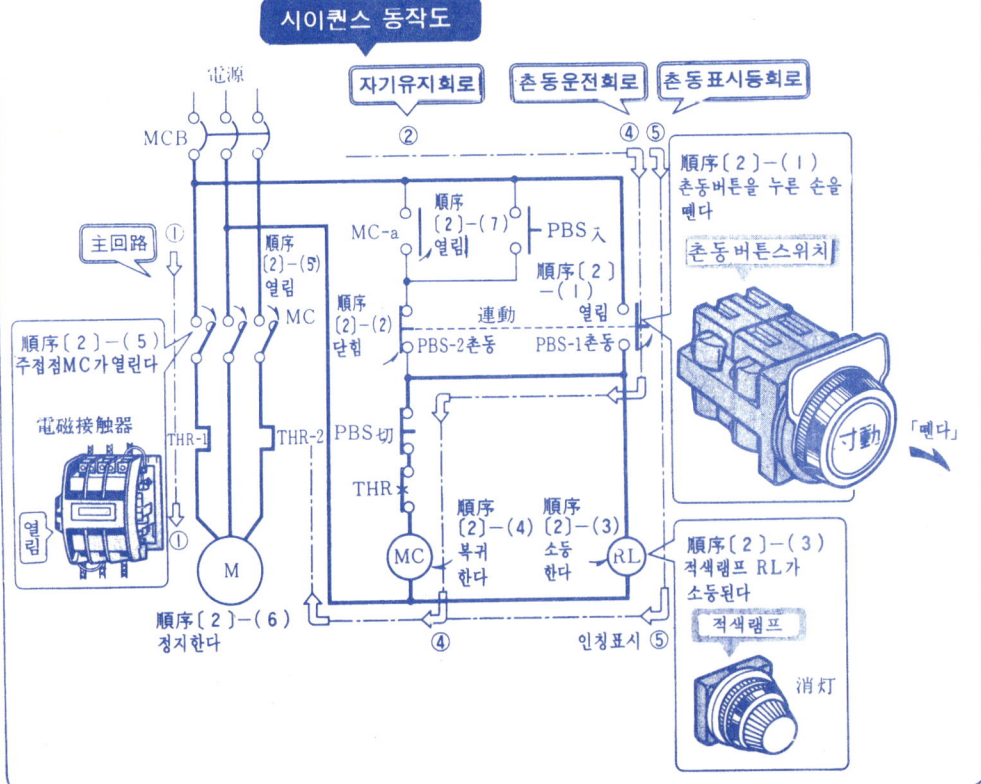

촌동 운전을 하려면

※ 전동기를 촌동운전하려면 촌동버튼을 누르거나 (순서〔1〕), 버튼에서 손을 떼거나 (순서〔2〕)의 동작을 반복하여 전동기의 미소시간 운전·정지한다.

4. 전동기의 촌동 운전 제어회로의 판독법

● 順序〔3〕● 　　연속운전의 기동 동작

- 기동버튼을 누르면 전동기는 기동하고 연속운전이 된다.
▶ (1) 전원의 배선용차단기 MCB(전원스위치)의 레버를 「ON」으로 하고 전원을 투입한다.
▶ (2) 기동 정지회로③의 기동버튼스위치 PBS을 누른다.
▶ (3) 접점 PBS入이 닫히면 기동정지회로③의 코일 MC에 전류가 흘러 전자접촉기 MC가 동작한다.
▶ (4) 전자접촉기가 동작하면 주회로①의 주접점 MC가 닫힌다.
▶ (5) 주접점 MC가 동작하면 주회로①의 전동기 M에 전류가 흘러 전동기가 기동회전한다.
▶ (6) 전자접촉기가 동작하면 자기유지회로②의 a접점 MC-a가 닫혀 자기유지된다.
▶ (7) 기동정지회로③의 기동버튼 PBS을 누른 손을 뗀다.
　　※ PBS入을 누른 손을 떼더라도 자기유지회로②를 통하여 전자접촉기 MC는 부세되고 있으므로 전동기 M은 연속하여 운전된다.

시이퀸스동작도

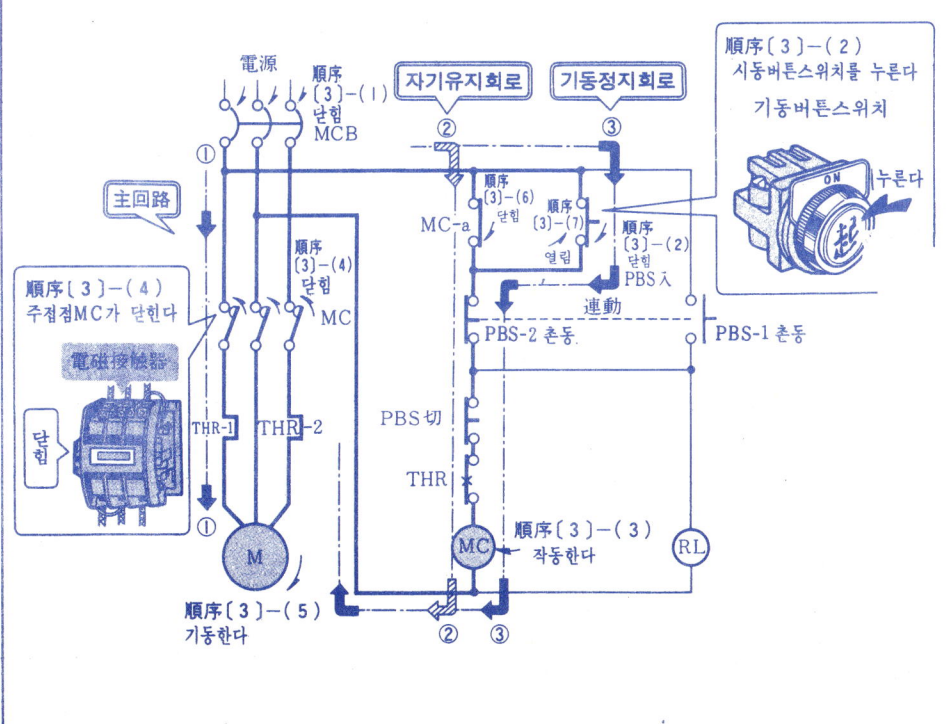

전동기 제어의 실용 기본회로

② 전동기의 촌동운전 제어회로의 시이퀀스 동작

● 順序〔4〕 ● 　연속운전의 정지동작

- 정지버튼을 누르면 전동기는 정지한다.
- ▶ (1) 자기유지회로②의 정지버튼스위치 PBS을 누른다.
- ▶ (2) 정지 PBS을 누르면 자기유지회로②의 코일 MC 에의 전류가 끊겨 전자접촉기 MC 가 복귀한다.
- ▶ (3) 전자접촉기가 복귀하면 주회로①의 주접점 MC가 열린다.
- ▶ (4) 주접점 MC가 열리면 주회로①의 전동기 M에의 전류가 끊겨 전동기는 정지한다.
- ▶ (5) 전자접촉기가 복귀하면 자기유지회로②의 a접점 MC-a 가 열려 자기유지를 푼다.
- ▶ (6) 자기유지회로②의 정지버튼②PBS을 누른 손을 뗀다.
  ※ 정지 PBS을 누른 손을 떼더라도 자기유지접점 MC-a 가 열려 있으므로 전자접촉기 MC는 동작하지 않는다.

시이퀀스 동작도

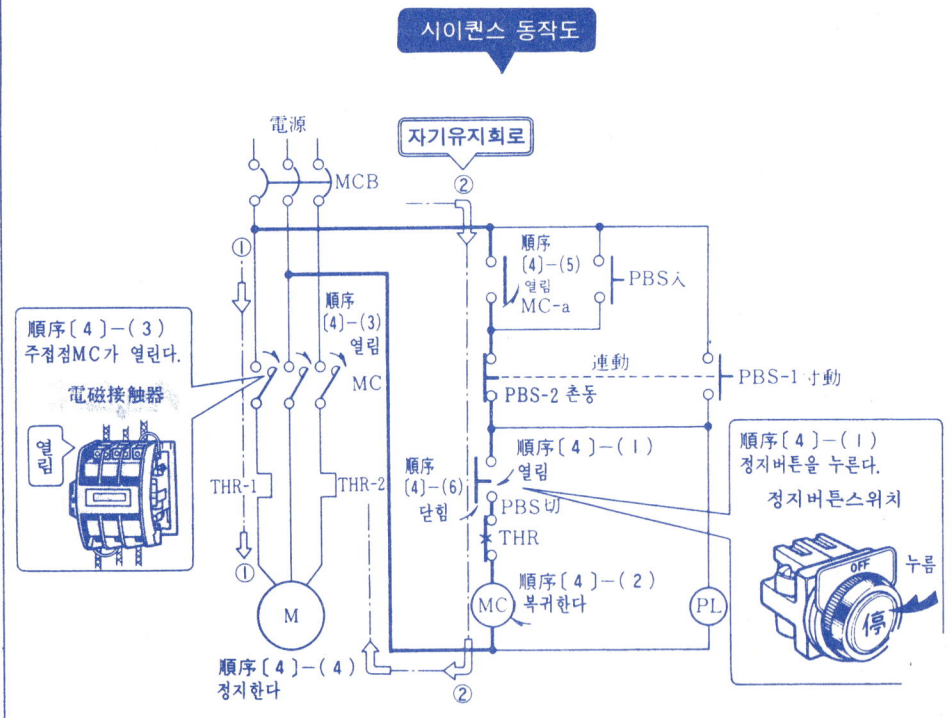

이것으로 모든 동작은 원래의 순서〔3〕의 상태로 되돌아간다.

5. 전동기의 역상제동 제어회로 판독법

① 전동기의 역상 제동 제어회로의 실제배선도

❖ 전동기의 역상제동(플러깅) 제어회로에 대한 실제배선도의 한 예를 든것이 아래 그림이다. 전동기의 역상제동에 있어서는 제동버튼을 누르고 정전에서 역전으로 변환한 다음 제동을 걸어야 하는 바, 정전용 전자접촉기와 역전용 전자접촉기와의 동시 투입이라는 위험을 피하기 위하여 중간에 타임랙릴레이를 두어 그 동작시간만큼 지연시킴과 함께 역전회로를 플러깅릴레이(속도개폐기)를 사용, 자동적으로 분리되도록 하고 있다.

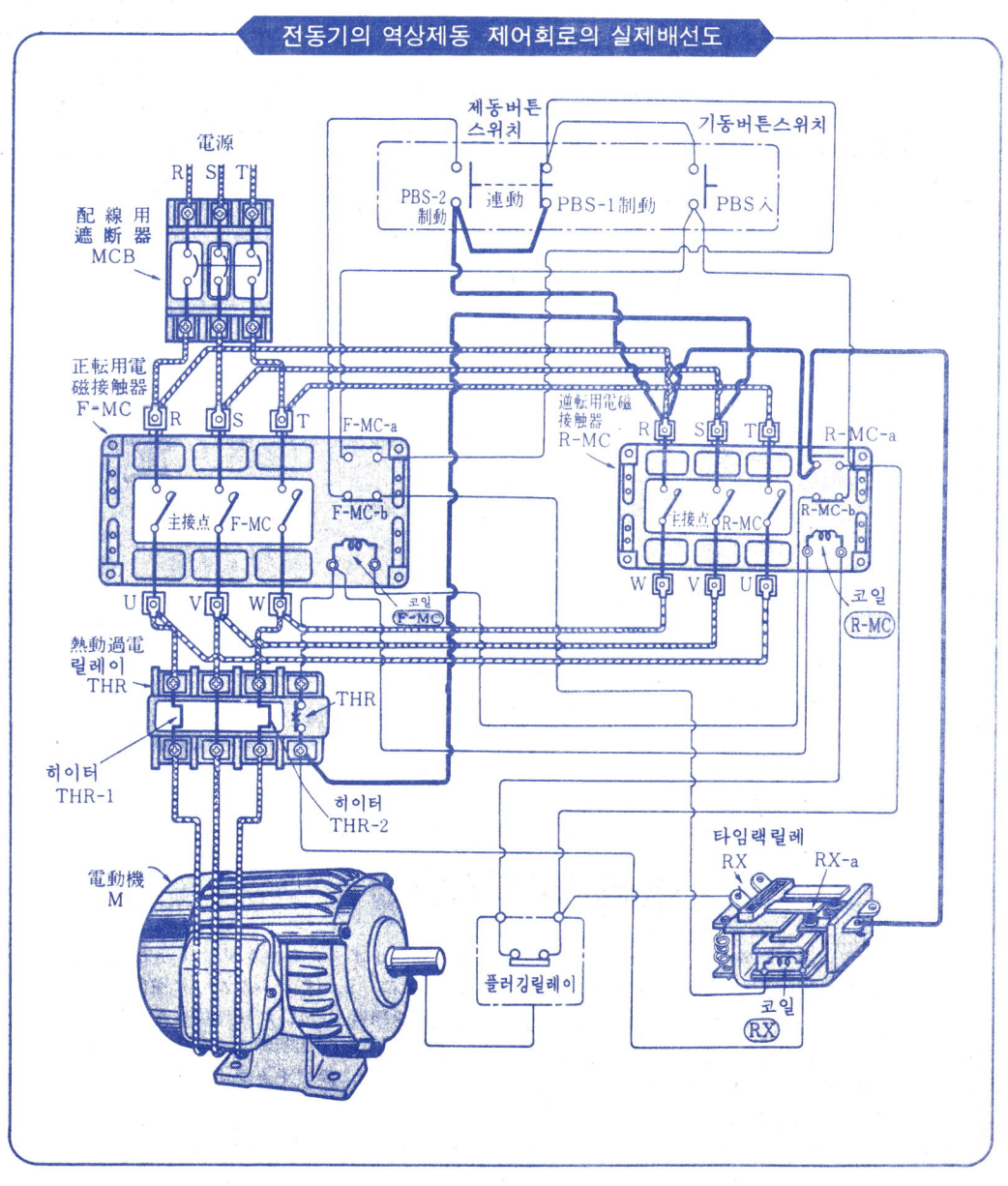

전동기의 역상제동 제어회로의 실제배선도

전동기 제어의 실용 기본회로

② 전동기의 역상제동 제어회로의 시이퀀스도

❈ 전동기의 역상제동 제어회로의 실제배선도(p. 279)를 시이퀀스도로 바꾸어 그리면 아래 그림과 같이 된다.

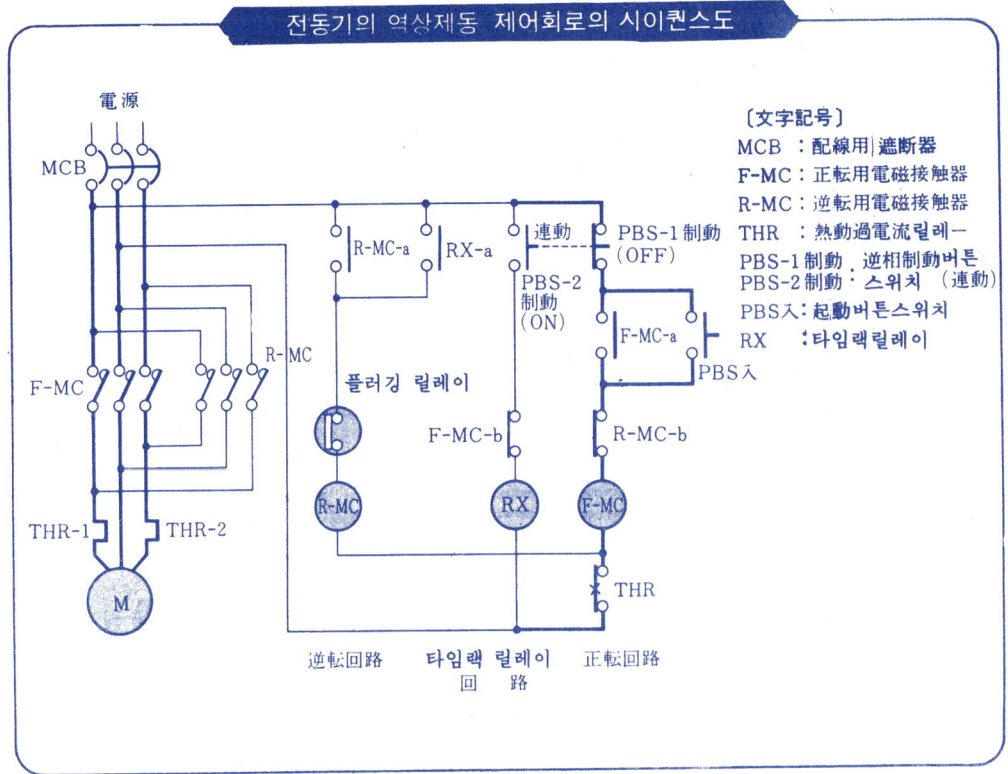

역상 제동이란 ?

❈ 3상 유도전동기에서는 전동기 단자가운데 어느 2상을 변환하면 역방향으로 회전한다. 이것을 이용하여 정방향으로 회전하고 있는 전동기를 정지시키고자 할 때, 역상전압을 가하여 역방향의 토오크를 발생시키면 전동기를 강제로 급정지시킬 수 있다. 이것을 전동기의 역상제동(플러깅 plugging) 또는 역토오크 제동이라 한다.

타임랙 릴레이의 작용

❈ 전동기의 정역전제어(p. 269~273)에서는 정회전 중에 정지버튼을 누르지 않고 대뜸 역전용버튼을 눌러도 역회전을 하지 않으나 역상제동에서는 정회전에서 막바로 역회전시킬 수 있으므로 정전용 전자접촉기 F-MC와 역전용 전자접촉기 R-MC가 동시에 투입되면 전원 단락사고의 위험이 따른다. 그래서 역상제동에 있어서는 역상제동 버튼을 눌러 정전회로를 개로함과 동시에 타임랙 릴레이를 동작시키되 이 타임랙 릴레이의 동작에 의하여 역전회로를 폐로하도록 하면 그 동작시간만큼 지연되어 F-MC와 R-MC의 동시 투입을 피할 수 있게된다.

5. 전동기의 역상제동 제어회로의 판독법

③ 전동기의 역상제동 제어회로의 시이퀀스 동작

● 順序〔Ⅰ〕 ●   정전운전의 기동 동작

● 기동버튼을 누르면 전동기는 기동하고 정방향으로 회전한다.
▶ (1) 전원의 배선용 차단기 MCB(전원스위치)의 레버를 「ON」으로 하고 전원을 투입한다.
▶ (2) 기동회로⑦의 기동버튼스위치 PBS을 누른다.
▶ (3) 기동 PBS을 누르면 기동회로⑦의 코일 F-MC 에 전류가 흘러 정전용 전자접촉기 F-MC가 동작한다.

     ※ 정전용 F-MC가 동작하면 다음 (4), (6), (7)의 동작이 동시에 이루어진다.
▶ (4) 정전용 F-MC가 동작하면 주회로①의 정전용 주접촉 F-MC가 닫힌다.
▶ (5) 주접전 F-MC가 닫히면 주회로①의 전동기M에 전류가 흘러 전동기는 기동하고 정방향으로 회전한다.
▶ (6) 정전용 F-MC가 동작하면 정전회로의 자기유지회로⑥의 a접점 F-MC-a 가 닫혀 자기유지된다.
▶ (7) 정전용 F-MC가 동작하면 타임랙 릴레이회로⑤의 b접점 F-MC-b가 열린다.
▶ (8) 기동회로⑦의 기동버튼스위치 PBS을 누른 손을 떼더라도 자기유지회로⑥을 통하여 정전용 F-MC가 부세되므로 전동기는 연속 운전된다.

시이퀀스동작도

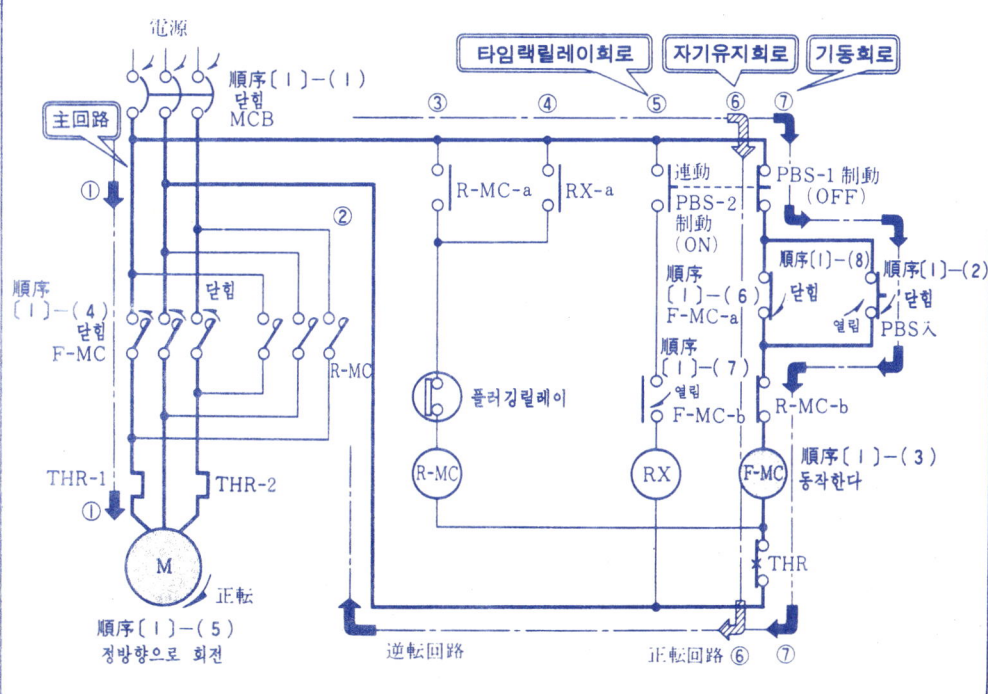

— 281 —

전동기 제어의 실용 기본회로

③ 전동기의 역상제동 제어회로의 시이퀀스 동작

— ● 順序 [2] ● — 　정전 운전 회로의 「개로」동작

● 제동버튼을 누르면 정전회로가 「개로」하여 전동기는 순간적으로 인가되지 않는 상태가 된다.
▶ (1) 제동버튼을 누르면 자기회지회로⑥의 b접점 PBS-1제동이 열린다.
▶ (2) 접점 PBS-1제동이 열리면 자기유지회로⑥의 코일 F-MC 에의 전류가 끊겨 정전용 F-MC는 복귀된다.
　　※ 정전용 F-MC가 복귀되면 다음 (3), (5), (6)의 동작이 동시에 이루어 진다.
▶ (3) 정전용 F-MC가 복귀되면 주회로①의 정전용 주접점 F-MC가 열린다.
▶ (4) 정전용주접점 F-MC가 열리면 주회로①의 전동기 M에는 전압이 인가되지 않는 상태로 된다.
　　※ 전동기에 전압이 인가되지않는 상태로 되더라도 전동기는 관성에 의하여 정방향의 회전을 계속한다.
▶ (5) 정전용 F-MC가 복귀하면 정전회로의 자기유지회로⑥의 a접점 F-MC-a가 열려 자기유지를 푼다.
▶ (6) 정전용 F-MC가 복귀하면 타임랙릴레이회로⑤의 b접점 F-MC-b가 닫힌다.

시이퀀스동작도

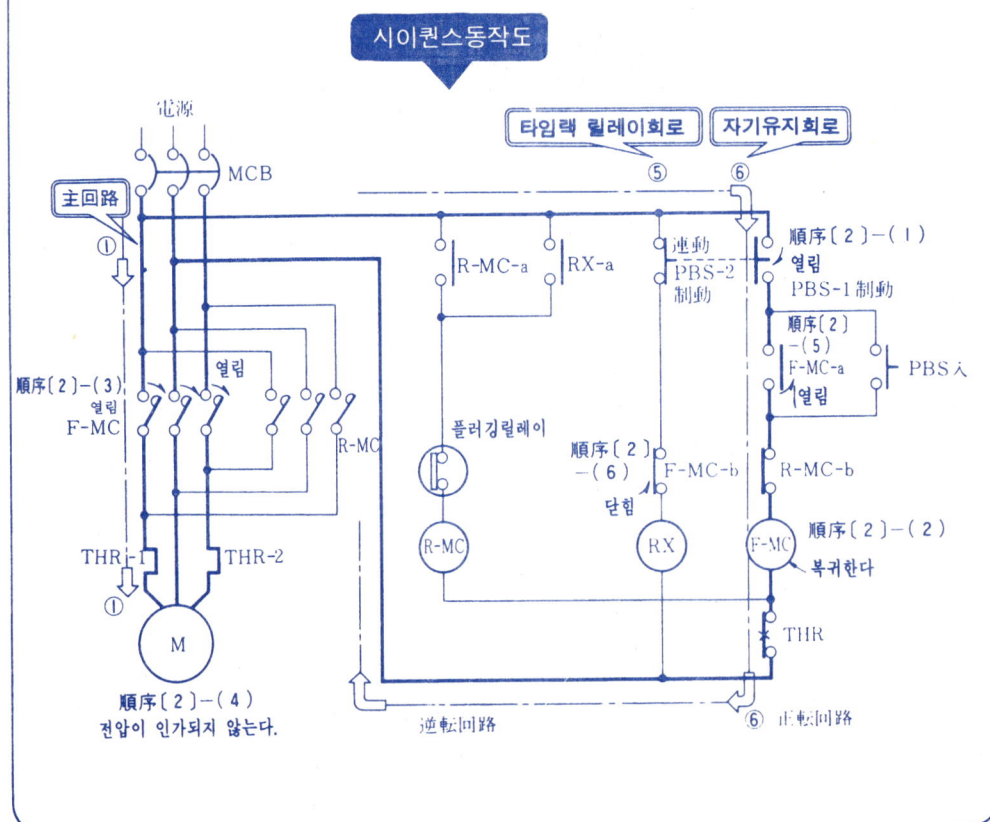

—282—

5. 전동기의 역상제동 제어회로 판독법

● 順序〔3〕 ● 역상운전 회로의 「폐로」동작

- 제동버튼을 누르면 역전운전회로가 「폐로」하여 전동기에는 역방향의 토오크가 생겨 회전속도가 감소하고 제동이 걸린다.
▶ (1) 제동버튼을 누르면 타임랙릴레이회로⑤의 a접점 PBS-2제동이 닫힌다.
　　※ 제동버튼은 자기유지회로⑥의 b접점 PBS-1제동과 타임랙릴레이회로⑤의 a접점 PBS-2제동이 연동기구로 되어 있으므로 제동버튼을 누르면 순서〔2〕와 순서〔3〕의 동작이 동시에 이루어진다.
▶ (2) 접점 PBS-2제동이 닫히면 코일 RX 에 전류가 흘러 타임랙릴레이 RX가 동작한다.
▶ (3) 타임랙릴레이 RX가 동작하면 역전회로의 시동회로④의 a접점 RX-a가 닫힌다.
▶ (4) 접점 RX-a가 닫히면 역전회로의 시동회로④의 코일 R-MC 에 전류가 흘러 역전용 전자접촉기 R-MC가 동작한다.
　　※ 역전용 R-MC가 동작하면 다음 (5), (7), (8)의 동작이 동시에 이루어진다.
▶ (5) 역전용 R-MC가 동작하면 주회로 ②의 역전용 주접점 R-MC가 닫힌다.
▶ (6) 역전용 주접점 R-MC가 닫히면 주회로②의 전동기M에 인가되는 전압의 2상이 변환되므로 역전방향의 토오크가 생겨 전동기의 정방향 회전속도가 감소된다.
▶ (7) 역전용 R-MC가 동작하면 기동회로⑦의 b접점 R-MC-b가 열린다.
▶ (8) 역전용 R-MC가 동작하면 역전회로의 자기유지회로③의 a접점 R-MC-a가 닫혀 자기유지된다.

시이퀀스동삭도

전동기 제어의 실용 기본회로

③ 전동기의 역상제동 제어회로의 시이퀀스 동작

● 順序〔4〕 ●   역전운전 회로의 「개로」동작

- 전동기가 역전방향의 토오크에 의한 제동작용으로 전동기의 정방향 회전속도가 0에 가까와지면 플러깅릴레이(속도개폐기)가 동작하여 역전운전회로를 「개로」하므로 전동기는 정지한다.
- ▶ (1) 전동기의 정방향회전속도가 0에 가까와지면 역전회로의 자기유지회로③의 플러깅 릴레이가 동작하여 그 b접점을 연다.
- ▶ (2) 플러깅릴레이의 접점이 열리면 역전회로의 자기유지회로③의 코일 R-MC에의 전류가 끊겨 역전용 R-MC가 복귀된다.
  ※ 역전용 R-MC가 복귀하면 다음 (3), (5), (6)의 동작이 동시에 이루어진다.
- ▶ (3) 역전용 R-MC가 복귀하면 주회로②의 역전용주접점 R-MC가 열린다.
- ▶ (4) 역전용 주접점 R-MC가 열리면 주회로②의 전동기M에 전압이 인가되지 않으므로 전동기는 정지한다.
- ▶ (5) 역전용 R-MC가 복귀하면 정전회로의 기동회로⑦의 b접점 R-MC-b 가 닫힌다.
- ▶ (6) 역전용 R-MC가 복귀하면 역전회로의 자기유지회로③의 a접점 R-MC-a가 열려 자기유지를 푼다.
- ▶ (7) 제동버튼을 누른 손을 뗀다.
  ※ 제동버튼은 모든 동작이 완료할 때까지 계속 누르고 있을 필요가 없으며 순서〔3〕~〔7〕의 동작완료 이후라면 언제 떼더라도 무방하다.

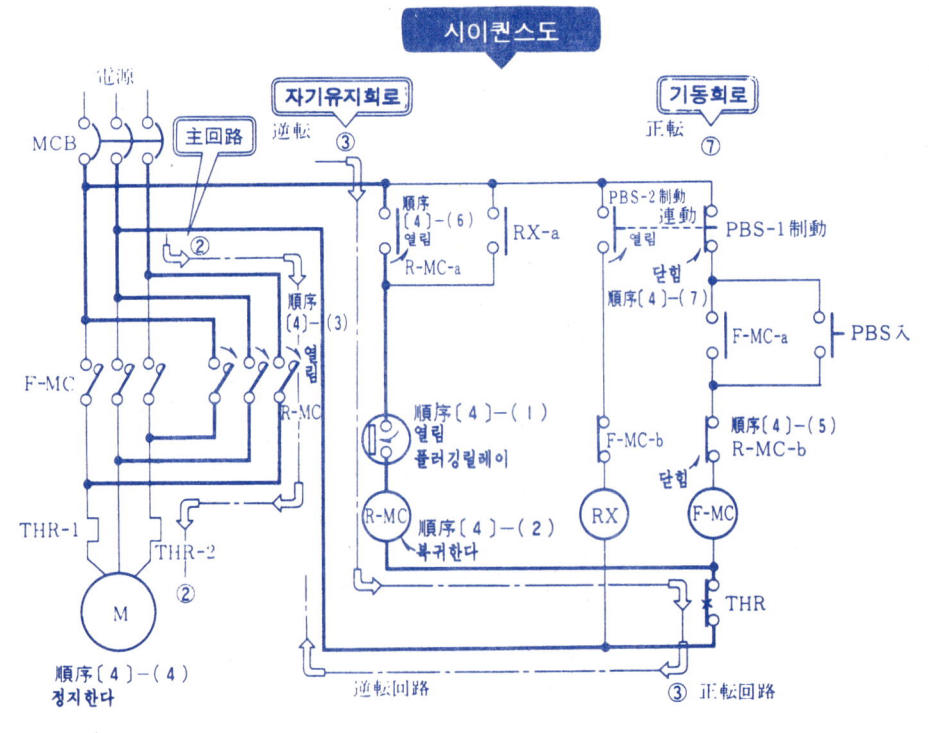

시이퀀스도

— 284 —

6. 전동 송풍기의 지연동작 운전회로의 판독법

① 전동 송풍기의 지연동작 운전회로의 실제배선도

※ 아래 그림은 타이머에 의한 시간제어의 기본회로로서 「지연동작회로」를 사용한 전동송풍기에 대한 지연동작 운전회로의 실제배선도 가운데 한 예를 든 것이다.

※ 이 회로는 기동버튼 스위치를 눌러 입력신호를 준다음 일정시간(타이머의 설정시간)이 경과하면 전동송풍기가 자동적으로 운전을 개시하도록 만든 것이다.

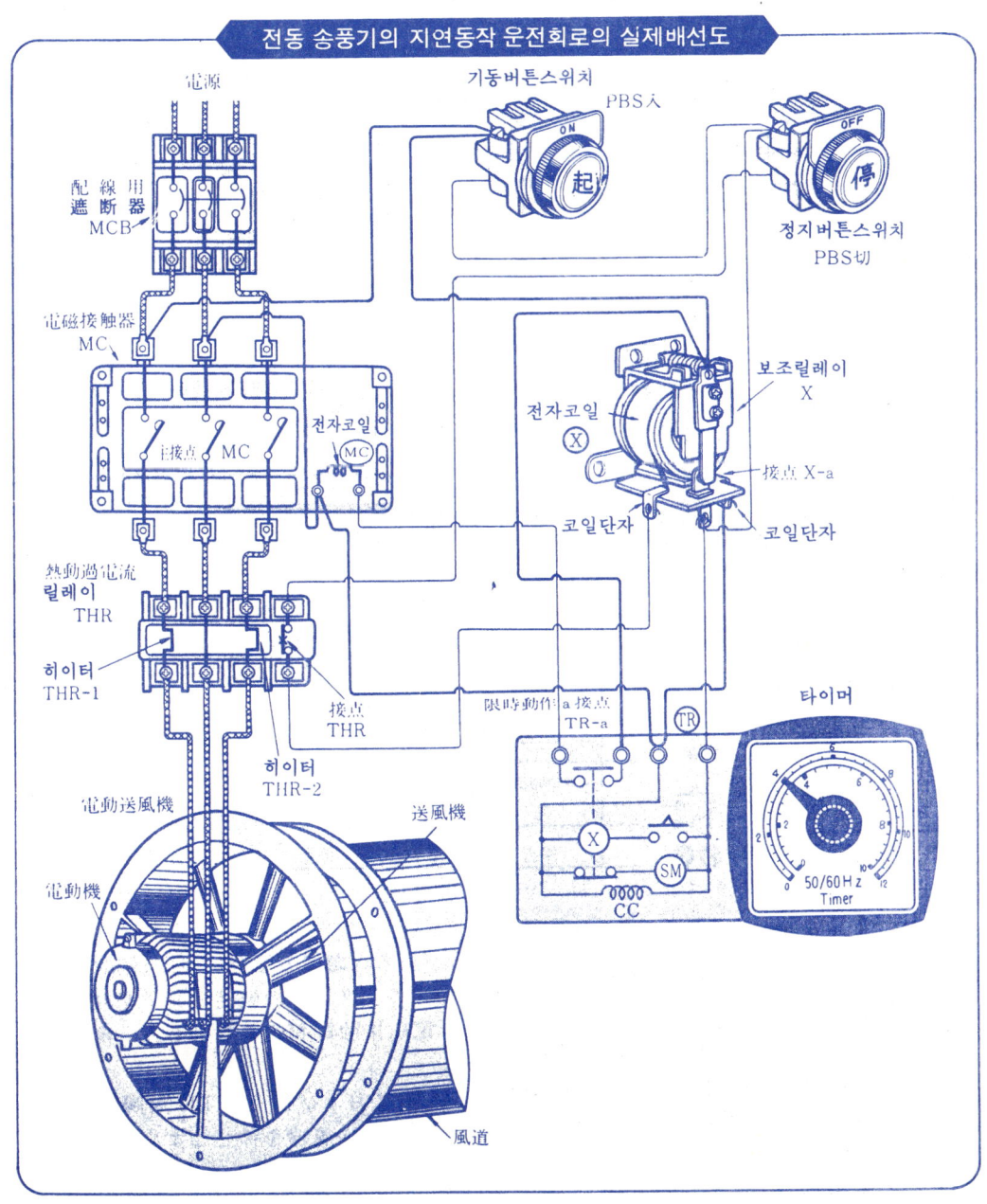

전동 송풍기의 지연동작 운전회로의 실제배선도

전동기 제어의 실용 기본회로

② 전동 송풍기 지연동작 운전회로의 시이퀀스도

※ 전동송풍기에 대한 지연동작 운전회로의 실제배선도(p.285)를 시이퀀스도로 바꾸어 그리면 아래와 같이 된다.
　(주) 전동송풍기란 전동기로 구동하는 송풍기를 말한다.

전동송풍기에 대한 지연동작 운전회로의 시이퀀스도

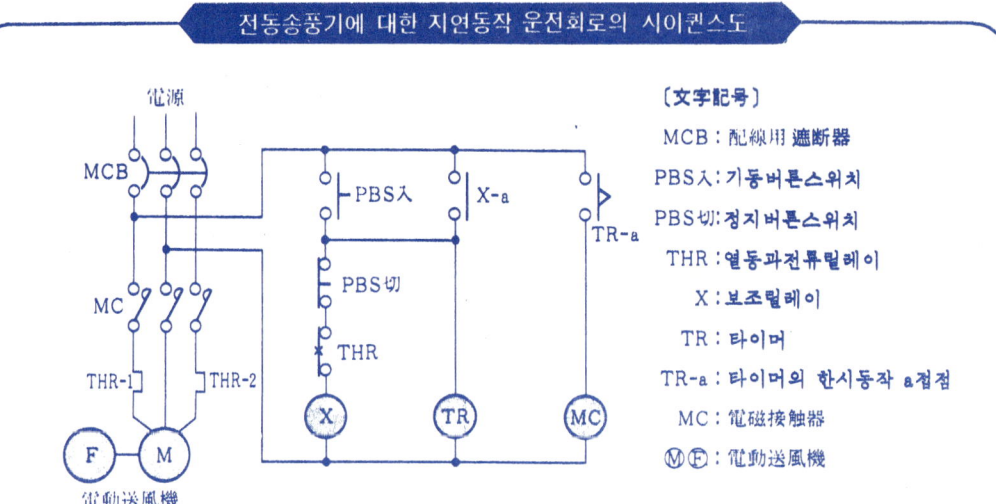

〔文字記号〕
MCB : 配線用 遮斷器
PBS入 : 기동버튼스위치
PBS切 : 정지버튼스위치
THR : 열동과전류릴레이
X : 보조릴레이
TR : 타이머
TR-a : 타이머의 한시동작 a접점
MC : 電磁接触器
Ⓜ︎Ⓕ : 電動送風機

전동송풍기에 대한 지연동작 운전회로의 타임차아트

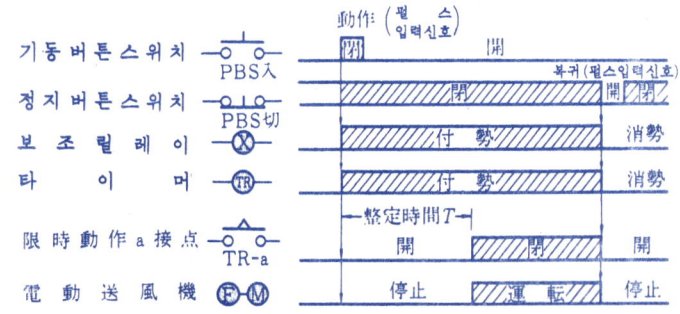

※ 기동 버튼스위치 PBS의 「閉」에 의한 펄스입력 신호를 주면 보조릴레이 X 및 타이머 TR이 부세된다. 그리고 타이머의 정정시간 T가 경과하면 그 한시동작 a접점 TR-a가 닫혀 전자접촉기 MC를 부세하므로 전동송풍기를 시동·운전시킨다.

※ 정지버튼 스위치 PBS을 누르면 보조릴레이 X 및 타이머 TR이 순시에 복귀되므로 전자접촉기 MC도 복귀하여 전동송풍기를 정지시킨다.

6. 전동 송풍기의 지연 동작 운전회로의 판독법

③ 전동 송풍기 지연동작 운전의 시이퀀스동작

전동송풍기의 지연운전의 동작순서

순서 [1] ① 회로의 배선용 차단기 MCB를 닫는다.
  [2] ② 회로의 기동 버튼스위치 PBS을 누르면 그 a접점이 닫힌다.
  [3] 접점기동 PBS가 닫히면 ② 회로의 코일 Ⓧ 에 전류가 흘러 보조릴레이 X가 동작한다.
  [4] 접점기동 PBS가 닫히면 ③ 회로의 코일 ⓉⓇ 에 전류가 흘러 타이머 TR가 부세된다.
  [5] 보조릴레이 X가 동작하면 ④ 회로의 자기유지 a접점 X-a가 자기유지된다.
  [6] ② 회로의 기동 PBS을 누른 손을 떼면 그 a접점은 열리나 ④ 회로를 통하여 보조릴레이 X와 ⑤ 회로를 통하여 타이머 TR은 계속 부세된다.
  [7] 타이머 TR의 정정시간 T가 경과하면 ⑥ 회로의 한시동작 a접점 TR-a가 동작하여 닫힌다.
  [8] 접섬 TR-a가 닫히면 ⑥ 회로의 코일 Ⓜ︎Ⓒ 에 전류가 흘러 전자접촉 MC가 동작한다.
  [9] 전자접촉기 MC가 동작하면 ① 회로의 주접점 MC가 닫힌다.
  [10] 주접점 MC가 닫히면 ① 회로에 전류가 흘러 전동기 M이 가동, 송풍기 F는 운전상태로 된다.

시이퀀스 동작도

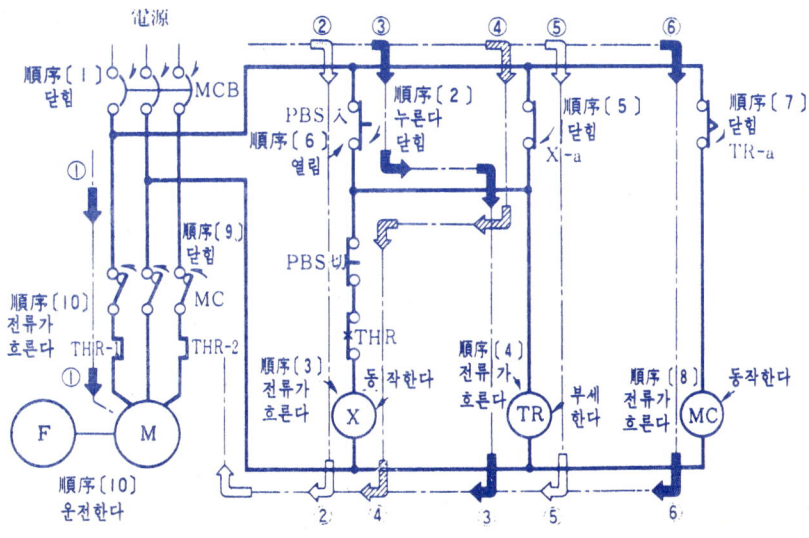

— 287 —

전동기 제어의 실용 기본회로

3 전동 송풍기의 지연동작 운전의 시이퀸스 동작

전동 송풍기의 정지 동작 순서

순서 〔11〕 ④회로의 정지버튼 스위처 PBS을 누르면 그 b접점이 열린다.
〔12〕 접점정지PBS가 열리면 ④회로의 코일 X에의전류가 끊겨 보조릴레이 X가 복귀한다.
〔13〕 보조릴레이 X가 복귀하면 ④회로의 자기유지 a접점X-a가 열려 자기유지를 푼다.
〔14〕 접점X-a가 열리면 ⑤회로의 코일 TR에의 전류가 끊겨 타이머 TR이 소세된다.
〔15〕 타이머 TR이 소세되면 ⑥회로의 한시동작 a접점 TR-a는 순시에 복귀하여 열린다.
〔16〕 접점 TR-a가 열리면 ⑥회로의 코일 MC에의 전류가 끊겨 전자접촉기 MC가 복귀한다.
〔17〕 전자접촉기 MC가 복귀하면 ①회로의 주접점 MC가 열린다.
〔18〕 주접점 MC가 열리면 ①회로에의 전류가 끊겨 전동기 M이 정지하므로 송풍기 F도 정지상태로 된다.

시이퀸스 동작도

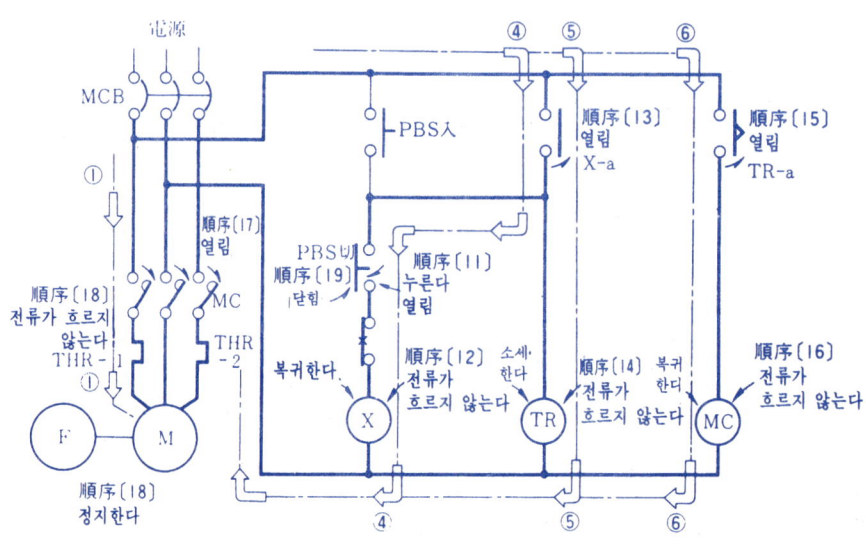

8 無接点 시이퀀스의 実用基本回路

이 장의 포인트

　이 장에는 무접점 시이퀀스의 실제 예로서 전동기의 제어회로에 대하여 설명하고 있다.
(1) 무접점 시이퀀스회로는 외부입력접점부, 입력회로부, 논리 연산회로부, 출력회로부, 외부 제어대상 부하로 구성되어 있다. 실제 예에 의하여 이들의 관련성을 잘 파악해주기 바란다.
(2) 전동기의 기동, 정지를 무접점 시이퀀스로 제어하는 회로에 대하여는 상세한 도해에 의해서 설명하고 있다.
(3) 타이머를 사용한 전동기의 한시제어를 무접점 시이퀀스로 제어하는 회로는 일정시간 동작회로의 응용이다. 화살표의 동작신호를 기초로 하나씩 순번에 따라 회로를 봐주기 바란다.

1. 무접점 시이퀀스에 의한 전동기의 기동 제어회로 판독법

① 전동기의 기동제어 릴레이 시이퀀스도

전동기의 기동제어란? ● 직입기동법 ●

※ 전동기의 직입기동법이란 특별한 기동장치를 사용하지않고 기동버튼 스위치를 눌러 전자접촉기를 투입하는 간단한 조작만으로 전동기에 처음부터 전원전압을 가하여 기동시키는 것으로서 큰 기동 토오크를 얻을 수 있다는 점에서 전원의 용량이 전동기의 용량에 비해 여유가 있을 때에는 상당히 큰 전동기까지 기동시킬 수 있다.

전동기의 직입기동법 ● 릴레이 시이퀀스도 ●

※ 전원스위치로서는 배선용차단기 MCB를 사용하고 3상 유도전동기(이하 단순히 전동기라 한다)회로의 개폐를 직접 전자접촉기 MS로 한다. 그 개폐동작은 기동용 ST-BS(ON) 및 정지용 STP-BS(OFF)의 두 버튼스위치로 조작하며 전동기의 과전류보호는 더어멀릴레이 THR를 사용한다.

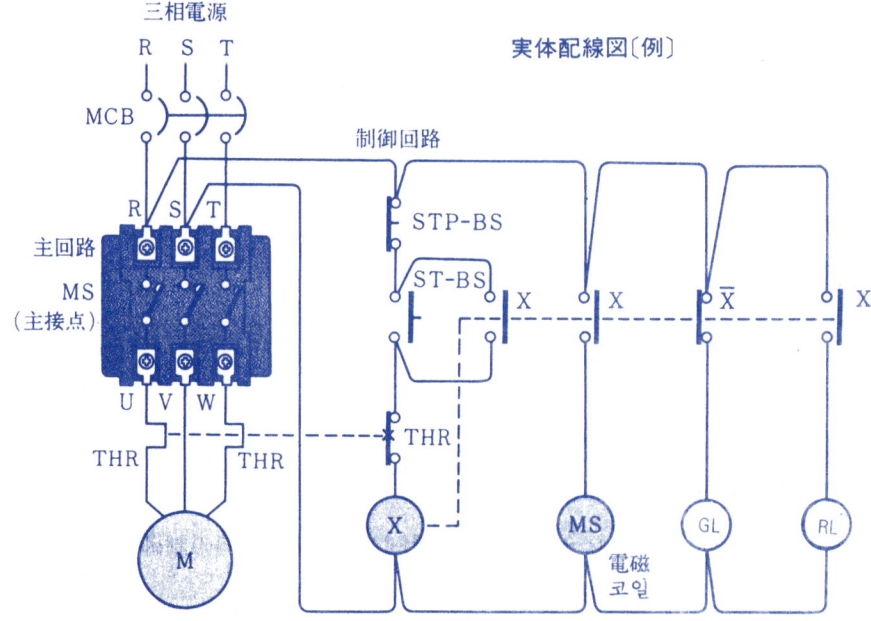

実体配線図〔例〕

(시이퀀스제어기호)
MCB : 배선용 차단기   M : 전동기   X : 보조릴레이
M S : 전자개폐기   STP-BS : 정지버튼스위치   GL : 녹색램프
THR : 더어멀릴레이   ST-BS : 기동버튼스위치   RL : 적색램프

※ 전동기의 직입기동법 배선에 한하지 않고 일반적으로 배선의 접속은 각각의 기구단자로 하게 되어 있으므로 이것을 실체배선도로 제시하면 위 그림과 같이 된다. 한편, 시이퀀스도로서 나타내면 다음 페이지와 같이된다.

1. 무접점 시이퀀스에 의한 전동기의 기동제어 회로 판독법

② 릴레이 시이퀀스에 의한 전동기의 기동·정지 동작

전동기의 기동동작 순서 ● 릴레이 시이퀀스 ●

※ 기동버튼스위치 ST-BS를 누르면 보조릴레이 X가 동작하여 전자접촉기 MS를 동작케 함으로써 전동기 M가 기동하고 녹색램프 GL이 소등되는 동시에 적색램프 RL이 점등되어 운전되고 있다는 것을 표시한다.

- ●[F] 회로 … 전원스위치인 배선용 차단기 MCB를 투입한다.
- ●[D] 회로 … 배선용 차단기 MCB가 투입되면 녹색램프 GL이 점등되어 전원이 투입되었다는 것을 표시한다.
- ●(A) 회로 … 기동버튼 스위치 ST-BS를 누르면 보조릴레이의 코일 ⓧ에 전류가 흘러 보조릴레이 X가 동작한다.
- ●[B] 회로 … 보조릴레이 X가 동작하면 자기유지접점 X가 닫혀 자기유지된다.
- ●[C] 회로 … 보조릴레이 X가 동작하면 a접점 X가 닫힌 전자개폐기의 코일 ⓂⓈ에 전류가 흘러 전자개폐기 MS가 동작한다.
- ●[D] 회로 … 보조릴레이 X가 동작하면 b접점 X̄가 열려 녹색램프 GL이 소등된다.
- ●[E] 회로 … 보조릴레이 X가 동작하면 a접점 X가 닫혀 적색램프 RL이 점등(운전표시)한다.
- ●[F] 회로 … 전자개폐기 MS가 동작하면 주접점 MS가 닫혀 전동기 M에 전압이 인가되므로 전동기가 기동 운전된다.

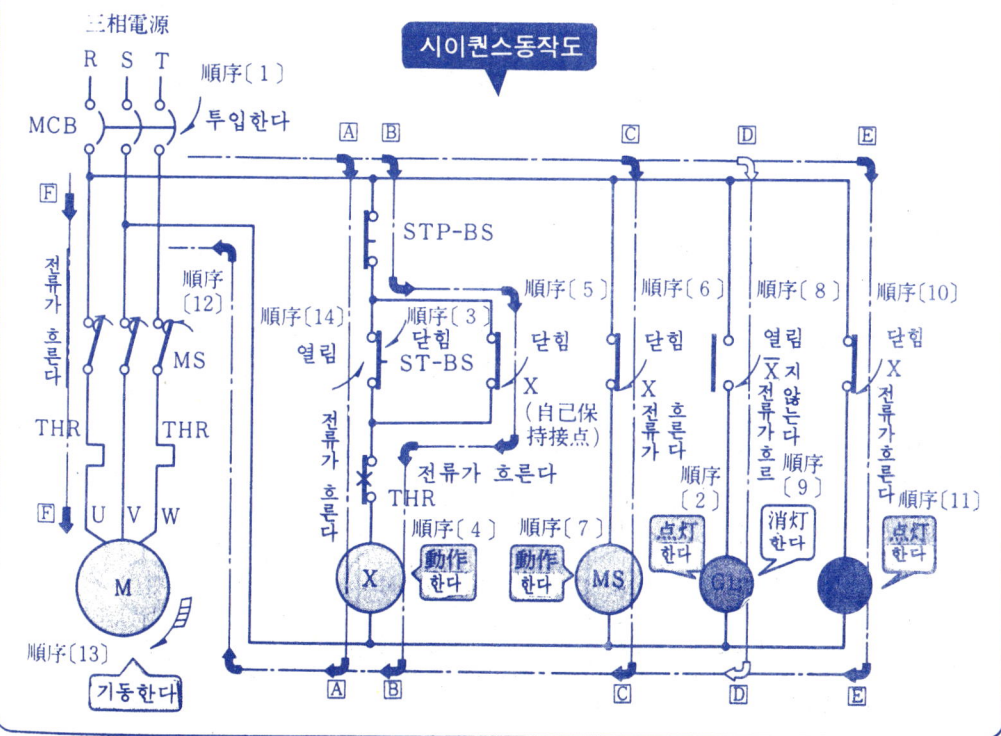

무접점 시이퀀스의 실용 기본회로

② 릴레이 시이퀀스에 의한 전동기의 기동·정지 동작

전동기의 정지 동작 순서 ● 릴레이 시이퀀스 ●

※ 정지버튼 스위치 STP-BS를 누르면 보조릴레이 X가 복귀하여 전자개폐기 MS를 복귀시킴으로써 전동기 M이 정지하고 적색램프 RL이 소등하는 동시, 녹색램프 GL이 점등되어 정지한 것을 표시한다.

- ● B 회로 … 정지버튼 스위치 STP-BS를 누르면 보조릴레이의 코일 Ⓧ에 전류가 흐르지 않아 보조릴레이 X는 복귀하고 자기유지접점 X가 열려 자기유지를 푼다.
- ● C 회로 … 보조릴레이 X가 복귀하면 a접점 X가 열려 전자개폐기의 코일 ⓂⓈ에 전류가 흐르지 않으므로 전자개폐기 MS도 복귀한다.
- ● D 회로 … 보조릴레이 X가 복귀하면 b접점 X̄가 닫혀 녹색램프 GL이 점등(정지표시)한다.
- ● E 회로 … 보조릴레이 X가 복귀하면 a접점 X가 열려 적색램프 RL이 소등된다.
- ● F 회로 … 전자개폐기 MS가 복귀하면 주접점 MS가 열려 전동기 M에 전압이 인가되지 않으므로 전동기는 정지한다.

=더어멀릴레이 동작에 의한 정지=

- ● F 회로 … 전동기의 주회로에 과전류가 흐르면 더어멀릴레이의 히이터가 가열되어 더어멀 릴레이가 동작한다.
- ● B 회로 … 더어멀릴레이가 동작하면 b접점 THR이 열리므로 보조릴레이 X가 복귀하여 정지버튼스위치 STP-BS를 누른것과 같은 동작을 한다.

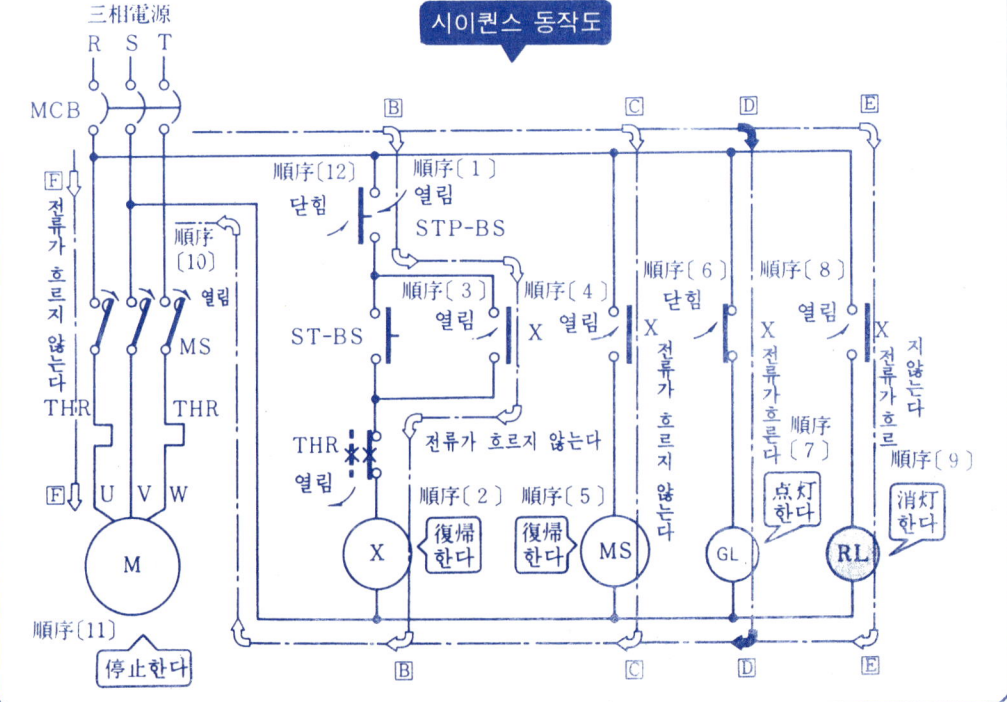

시이퀀스 동작도

1. 무접점 시이퀸스에 의한 전동기의 기동제어 회로 판독법

3 전동기 기동제어의 무접점 시이퀸스도

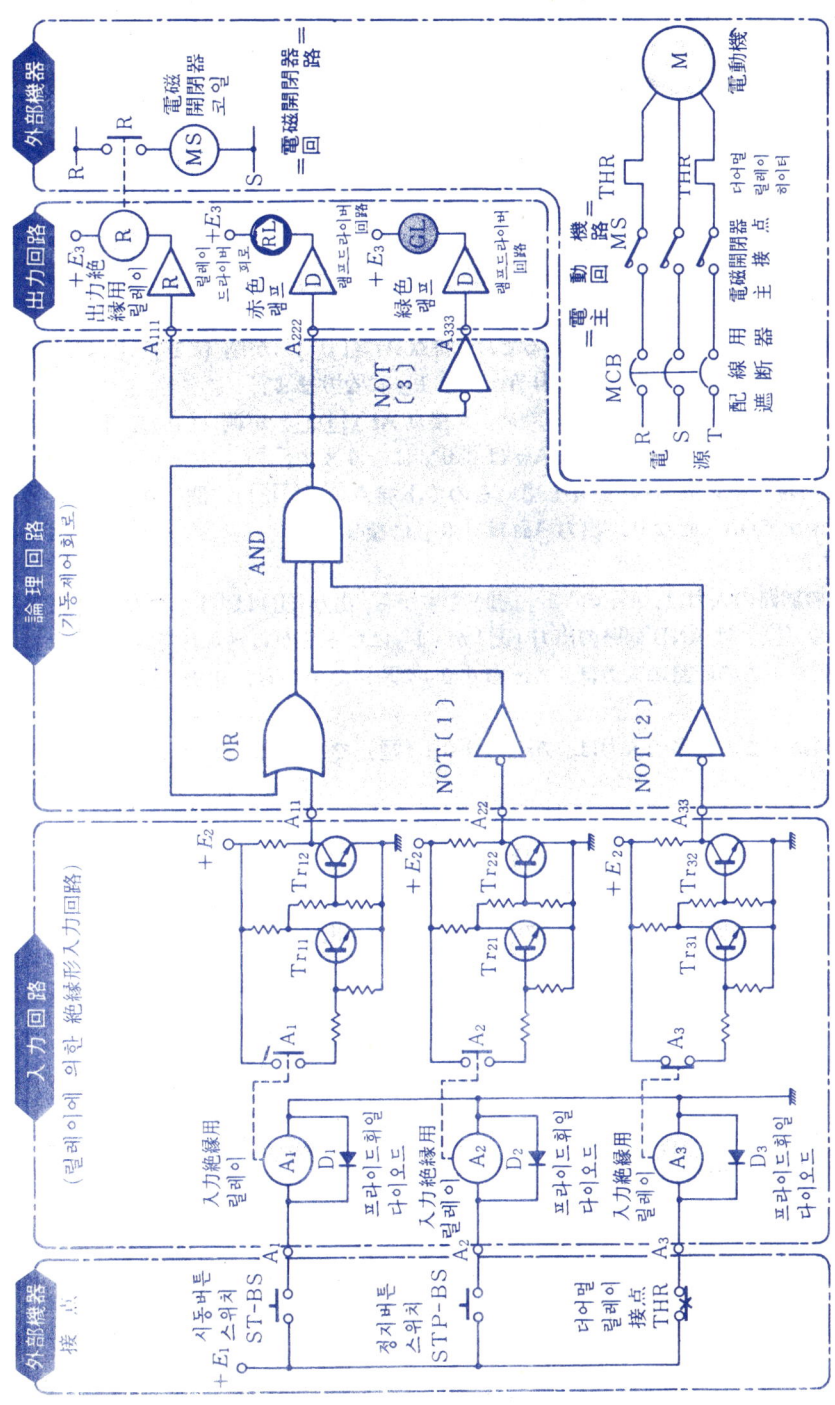

전동기 기동제어의 무접점 시이퀸스도

무접점 시이퀀스의 실용 기본회로

④ 전동기의 무접점 기동 동작 제어의 기동·정지

───── 전동기의 기동 동작순서 ───── ●───── 기동 버튼 스위치 조작 ─────●

〔1〕**외부기기 접점의 동작**(다음 페이지 동작도 참조)
- A 회로…기동버튼 스위치 ST-BS(기동신호)를 누르면 그 a접점이 닫혀(「1」) 입력 절연용 릴레이 A_1이 동작한다.
- B 회로…정지버튼 스위치 STP-BS는 눌러있지 않으므로 그 a접점은 열려(「0」) 있고, 입력절연용릴레이 A_2는 복귀상태로 있다.
- C 회로…더어멀릴레이는 동작하지 않고 있으므로 그 b접점은 닫혀(「1」)있고 입력절 연용 릴레이 A_3가 동작한다.

〔2〕**입력회로의 동작**
- D1~G1 회로…릴레이 A_1이 동작하면 a접점 A_1(D1)이 닫혀(「1」), Tr_{11}은 "ON", Tr_{12}는 "OFF"로 되고 출력 A_{11}는 「1」으로 된다.
- D2~G2 회로…릴레이 A_2가 복귀하므로 a접점 A_2(D2)는 열림(「0」), Tr_{21}은 "OFF", Tr_{22}는 "ON"으로 되고 출력 A_{22}는 「0」으로 된다.
- D3~G3 회로…릴레이 A_3가 동작하면 b접점 $\overline{A_3}$(D3)는 열림(「0」), Tr_{31}은 "OFF", Tr_{32}는 "ON"으로 되고 출력 A_{33}는 「0」으로 된다.

〔3〕**논리회로의 동작**
- OR 회로…이 회로의 입력은 A_{11}의 「1」(H)이므로 출력 J 은 「1」으로 된다. (자기유지신호 Q 는 AND회로의 출력 P 가 「1」으로 된 다음 보내진다.)
- NOT〔1〕회로…이 회로의 입력은 A_{22}의 「0」(K)이므로 출력 L 은 「1」으로 된다.
- NOT〔2〕회로…이 회로의 입력은 A_{33}의 「0」(M)이므로 출력 N 은 「1」으로 된다.
- AND 회로…이 회로의 입력은 J 의 「1」, L 의 「1」, N 의 「1」이므로 출력 P 는 「1」으로 된다(이때 기동버튼스위치 ST-BS를 누른 손을 떼더라도 자기유지 신호의 「1」(Q)에 의하여 출력 P 는 「1」으로 유지된다.).
- NOT〔3〕회로…이 회로의 입력은 W 의 「1」이므로 출력 X 는 「0」로 된다.

〔4〕**출력회로의 동작**
- R 회로…릴레이 드라이브 회로의 입력이 「1」(R)이므로 출력 S 도 「1」으로 되고 출력 절연용 릴레이 R이 동작한다.
- U 회로…램프 드라이브 회로의 입력이 「1」(U)이므로 출력 V 도 「1」으로 되고 적 색램프 RL(운전표시)이 점등한다.
- X 회로…램프 드라이브 회로의 입력이(X)「0」이므로 출력 Y 는 「0」로 되고 녹색램프 GL(정지표시)은 소등한다.

〔5〕**전동기 주회로의 동작**
- T 회로…릴레이 R이 동작하면 그 a접점R이 닫혀(「1」)로 되어 전자개폐기 MS가 동작한다.
- Z 회로…전자개폐기가 동작하면 그 주접점 MS가 닫혀 전동기 M에 전압이 인가되므로 전동기는 기동 운전된다.

1. 무접점 시이퀸스에 의한 전동기의 기동제어 회로 판독법

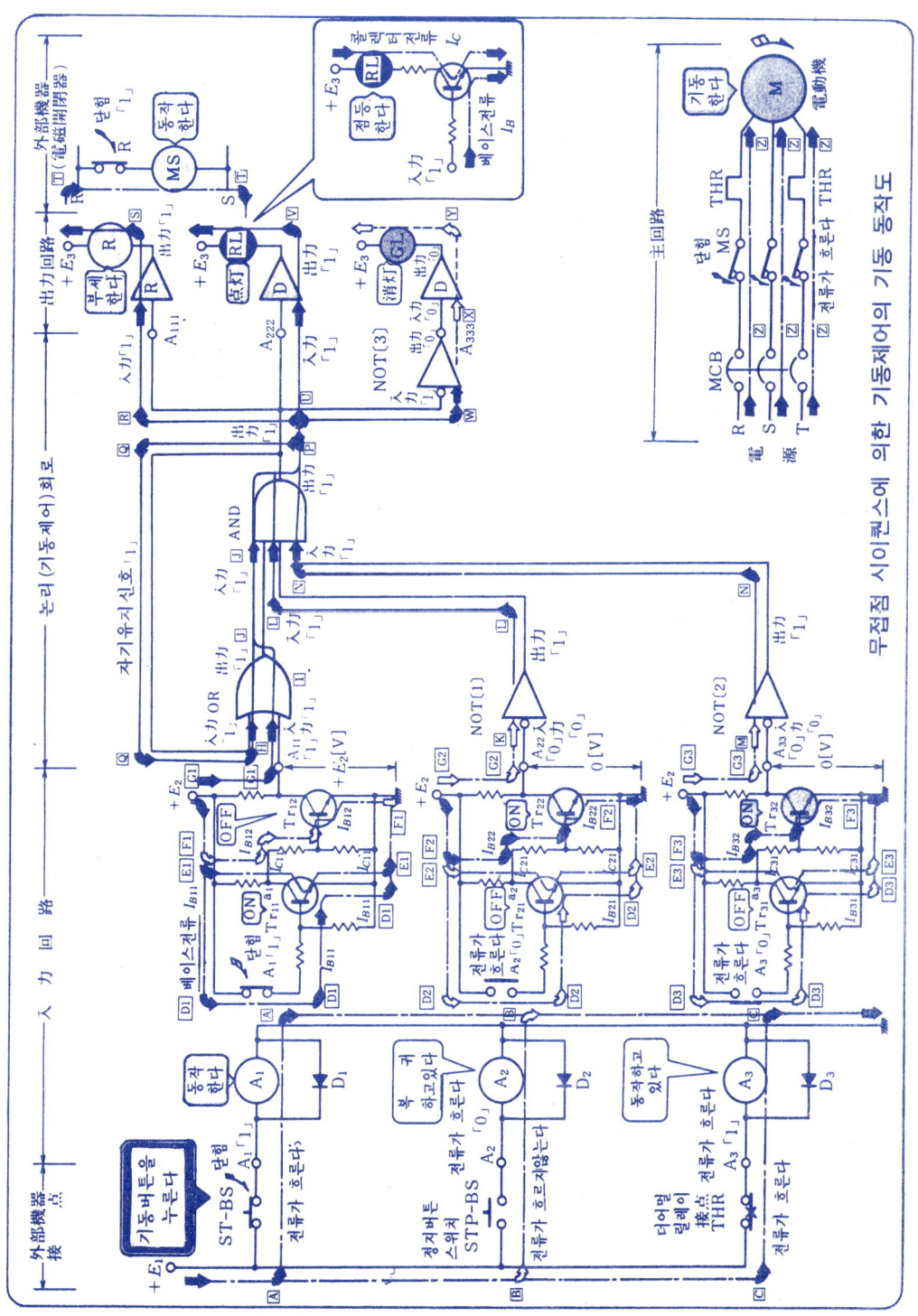

무접점 시이퀸스의 실용 기본회로

④ 전동기의 무접점 기동제어의 기동·정지 동작

전동기의 정지 동작순서 ● **정지버튼 스위치조작**

〔1〕 **외부기기접점의 동작** (p. 297 동작도 참조)
- $\boxed{B}$ 회로… 정지버튼 스위치 STP-BS(정지신호)를 누르면 그 a접점이 닫혀(「1」)로 되어 입력절연용 릴레이 A_2가 동작한다.
- $\boxed{A}$ 회로… 기동버튼 ST-BS는 눌려있지 않으므로 릴레이 A_1은 복귀상태로 있다. (자기유지신호가 「1」로 되었을 때 버튼을 누른 손을 떼었다)
- $\boxed{C}$ 회로… 더어멀릴레이가 동작하고 있지않으므로 릴레이 A_3는 동작하고 있다.

〔2〕 **입력회로의 동작**
- $\boxed{D1}$ ~ $\boxed{G1}$ 회로… 릴레이 A_1이 복귀하고 있으므로 출력 A_{11}은 「0」로 된다.
- $\boxed{D2}$ ~ $\boxed{G2}$ 회로… 릴레이 A_2가 동작하면 a접점 A_2 ($\boxed{D1}$)이 닫혀(「1」), Tr_{21}은 "ON" Tr_{22}는 "OFF"로 되고 출력 A_{22}는 「1」이 된다.
- $\boxed{D3}$ ~ $\boxed{G3}$ 회로… 릴레이 A_3가 동작하고 있으므로 출력 A_{33}는 「0」가 된다.

〔3〕 **논리회로의 동작**
- OR 회로… 이 회로의 입력은 자기유지신호의 「1」($\boxed{Q}$)이므로 출력($\boxed{J}$)는 「1」로 된다. (AND 회로에 정지신호 「0」($\boxed{L}$)이 들어가기 직전의 상태).
- NOT〔1〕회로… 이 회로의 입력은 A_{22}의 「1」($\boxed{K}$)이므로 출력($\boxed{L}$)은 「0」로 된다.
- NOT〔2〕회로… 이 회로의 입력은 A_{33}의 「0」($\boxed{M}$)은 「1」이므로 출력($\boxed{N}$)은 「1」 으로 된다.
- AND 회로… 이 회로의 입력은 $\boxed{J}$의 「1」, $\boxed{L}$의 「0」이므로 출력 ($\boxed{N}$)는 「1」이므로 출력〔$\boxed{P}$〕는 「0」으로 된다 (이때 자기유지신호가 「0」으로 되고 OR 회로의 출력 ($\boxed{J}$) 도 「0」로 된다).
- NOT〔3〕회로… 이 회로의 입력은 $\boxed{W}$의 「0」이므로 출력 ($\boxed{X}$)는 「1」으로 된다.

〔4〕 **출력회로의 동작**
- $\boxed{R}$ 회로… 입력이 「0」 ($\boxed{R}$)이므로 출력 ($\boxed{S}$) 도 「0」가 되고 릴레이 R은 복귀한다.
- $\boxed{U}$ 회로… 입력이 「0」($\boxed{U}$)이므로 출력($\boxed{V}$)도 「0」가 되고 적색램프 (운전표시)가 소등된다.
- $\boxed{X}$ 회로… 입력이 「1」 ($\boxed{X}$)이므로 출력 ($\boxed{Y}$) 도 「1」이 되고 녹색램프(정지표시) 가 점등된다.

〔5〕 **전동기 주회로의 동작**
- $\boxed{T}$ 회로… 릴레이 R이 복귀하면 그 a접점 R이 열려(「0」), 전자개폐기 MS는 복귀한다.
- $\boxed{Z}$ 회로… 전자개폐기가 복귀하면 그 주접점 MS가 열려 전동기 M에 전압이 인가되지 않게 되므로 전동기는 정지한다.

1. 무접점 시이퀀스에 의한 전동기의 기동제어 회로 판독법

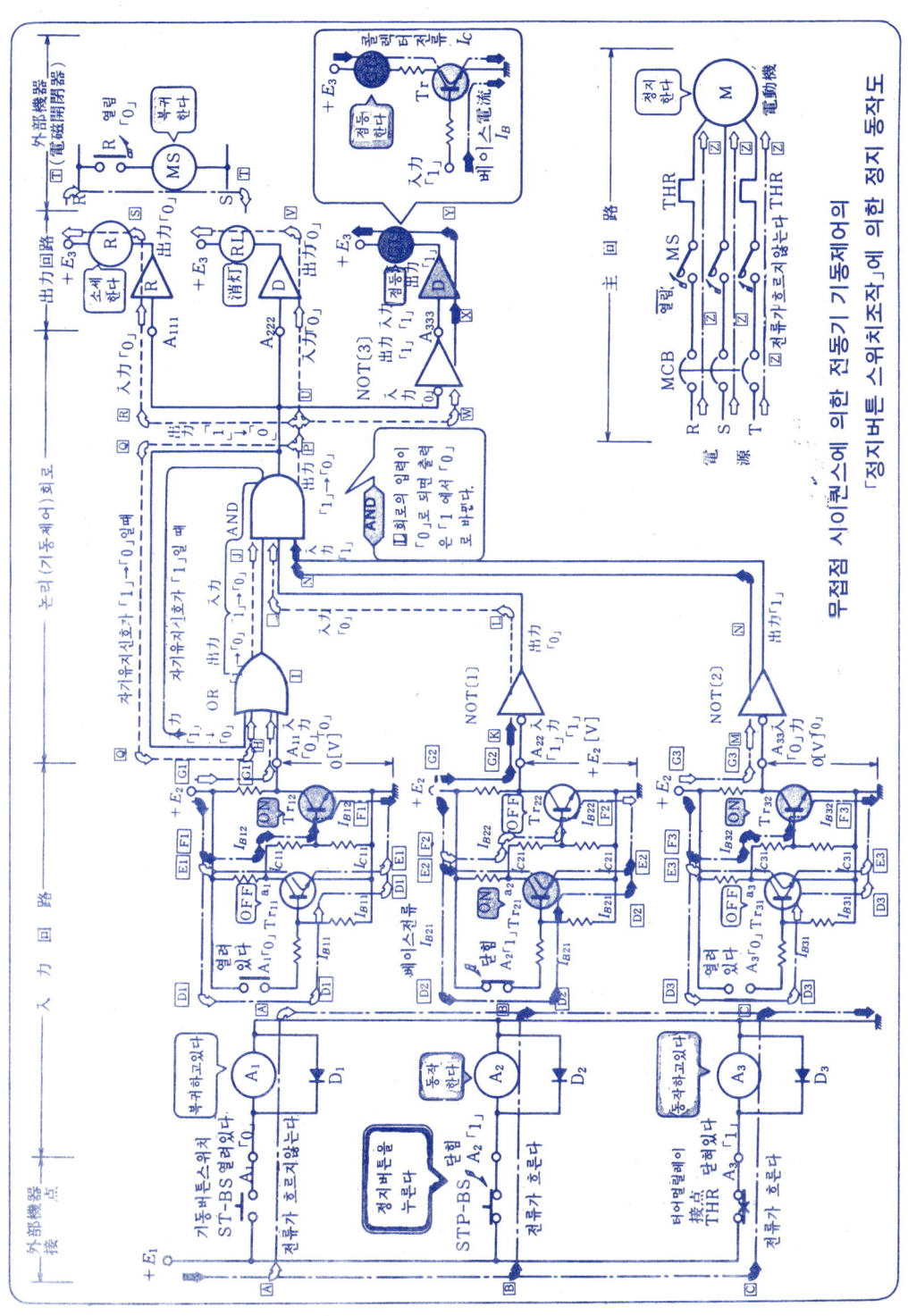

2. 무접점 시이퀀스에 의한 전동기의 한시 제어회로 판독법

① 전동기의 한시제어 릴레이 시이퀀스도

전동기의 한시제어란? ● 전동기의 간격운전제어 ●

※ 전동기의 간격운전제어란 전동기를 일정시간만큼 운전한 다음 자동적으로 정지하는 회로를 말한다.

※ 전원 스위치로는 배선용 차단기 MCB를 사용하고 전동기 주회로의 개폐는 직접 전자개폐기 MS로 하되 그 개폐조작에는 기동버튼 스위치 ST-BS를 사용한다. 또한 전동기의 일정시간 운전의 시간 설정은 타이머 TLR로 한다.

((시이퀀스 제어기호))

MCB : 배선용 차단기	M : 전동기	X : 보조릴레이
M S : 전자개폐기	ST-BS : 기동버튼스위치	GL : 녹색램프
THR : 더어멀릴레이	T L R : 타이머	RL : 적색램프

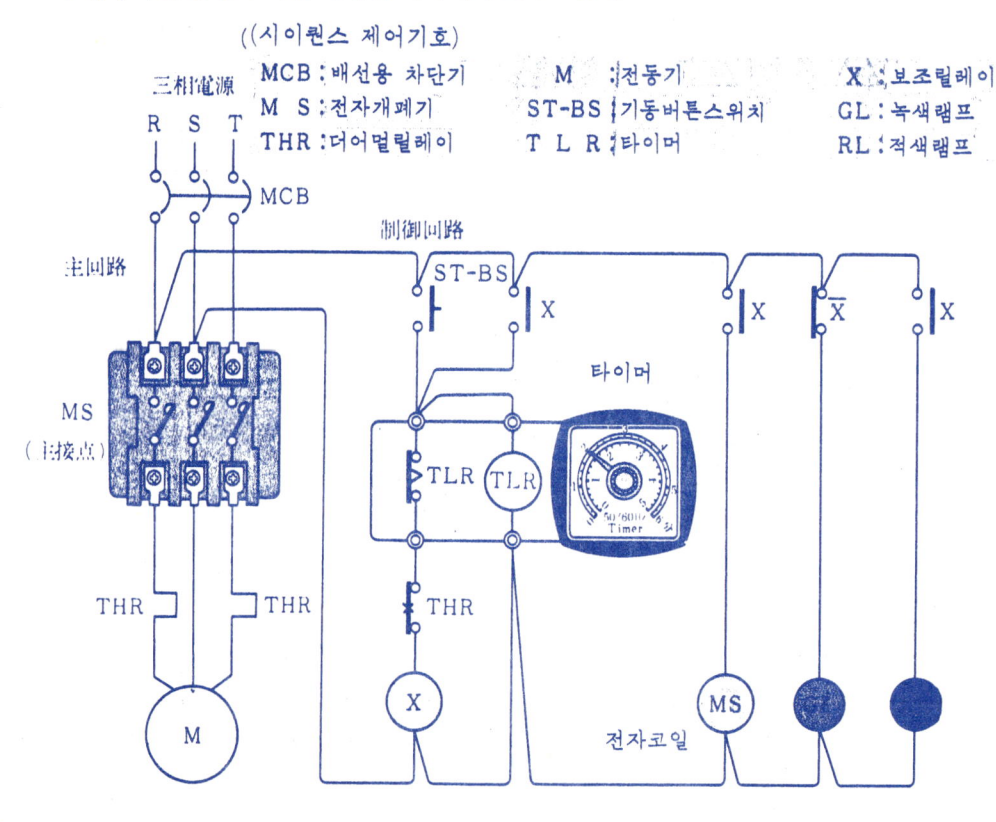

전동기 한시제어의 기동 동작순서 ● 릴레이 시이퀀스 ●

※ 전동기 주회로 (H)의 배선용 차단기 MCB를 투입하면 녹색램프 GL (F) 이 점등되어 전원이 투입되고 있다는 것을 표시한다.

※ 기동버튼 스위치 ST-BS (A)를 누르면 보조릴레이 X가 동작하여 자기유지접점 (C)가 닫히므로 자기유지됨과 함께 타이머 TLR (B), (D)가 부세된다.

※ 보조릴레이 X가 동작하면 전자개폐기 MS (E)가 동작하여 주접점 MS (H)가 닫히므로 전동기 M이 기동 회전한다.

※ 보조릴레이 X가 동작하면 b접점 $\overline{X}$ (F)가 열려 녹색램프 (F)가 소등하는 한편 a접점 X (G)가 닫혀 적색램프 RL (G)가 점등된다.

2. 무접점 시이퀀스에 의한 전동기의 한시 제어회로 판독법

② 릴레이 시이퀀스에 의한 전동기의 한시 제어

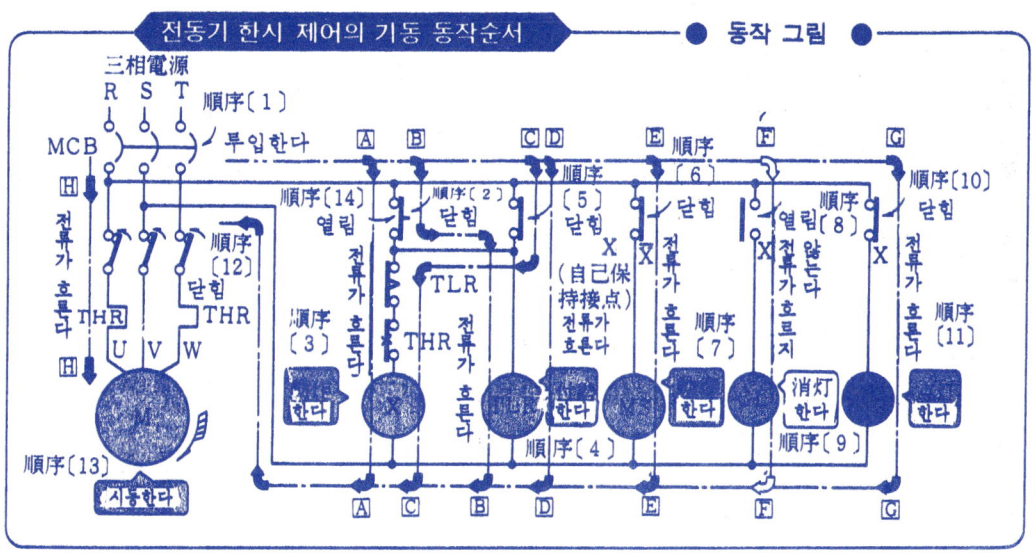

● 동작 그림 ●

● 동작 그림 ●

※ 타이머가 부세된 다음 그 설정시간이 경과하면 타이머의 한시동작 b접점 (Ⓒ)가 열리므로 보조릴레이 X가 복귀하여 자기유지접점 X (Ⓒ)가 열리고 자기유지를 푸는 동시에 타이머 TLR (Ⓓ)도 복귀한다.
※ 보조릴레이 X가 복귀하면 그 a접점 X (Ⓔ)가 열리므로 전자개폐기 MS가 복귀하고 주접점 MS (Ⓗ)를 열어 전동기 M은 정지된다.
※ 보조릴레이 X가 복귀하면 b접점 X̄ (Ⓕ)가 닫혀 녹색램프 GL (Ⓕ)가 점등하고 a접점 X (Ⓖ)는 열리므로 적색램프 RL (Ⓖ)가 소등된다.
※ 더어멀릴레이 THR (Ⓐ, Ⓒ)가 과전류에 의하여 동작하면 전동기 M은 정지한다.

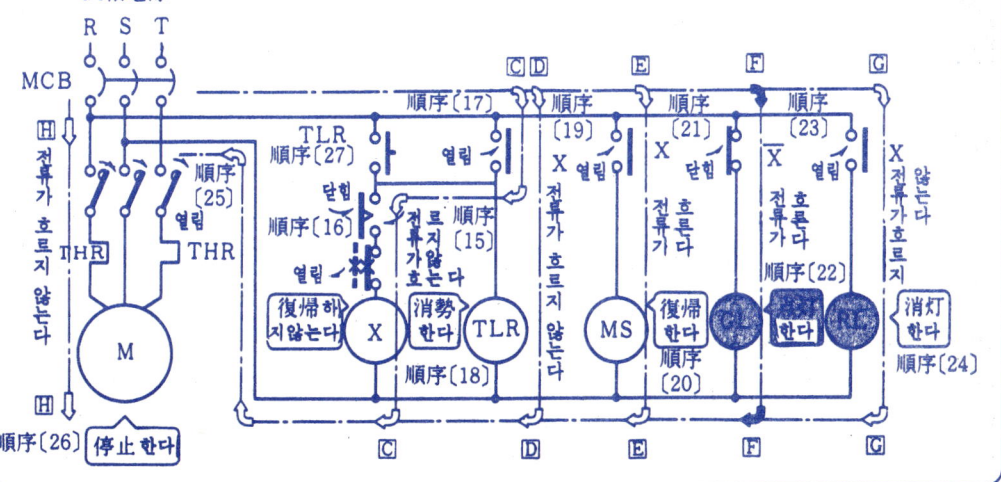

—299—

무접점 시이퀀스의 실용 기본회로

③ 전동기 한시 제어의 무접점 시이퀀스도

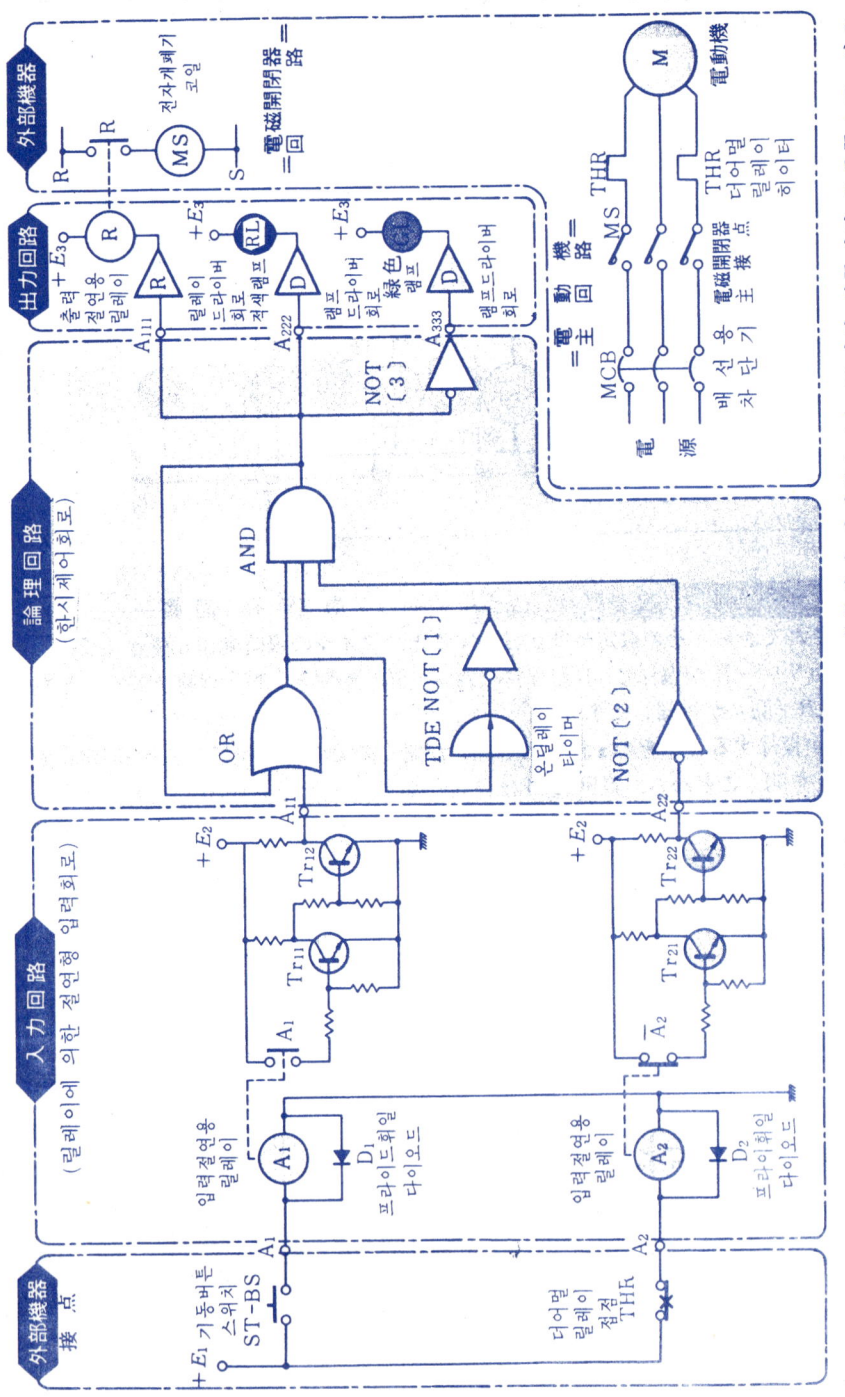

전동기 한시제어의 무접점 시이퀀스도

2. 무접점 시이퀀스에 의한 전동기의 한시 제어회로 판독법

④ 전동기의 무접점 한시제어의 기동·정지 동작

전동기의 기동동작순서 ● **기동버튼 스위치조작** ●

〔1〕 외부기기 접점의 동작 (p.302 동작도 참조)
- ⒶEP 회로 … 기동버튼 스위치 ST-BS (기동신호)를 누르면 그 a접점이 닫혀 (「1」) 입력절연용 릴레이 A_1이 동작한다.
- Ⓑ 회로 … 더어멀릴레이는 동작하지 않고 있으므로 그 b접점 THR은 여전히 닫혀(「1」) 있으므로 입력절연용릴레이 A_2는 동작하지 않는다

〔2〕 입력회로의 동작
- Ⓒ1 ~ Ⓕ1 회로 … 릴레이 A_1이 동작하면 a접점 A_1 (Ⓒ1)이 닫혀 (「1」), Tr_{11}은 "ON", Tr_{12}는 "OFF"로 되고 출력회 A_{11}은 「1」로 된다.
- Ⓒ2 ~ Ⓕ2 회로 … 릴레이 A_2가 동작하면 b접점 $\overline{A_2}$ (Ⓒ2)가 열리므로 (「0」), Tr_{21}은 "OFF", Tr_{22}는 "ON"으로 되고 출력 A_{22}는 「0」로 된다.

〔3〕 논리회로의 동작
- OR 회로 … 이 회로의 입력은 A_{11}의 「1」(Ⓖ)이므로 출력 (Ⓘ, Ⓗ)는 「1」로 된다. (자기유지신호 (Ⓟ)는 AND회로의 출력 Ⓝ이 「1」로 된 다음 보내진다.)
- TDE 회로 … 이 회로의 입력은 Ⓘ의 「1」이나 설정시간이 경과하기까지는 입력이 「1」이라도 출력 (Ⓙ)은 「0」로 된다.
- NOT 〔1〕회로 … 이 회로의 입력은 Ⓙ의 「0」이므로 출력 (Ⓚ)는 「1」로 된다.
- NOT 〔2〕회로 … 이 회로의 입력은 A_{22}의 「0」(Ⓛ)이므로 출력 (Ⓜ)은 「1」로 된다.
- AND 회로 … 이 회로의 입력은 Ⓗ의 「1」, Ⓚ의 「1」, Ⓜ의 「1」이므로 출력 (Ⓝ)은 「1」로 된다. (이때 기동버튼 스위치 ST-BS를 누른 손을 떼더라도 자기유지신호의 「1」(Ⓟ)에 의하여 출력 (Ⓝ)은 「1」로 유지된다).
- NOT 〔3〕회로 … 이 회로의 입력은 Ⓥ의 「1」이므로 출력 (Ⓦ)는 「0」으로 된다.

〔4〕 출력회로의 동작
- Ⓠ 회로 … 입력이 「1」(Ⓠ)이므로 출력 (Ⓡ)도 「1」로 되어 출력절연용 릴레이 R이 동작한다.
- Ⓣ 회로 … 입력이 「1」(Ⓣ)이므로 출력 (Ⓤ)도 「1」로 되어 적색램프 RL (운전표시)이 점등된다.
- Ⓦ 회로 … 입력이 「0」(Ⓦ)이므로 출력 (Ⓧ)도 「0」으로 되어 녹색램프 GL (정지표시)이 소등된다.

〔5〕 전동기 주회로의 동작
- Ⓢ 회로 … 릴레이 R이 동작하므로 그 a접점 R이 닫혀(「1」), 전자개폐기 MS가 동작한다.
- Ⓨ 회로 … 전자개폐기 MS가 동작하면 그 주접점 MS가 닫혀 전동기 M에 전압이 인가되므로 전동기는 기동 회전한다.

무접점 시이퀸스의 실용 기본회로

④ 전동기의 무접점 한시제어의 기동·정지 동작

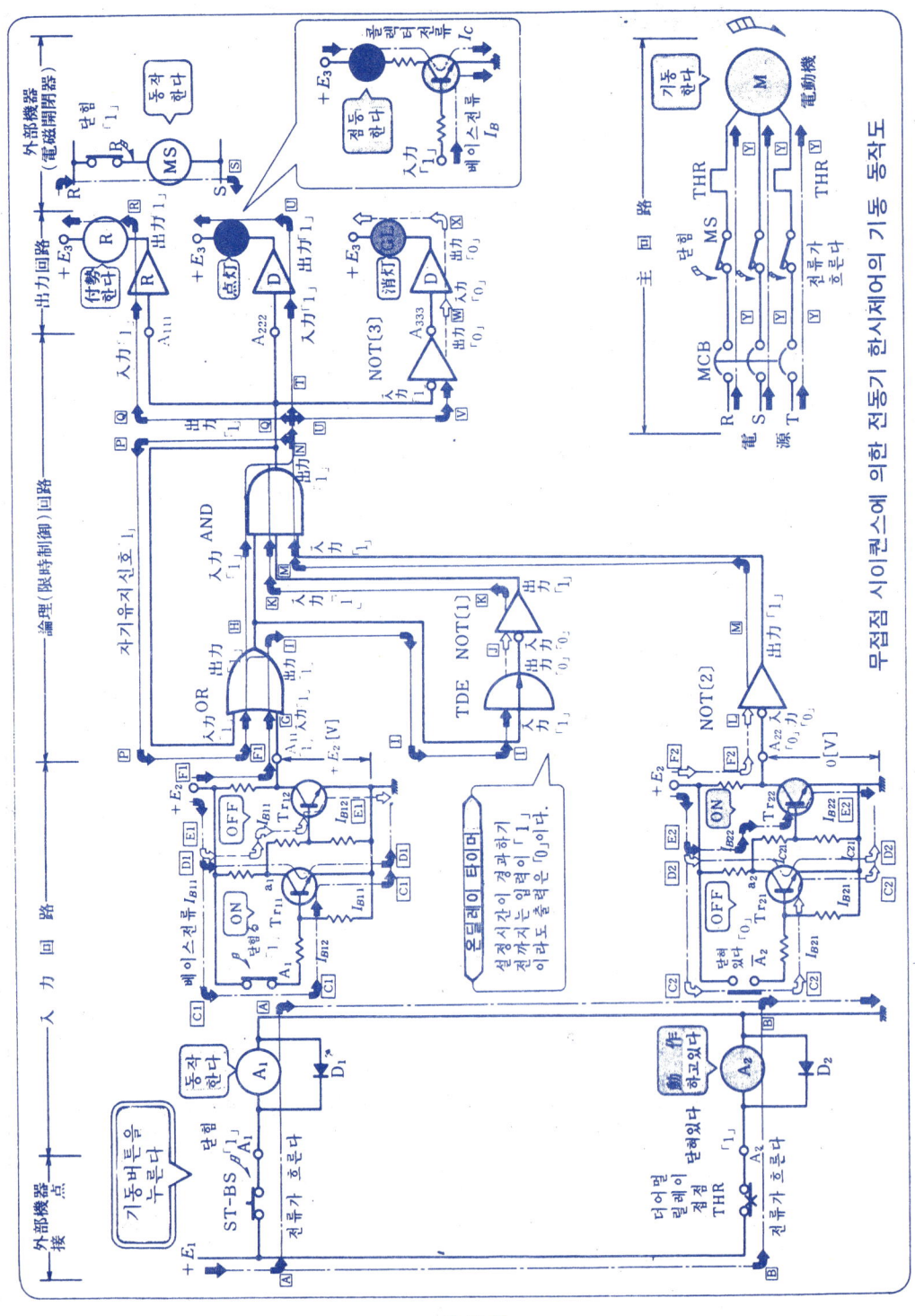

> **전동기의 정지 동작순서** ─── ● 온딜레이 타이머에 의한 동작의 정지 ●

〔1〕 외부기기 접점의 동작
- $\boxed{A}$ 회로 … 기동버튼 ST-BS는 눌려있지 않으므로 릴레이 A_1은 복귀된 채로 있다. (자기유지신호가 「1」로 되었을 때 버튼을 누른 손을 떼고 있다).
- $\boxed{B}$ 회로 … 더어멀 릴레이가 동작하고 있지않으므로 릴레이 A_2는 동작하고 있다.

〔2〕 입력신호의 동작
- $\boxed{C1}$ ~ $\boxed{F1}$ 회로 … 릴레이 A_1이 복귀하고 있으므로 출력 A_{11}은 「0」으로 된다.
- $\boxed{C2}$ ~ $\boxed{F2}$ 회로 … 릴레이 A_2가 동작하고 있으므로 출력 A_{22}는 「0」으로 된다.

〔3〕 논리회로의 동작
- OR 회로 … 이 회로의 입력은 자기유지신호의 「1」($\boxed{P}$)이므로 출력 ($\boxed{I}$, $\boxed{H}$)는 「1」이 된다. 즉 AND 회로에 정지신호 「0」 「$\boxed{K}$」가 들어가기 직전의 상태를 나타낸다.
- TDE 회로 … 이 회로의 입력은 $\boxed{I}$의 「1」이고 이 상태에서 온딜레이 타이머의 설정 시간이 경과하면 그 순간에 출력 $\boxed{J}$는 「1」로 바꾼다.
- NOT 〔1〕 회로 … 이 회로의 입력은 $\boxed{J}$의 「1」이므로 출력 ($\boxed{K}$)는 「0」으로 된다.
- NOT 〔2〕 회로 … 이 회로의 입력은 A_{22}의 「0」 ($\boxed{L}$)이므로 출력 ($\boxed{M}$)은 「1」로 된다.
- AND 회로 … 이 회로의 입력은 $\boxed{H}$의 「1」, $\boxed{M}$의 「1」이므로 출력 ($\boxed{N}$)은 「0」으로 된다.(따라서 자기유지 신호도 「0」 ($\boxed{P}$)로 된다.)
- NOT 〔3〕 회로 … 이 회로의 입력은 $\boxed{V}$의 「0」이므로 출력 ($\boxed{W}$)는 「1」로 된다.

〔4〕 출력회로
- $\boxed{Q}$ 회로 … 입력이 「0」($\boxed{Q}$)이므로 출력($\boxed{R}$)도 「0」으로 되고 출력절연용 릴레이 R이 복귀한다.
- $\boxed{T}$ 회로 … 입력이 「0」($\boxed{T}$)이므로 출력 ($\boxed{U}$)도 「0」으로 되고 적색램프 RL (운전 표시)가 소등된다.
- $\boxed{W}$ 회로 … 입력이 「1」($\boxed{W}$)이므로 출력 ($\boxed{W}$)도 「1」로 되고 녹색램프 GL (정지표시)이 점등된다.

〔5〕 전동기 주회로의 동작
- $\boxed{S}$ 회로 … 릴레이 R이 복귀하면 그 a접점 R이 열려(「0」), 전자개폐기 MS가 복귀한다.
- $\boxed{Y}$ 회로 … 전자개폐기 MS가 복귀하면 그 주접점 MS가 열려 전동기 M에 전압이 인가되지 않으므로 전동기는 정지한다.

무접점 시이퀀스의 실용 기본회로

④ 전동기의 무접점 한시제어의 기동·정지 동작

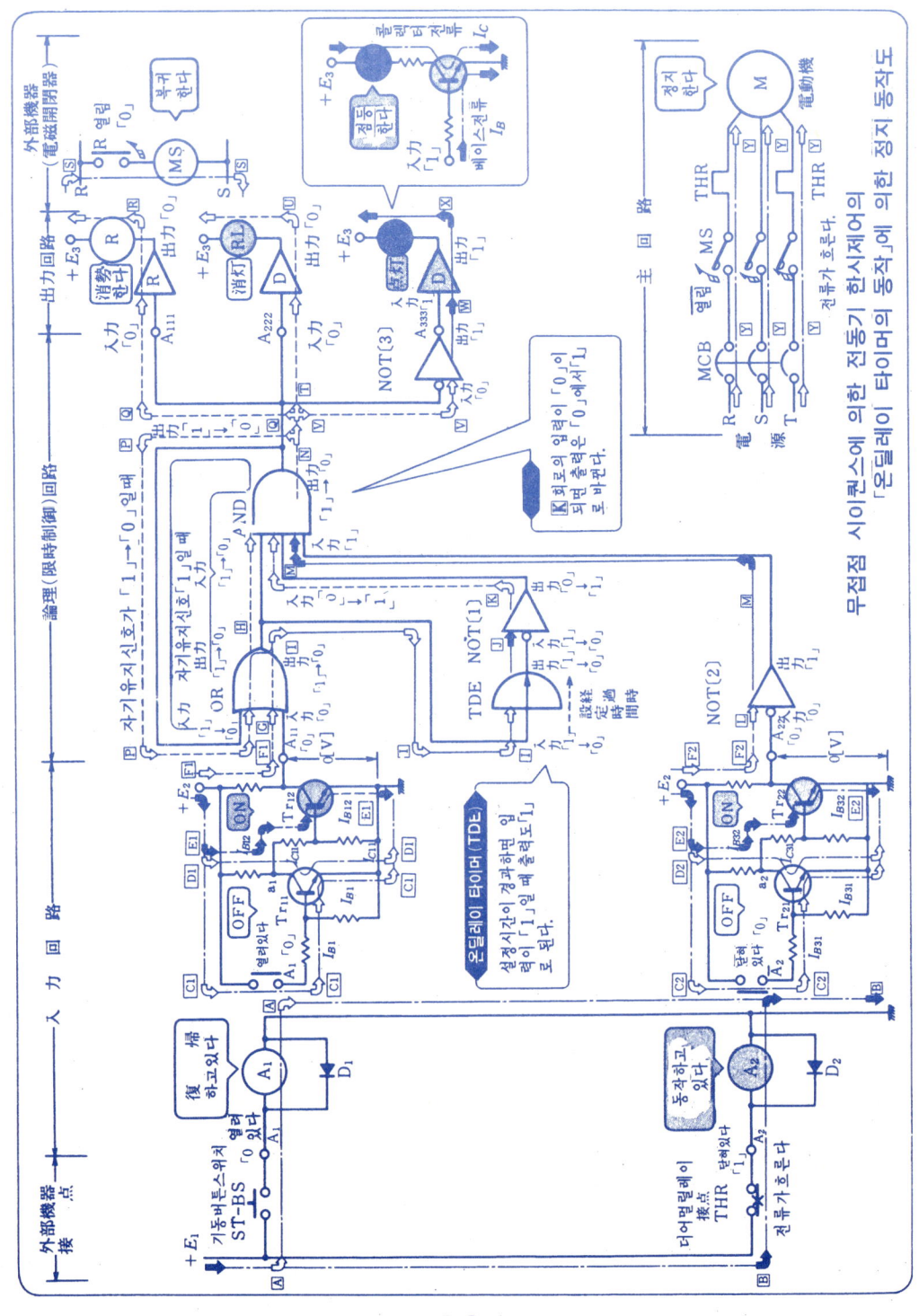

9 温度·圧力制御의 実用基本回路

이 장의 포인트

　이 장에는 온도스위치를 사용한 온도제어 및 압력스위치에 의한 압력제어에 대하여 설명하고 있다.
(1) 실제의 기기배치와 그 제어배선을 입체적으로 도해한 실제배선도에 의하여 온도제어장치, 압력제어장치를 실감있게 파악할 수 있다.
(2) 온도스위치를 1개 사용하는 예로서 온도경보회로를, 또 2개 사용하는 예로서 3상 히이터의 온도제어를 들었다. 그 사용법을 확실하게 익혀두기 바란다.
(3) 콤프레서의 압력제어에 있어서 상한 압력과 하한 압력의 설정, 압력 스위치의 동작간격 관계를 상세히 설명하고 있다.

1. 온도스위치를 사용한 경보회로의 판독법

① 온도스위치를 사용한 경보회로의 실제배선도

※ 아래 그림은 가열증기를 공급하여 탱크내의 온도를 상승시키는 온도제어장치에 있어서 온도스위치를 사용한 경보회로의 실제배선도를 예로 든 것이다. 이 회로는 탱크내가 어떤 온도(온도스위치의 설정온도) 이상이 되면 온도스위치가 작동하여 버저어가 울림으로써 경보를 발하는 회로이다.

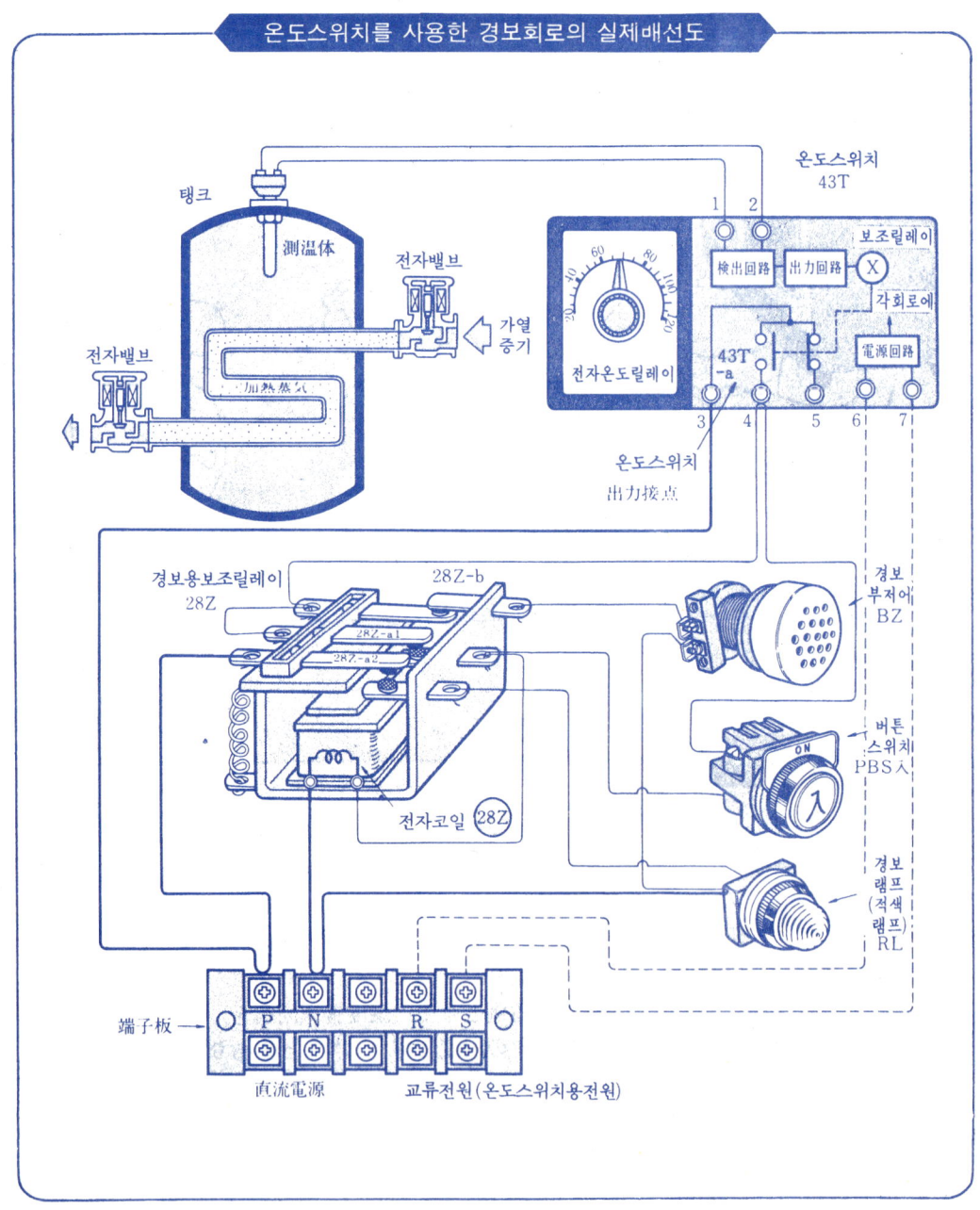

온도스위치를 사용한 경보회로의 실제배선도

— 306 —

1. 온도 스위치를 사용한 경보회로의 판독법

② 온도스위치를 사용한 경보회로의 시이퀀스도

❈ 온도스위치를 사용한 경보회로의 실제배선도(p.306)를 시이퀀스도로 바꾸어 그린 것이 아래그림이다. 이 회로에서는 온도 스위치 43T의 설정온도 이상으로 탱크내의 온도가 상승하면 온도스위치가 동작하여 경보부저어 BZ가 울려 경보를 발한다. 다음에 기동버튼스위치 PBS을 누르면 부저어가 그치는 동시에 적색램프 RL의 점등으로 바뀌어 경보표시를 한다.

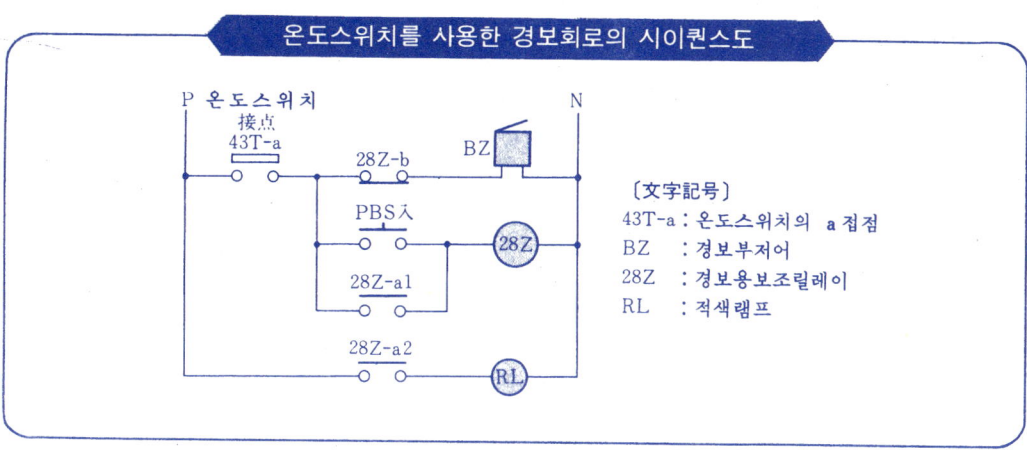

온도스위치를 사용한 경보회로의 시이퀀스도

〔文字記號〕
43T-a : 온도스위치의 a 접점
BZ   : 경보부저어
28Z : 경보용보조릴레이
RL   : 적색램프

❈ 온도스위치(Temperature Switch)란 온도가 예정치에 이르렀을 때 동작하는 검출스위치를 말한다.

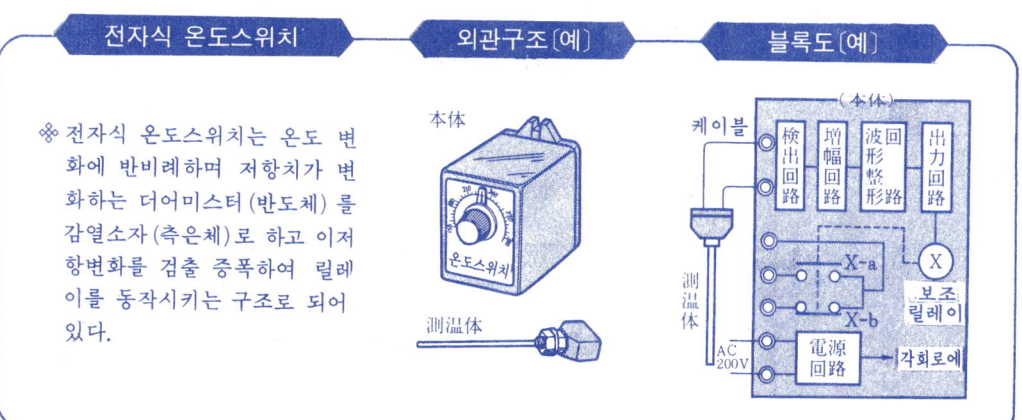

전자식 온도스위치 / 외관구조〔예〕 / 블록도〔예〕

❈ 전자식 온도스위치는 온도 변화에 반비례하며 저항치가 변화하는 더어미스터(반도체)를 감열소자(측온체)로 하고 이저항변화를 검출 증폭하여 릴레이를 동작시키는 구조로 되어 있다.

온도스위치의 온도차아트 / 온도차아트도〔예〕

❈ 온도스위치는 온도가 상승할 때와 하강할 때에 있어서 그 동작점이 다르다. 이 두 동작점의 간격을 「동작간격」이라 한다.

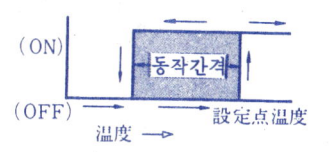

— 307 —

온도·압력제어의 실용 기본회로

③ 온도스위치를 사용한 경보 회로의 시이퀸스도 동작

경보 회로의 동작 순서

※ 탱크내의 온도가 상승하여 온도스위치의 설정온도 이상으로 되면 온도스위치가 동작하여 경보부저어가 울린다.

순서 [1] 온도스위치의 설정온도 이상으로 되면 온도스위치 43T가 동작①회로의 a접점 43-a가 닫힌다.

[2] 접점43T-a가 닫히면 ①회로에 전류가 흘러 경보부저어 BZ가 울리고 경보를 발한다.

[3] ②회로의 기동버튼 스위치 PBS을 누르면 그 a접점이 닫힌다.

[4] 접점기동PBS이 닫히면 ②회로의 코일 28Z 에 전류가 흘러 경보용 보조릴레이 28Z가 동작한다.

※ 경보용 보조릴레이 28Z가 동작하면 다음 [5], [7], [9]의 동작은 동시에 이루어진다.

[5] 보조릴레이 28Z가 동작하면 ①회로의 b접점28Z-b가 열린다.

[6] 접점28Z-b가 열리면 ①회로에의 전류가 끊겨 경보부저어의 울음이 그친다.

[7] 보조릴레이28Z기 동작하면 ④회로외 a접점 28Z-a2가 닫힌다.

[8] 접점28Z-a2가 닫히면 ④회로에 전류가 흘러 적색램프RL이 점등된다.

[9] 보조릴레이 28Z가동작하면 ③회로의 자기유지 a접점 28Z-a1이 닫혀 자기유지 된다.

[10] ②회로의 기동버튼스위치 PBS을 누른 손을 떼더라도 ③회로를 통하여 코일 28Z 에 전류가 흐르므로 보조릴레이 28Z는 계속 동작한다.

시이퀸스 동작도

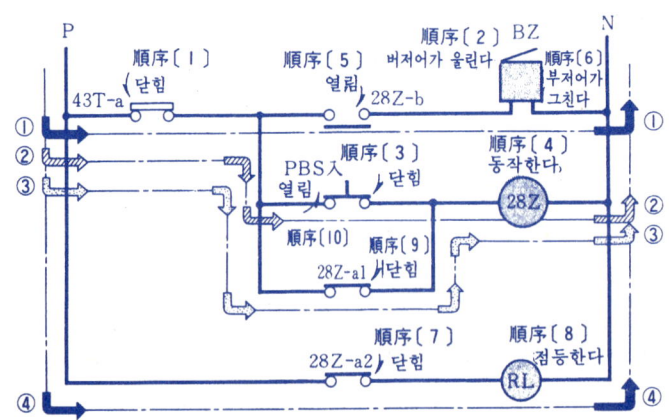

2. 3상 히이터의 온도 제어회로 판독법

① 3상 히이터의 온도 제어회로 실제배선도

※ 아래 그림은 2개의 온도스위치를 사용, 열원으로서의 3상 히이터를 개폐 함으로써 전기로내의 온도를 일정하게 유지하는 동시, 소정의 온도이상이 되면 경보 부저어가 울리도록 만들어진 3상히이터 온도제어장치의 실제배선도 예이다.

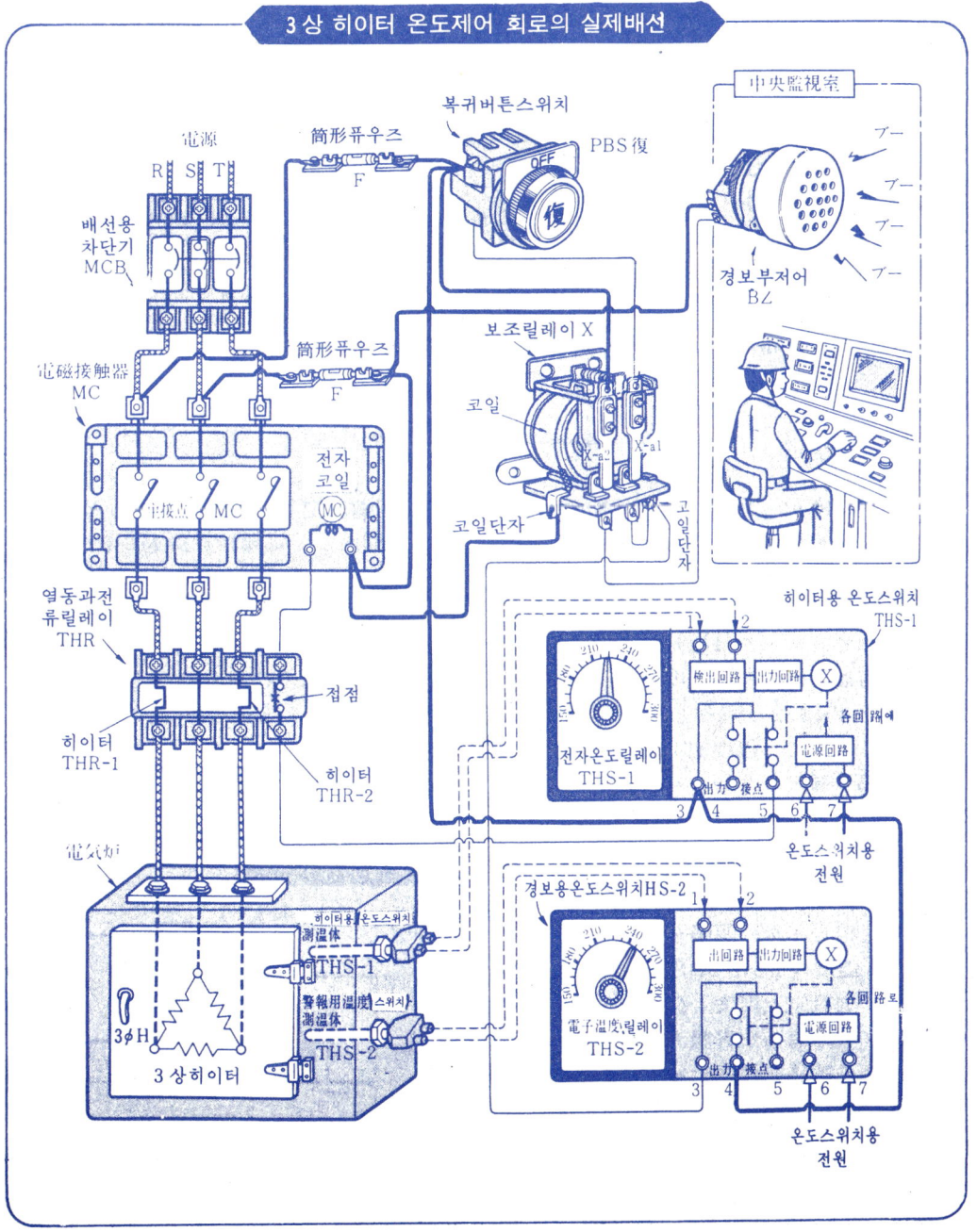

3상 히이터 온도제어 회로의 실제배선

온도·압력제어의 실용 기본회로

② 3상 히이터 온도제어 회로의 시이퀀스도

※ 3상 히이터 온도제어의 실제배선도(p.309)를 시이퀀스도로 바꾸어 그리면 아래와 같이 된다.

3상 히이터 온도제어 회로의 온도차아트 도

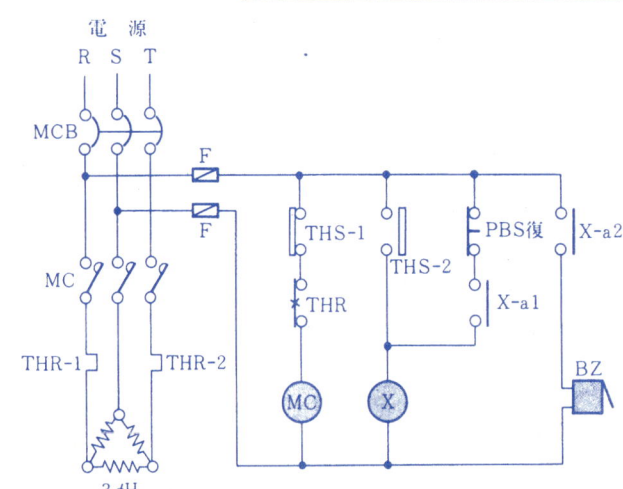

〔文字記号〕
- MCB : 배선용 차단기
- MC : 전자접촉기
- THR : 열동과전류릴레이
- 3φH : 3상히이터
- TSH-1 : 히이터용 온도스위치
- TSH-2 : 경보용 온도스위치
- PBS復 : 복귀버튼스위치
- X : 보조릴레이
- BZ : 경보버저어

※ 노내의 온도가 히터용 스위치 THS-1의 제어 설정점 온도 이상이 되면 온도스위치 THS-1이 동작하여 그 b접점이 개로, 전자접촉기 MC를 복귀시키고 히터용회로를 끊으므로 히터는 가열을 정지한다. 그리고 노내의 온도가 내려가면 온도스위치 THS-1이 복귀하여 전자접촉기를 동작시키므로 히터는 다시 가열하기 시작한다.

※ 노내온도가 경보용 온도스위치 THS-2의 경보점온도 이상이 되면 온도스위치 THS-2가 동작하여 그 a접점이 폐로되므로 경보부저어가 경보를 발한다. 그리고 온도가 내려가더라도 복귀버튼 PBS을 누를 때까지는 경보부저어는 계속 울린다.

3상 히이터 온도제어 회로의 시이퀀스도

3상 히이터의 개폐를 하는 온도스위치 THS-1의 제어 설정점온도와 경보를 울리는 경보점온도와의 관계를 온도차아트로 나타내면 오른쪽 그림과 같이 된다.

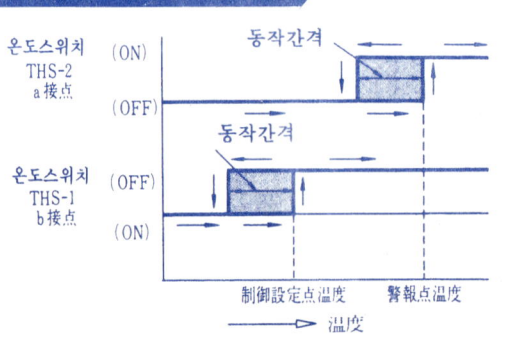

2. 3상 히이터의 온도, 제어회로 판독법

③ 3상 히이터의 온도 제어회로 시이퀀스 동작

● 順序〔Ⅰ〕● ─── 가열 기동의 동작

▶(1) 전원의 배선용차단기 MCB(전원스위치)의 레버를 「ON」으로하여 전원을 투입한다.
▶(2) 기동·정지제어회로의 ① 전자코일 (MC)에 전류가 홀러 전자접촉기 MC가 동작한다.
▶(3) 전자접촉기가 동작하면 주회로 ②의 주접점 MC가 닫힌다.
▶(4) 주접점 MC가 닫히면 3상히이터 3ϕH에 전류가 홀러 히이터는 가열시동한다.

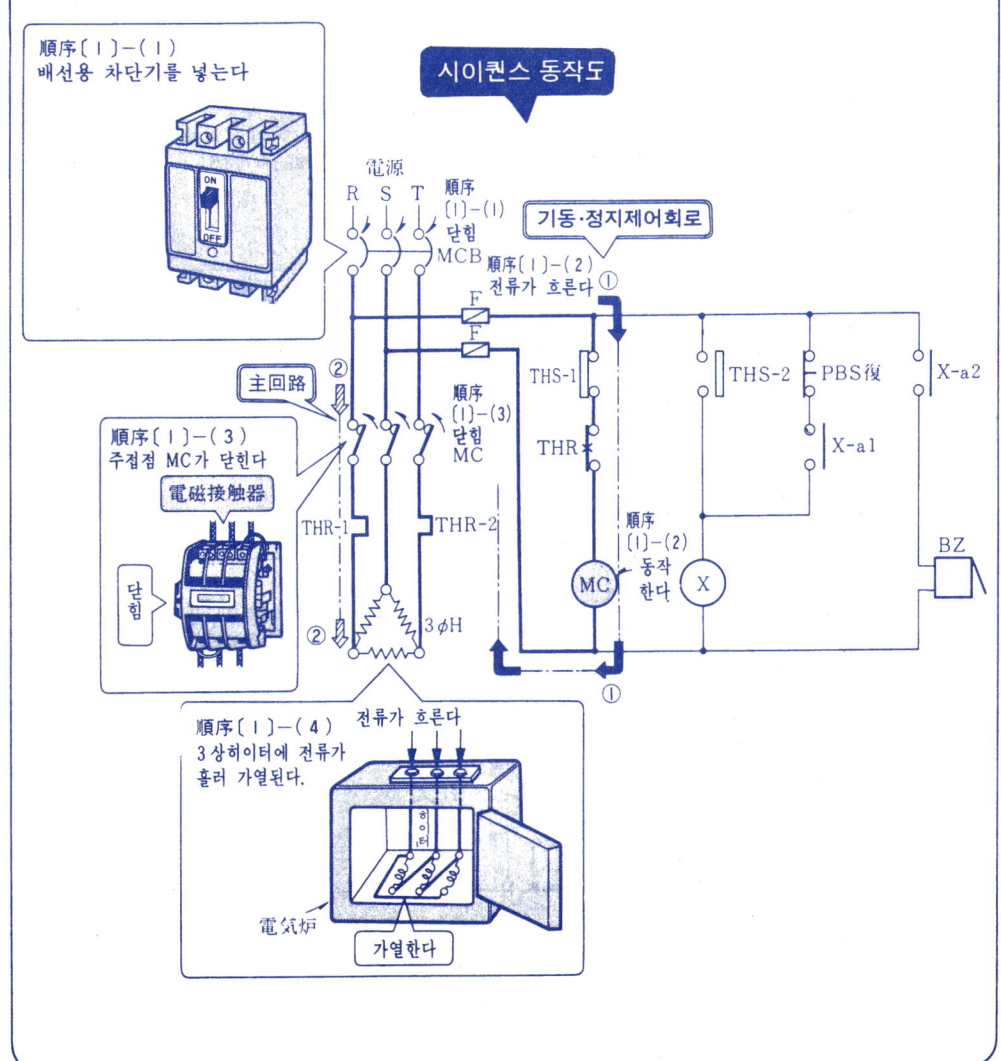

順序〔Ⅰ〕-(1) 배선용 차단기를 넣는다
시이퀀스 동작도
順序〔Ⅰ〕-(3) 주접점 MC가 닫힌다
順序〔Ⅰ〕-(4) 3상히이터에 전류가 홀러 가열된다.

온도·압력제어의 실용 기본회로

③ 3상 히이터 온도제어 회로의 시이퀸스 동작

● 順序〔2〕● ─── 가열 정지의 동작 ───

※ 3상히이터의 가열에 의하여 제어설정점 이상의 온도가 되면 온도스위치 THS-1이 동작하여 가열정지의 동작을 한다.

▶(1) 제어설정점 이상의 온도가 되면 온도스위치 THS-1이 동작하여 그 b접점이 열린다.
▶(2) 기동·정지제어회로①의 전자코일 (MC) 에의 전류가 끊겨 전자접촉기 MC가 복귀한다.
▶(3) 전자접촉기가 복귀하면 주회로②의 주접점 MC가 열린다.
▶(4) 주접점 MC가 열리면 3상히이터 3øH에의 전류가 끊기므로 히이터는 가열을 정지한다.

〔설 명〕

● 3상히이터 등의 고장에 의하여 주회로에 과전류가 흐르면 열동과전류릴레이가 동작하여 기동·정지제어회로의 접점THR가 열리므로 순서〔2〕-(2)~(4)의 동작이 이루어져 3상히이터는 가열을 정지한다.
● 3상히이터의 가열정지에 따라 온도스위치 THS-1의 제어설정점 동작간격 이하로 저하하면 그 b접점은 복귀하여 폐로되므로 다음의 순서〔1〕-(2)~(4)의 동작이 이루어져 3상히이터는 다시 가열, 시동된다.

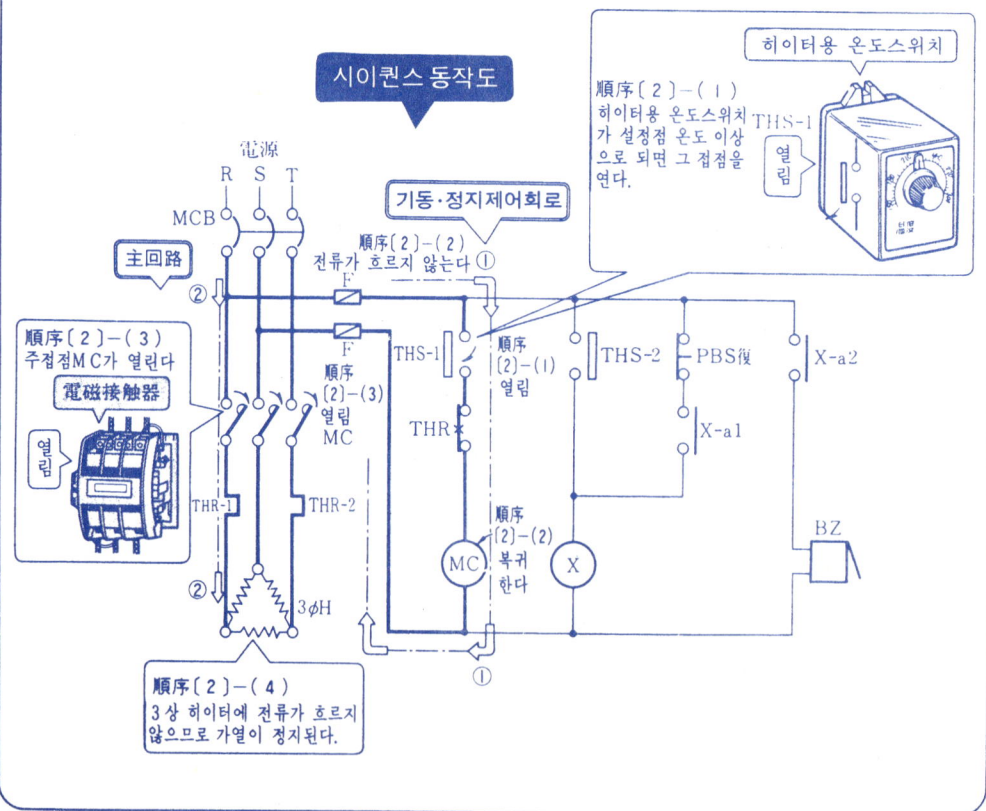

— 312 —

2. 3상 히이터의 온도, 제어회로 판독법

● 順序〔3〕●　　　경보동작

※ 3상히이터가 과열하여 제어설정점 온도, 즉 경보점 온도가 되면 경보용 온도스위치 THS-2가 동작하여 부저어를 울린다.

▶ (1) 경보점온도가 되면 온도스위치 THS-2가 동작하여 그 a접점이 닫힌다.
▶ (2) 보조릴레이회로③의 코일 Ⓧ에 전류가 흘러 보조릴레이 X가 동작한다.
　　　● 보조릴레이 X가 동작하면 (3), (4)의 동작이 동시에 이루어진다.
▶ (3) 자기유지회로④의 자기유지 a접점 X-a1이 닫혀 보조릴레이 X는 자기유지된다.
▶ (4) 경보부저어회로⑤의 a접점 X-a2가 닫힌다.
▶ (5) 접점 X-a2가 닫히면⑤회로에 전류가 흘러 경보부저어 BZ가 울린다.
▶ (6) 경보점 온도 이하로 내려가면 온도스위치 THS-2는 복귀하고 그 a접점이 열린다.
　　　● 온도스위치 THS-2가 열리더라도 자기유지회로④를 통하여 보조릴레이 X는 부세되어 있으므로 경보버저어는 계속 울린다.

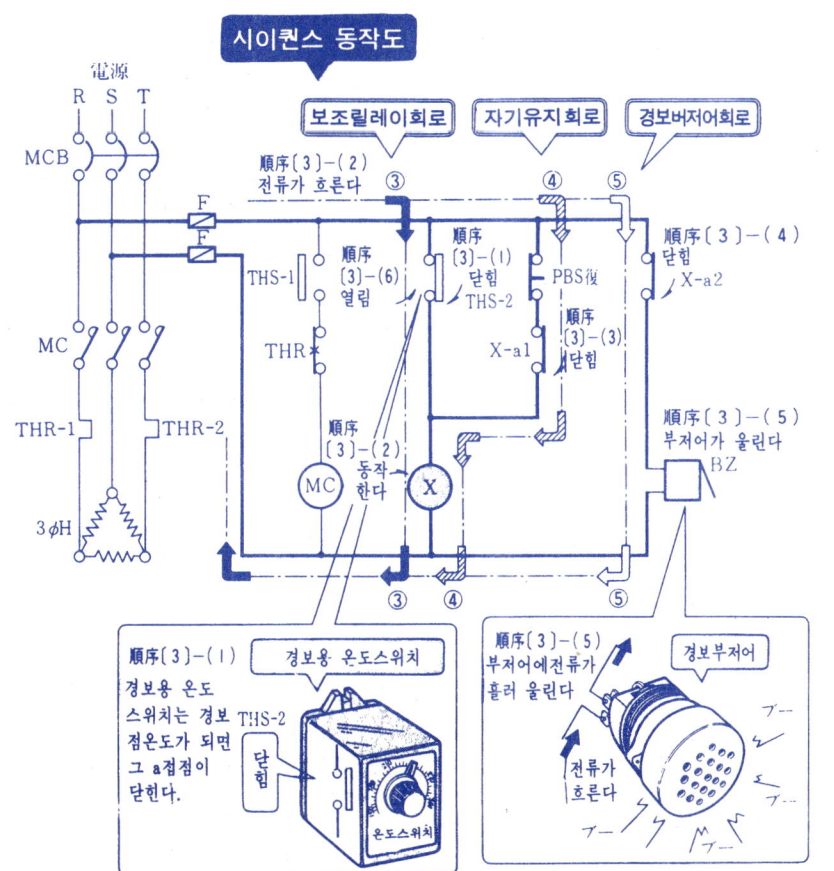

온도·압력제어의 실용 기본회로

③ 3상 히이터의 온도제어 회로 시이퀀스 동작

● 順序〔4〕●   경보부저어의 복귀동작

※ 3상히이터가 경보점 온도보다 내려가더라도 경보부저어는 계속 울리므로 복귀버튼스위치를 눌러 복귀시킬 필요가 있다.

▶ (1) 자기유지회로④의 복귀버튼스위치 PBS復을 누르면 그 b접점이 열린다.
▶ (2) 접점복귀PBS가 열리면 자기회로④의 코일 Ⓧ에의 전류가 끊기므로 보조릴레이 X 가 복귀된다.
　　　● 보조릴레이 X가 복귀하면 차의 (3), (4)의 동작이 동시에 이루어진다.
▶ (3) 자기유지회로④의 자기유지 a접점 X-a1가 열리고 보조릴레이 X의 자기유지를 푼다.
▶ (4) 경보부저어회로⑤의 a접점 X-a2가 열린다.
▶ (5) 접점 X-a2가 열리면 ⑤회로에의 전류가 끊기므로 경보부저어 BZ 는 울음을 그친다.
▶ (6) 복귀버튼스위치 PBS을 누른 손을 떼면 그 b접점은 복귀하여 폐로되나 ④회로의 접점 X-a1가 열려있으므로 보조릴레이 X는 부세되지 않는다.

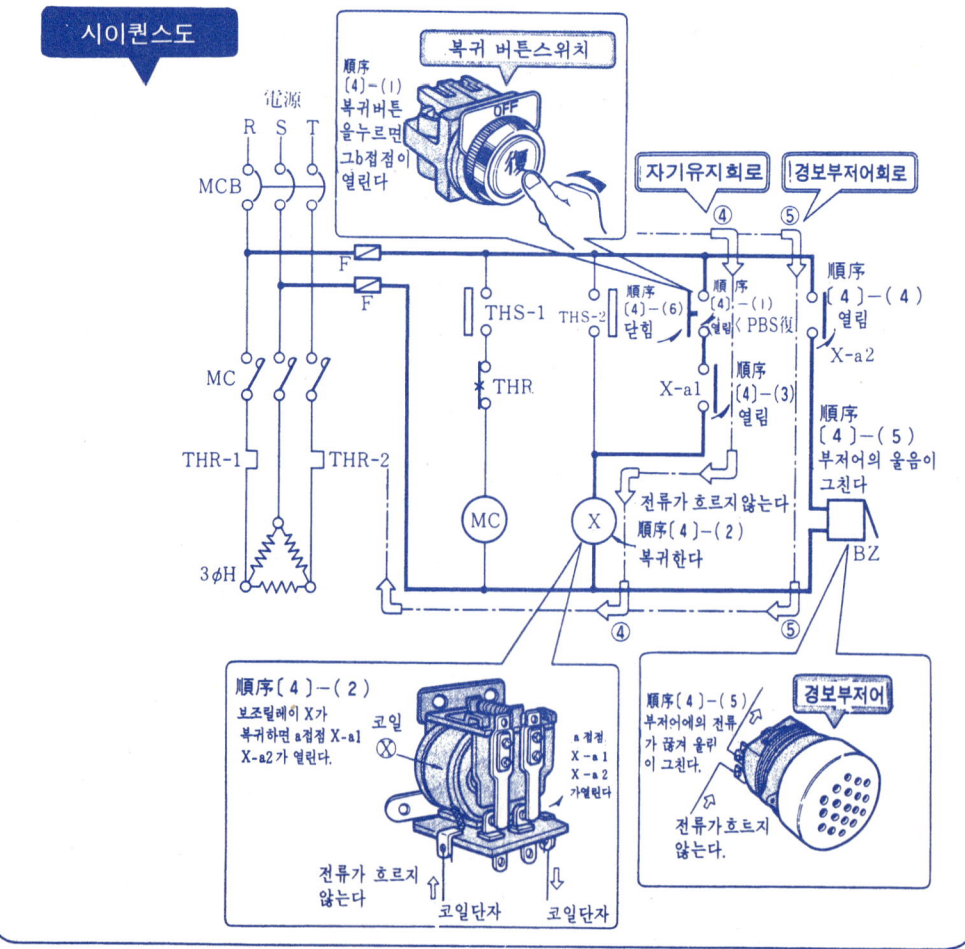

— 314 —

3. 콤프레서의 압력제어 회로 판독법

① 콤프레서의 압력 제어 회로의 실제배선도

※ 아래 그림은 2개의 압력스위치와 콤프레서를 조합하여 공기조의 압력을 일정하게 유지하는, 수동 및 자동에 의한 압력제어회로의 실제배선도 예이다.

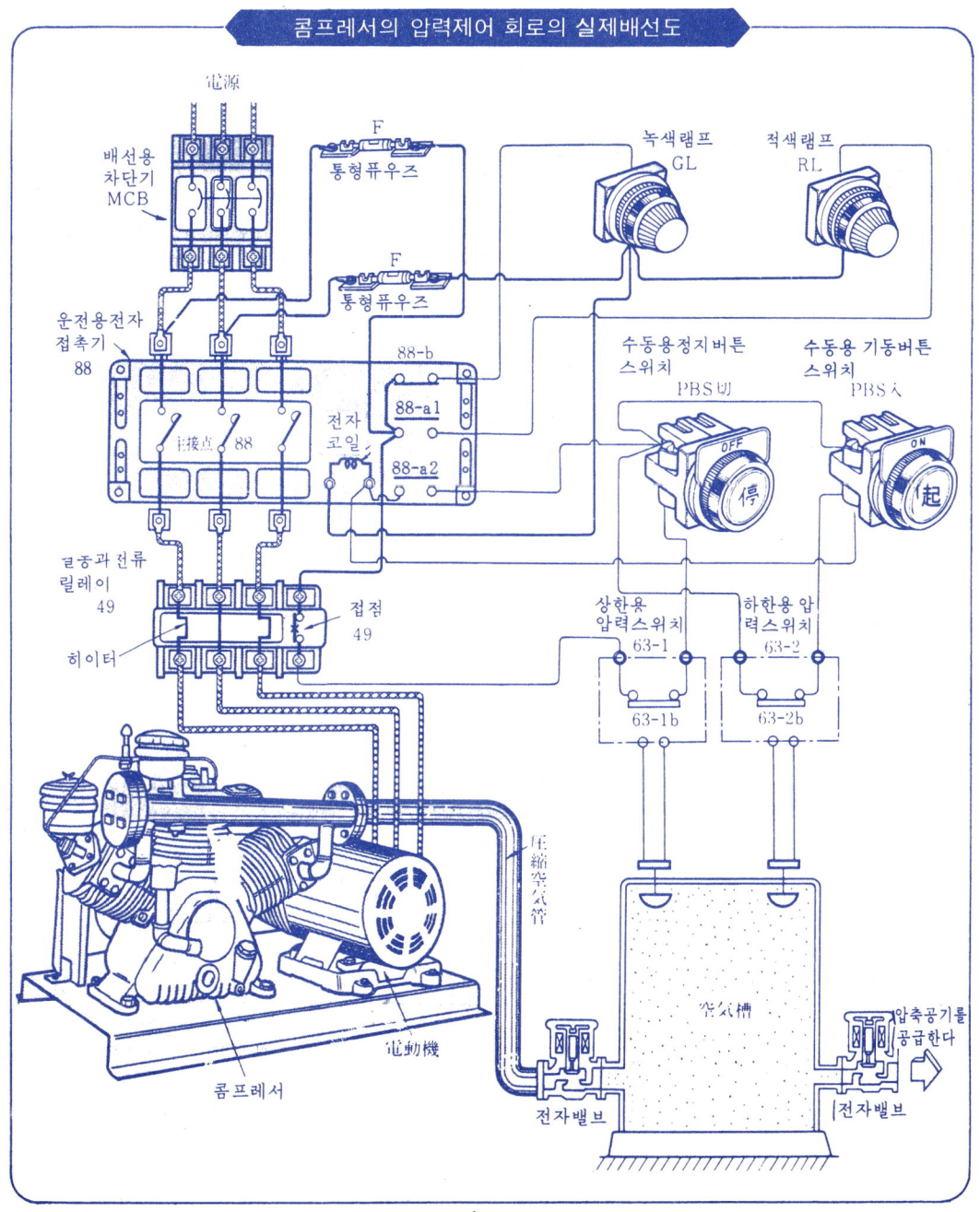

콤프레서의 압력제어 회로의 실제배선도

온도·압력제어의 실용 기본회로

② 콤프레서의 압력 제어 회로의 시이퀀스도

※ 콤프레서의 압력제어회로의 실제배선도(p.315)를 시이퀀스도로 바꾸어 그리면 다음과 같이 된다.

※ 콤프레서 구동전동기 M을 개폐하는 전자접촉기 88의 조작은, 수동운전에서는 기동버튼 PBS과 정지버튼 PBS로 하고 자동운전에서는 하한용 압력스위치 63-2, 상한용 압력스위치 63-1이 공기조의 압력을 검출한 결과에 따라한다. 그리고 콤프레서의 운전시에는 적색램프 RL이, 정지시에는 녹색램프 GL이 점등된다.

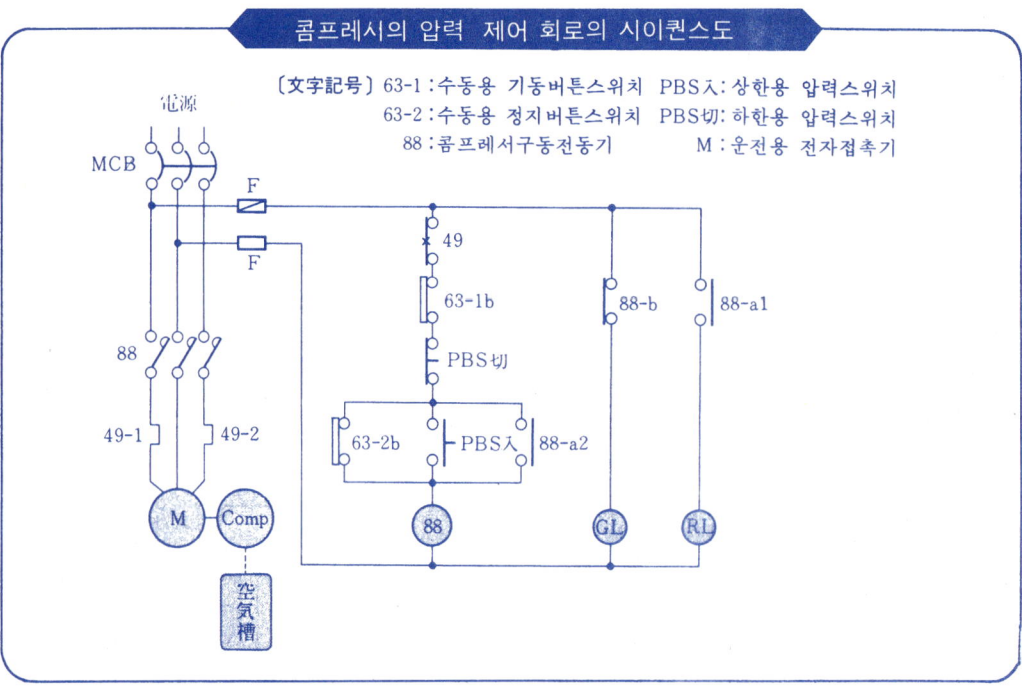

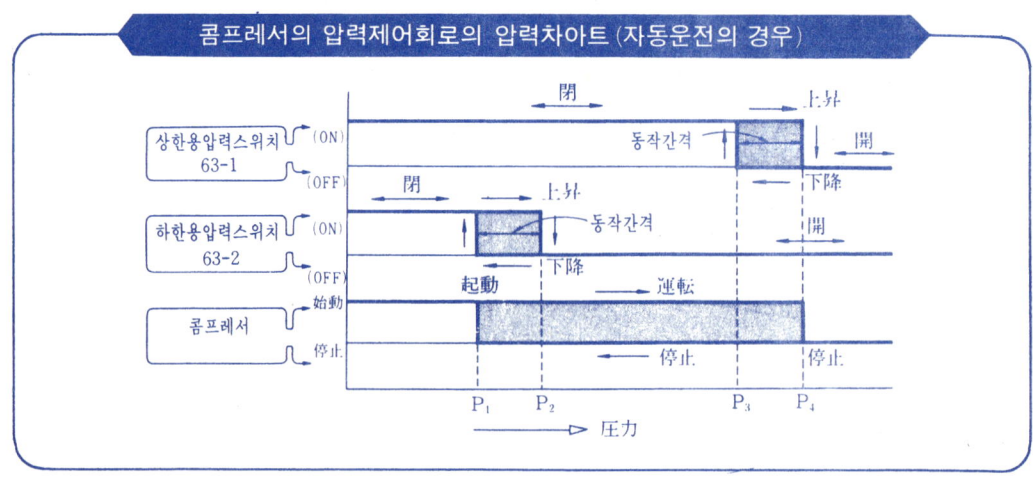

3. 콤프레서의 압력 제어회로 판독법

③ 콤프레서의 압력 제어회로 시이퀀스 동작

자동에 의한 기동 운전동작〔1〕 ● 공기조절의 P_1 이하일 경우 ●

※ 공기조의 압력이 공기의 사용에 따라 하한용 압력스위치 63-2의 설정점 압력 (최저압력) P_1 이하로 되면 콤프레서는 자동적으로 기동, 운전된다.

순서 〔1〕 전원의 배선용차단기 MCB(전원스위치)의 레버를 「ON」으로 함으로써 전원을 투입한다.
　〔2〕 전원을 투입하면 ⑤회로에 전류가 흘러 녹색램프 GL이 점등된다.
　　　※ 녹색램프의 점등은 전원스위치가 투입되고 있다는 것을 표시된다.
　〔3〕 하한용 압력스위치 63-2의 설정점 압력 P_1 이하로 되면 압력스위치 63-2는 복귀하여 ②회로의 b접점 63-2b를 닫는다(압력차아트 참조).
　〔4〕 접점 63-2b가 닫히면 ②회로의 코일 ㊵에 전류가 흘러 운전용 전자접촉기 88이 동작한다
　〔6〕 주접점88가 단히면 ①회로의 전동기 M에 전류가 흘러 전동기가 기동된다.
　　　※ 전동기가 기동하면 콤프레서 Comp를 운전하고 공기조에 압축공기를 공급한다.
　〔7〕 전자접촉기 88이 동작하면 ⑤회로의 b접점88-b가 열린다.
　〔8〕 접점 88-b가 열리면 ⑤회로에 전류가 흐르지않으므로 녹색램프 GL은 소등된다.
　〔9〕 전자접촉기88이 동작하면 ⑥회로의 a접점 88-a1이 닫힌다.
　〔10〕 접점88-a1이 닫히면 ⑥회로에 전류가 흘러 적색램프 RL이 점등된다.
　〔11〕 전자접촉기88이 동작하면 ④회로의 자기유지접점 88-a2가 닫혀 자기유지된다.

자동에 의한 기동운전 동작〔2〕 ● 공기조의 압력이 P_2 로 될 경우 ●

순서 〔12〕 콤프레서의 운전에 의하여 공기조의 압력이 하한용 압력스위치 63-2의 동작 간격 압력 P_2 까지 상승하면 압력스위치 63-2가 동작하여 그 b접점 63-2b를 연다.
　　　※ 하한용 압력스위치 63-2가 동작하여 그 b접점 63-2b가 열리더라도 ④회로의 자기유지접점을 통하여 전자접촉기 88은 여전히 부세되고 있으므로 콤프레서 Comp는 운전을 계속한다.

온도·압력제어의 실용 기본회로

③ 콤프레서의 압력 제어 회로의 시이퀀스 동작

자동에 의한 기동 운전의 시이퀀스 동작도

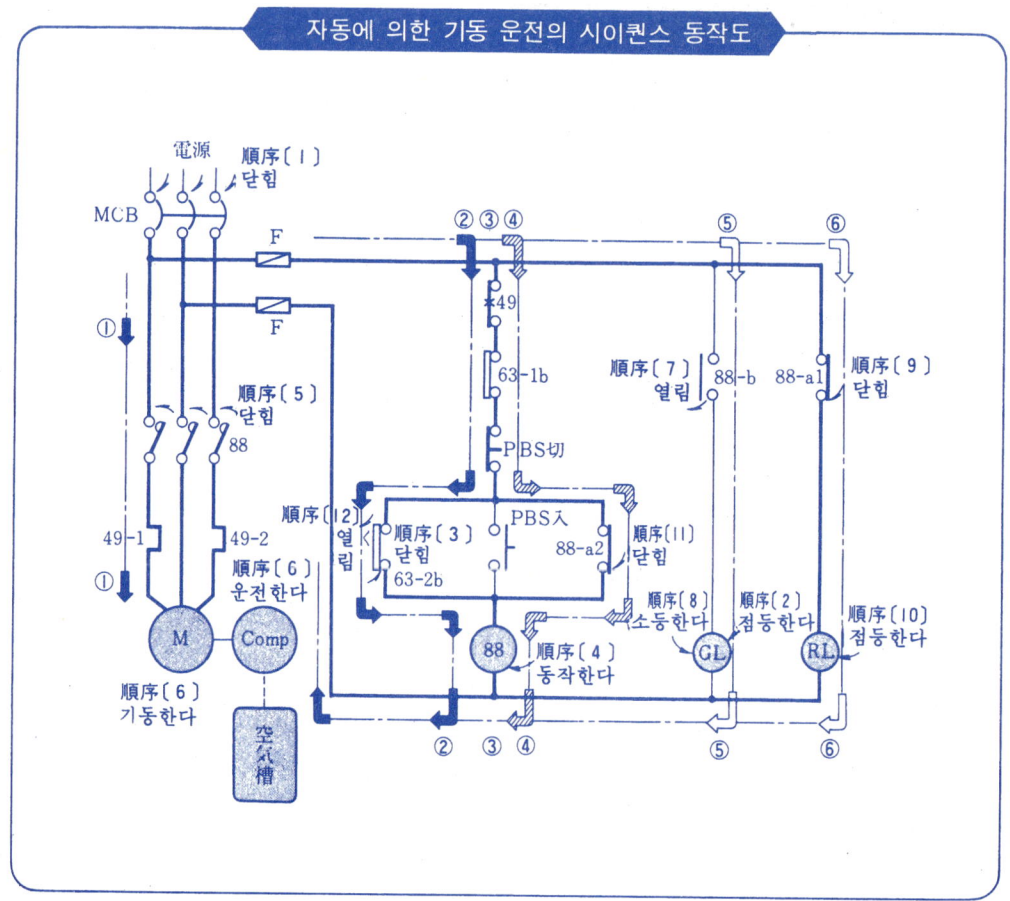

수동에 의한 기동 운전 동작

※ 콤프레서를 수동으로 기동운전하는데는 자동에 의한 기동운전 동작순서〔3〕대신에 ③회로의 수동용 기동버튼스위치 PBS을 누르면 그 이후의 동작(순서〔4〕에서 순서〔11〕까지)은 똑같다.

※ 수동용 기동버튼 스위치 PBS을 누른 손을 떼더라도 ④회로에서 자기유지되고있으므로 콤프레서 Comp 는 운전을 계속한다.

※ 공기조의 압력이 상한압력 P_4 (상한용 압력스위치의 설정점 압력)이상으로 되면 상한용 압력 스위치 63-1이 동작하여 ③회로의 b접점 63-1b가 열린다. 따라서 수동에 의한 기동운전 동작이 가능한 것은 상한 압력이 P_4 이하인 (접점 63-1b閉)의 경우에 한한다.

3. 콤프레서의 압력제어 회로 판독법

자동에 의한 정지 동작〔1〕 ● 공기조의 압력이 P_4 이상일 경우 ●

※ 공기조의 압력이 상한용 압력스위치 63-1의 설정점 압력(최고압력) P_4 이상으로 되면 콤프레서는 자동적으로 정지한다.

순서 〔13〕 상한용 압력스위치 63-1의 설정점 압력 P_4 이상으로 되면 압력스위치 63-1이 동작하여 ④회로의 b접점 63-1b를 연다.

〔14〕 접점 63-1b가 열리면 ④회로의 코일 ⑧에 전류가 흐르자 않으므로 운전용 전자접촉기 88이 복귀한다.

※ 운전용 전자접촉기 88이 복귀하면 다음 〔15〕, 〔17〕, 〔19〕, 〔21〕의 동작이 동시에 이루어진다.

〔15〕 전자접촉기 88이 복귀하면 ①회로의 주접점 88이 열린다.

〔16〕 주접점 88이 열리면 ①회로의 전동기 M에 전류가 흐르지않으므로 전동기는 정지한다.

※ 전동기가 정지하면 콤프레서 Comp 도 멈추고 공기조에의 압축공기의 공급을 멈춘다.

〔17〕 전자접촉기 88이 복귀하면 ⑥회로의 a접점 88-a1이 열린다.

〔18〕 접점 88-a1이 열리면 ⑥회로에는 전류가 흐르지 않으므로 적색램프 RL이 소등된다.

〔19〕 전자접촉기 88이 복귀하면 ⑤회로의 b접점 88-b가 닫힌다.

〔20〕 접점 88-b가 닫히면 ⑤회로에 전류가 흐르므로 녹색램프 GL이 점등된다.

〔21〕 전자접촉기 88이 복귀하면 ④회로의 자기유지접점 88-a2이 열려 자기유지를 푼다.

자동에 의한 정지 동작〔2〕 ● 공기조의 압력이 P_3 이하로 될 경우 ●

순서 〔22〕 공기조의 압력이 공기의 사용에 따라 상한용 압력스위치 63-1의 동작간격 압력 P_3 까지 하강하면 압력스위치 63-1은 복귀하여 그 b접점 63-1b가 닫힌다.

※ 상한용 압력스위치 63-1이 복귀하여 그 b접점 63-1b가 닫히더라도 접점 88-a2 (순서〔21〕開), 접점 63-2b (순서〔12〕開), PBS入이 모두 열려 있으므로 전자접촉기 88은 동작하지 않으며 전동기는 정지한 채로 있다.

※ 공기조의 압력이 P_1 까지 하강하면 콤프레서는 자동에 의한 기동운전동작〔1〕에 의하여 자동적으로 기동하고 공기조에 압축공기를 공급한다.

온도·압력제어의 실용 기본회로

③ 콤프레서의 압력 제어 회로 시이퀸스 동작

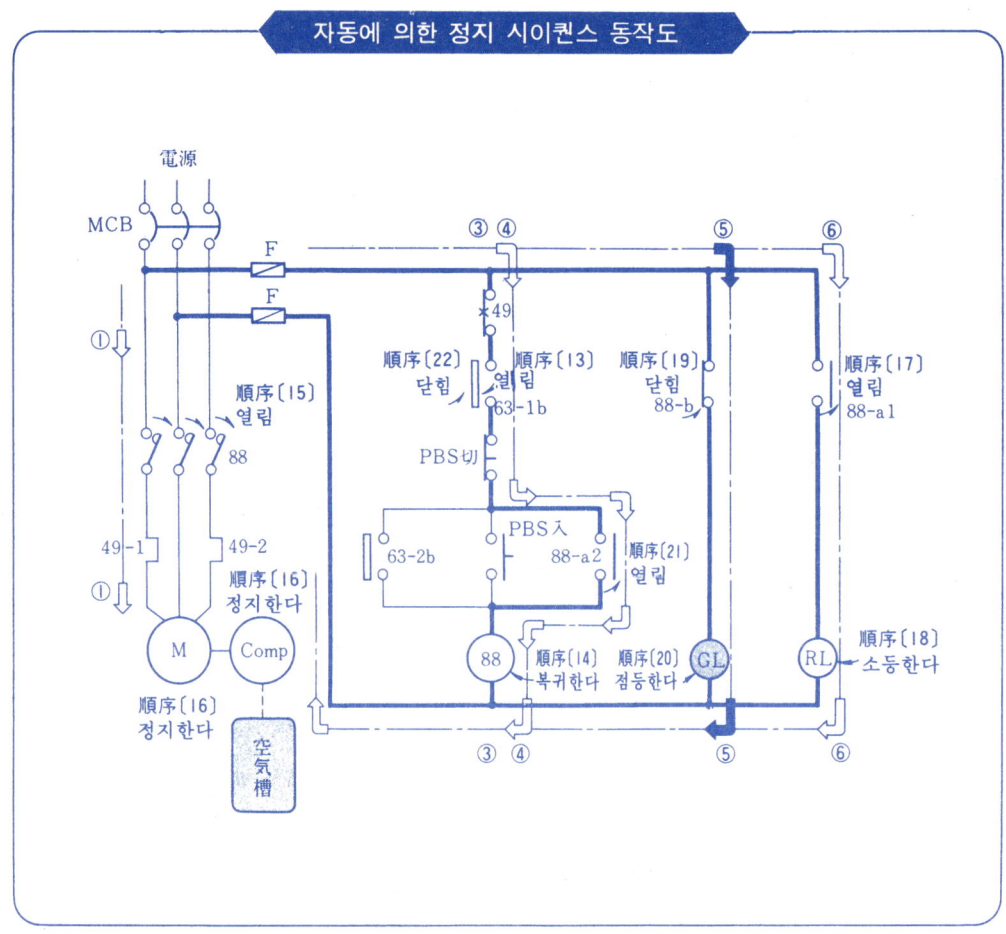

자동에 의한 정지 시이퀸스 동작도

수동에 의한 정지동작

❖ 콤프레서를 수동으로 정지시키는데는 자동에 의한 정지동작의 순서〔13〕 대신에 ③회로의 수동용 정지버튼스위치 PBS를 누르면 그 이후의 동작 (순서〔14〕에서 순서 〔21〕) 은 똑같다.

❖ 수동용 정지버튼스위치 PBS를 누른손을 떼어 접점 PBS切이 닫히더라도 접점 88-a2, PBS入, 접점 63-2b는 모두 열려있으므로 전자접촉기 88은 동작하지 않아 전동기 M은 정지한 채로 있다.

❖ 수동용 정지버튼스위치 PBS를 누르는 것은 ③회로를 여는 것과 같으므로 자동운전의 경우, 공기조차 상한압력 P_4에 이르지 않더라도 콤프레서를 정지시킬 수 있다.

10 給排水設備의 시이퀸스制御

이 장의 포인트

　이 장에서는, 플로우트리스 액면릴레이를 사용한 급수설비 및 배수설비의 실제에 대하여 설명을 하고 있다.
(1) 플로우트리스 액면릴레이의 전극 배치와 전동펌프의 제어배선 등을 입체적으로 도해한 실제배선도에 의하여 급수제어, 배수제어를 설비로서 구체적으로 이해할 수 있도록 하고 있다.
(2) 급수제어에 있어서는 이상온수 때 경보를 내는 경우와 그렇지 않은 경우의 설비예를 제시하고 있다.
(3) 배수제어에 있어서는 이상 중수때 경보를 내는 경우와 그렇지 않은 경우의 설비예를 제시하고 있다.

1. 플로우트리스 액면 릴레이를 사용한 급수제어 회로의 판독법

① 플로우트리스 액면릴레이를 사용한 급수제어 회로의 실제배선도

※ 아래 그림은 급수원으로 부터 전동펌프에 의하여 물을 급수조에 퍼 올리는데 있어서 수조의 액면을 플로우트리스 액면릴레이를 사용, 자동적으로 제어하는 제어설비에 대한 실제배선도 예이다.

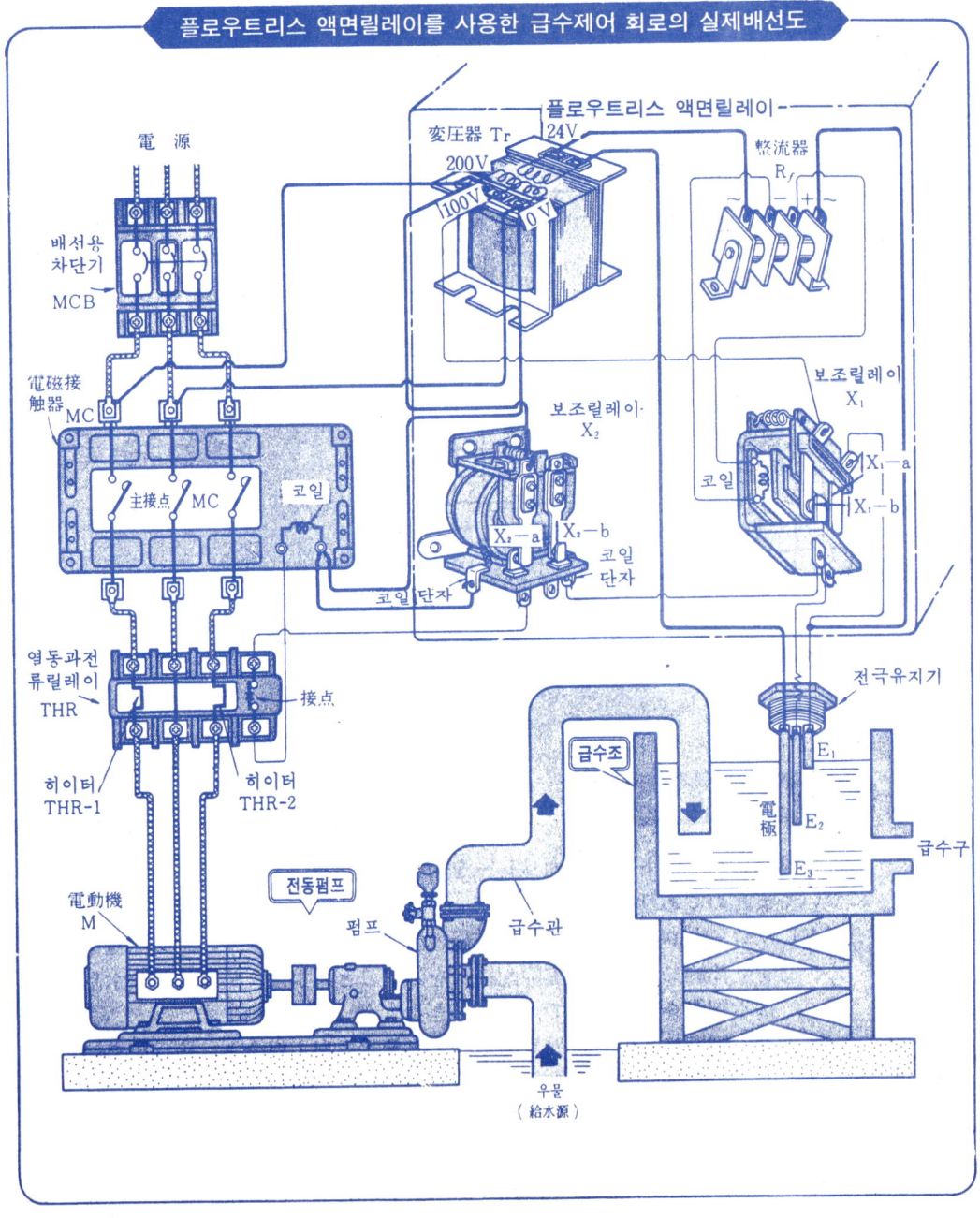

플로우트리스 액면릴레이를 사용한 급수제어 회로의 실제배선도

1. 플로우트리스 액면 릴레이를 사용한 급수제어 회로의 판독법

② 급수제어 회로의 시이퀸스도

※ 플로우트리스 액면릴레이를 사용한 급수제어 설비의 실제배선도(p.322)를 시이퀸스도로 바꾸어 그린 것이 아래 그림이다.

※ 플로우트리스 액면릴레이의 전극간에 교류 200V를 그대로 인가하면 위험하므로 변압기에 의하여 24V로 강하시키고 있다.

플로우트리스 액면릴레이란?

● 플로우트리스 액면릴레이란 플로우트를 사용하지 않고 액체 중에 전류를 흘리고 그 변화에 따라 액면을 제어하는 것으로서 전극간에 흐르는 전류의 변화를 증폭하여 전자릴레이를 동작시키는 형식을 취하고 있다.

플로우트리스 액면릴레이를 사용한 급수제어 회로의 시이퀸스도

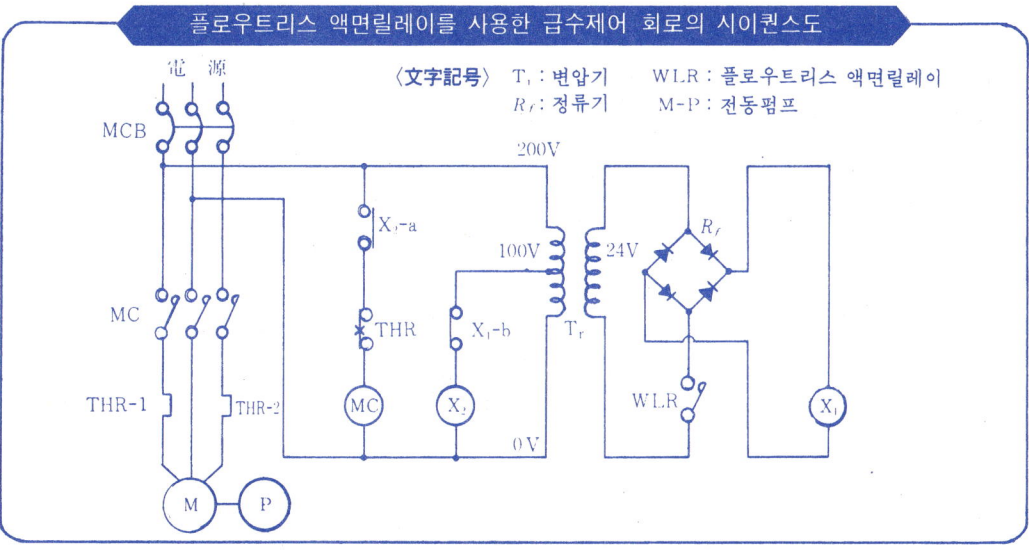

〈文字記號〉 T_r : 변압기   WLR : 플로우트리스 액면릴레이
R_f : 정류기   M-P : 전동펌프

수조 수위와 전동펌프의 기동·정지법

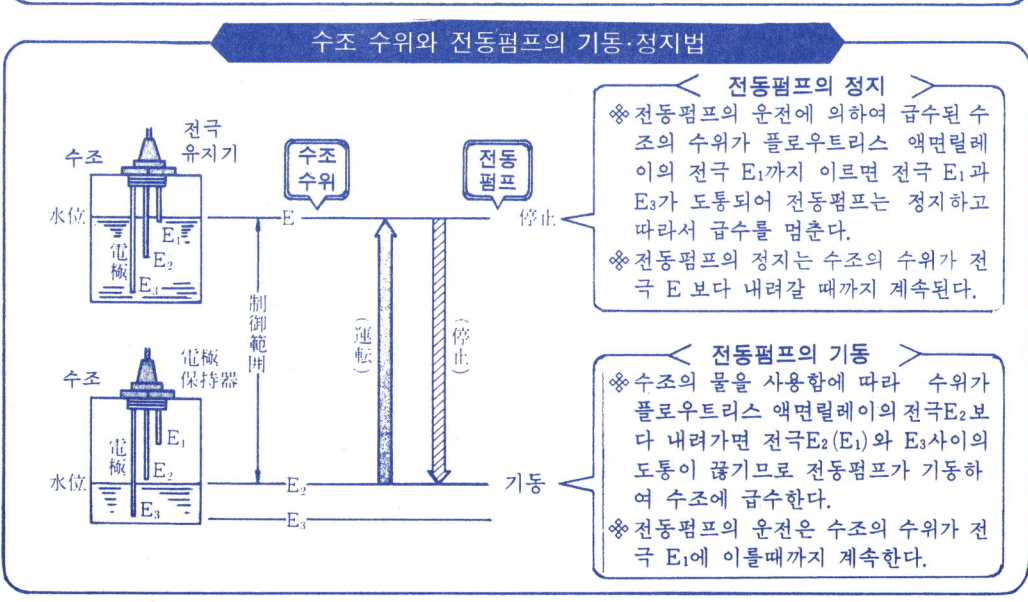

< 전동펌프의 정지 >

※ 전동펌프의 운전에 의하여 급수된 수조의 수위가 플로우트리스 액면릴레이의 전극 E_1까지 이르면 전극 E_1과 E_3가 도통되어 전동펌프는 정지하고 따라서 급수를 멈춘다.

※ 전동펌프의 정지는 수조의 수위가 전극 E 보다 내려갈 때까지 계속된다.

< 전동펌프의 기동 >

※ 수조의 물을 사용함에 따라 수위가 플로우트리스 액면릴레이의 전극 E_2보다 내려가면 전극 $E_2(E_1)$와 E_3사이의 도통이 끊기므로 전동펌프가 기동하여 수조에 급수한다.

※ 전동펌프의 운전은 수조의 수위가 전극 E_1에 이를때까지 계속한다.

급배수 설비의 시이퀀스제어

③ 급수제어 회로의 시이퀀스 동작

전동펌프의 기동 동작 순서 ◈ **수조에의 급수**

※급수조의 수위가 플로우트리스 액면릴레이의 전극 E_2보다 내려가면 전동펌프는 기동하고 급수를 시작한다.

순서 〔1〕 ①회로의 배선용 차단기 MCB(전원스위치)를 닫는다.
〔2〕 급수조의 수위가 플로우트리스 액면릴레이의 전극 E_2보다 내려가면 전극 E_2과 E_3 사이가 열리므로 ④회로에 전류가 흐르지 않게 된다.
〔3〕 ④회로에 전류가 흐르지 않으면 정류기 R_f의 2차측인 ⑤회로의 코일 X_1에도 전류가 흐르지 않으므로 보조릴레이 X_1이 복귀 한다.
〔4〕 보조릴레이 X_1이 복귀하면 ③회로의 b접점 X_1-b가 닫힌다.
〔5〕 접점 X_1-b가 닫히면 ③회로의 코일 X_2에 전류가 흐르므로 보조릴레이 X_2가 동작 한다.
〔6〕 보조릴레이 X_2가 동작하면 ②회로의 a접점 X_2-a가 닫힌다.
〔7〕 접점 X_2-a가 닫히면 ②회로의 코일 MC에 전류가 흘러 전자접촉기 MC가 동작 한다.
〔8〕 전자접촉기 MC가 동작하면 ①회로의 주접점 MC가 닫힌다.
〔9〕 주접점 MC가 닫히면 ①회로의 전동기 M에 전류가 흘러 전동기가 기동된다.
〔10〕 전동기의 기동에 의하여 펌프 P도 회전함으로써 수원의 물을 푸어올려 급수조에 급수한다.

시이퀀스 동작도

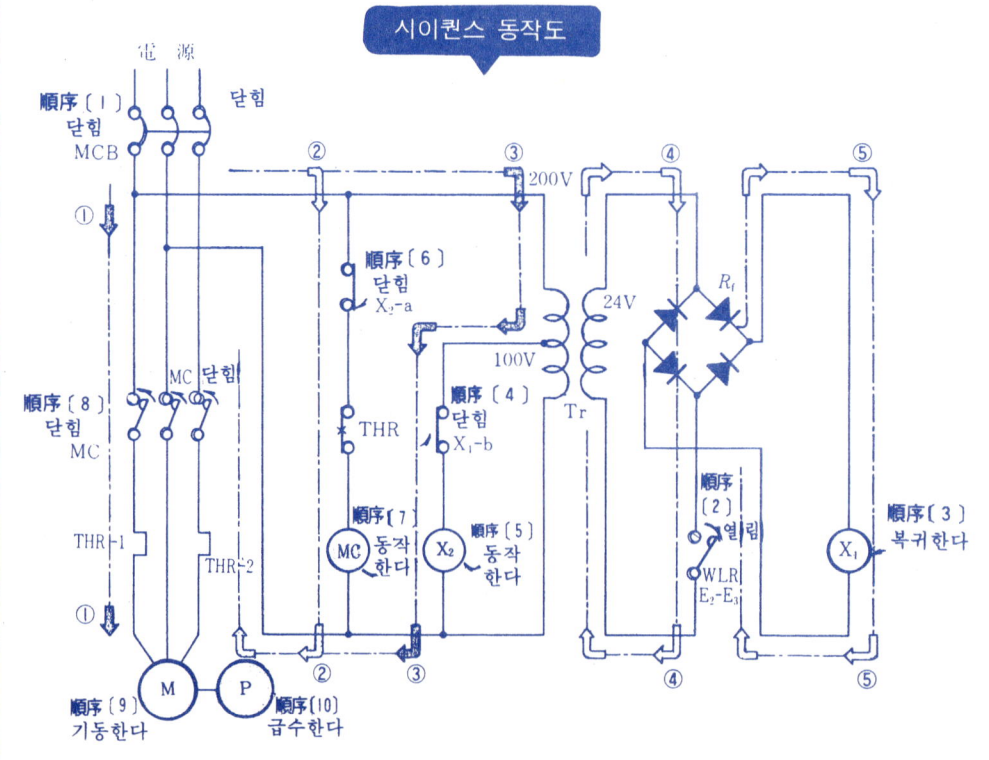

1. 플로우트리스 액면 릴레이를 사용한 급수제어 회로의 판독법

전동펌프의 정지 동작순서 — 수조에 급수하지않을때

※ 급수조의 수위가 플로우트리스 액면릴레이의 전극 E_1에 이르면 전동펌프가 정지하여 수조에의 급수를 멈춘다.

순서 〔11〕 급수조의 수위가 플로우트리스 액면릴레이의 전극 E_1에 이르면 전극 E_1과 E_3의 사이가 도통하여 단히므로 ④회로에 전류가 흐른다.

〔12〕 ④회로에 전류가 흐르면 정류기 R_f의 2차측인 ⑤회로의 코일 X_1에도 전류가 흐르므로 보조릴레이 X_1이 동작한다.

〔13〕 보조릴레이 X_1이 동작하면 ③회로의 b접점 X_1-b가 열린다.

〔14〕 접점 X_1-b이 열리면 ③회로의 코일 X_2에 전류가 흐르지 않으므로 보조릴레이 X_2가 복귀한다.

〔15〕 보조릴레이 X_2가 복귀하면 ②회로의 a접점 X_2-a가 열린다.

〔16〕 접점 X_2-a가 열리면 ②회로의 코일 MC에는 전류가 흐르지 않으므로 전자접촉기 MC가 복귀한다.

〔17〕 전자접촉기 MC가 복귀하면 ①회로의 주접점 MC가 열린다.

〔18〕 주접점 MC가 열리면 ①회로의 전동기 M에 전류가 흐르지 않으므로 전동기는 정지된다.

〔19〕 전동기 M의 정지에 따라 펌프 P도 정지하므로 급수조에의 급수도 멈추어 진다.

시이퀀스 동작도

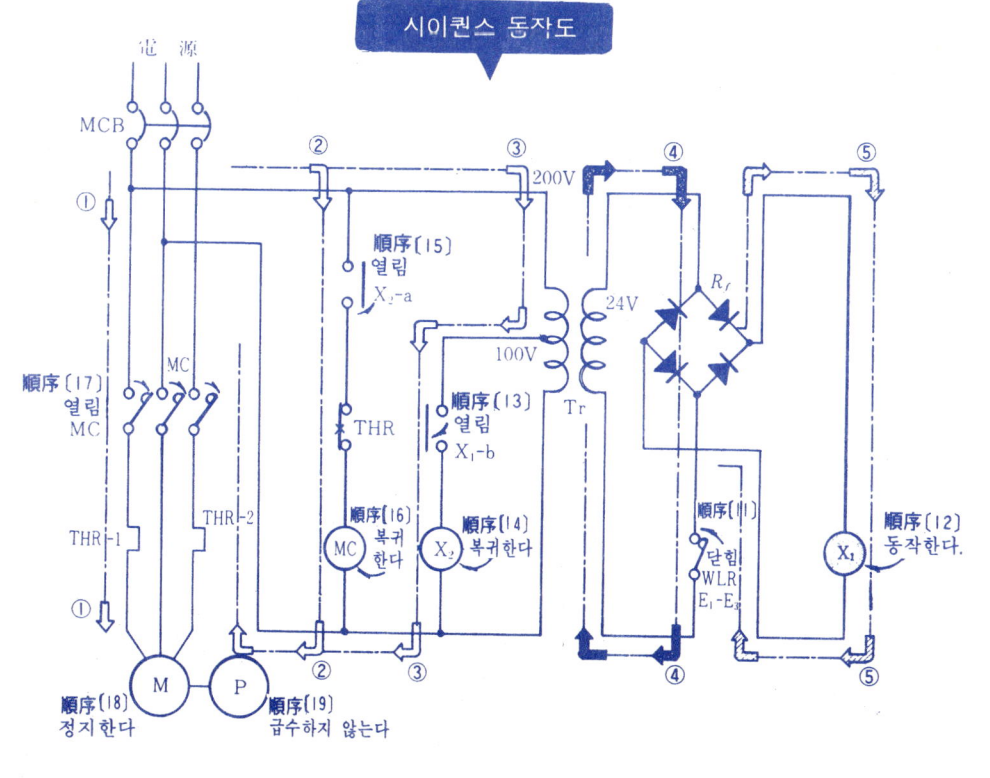

2. 이상 갈수 경보부착 급수제어회로 판독법

① 이상 갈수 경보부착 급수제어 회로의 실제배선도

※ 아래 그림은 이상 갈수 경보부착 급수제어 설비의 실제배선도 예이다.
※ 이 회로에서는 플로우트리스 액면릴레이(이상 갈수 경보형)을 사용, 급수조에의 자동 급수와 함께 급수조의 액면이 이상갈수되면 부저어가 울려 경보를 발하는 동시에 전동펌프를 자동 정지시킴으로써 과부하에 의한 소손을 방지하고 있다.

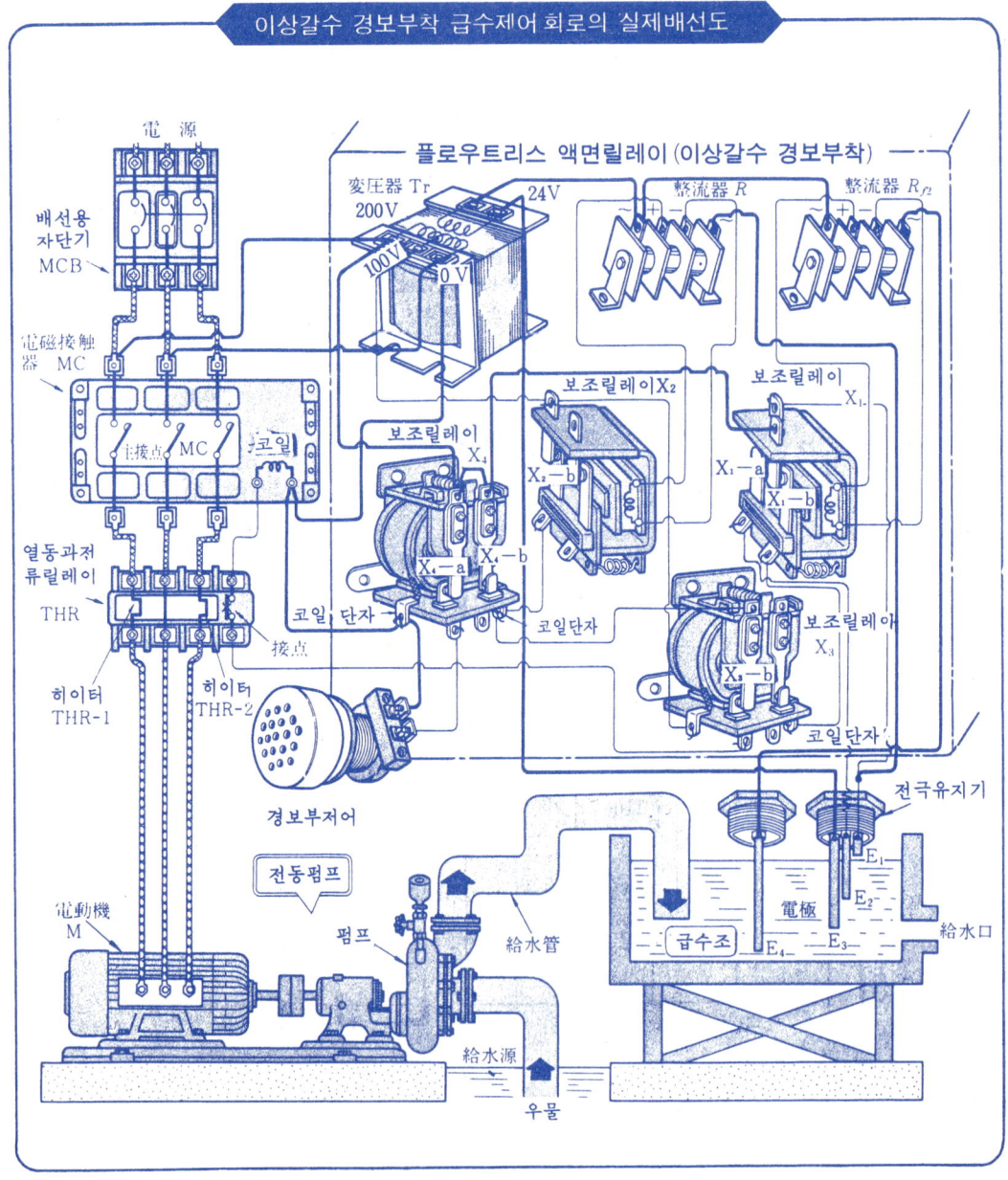

이상갈수 경보부착 급수제어 회로의 실제배선도

2. 이상 갈수 경보부착 급수제어 회로 판독법

② 이상 갈수 경보부착 급수제어 회로의 시이퀀스 동작

전동펌프의 정지 동작순서 ― 수조에급수하지않을 때

※ 급수조의 수위가 플로우트리스 액면릴레이의 전극 E_1에 이르면 전동펌프는 정지하여 급수를 멈춘다.

순서〔1〕① 회로의 배선용 차단기 MCB(전원스위치)를 닫는다.
〔2〕급수조의 수위가 플로우트리스 액면릴레이의 전극 E_1에 이르면 전극E_1과 E_3사이가 도통되어 닫히므로 ⑥회로에 전류가 흐른다.
〔3〕⑥회로에 전류가 흐르면 정류기 R_f의 2차측인 ⑦회로의 코일 X_1 에도 전류가 흐르므로 보조릴레이 X_1이 동작한다.
〔4〕보조릴레이 X_1이 동작하면 ④회로의 b접점 X_1-b가 열린다.
〔5〕접점X_1-b가 열리면 ④회로의 코일 X_3 에는 전류가 흐르지 않으므로 보조릴레이X_3 가 복귀한다.
〔6〕보조릴레이X_3가 복귀하면 ③회로의 a접점X_3-a가 열린다.
〔7〕접점X_3-a가 열리면 코일 MC 에 전류가 끊겨 전자접촉기 MC가 복귀한다.
〔8〕전자접촉기 MC가 복귀하면 ①회로의 주접점 MC가 열린다
〔9〕주접점 MC가 열리면 ①회로의 전동기 M에의 전류가 끊겨 전동기는 정지된다.
〔10〕전동기가 정지하면 펌프 P도 정지하므로 급수조에의 급수가 정지된다.

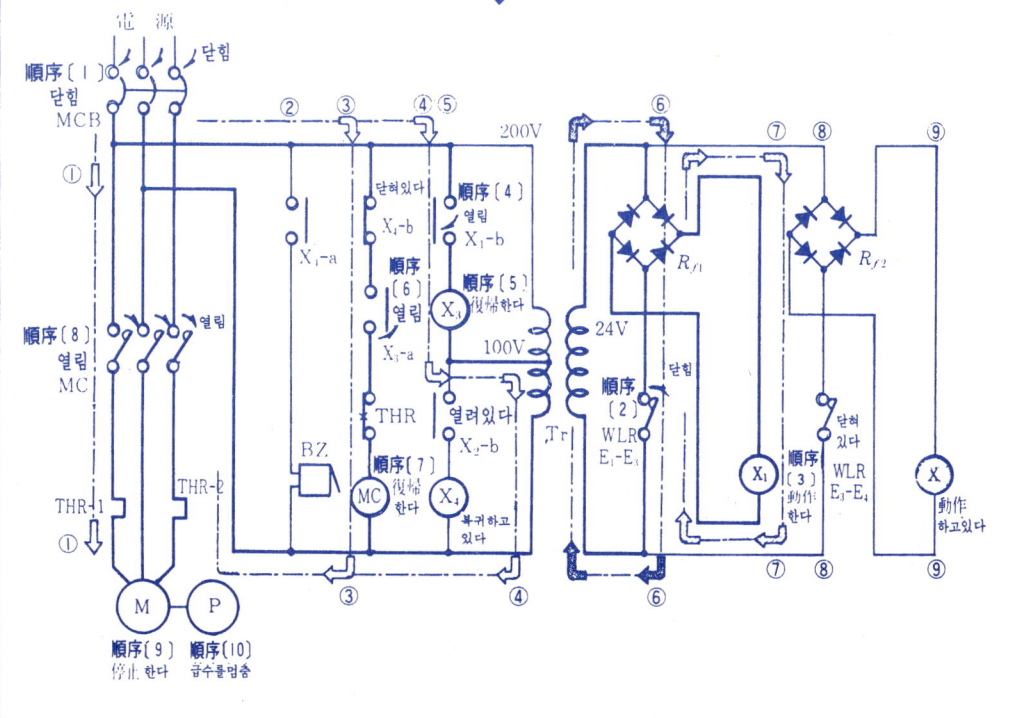

시이퀀스 동작도

급배수 설비의 시이퀀스제어

② 이상 갈수 경보부착 급수제어 회로의 시이퀀스 동작

전동펌프의 기동 동작순서 ● 수조에 급수할 때

❋ 급수조의 수위가 플로우트리스 액면릴레이의 전극 E_2보다 내려가면 전동펌프가 기동 하며 급수를 시작한다.

순서 〔11〕 급수조의 수위가 액면릴레이의 전극 E_2보다 내려가면 전극 E_2과 E_3 사이의 도통이 열리므로 ⑥회로에는 전류가 흐르지 않는다.

〔12〕 ⑥회로에 전류가 흐르지 않으면 정류기 R_{f1}의 2차측인 ⑦회로의 코일 X_1에도 전류가 흐르지 않아 보조릴레이 X_1이 복귀한다.

〔13〕 보조릴레이 X_1이 복귀하면 ④회로의 b접점 X_1-b가 닫힌다.

〔14〕 접점 X_1-b가 닫히면 ④회로의 코일 X_3에 전류가 흘러 보조릴레이 X_3가 동작한다.

〔15〕 보조릴레이 X_3가 동작하면 ③회로의 a접점 X_3-a가 닫힌다.

〔16〕 접점 X_3-a가 닫히면 ③회로의 코일 (MC)에 전류가 흘러 전자접촉기 MC가 동작한다.

〔17〕 전자접촉기 MC가 동작하면 ①회로의 주접점 MC가 닫힌다.

〔18〕 주접점 MC가 닫히면 ①회로의 전동기 M에 전류가 흘러 전동기가 기동한다.

〔19〕 전동기가 기동하면 펌프P도 운전을 시작하여 급수조에 급수한다.

시이퀀스 동작도

2. 이상 갈수 경보부착 급수제어 회로 판독법

이상 갈수 경보부착의 동작순서 ● 경보를 발하면서 전동펌프를 정지시킨다

※ 급수조의 수위가 이상 갈수에 의하여 플로우트리스 액면릴레이의 전극 E_3보다 내려가면 부저어를 울리는 한편 전동펌프를 정지시켜 과부하에 의한 전동펌프의 소손을 방지한다.

순서 [20] 급수조의 수위가 액면릴레이의 전극 E_3보다 내려가면 전극 E_3와 E_4 사이의 도통이 끊어지므로 ⑧회로에는 전류가 흐르지 않는다.

[21] ⑧회로에 전류가 흐르지 않으면 정류기 R_{f2}의 2차측인 ⑨회로의 코일 X_2에도 전류가 흐르지 않아 보조릴레이 X_2는 복귀한다.

[22] 보조릴레이 X_2가 복귀하면 ⑤회로의 b접점 X_2-b가 닫힌다.

[23] 접점 X_2-b가 닫히면 ⑤회로의 코일 X_4에 전류가 흘러 보조릴레이 X_4가 동작한다.

● 보조릴레이 X_4가 동작하면 다음 순서 [24], [26]의 동작은 동시에 이루어 진다.

[24] 보조릴레이 X_4가 동작하면 ②회로의 a접점 X_4-a가 닫힌다.

[25] 접점 X_4-a가 닫히면 ②회로의 부저어 BZ가 울려 경보를 발한다.

[26] 보조릴레이 X_4가 동작하면 ③회로의 b접점 X_4-b가 열린다.

[27] 접점 X_4-b가 열리면 ③회로의 코일 MC에의 전류가 끊겨 전자접촉기 MC가 복귀한다.

[28] 전자접촉기 MC가 복귀하면 ①회로의 주접점 MC가 열린다.

[29] 주접점 MC가 열리면 ①회로의 전동기 전류가 흐르지않아 정지한다.

[30] 전동기가 정지하면 펌프P도 정지하여 급수조에 급수를 멈춘다.

시이퀀스 동작도

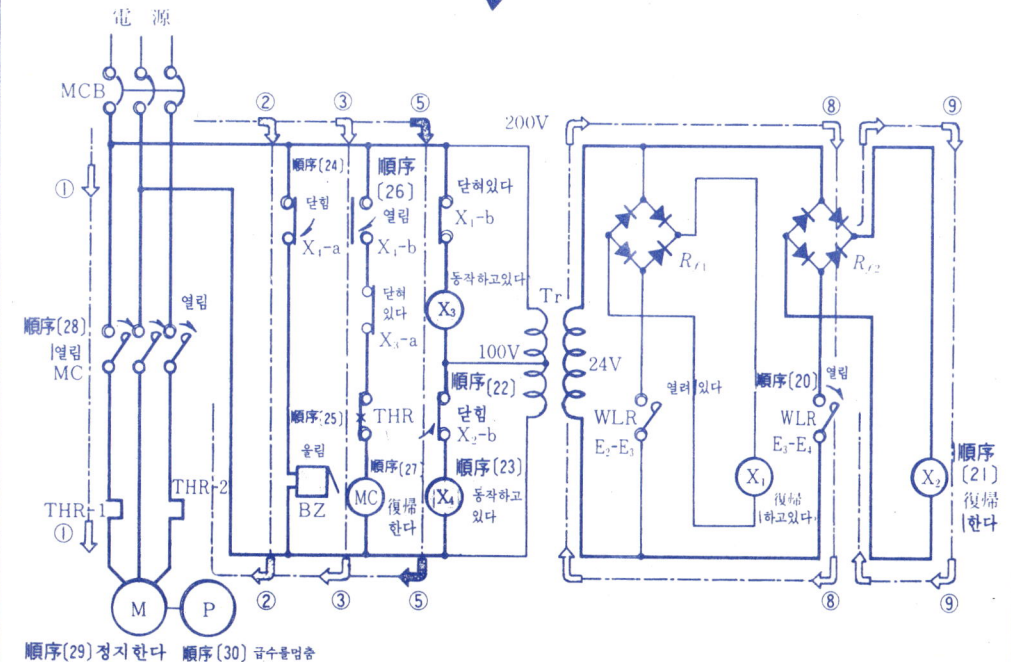

3. 플로우트리스 액면릴레이를 사용한 배수제어 회로의 판독법

① 플로우트리스 액면릴레이를 사용한 배수제어 회로의 실제배선도

※ 아래 그림은 전동펌프를 사용, 배수조로 부터 물을 끌어 올려 배수하는데 있어 수조의 액면을 플로우트리스 액면릴레이를 이용함으로써 자동적으로 제어하는 제어하는 배수제어 설비에 대한 실제배선도의 한 예이다.

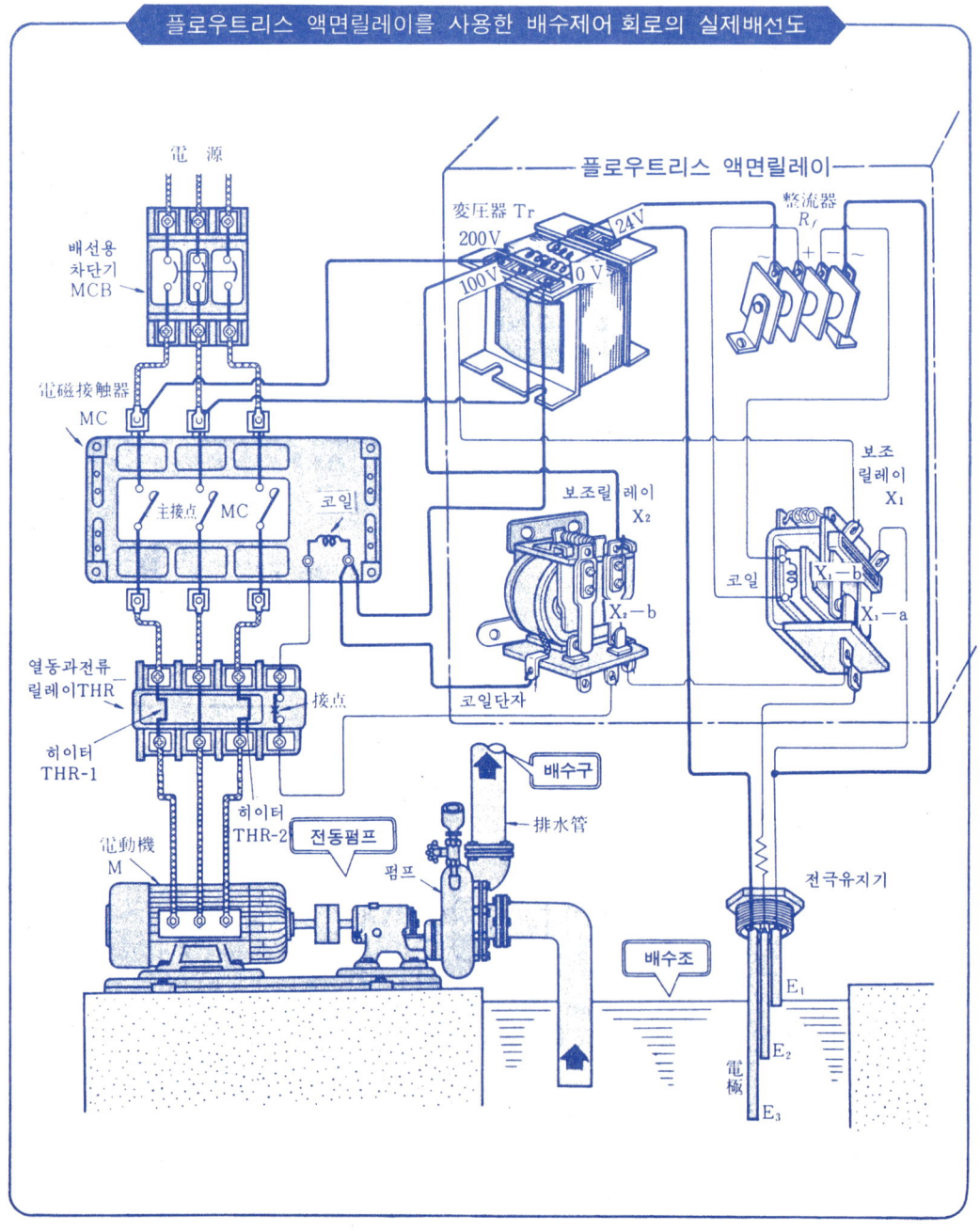

플로우트리스 액면릴레이를 사용한 배수제어 회로의 실제배선도

2. 이상 갈수 경보부착 급수제어 회로 판독법

② 배수제어 회로의 시이퀸스 동작

전동펌프의 기동 동작순서 ● **배수조의 배수** ●

※ 배수조의 수위가 플로우트리스 액면릴레이의 전극 E_1에 이르면 전동펌프가 기동하여 배수하기 시작한다.

순서 〔1〕 ①회로의 배선용 차단기 MCB(전원스위치)를 닫는다.
　　　〔2〕 배수조의 수위가 플로우트리스 액면릴레이의 전극 E_1에 이르면 전극 E_3사이가 도통(닫힘)되므로 ④회로에 전류가 흐른다.
　　　〔3〕 ④회로에 전류가 흐르면 정류기 B_r의 2차측인 ⑤회로의 코일 X_1에도 전류가 흘러 보조릴레이 X_1이 동작한다.
　　　〔4〕 보조릴레이 X_1이 동작하면 ③회로의 b접점 X_1-b가 열린다.
　　　〔5〕 접점 X_1-b가 열리면 ③회로의 코일 X_2에의 전류가 끊겨 보조릴레이 X_2가 복귀한다.
　　　〔6〕 보조릴레이 X_2가 복귀하면 ②회로의 b접점 X_2-b가 닫힌다.
　　　〔7〕 접점 X_2-b가 닫히면 ②회로의 코일 MC에의 전류가 끊겨 전자접촉기 MC가 동작한다.
　　　〔8〕 전자접촉기 MC가 동작하면 ①회로의 주접점 MC가 닫힌다.
　　　〔9〕 주접점 MC가 닫히면 ①회로의 전동기 M에 전류가 흘러 기동한다.
　　　〔10〕 전동기의 기동에 따라 펌프P도 회전하여 배수조로부터 물을 끌어 올려 배수한다.

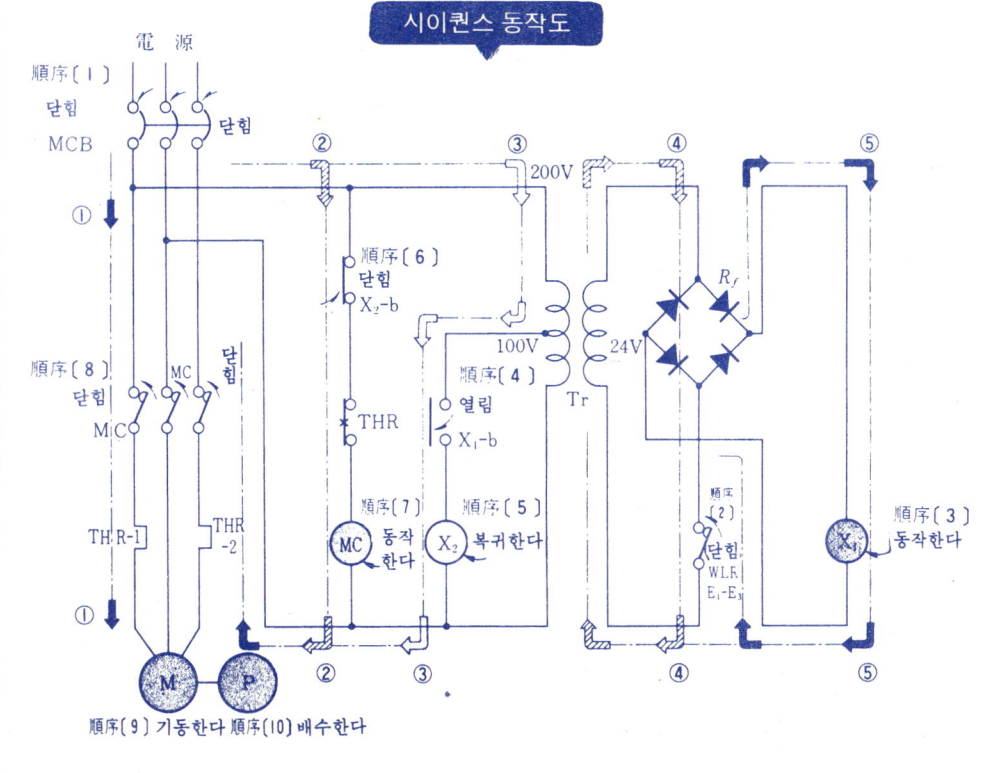

시이퀸스 동작도

— 331 —

급배수 설비의 시이퀸스제어

② 배수제어 회로의 시이퀸스 동작

전동펌프의 정지 동작순서 ● 배수조에서 배수하지 않음 ●

※ 배수조의 수위가 플로우트리스 액면릴레이의 전극 E_2보다 내려가면 펌프는 정지하고 배수를 멈춘다.

순서 〔11〕 배수조의 수위가 플로우트리스 액면릴레이의 전극 E_2보다 내려가면 전극E_2와 E_3사이의 도통이 끊겨(열려) ④회로에는 전류가 흐르지 않는다.

〔12〕 ④회로에 전류가 흐르지 않으면 정류기 R_f의 2차측인 ⑤회로의 코일 X_1에도 전류가 흐르지 않으므로 보조릴레이 X_1이 복귀한다.

〔13〕 보조릴레이 X_1이 복귀하면 ③회로의 b접점 X_1-b가 닫힌다.

〔14〕 접점 X_1-b가 닫히면 ③회로의 코일 X_2에 전류가 흘러 보조릴레이 X_2가 동작한다.

〔15〕 보조릴레이 X_2가 복귀하면 ②회로의 b접점 X_2-b가 열린다.

〔16〕 접점 X_2-b가 열리면 ②회로의 코일 MC에의 전류가 끊겨 전자접촉기 MC가 복귀한다.

〔17〕 전자접촉기 MC가 복귀하면 ①회로의 주접점 MC가 열린다.

〔18〕 주접점 MC가 열리면 ①회로의 전동기 M에의 전류가 끊겨 전동기가 정지한다.

〔19〕 전동기 M이 정지하면 펌프P도 정지하므로 배수조로 부터의 배수가 멈춘다.

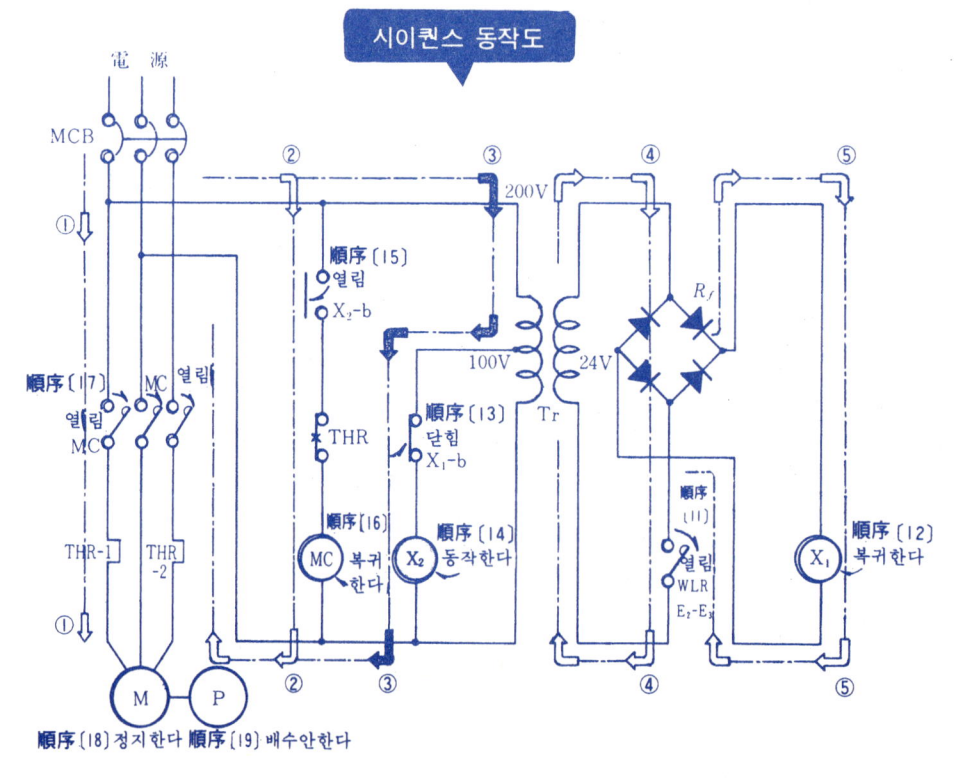

시이퀸스 동작도

— 332 —

4. 이상 증수 경보부착 배수제어 회로의 판독법

① 이상 증수 경보부착 배수제어 회로의 실제배선도

※ 아래 그림은 이상 증수 경보부착 배수제어 회로에 대한 실제배선도의 한 예이다.
※ 이 회로에서는 플로우트리스 액면릴레이(이상 증수 경보형)을 사용, 배수조의 자동배수와 함께 만약 배수조가 지나치게 증수되어 액면이 높아지면 부저어를 울려 경보를 발한다.

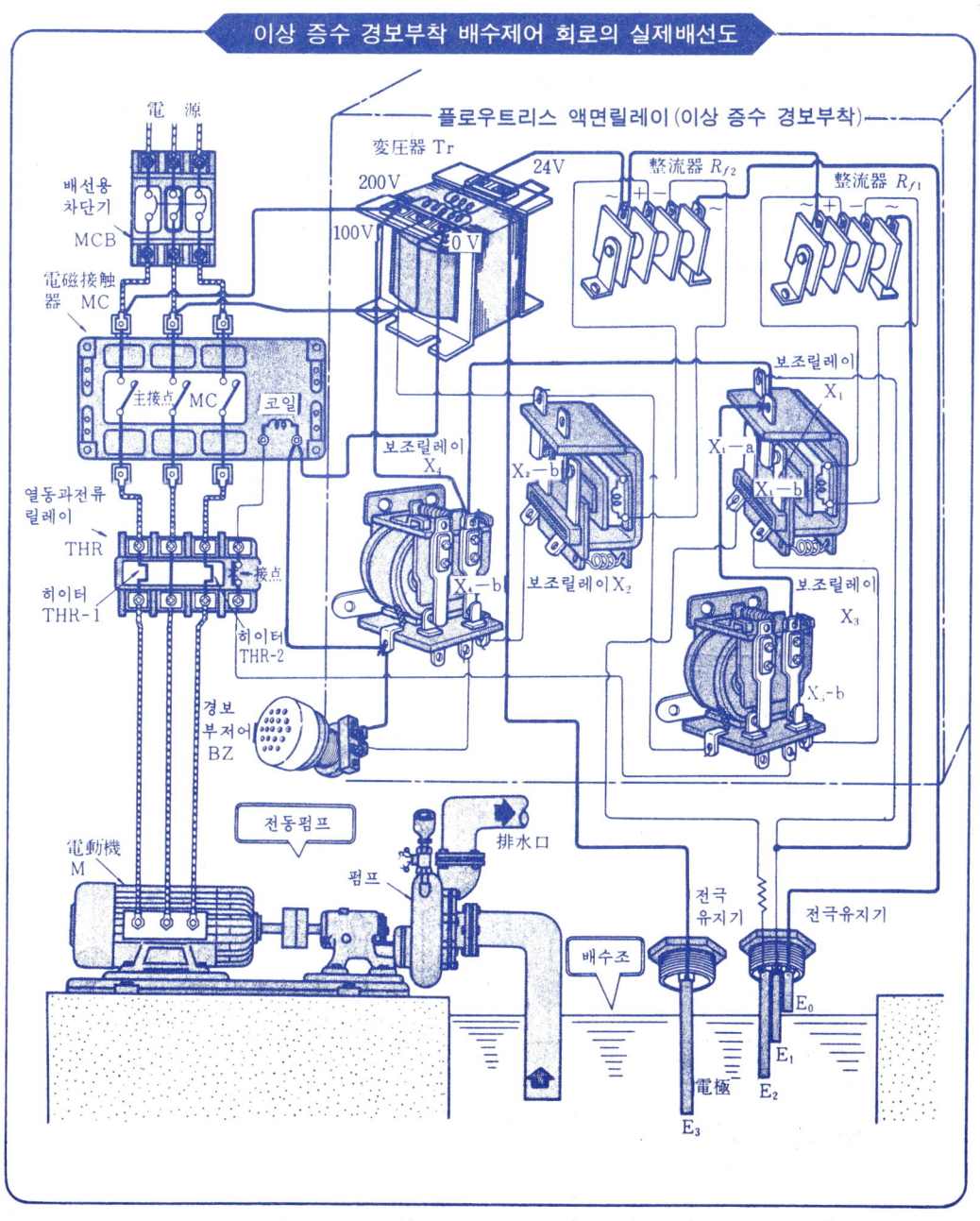

이상 증수 경보부착 배수제어 회로의 실제배선도

급배수 설비의 시이퀀스제어

② 이상 증수 경보부착 배수제어 회로의 시이퀀스 동작

전동펌프의 정지 동작순서 ● 배수조에서 배수하지 않음 ●

※ 배수조의 수위가 플로우트리스 액면릴레이의 전극 E_2보다 내려가면 전동펌프가 정지하여 배수를 멈춘다.

순서 〔1〕 ①회로의 배선용 차단기 MCB(전원스위치)를 닫는다.
〔2〕 배수조의 수위가 액면릴레이의 전극 E_2보다 내려가면 전극 E_2와 E_3사이의 도통이 끊어지므로 ⑥회로에는 전류가 흐르지 않는다.
〔3〕 ⑥회로에 전류가 흐르지 않으면 정류기 R_{f1}의 2차측인 ⑦회로의 코일 X_1에도 전류가 흐르지 않으므로 보조릴레이 X_1이 복귀한다.
〔4〕 보조릴레이 X_1이 복귀하면 ④회로의 b접점 X_1-b가 닫힌다.
〔5〕 접점 X_1-b가 닫히면 ④회로의 코일 X_3에 전류가 흘러 보조릴레이 X_3가 동작한다.
〔6〕 보조릴레이 X_3가 동작하면 ③회로의 b접점 X_3-b가 열린다.
〔7〕 접점 X_3-b가 열리면 ③회로의 코일 MC에 전류가 흐르지 않으므로 전자접촉기 MC가 복귀한다.
〔8〕 전자접촉기 MC가 복귀하면 ①회로의 주접점 MC가 열린다.
〔9〕 주접점 MC가 열리면 ①회로의 전동기 M에 전류가 흐르지 않으므로 전동기는 정지한다.
〔10〕 전동기 M의 정지에 따라 펌프 P도 정지하므로 배수조에서의 배수가 멈춘다.

시이퀀스 동작도

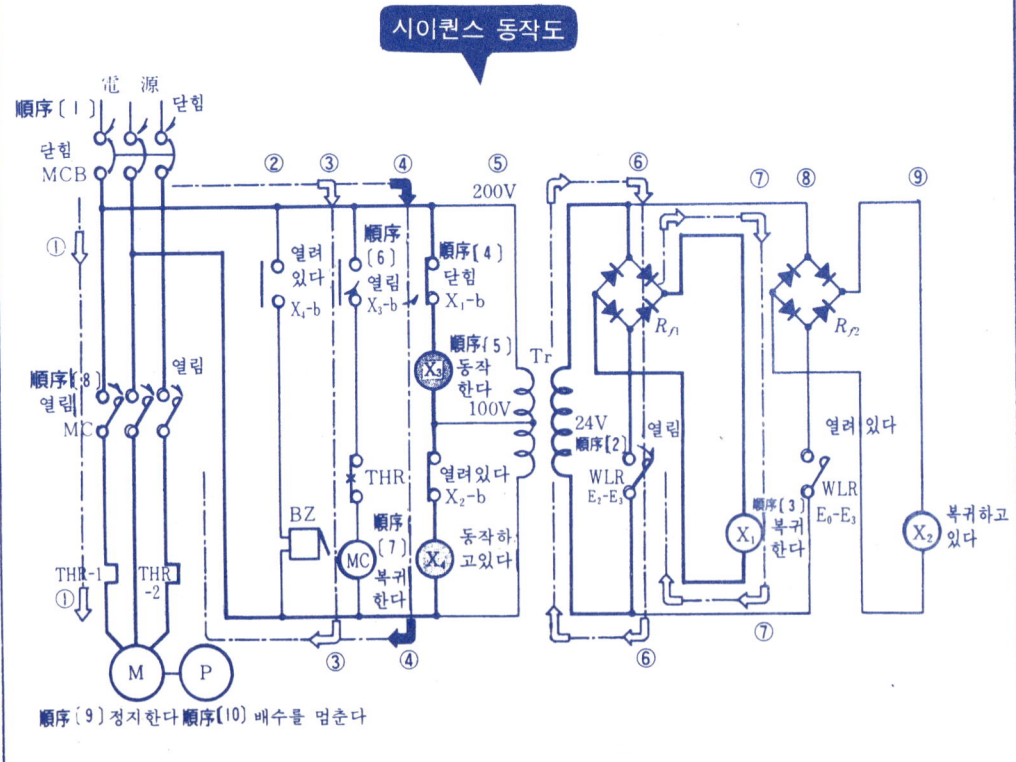

— 334 —

4. 이상 증수 경보부착 배수제어 회로의 판독법

전동펌프의 기동 동작순서 — 배수조에서 배수한다

※ 배수조의 수위가 플로우트리스 액면릴레이어의 전극 E_1에 이르면 전동펌프가 기동하여 배수한다.

순서 〔11〕 배수조의 수위가 액면릴레이의 전극 E_1에 이르면 전극 E_1과 E_3사이가 도통되므로 ⑥ 회로에 전류가 흐른다.

〔12〕 ⑥회로에 전류가 흐르면 정류기 R_{f1}의 2차측인 ⑦회로의 코일 X_1에도 전류가 흐르므로 보조릴레이 X_1이 동작한다.

〔13〕 보조릴레이 X_1이 동작하면 ④회로의 b접점 X_1-b가 열린다.

〔14〕 접점 X_1-b가 열리면 ④회로의 코일 X_3에 전류가 흐르지 않으므로 보조릴레이 X_3는 복귀한다.

〔15〕 보조릴레이 X_3가 복귀하면 ③회로의 b접점 X_3-b가 닫힌다.

〔16〕 접점 X_3-b가 닫히면 ③회로의 코일 MC에 전류가 흘러 전자접촉기 MC가 동작한다.

〔17〕 전자접촉기 MC가 동작하면 ①회로의 주접점 MC가 닫힌다.

〔18〕 주접점 MC가 닫히면 ①회로의 전동기 M에 전류가 흘러 기동된다.

〔19〕 전동기가 기동하면 펌프 P도 회전하므로 배수를 시작한다.

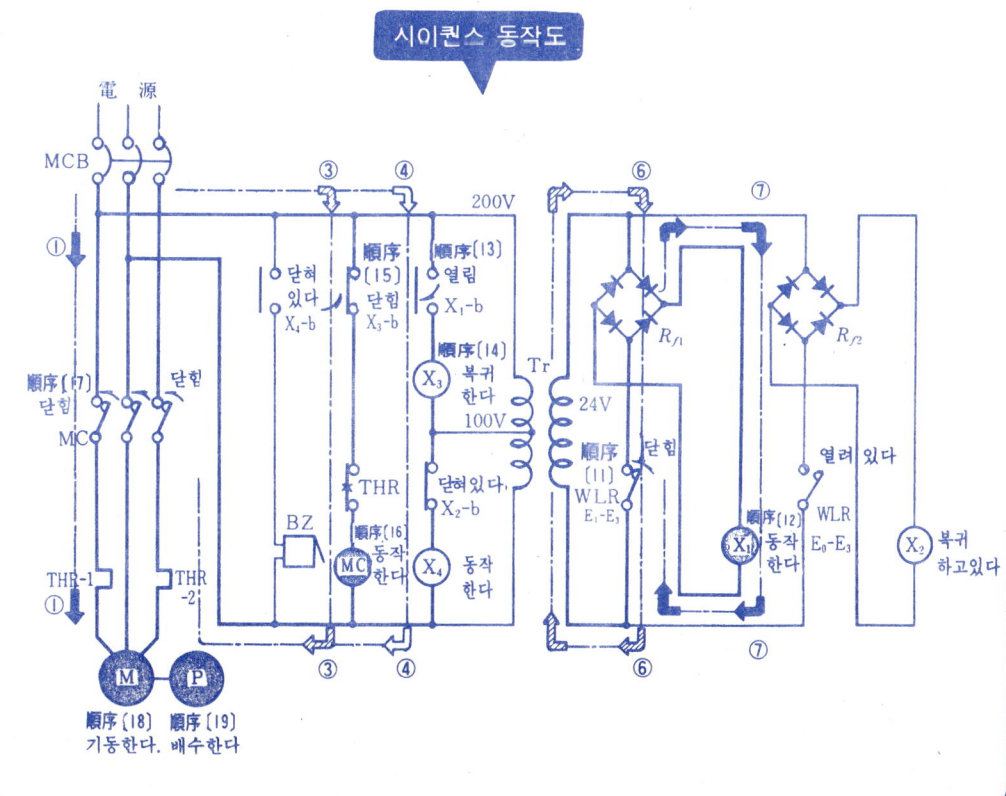

시이퀀스 동작도

― 335 ―

급배수 설비의 시이퀀스제어

② 이상 증수 경보부착 배수제어 회로의 시이퀀스 동작

이상 증수의 경보 동작순서 — 경보를 발생

※ 배수조의 수위가 지나치게 증수하여 플로우트리스 액면릴레이의 전극 E_0까지 이르면 부저어가 울려 경보를 발생한다.

순서 〔20〕 배수조의 수위가 플로우트리스 액면릴레이의 전극 E_0에 이르면 전극 E_0와 E_3 사이가 도통하여 닫히므로 ⑧회로에 전류가 흐른다.

〔21〕 ⑧회로에 전류가 흐르면 정류기 R_{f2}의 2차측인 ⑨회로의 코일 X_2에도 전류가 흘러 보조릴레이 X_2가 동작한다.

〔22〕 보조릴레이 X_2가 동작하면 ⑤회로의 b접점 X_2-b가 열린다.

〔23〕 접점 X_2-b가 열리면 ⑤회로의 코일 X_4에 전류가 흐르지 않으므로 보조릴레이 X_4가 복귀한다.

〔24〕 보조릴레이 X_4가 복귀하면 ②회로의 b접점 X_4-b가 닫힌다.

〔25〕 접점 X_4-b가 닫히면 ②회로의 부저어 BZ에 전류가 흘러 부저어가 울리면서 경보를 발생한다.

시이퀀스 동작도

11 펌프設備·運搬設備의 시이퀀스 設備

이 장의 포인트

이 장에서는 전동펌프의 설비 및 컨베이어, 리프트 등의 운전설비의 실제에 대하여 설명하고 있다.
(1) 타이머를 사용한 시간제어의 예로서 전동펌프의 반복운전 제어를 제시하고 있으며, 이 회로는 반복운전을 하는 것이라면 다른 설비에도 응용할 수 있다.
(2) 리밋스위치를 사용한 위치제어의 예로서 컨베이어의 일시정지 제어를 제시하고 있으며 리밋스위치의 설치위치를 밀리게 함으로써 시간차를 얻는 수법을 익히기 바란다.
(3) 시간제어와 위치제어의 두가지를 이용하는 예로서 리프트의 자동반전 제어를 제시한 바 타이머, 리밋스위차 등 검출 스위치의 사용법을 이해하기 바란다.

1. 펌프의 반복운전 제어회로의 판독법

① 펌프의 반복제어 회로의 실제배선도

❀ 아래 그림은 펌프를 일정시간 동안 운전하면 자동적으로 정지하고 일정시간 동안 정지한 다음에는 또 자동적으로 운전되는 펌프의 반복운전 제어회로에 대한 실제 배선도의 한 예이다.

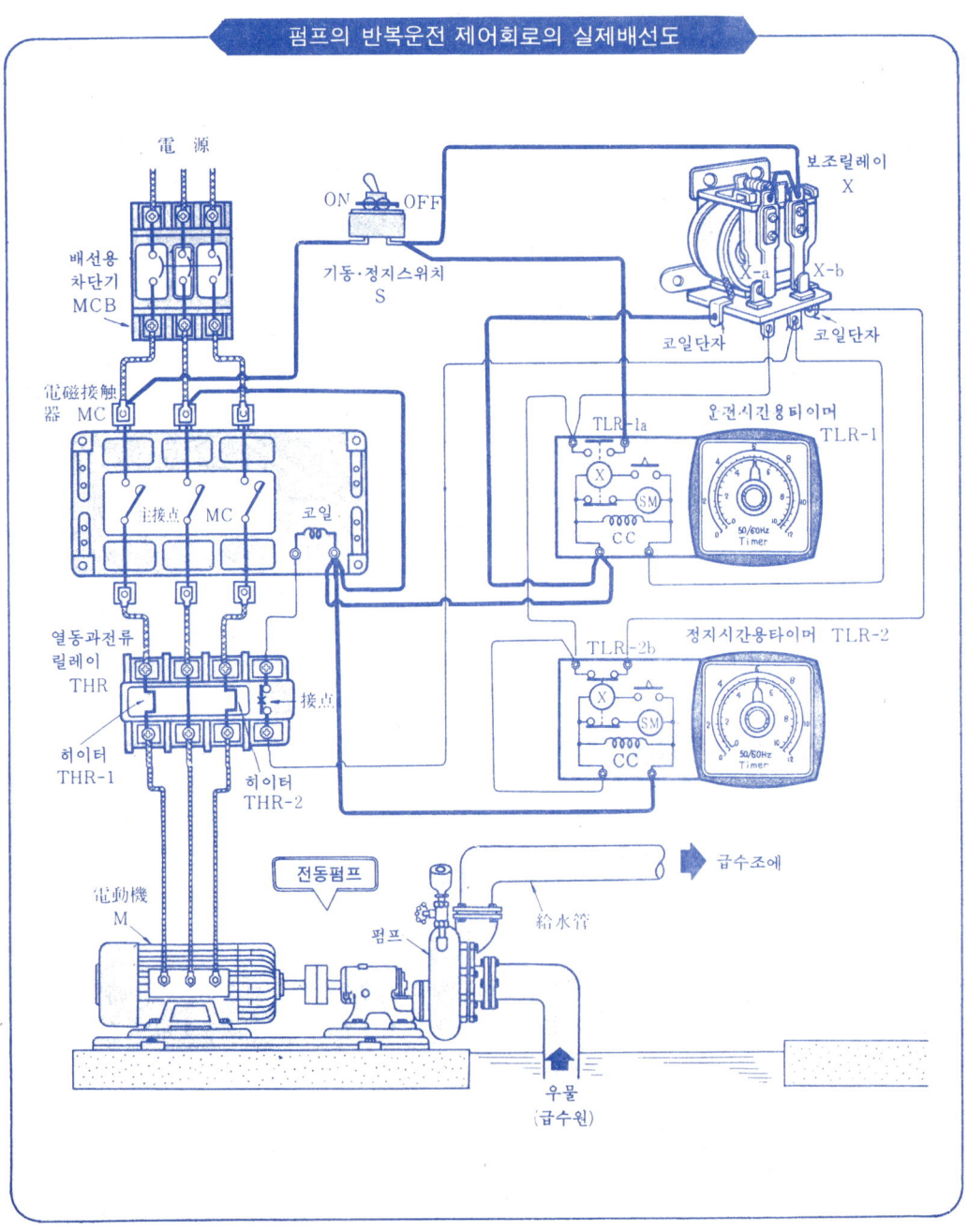

펌프의 반복운전 제어회로의 실제배선도

1. 펌프의 반복운전 제어회로의 판독법

② 펌프의 반복운전 제어회로의 시이퀀스 동작

기동스위치에 의한 기동동작 순서 ─── 펌프의 기동

❖ 동스위치 S를 넣으면 구동용 전동기가 기동하면 펌프는 물을 퍼올린다.

순서 〔1〕 ①회로의 배선용 차단기 MCB(전원스위치)를 닫는다.
　　　〔2〕 ②회로의 기동스위치 S를 닫는다.
　　　〔3〕 S를 닫으면 ②회로의 운전시간용 타이머 TLR-1이 부세된다.
　　　〔4〕 S를 닫으면 ③회로의 코일 MC에 전류가 흘러 전자접촉기 MC가 동작한다.
　　　〔5〕 전자접촉기 MC가 동작하면 ①회로의 주접점 MC가 닫힌다.
　　　〔6〕 주접점 MC가 닫히면 ①회로의 전동기 M에 전류가 흘러 전동기가 기동한다.
　　　〔7〕 전동기가 기동에 따라 펌프가 회전하여 급수원의 물을 퍼올린다.

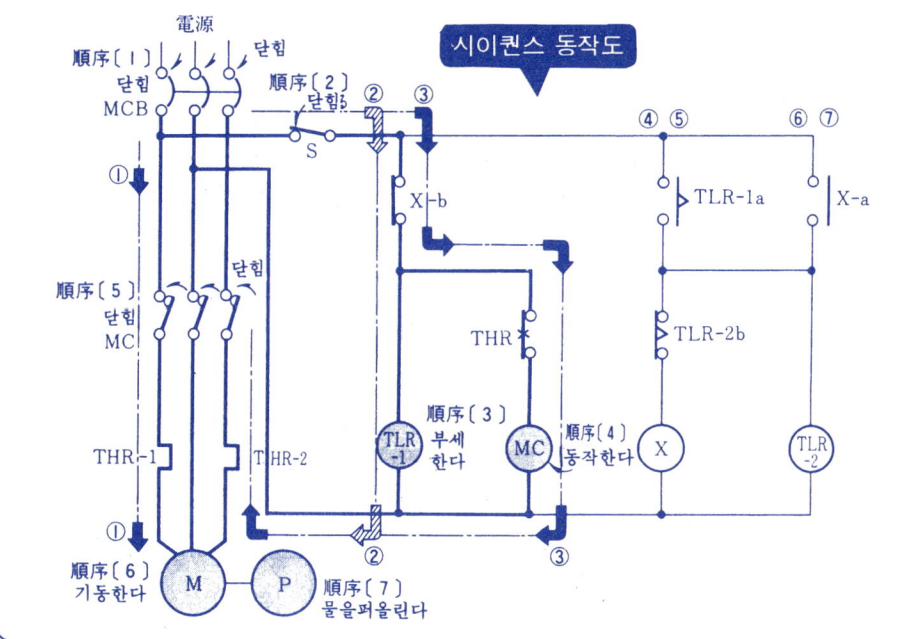

시이퀀스 동작도

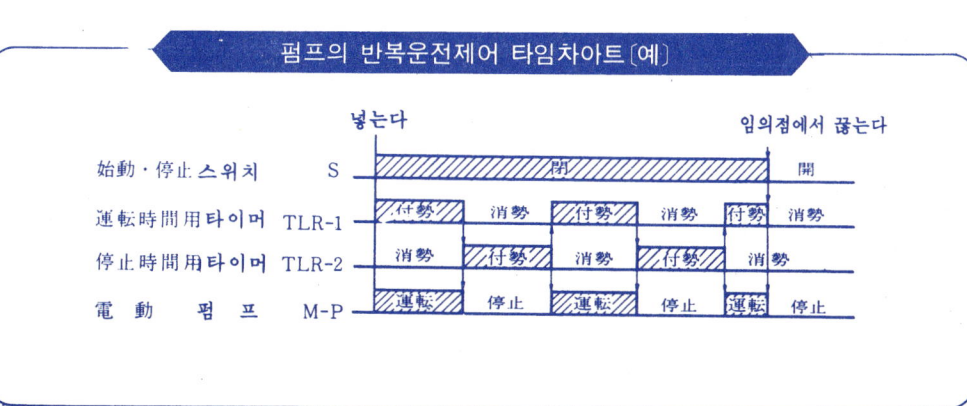

펌프의 반복운전제어 타임차아트〔예〕

— 339 —

② 펌프의 반복운전 제어회로의 시이퀀스 동작

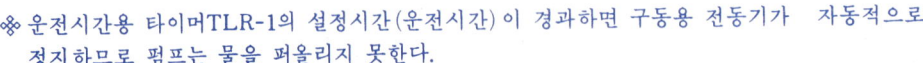

운전시간용 타이머TLR에 의한 정지동작 순서 ● 펌프의 정지

※ 운전시간용 타이머TLR-1의 설정시간(운전시간)이 경과하면 구동용 전동기가 자동적으로 정지하므로 펌프는 물을 퍼올리지 못한다.

순서 〔8〕 타이머TLR-1의 설정시간이 경과하면 ④, ⑤회로의 한시동작 a접점 TLR-1a가 닫힌다.
　　〔9〕 접점TLR-a가 닫히면 ⑤회로의 코일 TLR-2에 전류가 흘러 정지시간용 타이머 TLR-2가 부세된다.
　　〔10〕 접점TLR-1a가 닫히면 ④회로의 코일 X에 전류가 흘러 보조릴레이 X가 동작한다.
　　〔11〕 보조릴레이 X가 동작하면 ⑥, ⑦회로의 자기유지 a접점X-a가 닫혀 자기유지된다.
　　〔12〕 보조릴레이 X가 동작하면 ③, ②회로의 b접점 X-a가 열린다.
　　● 접점X-b가 열리면 다음 순서〔13〕과〔17〕의 동작은 동시에 이루어진다.
　　〔13〕 접점X-b가 열리면 ③회로의 코일 MC에 전류가 흐르지 않으므로 전자접촉기 MC가 복귀한다.
　　〔14〕 전자접촉기 MC가 복귀하면 ①회로의 주접점 MC가 열린다.
　　〔15〕 주접점MC가 열리면 ①회로의 전동기 M에 전류가 흐르지 않아 정지한다.
　　〔16〕 전동기가 정지하면 펌프P도 정지하므로 급수원에서의 퍼올리는 깃도 멈추이긴다.
　　〔17〕 접점X-b가 열리면 ②회로의 코일 TLR-1에 전류가 흐르지 않으므로 운전시간용 타이머 TLR-1는 소세된다.
　　〔타이머 TLR-1이 소세되면 ④, ⑤회로의 한시동작 a접점 TLR-1a가 열린다.

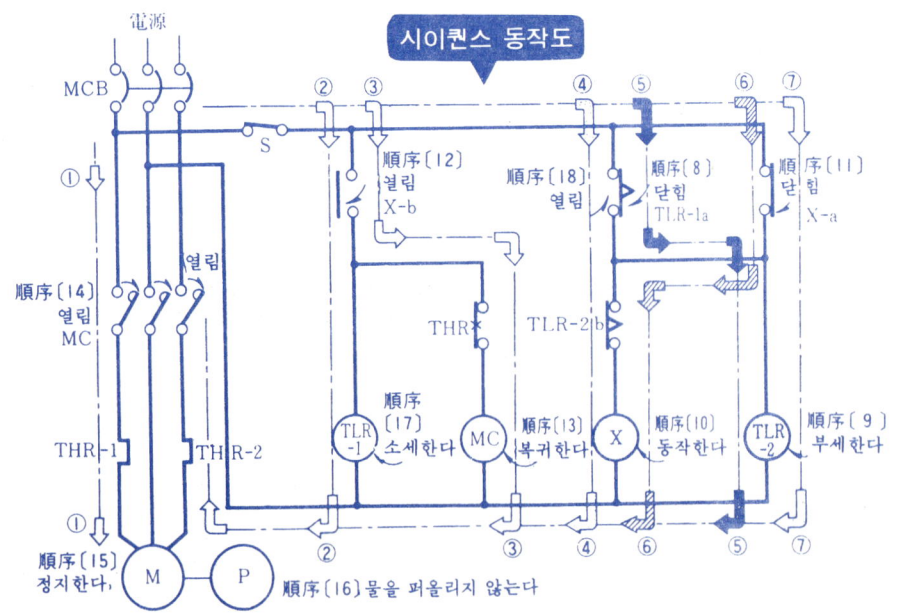

시이퀀스 동작도

— 340 —

1. 펌프의 반복운전 제어회로의 판독법

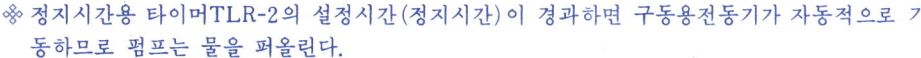

정지 시간용 타이머 TLR-2에 의한 기동 동작 순서 ● 펌프의 기동 ●

※ 정지시간용 타이머TLR-2의 설정시간(정지시간)이 경과하면 구동용전동기가 자동적으로 기동하므로 펌프는 물을 퍼올린다.

순서 〔19〕 타이머 TLR-2의 설정시간이 경과하면 ⑤회로의 한시동작 b접점TLR-2b가 열린다.
〔20〕 접점TLR-2가 열리면 ⑥회로의 코일 Ⓧ에 전류가 흐르지 않으므로 보조릴레이X가 복귀한다.
　　● 보조릴레이X가 복귀하면 다음의 순서〔21〕, 〔27〕의 동작은 동시에 이루어진다.
〔21〕 보조릴레이X가 복귀하면 ②, ③회로의 b접점X-b가 닫힌다.
〔22〕 접점X-b가 닫히면 ②회로의 코일 TLR-1 에 전류가 흐르므로 운전시간용 타이머 TLR-1이 부세된다.
〔23〕 접점X-b가 닫히면 ③회로의 코일 MC 에 전류가 흘러 전자접촉기 MC가 동작한다.
〔24〕 전자접촉기가 동작하면 ①회로의 주접점 MC가 닫힌다.
〔25〕 주접점MC가 닫히면 ①회로의 전동기M에 전류가 흘러 전동기가 기동된다.
〔26〕 전동기가 기동하면 펌프P도 회전하여 급수원의 물을 퍼올린다.
〔27〕 보조릴레이 X가 복귀하면 ⑥, ⑦회로의 자기유지 a접점X-a 가 열려 자기유지를 푼다.
〔28〕 접점X-a가 열리면 ⑦회로의 코일 TLR-2 에 전류가 흐르지 않으므로 정지시간용 타이머 TLR-2는 소세된다.
〔29〕 타이머TLR-2가 소세되면 ⑥회로의 한시동작 b접점 TLR-2b가 닫힌다.

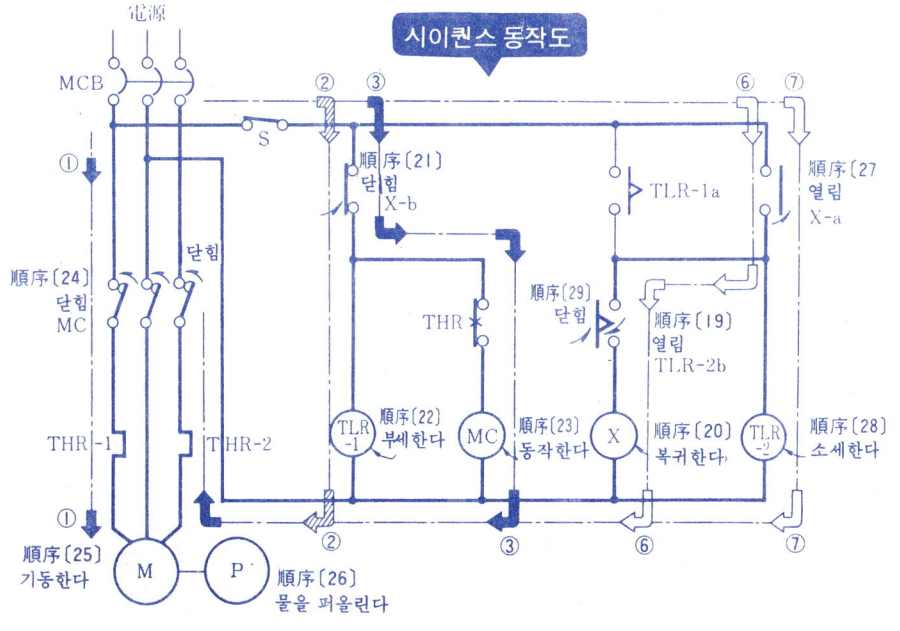

스프링쿨러의 살수 시간 회로

스프링쿨러의 살수 시간 제어

※ 농장, 식물원 등에서는 스프링쿨러에 의하여 매일 일정한 시간에 일정 시간만큼 살수하고 있다.

※ 이 회로에서는 1일의 살수 개시 시간을 주 타이머 TLR-1로 설정하되 살수시간은 보조타이머 TLR-2로 설정하여 스프링쿨러의 살수 밸브(전자밸브)를 열도록 하고 있다.

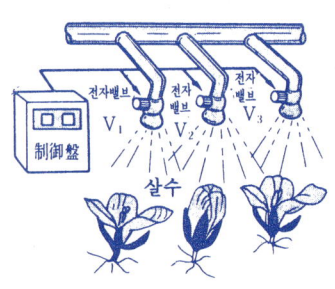

外觀図〔例〕

스프링 쿨러의 살수 시간제어 시이퀀스도〔예〕

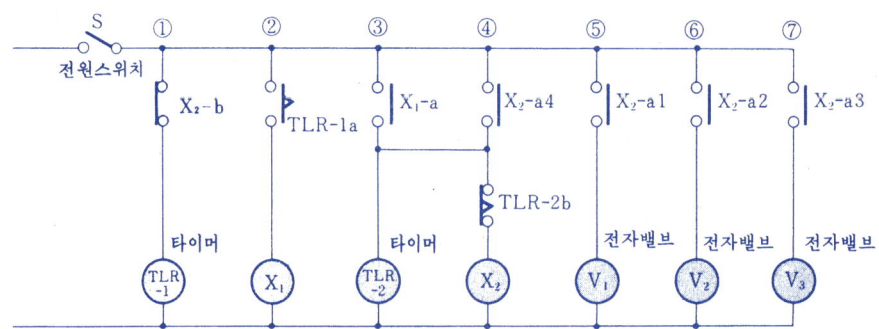

스프링쿨러의 살수 시간제어 시이퀀스 동작

(1) 전원스위치 S를 투입하면 ①회로의 타이머 TLR-1이 부세된다.

(2) 타이머 TLR-1의 설정시간이 경과하면 ②회로의 한시동작 a접점 TLR-1a가 닫혀 보조릴레이 X_1이 동작한다.

(3) 보조릴레이 X_1이 동작하면 ③회로의 a접점 X_1-a가 닫혀 ④회로의 보조릴레이 X_2가 동작하는 동시에 ③회로의 타이머 타이머 TLR-2가 부세된다.

(4) 보조릴레이 X_2가 동작하면 ⑤, ⑥, ⑦회로의 a접점 X_2-a1, X_2-a2, X_2-a3가 닫혀 전자밸브 V_1, V_2, V_3가 열려 살수한다.

(5) 타이머 TLR-2의 설정시간(살수시간)이 경과하면 ④회로의 한시동작 b접점 TLR-2b가 열려 보조릴레이 X_2는 복귀하고 전자밸브 V_1, V_2, V_3를 닫으므로 살수가 멈추어 진다.

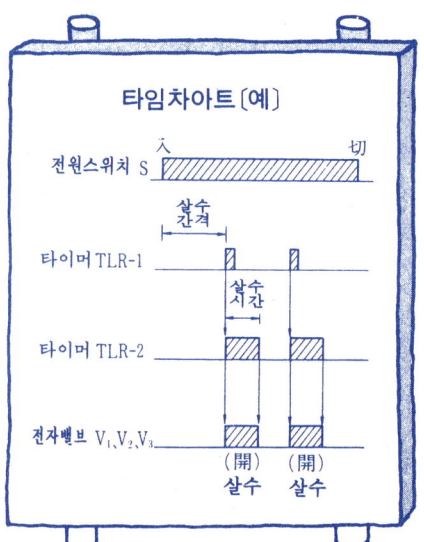

타임차아트〔예〕

2. 컨베이어의 일시정지 제어회로 판독법

① 컨베이어의 일시정지 제어회로의 실제배선도

❋ 아래 그림은 컨베이어 상의 부품을 설정 위치에서 가공하기 위하여 운전중의 컨베이어를 일정시간만큼 정지시킨 다음 재기동하는 컨베이어의 일시정지 제어회로에 대한 실제배선도의 한 예이다.

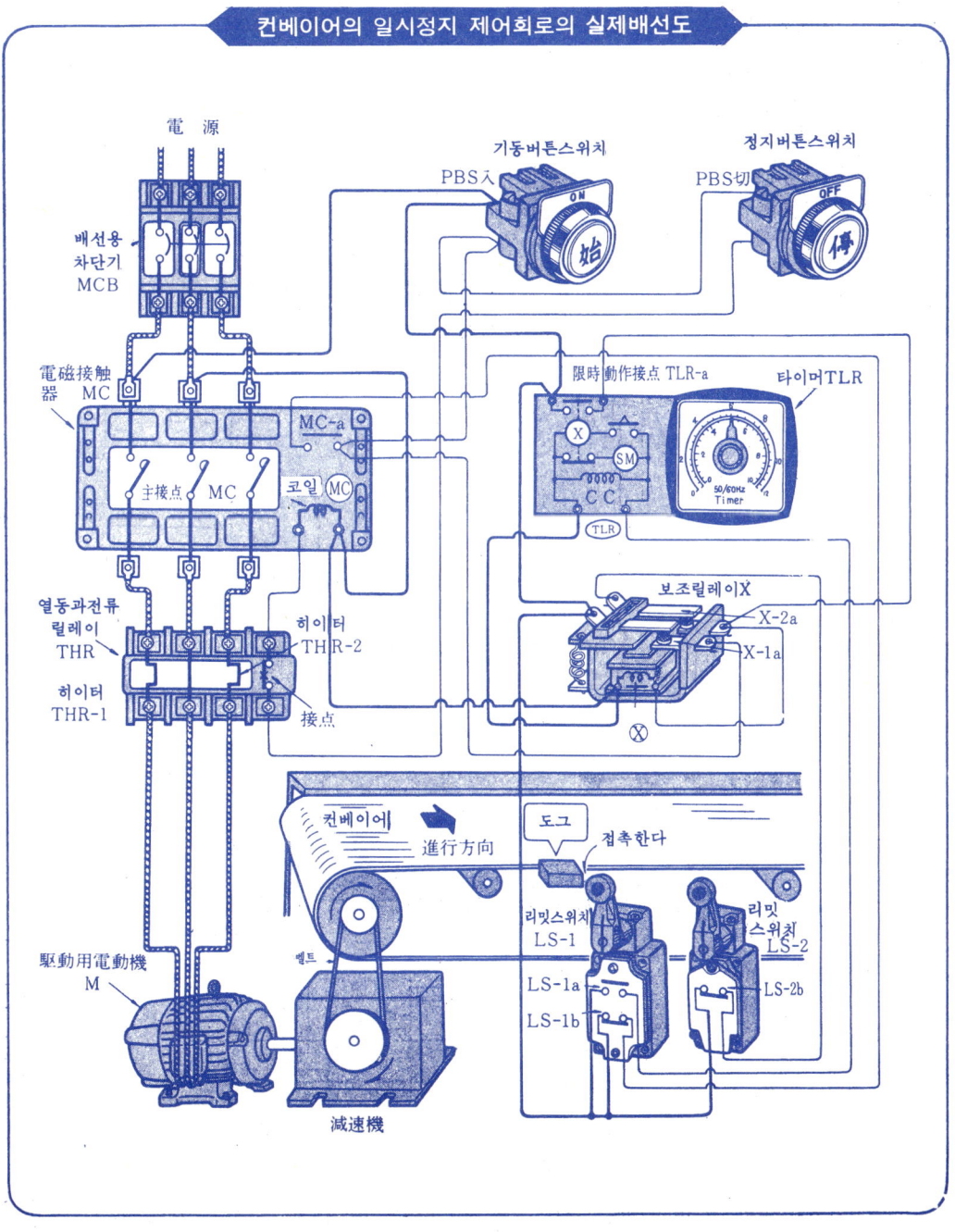

컨베이어의 일시정지 제어회로의 실제배선도

펌프설치·운반설비의 시이퀀스설비

② 컨베이어의 일시정지 제어회로 시이퀀스 동작

기동버튼 PBS에 의한 기동 동작 순서 — 컨베이어의 기동

※ 기동버튼 스위치를 누르면 기동용 전동기가 기동하여 컨베이어는 이동하기 시작한다.
순서 〔1〕 ①회로의 배선용 차단기 MCB(전원스위치)를 닫는다.
　　　〔2〕 ②회로의 기동버튼 스위치 PBS을 누른다.
　　　〔3〕 기동 PBS입을 누르면 ②회로의 코일 MC에 전류가 흘러 전자접촉기 MC가 동작한다.
　　　〔4〕 전자접촉기가 동작하면 ④회로의 자기유지 a접점 MC-a가 닫혀 자기유지된다.
　　　〔5〕 전자접촉기가 동작하면 ①회로의 주접점 MC가 닫힌다.
　　　〔6〕 주접점 MC가 닫히면 ①회로의 구동용전동기 M에 전류가 흘러 전동기가 기동하고 컨베이어가 이동한다.
　　　〔7〕 기동버튼 스위치 PBS을 누른 손을 뗀다.

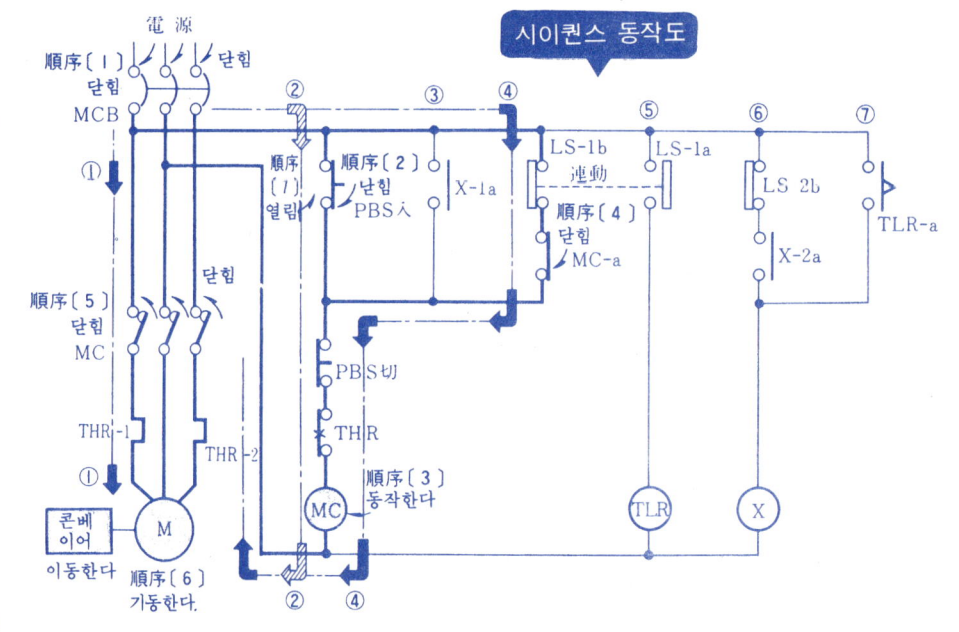

시이퀀스 동작도

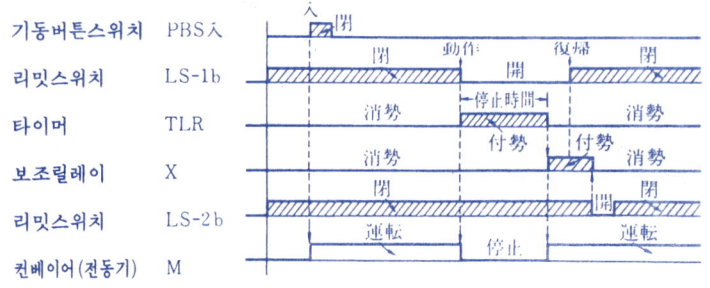

컨베이어의 일시정지 제어 타임차아트〔예〕

2. 컨베이어의 일시정지 제어회로 판독법

리밋스위치 LS-1에 의한 정지동작 순서 — 컨베이어의 정지

❈ 컨베이어가 이동하여 컨베이어에 설치한 도그가 리밋스위치 LS-1과 접촉하면 구동용전동기는 자동적으로 정지하고 컨베이어는 이동을 멈춘다.

순서 〔8〕 컨베이어가 이동하여 도그가 리밋스위치 LS-1과 접촉하면 ⑤회로의 a접점 LS-1a가 닫혀 ④회로의 b접점 LS-1b가 열린다(연동동작한다).

〔9〕 접점 LS-1a가 닫히면 ⑤회로의 코일 TLR 에 전류가 흘러 타이머 TLR가 부세된다.

〔10〕 접점 LS-1b가 열리면 ④회로의 코일 MC 에 전류가 끊겨 전자접촉기 MC가 복귀한다.

〔11〕 전자접촉기가 복귀하면 ①회로의 주접점 MC가 열린다.

〔12〕 주접점 MC가 열리면 ①회로의 구동용전동기 M에의 전류가 끊겨 전동기는 정지하고 컨베이어는 이동을 멈춘다.

〔13〕 전자접촉기가 복귀하면 ④회로의 a접점 MC-a가 열린다.

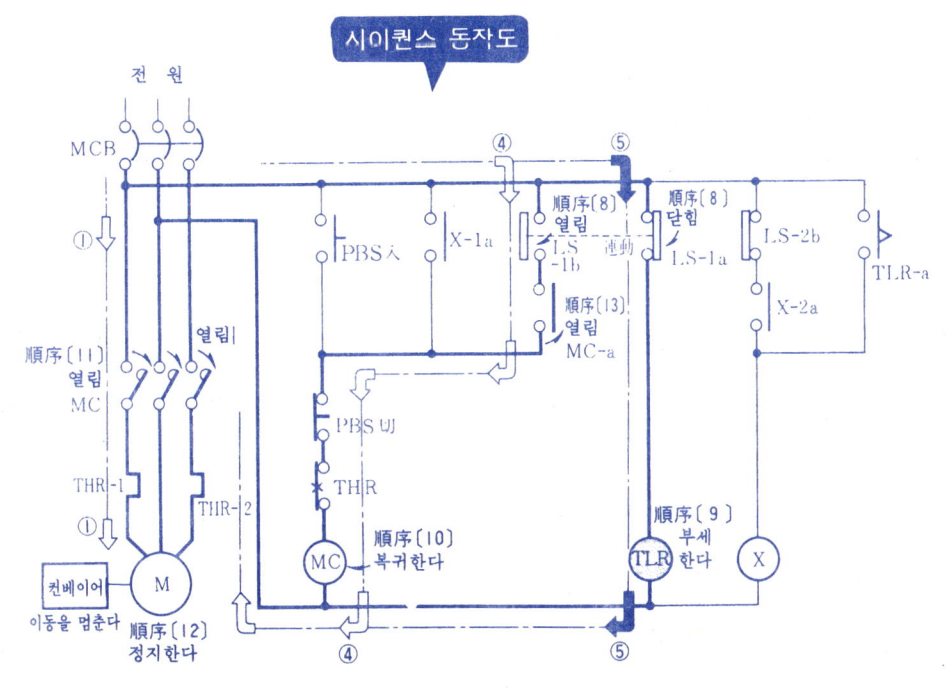

시이퀀스 동작도

펌프설치·운반설비의 시이퀀스설비

② 컨베이어의 일시정지 제어회로 시이퀀스 동작

타이머 TLR에 의한 기동동작 순서 — **컨베이어의 기동**

※ 타이머의 설정시간(컨베이어의 정지시간)이 경과하면 구동용 전동기가 시동하여 컨베이어가 이동하기 시작한다.

순서 〔14〕 타이머의 설정시간이 경과하면 ⑦회로의 한시동작 a접점 TLR-a가 닫힌다.
　　　〔15〕 접점 TLR-a가 닫히면 ⑦회로의 코일 Ⓧ에 전류가 흘러 보조릴레이 X가 동작한다.
　　　〔16〕 보조릴레이 X가 동작하면 ⑥회로의 a접점 X-2a가 닫혀 자기유지된다.
　　　〔17〕 보조릴레이 X가 동작하면 ③회로의 a접점 X-1a가 닫힌다.
　　　〔18〕 접점 X-1a가 닫히면 ③회로의 코일 (MC)에 전류가 흘러 전자접촉기 MC가 동작한다.
　　　〔19〕 전자접촉기 MC가 동작하면 ①회로의 주접점 MC가 닫힌다.
　　　〔20〕 주접점 MC가 닫히면 ①회로의 구동용전동기 M에 전류가 흘러 전동기가 기동하고 컨베이어가 이동한다.
　　　〔21〕 전자접촉기 MC가 동작하면 ④회로의 자기유지 a접점 MC-a가 닫혀 자기유지된다.

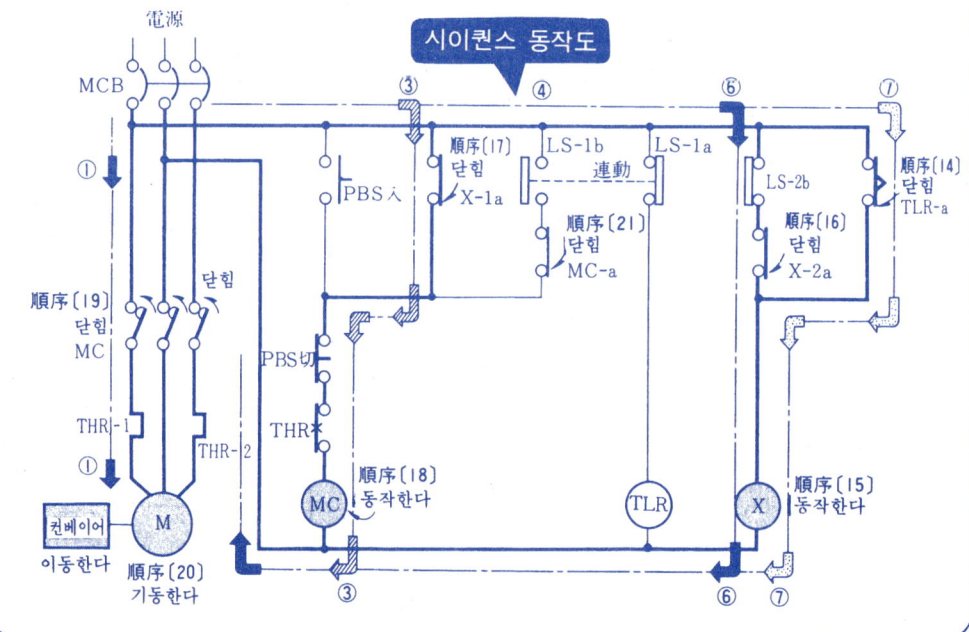
시이퀀스 동작도

리밋스위치 LS-2의 작용

1. 리밋스위치 LS-1은 도그에 의하여 눌려진 채로 있으므로 컨베이어가 이동하면 LS-1의 b접점은 열리고 a접점은 닫히는 사이에 전기적인 간극이 생겨 전자접촉기 MC가 완전히 자기유지 되지 않는 경우가 있다.
2. 전자접촉기 MC가 완전히 자기유지된 다음 타이머의 한시동작 a접점 TLR-a가 열리도록 타임랙(시간지연)을 둘 필요가 있다.
3. 그래서 리밋스위치 LS-2를 LS-1과 약간 떼어 설치하고 그 동작시간을 이 타임랙으로서 이용한 것이 이 회로이다.

2. 컨베이어의 일시정지 제어회로 판독법

리밋스위치 LS-1, LS-2의 동작순서 — 컨베이어는 운전을 계속

※ 컨베이어가 이동하면 먼저 리밋스위치 LS-1이 도그에서 떨어지고 이어 LS-2가 도그에 접촉하는데 이 사이에도 컨베이어는 중단되지 않고 운전이 계속된다.

순서 〔21〕 컨베이어가 이동하면 리밋스위치 LS-1이 도그에서 떨어지고 ⑤회로의 a접점 LS-1a는 열리고 ④회로의 b접점 LS-1b는 닫힌다(이 열리고 닫히는 사이의 시간을 「전기의 간극」이 된다.)

〔22〕 접점 LS-1a가 열리면 ⑤회로의 코일 TLR 에의 전류가 끊겨 타이머 TLR은 소세된다.

〔23〕 타이머 TLR이 소세되면 ⑦회로의 한시동작 a접점 TLR-a가 열린다.

〔24〕 컨베이어가 더 이동하여 도그가 리밋스위치 LS-2와 접촉하면 ⑥회로의 b접점 LS-2b가 열린다.

〔25〕 접점 LS-2b가 열리면 ⑥회로의 코일 Ⓧ에 전류가 흐르지 않으므로 보조릴레이 X가 복귀한다.

〔26〕 보조릴레이 X가 복귀하면 ⑥회로의 자기유지 a접점 X-2a가 열린다.

〔27〕 보조릴레이 X가 복귀하면 ③회로의 a접점 X-1a가 열린다.
● 접점 X-1a가 열리더라도 ④회로를 통하여 전자접촉기 MC는 부세를 계속한다.

〔28〕 컨베이어가 더 이동하여 도그가 리밋스위치 LS-2에서 떨어지면 ⑥회로의 b접점 LS-2b가 닫힌다.

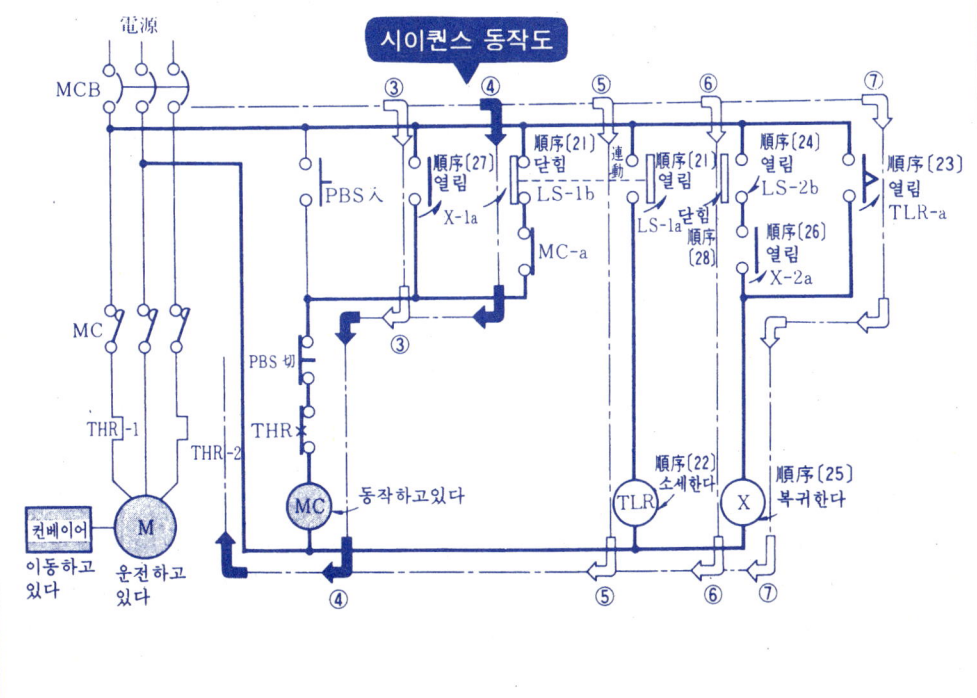

시이퀀스 동작도

3. 하물리프트의 자동 반전 제어회로 판독법

① 하물리프트의 자동 반전 제어회로 실제 배선도

※ 아래 그림은 작업장의 1층~2층 사이의 하물리프트 실제배선도를 예로 든것이다. 이 회로에서는 기동버튼 PBS을 누르면 하물리프트가 스타아트하여 2층에 이르면 리밋스위치 LS-2에 의해 정지하면 타이머 TLR이 부세되고 설정시간이 경과하면 그 자동반전으로 강하하여 1층의 리밋스위치 LS-1에 닿으면 정지한다.

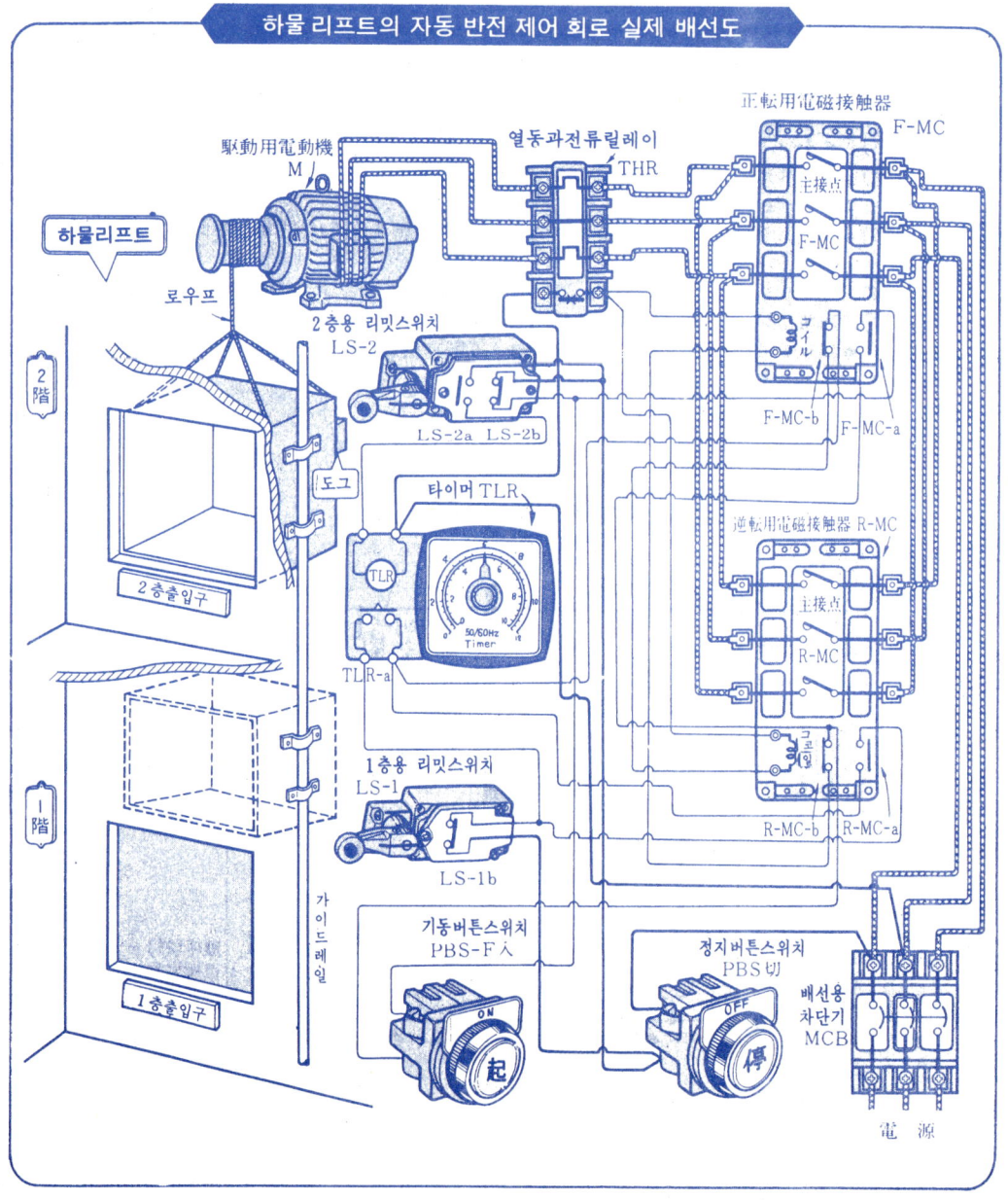

하물 리프트의 자동 반전 제어 회로 실제 배선도

—348—

3. 하물 리프트의 자동 반전 제어회로 판독법

② 하물 리프트의 자동 반전 제어 회로의 시이퀀스 동작

기동버튼 PBS에 의한 기동 동작 순서 ● 리프트의 상승 ●

※ 기동버튼 스위치를 누르면 구동용 전동가가 정방향으로 회전하여 하물리프트를 1층에서 2층으로 상승시킨다.

순서 〔1〕 ①회로의 배선용 차단기 MCB(전원스위치)를 닫는다.
　　 〔2〕 ④회로의 기동버튼 스위치 PBS을 누른다.
　　 〔3〕 기동 PBS-F을 누르면 ④회로의 코일 F-MC에 전류가 흘러 정전용 전자접촉기 F-MC가 동작한다.
　　 〔4〕 정전용 F-MC가 동작하면 ①회로의 주접점 F-MC가 닫힌다.
　　 〔5〕 주접점 F-MC가 닫히면 ①회로의 전동기 M에 전류가 흘러 전동기는 정방으로 회전하므로 리프트는 1층에서 2층으로 상승한다.
　　 〔6〕 정전용 F-MC가 동작하면 ⑤회로의 자기유지 a접점 F-MC-a가 닫혀 자기유지된다.
　　 〔7〕 정전용 F-MC가 동작하면 ⑦회로의 b접점 F-MC-b가 열려 인터록 된다.
　　 〔8〕 ④회로의 기동버튼 스위치 PBS-F을 누른 손을 뗀다.

시이퀀스 동작도

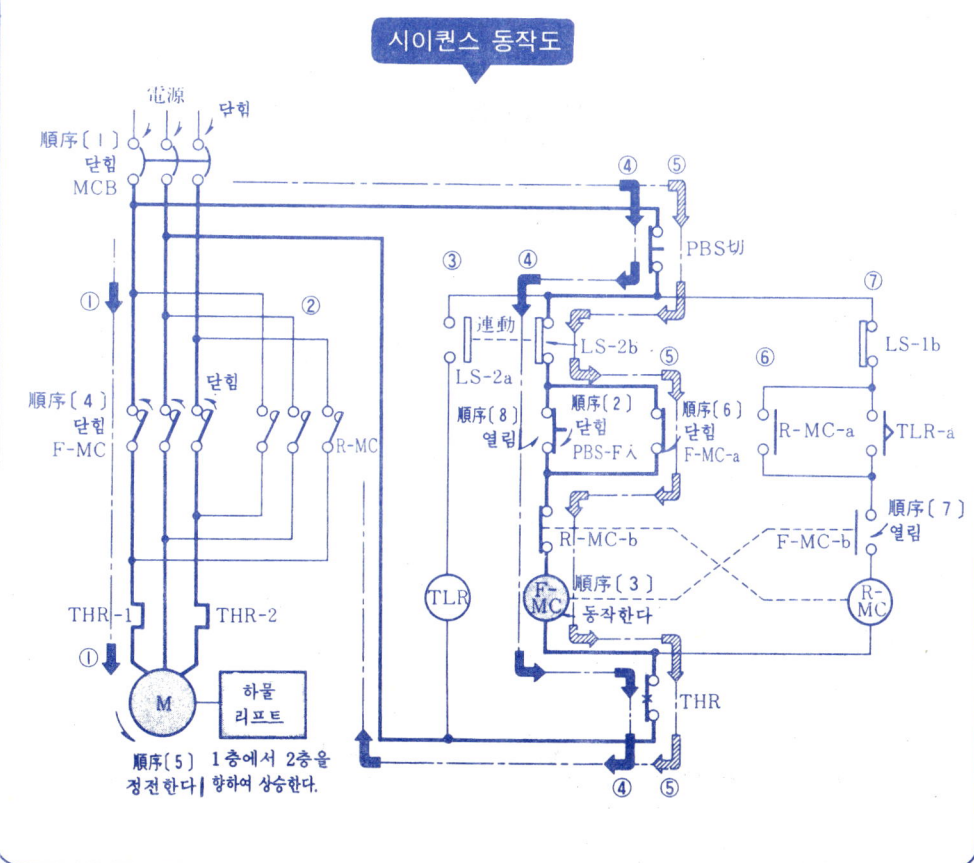

— 349 —

펌프설치·운반설비의 시이퀀스설비

② 하물 리프트의 자동 반전 제어 회로의 시이퀀스 동작

리밋스위치 LS-2에 의한 정지 동작 순서 — 리프트는 2층에서정지

※ 하물리프트가 상승하여 리프트에 설치한 도그가 리밋스위치 LS-2 (2층에 설치)에 접촉하면 구동전동기가 정지하므로 하물리프트도 2층에서 정지한다.

순서 〔9〕 하물리프트가 이동하여 도그와 리밋스위치 LS-2가 접촉하면 ③회로의 a접점 LS-2a는 닫히고 ④, ⑤회로의 b접점 LS-2 가 열린다(연동동작한다).

〔10〕 접점 LS-2a가 닫히면 ③회로의 코일 TLR 에 전류가 흘러 타이머 TLR이 부세된다.

〔11〕 접점 LS-2b가 열리면 ⑤회로의 코일 F-MC 에 전류가 흐르지 않으므로 정전용 전자접촉기 F-MC가 복귀한다.

〔12〕 정전용 F-MC가 복귀하면 ①회로의 정전용 주접점 F-MC가 열린다.

〔13〕 주접점 F-MC가 열리면 ①회로의 구동용전동기 M에 전류가 흐르지 않으므로 전동기가 정지하고 따라서 리프트는 2층에서 정지한다.

〔14〕 정전용 F-MC가 복귀하면 ⑤회로의 자기유지 a접점 F-MC-a가 열린다.

〔15〕 정전용 F-MC가 복귀하면 ⑦회로의 b접점 F-MC-b가 닫혀 인터록을 푼다.

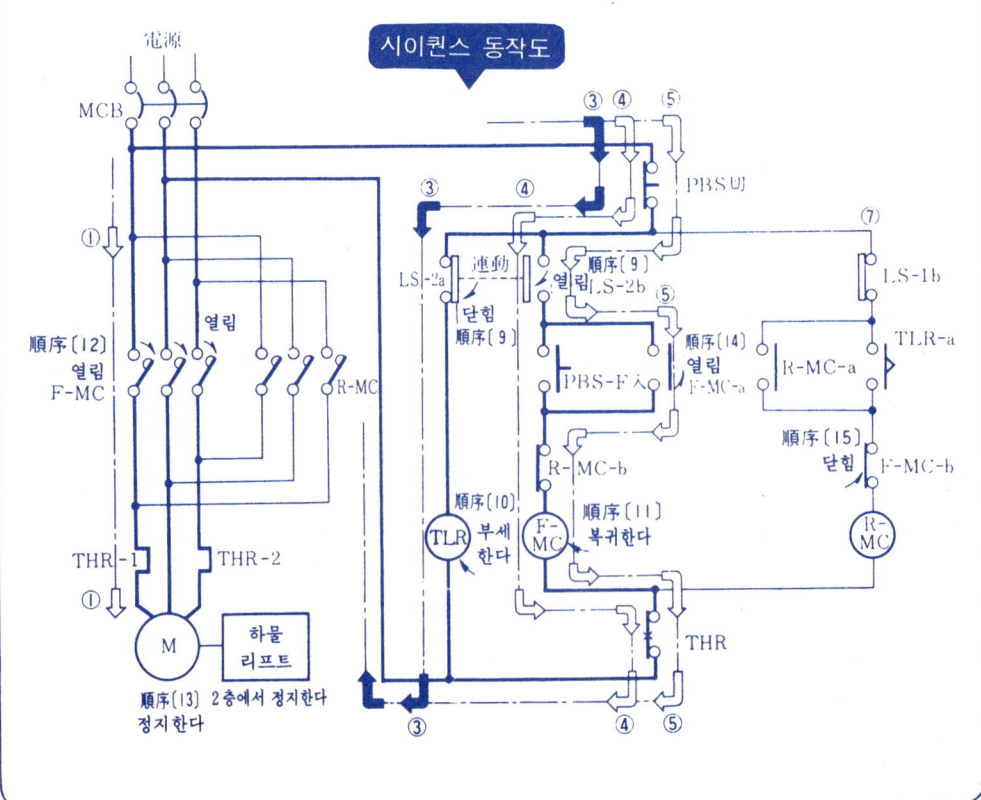

시이퀀스 동작도

3. 하물 리프트의 자동 반전 제어회로 판독법

타이머 TLR에 의한 반전 동작 순서 ─● 리프트는 하강한다 ●

※ 타이머의 설정시간(리프트가 정지하고 있는 시간)이 경과하면 구동전동기는 자동적으로 역전되므로 하물리프트가 반전하여 2층에서 1층으로 하강한다.

순서 〔16〕 타이머 TLR의 설정시간이 경과하면 ⑦회로의 한시동작 a접점 TLR-a가 닫힌다.
   〔17〕 접점 TLR-a가 닫히면 ⑦회로의 코일 (R-MC)에 전류가 흘러 역전용 전자접촉기 R-MC가 동작한다.
   〔18〕 역전용 R-MC가 동작하면 ②회로의 역전용 주접점 R-MC가 닫힌다.
   〔19〕 주접점 R-MC가 닫히면 ②회로의 전동기 M에 전류가 흘러 역방향으로 회전하므로 하물리프트는 반전하여 2층에서 1층으로 하강한다.
   〔20〕 역전용 R-MC가 동작하면 ⑥회로의 자기유지 a접점 R-MC-a가 닫혀 자기유지된다.
   〔22〕 하물리프트가 2층에서 1층으로 하강하면 리밋스위치 LS-2가 도그에서 떨어져 ③회로의 a접점 LS-2a는 열리고 ④회로의 b접점 LS-2b는 닫힌다.
   〔23〕 접점 LS-2a가 열리면 ③회로의 코일 (TLR)에의 전류가 끊겨 타이머는 소세된다.
   〔24〕 타이머 TLR이 소세되면 ⑦회로의 한시동작 a접점 TLR-a가 열린다.

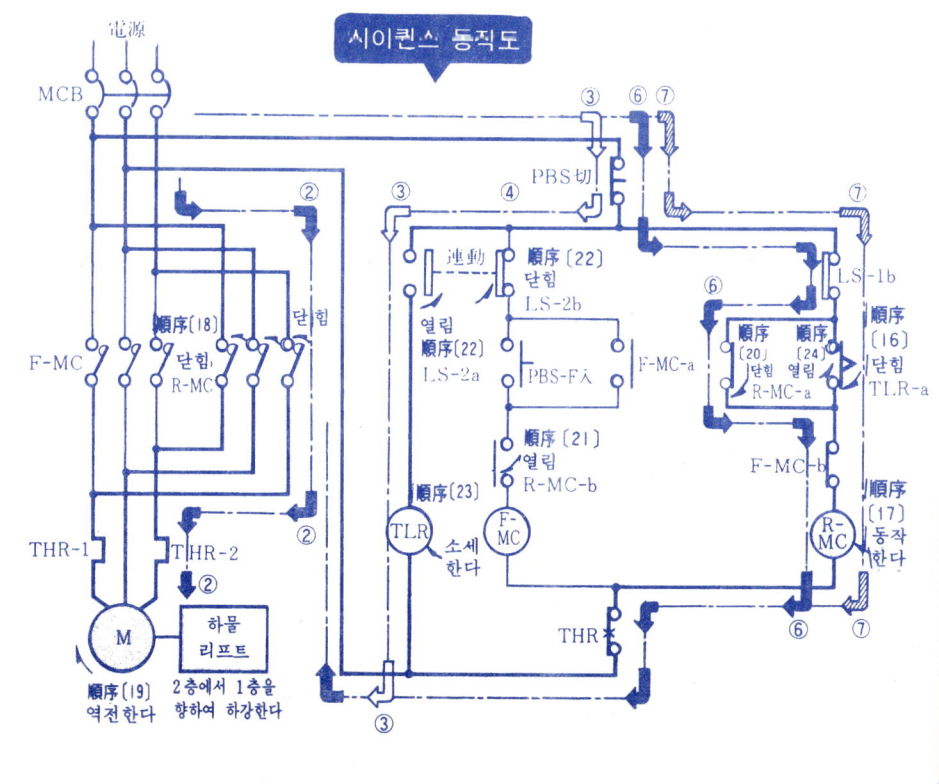

시이퀸스 동작도

펌프설치·운반설비의 시이퀀스설비

② 하물 리프트의 자동 반전 제어 회로의 시이퀀스 동작

리밋스위치 LS-1에 의한 정지 동작 순서 — 리프트는 1층에서 정지

※ 하물리프트가 하강하여 리프트에 설치된 도그와 리밋스위치 LS-1(1층에 설치)가 접촉하면 구동용 전동기는 정지하고 하물리프트는 1층에서 정지한다.

순서 [25] 하물리프트가 강하하여 도그와 리밋스위치 LS-이 접촉하면 ⑥, ⑦회로의 b접점 LS-1b가 열린다.

[26] 접점 LS-1b가 열리면 ⑥회로의 코일 R-MC 에 전류가 흐르지 않으므로 역전용 전자접촉기 R-MC가 복귀한다.

[27] 역전용 R-MC가 복귀하면 ②회로의 역전용 주접점 R-MC가 열린다.

[28] 주접점 R-MC가 열리면 ②회로의 구동용전동기 M에 전류가 흐르지 않으므로 전동기는 정지하고 하물리프트는 1층에서 멈춘다.

[29] 역전용 R-MC가 복귀하면 ⑥회로의 자기유지 a접점 R-MC-a 가 열려 자기유지를 푼다.

[30] 역전용 R-MC가 복귀하면 ④회로의 b접점 R-MC-b가 닫혀 인터록을 푼다.

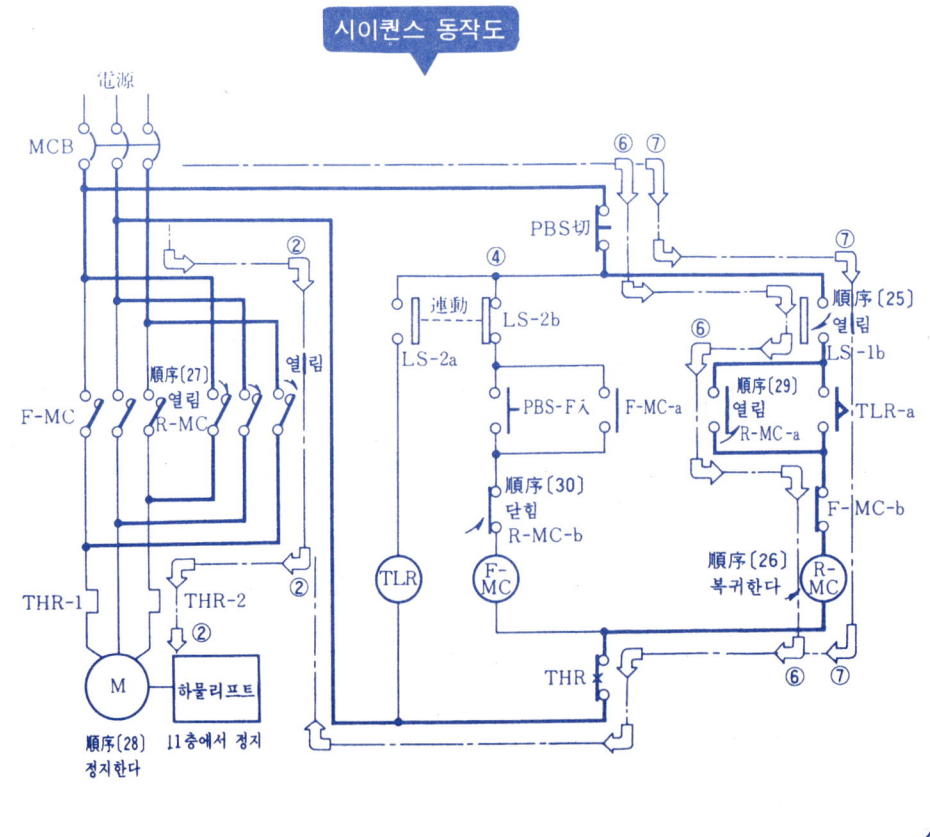

시이퀀스 동작도

12 自家用受変電 設備의 시이퀀스制御

이 장의 포인트

　이 장에서는 자가용 수변전 설비의 차단기 제어회로와 그 시험방법에 대하여 구체적으로 설명하고 있다.
(1) 전자조작 방식에 의한 차단기의 구조를 알기 쉽게 도해하는 한편, 단로기와의 인터록 방법을 회로동작과 함께 설명하고 있다.
(2) 자가용 수변전 설비에 있어서의 차단기 제어회로에 대하여 직류식 전자조작 방식 및 교류식 전자조작방식을 예로들어 구체적으로 그 동작을 설명하고 있다.
(3) 오일차단기의 과전류릴레이 및 지락릴레이와의 연동시험에 대하여 시험회로를 기구와 배선을 입체도로 제시하고 있으므로 순서에 따라 스스로 시험을 할 수 있을 것이다.

1. 직류식 전자 조작 방식에 의한 차단기의 제어회로 판독법

① 전자 조작 방식에 의한 차단기의 구조와 동작

전자조작방식에 의한 차단기란?

❋ 전자 조작방식에 의한 차단기란 투입제어지령(조작핸들을「ON」으로 돌림)을 내면 조작전자석의 투입코일이 부세되고 이에 의하여 생기는 강력한 전자력으로 차단기가 투입되는 것을 말한다.

❋ 차단기의 투입이 완료되면 투입코일의 부세는 풀리나 기계적인 섭촉기구를 유지하므로 투입상태는 계속된다.

❋ 차단기의 분리동작은 분리코일을 부세하고 이 동작으로 래치기구(기계적 유지기구)를 분리시켜도 투입시에 축적된 스프링의 힘을 일시에 방출하여 차단기를 차단(분리)시킨다.

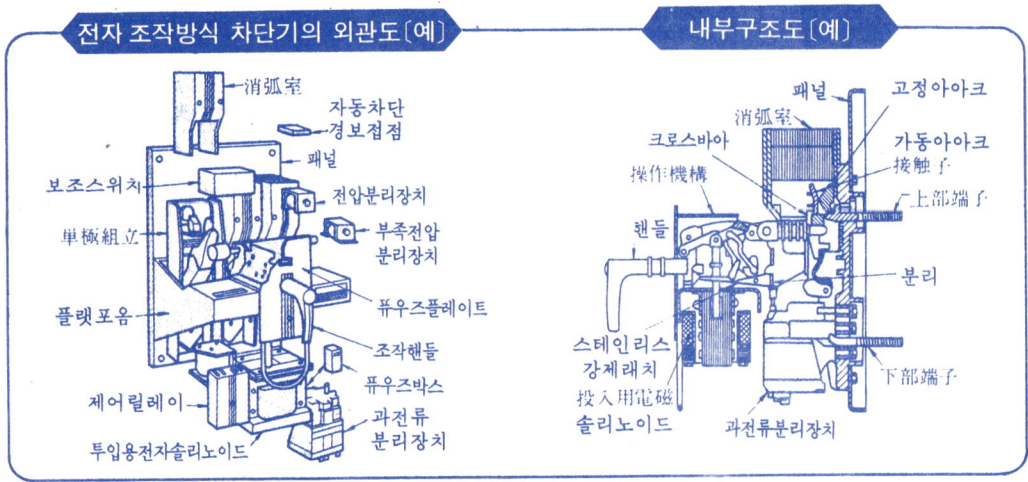

전자 조작방식 차단기의 외관도〔예〕 / 내부구조도〔예〕

차단기의 투입동작

❋투입제어지령에 의하여 투입코일이 부세되면 가동철심이 끌어 내려져 조작레버를 아래쪽으로 당겨 차단기를 투입한다. 이때 조작레버가 해커에 걸려 기계적으로 유지되어 투입코일이 소세되더라도 투입상태는 계속된다.

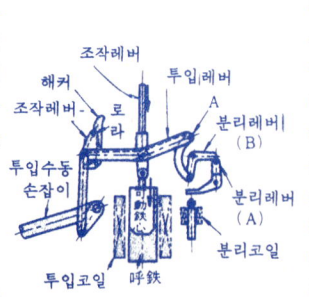

차단기 분리동작

❋분리제어지령에 의하여 분리코일이 부세되면 가동철심이 끌어 올려져 분리레버(B)를 치므로 분리레버(A)와의 걸이가 풀림에 따라 투입해커와 조작레버와의 걸이도 풀려 조작레버가 위로 움직이므로 차단기가 분리된다.

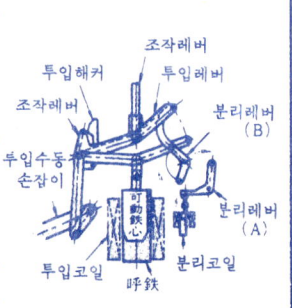

1. 직류식 전자 조작 방식에 의한 차단기의 제어회로 판독법

② 단로기와 차단기의 인터록회로

단로기와 차단기의 인터록 — 3極遠方操作式斷路器

※ 단로기는 단순히 충전된 전로를 개폐하는데 사용하는 것으로서 부하전류를 직접 개폐하는 능력은 없다. 따라서 원격조작식 단로기를 차단기와 조합하여 사용할 때는 차단기가 개방되어 있을 때만 단로기를 조작할 수 있도록 인터록시킬 필요가 있다.

3극원방조작식 단로기〔예〕

(그림: 애자, 단자, 열림, 블레이드, 조작레버, 인터록코일, 鎖錠핀, 리밋스위치, 조작레버축, 밀어올린다)

단로기와 차단기의 인터록회로〔예〕

(회로도: DS 斷路器, NO, NC, LS 리밋스위치, IL 인터록코일, C 투입코일, 차단기의 보조b접점, CB 차단기)

단로기와 차단기의 인터록 동작

- 단로기의 조작핸들 축부에는 인터록용 코일이 설치되어 있는데 이 인터록 코일에 전류가 흘러 여자되면 조작레버가 움직이고 전류가 흐르지 않으면 움직이지 않는 기구로 되어 있다.
- 차단기 CB가 개방되어 있을 때는 차단기의 보조 b접점은 닫혀있고 리밋스위치의 접점이 NC쪽에 있으면 인터록 코일이 제어전원에 의하여 여자되므로 단로기의 조작이 가능해 진다.
- 차단기 CB가 투입되어 있을 때는 차단기의 보조b접점은 열려 있으므로 인터록 코일의 회로는 개로 상태가 되어 단로기의 조작을 할 수 없는, 즉 록이 된다.
- 조작레버부에는 인터록 핀을 꽂는 구멍이 있는데 여기에 인터록핀을 꽂으면 리밋스위치의 접점은 NO쪽으로 바뀌고 인터록핀을 뽑으면 NC쪽으로 변환된다.
- 개폐조작을 할 때는 인터록핀을 뽑고 단로기를 조작한 다음 다시 꽂는다. 그러면 인터록의 코일이 끊기고 전기적으로 인터록 된다.

③ 직류식 전자 조작 방식에 의한 차단기의 제어회로

직류식 전자 조작 방식에 의한 차단기의 제어회로

※ 고압 수변전 설비의 차단기 조작방식에는 일반적으로 완전수동식이나 직류전원(건전지)에 의한 직류식 전자조작방식이 사용되는데 51(전자릴레이), 51G(지락과전류릴레이) 및 27(부족전압릴레이)로 트립(분리)시킨다.

직류식 전자 조작 방식에 의한 차단기의 시이퀀스도[예]

※ 이 시이퀀스도는 차단기의 조작에 그치고 고장 표시나 경보는 하지않는다. 고장의 판단은 보호릴레이 자체에 내장된 타아켓으로 하는 경우이다.

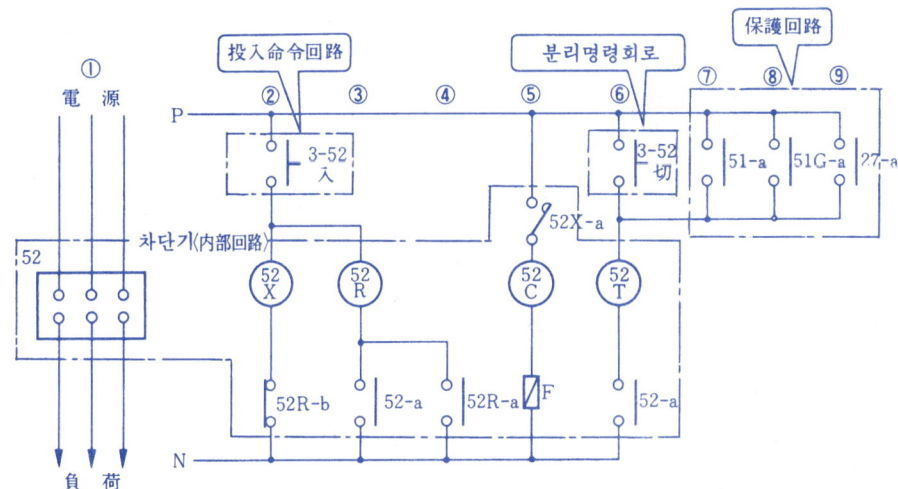

〈文字記號〉
52 : 차단기	52C : 투입코일	3-52切 : 조작핸들(to)
52X : 투입코일용보조릴레이	52T : 분리코일	51 : 과전류릴레이
52R : 분리자동릴레이	3-52入 : 조작핸들(入)	51G : 지락과전류릴레이
27 : 부족전압차단기		

● 전자조작 차단기의 제어회로는 투입보조회로, 투입회로 및 분리회로로 구성되는 차단기 내부회로와 투입 및 분리명령을 주는 외부회로로 형성된다.
● 전자조작 차단기의 제어동작은
 (1) 1회의 투입명령에 대하여 1회만의 투입동작을 한다(반복동작 방지).
 (2) 투입동작이 완료하면 스스로 투입회로를 차단한다.
 (3) 투입동작 중에 분리지령 신호가 들어가면 분리동작이 우선한다(분리자유).

1. 직류식 전자 조작 방식에 의한 차단기의 제어회로 판독법

직류식 전자 조작방식의 차단기의 「투입」 동작 순서

※ 조작핸들을 「ON」으로 돌리면 차단기가 투입된다.

순서 〔1〕 차단기의 조작핸들을 「ON」으로 돌리면 ②회로의 접점3-52이 닫힌다.
〔2〕 접점3-52이 닫히면 ②회로의 투입코일용 보조릴레이 코일 52X 에 전류가 흘러 보조릴레이 52X가 동작한다.
〔3〕 보조릴레이 52X가 동작하면 ⑤회로의 a접점 52X-a가 닫힌다.
〔4〕 접점52X-a가 닫히면 ⑤회로 투입코일 52C 가 부세된다.
〔5〕 투입코일 52C가 부세되면 ①회로의 차단기 52가 투입되고 기계적으로 유지된다.
〔6〕 차단기가 동작하면 ⑥회로의 a접점 52-a가 닫힌다.
〔7〕 차단기가 동작하면 ③회로의 a접점 52-a가 닫힌다.
〔8〕 접점52-a가 닫히면 ③회로의 분리 자유릴레이 코일 52R 에 전류가 흘러 릴레이 52R이 동작한다.
〔9〕 분리 자유릴레이 52R이 동작하면 ④회로의 자기유지접점 52R-a가 닫혀 자기유지된다.
〔10〕 분리 자유릴레이 52R이 동작하면 ②회로의 b접점 52R-b가 열린다.
〔11〕 접점52R-b가 열리면 투입코일용 보조릴레이 코일 52X 에의 전류가 끊겨 복귀한다.
〔13〕 보조릴레이52X가 복귀하면 ⑤회로의 a접점 52X-a가 열린다.
〔13〕 접점52X-a가 열리면 ⑤회로의 투입코일 52C 소세된다.

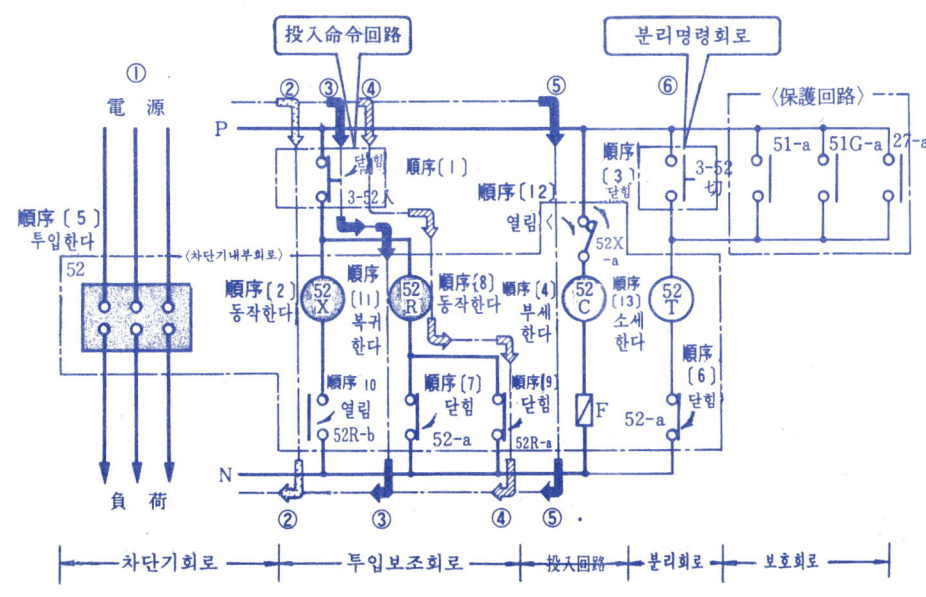

— 357 —

자가용 수변전 설비의 시이퀀스 제어

③ 직류식 전자 조작 방식에 의한 차단기의 제어회로

직류식 전자 조작방식 차단기의 「분리」동작 순서

❈ 조작핸들을 「OFF」로 돌리든가 보호릴레이가 동작하면 차단기는 차단된다.

〈조작핸들을 「OF」쪽으로 돌릴 경우〉

순서 [1] 차단기의 조작핸들을 「OFF」쪽으로 돌리면 ⑥회로의 접점 3 - 52 가 닫힌다.
　　 [2] 접점 3 - 52 가 닫히면 ⑥회로의 분리코일 52T 가 부세된다.
　　 [3] 분리코일 52T 가 부세되면 ①회로의 차단기 52가 차단된다.
　　 [4] 차단기가 차단되면 ⑥회로의 보조a접점 52-a가 열린다.
　　 [5] 접점52-a가 열리면 ⑥회로의 분리코일 52T 가 소세된다.

〈보호릴레이가 동작할 경우〉

순서 [1] 보호릴레이, 예를 들어 과전류릴레이가 동작하면 ⑦회로의 접점51-a가 닫힌다.
　●순서[2] 이후의 동작은 조작핸들을 「OFF」쪽으로 돌릴 경우와 같다.

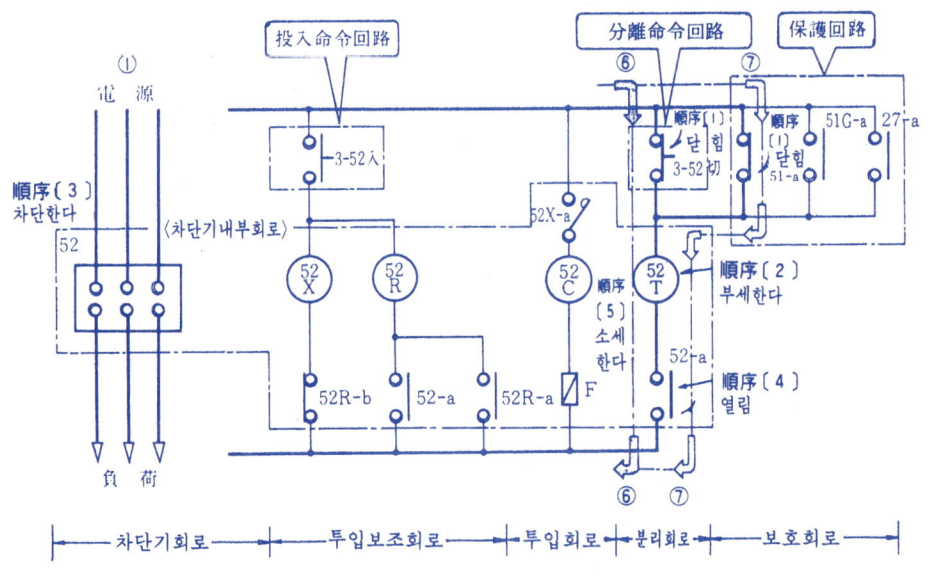

분리 자유릴레이 (52R)의 작용 ○ 반복 동작 방지 ○

❈ 조작핸들을 「ON」으로 돌렸을 때 차단기가 투입되는 동시에 보호릴레이, 예를들면 과전류릴레이 51이 동작하면 차단동작이 우선함으로 차단된다. 그러나 조작핸들이 「ON」쪽에 있으면 다시 투입동작을 하므로 위험하다. 그래서 이 반복동작을 방지하기 위하여 분리 자유릴레이 52R을 사용, 그 b접점에서 투입코일용 보조릴레이 52X의 부세회로를 열어주는 것이다.

2. 교류식 전자 조작 방식에 의한 차단기의 제어회로 판독법

① 교류식 전자 조작 방식에 의한 차단기의 제어회로 시이퀀스도

교류식 전자조작 방식에 의한 차단기 제어

※ 전자조작 방식에 의한 차단기의 제어전원에는 일반적으로 직류가 사용되나 교류전원 밖에 사용할 수 없는 경우에는 변압기를 통하여 정류기로 직류변환한 다음 이것을 투입전원으로 하는 한편, 분리에는 콘덴서 분리방식을 쓴다.

교류 전자 조작 방식에 의한 차단기의 시이퀀스도〔예〕

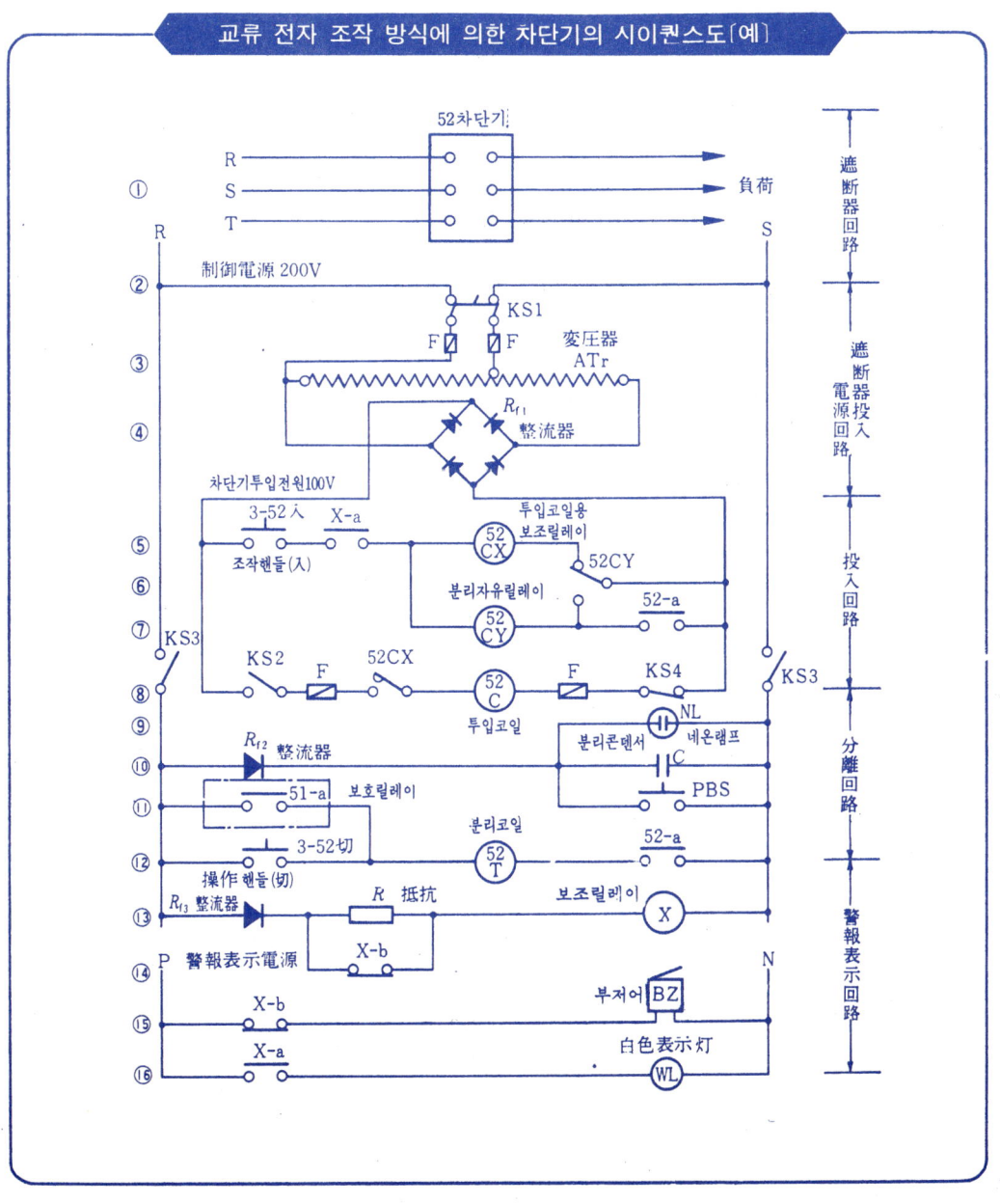

자가용 수변전 설비의 시이퀀스 제어

② 교류식 전자 조작 방식에 의한 차단기 제어 회로의 시이퀀스 동작

교류식 전자 조작 방식에 의한 차단기의 투입동작 순서 ─○ **콘덴서 분리방식** ─○

※ 조작핸들을「ON」으로 돌리면 차단기가 투입된다.

순서 〔1〕 ②회로의 차단투입 전원스위치 KS1을 닫는다.
〔2〕 ⑧회로의 스위치 KS2를 닫는다.
〔3〕 교류 제어 전원 회로의 스위치 KS3를 닫는다.
〔4〕 스위치 KS3가 닫히면 ⑩회로의 분리용 콘덴서C가 충전된다.
〔5〕 스위치 KS3이 닫히면 ⑨회로의 네온램프 NL이 점등되어 콘덴서C가 충전되고 있다는 것을 표시한다.
〔6〕 스위치 KS3이 닫히면 ⑭회로(접점X-b로 저항 R을 단락)에 의하여 보조릴레이 코일 ⓧ에 순간적으로 직류전류가 흘러 (강여자)릴레이 X가 동작한다.
〔7〕 보조릴레이 X가 동작하면 ⑭회로의 b접점X-b가 열린다.
〔8〕 접점X-b가 열리면 ⑬회로의 저항 R을 통하여 보조릴레이 X가 부세된다.
〔9〕 보조릴레이 X가 동작하면 ⑮회로의 b접점X-b가 열린다.
〔10〕 보조릴레이 X가 동작하면 ⑯회로의 a접점X-a가 닫힌다.
〔11〕 접점X-a가 닫히면 ⑯회로의 백색표시등 WL이 점등되어 교류제어 전원이 인가되고 있다는 것을 표시한다.
〔12〕 보조릴레이 X가 동작하면 ⑤회로의 a접점 X-a가 닫힌다.
〔13〕 ⑤회로의 조작핸들을「ON」으로 돌리면 접점 3-52가 닫힌다.
〔14〕 접점 3-52가 닫히면 ⑤회로의 투입코일용 보조릴레이 코일 ⓒ52CX 에 전류가 흘러 릴레이 52CX가 동작한다.
〔15〕 보조릴레이 52CX가 동작하면 ⑧회로의 접점 52CX가 닫힌다.
〔16〕 접점52CX가 닫히면 ⑧회로의 차단기 투입코일 (52C)가 부세된다.
〔17〕 투입코일 ⓒ52C가 부세되면 ①회로의 차단기 52가 투입된다.
〔18〕 차단기 52가 투입되면 ⑦회로의 보조 a접점 52-a가 닫힌다.
〔19〕 접점52-a가 닫히면 ⑦회로의 차단기 분리 자유릴레이 코일 ⓒ52CY 에 전류가 흘러 릴레이 52CY가 동작한다.
〔20〕 분리 자유릴레이 52CY가 동작하면 ⑤회로의 C접점 52CY가 b접점측에서 a접점측에 변환된다.
● 접점52CY가 b접점측에서 a접점측에 변환되면 ⑤회로의 투입코일용 보조릴레이 52CX가 복귀하므로 투입조작 중에 분리동작을 하더라도 차단기가 다시 투입되지 않는다. 이것을「반복 동작 방지」라 한다.

2. 교류식 전자 조작 방식에 의한 차단기의 제어회로 판독법

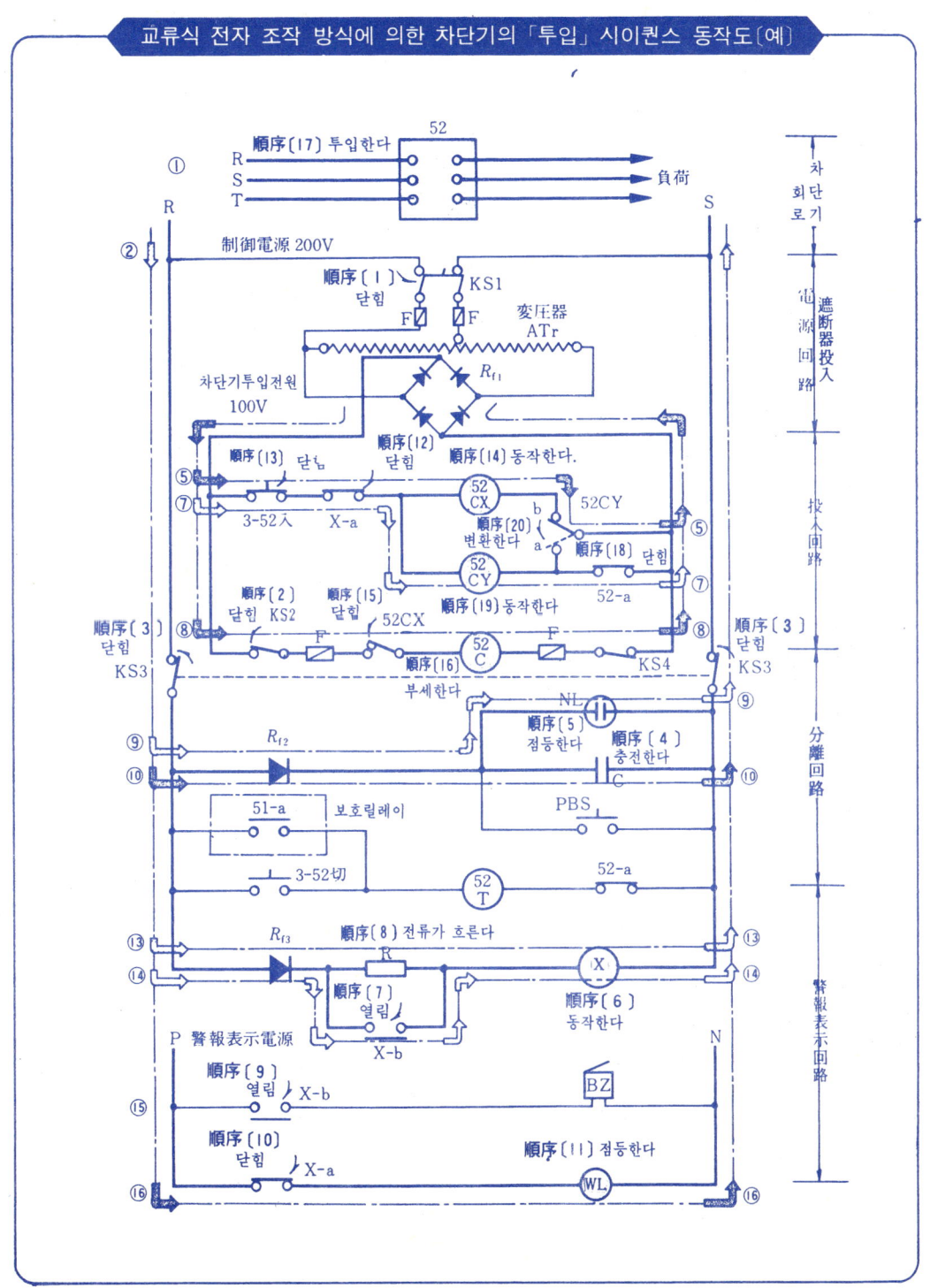

교류식 전자 조작 방식에 의한 차단기의 「투입」 시이퀀스 동작도〔예〕

자가용 수변전 설비의 시이퀀스 제어

② 교류식 전자조작 방식에 의한 차단기 제어회로의 시이퀀스 동작

교류식 전자 조작방식 차단기의 「경보·표시」동작순서 ● 콘덴서 분리방식

※ 콘덴서 분리장치는 차단기 분리전원으로서 매우 중요하므로 그 충전 전전원의 상실예를 경보·표시할 필요가 있다.

순서 〔1〕 교류제어 전원의 상실된다(예: 스위치 KS3 열림).
〔2〕 교류제어 전원이 상실되면 ⑬회로의 보조릴레이 코일 ⓧ에 전류가 흐르지 않으므로 보조릴레이 X가 복귀한다.
〔3〕 보조릴레이 X가 복귀하면 ⑭회로의 b접점 X-b가 닫힌다.
〔4〕 보조릴레이 X가 복귀하면 ⑮회로의 b접점 X-b가 닫힌다.
〔5〕 접점 X-b가 닫히면 ⑮회로의 부저어 BZ가 울려 경보한다.
〔6〕 보조릴레이 X가 복귀하면 ⑯회로의 a접점 X-a가 열린다.
〔7〕 접점 X-a가 열리면 ⑯회로의 제어전원 표시용 백색표시등 WL이 소등된다.
〔8〕 보조릴레이 X가 복귀하면 ⑤회로의 a접점 X-a가 열린다.
● 접점 X-a가 열리면 투입회로가 「개로」됨과 동시에 록된다.

교류식 전자 조작방식 차단기의 「분리」동작 순서 ● 콘덴서 분리방식

※ 조작핸들을 「OFF」로 돌리든가 보호릴레이가 동작하면 차단기는 차단된다.

순서 〔9〕 조작핸들을 「OFF」를 돌려 ⑫회로의 접점 3-52를 닫던가, ⑪회로의 보호릴레이 접점(예: 과전류 릴레이접점51-a)을 닫는다.
〔10〕 접점 3-52 (또는 접점51-a)이 닫히면 ⑨회로와 ⑫회로(또는 ⑪회로)의 순환회로가 연결되어 ⑨회로의 분리콘덴서 C가 방전한다.
〔11〕 이 방전전류가 ⑫회로의 차단기 분리코일 ㉕2T를 부세한다.
〔12〕 분리코일 ㉕2T가 부세되면 ①회로의 차단기 52가 차단된다.
〔13〕 차단기 52가 차단되면 ⑫회로의 보조a접점 52-a가 열린다.
〔14〕 접점52-a가 열리면 ⑫회로의 차단분리코일 ㉕2T가 소세된다.
〔15〕 접점52-a가 열리면 순환회로가 「개로」되므로 분리콘덴서 C는 충전을 시작하여 다음 분리에 대비한다.

2. 교류식 전자 조작 방식에 의한 차단기의 제어회로 판독법

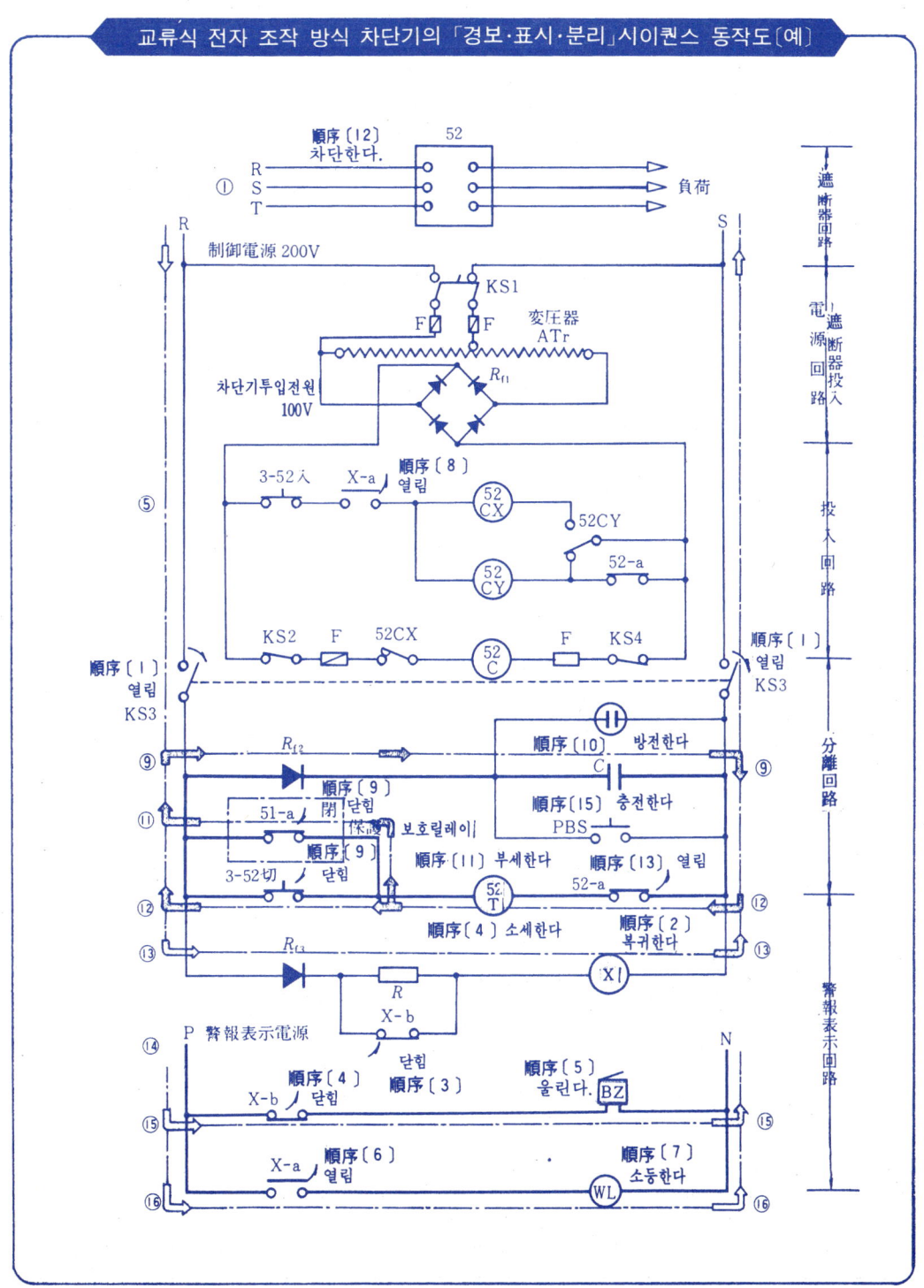

3. 자가용 수변전 설비의 시험회로

① 과전류 릴레이와 유입 차단기의 연동 시험회로

과전류 릴레이와 유입차단기의 연동시험 목적

※ 수변전 설비에 설치되는 과전류릴레이는 수전용 차단기부터 부하측의 고압회로에 과전류나 단락사고가 생길 경우, 신속히 동작하여 차단기를 개방 시킴으로써 사고의 파급을 최소한으로 그치게 한다. 따라서 이 양자가 완전히 일치 관련하여 동작하지 않으면 회로 차단의 목적을 달성할 수 없다. 연동시험은 이 관련이 충분한가를 시험하는 것이다.

과전류 릴레이와 유입 차단기의 연동 시험회로〔예〕

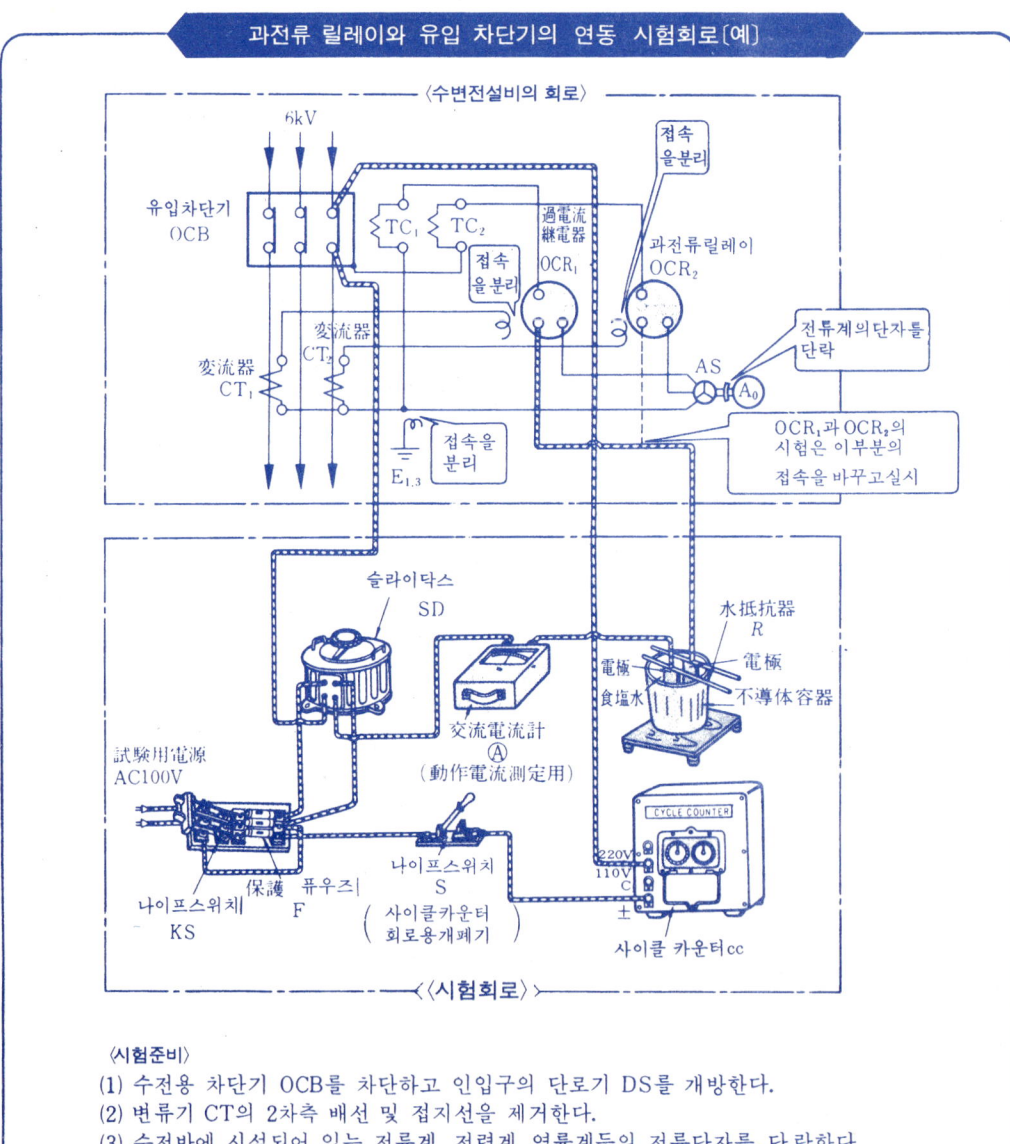

〈시험준비〉
(1) 수전용 차단기 OCB를 차단하고 인입구의 단로기 DS를 개방한다.
(2) 변류기 CT의 2차측 배선 및 접지선을 제거한다.
(3) 수전반에 시설되어 있는 전류계, 전력계, 역률계등의 전류단자를 단락한다.

3. 자가용 수변전 설비의 시험회로

과전류 릴레이의 최소동작 전류 측정 순서

❖ 과전류 릴레이의 최소동작 전류란 릴레이의 원판이 회전하여 접점이 완전히 닫히는데 필요한 최소의 입력전류를 말한다.

〈측정순서〉

순서〔1〕 유입차단기 OCB를 투입한다.
　　〔2〕 과전류릴레이 OCR의 한시 정정 레버를 눈금 10에 맞추고 전류탭을 4 또는 5로 맞춘다.
　　〔3〕 슬라이닥스 SD의 다이얼을 0으로 맞추고 수저항기 R을 최대로 설정한다.
　　〔4〕 시험용 전원개폐기 KS를 투입한다.
　　〔5〕 전류계(A)를 보면서 슬라이닥스 SD의 전압을 천천히 올려 수저항기를 조정, 정정한 전류탭치에 따른 전류를 흘린다.
　　〔6〕 릴레이의 원판이 움직이기 시작하며 완전히 회전하여 접점이 닫힐 때까지 전류를 증가시킨다.
　　〔7〕 릴레이의 접점이 닫히면 유입차단기가 차단(트립)된다.
　　〔8〕 이때의 전류계 (A)의 지시가 최소동작 전류이다.

과전류 릴레이의 한시 특성시험 순서

❖ 과전류릴레이의 한시특성이란 릴레이의 전류탭 정정치의 200%(300%, 500%)의 부하전류를 흘렸을 때 릴레이 동작시한을 포함한 차단기의 개로시간을 말한다.

〈시험순서〉

순서〔1〕 오일차단기 OCB를 투입한다.
　　〔2〕 과전류릴레이 OCR의 한시정정레버를 눈금 10에 맞추고 전류탭을 4 또는 5에 맞춘다.
　　〔3〕 릴레이의 원판을 가볍게 누른다(종이를 끼워도 된다).
　　〔5〕 슬라이댁 SD 및 수저항기 R을 조정하여 전류계 (A)의 지시를 정정 전류탭의 200% 전류치에 맞춘다.
　　〔6〕 시험용 전원개폐기를 열어 릴레이의 접점을 복귀시킨다.
　　〔4〕 시험용 전원개폐기 KS를 넣는다.
　　〔7〕 사이클카운터의 눈금을 0에 맞추고 개폐기 S를 넣는다.
　　〔8〕 시험용 전원개폐기 KS를 넣는다.
　　〔9〕 릴레이의 원판이 회전하여 주접점이 동작하고 유입차단기 OCB가 차단(트립)될 때까지 그대로 둔다.
　　〔10〕 유입차단기 OCB가 동작하면 사이클카운터가 정지하는데 이때의 지시치를 읽는다.
　　　　● 사이클카운터의 지시치는 사이클이므로 전원주파수로 나누면 초로 환산되어 동작시간을 알 수 있다.

자가용 수변전 설비의 시이퀀스 제어

② 지락 릴레이와 유입차단기의 연동 시험회로

지락 릴레이와 유입차단기의 연동시험 목적

❋ 수변전 설비에 설치되는 지락릴레이는 수전용 차단기부터 부하측 고압회로에 지락사고가 생길 경우, 신속히 동작함으로써 차단기를 개방, 전력회사의 궤션에 사고가 파급하지않 도록 한다. 따라서 이 양자가 완전히 관련하여 동작하지 않으면 회로차단의 목적이 달 성되지 않는다. 이 관련이 충분한가를 시험하는 것이 목적이다.

지락 릴레이와 유입 차단기의 연동 시험회로〔예〕

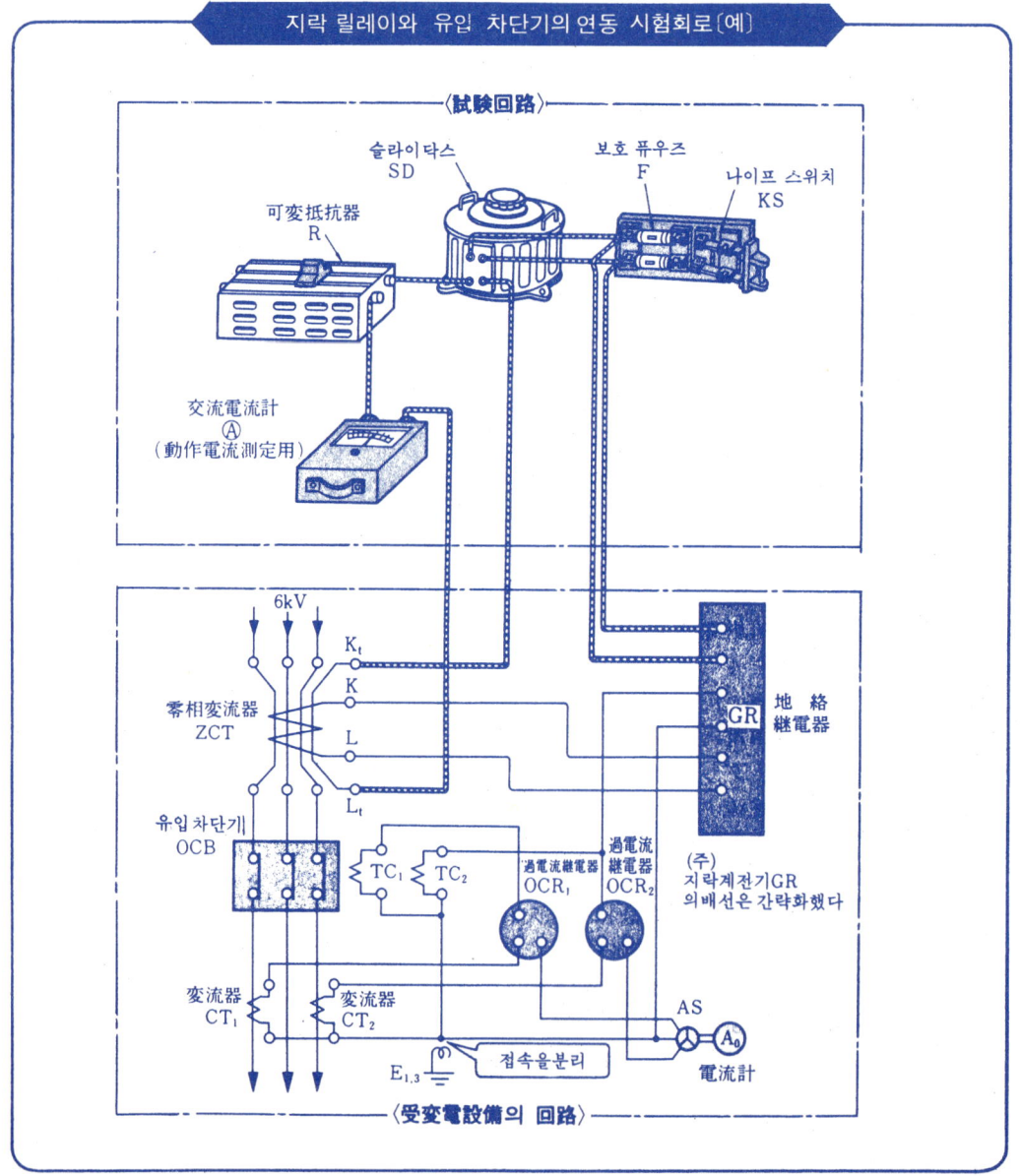

— 366 —

지락릴레이의 최소동작 전류 측정순서

〈시험준비〉
(1) 수전용 차단기 OCB 및 인입단로기 DS를 개방한다.
(2) 영상회로의 시험용 배선은 영상 변류기 ZCT의 시험용 단자 Kt, Lt에 접속한다.
(3) 변류기 CT의 접지선을 들어낸다.

〈측정순서〉
순서 [1] 유입차단기 OCB를 투입한다.
 [2] 지락릴레이 GR의 정정치류를 0.1A(최소치)로 한다.
 [3] 슬라이닥스 SD의 다이얼을 0으로 하고 가변저항기 R을 최대로 설정한다.
 [4] 시험용 전원개폐기 KS를 닫는다.
 [5] 슬라이닥스 SD 및 가변저항기 R을 전류계 Ⓐ의 지시치보다 약간 적게 조정한다.
 [6] 천천히 전류를 증가시켜 지락릴레이 GR을 동작시킨다.
 [7] 지락릴레이 GR이 동작하여 접점을 닫으면 유입차단기 DCB가 차단(트립)된다.
 [8] 이때의 전류계 Ⓐ의 지시치가 지락릴레이 GR의 최소동작 전류이다.
 [9] 지락릴레이 GR의 복귀용 버튼을 눌러 복귀시킨다.
 [10] 슬라이닥스 SD의 다이얼을 0으로 한다.
 [11] 시험용 전원개폐기 KS를 연다.

●비고●
(1) 지락릴레이의 각 감도(전류) 정정치마다 상기 시험을 되풀이한다.
(2) 수변전설비가 수전 중일 경우에는 지락릴레이의 시험용 푸시버튼을 눌러 유입차단기를 차단(트립)시키면 지락릴레이의 동작을 확인할 수 있다.

<〈地絡継電器 [例]〉>

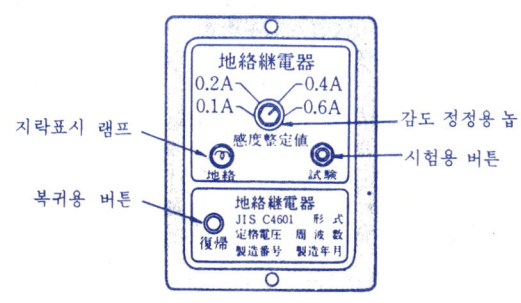

자가용 수변전 설비의 시이퀀스 제어

③ 수변전 설비의 접지저항 시험회로

수변전 설비의 접지저항 시험의 목적

❋ 접지공사는 절연불량으로 기인하는 감전·화재 등의 사고를 방지하기 위하여 전로 및 피뢰기, 변압기, 차단기 등 수변전 설비는 물론 부하설비인 전동기 등에 모두 설치할 필요가 있다. 접지저항의 측정은 그 보안의 목적에 충분한가를 확인하는 중요한 시험이다.

수변전 설비의 접지저항 시험회로〔예〕 ● 큐우비클의 경우 ●

❋ 자동식 접지저항계(트랜지스터를 이용, 지시계로 접지저항을 직독)을 사용한 경우를 예로 들었다.

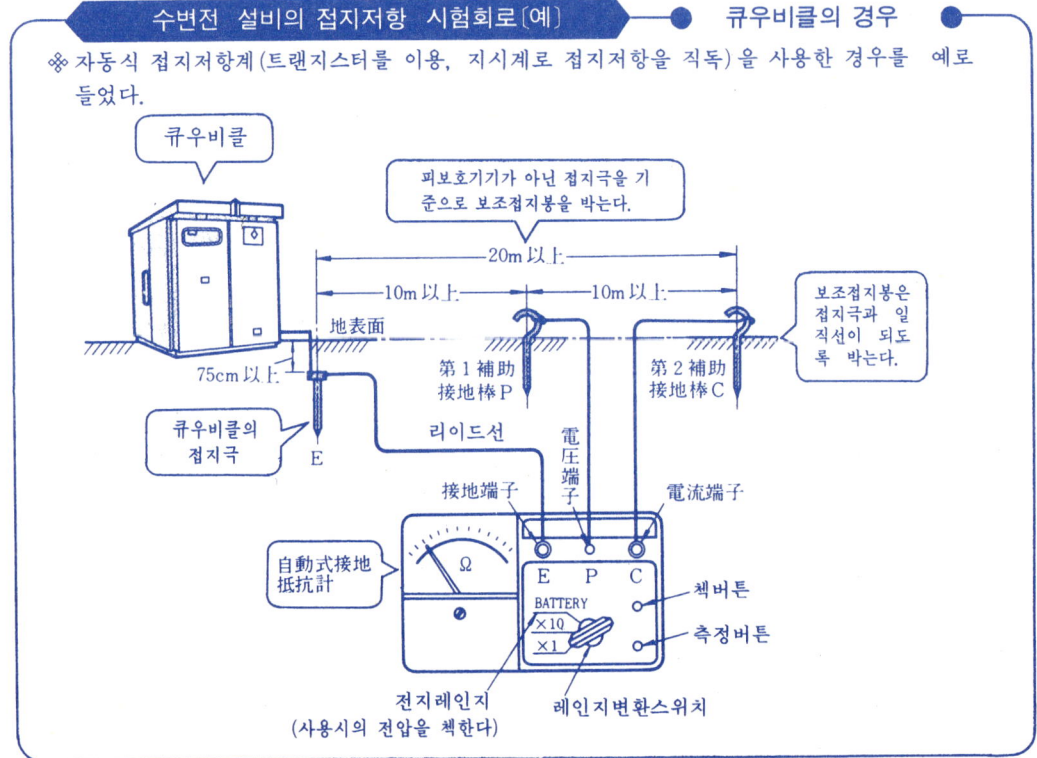

수변전 설비의 접지저항 시험순서〔예〕

순서 〔1〕 제1보조 접지봉 P, 제2보조 접지봉 C를 큐우비클의 접지극 E와 일직선이 되도록 10m 이상 떼어 박는다.

〔2〕 접지 저항계의 E단자(접지단자)에 연결되는 리이드선을 큐우비클의 접지극 E에 접속한다.

〔3〕 제1보조접지봉 P의 리이드선을 접지저항계의 P단자(전압단자)에 제2보조 접지봉 C의 리이드선을 C단자(전류단자)에 각각 접속한다.

〔4〕 접지 저항계의 레인지 변환스위치를 ×1, ×10의 어느 한쪽으로 하고 첵버튼을 눌러 지시가 "CHECK"의 테두리 안에 있는가 확인한다.

〔5〕 접지 저항계의 측정용 버튼을 누르고 이때의 지침 지시치를 읽으면 접지저항의 값을 알 수 있다.

13 보일러 設備의 시이퀀스 制御

이장의 포인트

 이 장에서는 보일러의 자동운전을 위한 제어회로에 대하여 상세히 설명하고 있다.
(1) 온방장치의 개요와 보일러의 구조를 간단히 설명하고 있다.
(2) 보일러의 기동·정지 및 보호·경보의 시이퀀스 동작을 순차적으로 알게 하고 있다.
(3) 보일러의 기동동작, 정지동작 및 사고시 동작이 시간적 경과는 타임차아트를 보고 이해해주기 바란다.

1. 보일러의 자동운전 제어회로 판독법

① 보일러의 구조와 난방장치

보일러의 구조

❖ 보일러는 밀폐한 용기 안의 물을 가열하여 증기 또는 온수를 만드는 것으로서 연소장치와 연소실, 보일러 본체, 급수나 통풍을 위한 부속설비 및 자동제어장치, 안전밸브나 수면계 등의 부속 부품으로 구성되어 있다.

= 보일러(오일버너식)의 구조 예 =

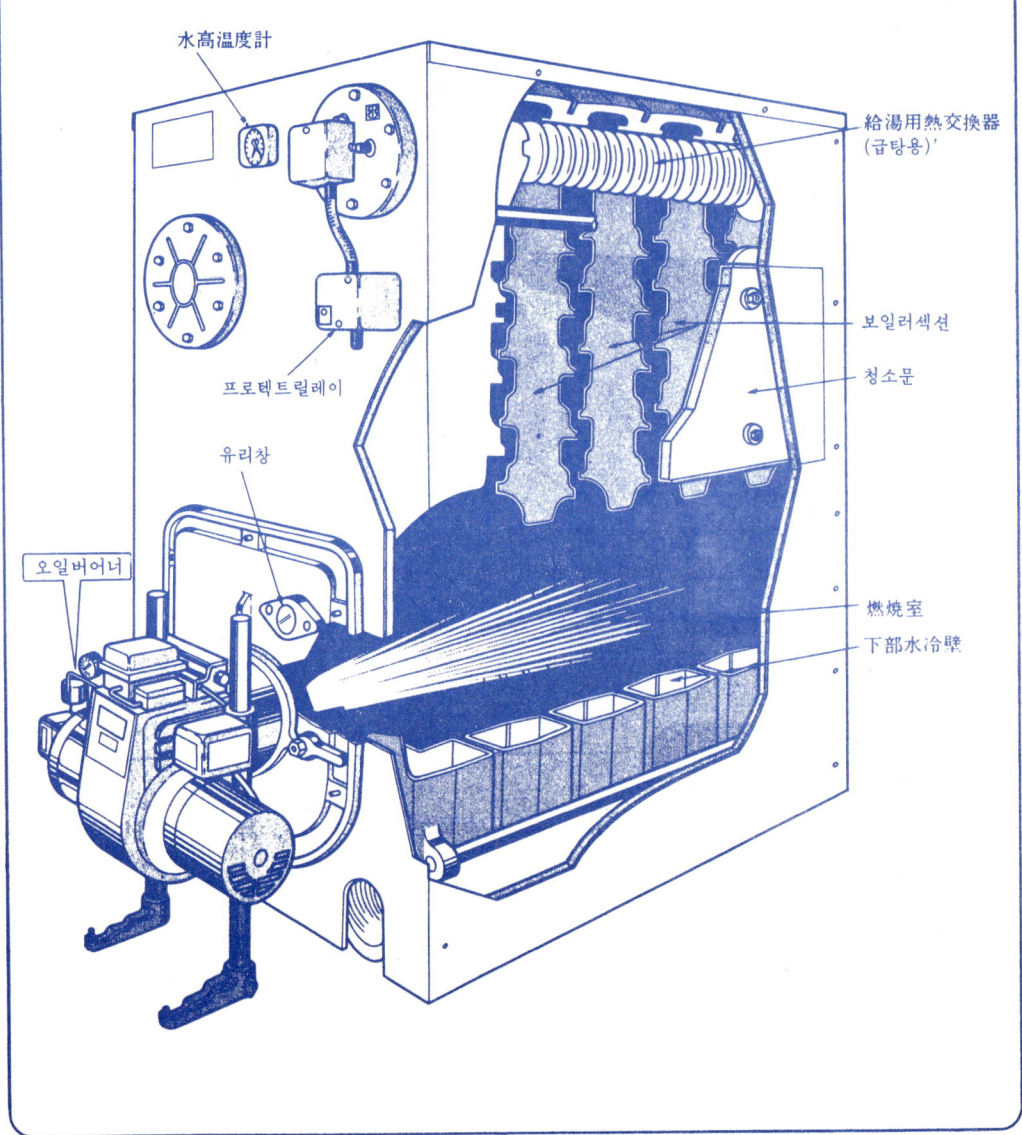

-370-

1. 보일러의 자동운전 제어회로 판독법

보일러와 난방장치

※ 공조설비의 난방 열원으로서는 보일러가 많이 사용되고 있는데 이것을 난방 방식에 따라 대별하면 증기난방과 온수난방으로 나눌 수 있다.
(1) 증기난방이란 보일러에서 발생한 증기를 배관을 통하여 방열기에 공급하고 방열기로 증기열을 방산시킴으로써 방을 덥히는 방법을 말한다.
(2) 온수난방이란 보일러로 온수를 만들어 급탕배관을 통하여 온수를 방열기에 공급하고 방열기로 탕의 열을 방산시킴으로써 방을 덥히는 방법을 말한다.

보일러의 자동 기동·정지 시이퀀스제어

※ 보일러의 제어에는 급수량제어, 증기압제어 등이 있으나 여기에서는 그 심장부라고도 할 수 있는 자동기동·정지의 시이퀀스제어에 대하여 살펴보기로 한다. 다음 페이지에 기름보일러의 자동기동·정지 시이퀀스도의 한 예를 들었다. 언듯 보면 복잡한 것 같으나 지레 겁먹을 필요는 없다.
※ 시이퀀스도에 사용되고 있는 주요기기의 기호와 작용은 다음과 같다.

 機器名　　　 記 號　　　 작 용

- 기동·정지 스위치　3S …… 이 스위치를 개폐하는 것에 의하여 보일러가 기동·정지한다.
- 프레임아이　　　　Fe …… 주버너의 착화 여부를 검출하는 검출기로서 b접점 Fe-1b 는 불착화 또는 소화가 되면 동작하여 열린다
- 주버너용 모우터　 BM …… 이 모우터가 회전하여 주버너의 전자밸브 MV_2가 열리면 연료유를 분사한다
- 프리퍼어지 타이머　2P …… 주버너용 모우터가 운전을 시작하고 버너에 착화 시키기까지의 시간을 잡는 타이머로서 a접점 2p-a는 52M이 투입된 다음 30초에 닫힌다
- 착화장치 타이머　　2S …… 주버너가 착화된 다음 착화버너의 회로를 개방하는 바이메탈시 타이머로서 b접점 2s-b는 52M이 투입된 다음 60초에 열린다
- 불착화 타이머　　　62S …… 주버너와 불착화일 때 52M을 개방하는 바이메탈시 타이머로서 b접점 62s-1b는 2p가 동작후 15초에 열린다
- 저수위 릴레이　　　LW_1
　　　　　　　　　　LW_2 … 수위가 저하되면 동작한다
- 압력 스위치　　　　BP …… 증기압이 지나치게 상승하면 동작하여 열린다

— 371 —

보일러 설비의 시이퀀스 제어

② 보일러의 자동 기동·정지제어 시이퀀스도

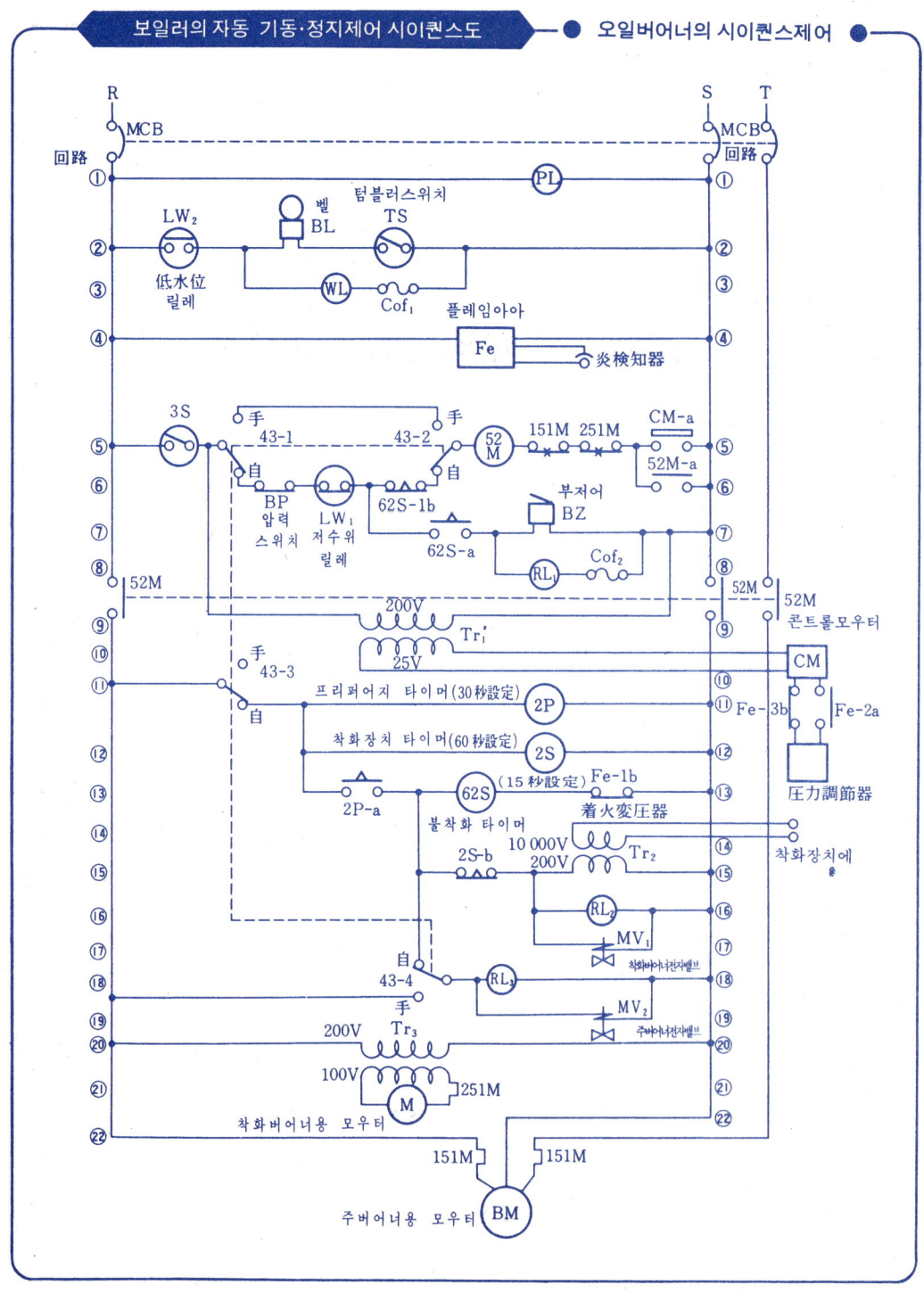

1. 보일러의 자동운전 제어회로 판독법

③ 보일러의 자동 기동·정지제어 타임차아트

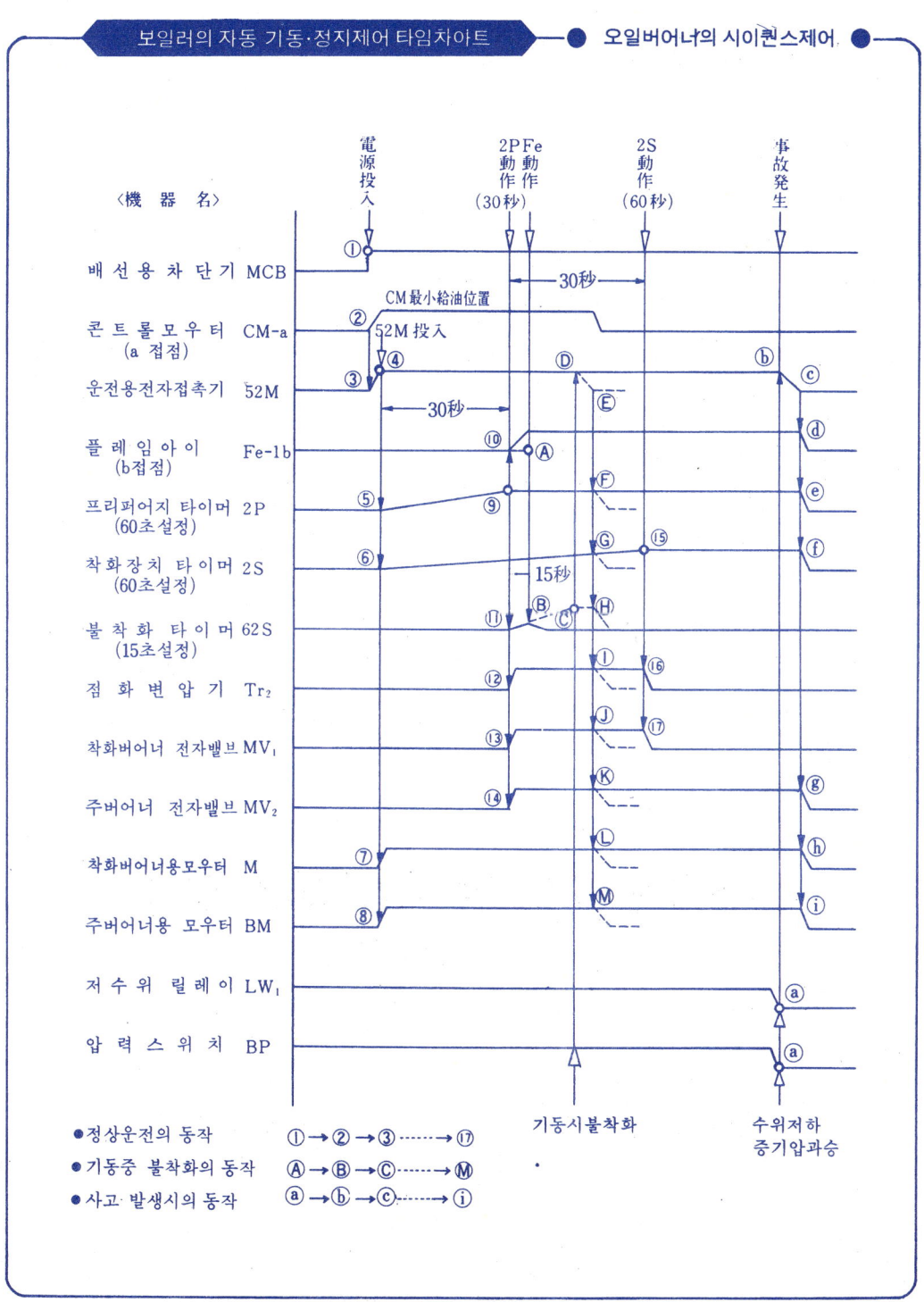

보일러 설비의 시이퀀스 제어

④ 보일러의 기동·운전 시이퀀스 동작

보일러의 기동·운전 시이퀀스동작 순서〔예〕 ― ○ 주버어너용 모우터의 운전 ○

※ 기동 스위치 3S를 넣으면 운전용 전자접촉기 52M가 동작하여 착화버어너용 모우터 M 및 주버어너용 모우터 BM이 운전된다.

순서〔1〕 배선용 차단기 MCB(전원스위치)를 투입한다
　　〔2〕 배선용 차단기를 투입하면 ①회로의 전원표시등 PL이 점등된다
　　〔3〕 자동·수동 변환스위치 43-1(⑤회로), 43-2(⑤회로), 43-3(⑪회로), 43-4(⑱회로)를 모두「자동」쪽으로 넣는다
　　〔4〕 ⑤회로의 기동스위치 3S를 넣는다
　　〔5〕 3S가 닫히면 ⑤회로의 코일 52M에 전류가 흘러 운전용 전자접촉기 52M이 동작한다.
　　〔6〕 전자접촉기 52M이 동작하면 ⑥회로의 자기유지접점 52M-a가 닫혀 자기유지된다.
　　〔7〕 전자접촉기 52M이 동작하면 전원모선에 접속된 주접점52M의 3상 모두가 동시에 닫힌다.
　　　　● 주접점52M이 닫히면 다음순서〔8〕,〔10〕,〔11〕,〔12〕의 동작은 동시에 이루어진다
　　〔8〕 주접점52M이 닫히면 ⑳회로의 변압기Tr_3이 1차코일에 전류가 흐른다
　　〔9〕 변압기Tr_3의 1차코일에 전류가 흐르면 2차코일에도 전류가 흘러 착화 버어너용 모우터M이 기동·운전된다
　　〔10〕 주접점52M이 닫히면 ㉒회로의 주버어너용 모우터 BM에 전류가 흘러 기동·운전된다.
　　〔11〕 주접점52M이 닫히면 ⑪회로의 프리퍼어지 타이머 2P(30초설정)가 부세된다
　　〔12〕 주접점52M이 닫히면 ⑫회로의 착화장치타이머2S(60초설정)가 부세된다.

보일러 기동시의 운전용 전자 접촉기가 동작하는 조건

※ 보일러가 기동하는 데는 ⑤회로의 운전용 전자접촉기 52M이 동작하지 않으면 안되는데 52M이 동작하는 조건은 다음과 같다.
(1) 증기압이 정상적이고 압력스위치 BP가 닫혀 있다
(2) 드럼의 수위가 정상적이고 저수위릴레이 LW_1이 닫혀있다
(3) 불착화 타이머62S의 b접점62S-1b가 닫혀있다
(4) 주버어너용 모우터의 과전류 릴레이151M, 착화버어너용 모우터의 과전류 릴레이 251M이 닫혀있다
(5) 급유 자동 조정밸브용 콘트롤 모우터 CM의 a접점 CM-a가 닫혀있다
　주 : 콘트롤 모우터 CM이 최소급유위치에 있으면 a접점 CM-a는 닫혀있다.

1. 보일러의 자동운전 제어회로 판독법

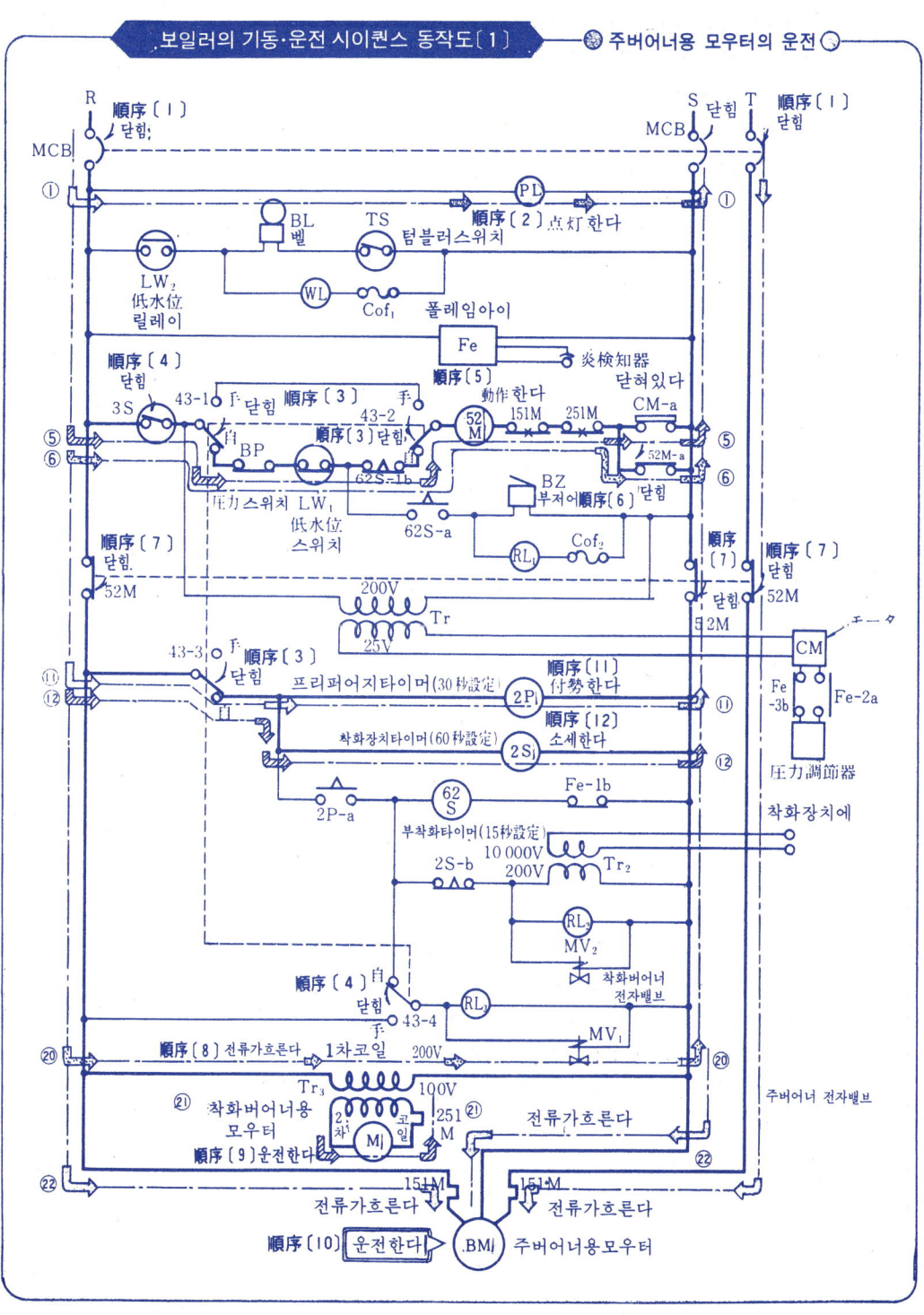

보일러 설비의 시이퀀스 제어

④ 보일러의 기동·운전 시이퀀스 동작

보일러의 기동·운전 시이퀀스 동작순서〔2〕 ● **주버너의 착화동작** ●

※ 프리퍼어지타이머 2P의 설정시간 (30초)이 경과하면 착화용 버어너가 착화되고 이 착화용 버어너에 의하여 주버어너가 착화된다.

순서〔13〕 30초가 경과하면 ⑪회로의 프리퍼어지타이머 2P가 동작한다.
　〔14〕 프리퍼어지타이머 2P가 동작하면 ⑬회로의 한시동작 a접점 2P-a가 닫힌다.
　　● a접점 2P-a가 닫히면 다음순서〔15〕, 〔16〕, 〔18〕, 〔19〕, 〔20〕, 〔21〕의 동작은 동시에 이루어진다.
　〔15〕 a접점 2P-a가 닫히면 ⑬회로의 불착화타이머 62S (15초설정) 가 부세된다.
　〔16〕 a접점 2P-a가 닫히면 ⑮회로의 착화변압기 Tr_2의 1차코일에 전류가 흐른다.
　〔17〕 착화변압기 Tr_2의 1차 코일에 전류가 흐르면 2차 코일에는 약 10,000V의 고전압이 발생하여 착화장치의 불꽃간격에 불꽃을 발생시킨다
　〔18〕 a접점 2P-a가 닫히면 ⑰회로의 착화버어너용 전자밸브 MV_1에 전류가 흘러 전자밸브가 동작하여 급유관의 밸브가 전개로 되면서 착화장치에서 발생한 불꽃에 의하여 착화된다.
　〔19〕 a접점 2P-a가 닫히면 ⑪회로의 적색램프 RL_2에 전류가 흘러 점등하고 착화버어너용 전자밸브가 열려있다는 것을 표시한다
　〔20〕 a접점 2P-a가 닫히면 ⑲회로의 주버어너용 전자밸브 MV_2에 전류가 흘러전자밸브가 동작, 급유관 밸브를 전개하고 착화용 버어너에 의하여 주버어너가 착화된다
　　● 순서〔10〕으로 주버어너용 모우터가 운전되더라도 프리퍼어지타이머 2P가 동작하여 주버어너용 전자밸브 MV_2가 동작하기까지의 시간(30초)에는 아직 급유되지 않으므로 주버어너용 모우터는 공전을 하며 송풍기에 의하여 공기만이 소내에 보내져 소내의 가스를 배출시킨다
　〔21〕 a접점 2P-a가 닫히면 ⑱회로의 적색램프 RL_3에 전류가 흐르므로 점등되고 주버어너용 전자 밸브가 열려 있다는 것을 표시한다
　〔22〕 주버어너가 착화하면 ④회로의 불꽃검지기가 불꽃을 검지한다
　〔23〕 불꽃검지기가 불꽃을 검지하면 플레임아이 Fe가 동작한다
　〔24〕 플레임아이 Fe가 동작하면 ⑬회로의 b접점 Fe-1b가 열린다
　〔25〕 b접점 Fe-1b가 열리면 ⑬회로의 불착화타이머 62S는 소세된다
　〔26〕 착화장치타이머 2S의 설정시간 (60초)이 경과하면 타이머 2S가 동작한다.
　〔27〕 타이머 2S가 동작하면 ⑮회로의 한시동작 b접점 2S-b가 열린다
　　● 주버어너가 착화완료하면 착화버어너회로(⑮, ⑯, ⑰)는 필요치 않으므로 회로를 개방한다.

1. 보일러의 자동운전 제어회로 판독법

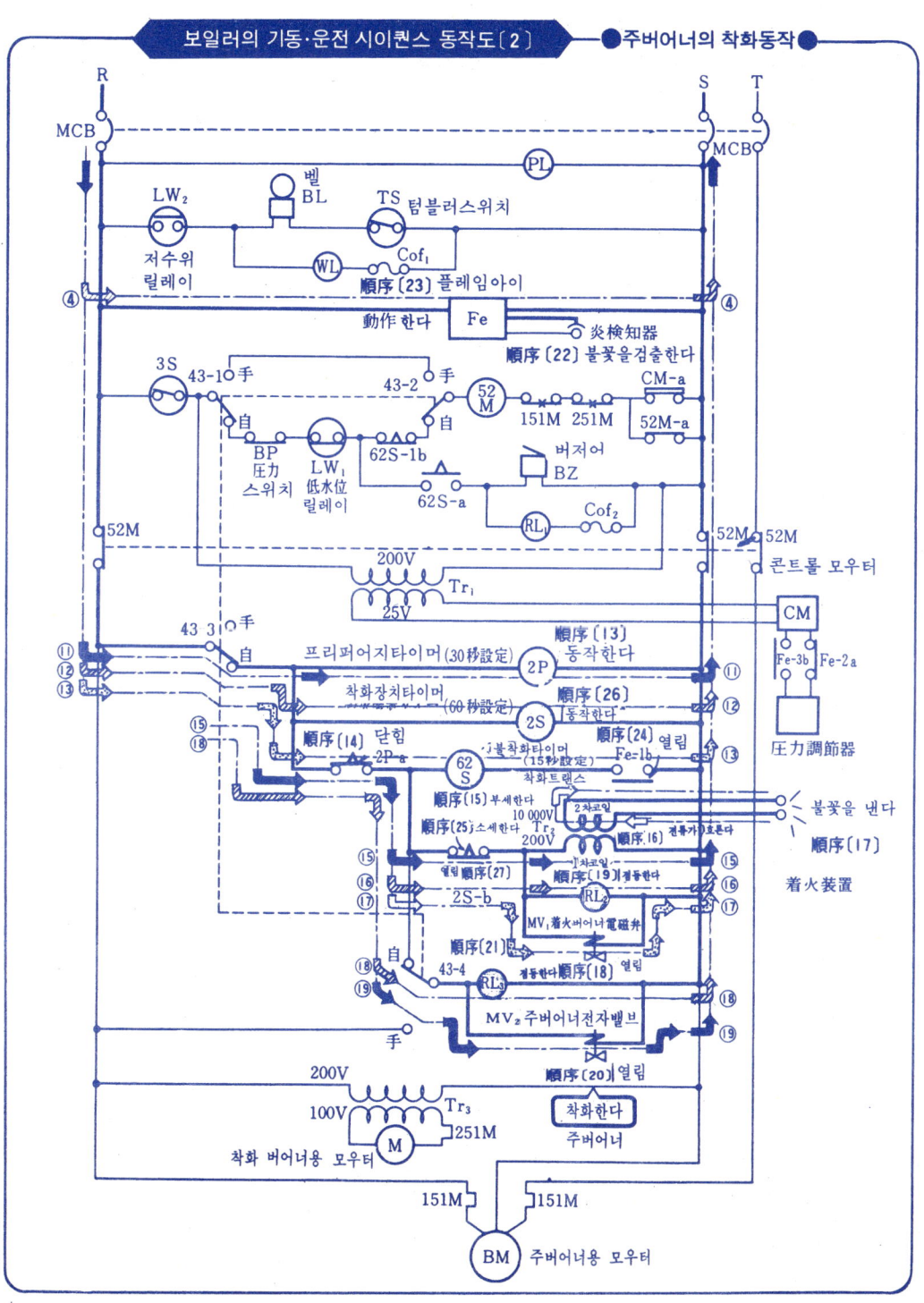

⑤ 보일러의 보호·경보 시이퀀스 동작

보일러의 보호·경보 시이퀀스 동작순서〔1〕 ○── 주버어너가 단화된 경우 ○──

❖ 기동때에 주버어너의 착화에 실패하든가 운전중에 어떤 이유로 주버어너가 단화되면 불꽃 검출기에 의하여 불착화 타이머 62S가 동작, 운전용 전자접촉기 52M을 개방시키는 한편, 적색램프 RL_1을 점등시키며 부저어 BZ를 울림으로써 경보를 한다.

〈운전중에 주버어너가 단화될 경우〉

순서〔1〕 운전중에 주버어너가 단화되면 ④회로의 불꽃검지기가 불꽃을 검지할 수 없게 된다.
〔2〕 불꽃검지가 불꽃을 검지하지 못하면 ④회로의 플레임아이 Fe가 복귀한다.
〔3〕 플레임아이 Fe가 복귀하면 ⑬회로의 b접점 Fe-1b가 닫힌다
〔4〕 b접점 Fe-1b가 닫히면 ⑬회로의 불착화타이머 62S (15초설정)가 부세된다
〔5〕 15초가 경과하면 불착화타이머 62S가 동작한다.
〔6〕 불착화타이머 62S가 동작하면 ⑤회로의 한시동작 b접점 62S-1b가 열린다.
〔7〕 b접점 62S-1b가 열리면 ⑤회로의 코일 ⑤②M에 전류가 흐르지 않으므로 운전용전자접촉기 52M이 복귀한다
〔8〕 전자접촉기 52M이 복귀하면 ⑥회로의 자기유지접점 52M-a가 열려 자기유지를 푼다.
〔9〕 전자접촉기 52M이 복귀하면 전원모선에 접속된 주접점 52M이 열린다.
〔10〕 주접점 52M이 열리면 ㉒회로의 주버어너용 모우터 BM에 전류가 흐르지 않으므로 정지한다.
　　　● 주접점 52M이 열린 경우의 자세한 동작설명은 P.382 "정지 동작순서"의 항을 참조.
〔11〕 불착화타이머 62S가 동작하면 ⑦회로의 한시동작 a접점 62S-a가 닫힌다.
〔12〕 a접점 62S-a가 닫히면 ⑦회로의 부저어 BZ에 전류가 흘러 버저어가 울리며 경보를 한다.
〔13〕 a접점 62S-a가 닫히면 ⑧회로의 적색램프 RL_1의 점등되어 주버어너가단화된 것을 표시한다.

1. 보일러의 자동운전 제어회로 판독법

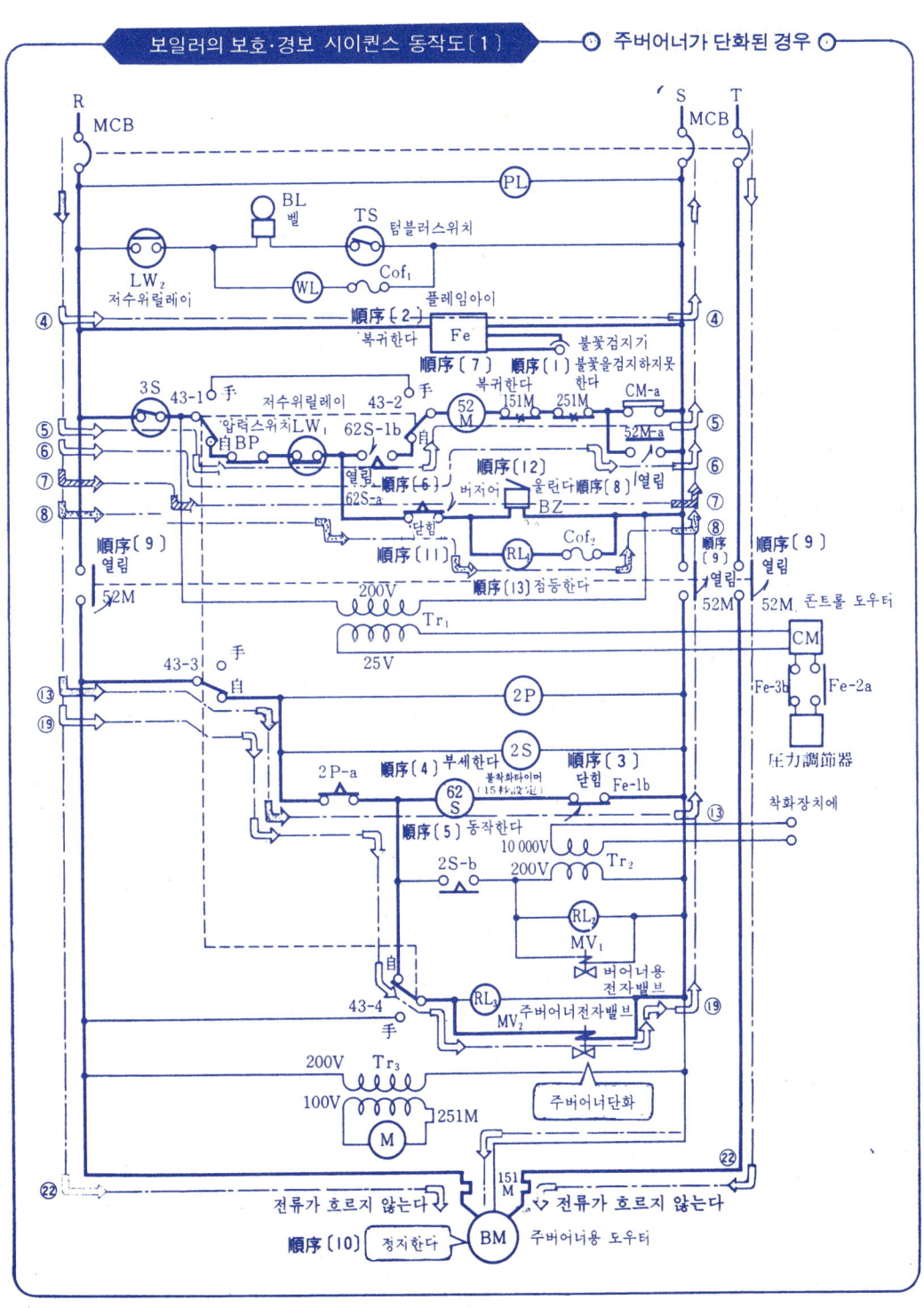

보일러 설비의 시이퀀스 제어

⑤ 보일러의 보호·경보 시이퀀스 동작

보일러의 보호·경보 시이퀀스 동작순서 [2] — 저수위로 된 경우

※ 보일러에의 급수량이 부족하면 "빈솥" 상태가 되어 보일러가 변형 또는 파열하는 사고를 일으키므로 그전에 저수위릴레이LW(b접점LW_1, a접점LW_2)가 동작하여 운전용 전자접촉기 52M을 개방하는 한편 백색램프WL을 점등, 벨BL을 울려 경보를 한다.

순서 [1] 보일러에의 급수량이 부족하여 저수위로 되면 저수위릴레이가 동작하여 ⑤회로의 b접점 LW_1 이 열린다.
  [2] b접점 LW_1이 열리면 ⑤회로의 코일 52M에 전류가 흐르지 않으므로 운전용 전자접촉기 52M이 복귀한다.
  [3] 전자접촉기 52M이 복귀하면 ⑥회로의 자기유지접점 52M-a가 열려 자기유지를 푼다.
  [4] 전자접촉기 52M이 복귀하면 전원모선에 접속된 주접점 52M이 열린다
  [5] 주접점 52M이 열리면 ㉒회로의 주버어너용 모우터 BM에 전류가 흐르지 않으므로 정지한다
   ● 주접점 52M이 열린 경우의 자세한 동작설명은 P.332의 "정지 동작순서"의 항 참조.
  [6] 저수위릴레이가 동작하면 ②회로의 a접점 LW_2 가 닫힌다.
  [7] a접점 LW_2가 닫히면 ②회로의 벨BL에 전류가 흘러 벨이 울리며 경보를 한다.
  [8] a접점 LW_2가 닫히면 ③회로의 백색램프 WL이 점등되어 드럼이 저수위로 되었다는 것을 표시한다.

주버어너의 불꽃을 어떻게 감시하는가? — 플레임아이의 기능

※ 중유나 가스를 연료로 하는 보일러에 착화하지 않은 채로 연료를 공급하는 것은 매우 위험한다. 그래서 버어너의 선단에서 불꽃을 내는가, 안내는가를 측정, 즉 불꽃의 유무를 검출하는 장치가 필요한데 이것을 플레임아이(Flame eye)라 한다.

※ 플레임아이는 광전관을 이용한 것으로서 버어너 선단에서 나오는 빛을 받으면 전기가 발생하는데 이것을 증폭하여 출력릴레이를 동작시키는 것이다.

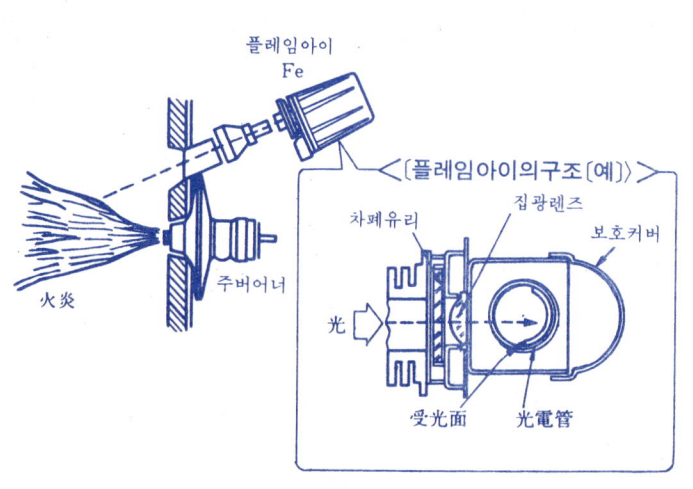

— 380 —

1. 보일러의 자동운전 제어회로 판독법

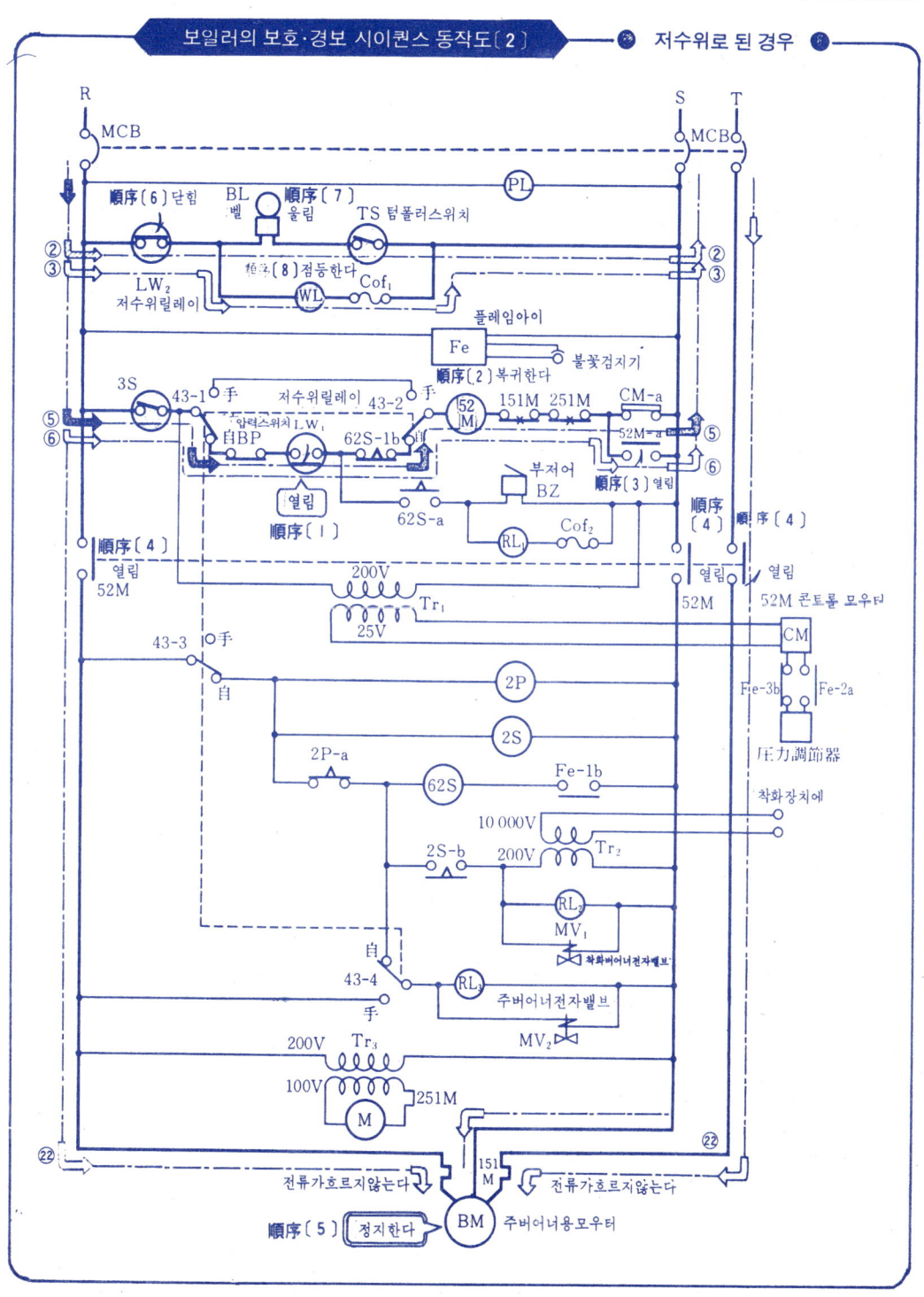

보일러 설비의 시이퀀스 제어

⑥ 보일러의 정지 시이퀀스 동작

>> 보일러의 정지동작 순서 — ● 주버어너 전자밸브「닫힘」·주버어너용 모우터 정지동작 ●

※ 정지스위치 3S를 열면 운전용전자접촉기 52M이 복귀하여 주버어너 전자밸브 MV_2를 닫으므로 주버어너용 모우터 BM이 정지한다.

순서〔1〕⑤회로의 정지스위치 3S를 연다
　〔2〕3S를 열면 ⑤회로의 코일 52M에 전류가 끊겨 운전용전자접촉기 52M이 복귀한다
　〔3〕전자접촉기 52M이 복귀하면 ⑥회로의 자기유지접점 52M-a가 열려 자기유지를 푼다.
　〔4〕전자접촉기 52M이 복귀하면 전원모선에 접속된 주접점 52M의 3상이 모두 동시에 열린다
　　● 주접점 52M이 열리면 다음순서〔5〕,〔7〕,〔8〕,〔9〕,〔13〕,〔15〕의 동작을 동시에 이루어진다
　〔5〕주접점 52M이 열리면 ⑳회로의 변압기 Tr_3의 1차 코일에 전류가 흐르지 않는다.
　〔6〕변압기 Tr_3의 1차 코일에 전류가 흐르지 않으면 2차코일에도 전류가 흐르지 않으므로 착화버너용 모우터 M은 정지한다.
　〔7〕주접점 52M이 열리면 ㉒회로의 주버어너용 모우터 BM에 전류가 흐르지 않으므로 정지한다.
　〔8〕주접점 52M이 열리면 ⑲회로의 주버어너용 전자밸브 MV_2에 전류가 흐르지 않으므로 전자밸브는 복귀하여 급유관의 밸브를 닫는다. 따라서 주버어너는 단화된다.
　〔9〕주접점 52M이 열리면 ⑫회로의 적색램프 RL_3에 전류가 흐르지 않으므로 소등된다.
　〔10〕주버어너가 단화되면 ④회로의 불꽃검지기가 불꽃을 검지할 수 없게된다.
　〔11〕불꽃을 검지하지 못하면 ④회로의 플레임아이 Fe가 복귀한다
　〔12〕플레임아이 Fe가 복귀하면 ⑬회로의 b접점 Fe-1b가 열린다.
　〔13〕주접점 52M이 열리면 ⑪회로의 프리퍼어지타이머 2P가 소세된다.
　〔14〕프리퍼어지타이머 2P가 소세되면 ⑬회로의 한시동작 a접점 2P-a가 열린다.
　〔15〕주접점 52M이 열리면 ⑫회로의 착화장치 타이머 2S가 소세된다.
　〔16〕착화장치타이머 2S가 소세되면 ⑮회로의 한시동작 b접점 2S-b가 닫힌다.

　　　　이것으로 보일러는 정지된다

1. 보일러의 자동운전 제어회로 판독법

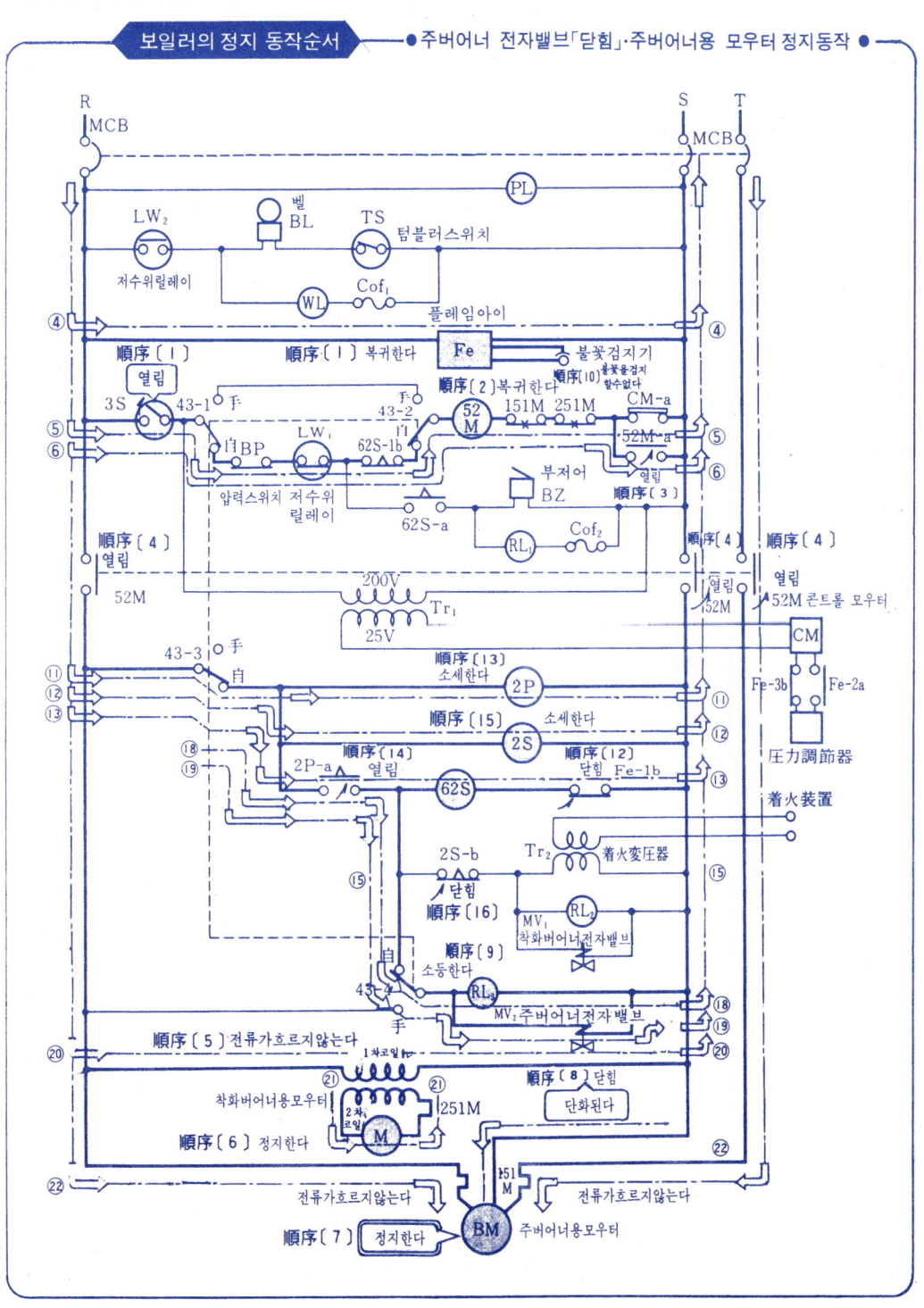

● 공조설비의 제어방식 ●

공조설비에는 하나의 건물 하나의 공조 장치로 여름에는 냉풍을 만들고 겨울에는 온풍을 만들어 덕트를 사용하여 각 방에 일정풍량으로 송풍하는 중앙제어방식과 방마다 단독으로 공조하는 개별 제어방식이 있다.

14 릴레이 시이퀀스 演習敎室

이 장의 포인트

　이 장에서는 시이퀀스 제어를 얼마만큼 이해했는가 그 능력을 시험해 보기로 한다. 먼저 릴레이 시이퀀스 제어에 관한 문제이다. 문제를 하나하나 확실하게 익혀 두기 바란다.

(1) 릴레이 시이퀀스는 개폐 접점의 "ON" "OFF" 신호로써 제어되는 것이기 때문에 개폐 접점의 기본인 a접점·b접점·c접점의 동작을 정확히 이해한다.

(2) 릴레이 시이퀀스의 주역은 무어라 해도 전자 릴레이다. 이 동작이 릴레이 시이퀀스의 기본이므로 납득이 될 때까지 학습한다.

(3) 제어 기기를 표현하는 심벌을 "전기용 그림 기호"라 한다. 시이퀀스도를 그리거나 판독하는 데에는 반드시 기억해 두지 않으면 안 되는 것이 이 그림 기호이다.

(4) 실제의 배선도에서 어떻게 해서 시이퀀스도가 이루어지는가, 또한 시이퀀스도를 보고 실제의 제어 기기에 어떻게 배선하는가를 기억하여 둔다.

(5) 시이퀀스 제어의 회로 동작이 시간적으로 어떻게 변화하는가를 알려면 아무래도 타임 차트가 필요하게 된다. 그 보는 방법과 그리는 법을 잘 이해해 둔다.

1. 시이퀀스를 이해하기 위한 문제

1 시이퀀스 제어를 이해하기 위한 트레이닝 문제

자! 이제부터 트레이닝의 시작이다. 맨 처음에는 쉬운 것부터 차례로 진행하라.

트레이닝 [1]

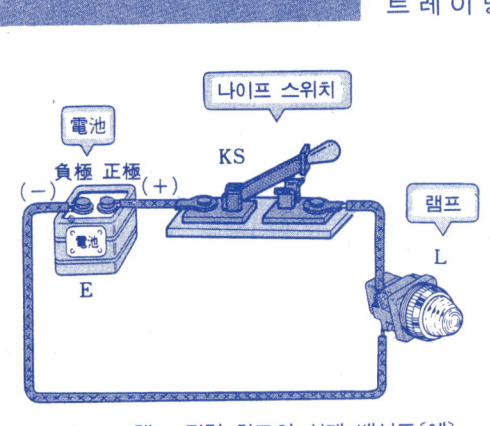

그림 1과 같이 나이프 스위치 KS와 램프 L을 직렬로 하여 전지 E에 접속하고 있다.

(1) 나이프 스위치 KS를 닫았을 때의 동작을 시이퀀스적으로 설명하라.
(2) 나이프 스위치 KS를 열었을 때의 동작을 시이퀀스적으로 설명하라.

그림 1. 램프 점멸 회로의 실제 배선도 [예]

● 트레이닝 [1]의 해답 ●

◈ 나이프 스위치 KS와 램프 L을 전지 E에 직렬로 접속한 그림 1은 그림이라고 하기보다는 오히려 화면이기 때문에 이것을 기구의 전기용 그림 기호를 사용하여 표현하면 그림 2와 같이 된다. 이 그림이라면 지금까지 보아 온 낯익은 회로도가 된다.
◈ 그러면 이 램프 점멸 회로의 동작을 시이퀀스적으로 살펴 보기로 한다.

(1) 나이프 스위치 KS를 닫았을 때의 동작 순서 (그림 3참조)
순서 [1] 나이프 스위치 KS를 닫는다.
순서 [2] 나이프 스위치 KS를 닫는 동작이 완료되면 램프 L에 전류가 흐른다.
순서 [3] 램프 L에 전류가 흐르면 램프 L이 점등한다.

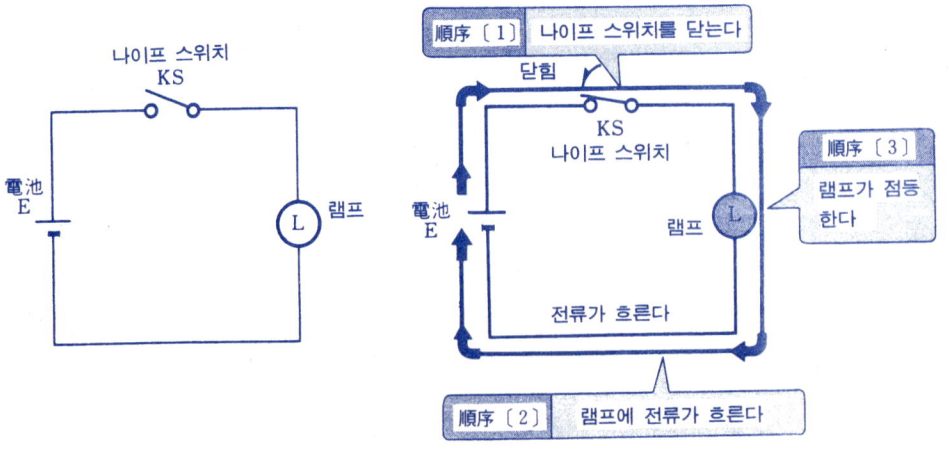

그림 2. 램프 점멸 회로도 [예]　　그림 3. 램프 점멸 회로의 스위치를 닫았을 때의 동작 [예]

1. 시이퀀스를 이해하기 위한 문제

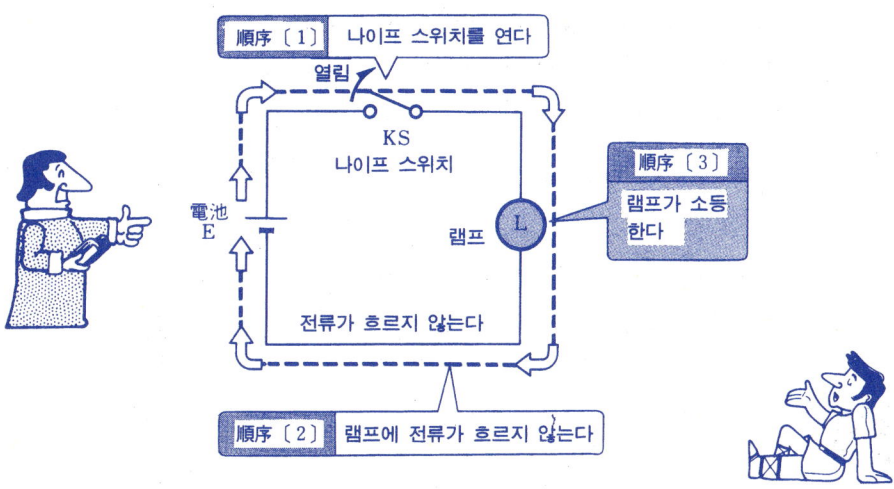

그림 4. 램프 점멸 회로의 스위치를 열었을 때의 동작〔예〕

(2) 나이프 스위치 KS를 열었을 때의 동작 순서 (그림 4 참조)
순서 〔1〕 나이프 스위치 KS를 연다.
순서 〔2〕 나이프 스위치 KS를 여는 동작이 완료되면, 램프 L에는 전류가 흐르지 않게 된다.
순서 〔3〕 램프 L에 전류가 흐르지 않게 되면 램프 L은 소등한다.

◈ 이와 같이 나이프 스위치 KS가 닫히면 램프 L이 점등하고 열면 램프 L이 소등하도록 미리 정해져 있고, 이 정해진 순서에 따라서 차례차례로 다음의 동작으로 이행하는 제어를 시이퀀스 제어라 한다.

트레이닝〔2〕

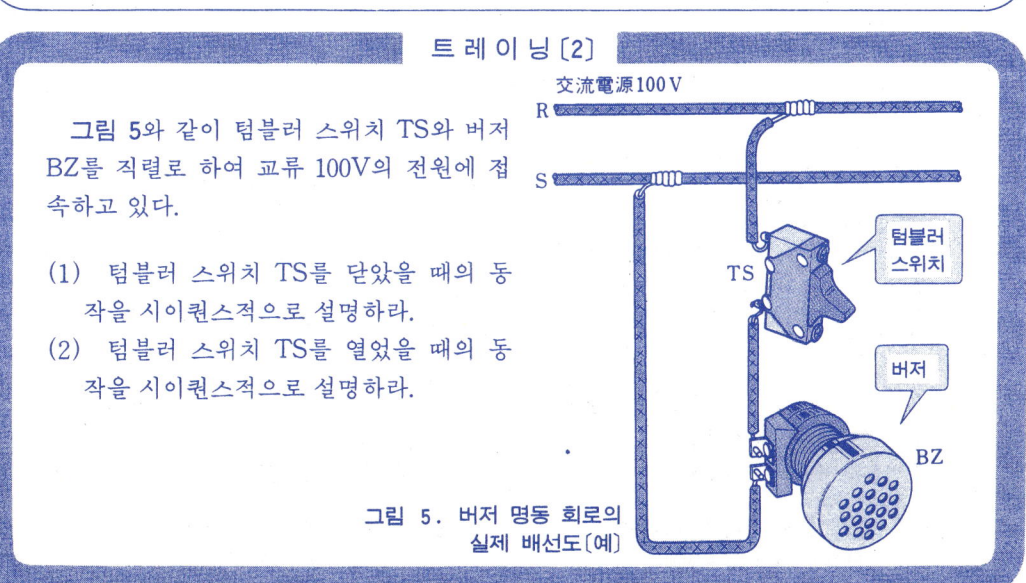

그림 5와 같이 텀블러 스위치 TS와 버저 BZ를 직렬로 하여 교류 100V의 전원에 접속하고 있다.

(1) 텀블러 스위치 TS를 닫았을 때의 동작을 시이퀀스적으로 설명하라.
(2) 텀블러 스위치 TS를 열었을 때의 동작을 시이퀀스적으로 설명하라.

그림 5. 버저 명동 회로의 실제 배선도〔예〕

1 시이퀀스 제어를 이해하기 위한 트레이닝 문제

● 트레이닝 [2]의 해답 ●

❖ 그림 5의 버저 명동(鳴動) 회로의 실제 배선도를 그대로 기구의 전기용 그림 기호를 사용하여 표현하면 그림 6과 같이 된다. 또한 교류 전원의 그림 기호를 사용하여 고쳐 그린 것이 그림 7이다. 이 그림이라면 트레이닝 [1]의 그림 2와 같은 형으로 되기 때문에 이 회로의 동작은 다음과 같이 된다.

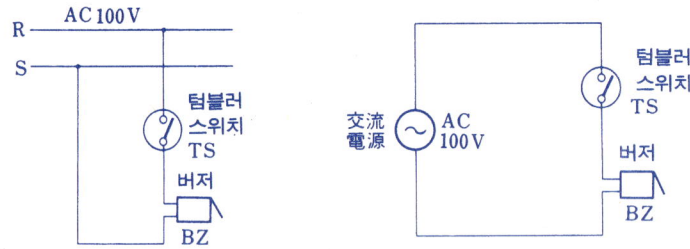

그림 6. 버저 명동 회로의
　　　　실체 배선도〔예〕

그림 7. 버저 명동 회로도〔예〕

(1) 텀블러 스위치 TS를 닫았을 때의 동작 순서 (그림 8 참조)
　순서 〔1〕 텀블러 스위치 TS를 닫는다.
　순서 〔2〕 텀블러 스위치 TS를 닫는 동작이 완료되면 버저 BZ에 전류가 흐른다.
　순서 〔3〕 버저 BZ에 전류가 흐르면 버저가 울린다.

(2) 텀블러 스위치 TS를 열었을 때의 동작 순서 (그림 9 참조)
　순서 〔1〕 텀블러 스위치 TS를 연다.
　순서 〔2〕 텀블러 스위치 TS를 여는 동작이 완료되면 버저 BZ에 전류가 흐르지 않게 된다.
　순서 〔3〕 버저 BZ에 전류가 흐르지 않게 되면 버저가 울림을 그친다.

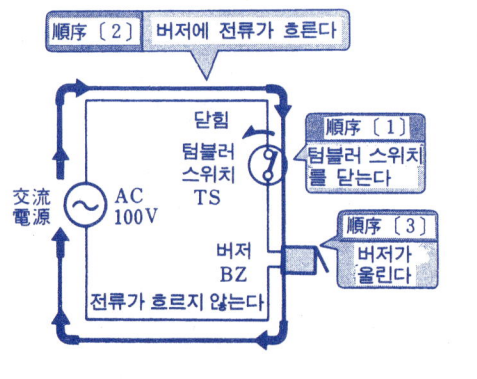

그림 8. 버저 명동 회로의 스위치를
　　　　닫았을 때의 동작〔예〕

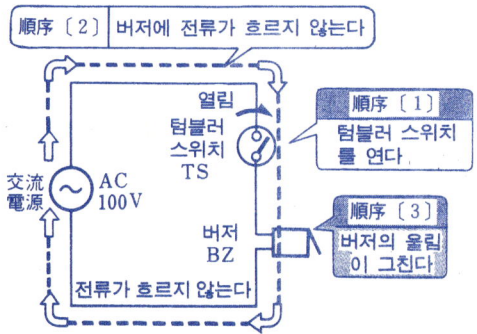

그림 9. 버저 명동 회로의 스위치를
　　　　열었을 때의 동작〔예〕

1. 시이퀀스를 이해하기 위한 문제

② 시이퀀스 제어를 이해하기 위한 어택 문제

어 택 1

시이퀀스 제어 회로를 설계함에 있어서 다음과 같은 기본이 되는 사고 방식이 있다. (a)항은 그 사고 방식을 나타낸 것이다. 이 내용에 적합한 용어를 (b)항에서 선정하라.

(a)항
 (1) 인간은 오류를 범할 수 있는 것이다. 따라서 잘못 조작하더라도 오동작하지 않도록 하는 등 안전을 위한 회로 구성이 필요하다.
 (2) 기기 또는 부품에 이상이 있었을 경우, 이상을 최소한으로 방지하기 위해 항상 정지측 또는 안전측으로 동작하도록 회로나 시스템을 구성한다.
 (3) 제어 회로의 일부 또는 전부를 2가지 또는 3가지로 만들어 상시 사용 회로에 이상이 발생하면 체크 회로로써 다른 것으로 교체하든가 상시 복수 개의 회로를 똑같이 작동시켜 그 내용을 비교하면서 OK라면 다음으로 시이퀀스를 진행해 가는 등 신뢰성을 확보한다.
 (4) 시이퀀스 부분 또는 전체에 관해서 동작에는 관계 없는 회로를 만들어 그것과 주된 회로를 비교시켜 각종의 보호, 경보 동작을 실행한다.
 (5) 시이퀀스 제어는 미리 정해진 순서에 따라 동작이 이행되어 가는 것이기 때문에 각 단계마다 지금까지는 정상이라는 확인을 하고 OK라면 다음으로 이행하도록 한다면 보다 확실해진다.

(b)항
 (가) 체크 회로   (나) 풀·푸르프(Fool Proof)
 (다) 혈장 회로   (라) 페일·세이프(Fail Safe)
 (마) 회로의 다중화

어택 1 해답

이제 되었는가? 해답은 아래와 같다.
 (1) – (나), (2) – (라), (3) – (마), (4) – (다), (5) – (가)

어 택 2

그림 10은 시이퀀스 제어계의 시스템 구성을 나타낸 플로 차트이다. 공백의 □ 안에 적당한 어구를 기입하라.

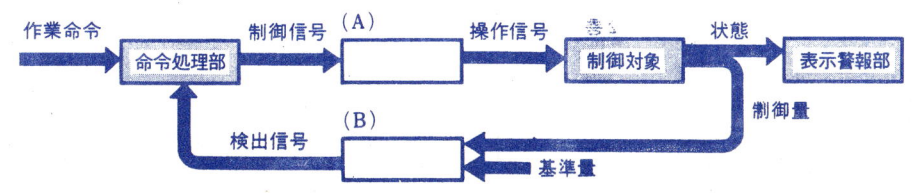

그림 10. 시이퀀스 제어계의 시스템 구성〔예〕

② 시이퀀스 제어를 이해하기 위한 어택 문제

어택 ② 해답

간단하군. 해답은 다음과 같다.　　　(A) – 조작부　　(B) – 검출부

어 택 ③

2개의 전환 스위치를 그림 11과 같이 층계의 상과 하에 설치하고 2층의 전등을 어느 스위치에서도 자유로이 점멸할 수 있는 회로를 만들고 싶다.
각 기구를 선으로 연결하여 배선하라.

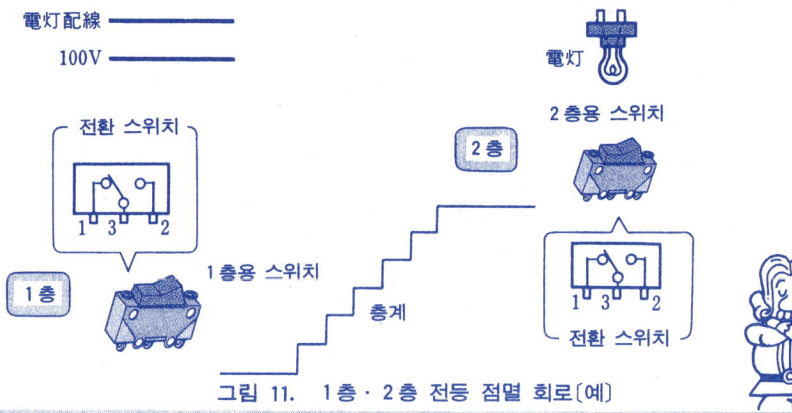

그림 11. 1층·2층 전등 점멸 회로〔예〕

어택 ③ 해답

배선도는 그림 12와 같이 된다. 이와 같이 배선하면 1층, 2층 어느 곳에서도 전등을 자유로이 점멸할 수 있다.

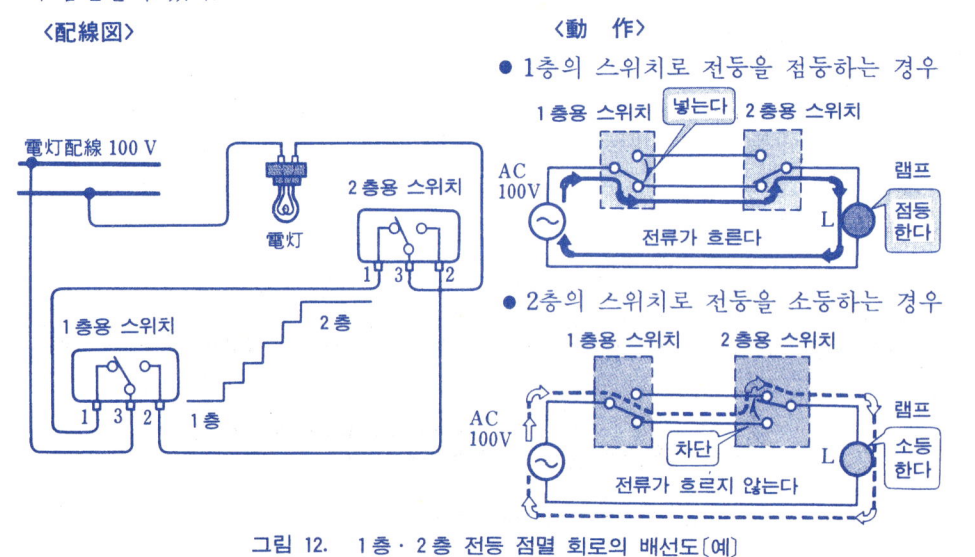

그림 12. 1층·2층 전등 점멸 회로의 배선도〔예〕

2. 개폐 접점의 구조와 동작의 문제

1 「ON」·「OFF」신호를 만들어 내는 개폐 접점의 트레이닝 문제

트레이닝 [1]

그림 1. 푸시 버튼 스위치

조작 스위치로서 흔히 사용되는 수동 조작 자동 복귀 접점을 지닌 푸시 버튼 스위치가 있다.

(1) a접점으로서의 동작을 설명하라.
(2) b접점으로서의 동작을 설명하라.
(3) c접점으로서의 동작을 설명하라.

● 트레이닝 [1]의 해답 ●

❖ 조작 스위치란 조작반이나 제어반에 설치되어 기기의 시동, 정지를 사람이 의식적으로 지시하기 위해 사용되는 스위치를 말한다.

❖ 또, 수동 조작 자동 복귀 접점이란 수동으로써 조작하고 있는 동안은 접점이 개폐되고 있지만 손을 떼면 스프링 등의 힘으로써 자동적으로 접점과 조작 부분이 원상태로 복귀하는 것을 말한다. 그 대표적인 것이 푸시 버튼 스위치이다.

〈푸시 버튼 스위치〉

❖ 푸시 버튼 스위치는 그림 1과 같이 직접 손가락으로 조작되는 버튼 조작부와 그 다음 받아들이는 힘에 의해서 전기 회로를 개폐하는 접점 기기부로 구성되고 있다.

(1) 푸시 버튼 스위치 a 접점의 동작

푸시 버튼 스위치 a접점이란 그림 2(a)와 같이 버튼에 손가락을 대고 누르지 않은 상태(이것을 복귀 상태라 한다.)에서는 가동 접점과 고정 접점이 떨어져 있어 열려(「OFF」) 있다.

버튼을 누르면(이것을 동작 상태라 한다.) 그림 (b)와 같이 가동 접점이 고정 접점에 접촉되어 닫히(「ON」)는 접점을 말한다. 버튼을 누른 손가락을 떼면 귀환 스프링의 힘에 의해 그림 (a)의 원상태로 복귀하고 가동 접점은 고정 접점과 떨어져 「OFF」된다.

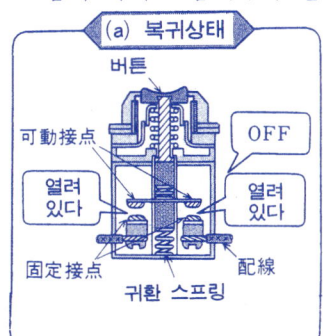 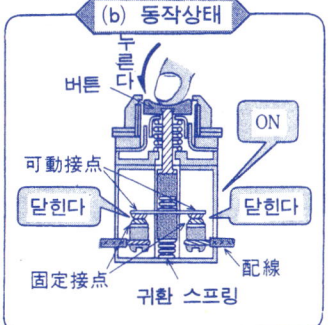 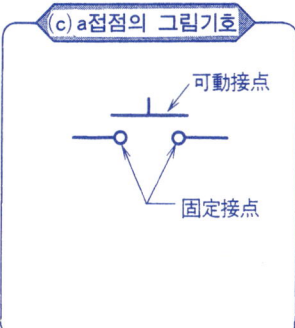

그림 2. 푸시 버튼 스위치 a접점의 복귀상태와 동작상태 [예]

(2) 푸시 버튼 스위치 b접점의 동작

푸시 버튼 b접점이란 그림 3(a)와 같이 버튼에 손가락을 대고 누르지 않은 상태(복귀 상태)에서는 가동 접점과 고정 접점이 닫혀 (「ON」) 있다.

— 391 —

1 「ON」・「OFF」신호를 만들어 내는 개폐 접점의 트레이닝 문제

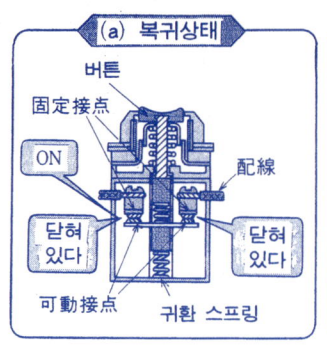 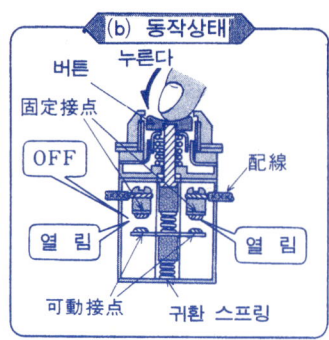 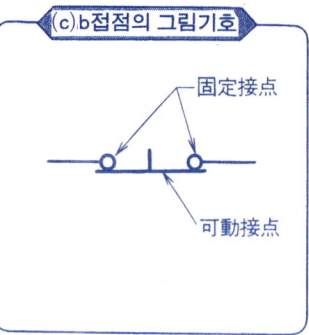

그림 3. 푸시 버튼 스위치 b접점의 복귀상태와 동작상태〔예〕

버튼을 손가락으로 누르면 (동작 상태) 그림 (b)와 같이 가동 접점이 고정 접점과 떨어져 열린(「OFF」)다. 버튼을 누른 손을 떼면 귀환 스프링의 힘에 의해서 자동적으로 그림 (a)의 원상태로 복귀하고 가동 접점은 고정 접점에 접촉되어 닫힌(「ON」)다.

(3) 푸시 버튼 스위치 c접점의 동작

푸시 버튼 스위치의 c접점이란 그림 4(a)와 같이 버튼을 누르지 않은 상태(복귀 상태)로서 가동 접점과 고정 접점이 접촉되어 닫혀(「ON」) 있는 b접점부와 공유하는 가동 접점이 떨어져 열려(「OFF」) 있는 a접점부로 이루어지고 있다.

버튼을 손가락으로 누르면(동작 상태) b접점부는 개로(「OFF」)하고 a접점부는 폐로(「ON」)되어 전환하는 접점을 말한다.

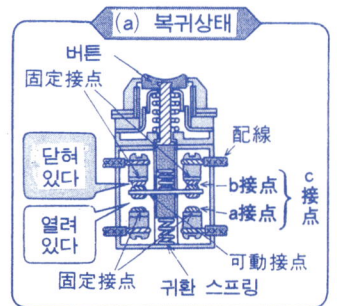 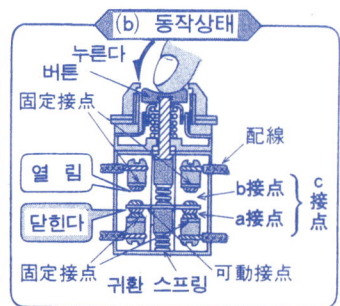 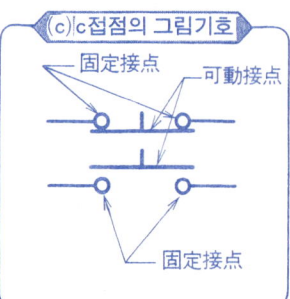

그림 4. 푸시 버튼 스위치 c접점의 복귀상태와 동작상태〔예〕

트레이닝 〔2〕

조작 스위치로서 흔히 사용되는 수동 조작 유지형 접점을 지닌 아래 스위치의 동작을 설명하라.

(1) 텀블러 스위치   (2) 토글 스위치

2. 개폐 접점의 구조와 동작의 문제

● 트레이닝 [2]의 해답 ●

❖ 수동 조작 유지형 접점이란 수동으로써 레버나 핸들을 조작하면 접점이 개폐되지만 손을 떼더라도 접점과 조작 부분이 함께 그대로의 상태를 계속 유지하는 기능을 지닌 접점을 말한다. 이 유지형 접점을 지닌 스위치의 대표적인 것으로서 텀블러 스위치, 토글 스위치가 있다.

(1) 텀블러 스위치의 동작 방식

텀블러 스위치는 그림 5와 같이 수동으로 조작하기 위한 조작부인 핸들과 전기 회로의 개폐를 하기 위한 접점 기구부로 구성되고 있다. 이 접점 기구부는 가동 접점이 순간적으로 반전하여 개폐 동작을 하는 스냅 액션 기구를 갖추고 있는 것이 특징이다.

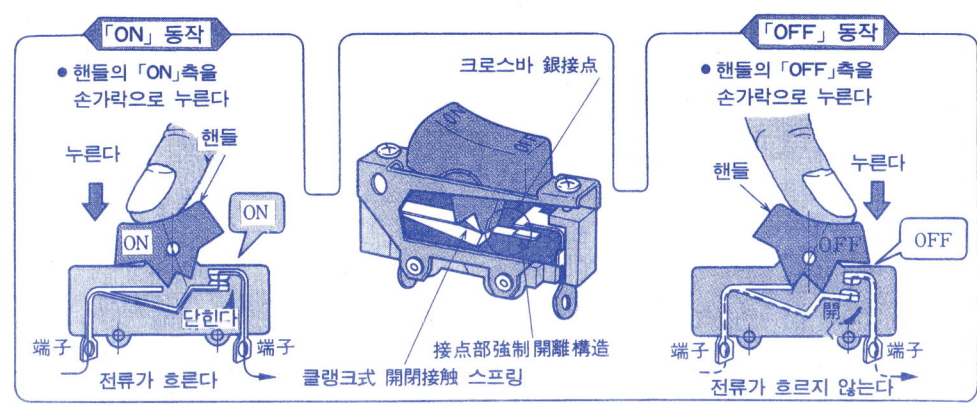

그림 5. 텀블러 스위치의 동작 방식

(2) 토글 스위치의 동작 방식

토글 스위치는 스냅 스위치라고도 하며 그림 6과 같이 손끝으로 레버를 전후시키면 고정 나사를 중축으로 하여 크랭크에 전하고 이 크랭크의 위를 스프링에 의해서 압력이 가해진 슬라이드 봉이 움직여 크랭크의 중앙을 축으로 하여 접점의 전환을 일으켜 c접점의 작동을 한다.

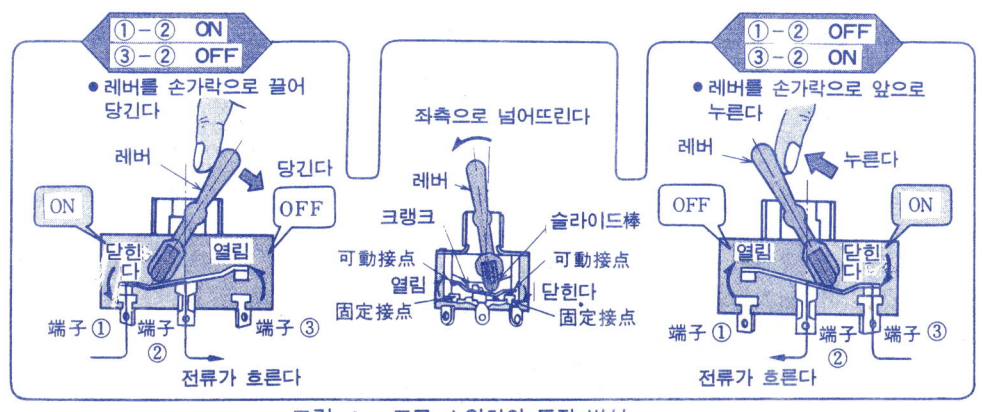

그림 6. 토글 스위치의 동작 방식

② 「ON」·「OFF」신호를 만들어 내는 개폐 접점의 어택 문제

어 택 1

그림 7의 회로에 있어서 조작되고 있는 동안 램프가 소등하고 손을 떼면 점등하도록 하고 싶다. ▭ 안에 적당한 스위치의 전기용 그림 기호를 기입하라.

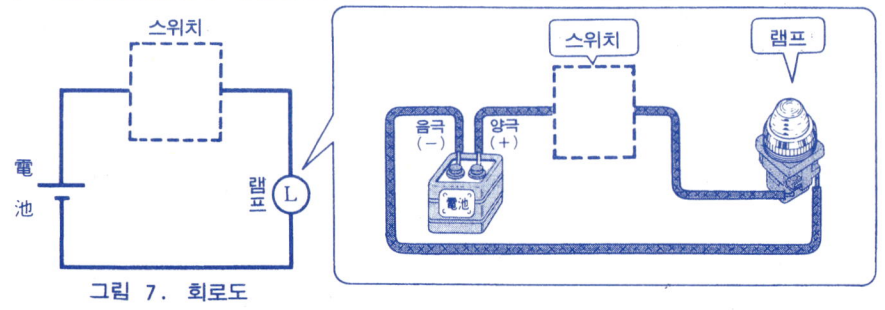

그림 7. 회로도

어택 1 해답

❖ 이 회로에 사용되는 스위치는 조작하고 있는 동안만 동작돼 열려, 램프를 소등하고 손을 떼면 복귀해서 닫혀 램프가 점등하기 때문에 수동 조작 자동 복귀의 b접점을 가지는 푸시 버튼 스위치를 사용하여 그림 8과 같이 접속하면 되는 것이다. b접점을 가지는 버튼 스위치를 전기용 그림 기호로 표현하면 그림 9와 같이 된다.

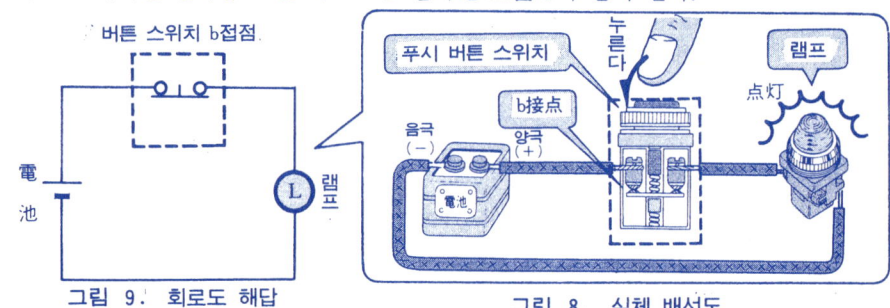

그림 9. 회로도 해답   그림 8. 실체 배선도

어 택 2

그림 10의 회로에 있어서 스위치를 조작하면 버저가 울리고 적색 램프가 소등하며 손을 떼면 자동적으로 버저가 울림을 그치고 적색 램프가 점등하도록 하고 싶다. ▭ 안에 적당한 스위치의 전기용 그림 기호를 기입하라.

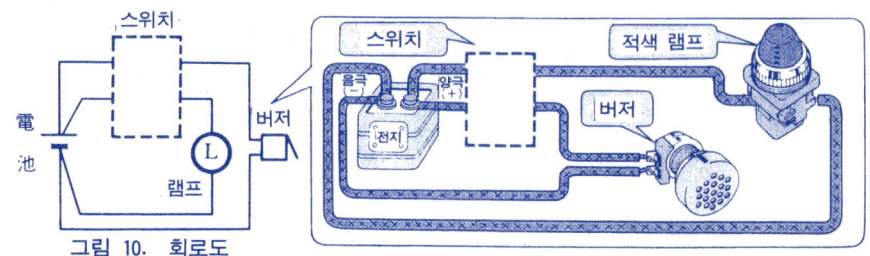

그림 10. 회로도

- 394 -

2. 개폐 접점의 구조와 동작의 문제

어택 2 해답

❖ 이 회로에 사용되는 스위치는 조작하고 있는 동안만 버저가 울리고 지금까지 점등하고 있었던 적색 램프가 소등하는 것이기 때문에 전환 접점인 수동 조작 자동 복귀 c 접점의 버튼 스위치를 사용하여 **그림 11**과 같이 접속하면 된다. 이것을 전기용 그림 기호로 표현하면 **그림 12**와 같이 된다.

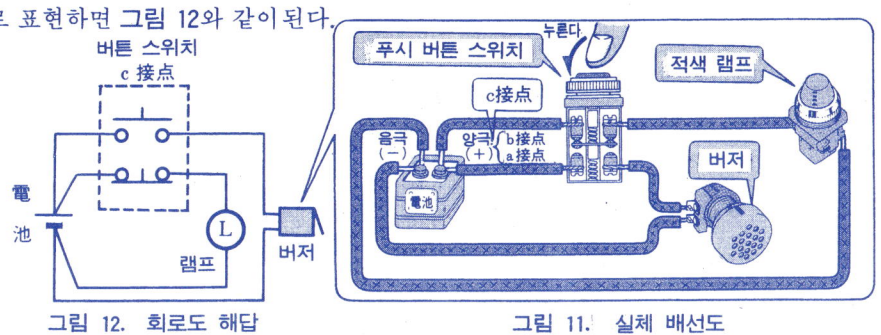

그림 12. 회로도 해답   그림 11. 실체 배선도

어택 3

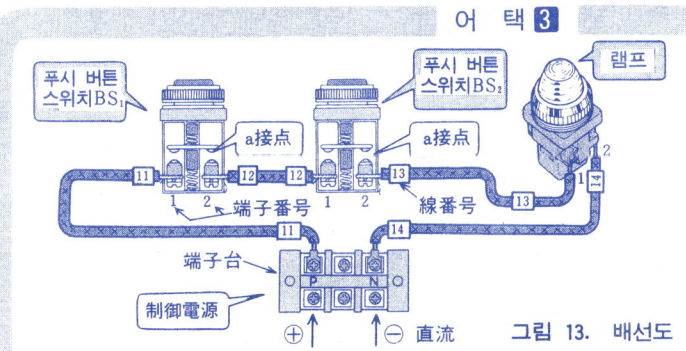

그림 13은 a 접점을 가지는 2개의 푸시 버튼 스위치를 직렬로 접속한 배선도이다.

램프를 점등시키려면 어떻게 하면 되는가를 생각해 보라.

그림 13. 배선도

어택 3 해답

❖ 이 회로의 동작은 **그림 14**와 같이 버튼 스위치 BS_1과 BS_2의 양방을 누르면 BS_1의 접점도 닫히고(입력 신호가 있음.) BS_2의 a 접점도 닫히(입력 신호가 있음.)기 때문에 램프에 전류가 흘러 점등(출력 신호가 있음.)한다.

❖ 이와 같이 이 회로에서는 접점 BS_1 및 접점 BS_2가 닫힌(입력 신호 있음.)다고 하는 조건에서 램프가 점등 (출력 신호가 있음.)하기 때문에 이 회로를 버튼 스위치에 의한 AND 회로라 한다.

❖ AND를 번역하면 「~ 및 ~」으로 된다. AND 회로의 AND는 이것을 표현하는 것이다.

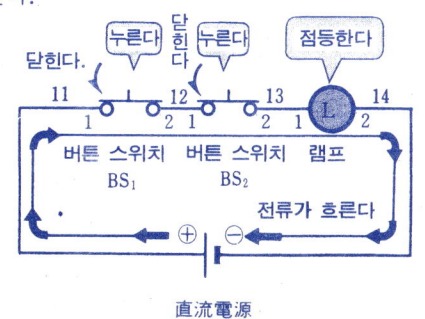

그림 14. 동작도

3. 전자 릴레이의 구조와 동작의 문제

1 전자 릴레이의 구조와 동작의 트레이닝 문제

트레이닝 [1]

전자 릴레이 접점은 전자 조작 자동 복귀 접점이라 한다. 다음 물음에 답하라.

(1) a접점으로서의 동작을 설명하라.
(2) b접점으로서의 동작을 설명하라.
(3) c접점으로서의 동작을 설명하라.

트레이닝 [1]의 해답

❖ 전자 릴레이의 접점은 코일에 전류가 흐르면 동작해 접점의 개폐를 실행하고 전류를 차단하면 스프링의 힘에 의해 원상태로 복귀하므로 전자 조작 자동 복귀 접점이라 한다.

(1) 전자 릴레이 a 접점의 동작

전자 릴레이의 a접점이란 그림 1과 같이 전자 릴레이의 코일에 전류가 흐르지 않는 상태(복귀 상태)에서는 가동 접점과 고정 접점이 떨어져 있어 열려(「OFF」) 있게 된다.

코일에 전류가 흐르면(동작 상태) 그림 (b)와 같이 가동 접점이 고정 접점에 접촉하여 닫힌(「ON」)다. 코일의 전류를 차단하면 귀환 스프링의 힘으로써 자동적으로 그림 (a)의 원상태로 복귀하고 가동 접점은 고정 접점과 떨어져 열린(「OFF」)다.

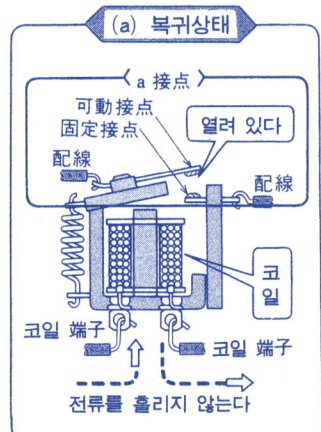 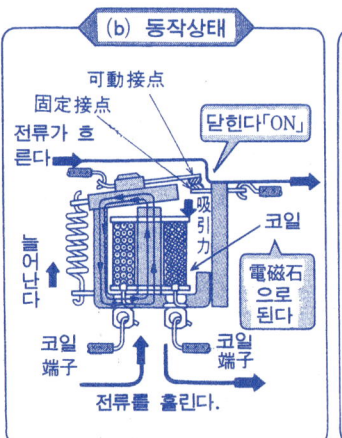 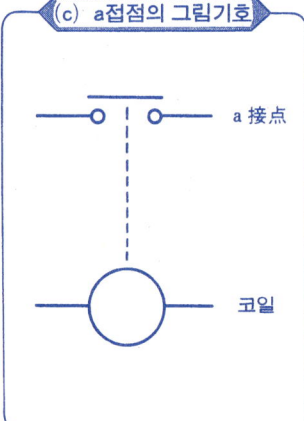

그림 1. 전자 릴레이 a접점의 복귀상태와 동작상태〔예〕

(2) 전자 릴레이 b접점의 동작

전자 릴레이 b접점이란 그림 2와 같이 전자 릴레이의 코일에 전류가 흐르지 않은 상태(복귀 상태)에서는 가동 접점과 고정 접점이 접촉되고 있어 닫혀(「ON」) 있게 된다.

코일에 전류가 흐르면(동작 상태) 그림 (b)와 같이 가동 접점이 고정 접점과 떨어져 닫힌(「ON」)다.

코일의 전류를 차단하면 귀환 스프링의 힘으로써 자동적으로 그림 (a)의 원상태로 복귀하고 가동 접점은 고정 접점과 접촉되어 닫힌(「ON」)다.

3. 전자 릴레이의 구조와 동작의 문제

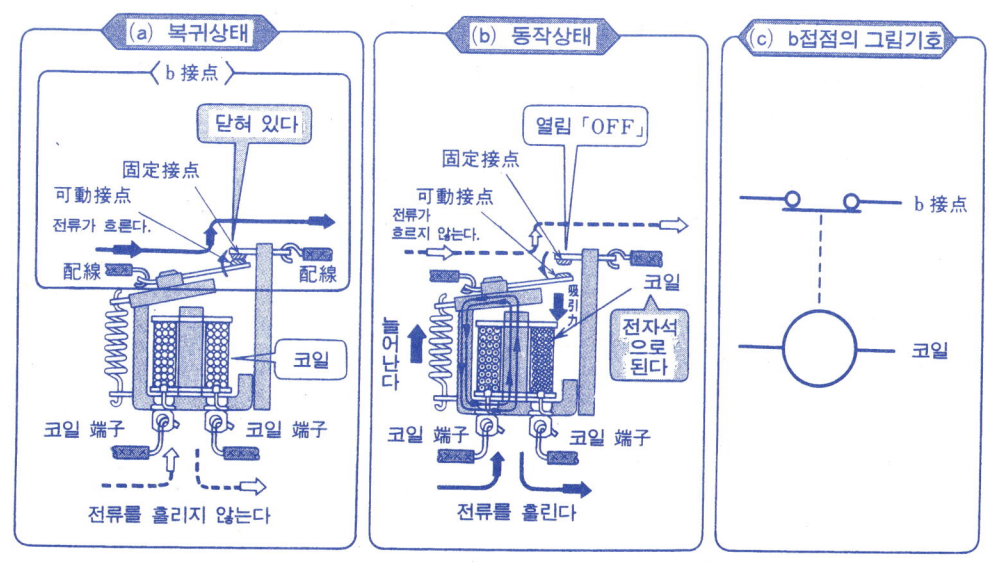

그림 2. 전자 릴레이 b접점의 복귀상태와 동작상태 [예]

(3) 전자 릴레이 c접점의 동작

릴레이의 c접점이란 그림 3과 같이 a접점과 b접점이 하나의 가동 접점을 공유하여 조합된 구조의 접점을 말한다.

따라서 c접점을 가지는 전자 릴레이의 코일에 전류가 흐르지 않는 복귀 상태에서는 a접점은 열려(「OFF」) 있고 b접점은 닫혀(「ON」) 있다.

코일에 전류가 흐르는 동작 상태로 되면 그림 (b)와 같이 공통인 가동 접점이 하방으로 이동하기 때문에 a접점은 닫히(「ON」)고 b접점은 열려(「OFF」) 전환된다. 코일의 전류를 차단하면 귀환 스프링의 힘으로써 자동적으로 그림 (a)의 원상태로 복귀한다.

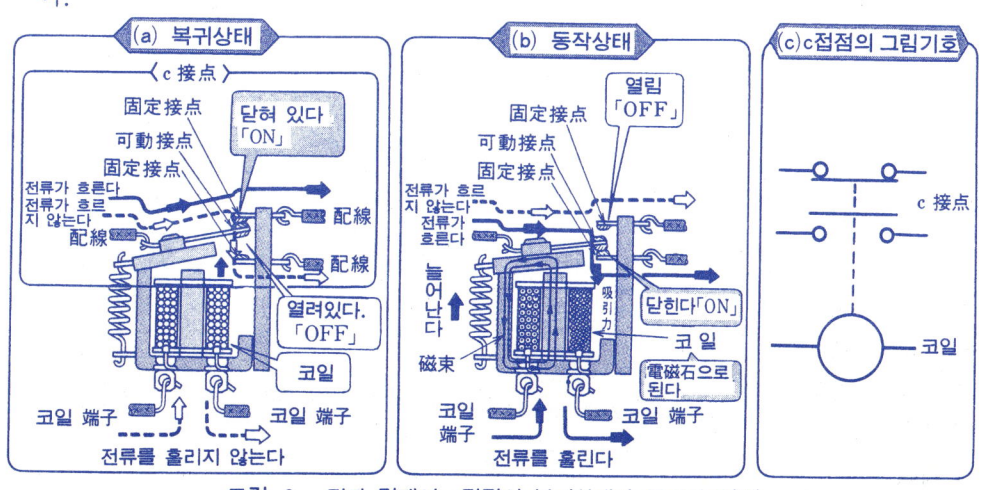

그림 3. 전자 릴레이 c접점의 복귀상태와 동작상태 [예]

1 전자 릴레이의 구조와 동작의 트레이닝 문제

트레이닝 [2]

버튼 스위치를 누르면 램프가 점등하는 전자 릴레이를 사용한 램프 점멸 회로를 만들고 싶다. 그림 4의 각 기기를 선으로 연결하여 배선하라.

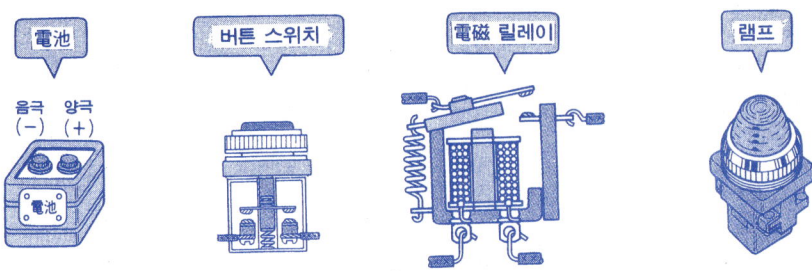

그림 4. 전자 릴레이 a접점에 의한 램프 점멸 회로 기기 배치도 [예]

● 트레이닝 [2]의 해답 ●

이 회로의 배선도는 그림 5와 같이 된다.

(1) **전자 릴레이의 코일 회로** : 버튼 스위치를 누름으로써 전자 릴레이의 코일에 전류를 흘리는 것이기 때문에 전지의 양극(+)에서 버튼 스위치의 단자(1)에 연결하고 버튼 스위치의 단자(2)에서 전자 릴레이 코일의 단자(3), 그리고 코일의 단자(4)에서 전지의 음극(-)에 연결하면 전자 릴레이의 코일 회로가 배선된다.

(2) **전자 릴레이의 a접점 회로** : 전자 릴레이가 동작하면 a접점이 닫히고 램프가 점등하는 것이기 때문에 전지의 양극(+)에서 전자 릴레이 a접점 단자(1)에 연결하고 단자(2)에서 램프 단자(1), 그리고 램프 단자(2)에서 전지의 음극(-)에 연결하면 전자 릴레이의 a접점에 의한 램프 회로가 배선된다.

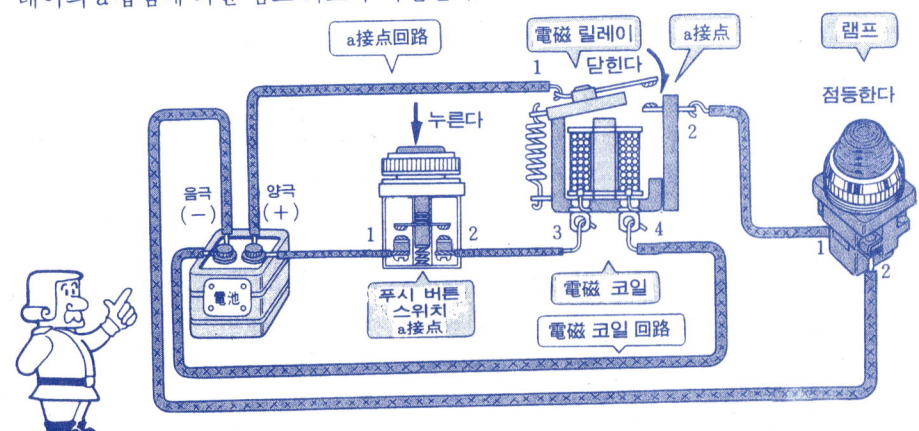

그림 5. 전자 릴레이 a접점에 의한 램프 점멸 회로 배선도 [예]

3. 전자 릴레이의 구조와 동작의 문제

② 전자 릴레이의 구조와 동작의 어택 문제

어 택 1

다음은 전자 릴레이의 어느 기능을 이용한 것인가를 (   ) 속에 써라.
(1) 직류용 전자 릴레이의 코일을 48 V의 직류 제어 전원에 연결하고 교류 100 V의 부하 회로의 제어에 이용했다. (   )
(2) 전자 릴레이의 4조의 c접점 가운데 2조를 부하 회로의 제어에 사용했다. (   )
(3) 전자 릴레이의 b접점으로써 부하 회로의 정지 신호를 부여했다. (   )
(4) 코일 정격 전류가 45 mA의 전자 릴레이의 a접점을 2 A의 부하 회로의 제어에 이용했다. (   )
기호 : (a) 신호의 분기   (b) 신호의 증폭   (c) 신호의 변환   (d) 신호의 반전

어택 1 해답

전체의 물음에 답했는가?   해답은 아래와 같다.
(1)-(c), (2)-(a), (3)-(d), (4)-(b)

어 택 2

버튼 스위치를 누르면 램프가 소등하는 전자 릴레이를 사용한 램프 점멸 회로를 만들고 싶다. 그림 6의 각 기기를 선으로 연결하여 배선하라.

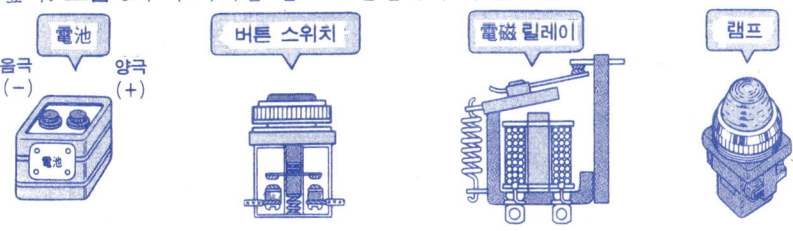

그림 6. 전자 릴레이 b접점에 의한 램프 점멸 회로 기기 배치도〔예〕

어택 2 해답

(1) 이 회로의 배선도는 그림 7과 같이 된다. 트레이닝〔2〕에서는 전자 릴레이 접점이 a접점이었지만 이 문제에서는 b접점으로 되어 있는 것이 다를 뿐, 그 뒤는 같은 것이다.

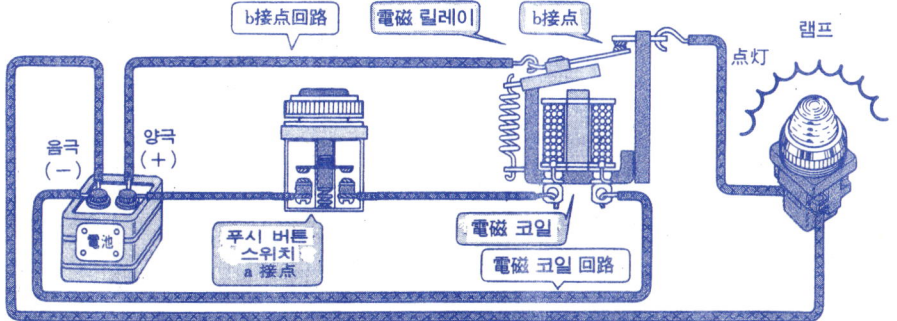

그림 7. 전자 릴레이 b접점에 의한 램프 점멸 회로〔예〕

2 전자 릴레이의 구조와 동작의 어택 문제

　　(2) 이 회로에서는 입력 신호로서 버튼 스위치를 누르면 전자 릴레이가 동작하고 b 접점이 열려 출력 신호인 램프가 소등한다. 또 버튼을 누른 손을 떼어 입력 신호를 받으면 전자 릴레이가 복귀하여 b접점이 닫히고 램프가 점등하며 출력 신호가 나온다.
　　(3) 이와 같이 이 회로에서는 입력 신호가 들어가면 출력 신호가 나오지 않고 입력 신호가 들어가지 않으면 출력 신호가 나오게 된다. 이러한 것은 입력 신호를 반전한 출력 신호로 되어 입력을 "부정"한 출력으로 된다(전자 릴레이 b접점의 "신호의 반전 기능").
　　(4) 이 "부정"을 영어로 "NOT"이라고 하기 때문에 "NOT 회로" 또는 "논리 부정 회로"라 한다.

어택 3

푸시 버튼 스위치로 직류의 전자 릴레이를 동작시켜 교류 전원으로 램프를 점등시키는 동시에 벨을 울리는 회로를 만들고 그림 8의 배선을 완성시켜라.

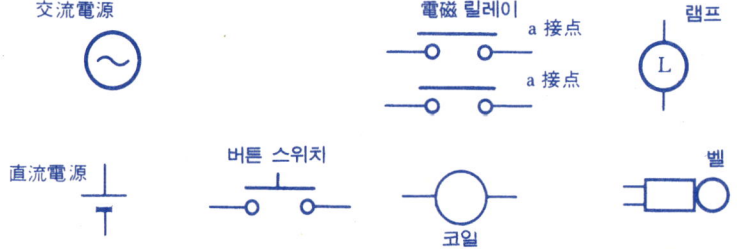

그림 8. 전자 릴레이 a접점에 의한 램프·벨 회로 기기 배치도〔예〕

어택 3 해답

(1) 이 회로의 배선은 그림 9와 같이 된다. 전자 릴레이의 코일 회로는 직류 전원인 전지에 접속한다. 또 램프와 벨은 각각 전자 릴레이인 2개의 a접점에 접속하고 각각의 회로를 교류 전원에 접속한다.
(2) 이 회로는 입력인 전자 릴레이 코일 회로에 직류를 사용하고 출력인 접점 회로에 교류를 사용하고 있기 때문에 전자 릴레이의 "신호의 변환" 기능의 응용이라 한다.

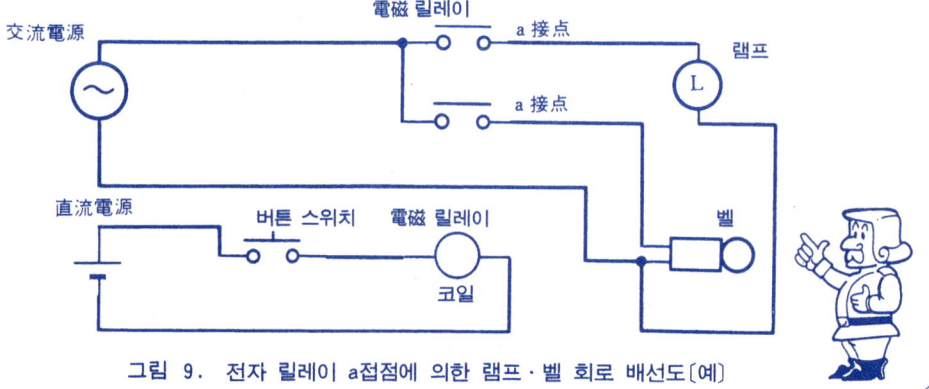

그림 9. 전자 릴레이 a접점에 의한 램프·벨 회로 배선도〔예〕

4. 전기용 그림 기호의 표기법 문제

1 전기용 그림 기호의 표기법 트레이닝 문제

> **트레이닝 〔1〕**
> 다음의 개폐 접점을 가지는 기기의 전기용 그림 기호를 계열 2의 그림 기호로 표현하라.
> (1) 나이프 스위치의 그림 기호
> (2) 배선용 차단기의 그림 기호

● 트레이닝 〔1〕의 해답 ●

(1) 나이프 스위치의 그림 기호
- 나이프 스위치는 그림 1과 같이 핸들을 수동으로 조작함으로써 전로를 「개로(OFF)」 또는 「폐로(ON)」하고 그 조작하는 손을 떼더라도 그대로의 개폐 상태를 유지하는 조작 스위치를 말한다.
- 나이프 스위치의 계열 2 그림 기호는 그림 2와 같이 기구적 관련을 모두 생략하여 실제로 전류가 흐르는 클립과 힌지를 각각 2개의 작은 원으로 표현하고 수동으로 핸들을 조작함으로써 가동하는 블레이드를 짧은 경사의 선분으로 표현한다.
- 나이프 스위치처럼 수동 개폐기의 그림 기호는 손으로 조작하지 않을 때의 상태로 표현하기 때문에 가동부를 나타내는 경사진 선분은 작은 원에 대하여 열려있도록 그린다.

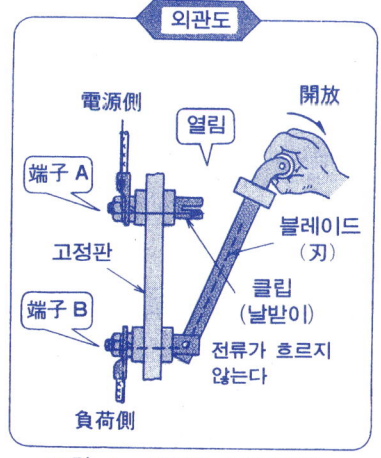

그림 1. 나이프 스위치〔예〕   그림 2. 나이프 스위치의 계열 2 그림기호

(2) 배선용 차단기의 그림 기호
- 배선용 차단기의 평상 부하 전류의 개폐 조작은 그림 3과 같이 조작 핸들을 「투입(ON)」·「차단(OFF)」함으로써 실행된다. 또한 과전류 및 단락시에는 전자 트립 기구(또는 열동 트립 기구)와 연동하여서 회로를 자동적으로 차단하는 기능을 지니고 있다.
- 배선용 차단기의 계열 2 그림 기호는 그림 4와 같이 고정 접점을 2개의 작은 원으로 표시한다.
- 그림 4(a)는 단선 결선도 또는 단극인 경우를 나타내고 그림 (b)는 복선 결선도로서 3극인 경우의 그림 기호를 표현한다.

– 401 –

릴레이 시이퀀스 연습 교실

1 전기용 그림 기호의 표기법 트레이닝 문제

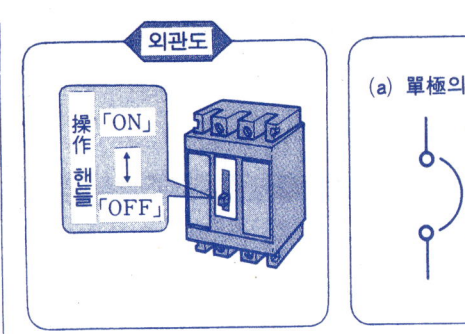

그림 3. 배선용 차단기〔예〕   그림 4. 배선용 차단기의 계열 2 그림기호

참고 나이프 스위치 배선용 차단기를 계열 1 그림 기호로 표시해 본다.

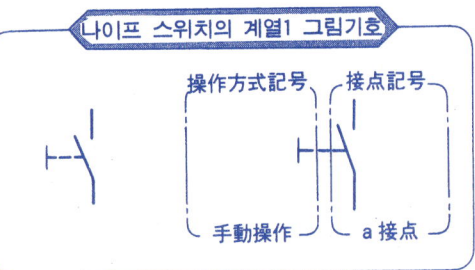 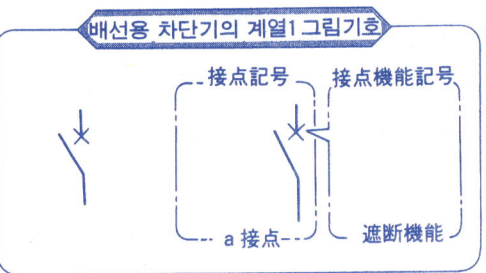

─────● 트레이닝 〔2〕 ●─────
다음의 개폐 접점을 가지는 기기의 전기용 그림 기호를 계열 2의 그림 기호로 표시하라.
(1) 리밋 스위치의 그림 기호
(2) 전자 접촉기의 그림 기호

─────● 트레이닝 〔2〕의 해답 ●─────

(1) 리밋 스위치의 그림 기호
 • 리밋 스위치는 기기의 가동 부분의 동작으로써 기계적 운동을 전기적 신호로 변환하

 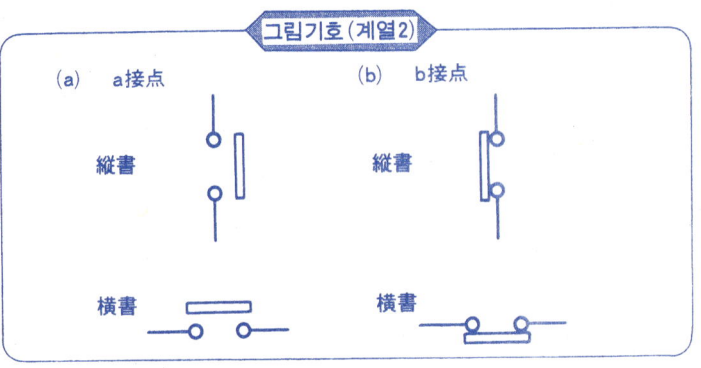

그림 5. 리밋 스위치〔예〕   그림 6. 리밋 스위치의 계열 2 그림기호

— 402 —

는 것으로서 물체가 소정의 위치에 있는가의 여부, 힘이 걸려 있는가 등의 기계량의 검출에 널리 이용되고 있는 제어용 검출 스위치를 말한다.
- 리밋 스위치는 그림 5와 같이 마이크로 스위치를 견고한 케이스 내에 봉입한 것으로서 기계적 입력을 검출하는 부분을 액추에이터라 한다.
- 리밋 스위치의 계열 2의 그림 기호는 그림 6과 같이 고정 접점을 2개의 작은 원으로 표시하고 가동 접점은 기계적 접점을 나타내는 구형으로 표시한다.

(2) 전자 접촉기의 그림 기호
- 전자 접촉기는 전자석의 동작에 의해서 부하 전로를 개폐하는 접촉기를 말하며 그림 7과 같이 실제로 부하 전로를 개폐하는 주접점과 제어 출력 신호에 이용되는 보조 접점으로 이루어지는 접점 기구부와 전자 코일과 가동 철심 고정 철심으로 이루어지는 조작 전자석부로 구성되고 있으며 주로 전력 회로의 개폐에 이용되고 있다.
- 전자 접촉기의 주접점인 전자 접촉기 접점의 계열 2 그림 기호는 그림 8과 같이 고정 접점을 2개의 작은 원으로 나타내고 가동 접점을 경사진 선분으로 하여 선분의 전단에는 작은 반원을 기입한다.
- 전자 접촉기의 계열 2 그림 기호는 그림 9와 같이 주접점, 보조 접점 및 전자 코일의 그림 기호를 조합한 것이 된다.

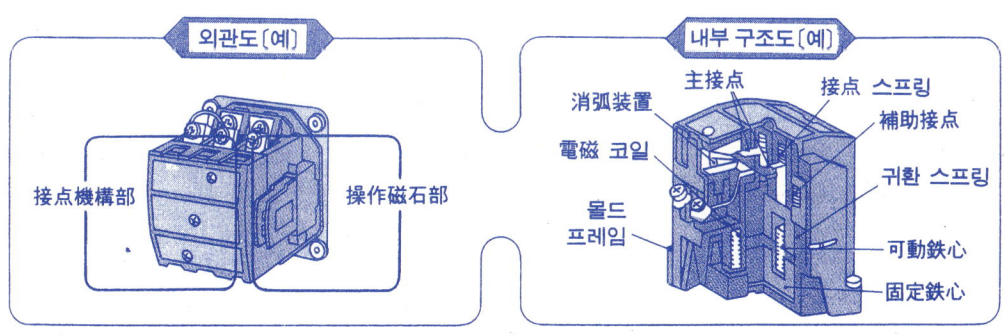

그림 7. 전자 접촉기의 구조도〔예〕

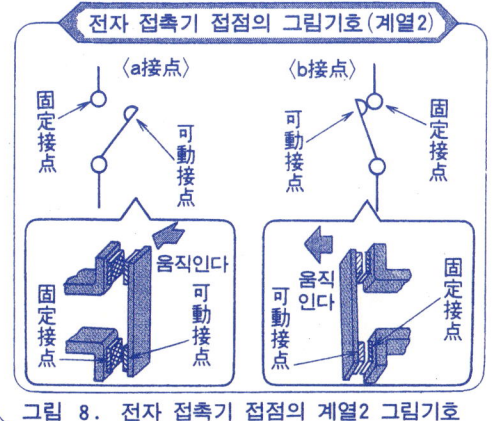

그림 8. 전자 접촉기 접점의 계열2 그림기호

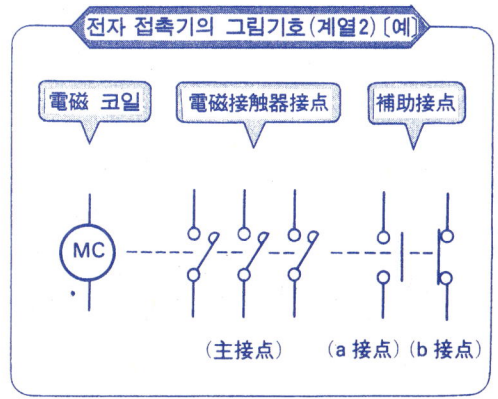

그림 9. 전자 접촉기의 계열2 그림기호

릴레이 시이퀸스 연습 교실

2 전기용 그림 기호의 표기법 어택 문제

어택 1

그림 10은 제어 기기의 외관을 나타낸 것이다. [ ] 속에 전기용 그림 기호를 기입하라.

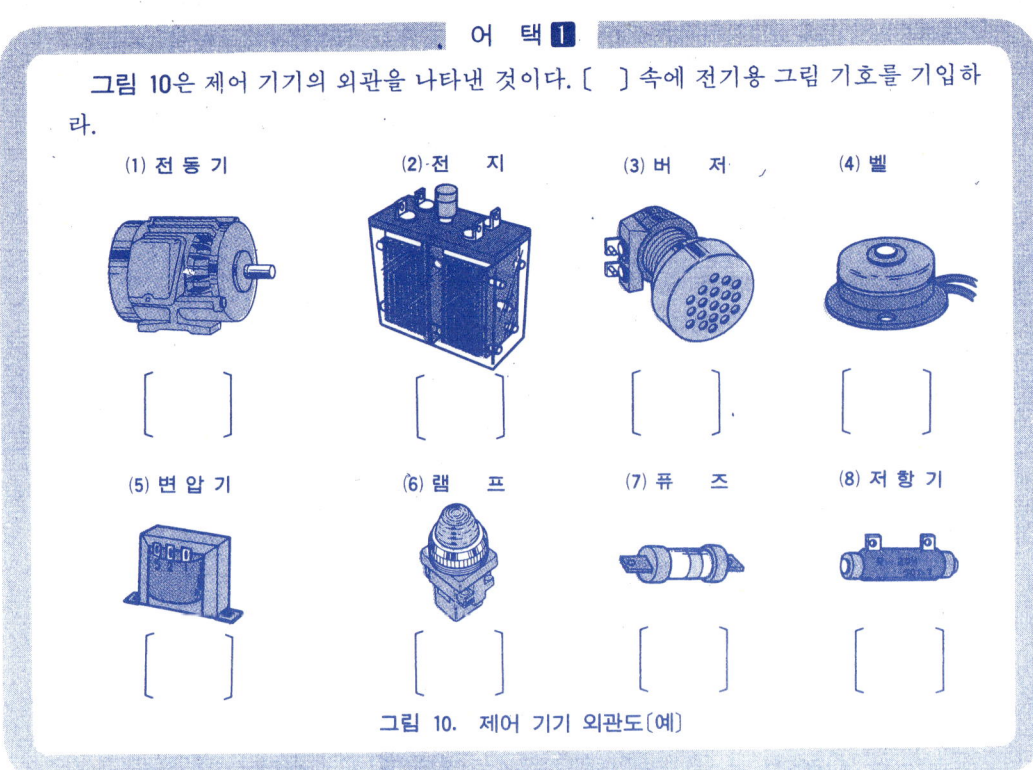

그림 10. 제어 기기 외관도 [예]

어택 1 해답

자! 전체 문제를 알았는가? 해답은 아래와 같은 것이다.

어택 2

다음의 제어 기기의 시이퀸스 제어 기호에 대한 전기용 그림 기호를 [　] 속에 기입하라.

(1) THR (例：b 接点)　　(2) TLR (例：限時動作)　　(3) MCCB (例：3 極)

[　　　]　　[　　　]　　[　　　]

4. 전기용 그림 기호의 표기법 문제

어택 2 해답

되었는가! 해답은 아래와 같은 것이다.

(1) THR : 서멀 릴레이
(Thermal Relay)

히터   手動復歸接点(b接点)

(2) TLR : 限時継電器
(Time-Lag Relay)

駆動部   限時動作接点

(3) MCCB : 配線用遮断器
(Molded-Case Circuit-Breaker)

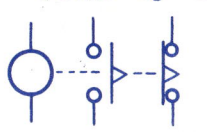

(3極)

어택 3

그림 11은 전자 릴레이의 c접점을 이용한 램프 점멸 회로의 실제 배선도의 한 예이다.

그림 12의 회로도의 [ ] 속에 전기용 그림 기호를 사용해 기입하라.

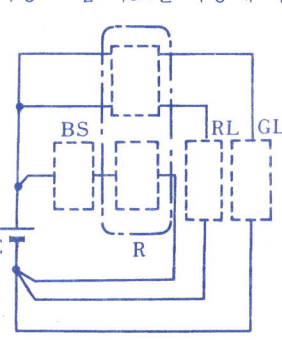

그림 12. 회로도

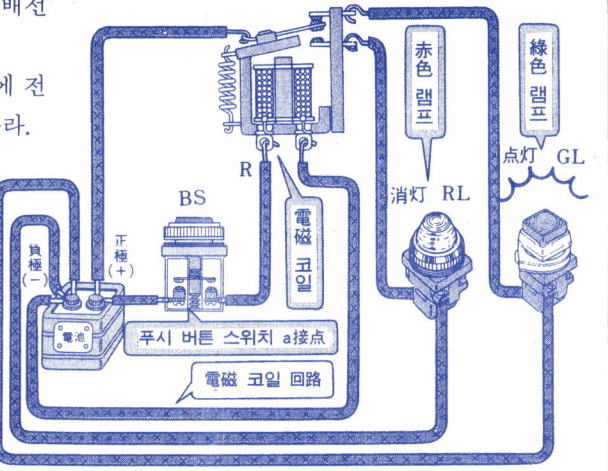

그림 11. 전자 릴레이의 c접점에 의한 램프 점멸 회로(예)

어택 3 해답

❖ 그림 12에 버튼 스위치, c접점의 전자 릴레이, 램프의 전기용 그림 기호를 기입하면 그림 13과 같이 된다.

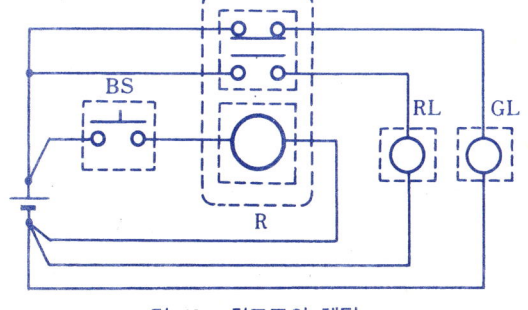

그림 13. 회로도의 해답

참고   회로도를 계열 1의 그림 기호로 표시해 본다.

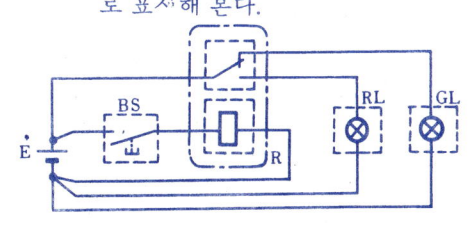

— 405 —

5. 시이퀀스도의 그리는 법 문제

1 시이퀀스도의 그리는 법의 트레이닝 문제

트레이닝 [1]

그림 1과 같이 전자 릴레이의 a 접점에 램프를 접속하고 버튼 스위치를 누르면 램프가 점등하도록 한 램프 점멸기 회로의 실제 배선도가 있다.

(1) 실제 배선도에서 시이퀀스도를 만들어라.
(2) 시이퀀스도로써 그 동작을 설명하라.

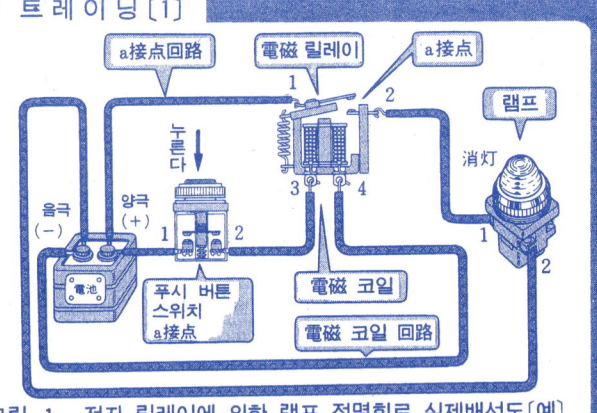

그림 1. 전자 릴레이에 의한 램프 점멸회로 실제배선도 [예]

● 트레이닝 [1]의 해답 ●

(1) 실제 배선도에서 어떻게 해서 시이퀀스도를 만드는가 그 순서를 설명한다.

[順序 1] (그림 2)

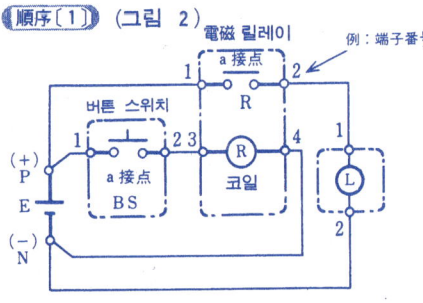

〈설 명〉
● 실제 배선도를 그대로의 형으로 버튼 스위치, 전자 릴레이, 램프를 각 기구의 단자 번호를 기초로 프레임으로 묶어 각각의 그림 기호를 사용하여 표현한다 (그림 2).

[順序 2] (그림 3)

● 각 기구를 묶은 프레임을 제거하면 버튼 스위치 BS와 전자 릴레이 코일 R의 회로 ①과 전자 릴레이 a접점 R와 램프 L의 회로 ②로 분류된다 (그림 3).

[順序 3] (그림 4)

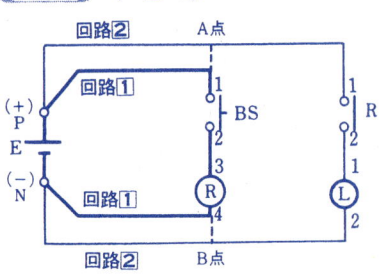

● 회로 ① 및 회로 ②의 각각의 그림 기호가 세로로 나열되도록 고쳐 그린다 (그림 4).
● 회로 ①의 전원을 전지 P(+)와 N(-)에서 직접 접속하고 있지만 이것을 적선과 같이 회로 ②의 A점 및 B점에서 접속해도 같은 것이다 (그림 4).

5. 시이퀀스도의 그리는 법 문제

順序〔4〕 (그림 5)

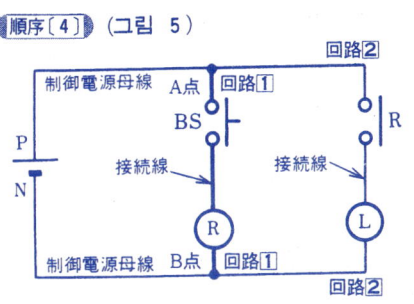

順序〔5〕 (그림 6)

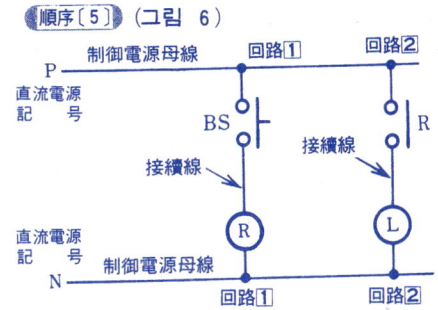

- 이로써 제어 전원 모선과 각각의 접속선(회로 ①·회로 ②)으로 분류된다 (그림 5).

- 전원 회로의 그림 기호를 생략하고 제어 전원 모선으로서 P(+), N(-)의 전원 기호를 부기하면 시이퀀스도로 된다 (그림 6).

(2) 그림 6의 시이퀀스도에서 그 동작을 설명한 것이 그림 7이다.

순서〔1〕 회로 ①의 버튼 스위치를 누르면 a 접점이 닫힌다.

순서〔2〕 버튼 스위치가 닫히면 회로 ②에 전류가 흐르게 되어 전자 릴레이가 동작한다.

순서〔3〕 전자 릴레이가 동작하면 회로 ②의 a접점 R가 닫힌다.

순서〔4〕 전자 릴레이 a접점 R가 닫히면 회로 ②에 전류가 흘러 램프 L이 점등한다.

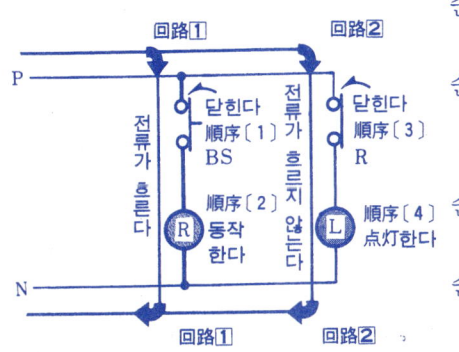

그림 7. 전자 릴레이에 의한 램프 점멸회로의 동작도

트레이닝〔2〕

그림 8과 같이 전자 릴레이의 a접점에 버저를 접속하고 버튼을 누르면 버저가 울리도록 한 버저 명동 회로의 시이퀀스도가 있다.

(1) 시이퀀스도에서 그림 9의 각 기구에 실제로 배선하라.
(2) 시이퀀스도로써 그 동작을 설명하라.

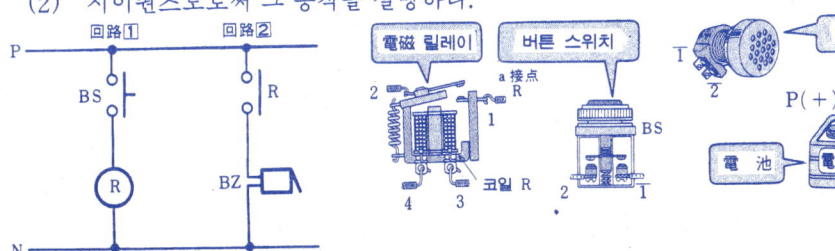

그림 8. 전자 릴레이에 의한 버저 명동 회로의 시이퀀스도〔예〕

그림 9. 전자 릴레이에 의한 버저 명동회로의 기구 배치도〔예〕

1 시이퀀스도의 그리는 법 트레이닝 문제

● 트레이닝 [2]의 해답 ●

(1) 전자 릴레이에 의한 버저 명동 회로의 시이퀀스도에서 각 기구에 어떻게 배선하여 실제 배선도를 만드는가를 설명한다.
(a) 버튼 스위치 BS와 전자 릴레이 코일 R의 회로 ①및 전자 릴레이 a접점 R와 버저 BZ의 회로 ②의 각각의 전원을 그림 10과 같이 전지의 P(+)와 N(-)에서 직접 접속하면 그 실제 배선도는 그림 11과 같이 된다.

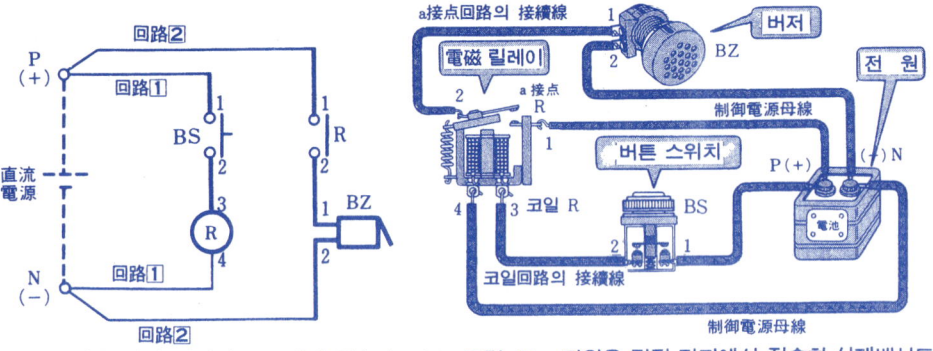

그림 10. 전원을 직접 전지의 P, N에서 접속한 경우   그림 11. 전원을 직접 전지에서 접속한 실제배선도 [예]

(b) 달리 보는 방식으로서 시이퀀스도의 접속대로 즉 그림 12와 같이 회로 ②의 제어 전원 모선을 회로 ①의 각각의 기구에서 접속하도록 하면 그 실제 배선도는 그림 13과 같이 된다.

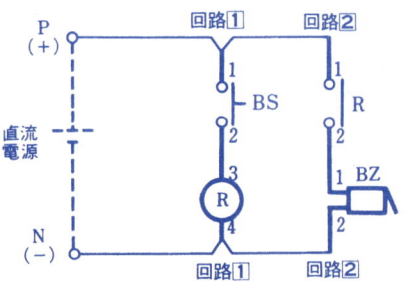
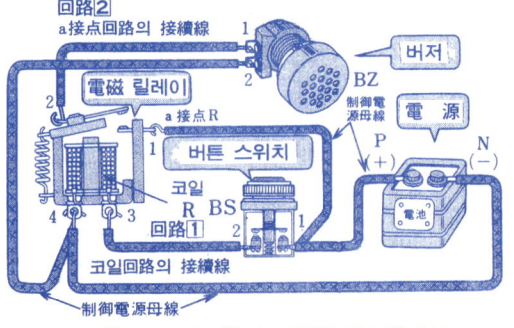

그림 12. 회로②의 전원을 회로①에서 접속한 경우   그림 13. 회로②의 전원을 회로①에서 접속한 실제배선도 [예]

❖ 이와 같이 시이퀀스도에서 배선할 경우, 다양한 배선의 방식이 있다는 점에 주의해야 한다.

[숙제] 그림 11, 그림 13 이외에도 배선의 방식이 있다. 생각해 보기 바란다.

(2) 시이퀀스도에 의한 동작은 그림 14와 같다. 그 동작 순서의 설명은 스스로 생각해 보기 바란다.

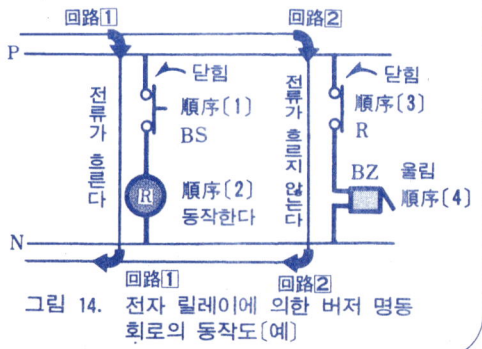

그림 14. 전자 릴레이에 의한 버저 명동 회로의 동작도 [예]

2 시이퀀스도의 그리는 법 어택 문제

어 택 1

그림 15는 입력 신호를 부여하는 전자 릴레이 X와 Y 및 출력 신호를 내는 전자 릴레이 Z로 이루어지는 OR 회로의 시이퀀스도의 한 예를 나타낸 것이다.

이 시이퀀스도에서 그림 16의 각 기구에 실제로 배선하기 위한 실체 배선도를 만들어라.

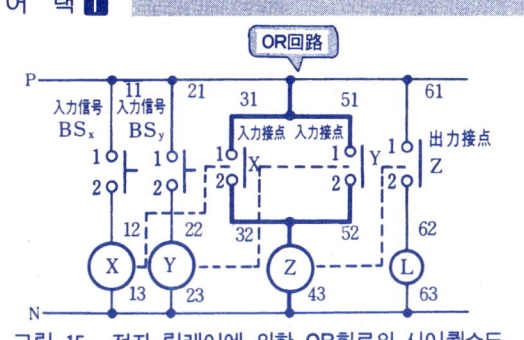

그림 15. 전자 릴레이에 의한 OR회로의 시이퀀스도

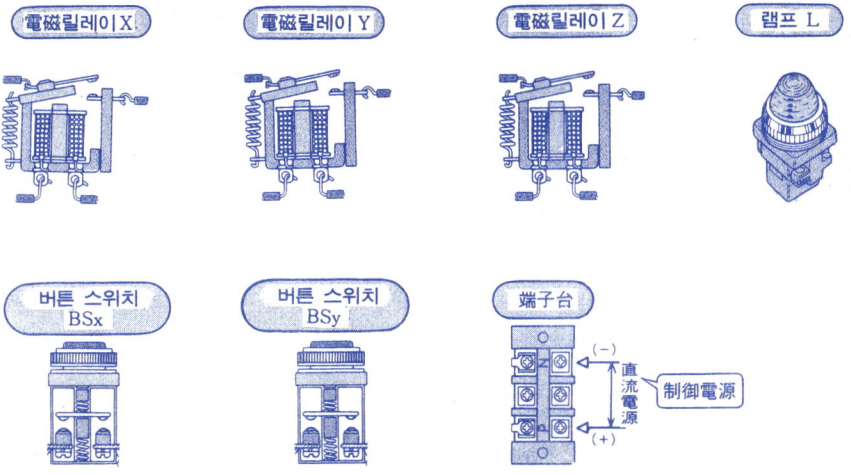

그림 16. 기구 배치도

어택 1 해답

정확하게 되었는가?

❖ 그림 15의 시이퀀스도 각각의 전자 릴레이의 각 단자에서 접속되고 있으므로 이것을 바꾸어 그린 것이 그림 17이다. 이 그림을 바탕으로 각 기구에 배선하면 그림 18의 실체 배선도가 된다.

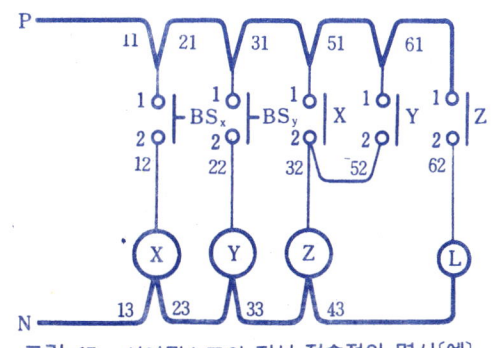

그림 17. 시이퀀스도의 전선 접속점의 명시〔예〕

— 409 —

❷ 시이퀀스도의 그리는 법 어택 문제

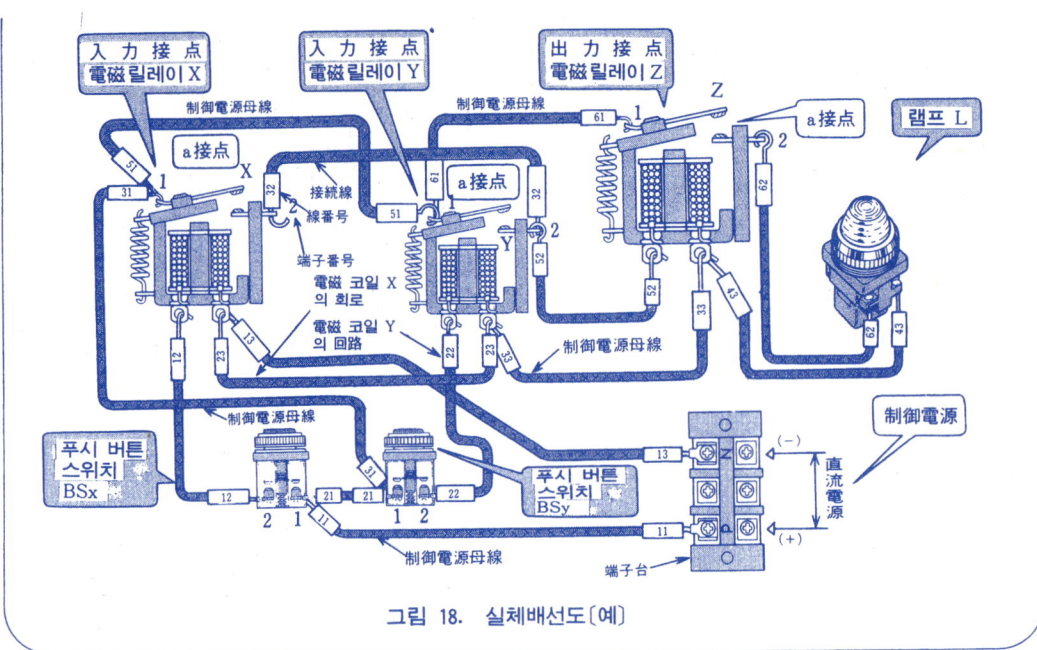

그림 18. 실체배선도〔예〕

어 택 ❷

그림 19는 입력 신호를 부여하는 전자 릴레이 X와 전자 릴레이 Y 및 출력 신호를 내는 전자 릴레이 Z로써 이루어지는 AND 회로의 실체 배선도의 한 예를 나타낸 것이다. 이 실체 배선도에서 시이퀀스도를 그려라.

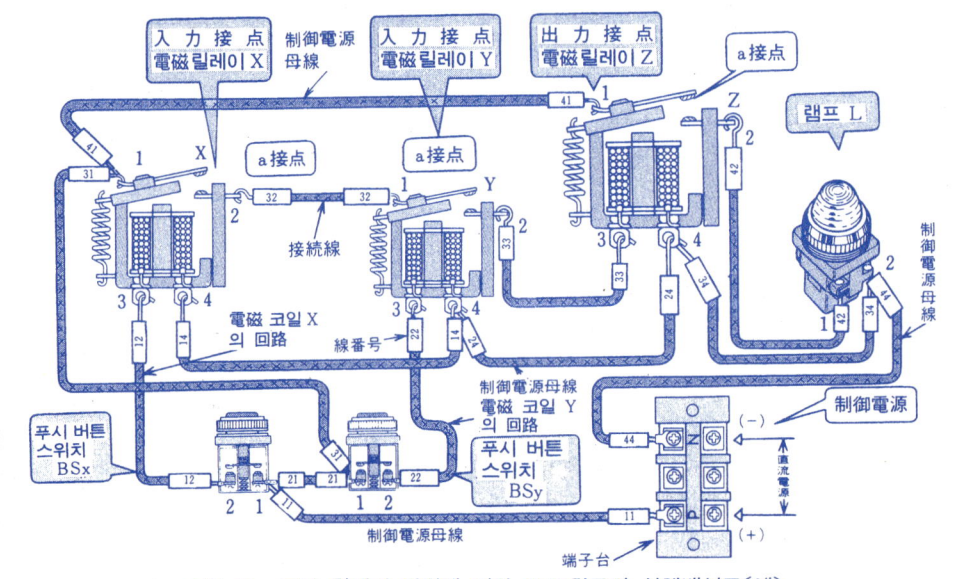

그림 19. 전자 릴레이 접점에 의한 AND회로의 실체배선도〔예〕

5. 시이퀀스도의 그리는 법 문제

어택 2 해답

❖ 이 실체 배선도에서 전자 릴레이 X의 a접점 X와 전자 릴레이 Y의 a접점 Y가 전자 릴레이 Z의 코일과 직렬로 연결되어 제어 전원에 접속되고 있다는 것을 알 수 있다.

❖ 또 버튼 스위치 BSx와 전자 릴레이 X의 코일이 제어 전원에 접속되어 버튼 스위치 BSy와 전자 릴레이 Y의 코일이 제어 전원에 접속되고 있다.

❖ 그래서 이 회로를 상하의 제어 전원 모선에 의한 시이퀀스도 방식의 그림으로 바꾸어 그린 것이 **그림 20**이다. 이 그림을 전기용 그림 기호를 사용하여 시이퀀스도로서 바꾸어 그린 것이 **그림 21**이다.

❖ 이 회로에서는 입력 접점인 전자 릴레이 X의 a접점 X 및 전자 릴레이 Y의 a접점 Y가 양방 모두 닫혔을 때, 전자 릴레이 Z가 동작하여 그 a접점 Z가 닫히고 램프 L이 점등하기 때문에 [AND] 회로가 된다.

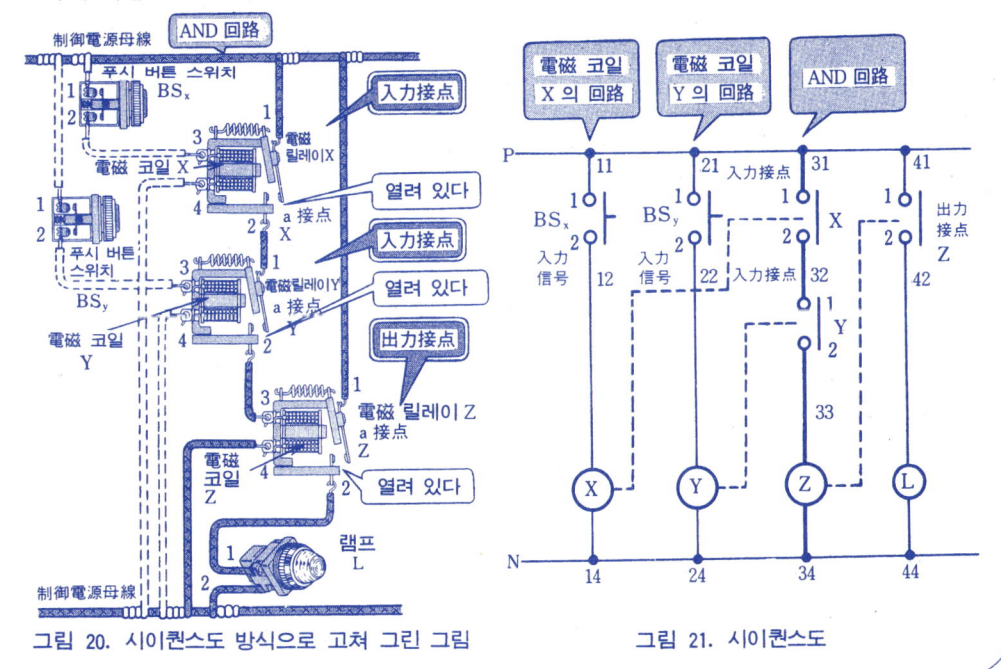

그림 20. 시이퀀스도 방식으로 고쳐 그린 그림   그림 21. 시이퀀스도

참고 — ● AND 회로·OR 회로를 계열 1 그림 기호로 그려보자. ●

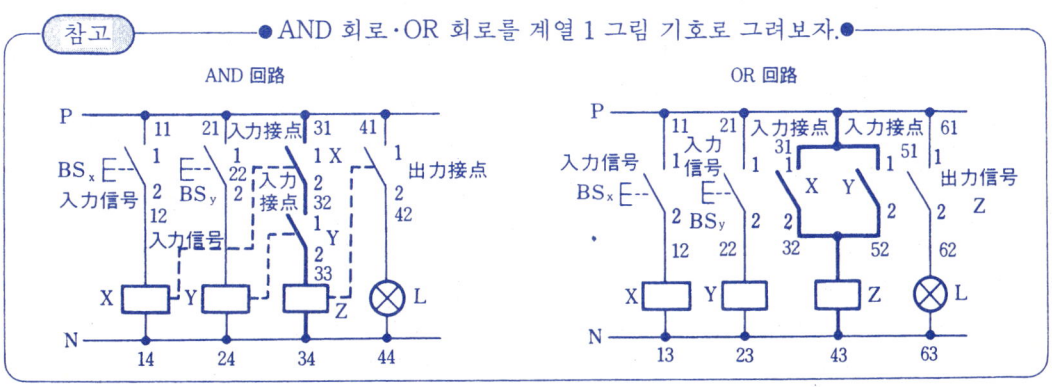

— 411 —

6. 타임 차트의 그리는 법 문제

1 동작의 시간적 변화를 나타내는 타임 차트의 트레이닝 문제

트레이닝 [1]

그림 1은 전자 릴레이에 의한 명동 회로의 시이퀀스도의 예이다.
(1) 이 회로의 동작을 설명하라.
(2) 그림 2의 타임 차트를 완성하라.

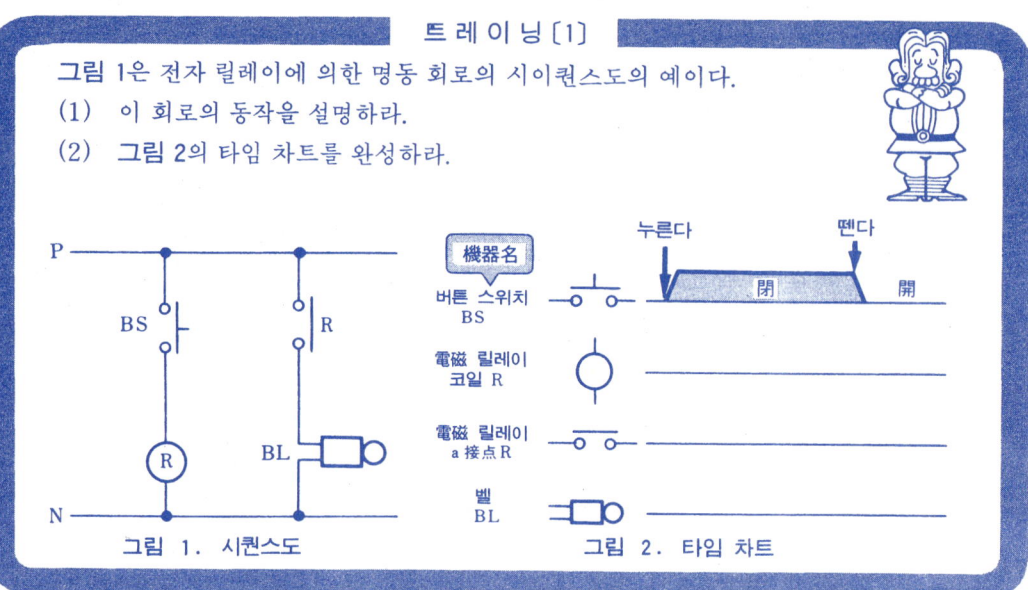

그림 1. 시퀀스도   그림 2. 타임 차트

● 트레이닝 [1]의 해답 ●

(1) 이 회로의 동작 순서는 다음과 같다.

• 벨이 울리는 동작 (그림 3)
순서 [1] 버튼 스위치 BS를 누른다.
순서 [2] 전자 릴레이의 코일 R에 전류가 흘러 동작한다.
순서 [3] 전자 릴레이의 a접점 R이 닫힌다.
순서 [4] 벨 BL이 울린다.

• 벨이 울림을 그치는 동작 (그림 4)
순서 [5] 버튼을 누른 손을 뗀다.
순서 [6] 전자 릴레이의 코일 R에 전류가 흐르지 않게 되어 복귀한다.
순서 [7] 전자 릴레이의 a접점 R이 열린다.
순서 [8] 벨 BL이 울림을 그친다.

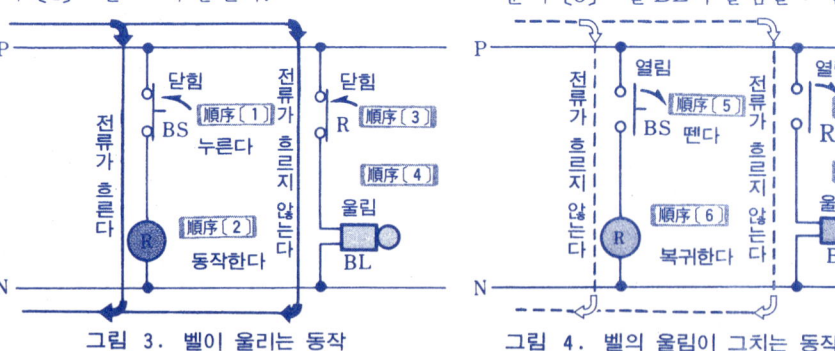

그림 3. 벨이 울리는 동작   그림 4. 벨의 울림이 그치는 동작

(2) 이 회로의 타임 차트를 그리는 법은 버튼 스위치의 a접점이 닫힌 다음, 전자 릴레이의 코일이 부세되기 때문에 그 관련을 화살표로 나타낸다. 또 전자 릴레이 코일의 부세에 드는 시간을 확대하여 경사진 선으로 입상한다. 그리고 코일의 부세로써 a접점이 닫히기 때문에 그 관련을 화살표로 나타낸다. 순차로 이것을 반복하여 실시하면 되는 것이다.

타임 차트는 그림 5와 같이 된다.

벨이 울리는 동작은 그림 3의 순서 [1] ~ 순서 [4]와 또 벨이 울림을 그치는 동작은 그림 4의 순서 [5] ~ 순서 [8]과 대비해서 타임 차트를 살펴 보기로 한다.

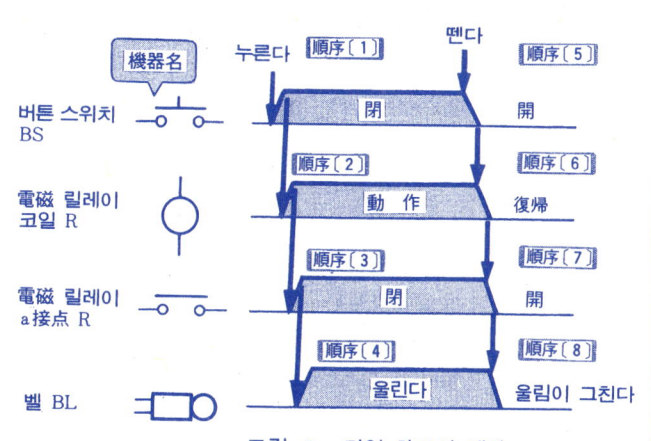

그림 5. 타임 차트의 해답

트레이닝 [2]

그림 6은 전자 접촉기 MC를 이용한 히터 회로의 시이퀀스도의 예이다.
(1) 이 회로의 동작을 설명하라.
(2) 그림 7의 타임 차트를 완성하라.

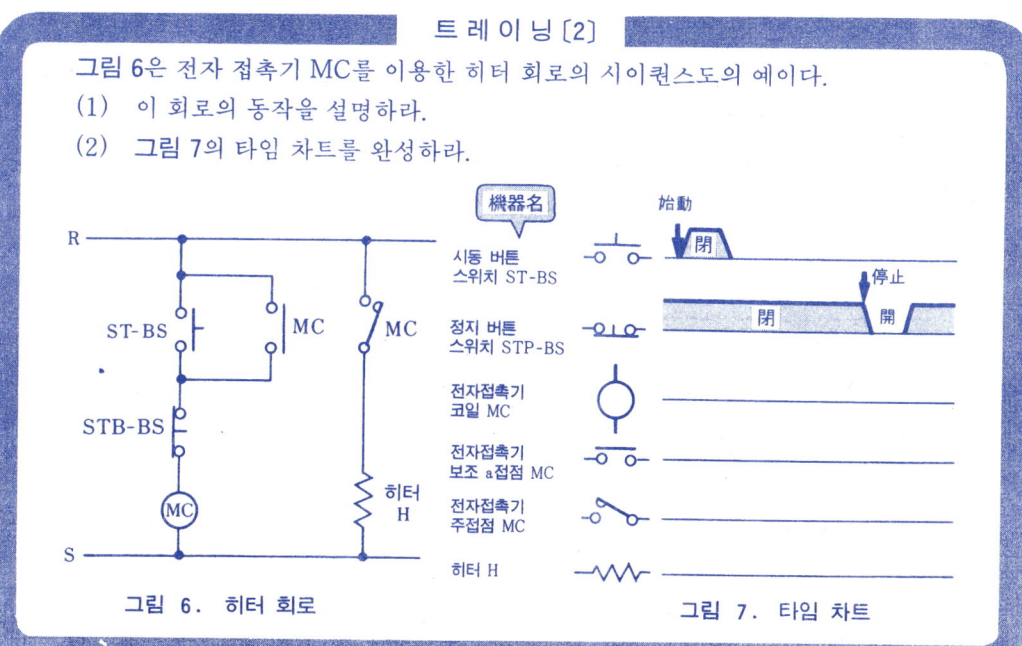

그림 6. 히터 회로   그림 7. 타임 차트

● 트레이닝 [2] 해답 ●

(1) 이 회로의 동작 순서는 다음과 같다.

• 히터가 가열하는 동작 (그림 8)
순서 [1] 시동 버튼 스위치 ST-BS를 누른다.
순서 [2] 전자 접촉기의 코일 MC에 전류가 흘러 동작한다.

• 히터의 가열을 장지시키는 동작 (그림 9)
순서 [7] 정지 버튼 스위치 STP-BS를 누른다.
순서 [8] 전자 접촉기의 코일 MC에 전류가 흐르지 않아 복귀한다.

릴레이 시이퀀스 연습 교실

1 동작의 시간적 변화를 나타내는 타임 차트의 트레이닝 문제

- 전자 접촉기 MC가 동작하면 다음의 순서 [3]과 [5]가 동시에 이루어진다.
  순서 [3] 전자 접촉기의 주접점 MC가 닫힌다.
  순서 [4] 주접점 MC가 닫히면 히터 H가 가열한다.
  순서 [5] 전자 접촉기가 동작하면 보조 a접점 MC가 닫혀 코일 MC에 전류가 흐른다.
  순서 [6] 시동 버튼 스위치 ST-BS를 누른 손을 뗀다.

- 전자 접촉기 MC가 복귀하면 다음의 순서 [9]와 [11]이 동시에 이루어진다
  순서 [9] 전자 접촉기의 주접점 MC가 열린다.
  순서 [10] 주접점 MC가 열리면 히터 H가 가열을 정지한다.
  순서 [11] 전자 접촉기가 복귀하면 보조 a접점 MC가 열리고 코일 MC에 전류가 흐르지 않는다.
  순서 [12] 정지 버튼 스위치 STP-BS를 누른 손을 뗀다.

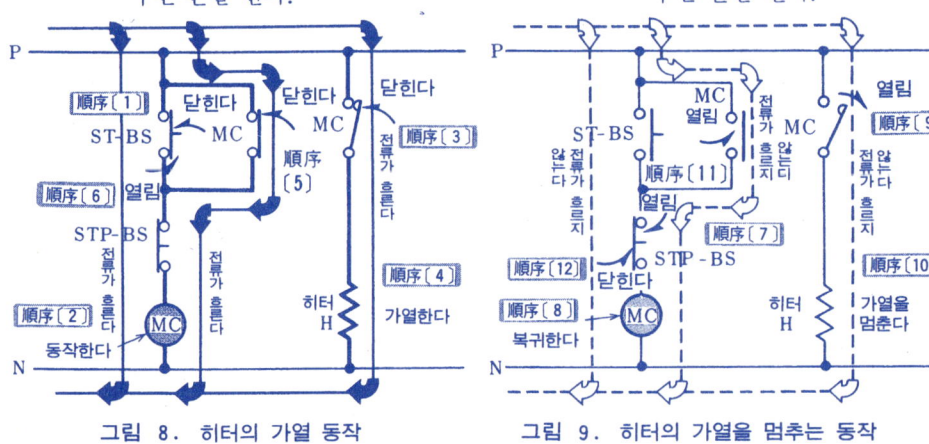

그림 8. 히터의 가열 동작   그림 9. 히터의 가열을 멈추는 동작

❖ 이 회로는 전자 접촉기 MC의 자기의 보조 a접점 MC로써 동작이 유지되기 때문에 자기 유지 회로라 한다.

(2) 이 회로의 타임 차트는 그림 10과 같이 된다.

❖ 이 회로에서는 시동 신호인 버튼 스위치 ST-BS와 정지 신호인 버튼 스위치 STP-BS를 단시간만 누름으로써 시동 및 정지를 시킬 수 있는 것이 특징이다.

❖ 이 회로는 혼히 사용되는 기본 회로이므로 반드시 기억해 두기 바란다.

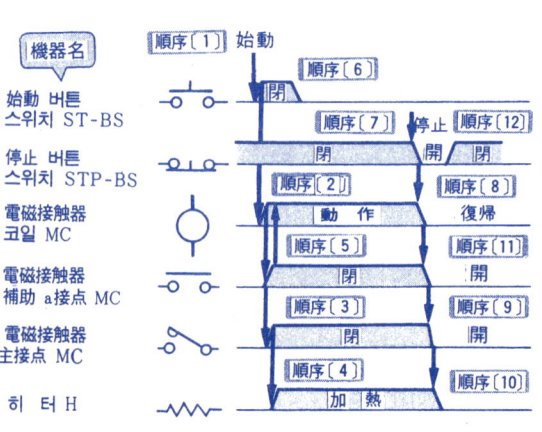

그림 10. 타임 차트의 해답

— 414 —

2 동작의 시간적 변화를 나타내는 타임 차트 어택 문제

어 택 1

버튼·스위치를 3개 병렬로 접속한 그림 11의 회로가 있다.
(1) 이 회로는 어느 것인가의 접점이 닫히(ON)면 램프가 □등하기 때문에 □ 회로라 한다.
(2) 각 버튼 스위치를 그림 12와 같이 조작했을 때 램프의 점멸 동작을 타임 차트로 표현하라.

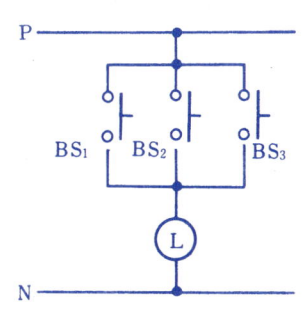

그림 11. 버튼 스위치 3개 병렬회로

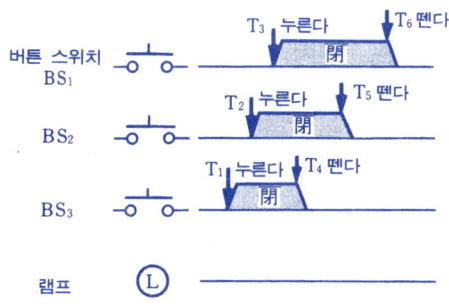

그림 12. 타임 차트

어택 1 해답

(1) 이 회로는 3개의 버튼 스위치 가운데 어느 스위치를 눌러 닫히(ON)더라도 램프 L은 점등한다. 따라서 OR 회로이다.
이 경우 3개의 버튼 스위치로 입력 신호가 부여되기 때문에 3입력의 OR 회로라 한다.
(2) 어느 버튼 스위치가 닫히더라도 램프 L이 점등하기 때문에 시간 T_1에서 T_6까지 연속해서 점등한다(그림 13).

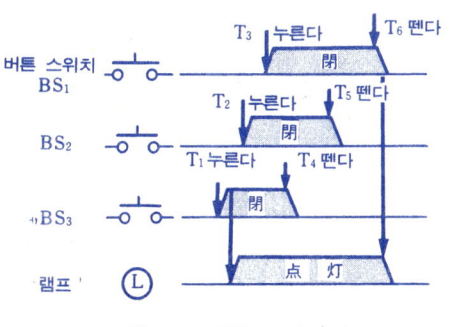

그림 13. 타임 차트의 해답

● 어택 포인트 ● ─────────────(타임 차트)

❖ 타임 차트는 각 제어 기기의 동작의 관련을 순차, 시간적으로 표현하는 데에 이용된다. 타임 차트는 입력 신호가 어떻게 들어오면 출력 신호가 어떻게 되는가 그 관련을 표현하는 데에 이용된다.
❖ 논리 회로에서의 입력 신호의 입력 조건과 이에 대한 출력 신호의 관계를 표현하는 타이밍 차트로서도 이용된다.

릴레이 시이퀀스 연습 교실

2 동작의 시간적 변화를 나타내는 타임 차트 어택 문제

· 어 택 2

그림 14는 전자 릴레이에 의한 2 입력의 AND 회로의 시이퀀스도의 예이다.

입력 신호로서 버튼 스위치 BS_1과 BS_2를 그림 15와 같이 조작했을 때의 타임 차트를 그려라.

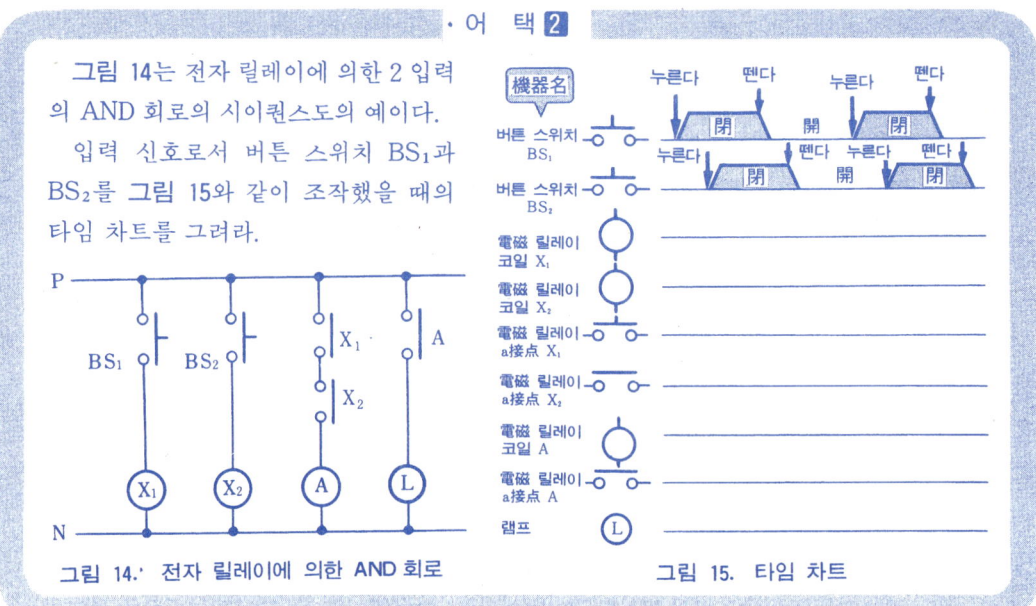

그림 14. 전자 릴레이에 의한 AND 회로

그림 15. 타임 차트

어택 2 해답

❖ 타임 차트는 그림 16과 같이 된다. 입력 신호인 버튼 스위치 BS_1과 BS_2 T_6 및 T_7 사이에만 램프 L이 점등한다. 동작의 상세에 관해서는 스스로 생각하기 바란다.

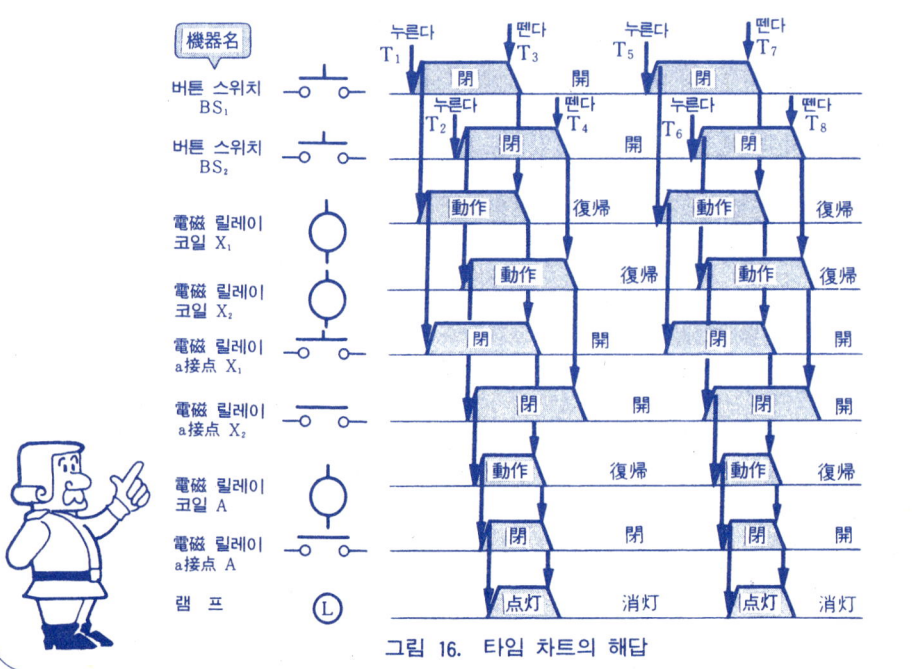

그림 16. 타임 차트의 해답

— 416 —

15 無接點 시이퀀스 演習教室

이 장의 포인트

 이 장에서는 무접점 시이퀀스, 로직 시이퀀스(논리 회로)의 연습 문제를 정리하고 있다. 기초적인 트레이닝 문제를 풀었으면 다시 레벨-업한 어택 문제에 도전하기 바란다.
 (1) 논리 회로의 기본인 AND, OR, NOT, NAND, NOR 회로의 논리 기호를 기억하고 동작표, 타임 차트에서 동작을 시간적으로 살펴 보기로 한다.
 (2) 플립플롭 회로도 흔히 사용되는 기본 논리 회로이다. 그 동작의 방식을 충분히 이해한다.
 (3) 시간차를 부여하는 타이머 회로는 미분 회로, 단안정 멀티바이브레이터 회로 등 널리 사용되고 있다. 충분히 자기 것으로 익혀 둔다.
 (4) 논리 대수를 알고 있으면 시이퀀스 회로를 작성할 때 편리하다. 논리식에서 논리 회로로, 논리 회로에서 논리식으로 어느 것으로나 변환시킬 수 있도록 한다.

1. AND 회로 · OR 회로의 문제

1 AND 회로 · OR 회로의 트레이닝 문제

트레이닝 [1]

다음 문장의 □ 속에 적당한 단어를 기입하라.
(1) 입력 신호가 모두 「1」일 때, 출력 신호가 「1」로 되는 게이트 회로를 □ 회로라 한다.
(2) 입력 신호 중 하나라도 「1」이라면 출력 신호가 「1」로 되는 게이트 회로를 □ 회로라 한다.

● 트레이닝 [1]의 해답 ●

(1) AND 또는 논리적　　(2) OR 또는 논리화

트레이닝 [2]

아래 그림의 회로에 있어서 입력 신호가 도시하는 바와 같이 부여되었을 때의 출력 신호를 □ 속에 기입하라.

(1) 入力 「1」「1」 出力 □　　　　(2)

(3) 　　　　(4)

● 트레이닝 [2]의 해답 ●

(1)「1」　(2)「0」　(3)「1」　(4)「0」

트레이닝 [3]

AND 회로에 있어서 아래와 같은 타이밍 차트에서 입력 신호 X_1, X_2가 부여되었을 때의 출력 신호 A를 그려라.

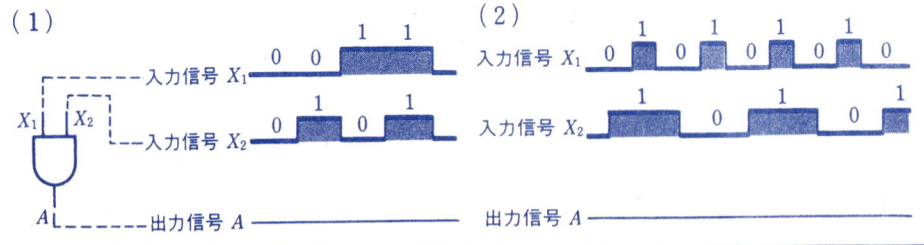

● 트레이닝 [3]의 해답 ●

- 타이밍 차트란 시간적으로 변화하는 입력 신호에 대하여 출력 신호가 시간적으로 어떻게 변화하는가를 입·출력을 대응시켜 나타낸 차트를 말한다.

1. AND 회로·OR 회로의 문제

(1)의 타이밍 차트

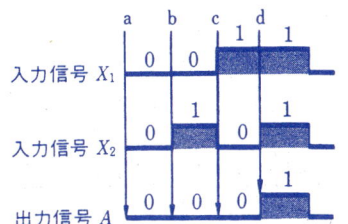

● AND 회로의 동작표에서 다음과 같이 된다.
(a) $X_1 =$ 「0」, $X_2 =$ 「0」 → $A =$ 「0」
(b) $X_1 =$ 「0」, $X_2 =$ 「1」 → $A =$ 「0」
(c) $X_1 =$ 「1」, $X_2 =$ 「0」 → $A =$ 「0」
(d) $X_1 =$ 「1」, $X_2 =$ 「1」 → $A =$ 「1」

(2)의 타이밍 차트

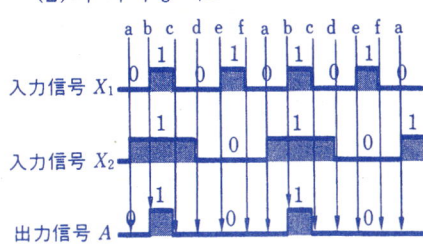

● AND 회로의 동작표에서 다음과 같이 된다.
(a) $X_1 =$ 「0」, $X_2 =$ 「1」 → $A =$ 「0」
(b) $X_1 =$ 「1」, $X_2 =$ 「1」 → $A =$ 「1」
(c) $X_1 =$ 「0」, $X_2 =$ 「1」 → $A =$ 「0」
(d) $X_1 =$ 「0」, $X_2 =$ 「0」 → $A =$ 「0」
(e) $X_1 =$ 「1」, $X_2 =$ 「0」 → $A =$ 「0」
(f) $X_1 =$ 「0」, $X_2 =$ 「0」 → $A =$ 「0」

트레이닝 [4]

아래 그림의 게이트 회로에 있어서 입출력 신호가 도시하는 바와 같이 부여되었을 때의 출력 신호를 □ 속에 기입하라.

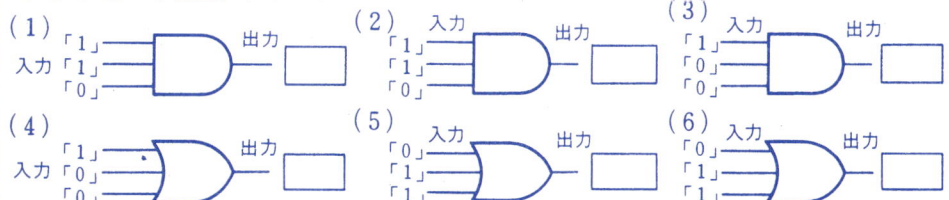

●—— 트레이닝 [4]의 해답 ——●
(1) 「1」   (2) 「0」   (3) 「0」   (4) 「0」   (5) 「1」   (6) 「1」

트레이닝 [5]

OR 회로에 있어서 아래 그림과 같은 타이밍 차트에서 입력 신호 X_1, X_2가 부여되었을 때의 출력 신호 A를 그려라.

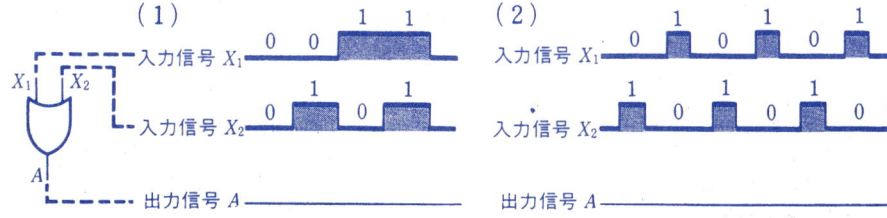

1 AND회로 · OR회로의 트레이닝 문제

● 트레이닝 [5]의 해답 ●

(1)의 타이밍 차트   (2)의 타이밍 차트

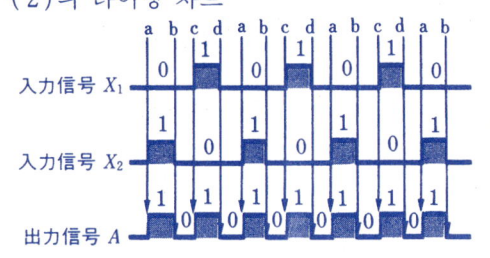

- OR 회로의 동작표에서 다음과 같이 된다.
  - (a) $X_1=$「0」, $X_2=$「0」 → $A=$「0」
  - (b) $X_1=$「0」, $X_2=$「1」 → $A=$「1」
  - (c) $X_1=$「1」, $X_2=$「0」 → $A=$「1」
  - (d) $X_1=$「1」, $X_2=$「1」 → $A=$「1」

- OR 회로의 동작표에서 다음과 같이 된다.
  - (a) $X_1=$「0」, $X_2=$「1」 → $A=$「1」
  - (b) $X_1=$「0」, $X_2=$「0」 → $A=$「0」
  - (c) $X_1=$「1」, $X_2=$「0」 → $A=$「1」
  - (d) $X_1=$「0」, $X_2=$「0」 → $A=$「0」

트레이닝 [6]

아래의 논리 회로에 있어서 입력 신호가 도시하는 바와 같이 부여되었을 때 회로도 가운데의 각 □ 속에 출력되는 신호를 기입하라.

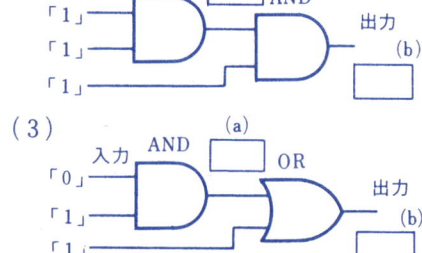

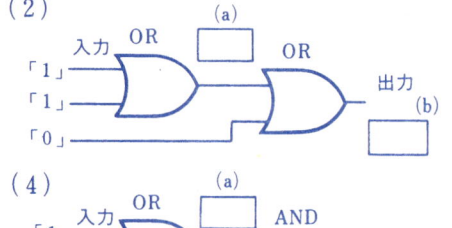

● 트레이닝 [6]의 해답 ●

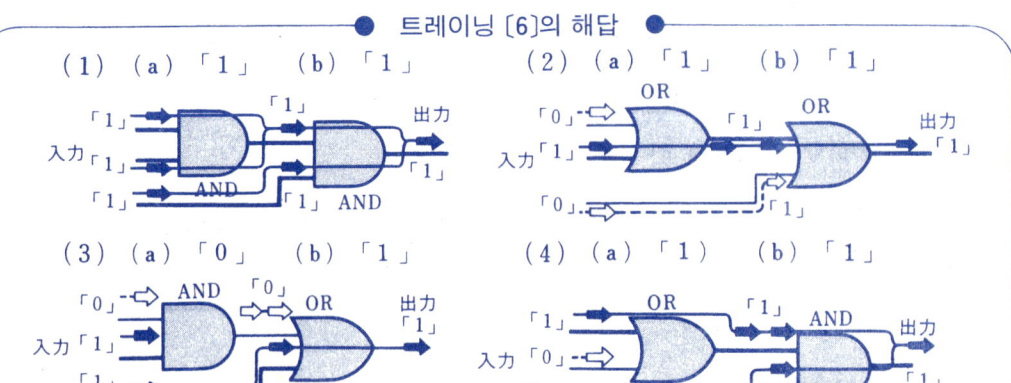

1. AND 회로·OR 회로의 문제

2 AND 회로·OR 회로의 어택 문제

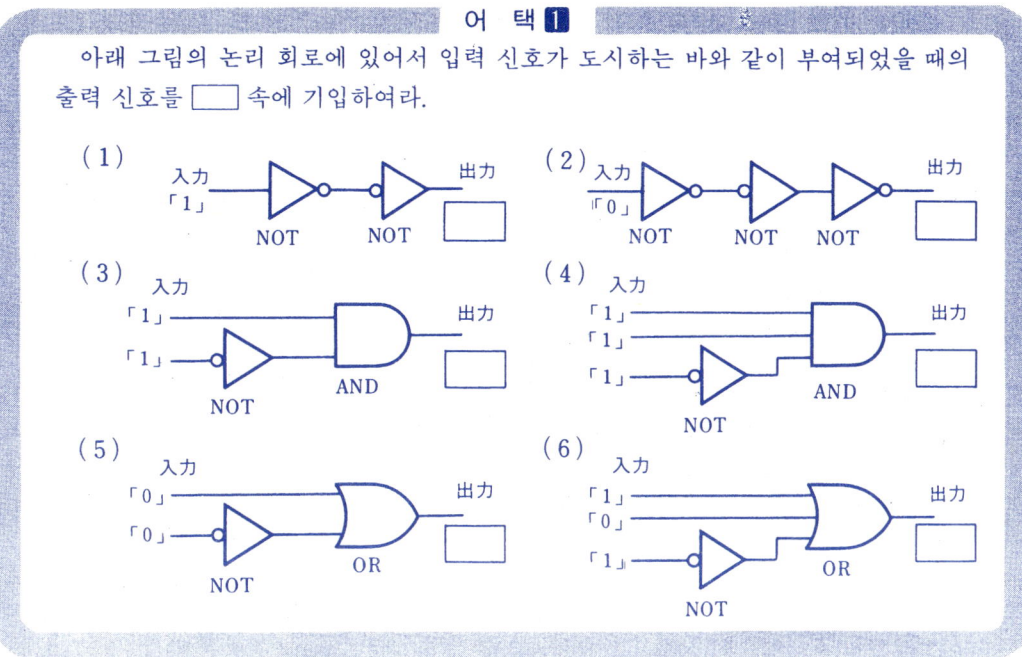

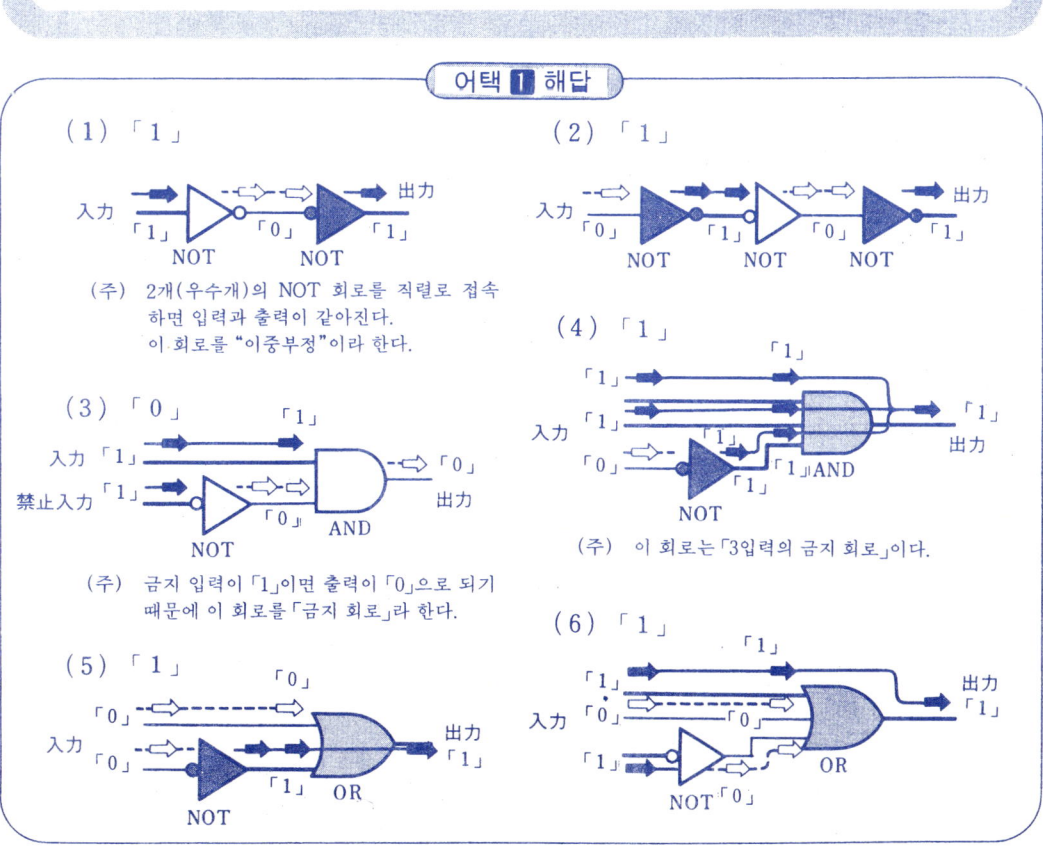

- 421 -

② AND 회로·OR 회로의 어택 문제

어택 2

아래의 논리 회로에 있어서 입력 신호가 도시한 바와 같이 부여되었을 때, 회로도 가운데의 각 □ 속에 출력되는 신호를 기입하라.

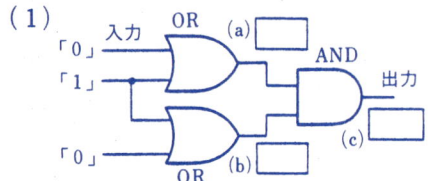
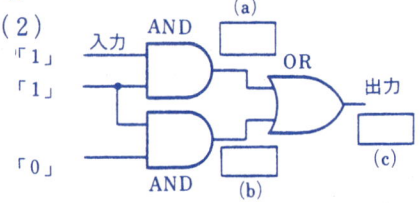

어택 2 해답

(1) (a) 「1」 (b) 「1」 (c) 「1」 (2) (a) 「1」 (b) 「0」 (c) 「1」

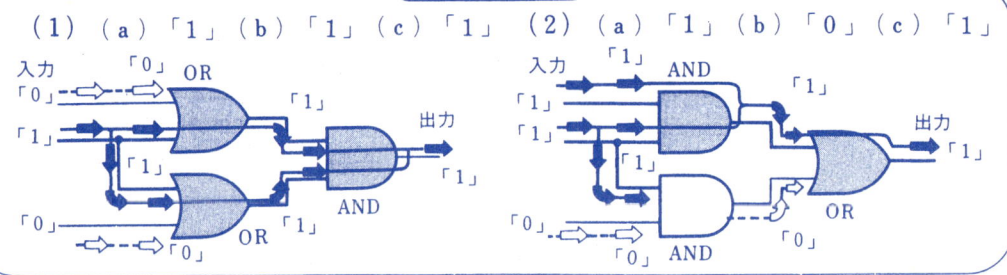

어택 3

아래 그림은 배타적 OR 회로의 논리 회로도이다. 도시한 바와 같이 입력 신호가 부여되었을 때의 출력 신호를 기입하라. 또 아래 그림의 타이밍 차트를 완성하라.

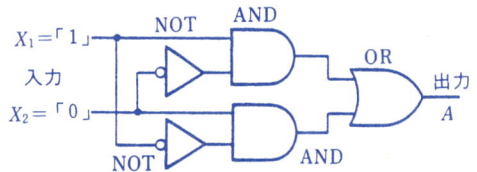
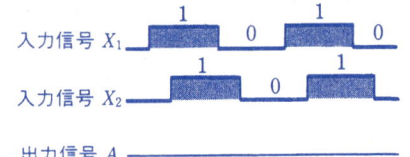

어택 3 해답

- 이 회로는 2개의 입력 신호가 상호 「1」, 「0」으로 달라진 상태일 때에만 출력 신호가 「1」로 되기 때문에 「반일치 회로」라고도 한다.

- 이 회로의 논리 기호는 아래 그림과 같이 표현한다.

- 타이밍 차트는 아래와 같이 된다. 스스로 그 동작을 확인하라.

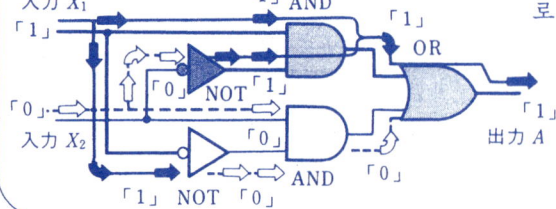
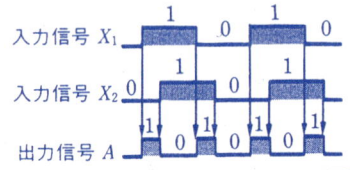

2. NAND 회로 · NOR 회로의 문제

1 NAND 회로 · NOR 회로의 트레이닝 문제

트레이닝 [1]

NAND 회로에 있어서 아래 그림과 같은 타이밍 차트에서 입력 신호 X_1, X_2가 부여되었을 때의 출력 신호 A를 그려라.

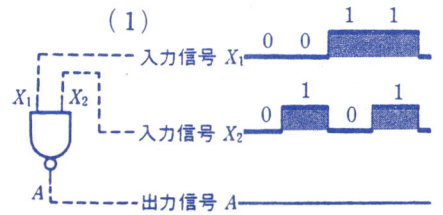
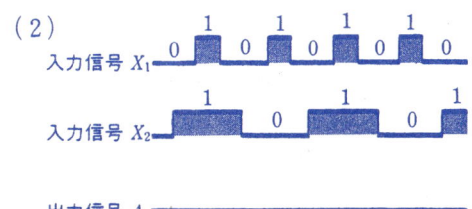

● 트레이닝 [1]의 해답 ●

(1)의 타이밍 차트

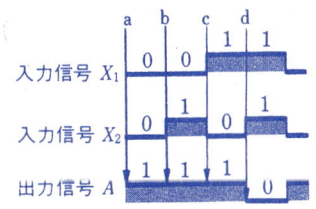

● NAND 회로의 동작표에서 다음과 같이 된다.
(a) $X_1=$「0」, $X_2=$「0」 → $A=$「1」
(b) $X_1=$「0」, $X_2=$「1」 → $A=$「1」
(c) $X_1=$「1」, $X_2=$「0」 → $A=$「1」
(d) $X_1=$「1」, $X_2=$「1」 → $A=$「0」

(2)의 타이밍 차트

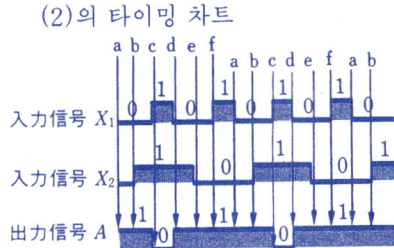

● NAND 회로의 동작표에서 다음과 같이 된다.
(a) $X_1=$「0」, $X_2=$「0」 → $A=$「1」
(b) $X_1=$「0」, $X_2=$「1」 → $A=$「1」
(c) $X_1=$「1」, $X_2=$「1」 → $A=$「0」
(d) $X_1=$「0」, $X_2=$「1」 → $A=$「1」
(e) $X_1=$「0」, $X_2=$「0」 → $A=$「1」
(f) $X_1=$「1」, $X_2=$「0」 → $A=$「1」

트레이닝 [2]

NOR 회로에 있어서 아래 그림과 같은 타이밍 차트에서 입력 신호 X_1, X_2가 부여되었을 때의 출력 신호 A를 그려라.

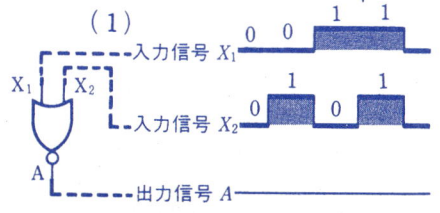
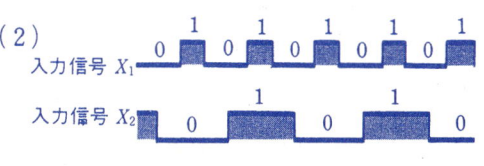

1 NAND 회로·NOR 회로의 트레이닝 문제

● 트레이닝 [2]의 해답 ●

(1)의 타이밍 차트

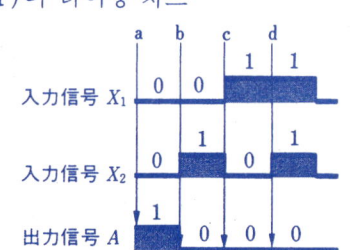

(2)의 타이밍 차트

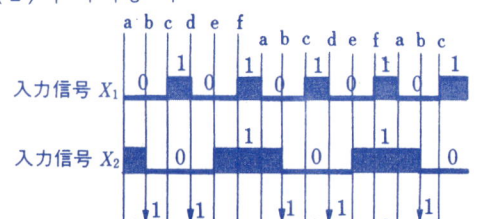

● NOR 회로의 동작표에서 다음과 같이 된다.
(a) $X_1=$ 「0」, $X_2=$ 「0」 → $A=$ 「1」
(b) $X_1=$ 「0」, $X_2=$ 「1」 → $A=$ 「0」
(c) $X_1=$ 「1」, $X_2=$ 「0」 → $A=$ 「0」
(d) $X_1=$ 「1」, $X_2=$ 「1」 → $A=$ 「0」

● NOR 회로의 동작표에서 다음과 같이 된다.
(a) $X_1=$ 「0」, $X_2=$ 「1」 → $A=$ 「0」
(b) $X_1=$ 「0」, $X_2=$ 「0」 → $A=$ 「1」
(c) $X_1=$ 「1」, $X_2=$ 「0」 → $A=$ 「0」
(d) $X_1=$ 「0」, $X_2=$ 「0」 → $A=$ 「1」
(e) $X_1=$ 「0」, $X_2=$ 「1」 → $A=$ 「0」
(f) $X_1=$ 「1」, $X_2=$ 「1」 → $A=$ 「0」

트레이닝 [3]

아래 그림의 논리 회로에 있어서 입력 신호가 도시하는 바와 같이 부여되었을 때, 회로 가운데의 각 □ 속에 출력되는 신호를 기입하라.

(1)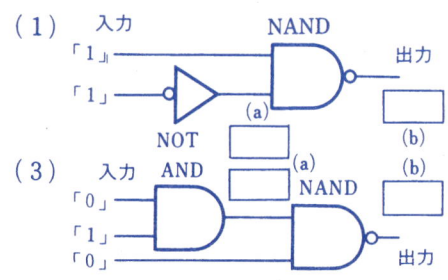

(2)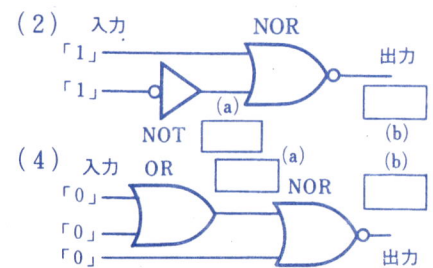

● 트레이닝 [3]의 해답 ●

(1) (a) 「1」 (b) 「0」

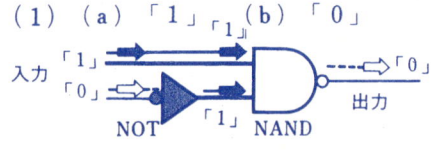

(2) (a) 「0」 (b) 「0」

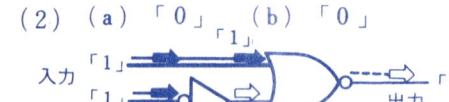

(3) (a) 「0」 (b) 「1」

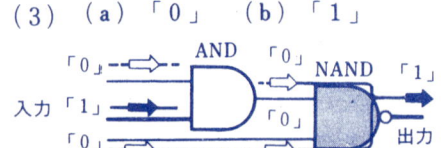

(4) (a) 「0」 (b) 「1」

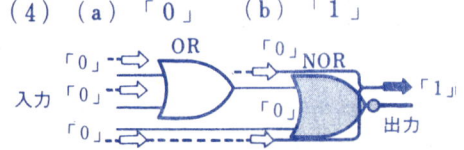

2 NAND 회로 · NOR 회로의 어택 문제

> **어 택 1**
>
> NAND 회로를 이용하여 다음의 게이트 회로를 조립하라.
> (1) NOT 回路 (2) AND 回路 (3) OR 回路 (4) NOR 回路

어택 1 해답

(1) NAND 회로 → NOT 회로
- NAND 소자의 모든 입력 단자를 사용하는 단자에 접속하여 하나의 단자로 하면 NOT 회로가 된다.

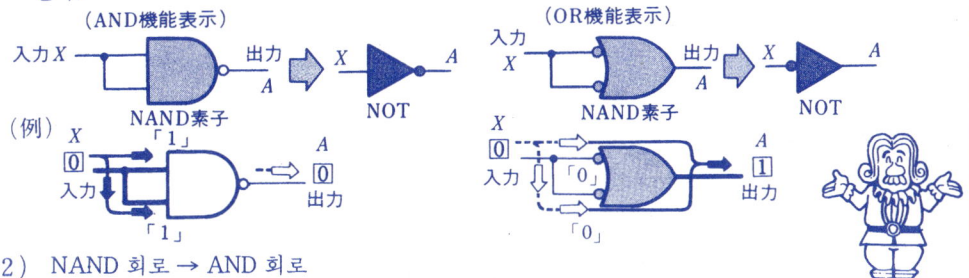

(2) NAND 회로 → AND 회로
- NAND 소자의 출력 단자에 NOT 회로를 접속하면 AND 회로가 된다.

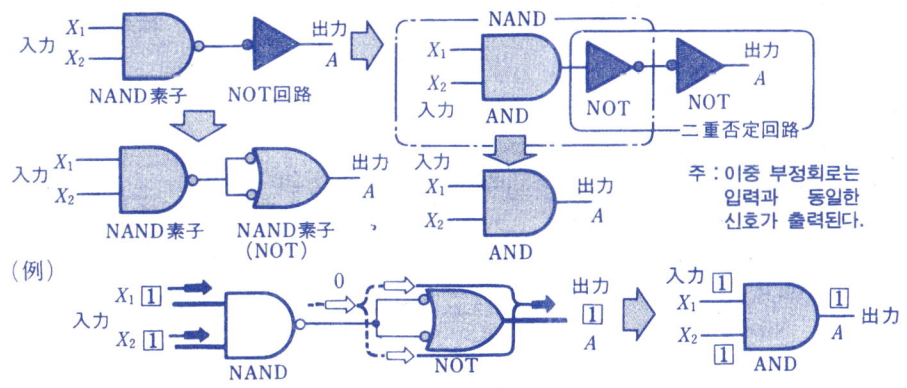

주: 이중 부정회로는 입력과 동일한 신호가 출력된다.

(3) NAND 회로 → OR 회로
- NAND 소자의 입력 단자에 NOT 회로를 접속하면 OR 회로가 된다.

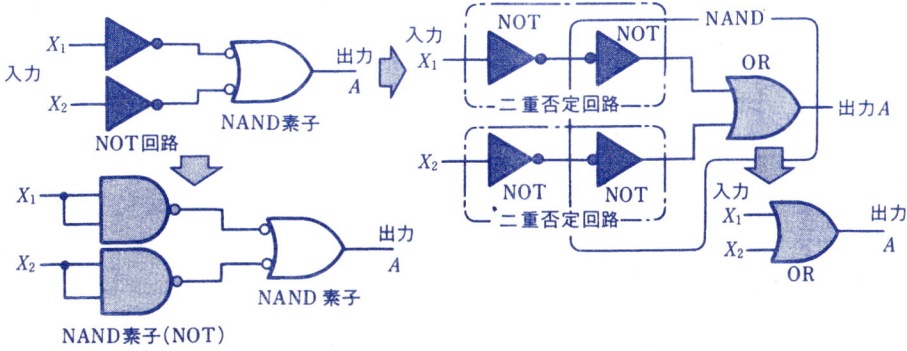

② NAND 회로·NOR 회로의 어택 문제

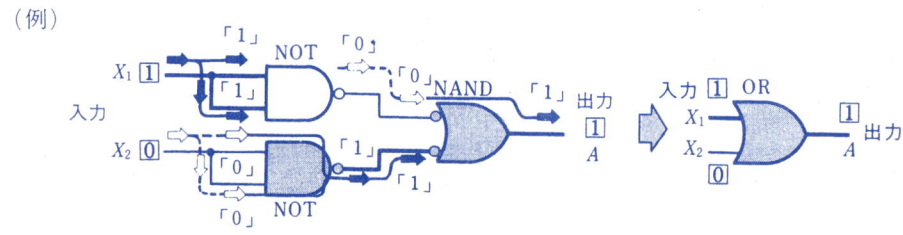

(4) NAND 회로 → NOR 회로
- NAND 소자의 입력 단자 및 출력 단자에 각각의 NOT 회로를 접속하면 NOR 회로가 된다.

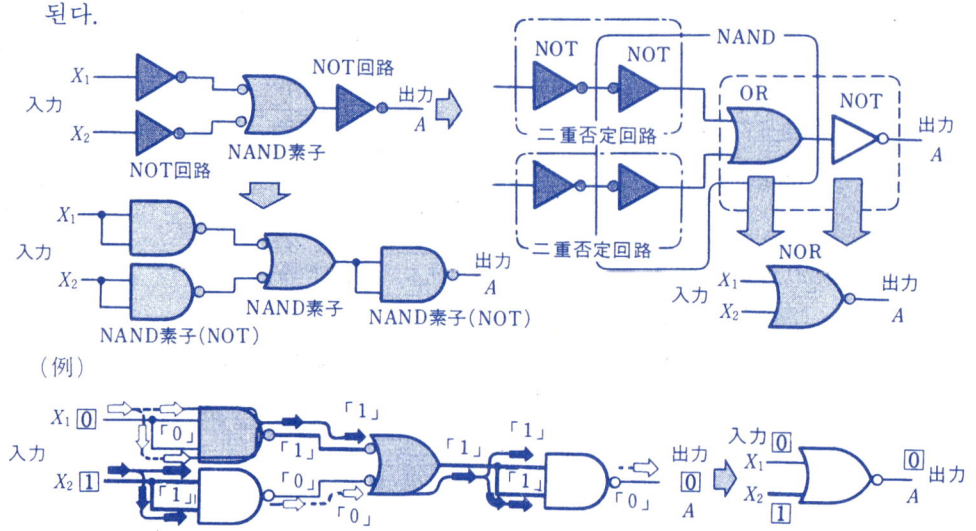

어 택 ②

아래 그림은 NOR 회로를 이용한 게이트 회로를 나타낸 것이다. 어떠한 논리 기능을 해내고 있는가 그 게이트 회로명을 기입하라.

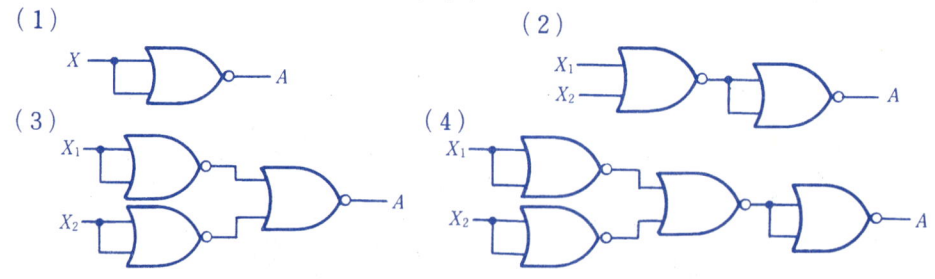

어택 ② 해답

(1) NOT 回路 (2) OR 回路 (3) AND 回路 (4) NAND 回路
- 어택 ❶ 의 해답을 참고로 하여 게이트 회로 각각의 동작을 확인하라.

2. NAND 회로・NOR 회로의 문제

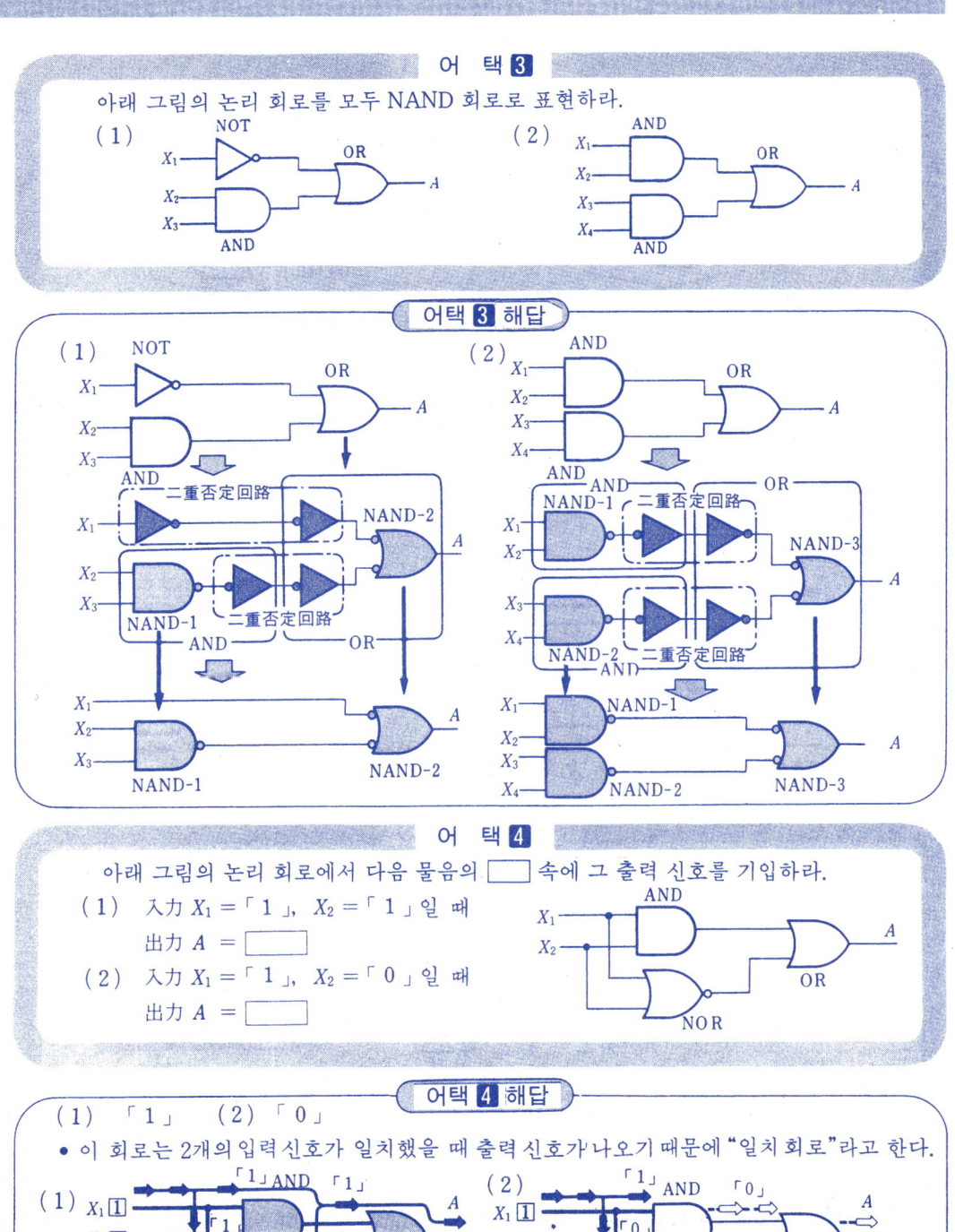

3. 플립·플롭 회로의 문제

1 동작을 기억하는 플립·플롭 회로의 트레이닝 문제

·트레이닝 [1]

아래 그림의 $RS-FF$에 있어서 입력 신호가 도시하는 바와 같이 부여되었을 때, 회로도 가운데의 각 □ 속에 출력되는 신호를 기입하라.

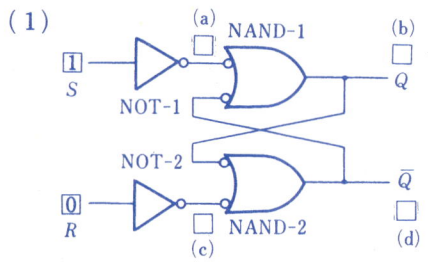
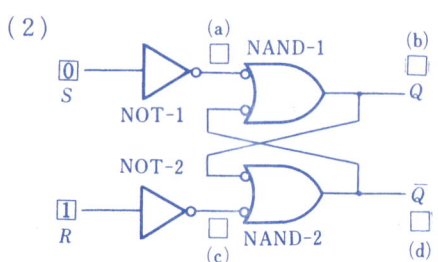

● 트레이닝 [1]의 해답 ●

(1) (a)「0」, (b)「1」, (c)「1」, (d)「0」
(2) (a)「1」, (b)「0」, (c)「0」, (d)「1」

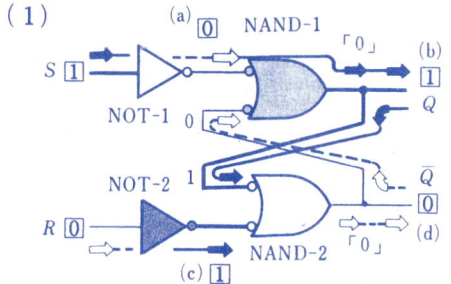
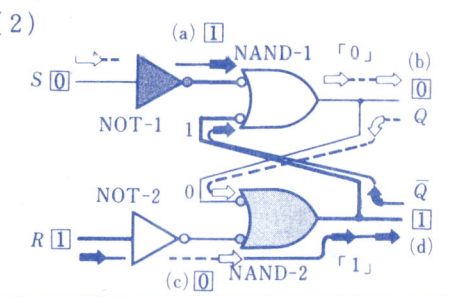

트레이닝 [2]

아래 그림은 $\overline{R}\overline{S}-FF$의 논리 회로이다. 다음의 물음에 답하라.

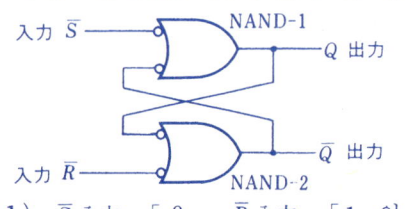

(1) $\overline{S}$ 入力=「0」, $\overline{R}$ 入力=「1」일 때
　　Q 出力=□, $\overline{Q}$ 出力=□
(2) $\overline{S}$ 入力=「1」, $\overline{R}$ 入力=「0」일 때
　　Q 出力=□, $\overline{Q}$ 出力=□

(3) 아래 그림의 타이밍 차트의 A점, B점의 $\overline{Q}$ 출력, Q 출력을 나타내라.

● 트레이닝 [2]의 해답 ●

(1) Q 출력 =「1」, $\overline{Q}$ 출력 =「0」　(2) Q 출력 =「0」, $\overline{Q}$ 출력 =「1」

주: $\overline{R}\overline{S}$-FF에서는 입력이 $\overline{R}$, $\overline{S}$로 되고 있는데 이것은 이 회로가「0」레벨 또는 음(-)의 펄스로 동작한다는 것을 의미하고 있다.

3. 플립·플롭 회로의 문제

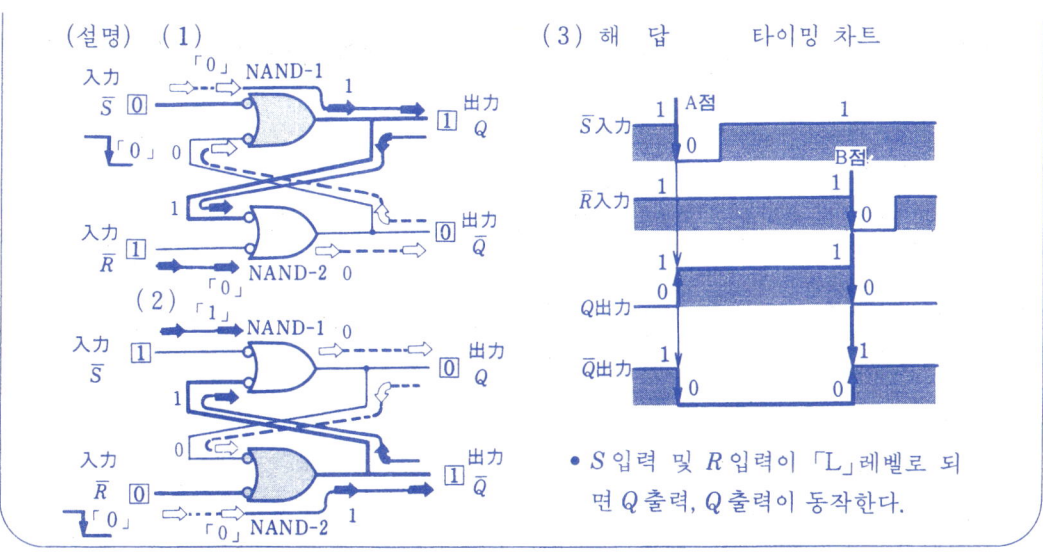

- S입력 및 R입력이 「L」레벨로 되면 Q출력, $\bar{Q}$출력이 동작한다.

트레이닝 [3]

아래 그림은 NOR 회로를 2개 사용한 RS-FF이다. 타이밍 차트의 A점, B점, C점, D점의 Q출력, $\bar{Q}$출력을 기입하라.

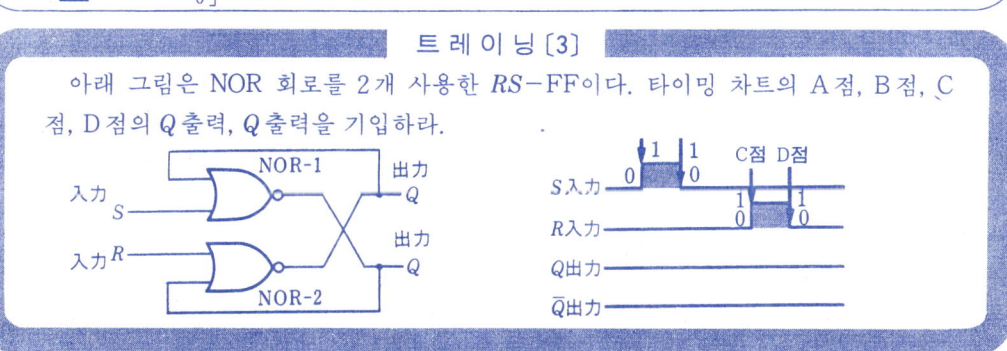

● 트레이닝 [3]의 해답 ●

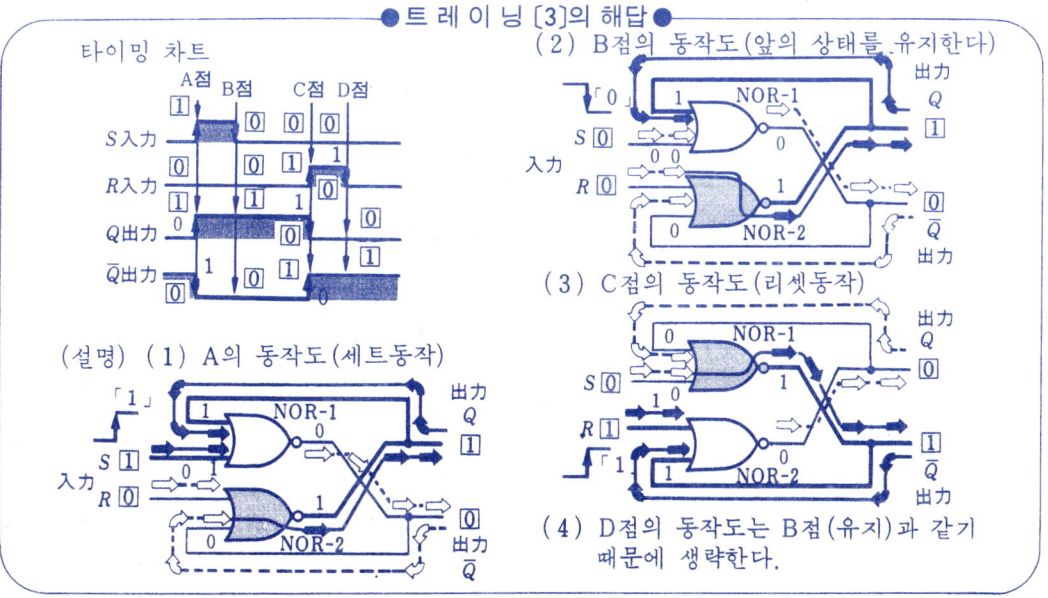

(설명) (1) A의 동작도 (세트동작)
(2) B점의 동작도 (앞의 상태를 유지한다)
(3) C점의 동작도 (리셋동작)
(4) D점의 동작도는 B점 (유지)과 같기 때문에 생략한다.

— 429 —

① 동작을 기억하는 플립·플롭 회로의 트레이닝 문제

트레이닝 [4]

아래 그림의 NAND 회로를 이용한 RS-FF에 있어서 S입력과 R입력에 동시에 「1」이 입력되었을 경우의 Q출력, $\overline{Q}$출력을 구하라.

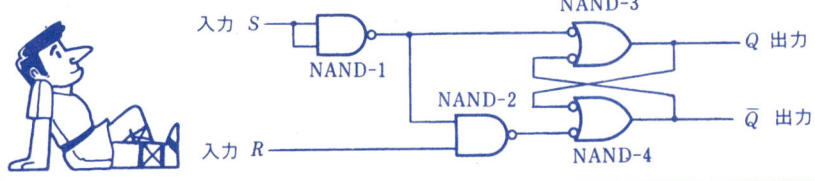

● 트레이닝 [4]의 해답 ●

Q出力=「1」, $\overline{Q}$出力=「0」

(설 명)

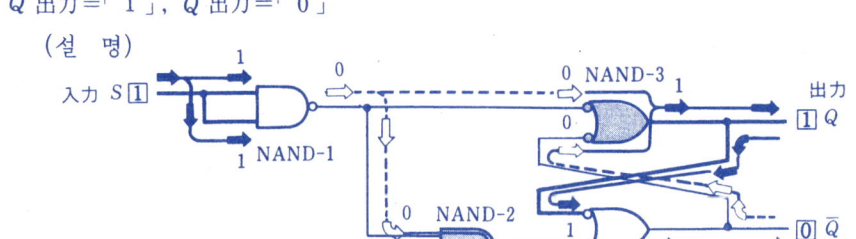

- RS-FF는 S입력과 R입력에 동시에 「1」이 입력되면 출력이 "부정"으로 되지만 이 회로에서는 반드시 세트 S입력이 우선되기 때문에 세트 우선 RS-FF라 한다.

트레이닝 [5]

아래 그림의 NAND 회로를 이용한 $\overline{R}\ \overline{S}$-FF에 있어서 S입력과 R입력에 동시에 「0」이 입력되었을 경우의 Q출력, $\overline{Q}$출력을 구하여라.

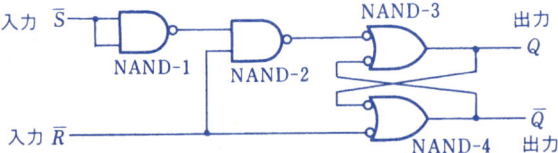

● 트레이닝 [5]의 해답 ●

Q出力=「0」, $\overline{Q}$出力=「1」

(설 명)

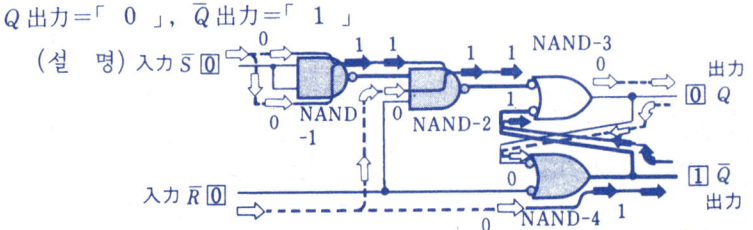

- 이 회로에서는 $\overline{S}$입력과 $\overline{R}$입력에 동시에 「0」이 입력되었을 때, 반드시 리셋 입력이 우선하기 때문에 리셋 우선 RS-FF라 한다.

3. 플립·플롭 회로의 문제

❷ 동작을 기억하는 플립·플롭 회로의 어택 문제

어 택 ❶

아래 그림은 NAND 회로를 이용한 RST−FF이다. 타이밍 차트로 클록 펄스 T가 입상하는 A점, B점의 Q출력, $\overline{Q}$출력을 구하라.

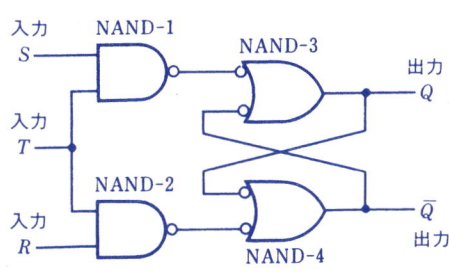
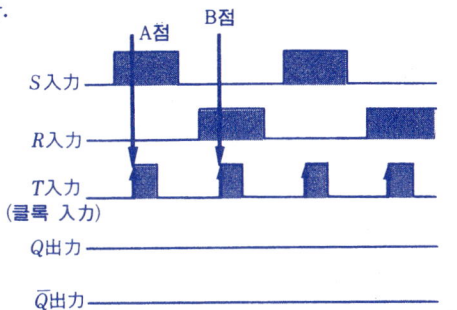

어택 ❶ 해답

설명

(1) A점의 동작도(세트동작)
  S入力=「1」, R入力=「0」, T入力=「1」

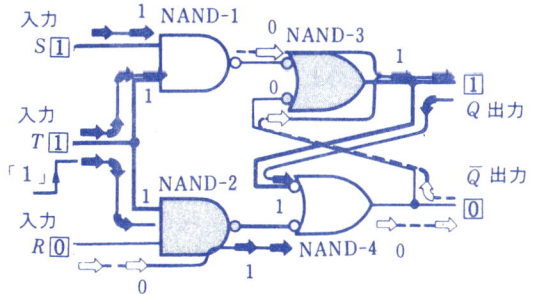

- 세트 동작(A점) S입력이 「1」, R입력이 「0」일 때, 클록 펄스 T가 가해(입상한다: 「1」)지면 Q출력은 「1」, $\overline{Q}$출력은 「0」으로 되어 세트 상태로 안정된다.

- 리셋 동작(B점) S입력이 「0」, R입력이 「1」일 때, 클록 펄스 T가 가해(입상한다: 「1」)지면 Q출력은 「0」, $\overline{Q}$출력은 「1」로 되어 리셋 상태로 안정된다.

(2) B점의 동작도(리셋동작)
  S入力=「0」, R入力=「1」, T入力=「1」

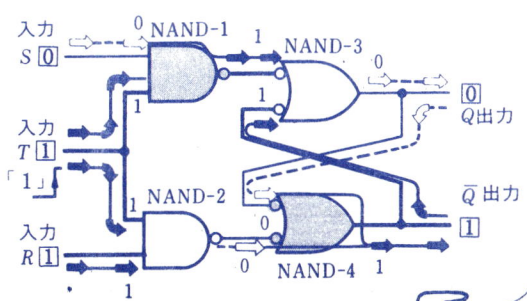

어 택 ❷

다음의 그림은 NAND 회로를 이용한 D−FF 이다. 타이밍 차트에서 클록 펄스 CK가 입상하는 A점, B점의 Q출력, $\overline{Q}$출력을 구하라.

❷ 동작을 기억하는 플립·플롭 회로의 어택 문제

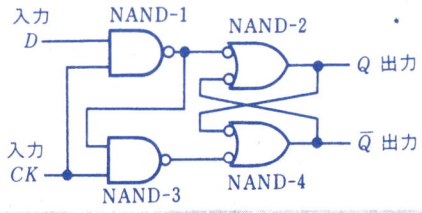
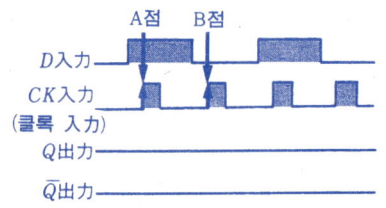

어택 ❷ 해답

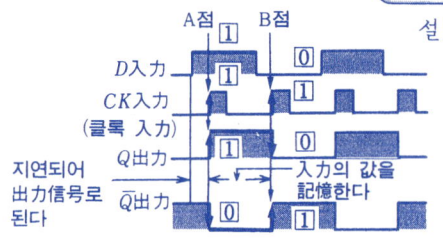

- D입력이 입상한 다음 클록 펄스의 리딩-에지가 올 때까지의 시간만큼 지연(Delay)되어 출력 신호로 되기 때문에 지연(D)형 FF라 한다.
- D입력이 「1」일 때에 클록 펄스가 들어오면 다음의 클록 펄스가 가해질 때까지 출력을 「1」로 유지하여 입력 값을 기억해 준다.

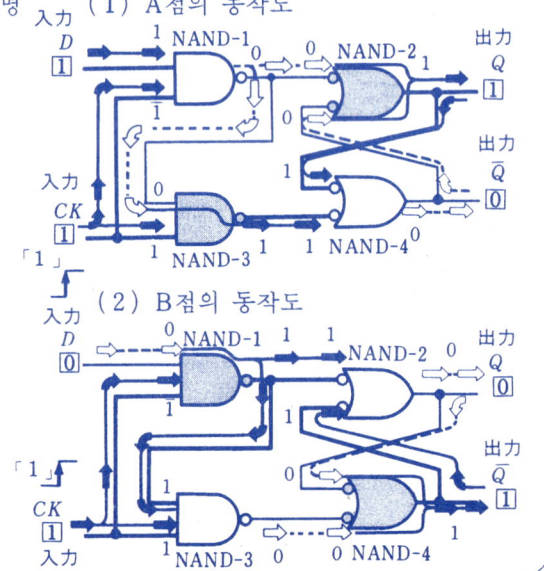

어택 ❸

RST-FF를 오른쪽 그림과 같이 접속하고 그 때의 Q출력, $\overline{Q}$출력이 도시하는 바와 같다고 한다. 클록 펄스를 가했을 때의 Q출력, $\overline{Q}$출력을 구하라.

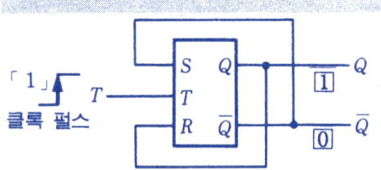

어택 ❸ 해답

Q出力=「0」, $\overline{Q}$出力=「1」

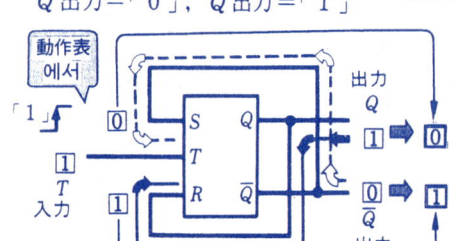

動作表

R	S	T	Q	$\overline{Q}$
1	0	⊥	0	1

● 이 회로에서는 클록 펄스 T를 가하면 Q출력, $\overline{Q}$출력이 반전해 준다. 이것은 T-FF의 기능을 지니고 있다는 것을 알 수 있다. (RST-FF → T-FF)

4. 시간 지연이 있는 회로의 문제

1 시간 지연이 있는 회로의 트레이닝 문제

트레이닝 [1]

아래 그림의 타이머 회로를 포함한 논리 회로에 있어서 타임 차트의 A접점, B접점의 입력 신호시의 출력 신호를 기입하라. 단, 타이머의 설정 시간은 T로 한다.

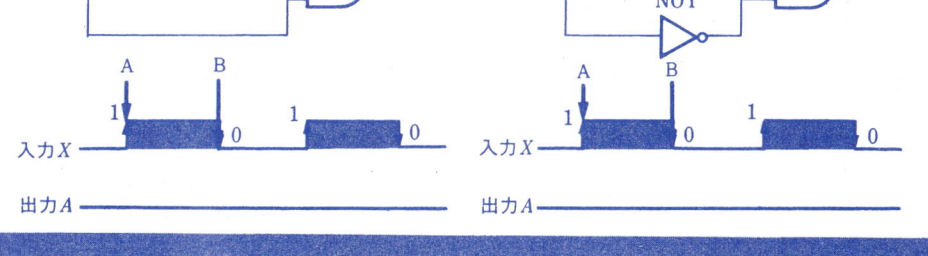

● 트레이닝 [1]의 해답 ●

설명 (a) A점의 입력신호인 때의 동작   설명 (a) A점의 입력신호인 때의 동작

(가) 설정시간 경과전의 동작   ● 오프 딜레이 타이머 회로이기 때문에 입력
                                              신호가 있는 한 동작은 계속된다.

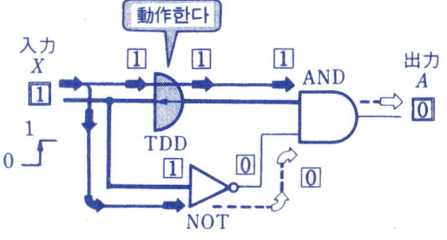

(b) B점의 입력신호인 때의 동작

(나) 설정시간 경과후의 동작   (가) 설정시간 경과전의 동작

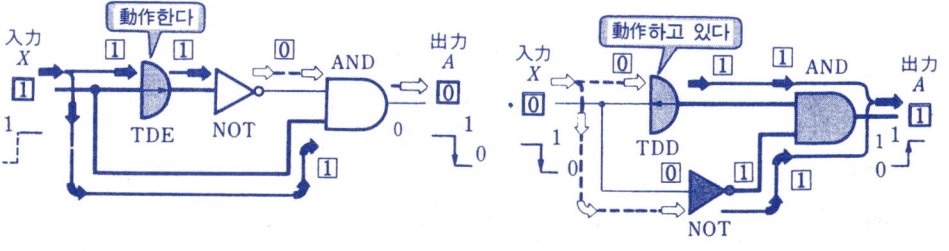

- 433 -

1 시간 지연이 있는 회로의 트레이닝 문제

(b) B점의 입력신호인 때의 동작
- 온 딜레이 타이머 회로이기 때문에 입력 신호가 없으면 복귀한 상태로 된다.

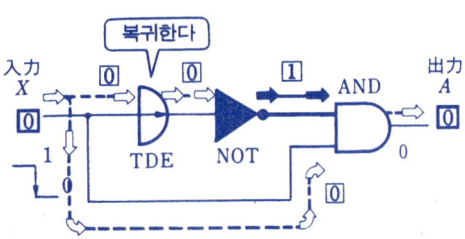

(나) 설정시간 경과후의 동작

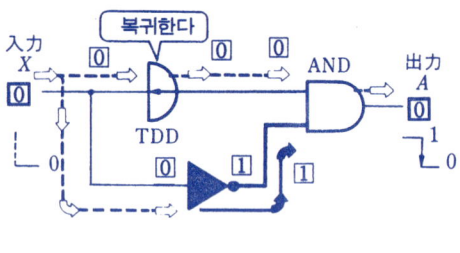

◈ 이 회로와 같이 입력 신호가 변화했을 때에 일정한 미소 시간 T만큼 출력 신호를 내는 회로를 "미분 회로"라 한다.

- 문제 (1)의 회로와 같이 입력 신호가 「0」에서 「1」로 되었을 때에 출력 신호를 내는 회로를 "온 펄스의 미분 회로"라 한다.
- 문제 (2)의 회로와 같이 입력 신호가 「1」에서 「0」으로 되었을 때에 출력 신호를 내는 회로를 "오프 펄스의 미분 회로"라 한다.

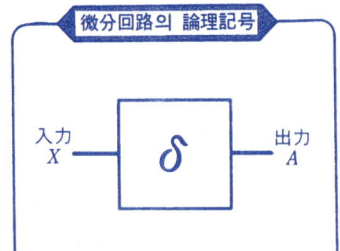

微分回路의 論理記號

트레이닝 [2]

아래 그림의 타이머 회로를 포함한 논리 회로에 있어서 타임 차트와 같이 입력 신호 X가 들어왔을 때의 출력 신호 A를 기입하라. 단, 타이머의 설정 시간은 T로 한다.

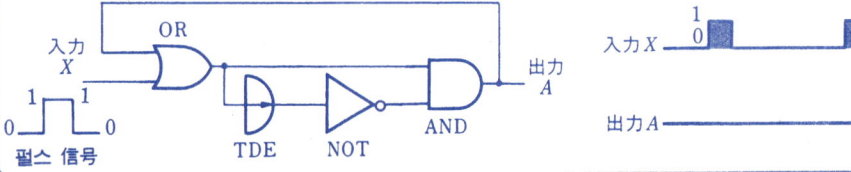

● 트레이닝 [2]의 해답 ●

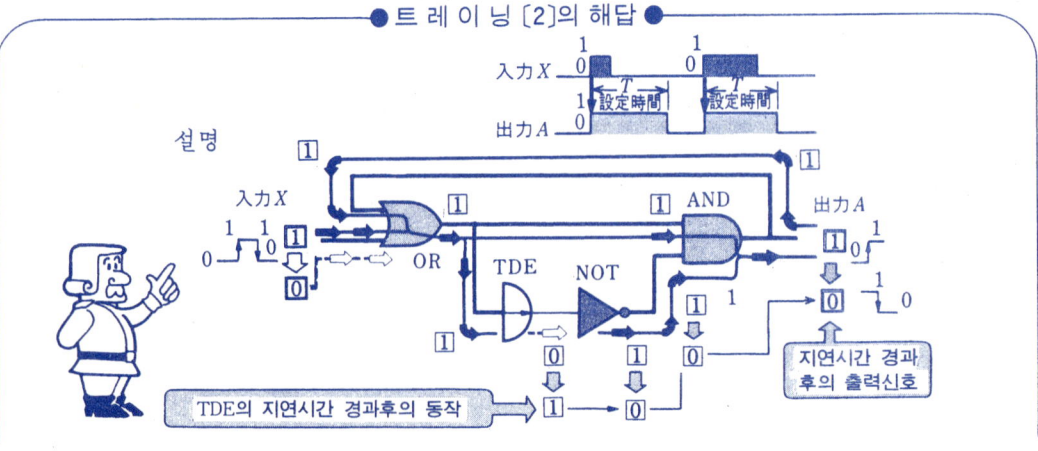

4. 시간 지연이 있는 회로의 문제

❖ 이 회로와 같이 입력 신호 X의 장단에 관계 없이 입력 신호 X가 하나 들어오면 재차 원래의 안정 상태로 자동 복귀하는 회로를 "단안정 멀티바이브레이터"라 하며 시간차가 들어 있는 회로(지연 회로)로서 흔히 사용되고 있다.

트레이닝 [3]

아래 그림의 논리 회로가 타임 차트의 동작을 충족시키는 데에 필요한 기능을 □ 속에 논리 기호로 기입하라. 또 논리 회로도로 그 동작을 설명하라.

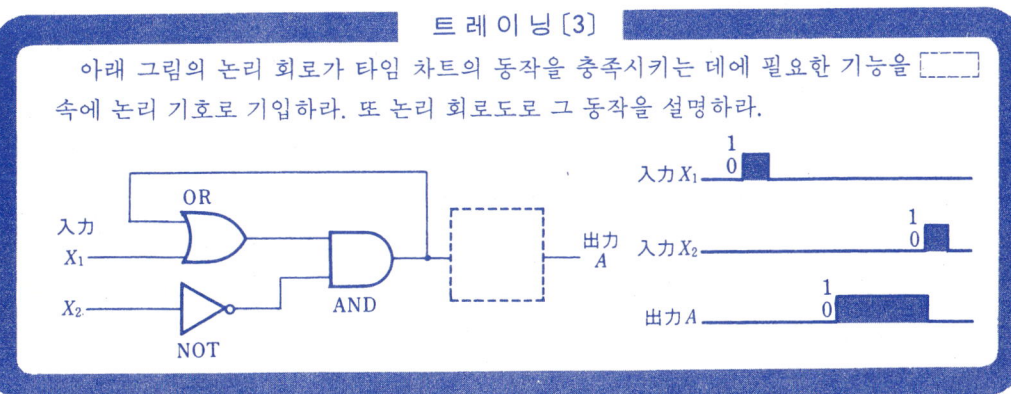

● 트레이닝 [3]의 해답 ●

동작 설명

(1) 입력 신호 X_1이 들어왔을 때의 동작
  (a) 입력 신호 X_1이 「1」로 될 지라도 타이머 TDE의 설정 시간 T가 경과하지 않으면 출력 신호 A는 「0」이다.
  (b) 타이머 TDE의 설정 시간 T가 경과하면 출력 신호 A는 「0」에서 「1」로 변한다. 따라서 이 회로는 "일정 시간 후에 동작하는 회로"로서 사용된다.

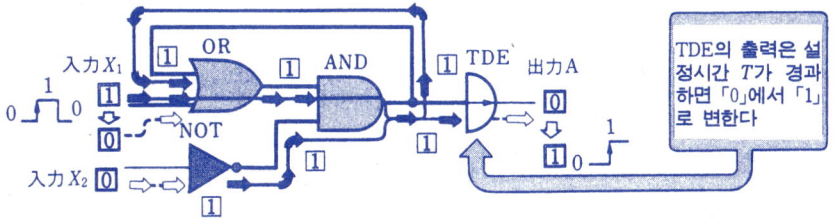

TDE의 출력은 설정시간 T가 경과하면 「0」에서 「1」로 변한다

(2) 입력 신호 X_2가 들어왔을 때의 동작
  ● 입력 신호 X_2가 「1」로 되면 AND의 입력이 「0」으로 되고 AND 출력도 「0」으로 변하여 TDE의 출력은 「0」으로 된다.

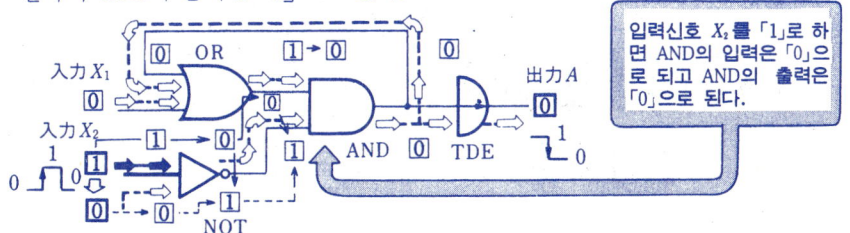

입력신호 X_2를 「1」로 하면 AND의 입력은 「0」으로 되고 AND의 출력은 「0」으로 된다.

— 435 —

② 시간 지연이 있는 회로의 어택 문제

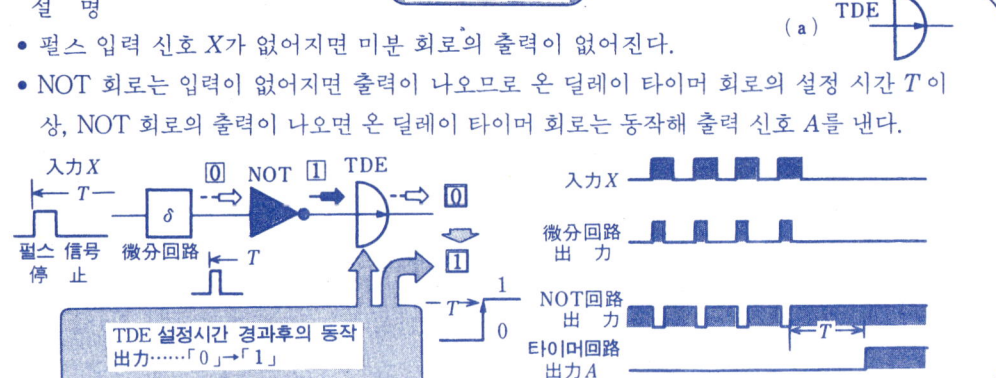

어택 ②

아래 그림은 입장자와 퇴장자를 판별하는 논리 회로의 한 예를 나타낸 것이다. 다음의 물음에 답하라.

(1) 입장했을 경우(타임 차트 A점)의 각 부의 신호를 □ 속에 기입하라.
(2) 퇴장했을 경우(타임 차트 B점)의 각 부의 신호를 □ 에 기입하라.
(3) 타임 차트를 완성하라.

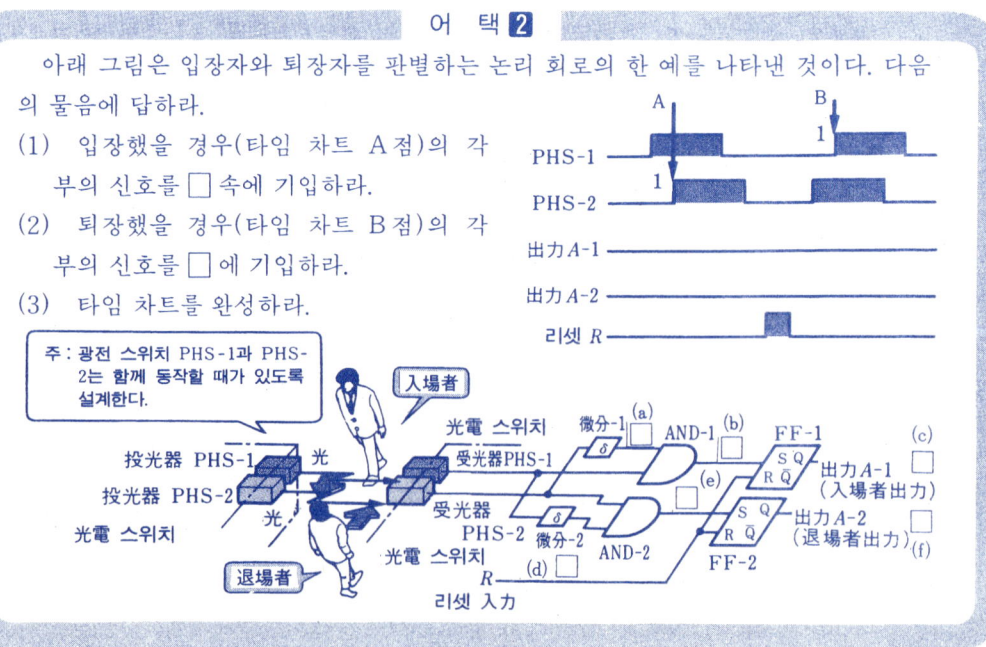

어택 2 해답

(1) (a) 「1」, (b) 「1」, (c) 「1」, (d) 「0」, (e) 「0」, (f) 「0」
(2) (a) 「0」, (b) 「0」, (c) 「0」, (d) 「1」, (e) 「1」, (f) 「1」

설 명

(1) 입장했을 경우의 동작

- 입장의 경우는 광전 스위치 PHS-1이 PHS-2보다 앞서 차광하기 때문에 미분-1의 출력 펄스만큼 AND-1의 출력이 「1」로 되어 플립 플롭 FF-1을 동작하여 Q 출력이 「1」로 된다.
- AND-2의 PHS-2에서의 입력이 「1」로 될 때는 미분-2의 출력 펄스가 「0」이기 때문에 AND-2의 출력은 「0」이다.
- 이 경우 PHS-2가 차광되고 있을 때에 PHS-1도 차광되어 있도록 각 광전 스위치를 설치한다.

(2) 퇴장했을 경우의 동작

- 퇴장의 경우 PHS-2가 PHS-1보다 앞서 차광하기 때문에 미분-2의 출력 펄스만큼 AND-2의 출력이 「1」로 되고 FF-2를 동작하여 Q 출력이 「1」로 된다.
- AND-1의 출력은 PHS-1의 입력이 「1」로 될 때 미분-1의 출력 펄스가 「0」이기 때문에 「0」으로 된다.

(3)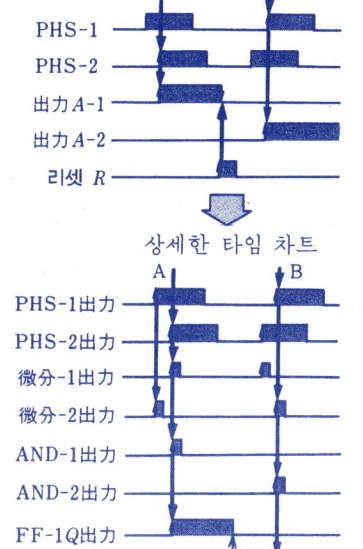

(1) 입장의 동작 그림

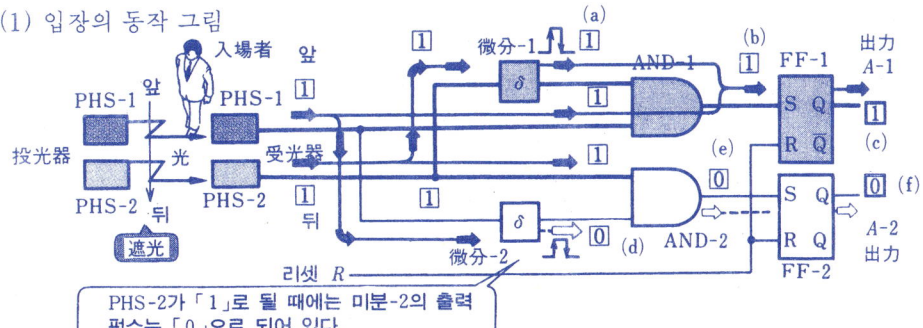

(2) 퇴장의 동작 그림

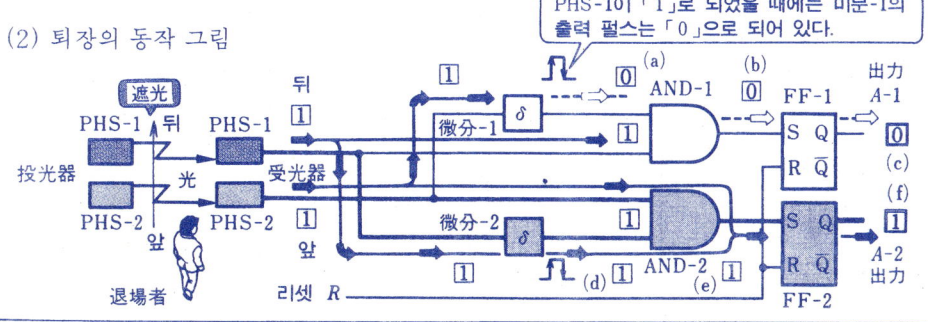

5. 논리 대수의 문제

1 논리 대수의 시이퀀스 회로에의 응용 트레이닝 문제

논리 대수의 공리 법칙을 먼저 기억한 다음 문제를 풀기로 한다.

●─── 트레이닝 포인트 ───● ────(논리 대수)

❖ 논리 대수는 일반 대수와는 달리 변수는 2개의 상태를 표현하는 2값 신호의 "0"과 "1"을 사용하여 논리곱(AND)과, 논리합(OR), 그리고 부정(NOT)의 3가지 기본 연산의 조합을 의미한다.

❖ 논리 대수에서 취급하는 변수 "0"과 "1"은 숫자로서의 값을 나타내는 것이 아니라 상태를 나타내는 논리값(예: 접점의 개 "0"·폐 "1", 전압 레벨 「L」 "0"·「H」 "1")을 표현하는 기호의 의미라 생각하면 될 것이다.

論理代數의 公理·法則

公理 1 ● A가 "1"이라면 "0"이다.
● A가 "0"이라면 "1"이다.

公理 2 $0+0=0 \quad 1+0=1 \quad 1+1=1$

公理 3 $0 \cdot 0=0 \quad 1 \cdot 0=0 \quad 1 \cdot 1=1$

法 則

표 1. 法則名과 論理式

法則名	論理式		法則名	論理式	
"1"과 "0"의 法則	$A+0=A$	…1a	結合의 法則	$A+(B+C)=(A+B)+C$	…6a
	$A \cdot 1=A$	…1b		$A \cdot (B \cdot C)=(A \cdot B) \cdot C$	…6b
	$A+1=1$	…2a	分配의 法則	$A \cdot (B+C)=A \cdot B+A \cdot C$	…7a
	$A \cdot 0=0$	…2b		$A+B \cdot C=(A+B) \cdot (A+C)$	…7b
同一의 法則	$A+A=A$	…3a	吸收의 法則	$(A+\overline{B}) \cdot B=A \cdot B$	…8a
	$A \cdot A=A$	…3b		$A \cdot \overline{B}+B=A+B$	…8b
否定의 法則	$A+\overline{A}=1$	…4a		$A+A \cdot B=A$	…8c
	$A \cdot \overline{A}=0$	…4b		$A \cdot (A+B)=A$	…8d
	$\overline{\overline{A}}=A$	…4c	드·모르간의 定理	$\overline{A+B}=\overline{A} \cdot \overline{B}$	…9a
交換의 法則	$A+B=B+A$	…5a		$\overline{A \cdot B}=\overline{A}+\overline{B}$	…9b
	$A \cdot B=B \cdot A$	…5b			

Z가 "변수 A이면서 B"일 때 Z를 A, B의 논리곱이라 한다.

$Z=A \cdot B$

그림 1. 논리곱(AND)

변수 A와 반대로 대응하는 Z를 A의 부정이라 한다.

$Z=\overline{A}$

그림 2. 부정(NOT)

Z가 "변수 A 또는 B"일 때 Z를 A, B의 논리합이라 한다.

$Z=A+B$

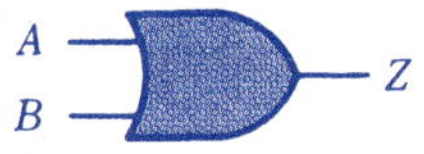

그림 3. 논리합(OR)

5. 논리 대수의 문제

트레이닝 [1]

다음의 논리식을 논리 대수의 법칙을 이용하여 간단히 하라.

(1) $Z = A + B + B$
(2) $Z = A + B + \bar{B}$
(3) $Z = A \cdot B \cdot \bar{B}$
(4) $Z = A \cdot (B + \bar{B})$
(5) $Z = A \cdot (A + B + C)$
(6) $Z = A \cdot \bar{B} + B + A \cdot C$

● 트레이닝 [1]의 해답 ●

第1表의 適用 法則番号

(1) $Z = A + \underline{B + B}$
　　$= A \cdot B$ ……… 3a

(3) $Z = A \cdot \underline{B \cdot \bar{B}}$
　　$= A \cdot 0$ ……… 4b
　　$= 0$ ……… 2b

(5) $Z = A \cdot (A + B + C)$
　　$= \underline{A \cdot A} + A \cdot B + A \cdot C$ ……… 7a
　　$= A + A \cdot B + A \cdot C$ ……… 3b
　　$= A \cdot (1 + B + C)$ ……… 7a
　　$= A \cdot 1$ ……… 2a
　　$= A$ ……… 1b

(2) $Z = A + \underline{B + \bar{B}}$
　　$= A + 1$ ……… 4a
　　$= 1$ ……… 2a

(4) $Z = A \cdot \underline{(B + \bar{B})}$
　　$= A \cdot 1$ ……… 4a
　　$= A$ ……… 1b

(6) $Z = \underline{A \cdot \bar{B}} + B + A \cdot C$
　　$= A + B + A \cdot C$ ……… 8b
　　$= \underline{A \cdot (1 + C)} + B$ ……… 7a
　　$= A \cdot 1 + B$ ……… 2a
　　$= A + B$ ……… 1b

트레이닝 [2]

흡수의 법칙이 성립된다는 것을 논리 대수인 다른 법칙을 이용하여 증명하라.

(1) $A + A \cdot B = A$
(2) $A \cdot (A + B) = A$
(3) $(A + \bar{B}) \cdot B = A \cdot B$
(4) $A \cdot \bar{B} + B = A + B$

● 트레이닝 [2]의 해답 ●

第1表의 適用 法則番号

(1) $A + A \cdot B = A \cdot \underline{(1 + B)}$ ……… 7a
　　$= A \cdot 1$ ……… 2a
　　$= A$ ……… 1b

(3) $(A + \bar{B}) \cdot B = A \cdot B + \underline{\bar{B} \cdot B}$ ……… 7a
　　$= A \cdot B + 0$ ……… 4b
　　$= A \cdot B$ ……… 1a

(주) 흡수의 법칙은 위의 해답과 같이 변수가 흡수되어 간략화된다는 것을 나타내고 있다.

(2) $A \cdot (A + B) = \underline{A \cdot A} + A \cdot B$ ……… 7a
　　$= A + A \cdot B$ ……… 3b
　　$= A \cdot \underline{(1 + B)}$ ……… 7a
　　$= A \cdot 1$ ……… 2a
　　$= A$ ……… 1b

(4) $A \cdot \bar{B} + B = A \cdot \bar{B} + 1 \cdot B$ ……… 1b
　　$= A \cdot \bar{B} + \underline{(A + 1)} \cdot B$ ……… 2a
　　$= A \cdot \bar{B} + A \cdot B + B$ ……… 7a
　　$= A \cdot \underline{(\bar{B} + B)} + B$ ……… 7a
　　$= A \cdot 1 + B$ ……… 4a
　　$= A + B$ ……… 1b

무접점 시이퀀스 연습 교실

❶ 논리 대수의 시이퀀스 회로에의 응용 트레이닝 문제

트레이닝 [3]

다음의 논리식을 논리 대수의 법칙을 이용하여 간단히 하라.
(1) $Z=(A+B) \cdot (\overline{A}+B)$
(2) $Z=(A+B) \cdot (\overline{A}+\overline{B}) \cdot \overline{B}$
(3) $Z=(\overline{A}+B) \cdot (B \cdot C+D)$
(4) $Z=A \cdot B+\overline{A} \cdot C+B \cdot C$
(5) $Z=A \cdot B+\overline{A} \cdot C+B \cdot C+\overline{B} \cdot C$
(6) $Z=\overline{A} \cdot B \cdot \overline{C}+A \cdot \overline{B} \cdot \overline{C}+A \cdot \overline{B} \cdot C$

트레이닝 [3]의 해답

(1)
$Z=(A+B) \cdot (\overline{A}+B)$
$=A \cdot \overline{A}+A \cdot B+\overline{A} \cdot B+B \cdot B$ ……7a
$= 0 +A \cdot B+\overline{A} \cdot B+ B$ ┌4b
                                      └3b
$= B \cdot (A+\overline{A}) + B$ ……7a
$= B \cdot 1 + B$ ……4a
$= B + B$ ……1b
$= B$ ……3a

(2)
$Z=(A+B) \cdot (\overline{A}+\overline{B}) \cdot \overline{B}$
$=(A \cdot \overline{A}+A \cdot \overline{B}+\overline{A} \cdot B+B \cdot \overline{B}) \cdot \overline{B}$ ……7a
$=(0 +A \cdot \overline{B}+\overline{A} \cdot B+ 0) \cdot \overline{B}$ ……4b
$=A \cdot \overline{B} \cdot \overline{B}+\overline{A} \cdot B \cdot \overline{B}$ ……7a
$=A \cdot \overline{B} +\overline{A} \cdot 0$ ┌3b
                                            └4b
$=A \cdot \overline{B} + 0$ ……2b
$=A \cdot \overline{B}$ ……1a

(3)
$Z=(\overline{A}+B) \cdot (B \cdot C+D)$
$=\overline{A} \cdot B \cdot C+\overline{A} \cdot D+B \cdot B \cdot C+B \cdot D$ ……7a
$=\overline{A} \cdot B \cdot C+\overline{A} \cdot D+B \cdot C+B \cdot D$ ……3b
$=B \cdot C \cdot (\overline{A}+1)+D \cdot (\overline{A}+B)$ ……7a
$=B \cdot C \cdot 1 +D \cdot (\overline{A}+B)$ ……2a
$=B \cdot C +D \cdot (\overline{A}+B)$ ……1b

(4)
$Z=A \cdot B+\overline{A} \cdot C+B \cdot C$
$=A \cdot B+\overline{A} \cdot C+B \cdot C(A+\overline{A})$ ┌1b
                                                       └4a
$=A \cdot B+\overline{A} \cdot C+A \cdot B \cdot C+\overline{A} \cdot C \cdot B$ ……7a
$=A \cdot B \cdot (1+C)+\overline{A} \cdot C \cdot (1+B)$ ……7a
$=A \cdot B \cdot 1 +\overline{A} \cdot C \cdot 1$ ……2a
$=A \cdot B +\overline{A} \cdot C$ ……1b

(5)
$Z=A \cdot B+\overline{A} \cdot C+B \cdot C+\overline{B} \cdot C$
$=A \cdot B+\overline{A} \cdot C+C \cdot (B+\overline{B})$ ……7a
$=A \cdot B+\overline{A} \cdot C+C \cdot 1$ ……4a
$=A \cdot B+\overline{A} \cdot C+C$ ……1b
$=A \cdot B+C \cdot (1+\overline{A})$ ……7a
$=A \cdot B+C \cdot 1$ ……2a
$=A \cdot B+C$ ……1b

(6)
$Z=\overline{A} \cdot B \cdot \overline{C}+A \cdot \overline{B} \cdot \overline{C}+A \cdot \overline{B} \cdot C$
$=\overline{A} \cdot B \cdot \overline{C}+A \cdot \overline{B} \cdot (\overline{C}+C)$ ……7a
$=\overline{A} \cdot B \cdot \overline{C}+A \cdot \overline{B} \cdot 1$ ……4a
$=\overline{A} \cdot B \cdot \overline{C}+A \cdot \overline{B}$ ……1b

트레이닝 [4]

다음의 논리식을 논리 회로로 치환하라.
(1) $Z=A \cdot B+C$
(2) $Z=\overline{A} \cdot \overline{B}$
(3) $Z=A \cdot B+C \cdot D$
(4) $Z=(A+B) \cdot (C+D)$

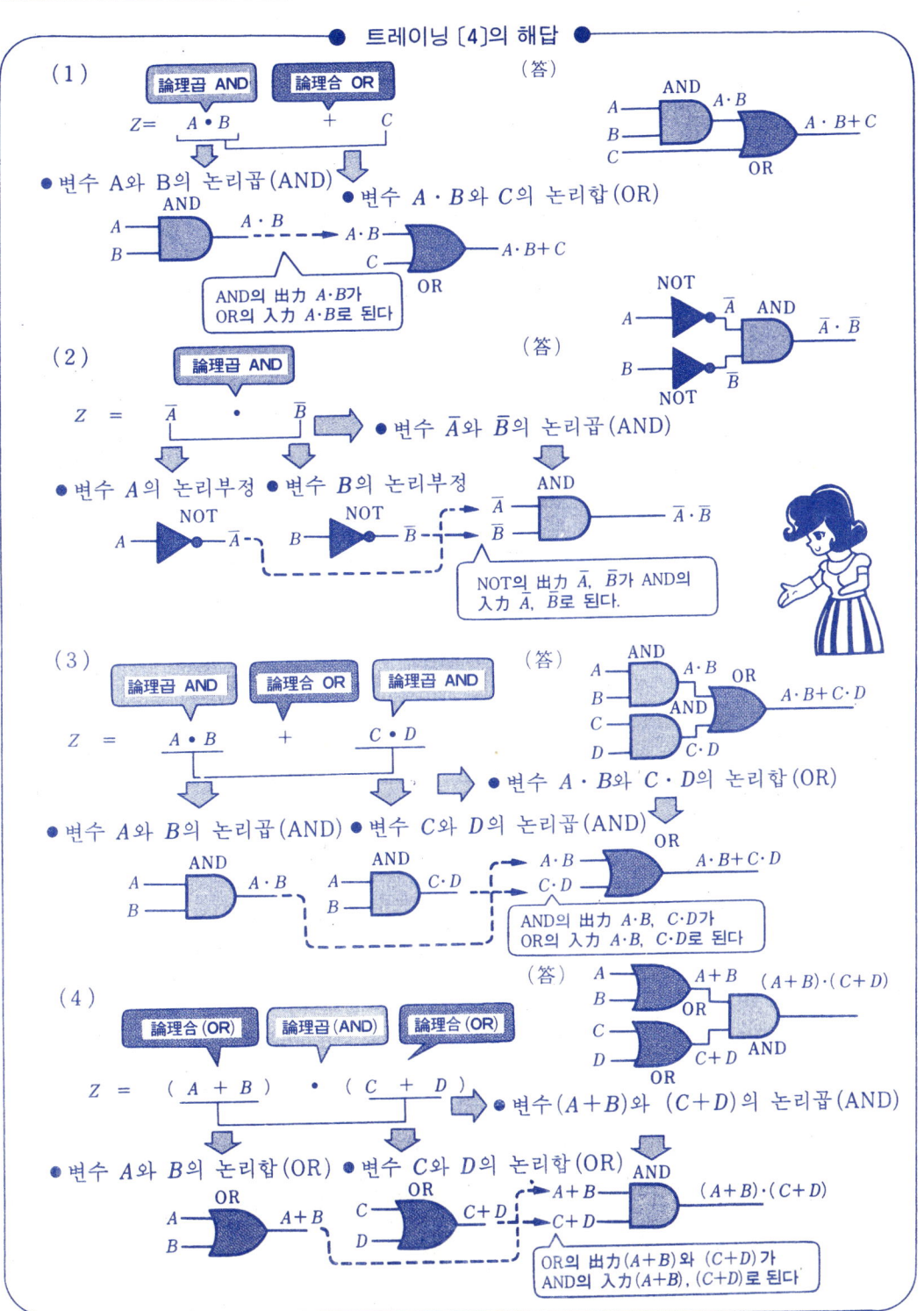

2 논리 대수의 시이퀀스 회로에의 어택 문제

어택 1

아래 그림의 논리 회로를 입력 A, B, C, 출력 Z로 한 논리식으로 나타내라.

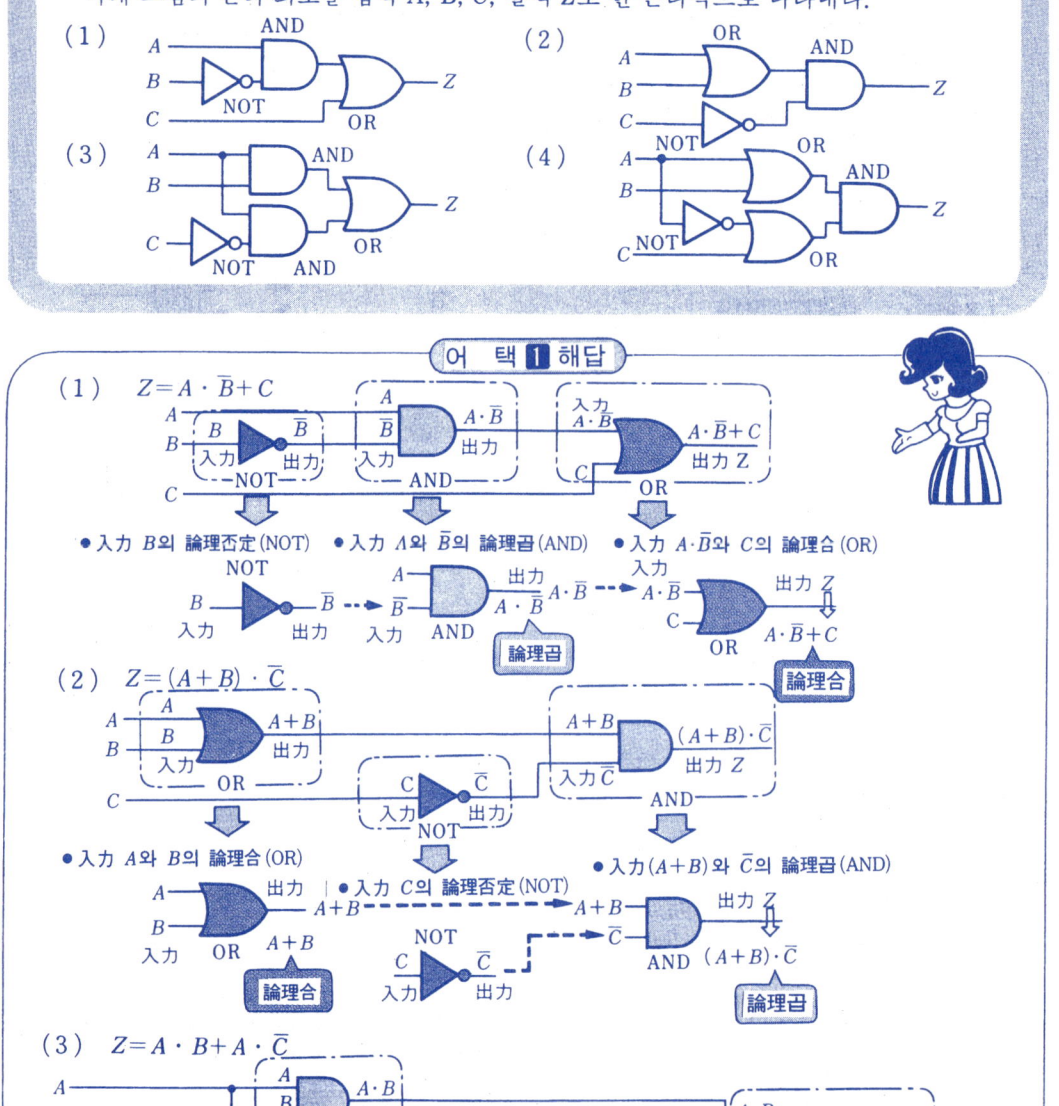

(4) $Z=(A+B)\cdot(A+C)$

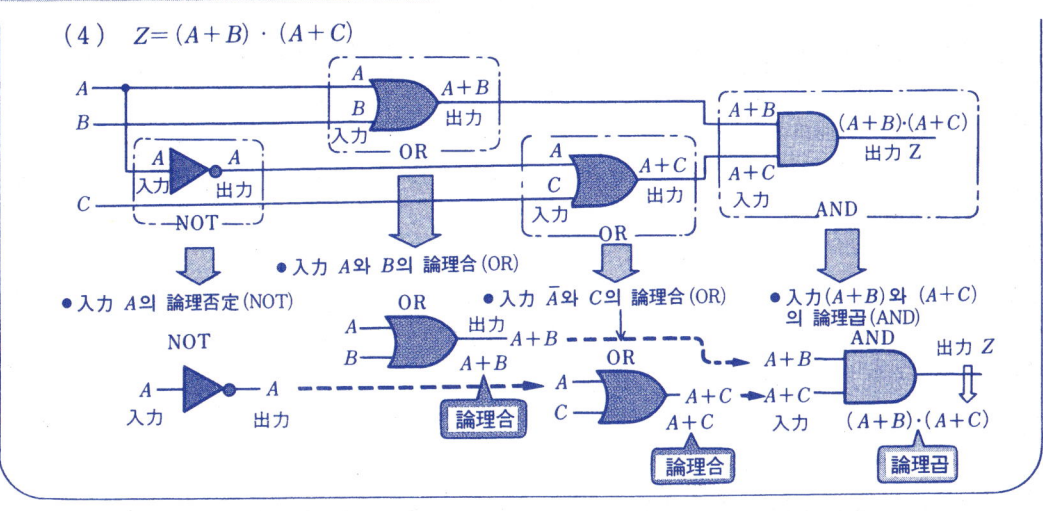

어 택 2

오른쪽 논리 회로에 대해서 다음의 물음에 답하라.
(1) 논리 회로를 논리식으로 나타내어라.
(2) 이 논리식을 간단화하라.
(3) 간략화한 논리식의 논리 회로를 그려라.

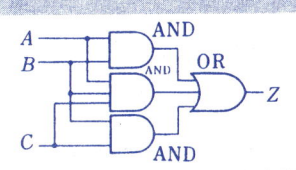

어택 2 해답

(1) $Z=A\cdot B+A\cdot B\cdot C+B\cdot C$ (2) $Z=(A+C)\cdot B$

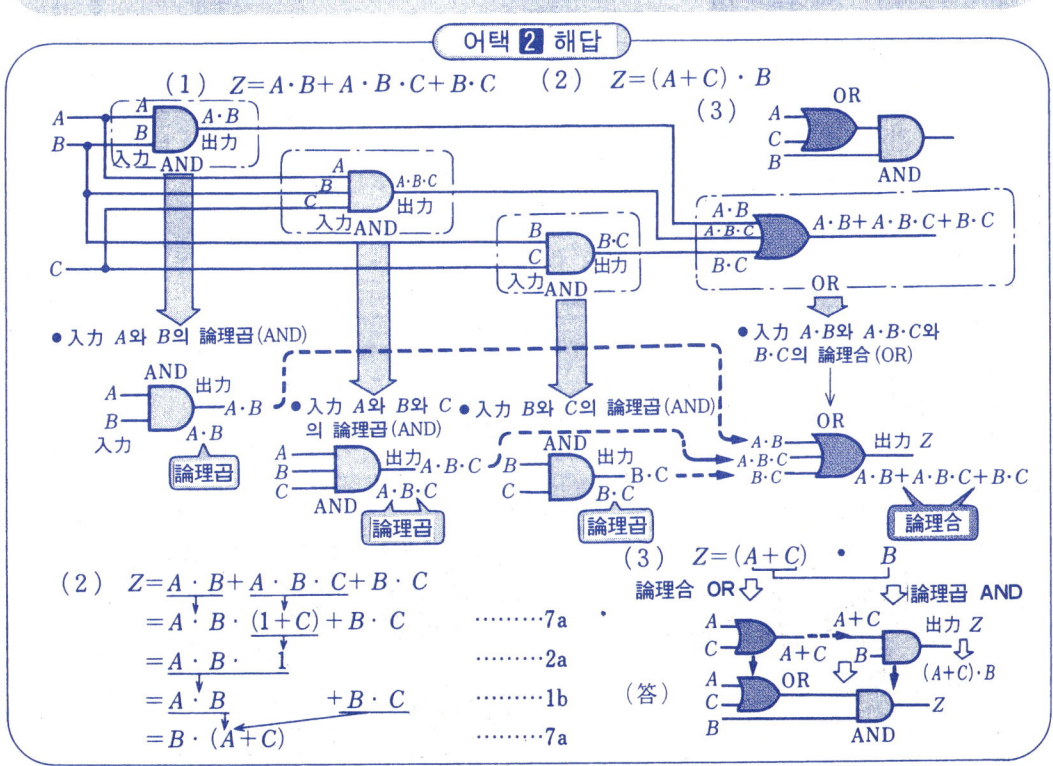

(2) $Z = A\cdot B + A\cdot B\cdot C + B\cdot C$
   $= A\cdot B\cdot (1+C) + B\cdot C$ ………7a
   $= A\cdot B\cdot 1 + B\cdot C$ ………2a
   $= A\cdot B + B\cdot C$ ………1b
   $= B\cdot (A+C)$ ………7a

(3) $Z=(A+C)\cdot B$

6. 로직 시이퀀스의 조립법 문제

1 릴레이 시이퀀스를 로직 시이퀀스로 조립하는 트레이닝 문제

트레이닝 [1]

오른쪽 그림은 릴레이 시이퀀스에 의한 자기 유지 회로를 나타낸 것이다. 다음의 물음에 답하라.
(1) 자기 유지 회로의 논리식을 나타내라.
(2) 논리식을 논리 회로로 치환하라.
(3) 아래의 타임 차트에서의 A점, B점의 출력 신호 X를 논리 회로의 동작도로 그려 구하라.

트레이닝 [1]의 해답

(1) $X = (ST + X) \cdot \overline{STP}$

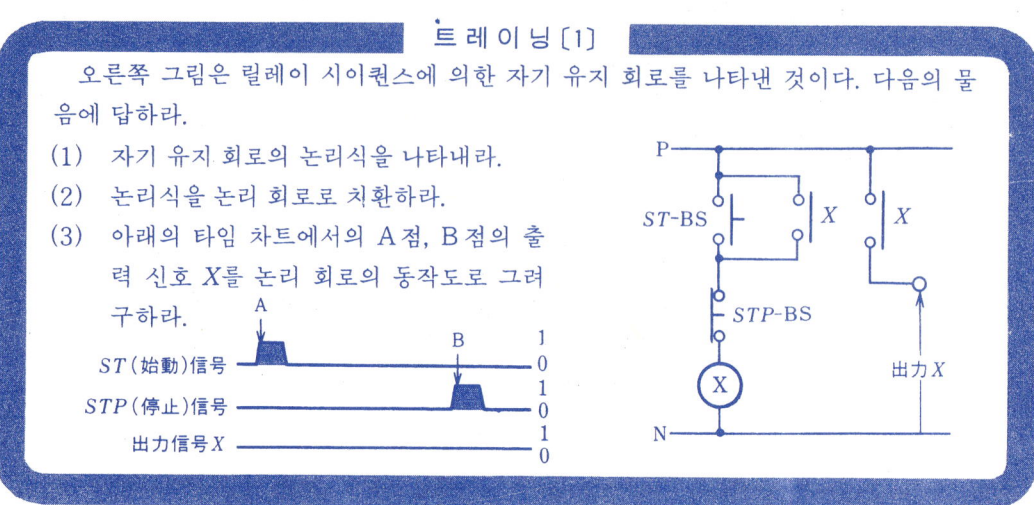

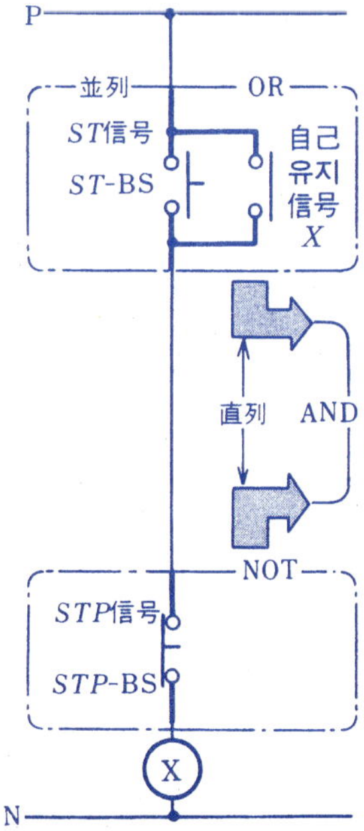

- ST(시동) 신호인 버튼 스위치 $ST-BS$와 자기 유지 신호인 접점 X는 병렬로 접속되어 있으므로 "논리합(OR)"으로 된다.
  論理式 : $Z_1 = ST + X$

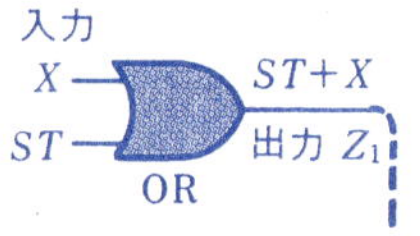

- 위의 "ST와 X의 논리합($ST+X$)"과 아래의 "STP의 논리 부정($\overline{STP}$)"은 직렬로 접속되고 있으므로 "논리곱(AND)"으로 된다. 論理式 : $X = (ST+X) \cdot \overline{STP}$

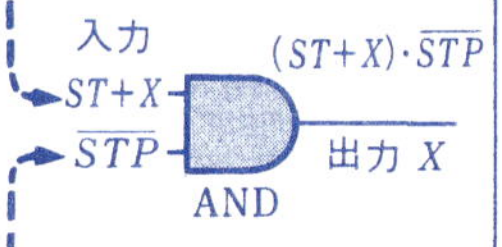

- STP(정지) 신호인 버튼 스위치 $STP-BS$는 b접점이기 때문에 "논리 부정(NOT)"으로 된다.
  論理式 : $Z_2 = \overline{STP}$

(2)

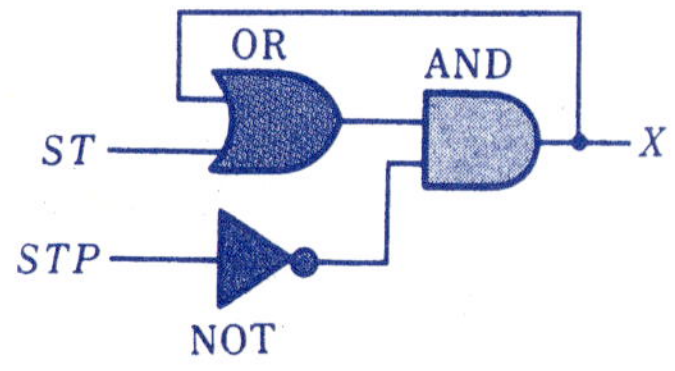

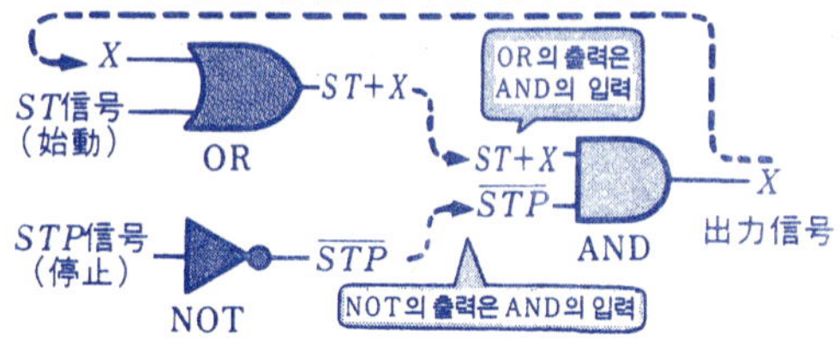

(3)

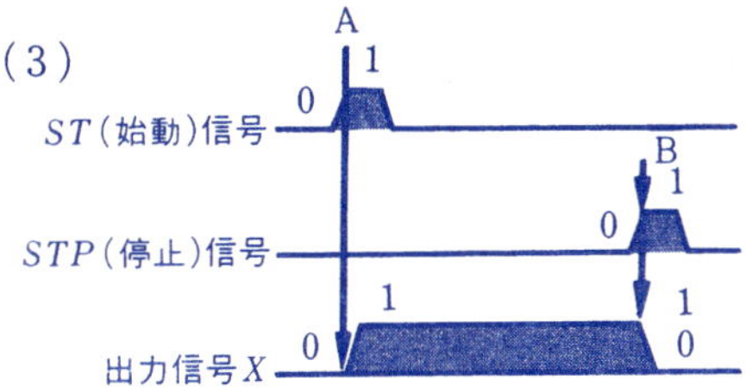

- *ST* 신호가「1」로 되면 출력 *X*는「1」로 되고 *ST* 신호가「0」으로 될지라도 출력 *X*는「1」을 유지한다.
- *STP* 신호가「1」로 되면 출력 *X*는「0」으로 된다.

◈*ST*(시동) 신호「1」일 때의 동작도

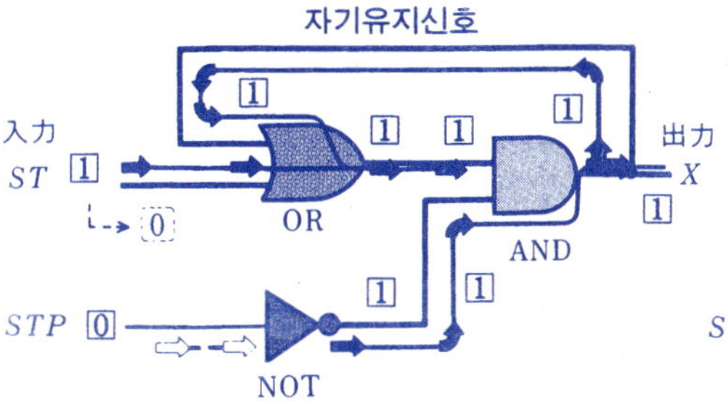

◈*STP*(정지) 신호「1」일 때의 동작도

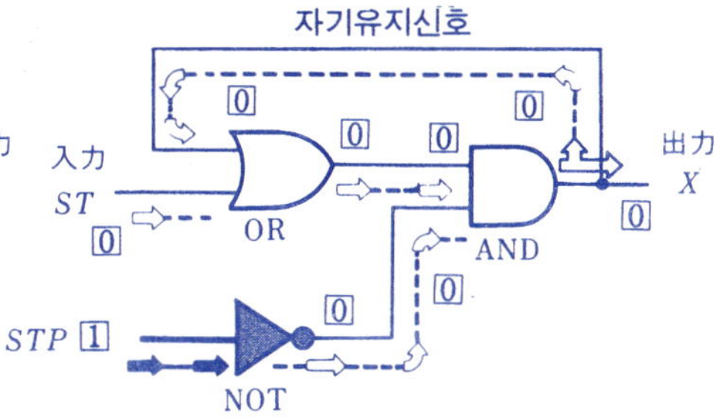

◈ 릴레이 시이퀀스에 의한 자기 유지 회로의 동작에 관해서는 413 페이지의 트레이닝 〔2〕의 해답을 보기 바란다.

트레이닝 〔2〕

오른쪽 그림은 릴레이 시이퀀스에 의한 인터로크 회로를 나타낸 것이다. 다음의 물음에 답하라.

(1) 인터로크 회로를 논리식으로 나타내어라.

(2) 논리식을 논리 회로로 치환하라.

(3) 아래의 타임 차트에서의 A・A′점, B・B′점의 출력 신호 *X*를 논리 회로의 동작도로 그려 구하라.

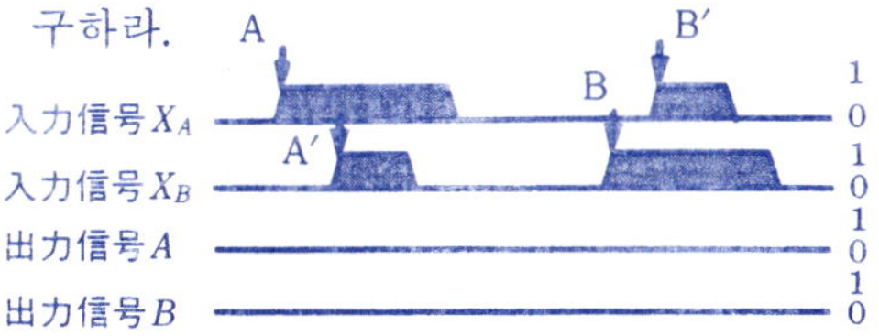

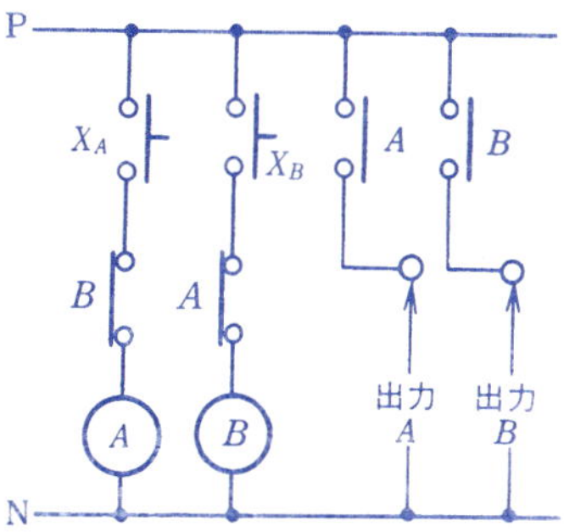

트레이닝 〔2〕의 해답

(1) $A = X_A \cdot B$ $B = X_B \cdot A$

(2)

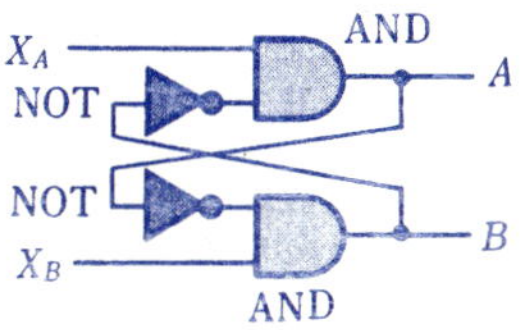

(3)

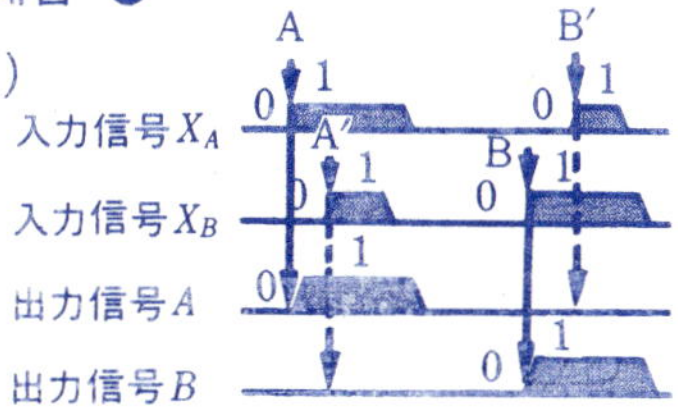

1 릴레이 시이퀀스를 로직 시이퀀스로 조립하는 트레이닝 문제

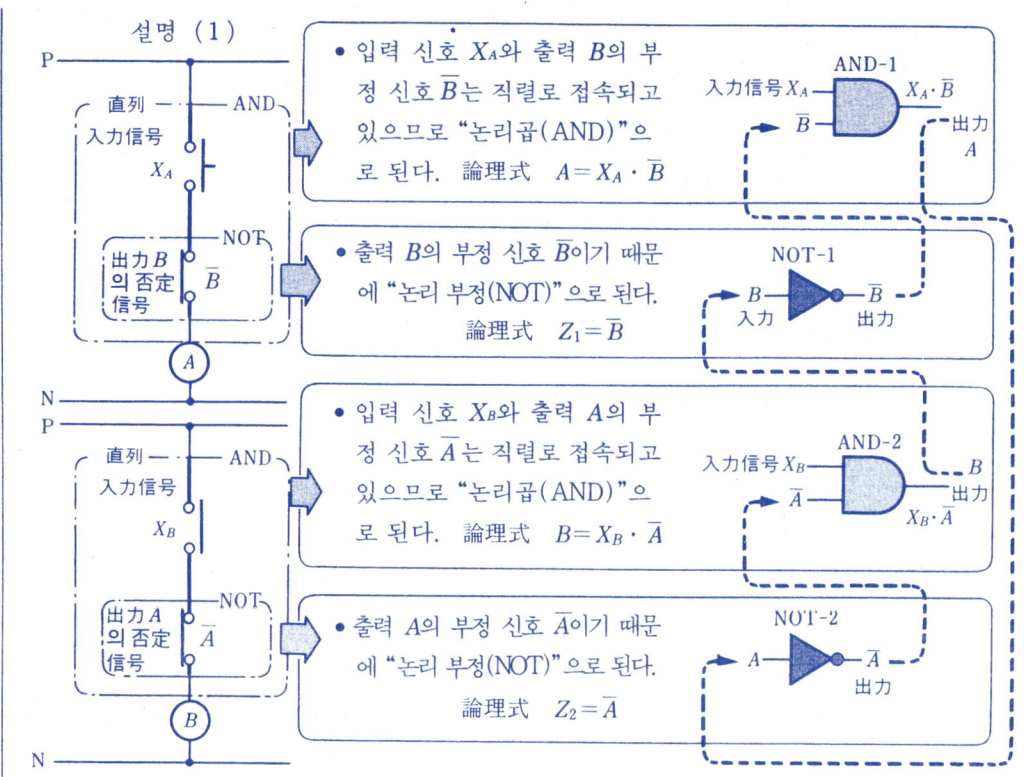

설명(3)

- 입력 신호 X_A가 「0」일 때는 출력 신호 A는 「1」, 출력 신호 B는 「0」으로 되고, 뒤에서 입력 신호 X_B가 「1」로 될지라도 변하지 않는다.

- 입력 신호 X_B가 「1」, 입력 신호 X_A가 「0」일 때는 출력 신호 B는 「1」, 출력 신호 A는 「0」으로 되고 뒤에서 입력 신호 X_A가 「1」로 될지라도 변하지 않는다.

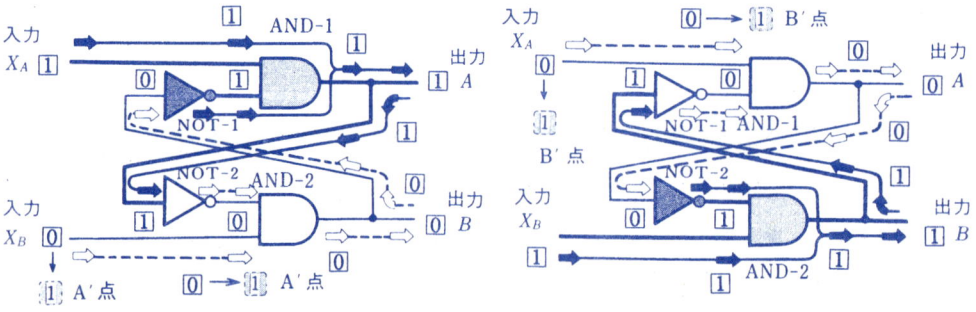

❖ 이와 같이 2개의 입력 신호 가운데 앞서 동작한 쪽이 우선하고 다른 쪽의 동작을 금지하는 회로를 "인터로크 회로"라 한다.

6. 로직 시이퀀스의 조립법 문제

2 로직 시이퀀스를 IC 소자로 조립하는 어택 문제

아래의 어택 포인트를 읽고 문제를 풀어보기로 한다.

● 어택 포인트 ●

❖ 논리 회로를 디지털 IC 소자(예: TTL-IC)를 사용하여 실제로 조립해 보기로 한다.

❖ 디지털 IC 소자는 하나의 패키지 속에 동일한 회로가 여러 조(예: 4조) 장착 되어 있다. 그리고 구동용의 전원 VCC와 접지 GND의 단자가 반드시 있다.

❖ 그림 1의 예에서는 14핀에 전원 VCC 를 접속하고 7핀을 접지 GND하면 각 입력 단자에 신호를 부여하면 출력 단 자에서 논리 소자 기호와 같은 출력 신호가 얻어진다.

(디지털 IC에 의한 논리 회로)
TTL-IC AND

그림 1. IC 패키지 [예]

• 1핀 및 2핀에 「1」의 입력 신호를 부여 하면 3핀에 「1」의 출력 신호가 얻어진 다.

어택 1

다음의 논리 회로를 아래 그림의 디지털 IC를 사용하여 배선하라.

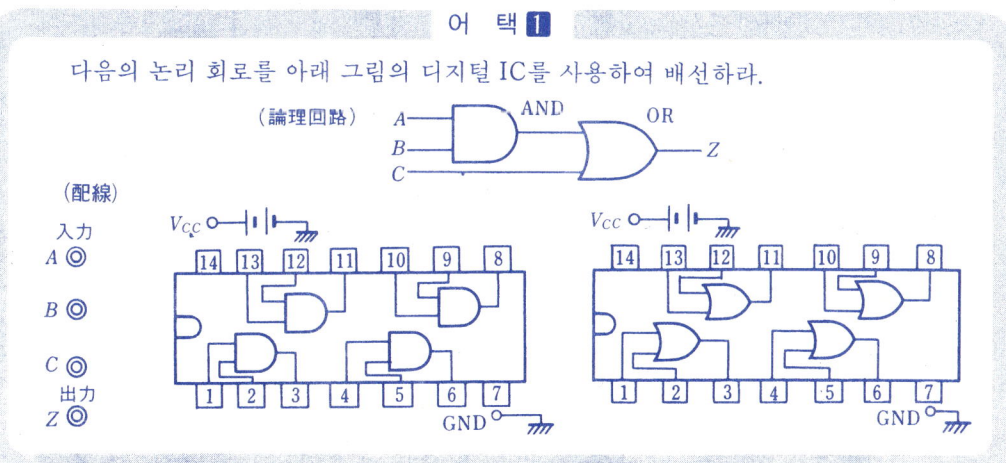

어택 1 해답

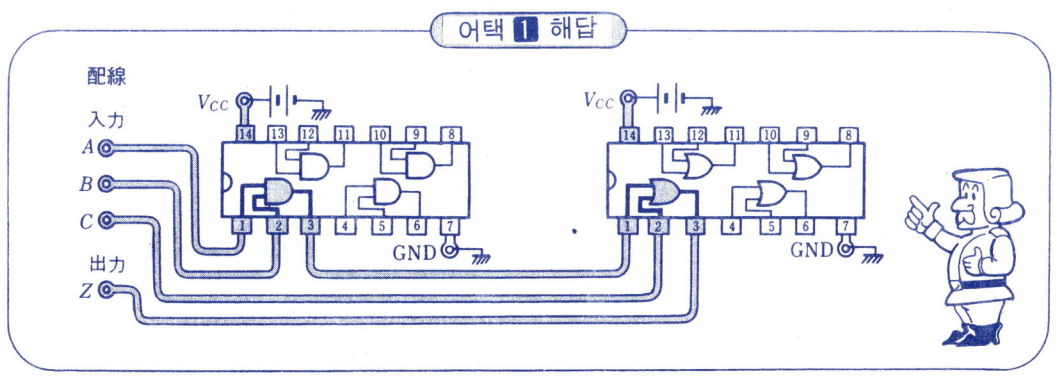

② 로직 시이퀀스를 IC 소자로 조립하는 어택 문제

어택 ②

다음의 논리 회로를 NAND 회로로 표현하고 아래 그림의 디지털 IC(TTL-IC : NAND)를 이용하여 배선하라.

(論理回路)

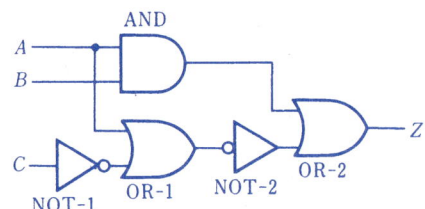

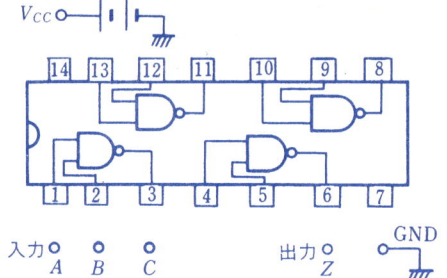

어택 ② 해답

- 논리 회로의 AND 회로, OR 회로, NOT 회로를 NAND 회로로 표현하면 아래의 그림과 같이 된다.

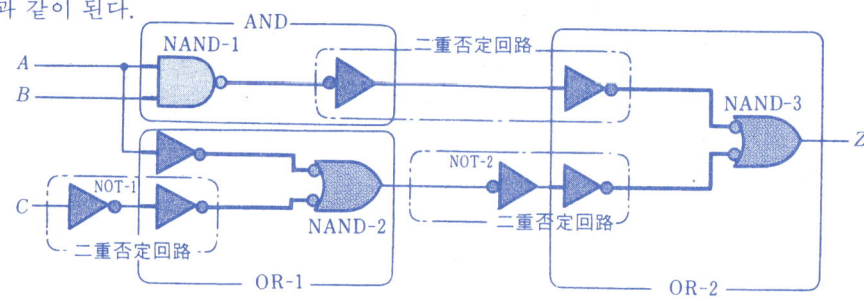

- 위 그림에 있어서 "2중 부정 회로"를 생략하면 아래의 그림과 같이 된다.
  (NAND 회로로 표현한 논리 회로)

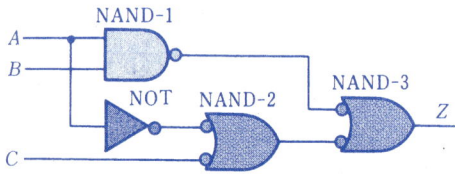

- 위 그림의 NAND 회로로 표현한 논리 회로를 디지털 IC(TTL-IC : NAND)를 이용해 배선하면 오른쪽 그림과 같다.
- 문제 그대로의 논리 회로에서는 AND 회로, OR 회로, NOT 회로의 3 종류의 IC 패키지를 필요로 한다. 그러나 이와 같이 NAND 회로로 하면 1개의 패키지로 끝낼 수 있어 경제적이기 때문에 NAND 시이퀀스로서 사용되고 있다.

(배 선)

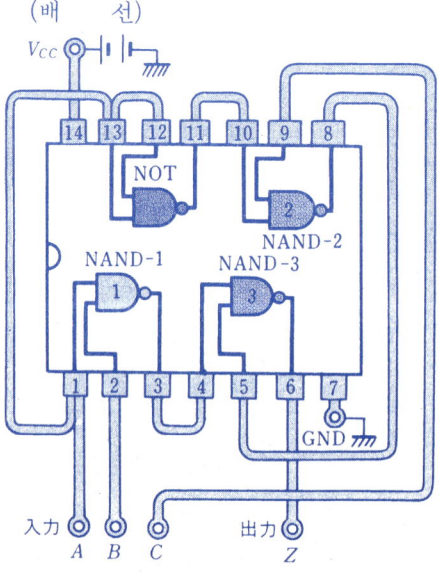

디지털 IC(NAND)에 의한 배선도〔예〕

附錄 1
系列1 vs 系列2 시이퀀스도 대비집

이 책에는 시이퀀스도를 모두 계열 2의 전기용 그림 기호로 표시되어 있는데, 때로는 계열 1의 그림 기호로 표시된 시이퀀스도를 읽을 기회도 있으므로, 이 책의 주된 제어회로의 시이퀀스도를 계열 1, 계열 2의 그림 기호를 사용하여 대비한 것을 이 부록편에 수록했다. 많은 참고가 될 것으로 생각되니, 꼭 이용하기 바란다.

계열 1에 표시한 제어회로의 시이퀀스도의 동작 방법은, 본문에서 설명한 계열 2의 동작과 동일하다. 복습을 겸해 계열 1에 의한 시이퀀스도의 동작 순서를 다시 한 번 살펴보기 바란다.

계열 1에 의한 시이퀀스도는 상단에, 계열 2에 의한 시이퀀스도는 하단에 표시되어 있으니, 계열 1을 계열 2로, 또는 계열 2를 계열 1로 바꾸어 보는 연습을 해 보자. 그리고 그림 기호가 다를 경우에도 시이퀀스도를 이해할 수 있도록 익혀 두자.

• 부록 : 계열1・계열2 시이퀀스도 대비집

1 전동기의 정전 역전 제어회로 ☞ 절입부록 참조

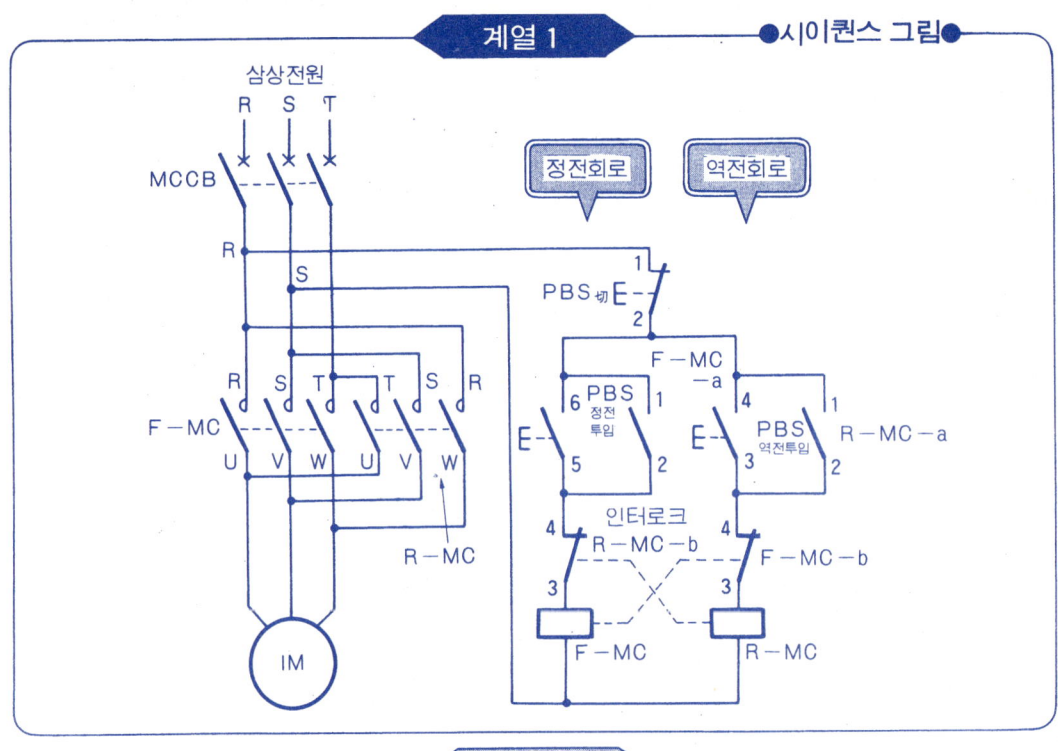

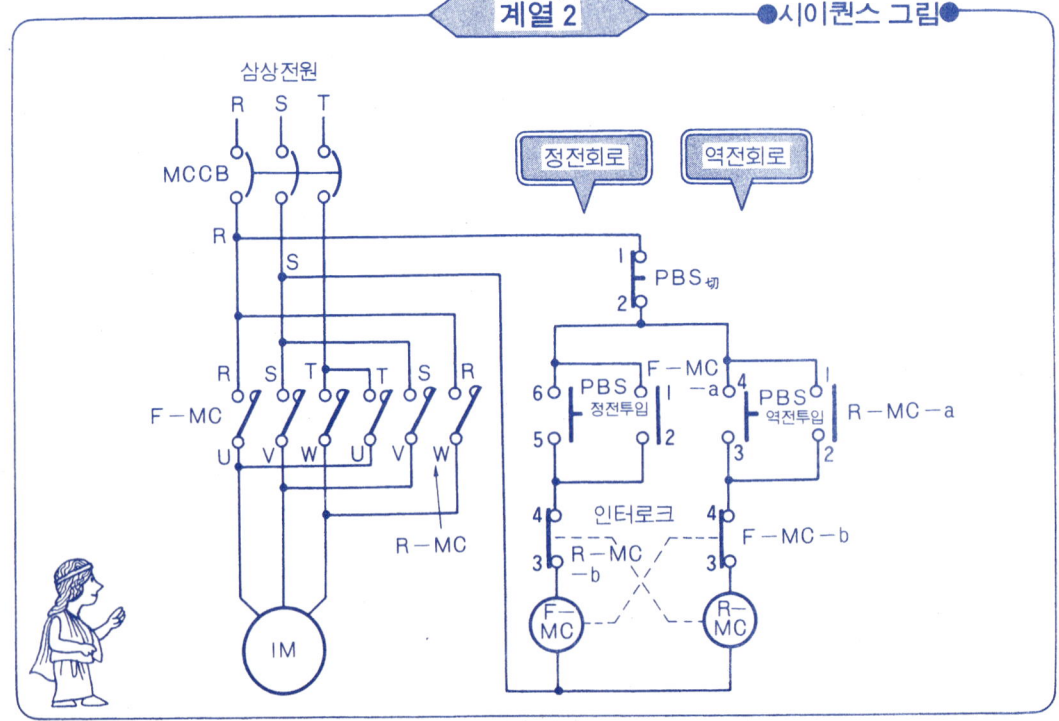

— 450 —

• 부록 : 계열1 · 계열2 시이퀀스도 대비집

② 모터의 스타-델타 시동 제어회로 ☞ 절입부록 참조

계열 1 ●시이퀀스 그림●

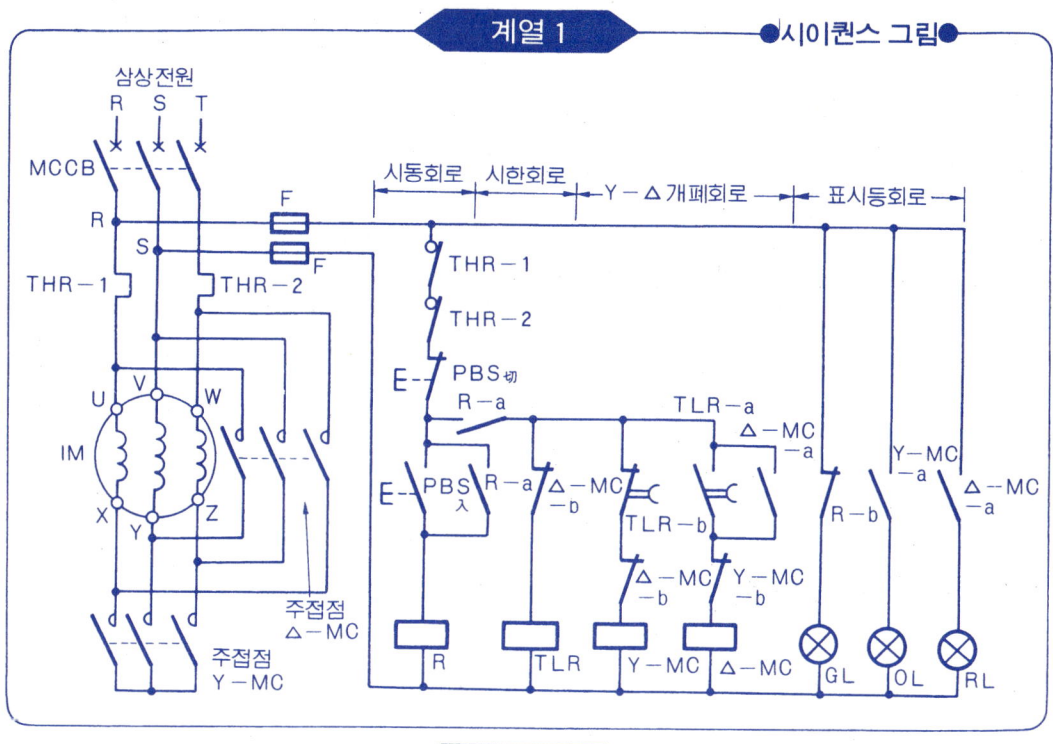

계열 2 ●시이퀀스 그림●

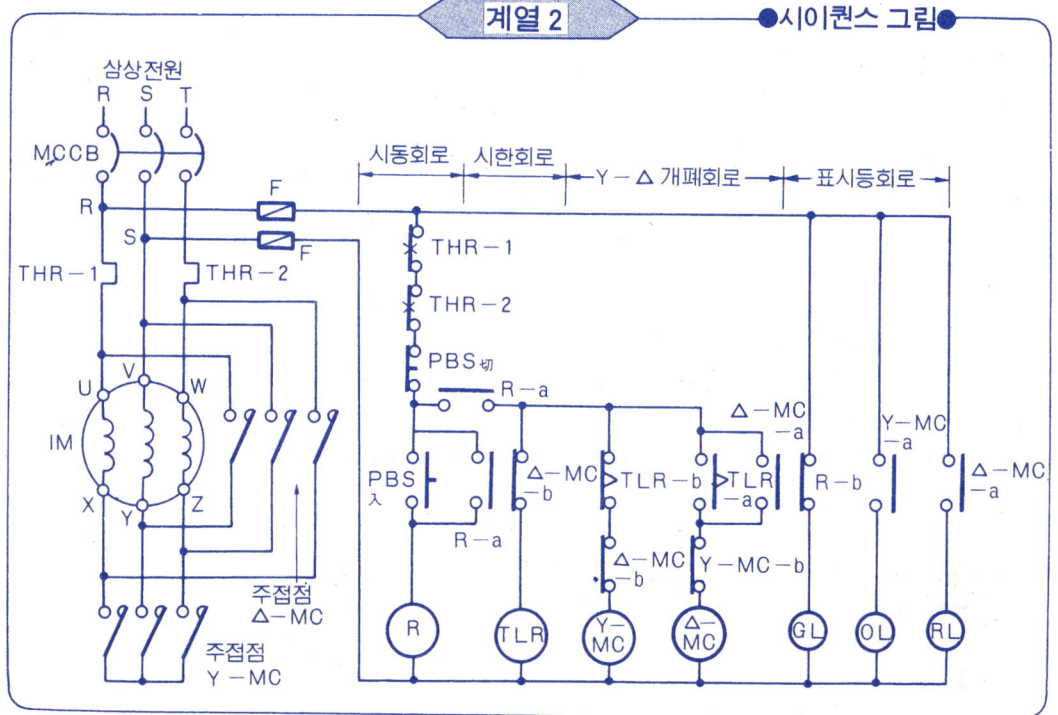

• 부록 : 계열1 · 계열2 시이퀀스도 대비집

③ 모터의 시동 리액터에 의한 시동 제어회로 ☞ 258 페이지 참조

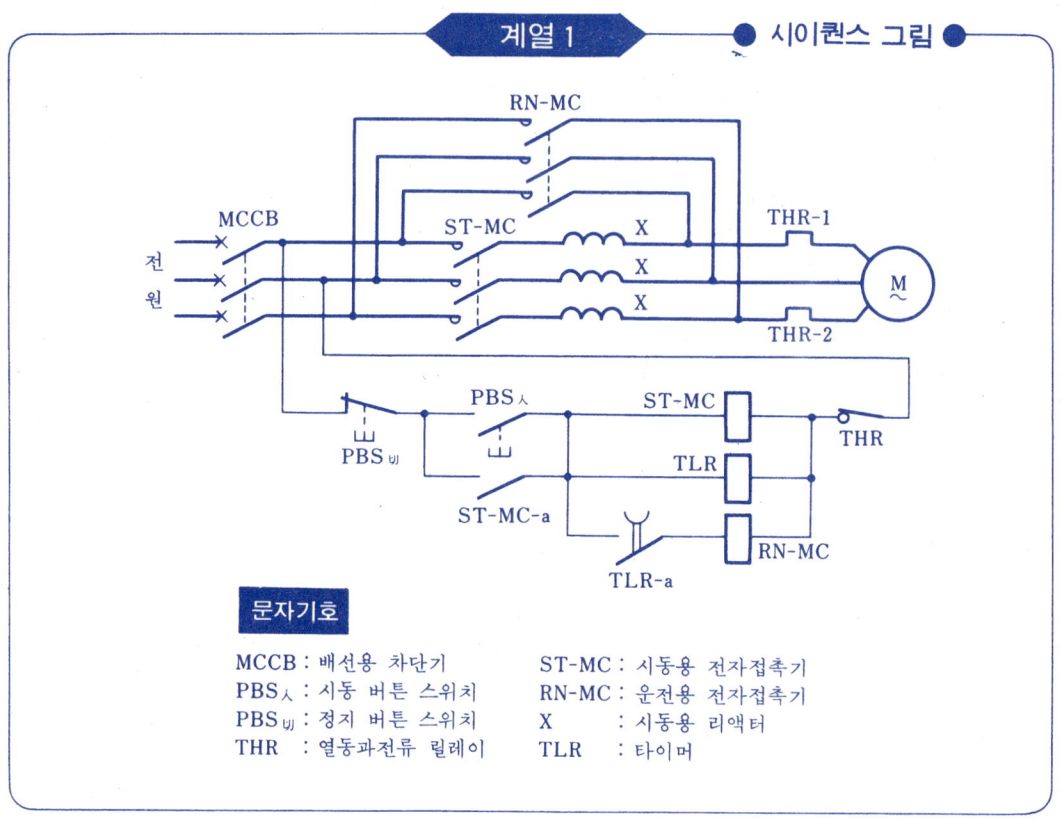

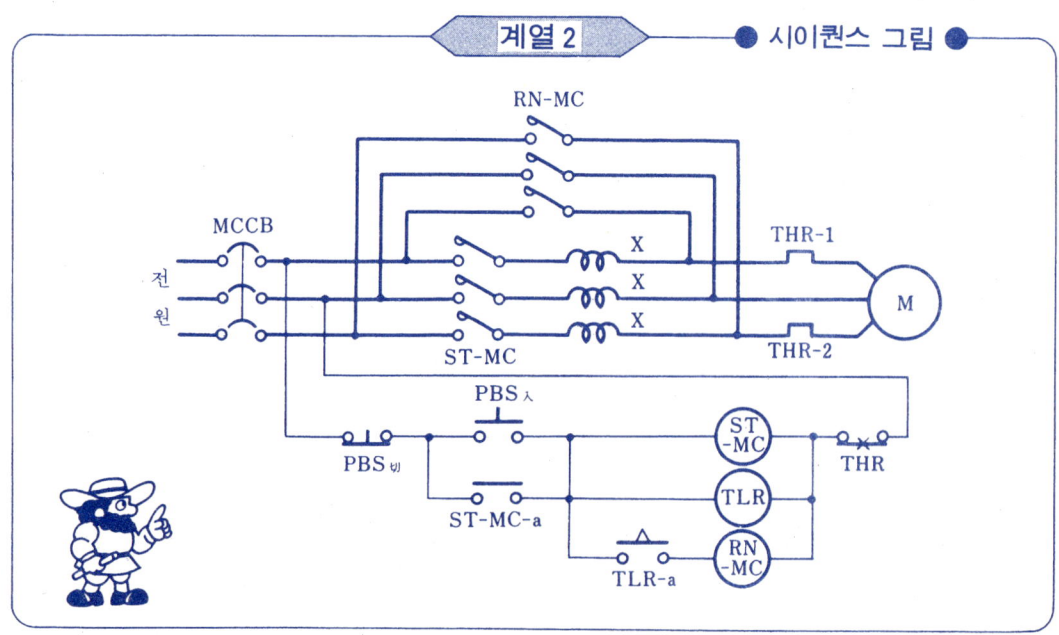

• 부록 : 계열1・계열2 시이퀀스도 대비집

4 모터의 시동 보상기에 의한 시동 제어회로   ☞ 259 페이지 참조

계열 1 ● 시이퀀스 그림 ●

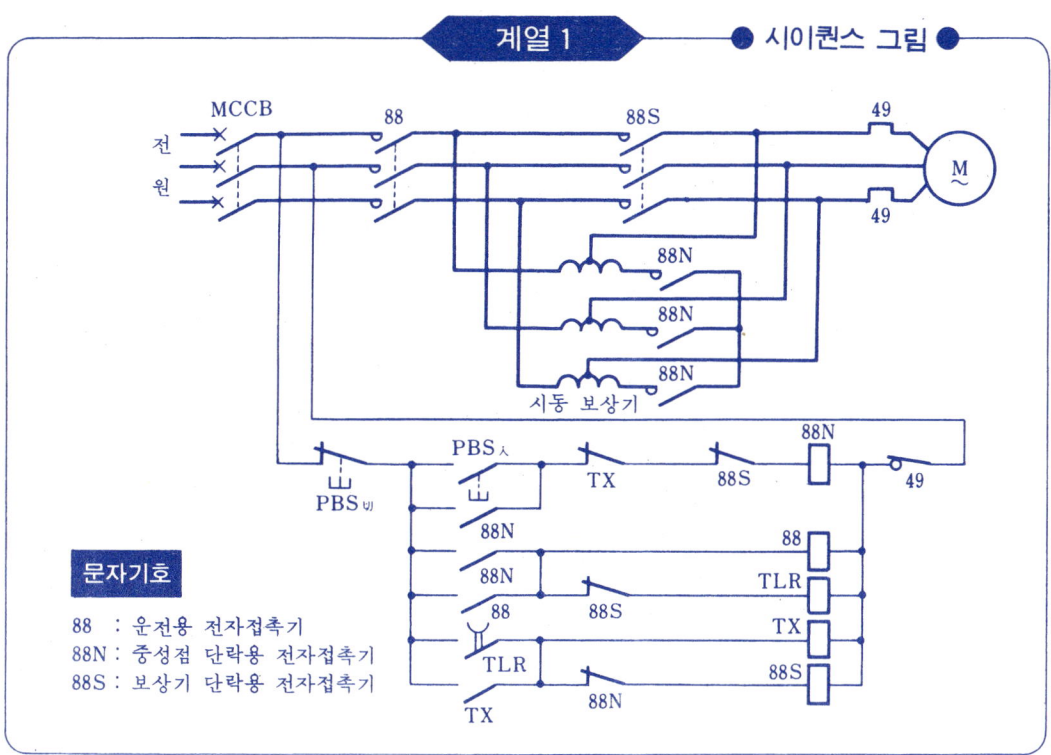

문자기호

88 : 운전용 전자접촉기
88N : 중성점 단락용 전자접촉기
88S : 보상기 단락용 전자접촉기

계열 2 ● 시이퀀스 그림 ●

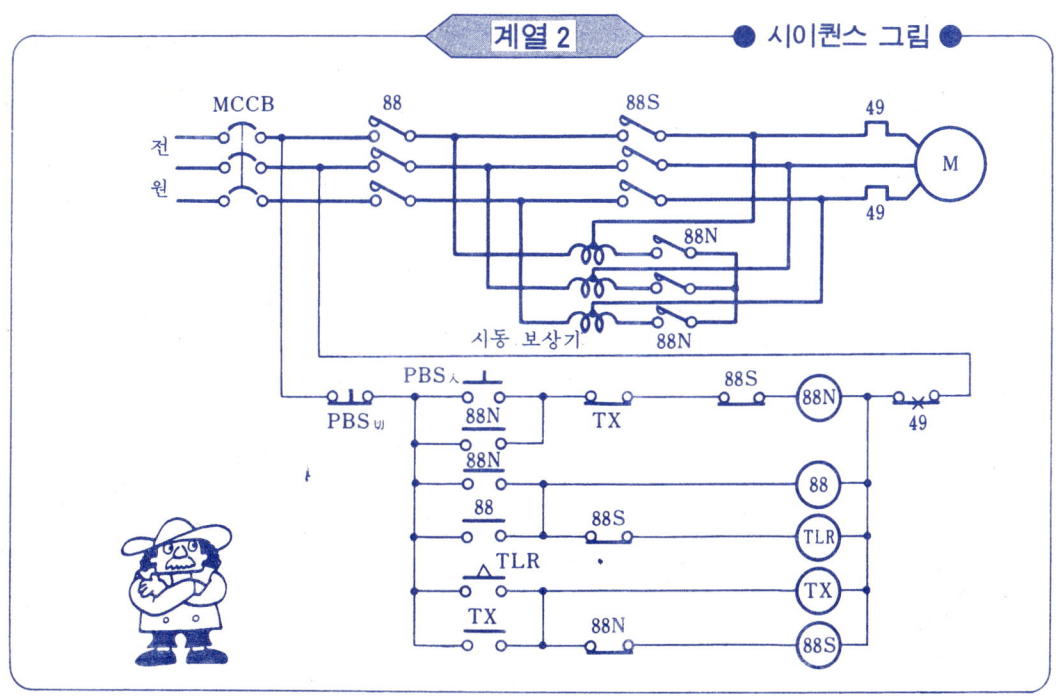

- 453 -

• 부록 : 계열1 · 계열2 시이퀀스도 대비집

5 권선형 유도 전동기의 저항 시동 제어회로   ☞ 260 페이지 참조

계열 1 ● 시이퀀스 그림 ●

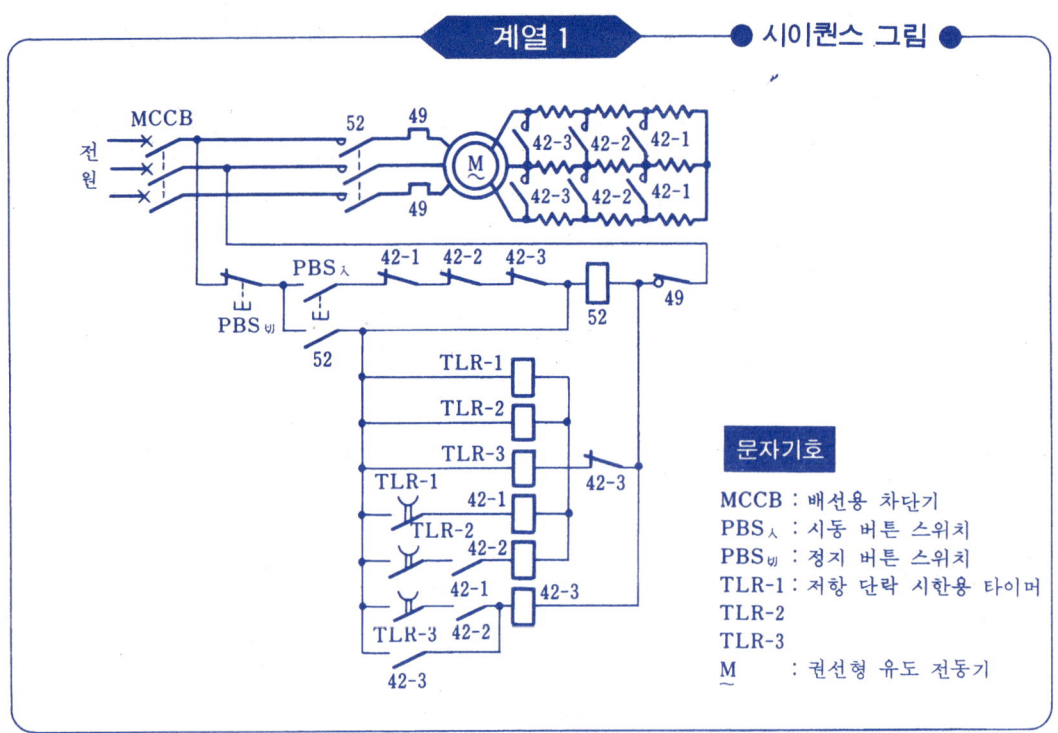

문자기호

MCCB : 배선용 차단기
PBS入 : 시동 버튼 스위치
PBS切 : 정지 버튼 스위치
TLR-1 : 저항 단락 시한용 타이머
TLR-2
TLR-3
M : 권선형 유도 전동기

계열 2 ● 시이퀀스 그림 ●

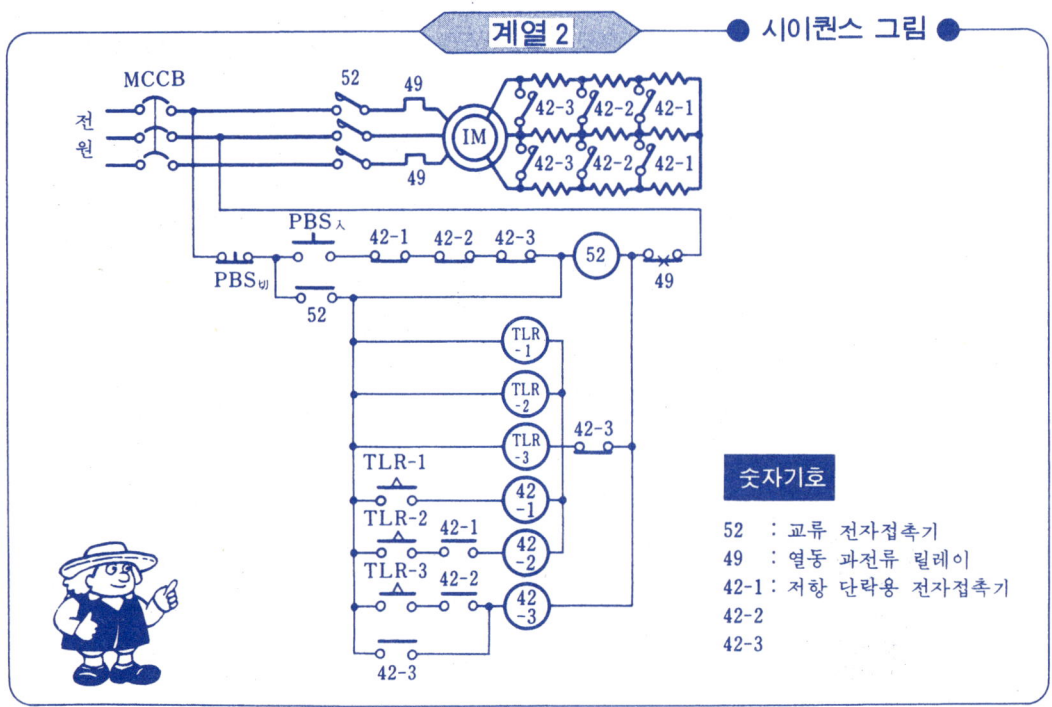

숫자기호

52 : 교류 전자접촉기
49 : 열동 과전류 릴레이
42-1 : 저항 단락용 전자접촉기
42-2
42-3

• 부록 : 계열1·계열2 시이퀸스도 대비집

6 모터의 현장·원방 조작에 의한 시동·정지 제어회로 ☞ 263 페이지 참조

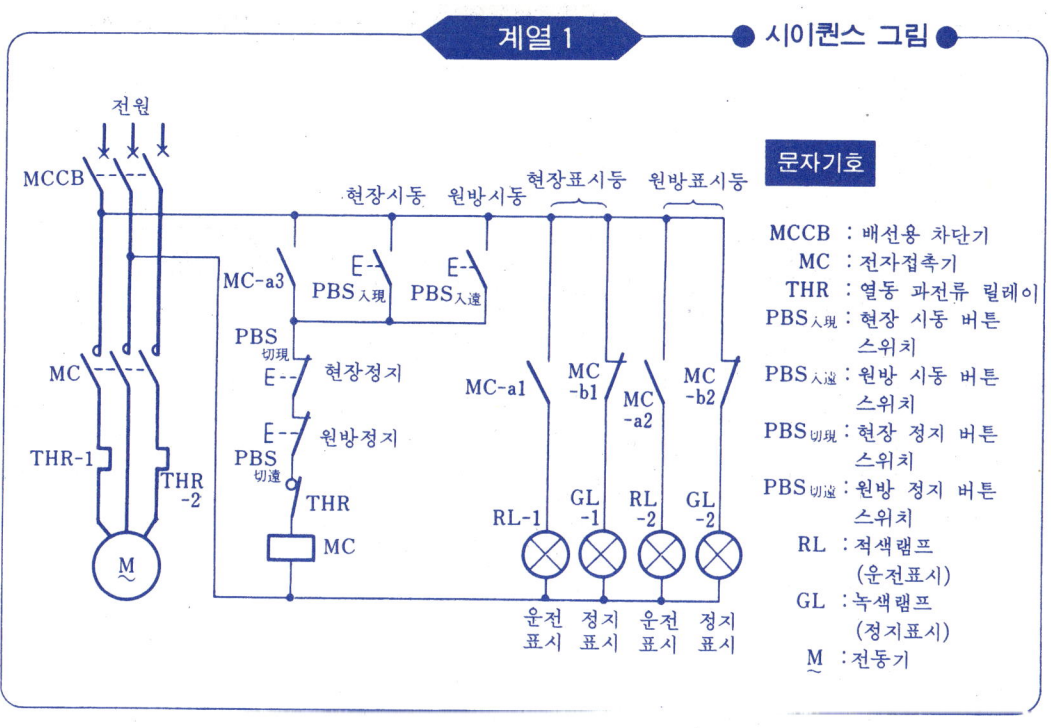

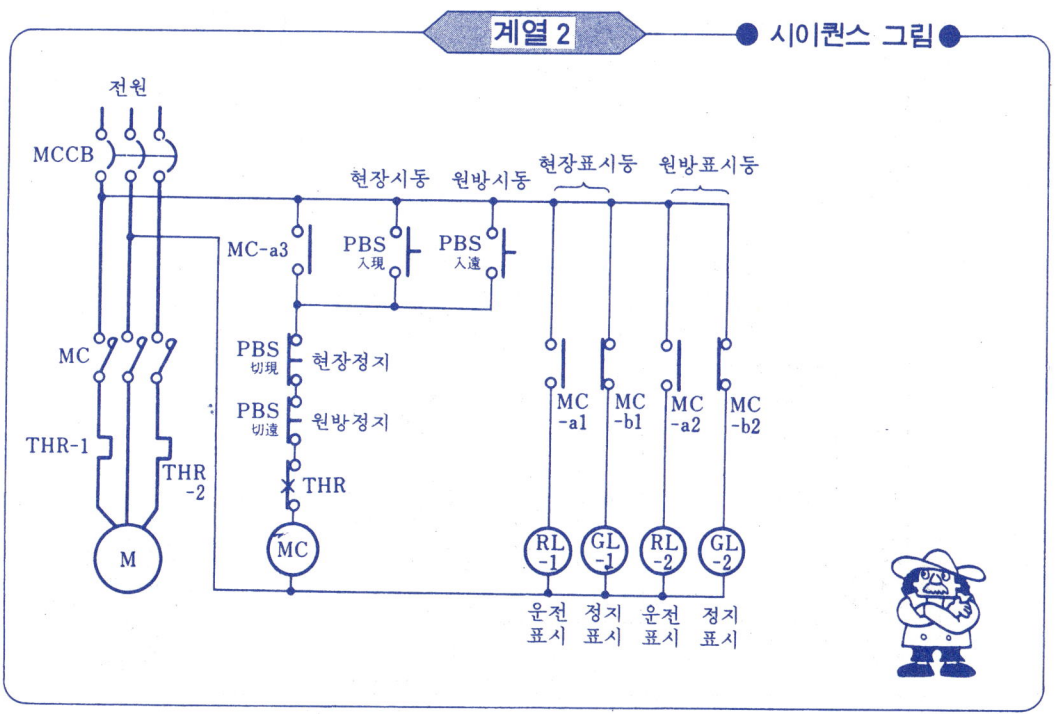

• 부록 : 계열1 · 계열2 시이퀀스도 대비집

7 콘덴서 모터의 정 역전 제어회로 ☞ 269 페이지 참조

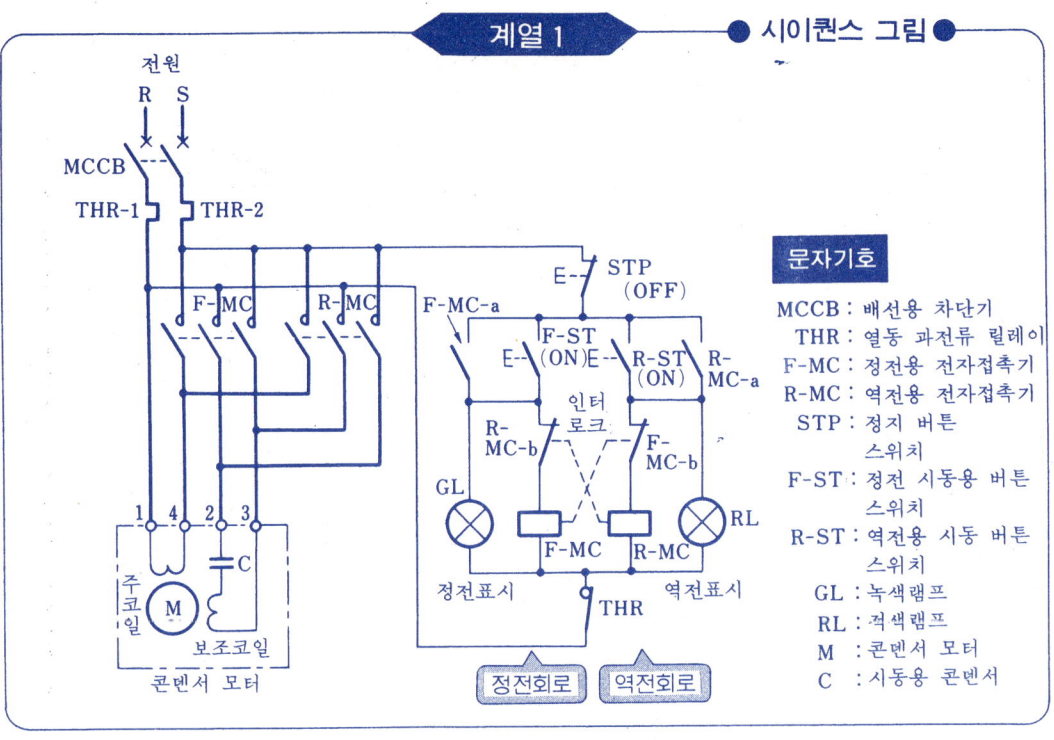

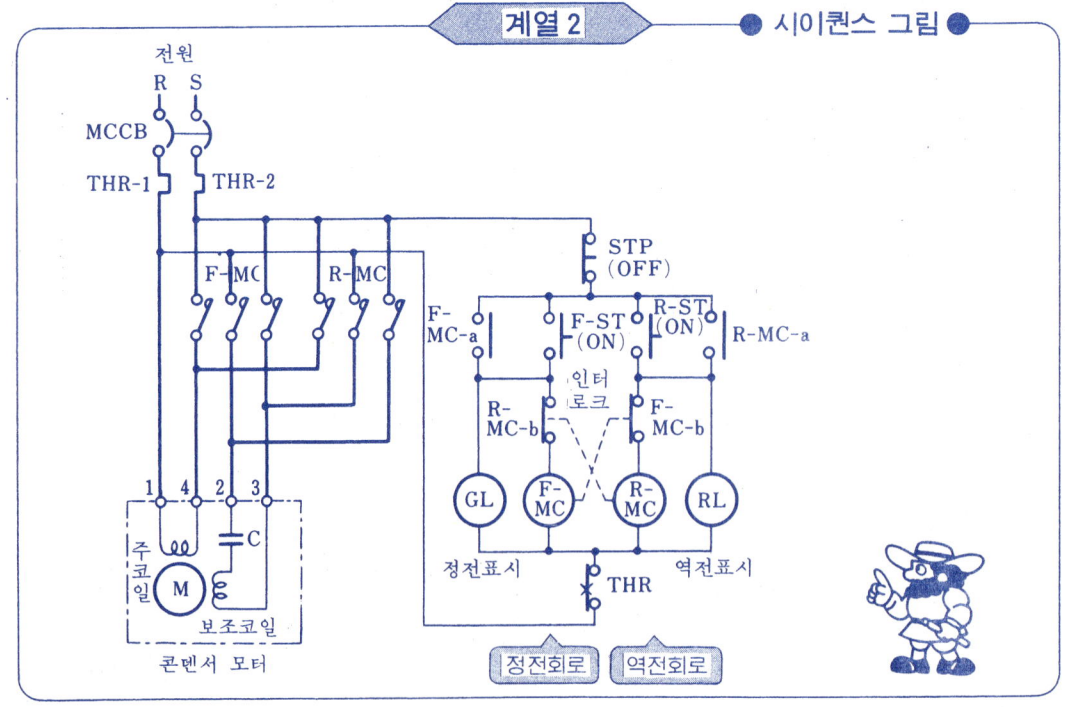

8 전동기의 인칭(미동) 운전 제어회로

계열 1 — 시퀀스 그림

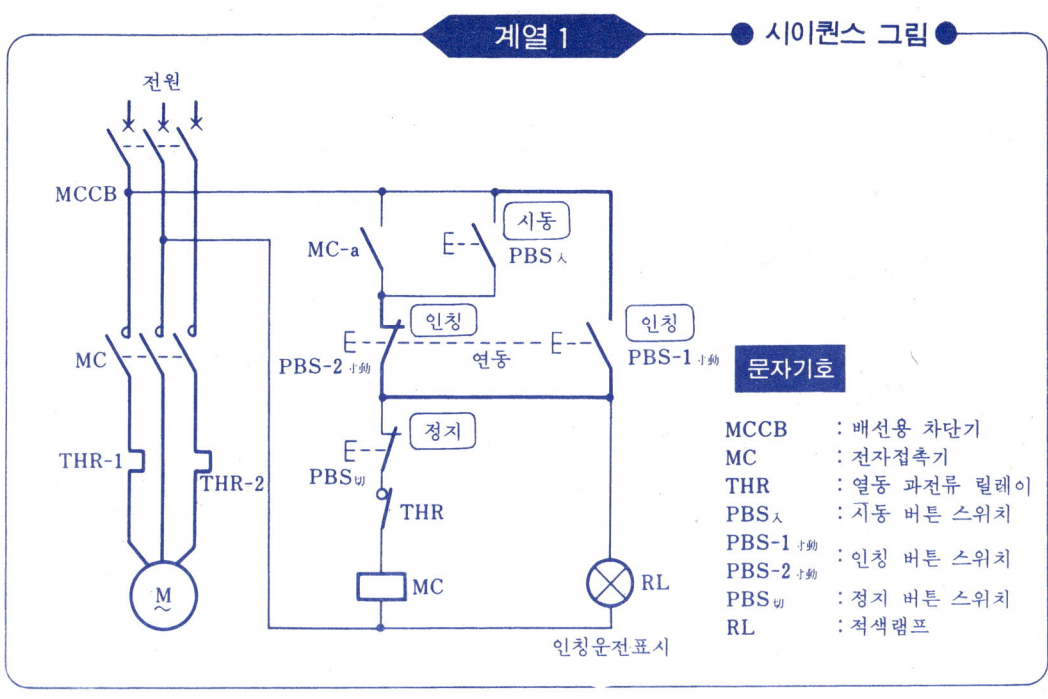

계열 2 — 시퀀스 그림

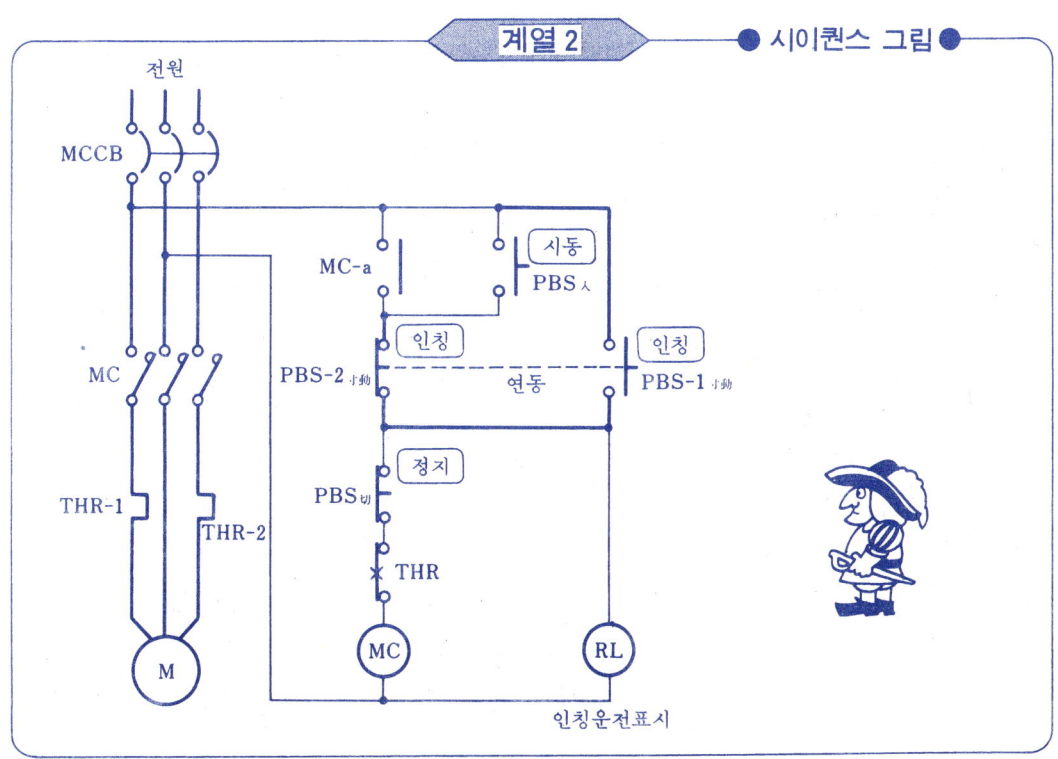

• 부록 : 계열1 · 계열2 시이퀀스도 대비집

9 전동기의 역상 제동 제어 회로 ☞ 280 페이지 참조

계열 1 ● 시이퀀스 그림 ●

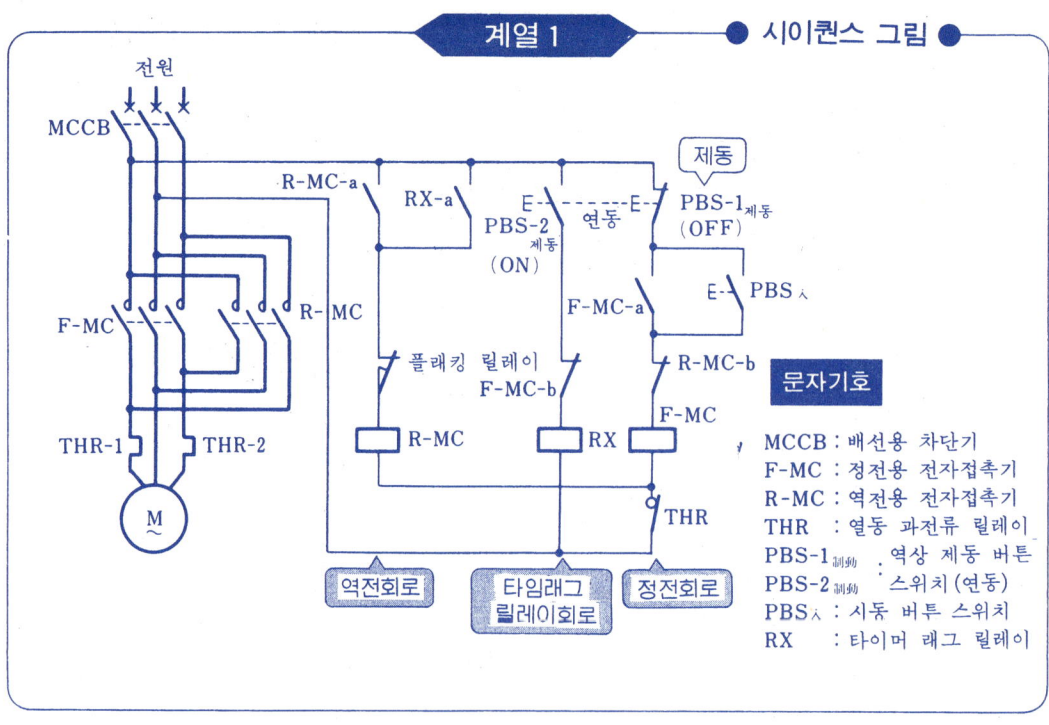

문자기호
MCCB : 배선용 차단기
F-MC : 정전용 전자접촉기
R-MC : 역전용 전자접촉기
THR : 열동 과전류 릴레이
PBS-1 제동 : 역상 제동 버튼
PBS-2 제동 : 스위치 (연동)
PBS ㅅ : 시동 버튼 스위치
RX : 타이머 래그 릴레이

계열 2 ● 시이퀀스 그림 ●

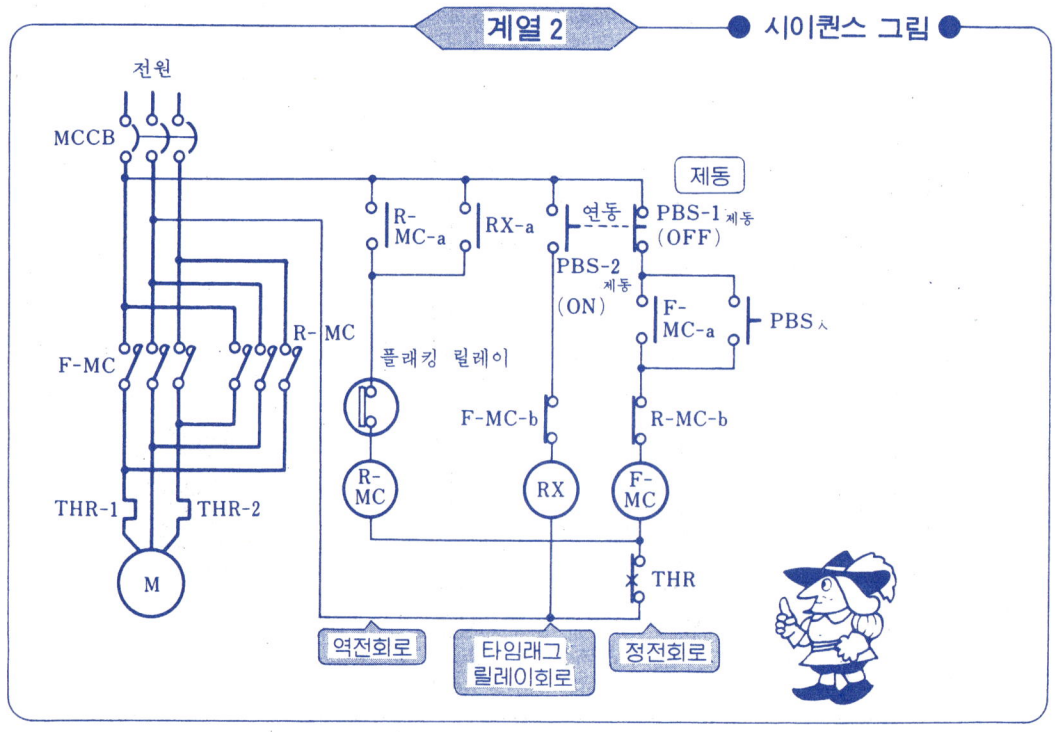

- 458 -

• 부록 : 계열1·계열2 시이퀀스도 대비집

⑩ 전동 송풍기의 지연 동작 운전회로   ☞ 286 페이지 참조

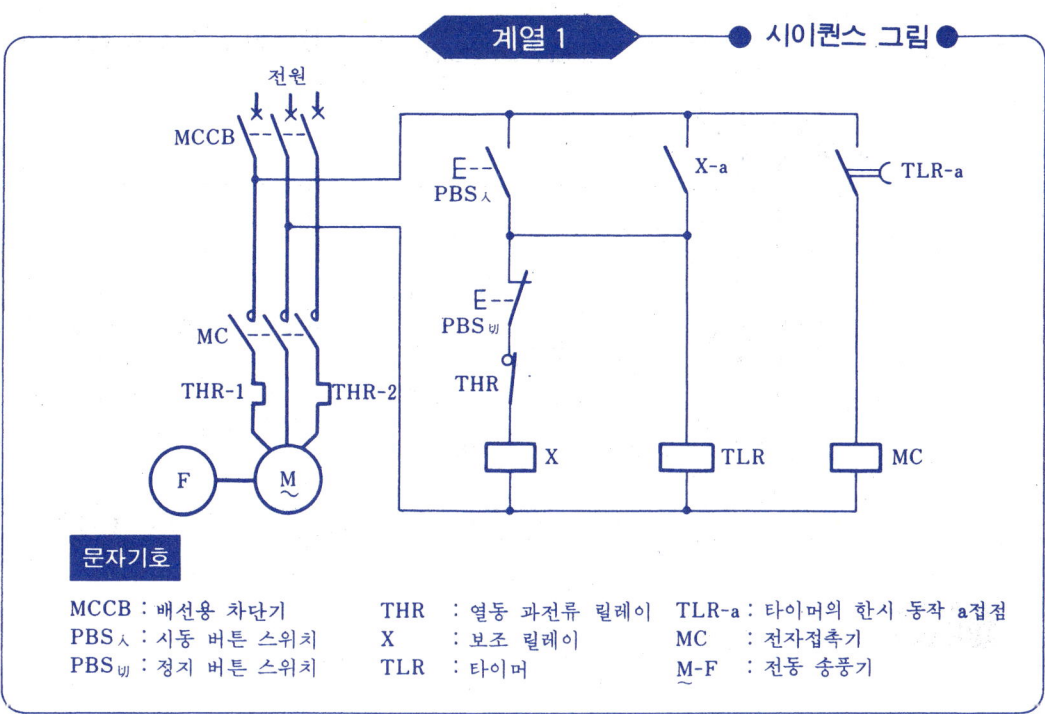

문자기호

- MCCB : 배선용 차단기
- PBS시 : 시동 버튼 스위치
- PBS비 : 정지 버튼 스위치
- THR : 열동 과전류 릴레이
- X : 보조 릴레이
- TLR : 타이머
- TLR-a : 타이머의 한시 동작 a접점
- MC : 전자접촉기
- M-F : 전동 송풍기

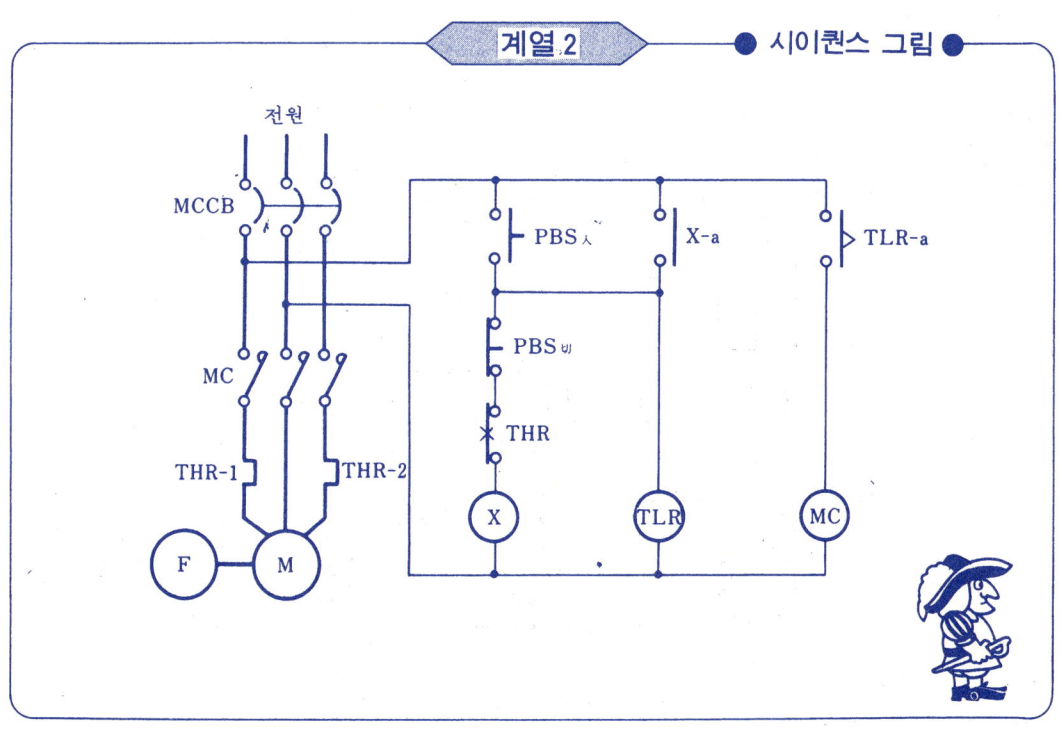

• 부록 : 계열1 · 계열2 시이퀀스도 대비집

⑪ 전동기의 시동 제어회로 ☞ 291 페이지 참조

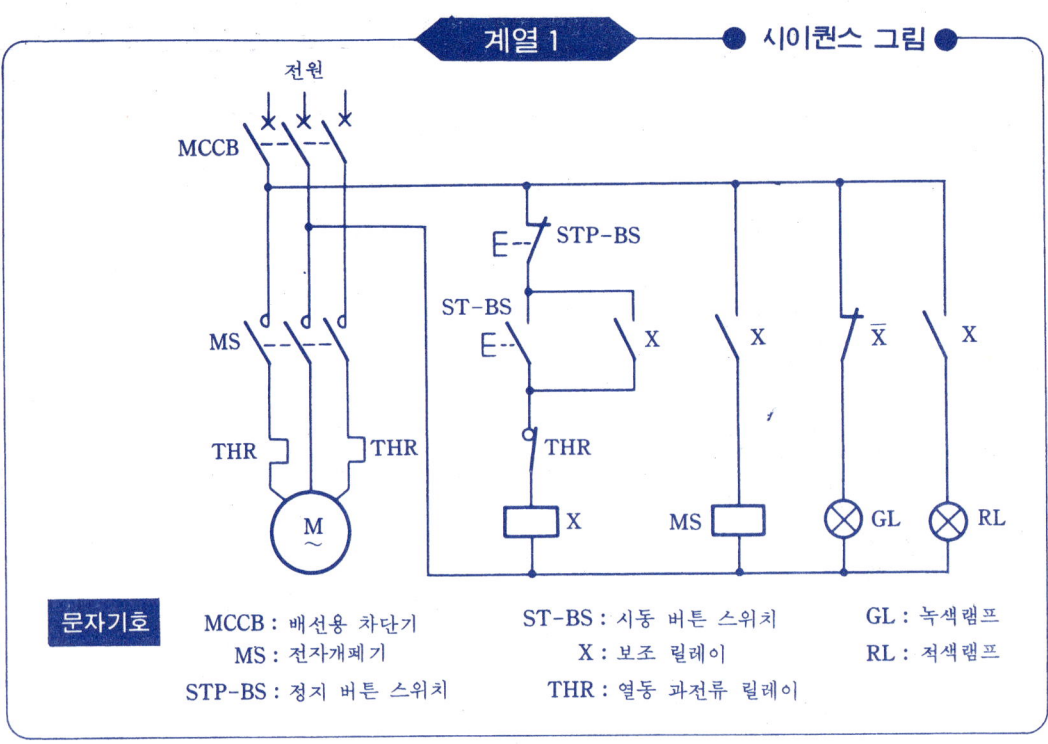

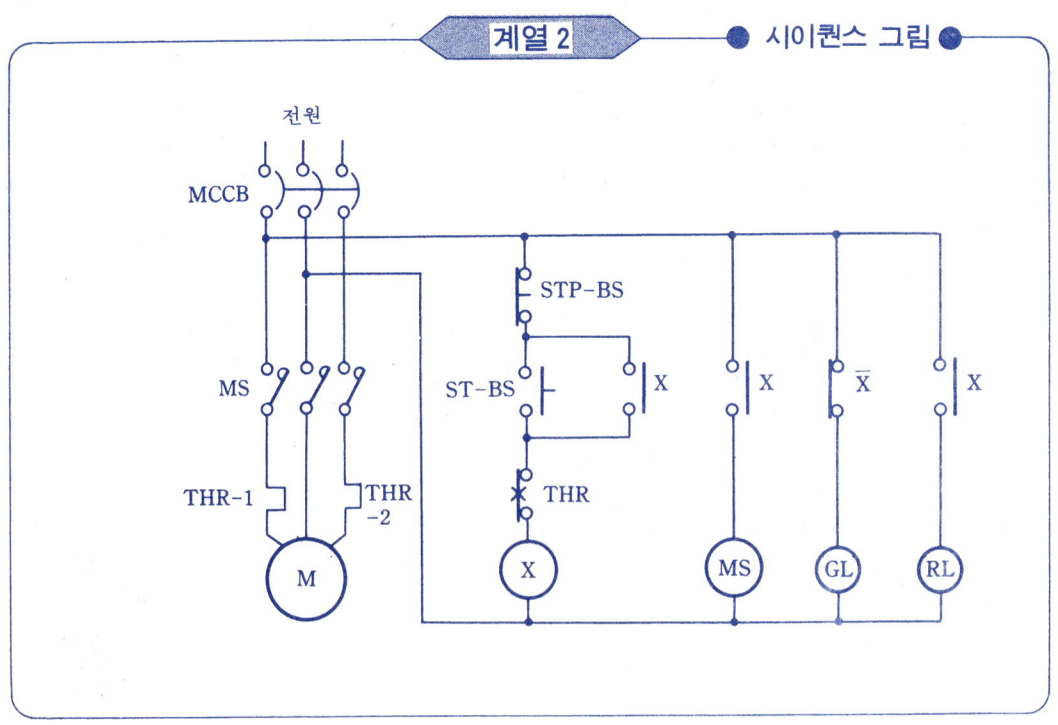

• 부록 : 계열1 · 계열2 시이퀀스도 대비집

12 전동기의 한시 제어 회로 ☞ 299 페이지 참조

계열 1 ● 시이퀀스 그림 ●

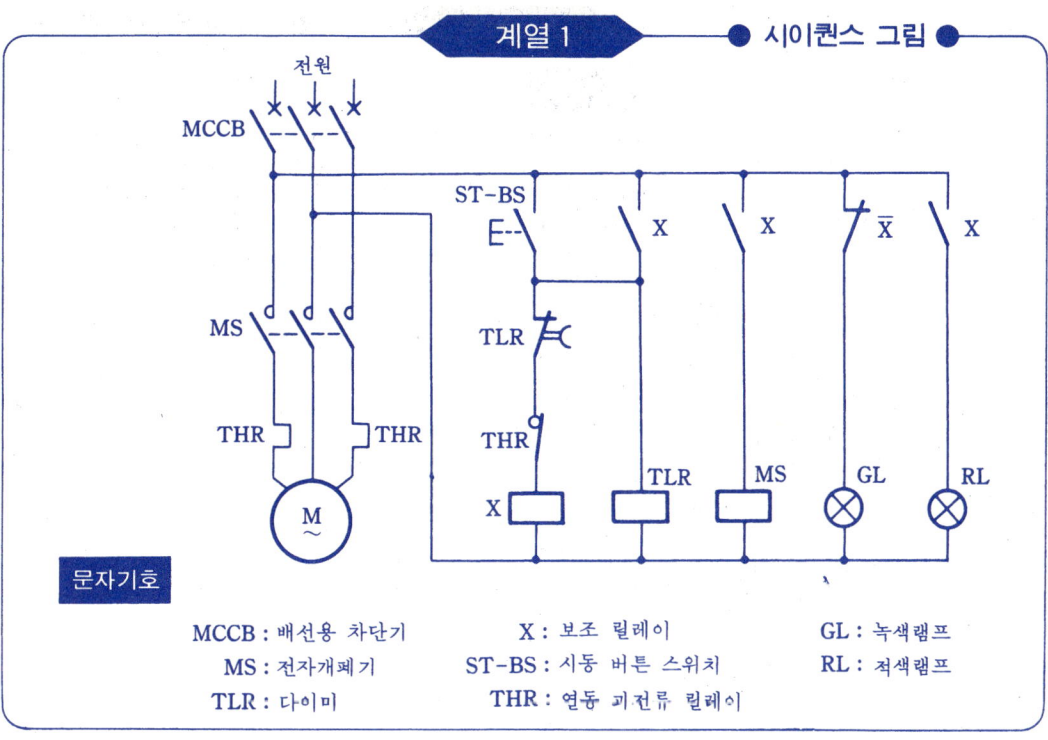

문자기호

MCCB : 배선용 차단기 X : 보조 릴레이 GL : 녹색램프
MS : 전자개폐기 ST-BS : 시동 버튼 스위치 RL : 적색램프
TLR : 다이머 THR : 열동 과전류 릴레이

계열 2 ● 시이퀀스 그림 ●

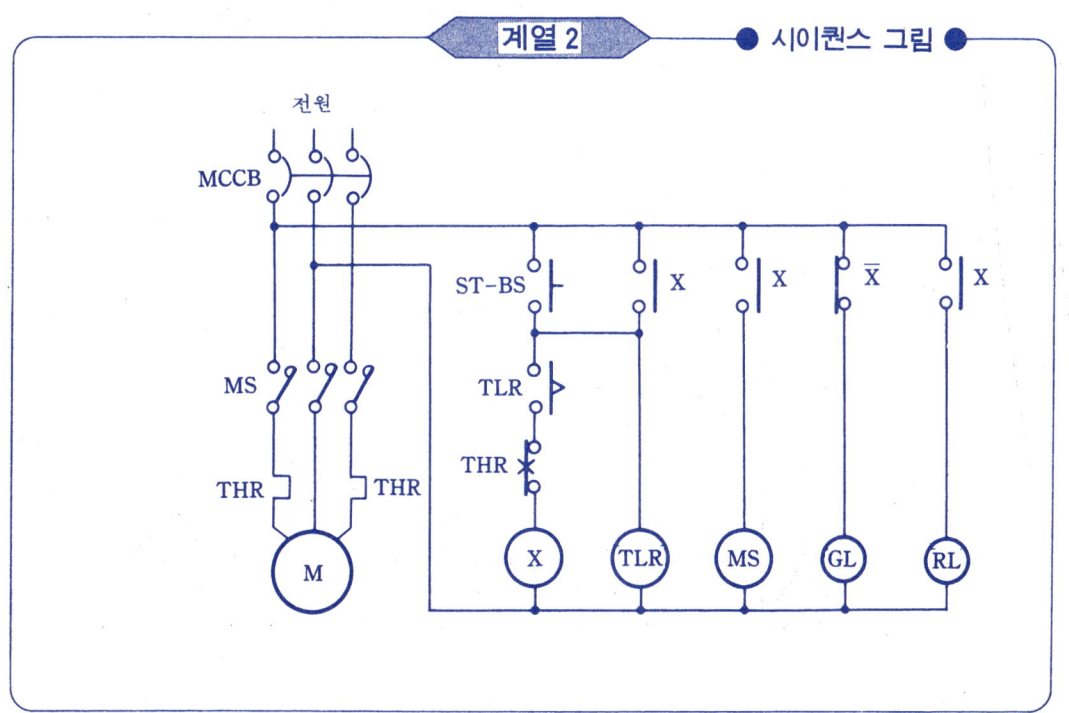

- 461 -

• 부록 : 계열1 · 계열2 시이퀀스도 대비집

⑬ 삼상 히터의 온도 제어회로 310 페이지 참조

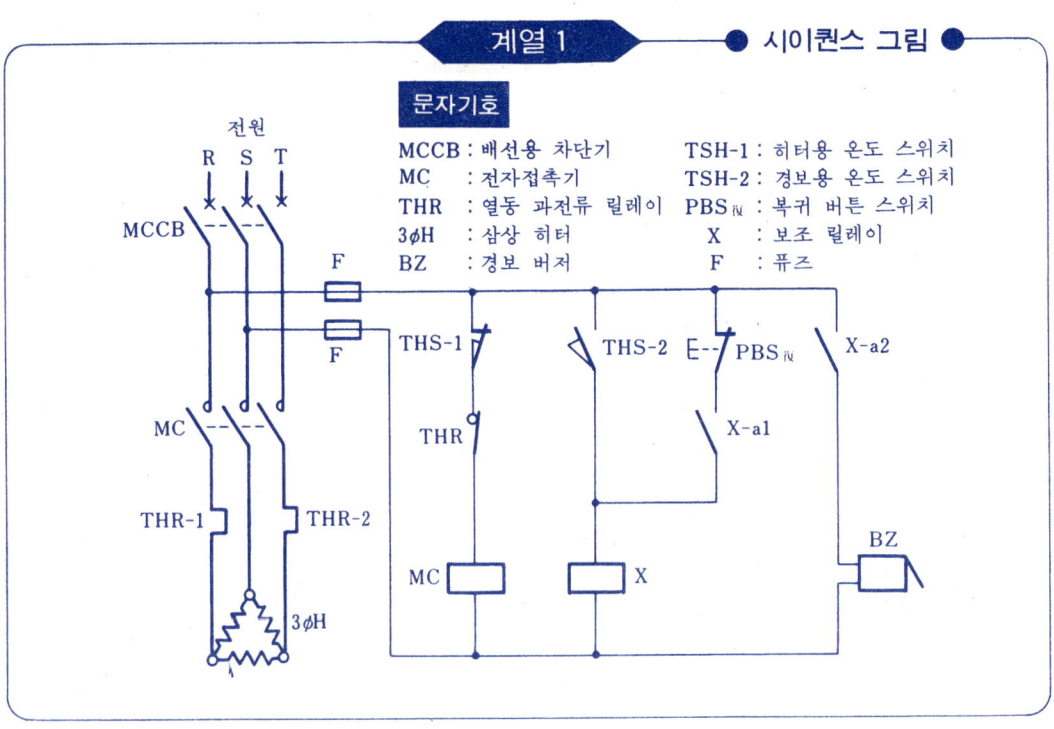

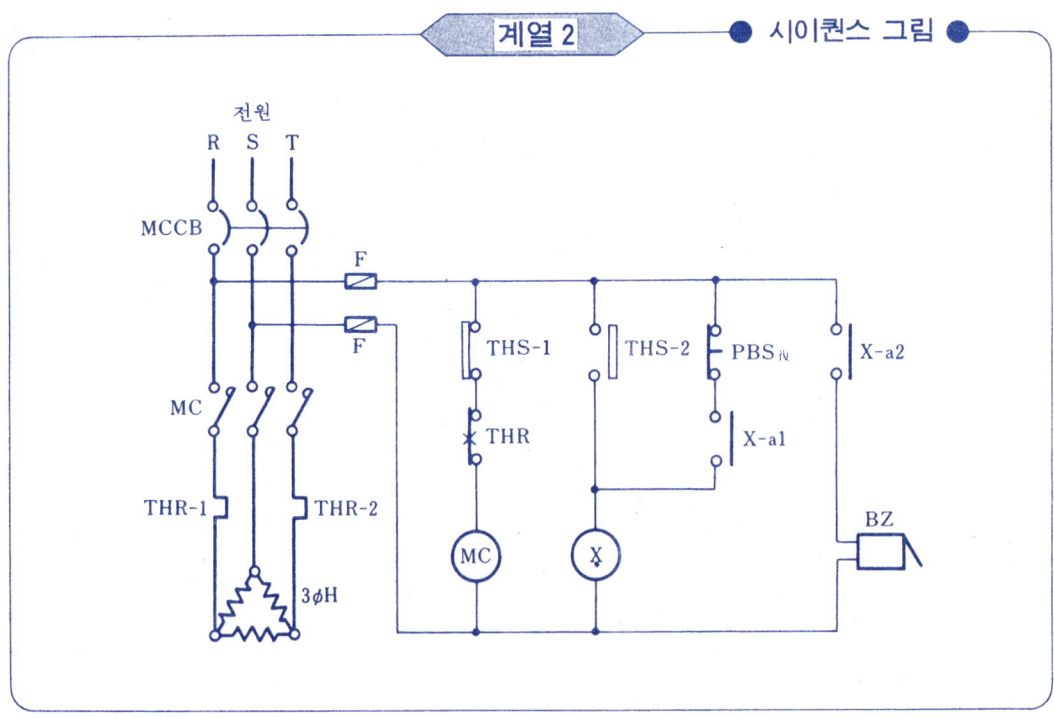

• 부록 : 계열1 · 계열2 시이퀀스도 대비집

⑭ 압축기(컴프레서)의 압력 제어회로 (수동·자동) ☞ 316 페이지 참조

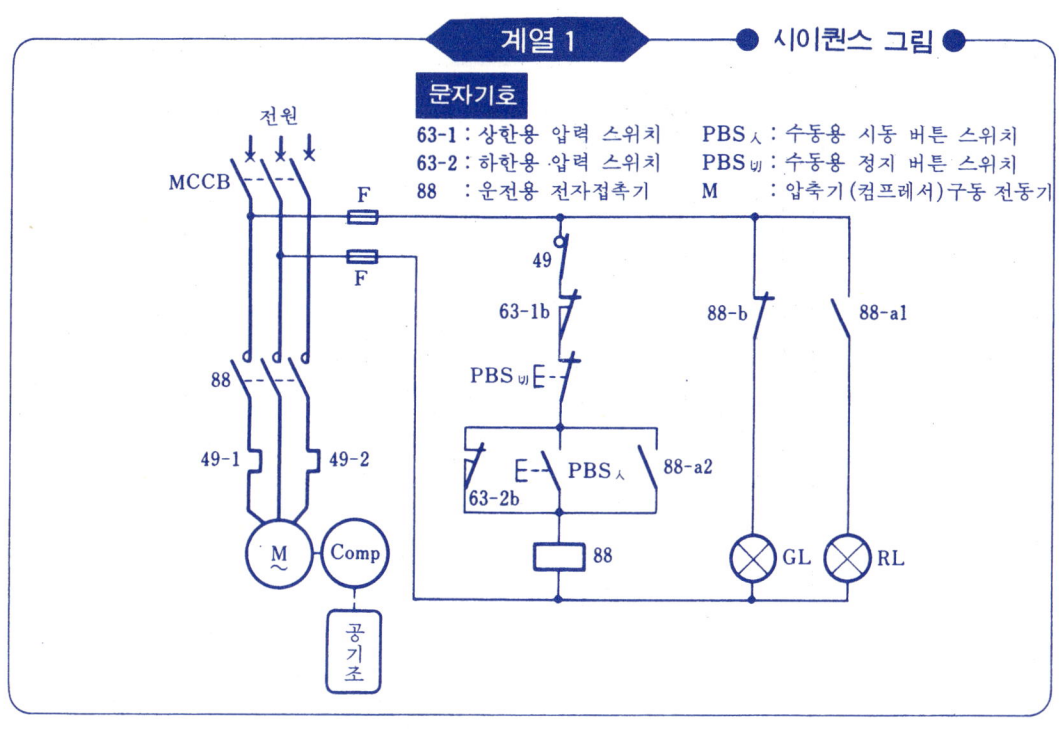

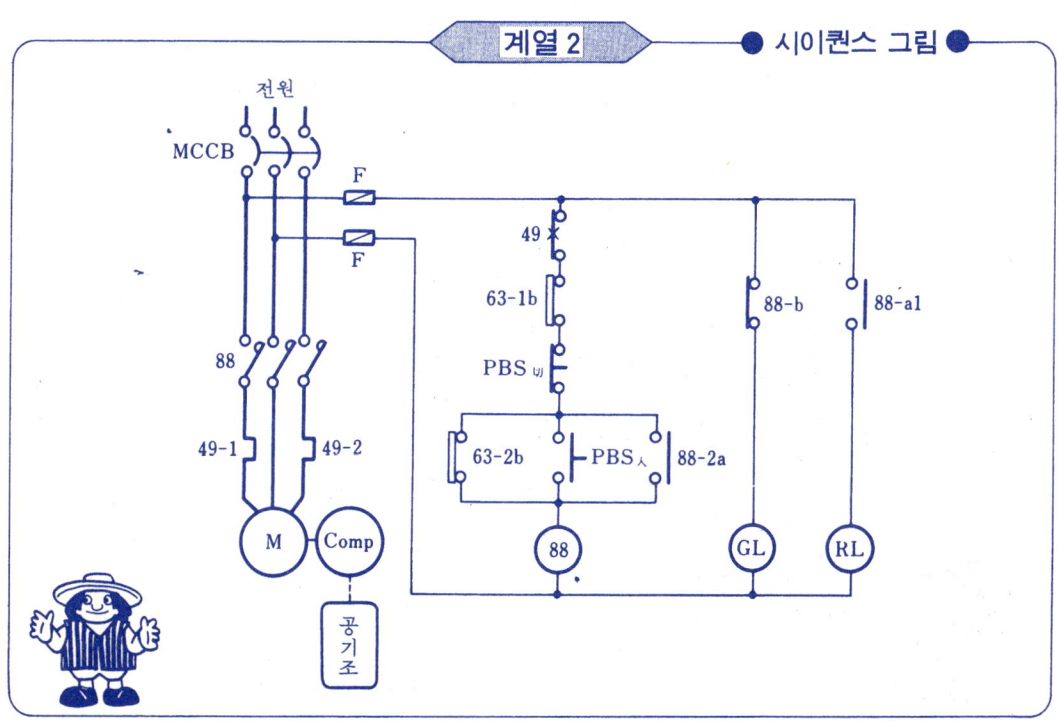

• 부록 : 계열1・계열2 시이퀀스도 대비집

15 플로트리스 액면 릴레이를 사용한 급수 제어회로 ☞ 323 페이지 참조

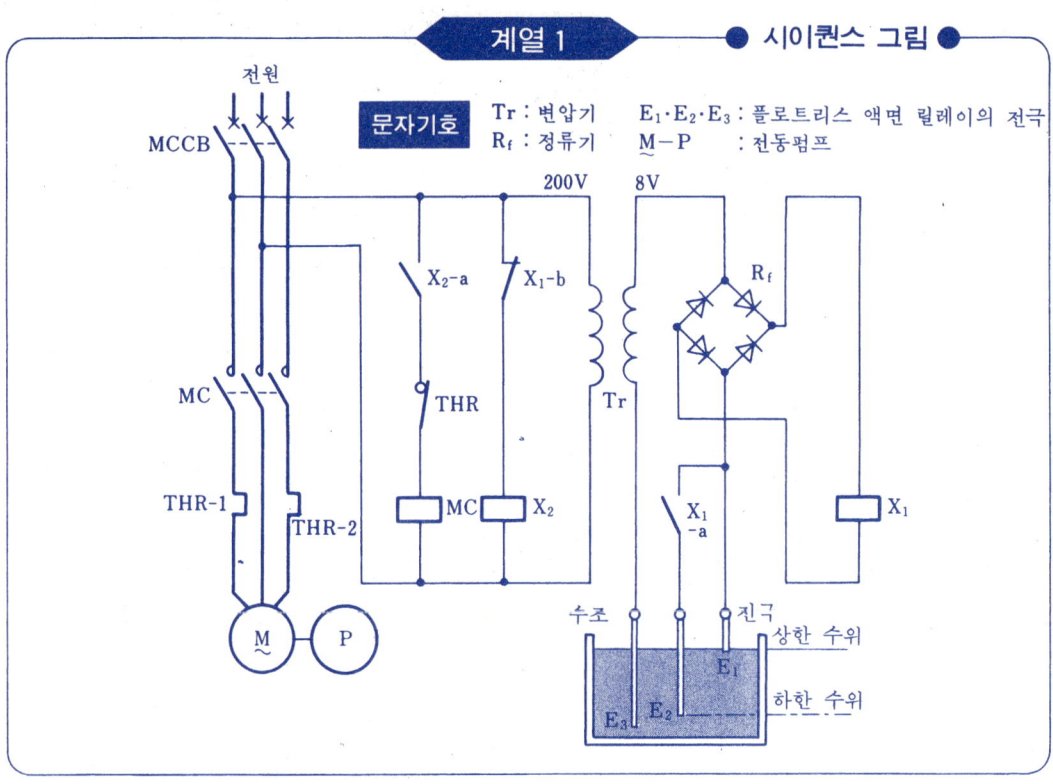

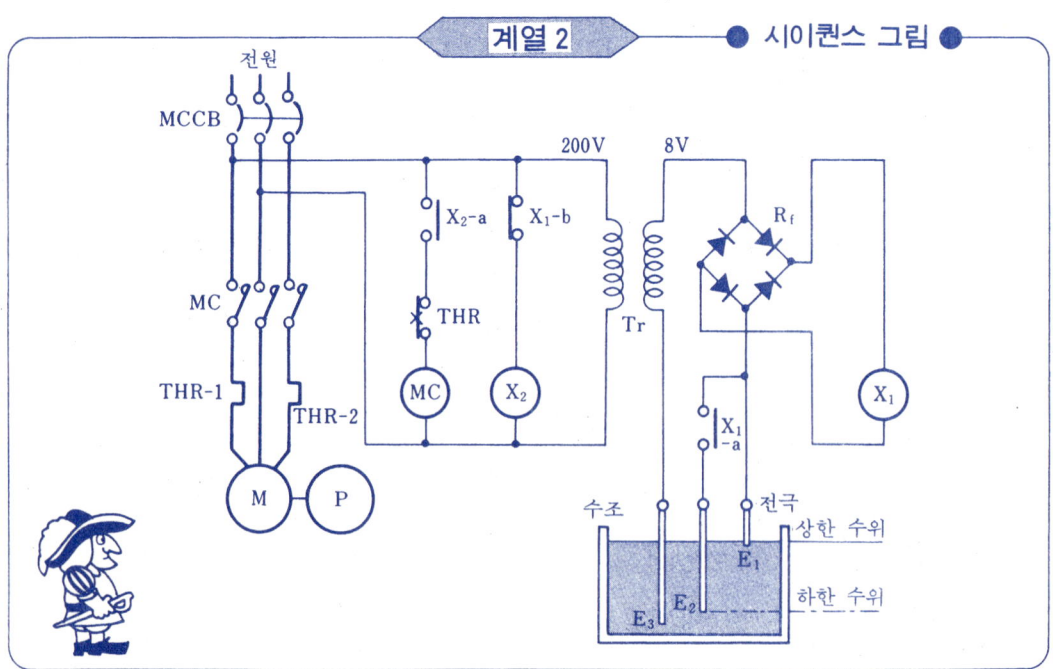

• 부록 : 계열1 · 계열2 시이퀀스도 대비집

16 이상 갈수 경보장치 급수 제어회로 ☞ 327 페이지 참조

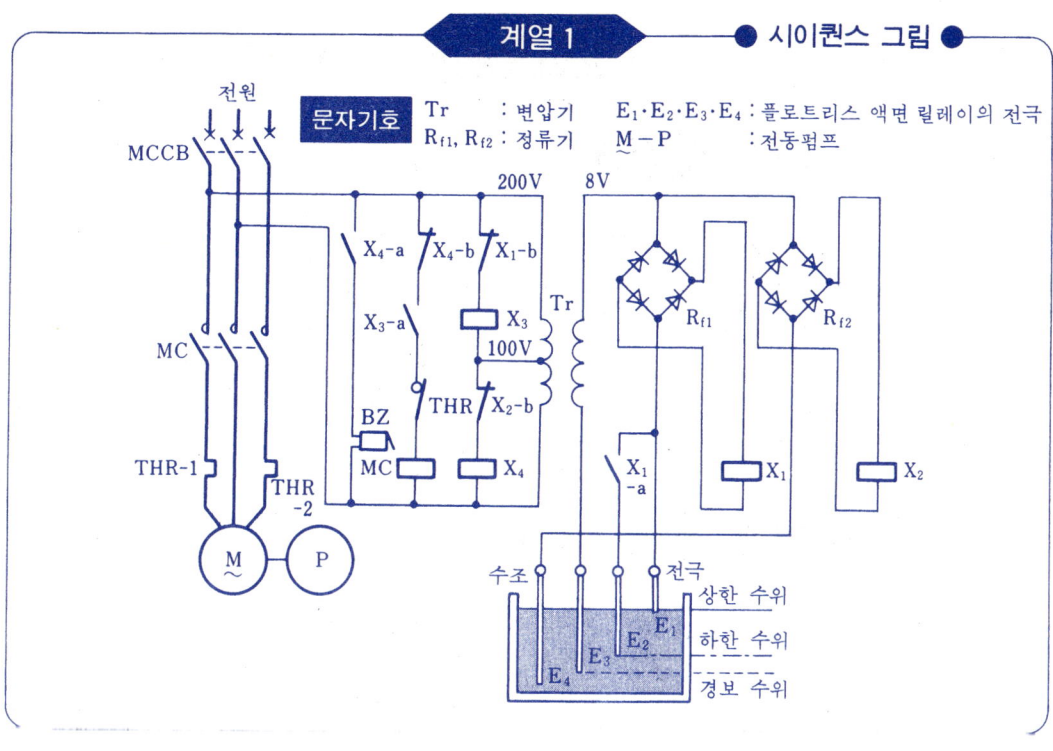

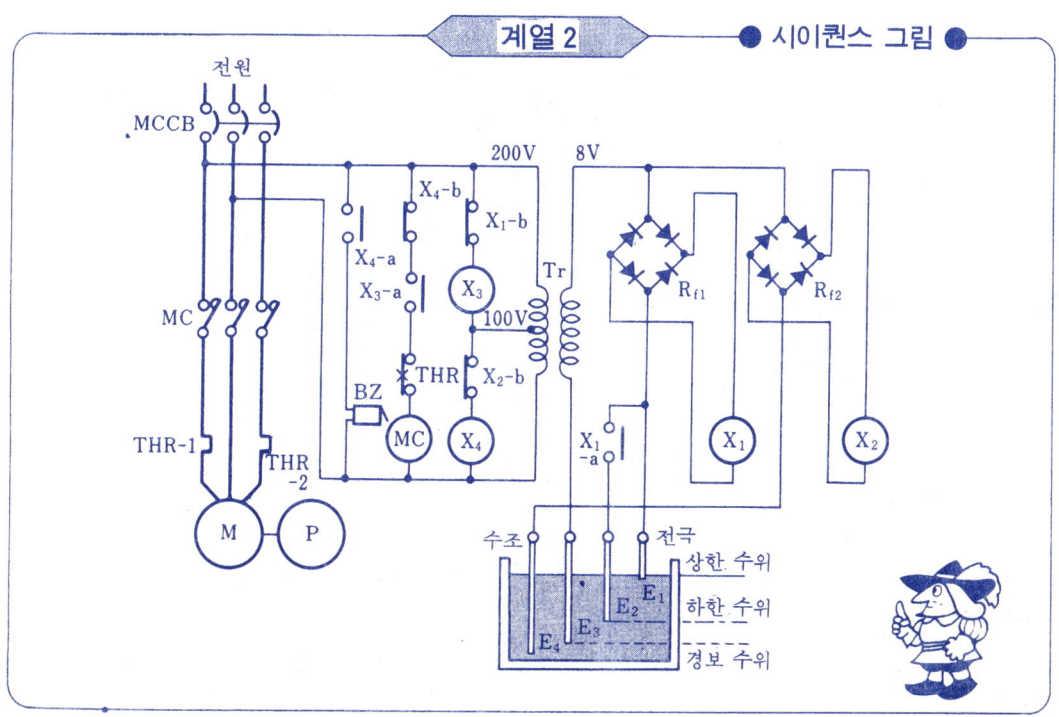

• 부록 : 계열1・계열2 시이퀀스도 대비집

17 플로트리스 액면 릴레이를 사용한 배수 제어회로 ☞ 331 페이지 참조

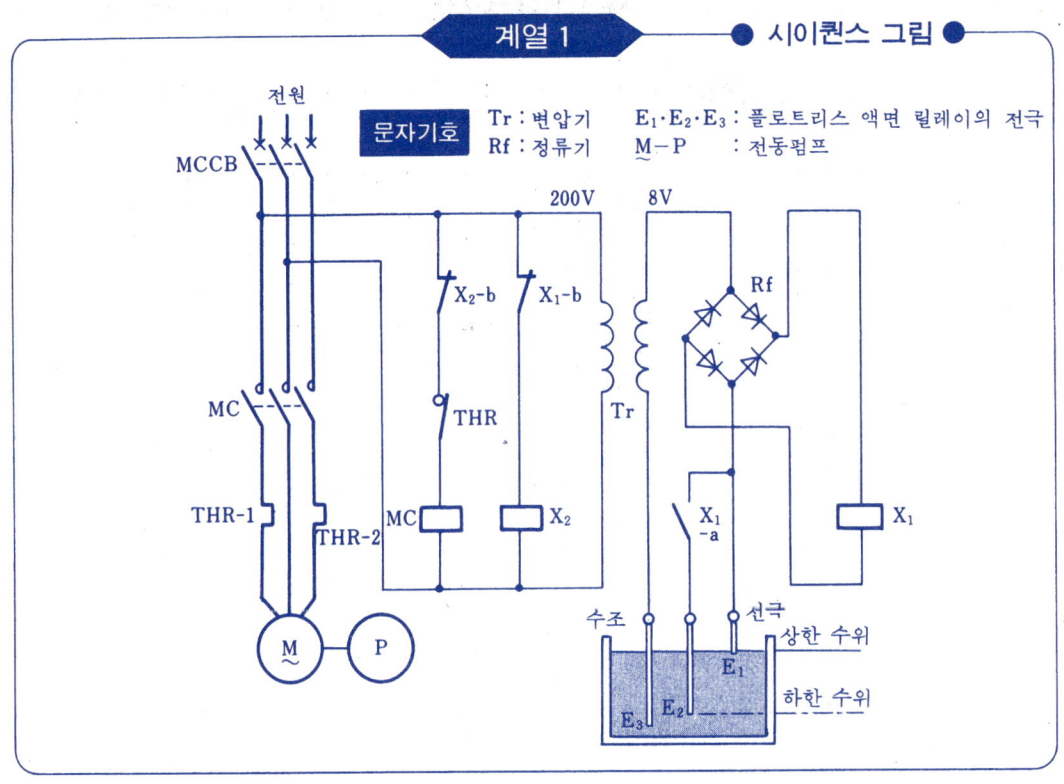

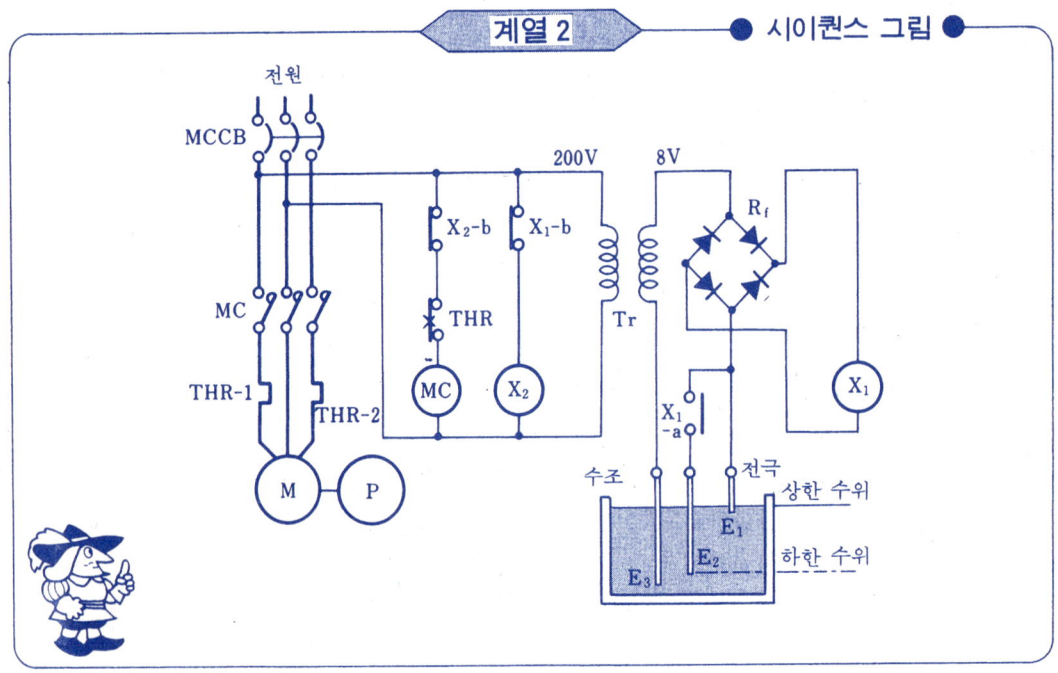

• 부록 : 계열1 · 계열2 시이퀀스도 대비집

⑱ 이상 증수 경보장치 배수 제어회로   ☞ 334 페이지 참조

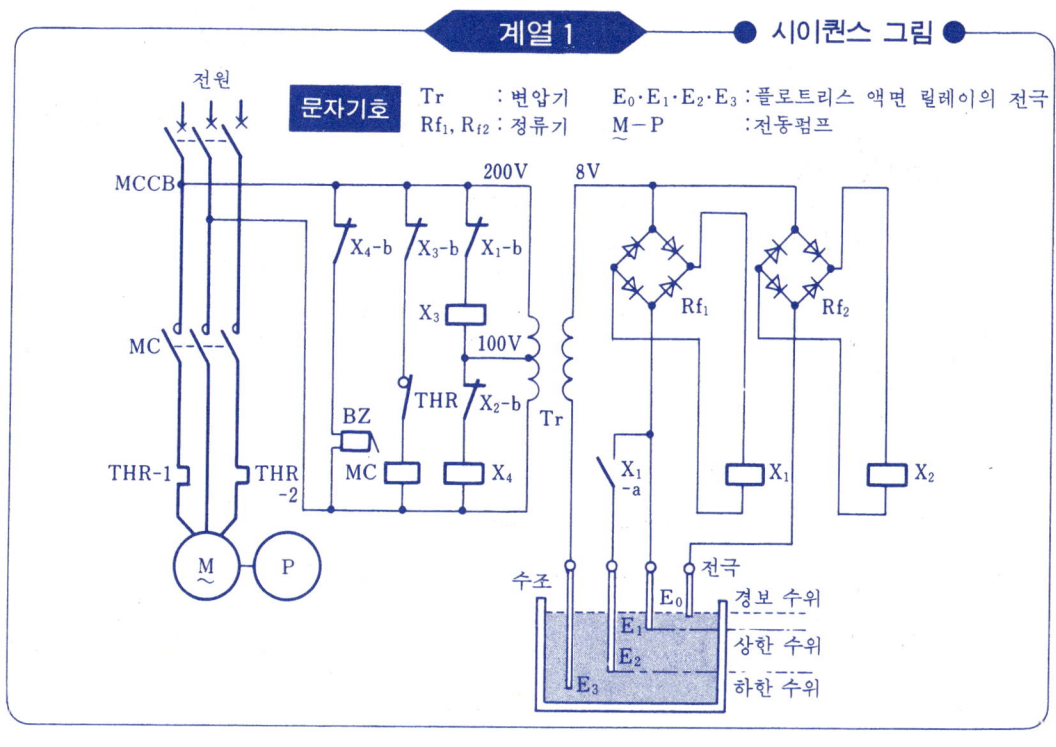

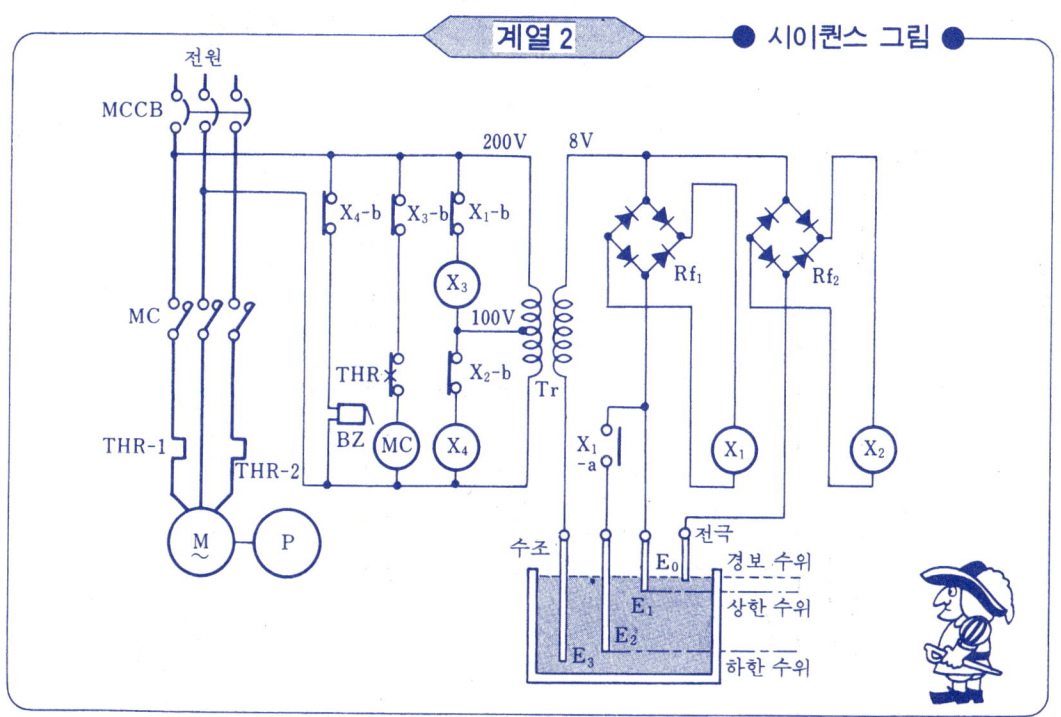

— 467 —

• 부록 : 계열1·계열2 시이퀀스도 대비집

⑲ 펌프의 반복 운전 제어회로   ☞ 339 페이지 참조

계열 1 ● 시이퀀스 그림 ●

문자기호
TLR-1 : 운전시간용 타이머
TLR-2 : 정지시간용 타이머
M-P : 전동펌프

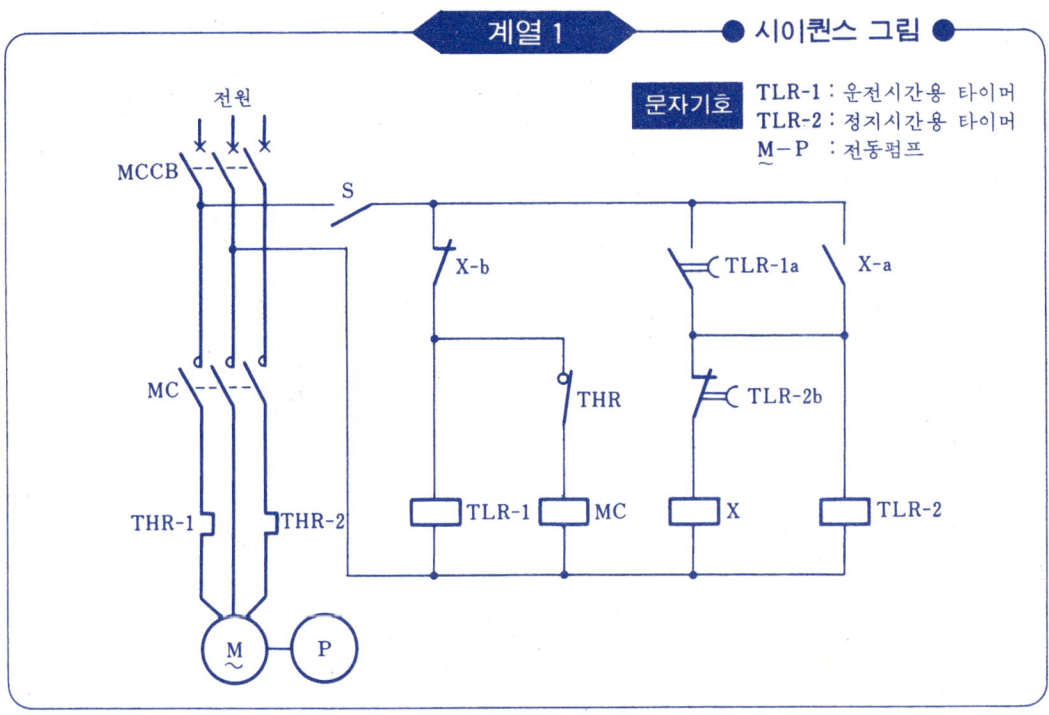

계열 2 ● 시이퀀스 그림 ●

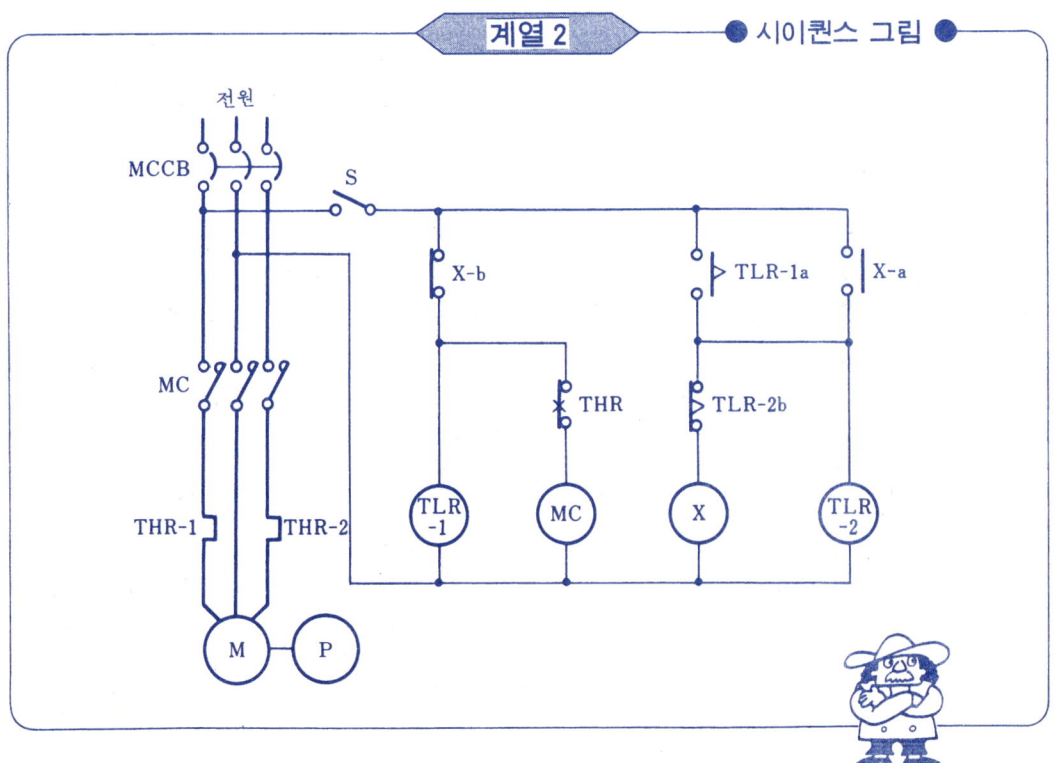

• 부록 : 계열1・계열2 시이퀀스도 대비집

⑳ 컨베이어의 일시 정지 제어회로 ☞ 344 페이지 참조

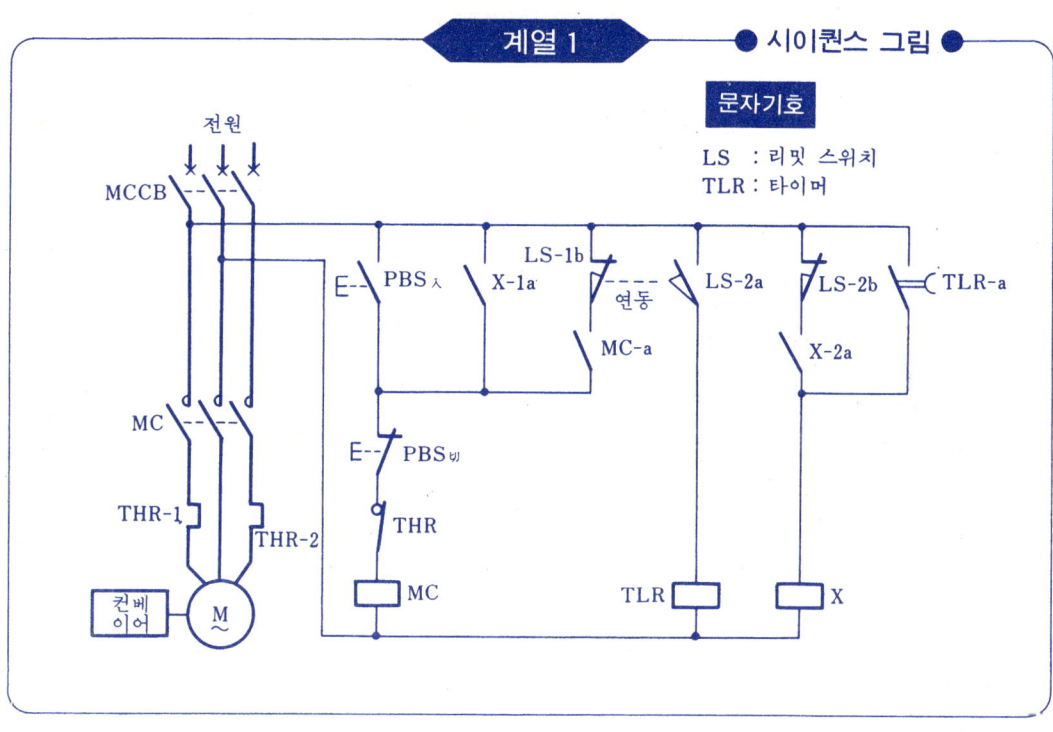

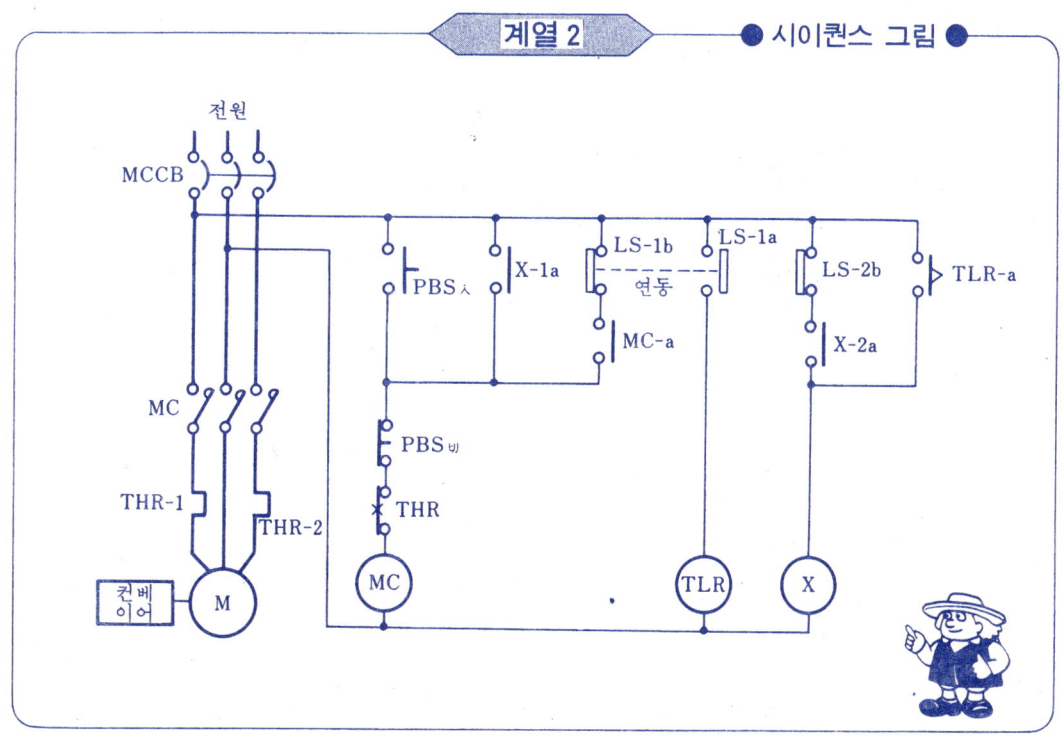

• 부록 : 계열1 · 계열2 시이퀀스도 대비집

㉑ 화물 운반용 리프트(엘리베이터)의 자동 반전 제어회로 ☞ 349 페이지 참조

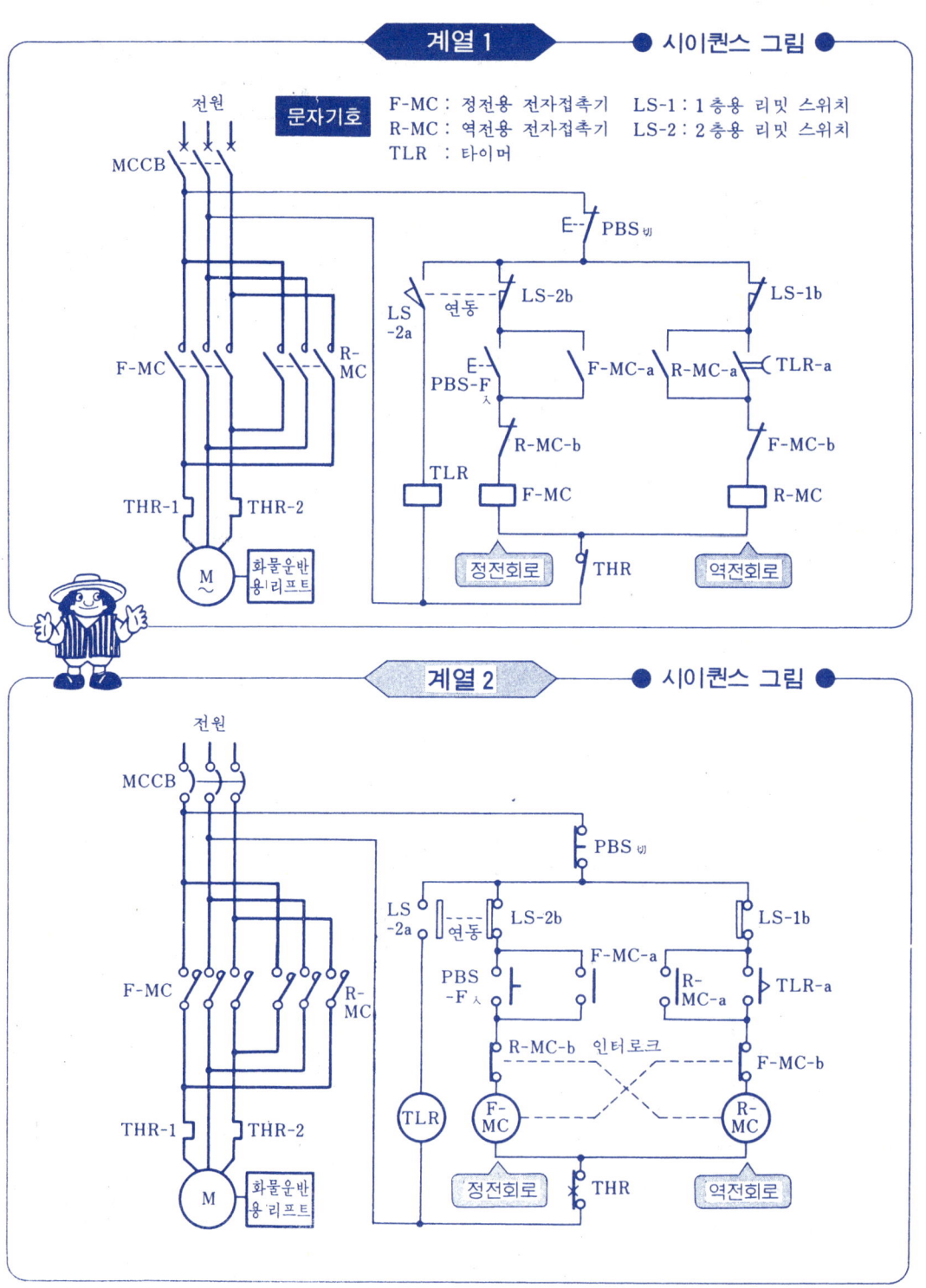

• 부록: 계열1 · 계열2 시이퀀스도 대비집

22 직류식 전자 조작방식에 의한 차단기의 제어회로   ☞ 356 페이지 참조

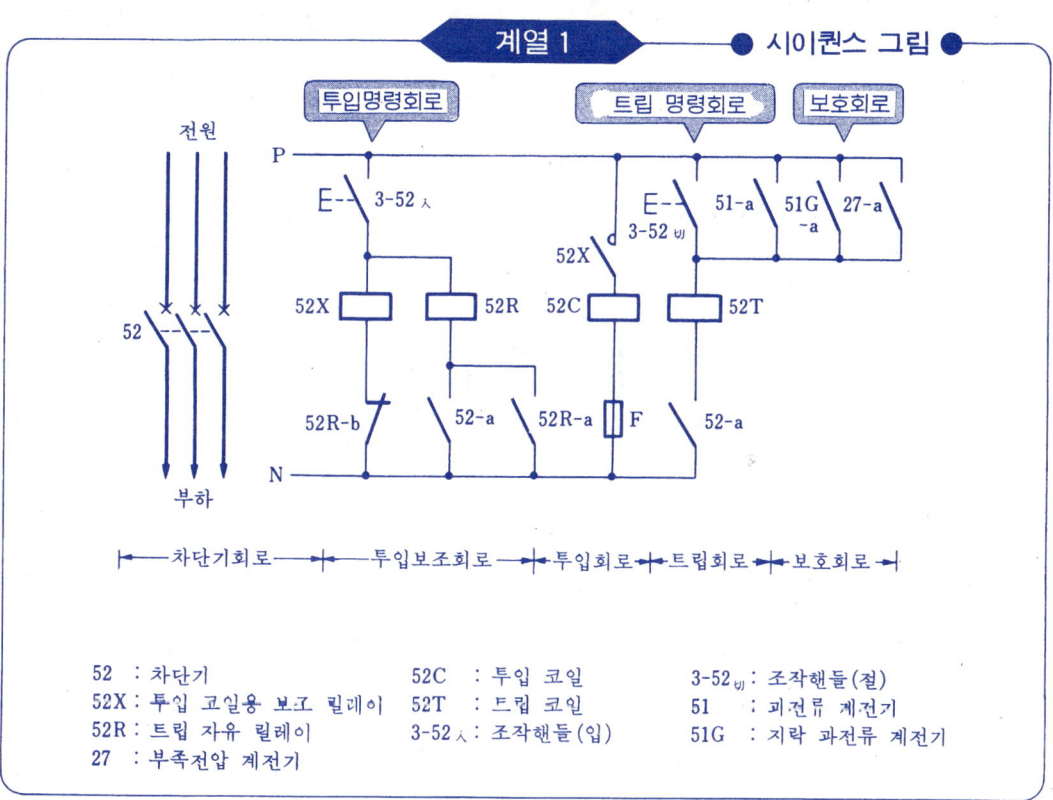

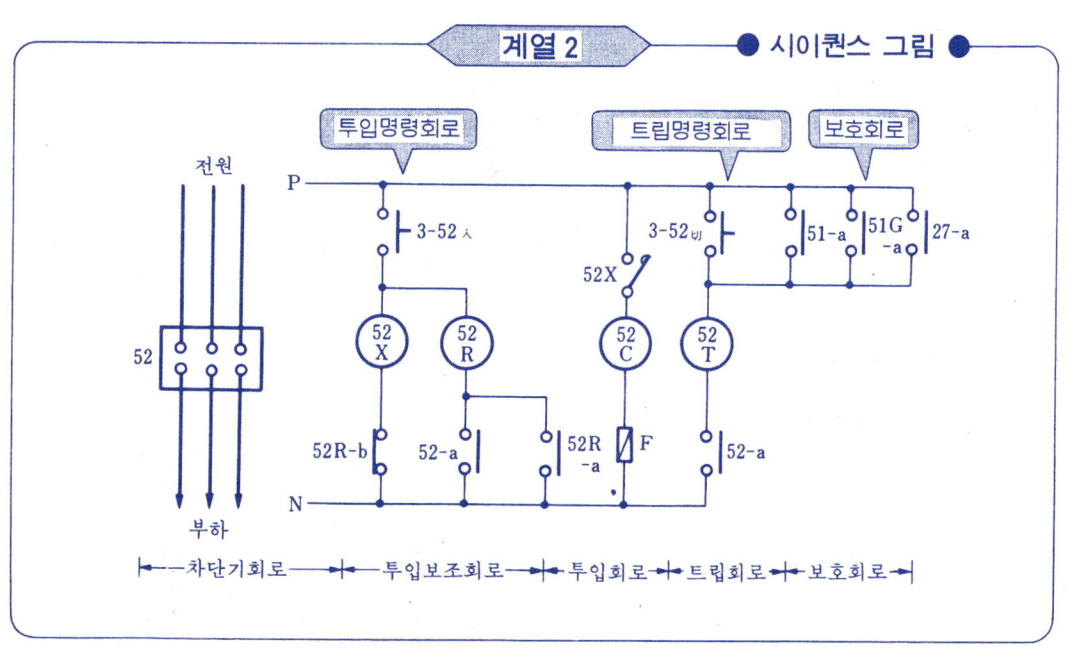

— 471 —

• 부록 : 계열1 · 계열2 시이퀀스도 대비집

23 교류식 전자 조작방식에 의한 차단기의 제어회로

계열 1 ● 시이퀀스 그림 ●

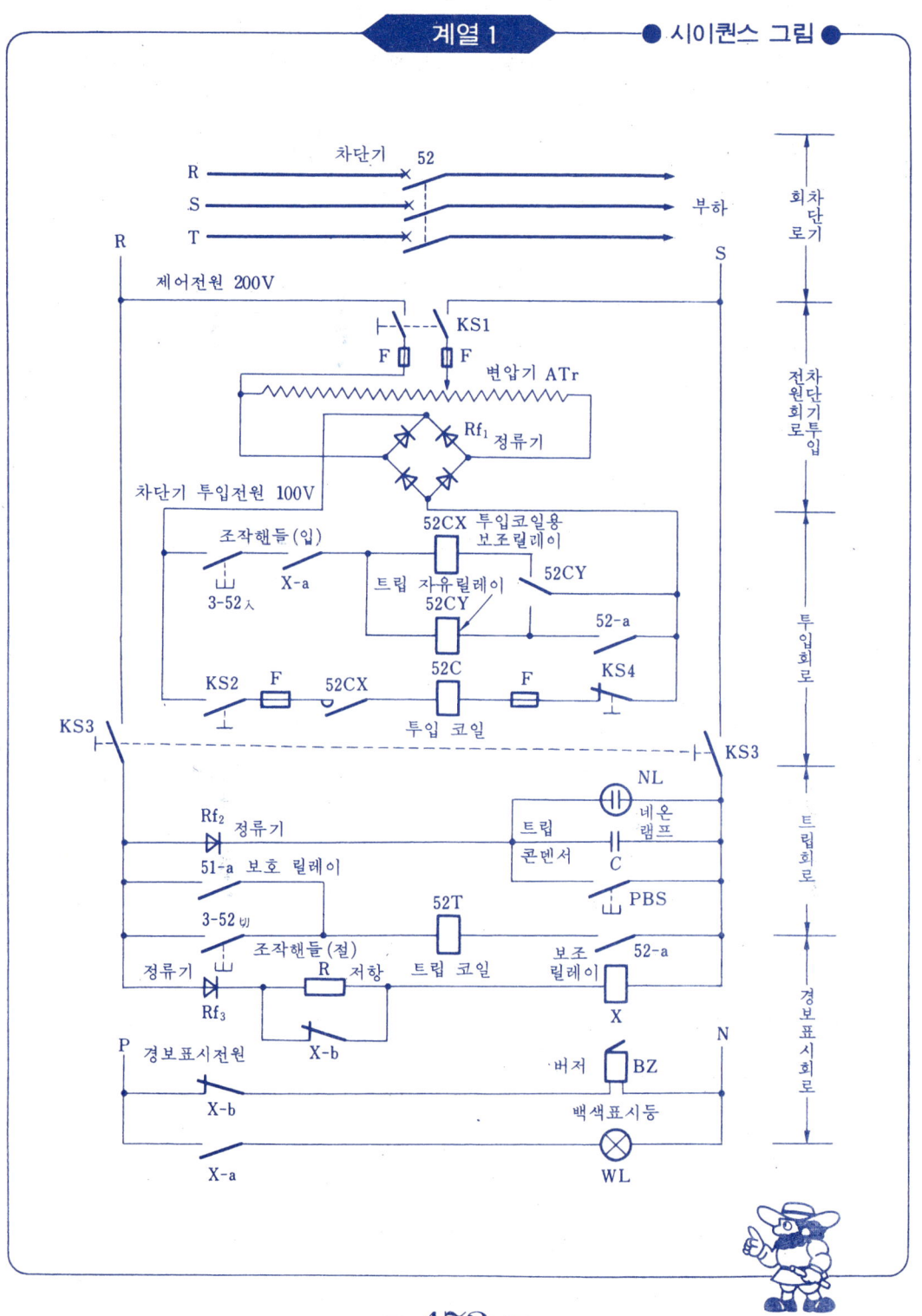

• 부록 : 계열1・계열2 시이퀀스도 대비집

359 페이지 참조

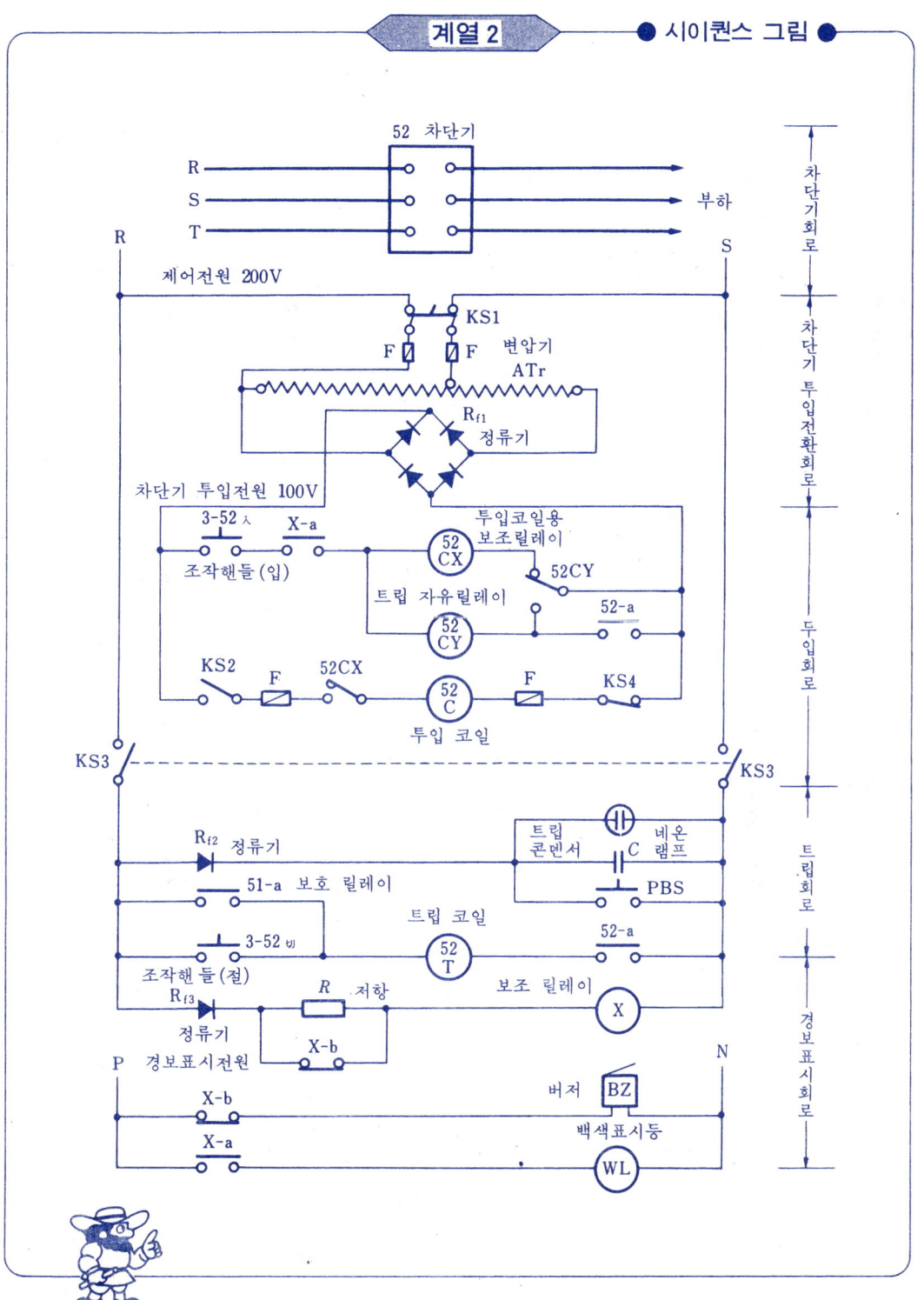

• 부록 : 계열1 · 계열2 시이퀀스도 대비집

24 보일러의 자동 운전 제어회로

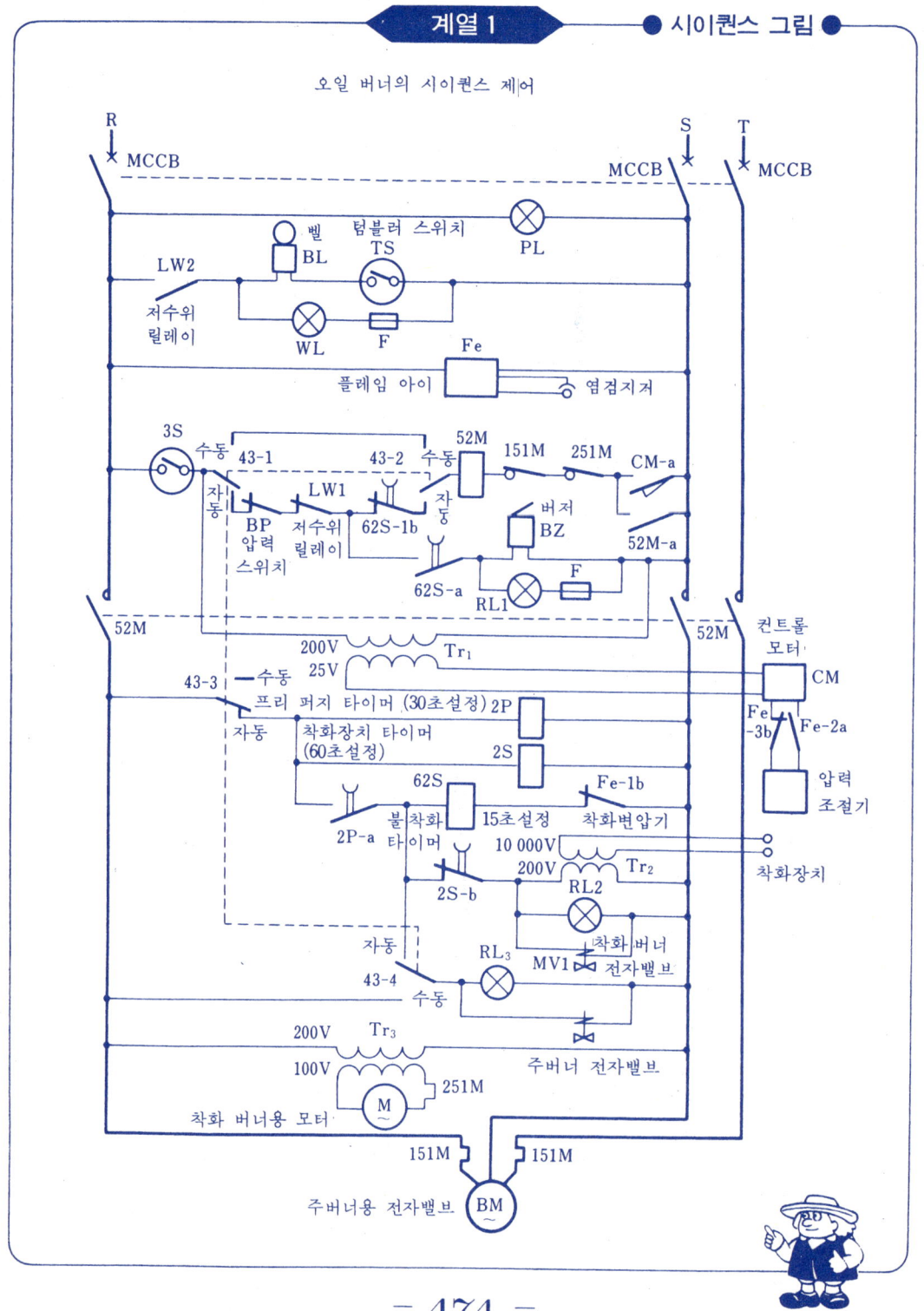

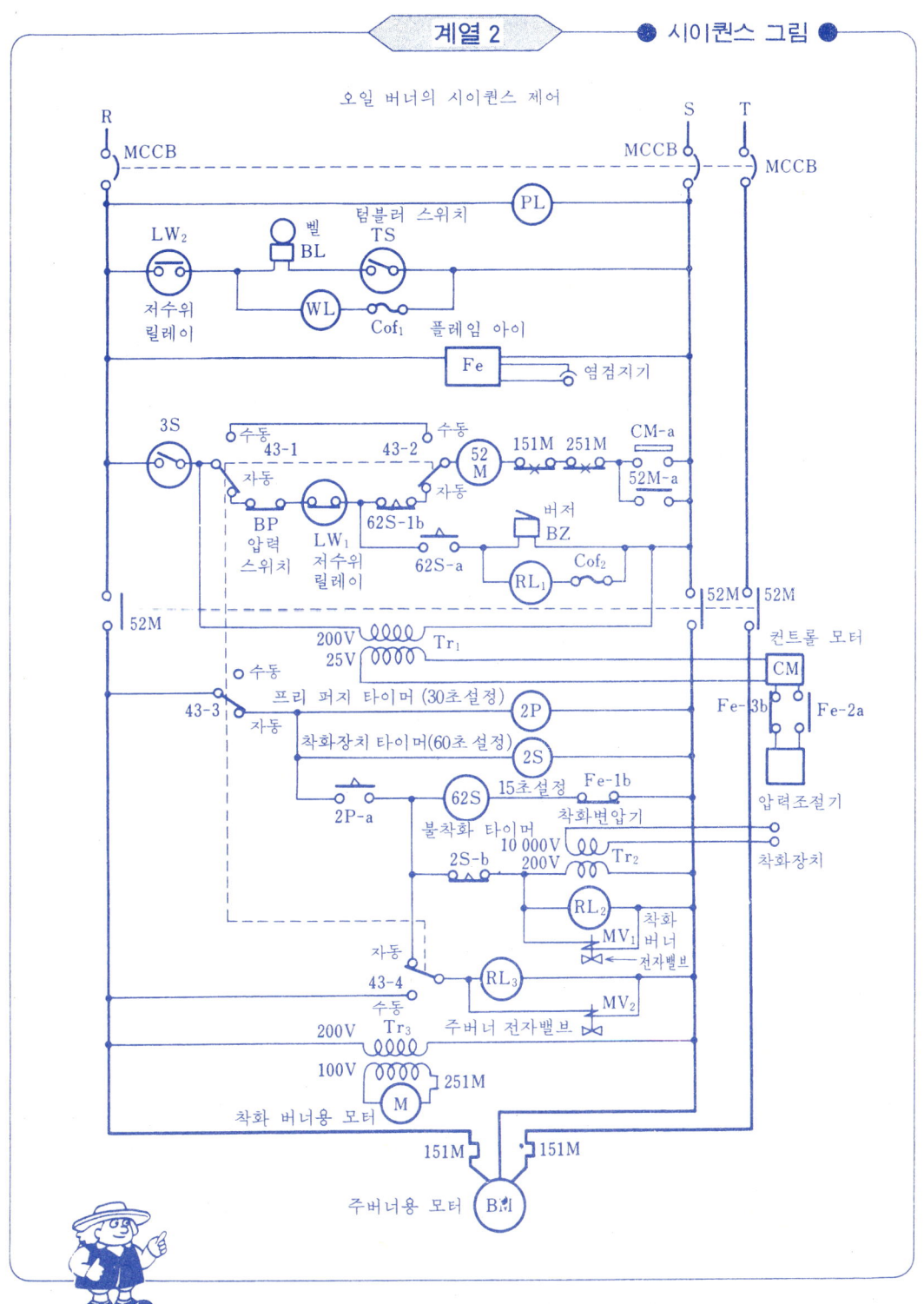

附 錄 2

- 전기용 도기호
- 자동제어 기구
- 제어배전장치의 용어, 약어 및 정의 발췌
- 시이퀀스제어 기호
- 주요전기 도기호 비교표
- 무접점 계전기의 문자기호

附　錄

附錄 1　電氣用圖記号 (KS C 0102-1980拔萃)

適用範圍　이 規格은 電氣回路의 接續關係를 나타내는 圖面에 使用하는 圖記號를 定한 것이며, 基本圖記號 및 넓은 一般的으로 電氣回路圖에 適用하고, 電力用 圖記號는 主로 電氣機械器具를 使用하는 場所(發電所, 變電所, 開閉所, 工場 等)에서 電氣通信用 記號는 主로 電氣通信關係를 나타내는 圖面에, 또 電氣通信用 圖記號는 主로 電氣通信關係에서 電氣接續裝置 및 機器接續關係를 表示한 電氣接續裝置의 圖面에 대하여 規定한다.

備　考

1. 圖記號의 크기를 바꾸는 것은 自由지만, 可及的 같은 圖는 크기를 하지 않으면 안된다. 단, 線의 굵기를 바꾸어 用途를 區別하는 등을 하여도 無妨하다.

2. 같은 內容에 대하여, 둘 이상의 圖記號가 定해져 있는 것에 대해서는, 同一圖面에 있어서는 同一系列 圖記號(1), (2)로 記載한 것 中 (1)의 使用을 勤獎한다.

3. 單線圖用 또는 複線圖用 中 어느 한 쪽을 使用하여 다른 것을 勤獎한다.
   단, 必要에 따라 다른 것을 複用하는 것 實施로 圖記號를 勤獎한다.

4. 複線圖用 圖記號의 相數 또는 線數에 對하여 適用한 것을 適用한 圖記號는 相數 또는 線數에 實施하여 接點의 可動部의 접속된 接點으로 한다.

5. 開閉接點을 包含한 다음의 圖記號中 어느 하나를 表示하는 것으로 한다.

   1) 이 接點部는 電氣 其他 에너지원이 끊어진 狀態.
   2) 이 接點部가 手動으로 操作되는 것은, 그 接觸部가 손을 떼는 狀態.
   3) 1) 또는 2)로 不確定의 경우이서, 復歸한 것을 休止狀態에 있을 때, 復歸한 것을 故障 遮斷器 等에 對해서는 그 主接點이 열려 있는 狀態.
   4) 例를 들면, 制御한 것을 自動方式과 手動과 바꾸는 變換接點(과 같이, 發電機 등) 以外의 狀態가 열리도 支障이 없는 것에 對해서는 任意의 狀態.

   이에서 狀態에 있어서 이 狀態로 나타나지 않도록 備考 5(4)의 5의 狀態, 卽, 이 規格에 定해진 圖記號로서 表示하기로 한다.

6. 一般的으로 圖面에 있어서 特히 그 狀態를 表示하는 狀態일 것을 指定하고 있지 않은 때에는 이를 들면, 同一機器로 同部分이 同一狀態에 있어서 表示하는 것으로 하고, 또한 接續되어 있도록 그려져 있는 경우에는, 開閉接點을 包含한 圖記號로서 表示하여도 이 規格에 定해진 圖記號로 表示하기로 한다.

   但, 備考 5(4)의 變換接點과 같은 것은 任意의 狀態에서 表示할 수 있다.
   또, 同一機器의 部分이 同一狀態에 있어서 表示하는 것으로 하고 있어도 可變形 加減抵抗器의 리미트 스위치와 抵抗器의 相互關係를 表示하기 爲하여는, 兩者의 圖記號를 맞추어

어 表示할 때에는 加減抵抗器의 可動部 位置도 備考 5(3)의 狀態로 表示해야 한다.

7. 動作過程을 利用하고 說明하는 圖面 備考 6 狀態와 다른 狀態를 包含하는 圖記號을 利用하고 그것이 表示하는 狀態를 明示해야 한다. 또는 圖面에서 그 表示狀態에 따라 이 規格에 定해진 圖記號의 可動接點部의 位置를

이를테면,

等과 같이 適宜變更하여 使用하기로 한다.

8. 必要할 때에는 圖記號에 番號 等을 別記하고 別途로 對照表를 붙여 이 區別을 明示해도 좋다.

9. 圖記號는 性能이 類似한 다른 것을 準用할 수가 있으나, 이 때에는 符號 其他 適當한 方法에 依하여 그 性能을 明白히 할 必要가 있다.

10. 이 規格에 定해져 있지 않은, 또는 이 規格으로 不充分한 것에 대해서는 必要에 따라 基本圖記號에 맞추어, 또는 다시 다른 圖記號와의 맞춤, 文字나 記號 등에 別記 등에 依하여 表示하는 것을 勤獎한다.

1. 電力用 接點의 圖記號

番號	名　稱	図　記　号 a 接点	b 接点	摘　　要
1-1-1	接点(一般)또는 手動 接点	(가) (나)	(가) (나)	
1-1-2	手動復歸 接点 自動復歸接点	(가) (나)	(가) (나)	손을 떼면 復歸하는 接点(操作스위치의 接点에 쓰임. 누름단추, 당김줄, 돌림 共通)
1-1-3	機械的 接点	(가) (나)	(가) (나)	
1-1-4	操作스위치 殘留 接点	(가) (나)	(가) (나)	리미트 스위치 처럼 接点의 開閉가 電氣的인 일 以外의 機械的인 原因에 의하여 이루어지는 것에 쓰임.

番號	名稱	図記号 單線図用	号 複線図用	摘要
1-2-1	開閉器 (一般)	(가) (나)		(나)는 單極雙投의 경우에 쓰임
1-2-2	斷路器 (一般)	(가) (나) (다)	(가) (나)	
1-2-3	링크機構에 의한 手動操作의 斷路器	(가) (나) (다)	(가) (나)	1. 單線図用 (다) (라)는 特히 간단히 표시할 필요가 있을때 쓰인다. 2. 單線図用 (나) 및 複線図用 (나)는 雙投形인 경우에 쓰인다.
1-2-4	動力操作의 斷路器	(가) (나) (다)	(가) (나)	

番號				
1-1-5	繼電器接点 또는 補助스위치接点	(가) (나)	(가) (나)	
1-1-6	限時動作 接点	(가) (나)	(가) (나)	特히 限時接点임을 나타낼 必要가 있을때 쓰임.
1-1-7	限時復歸 接点	(가) (나)	(가) (나)	限時動作, 限時復歸 a 接点을 가리킴
1-1-8	手動復歸 接点	(가) (나)	(가) (나)	人爲的으로 復歸시키는 것도 包含. 電磁石으로 復歸시키는 것도 包含. 例로서 手動復歸의 熱動繼電器接点 電磁復歸式 벨繼電器接点 등
1-1-9	心線接觸器接点	(가) (나)	(가) (나)	착오가 생길 염려가 없을때는 2.6.5와 같은 圖記号를 사용해도 된다.
1-1-10	制御器接点 (드럼型 또는 캠型)			그림은 하나의 接点을 가리킴

번호	명칭	기호		비고
1-2-5	手動操作의 斷路器形 負荷開閉器	(가)	(나)	(나)는 特히 간단히 表示할 必要가 있을 때 쓰인다.
1-2-6	動力操作의 斷路器形 負荷開閉器	(가)	(나)	(나)는 特히 간단히 表示할 必要가 있을 때 쓰인다.
1-2-7	플리그형斷路器			
1-2-8	나이프 스위치	(가)	(나)	1. (가)는 2極인 경우를 가리킴 2. (나)는 3極인 경우를 가리킴
1-2-9	2極單磁開閉器			
1-2-10	気中遮斷器 (一般)			1. 配電用 遮斷器도 包含한다. 2. 複線図用은 2極의 경우를 가리킴
1-2-11	気中遮斷器트립코일을 가진 예 (單極分의 경우를 가리킴)	例 1		直列트립코일을 가진 경우를 가리킴.
		例 2		不足電圧트립코일을 가진 경우를 가리킴.
1-2-12	直流高速遮斷器			例 3: 逆流트립코일을 가진 경우를 가리킴. 例 4: 트립코일에 補助스위치를 가진 경우를 가리킴.
1-2-13	交流遮斷器 (一般)	(가) (나) (다)		1. 種類를 나타낼 경우 옆에 下記의 文字를 붙인다. 油入遮斷器 OCB 空気遮斷器 ABB 磁気遮斷器 MBB 2. (나)는 간단한 경우 3. (다)는 트립이 없는 경우에 限하여 사용할 수 있다.
1-2-14	交流遮斷器 트립장치부를 가진 예	例 1		直列트립코일을 가진 경우를 가리킴
		例 2		変流器二次電流 트립인 경우를 가리킴
		例 3		不足電圧트립코일을 가진 경우를 가리킴

번호	명칭	기호	적요
1-2-15	油入開閉器	(가)(나)(다)	트립코일에 補助 스위치를 가진 경우를 가리킴
1-2-16	補助 스위치	例 4	1.(나)는 간단히 표시할때 쓰임. 2.(다)는 트립접점이 없을 경우에 쓰임.
1-2-17	누름단추스위치	생 략	2·6·5 참조
1-2-18	당김단추스위치	생 략	2·6·2 참조
1-2-19	양쪽누름 단추스위치	a (가) b (가) a (나) b (나) (가) (나)	1.a는 당김에 따라 閉路하는 것에 쓰임. 2.b는 당김에 따라 開路하는 것에 쓰임. 1.(가)는 双投에 쓰인다. 2.(나)는 單投에 쓰인다.
1-2-20	電磁接觸器	(가) (나)	1.(가)는 休止상태에서 開 인 경우 및 吹消코일 複線圖用에는 3種에 補助스위치를 가진例를 가리킴. (나)는 休止상태에서 閉 인 경우 複線圖用에서는 單極吹消 코일 및 補助스위치를 가진例를 가리킴.
1-2-21	熱動過電流繼 電器의 히이터		
1-2-22	制御器(一般)		
1-2-23	드럼형 制御器 (展開)		
1-2-24	캉制御器(展開)		鎖線이 共通인 경우를 가리킴.
1-2-25	리미트 스위치	a b	1.a는 動作시 閉路하는 것에 쓰임. 2.b는 動作시 開路하는 것에 쓰임.
1-2-26	텀블러 또는 로터리 스위치	(가) (나)	1.(가)는 單極單投에 쓰임. 2.(나)는 單極双投에 쓰임. 3.(다)는 2種單投에 쓰임.
1-2-27	홀로우트스위치 壓力스위치	(가) (나) (다)	1.(가)는 動作의 경우에 閉路하는 것에 쓰임. 2.(나)는 動作의 경우에 開路하는 것에 쓰임. 3.(다)는 單極 전환에 쓰임.
1-2-28	速度 開 器	(가) (나)	특히 원심력인 것을 나타낼 경우 1.(가)는 動作時 閉路함 2.(나)는 動作時 開路함

번호	명칭	기호		비고
1-2-29	다이얼형스위치			2極多投인 경우를 가리킴
1-2-30	캄 스위치	(가) (나) (다)	(나) (다)	
1-2-31	開閉器(雜)			開閉器 또는 用途를 表示할때 간단히 명칭을 옆에 기입한다. 그림은 문을 열때 開閉되며 休止에서 開인 것임.
1-2-32	抵抗器(一般)	생 략		1·1·15 參照
1-2-33	加變抵抗器(一般)	생 략		1·1·16 參照
1-2-34	탭음가진抵抗器	생 략		1·1·17 參照
1-2-35	다이얼形加減抵抗器	(가) (나)	(가) (나)	
1-2-36	液體抵抗器			
1-2-37	始動補償器	St Cp	St Cp	
1-2-38	스 타 팅 델 터 始 動 器			
1-2-39	自動調整器	(가) AVR (나) ACR		1. (가)는 自動電壓調整器의 (나)는 自動電流調整器의 例를 보인 端子를 2. 複線図用은 單線図에 追加한 것으로 한다. 3. 交流·直流의 區別이 必要할 때는 다음과 같이 한다. 교류 AVR 직류 AVR
1-2-40	판다그래프			複線図用은 3個의 경우를 가리킴
1-2-41	集 電 子			複線図用은 4個의 경우를 가리킴
1-2-42	슬 립 링			
1-2-43	롤러 換換器	슈를양를링크 링크		1. 左側은 슈를링크, 右側은 양를링크 2. 複線図用의 ○數는 端子數를 가리킴
1-2-44	制御用電磁코일			1·1·34 參照
1-2-45	制御用電磁코일例	(가) (나)	(가) (나)	브베이크用 電磁石의 경우를 가리킴 (가)는 電壓코일, (나)는 電流코일을 가리킴

— 181 —

3. 繼電器 및 接點

(a) 繼電器

(1) 다른 機器와 混同될 우려가 없을 경우는 □내신 ○을 사용해도 좋다.
(2) 이들 圖記号는 動作方式을 나타낼 때도 사용할 수 있다.
(3) 繼電方式과 繼電器를 組合하여 나타낼 때는 다음 例를 따른다.
   例: 短絡方向繼電方式에 方向距離繼電器
       搬送波電方式에 不足周波數繼電器
(4) 交流, 直流는 區別치 않는다.
(5) 摘要分離繼電器는 $\boxed{\text{OC}}$로 한다.
   ① 0(過) 또는 U(不足) 아니면 OU(過不足)를 붙일 수 있는 것 (例, 4.18)
   ② S(短絡) 또는 G(地絡)을 끝에 붙일 수 있는 것 (例, 20.26)
(6) 高速度일 경우 下表의 文字끝머리에 H를 붙인다. 단, S 또는 G보다 앞에 온다.
(7) 電壓抑制附短絡過電流繼電器 $\boxed{\text{OCvS}}$

[注] 1. 2번 以下의 記号欄의 文字는 摘要欄의 圖記号를 사용해도 좋다.
     2. 5. 6. 14. 15. 21번 등은 摘要欄의 圖記号를 사용해도 좋다.

番号	名称	記号	摘要	番号	名称	記号	摘要
1	繼電器(一般)	□		13	電壓繼電器	V	①
2	短絡繼電器	S		14	過電壓繼電器	OV	↑
3	地絡繼電器	G		15	地絡過電壓繼電器	OVG	↑
4	電流繼電器	C	①	16	不足電壓繼電器	UV	↓
5	過電流繼電器	OC	○	17	反相電壓繼電器	RΦV	RPhV
6	地絡過電流繼電器	OCG	●	18	周波數繼電器	F	①
7	不足電流繼電器	UC		19	極性繼電器	PI	②
8	逆流繼電器	RC		20	方向繼電器	D	△
9	過負荷繼電器	OL		21	短絡方向繼電器	DS	▲
10	限流繼電器	CL		22	地絡方向繼電器	DG	
11	反相電流繼電器	RΦC	RPhC	23	電力繼電器	P	①
12	閃絡繼電器	FO		24	逆電力繼電器	RP	

番号	名称	記号	摘要	番号	名称	記号	摘要
25	無効電力繼電器	Q		44	母線繼電器	BP	②
26	差動繼電器	Df	①	45	熱動繼電器	Th	
27	比率差動繼電器	RDf	②	46	熱動過電流繼電器	ThOC	
28	位相比較繼電器	Φ	Ph	47	熱動過電負荷繼電器	ThOL	
29	平衡繼電器	B		48	限時繼電器	TL	⊤
30	短絡回線選択繼電器	SS	□	49	補助繼電器	Ax	⊖
31	地絡回線選択繼電器	SG	■	50	多接触繼電器	MC	⊕
32	電流平衡繼電器	CB		51	閉鎖繼電器	L	
33	電壓平衡繼電器	VB		52	開放繼電器	Il	
34	相平衡繼電器	ΦB	PhB	53	트립繼電器	TF	
35	相選別繼電器	ΦSI	PhSI,②	54	再閉路繼電器	Rec	
36	比率繼電器	R		55	스위치繼電器	Nch	
37	距離繼電器	Z	Z,②	56	플리커繼電器	Fc	①
38	方向距離繼電器	DZ	同稱摘出繼電器도함	57	故障表示器	FI	①
39	同期投入繼電器	Sy		58	温度繼電器	T	①
40	脱調繼電器	SO		59	壓力繼電器	Pr	①
41	界磁地絡繼電器	FG		60	号繼電器	FI	①
42	界磁喪失繼電器	LF	⊕	61	油流繼電器	QIFI	①
43	系統分離繼電器	DI	②	62	気流繼電器	ArFI	①

— 482 —

番号	名　称	記号	摘要
63	水流継電器	WtFl	①
64	位置継電器	Po	
65	速度継電器	Sp	①
66	真空継電器	Vc	
67	보호 계전기	BH	
68	故障検出継電器	FDt	②
69	搬送継電器	Cr	
70	搬送受信継電器	CrRe	
71	方向比較式搬送継電器	CrD	②
72	位相比較式搬送継電器	CrΦ	CrPh,②
73	搬送트립式搬送継電器	CrTT	②

(b) 繼電器接點

番号	名　称	図記号	摘要
1-3-84	a 接点	생 략	2-6-5 참조
1-3-85	b 接点	생 략 (가) (나)	2-6-5 참조
1-3-86	c 接点	(나) (다)	

番号	名　称	図記号	摘要
1-3-87	″ 接点	a b c	継電器가 動作 또는 復歸할때 開路接点이 열리기 前에 閉路接点이 閉하고, 一時的으로 双方의 閉路狀態를 가지는 接点
1-3-88	双方向 接点	(가) (나)	a 接点의 경우
1-3-89	3端子 接点	a b	a는 3端子 a接点 b는 3端子 b接点
1-3-90	手動復歸継電器 및 電気復歸継電器 接点	생 략	2-6-8 참조
1-3-91	限時 接点	생 략	2-6-8 참조

4. 計　器

(1) 記錄形의 경우는 図記号의 文字앞에 R을 붙인다.
(2) 總合形의 경우는 図記号의 文字앞에 T를 붙인다.
(3) 印字形의 경우는 図記号의 文字앞에 Pt를 붙인다.
(4) 最大, 最小表示를 할수 있는 것은 図記号의 文字앞에 M을 붙인다.

番号	名　称	図記号	摘要
1	計器 (一般)	○	○中에 種類를 나타내는 文字를 넣는다. 特히 直流, 交流, 高周波의 區別이 必要할 때는 直流　⊖ 交流　〜 高周波　≋

(註) ○中에 記入하는 文字는 다음과 같다.

名　称	図記号
한쪽 흔들림	⊘
양쪽 흔들림	⊕

바늘이 한쪽 또는 양쪽으로 흔들 수 있음을 구별 할 때 다음과 같이 한다.
한쪽 흔들림
양쪽 흔들림

附錄 2 自動制御器具番号 (JEM 1090-1954)에서 拔萃

JEM規格이란 日本電機工業會(Japanese Electromachinery Manufacturers Association)에서 規定한 것이고 이것은 美國의 NEMA(National Electrical Manufacturers Association)의 舊規格을 參照해서 만든 것이다. 日本國의 發電所, 變電所, 重電氣機器製作所 등에서는 JIC電氣規格보다 JEM 規格을 많이 使用하고 있고 우리나라에서는 아직 이런 規定이 定해져 있지 않다.
電氣設備의 自動制御에 關한 規定이며 器具番號는 下記標準으로 함.

1. 標準器具番号

器具番號	器 具 名 稱	説 明
1	主制御開閉器 혹은 繼電器	主要機器의 起動停止를 開始하는 것
2	起動 혹은 閉路時延繼電器	起動 혹은 閉路開始前의 時間의 餘裕를 얻는 것
3	操作開閉器	機器를 操作하는 것
4	主制御回路用 接觸器 혹은 繼電 器	主制御回路를 開閉하는 것
5	停止開閉器 혹은 繼電器	機器를 停止시키는 것
6	起動遮斷器, 接觸器, 開閉器 혹 은 繼電器	機械를 起動回路에 接續하는 것
7	調整開閉器	機器를 調整하는 것
8	制御電源開閉器	制御電源을 開閉하는 것
9	界磁轉極開閉器 혹은 繼電器	界磁電流의 方向을 反對로 하는 것
10	順序開閉器 혹은 프로그램調整 器	機器의 起動 혹은 停止의 順序를 定하는 것
11	試驗開閉器 혹은 繼電器	機器의 動作을 試驗하는 것
12	過速度開閉器 혹은 繼電器	過速度에서 動作하는 것
13	同期速度開閉器 혹은 繼 電器	同期速度 혹은 同期速度附近에서 動作計 는 것
14	低速度開閉器 혹은 繼電器	低速度에서 動作하는 것
15	速度調整裝置	廻轉機의 速度를 調整하는 것
16	表示線監視繼電器	表示線의 故障을 檢出하는 것
17	表示線繼電器	表示線繼電方式에 使用하는 것을 目的으 로 하는 것

番号	名 稱	記 号	番号	名 稱	記 号
2	電 流 計	A	27	溫 度 計	T
3	記 錄 電 流 計	RA	30	零相電流計	Ao
5	電 圧 計	V	31	零相電圧計	Vo
6	記 錄 電 圧 計	RV	33	時 間 計	H
9	電 力 計	W	34	流 量 計	Fl
10	記 錄 電 力 計	RW	35	積算流量計	FlH
11	総 合 電 力 計	TW	36	印字形積算電力計	PtWH
14	積 算 電 力 計	WH	37	送量器(一般)	Tm
15	無 効 電 力 計	VAR		電流送量器	AT
16	積算無効電力計	VARH		電圧送量器	VT
17	力 率 計	PF		電力送量器	WT
19	周 波 数 計	F		無効電力送量器	VART
21	回 転 計	N		周波数送量器	FT
22	位 置 指 示 計	PI		電圧周波数送量器	VFT
26	同 期 檢 定 器	Sy		測定要素의 種類를 区別하는 법	

— 181 —

번호	명칭	설명
18	加速 혹은 減速接觸器 혹은 繼電器	加速 혹은 減速의 段階로 進行하는 것
19	起動運轉切換接觸器 혹은 繼電器	機器를 起動回路에서 運轉回路로 切換하는 것
20	補機밸브	補機의 主要밸브
21	主機밸브	主機의 主要밸브
22	(豫備番號)	
23	溫度調整繼電器	溫度를 一定한 範圍로 維持하는 것
24	바이프 切換機構	電氣機器의 바이프를 切換하는 것
25	同相檢出裝置	交流回路의 同期檢出시켜 竝列로 하는 것
26	廻轉機溫度繼電器	變壓器, 整流器 등의 溫度가 豫定値 以上이 되었을 때 動作하는 것
27	交流不足電壓繼電器	交流電壓이 不足하였을 때 動作하는 것
28	警報裝置	警報를 낼 때 動作하는 것
29	消火裝置	
30	機器의 狀態 혹은 故障表示裝置	機器의 動作狀態 혹은 故障을 表示하는 것
31	界磁變更遮斷器, 接觸器, 繼電器	界磁回路 및 勵磁의 크기를 變更하는 것
32	直流逆流繼電器	直流가 逆으로 흐를 때 動作하는 것
33	位置開閉器 혹은 位置檢出器	位置와 關聯해서 開閉하는 것
34	電動順序制御器	起動 및 停止動作中 主要裝置의 動作順을 定하는 것
35	브러시 操作裝置 혹은 集電裝置 短絡裝置	브러시를 昇降 혹은 移動하는 것 또는 링을 短絡하는 것
36	極性繼電器	極性에 의해서 動作하는 것
37	不足電流繼電器	電流가 不足할 때 動作하는 것
38	베어링 溫度繼電器	베어링의 溫度가 豫定値 以上 혹은 以下가 되었을 때 動作하는 것
39	(豫備番號)	
40	界磁電流繼電器 혹은 界磁喪失繼電器	界磁電流의 有無에 의해 動作하는 것 혹은 界磁喪失을 檢出하는 것
41	界磁遮斷器 혹은 接觸器 혹은 開閉器	機械를 勵磁시키거나 이것을 제거하는 것
42	運轉遮斷器, 接觸器 혹은 開閉器	機械를 運轉回路에 接續하는 것
43	制御回路의 切換接觸器 혹은 繼電器	自動에서 手動으로 옮기는 것과 같이 制御回路를 切換하는 것
44	距離繼電器	短絡 혹은 接地故障點까지의 거리에 의해 動作하는 것
45	直流過電壓繼電器	直流가 過電壓에서 動作하는 것
46	逆相 혹은 相不平衡電流繼電器	逆相 혹은 相不平衡電流에서 動作하는 것
47	缺相 혹은 逆相電壓繼電器	缺相 혹은 逆相電壓에 의해 動作하는 것
48	渋滯檢出繼電器	規定時間 以內에 所定의 動作이 完了하지 않을 때 動作하는 것
49	廻轉機溫度繼電器	廻轉機 등의 溫度가 豫定値 以上 以下가 되었을 때
50	短絡選擇繼電器 혹은 地絡選擇繼電器	短絡 혹은 地絡回路를 選擇하는 것
51	交流過電流 혹은 地絡過電流繼電器	交流回路의 過電流 혹은 地絡過電流에서 動作하는 것
52	交流遮斷器 혹은 接觸器	交流回路를 開閉하는 것
53	勵磁繼電器 혹은 勵磁弧繼電器	勵磁回路를 高速으로 遮斷하는 것
54	直流高速遮斷器	直流回路를 高速으로 遮斷하는 것
55	力率調整器 혹은 力率繼電器	力率이 어느 範圍內에 있도록 調整하는 것 혹은 豫定値에서 動作하는 것
56	슬리프繼電器 혹은 同期離脫檢出繼電器	豫定 슬리프에서 動作하는 것 혹은 同期離脫에서 檢出하는 것
57	自動電流調整繼電器	電流를 어느 範圍로 調整하는 것
58	豫備番號	
59	交流過電壓繼電器	交流過電壓에서 動作하는 것
60	自動電壓不平衡調整繼電器	電壓差를 어느 範圍內에 維持하는 것 혹은 電壓差를 豫定値에서 檢出하는 것
61	自動電流不平衡調整繼電器	電流差를 어느 範圍內에 維持하는 것 혹은 電流差를 豫定値에서 檢出하는 것
62	停止 혹은 開路延繼電器	停止 혹은 開路前에 時間的으로 動作하는 것
63	壓力繼電器	流体의 壓力에 의해서 動作하는 것
64	地絡過電壓繼電器	機械의 地絡을 電壓에 의해 檢出하는 것
65	調速裝置	原動機의 速度를 調整하는 것

番號	名稱	說明
66	斷續繼電器	豫定同期로 接點을 開閉하는 것
67	交流電力方向繼電器 또는 地絡方向繼電器	交流回路의 電力方向 또는 地絡方向의 動作하는 것
68	混入檢出器	流體中에 다른 物質이 混入하였을 때 檢出해서 動作하는 것
69	흐름繼電器	流體의 흐름에 의해서 動作하는 것
70	加減抵抗器	加減할 수 있는 抵抗器 (例 界磁抵抗器)
71	整流素子故障檢出器	整流素子의 故障을 檢出해 내는 것
72	直流斷續器 또는 接觸器	直流回路를 開閉하는 것
73	短絡用遮斷器 또는 接觸器	電流制限抵抗, 振動防止抵抗 등을 短絡하는 것
74	調整밸브	水車의 案內베인 또는 니들밸브와 같은 것
75	制動裝置	機械를 制動하는 것
76	直流過電流繼電器	直流의 過電流에서 動作하는 것
77	負荷調整器	負荷를 調整하는 것
78	搬送保護位相比較繼電器	被保護區間 各端子의 電流位相差를 搬送波에 의해 比較하는 것
79	交流再閉路繼電器	交流回路를 再閉路를 制御하는 것
80	直流不足電壓繼電器	直流電壓이 不足한 때 動作하는 것
81	調速機驅動裝置	調速機를 驅動하는 裝置
82	直流再閉路繼電器	直流回路를 再閉路를 制御하는 것
83	選擇接觸器, 開閉器 또는 繼電器	어느 電源을 選擇 或은 狀態를 選擇하는 것
84	電壓繼電器	豫定電壓에서 動作하는 것
85	信號繼電器	送信 또는 受信繼電器
86	閉塞繼電器	異狀이 일어났을 때 閉塞하는 것
87	電流差動繼電器	短絡 또는 地絡差電流에 의하여 動作하는 것
88	補機用接觸器 또는 開閉器	補機(電動機, 電動및, 電熱 等)의 運轉用接觸器 또는 開閉器
89	斷路器	直流回路 또는 交流回路用斷路器
90	自動電壓調整器 또는 自動電壓調整繼電器	直流電壓을 어느 範圍內에 調整하는 것
91	自動電力調整器 또는 電力繼電器	電力을 어느 範圍內로 調整하는 것, 豫定電力에 動作하는 것
92	風胴	風胴의 또는 出入口를 같은 것
93	(豫備番號)	
94	自由트립接觸器 또는 繼電器	閉路操作中에서도 트립裝置의 動作을 由足이 할 수 있는 것
95	自動周波數調整器 또는 周波數繼電器	周波數를 어느 範圍內에 豫定周波數로 調整하는 것
96	靜止誘導器 內部故障檢出裝置	靜止誘導器의 內部故障을 機械的으로 檢出하는 것
97	러너(runner)	가로 단수치가 날개와 같은 것
98	連結裝置	두께의 裝置를 連結해서 連動標定裝置와 같은 것
99	自動記錄裝置	自動으로, 自動動作記錄裝置, 故障動作과 같은 것

2. 補助符號

器具의 種類, 性質, 用途 등을 나타낼 必要가 있을 때는 下記補助符號를 붙인다.

符號	內容	用途	例	
A	交	交流	8A	交流制御電源開閉器
	自	自動	43A	自動 手動 切換開閉器
	陽	陽極	54A	陽極用 直流高速遮斷器
	空	空氣	63QA	氣壓繼電器
	倍	倍幅	88AGM	油壓繼電器(actuator用)
	增	增幅	90BA	增幅發電機驅動電機調整器用 電流補助接觸器
	電	電流		
	補	補助		
B	斷	斷線	16B	表示線斷線檢出用繼電器
	側	側路	21B	調速밸브
	主	主衡	21BV	球形밸브 또는 렌스밸브
	트	트립	28B	트립切斷開閉器
	電	電池	33B	蓄電池
	母	母線	72B	母線保護差動繼電器
	制	制動	87AB	制動用空氣壓縮機用接觸器
	베	베어링	88GB	베어링 그리스펌프用 接觸器

	번호	약호	명칭
C	8C	共通	共通制御電源開閉器
	26C	冷却	冷却器用温度繼電器
	43C	搬送	搬送裝置切換開閉器
	43GC	調相	發電機의 調相機運轉用切換開閉器
	52C	投入	遮斷器投入코일
	62C	타이머	停止時延繼電器의 클러치 코일
	90CA	補償	自動電壓調整器用 電流補償裝置
	63AC	操作	氣壓繼電器(開閉裝置操作用)
	27C	制御	制御電源用 不足電壓繼電器
		閉	
		싱	
		콘	
		補助	
CH	43CH	无電	線路充電切換開閉器
CO₂	33CO₂	炭酸가스	CO₂消火裝置의 저台用 位置開閉器
D	8D	直流	直流制御電源開閉器
	21DV	防出	防水型 밸브
	26TD	명動	變壓器用 다이얼 溫度計
	41D	差動	差動界磁開閉器
	65SD	調定率(垂下率)	電氣調速機用 調定率調整裝置
	71D	劣化	整流素子劣化檢出裝置
	74D	디리헤(水車용)	디프레타
	88WD	吸出	吸出管排水용 接觸器
DP	65DP	댐핑	電氣調速機의 댐핑調整裝置
E	5E	非常	非常開閉器
	45E	勵磁	勵磁機過電壓繼電器
	88E	勵弧	勵動弧用 接觸器
F	1F	揚水	揚水引起動用 로우스위치
	28F	火災	火災檢出器
	30F	故障	故障表示器
	37F	휴즈	휴즈溶斷檢出器
	43F	周波數	周波數選擇回路用 切換開閉器
	47F	逆(fan)	變壓器冷却用 逆相電壓繼電器
	54F	給電線	給電線용 直流高速遮斷器
	66F	피리커	프리커點標定計
FL	54FL	故障點	濾波裝置用 直流高速遮斷器

	번호	약호	명칭
G	33G	그리스	그리스탱크 液面檢出
	33QG	重力	重力油槽液面檢出裝置
	44G	地絡	地絡距離繼電器
	65GR	電氣	電氣調速機의 案內翼開度調整裝置
	88G	格子	格子用 接觸器
	88WG	小스	小스冷却水引用 接觸器
	88LG	發	(低電壓發電機驅動機用 接觸器)
H	51H	所內	交流過電流繼電器(高整定)
	52H	內	所內用 交流遮斷器
	54H	持	直流高速度遮斷器 維持코일
	88H	熱	電熱器用 接觸器
	88HG	高周波	高周波發電機用 接觸器
I	67GI	內部	地絡內部方向繼電器
IL	88-I	點弧	點弧用 接觸器
	89-IL	인터록	斷路器인터럭크마그네트
IR	7-IR	誘導電壓調整器	誘導電壓調整器의 調整開閉器
J	65JP	結合	結合運轉負荷調整器
	75J	예계트	예계트브레이크 溫度計
K	37HK	陰極	陰極加熱器用 不足電流繼電器
	52K	三次	主變壓器三次用 交流遮斷器
	88WK	水車側	水車케이싱 排水펌프用 接觸器
L	11L	댐프	댐프點檢用 開閉器
	33QL	漏洩	漏油槽液面檢出 接觸器
	35L	내림	브러시크리프降下用 切換開閉器
	43L	鎖錠	一般計크리프用 切換開閉器(低繼定)
	51L	線荷	交流過電流繼電器(低繼定)
LA	28LA	避雷	避雷器動作檢出器
Ld		섬음	
Lg		낮	
LR	24LR	負荷時電壓調整器	負荷時電壓調整器用 操作開閉器
M	3M	計器	計器復歸用 切換開閉器
	43M	마이크로	基準從動切換開閉器
	44S-M1	主	44S의 第一段用 모美子
	47M	모一(mho)	動力電源用逆相電壓繼電器
	90RM	電動機	90R 操作用 電動機

— 487 —

N	노	43N	노으을 切換開閉器
	窒	63N	窒素壓力繼電器
	中	64N	中性點地絡過電壓繼電器
	負	89N	負極側斷路器
NL	無	88NLR	無負荷時電壓制限抵抗用 接觸器
O	숏	44S-O	短絡距離繼電器 숏素子
	外	67GO	地絡外部方向繼電器
P	프로그램	10P	프로그램 調整器
	電壓變成	43P	電壓變成器切換開閉器
	發	43GP	發電, 揚水 切換開閉器
	一次	51P	主變壓器一次用 交流過電流繼電器
	正極	89P	正極側斷路器
	電力	91P	電力繼電器
	壓力	96P	瞬時壓力繼電器
PC	消弧	43PC	消弧 리액터 切換開閉器
P(w)	계이붕	85RP	表示線用 受信繼電器
Q	油	63Q	油壓繼電器
	無效	91Q	無效電力繼電器
R	復	3R	一般復歸用 操作開閉器
	올림	35R	브러시止昇用 接觸器
	調整	41R	調整界磁開閉器
	遠方	43K	遠方直接切換開閉器
	受電子	63QR	電壓調整타익冷却水 水流繼電器
	廻轉	69WR	廻轉子押止 油壓繼電器
	리액	85R	受信繼電器
	室內	88HR	室內電熱器用 接觸器
	抵抗	52NR	中性點抵抗器用 交流遮斷器
R(RY)	再冷	88WR	再冷却器冷却用 補助開閉器
	繼器	8R	繼電器電源開閉器
S	스트레이너	2S	自動스트레이너動作開始時刻設定用 타이머
	핳車	21S	水車入口밸브用 올림用 繼電器
	集	26S	集油槽用 溫度繼電器
	動	30S	動作表示器
	同期	33S	밸브 끝位置檢出裝置
	短絡	44S	短絡距離繼電器

	二次	51S	主變壓器二次用 交流過電流繼電器
	同期	56S	同期機 同期배어링 檢出繼電器
	速	65SD	電氣調速機用調定率調整裝置
	副	70S	副勵磁機用 界磁調整器
	送信	85S	送信繼電器
	固定子		
	單獨, 並列	43SP	單獨, 並列切換繼電器起動素子
SP		44S-SU	短絡距離繼電器用 限時繼電器
SU			遮斷器 트립코일
T	變壓器	26T	變壓器溫度繼電器
	防水路	33T	防水路 液面檢出裝置
	溫度	43T	溫度(自動手動)切換開閉器
	限時	44ST	短絡距離繼電器用 限時繼電器
	트립	52T	遮斷器 트립코일
	轉送		
U	使	43U	休止端選擇切換開閉器
V	電子管	37V	電子管 릴레이트斷線繼電器
	電壓	51V	電壓抑制付交流過電流繼電器
	眞空	88V	廻轉員空압브用 접촉器
	밸브	88QV	入口밸브壓油곰프用 接觸器
W	冷却水	88WC	冷却水곰프用 接觸器
	우롱	88WW	우롱곰프用 接觸器
X	補助		
Y	補助		
Z	버저	28Z	버저繼電器
	임피던		
	補		
Φ	地絡相	64Φ	地絡相判別繼電器

3. 補助接觸 혹은 補助開閉器

 補助符號가 一種으로서 補助接觸 혹은 補助開閉器를 나타낼 때 다음 記號에 의 하다.

a. 主体와 開閉 혹은 動作을 같이 하는 것 혹은 닫히 驅動하고있을 때 閉路하는 것

b. a의 反對動作을 하는 것

[例] 52a 交流遮斷器正補助接觸
 52b 交流遮斷器逆補助接觸

- m : 中間의 位置開閉器
- h : 上限의 位置開閉器
- l : 下限의 位置開閉器

[例] ha : 上限에서 閉路하는 것
- hb : 上限에서 開路하는 것
- la : 下限에서 開路하는 것
- lb : 下限에서 閉路하는 것
- ma : (1) 中間의 어느 範圍에서 閉路하는 것
      (2) 中間의 어느 位置 以上에서 閉路하는 것
- mb : (1) 中間의 어느 範圍에서 開路하는 것
      (2) 中間의 어느 位置 以上에서 開路하는 것
- n : 中性位置에서 開路하는 것
- r : 殘留接触

4. 器具番號의 構成

器具番號는 다음과 같은 方法에 의하여 構成된다.

(가) 基本番號 — 補助符號 — 補助番號

(나) 補助符號 — 基本番號 — 補助番號

4-1 基本番號

基本番號란 該當 基本番號가 있음에 따는 우선 그것과 組合되는 基本番號를 말한다.

그런데 基本番號는 No.1~99까지 있는데 特히 電壓階級別로 區別하고 싶을 때는 上記 器具番 號의 앞에 100의 倍數를 붙여서 100 및 100의 倍數를 들면 1 내신 101, 201, 301 等) 使用하는 것으로 한다.

遠方制御 等에 使用하는 경우 特히 器具番號를 區別하고 싶을 때는 上記 器具番 號에 100의 倍數를 붙여서 逆으로 901에 倒을 들면 801, 701 等) 使用하기로 한 다.

[例 1] 周波開閉器 切換數繼電器 No.43이고, 다음의 補助符號 切換開閉器
切換 基本番號 No.95가 있기 때문에 後者를 取해서 43~95로 한다.

4-2 하이픈

器具番號는 되도록 짧은 것이 좋다. 하이픈은 다음 경우를 除外하고는 사용하지 않는 것이 좋다.

(1) 數字와 數字사이
(2) 數字가 補助符號 1호 은 0 과의 사이
(3) 繼電器의 複合要素의 一部를 나타낼 경우

[例 2] (i) 3-52 43-79
(ii) 7-IR 67G0-1
(iii) 44S3-M1

4-3 補助符號

補助符號로 規定된 것 以外는 原則的으로 使用지 않음. 단 省略해서 誤解가 되는 일은 全部 또는 一部를 省略할 수 있다. 補助符號를 2種 以上 必要로 할 때는 原則的으로 다음의 順序로 의하다.

(1) 一般的으로 器具番號

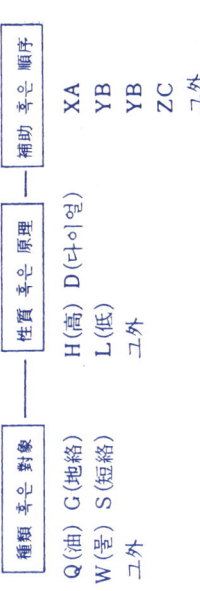

種類, 對象 및 性質 혹은 原理가 취하여 크게 다시 補助符號를 붙인다. 이 때는 用途을 主體로 해서 複合基本番號 들여서 例를 들면 88A(空氣壓機械用接觸器)와 같이 이것을 하나의 基本番號로 보도 된다.

[例 4] 88AB 88A+B (對象) (制動)
68QB 68Q+B (對象) (베어링油用)
65JF 65J+F (對象) (周波數)

(2) 保護繼電機關係의 器具番號

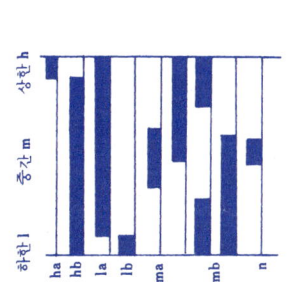

[例 5] 67SIC 搬送保護用 內部方向 短絡繼電器
51K 主變壓器三次用 交流過電流繼電器
16BG 地絡保護用 表示線檢出繼電器

相別, 要素別, 段別을 區別할 必要가 있는 것은 下記와 같다.

단, 相別은 第一相 1, 第二相 2, 第三相 3
要素名은 SU, M, O등
段別은 第一段 1, 第二段 2, 第三段 3
(第1-2相 1, 第2-3相 2, 第3-1相 3으로 한다.)

[例 6] 44G₁-O₃ 地絡距離繼電器 第1相 0 要素 第3段
44S₁₃ 短絡距離繼電器 第1-2相 第3段

(3) 補助符號中性質(整定)을 나타내는 H, L에 關하여서는 다음과 같이 定해져 있다.
(가) 電氣量에 있어서 基本番號에 對하여 整定이 다르다. 2가지가 있을 때 整定값이 큰 것부터 H, L, 3種類 以上이 있을 때는 整定값의 絶對値가 큰 것부터 1, 2, 3으로 나간다.

(나) 電氣量 以外의 것은 다음과 같이 한다.

No.12, 14에 對해서는 同期速度에 가까운 것부터 1, 2, 3의 順序를 붙인다.

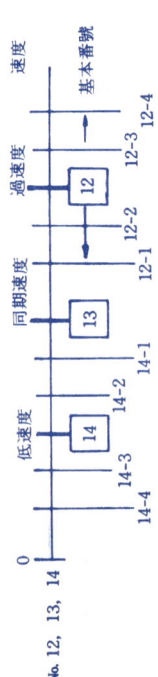

No.23에 對해서는 整定温度보다 높은 것은 높은 쪽으로 H1, H2, H3, 낮은 것에서는 낮은 쪽으로 L1, L2, L3의 順序를 붙인다.

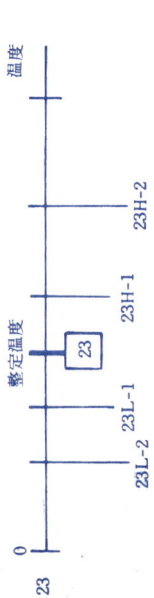

No.26, 28, 39, 63
2種類의 경우는 原則으로 H, L을 使用하고, 붙이는 方法은 다음 그림의 (1)~(3)에 의한다.

3種類 以上의 경우는 다음 그림 (4)~(6)에 의한다.

(4) 基準値
L₃ L₂ L₁ H₁ H₂ H₃
(低)　　　　　　　(高)

(5) 基準値
(低) -1 -2 -3 (高)

(6) 基準値
(高) -1 -2 -3 (低)

上記 以外에 對해서도 같은 原理로서 補助符號를 붙인다.

5. 補助番號

同一裝置內에 同一한 것이 2個以上이 있을 때는 補助番號 1, 2, 3을 붙인다. 또 同一裝置內에 同一한 것과 整定値가 다른 경우에도 補助番號 1, 2, 3을 붙인다.
(4-3 補助符號의 項을 參照)

[例 7] 地絡過電壓繼電器 64로 動作하는 補助繼電器 (가)는 64X, 다시 64X에 依해서 動作하는 것, 補助繼電器 (나)는 64X1, 64X2, 64X3로 된다.

이상 있을 때도 64Y1, 64Y2, 64Y3로 된다.

附錄 3 制御配電裝置의 用語, 略語 및 定義 拔萃
(JEM 1115—1956)

(1) 一般

用語	外國語	定義
操作	operation	人力 또는 그의 다른 힘을 加해 可動部에 所定의 一運動을 주는것
動作	actuation	어떤 原因을 좇음으로써 所定의 作用을 하는 것
復歸	reset	動作以前의 狀態로 되돌아 가는 것
自動制御	automatic control	〉第一章 本文參照
一人制御	one man control	
遠方制御	remote control	
遠方監視制御	supervisory control	
總括制御	multiple control	
始動	starting	機器 또는 裝置가 所定의 作用을 하는 狀態로 되게하는 制御를 말함
運轉	running	機器 또는 裝置가 所定의 作用을 하고 있는 狀態를 말함
停止	stopping	機器 또는 裝置를 休止의 狀態로 되돌아가게 하는 制御를 말함
寸動	inching	機械의 微小運動을 귀해 되돌아가게 動作시키는 制御를 말함
微動	jogging	機械의 微小運動을 所定의 動作시키는 制御를 말함
微速	crawling	機械를 극히 低速度로 運轉시키는 制御를 말함
正轉	toward running	
逆轉	reverse running	
開, 閉, 切入	open, off close, on	
당김(트립핑)	tripping	手動, 혹은 電磁코일에 의해 電流變化에 의해서 開閉器의 抑制機構를 풀어 蓄積된 에너지를 方出하여 開閉器等을 操作하는 것
自由釋放	trip free release	抑制力이 電磁力으로 행해지고 있을 때까지 이것을 阻止시키는 것을 말함
切換	change over	어느 條件이 될 때마다 動作을 變換시키는 것
鎖錠	interlocking	裝置 또는 器具의 各部分을 器具相互間 또는 外部와의 電氣的 關係를 나타낸 그림
閉鎖	lock out	
接續	connection	
單線接續図	single-line diagram, skeleton diagram	接續關係를 簡單히 나타낸 單線으로 簡單히 나타낸 接續図
主回路接續図		配電盤 또는 配電盤을 正面에서 본 主回路의 接續圖
正面接續図		配電盤, 制御裝置 또는 器具를 正面에서 透視한 接續図

實面接續図	配電盤, 制御裝置 또는 配電盤의 表面配線을 表面에서 본 接續図
展開接續図	制御裝置 配電盤 및 이것과 關聯한 器具의 動作을 展開하여 보이는 그림
動作說明図	器具의 動作을 分解的으로 說明한 것
動作順序表	器具의 動作을 分解順序를 図表한 그림

(2) 計器

用語		外國語名	略號	外國語名	略號
電流計		ammeter	A	watt-hour meter	WH
分流器		shunt	Sh	reactive power meter	VAR
電壓計		voltmeter	V	reactive V.A.meter	
電力計		wattmeter	W	var-hour meter	VARH
周波數計		frequency meter	Fr	temperature indicator	T
同期檢定器		synchronisum indicator	Sy	thermo couple	ThC
水位計		water level meter	WL	vacuum meter	Vc
位置計		position indicator	Pl	oil level meter	Ol
回轉計		tachometer	N	pressure meter	Pr
速度計		speed meter	Sp		
積算電力量計					
積算無効電力量計					

(3) 器具 및 装置

用語	略號	外國語名	定義
스이프 스위치	S	switch	電氣回路를 開閉 또는 接續을 變更을 하는 器具
나이프 스위치	KS	knife switch	
斷路 스위치	DS	disconnecting switch	定格電壓의 電源側에 充電된 것을 開閉하는 것이 아니라 負荷電流의 開閉는 할수 없는것을 말함
主 스위치		main switch	電動機를 制御하는 스위치, 또는 위치群을 動作시키는 누름단추 스위치, 主幹制御器등을 말함
主幹 스위치		master switch	
단추 스위치	BS	button switch	단추가 接觸部를 가진 開閉器 혹은 閉路스위치를 말함
操作 스위치	CS	control switch	(備考) 누름단추, 당김형 등을 總稱한다. 操作目的을 나타낼 必要가 있을 경우, 例를들면 結線 調整用操作開閉器를 CS(FR)로 표 示하도록 한다.

— 191 —

用語	略号	外国語名	설명
드럼 스위치		drum switch	週転할 수 있는 圓筒形 또는 扇形의 表面에 있는 세그멘트와 固定子片 間의 接觸에 의하여 開路 또는 閉路하는 構造를 가진 스위치의 一種을 말함.
캠 스위치		cam switch	캠 構造에 의하여 開路 또는 閉路되는 接觸部를 가진 構造의 스위치.
다이얼 스위치		dial switch	平面上에 固定接觸子가 圓形에 附着되어 있고 可動接觸子가 지나가는 스위치. 그 위치를 맞혀 主軸으로부터 接觸子에 의하여 操作되는 스위치. 電磁接觸器란 過電流繼電器 등에 의하여 보조적으로 開閉하는 機具器에 의하여 保護接觸기 있는 것을 말함.
電磁開閉器	MgS	magnetic-switch	電磁接觸器나 過電流繼電器 등의 組合에 의하여 開閉動作하는 스위치 또는 裝置 (補考)開閉器만 單獨인 것은 電磁接觸器라 말함.
리미트 스위치	LS	limit switch	機器의 運動行程中 定해진 位置에서 動作하도록 하는 스위치.
플로우트 스위치		float switch	液體의 表面에 設置되어 浮子에 의하여 液面의 予定位置에서 動作하는 裝置를 말함.
遮 斷 器	CB	circuit breaker	常規狀態뿐 아니라 異常狀態, 特히 短絡狀態에 있어서 電路를 開閉하는 裝置를 말함.
配線用遮斷器	NFB	**no fuse breaker**	動作機構 및 트립裝置를 絶緣物의 容器內에 一體로 組立한 것으로서 常規狀態에 있어 手動으로 開閉할 수 있고 過負荷 및 短絡 등으로 生할 때 自身이 損傷당하지 않고 自動的으로 電路를 遮斷하는 機具를 말함.
切替 스위치	COS	change-over switch	
電流計切替스위치	AS	ammeter change-over switch	
電壓計切替스위치	VS	voltmeter change-over switch	
同期檢定用 스위치	SS	synchronizing switch	
非常 스위치	EmS	emergency switch	非常時에 機器를 停止시키기 위하여 人力에 의하여 操作하는 스위치를 말함.
壓力 스위치	PrS	pressure switch	氣體 또는 液體의 그 壓力이 予定値에 動作하는 스위치를 말함.

用語	略号	外国語名	설명
速度 스위치	SpS	speed switch	機器의 速度가 所定形에 達하며 機械的으로 接點을 開閉하여 所要의 制御를 하는 스위치
텀블러 스위치	TS	tumble switch	
파킹 스위치	PS	parkings switch	
補助 스위치	AuS	auxiliary switch	
電磁接觸器	Ctt	magnetic contactor	塊狀接觸子를 가지고 電氣回路의 開閉에 견디는 스위치
電磁力을 가진 接觸器	MCtt	latched in contactor	連繫한 電磁石의 動作에 의해 開電路를 開閉하고 防磁減去에 의해 保持機構에 의해 閉路狀態를 保持하는 接觸器
스타델타 起動器	YDS	star-delta starter	
電磁 밸브	MgV	magnet valve	

(4) 回転機, 静止機器, 安全器具

用語	略号	外国語名
發電機	G	generator
勵磁機	Ex	exciter
主勵磁機	MEx	main exciter
副勵磁機	SEx	sub exciter
電動機	M	motor
誘導電動機	IM	induction motor
同期電動機	SM	synchronous motor
操作電動機	CM	control motor
調速機用電動機	GM	governor motor
電動發電機	MG	motor generator
回転変流機	RC	rotary convertor
同期調相機	SyC	synchronous phase modifier
周波数変換機	FC	frequency changer
変圧器	T	transformer
接地変圧器	GT	grounding transformer
絶縁変圧器	IT	insulating transformer
誘導電圧調整器	IR	induction voltage regulator
負荷時切換変圧器	LRT	on-load tap-changing transformer
負荷時電圧調整器	LVR	on-load voltage regulator
負荷時電圧位相調整器	LVPR	on-load voltage and phase regulator
自動昇圧変圧器		
計器用変圧器	PT	potential transformer
補助電圧変成器	AuPT	auxiliary potential transformer

附錄 4 시퀀스制御記號 (KS C 1003-1978拔萃)
Symbols for Sequential Control

1. 適用範圍

이 規格은 一般産業의 시퀀스制御系에 있어서 電氣系統의 展開 接續圖에 使用되는 機器와 裝置의 文字記號, 圖記號 및 展開接續圖의 表示方法에 對해서 規定한다.

備考 1. 이 規格은 시퀀스制御系中 電氣系統을 對象하고 그 外 部分에 對해서는 原則的으로 規定하지 않는다.
2. 電力設備에 있어서 시퀀스制御를 包含 適用範圍外로 하지만 별지장이 없는 한 이 規格을 準用하는 것이 좋다.
3. 시퀀스란 現象이 일어나는 順序를 말하고 시퀀스制御란 이미 정해진 順序에 또는 一定한 論理에 의하여 定해진 順序에 따라 制御의 各段階를 逐次進行해 나가는 制御이다.

2. 機器 및 裝置의 文字記號

文字記號는 機器 또는 裝置를 나타내는 機能記號와 機器記號의 2種類로 되고, 兩者를 組合하여 使用할 때는 機能記號, 機器記號의 順序로 적고, 原則으로 모두 그 사이에 一을 넣는다.

2-1 機器記號

(1) 廻轉機

番号	文字記号	用語	文字記号에 対応하는 外国語
1001	EX	励磁機	Exciter
1002	FC	周波數変換機	Frequency Changer, Frequency Converter
1003	G	発電機	Generator
1004	IM	誘導電動機	Induction Motor
1005	M	電動機	Motor
1006	MG	電動発電機	Motor-generator
1007	OPM	操作用電動機	Operating Motor
1008	RC	廻轉変流機	Rotary Converter
1009	SEX	副励磁機	Sub-exciter
1010	SM	同期電動機	Synchronous Motor
1011	TG	廻轉速度計発電機	Tachometer Generator

(2) 変圧器 및 整流器類

番号	文字記号	用語	文字記号에 対応하는 外国語
1101	BCT	부싱変流器	Bushing Current Transformer
1102	BST	昇壓器, 昇壓機	Booster
1103	CLX	限流리액터	Current-limiting Reactor

	用語			略号	外国語
전	뎬	시	器	PD	potential device
変		流	器	CT	current transformer
補	助	変 流	器	AuCT	auxiliary current transformer
부	싱	変 流	器	BCT	bushing current transformer
零	相	変 流	器	ZCT	zero phase current transformer
計	器 用	変 壓	器	MOF	metering outfit
整		流	器	Rf	rectifier
乾	式	整 流	器	DRf	dry rectifier
水	銀	整 流	器	—	invertor
接	觸	変 流	器	ChC	contact converter
鑑	流	리 액	터	CLX	choking coil
限	流	리 액	터	NGX	current limiting reactor
中	性	點 接	地		neutral grounding
리	액		터		reactor
消	弧	리 액	터	PC	petersen coil
避	雷		器	BC	blocking coil
放	電		器	LA	lighting arrestor
電	壓降下	補 償	器	SD	static discharger
移		相	器	LDC	line drop conpensator
電	力 用	컨 뎬	서	PhS	phase shifter
結	合	컨 뎬	서	SC	static condenser power condenser
휴			즈	CC	coupling condenser
				F	fuse

(5) 繼器器具

	用語			略号	外国語
表	示		灯	PL	pilot lamp
接	地 表	示	灯	EL	earth lamp
信	号		灯	SL	signal lamp
버			젤	BI	bell
				Bz	buzzer
閉	路		輪	CC	closing coil
保	持		輪	HC	holding coil
트	립	코	일	TC	trip coil
過電流트립	釈 放	輪		OTC	overcurrent trip release coil
不足電壓釈放輪				UVC	under voltage release coil

— 493 —

(3)

番号	文字記号	用語	文字記号에 対応하는 外国語
1104	CT	変流器	Current Transformer
1105	GT	接地変圧器	Grounding Transformer
1106	IR	誘導電圧調整器	Induction Voltage Regulator
1107	LTT	負荷時 탭切換 変圧器	On-load Tap-changing Transformer
1108	LVR	負荷時電圧調整器	On-load Voltage Regulator
1109	PCT	計器用変圧変流器	Potential Current Transformer, Combined Voltage and Current Transformer
1110	PT	計器用変圧器	Potential Transformer, Voltage Transformer
1111	T	変圧器	Transformer
1112	PHS	移相器	Phase Shifter
1113	RF	整流器	Rectifier
1114	ZCT	零相変流器	Zero-phase-sequence Current Transformer

遮断器 및 스위치類

番号	文字記号	用語	文字記号에 対応하는 外国語
1201	ABB	空気遮断器	Airblast Circuit Breaker
1202	ACB	気中遮断器	Air Circuit Breaker
1203	AS	電流計切換 스위치	Ammeter Change-over Switch
1204	BS	버턴(단추) 스위치	Button Switch
1205	CB	遮断器	Circuit Breaker
1206	COS	切換 스위치	Change-over Switch
1207	CS	制御 스위치	Control Switch
1208	DS	断路 스위치	Disconnecting Switch
1209	EMS	非常 스위치	Emergency Switch
1210	F	휴-즈	Fuse
1211	FCB	界磁遮断器	Field Circuit Breaker
1212	FLTS	플로우트 스위치	Float Switch
1213	FS	界磁 스위치	Field Switch
1214	FTS	足踏 스위치	Foot Switch
1215	GCB	가스遮断器	Gas Circuit Breaker
1216	HSCB	高速度遮断器	High-speed Circuit Breaker
1217	KS	나이프 스위치	Knife Switch
1218	LS	리미트 스위치	Limit Switch
1219	LVS	레벨 스위치	Level Switch
1220	MBB	磁気 Blow-out 遮断器	Magnetic Blow-out Circuit Breaker
1221	MC	電磁接触器	Electromagnetic Contactor
1222	MCB	配線用遮断器	Molded Case Circuit Breaker
1223	OCB	油入遮断器	Oil Circuit Breaker
1224	OSS	過速 스위치	Over-speed Switch
1225	PF	電力휴-즈	Power Fuse
1226	PRS	圧力 스위치	Pressure Switch
1227	RS	로타리 스위치	Rotary Switch
1228	S	스위치 開閉器	Switch
1229	SPS	速度 스위치	Speed Switch
1230	TS	덤블러 스위치	Tumbler Switch
1231	VCB	真空遮断器	Vacuum Circuit Breaker
1232	VCS	真空 스위치	Vacuum Switch
1233	VS	電圧計切換 스위치	Voltmeter Change-over Switch
1234	CTR	制御器	Controller
1235	MCTR	主幹制御器	Master Controller
1236	STT	始動器	Starter
1237	YDS	스타델타 始動器	Star-delta Starter

(4) 抵抗器

番号	文字記号	用語	文字記号에 対応하는 外国語
1301	CLB	限流抵抗器	Current-limiting Resistor
1302	DBR	制動電抵抗器	Dynamic Braking Resistor
1303	DR	放電抵抗器	Discharging Resistor
1304	FRH	界磁調整器	Field Regulator, Field Rheostat
1305	GR	接地抵抗器	Grounding Resistor
1306	LDR	負荷抵抗器	Loading Resistor
1307	NGR	中性点接地抵抗器	Neutral Grounding Resistor
1308	R	抵抗器	Resistor
1309	RH	加減抵抗器	Rheostat
1310	STR	始動抵抗器	Starting Resistor

(5) 繼電器

番号	文字記号	用語	文字記号에 対応하는 外国語
1401	BR	平衡繼電器	Balanec Relay
1402	CLR	限流繼電器	Current Limiting Relay
1403	CR	電流繼電器	Current Relay
1404	DFR	差動繼電器	Differential Relay
1405	FCR	플릿커繼電器	Flicker Relay
1406	FLR	흐름繼電器	Flow Relay
1407	FR	周波数繼電器	Frequency Relay
1408	GR	地絡繼電器	Ground Relay
1409	KR	키이프繼電器	Keep Relay
1410	LFR	界磁消失繼電器	Loss of Field Relay, Field Loss Relay
1411	OCR	過電流繼電器	Overcurrent Relay
1412	OSR	過速度繼電器	Over-speed Relay
1413	OPR	欠相繼電器	Open-phase Relay
1414	OVR	過電圧繼電器	Overvoltage Relay
1415	PLR	極性繼電器	Polarity Relay
1416	PR	逆轉防止繼電器 (플러깅繼電器)	Plugging Relay
1417	POR	位置繼電器	Position Relay
1418	PRR	圧力繼電器	Pressure Relay
1419	PWR	電力繼電器	Power Relay
1420	R	繼電器	Relay
1421	RCR	再閉路繼電器	Reclosing Relay
1422	SOR	脱調(同期이탈)繼電器	Out-of-step Relay, Step-out Relay
1423	SPR	速度繼電器	Speed Relay
1424	STR	始動繼電器	Starting Relay
1425	SR	短絡繼電器	Short-circuit Relay
1426	SYR	同期投入繼電器	Synchronizing Relay
1427	TDR	時限繼電器	Time Delay Relay
1428	TFR	自由트립繼電器	Trip-free Relay
1429	THR	熱動繼電器	Thermal Relay
1430	TLR	限時繼電器	Time-lag Relay
1431	TR	温度繼電器	Temperature Relay
1432	UVR	不足電圧繼電器	Under-voltage Relay
1433	VCR	眞空繼電器	Vacuum Relay
1434	VR	電圧繼電器	Voltage Relay

(6) 計器

番号	文字記号	用語	文字記号에 対応하는 外国語
1501	A	電流計	Ammeter
1502	F	周波数計	Frequency Meter
1503	FL	流量計	Flow Meter
1504	GD	検漏器	Ground Detector
1505	HRM	時間計	Hour Meter
1506	MDA	最大需要電流計	Maximum Demand Ammeter
1507	MDW	最大需要電力計	Maximum Demand Wattmeter
1508	N	廻転速度計	Tachometer
1509	PI	位置指示計	Position Indicator
1510	PF	力率計	Power-factor Meter
1511	PG	圧力計	Pressure Gauge
1512	SH	分流器	Shunt
1513	SY	同期検定器	Synchronoscope, Synchronism Indicator
1514	TH	温度計	Thermometer
1515	THC	熱電対	Thermocouple
1516	V	電圧計	Voltmeter
1517	VAR	無効電力計	Var Meter, Reactive Power Meter
1518	VG	眞空計	Vacuum Gauge
1519	$\overline{W}$	電力計	Wattmeter
1520	WH	電力量計	Watt-hour Meter
1521	WLI	水位計	Water Level Indicator

(7) 其他

番号	文字記号	用 語	文字記号에 対応하는 外国語
1601	AN	아나운시에이티	Annunciator
1602	B	電池	Battery
1603	BC	充電器	Battery Charger
1604	BL	벨	Bell
1605	BL	送風機	Blower
1606	BZ	버저	Buzzer
1607	C	컨덴서	Condenser, Capacitor
1608	CC	閉路 코일	Closing Coil
1609	CH	케이블 헤드	Cable Head
1610	DL	더미 로우드	Dummy Load
1611	EL	地絡表示燈	Earth Lamp
1612	ET	接地端子	Earth Terminal
1613	FI	故障表示器	Fault Indicator
1614	FLT	필터	Filter
1615	H	히이터	Heater
1616	HC	保持 코일	Holding Coil
1617	HM	保持 마그넷	Holding Magnet
1618	HO	혼	Horn
1619	IL	照明	Illuminating Lamp
1620	MB	電磁브레이크	Electromagnetic Brake
1621	MCL	電磁클러치	Electromagnetic Clutch
1622	MCT	電磁카운터	Magnetic Counter
1623	MOV	電動밸브	Motor-operated Valve
1624	OPC	動作 코일	Operating Coil
1625	OTC	過電流트립코일	Overcurrent Trip Coil
1626	RSTC	復歸 코일	Reset Coil
1627	SL	表示燈	Signal Lamp, Pilot Lamp
1628	SV	電磁밸브	Solenoid Valve
1629	TB	端子台, 端子板	Terminal Block, Terminal Board
1630	TC	트립코일	Trip Coil
1631	TT	試驗端子	Testing Terminal
1632	UVC	不足電圧트립코일	Under-voltage Release Coil Under-voltage Trip Coil

番号	文字記号	用 語	文字記号에 対応하는 外国語
2001	A	加速	Accelerating
2002	AUT	自動	Automatic
2003	AUX	補助	Auxiliary
2004	B	制動	Braking
2005	BW	後	Backward
2006	C	制御	Control
2007	CL	閉	Close
2008	CO	切換	Change-over
2009	CRL	微速	Crawling
2010	CST	코우스팅	Coasting
2011	DE	減速	Decelerating
2012	D	下降	Down, Lower
2013	DB	發電制動	Dynamic Braking
2014	DEC	減	Decrease
2015	EB	電氣制動	Electric Braking
2016	EM	非常	Emergency
2017	F	正	Forward
2018	FW	前	Forward
2019	H	高	High
2020	HL	保持	Holding
2021	HS	高速	High Speed
2022	ICH	寸動	Inching
2023	IL	인터라크	Inter-locking
2024	INC	增	Increase
2025	INS	瞬時	Instant
2026	J	微動	Jogging
2027	L	左	Left
2028	L	低	Low
2029	LO	아우트	Lock-out
2030	MA	手動	Manual

番号	文字記号	用 語	文字記号에 対応하는 外國語
2031	MEB	機械制動	Mechanical Braking
2032	OFF	開路, 切	Open, Off
2033	ON	閉路, 入	Close, On
2034	OP	開	Open
2035	P	플러깅	Plugging
2036	R	記錄	Recording
2037	R	逆	Reverse
2038	R	右	Right
2039	RB	回生制動	Regenerative Braking
2040	RG	調整	Regulating
2041	RN	運轉	Run
2042	RST	復歸	Reset
2043	ST	始動	Start
2044	SET	셋트	Set
2045	STP	停止	Stop
2046	SY	同期	Synchronizing
2047	U	上昇, 上	Raise, Up

附錄 5 主要電氣 圖記号 比較表

注 JIS C 0301 (1965) 電公用圖記号
　JIS C 9309 (1962) 接機用電氣表示記号
현저하게 差가 있는 것만 表示함

附錄 6 無接点繼電器의 文字記号

(a) 無接点繼電器의 文字記号: 無接点繼電器에 對해서 다음 文字를 使用한다.

文字記号	用語	文字記号에 對応하는 原語
NOT	論理否定	not
OR	論理和	or
AND	論理積	and
NOR	論理和否定	nor
NAND	論理積否定	nand
MEN	一時記憶	memory
ORM	復歸記憶	off return memory
RM	永久記憶	retentive memory
FF	플리프훌로프	flip flop
BC	二進카운트	binary counter
SFR	시프트레지스터	shift register
TDE	動作時遅延	time delay energizing
TDD	復歸時遅延	time delay de-energizing
TDB	動作時復歸時遅延	time delay (both)
SMT	슈밋트트리거	schmidt trigger
SSM	싱글숏	single shot
MLV	멀티바이브레이터	multi-vibrator
AMP	增幅器	amplifier

〔備考〕 1. ORM (復歸記憶)은 電源投入時의 狀態가 恒常 出力「0」이고, RM (永久記憶)은 電源再投入時 以前의 狀態가 再現된다.

(b) 入出力 文字記号: 無接点繼電器의 入出力을 明確히 할 必要가 있을때는 다음 文字를 使用한다.

文字記号	用語	文字記号	用語
X	정상入力	R	리세트入力
Y	역상入力	XE	에스페드入力정상
Z	補助入力	YE	에스페드入力역상
A	정상出力	SE	에스페드入力세트
B	역상出力	RE	에스페드入力리세트
S	세트入力	F	中間入力

〔備考〕 1. 電源端子番号에 添數字를 붙이는 것은 電位가 높은것에서 1, 2 로 한다.
2. 정상, 역상의 定義는 그 要素의 機能을 基準으로 하여 定한다.

文字記号	用語	文字記号	用語
J	絶縁入力		
UV	交流		
LM	零調整入力		
UVW	交流		
PN	直流 (바이어스포함)		
O	共通母線 또는 中性點		

그림으로 해설한
시퀀스 제어 활용 자유자재

1984. 12. 16 초판 1쇄 발행
2013. 5. 3 1차 증보 7쇄 발행

지은이 | 오마하 쇼지
역자 | 김영록
펴낸이 | 이종춘
기획·진행 | 최옥현
교정·교열 | 최옥현
표지 | 임형준
제작 | 구본철
펴낸곳 | BM 성안당
주소 | 413-120 경기도 파주시 문발로 112
전화 | 031) 955-0511
팩스 | 031) 955-0510
등록 | 1973.2.1 제13-12호
출판사 홈페이지 | www.cyber.co.kr

ISBN | 978-89-315-2408-6 (13560)
정가 | 25,000원

검인

이 책의 어느 부분도 저작권자나 BM 성안당 발행인의 승인 문서 없이 일부 또는 전부를 사진 복사나 디스크 복사 및 기타 정보 재생 시스템을 비롯하여 현재 알려지거나 향후 발명될 어떤 전기적, 기계적 또는 다른 수단을 통해 복사하거나 재생하거나 이용할 수 없음.

※ 잘못된 책은 바꾸어 드립니다.